# 人工智能的数学基础
# 数据之本

于江生 ◎ 著

清華大學出版社
北京

## 内 容 简 介

本书是《人工智能的数学基础——随机之美》的姊妹篇，旨在为读者提供一套较为完整且实用的统计建模工具。它以统计大师费舍尔和内曼的统计思想之争为主线，介绍了数理统计学和统计机器学习的主要成就，以及在人工智能中的一些应用和计算机实践。

全书共分四部分：第一部分是统计学历史背景（第 1 章和第 2 章），介绍了数理统计学奠基人费舍尔和内曼的学术成就、数理统计学简史。第二部分是经典统计学（第 3 章 ~ 第 6 章），涉及统计学的基本概念、参数估计理论、假设检验、回归分析与方差分析。第三部分是现代统计学（第 7 章 ~ 第 9 章），涵盖了多元统计分析（如核方法、特征工程、聚类、分类等）、期望最大化算法、时间序列分析等内容。第四部分是附录，包含常用科学计算软件（R、Maxima、GnuPlot 等）、最优化方法、核密度估计、再生核希尔伯特空间、张量分析等背景知识。

本书适合作为普通高等学校计算机科学专业的学生学习统计学相关知识的读物，也适用于对人工智能和机器学习感兴趣的高年级本科生和研究生，要求读者具备线性代数、数学分析（或微积分）和概率论的基础。



**图书在版编目（CIP）数据**

人工智能的数学基础：数据之本 / 于江生著. 一北京：清华大学出版社，2024.6
ISBN 978-7-302-62735-7

Ⅰ. ①人… Ⅱ. ①于… Ⅲ. ①人工智能-应用数学 Ⅳ. ①TP18②O29

中国国家版本馆 CIP 数据核字（2023）第 026840 号

**责任编辑：** 盛东亮　钟志芳
**封面设计：** 傅瑞学
**责任校对：** 时翠兰
**责任印制：** 曹婉颖

**出版发行：** 清华大学出版社
网　　址：https://www.tup.com.cn, https://www.wqxuetang.com
地　　址：北京清华大学学研大厦 A 座　　邮　　编：100084
社 总 机：010-83470000　　邮　　购：010-62786544
投稿与读者服务：010-62776969, c-service@tup.tsinghua.edu.cn
质 量 反 馈：010-62772015, zhiliang@tup.tsinghua.edu.cn
课 件 下 载：https://www.tup.com.cn, 010-83470236

印 装 者：三河市铭诚印务有限公司
经　　销：全国新华书店
开　　本：203mm×260mm　　印　　张：35.75　　字　　数：1007 千字
版　　次：2024 年 8 月第 1 版　　印　　次：2024 年 8 月第 1 次印刷
印　　数：1～1500
定　　价：168.00 元

产品编号：096264-01

# 前言
PREFACE

统计实践可追溯到几千年以前的人口普查。公元前 2000 年，我国的夏朝就出现了为统计人口而设立的国家部门“筹司”。时至今日，数理统计学（mathematical statistics），亦称“统计学”，成为在概率论基础上发展起来的一门应用数学的学问。在自然科学、工程学、社会学、人文学、军事学等诸多应用领域，凡是涉及数据的收集、处理、分析、可视化和解释等方面的问题，都是统计学大显身手的舞台。由此可见统计学的重要性，它已成为理工学科高等教育中的必修课程，甚至进入中小学数学教育（图 0.1），也是很多研究领域的理论基础和应用工具。

图 0.1　科学、技术、工程、数学（STEM）教育

注：统计学是 STEM 教育中重要的内容之一。统计学的一些基本概念（如均值、方差、回归等），甚至已经下放到中小学数学教育。

随着计算机科学的发展，统计的实用价值也越来越得以凸显[1]。例如，在信息科学领域，出现了一些与数据处理和分析有关的新学科，包括模式识别 (pattern recognition)[2]、机器学习 (machine learning)[3-5]、数据挖掘 (data mining)[6]、大数据分析 (big data analysis)、模式论 (pattern theory)[7-9]、信号处理 (signal processing) 等，它们都与统计学有着千丝万缕的联系，大致可归为数据科学 (data science) 这一大类。

既然统计学有这么广泛的应用背景，学会统计建模进而设计合理的算法加以实现就变得尤为重要。利用计算机辅助功能不仅使得抽象的数学概念变得容易理解，更有助于从“纸上谈兵”的抽象模型切实做出结果，使理论在充分显示其强大威力的同时展现出它极富趣味的一面。本着学以致用的想法，应强调计算机科学与统计实践的紧密结合[1]。

本书延续了《人工智能的数学基础——随机之美》[10] 一书的写作风格，以 20 世纪最伟大的两位统计学家**罗纳德 · 艾尔默 · 费舍尔**（Ronald Aylmer Fisher, 1890—1962）和**耶泽 · 内曼**（Jerzy Neyman, 1894—1981）为故事的主角，介绍了统计学的一些主要成果。这两位统计学大师同属频率派，均为贝叶斯主义的反对者，然而二人之间也有过很多饶有趣味的学术之争，至今对我们仍有启发。

统计学（图 0.2）既是应用数学的一个分支，又是一门推断的艺术，其中不乏有哲学思辨和信念差异。譬如，贝叶斯数据分析 (Bayesian data analysis)[11] 有着与本书内容截然不同的理论架构*，来自不同学派的观点相互碰撞，使得统计学在 20 世纪飞速发展。

(a) 南丁格尔

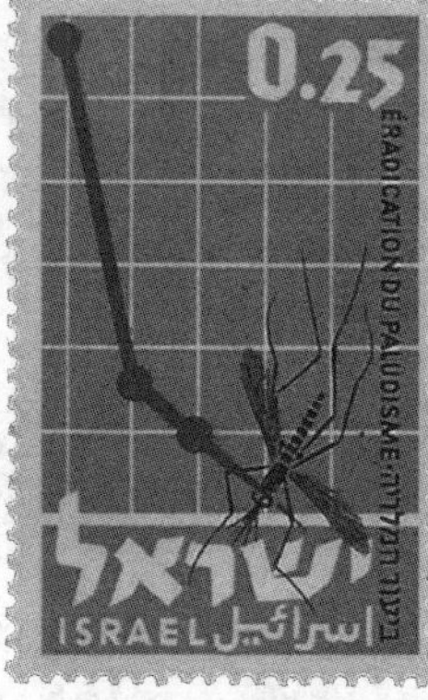


(b) 疟疾减少

(c) 新生儿存活率提高

图 0.2 统计学是流行病学、医学必不可少的分析工具

注：英国护士、统计学家**弗洛伦斯 · 南丁格尔**（Florence Nightingale, 1820—1910）收集并分析了克里米亚战争医院的死亡率数据，并用极区图（饼图的一个变种，见图 3.6）清晰直观地展示它们。

21 世纪是人工智能 (artificial intelligence, AI) 和大数据的时代。今天，借助计算机在数值计算、随机模拟、海量搜索等方面的优势，人们可以从各个角度探索数据的本质（图 0.3）。然而，我们仍需时刻提醒自己，在算力之上，精巧的算法永远重要。

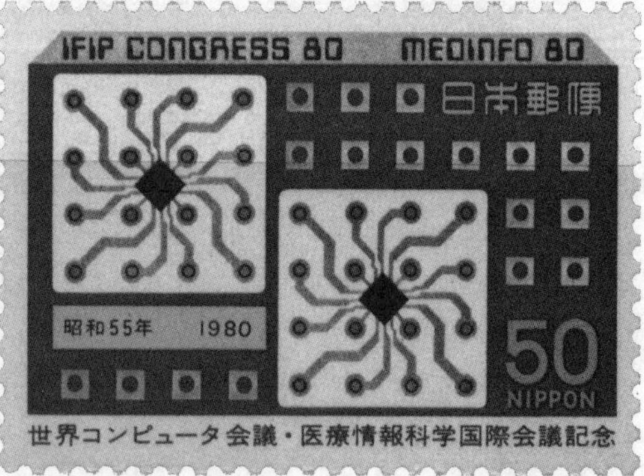


图 0.3 人工智能、机器学习和大数据分析

统计学和计算机科学应该如何结合才能互惠互利？如何站在人工智能（尤其是生成式 AI）的角度看待数据和数据分析？如何基于经验或先验知识 (prior knowledge) 更智能地构建统计模型？如何从数据自动地生成结构化的知识？……还有很多统计应用的问题值得我们深思。作者希望通过此书唤起普

* 《人工智能的数学基础——随机之美》[10] 对法国数学家**皮埃尔-西蒙 · 拉普拉斯**（Pierre-Simon Laplace, 1749—1827）在贝叶斯推断方面的工作有着详细的介绍，更多有关贝叶斯分析的内容见文献 [12-21]。

通读者对统计学的兴趣，用它去推动人工智能、大数据分析的发展（图 0.4）。这本书也是统计机器学习[3]、统计模式识别[22-23]、大数据分析等数据科学的入门，帮助读者从经典统计学顺利过渡到这些新兴领域。

图 0.4　统计学是透过观察数据“猜测”自然和社会本质规律的工具

本书里的知识都是最基本的，可以用作统计建模的工具。“博观而约取，厚积而薄发。”然而，如何取和发？在多数情况下还需要有“应用”的经验和灵感，有那么多工具可供选择，用得好可不是一件容易的事情。所以，有两个坎要过，一个是继承前人的知识；另一个是学会如何使用这些知识。我们不能闭门造车，学习统计的过程要特别注意过这两个坎，缺一不可。统计学处处体现着求实、创新、怀疑、包容的科学精神，这是在知识之外理性的人类一直不懈追求的（图 0.5）。

(a) 大气中二氧化碳浓度的平滑曲线

(b) 北极冰层融化

图 0.5　借助统计学，人们发现隐藏在数据背后的事实

注：全球变暖并非危言耸听，为了可持续发展，人类必须保护好环境。我国已明确提出了在 2030 年实现“碳达峰”，2060 年实现“碳中和”的目标。

由于数理统计学已得到充分的发展，理论分支庞大，成果星罗棋布。要写一本面面俱到、涵盖所有重要成果的入门书几乎是不可能的事情，我们只能有选择地把重点放在一些基本概念和经典成果上。因为本书的目标是为统计机器学习、模式识别、数据挖掘、大数据分析、人工智能等学科提供统计学基础，我们既要保证一定的严谨性，又要在知识的组织架构上更侧重应用一些。有时，为了严谨需要交代很多概念和结果，而应用中又极少用到它们，作者一般会牺牲掉一点严谨，以避免读者陷于细节不能自拔。虽然作者尽力去把握严谨性和实用性的平衡，依旧有众口难调的情形需请读者谅解。

本书中的人名、术语在第一次出现时一般都给出了对应的英文，多采用国内既定的或流行的译法。对一些新术语，作者参考《英汉数学词汇》[24] 和《现代数学手册》[25] 给出适当的命名。读者可通过附录中人名、术语的索引表在正文中找到它们。另外，书中常用的数学符号，在附录的符号表中也能找到相应的解释。

书中试验涉及的真实数据都标明了出处，模拟数据则给出相应的产生算法。本书利用 XƎLaTeX 开源系统进行排版，所有科学计算和绘图都是通过开源的 GCC（GNU compiler collection，GNU 编译器套装）、R、Maxima/GnuPlot、TikZ 等完成的。人物肖像、漫画、图标、邮票（非原始尺寸）等取自互联网（如维基百科等），恕不一一标明其出处。

对那些注意事项、关键概念、引申思考、美妙的经典结果、初次阅读可选择跳过的例子、证明等，书中都给出了特殊的标记，其含义见表 0.1。

表 0.1　书中用到的一些特殊标记及其含义

| 标记 | 含义 | 标记 | 含义 |
|---|---|---|---|
| (弯道标志) | 特别注意的事项 | ♞ | 想得再远一点 |
| (书本标志) | 关键概念的定义 | ✂ | 选读的例子、证明等 |
| (波形箭头) | 令人怦然心动的结果 | □ | 证明完毕 |
| §3.2.1 | 第 3 章第 2 节的第 1 小节 | ❏ | 条目、款项、步骤等 |

图 0.6　北京大学百年校庆

本书的大多数章节曾作为北京大学（图 0.6）信息科学技术学院的本科生主干基础课“概率统计 A”的教学内容多次使用，一些在“统计计算讨论班”里报告过，其余部分在研究生课程“统计机器学习”中讲授过。感谢听过这些课程的学生们，他们容忍了讲义不断更新带来的不便。虽几经易稿，由于作者能力所限，书中仍难免有错讹或不妥之处，诚恳地欢迎读者指出，以便在后续的版本中予以修正。希望本书能对读者有所裨益，并带来阅读的快乐。

最后，感谢亲人和朋友们多年的关爱和鼓励，是他们永远给我前进的动力。谨以此书献给我的父母，“谁言寸草心，报得三春晖。”感激他们的养育之恩，以及平凡却深沉的爱。

我爱你们，所有的人。

于江生<br>于美国加州圣何塞<br>2024 年 6 月

# 目录

CONTENTS

## 第一部分　统计学历史背景



## 第二部分　经典统计学

## 第三部分 现代统计学

## 第四部分 附 录

# 第一部分

# 统计学历史背景

# 第 1 章

# 费舍尔和内曼的学术成就

数人世相逢，百年欢笑，能得几回又。

——何梦桂《摸鱼儿 · 记年时人人何处》

统计学的历史上，有两颗璀璨的明星永载史册，他们“共同”奠定了现代统计学的基础。这两位最伟大的统计学家就是英国数学家、遗传学家、优生学家**罗纳德 · 艾尔默 · 费舍尔**（Ronald Aylmer Fisher, 1890—1962）和波兰数学家**耶泽 · 内曼**（Jerzy Neyman, 1894—1981）*。“共同”一词颇具讽刺意味，因为二人终生不和，彼此憎恨对方，在统计学界矛盾公开化到了影响后世学派的程度。尽管如此，他们还是通过解决相同的问题共同创立了一门新的学科。

《统计学中的突破》共有三卷，收录了有史以来 58 篇最有影响力的统计学论文和论著概要。其中，第一卷《基础和基本理论》共 19 篇论文[26]，其中收录了费舍尔的名篇《有关理论统计学的数学基础》(1922)[27]，内曼和英国统计学家**埃贡 · 皮尔逊**（Egon Pearson, 1895—1980）† 的名篇《关于统计假设的最有效检验问题》(1933)[28]。

第二卷《方法论与贡献》共 19 篇论文[29]，其中收录了费舍尔两篇论文/论著，分别是《研究者用的统计方法》(1925) 和《田间试验的安排》(1926)。第二卷收录了内曼的《代表性方法的两个不同方面：分层抽样法和有目的选择法》(1934)。

从时间上看，费舍尔对现代统计学奠基性的工作在 20 世纪 30 年代之前基本完成，而内曼有口皆碑的工作则在 20 世纪 30 年代之后。费舍尔年长内曼四岁，成名较早一些，统计学奠基性的工作做得多一些；内曼活得更久一些，对后世统计学界（尤其是美国统计学界）的人才培养影响更大一些。

时势造英雄，他们之间恩怨情仇的故事围绕着统计学之父**卡尔 · 皮尔逊**（Karl Pearson, 1857—1936）展开。卡尔 · 皮尔逊是**弗朗西斯 · 高尔顿**（Francis Galton, 1822—1911）爵士‡的学生，曾任伦敦大学学院应用数学和力学教授 (1884—1911)，退休前一直担任高尔顿实验室主任和应用统计系教授 (1911—1933)。皮尔逊的学术功绩包括：

- 提出总体的概念，认为统计学是通过样本来推断总体的性质。

* 国内文献也常把 Neyman 译为“奈曼”“聂曼”等，本书采用的“内曼”更接近波兰语的发音。

† 国内文献也常把 Pearson 译为“皮尔森”“皮尔生”等，本书采用更流行的“皮尔逊”。

‡ 高尔顿是英国人类学家、统计学家、地理学家、气象学家、心理学家、遗传学家（优生学的创立者），他是大名鼎鼎的**查尔斯 · 达尔文**（Charles Darwin, 1809—1882）的表弟。

- 1894 年，他提出了参数点估计的矩方法。
- 1895 年，皮尔逊首次引入直方图 (histogram)，见图 1.1。直方图形象地描绘了数据的分布情况。

图 1.1　直方图

- 1900 年，皮尔逊提出拟合优度的卡方检验，以及卡方统计量的极限定理。该论文也被收录于《统计学中的突破》第二卷，被视为开启了统计学的新时代。
- 他创办了《生物测量学》(Biometrika) 期刊 (1901)，是生物统计的先驱之一。

虽然，皮尔逊的统计学研究成果有一些瑕疵，但瑕不掩瑜，他对统计学的贡献使他无愧于“统计学之父”的称号。在费舍尔横空出世之前，皮尔逊是统计学界绝对的权威，容不下任何的挑战和质疑。然而，像费舍尔这样的天才，老皮尔逊岂能遮挡他光芒万丈的思想。费舍尔先是指出皮尔逊卡方检验在自由度上的一个错误，令皮尔逊颜面扫地，至少从皮尔逊的角度，记恨上了这个后生小辈。

可能他们的矛盾在更早的一个事件中已经埋下了种子。1908 年，谦逊温和的英国统计学家兼化学家**威廉·希利·戈塞**（William Sealy Gosset, 1876—1937）以“学生” (Student) 为笔名定义了 $t$ 分布（也称“学生 $t$ 分布”），

$$t_n = \frac{X}{\sqrt{Y/n}}，\text{其中 } X \sim \mathrm{N}(0,1) \text{ 与 } Y \sim \chi_n^2 \text{ 独立}$$

但戈塞无法求解它的密度函数，当时还在读本科的费舍尔寄给戈塞一份证明，戈塞转交给了皮尔逊，建议将它发表在《生物测量学》上。然而，皮尔逊拒绝了，他回信道，“我没读懂费舍尔先生的证明，这不是一种对我有吸引力的证明。…… 当然，如果费舍尔先生愿意写一份证明，证明每一行都来自前一行，并界定他的术语，我会很高兴地考虑发表它。”三年后，皮尔逊接受了费舍尔的另外一篇论文，其中，费舍尔从二元正态分布中导出了相关系数的小样本分布——学生 $t$ 分布。

皮尔逊没有读懂费舍尔的数学证明而拒绝发表他的结果，这让费舍尔很恼火。费舍尔岂是等闲之辈，他和老皮尔逊一样爱憎分明、直言不讳。甚至在老皮尔逊去世多年之后，费舍尔在其名著《统计方法与科学推断》(1956) 第一章开篇，先是高度称赞了高尔顿的创新性，然后对皮尔逊的数学和科学工作嗤之以鼻。费舍尔毫不隐讳地宣称皮尔逊在生物学方面的工作不值一提。

没人否认费舍尔对现代统计学的贡献，“现代统计学之父”的称号非他莫属。老皮尔逊开启了一个时代，但很快又被费舍尔超越成为了历史，他的自尊受到极大的伤害。皮尔逊有意或无意地压制费舍尔，让他的论文几经波折才得以发表，现在看来皮尔逊的做法有失大师风范，对费舍尔造成了不小的伤害。

1933 年夏天，卡尔·皮尔逊把统计学的“王位”传给了他的儿子埃贡·皮尔逊，这头把交椅本应属于费舍尔——他的学术地位在 20 世纪 30 年代之前就已经确立了。埃贡的资历不够，可他有好友内

曼，那时他们的友谊正处于蜜月期。于是，就天然地形成了两个阵营，内曼甚至没有选择的权力。内曼被费舍尔视为敌对阵营的悍将，在二人尚未谋面之前，至少在费舍尔那里已经对内曼有了先入之见。

就在这件事发生的不久前，费舍尔和内曼的关系还是不错的。费舍尔相当认可内曼和皮尔逊的有关最优检验的论文草稿，甚至帮忙发现了一个小的技术错误。费舍尔极力向英国皇家学会推荐了该论文，内曼在 1932 年 10 月 16 日给费舍尔的信中表达了感激之情。之后，二人有多次愉快的通信，内曼动了去费舍尔那里工作的念头。内曼给费舍尔的信中非常客气地写道，“皮尔逊博士写信告诉我，不久您将成为伦敦大学学院的高尔顿讲席教授。这很可能意味着需要对应用统计系进行全面改组，并可能需求新的人员。我知道英国有许多统计学家，他们中很多人愿意在您手下工作。但不可能的事情有时确实会发生，您的实验室或许会有一个空缺的职位。如果那样的话，请考虑我是否有用。”

此时，费舍尔已经得知小皮尔逊将成为老皮尔逊的接班人，他有些沮丧，但依然诚恳地回复了内曼，“非常感谢您的贺信。您会颇有兴趣听到统计系现在已经正式从高尔顿实验室分离出来了。我认为埃贡・皮尔逊会被指定为统计学的教授。这样的安排会让人大吃一惊，但我想，这对皮尔逊和我来说都是一个糟糕的笑话。不过，我想我们会尽力的。我不会讲授统计学，但可能讲授“试验的逻辑”，这样我的授课就不会被那些不明事由的学生所困扰。我希望我能给您一个好的职位，但在我的新部门变得任何形式的团结一致之前，这件事需要些时日。在我有能力将许多事情搞定之后，您将成为正式教员。如果来英国，一定来大学学院看我。”

去费舍尔那里看来短期无法实现，内曼只能接了埃贡的橄榄枝。他先是到埃贡的统计学系访学了三个月，然后在 1934 年的夏天被任命为讲师。从这件事情之后，内曼和费舍尔的关系开始恶化。

与费舍尔和内曼交情都不错的是戈塞，他在一家酿酒厂工作了 38 年直至去世。戈塞是一位谦逊的绅士，虽然他开创了小样本分析的先河 (1908)，在学术之争中他表现得温文尔雅。在他的督促之下，费舍尔发展了小样本分析的方法。另外，戈塞同样在假设检验的基础理论上无私地帮助了内曼和埃贡。所以，费舍尔在戈塞的讣告中称赞他提出过“当代科学最原创的思想。”费舍尔高度评价了戈塞 1908 年的工作是“对误差理论经典问题的一种全新的方法，其结果在许多适用的领域中仍将逐渐受到重视。”显然，戈塞是两个阵营都热爱的导师。

1933 年，内曼和皮尔逊提出统计学家的任务是“寻找规则来规范我们的行为”。1935 年，费舍尔在《皇家统计学会杂志》发表论文《归纳推断的逻辑》表达了与内曼不同的观点，“事实上，每一个习惯尝试理解数字这一困难任务的人，都在传达一种我们称之为归纳的逻辑过程，因为他试图从特定事物到一般事物作出推论；或者，正如我们通常在统计学中所说，从样本到总体。”他断言，“在归纳推断中，我们是创造新知识过程的一部分。归纳推断的研究是对知识的胚胎学的研究，是对从含有许多错误的原生矿石中提取真理的过程的研究。”[30]

1938 年，内曼撰文《作为一个典型概率问题处理的统计估计》，驳斥了费舍尔的归纳推断（有时也称为“归纳推理”）的观念。“有些作者把‘归纳推断’这一术语强加到统计方法上，如果在观察并算得范围 $[\underline{\lambda} = 8.04, \overline{\lambda} = 11.96]$ 之后，医生决定断言

$$8.04 \leqslant \lambda' \leqslant 11.96 \tag{\sharp}$$

在我们看来，导致这种论断的过程不能称为归纳推断。为了看得更清楚，让我们区分我们所知道的和我们所相信的。在我看来，我们只能知道或确信（1）已经发生的经验结果，以及（2）一些定义和假设的结果，在这些定义和假设之下，这些结果已经被证明。我们对任何其他断言的态度只能用‘信念’或‘不确定性’来描述。

决定‘断言’既不意味着‘知道’也不意味着‘相信’，它是一种意志的行为，在它之前有一些经验和一些演绎推理 …… 因此，在我看来，‘归纳推断’一词与过程的性质不符。如果你想用一个特殊

的术语来描述这些方法，特别是描述断言不等式 (♮) 为真的决策，你或许可以提出‘归纳行为’。”实话实说，归纳推断 (inductive inference) 与归纳推理 (inductive reasoning) 之争实际上是一个哲学层面的话题（图 1.2），折射出两位统计学大师学术观点的分歧。

图 1.2　统计学既是归纳行为，也是归纳推断的学问

显然，费舍尔反对内曼行为主义的观点。多年后，他们又针对同一话题展开了论战。费舍尔坚持认为统计学的目标是归纳推断；而内曼认为是归纳行为 (inductive behavior)，当面对决策问题时则为决策行为 (decision behavior)。这个分歧反映出内曼是彻底的频率派，而费舍尔不是（具体讨论见 §4.2.4)。

与内曼观点相近的统计学家**亚伯拉罕·沃德**（Abraham Wald, 1902—1950）甚至要把整个统计学纳入决策理论的框架之中，引起了费舍尔更强烈的反对。另一个令费舍尔反感决策理论的原因是沃德的一些研究成果似乎在暗示贝叶斯方法的优越性。沃德证明了任何合理的统计过程都对应着某个先验分布的贝叶斯过程（或该过程适当的极限）。譬如，频率派的极小化极大原则 (minimax principle)[10] 对应着最不利先验下的贝叶斯解。

也许费舍尔和内曼都没有错，他们只是从不同的视角看待统计学。费舍尔把统计学视作一门归纳推断的艺术，强调人的作用和具体问题具体分析；内曼则把它看成规范化了的决策规则，强调理论的条理和通用的处理。数据科学家对此可能感触颇深——在处理常见问题时，用 SAS 或 R 提供的工具包很快就能得到一个解决方案；而面对一些没有现成工具的特殊问题时，建模者的领域知识以及对问题的理解与抽象，就变得尤为重要。

费舍尔在《试验设计》一书中曾提到“女士品茶”的思想实验 (thought experiment)：一位女士声称她能够分辨出茶杯里先倒入的是牛奶还是茶水（图 1.3）。对一般人而言，牛奶和茶水混合后，要判定哪个先倒入茶杯几乎是不可能的事情，只能靠瞎猜了。2002 年，美国统计学家**戴维·萨尔斯伯格**（David Salsburg, 1931—）的科普小册子《女士品茶》特别介绍了假设检验等统计理论如何使 20 世纪的科学发生了革命性的变化[31]。

图 1.3　女士品茶的思想实验

费舍尔设计了一个试验："我们的试验有 8 杯茶，4 杯用第一种方法配制，4 杯用另一种方法配制，然后按随机次序交给受试者判断。受试者事先被告知测试的内容，即要求她品尝 8 杯，每种都有 4 杯，并以随机次序呈现给她，也就是说，次序不是由人的选择任意决定的，而是由随机游戏、纸牌、骰子、轮盘等物理设备的实际操作而定，或者更快速地从一本已出版的随机数集合中给出这类操作的实际结果。她的任务就是把这 8 个杯子按照处理方式分为两组，每组 4 杯。"

内曼在他的《概率统计基础教程》的最后一章"检验统计假设的理论基础"，单独用一个小节来解答女士品茶问题。内曼首先称费舍尔是杰出的学者和试验设计理论的奠基人，然后说他对女士品茶问题的看法有所不同，接着内曼给出了他的试验设计和假设检验的方法[32]。我们将在第 5 章给出详细介绍（详见第 146 页的例 5.7）。

1955 年，费舍尔在《皇家统计学会杂志》撰文《统计方法和科学归纳》，"内曼认为他正在纠正和改进我自己早期关于显著性检验的工作 …… 他没有告诉我们在他的词汇中什么代表归纳推断，因为他不清楚这是什么。"费舍尔公开批评了内曼和沃德的统计理论。次年，内曼在同一杂志发表《关于罗纳德 • 费舍尔爵士一篇文章的说明》予以回击。"费舍尔爵士攻击了数理统计领域的大部分研究人员。我的名字被提及的次数比其他任何人都多，而且伴随着更具表现力的谩骂。"值得一提的是，埃贡没有介入他们的论战，对费舍尔的这篇攻击文章，埃贡说，"费舍尔教授最后的批评是关于'归纳行为'一词的使用；这是内曼教授的领域，不是我的领域。"

1960 年，费舍尔在《统计方法与科学归纳》一文中，更加尖锐地批评了内曼，"在美国，似乎有许多人皈依了内曼的观点，他在 1938 年就断言归纳推断是不存在的，没有一个值得称之为推理的过程可以应用于科学数据。"次年，内曼撰文反讽，"费舍尔教授是归纳推断的著名支持者。经过认真努力寻找这个词的确切含义，我得出结论，至少在费舍尔的意义上，这个词是空洞的，可能除了自以为是地使用'理性信念'的某些测量方法，如似然函数和信任概率。"

内曼问道，"似然的概念独立于经典概率论，难道不可能建立一个以概率论为基础（从而独立于似然的概念）、从实际工作的角度来看是完全够用的统计理论吗？"

似然是一个频率派和贝叶斯学派都用到的概念。内曼是纯粹的频率派，费舍尔独成一派（他认可客观概率，反对贝叶斯主义），我们不妨称之为"似然派"。费舍尔的信任推断 (fiducial inference) 倾向于贝叶斯学派（同样把未知参数视为随机变量）。美国贝叶斯统计学大师**伦纳德 • 萨维奇**（Leonard Savage, 1917—1971）高度赞扬了费舍尔，"在我看来，费舍尔比我们其他人更痛苦、更原创、更正确、更重要、更著名、更受人尊重。"

费舍尔在给友人的信中坦言，"根据我自己的经验，内曼是个恶作剧的人。也许到现在为止，这一点在加州已经众所周知了。我不建议任何人与他进行科学上的争论，因为我认为，只有在寻求真理的共同目标中有诚意之时，讨论才是有益的。"

费舍尔和内曼的归纳推断对归纳行为之争，反映出二人的统计哲学和兴趣侧重的不同。其实，费舍尔的名著《研究者用的统计方法》就是一部给初级统计实践者"照葫芦画瓢"的统计方法手册，在把统计当作一般工具使用时，二人走的都是决策规则的路。在把统计当学问做时，内曼坚持走决策规则的路，而费舍尔却"为了人类心智的荣耀"选择了"归纳推断"这个更宏大的目标。

费舍尔和内曼这两位统计学大师狭路相逢，都是开天辟地的勇者。他们之间的论战既有哲学层面，又有统计学层面的内容。当然，也有很多争吵的起因完全是个人因素而非科学因素。我们无法揣测他们是否也曾感慨过"既生瑜，何生亮？"再说，两人哪个是瑜，哪个是亮也未必说得清楚（图 1.4）。因此，《人工智能的数学基础——数据之本》这本书有两位主角——费舍尔和内曼，我们力图将他们的统计思想阐述清楚。"兼听则明，偏信则暗"，其中的是非功过自有读者细细品味和评说了。

(a) 诸葛亮

(b) 周瑜

图 1.4 诸葛亮和周瑜在京剧里的角色（老生和小生）

1978 年，费舍尔的二女儿**琼・费舍尔・博克斯**（Joan Fisher Box），也是英国统计学家、贝叶斯主义者**乔治・博克斯**（George Box, 1919—2013）之妻，出版了为她父亲写的传记《费舍尔：科学家的一生》[33]。1982 年，内曼的传记《内曼: 来自生活的统计学家》[34] 出版（2001 年出版了中译本），作者是**康斯坦斯・瑞德**（Constance Reid, 1918—2010），她不是数学家，却因几部数学家的传记而闻名于世。这两部由女士写的传记从不同的视角细腻入微地讲述了两位伟大统计学家的人生经历，包括各种人际关系的来龙去脉。

另外，内曼的学生、美国统计学家**埃里希・利奥・莱曼**（Erich Leo Lehmann, 1917—2009）写的小册子《费舍尔、内曼与经典统计学的创立》从学术思想角度重温了那段历史[35]。莱曼的主要贡献在非参数统计学[36]，他在点估计、假设检验、大样本分析方面的几本专著[37-39] 在学界颇有影响力。

经过多年的沉淀，很多概念和理论都得以澄清。莱曼站在频率派的立场上，对费舍尔和内曼的贡献做了相对比较公正的评价。这些评价来自内曼的阵营，实属难得。我们要跳出频率派的圈子，再听一下贝叶斯学派的看法，有道是“一叶障目，不见泰山”，孰是孰非不经比较难下论断。例如，所有的统计模型可分为*生成模型* (generative model) 和*判别模型* (discriminative model) 两大类[40]，请读者留意后面遇到的统计模型都属于哪一类。

- 生成模型：基于领域知识和经验，数据的产生机制被抽象为一个参数模型 $(X,Y)^\top \sim p_\theta(x,y)$，其中观测变量 $X$ 和目标变量 $Y$ 的联合分布的类型是已知的。生成模型如同讲了一个有关数据前因后果的完整“故事”，这里面有建模者的经验或知识表示。在得到观测数据之后，我们需把未知参数 $\theta$ 估计出来，进而彻底地搞清楚这个机制。譬如，*贝叶斯推断*、一些*概率图模型* (probabilistic graphical model, PGM) 属于此类。生成模型具有天生优越的*可解释性*（模型效果好坏的条件是清楚的），但也带来了建模和计算的挑战。生成式 AI 已经成为众人瞩目的焦点。
- 判别模型：参数模型是 $Y|X \sim p_\theta(y|x)$，它并不关注观测变量 $X$ 的分布，更不关注 $X, Y$ 的联合分布。频率派的有监督的*机器学习* (machine learning, ML)* 多属于此类[23,41]（图 1.5），如支持向量机、传统的人工神经网络等[3,22]。因为本书的两位主角都强烈地反对贝叶斯学派，所以书中判别模型的内容比生成模型的多一些。

* 机器学习是计算机科学中人工智能 (artificial intelligence, AI) 的一个分支，它研究如何让一个智能体 (intelligent agent) 从经验、知识或环境中构建起完成某项任务的能力，并不断地完善它以达到令人满意的效果。例如，图像中的物体识别、棋类游戏、*机器翻译* (machine translation)、*问答系统* (question answering system) 等。如果机器学习是基于一些带“标准答案”的训练样本（例如，已标注好物体类别的图片），这种机器学习就被称为*有监督学习* (supervised learning) 或*有指导学习*。

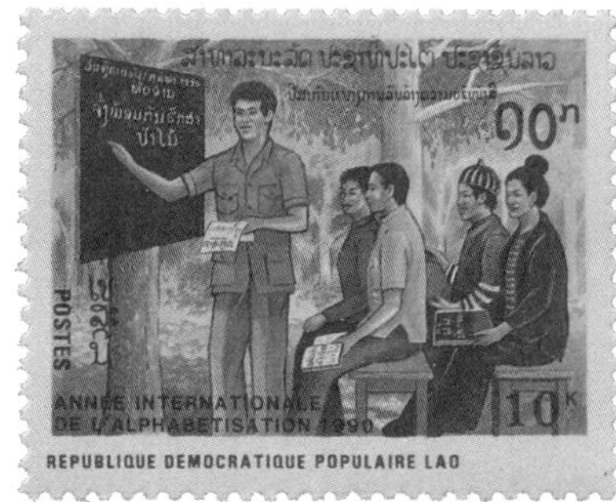

图 1.5　学生在教师的指导下学习

追求数据之本质，是费舍尔和内曼两位统计学大师的共同理想。在这一点上，二人是相爱相杀的知音。希望读者能从他们的争论中体会出统计学是推断艺术的一面，认清很多争议最终归结于哲学理念的不同。进而，读者可以更加全貌地看待数学和它的应用，以及各种思潮差异的本源。

比数据更关键的是数据的产生机制（包括因果关系），以及我们对它的认知模式——这对人工智能来说是至关重要的。局部合理性的简单罗列并不能推导出整体的合理性（图 1.6），从局部飞跃到整体一定需要一个更高级的知识表示 (knowledge representation) 把局部信息组织起来。统计学鼓励从多视角、多层面、多尺度辩证地考察问题，尽可能多地利用已有的经验和知识。

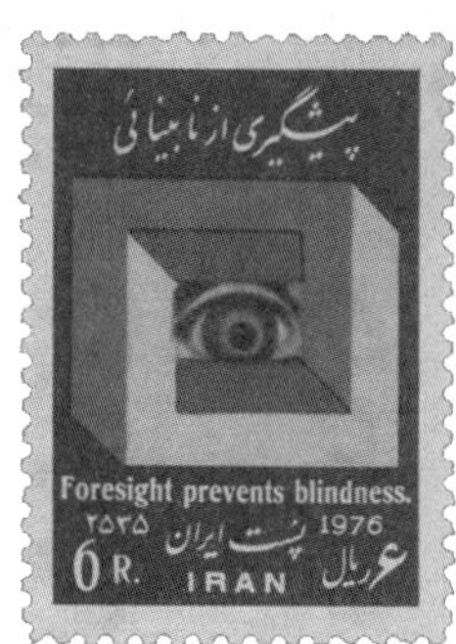

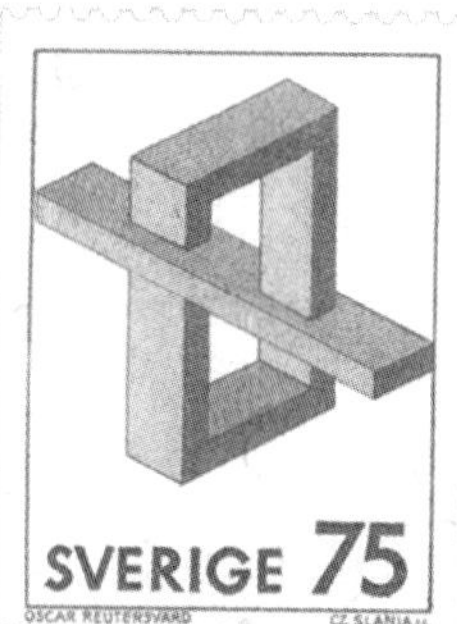


图 1.6　局部合理、整体不合理造成的错觉

通过有向图或无向图来表达有关数据产生机制的知识或经验（详见《人工智能的数学基础——模拟之巧》中“概率图模型”一章）已成为机器学习的一个主流方法。图论和计算机算法给予了数据科学 (data science) 极大的帮助，这在费舍尔和内曼的年代是无法想象的，以后数据科学还会有更多知识表示和推理的语言，甚至崭新的范式 (paradigm)，它们将共同促成人工智能 (AI) 的科学革命 (scientific revolution)[42]。随机数学（包括概率论、因果论、数理统计学、随机模拟等）有望成为人工智能关键理论的基本工具。计算机科学与人工智能之父、英国数学家、逻辑学家**艾伦·图灵**（Alan Turing, 1912—1954）（图 1.7）在其著名论文《计算机器与智能》[43] 中，甚至认为“随机方法似乎比系统方法更好”，进而把随机性视为机器获得自由意志 (free will) 的一条最有可能的途径[44-46]。

尽管统计机器学习和人工智能取得了长足的发展，特别在深度学习 [47,48]、强化学习[49] 等方面，生成式 AI（如生成对抗网络、基于生成式预训练变换器的人机对话系统 ChatGPT、扩散模型等 [48,50,51]）让人耳目一新（详见《模拟之巧》)，然而机器丝毫没有想象力、好奇心，更没有自我意识 (self-consciousness)[52]。人工智能要达到甚至超越人类的智能（图 1.8)，需要焕然一新的随机数学理论，来打通和融汇智能的不同层面。

统计学是机器学习和人工智能必不可少的利器，同时，人工智能也能反哺统计学，加深对数据本质的理解。另外，将每个统计方法固化为机器的一种能力，也需要人工智能的协助——最终让机器成为一个合格的观察者和学习者。

图 1.7　图灵与英国剑桥大学

图 1.8　人类具有非凡的学习能力

人们一直对统计机器学习的某些能力很感兴趣，例如，是否存在元学习 (meta learning)* 可实现模型选择 (model selection) 乃至知识发现 (knowledge discovery)、自动建模 (automatic modeling)，进而使得机器逼近甚至超越人类的学习能力？或许，和未来人工智能技术（图 1.9）充分结合的统计学能回答这个问题吧。

(a) 创造人工智能 (AI)

(b) 创造未来

(c) 人机合作

图 1.9　统计机器学习是人工智能的一部分

* 关于机器学习的算法或模型的学习被称为元学习。因为它是有关方法的方法，所以冠以“元”(meta) 字。其中，学习策略 (learning strategy) 是元学习的一个重要研究领域（详见第 7 章）。例如，它考虑如何把几个弱小的学习机 (learner) 组装成一个强大的学习机。

## 1.1 费舍尔生平

罗纳德·艾尔默·费舍尔（图 1.10），1890 年 2 月 17 日出生于伦敦北郊，是七个孩子中最小的一个。他的父系家族大多是商人，外祖父是一位成功的律师。费舍尔从他的家庭继承了一种冒险精神，以及对数学和美术的爱好，他的数学能力在很小的时候就显现出来了。

1909 年，费舍尔考入了剑桥大学冈维尔与凯斯学院。在大学里，他对统计力学、量子理论、孟德尔遗传学产生了浓厚的兴趣，批判性地阅读了统计学之父卡尔·皮尔逊的《对进化论的数学贡献》和戈塞的论文。皮尔逊对他的影响应该是深刻的，特别是矩方法和拟合优度的卡方检验。在剑桥大学的本科学习中，费舍尔只上了一门统计学的课程，那就是误差理论。

图 1.10　费舍尔

由于眼睛高度近视，费舍尔在整个一战期间 (1914—1918) 都被拒绝服兵役。1913—1915 年，他在一家公司从事统计工作。在这期间，他发表了第一篇统计论文，开创了精确抽样分布的现代理论。1914 年，他与卡尔·皮尔逊有了一些接触。1915—1919 年，他在公立学校教物理和数学。其实，在 1918 年，费舍尔有机会进入高尔顿实验室，但考虑到与卡尔·皮尔逊的潜在竞争关系以及对学术自由的追求，费舍尔放弃了这次机会而选择了*罗森思德实验站* (Rothamsted Experimental Station)。费舍尔的科研生涯分为以下几个阶段：

- 1919 年，费舍尔入职位于赫特福德郡的罗森思德实验站，专门从事统计工作。基于该实验站从 19 世纪 40 年代以来积累的大量农作物数据，费舍尔发表了《作物变异研究》的系列论文。费舍尔在罗森思德实验站工作了十四年，开启了统计学的费舍尔时代。
- 1922 年，三十二岁年轻气盛的费舍尔完成了统计史上划时代的论文《有关理论统计学的数学基础》。美国统计学家、数学史专家**斯蒂芬·斯蒂格勒**（Stephen Stigler, 1941—）称之为“*可以说是 20 世纪关于这个主题 [理论统计学] 最有影响力的文章*”，并将其描述为“*一项惊人的工作：它揭示并勾勒出一门新的统计学科学，有新的定义、新的概念框架和足够扎实的数学分析来证实这种新结构的潜力和丰富性。*”[53] 该论文为现代统计学增添了几个重要的新概念：*相合性* (consistency)、*有效性* (efficiency)、*最大似然估计* (maximum likelihood estimate, MLE)、*充分性* (sufficiency) 等。费舍尔也明确表示反对贝叶斯方法，认为这是“*一个错误（也许是数学界铸成的唯一大错）。*”
- 1925 年，费舍尔出版了他的第一本统计学专著《研究者用的统计方法》。
- 19 世纪，现代遗传学之父**格雷戈·孟德尔**（Gregor Mendel, 1822—1884）与进化论之父**查尔斯·达尔文**（Charles Darwin, 1809—1882）（图 1.11）的理论影响了科学的发展。1930 年，费舍尔出版了《自然选择的遗传理论》，使用数学模型将*孟德尔遗传学*与*达尔文的自然选择理论*相结合。美国遗传学家、统计学家**休厄尔·赖特**（Sewall Wright, 1889—1988）虽与费舍尔有颇多分歧，但他仍盛赞这本书“*一定能将其列为对进化论的主要贡献之一*”。费舍尔和赖特都是*种群遗传学*（population genetics，也称“群体遗传学”）的奠基人，单凭这项工作就足以彪炳史册。相比之下，费舍尔对赖特提出的*因果推断方法*——*路径分析*所做的评价就没那么公正和宽容了。
- 1933 年，卡尔·皮尔逊从他亲手创立的伦敦大学学院（图 1.12）应用统计系主任的位置上退休。这个部门被一分为二，埃贡·皮尔逊从他父亲卡尔·皮尔逊手中接过统计系主任的“王位”，而费舍尔则在优生学系担任高尔顿讲席教授，被禁止讲授统计学。这是一个极其愚蠢与冒犯的安排——现代统计学的奠基人竟然不能讲授统计学！这个错误直接导致了英国统计学界的分裂。费舍尔离开罗森思德实验站后，他的位置由他的同事、英国统计学家**弗兰克·耶茨**（Frank Yates, 1902—1994）接任。

(a) 孟德尔

(b) 达尔文

图 1.11 现代遗传学之父与进化论之父

图 1.12 伦敦大学学院 (University College London, UCL) 的主楼

- 1935 年，费舍尔出版了他的第二本统计学专著《试验设计》。试验设计 (design of experiments, DOE) 从此成为统计学的一个分支。它最早被成功地应用于农业试验与生物实验（图 1.13），后发展成为科学研究的一种方法论，广泛地用于自然科学、社会科学、医疗卫生等领域。
- 1939 年，第二次世界大战爆发，优生学系被解散。费舍尔失业，直到 1943 年，他被任命为剑桥大学遗传学教授。费舍尔在这个位置上一直工作到 1957 年退休。费舍尔先后在伦敦大学学院和剑桥大学担任遗传学主席，但遗憾的是，他从来都不是统计学教授。
- 1947 年，费舍尔与英国生物学家、遗传学家**西里尔·达林顿**（Cyril Darlington, 1903—1981）共同创办了从生物学的角度研究遗传的科学期刊《遗传》。

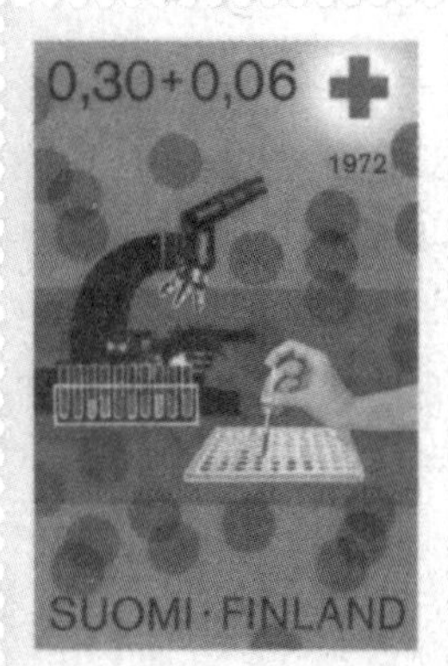


图 1.13 农业试验与生物实验

- 1949 年，费舍尔出版了著作《近交理论》(The Theory of Inbreeding)。
- 1957 年之后，费舍尔移民澳大利亚，在澳大利亚联邦科学与工业研究组织 (CSIRO) 工作。费舍尔在阿德莱德（南澳大利亚州的首府）度过了余生，于 1962 年 7 月 29 日去世。一代巨星陨落，他是一位“几乎单枪匹马为现代统计科学奠定基础的天才”[54]。

### 1.1.1 费舍尔的主要著作

1950 年，约翰·威利父子出版公司 (John Wiley & Sons, Inc.) 出版了费舍尔的论文集《对数理统计学的贡献》[30]。费舍尔为每篇论文都写了注记，这些来自原作者多年后的评述，是统计学历史上非常宝贵的资料，也是研究费舍尔统计思想的重要参考。费舍尔高超的数学技巧和深刻的统计思想有时会给读者带来阅读的困难，有了作者提纲挈领的导读，这本论文集的整体思路变得清晰，读者不难看出费舍尔在这些精挑细选的文章上所花费的心思，他是一个十足的完美主义者。

图 1.14 正在计算的统计学大师费舍尔

除了《对数理统计学的贡献》，另一个重要文献是《统计推断与分析：费舍尔书信选编》[55]，它涵盖了 1922—1962 年间费舍尔在统计推断和分析以及相关主题的书信，包括与一些最优秀的贝叶斯学者的交流，以及他对计算的兴趣和关注（图 1.14）。正如费舍尔自己所意识到的，他有时在学术争论中会变成一个易怒暴躁的主角——这是费舍尔的性格弱点，尤其是当他的许多创新思想存有争议时，他便情不自禁卷入各种论战。有些回应稍显刻薄，也有一些不易察觉的幽默。

#### 1. 三部经典的统计学著作

1990 年，牛津大学出版社重新出版了费舍尔的三部经典名著的合订本[56]，它们分别是《研究者用的统计方法》、《试验设计》和《统计方法与科学推断》(1956)，全面而忠实地反映了费舍尔的统计思想。

《研究者用的统计方法》自 1925 年起，每几年出版一次新版本，直到 1973 年费舍尔去世后出版的第十四版。1935 年的《试验设计》出版了八个版本，最后一个版本是 1966 年出版的。正是这两本书确立了费舍尔作为一种新的统计方法论的缔造者的地位。《统计方法与科学推断》在 1973 年出版了修订和扩充的第三版，它是费舍尔晚年的著作，具有极高的参考价值。

在《研究者用的统计方法》的序言中，费舍尔就迫不及待地向传统的统计学开炮，抨击它脱离实际研究的需要。这一做法冒犯了英国统计学界，学界的反响也令费舍尔沮丧。公正地讲，费舍尔的著作是原创作品，主要内容是他自己的工作。第一版很快售罄，费舍尔受到鼓舞，于 1928 年推出第二版。“这本书在不涉及统计方法的数学理论的前提下，应该体现出该理论的最新成果，以适用于研究人员实际关心的数据类型的实用程序的形式呈现它们。”

1929 年，埃贡对第二版给出了正面的书评，但也指出书中的检验大多基于总体是正态分布的假设。这一中肯的评论激怒了费舍尔，他感觉自己的诚实受到了质疑。后经戈塞的调解，费舍尔的态度有所缓和，承认书中的例子仍不完善，但仍拒绝了戈塞针对非正态情形做些修正的建议。费舍尔辩解，“我从来都不知道在生物工作中，不完美的正态性会带来什么困难。”我们只能把费舍尔的这种反应理解为他不想把问题搞得复杂，毕竟生物学家不是数学家。

《研究者用的统计方法》一书在美国的反响很好[33]，美国统计学家**哈罗德·霍特林**（Harold Hotelling, 1895—1973）对它推崇备至。多年后，我们可以作出公正的评价：这部著作连同《试验设计》对农业科学（图 1.15）、生物学、社会学等学科的影响是深远的——它们都是为非数学专业的实践者而写的，其应用价值远高于理论价值。在相当长的一段时间里，费舍尔的这两部名著可谓统计应用方法的“圣经”。

图 1.15　在 20 世纪，统计方法广泛地应用于农业试验

费舍尔在《研究者用的统计方法》中提到最多的统计学家有卡尔·皮尔逊、戈塞；在《试验设计》中提到最多的是高尔顿、戈塞、耶茨；在《统计方法与科学推断》中提到最多的是法国数学家（概率论的先驱、贝叶斯主义的鼻祖之一）**皮埃尔-西蒙·拉普拉斯**、卡尔·皮尔逊、戈塞、耶茨、内曼和埃贡·皮尔逊。可见，对费舍尔影响最大的是戈塞和卡尔·皮尔逊。

### 2. 一部伟大的遗传学著作

1930 年出版的《自然选择的遗传理论》使得费舍尔获得“达尔文的继承者”“自达尔文以来最伟大的生物学家”的美誉，该书于 1958 年和 2000 年分别出了第二版和第三版（注释版）[57]。费舍尔在《自然选择的遗传理论》中提出了许多重要的原创概念，如*费舍尔失控* (Fisherian runaway)、*费舍尔原理、生殖价值、亲代投资、费舍尔自然选择的基本定理、费舍尔几何模型*等，在生物学著作中经常被引用。单凭这本书，费舍尔就足以青史留名，更何况他还是现代统计学的奠基人！

例 1.1　达尔文曾说，“每当我注视孔雀尾巴时，孔雀尾巴上的羽毛会让我恶心。”（图 1.16）因为自然选择理论很难解释雄性孔雀华而不实的尾巴为何存在——它降低了机动性和飞行能力，鲜艳的颜色更容易暴露给掠食者。进化论解释不了雄性孔雀为何有个累赘尾巴，达尔文百思不得其解。

费舍尔提出，如果雄性显示特征的“信号基因”与雌性对该特征的“偏好基因”形成正反馈，则性选择有可能出现失控效应（被称为“费舍尔失控”），从而使得自然选择并非以生存为首要标准，很好地解释了图 1.16 所示的这一现象。

图 1.16　雄孔雀与达尔文

例 1.2　任何民族与国家的复兴都离不开人的因素。优生学 (eugenics) 通过人为方法来改善国民的遗传基因，控制人口的演化（图 1.17）。现代统计学的诞生与优生学有着很深的渊源，而优生学曾被德国纳粹滥用，成为种族灭绝的“理论基础”。事实上，任何科学技术，甚至数学都有应用伦理的问题，从善还是作恶，归根结底是使用者（人类）自身的问题[52]。

图 1.17　控制人口与提高人口素质

费舍尔认为人类群体在智力和情感发展的先天能力上有着深刻的差异，“实际的国际问题是如何学会与实质上不同的人群友好地分享地球上的资源。这一问题正被完全出于善意的努力所掩盖，以尽量减少存在的真正差异。”费舍尔主张人类应该勇敢而诚实地面对差异，而不是假装看不见或用错误的方法误导自己。“然而，在科学上，我们认识到任何共同的心理属性都更有可能是由共同的历史和社会背景造成的，这种属性可能掩盖了这样一个事实，即在由许多人类类型组成的不同人群中，人们会发现几乎相同的气质和智力范围。”

费舍尔坦言，“在我看来，影响一个有机体生长或生理发育的基因差异，在通常情况下，对智力的先天倾向和能力的影响是同等的。事实上，我应该说，‘现有的科学知识为相信人类群体在智力和情感发

展的先天能力上存在差异提供了坚实的基础'，因为这些群体确实在其大量基因上存在差异。"（图 1.18）

图 1.18　基因组测序与比较遗传学

费舍尔的上述观点是否正确尚无定论。假如他说的属实，人类应该如何看待这些先天的“不平等”，以及它们造成的后天的“不平等”？统计学家经常不得不面对某些伦理困境，令人遗憾的是，伦理学 (ethics) 至今仍未找出一条不含任何歧视并且能够正视群体遗传差异的科学之路（图 1.19）。或许，未来机器智能全面超越人类之时，人类之间的这点微小差异就可以忽略不计了[52]。

图 1.19　反对种族主义 (racism)

## 1.1.2　费舍尔的统计思想

费舍尔认为统计学是应用数学的一个分支，是研究观测数据的应用数学。在《研究者用的统计方法》的引言，费舍尔开门见山地说，统计学是：① 有关总体而非个体的研究；② 有关变异的研究；③ 有关数据简化方法的研究。大多数统计学家都赞同，统计学要回答“随机样本从哪个总体来？”的问题。解决该问题的手段是假定总体分布是由少数几个参数 (parameter)* 决定的。费舍尔进而认为统计的目标是数据简化 (reduction of data)，尽可能多地保留原始数据中有关未知参数的信息。这个过程也是一种“去噪”，即把一些无关紧要的信息过滤掉的过程。费舍尔的统计思想对同时代的统计学家而言无异于醍醐灌顶（图 1.20）。

* 统计学中，“参数”这个术语是费舍尔在《有关理论统计学的数学基础》(1922) 一文中正式引入的，进而有了对密度函数参数族的理解，最终使得费舍尔提出了最大似然估计的方法。如今，“参数”是所有数据科学中无处不在的术语，为每个研究者所熟悉，请铭记它的现代意义是费舍尔赋予的。

图 1.20　《创造亚当》(The Creation of Adam)

注：《创造亚当》是文艺复兴时期意大利伟大的艺术家**米开朗基罗**（Michelangelo, 1475—1564）为梵蒂冈西斯廷礼拜堂所作的湿壁画《创世记》(1508—1512) 的一部分，上帝正准备通过手指赋予亚当智慧——点化就在电光石火之间。

1. **费舍尔与频率派**

下面，我们以费舍尔的著名论文《有关理论统计学的数学基础》为主要参考文献来分析他的统计思想。在该论文的第三节“统计学的问题”，费舍尔认为统计问题有三类：模型、估计和分布。

（1）模型的问题是选择总体分布的数学形式。

（2）估计的问题“它们涉及样本计算方法的选择 …… 统计学，旨在估计出假设总体的参数的取值。”费舍尔对点估计提出了一些期待的特性——相合性（定义 4.5)、有效性（定义 4.8)、充分性（定义 3.15)。有关这些特性的讨论见第 4 章。

（3）分布的问题“讨论源于样本的统计量的分布，或者一般地，分布已知的几个数量的任意函数。”费舍尔把皮尔逊的卡方检验以及戈塞的工作都归为这一类。

费舍尔指出统计的任务是用“相对较少的数量来代替全部数据，这些数量应能充分代表整个数据”（见论文第二节“统计方法的目的”）。具体说来，“这个目标是通过构造一个假设的无限总体来实现的，其中的实际数据被视为构成一个随机样本。这个假设总体的分布规律是由相对较少的参数确定的，这些参数足以详尽地描述所讨论的全部性质。样本提供的信息，被用来估计这些参数的值，都是有价值的信息。”

费舍尔在第四节“估计准则”中提出了他想要的统计量的性质：相合性、有效性和充分性。论文中的相合性不同于现代的定义（当样本量趋于无穷时，统计量依概率收敛到真实值），费舍尔相合性要求应用于总体时，导出的统计量等于参数。

因为很多统计量满足相合性，所以费舍尔在准则中追加了有效性，即在大样本中，当统计量的分布趋于正态分布时，我们首选概率误差小的统计量。这两个准则都是渐近的，有很多统计量满足这两条，但在有限样本上迥异。于是，费舍尔又追加了充分性这个准则，即该统计量要能承载样本所含的未知参数的所有信息。费舍尔声称充分性能推导出有效性（定理 4.6)。

在第五节“相合性准则的应用实例”之后，费舍尔在第六节“估计问题的形式解”中重新提出最大似然估计的方法，他认为这种方法满足这三条准则，特别是它满足充分性。我们现在知道，费舍尔的结论失之偏颇，尽管如此，最大似然估计基本上还是渐近有效的。这篇论文之所以永载史册，不仅因为费舍尔为统计量提出了若干准则，更重要的是他还给出了一般方法——最大似然估计——来构建该统计量。

费舍尔（图 1.21）在第七节“充分性准则的满足条件”里给出了*费舍尔分解定理*。在后续几节中，费舍尔讨论了矩方法的有效性，分析了该方法失败的原因。第十二节“不连续分布”用实例说明了*最大似然法*在不连续分布上的应用，特别是它具有更好的有效性。*最大似然估计方法的生命之花在期望最大化算法*（详见第 8 章）里再次开放，成为计算机时代参数点估计的最流行的方法之一。

图 1.21　正在吸烟的统计学大师费舍尔

注：费舍尔曾卷入“吸烟是否导致肺癌”的争论——这是因果分析与经典统计学的一场著名博弈，自此*因果论* (causality)[10,58-60] 的形式方法再一次唤起科学界的普遍重视。

费舍尔坚信概率的频率解释，站在频率派的立场上，他在概念上区分了*参数与统计量*，前者是估计的对象，后者是参数估计所要用到的由样本定义的某个随机变量。可以说，经典统计学的基础是由费舍尔奠定的，没有人（包括内曼在内）能够否认这一历史事实。

受费舍尔统计思想的启发，我们对统计学的更宽泛的理解是，通过数据及其背景知识或经验搞清楚这些数据的产生机制。所谓的“产生机制”既包括静态的总体分布，也包括在有限步骤内“接受”或“识别”这些数据的任何机制。譬如，计算机视觉中的物体识别问题，不能仅靠简单的统计分布来揭示数据的本质，我们对这类数据的产生机制（包括确定的和不确定的两类规则及其共同作用）仍不清楚。

1942 年，现代概率论的奠基者、苏联数学家**安德雷·柯尔莫哥洛夫**（Andrey Kolmogorov, 1903—1987）在一篇论文中讨论了费舍尔的*信任概率* (fiducial probability)。费舍尔在《统计方法与科学推断》一书中引用了这篇文章，他颇为自豪地写道：“*许多作者，包括哈罗德·杰弗里斯爵士和安德雷·柯尔莫哥洛夫，认识到论证的信任形式的理性说服力，以及使之与数学概率中所用陈述的习惯形式相一致的困难，都提议引入新的公理来弥合人们所认为的鸿沟。*”

**2. 费舍尔与贝叶斯学派**

在《统计方法与科学推断》中，费舍尔花了大量篇幅讨论贝叶斯主义。他说道，“*逆概率理论建立在一个错误基础之上，必须予以彻底否定。*”费舍尔对贝叶斯主义的态度是非常微妙的，他关注它四十多年（从 1921 年开始）。费舍尔一贯地批评逆概率，但在晚年对贝叶斯主义又有了重新的诠释。他在《统计方法与科学推断》中所举的例子，就是贝叶斯和拉普拉斯（图 1.22）曾经讨论过的，假设二项分布 $X \sim \mathrm{B}(n, \theta)$ 的未知参数 $\theta$ 先验地服从 $[0,1]$ 上的均匀分布（无信息先验），参数的后验分布是 $\theta|X = x \sim \mathrm{Beta}(x+1, n-x+1)$。

图 1.22　贝叶斯学派的奠基者之一、法国数学家拉普拉斯

最大似然估计无须预设参数的先验分布，费舍尔的其他工作也不涉及先验概率的假设，相当于“我们对假设或假设量的概率一无所知。”费舍尔指出，未知参数在任一给定范围内的实际概率不可能由一个样本或几个样本求得。另外，参数先验分布的不同设置将导致不同的推断。的确，无信息先验有时甚至不满足概率的归一性，难怪费舍尔会如此强烈地反对贝叶斯和拉普拉斯的这项工作。根据费舍尔的说法，真正的统计推断必须对不确定性给出明确、清晰和客观的结论。

费舍尔认为贝叶斯的概率是客观概率，而拉普拉斯的概率是主观概率（信念度）。费舍尔只承认客观概率，坚决反对主观概率。因此，他认为拉普拉斯的贝叶斯分析很大程度上是“谬误的垃圾”，虽然拉普拉斯奠定了现代统计理论的基础，但基础存在缺陷。

“在统计学家看来，概率只是一部分对一个（通常是无限的）可能性总体的比率。”费舍尔无法接受概率的心理学解释，即“根据给定的证据衡量一个命题被赋予的理性信念的程度”。有趣的是，费舍尔在《对数理统计学的贡献》的论文注记中首次引入“Bayesian”这个术语，如今成为对贝叶斯学派的一个固定的称呼。

尽管费舍尔反对拉普拉斯的贝叶斯推断，他的信任推断中还是反映出贝叶斯主义的影响。在与贝叶斯学派的统计学家**哈罗德·杰弗里斯**（Harold Jeffreys, 1891—1989）和**丹尼斯·林德利**（Dennis Lindley, 1923—2013）等人的论战中，费舍尔对贝叶斯学派的偏见有所松动。他甚至说，“我想得越多，就越能清楚地看到，我所做的几乎正是贝叶斯在 18 世纪所做的。”

1976 年，《统计年刊》刊登了美国统计学家、著名的贝叶斯学者**伦纳德·萨维奇**（Leonard Savage, 1917—1971）纪念费舍尔的学术报告 (1970)《论再读费舍尔》[61]，以及来自不同学派的统计学家的评述，包括美国统计学家**布拉德利·艾弗隆**（Bradley Efron, 1938—）、意大利概率统计学家**布鲁诺·德·费内蒂**（Bruno de Finetti, 1906—1985）、英国密码学家及数学家**欧文·约翰·古德**（Irving John Good, 1916—2009）等人。从评述不难看出，统计学家们对费舍尔的好恶溢于言表，但所有人都一致认可费舍尔伟大的学术成就及其在统计学历史中的崇高地位。

萨维奇回顾了费舍尔对他的影响，他觉得“费舍尔对贝叶斯的崇拜更多的是从他对归纳推理的态度中推断出来的，他有时明确地将归纳推理与贝叶斯联系起来。”费舍尔的错与对，都是一样的意义非凡。例如，费舍尔在试验设计中建议随机化，其目的之一是建立“因果关系”。萨维奇指出，随机化可能丢失了一些相关证据。

“在科学上，是敌意而非通晓滋生了蔑视，费舍尔对内曼-皮尔逊学派的所有批评都表明，他从来没有对该学派的工作有足够的尊重而仔细阅读它……。事实上，我们仍不清楚费舍尔的概率概念，这一定是他与其他统计学家存在隔阂的原因之一。”

1959 年，费舍尔曾在论文《自然科学中的数学概率》[62] 中谈及他的概率观，§4.2.4 将详细分析它。或许，费舍尔并不属于通常意义上的频率派。他自成一派，我们称之为似然派或费舍尔学派 (Fisherian)。

3. **费舍尔主义**

费舍尔认为“归纳推断的逻辑”即“理解统计数字”。1936 年，费舍尔在哈佛大学三百年校庆大会的开幕讲座报告《不确定性推断》里重点表达了他的统计哲学，概述了归纳推理*逻辑发展的历史[30]。费舍尔首先回顾了概率和似然，“迄今为止，还不能保证，概率和似然一起足以说明每一种逻辑上的不确定性。…… 托马斯 • 贝叶斯 1763 年的论文是我们所知的使归纳推理过程合理化的第一次尝试。…… 到了 18 世纪中叶，实验科学已经迈出了第一步，所有的学术界都意识到要通过实验或精心设计的观察来扩大知识面。到了这样一个时代，纯粹演绎逻辑的局限性令人无法忍受。然而，数学家似乎只愿意承认纯粹演绎推理的说服力。从一个明确的假设出发，在每一个细节上都有很好的定义，他们准备精准地推导出它的各种具体结果。但是，面对一个虽具代表性但有限的观察样本，他们无法对抽样的总体做出严格的陈述。贝叶斯意识到了这个问题的根本重要性，并建立了一个公理，如果它的真实性得到承认，就足以将这一大类归纳推理纳入概率论的范畴；这样，在观测到一个样本之后，就可以做出关于总体的陈述。”

费舍尔认为拉普拉斯扭曲了概率的定义以便适合贝叶斯法则，他显然不喜欢把概率解释为“信念度”，甚至觉得拉普拉斯没有欣赏到贝叶斯的科学谨慎——故意在生前不发表他那篇著名的论文。费舍尔还引用了自学成才的英国数学家、哲学家、数理逻辑先驱**乔治 • 布尔**（George Boole, 1815—1864）（图 1.23）在其著作《对逻辑和概率的数学理论所依据的思维规律的研究》(1854) 里对拉普拉斯的批评，即对“无信息先验”和“非正常先验”的指责。布尔坚持认为，“不可能建立解决概率论问题的一般方法，如果该方法没有明确认清科学的特殊数值基础，以及那些普遍的思维规律——它们是所有推理的基础，并且无论它们的本质是什么，至少在形式上是数学的。”虽然天才的费舍尔在晚年表现出对贝叶斯主义的兴趣，但为时已晚，他因缺少宽容而错失一统“不确定性推断”的良机。

图 1.23　布尔代数 (Boolean algebra) 与逻辑电路

* “推理 (reasoning)”一般泛指对理性逻辑规则的使用，而“推断 (inference)”通常特指在不确定性之下的推理。因为“归纳”涉及不确定性，所以“归纳推断”和“归纳推理”这两个术语可视为同义。

在费舍尔心里，另外一个嫌弃贝叶斯方法的缘由是最大似然估计、充分统计量、信息量等他提出来的频率派的方法、概念是他的最爱。它们之间的关系有助于我们理解费舍尔为何对似然方法青睐有加，用他自己的话说，“似乎利用最大化似然得到的估计通常是精度最好的。因此，在估计理论所涉及的那种不确定性推断中，似然函数的知识取代了概率分布的知识。这种逻辑状况在各种科学理论的讨论中都是广泛存在的。它设定一个假设包含一个或多个任意参数。这个假设能够具体说明每一个可以辨别的观测事实发生的概率或频率。可观测发生的概率则是参数的已知数学形式的函数。仅考虑参数的值是未知的。估计理论讨论了从观测记录中估计这些值的不同方法的优点。显然，在被估计的参数没有被很好地定义之前，不可能有一个恰当地被称为‘估计’的操作，这就需要给定分布的数学形式。然而，我们不必无视将来某一天可能发展出一种更广泛的归纳论证的可能性，这种归纳论证将讨论从数据中赋予总体函数形式的方法。目前最重要的是要弄清楚，还没有一个这样的理论被建立起来。

直接评估由一组数据、观察样本提供的信息量，并通过平行和独立的过程，评估从数据中提取并包含在估计中的信息量，这就揭示了一个重要的事实，即在某些特殊但特别重要的情况下，这些信息量是相等的。估计耗尽了数据的全部价值；一旦计算了估计，数据提供的剩余事实与未知参数的值完全无关。……在上述定义的意义上，充分统计量的存在性不仅作为一种可能性具有理论意义，而且具有重大的实际意义，因为它们存在的情况涵盖了统计学家在实践中最常用的许多形式。

然而理论上讲，充分统计量的存在是罕见的，因为它依赖于一种特殊的函数关系。当不存在充分统计量时，任何一个估计都不能包含样本提供的全部信息。似乎有一种不可避免的损失，在这种情况下，最大似然法仅是在使这种损失尽可能地小上表现卓越。该理论的下一个任务是追查这种损失的原因，并找出用什么方法可以让它变好。”

费舍尔欣然看到埃贡·皮尔逊和内曼受自己的影响而把似然函数用于一类广泛的假设检验——广义似然比检验，尽管他不认可内曼的基于归纳行为的假设检验理论。“皮尔逊和内曼不言自明地提出，检验的显著水平必须等同于‘来自同一总体的重复样本中’错误决策的频率。这一观点与作者在 1925 年给出的显著性检验的成果是不相干的，因为实验者的经验并不在于来自同一总体的重复样本，尽管在简单情况下，数值通常是相同的；我相信，正是这种简单情况下数值的巧合误导了皮尔逊和内曼，他们对‘学生’和作者的想法不是很熟悉。”（见论文《方差可能不等的样本的比较》，发表于 1939 年《优生学年鉴》第九卷）

4. **最大似然法与矩方法之争**

费舍尔和**卡尔·皮尔逊**（Karl Pearson, 1857—1936）的恩怨持续了两人的一生。1937 年，费舍尔在《优生学年鉴》第七卷发表论文《卡尔·皮尔逊教授和矩方法》“纪念”这位统计学之父。“这是我唯一有理由写的一篇涉及个人批评的论文。这次事件是皮尔逊对一位印度统计学家的工作进行的攻击，经审查显然是不公平的。我了解到，这位统计学家的工作是认真的，没有恶意的，在争议的问题上是正确的，他的地位和前途因为攻击者仍然享有的威望而面临着严重损害的危险。似乎有必要把这件事仔细调查的结果讲清楚。

当皮尔逊想到要攻击科沙尔时，他已经是一个老人了，但如果把那次攻击的错误或恶毒视为权力衰败的标志，那就大错特错了。这两方面都很像他自本世纪初以来反复做的事情。如果说对他人自由言论的极端不容忍是衰老的标志，那么这是他早年时就养成的（毛病）。对事实材料的恣意操纵也是整个皮尔逊著作集的一个显著特点，在这件事上，似乎有人指责皮尔逊的同时代人没有揭露他的傲慢自大。”

于是，费舍尔在老皮尔逊死后，再次站出来指责他的错误，就如同当年揭露皮尔逊卡方检验的错误一样犀利，这次费舍尔维护的是最大似然法，打击的是皮尔逊的矩方法。事情的起因是一位印度统计学家断言在他的试验里，最大似然法比矩方法的拟合效果更好，这触怒了老皮尔逊。临去世前，皮尔逊在他把持的《生物测量学》学报上发表了一篇有关矩方法的论文，对这位印度统计学家进行了抨击。作为最大似然法的提出者和推动者，费舍尔把老皮尔逊的这篇论文视作对他的叫板。针尖对麦芒，现代统计学之父对统计学之父的一场恶斗，并没有因为皮尔逊离世而烟消云散、相忘于江湖。

一开篇，费舍尔就表明了自己对矩方法的鄙夷态度。“虽然这篇文章是皮尔逊对科沙尔的攻击，但如果没有对皮尔逊提出的已被广泛传播的方法进行一般的批判，就不可能以适当的观点来处理这一问题。在我看来，那些方法的内在价值长期以来被严重夸大了。”接下来，费舍尔对皮尔逊的论点逐一批驳。好在这些刺耳的声音老皮尔逊都听不到了，然而，费舍尔对老皮尔逊的骄横跋扈和自己曾遭受其不公正的待遇始终耿耿于怀，直到去世前都没能释然。

作为点估计的两大经典方法，矩方法和最大似然法之争早已尘埃落定，§4.1.4 将给出一个公正的历史评价。费舍尔，这位易怒的老顽童是史无前例的最伟大的统计学家（没有之一），他让同时代的其他统计天才都黯然失色。

## 1.2 内曼生平

耶泽·内曼（图 1.24），1894 年 4 月 16 日出生于俄罗斯比萨拉比亚省宾杰里，父母是波兰贵族。1912 年，内曼进入哈尔科夫大学，主修物理和数学，其导师之一是著名数学家**谢尔盖·伯恩斯坦**（Sergei Bernstein, 1880—1968）。内曼初次接触到了概率论和统计学，但他似乎对二者都不太感兴趣。

图 1.24 内曼

1921 年，内曼在华沙谋到一个统计员的职位。他先后辗转工作于比德戈斯茨的农业研究所、国家气象研究所、华沙大学、克拉科夫大学。1923 年，内曼用法文发表了一篇不到两页纸的短文《论闭集的一个度量定理》和另一篇论文《对从有限总体所抽小样本的理论的几点贡献》。1924 年，内曼获得了博士学位，论文标题是《概率论在农业试验中的应用》。在波兰，内曼已经是最好的统计学家了，他决定去更广阔的世界开开眼界。内曼先获得了与卡尔·皮尔逊合作的奖学金，他在世界统计学中心与埃贡·皮尔逊建立了友谊。埃贡·皮尔逊非常器重内曼的数学能力，建议在几个统计学课题上一起合作。接着，内曼又得到一年的奖学金访学巴黎，在巴黎他与法国一些著名的数学家，如**埃米尔·波雷尔**（Émile Borel, 1871—1956）、**昂利·勒贝格**（Henri Lebesgue, 1875—1941）、**雅克·阿达马**（Jacques Hadamard, 1865—1963）共事了一年。生活的压力一直令内曼喘不过气来，他向埃贡抱怨，“我不确定明年是否要被迫去做些工作，我不知道在哪里，也许是做生意，卖煤或手帕。”

1926 年，内曼颇为高产地发表了两篇英文论文《关于非线性回归的进一步注记》《论从“无限”总体所抽样本的均值与方差的相关性》和两篇法文短文《关于趋向于高斯定律而在一点附近保持无穷大的概率定律》《论变异系数服从概率定律的一个性质》。埃贡为与内曼的合作拟定了计划，他们二人即将打开假设检验的窗户。我们把内曼的科研生涯分为两个阶段：

- 欧洲时期 (1926—1938)：内曼和埃贡之间的合作先是鸿雁传书，到了 1933 年，埃贡继位统计系主任之后，他为内曼提供了相对稳定的职位以便让他安心于学术研究。期间，二人合写了 10 篇论文，其中比较重要的几篇论文如下。
  - 1928 年，内曼和埃贡的第一篇联合论文《论某些检验标准的使用与解释》分为两部分发表于《生物测量学》，在戈塞的启发下引入了对备择假设的考虑并讨论了似然比检验（用到了费舍尔的最大似然估计），提出了两类错误——拒真错误和取伪错误。

- 假设检验的理论框架已见雏形，但内曼并不满足，他要追求更一般的理论。1930 年初，内曼已经有了基本想法。1930 年 3 月 24 日，内曼把如今众所周知的内曼-皮尔逊基本引理的证明寄给埃贡。
- 1933 年，内曼和皮尔逊发表了重要论文《关于统计假设的最有效检验问题》，作者对费舍尔表示了感谢。他们提出新的观点，“不希望知道每一个单独的假设是真是假，我们可以寻找规则来控制我们对它们的行为，在遵循这些规则的过程中，我们保证从长期经验来看，我们不会经常犯错。”在内曼与费舍尔交恶之后，这个观点导致了二人多年的激烈论战。这篇论文提出了简单假设、复合假设等概念。作者指出“非常容易控制第一类错误”，即拒真错误，接下来就是如何制定基本准则来选择最佳的拒绝域。1938 年，在同一标题之下，内曼和皮尔逊发表了论文的第二和第三部分，这是二人最后的联合论文。至此，内曼-皮尔逊假设检验理论框架已经完成。

- 美国时期 (1938—1981)：美国加州大学伯克利分校数学系主任**格里菲斯·埃文斯**（Griffith Evans, 1887—1973）邀请内曼加盟。内曼在伯克利组建了世界一流的统计系，直至 1981 年 8 月 5 日去世。离开英国时，内曼推荐他的学生、刚从伦敦大学学院统计系拿到哲学博士学位的**许宝騄**（Pao-Lu Hsu, 1910—1970）为该校讲师并接替他授课。内曼曾说，许是他最杰出的学生[34]。许宝騄先生是中国现代概率论、数理统计的奠基者。1945 年，内曼又邀请许宝騄访问美国加州大学伯克利分校参加概率统计的学术会议，留下了一段与中国统计学界交融的美谈。

内曼和埃贡·皮尔逊的早期合作中，特别是似然比检验的思想基本都来自埃贡。这个思想在直觉上具有很强的吸引力，但对内曼来说这远远不够，内曼要找出一些深层的准则来解释为何似然比检验表现良好。1930 年，内曼想出了一个策略：控制住拒真概率，然后构建最小化取伪概率的拒绝域，即一致最大功效检验。

埃贡对这个观点不感兴趣，之后的合作是不情愿地跟随内曼。1933 年，埃贡担任统计学系主任之后，繁忙的行政工作（1936 年，埃贡还担任了《生物测量学》期刊的总编辑）以及与费舍尔之间的矛盾，都影响了他与内曼的合作。“当你发现有新的高山要去登顶，你不得不处理数学上越来越复杂的问题。我开始失去了兴趣，因为我总是试图用概率工具来攻克各种类型的问题，而概率工具似乎相当简单地适配了人类推理的工作方式。”埃贡坦诚地在给内曼的信中解释他们甜蜜的合作为何在 1938 年画上句号，也表达了他不喜欢将统计学过分数学化的理念。“然后，你正确地去了美国，战争来了。我想我们都把统计上受过训练的头脑转向了不同的工作：炸弹、防空炮弹和其他什么的。”

埃贡的回忆和自豪还停留在似然比检验，在他心里 1926—1936 年是他与内曼合作最美好的十年。而内曼去了美国之后研究兴趣发生了改变，并没再继续他的假设检验理论研究。1950 年，内曼重访伦敦，两人的友谊或许还在，可惜时过境迁、物是人非、话不投机，再也回不到从前了。

似然比检验里有贝叶斯逆概率的影响。内曼最终放弃了对逆概率的兴趣，他写道，“众所周知，自托马斯·贝叶斯 (1763) 以来，人们就一直讨论假设的验证问题。我们得到的解依赖于先验概率。由于这些先验概率通常是未知的，人们不得不对它们作出任意的假设，从而导致结果不适用于实际问题。”在内曼的哲学思想里，他是坚决反对贝叶斯主义的，而且从未动摇过。

实践证明，内曼的一致最大功效检验适用性很窄，只对指数族的总体分布来说是可行的。对于复杂问题，似然比检验依然是最方便、最可行的解决方案。埃贡曾自嘲似然比检验是他的“拙劣的想法”，数学似乎又一次选择了简单，站到了埃贡的这一边。然而，内曼凭借一己之力构建了假设检验的大厦，加之他在美国统计学界的巨大影响力，他的理论已载入史册。

1950 年，内曼出版了一本教科书《概率统计基础教程》[32]。内曼认为概率论和统计学是人类心理过程中归纳行为的基础，而每个统计问题本质上都是一个概率问题，但反之不成立[32]。内曼一生笃信客观概率，他所谓的概率问题都是有频率解释的，如他的显著性假设检验理论和置信区间估计理论，显著水平 (significance level) 和置信度 (confidence degree) 的意义都是基于多次抽样的。

1963 年，正值加州大学伯克利分校统计实验室成立三周年。内曼组织了一次国际研讨会，纪念**雅各布·伯努利**（Jacob Bernoulli, 1654—1705）的《猜度术》(1713) 二百五十周年，**托马斯·贝叶斯**（Thomas Bayes, 1701?—1761）的《论有关机遇问题的求解》(1763) 二百周年，**皮埃尔-西蒙·拉普拉斯**的《概率的哲学随笔》(1812) 一百五十周年（图 1.25）。这三位数学家在概率论和统计学的历史中是举足轻重的，而且有两位是贝叶斯主义者。

(a) 雅各布 · 伯努利

(b) 贝叶斯

(c) 拉普拉斯

图 1.25　概率统计频率派与贝叶斯学派的早期代表人物

内曼在研讨会文集[63] 的前言中数次提到了拉普拉斯对概率论的功绩。当回顾最小二乘法时，他总结道，“高斯和拉普拉斯对最小二乘解最优性 (optimality) 的处理的区别在于，在所引文章中，高斯将被估计的参数视为未知常数，并且根据观测值的随机变化将期望损失最小化。相反，在拉普拉斯的处理中，参数是具有某些先验分布的随机变量，其所用的最优性证明方法只是最近才再次复兴。目前，它是渐近决策理论的标准。”会议的主题是否暗示了内曼对贝叶斯主义的关注就不得而知了。遗憾的是，在这次研讨会上，论及拉普拉斯的仅有英国统计学家**佛罗伦萨·南丁格尔·戴维**（Florence Nightingale David, 1909—1993）的一篇文章《有关拉普拉斯的一些注记》。而且，她只是泛泛地介绍了拉普拉斯的生平，并未深入涉及这位概率论和贝叶斯主义先驱的思想。

与费舍尔不同，内曼的专著不多。他在《概率统计基础教程》[32] 一书中提到次数最多的统计学家有三位：拉普拉斯、卡尔·皮尔逊和费舍尔。

## 1.2.1　内曼的置信区间与假设检验

内曼的假设检验理论受到了戈塞和埃贡的影响，尤其是早期的似然比检验，整个想法甚至来源于戈塞和埃贡。似然比检验用到了似然函数和最大似然估计，可视作费舍尔工作的延续。内曼不愿意在此基础上走得更远，他渴望一个更大的理论框架，功效函数的引入是一个关键，内曼找到了摆脱费舍尔、戈塞、埃贡的理论起点。功效函数统一表述了两类错误的概率，可以说是内曼-皮尔逊显著性假设检验理论的基石。

### 1. 一以贯之的统计哲学

假设检验的目标是拒绝零假设，而不是接受零假设。为了拒绝零假设，拒真错误（即本来零假设是真的，但检验却拒绝了它）的概率被优先考虑，它不能超过给定的阈值（显著水平）。而同时，取伪错误（即本来零假设是假的，但检验却没拒绝它）的概率则越小越好。在谈论这两类错误的时候，内曼显然是针对“归纳行为”而言的，也就是说，拒绝域是固定的，只看样本是否落入其中。在反复抽样中，两类错误的客观概率都有频率解释。站在频率派的立场上，内曼（图 1.26）的做法是无懈可击的。然而，作为频率派支持者的费舍尔强烈地反对这种“归纳行为”，埃贡也只是勉强地参与了这项“合作”。

内曼的置信区间理论与其假设检验理论一脉相承，§5.1.4 详细讨论了二者的关系。虽然在早期，内曼受到费舍尔信任推断的影响，一度认为置信区间估计的原创来自费舍尔。不久，他便搞清楚了两者的区别，并在“归纳行为”思想的指导下用纯粹的频率派的观点阐述了置信区间估计理论。

图 1.26 频率派统计学大师内曼

内曼的区间估计，其含义是“按照置信度为 $1-\alpha$ 的归纳行为，基于当前的观测数据，未知参数的区间估计是……”。也就是说，内曼的区间估计的置信度，不是由某一组观测数据算得的区间覆盖住未知参数的概率，而是在大量独立的重复试验中，由许多组观测数据算得的多个区间覆盖住未知参数的频率。内曼的区间估计与贝叶斯学派的区间估计是完全不同的两个概念，后者的含义是“未知参数落在一个具体区间里的概率”。

内曼的置信区间和假设检验都是针对“归纳行为”而言的，而不是针对某次具体的估计或检验而言的。在频率派看来，估计和检验的随机性体现在样本的随机性上，犯错的概率有频率解释——这就是归纳行为的思想基础。起初，内曼受到费舍尔信任推断的影响，当二人发觉有本质分歧时，很快就分道扬镳了。

### 2. 矢志不移的频率派

与费舍尔不同，内曼是彻底的频率派。通过他在 1923 年至 1926 年发表的早期论文不难看出，内曼非常了解测度论。然而，内曼在著作《概率统计基础教程》[32] 里只字未提频率派的概率公理化，以及苏联数学家**安德雷·柯尔莫哥洛夫**的奠基性工作。他只引用了奥地利数学家**理查德·冯·米泽斯**（Richard von Mises, 1883—1953）和美籍匈牙利裔统计学家**亚伯拉罕·沃德**（Abraham Wald, 1902—1950）对概率论的解释，即“一长串试验中可观测的相对频率的数学模型”，这是古典概率论（源于对赌博游戏的研究，见图 1.27）对概率的理解。费舍尔和内曼构建的现代统计学大厦，似乎与测度论毫无瓜葛。实际上，统计学与概率论并驾齐驱地发展。那时的统计学家并未深陷于公理化的概率论之中，所用到的随机数学大多是古典概率论，全然没有掩盖他们对统计思想而非数学形式的关注。相比之下，如今的统计学家对测度论的依赖要远远大于从前了。

在《概率统计基础教程》的第四章“随机变量和频率分布”，内曼（图 1.28）仅仅介绍了离散型随机变量，最后用略显笨拙的初等方法证明了棣莫弗-拉普拉斯中心极限定理。这部分内容缺乏现代气息，似乎还停留在 19 世纪。内曼理应非常了解概率论的最新进展。他之所以这么做，或许是为了从频率派的原教旨出发阐述归纳行为。基于测度论的概率公理化体系，可能会让读者联想到归纳推理。

图 1.27　赌博游戏

注：一个高超的赌徒是精于计算赔率的频率派，还是善于察言观色的贝叶斯学派？抑或二者兼有？客观概率和主观概率，在人类日常思维中和平相处，却在数学理论中水火不容。

图 1.28　1966 年，在匈牙利布达佩斯学术会议上的内曼

《概率统计基础教程》的第五章“检验统计假设的理论基础”，完美地诠释了内曼的统计思想。*归纳行为*是频率派假设检验和区间估计必然采取的策略——概率的含义体现在大量独立的可重复试验中。失去了这个基础，寻求犯错误机会小的归纳行为就丧失了意义。于是，人们很自然地要追问：如果在现实中无法实现大量的重复试验，我们依然可以谈论概率吗？

例如，库存数量很少的同期导弹失效的概率。理想的试验是：将库存数量扩大数倍，把这些同期导弹全部发射后得到一个失效频率，即是对失效概率的近似（*大数律*）。将上述试验重复多次后，所得到的失效频率的经验分布近似为正态分布（*棣莫弗-拉普拉斯中心极限定理*）[10]。

然而，我们不可能把导弹都发射了，也很难通过模拟试验来得到这个失效概率。导弹的维护专家基于个人经验可能对失效概率有一个主观认识，该主观概率具有一定的参考性。频率派是不考虑*主观概率*的，而贝叶斯学派把*客观概率*理解为后验概率的极限——在大量重复试验中，“数据淹没先验”，后验概率趋向于客观概率。

### 1.2.2　内曼的归纳行为

*经验主义* (empiricism) 的代表人物首推英国哲学家**弗兰西斯·培根**（Francis Bacon, 1561—1626）、**约翰·洛克**（John Locke, 1632—1704）和苏格兰哲学家**大卫·休谟**（David Hume, 1711—1776）等，他们认为知识既是理性的也是根据经验而来的，然而理性自身并没有真理（图 1.29）。在经验主义看来，归纳方法是科学的基本方法，而统计学是最重要的一类归纳方法。

(a) 培根　　(b) 洛克　　(c) 休谟

图 1.29　经验主义的三位伟大哲学家

与经验主义对立的是*理性主义* (rationalism)，也称*唯理论*，它的代表人物首推法国哲学家**勒内·笛卡儿**（René Descartes, 1596—1650，也译作“笛卡尔”）、荷兰哲学家**巴鲁赫·斯宾诺莎**（Baruch Spinoza, 1632—1677）和德国哲学家**戈特弗里德·莱布尼茨**（Gottfried Leibniz, 1646—1716）等。理性主义认为理性高于感官知觉，可作为知识的来源，并且只有理性的或先验的真理能被人类真正理解（图 1.30）。

(a) 笛卡儿　　(b) 斯宾诺莎　　(c) 莱布尼茨

图 1.30　理性主义的三位伟大哲学家

经验主义和理性主义之争贯穿了近现代科学发展史，都有各自的道理，是知识硬币的正反面，只是侧重不同而已。内曼的“归纳行为”和费舍尔的“归纳推理”分别是统计学里的经验主义和理性主义，本来就没有对错之分。

### 1. 内曼对归纳推理的批判

在《概率统计基础教程》[32] 的第一章“概率统计理论的范围”的开篇，内曼便提到了归纳行为的概念，也表明了他对归纳推理的厌恶态度。“偶尔有人声称，数理统计学和概率论构成了某个被称为‘归纳推理’的心理过程的基础。然而，尽管有大量关于这一主题的文献，‘归纳推理’这一术语仍然晦涩难懂，而且还不确定该术语是否能方便地用来表示任何明确定义的概念。另一方面，正如在 1937 年首次指出的那样，‘归纳行为’一词似乎还有一席之地。这可以用来表示我们的行为针对有限数量的观察所做的调整。这种调整部分是有意识的，部分是潜意识的。有意识的那部分是建立在某些规则的基础之上（如果我看到这个发生，我就会做那个），我们称之为归纳行为的规则。在建立这些规则时，概率论和统计学都起着重要的作用，并且涉及大量的推理。然而，一贯如此，推理都是演绎的。

人类的进步是建立在‘规律性’的基础上的，或者更确切地说，是建立在我们探知周边事物及其变化（我们称之为现象）中的规律性的能力之上的。

最早受到关注的一个‘规律性’可能是物体的尺寸，至少是某些物体的尺寸。于是，‘尺寸’被认为是物体的属性，很快人们发明了测量它们的规则。随着更多的经验，人们发现，曾经似乎已得到确认的规律性远不是绝对的。因此，许多物体的尺寸会随时间而变化。一旦注意到这一点，人类的思维就开始在这些变化的过程中确立‘规律性’。

在许多现象中，某些规律性似乎相当稳定。这就形成了一种习惯，即通过参考在特定时刻似乎已经确立的规律性，来规范我们对一些观察到的事件的动作。这就是我们所说的归纳行为。

人类历史早期，人们就认为雨雪是伴随着乌云的出现而出现的。这是所提到的许多规律性之一。虽然这种规律性不是绝对的（就像大多数其他规律性不是绝对的一样），但每当天空中出现乌云时，人类和一些动物往往会躲起来。这是一个归纳行为的例子。它常常会带来令人满意的结果，当然并不总是这样。

在 17 和 18 世纪，欧洲大陆的赌徒和英国的共济会会员发现了一种新的‘规律性’。先前提到的规律性是尺寸、距离、重量等。新发现的规律性是在重复试验中出现特定结果的相对频率，其中任何一次试验的结果都是不可预测的。

……

一旦注意到这些规律性，相应的抽象概念就很容易创造出来。假设的长期相对频率被冠以概率的标签，并在形成我们的归纳行为中找到了合意的应用。这就是概率计算和数理统计学的起源。”（图 1.31）

图 1.31 归纳行为——在大量的观察中寻找规律性

内曼是一个纯粹的频率派学者，他的置信区间和假设检验理论彻底执行了“归纳行为”准则。当不确定性事件具有频率解释时，我们总能设计一个合理的场景（大量可重复的试验），让归纳行为具有实际意义。换句话说，“归纳行为”不仅仅是内曼的统计哲学，更是频率派的准则。

2. **对归纳行为的质疑之声**

1933 年，苏联数学大师**安德雷·柯尔莫哥洛夫**建立了客观概率的公理化体系，至今它依然主导着学界。贝叶斯学派早在 19 世纪初，便由法国著名数学家**皮埃尔-西蒙·拉普拉斯**创立，其推理模式在拉普拉斯的著作《概率的分析理论》(1812) 里基本定型。主观概率和客观概率经过两百年的争执和磨合也未能走到一起，贝叶斯学派有另外一套区间估计和假设检验的理论*。

* 《人工智能的数学基础——随机之美》[10] 对拉普拉斯的概率思想已经有过介绍，其中贝叶斯推断把未知参数视为随机变量，其区间估计和假设检验都可以转化为一个统计决策问题，对样本容量没有过多的要求。

既然频率派以归纳行为来指导统计推断，它所关注的是操作观测样本的行为，至于观测样本的具体数值是什么并不重要。例如，由一组具体的观测样本所得到的置信区间是否能覆盖住未知参数，内曼的理论回答不了。归纳行为只保证在大量重复试验中，按照某种方法构造出的置信区间以给定的概率覆盖住未知参数。费舍尔质疑这种做法，虽然他的出发点不是贝叶斯主义，但也反映出归纳行为看待数据的角度并不是被所有的统计学家接受。

例 1.3　理论上，归纳行为依赖于大量的观测数据，在现实中常常难以得到满足。例如，法国语言学家、历史学家**让-弗朗索瓦·商博良**（Jean-François Champollion, 1790—1832）利用残破的*罗塞塔石碑* (Rosetta Stone)* 破解古埃及象形文字的结构，于 1822 年翻译出罗塞塔石碑的全文，并编制出埃及文字符号和希腊字母的对照表（图 1.32）。商博良的埃及学研究似乎更像基于观察、猜测、想象和知识的归纳推理，而非归纳行为。

(a) 解码古埃及象形文字

(b) 罗塞塔石碑

图 1.32　商博良翻译出罗塞塔石碑的古埃及文字

类似地，在第二次世界大战中，盟军对轴心国密码的解读（例如，英国布莱切利园对纳粹德国 Enigma 密文的破译[46]）靠的也是归纳推理，甚至是擅长小样本分析的贝叶斯推断（图 1.33）。

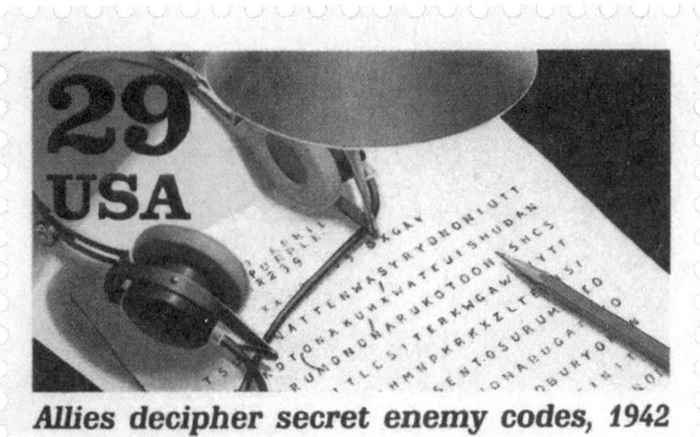


图 1.33　盟军破译敌人密码

归纳行为和归纳推理孰对孰错？这是一个哲学问题而非数学问题，无法判断其对错。即便是公理化了的数学，也有不可判定性命题，即仅靠形式推演无法在给定系统内判定其对错（见《人工智能的数学基础——随机之美》[10] 介绍概率公理体系时，对哥德尔不完备性定理的讨论）。

* 罗塞塔石碑制作于公元前 196 年，上面刻有古埃及法老**托勒密五世**（209 BC—180 BC）的登基诏书，同时以古埃及象形文字（又称"圣书体"）、世俗体及希腊文字颁布，是最早的多语对齐语料。

统计学（图 1.34）是推断的艺术，允许有颜色不一样的烟火。一个理论存在的合理性，最终要交给某类具体的实践来评判。读者在现代统计学的发展中，将发现更多的看待数据的角度，它们在不同的场景里各自具有合理性，不存在一个包打天下的“神器”，这或许就是统计学的魅力吧。

图 1.34 统计学是数据科学、人工智能（包括机器学习）的基础

类似地，我们对机器学习和人工智能本质的理解，也需要从不同的视角展开。数据在其中的作用，不限于统计推断（无论是频率派的还是贝叶斯学派的），还有因果分析（包括干预和反事实推理）、模式表示（例如深度学习）等等。总而言之，研究的方式不止一种，都是人类心智的荣耀。

# 第 2 章 数理统计学简史

人有悲欢离合，月有阴晴圆缺，此事古难全。
——苏轼《水调歌头》

统计学（或数理统计学）是应用数学的一个分支，研究如何收集整理、分析探索带有随机性的数据，以便通过观察对研究的问题做出推断、预测甚至决策。这门学问由来已久，因为人类在社会生活中总是透过大量的随机现象总结经验或探究自然本质，不论是对经济、人口等国情的宏观了解，还是对天气、地震等自然现象的预测，都需要系统的科学方法的指导。因此，统计学之父**卡尔·皮尔逊**（Karl Pearson, 1857—1936）自豪地说，“统计学是科学的语法。”

在 20 世纪以前，随机数学基本限于古典概率论，人们多采用描述性的统计方法。例如，苏格兰政治经济学家**威廉·普莱费尔**（William Playfair, 1759—1823）于 1786 年发明了条形图 (bar chart) 和折线图 (line chart)，用高度表示重要性、比例、数量等（图 2.1）。

(a) 条形图（或称 “柱状图”）

(b) 折线图

图 2.1 直观比较大小、展示差异、揭示变化趋势的简单统计方法

在社会统计、经济统计、人口统计、工业统计等应用中，折线图（图 2.2）常和时间有关，适合描述具有相同时间间隔的数据（时间序列）的变化趋势。

那时的统计学多是探索性数据分析 (exploratory data analysis，EDA)，并未考虑因随机抽样带来的随机性。再如，卡尔·皮尔逊引入的直方图，试图刻画总体分布的性状（图 2.3）。

20 世纪中叶以来,计算机时代彻底改变了统计学的方法与面貌。例如,数据的可视化 (visualization) 已成为探索性数据分析的必备手段（图 2.4），人们可以方便地从多角度了解数据的特征。

图 2.2　折线图直观地展示出随时间（或有序类别）而变化的趋势

(a) 折线图　　(b) 直方图

图 2.3　探索性数据分析的一些常用方法

图 2.4　数据的可视化

概率论 [10,64] 揭示了随机性的规律，统计学在某种意义下可看作是概率论的一个应用领域。譬如，人们使用统计方法来估算测量中的随机误差，对之进行分析并想方设法减小它。与此同时，概率论的逆问题 (inverse problem)* 成为统计学的一个主题：假定一个随机现象由概率空间 $(\Omega, \mathscr{S}, \mathsf{P})$ 来描述，研究者只了解 P 的部分信息（譬如，P 所在的概率分布族）和该随机现象的一些观测结果，他们所面对的一个经典统计问题就是寻求 P 的最优估计。

例 2.1　已知某测量结果服从正态分布 $\mathrm{N}(\mu, \sigma^2)$，其中参数 $\mu, \sigma^2$ 未知，如何从有限的测量数据中估算出这些未知参数？

这里面蕴藏着一个统计学的基本认识，即把数据视作来自具有一定概率分布的总体 (population)，

* 也称“反问题”，指的是由果溯因（即从观测到的现象探知事物内在规律）的研究，一般做法是尝试不同的能够自圆其说的模型。“因”可能不唯一，也可能异常复杂而超出人类认知或把控能力的范围。

只是这个概率分布对我们来说不是完全明确的，其中有些信息缺失了。在这个认识之下，总体的分布是一个客观实在，“理论上”允许数据源源不断地从中产生（但现实往往做不到如此），观测结果就是该分布的抽样结果，它们仅仅是表象。因此，统计学的真正研究对象是数据背后的总体分布，而不是数据本身。

统计学伴随现代概率论的成熟而变得更加数学化，同时受计算机科学的影响而变得更加实用化，它的发展历史一般被划分为以下三个阶段[65-67]。

## 2.1 20 世纪前的统计学

在统计学诞生之前，与之相关的几件重要的工作包括：

（1）依靠条形图、折线图、直方图、散点图 (scatter plot)、茎叶图等直观的数据描述方法，统计学家对数据进行探索性数据分析（图 2.5）。

图 2.5　寻找对数据“直观感觉”的探索性数据分析

如果数据来自几个不同的类别，可以按类别重排条形图，相同类别的条形放在一起。例如，数据 mtcars 来自 1974 年《美国汽车趋势》杂志，其中包括 32 类汽车（1973—1974 年型号）的油耗（mpg: 每加仑英里*数）、气缸数 (cyl)、前进挡数 (gear) 等 10 项性能指标（图 2.6）。不难看出，气缸数越多，油耗越大。

（2）英国数学家**托马斯 · 贝叶斯**（Thomas Bayes, 1701?—1761）的论文《论有关机遇问题的求解》(1763) 和法国数学家、天体力学之父**皮埃尔-西蒙 · 拉普拉斯**的论文《通过事件探究原因概率之备忘》(1774) 对统计思想产生巨大影响，催生了贝叶斯学派。有关拉普拉斯（图 2.7）在贝叶斯分析上的贡献详见《人工智能的数学基础——随机之美》[10]。

（3）法国数学家**阿德里安-马里 · 勒让德**（Adrien-Marie Legendre, 1752—1833）在著作《计算彗星轨道的新方法》(1805) 的附录中明确提出了最小二乘法 (method of least squares)。十八岁的德国数学天才**卡尔 · 弗里德里希 · 高斯**（Carl Friedrich Gauss, 1777—1855）也独立地发现了最小二乘法，并以它为工具计算出了谷神星的运动轨迹，高斯（图 2.8）在《天体运动论》(1809) 和《最小误差观测组合理论》(1823) 中详尽地著述了这一成果。基于最小二乘法的误差分析，帮助人们逐渐确立了对统计学的基本认识。

（4）受拉普拉斯的影响，比利时数学家、统计学家、数量社会科学之父**阿道夫 · 凯特勒**（Adolphe Quetelet, 1796—1874）首次将统计学应用于社会学（图 2.9），特别是犯罪学的研究（例如年龄、性别、

* 1 英里 =1609.344 米。

气候、贫困、教育、饮酒等因素与犯罪的关系）。凯特勒根据体重和身高定义的体重指标，是人体测量学沿用至今的度量。他还提出过“平均人”的概念。

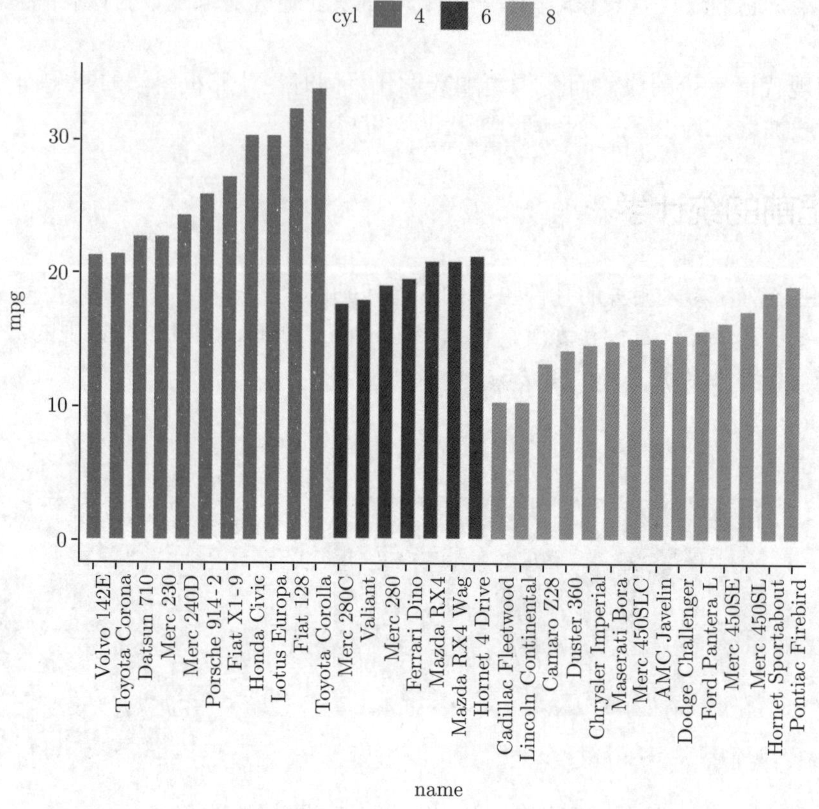


图 2.6　按气缸数组织的油耗条形图

图 2.7　拉普拉斯

图 2.8　数学王子高斯

（5）英国统计学家、人类学家、遗传学家（优生学的创立者）**弗朗西斯·高尔顿**（Francis Galton, 1822—1911）关于*回归分析* (regression analysis) 的先驱性的工作（如父子身高的遗传规律），他最早提出了*标准差* (standard deviation)、*回归* (regression)、*相关性* (correlation) 等概念[10]。

（6）卡方分布的发现以及对正态总体的研究。

（7）卡尔·皮尔逊在研究曲线拟合时提出的*矩方法*成为参数点估计的经典方法之一。

(a) 凯特勒

(b) 优生学

图 2.9 19 世纪，统计学开始用于社会学、优生学的研究

## 2.2 20 世纪上半叶的统计学

进入 20 世纪，统计学得到迅速的发展，诞生了许多新方法和新分支。

（1）1900 年，卡尔·皮尔逊提出拟合优度的卡方检验——这是统计学诞生的标志，该年也被公认为"统计学元年"。

（2）1908 年，英国统计学家兼化学家**威廉·希利·戈塞**（William Sealy Gosset, 1876—1937）以笔名"Student"提出 $t$ 分布和正态总体均值的 $t$ 检验。

（3）英国伟大的统计学家、数学家**罗纳德·艾尔默·费舍尔**是一位在统计学发展史上举足轻重的天才人物，以他的关键工作为标志，数理统计学得以形成和发展[68]。

- 1912—1925 年，最大似然估计 (MLE) 成为参数点估计的又一经典方法[27]。
- 20 世纪 20 年代，系统地发展了正态总体下各种统计量的抽样分布，初步建立了相关分析、回归分析和多元分析等分支。
- 20 世纪 20 至 30 年代，创立了试验设计与方差分析。
- 另外，费舍尔提出了"信任推断"，对一般统计思想也有很大的影响。费舍尔认为统计学即是对总体、变异和数据简化的研究[56]。

（4）1928—1938 年，美籍波兰裔统计学家、数学家**耶泽·内曼**和卡尔·皮尔逊之子、英国统计学家**埃贡·皮尔逊**创立了假设检验理论。

（5）1934—1937 年，内曼建立了与内曼-皮尔逊假设检验理论息息相关的置信区间估计理论。

（6）1925—1930 年，英国统计学家**乌迪·尤尔**（Udny Yule, 1871—1951）奠定时间序列分析的基础。

（7）1928 年，英国统计学家**约翰·威沙特**（John Wishart, 1898—1956）提出威沙特分布，多元统计得以迅速发展。我国著名统计学家**许宝騄**（Pao-Lu Hsu，1910—1970）受费舍尔的影响，于 1940 年前后对这一领域和线性模型的统计推断做出了奠基性的工作。

（8）美籍匈牙利裔统计学家**亚伯拉罕·沃德**（Abraham Wald, 1902—1950）于 1939 年开始发展统计决策理论，引进了损失函数、风险函数、极小化极大原则和最不利先验分布等重要概念。第二次世界大战期间应军需品的检验工作而提出序贯概率比检验法并证明其最优性，奠定了序贯分析 (sequential analysis) 的基础[69]。

（9）1946 年，瑞典统计学家**哈拉尔德·克拉梅尔**（Harald Cramér, 1893—1985）发表著作《统计学数学方法》[70] 总结了当时数理统计学的成果，标志着统计学走向成熟。

图 2.10　黑箱

在实践中，我们经常遇到黑箱 (black box) 系统，即给定输入得到输出而不清楚其内部结构的系统，见图 2.10。抽象地说，统计学透过数据研究其背后的自然本质：对于输入变量 $x$，自然本质这个黑箱有响应变量 $y$ 输出。

黑箱是行为主义的模型，其数据分析的目的无外乎：

- 探索自然规律是如何把响应变量和输入变量关联起来的。
- 预测新的输入将会有怎样的输出。

## 2.3　20 世纪下半叶的统计学

信息通信技术 (information and communications technology, ICT) 是信息技术和通信技术的合称（图 2.11），它的发展推动了统计学各种应用，人们越来越注重统计方法的实用效果。

图 2.11　信息通信技术

美国统计学家、数学家**约翰·图基**（John Tukey, 1915—2000）在 20 世纪 60 年代初就预言数据分析的未来是面向应用和计算的学问。20 世纪 70 年代末，艾弗隆的自助法 (bootstrap method) 和蒙特卡罗方法借助计算机得以广泛应用于统计推断。

20 世纪 90 年代，以色列统计学家**约夫·本杰明尼**（Yoav Benjamini, 1949—）等人提出错误发现率 (false-discovery rate, FDR)，即假设检验中第一类错误率的期望，并给出了在多重比较中对它的控制方法。

20 世纪末，统计学家开始关注机器学习、大数据分析等应用类数据科学。例如，集成学习 (ensemble learning) 策略、美国统计学家**莱奥·布雷曼**（Leo Breiman, 1928—2005）的自助聚合 (bootstrap aggregating) 方法和随机森林 (random forest) 成为机器学习的经典方法。还有以色列统计学家**约夫·弗罗因德**（Yoav Freund）和**罗伯特·沙派尔**（Robert Schapire）的提升 (boosting) 方法，于 2003 年获得哥德尔奖*，也是集成学习的典型方法。

* 伟大的奥地利数学家、逻辑学家、哲学家**库尔特·哥德尔**（Kurt Gödel, 1906—1978）以哥德尔不完备性定理和连续统假设的相对协调性证明而万古流芳 [71-72]。

（1）在生物学、医学、金融数学、经济学、社会学以及工程技术上的应用越来越普及，产生了一些新的应用分支，如生物统计、抽样检验、统计质量管理、排队论、库存论、可靠性与生存分析等（图 2.12）。

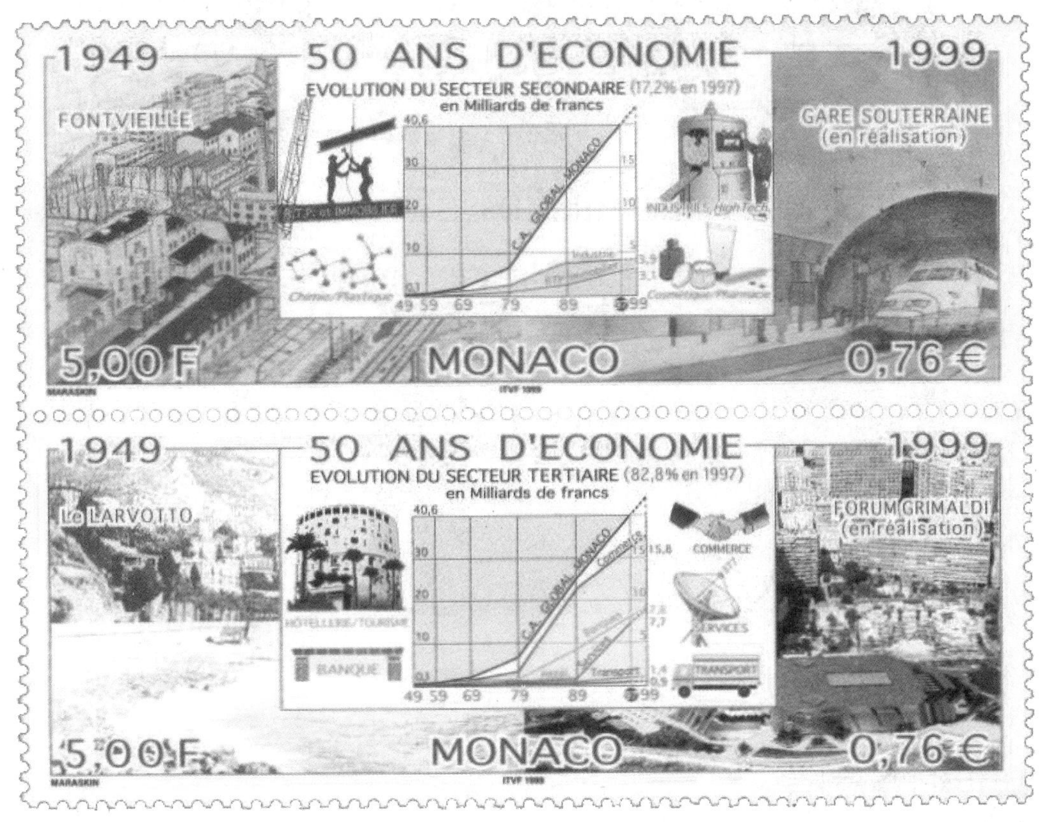


图 2.12 统计学在国民经济生产、科学技术研究中有着广泛的应用

（2）非参数统计学的大样本理论得到发展，尤其是关于秩统计量和 $U$ 统计量的大样本理论[36,73]。这部分内容超出了本书的范围，还没有广泛地应用于机器学习、人工智能中。

（3）应小样本分析的需求，贝叶斯学派逐渐兴起，在很多具体应用上贝叶斯统计学已成为经典统计学的强有力的竞争者。

（4）随机模拟技术的发展令很多计算上的困难不复存在，一些复杂的抽样分布的推导变得不再需要，同时计算机处理海量数据的能力推动了理论模型的各种应用，也加剧了统计学中理论和应用逐渐分离的趋势。

（5）近半个世纪以来，计算和存储的成本越来越低，促进了统计学的发展。随着算力的不断提升和计算成本的大幅度降低（图 2.13），人工神经网络[74]、模式识别[2,75]、机器学习[3,22]、数据挖掘等一些与数据分析和处理有关的边缘分支如雨后春笋般出现，它们模糊了统计学的边界。

（6）各行各业对统计人员的需求越来越大，统计专业的教育和培训受到统计学发达国家的重视，甚至取得了与数学平起平坐的地位。统计分析人员（包括统计学家）必须熟练掌握统计计算软件（如 R 语言），很多经典的统计方法已经创建为开源的程序包，各种常见工具变得唾手可得。

图 2.13　不断进步的计算与存储技术

## 2.4　21 世纪的统计学

随着信息交流、电子商务、移动互联、云计算（图 2.14）的发展，**大数据分析** (big data analysis) 为政策的制定、业务的优化等提供了坚实的论据支持。

(a) 信息交流　(b) 电子商务　(c) 移动互联　(d) 云计算

图 2.14　大数据时代的数据来源

统计学将深受大数据和人工智能的影响，向应用和计算的方向发展。美国当代著名统计学家**布拉德利·艾弗隆**（Bradley Efron, 1938—）一语道破，“21 世纪统计学中几乎所有的主题都是与计算机相关的。”他的新作《计算机时代的统计推断》[1]，恰逢其时地总结了这个趋势。

同时，统计方法论的轮廓也逐渐清晰，并得到愈来愈多的关注。2001 年，美国统计学家莱奥 • 布雷曼在论文《统计建模：两种文化》里概括了两种不同的统计建模文化[40]：

- 基于已有的经验或知识，假设了数据的产生机制（如线性回归）。
- 对数据的产生机制一无所知（俗称“模型盲”），把它当作黑箱来模拟（如决策树、神经网络、聚类等）。

一般而言，经典统计学里第一种文化占主体，统计机器学习里第二种文化占主体（实际上，该领域的多数思想来源于统计学）。其实，这两种文化是互补的，共同构成数据科学 (data science) 的文化。如果对数据的产生机制有一些经验或知识，尽可能地将它利用起来，有助于模型的效果。

说到数学和统计的关系，很多人不把统计学列为数学的分支，而将之视为推断的艺术，原因是使用不同的统计方法、基于不同的观测数据有可能导致截然不同的结论——这是统计学固有的特点。也有人把统计学视为说谎的艺术，美国作家**马克 • 吐温**（Mark Twain, 1835—1910）曾说过一句名言，“世上有三种谎言：谎言、该死的谎言和统计学。”（图 2.15）他的话当然有些偏激，统计方法本身没有善恶，只有别有用心的使用者而没有说谎的统计学[52]。

(a) 马克 · 吐温

(b) 如何 (用或不用统计学) 撒谎

图 2.15 时常深陷伦理困境的统计学

奥地利哲学家**卡尔 • 波普尔**（Karl Popper, 1902—1994）* 认为“一个理论就是描述观测的数学模型。”（图 2.16）统计理论可视作对观测数据进行数学建模 (mathematical modeling) 进而给出统计推断（包括预测、分析、解释等），其首要步骤是对问题的抽象。

图 2.16 波普尔

* 波普尔是 20 世纪著名的哲学家，他提出了区别“科学”和“非科学”的可证伪 (falsification) 标准。不可证伪的神学、哲学、逻辑学、数学都不属于“科学”的范畴。

要得到合理的问题抽象并非易事，美国数学家、统计学家**约翰·图基**（John Tukey, 1915—2000）曾说，“一个正确问题的近似解比一个似是而非问题的精确解更有价值得多。”意思是数学建模（图 2.17）之重要甚于求解。数学建模（包括统计建模）是一门复杂的艺术，需要有一双看见本质的眼睛和足够多的经验积累。经验包括对一些经典统计模型的了解和在真实数据分析上的实战。

图 2.17　数学建模

对数据的认识，也是随着计算机科学与技术的进步而变得丰富起来。譬如，语音识别、物体识别等人工智能技术将声音与图像转化成文字，对原始数据的语义理解会更深入。再如，多个感知角度的数据不再被孤立地看待，所有能揭示其本质的技术都可以用上——这便是多模态机器学习。

数据的规模与多样性、产生的速度、内在关联的复杂性、质量的参差不齐等都将成为挑战。机器产生的数据和人产生的数据有时会混杂在一起，增加数据分析的难度。人们必须借助更强大的算法和算力（图 2.18）才能从数据里攫取价值，方法的实用性将再次被强调。

(a) 计算机技术

(b) “创造 AI”——《创造亚当》的电子版

图 2.18　促进统计学飞速发展的计算机科学

以更广阔的视角看待数据（例如，模型也是数据），是 21 世纪数据科学的特点。需要铭记的是统计学扎根于应用，靠实际效果来评价模型的优劣，而不是炫耀数学技巧搞一些华而不实的东西。其实，数学建模是知识表示的一种方式。英国统计学家**乔治·博克斯**（George Box, 1919—2013）曾说，“所有的模型都是错误的，但其中有一些是有用的。”通俗地讲，实践是检验“统计真理”的唯一标准。

统计学作为机器学习最重要的工具，需要在持续学习的动态过程中不断地被使用。机器学习不是一蹴而就的事情，如何用好统计模型是一个关键问题（图 2.19）。以数据驱动的和以知识/经验驱动的统计方法各有其优势，寻求它们的相互配合，是元学习必须考虑的课题。

(a) 人工智能　　(b) 学无止境

图 2.19　基于统计方法的人工智能和机器学习

2010 年 6 月 3 日，第 64 届联合国大会第 90 次会议将 2010 年 10 月 20 日确定为第一个“世界统计日”，主题是“庆祝官方统计的众多成就”。之后每五年的 10 月 20 日都是“世界统计日”。2015 年 10 月 20 日第二个“世界统计日”的主题是“优化数据，改善生活”。2020 年 10 月 20 日第三个“世界统计日”的主题是“用我们可以信任的数据连接世界”（图 2.20）。

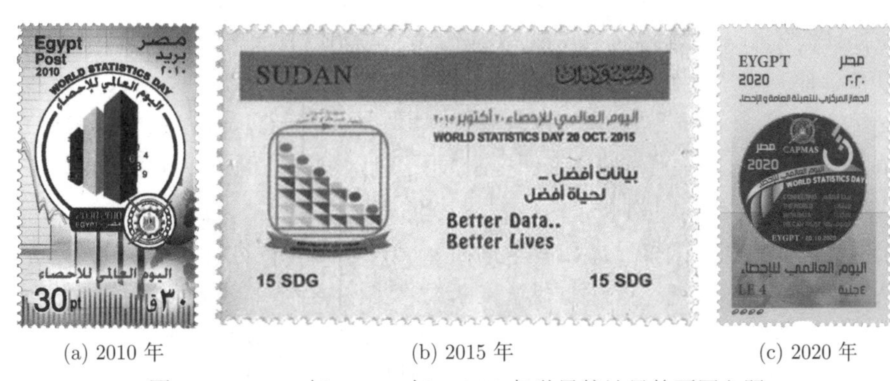


(a) 2010 年　　(b) 2015 年　　(c) 2020 年

图 2.20　2010 年、2015 年、2020 年世界统计日的不同主题

随着大数据分析和人工智能技术的发展，在精准广告投放、电信欺诈等利益驱使之下，一些有关数据隐私 (data privacy)、数据安全 (data security)、数据攻击 (data attack)、数据伪造等伦理问题变得日益严峻（图 2.21）。因此，作为一件基本工具，统计学还需面对很多来自具体应用的伦理 (ethics) 挑战[52]。在人工智能和大数据时代，利用统计工具作恶变得越来越容易。

图 2.21　数据隐私与数据安全

## 2.5 推荐读物

图 2.22 国际统计年 2013

统计学经过百年的发展已经枝繁叶茂，本书仅是以费舍尔和内曼的统计思想为主线，向读者介绍入门级的经典统计学，对新近兴起的自助法 [76-77]、折刀法[78] 等只能做蜻蜓点水式的介绍，这些有趣的内容大都未列入本科教学，感兴趣的读者只能去阅读相关的专著。机器学习和大数据分析“借鉴”了许多统计学的成果，共同撑起数据科学的一片天地（图 2.22）。

为了更好地了解统计思想和方法，由易及难，向读者推荐以下几部专著作为课外读物。

- ⚀ 美国统计学家**戴维·弗里德曼**（David Freedman, 1938—2008）等人的《统计学》[79] 和**勒罗伊·福克斯**（Leroy Folks）的《统计思想》[80] 都是强调统计思想而非技术细节的入门书，像侦探小说一样引人入胜。为帮助高级读者了解当代统计学，美国统计学家**布拉德利·艾弗隆**（Bradley Efron, 1938—）和**特雷弗·哈斯蒂**（Trevor Hastie, 1953—）的《计算机时代的统计推断：算法、证据和数据科学》[1] 综述了 20 世纪下半叶以来频率派统计学的主要进展。
- ⚁ 美国统计学家**莱奥·布雷曼**（Leo Breiman, 1928—2005）的《统计学：从应用的观点看》[81]，布雷曼是早期融会贯通统计学和机器学习的杰出学者，他对统计学两种文化的见解体现了实用主义统计学[40] 。美国统计学家**乔治·卡塞拉**（George Casella, 1951—2012）和**罗杰·李·博格尔**（Roger Lee Berger）的《统计推断》[82] 包含丰富的例子，预备知识仅需要数学分析和线性代数，适合初学者。
- ⚂ 费舍尔的《统计方法、试验设计和科学推断》[56]，是三本书的合订本，分别是《研究者用的统计方法》《实验设计》《统计方法与科学推断》。英国知名统计学家**弗兰克·耶茨**（Frank Yates, 1902—1994）为合订本写序，评价了这位 20 世纪最伟大的统计学家的工作。这部著作让我们重温数理统计初创的辉煌，不忘初心关注于统计的本质，即揭示数据背后的事实，而不是单纯地玩弄数学技巧。
- ⚃ 美籍印度裔统计学家**维杰·罗哈吉**（Vijay Rohatgi, 1939—）的《概率论及数理统计导论》[83] 和**卡利安普迪·拉达克里希纳·拉奥**（Calyampudi Radhakrishna Rao, 1920—）的经典名著《线性统计推断及其应用》[84]。
- ⚄ 美国统计学家**彼得·毕克尔**（Peter Bickel, 1940—）等人的《数理统计——基本概念及专题》[85]的内容非常紧凑。2001 年的新版较 1977 年的旧版改动很大，旧版更好一些。作为对比，贝叶斯学派的统计学可参考美国统计学家**詹姆斯·博格尔**（James Berger, 1950—）的《统计决策论及贝叶斯分析》[16]，**安德鲁·格尔曼**（Andrew Gelman, 1965—）等人的《贝叶斯数据分析》[11]，以及**伦纳德·萨维奇**（Leonard Savage, 1917—1971）的《统计学基础》[86]。
- ⚅ 我国著名统计学家**陈希孺**（1934—2005）院士的《高等数理统计学》[87] 是一部基于测度论的数理统计学基础教科书，有大量精心设计的习题，占了书的一半篇幅。

# 第二部分

# 经典统计学

# 第 3 章

# 统计学的一些基本概念

纸上得来终觉浅，绝知此事要躬行。

——陆游《冬夜读书示子聿》

与所研究问题有关的全部个体的确定集合称作总体 (population)。若其中个体数目有限，则称之为有限总体。例如，调查一个班级学生的身高状况，总体就是这个班的所有学生；调研国民的年收入情况，总体包括所有国民。有时总体只是一种理想的存在，如测量给定地点某时刻的温度，总体就是所有可能的观测值，即实数集 $\mathbb{R}$；再如，抛一枚硬币无穷多次所得结果的总体。像这种个体数目无穷多的总体被称为无限总体。如果有限总体中个体数目足够大，也可近似地当作无限总体来处理，如某时间段内全球上网者的总体。

一元总体中的每个个体都可用度量总体某一属性 (attribute)* 的随机变量来描述。举个例子，如果关心上网者是否浏览股票信息，对每个上网者可联系一个 0-1 分布的随机变量 $X$，若浏览股票信息则取 1，否则取 0。如果同时还对上网者的年龄特征感兴趣，就要用到两个随机变量来描述一个个体，这样的总体被称为二元总体。以此类推，也会有多元总体，多元统计学 (multivariate statistics) 就是研究多元总体的统计学分支（图 3.1）。

图 3.1　统计学——研究未知总体的一门应用数学

为了研究的方便，常把总体数量化，譬如与人均年收入问题有关的全部个体是一群人的集合，可以把这个集合简化为这群人的收入的集合。总体内各数值出现的可能性所形成的概率分布称为总体分布，例如，给定地点某时刻的温度测量值的总体分布就是以该时刻的真实温度为均值的正态分布 $X \sim \mathrm{N}(\mu, \sigma^2)$，其中真实温度 $\mu$ 和方差 $\sigma^2$ 都是未知的。我们可以把总体分布看作数据的产生机制，即我们所观察的数据就是总体分布的随机数。

例 3.1（幸存者偏倚）　第二次世界大战期间，空战激烈（图 3.2）。美国海军某部门请教统计学家**亚伯拉罕·沃德**（Abraham Wald, 1902—1950）应该如何防护飞机才能降低被击落的风险。

* 有时也称特征 (feature)，在本书中这两个术语是同义词。但对一些约定俗成的词组，如“特征抽取”，二者不能随意替换。

图 3.2 第二次世界大战中的激烈空战

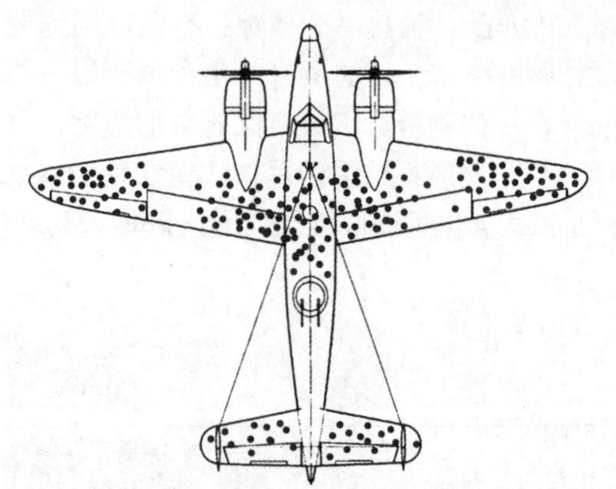

图 3.3 安全返航的美军飞机上的弹着点示意图

根据返航飞机的弹着点，沃德发现最多和最少受到攻击的部位分别是机翼和发动机（图 3.3）。海军部门认为应该加强机翼的防护，但沃德则认为应该是发动机，因为发动机一旦中弹很难生还（因此，样本很少），而机翼多次中弹后依然没事儿。这被称为“*幸存者偏倚*”(survivorship bias)，提醒数据分析时要慎重地对待观测样本。

在概率论那里，数据的产生机制是完全明确的，概率论关注的是这个机制的性质。对统计学而言，一旦总体分布搞清楚了，总体便毫无神秘之处，剩下的都是概率论的事情了。所以，统计学要搞清楚数据的产生机制，仅对以下两种类型的总体分布感兴趣：

（1）总体分布几乎是未知的，仅仅知道它是连续型的或离散型的，这种总体称为*非参数总体*。

（2）总体分布 $X \sim F_{\theta_1,\theta_2,\cdots,\theta_k}(x)$ 的数学形式已知，仅有若干参数 $\theta_1,\theta_2,\cdots,\theta_k$ 未知，这样的总体被称为*参数总体*。本书重点考虑参数总体，其中正态总体因为相对常见和简单而被研究得较为透彻。

**定义 3.1** 未知参数 $\boldsymbol{\theta} = (\theta_1,\theta_2,\cdots,\theta_k)^\top$ 的所有可能取值称为*参数空间*，记作 $\Theta$。例如，已知总体是正态分布 $\mathrm{N}(\mu,\sigma^2)$，但是参数 $\mu,\sigma^2$ 未知，参数空间是上半平面。

**定义 3.2** 参数总体的所有可能分布的集合 $\mathscr{F} = \{F_{\boldsymbol{\theta}} : \boldsymbol{\theta} \in \Theta\}$ 称为一个*分布族* (a family of distributions)*。例如，正态分布族 $\mathscr{F} = \{\phi(x|\mu,\sigma^2) : \mu \in \mathbb{R}, \sigma > 0\}$，$k$-参数指数族（见第 82 页的定义 3.16）等。

* 当谈到未知参数而无须强调它是单个参数还是向量参数时，我们也常用非粗体的小写字母表示未知参数，分布族记作 $\mathscr{F} = \{F_\theta : \theta \in \Theta\}$ 或者 $\mathscr{F} = \{F(x|\theta) : \theta \in \Theta\}$。

费舍尔在其名著《研究者用的统计方法》里说，“无关信息和相关信息之间的区别如下。即使在最简单的情况下，我们面对的数值（或数值集合）也被解释为在相同的情况下可能出现的所有数值构成的一个假想无限总体的一个随机样本。这个总体的分布能够有某种数学形式，公式中包含一定数目，通常是少数几个参数或‘常数’。这些参数是这个总体的特征。如果我们能知道参数的精确值，我们就会知道来自这个总体的任何样本所能告诉我们的一切（甚至更多）。事实上我们无法精确地知道参数，但我们可以估计它们的值，这估计或多或少地不准确。这些估计，术语是统计量，当然是从观测算出来的。如果我们能为总体找到一个可充分表示观测数据的数学形式，然后从数据中计算出所需参数的最好的可能估计，那么数据将看起来只能告诉我们这么多；我们将从中提取所有可用的相关信息。”

在概率问题中，总体的分布是已知的；在统计问题中，总体的分布是未知的。在观测数据的基础上，统计的任务就是在圈定好的一些可能的总体分布中找出最合理的那个。要达到这个目标，必须回答下面的问题：

- 基于什么假设圈定这些分布？
- 模型的合理性体现在哪些方面？
- 如果假设不成立，会出现什么后果？
- 怎么衡量模型的效果？
- 还有其他的模型吗？
- 对比其他模型，你的模型有什么优点和缺点？
- 如何改进当前的模型？
- 能得出怎样的因果关系？等等。

不难看出，统计建模 (statistical modeling) 是首要步骤，它就是在现实问题和统计理论之间构筑桥梁。本书我们所考虑的统计问题分为以下三种类型：

（1）参数模型和非参数模型所用的方法还是有很多差异的。前者关注一类可能的分布，在参数空间里寻找一个最优化问题的解；后者所考虑的可能分布族的范围更广泛。

a） 频率派认为参数是未知的固定值，参数估计有两种方式：一是点估计（猜它等于多少）；二是区间估计（以某个概率被由样本构造的区间覆盖住）。

b） 与频率派不同，贝叶斯学派认为参数是随机变量，参数估计就是算该参数的后验分布。

这两套理论无所谓对错，它们的基本理念是不同的，作为工具都有各自适合的应用场景，我们在后续的章节里会逐一给予介绍。

（2）另外，对于有关总体分布的假设，基于观测样本统计学也有一些叫作“假设检验”的手段来评价它的真假。

（3）除了上述跟总体有关的统计学，我们经常还需发掘变量之间隐藏的函数关系。在输入变量 $\boldsymbol{x}$ 和响应变量 $\boldsymbol{y}$ 之间，我们假定有某个待定的函数关系可被参数化表示为 $f_\theta$，即

$$y = f_\theta(x) + \epsilon \tag{3.1}$$

其中，误差 $\epsilon$ 服从某个带参数的分布。式 (3.1) 中的未知参数 $\boldsymbol{\theta}$ 是待定的，它需要通过输入变量和响应变量的观测得到估计。频率派常把这个参数估计的问题转化为一个最优化的问题。

要深入了解这些统计分支，我们必须掌握一些基本的统计概念和它们的性质，如经验分布、统计量及其抽样分布等。我们还要专门研究费舍尔提出的一类特殊的统计量——充分统计量的性质。充分统计量之所以重要，是因为它恰好反映出样本所包含的未知参数的信息。最终，统计方法还要用于解决实际问题，例如，控制、预测等。

美籍匈牙利裔数学家、物理学家、计算机科学家**约翰·冯·诺依曼**（John von Neumann, 1903—1957）（图 3.4）曾说，“科学不试图阐释，甚至几乎不试图说明，而只是构造模型。一个模型就是一个数学构造，稍加一点文字解释便能描述观察到的现象。对此数学构造合理性的证明恰好是该模型被期许做的事情，即正确解释一个相当广泛的领域中的现象。”

图 3.4 现代计算机之父冯・诺依曼

统计建模是统计学家的日常工作，十之八九的精力耗费于此。譬如，可能的分布族圈小了会导致错误的结果，圈大了会增加搜索的难度，也有可能导致无意义的结果。统计建模既依赖于数学推理，也要靠一些不那么严谨的经验。书本里多强调前者，后者多是从数据分析的实战中磨炼得到（如利用*探索性数据分析*直观地考查数据的特点）。法国数学大师**昂利・庞加莱**（Henri Poincaré, 1854—1912）说，“*对发现来说，直觉比逻辑更重要。*”统计发现亦是如此，所以我们常说统计既是一门科学，也是一门艺术。英国统计学家**乔治・博克斯**（George Box, 1919—2013）开玩笑说，“*统计学家就像艺术家一样有个爱上他们的 models 的坏习惯。*”

## 第 3 章的关键概念

与《人工智能的数学基础——随机之美》一样，我们用有向图来描述内容对象之间的关系（知识），这里对象可以是概念、方法或结果。图 3.5 为本章的*知识图谱* (knowledge graph)。其中，圆形/八边形节点分别是费舍尔/内曼重点论述过的，椭圆节点是二人共同涉足过的。节点之间的关系是：

- $a \dashrightarrow b$ 表示“$b$ 是 $a$ 的一个子类或一部分”（$b$ is a kind/part of $a$）；
- $a \to b$ 表示“对象 $b$ 的定义基于对象 $a$”，或者“对象 $b$ 由对象 $a$ 诱导出”（$b$ is defined/induced by $a$），其中 $a,b$ 之间没有类的包含关系。

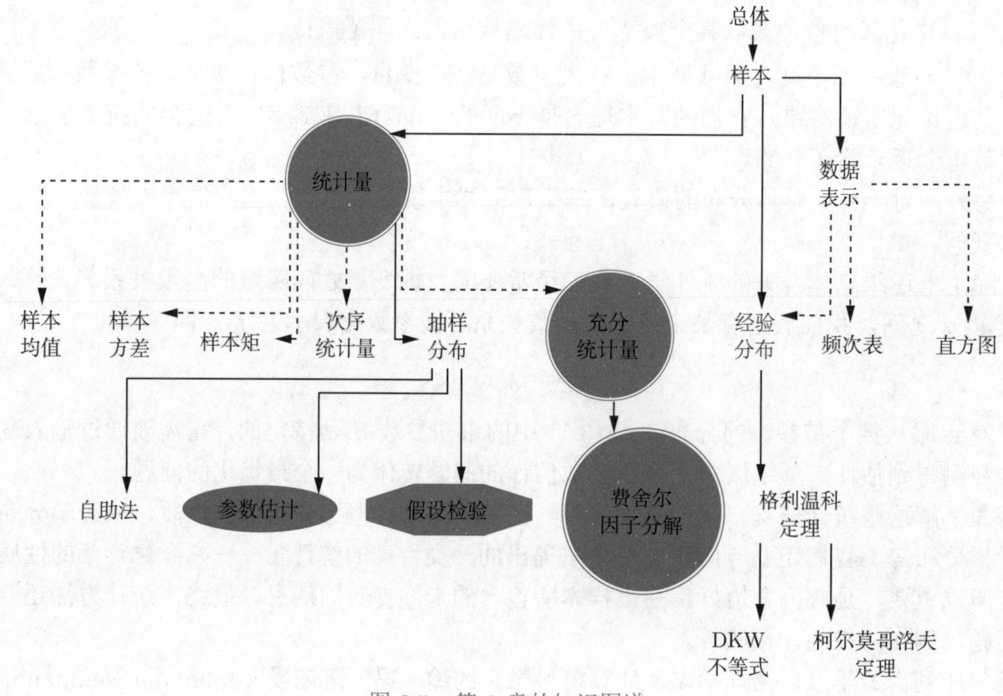


图 3.5 第 3 章的知识图谱

## 3.1 样本的特征

将总体中的每个个体逐一列举加以研究是不可行的或不经济的。为得到对总体的宏观了解，一个可行的策略是以一定的方式从总体中抽取出若干个体（这些被抽取的个体称为样本点*，它们构成的集合称为一个样本，其中所含个体的数目称为样本容量或样本量）进行考察，进而得出有关总体的结论。对于数量化的总体，样本的观测结果也是数值，称为样本值。譬如，调研去年省内人均年收入情况，可根据职业比例从工人、农民、个体商户、公司职员、政府机构公职人员等人群中随机抽取一定规模的样本，然后求加权平均。

1. **探索性数据分析**

利用样本值可以直观地探索总体的特性，例如数据可视化（用各种各样的直观方式去揭示数据的特点和背后的规律），从而帮助我们画出总体的“素描”。在常见的探索性数据分析中，饼图 (pie chart) 和极区图 (polar area chart) 分别是普莱费尔和南丁格尔于 1801 年和 1858 年发明的（图 3.6）。

(a) 条形图

(b) 饼图

(c) 极区图

图 3.6 对数据的一些常见而简单的探索性描述方法

直方图是直观显示数据聚散情况的最常见方法，已下放至中小学数学教育。毫不夸张地说，直方图被广泛地应用于自然科学、工程学、经济学、社会学等领域，是探索性数据分析中最常见的工具之一。

直方图用面积而非柱高表示占比，这是它有别于条形图之处——如果用矩形面积表示观测数据落于矩形底边区间的百分数，直方图中所有矩形的面积之和就等于 1，这样的直方图对了解连续型总体的密度函数很有用。但是，直方图丢失了数据的很多原始信息，更新起来也不太容易。绘制直方图最关键的步骤是区间的划分，区间个数可由用户指定。请读者尝试一下，看看不同的划分是否会导致不同的直方图。

例 3.2 从二元正态分布 N(0, 0, 1, 4, −0.4) 抽取 $n = 10^6$ 个随机数，利用计算机绘制三维直方图。在每个三维直方图里，所有小长方体的体积之和等于 1（图 3.7）。

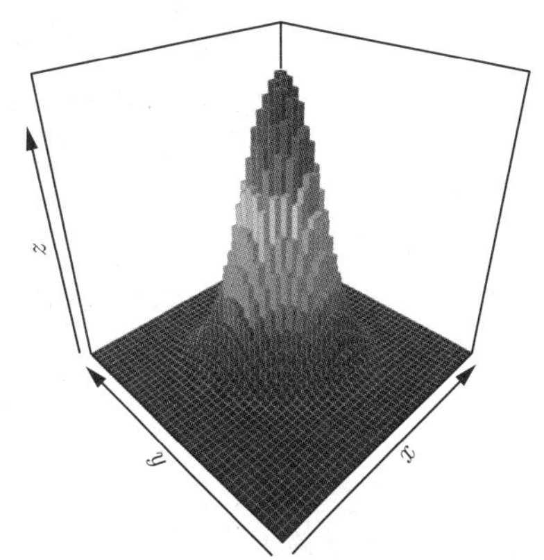

图 3.7 三维直方图

* 有时候在不引起歧义的情况下也把样本点简称为样本。如何获取样本是抽样调查 (sampling survey) 和试验设计 (design of experiment) 的任务，它们都是统计学的重要分支。

例 3.3　如图 3.8(a) 所示，人口金字塔 (population pyramid) 是在某时间点上男性 (♂) 和女性 (♀) 人口年龄的直方图，描述了总体的年龄结构和男女比例。落后国家、发展中国家和发达国家的人口金字塔是不同的。图 3.8(b) 是德国百年以来（1889 年、1989 年、2000 年）的人口金字塔，不难看出其幼龄人口占比逐渐减少，老龄化日趋严重。

(a) 人口金字塔

(b) 德国在 1889年、1989年、2000 年的人口金字塔

图 3.8　人口金字塔揭示了男女人数在不同年龄上的分布情况

通过男女年龄在不同历史时期的直方图，不仅能看出年龄分布随时间的变化，也可以针对不同性别进行比较。例如，现代女性比男性更长寿，在老龄人群中的比例更高。随着经济和医疗技术的发展，几乎所有的发达国家都面临人口老龄化这一严峻的社会问题。图 3.9 是中国在 2018 年的人口金字塔。

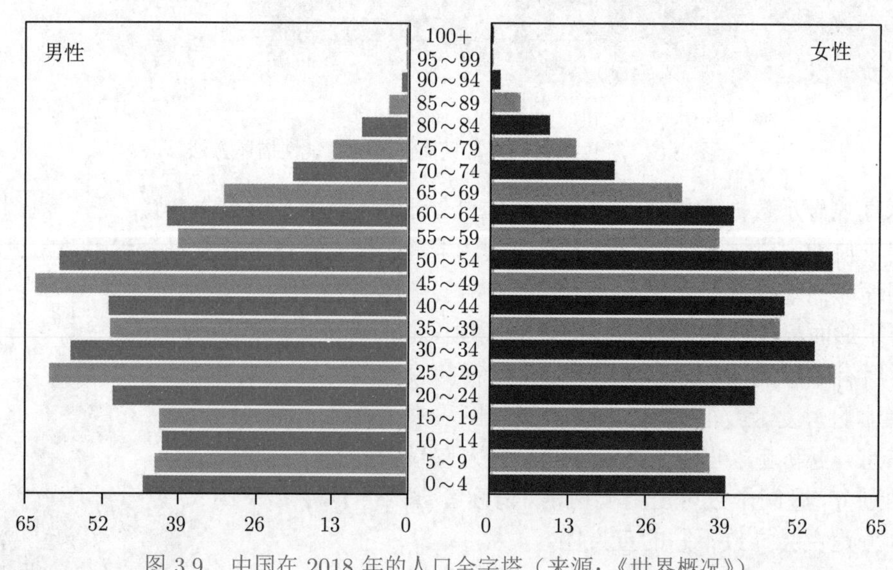


图 3.9　中国在 2018 年的人口金字塔（来源：《世界概况》）

在实践中，若总体分布是连续型的，往往要通过核密度估计的方法得到密度函数（附录 C）。核密度估计是探索总体分布的一种非参数方法[88]。

定义 3.3　通过频次表（或频率表）、茎叶图 (stem-and-leaf plot) 等手段，也可以对已知的样本值有一个直观的了解。首先，把样本值 $x_1, x_2, \cdots, x_n$ 中所有不同的值从小到大都列出来，不妨设它们为

$$x_{(1)} < x_{(2)} < \cdots < x_{(k)}，其中\ 1 \leqslant k \leqslant n$$

然后，分别找出 $x_{(1)}, x_{(2)}, \cdots, x_{(k)}$ 出现的频次，不妨设为 $n_1, n_2, \cdots, n_k$，所得到的表 3.1 被称为频次表 (frequency table)。

表 3.1　频次表

| 不同的样本值 | $x_{(1)}$ | $x_{(2)}$ | $\cdots$ | $x_{(k)}$ |
|---|---|---|---|---|
| 出现的频次 | $n_1$ | $n_2$ | $\cdots$ | $n_k$ |

令 $n = \sum_{j=1}^{k} n_j$，相应地，$x_{(1)}, x_{(2)}, \cdots, x_{(k)}$ 的频率是

$$f_j = \frac{n_j}{n}，\text{其中 } j = 1, 2, \cdots, k$$

所得到的表 3.2 被称为频率表 (relative frequency table)。显然，频率 $f_1, f_2, \cdots, f_k$ 之和等于 1。

表 3.2　频率表

| 不同的样本值 | $x_{(1)}$ | $x_{(2)}$ | $\cdots$ | $x_{(k)}$ |
|---|---|---|---|---|
| 出现的频率 | $f_1$ | $f_2$ | $\cdots$ | $f_k$ |

显然，频次表是无损失的数据表示，而频率表丢失了样本量的信息。若把 $x_{(1)}, x_{(2)}, \cdots, x_{(k)}$ 按位数进行比较，将基本不变或变化不大的位作为“茎”，将变化大的位作为“叶”列在“茎”的后面，如此得到的图可以毫无损失地直观显示样本值，称为茎叶图。

例 3.4　鸢尾花 (iris) 数据是美国植物学家**埃德加·安德森**（Edgar Anderson, 1897—1969）在 1935 年收集的 150 组鸢尾花萼片和花瓣的长度与宽度，共分为三类（图 3.10）：山鸢尾 (setosa)、变色鸢尾 (versicolor)、维吉尼亚鸢尾 (virginica)。

图 3.10　三种类型的鸢尾花

每类都包含 50 组数据（萼片和花瓣的长度与宽度）。1936 年，费舍尔在一篇有关判别分析的论文中使用了该数据而使之成为多元统计方法的一个公开测试数据集，并被冠以“费舍尔的鸢尾花数据”（例 A.3）。R 语言自带了鸢尾花数据 (iris data)，通过命令 data(iris) 即可导入数据。考虑山鸢尾的花瓣长度的样本值，表 3.3 和图 3.11 分别是它们的频次表和茎叶图。

表 3.3　山鸢尾的花瓣长度的频次表

| 样本值 | 1 | 1.1 | 1.2 | 1.3 | 1.4 | 1.5 | 1.6 | 1.7 | 1.9 |
|---|---|---|---|---|---|---|---|---|---|
| 频次 | 1 | 1 | 2 | 7 | 13 | 13 | 7 | 4 | 2 |

10 | 0
11 | 0
12 | 00
13 | 0000000
14 | 0000000000000
15 | 0000000000000
16 | 0000000
17 | 0000
18 |
19 | 00

图 3.11　山鸢尾的花瓣长度的茎叶图

相比直方图，茎叶图保留了数据（样本值）的原始信息而且便于更新。每个数据分析人员都要有探索性数据分析的素质，计算机是很好的辅助工具（图 3.12）。

图 3.12　探索性数据分析

例 3.5　英国统计学家**威廉·希利·戈塞**（William Sealy Gosset, 1876—1937）对苏格兰场 1900 年前后获得的 3000 多名男性罪犯的身高数据进行了分析，发现它的直方图几乎完全符合正态分布（图 3.13）。

图 3.13　罪犯身高的直方图

2. 统计量

探索性数据分析可能因样本的差异而不同，根据样本获得正确的结论并指出其不可靠的范围是统计推断的主要研究内容之一。由于抽样的随机性，在观察到样本值之前，频率派把每个样本点都视为一个服从总体分布的随机变量，所以样本量为 $n$ 的样本就是一个由样本点构成的 $n$ 维随机向量，记作 $\boldsymbol{X} = (X_1, X_2, \cdots, X_n)^\top$，其分布称为样本分布，取决于总体分布、抽样方式*和样本量。

统计学更关注如何通过有限样本 $\boldsymbol{X} = (X_1, X_2, \cdots, X_n)^\top$ 尽可能准确地“猜出”总体分布的一般方法。所以，我们可以抽象地研究随机向量 $\boldsymbol{X}$ 与总体分布之间的关系，甚至无须有具体的样本值。

允许样本量趋向无穷，即允许从总体中不断抽样的统计问题称为*大样本问题*，由此发展起来的大样本理论以概率论的极限理论为研究工具，以统计量的渐近性质及针对这些性质的统计方法为研究对象。大样本理论起源于 1900 年卡尔·皮尔逊对用于拟合优度检验的卡方统计量渐近于卡方分布的证明，如今该理论已得到充分的发展[39]，后续章节将介绍它的一些经典结果，如最大似然估计、似然比检验等。

具有固定样本容量的统计问题称为*小样本问题* (small sample problem)，大样本时的结论不再适用。小样本理论起源于 1908 年戈塞提出 $t$ 分布并将之用于正态总体均值的小样本估计。请读者切记“大样本”和“小样本”并不是指样本容量的相对大小，而是指是否允许样本量无限大。当样本量趋于无穷时，有一些好的近似性质可被应用。

定义 3.4（统计量）　设 $\boldsymbol{X} = (X_1, X_2, \cdots, X_n)^\top$ 是从某总体抽得的样本，若除了 $\boldsymbol{X}$ 之外，波雷尔可测函数 $T = T(\boldsymbol{X})$ 不依赖于其他任何未知量，则称 $T$ 为*样本统计量*或*统计量*†(statistic)。简而言之，统计量就是由样本构造的新的随机变量，是为了反映出样本的某个特性而对样本的“深加工”。

为方便记述，一般情况下统计量皆用大写字母（如 $T$）表示，它的观测结果约定用相应的小写字母表示（如 $t$）。常见的统计量包括：

- 样本均值

$$\overline{X} = \frac{1}{n}\sum_{j=1}^{n} X_j$$

有时记作 $\mu_n$。

- 样本方差

$$\begin{aligned} S^2 &= \frac{1}{n-1}\sum_{j=1}^{n}(X_j - \overline{X})^2 \\ &= \frac{1}{n-1}\left(\sum_{j=1}^{n} X_j^2 - n\overline{X}^2\right) \end{aligned} \tag{3.2}$$

有时记作 $\sigma_n^2$。德国天文学家、数学家**弗里德里希·威廉·贝塞尔**（Friedrich Wilhelm Bessel, 1784—1846）首次提出式 (3.2) 中分母为 $n-1$ 而非 $n$，这是因为 $X_1 - \overline{X}, X_2 - \overline{X}, \cdots, X_n - \overline{X}$ 的自由度为 $n-1$。

* 有限总体的抽样有“有放回 (with replacement)”和“无放回 (without replacement)”之分。如果总体中个体的数目远大于样本量，无放回的抽样也可近似地看作有放回的抽样。

† 搞清楚统计量的分布是统计学的一个基本问题：$T(X_1, X_2, \cdots, X_n)$ 的精确分布对小样本问题很重要，而 $n \to \infty$ 时 $T(X_1, X_2, \cdots, X_n)$ 的极限分布对大样本问题是至关重要的。

❑ 样本 $k$ 阶矩

$$A_k = \frac{1}{n}\sum_{j=1}^{n} X_j^k \tag{3.3}$$

❑ 样本 $k$ 阶中心矩

$$B_k = \frac{1}{n}\sum_{j=1}^{n}(X_j - \overline{X})^k \tag{3.4}$$

其中 $B_2$ 也常记作 $S_n^2$。

例 3.6　若总体 $X \sim \mathrm{N}(\mu, \sigma^2)$ 的期望 $\mu$ 已知，方差 $\sigma^2$ 未知，则 $\overline{X} - \mu$ 是统计量，而 $\sum_{j=1}^{n} X_j/\sigma^2$ 不是统计量。

例 3.7　对于任意实数 $c$，样本方差 (3.2) 具有如下分解。

$$\begin{aligned}
S^2 &= \frac{1}{n-1}\sum_{i=1}^{n}(X_i - \overline{X})^2 \\
&= \frac{1}{n-1}\sum_{i=1}^{n}\frac{1}{n^2}\left[n(X_i - c) - \sum_{j=1}^{n}(X_j - c)\right]^2 \\
&= \frac{1}{n^2(n-1)}\sum_{i=1}^{n}\left\{n^2(X_i - c)^2 + \left[\sum_{j=1}^{n}(X_j - c)\right]^2 - 2n(X_i - c)\sum_{j=1}^{n}(X_j - c)\right\} \\
&= \frac{1}{n^2(n-1)}\left\{n^2\sum_{i=1}^{n}(X_i - c)^2 + n\left[\sum_{j=1}^{n}(X_j - c)\right]^2 - 2n\sum_{i=1}^{n}(X_i - c)\sum_{j=1}^{n}(X_j - c)\right\} \\
&= \frac{1}{n^2(n-1)}\left\{(n^2 - n)\sum_{i=1}^{n}(X_i - c)^2 - 2n\sum_{i<j}(X_i - c)(X_j - c)\right\} \\
&= \frac{1}{n}\sum_{i=1}^{n}(X_i - c)^2 - \frac{2}{n(n-1)}\sum_{i<j}(X_i - c)(X_j - c)
\end{aligned}$$

按照上述结果，立刻得到推论

$$\begin{aligned}
B_2 &= A_2 - A_1^2 \\
&= \frac{n-1}{n}S^2
\end{aligned} \tag{3.5}$$

性质 3.1　样本均值 $\mu_k$ 和样本方差 $\sigma_n^2$ 满足下面的递归关系。得到新样本之后，无须利用所有样本重新计算便可更新样本均值和样本方差。

$$\begin{aligned}
\mu_n &= \frac{1}{n}\left[X_n + (n-1)\mu_{n-1}\right] \\
&= \mu_{n-1} + \frac{1}{n}(X_n - \mu_{n-1}) \\
\sigma_n^2 &= \sigma_{n-1}^2 + \frac{1}{n-1}\left[\frac{n-1}{n}(X_n - \mu_{n-1})^2 - \sigma_{n-1}^2\right]
\end{aligned}$$

当 $n$ 个样本不是一次性给定，而是陆陆续续得到，我们可以依据该性质不断更新样本均值和方差，无须重新计算。在线学习 (online learning) 的很多方法都是利用类似的递归关系去更新学习机 (learner)，有效地降低计算复杂度。所谓“递归”(recursion)，就是在定义中，不断调用自身的函数。在视觉艺术中，一幅图片的内部不断出现相似的图片，产生一个理论上可以永远持续的内嵌（图 3.14）。

图 3.14　视觉艺术中的递归

定义 3.5（简单随机样本）　如果样本 $X_1, X_2, \cdots, X_n$ 独立同分布于总体分布 $X \sim F_\theta(x)$，则称该样本为独立同分布样本或简单随机样本 (simple random sample)，简记作

$$X_1, X_2, \cdots, X_n \overset{\text{iid}}{\sim} F_\theta(x)$$

例如，$X_1, X_2, \cdots, X_n \overset{\text{iid}}{\sim} \mathrm{N}(\mu, \sigma^2)$ 表示简单随机样本来自正态总体。

性质 3.2　设总体 $X$ 的密度函数为 $f_\theta(x)$，则简单随机样本 $X_1, X_2, \cdots, X_n$ 的分布函数 $\hat{F}_\theta(x_1, x_2, \cdots, x_n)$ 和密度函数 $\hat{f}_\theta(x_1, x_2, \cdots, x_n)$ 分别为

$$\hat{F}_\theta(x_1, x_2, \cdots, x_n) = \prod_{j=1}^{n} F_\theta(x_j)$$

$$\hat{f}_\theta(x_1, x_2, \cdots, x_n) = \prod_{j=1}^{n} f_\theta(x_j)$$

如果没有特殊声明，后文中所提的“样本”大多是指简单随机样本，即每个样本点都是从总体中独立抽得。对有限总体而言，抽样要求是有放回的，这样才不至于改变总体的分布。

### 3.1.1　次序统计量

不妨设实数 $x_1, x_2, \cdots, x_n$ 按升序排列后为 $x_{(1)} \leqslant x_{(2)} \leqslant \cdots \leqslant x_{(n)}$。令函数 $h_j(x_1, x_2, \cdots, x_n)$ 给出该升序中第 $j$ 个位置的数，记作

$$x_{(j)} = h_j(x_1, x_2, \cdots, x_n)，\text{其中 } 1 \leqslant j \leqslant n$$

定义 3.6（次序统计量） 由样本空间 $(\Omega, \mathscr{S})$ 上的样本 $X_1, X_2, \cdots, X_n$ 定义一个新的随机变量 $X_{(j)}$，满足以下条件

$$X_{(j)}(\omega) = h_j(X_1(\omega), X_2(\omega), \cdots, X_n(\omega)), \text{其中 } \forall \omega \in \Omega \tag{3.6}$$

$X_{(j)}$ 被称为第 $j$ 个次序统计量 (order statistic)。其中，统计量 $X_{(1)}$ 和 $X_{(n)}$ 被称为极值，二者之差 $X_{(n)} - X_{(1)}$ 被称为极差 (range)。

次序统计量在非参数统计学[36,89] 中是最基本的概念。显然，作为函数，$X_{(1)} \leqslant X_{(2)} \leqslant \cdots \leqslant X_{(n)}$。即，如果 $i < j$，则 $\forall \omega \in \Omega$ 有

$$X_{(i)}(\omega) \leqslant X_{(j)}(\omega)$$

样本 $X_1, X_2, \cdots, X_n$ 是定义在样本空间 $(\Omega, \mathscr{S})$ 上的可测函数，我们常把 $X_{(1)}$ 记作 $\min(X_1, X_2, \cdots, X_n)$，把 $X_{(n)}$ 记作 $\max(X_1, X_2, \cdots, X_n)$，请读者按照式 (3.6) 来理解。

例 3.8 掷骰子的基本事件集合是 $\Omega = \{1, 2, 3, 4, 5, 6\}$，定义 $\sigma$ 域 $\mathscr{S} = 2^{\Omega}$。分别考虑如下单值函数 $X_i : \Omega \to \mathbb{R}$，其中 $i = 1, 2$。

$$X_1(\omega) = \omega, \text{其中 } \omega = 1, 2, \cdots, 6$$
$$X_2(\omega) = 7 - \omega, \text{其中 } \omega = 1, 2, \cdots, 6$$

按照定义 3.6，次序统计量 $X_{(1)}$ 和 $X_{(2)}$ 分别为

$$X_{(1)}(\omega) = \begin{cases} \omega & \text{，其中 } \omega = 1, 2, 3 \\ 7 - \omega & \text{，其中 } \omega = 4, 5, 6 \end{cases}$$

$$X_{(2)}(\omega) = \begin{cases} 7 - \omega & \text{，其中 } \omega = 1, 2, 3 \\ \omega & \text{，其中 } \omega = 4, 5, 6 \end{cases}$$

性质 3.3 设总体分布函数为 $F_X(x)$，密度函数为 $f_X(x)$，记第 $i$ 个次序统计量 $X_{(i)}$ 的密度函数为 $f_{X_{(i)}}(x)$，则

$$f_{X_{(i)}}(x) = \frac{n!\, f_X(x)}{(i-1)!(n-i)!} [F_X(x)]^{i-1} [1 - F_X(x)]^{n-i}$$

$$f_{X_{(1)}, X_{(2)}, \cdots, X_{(n)}}(x_1, x_2, \cdots, x_n) = n! \prod_{i=1}^{n} f_X(x_i)$$

次序统计量 $X_{(i)}, X_{(j)}$ 的联合密度函数是

$$f_{X_{(i)}, X_{(j)}}(x, x') = \frac{n!\, f_X(x) f_X(x')}{(i-1)!(j-i-1)!(n-j)!} [F_X(x)]^{i-1} [F_X(x') - F_X(x)]^{j-i-1} [1 - F_X(x')]^{n-j}$$

其中，$i < j$ 并且 $x \leqslant x'$。

性质 3.4 已知样本 $X_1, X_2, \cdots, X_n \overset{\text{iid}}{\sim} \mathrm{U}[0, 1]$，令 $X^{(1)} \leqslant X^{(2)} \leqslant \cdots \leqslant X^{(n)}$ 是次序统计量，则对于 $1 \leqslant m_1 < m_2 < \cdots < m_{k-1}$，有

$$\begin{aligned} &(X^{(m_1)}, X^{(m_2)} - X^{(m_1)}, \cdots, X^{(m_{k-1})} - X^{(m_{k-2})}, 1 - X^{(m_k)})^{\top} \\ &\sim \text{Dirichlet}(m_1, m_2 - m_1, \cdots, m_{k-1} - m_{k-2}, n - m_{k-1}) \end{aligned}$$

定义 3.7　对于样本 $X_1, X_2, \cdots, X_n$，基于次序统计量 $X_{(1)}, X_{(2)}, \cdots, X_{(n)}$，定义一个新的统计量——样本中位数 $M$ 为

$$M = \mathsf{M}(X_1, X_2, \cdots, X_n) = \begin{cases} X_{(\frac{n+1}{2})} & ，其中\ n\ 为奇数 \\ \frac{1}{2}[X_{(\frac{n}{2})} + X_{(\frac{n}{2}+1)}] & ，其中\ n\ 为偶数 \end{cases}$$

如何看待样本值 $x_1, x_2, \cdots, x_n$ 和样本 $X_1, X_2, \cdots, X_n$ 之间的关系呢？简而言之，样本值是样本的具体观测结果。

- 这些样本值的均值 $\overline{x} = \frac{1}{n}\sum_{j=1}^{n} x_j$ 和方差 $s^2 = \frac{1}{n-1}\sum_{j=1}^{n}(x_j - \overline{x})^2$ 分别是样本均值 $\overline{X} = \frac{1}{n}\sum_{j=1}^{n} X_j$ 和样本方差 $S^2 = \frac{1}{n-1}\sum_{j=1}^{n}(X_j - \overline{X})^2$ 的观测结果。
- $x_{(1)}, x_{(2)}, \cdots, x_{(n)}$ 分别是次序统计量 $X_{(1)}, X_{(2)}, \cdots, X_{(n)}$ 的观测结果。

定义 3.8　设 $X_1, X_2, \cdots, X_n$ 是来自总体 $X \sim F(x)$ 的简单随机样本，其中分布函数 $F(x)$ 是连续的。对任意 $j = 1, 2, \cdots, n$，由次序统计量 $X_{(1)} \leqslant X_{(2)} \leqslant \cdots \leqslant X_{(n)}$ 定义新的随机变量 $R_j$ 如下，称为 $X_j$ 的秩 (rank)。也就是说，

$$R_j(\omega) = r \text{ 当且仅当 } X_j(\omega) = X_{(r)}(\omega)，\text{其中 } \forall \omega \in \Omega$$

由于 $F(x)$ 连续，$R_j$ 不是唯一确定的概率为零。我们把随机向量 $\boldsymbol{R} = (R_1, R_2, \cdots, R_n)^\top$ 称为秩统计量 (rank statistic)。显然，对任意 $\omega \in \Omega$，$R_1(\omega), R_2(\omega), \cdots, R_n(\omega)$ 都是 $1, 2, \cdots, n$ 的某一排列。

在 R 语言中，函数 sort 用于给出 $x_1, x_2, \cdots, x_n$ 的升序排列 $x_{(1)}, x_2, \cdots, x_{(n)}$，函数 rank 用于依次给出 $x_1, x_2, \cdots, x_n$ 在 $x_{(1)} \leqslant x_2 \leqslant \cdots \leqslant x_{(n)}$ 中的位置。例如：

```
> x <- sample(1:10, size=5, replace=TRUE)
> x
[1]  1  7  5 10  2
> sort(x)
[1]  1  2  5  7 10
> rank(x)
[1] 1 4 3 5 2
```

美籍芬兰裔统计学家、非参数统计学的奠基者之一**瓦西里·霍夫丁**（Wassily Hoeffding, 1914—1991）（图 3.15）是非参数统计学的奠基者之一。1948 年，霍夫丁提出了一类统计量——$U$ 统计量，此概念在参数估计和非参数统计学中都十分重要。例如，通过构造合适的 $U$ 统计量，能找到未知参数的最小方差无偏估计（见 §4.1.2）。前面介绍的某些统计量也是 $U$ 统计量。

图 3.15　霍夫丁

定义 3.9（$U$ 统计量）　基于样本 $X_1, X_2, \cdots, X_n$ 和 $m$ 元实值函数 $h$，构造 $U$ 统计量如下。

$$U_n = \frac{1}{n(n-1)\cdots(n-m+1)} \sum_{i_1, i_2, \cdots, i_m} h(X_{i_1}, X_{i_2}, \cdots, X_{i_m}) \tag{3.7}$$

其中，$1 \leqslant m \leqslant n$；求和项表示从 $\{1, 2, \cdots, n\}$ 中任选出 $m$ 个不同整数 $i_1, i_2, \cdots, i_m$，将所有可能的 $h(X_{i_1}, X_{i_2}, \cdots, X_{i_m})$ 求和；函数 $h$ 称为统计量 $U_n$ 的核 (kernel)。特别地，当 $h$ 是一个对称函数时，式

(3.7) 可简化为

$$U_n = \frac{1}{\mathrm{C}_n^m} \sum_{1 \leqslant i_1 < \cdots < i_m \leqslant n} h(X_{i_1}, X_{i_2}, \cdots, X_{i_m}) \tag{3.8}$$

例 3.9　若 $h(x) = x$，则 $U$ 统计量 $U_n$ 恰是样本均值 $\overline{X}$，即

$$U_n = \frac{1}{n} \sum_{j=1}^{n} X_j$$

例 3.10　令 $n \geqslant 2$，若 $h(x_1, x_2) = \frac{1}{2}(x_1 - x_2)^2$，则 $h$ 是二元对称函数，并且由式 (3.8) 和例 3.7 的结果，不难得到

$$\begin{aligned}
U_n &= \frac{1}{2\mathrm{C}_n^2} \sum_{1 \leqslant i < j \leqslant n} (X_i - X_j)^2 \\
&= \frac{1}{n(n-1)} \sum_{1 \leqslant i < j \leqslant n} (X_i - c + c - X_j)^2 \\
&= \frac{1}{n} \sum_{i=1}^{n} (X_i - c)^2 - \frac{2}{n(n-1)} \sum_{1 \leqslant i < j \leqslant n} (X_i - c)(X_j - c) \\
&= S^2
\end{aligned}$$

例 3.11　令 $n \geqslant 2$，若 $h(x_1, x_2) = x_1^2 - x_1 x_2$，根据例 3.7，基于样本 $X_1, X_2, \cdots, X_n$ 和 $h$ 构造 $U$ 统计量如下：

$$U_n = \frac{1}{n-1} \sum_{j=1}^{n} (X_j - \overline{X})^2$$

图 3.16　齐夫

1949 年，美国语言学家**乔治·金斯利·齐夫**（George Kingsley Zipf, 1902—1950）（图 3.16）在大规模语料中发现了一个有趣的实验规律，按词频降序排列，一个单词出现的频率与它的次序成反比。这个规律被称为齐夫定律 (Zipf's law)，它也可表述为：最高频单词的数量是第 2 高频单词的数量的 2 倍，……，第 $2^{n-1}$ 高频单词的数量是第 $2^n$ 高频单词的数量的 2 倍。例如，the、of、and 是最高频的三个英文单词，在布朗语料库 (Brown corpus)* 中它们的比例大致为 6:3:2，符合齐夫定律。不出预料，只需要 135 个词语就可以占到布朗语料库一半的规模。

性质 3.5　在规模为 $N$ 的语料中，秩为 $k$ 的单词出现的概率是

$$\mathsf{P}(k) = \frac{k^{-s}}{\sum_{n=1}^{N} n^{-s}}$$

其中，$k \in \{1, 2, \cdots, N\}$，并且 $s$ 是某个正实数。如果 $N$ 充分大，并且 $s > 1$，则

$$\mathsf{P}(k) = \frac{k^{-s}}{\zeta(s)} \tag{3.9}$$

* 布朗大学当代美国英语标准语料库，包含 500 个英语样本，总计约 100 万个单词，样本来自 1961 年美国的出版物。

这里，$\zeta(s)$ 是黎曼泽塔函数 (Riemann zeta function)，定义为

$$\zeta(s) = \sum_{n=1}^{\infty} \frac{1}{n^s}$$

例 3.12 谷歌图书的大规模语料中最高频的 50 个英语单词见图 3.17，与对布朗语料库的观察基本吻合。

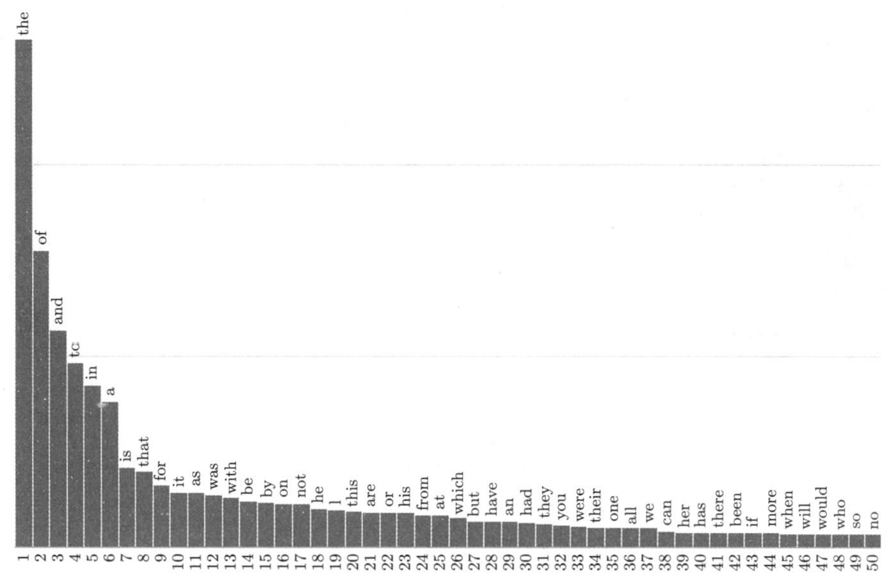


图 3.17 最高频的 50 个英语单词

为什么自然语言的词频服从齐夫定律——词频的对数与其秩的对数之间的关系接近一条直线，至今仍未找到一个令人信服的理论解释。齐夫定律 (3.9) 竟然涉及黎曼泽塔函数，又为它蒙上了一层神秘的面纱。考察维基百科中 30 种语言的词频规律，皆符合齐夫定律（图 3.18 ）。

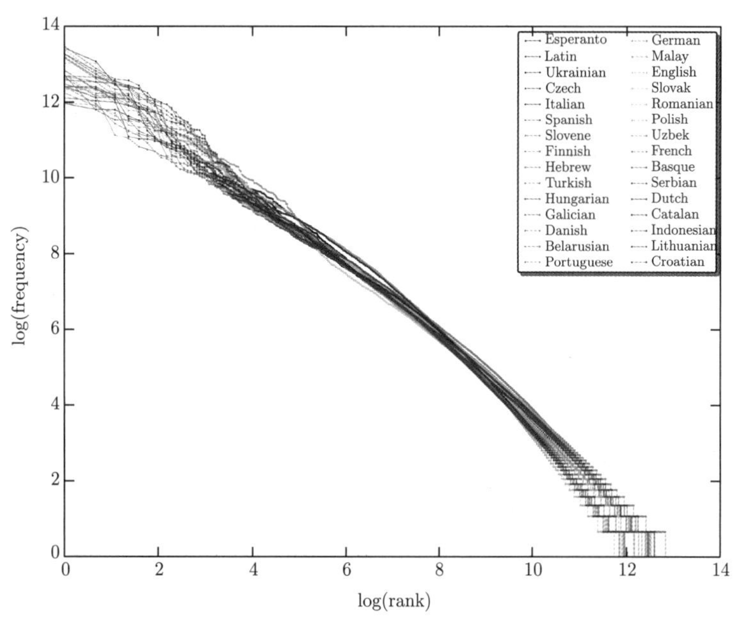


图 3.18 齐夫定律（来源：维基百科）

### 3.1.2 经验分布及其性质

图 3.19 康德

伟大的德国哲学家**伊曼纽尔·康德**（Immanuel Kant, 1724—1804）（图 3.19）在其名著《纯粹理性批判》(1781)[90] 中提出这样的哲学目标：在认识之前必须首先确定认识能力，只有这样才能开始认识。康德的这个观点在数学家看来是再自然不过的了。譬如，数学问题的解的存在性总是走在求解之前的。五次及五次以上方程不存在根式解，但在复数域上解一定是存在的，可以用数值计算的方法求得。再如，微分方程的定性和稳定性理论，也必须以解的存在性为前提。

通过简单随机样本 $X_1, X_2, \cdots, X_n$ 对总体 $X \sim F(x)$ 进行研究，无非是为了搞清楚 $X$ 的分布 $F(x)$，理论上有没有这个可能呢？在数学上，本节将介绍的格利温科定理确保了从样本到总体分布有一条通途，它便是经验分布。

$$\text{样本} \to \text{经验分布} \to \text{总体分布}$$

**定义 3.10**（经验分布函数） 简单随机样本 $X_1, X_2, \cdots, X_n$ 的经验累积分布函数 (empirical cumulative distribution function, ECDF)，简称经验分布函数，定义为

$$\begin{aligned}\hat{F}_n(x) &= \frac{1}{n}\sharp\{X_j \leqslant x : j = 1, 2, \cdots, n\} \\ &= \frac{1}{n}\sum_{j=1}^{n} J(x - X_j)\end{aligned} \tag{3.10}$$

其中，$\sharp\{X_j \leqslant x : j = 1, 2, \cdots, n\}$ 表示 $X_1, X_2, \cdots, X_n$ 中不超过 $x$ 的个数，$J(\cdot)$ 为非负判定函数

$$J(x) = \begin{cases} 0 & ，\text{其中 } x < 0 \\ 1 & ，\text{其中 } x \geqslant 0 \end{cases} \tag{3.11}$$

高维简单随机样本的经验累积分布函数的定义是类似的，示例见图 3.20。譬如，二维简单随机样本 $(X_j, Y_j)^{\mathrm{T}}, j = 1, 2, \cdots, n$ 的经验累积分布函数定义为

$$\hat{F}_n(x, y) = \frac{1}{n}\sharp\{X_j \leqslant x \text{ 且 } Y_j \leqslant y : j = 1, 2, \cdots, n\}$$

**性质 3.6** 总体分布函数 $F(x)$ 与经验分布函数 $\hat{F}_n(x)$ 有如下关系*：

$$\mathsf{P}\left\{\hat{F}_n(x) = \frac{k}{n}\right\} = \mathrm{C}_n^k [F(x)]^k [1 - F(x)]^{n-k} \tag{3.12}$$

$$\hat{F}_n(x) \xrightarrow{\mathrm{P}} F(x) \tag{3.13}$$

$$\frac{\sqrt{n}[\hat{F}_n(x) - F(x)]}{\sqrt{F(x)[1 - F(x)]}} \xrightarrow{\mathrm{L}} \mathrm{N}(0, 1) \tag{3.14}$$

* 有关随机变量序列的依分布收敛 $\xrightarrow{\mathrm{L}}$，依概率收敛 $\xrightarrow{\mathrm{P}}$，几乎必然收敛 $\xrightarrow{\mathrm{a.s.}}$ 的知识见《人工智能的数学基础——随机之美》[10]。

**证明** 显然，对于每个固定的 $x$，经验分布函数 $\hat{F}_n(x)$ 都是由样本 $X_1, X_2, \cdots, X_n$ 定义的一个统计量。并且，随机变量 $J_i = J(x - X_i), i = 1, 2, \cdots, n$ 独立同分布于 0-1 分布 $(1 - F(x))\langle 0\rangle + F(x)\langle 1\rangle$，这是因为

$$\mathsf{P}\{J_i = 1\} = \mathsf{P}(x - X_i \geqslant 0) = F(x)$$

$$\mathsf{P}\{J_i = 0\} = \mathsf{P}(x - X_i < 0) = 1 - F(x)$$

由式 (3.10) 可看出 $n\hat{F}_n(x) \sim \mathrm{B}(n, F(x))$，结果 (3.12) 得证。由弱大数律和中心极限定理，可证得结果 (3.13) 和结果 (3.14)。 □

从二元正态分布 $\mathrm{N}(0, 0, 1, 4, -0.4)$ 抽取 $n = 10^6$ 个随机数，其经验累积分布函数如图 3.20 所示，非常接近 $\mathrm{N}(0, 0, 1, 4, -0.4)$ 的分布函数。

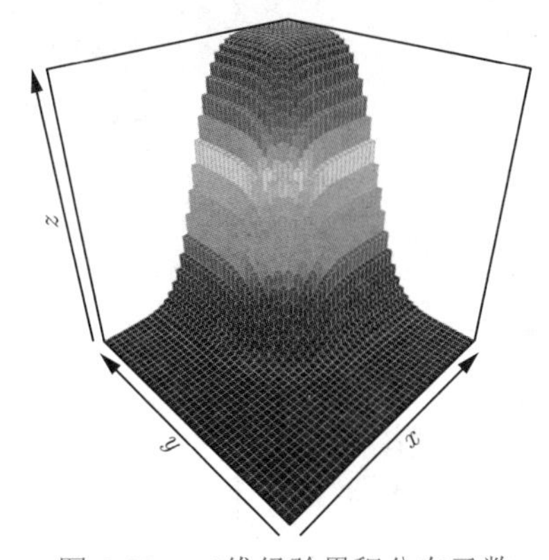


图 3.20 二维经验累积分布函数

**性质 3.7** 令 $X_{(1)} < X_{(2)} < \cdots < X_{(n)}$ 为样本 $X_1, X_2, \cdots, X_n$ 的次序统计量，则经验分布函数 $\hat{F}_n(x)$ 可按如下方式构造为

$$\hat{F}_n(x) = \begin{cases} 0 & \text{，其中 } x < X_{(1)} \\ k/n & \text{，其中 } X_{(k)} \leqslant x < X_{(k+1)} \\ 1 & \text{，其中 } x \geqslant X_{(n)} \end{cases}$$

**例 3.13** 从某报刊中随机地抽出 5 篇文章，统计每篇文章中的拼写错误数，测得样本值为 0, 3, 2, 1, 1，则其经验分布函数为

$$\hat{F}_5(x) = \begin{cases} 0 & \text{，其中 } x < 0 \\ 0.2 & \text{，其中 } 0 \leqslant x < 1 \\ 0.6 & \text{，其中 } 1 \leqslant x < 2 \\ 0.8 & \text{，其中 } 2 \leqslant x < 3 \\ 1 & \text{，其中 } x \geqslant 3 \end{cases}$$

**例 3.14** 从正态总体 $\mathrm{N}(0, 1)$ 抽取样本 $x_1, x_2, \cdots, x_n$，样本量分别为 $n = 10, 10^2, 10^3$。基于具体的样本值，相对应的经验分布函数 $\hat{F}_n(x)$ 如图 3.21 所示。不难发现，经验分布函数是一个阶梯函数，样本量越大越有可能接近总体分布。

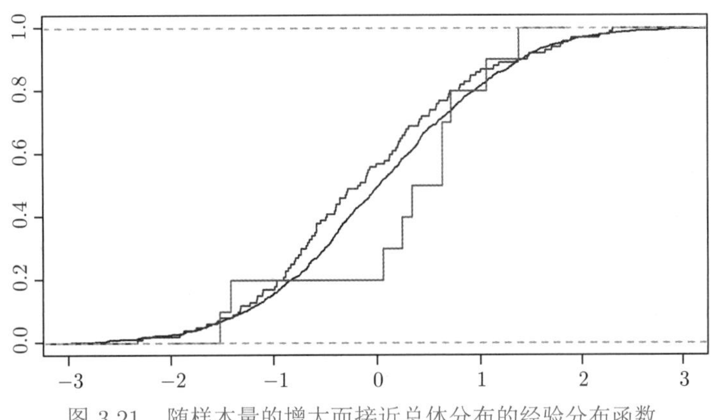


图 3.21 随样本量的增大而接近总体分布的经验分布函数

**算法 3.1** 如图 3.22 所示，由连续型随机变量 $X \sim F(x)$ 的简单随机样本构造经验分布函数 $\hat{F}_n(x)$，不妨设其间断点为 $x_1 < x_2 < \cdots < x_m$。当 $n$ 很大时，$\hat{F}_n(x)$ 的跳跃一般会很小，它和 $F(x)$ 会很接近。显然，$x_1, x_m$ 分别是样本里的最小值和最大值。根据逆累积分布函数法，$X$ 的随机数 $x_*$ 可按下面的方法产生：首先，产生 U[0,1] 的随机数 $y_*$。

⚀ 若 $\hat{F}_n(x_1) \leqslant y_* < 1$，寻找 $i$ 使其满足

$$y_* \in [\hat{F}_n(x_i), \hat{F}_n(x_{i+1}))$$

产生 $\mathrm{U}[x_i, x_{i+1})$ 的随机数 $x_*$ 即为所求。

⚁ 若 $y_* < \hat{F}_n(x_1)$，则令 $x_* = x_1$；若 $y_* = 1$，则令 $x_* = x_m$。

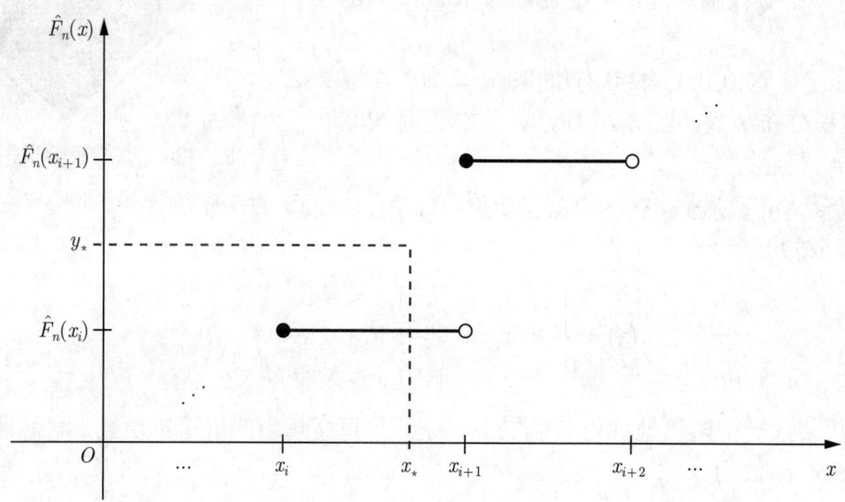


图 3.22 由分布函数 $F(x)$ 的样本构造的经验分布函数 $\hat{F}_n(x)$

**例 3.15** 令 $\hat{F}_n(x)$ 是从样本 $X_1, X_2, \cdots, X_n \overset{\text{iid}}{\sim} F(x)$ 得到的经验分布函数，对于任意给定的很小的正数 $\epsilon, \eta$，要使得 $\forall x \in \mathbb{R}$ 皆有式 (3.15) 成立，请问样本量 $n$ 至少应该多大？

$$\mathsf{P}\{|\hat{F}_n(x) - F(x)| \geqslant \epsilon\} \leqslant \eta \tag{3.15}$$

**解** 由结果 (3.14)，当 $n$ 很大时有

$$\mathsf{P}\left\{\frac{\sqrt{n}|\hat{F}_n(x) - F(x)|}{\sqrt{F(x)[1 - F(x)]}} \leqslant z\right\} \approx 2\Phi(z) - 1$$

又因为 $F(x)[1 - F(x)] \leqslant 1/4$，所以

$$\mathsf{P}\left\{|\hat{F}_n(x) - F(x)| \leqslant \frac{z}{2\sqrt{n}}\right\} \geqslant 2\Phi(z) - 1$$

或者等价地，有

$$\mathsf{P}\left\{|\hat{F}_n(x) - F(x)| \geqslant \frac{z}{2\sqrt{n}}\right\} \leqslant 2 - 2\Phi(z)$$

根据条件，从 $2 - 2\Phi(z) = \eta$ 解得 $z = z_*$。再从 $z_*/(2\sqrt{n}) = \epsilon$ 解得

$$n = \left\lceil \frac{z_*^2}{4\epsilon^2} \right\rceil \tag{3.16}$$

为满足 $\mathrm{P}\{|\hat{F}_n(x)-F(x)|\geqslant\epsilon\}\leqslant\eta$，根据式 (3.16) 算得所需的样本量，一些结果见表 3.4。

表 3.4 例 3.15 的一些结果

| $\eta$ | $\epsilon$ | | | | |
|---|---|---|---|---|---|
| | 0.1 | 0.05 | 0.01 | 0.005 | 0.001 |
| 0.05 | 97 | 385 | 9604 | 38415 | 960365 |
| 0.01 | 166 | 664 | 16588 | 66349 | 1658725 |
| 0.005 | 197 | 788 | 19699 | 78795 | 1969860 |
| 0.001 | 271 | 1083 | 27069 | 108276 | 2706892 |

例3.16 抽取 $X\sim 0.4\mathrm{N}(-3,1)+0.6\mathrm{N}(2,0.64)$ 的 $s$ 个样本，构造经验分布函数 $\hat{F}_s(x)$。按照算法 3.1 再产生 $n$ 个随机数，考查它们的经验分布函数 $\tilde{F}_n(x)$ 与 $F(x)$ 之间的柯尔莫哥洛夫距离 (Kolmogorov distance)，即 $|\tilde{F}_n(x)-F(x)|$ 的上确界。

一个柯尔莫哥洛夫距离说明不了什么，把图 3.23 所示的随机试验重复 1000 次后，从这 1000 个柯尔莫哥洛夫距离的分布不难看出：当 $s,n$ 都很大时，算法 3.1 是可靠的（图 3.24），同时也印证了例 3.15 的结果。

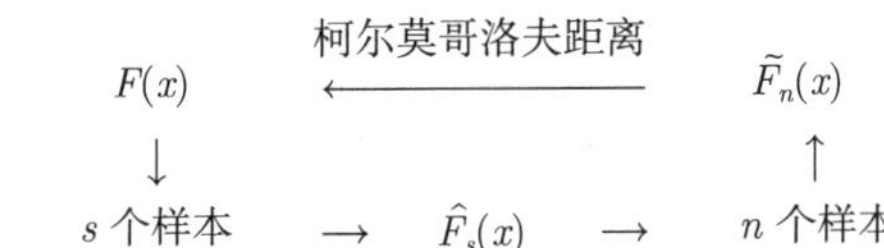


图 3.23 例 3.16 测试算法 3.1 的随机试验的示意图

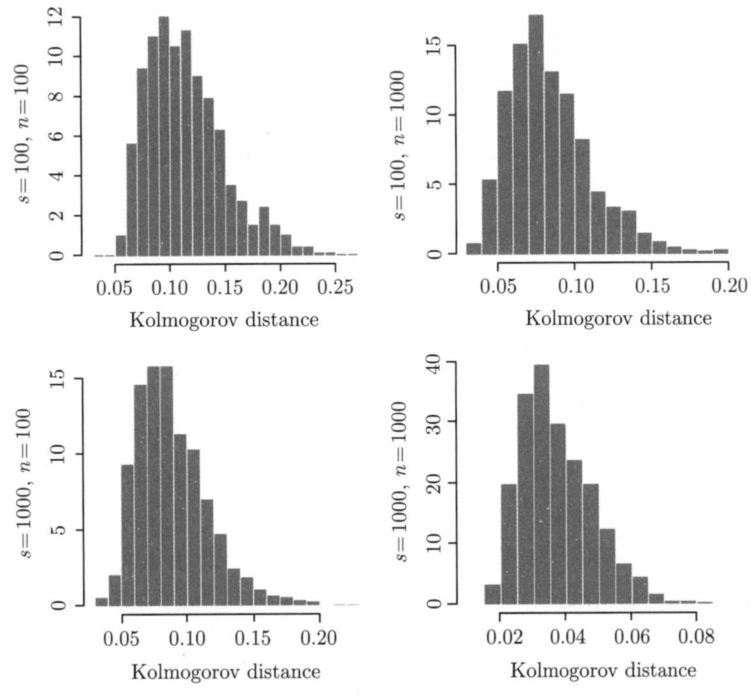


图 3.24 例 3.16 所考查的柯尔莫哥洛夫距离 (Kolmogorov distance) 的直方图

直接比较直方图不太方便，利用分位数图 (QQ plot) 可以直观了解两个分布 $F_1, F_2$ 是否形态接近[10]：图中点 $(x, y)$ 的含义是“$F_2$ 的 $F_1(x)$-分位数是 $y$”，即

$$F_2(y) = F_1(x)$$

一般来说，分位数图越接近直线，说明两个分布的形态越接近。不难发现，图 3.25 中的两个分布在尾部有些形态差异。

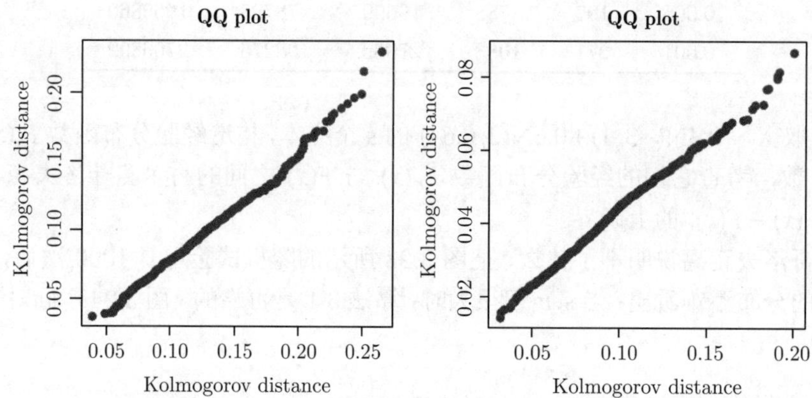


图 3.25 在图 3.24 中各列的两个经验分布的分位数图 (QQ plot)

1933 年，苏联数学家**瓦莱里·格利温科**（Valery Glivenko, 1897—1940）（图 3.26）得到一个比式 (3.13) 更强的关键结果，被誉为“统计学基本定理”（见定理 3.1），它以概率 1 确保了，只要样本量足够大，经验分布 $\hat{F}_n(x)$ 就能以任何要求的精度逼近总体分布 $F(x)$。因此，该定理成为大样本分析的理论基础。

图 3.26 格利温科

**定理** 3.1（格利温科，1933） 设样本 $X_1, X_2, \cdots, X_n$ 来自分布函数为 $F(x)$ 的总体，我们约定经验分布函数 $\hat{F}_n(x)$ 与总体分布函数 $F(x)$ 的接近程度用柯尔莫哥洛夫距离 $D_n$ 来度量，则 $D_n$ 的极限几乎必然为 0，即

$$\mathsf{P}\left\{\lim_{n\to\infty} D_n = 0\right\} = 1，其中\ D_n = \sup_{x\in\mathbb{R}} |\hat{F}_n(x) - F(x)|$$

**证明** 见王梓坤院士的著作《概率论基础及其应用》[91] 的第五章第一节。 □

格利温科定理只是说以概率 1 经验分布函数一致收敛于总体分布函数，并未揭示二者的柯尔莫哥洛夫距离 $D_n \leqslant \epsilon$ 能以多大的概率发生。1933 年，柯尔莫哥洛夫发表著名的短文《论分布函数的经验测定》，给出了统计量 $D_n$ 的极限分布，从而在大样本的情况下完美地解决了该问题*。柯尔莫哥洛夫定理 3.2 的一个应用是拟合优度的柯尔莫哥洛夫检验，并导致了斯米尔诺夫检验的诞生（详见 §5.2.1）。

**定理** 3.2（柯尔莫哥洛夫，1933） 如果总体 $X$ 的分布函数 $F(x)$ 是连续的，则有

$$\lim_{n\to\infty} \mathsf{P}\{\sqrt{n}D_n \leqslant z\} = K(z)$$

其中，柯尔莫哥洛夫分布函数 $K(z)$ 如表 3.5 和图 3.28 所示，定义为

* 该论文被收录在《统计学中的重大突破》第二卷[29] 中。

$$K(z)=\begin{cases}0 & \text{，其中 } z\leqslant 0\\ \displaystyle\sum_{k=-\infty}^{\infty}(-1)^k\exp(-2k^2z^2) & \text{，其中 } z>0\end{cases} \tag{3.17}$$

定理 3.2 揭示了 $D_n$ 的极限分布与总体分布 $F(x)$ 无关，这使得在大样本前提下，即便总体分布完全未知，我们依然能给出合理的估计方法和实验设计方法。

表 3.5　柯尔莫哥洛夫分布函数 $K(z)$ 的一些取值

| $z$ | $K(z)$ | $z$ | $K(z)$ | $z$ | $K(z)$ |
|---|---|---|---|---|---|
| 0.0 | 0.0000 | 1.0 | 0.7300 | 2.0 | 0.99932 |
| 0.2 | 0.0000 | 1.2 | 0.8877 | 2.2 | 0.99986 |
| 0.4 | 0.0028 | 1.4 | 0.9603 | 2.4 | 0.999973 |
| 0.6 | 0.1357 | 1.6 | 0.9880 | 2.6 | 0.9999964 |
| 0.8 | 0.4558 | 1.8 | 0.9969 | 2.8 | 0.99999966 |

柯尔莫哥洛夫定理 3.2 考虑的是绝对误差 $|\hat{F}_n(x)-F(x)|$，1953 年匈牙利数学家**阿尔弗雷德・雷尼**（Alfréd Rényi, 1921—1970）（图 3.27）研究了相对误差

$$D_{n,p}=\sup_{\substack{F(x)\geqslant p\\ F(p)>0}}\frac{|\hat{F}_n(x)-F(x)|}{F(x)} \tag{3.18}$$

发现了相对误差 $D_{n,p}$ 的渐近规律，得到了下面的雷尼定理。

图 3.27　雷尼

**定理** 3.3（雷尼，1953）　$\forall p\in(0,1)$，相对误差 (3.18) 渐近服从雷尼分布，即

$$\lim_{n\to\infty}\mathrm{P}\{\sqrt{n}D_{n,p}\leqslant z\}=R\left(z\sqrt{\frac{p}{1-p}}\right)$$

其中，雷尼分布函数 $R(z)$ 如图 3.28 所示，定义为

$$R(z)=\begin{cases}0 & \text{，其中 } z\leqslant 0\\ \displaystyle\frac{4}{\pi}\sum_{k=0}^{\infty}\frac{(-1)^k}{2k+1}\exp\left\{-\frac{(2k+1)^2\pi^2}{8z^2}\right\} & \text{，其中 } z>0\end{cases}$$

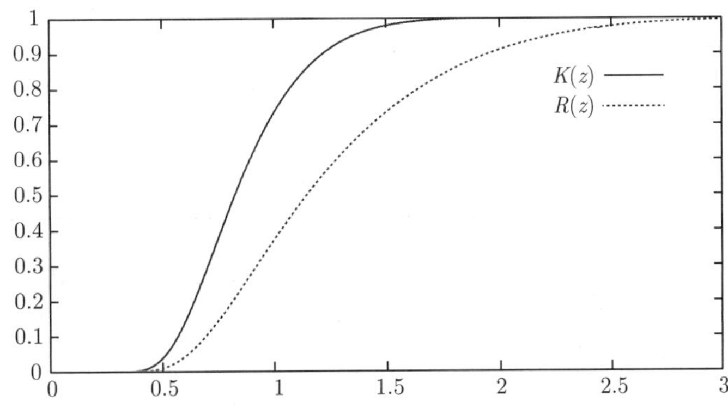

图 3.28　柯尔莫哥洛夫分布函数（实线）与雷尼分布函数（虚线）

当 $z \geqslant 2$ 时，下述近似的精度在 $4 \times 10^{-9}$ 以内。

$$R(z) \approx 4\Phi(z) - 3$$

借助计算机，分布函数 $K(z)$ 和 $R(z)$ 的数值计算变得轻而易举。

1956 年，以色列数学家**雅利 · 德沃雷茨基**（Aryeh Dvoretzky, 1916—2008）和美国统计学家**杰克 · 基弗**（Jack Kiefer, 1924—1981）、**雅各布 · 沃尔夫维茨**（Jacob Wolfowitz, 1910—1981）在一般条件下，对 $n \to \infty$ 时 $\mathsf{P}\{D_n > \epsilon\}$ 收敛于零的速度进行了一个简单的描述（图 3.29），即下面的有关统计量 $D_n$ 的小样本性质。

**定理 3.4**（DKW 不等式, 1956） 对于任意 $\epsilon > 0$，柯尔莫哥洛夫距离 $D_n$ 满足

$$\mathsf{P}\{D_n > \epsilon\} \leqslant 2\exp\{-2n\epsilon^2\} \tag{3.19}$$

如果将不等式 (3.19) 中的上界函数 $2\exp\{-2n\epsilon^2\}$ 的变量 $n$ 连续化，则得到它的曲面如图 3.29 所示，可以借此了解 $\mathsf{P}\{D_n > \epsilon\}$ 的 DKW 上界的变化情况。

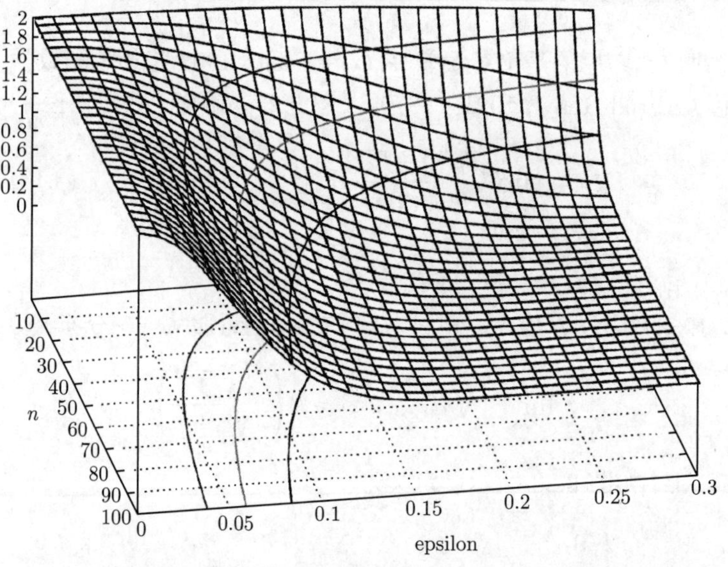


图 3.29 曲面 $2\exp\{-2n\epsilon^2\}$，其中 $0 < \epsilon \leqslant 0.3$ 且 $1 \leqslant n \leqslant 100$

**例 3.17** 利用 DKW 不等式来解决例 3.15 的问题，即为满足 $\mathsf{P}\{D_n > \epsilon\} \leqslant \eta = 2\exp\{-2n\epsilon^2\}$ 所需的样本量 $n$，一些结果见表 3.6。请读者将它与例 3.15 的结果（表 3.4）进行比较。

$$n = \left\lceil \frac{\ln 2 - \ln \eta}{2\epsilon^2} \right\rceil$$

表 3.6 利用 DKW 不等式 (3.19) 求解例 3.15 得到的一些结果

| $\eta$ | $\epsilon$ | | | | |
|---|---|---|---|---|---|
| | 0.1 | 0.05 | 0.01 | 0.005 | 0.001 |
| 0.05 | 185 | 738 | 18445 | 73778 | 1844440 |
| 0.01 | 265 | 1060 | 26492 | 105967 | 2649159 |
| 0.005 | 300 | 1199 | 29958 | 119830 | 2995733 |
| 0.001 | 381 | 1521 | 38005 | 152019 | 3800452 |

显然，$\mathsf{P}\{D_n > \epsilon\} \leqslant \eta$ 比式 (3.15) 更严苛，需要更多的样本量 $n$ 才能使之成立。因为“杀鸡用了宰牛刀”，所以由 DKW 不等式算得所需的样本量更多一些。

定义 3.11　给定简单随机样本 $X_1, X_2, \cdots, X_n$，但总体分布未知。对于任一分布函数 $F(x)$，定义它的非参数似然 (nonparametric likelihood) 为

$$\mathscr{L}_F(X_1, X_2, \cdots, X_n) = \prod_{j=1}^{n} (F(X_j) - F(X_j-))$$

其中，$F(X_j-)$ 是 $F(x)$ 在 $X_j$ 处的左极限。在上下文无歧义的时候，似然函数也可简记作 $\mathscr{L}_F$ 或者 $\mathscr{L}$。显然，如果 $F(x)$ 是连续函数，则必有

$$\mathscr{L}_F = 0$$

性质 3.8　令 $\hat{F}_n(x)$ 是简单随机样本 $X_1, X_2, \cdots, X_n$ 的经验分布函数，则对于任意分布函数 $F(x)$，经验分布函数的非参数似然总是最大的 [92-93]。即

$$\mathscr{L}_F \leqslant \mathscr{L}_{\hat{F}_n}$$

证明　不妨设 $z_1 < z_2 < \cdots < z_m$ 是 $X_1, X_2, \cdots, X_n$ 中不同的值，相应的个数是 $n_1, n_2, \cdots, n_m$。记 $p_j = F(X_j) - F(X_j-)$ 且 $\hat{p}_j = n_j/n$，则有

$$\log\left(\frac{\mathscr{L}_F}{\mathscr{L}_{\hat{F}_n}}\right) = \sum_{j=1}^{m} n_j \log\left(\frac{p_j}{\hat{p}_j}\right) = n\sum_{j=1}^{m} \hat{p}_j \log\left(\frac{p_j}{\hat{p}_j}\right) \leqslant n\sum_{j=1}^{m} \hat{p}_j \left(\frac{p_j}{\hat{p}_j} - 1\right) \leqslant 0$$

□

### 3.1.3　样本矩及其极限分布

在测量长度、重量、容积等实践中，难以避免随机误差（图 3.30），不妨设测量值 $X \sim \mathrm{N}(\mu, \sigma^2)$，其中 $\mu$ 是所测的真实值，$\sigma^2$ 刻画了每次测量的精度，它们对于测量者来说都是未知的。为获得令人满意的测量值，人们往往独立地进行多次测量，测量值 $X_1, X_2, \cdots, X_n \overset{\text{iid}}{\sim} \mathrm{N}(\mu, \sigma^2)$，只要测量次数 $n$ 足够多，以样本均值 $\overline{X} = \frac{1}{n}(X_1 + X_2 + \cdots + X_n)$ 为测量结果就能满足预定的误差要求。早在 17 世纪，人们已经懂得利用样本均值来估算真实值 $\mu$，但是这样做的理论依据何在？

图 3.30　永远存在的测量误差

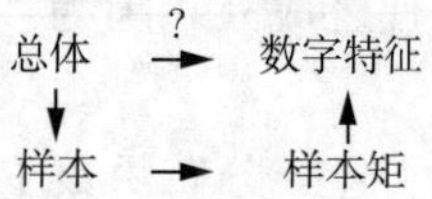

图 3.31　由样本猜测总体的数字特征

更宽泛地，人们关注在仅仅知道某些总体矩的存在性的前提下，样本矩与总体矩（譬如，样本均值 $\overline{X}$ 与总体期望 $\mu$）之间有什么样的关系？如果能从样本矩中探索出总体分布的数字特征（图 3.31），如同给总体素描，将有助于了解总体分布（详见 §4.1.4 参数点估计的矩方法）。

**性质 3.9**　令简单随机样本 $X_1, X_2, \cdots, X_n$ 来自总体 $X$，其期望 $\mathsf{E}(X)=\mu$，方差 $\mathsf{V}(X)=\sigma^2$，$k$ 阶矩 $\mathsf{E}(X^k)=m_k$ 和 $k$ 阶中心矩 $\mathsf{E}(X-\mu)^k=\mu_k$，则

$$\mathsf{E}(\overline{X})=\mu \text{ 且 } \mathsf{V}(\overline{X})=\frac{\sigma^2}{n} \tag{3.20}$$

$$\mathsf{E}(S^2)=\sigma^2 \text{ 且 } \mathsf{V}(S^2)=\frac{\mu_4}{n}+\frac{3-n}{n(n-1)}\mu_2^2 \tag{3.21}$$

$$A_k=\frac{1}{n}\sum_{j=1}^{n}X_j^k \xrightarrow{\text{a.s.}} m_k \text{ 且样本量足够大时，渐近地有}$$

$$A_k \sim \mathrm{N}\left(m_k, \frac{m_{2k}-m_k^2}{n}\right) \tag{3.22}$$

**证明**　结果 (3.20) 是显然的。下面往证结果 (3.21)：由例 3.7，样本方差 $S^2$ 具有下面的分解。

$$\begin{aligned} S^2 &= \frac{1}{n-1}\sum_{i=1}^{n}(X_i-\overline{X})^2 \\ &= \frac{1}{n}\sum_{i=1}^{n}(X_i-\mu)^2-\frac{2}{n(n-1)}\sum_{i<j}(X_i-\mu)(X_j-\mu) \end{aligned}$$

立即可得 $\mathsf{E}(S^2)=\mu_2=\sigma^2$。下面求解 $\mathsf{V}(S^2)$ 得

$$\begin{aligned} \mathsf{V}(S^2) &= \mathsf{E}\left[\frac{1}{n}\sum_{i=1}^{n}(X_i-\mu)^2-\frac{2}{n(n-1)}\sum_{i<j}(X_i-\mu)(X_j-\mu)\right]^2-\mu_2^2 \\ &= \frac{1}{n^2}\mathsf{E}\left[\sum_{i=1}^{n}(X_i-\mu)^2\right]^2+\frac{4}{n^2(n-1)^2}\mathsf{E}\left[\sum_{i<j}(X_i-\mu)(X_j-\mu)\right]^2-\mu_2^2 \\ &= \frac{\mu_4}{n}+\frac{n-1}{n}\mu_2^2+\frac{2}{n(n-1)}\mu_2^2-\mu_2^2 \\ &= \frac{\mu_4}{n}+\frac{3-n}{n(n-1)}\mu_2^2 \end{aligned}$$

由柯尔莫哥洛夫强大数律证得结果 (3.22) 的前半部分。又因为 $X_1^k, X_2^k, \cdots, X_n^k$ 是独立同分布的且 $\mathsf{V}(X_1^k)=m_{2k}-m_k^2$，由林德伯格-莱维中心极限定理证得结果 (3.22) 的后半部分。□

**推论 3.1**　在性质 3.9 的条件下，样本均值 $\overline{X}$ 渐近服从于 $\mathrm{N}(\mu, \sigma^2/n)$。

**例 3.18**　样本 $X_1, X_2, \cdots, X_{100}$ 来自总体 $0.3\langle 1\rangle+0.7\langle 0\rangle$，求 $\mathsf{P}(|\overline{X}-0.3|\leqslant 0.02)$。

**解**　$m_1=m_2=0.3$，于是 $\sqrt{(m_2-m_1^2)/100}\approx 0.0458$。利用结果 (3.22) 有

$$\mathsf{P}(|\overline{X}-0.3|\leqslant 0.02)=\mathsf{P}\left(\frac{|\overline{X}-0.3|}{0.0458}\leqslant 0.44\right)=2\Phi(0.44)-1\approx 0.34$$

定义 3.12 仿照随机变量的变异系数、偏度系数和峰度系数，定义

- 样本变异系数：$C_v = \dfrac{S}{\overline{X}}$
- 样本偏度系数：$C_s = \dfrac{B_3}{B_2^{3/2}}$
- 样本峰度系数：$C_k = \dfrac{B_4}{B_2^2} - 3$

例 3.19 按照定义 3.12，利用 R 计算鸢尾花数据中山鸢尾的花瓣长度数据（见第 51 页的例 3.4）的变异系数、偏度系数和峰度系数。

$$C_v = 0.1187852 \qquad C_s = 0.1031751 \qquad C_k = 0.8045921$$

## 3.2 样本统计量及其性质

样本是从总体中随机抽样而得，里面隐藏着总体分布中未知参数的信息。由样本构造而得的统计量是对样本的简化，费舍尔认为简化数据也是统计学的研究内容，即把样本中所含的未知参数的信息“压缩”到统计量中。他说，“现代统计学家都熟悉这样一个观念，任何有限数据只包含考察对象的限量信息；这个局限是由数据本身的性质决定的，不能通过统计研究中耗费的聪明才智得到延展：统计学家的任务实际上仅限于提取具体问题的所有可用信息。”

通常有关未知参数的统计推断（如参数估计、假设检验）是通过某些统计量实现的（过程如图 3.32 所示），而无须先通过经验分布来逼近总体分布后再研究这些未知参数。譬如，若总体期望 $\mu$ 未知，则可以通过样本均值 $\overline{X} = \frac{1}{n}\sum_{j=1}^{n} X_j$ 对 $\mu$ 作出推断。在统计推断中，选择合适的统计量并搞清楚它的分布是非常关键的。

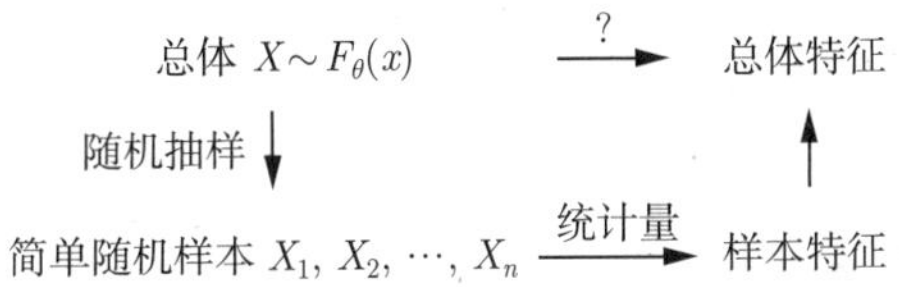

$$\begin{array}{ccc}
\text{总体 } X \sim F_\theta(x) & \xrightarrow{\ ?\ } & \text{总体特征} \\
\text{随机抽样}\downarrow & & \uparrow \\
\text{简单随机样本 } X_1, X_2, \cdots, X_n & \xrightarrow{\text{统计量}} & \text{样本特征}
\end{array}$$

图 3.32 有关未知参数的统计推断的一般模式

定义 3.13（抽样分布） 统计量 $T = T(X_1, X_2, \cdots, X_n)$ 的分布称作 $T$ 的**抽样分布** (sampling distribution)，它完全由样本 $X_1, X_2, \cdots, X_n$ 的分布唯一决定。

抽样分布就是随机变量 $T$ 的分布，之所以冠以“抽样”这一限定词，无非是强调抽样分布可由随机抽样的方法得到：把第 $k$ 次从总体抽得容量为 $n$ 的样本记作 $X_1^{(k)}, X_2^{(k)}, \cdots, X_n^{(k)}$，算出 $T^{(k)} = T(X_1^{(k)}, X_2^{(k)}, \cdots, X_n^{(k)})$，则 $T^{(k)}, k = 1, 2, \cdots, m$ 是总体 $T$ 的简单随机样本，由格利温科定理，只要 $m$ 充分大，$T$ 的分布可通过 $T^{(1)}, T^{(2)}, \cdots, T^{(m)}$ 的经验分布近似得到。

例 3.20（样本均值的抽样分布） 表 3.7 给出了在若干不同总体分布之下，样本均值 $\overline{X} = \frac{1}{n}(X_1 + X_2 + \cdots + X_n)$ 或由它构造的新统计量的抽样分布。

证明 表 3.7 中倒数第二行是因为 $\overline{X}$ 的示性函数恰是 Cauchy$(\mu, \lambda)$ 分布的示性函数 $\exp\{\mathrm{i}\mu t - \lambda|t|\}$。最后一行是因为 $2n\beta\overline{X}$ 与 $\chi^2_{2n}$ 的示性函数都是 $(1-2\mathrm{i}t)^{-n}$。 □

表 3.7 在不同的总体之下，由样本均值 $\overline{X}$ 构造的统计量的抽样分布

| 总体分布 | 统计量 | 抽样分布 |
|---|---|---|
| $N(\mu,\sigma^2)$ | $\overline{X}$ | $N(\mu,\sigma^2/n)$ |
| $B(m,p)$ | $n\overline{X}$ | $B(mn,p)$ |
| $\text{Poisson}(\lambda)$ | $n\overline{X}$ | $\text{Poisson}(n\lambda)$ |
| $\text{Cauchy}(\mu,\lambda)$ | $\overline{X}$ | $\text{Cauchy}(\mu,\lambda)$ |
| $\text{Expon}(\beta)$ | $2n\beta\overline{X}$ | $\chi^2_{2n}$ |

算法 3.2 样本均值 $\overline{X}=\frac{1}{n}\sum_{j=1}^{n}X_j$ 是最常见的统计量。若再增加一个新的样本点 $X_{n+1}$，新的样本均值可按下面的方式在线更新：

$$\overline{X}_{\text{new}}=\overline{X}+\frac{1}{n+1}(X_{n+1}-\overline{X})$$

✄例 3.21 设容量为 $n$ 的样本 $X_1,X_2,\cdots,X_n$ 来自从总体 $N(0,1)$，则样本均值 $\overline{X}\sim N(0,1/n)$。图 3.33 为样本均值 $\overline{X}^{(1)},\overline{X}^{(2)},\cdots,\overline{X}^{(m)}$ 的直方图和经验分布函数，其中 $m$ 是反复抽样的批次。

- ❑ 样本量 $n$ 越大，随机变量 $\overline{X}$ 的取值越紧密围绕在总体均值周围。
- ❑ 抽样批次 $m$ 越大，样本均值 $\overline{X}^{(1)},\overline{X}^{(2)},\cdots,\overline{X}^{(m)}$ 的经验分布函数越接近统计量 $\overline{X}$ 的抽样分布。

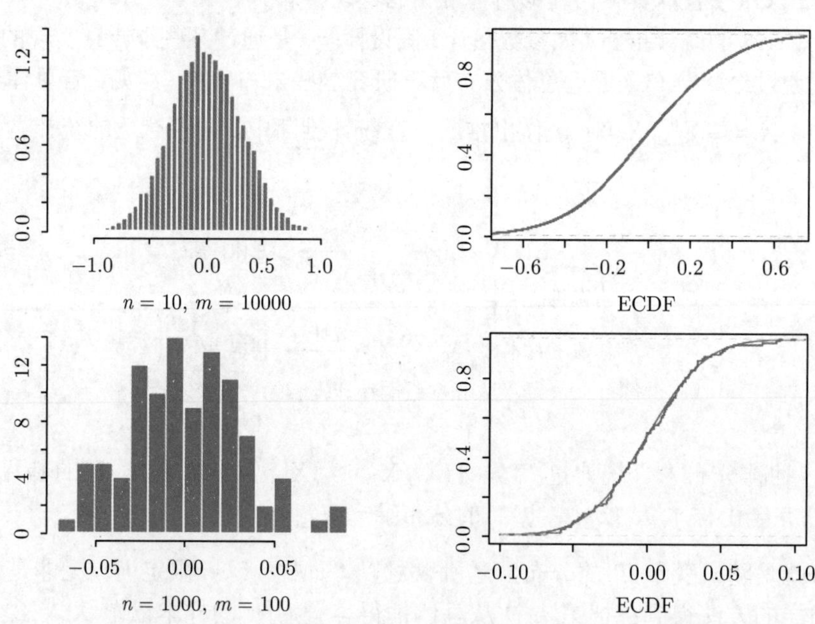


图 3.33 不同样本量（$n$）和抽样批次（$m$）的样本均值的直方图和经验分布函数

即便实际情况不允许反复从总体中抽样，利用已有样本通过“自助法”(bootstrap method)* 依然可以得到统计量的经验分布（详见 §3.2.2）。

* “bootstrap”一词来自习语 pull yourself up by your bootstraps，比喻不借助外部援助，仅通过自身努力而改善状况或提升性能，也暗指自立、自持、自助等性质的行为。

### 3.2.1 统计量的抽样分布

已知样本 $X_1, X_2, \cdots, X_n \overset{\text{iid}}{\sim} F(x)$，要搞清楚任一统计量 $T(X_1, X_2, \cdots, X_n)$ 的抽样分布并非易事，绝大多数情况下很难找到具有简单形式的抽样分布。

例 3.22 设简单随机样本 $X_1, X_2, \cdots, X_n$ 来自总体 $X \sim F(x)$，求第 $j$ 个次序统计量 $X_{(j)}$ 的分布函数。

解 由分布函数的定义，$X_{(j)}$ 的分布函数为 $F_{X_{(j)}}(x) = \mathsf{P}(X_{(j)} \leqslant x)$，进而

$$
\begin{aligned}
F_{X_{(j)}}(x) &= \mathsf{P}\{X_1, X_2, \cdots, X_n \text{ 中至少有 } j \text{ 个满足“} \leqslant x \text{”}\} \\
&= \sum_{k=j}^{n} \mathrm{C}_n^k [\mathsf{P}(X \leqslant x)]^k [1 - \mathsf{P}(X \leqslant x)]^{n-k} \\
&= \sum_{k=j}^{n} \mathrm{C}_n^k [F(x)]^k [1 - F(x)]^{n-k}
\end{aligned}
$$

特别地，$X_{(1)}$ 的分布函数是

$$F_{X_{(1)}}(x) = 1 - [1 - F(x)]^n$$

$X_{(n)}$ 的分布函数是

$$F_{X_{(n)}}(x) = [F(x)]^n$$

若总体是均匀分布 $\mathrm{U}(0,1)$，经过 $10^4$ 轮反复抽取容量为 10 的样本，分别得到极值统计量 $X_{(1)}$ 和 $X_{(n)}$ 的直方图，如图 3.34 所示。$X_{(1)}$ 和 $X_{(n)}$ 的密度函数 $f_{X_{(1)}}(x)$ 和 $f_{X_{(n)}}(x)$ 分别是图 3.34 中的实线和虚线。

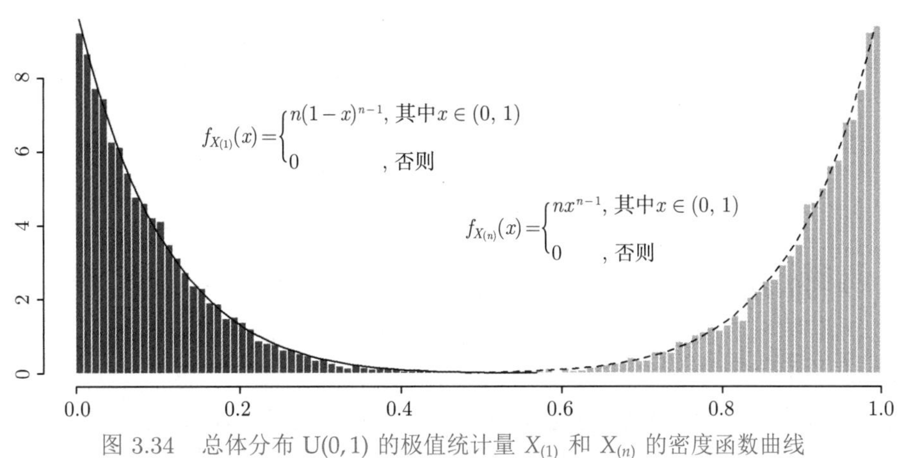

图 3.34 总体分布 $\mathrm{U}(0,1)$ 的极值统计量 $X_{(1)}$ 和 $X_{(n)}$ 的密度函数曲线

例 3.23 《人工智能的数学基础——随机之美》[10] 曾讲过法国数学家**昂利·庞加莱**（Henri Poincaré, 1854—1912）与面包店的虚构故事。故事的梗概是这样的：庞加莱每天都从一家面包店买面包，他积累了一年的数据，显示面包重量服从正态分布 N(950克, 400)，而面包应重 1000 克。于是，庞加莱（图 3.35）举报了这家面包店缺斤短两。

图 3.35 庞加莱及其母校——巴黎综合理工学院

一年后，庞加莱再次基于观察数据举报说，这家面包店虽然不再欺骗他，每次都给他分量最重的面包，但并没有改过自新——其他面包照旧分量不足。不仅如此，庞加莱还八九不离十地猜出这家面包店每天生产多少面包。面包店老板很诧异，庞加莱是如何知道这些“商业秘密”的？

解 设总体分布是 $\mathrm{N}(\mu,\sigma^2)$，其中 $\mu = 950, \sigma^2 = 400$，由例 3.22 的结果，立刻得到 $X_{(n)} = \max\{X_1, X_2, \cdots, X_n\}$ 的分布函数是

$$F_{(n)}(x) = [\Phi(x|\mu,\sigma^2)]^n$$

对上式求导，于是得到 $X_{(n)}$ 的密度函数是

$$f_{(n)}(x) = \frac{n}{\sigma}\phi\left(\frac{x-\mu}{\sigma}\right)\left[\Phi\left(\frac{x-\mu}{\sigma}\right)\right]^{n-1} \tag{3.23}$$

特别地，当 $n = 2$ 时，$f_{(n)}(x)$ 是偏正态分布（见《人工智能的数学基础——随机之美》[10] 的“一些常见的分布”）。另外，类似地 $X_{(n-1)}$ 的密度函数是

$$f_{(n-1)}(x) = \frac{n(n-1)}{\sigma}\phi\left(\frac{x-\mu}{\sigma}\right)\left[\Phi\left(\frac{x-\mu}{\sigma}\right)\right]^{n-2}\left[1-\Phi\left(\frac{x-\mu}{\sigma}\right)\right]$$

庞加莱猜测他得到的面包重量是 $X_{(n)}$（也可能是 $X_{(n-1)}$ 或其他），其中样本容量 $n$ 对庞加莱而言也是未知的。从观察数据的直方图，看哪个 $f_{(n)}(x)$ 最匹配。庞加莱还可以尝试 $f_{(n-1)}(x)$ 等，直到找到与直方图拟合最好的那个密度函数。

庞加莱首先怀疑这家面包店依然我行我素，只是每次将最重的面包给他，以为这样就能让他不再“找茬”。接着，庞加莱让数据“说话”，验证自己的猜测。例如，对于样本容量 $n = 1000$ 和 $n = 100$，密度函数 $f_{(n)}(x)$ 的曲线见图 3.36。

对于正态总体，相对容易求得一些重要统计量的抽样分布，因此正态总体之下的置信区间估计、假设检验等研究成果丰硕，这些事实也抬高了正态分布在统计学中的地位——统计学在相当长的一段时间里把正态总体当作研究重点，统计推断也往往是基于正态总体的。

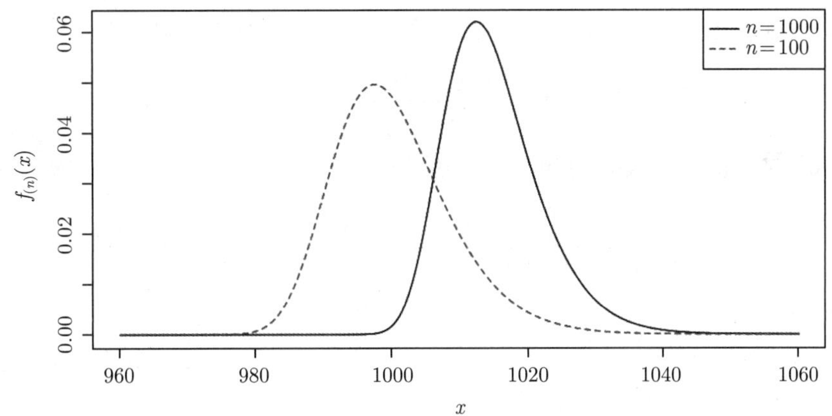


图 3.36 式 (3.23) 所示密度函数 $f_{(n)}(x)$ 的曲线，其中 $n = 1000$ 和 100

性质 3.10 如果样本 $X_1, X_2, \cdots, X_n \overset{\text{iid}}{\sim} \mathrm{N}(\mu, \sigma^2)$，则有

$$\left(\frac{\overline{X} - \mu}{\sigma/\sqrt{n}}\right)^2 \sim \chi_1^2 \tag{3.24}$$

证明 因为 $Y = \sqrt{n}(\overline{X} - \mu)/\sigma \sim \mathrm{N}(0, 1)$，所以 $Y^2 \sim \chi_1^2$。 □

定理 3.5（费舍尔-吉尔里，1925，1936） 样本 $X_1, X_2, \cdots, X_n$ 来自一个正态总体当且仅当样本均值 $\overline{X}$ 与样本方差 $S^2$ 独立。

证明 1925 年，费舍尔证得“⇒”（证明详见《人工智能的数学基础——随机之美》[10]）。“⇐”的证明由爱尔兰统计学家**罗伊·吉尔里**（Roy Geary, 1896—1983）于 1936 年给出[94]，已超出本书的范围。 □

性质 3.11 已知样本 $X_1, \cdots, X_n \overset{\text{iid}}{\sim} \mathrm{N}(\mu, \sigma^2)$，则有

$$\frac{(n-1)S^2}{\sigma^2} \sim \chi_{n-1}^2$$

证明 我们知道

$$\sum_{j=1}^{n} \frac{(X_j - \mu)^2}{\sigma^2} \sim \chi_n^2$$

$$\left(\frac{\overline{X} - \mu}{\sigma/\sqrt{n}}\right)^2 \sim \chi_1^2$$

根据 $\sum_{j=1}^{n}(X_j - \overline{X}) = 0$，显然有

$$\begin{aligned}\frac{1}{\sigma^2}\sum_{j=1}^{n}(X_j - \mu)^2 &= \frac{1}{\sigma^2}\sum_{j=1}^{n}(X_j - \overline{X} + \overline{X} - \mu)^2 \\ &= \left(\frac{\overline{X} - \mu}{\sigma/\sqrt{n}}\right)^2 + \frac{(n-1)S^2}{\sigma^2}\end{aligned}$$

因为总体是正态分布，由定理 3.5 可知 $\overline{X}$ 与 $S^2$ 独立，进而上式右侧两求和项独立。从上式的示性函数易得 $(n-1)S^2/\sigma^2 \sim \chi_{n-1}^2$。 □

性质 3.12　已知样本 $X_1, X_2, \cdots, X_n \overset{\text{iid}}{\sim} \mathrm{N}(\mu, \sigma^2)$，样本方差为 $S^2$，则

$$\frac{\sqrt{n}(\overline{X}-\mu)}{S} \sim t_{n-1}$$

证明　由 $\sqrt{n}(\overline{X}-\mu)/\sigma \sim \mathrm{N}(0,1)$ 和 $(n-1)S^2/\sigma^2 \sim \chi^2_{n-1}$，有

$$\frac{\sqrt{n}(\overline{X}-\mu)/\sigma}{\sqrt{[(n-1)S^2/\sigma^2]/(n-1)}} = \frac{\sqrt{n}(\overline{X}-\mu)}{S} \sim t_{n-1}$$ □

图 3.37 是对性质 3.11 和性质 3.12 的模拟试验：假设总体分布是 $\mathrm{N}(\mu, \sigma^2)$，其中 $\mu = 0, \sigma^2 = 1$。令样本容量 $n = 10$，经过 $10^4$ 轮反复抽样，得到 $(n-1)S^2/\sigma^2$ 和 $\sqrt{n}(\overline{X}-\mu)/S$ 的直方图。图 3.37 中的实线分别是 $\chi^2_{n-1}$ 和 $t_{n-1}$ 分布的密度函数曲线。

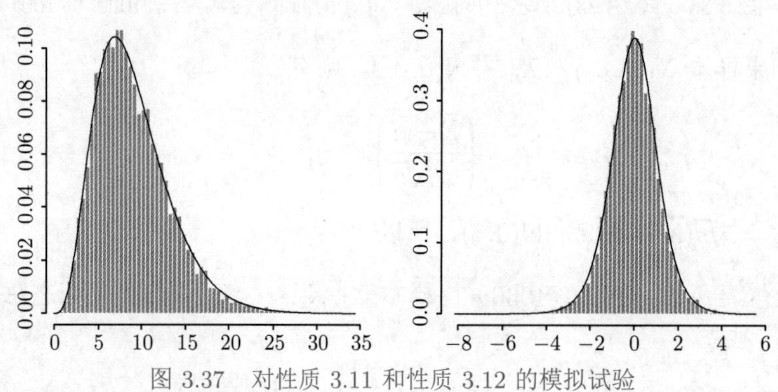

图 3.37　对性质 3.11 和性质 3.12 的模拟试验

例 3.24　设样本 $X_1, X_2, \cdots, X_n \overset{\text{iid}}{\sim} \mathrm{N}(\mu, \sigma^2)$ 的均值和方差分别为 $\overline{X}$ 和 $S^2$，若从总体再抽取一个样本点 $X_{n+1}$，请问下面的统计量服从什么分布？

$$Y = \frac{X_{n+1}-\overline{X}}{S}\sqrt{\frac{n}{n+1}}$$

解　由 $X_{n+1}-\overline{X} \sim \mathrm{N}(0, (n+1)\sigma^2/n)$ 和性质 3.11 得出，

$$Y = \frac{(X_{n+1}-\overline{X})\Big/\left(\sigma\sqrt{\dfrac{n+1}{n}}\right)}{\sqrt{[(n-1)S^2/\sigma^2]/(n-1)}} \sim t_{n-1}$$

性质 3.13　已知来自两个独立总体的样本

$$X_1, X_2, \cdots, X_m \overset{\text{iid}}{\sim} \mathrm{N}(\mu_X, \sigma_X^2)$$
$$Y_1, Y_2, \cdots, Y_n \overset{\text{iid}}{\sim} \mathrm{N}(\mu_Y, \sigma_Y^2)$$

不妨设它们的样本均值和样本方差分别为 $\overline{X}, S_X^2, \overline{Y}, S_Y^2$，则

$$\frac{S_X^2/\sigma_X^2}{S_Y^2/\sigma_Y^2} \sim F_{m-1,n-1}$$

$$\frac{[\overline{X}-\overline{Y}-(\mu_X-\mu_Y)]\sqrt{\dfrac{m+n-2}{\sigma_X^2/m+\sigma_Y^2/n}}}{\sqrt{(m-1)S_X^2/\sigma_X^2+(n-1)S_Y^2/\sigma_Y^2}} \sim t_{m+n-2}$$

证明 因为这两个总体是独立的，于是

$$\overline{X}-\overline{Y}\sim \mathrm{N}\left(\mu_X-\mu_Y,\frac{\sigma_X^2}{m}+\frac{\sigma_Y^2}{n}\right)$$

$$\frac{(m-1)S_X^2}{\sigma_X^2}+\frac{(n-1)S_Y^2}{\sigma_Y^2}\sim \chi^2_{m+n-2}$$

由性质 3.11 以及 $F$ 分布、$t$ 分布的定义，易证。 □

定义 3.14 设简单随机样本 $(X_1,Y_1)^\top,\cdots,(X_n,Y_n)^\top$ 来自二元正态总体 $(X,Y)^\top\sim \mathrm{N}(\mu_X,\mu_Y,\sigma_X^2,\sigma_Y^2,\rho)$，其中 $\mu_X,\mu_Y,\sigma_X^2,\sigma_Y^2,\rho$ 未知。定义统计量如下：

$$\overline{X}=\frac{1}{n}\sum_{j=1}^{n}X_j \qquad \overline{Y}=\frac{1}{n}\sum_{j=1}^{n}Y_j$$

$$S_X^2=\frac{1}{n-1}\sum_{j=1}^{n}(X_j-\overline{X})^2 \qquad S_Y^2=\frac{1}{n-1}\sum_{j=1}^{n}(Y_j-\overline{Y})^2$$

$$C_{XY}=\frac{1}{n-1}\sum_{j=1}^{n}(X_j-\overline{X})(Y_j-\overline{Y}) \qquad R_{XY}=\frac{C_{XY}}{S_XS_Y}$$

我们把 $R_{XY}$ 称为样本相关系数，把对称矩阵 $\begin{pmatrix} S_X^2 & C_{XY}\\ C_{XY} & S_Y^2\end{pmatrix}$ 称为样本方差-协方差矩阵，简称样本协方差矩阵。

定理 3.6 定义 3.14 中的统计量具有以下性质：

（1）随机向量 $(\overline{X},\overline{Y})^\top$ 与 $(X_1-\overline{X},\cdots,X_n-\overline{X},Y_1-\overline{Y},\cdots,Y_n-\overline{Y})^\top$ 相互独立。进而，$(\overline{X},\overline{Y})^\top$ 与 $(S_X^2,C_{XY},S_Y^2)^\top$ 相互独立。

（2）随机向量 $(\overline{X},\overline{Y})^\top$ 服从二元正态分布如下：

$$(\overline{X},\overline{Y})^\top\sim \mathrm{N}\left(\mu_X,\mu_Y,\frac{\sigma_X^2}{n},\frac{\sigma_Y^2}{n},\rho\right) \tag{3.25}$$

证明 计算随机向量 $(\overline{X},\overline{Y},X_1-\overline{X},\cdots,X_n-\overline{X},Y_1-\overline{Y},\cdots,Y_n-\overline{Y})^\top$ 的示性函数如下：

$$\begin{aligned}\varphi(u,v,s_1,s_2,\cdots,s_n,t_1,t_2,\cdots,t_n)&=\mathsf{E}\exp\left\{\mathrm{i}u\overline{X}+\mathrm{i}v\overline{Y}+\sum_{k=1}^{n}\mathrm{i}s_k(X_k-\overline{X})+\sum_{k=1}^{n}\mathrm{i}t_k(Y_k-\overline{Y})\right\}\\&=\mathsf{E}\exp\left\{\sum_{k=1}^{n}\mathrm{i}X_k\left(\frac{u}{n}+s_k-\bar{s}\right)+\mathrm{i}Y_k\left(\frac{v}{n}+t_k-\bar{t}\right)\right\}\end{aligned}$$

其中，

$$\bar{s}=\frac{s_1+s_2+\cdots+s_n}{n}$$

$$\bar{t}=\frac{t_1+t_2+\cdots+t_n}{n}$$

对 $\varphi(u,v,s_1,s_2,\cdots,s_n,t_1,t_2,\cdots,t_n)$ 进行整理得到下面的分解：

$$\varphi(u,v,s_1,s_2,\cdots,s_n,t_1,t_2,\cdots,t_n)=\exp\left\{\mathrm{i}u\mu_X+\mathrm{i}v\mu_Y-\frac{\sigma_X^2u^2+2\rho\sigma_X\sigma_Yuv+\sigma_Y^2v^2}{2n}\right\}\cdot$$

$$\exp\left\{-\frac{1}{2}\sigma_X^2\sum_{k=1}^{k}(s_k-\overline{s})^2-\rho\sigma_X\sigma_Y\sum_{k=1}^{k}(s_k-\overline{s})(t_k-\overline{t})-\frac{1}{2}\sigma_Y^2\sum_{k=1}^{k}(t_k-\overline{t})^2\right\}$$
$$=\varphi(u,v)\varphi(s_1,s_2,\cdots,s_n,t_1,t_2,\cdots,t_n)$$

于是，独立性是显然的。再利用 $(\overline{X},\overline{Y})^{\mathrm{T}}$ 的示性函数 $\varphi(u,v)$ 可得其分布为二元正态分布 (3.25)。□

### 3.2.2 重抽样和自助法

设样本 $X_1,X_2,\cdots,X_n \overset{\text{iid}}{\sim} F(x)$ 的经验分布函数是 $\hat{F}_n(x)$，如果 $n$ 足够大，由格利温科定理 3.1，“八九不离十”地有

$$F(x)\approx\hat{F}_n(x)$$

于是，统计量 $T=T(X_1,X_2,\cdots,X_n)$ 的抽样分布，如图 3.38 所示，可以由 $T_*=T(X_*^{(1)},X_*^{(2)},\cdots,X_*^{(n)})$ 来近似，其中 $X_*^{(1)},X_*^{(2)},\cdots,X_*^{(n)} \overset{\text{iid}}{\sim} \hat{F}_n(x)$。通过“偷梁换柱”，把从总体 $F(x)$ 抽样转化为从经验分布 $\hat{F}_n(x)$ 抽样。

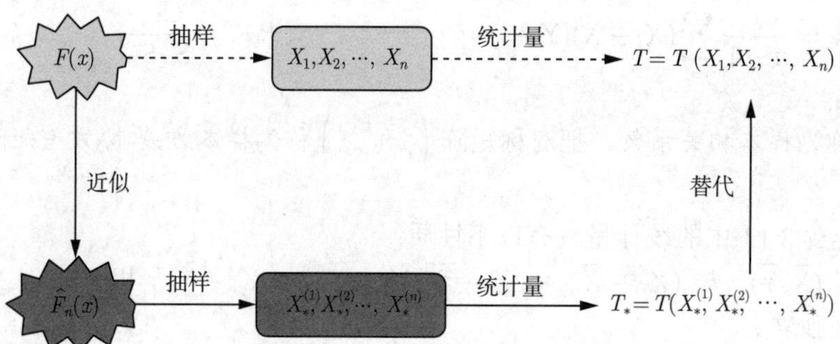


图 3.38 抽样问题的转化

图 3.39 艾弗隆

如何从总体 $\hat{F}_n(x)$ 抽取简单随机样本 $X_*^{(1)},X_*^{(2)},\cdots,X_*^{(n)}$ 呢？从 $\hat{F}_n(x)$ 抽取 $n$ 个随机数等同于从样本 $X_1,X_2,\cdots,X_n$ 有放回地抽取一个容量为 $n$ 的样本——这便是*自助法* (bootstrap method) 简单明了的理论基础[73]。

自助法是美国当代著名统计学家**布拉德利・艾弗隆**（Bradley Efron, 1938—）于 1979 年提出的一种基于*重抽样* (resampling) 的模拟方法 [76-77,95]，是很多统计推断问题的有效工具，如统计量 $T=T(X_1,X_2,\cdots,X_n)$ 的抽样分布近似为 $T_*^{(1)},T_*^{(2)},\cdots,T_*^{(m)}$ 的经验分布。艾弗隆（图 3.39）是统计学与计算机科学相结合的推动者和实践者。利用计算机，自助法使得无须得到抽样分布的显式表达，人们依然可以在数值上逼近它，或者产生抽样分布的随机数。在计算机时代，构造、逼近、模拟等蛮力手段扩展了对“求解”的认识，我们不必拘泥传统数学执着地寻求显式解，存在就是被构造、逼近或模拟。

**算法 3.3**（自助法） 令 $\hat{F}_n(x)$ 是简单随机样本 $X_1,X_2,\cdots,X_n$ 的经验分布函数，统计量 $T=T(X_1,X_2,\cdots,X_n)$ 的样本可用下面的方法近似求得。

⚀ 有放回地从样本 $X_1,X_2,\cdots,X_n$ 中抽取 $X_*^{(1)},X_*^{(2)},\cdots,X_*^{(n)}$。

⚁ 计算 $T_*=T(X_*^{(1)},X_*^{(2)},\cdots,X_*^{(n)})$。

⚂ 重复上述两个步骤 $m$ 次得到样本 $T_*^{(1)},T_*^{(2)},\cdots,T_*^{(m)}$。

例 3.25　从样本 $X_1, X_2, \cdots, X_n$ 有放回地抽取一个容量为 $n$ 的样本，其经验分布函数与 $\hat{F}_n(x)$ 的关系如何？利用自助法得到样本均值 $\overline{X}$ 的分布情况如何？我们通过下面的模拟试验来了解。

- 产生 $n$ 个 Laplace(0, 1) 分布的随机数 $x_1, x_2, \cdots, x_n$，其经验分布函数 $\hat{F}_n(x)$ 的曲线是图 3.40 中的粗实线。
- 有放回地从 $x_1, x_2, \cdots, x_n$ 抽取 $n$ 个样本，绘出其经验分布函数。读者不难发现，当 $n$ 很大的时候，它通常与 $\hat{F}_n(x)$ 很接近。重复此过程 $m = 200$ 次，发现大多数的阶梯曲线都接近于 $\hat{F}_n(x)$，散落在 $\hat{F}_n(x)$ 的周围，见图 3.40。

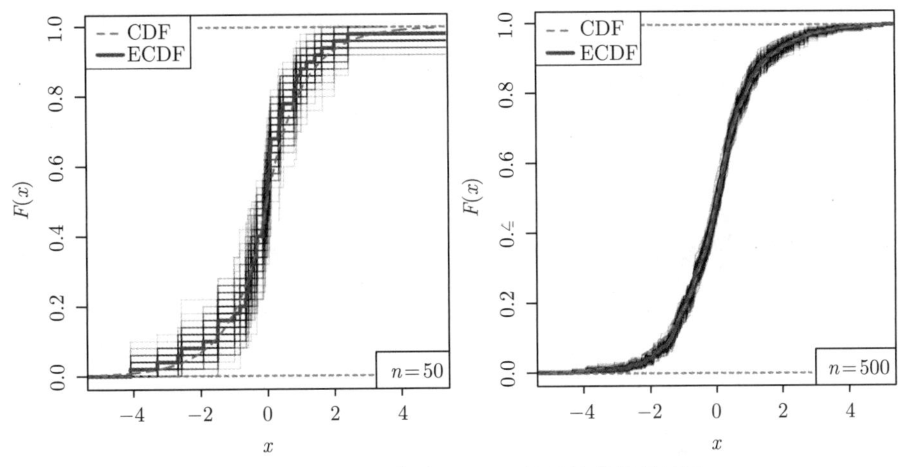


图 3.40　例 3.25 中对 ECDF 的重抽样模拟试验

通过自助法得到样本均值 $\overline{X}$ 这一统计量的 $m$ 个样本 $\overline{X}_*^{(1)}, \overline{X}_*^{(2)}, \cdots, \overline{X}_*^{(m)}$，简称它们为“自助均值（bootstrapped means）”，其直方图如图 3.41 所示。不难发现 $\overline{X}_*^{(1)}, \overline{X}_*^{(2)}, \cdots, \overline{X}_*^{(m)}$ 的均值与 $\overline{X}$ 非常之接近。

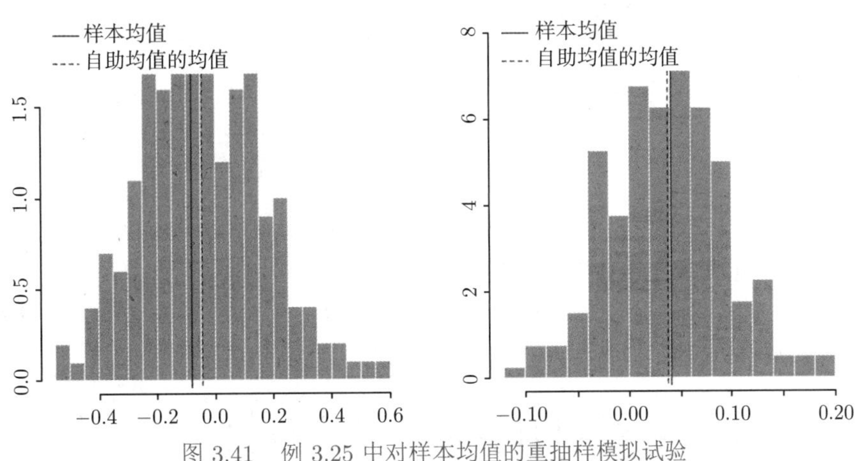


图 3.41　例 3.25 中对样本均值的重抽样模拟试验

例 3.26　如果样本 $X_1, X_2, \cdots, X_n \overset{\text{iid}}{\sim} \mathrm{N}(0, 1)$，其中 $n = 101$。请利用自助法（算法 3.3）分别求样本中位数 $T = \mathrm{M}(X_1, X_2, \cdots, X_n)$ 和样本均值 $T = \overline{X}$ 的经验分布。

解　由例 3.22 可得样本中位数 $X_{(d)}$ 的分布函数 $F_{X_{(d)}}(x)$，其中 $d = (n+1)/2$。进而根据中心极限定理将 $F_{X_{(d)}}(x)$ 简化为

$$F_{X_{(d)}}(x) \approx \Phi\left(\frac{n - n\Phi(x)}{\sqrt{n\Phi(x)(1-\Phi(x))}}\right) - \Phi\left(\frac{d - 1 - n\Phi(x)}{\sqrt{n\Phi(x)(1-\Phi(x))}}\right)$$

利用自助法对样本 $X_1, X_2, \cdots, X_n$ 进行多次有放回的抽样，分别得到样本中位数 $X_{(d)}$ 和样本均值 $\overline{X}$ 的直方图和对应的经验分布函数曲线（图 3.42）：

- ⊡ $X_{(d)}$ 和 $\overline{X} \sim \mathrm{N}(0, 1/n)$ 这两个统计量的分布函数在图 3.42 (b) 和 (d) 中用虚线绘出。
- ⊡ 令 $m = 10^3$，利用算法 3.3，得到统计量 $T_*$ 的样本 $T_*^{(1)}, T_*^{(2)}, \cdots, T_*^{(m)}$（直方图见图 3.42 (a) 和 (c)），进而得到对应的经验分布函数（见图 3.42 (b) 和 (d) 中的实线）。

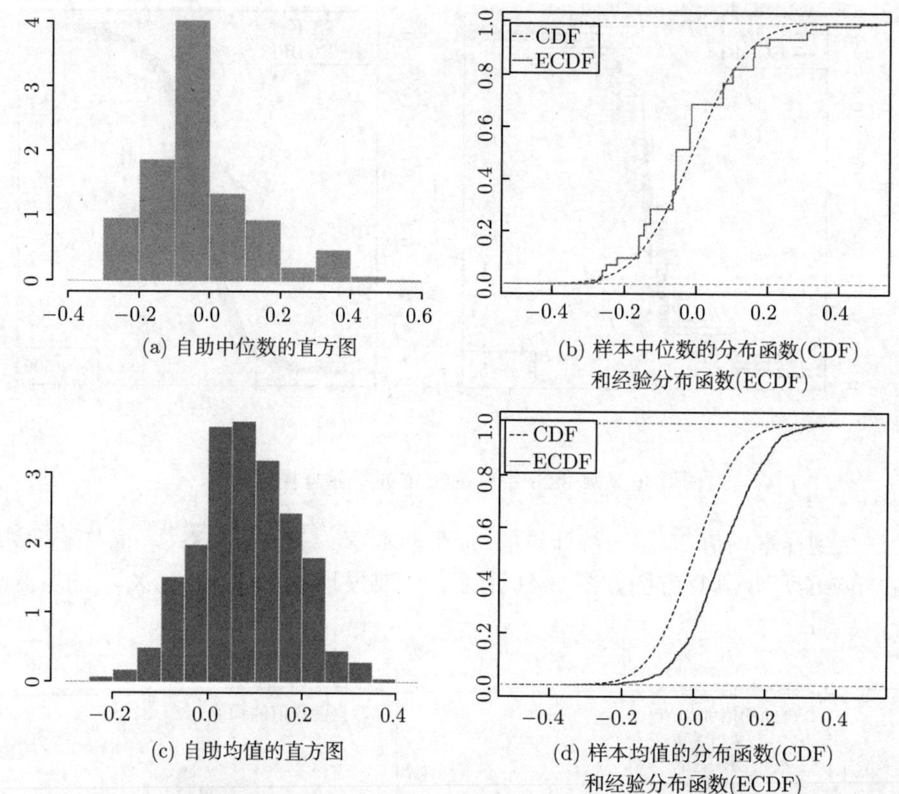


图 3.42 例 3.26 中对样本中位数和样本均值的重抽样模拟试验

通过试验我们发现，样本 $X_1, X_2, \cdots, X_n$ 越真实地反映出总体的分布情况，用自助法得到的统计量的经验分布与该统计量的真实分布就越接近。

例 3.27 如果样本容量 $n$ 足够大，统计量 $T = T(X_1, X_2, \cdots, X_n)$ 的方差 $\mathsf{V}_F(T)$ 近似地为 $\mathsf{V}_{\hat{F}_n}(T)$，例如样本均值 $\overline{X}$ 的方差为

$$\begin{aligned}\mathsf{V}_F(\overline{X}) &= \frac{1}{n}\left\{\int_{\mathbb{R}} x^2 \mathrm{d}F(x) - \left[\int_{\mathbb{R}} x \mathrm{d}F(x)\right]^2\right\} \\ &\approx \frac{1}{n}\left\{\int_{\mathbb{R}} x^2 \mathrm{d}\hat{F}_n(x) - \left[\int_{\mathbb{R}} x \mathrm{d}\hat{F}_n(x)\right]^2\right\}\end{aligned}$$

如果 $\mathsf{V}_{\hat{F}_n}(T) = \sigma^2$ 难于计算，可用自助法近似求得。根据强大数律，当 $m \to \infty$ 时有

$$\hat{\sigma}^2_{\text{boot}} = \frac{1}{m}\sum_{k=1}^{m}\left(T_*^{(k)} - \frac{1}{m}\sum_{j=1}^{m} T_*^{(j)}\right)^2 \xrightarrow{\text{a.s.}} \sigma^2$$

算法 3.4　如何由 $\boldsymbol{X} = (X_1, X_2, \cdots, X_n)^\top$ 的 $m$ 个观测样本再构造 $k$ 个新样本？

⚀ 由算法 3.1 分别独立产生 $X_1, X_2, \cdots, X_n$ 的随机数 $k$ 个。

⚁ 在 $\boldsymbol{X}$ 的 $m$ 个样本中有放回地随机抽取一个，对其每个分量，相应地在第一步产生的结果中寻找离它最近的随机数，所得即一个新样本。同时，相应地在第一步的结果中删掉刚选中的随机数。

⚂ 独立重复第二步直至产生出 $k$ 个新样本。

### 3.2.3　统计量的充分性

由样本构造的统计量与样本相比，多多少少丢失掉一些总体的信息。例如，后者包含未知参数 $\theta$ 的更多信息。但在某些情况下，统计量包含了与样本同样多有关 $\theta$ 的信息。为定义如此好性质的统计量，1920 年，英国天才统计学家费舍尔（图 3.43）提出了*充分统计量* (sufficient statistic) 这一重要的概念，并于 1922 年给出了一个充要条件来判定任一给定的统计量是否是充分统计量，即费舍尔分解定理。

图 3.43　费舍尔

该结果于 1935 年被耶泽・内曼重新发现，所以有的文献中也称之为"内曼分解定理"。内曼对费舍尔充分统计量的工作应该有所了解，他们在这个定理上没有优先权之争。该定理于 1949 年被两位美国数学家**保罗・哈尔莫斯**（Paul Halmos, 1916—2006）和**伦纳德・萨维奇**（Leonard Savage, 1917—1971）严格证明，其中萨维奇是主观贝叶斯主义者。

定义 3.15（充分性）　已知 $T = T(X_1, X_2, \cdots, X_n)$ 为一个统计量，如果 $\theta \in \Theta$ 样本的条件分布 $F_\theta(x_1, x_2, \cdots, x_n | T = t)$ 与 $\theta$ 无关，则称 $T$（对未知参数 $\theta$ 而言）是一个*充分统计量*。

充分统计量必定包含了未知参数的所有信息，以它做条件才会使得条件分布与未知参数无关。具体说来，总体 $X$ 为离散型或连续型随机变量时，条件概率 $\mathsf{P}_\theta\{X_1 = x_1, \cdots, X_n = x_n | T = t\}$ 或条件密度函数 $f_\theta(x_1, x_2, \cdots, x_n | T = t)$ 与 $\theta$ 无关。

例 3.28　令样本 $X_1, X_2, \cdots, X_n \overset{\text{iid}}{\sim} p\langle 1\rangle + (1-p)\langle 0\rangle$，则 $T = \sum_{j=1}^n X_j$ 对参数 $p$ 而言是一个充分统计量，事实上

$$\begin{aligned}
&\mathsf{P}\left\{X_1 = x_1, \cdots, X_n = x_n \,\middle|\, \sum_{j=1}^{n} X_j = t\right\} \\
&= \frac{\mathsf{P}\left\{X_1 = x_1, \cdots, X_n = x_n, \sum_{j=1}^n X_j = t\right\}}{\mathsf{P}\left\{\sum_{j=1}^n X_j = t\right\}} \\
&= \begin{cases} \dfrac{p^{\sum_{j=1}^n x_j}(1-p)^{n-\sum_{j=1}^n x_j}}{\mathrm{C}_n^t p^t (1-p)^{n-t}} = \dfrac{1}{\mathrm{C}_n^t} & \text{，其中 } \displaystyle\sum_{j=1}^n x_j = t \\ 0 & \text{，否则} \end{cases}
\end{aligned}$$

例 3.29　设样本 $X_1, X_2 \overset{\text{iid}}{\sim} \text{Poisson}(\lambda)$，下面验证 $X_1 + X_2$ 对参数 $\lambda$ 而言是一个充分统计量，但 $X_1 + 2X_2$ 不是充分统计量。

$$\begin{aligned}\mathsf{P}\{X_1 = x_1, X_2 = x_2 | X_1 + X_2 = t\} &= \frac{\mathsf{P}\{X_1 = x_1, X_2 = t - x_1\}}{\mathsf{P}\{X_1 + X_2 = t\}} \\ &= \begin{cases} C_t^{x_1}/2^t & \text{，其中 } x_1 + x_2 = t \\ 0 & \text{，否则} \end{cases}\end{aligned}$$

上式的计算用到了泊松分布“和型不变”的性质——几个独立的泊松分布的随机变量之和依然服从泊松分布，其参数为所有参数之和。下面说明 $X_1 + 2X_2$ 不是充分统计量。

$$\begin{aligned}\mathsf{P}\{X_1 = 0, X_2 = 1 | X_1 + 2X_2 = 2\} &= \frac{\mathsf{P}\{X_1 = 0, X_2 = 1\}}{\mathsf{P}\{X_1 + 2X_2 = 2\}} \\ &= \frac{\mathrm{e}^{-\lambda}(\lambda \mathrm{e}^{-\lambda})}{\mathsf{P}\{X_1 = 0, X_2 = 1\} + \mathsf{P}\{X_1 = 2, X_2 = 0\}} \\ &= \frac{\lambda \mathrm{e}^{-2\lambda}}{\lambda \mathrm{e}^{-2\lambda} + (\lambda^2/2)\mathrm{e}^{-2\lambda}} \\ &= \frac{2}{\lambda + 2}\end{aligned}$$

充分统计量还有一个美妙且实用的好处（也是“充分”一词的由来）：哪怕原始数据丢失了，仅凭借 $T = t$ 也能通过条件分布 $F(x_1, x_2, \cdots, x_n | T = t)$ “恢复”或“重构”原始数据（图 3.44）。从这个角度看，充分统计量是原始数据的一个化简或“无参数信息损失”的数据压缩。

图 3.44　重构 (reconstruction)

通过充分性的定义 3.15 和上面两个离散型的例子可以看出：$\mathsf{P}_\theta\{\boldsymbol{X} = \boldsymbol{x}\}$ 可以分解为不含 $\theta$ 的有关 $\boldsymbol{x}$ 的某函数与 $\mathsf{P}_\theta\{T(\boldsymbol{X}) = T(\boldsymbol{x})\}$ 的乘积。1925 年费舍尔提供了一个判定充分统计量的有效方法，可以避开烦琐的条件概率计算，这就是著名的费舍尔分解定理（定理 3.7）。数学里的“分解”好比乐高 (Lego) 玩具，通过一些基本模块，搭建各种复杂而有趣的对象（图 3.45）。

**定理 3.7**（费舍尔分解，1925）　设样本 $\boldsymbol{X} = (X_1, X_2, \cdots, X_n)^\top$ 的概率密度函数为 $f_\theta(\boldsymbol{x})$ 或概率函数为 $f_\theta(\boldsymbol{x}) = \mathsf{P}_\theta\{\boldsymbol{X} = \boldsymbol{x}\}$，其中 $\boldsymbol{x} = (x_1, x_2, \cdots, x_n)^\top$，统计量 $T(\boldsymbol{X})$ 对未知参数 $\theta$ 而言是充分的当且仅当存在分解

$$f_\theta(\boldsymbol{x}) = h(\boldsymbol{x}) g_\theta[T(\boldsymbol{x})]$$

其中，非负（可测）函数 $h(\boldsymbol{x})$ 不依赖于 $\theta$，非负（可测）函数 $g_\theta[T(\boldsymbol{x})]$ 是关于 $\theta$ 和 $T(\boldsymbol{x})$ 的函数。

图 3.45 乐高玩具

证明 严格的证明需用到测度论的知识，感兴趣的读者可参阅陈希孺的《高等数理统计学》[87] 第一章的附录。这里仅考虑总体是离散型的。

- 往证“⇒”：令 $T(\boldsymbol{X})$ 是充分统计量，则 $\mathsf{P}_\theta\{\boldsymbol{X}=\boldsymbol{x}|T(\boldsymbol{X})=t\}$ 与参数 $\theta$ 无关。当 $T(\boldsymbol{x})=t$ 时，有

$$\begin{aligned}\mathsf{P}_\theta(\boldsymbol{X}=\boldsymbol{x}) &= \mathsf{P}_\theta\{\boldsymbol{X}=\boldsymbol{x}, T(\boldsymbol{X})=t\} \\ &= \mathsf{P}_\theta\{\boldsymbol{X}=\boldsymbol{x}|T(\boldsymbol{X})=t\}\,\mathsf{P}_\theta\{T(\boldsymbol{X})=t\}\end{aligned}$$

（1） 对那些满足 $\forall\theta\in\Theta, \mathsf{P}_\theta(\boldsymbol{X}=\boldsymbol{x})=0$ 的 $\boldsymbol{x}$，定义 $h(\boldsymbol{x})=0$。

（2） 对那些满足 $\exists\theta$ 使得 $\mathsf{P}_\theta(\boldsymbol{X}=\boldsymbol{x})>0$ 的 $\boldsymbol{x}$，定义

$$\begin{aligned}h(\boldsymbol{x}) &= \mathsf{P}_\theta\{\boldsymbol{X}=\boldsymbol{x}|T(\boldsymbol{X})=t\} \\ g_\theta[T(\boldsymbol{x})] &= \mathsf{P}_\theta\{T(\boldsymbol{X})=T(\boldsymbol{x})=t\}\end{aligned}$$

无论如何，$\mathsf{P}_\theta(\boldsymbol{X}=\boldsymbol{x})$ 皆有形如 $h(\boldsymbol{x})g_\theta[T(\boldsymbol{x})]$ 的分解，得证。

- 下面往证“⇐”：对任意固定的 $t_0$ 有

$$\begin{aligned}\mathsf{P}_\theta\{T(\boldsymbol{X})=t_0\} &= \sum_{\{\boldsymbol{x}:T(\boldsymbol{x})=t_0\}} \mathsf{P}_\theta\{\boldsymbol{X}=\boldsymbol{x}\} \\ &= \sum_{\{\boldsymbol{x}:T(\boldsymbol{x})=t_0\}} h(\boldsymbol{x})g_\theta[T(\boldsymbol{x})] \\ &= g_\theta(t_0)\sum_{\{\boldsymbol{x}:T(\boldsymbol{x})=t_0\}} h(\boldsymbol{x})\end{aligned}$$

若 $\mathsf{P}_\theta\{T(\boldsymbol{X})=t_0\}=0$，则结果是平凡的。不妨设 $\mathsf{P}_\theta\{T(\boldsymbol{X})=t_0\}>0$，分以下两种情况：

（1） 若 $T(\boldsymbol{x})\neq t_0$，则 $\mathsf{P}_\theta\{\boldsymbol{X}=\boldsymbol{x}|T(\boldsymbol{X})=t_0\}=0$。

（2） 若 $T(\boldsymbol{x})=t_0$，则

$$\mathsf{P}_\theta\{\boldsymbol{X}=\boldsymbol{x}|T(\boldsymbol{X})=t_0\} = \frac{\mathsf{P}_\theta\{\boldsymbol{X}=\boldsymbol{x}\}}{\mathsf{P}_\theta\{T(\boldsymbol{X})=t_0\}} = \frac{h(\boldsymbol{x})g_\theta(t_0)}{g_\theta(t_0)\sum\limits_{\{\boldsymbol{x}:T(\boldsymbol{x})=t_0\}} h(\boldsymbol{x})} = \frac{h(\boldsymbol{x})}{\sum\limits_{\{\boldsymbol{x}:T(\boldsymbol{x})=t_0\}} h(\boldsymbol{x})}$$

无论如何，$\mathsf{P}_\theta\{\boldsymbol{X}=\boldsymbol{x}|T(\boldsymbol{X})=t_0\}$ 都不依赖于 $\theta$，得证。 □

例 3.30　已知样本 $X_1,X_2\cdots,X_n \overset{\text{iid}}{\sim} \mathrm{U}[0,\theta]$，极值 $X_{(n)}=\max(X_1,X_2\cdots,X_n)$ 对未知参数 $\theta$ 而言是充分的。直观上，$X_{(n)}$ 是样本中最接近 $\theta$ 的，很自然它最能反映出 $\theta$。理论上，样本的联合密度函数为

$$
\begin{aligned}
f_\theta(x_1,x_2,\cdots,x_n) &= \begin{cases} \theta^{-n} & ，其中\ 0 \leqslant x_1,x_2,\cdots,x_n \leqslant \theta \\ 0 & ，否则 \end{cases} \\
&= J(x_{(1)})[\theta^{-n}J(\theta-x_{(n)})]
\end{aligned}
$$

其中，$x_{(1)}=\min(x_1,x_2,\cdots,x_n), x_{(n)}=\max(x_1,x_2,\cdots,x_n)$ 且 $J(\cdot)$ 是式 (3.11) 定义的非负判定函数。由分解定理 3.7，证得 $X_{(n)}$ 对 $\theta$ 而言是充分的。

例 3.31　已知简单随机样本 $X_1,X_2\cdots,X_n$ 来自离散均匀分布总体 $\mathrm{U}\{1,2,\cdots,m\}$，其中 $m$ 未知，则 $X_{(n)}$ 对 $m$ 而言是充分的，因为

$$
\mathsf{P}(X_1=x_1,\cdots,X_n=x_n)=J(x_{(1)}-1)[m^{-n}J(m-x_{(n)})]
$$

例 3.32　令样本 $X_1,X_2,\cdots,X_n \overset{\text{iid}}{\sim} \mathrm{N}(\mu,\sigma^2)$，其中参数 $\mu,\sigma^2$ 都是未知的，则随机向量 $\boldsymbol{X}=(X_1,X_2,\cdots,X_n)^\top$ 的概率密度函数为

$$
\begin{aligned}
f_{\boldsymbol{\theta}}(x_1,x_2,\cdots,x_n) &= \frac{1}{(\sqrt{2\pi}\sigma)^n}\exp\left\{-\frac{\sum_{j=1}^n (x_j-\mu)^2}{2\sigma^2}\right\} \\
&= \exp\left\{\frac{\mu\sum_{j=1}^n x_j}{\sigma^2}-\frac{\sum_{j=1}^n x_j^2}{2\sigma^2}-\frac{n}{2}\left[\frac{\mu^2}{\sigma^2}+\ln(2\pi\sigma^2)\right]\right\} \\
&= \exp\left\{\frac{n\mu\overline{x}}{\sigma^2}-\frac{n\overline{x}^2+(n-1)s^2}{2\sigma^2}-\frac{n}{2}\left[\frac{\mu^2}{\sigma^2}+\ln(2\pi\sigma^2)\right]\right\}
\end{aligned}
$$

因此，统计量 $(\overline{X},A_2)^\top$ 与 $(\overline{X},S^2)^\top$ 对 $\boldsymbol{\theta}=(\mu,\sigma^2)^\top$ 而言都是充分的。

例 3.33　令样本 $X_1,X_2,\cdots,X_n \overset{\text{iid}}{\sim} \mathrm{N}(\mu,\sigma^2)$，则

- 若 $\sigma^2$ 已知，统计量 $\overline{X}$ 对未知参数 $\mu$ 而言是充分的。因为

$$
\sum_{j=1}^n (x_j-\mu)^2=\sum_{j=1}^n x_j^2-2n\mu\overline{x}+n\mu
$$

  所以，$\prod_{j=1}^n \phi(x_j|\mu,\sigma^2)$ 满足费舍尔分解定理 3.7 的条件。
- 若 $\mu$ 已知，$V=\frac{1}{n}\sum_{i=1}^n (X_i-\mu)^2$ 对未知参数 $\sigma^2$ 而言是充分的。
- 若 $\sigma^2$ 未知，$\overline{X}$ 对未知参数 $\mu$ 而言不是充分的。理由：由 $\overline{X}\sim\mathrm{N}(\mu,\sigma^2/n)$，得到 $\boldsymbol{X}|\overline{X}=\overline{x}$ 的条件密度函数仍含有 $\mu,\sigma^2$，按照定义 3.15，$\overline{X}$ 对未知参数 $\mu$ 而言不是充分的。
- 若 $\mu$ 未知，$S^2$ 对未知参数 $\sigma^2$ 而言不是充分的。

**定义 3.16**（指数族）　$k$-参数指数族 ($k$-parameter exponential family) $\{f_{\boldsymbol{\theta}}(\boldsymbol{x}):\boldsymbol{\theta}\in\Theta\subseteq\mathbb{R}^k,\boldsymbol{x}\in\mathbb{R}^d\}$ 中每个密度函数或概率函数 $f_{\boldsymbol{\theta}}(\boldsymbol{x})$ 都具有如下形式：

$$
f_{\boldsymbol{\theta}}(\boldsymbol{x})=h(\boldsymbol{x})\eta(\boldsymbol{\theta})\exp\left\{\sum_{j=1}^k \lambda_j(\boldsymbol{\theta})T_j(\boldsymbol{x})\right\}
$$

$$= h(\boldsymbol{x}) \exp\left\{\sum_{j=1}^{k} \lambda_j(\boldsymbol{\theta}) T_j(\boldsymbol{x}) + \beta(\boldsymbol{\theta})\right\}$$

其中，对任意的 $j = 1, 2, \cdots, k$，函数 $\eta(\boldsymbol{\theta}) > 0, \beta(\boldsymbol{\theta}) = \ln \eta(\boldsymbol{\theta})$ 和 $\lambda_j(\boldsymbol{\theta})$ 都是 $\Theta$ 上的实值函数，$h(\boldsymbol{x}) \geqslant 0$ 和 $T_j(\boldsymbol{x})$ 都是 $\mathbb{R}^d$ 上的实值函数。指数族的概念是费舍尔提出来的。

例 3.34　二项分布 $\mathrm{B}(m, p)$、泊松分布 $\mathrm{Poisson}(\lambda)$、指数分布 $\mathrm{Expon}(\lambda)$、正态分布 $\mathrm{N}(\mu, \sigma^2)$，还有例 3.32 中样本的概率密度函数 $f_{\boldsymbol{\theta}}(\boldsymbol{x})$ 都属于指数族。具体说来，按照定义 3.16，二项分布、指数分布、正态分布分别可表示为

$$f(x) = \mathrm{C}_m^x \exp\left\{x \ln \frac{p}{1-p} + m \ln(1-p)\right\}，其中\ p \in (0,1), x \in \{0, 1, \cdots, m\}$$

$$f(x) = \frac{1}{x!} \exp\{x \ln \lambda - \lambda\}，\lambda > 0\ 且\ x \in \{0, 1, 2, \cdots\}$$

$$\phi(x|\mu, \sigma^2) = \exp\left\{\frac{\mu x}{\sigma^2} - \frac{x^2}{2\sigma^2} - \frac{1}{2}\left[\frac{\mu^2}{\sigma^2} + \ln(2\pi\sigma^2)\right]\right\}，其中\ \mu \in \mathbb{R}, \sigma^2 > 0$$

另外，对伽马分布、贝塔分布、多项分布、多元正态分布来说，如果参数都是未知的，它们也都属于指数族。

人们为什么对指数族感兴趣呢？因为这类分布有一些好处，例如，其简单随机样本 $X_1, X_2, \cdots, X_n$ 的密度函数在形式上非常简单，即

$$f_{\boldsymbol{\theta}}(x_1, x_2, \cdots, x_n) = \left[\prod_{i=1}^{n} h(x_i)\right] \exp\left\{\sum_{j=1}^{k} \lambda_j(\boldsymbol{\theta}) \sum_{i=1}^{n} T_j(x_i) + n\beta(\boldsymbol{\theta})\right\} \tag{3.26}$$

除此之外，指数族的充分统计量的构造非常之方便。基于式 (3.26)，由费舍尔分解定理 3.7 不难得到性质 3.14。

性质 3.14　如果总体分布属于 $k$-参数指数族，设 $X_1, X_2, \cdots, X_n$ 是来自该分布的简单随机样本，则下面的统计量是充分统计量。

$$T(X_1, X_2, \cdots, X_n) = \left[\sum_{i=1}^{n} T_1(X_i), \cdots, \sum_{i=1}^{n} T_k(X_i)\right]^{\top}$$

例如，对于正态总体，$(X_1 + \cdots + X_n, X_1^2 + \cdots + X_n^2)^{\top}$ 是充分统计量，进而样本均值和样本方差也是。

# 第 4 章

# 参数估计理论

松下问童子，言师采药去。只在此山中，云深不知处。

——贾岛《寻隐者不遇》

数理统计学的基本问题之一就是根据样本所提供的信息，推断总体的分布或其数字特征。其中“最简单”的情况就是总体分布的类型已知，只是某些参数未知，这种情况下的统计推断称为参数统计推断。例如，已知总体 $X$ 服从正态分布 $\mathrm{N}(\mu,\sigma^2)$，其中方差 $\sigma^2$ 已知，而均值 $\mu$ 未知，人们可以利用样本 $\boldsymbol{X}=(X_1,X_2,\cdots,X_n)^\top$ 的均值估计出 $\mu$ 的取值。我们把担当估计任务的统计量称作估计量 (estimator)。

参数 $\theta$ 的估计量常记作 $\hat{\theta}(\boldsymbol{X})$ 或 $\hat{\theta}$，有时为了突出样本量 $n$，也记作 $\hat{\theta}_n(\boldsymbol{X})$ 或 $\hat{\theta}_n$。得到样本值 $\boldsymbol{x}=(x_1,x_2,\cdots,x_n)^\top$ 后，经过计算所得的数值（或向量）$T(\boldsymbol{x})$ 称作 $\theta$ 的估计值，也常记作 $\hat{\theta}(\boldsymbol{x})$ 或 $\hat{\theta}_n(\boldsymbol{x})$，在不引起歧义的前提下简记作 $\hat{\theta}$ 或 $\hat{\theta}_n$，见图 4.1。有的时候需要估计 $\theta$ 的某个实值函数 $g(\theta)$ 的值，在统计中 $g(\theta)$ 也称作参数，其估计值记作 $\widehat{g(\theta)}$。下文中对参数 $\theta$ 的估计方法都适用于估计 $g(\theta)$，不再赘述。

图 4.1 统计学中的参数估计

在频率派看来，参数都是固定值，不管它是已知的还是未知的。而贝叶斯学派则认为未知参数是随机变量，有先验分布和后验分布。根据这一观念上的差别可以区分这两个学派，以及它们主张的经典统计方法和贝叶斯方法。

1. **频率派的点估计与区间估计**

频率派有两类传统的方法来估计未知参数 $\mu$：① *点估计* (point estimation)，② *区间估计* (interval estimation)。整个 19 世纪流行的点估计方法就是最小二乘法。1894 年，卡尔・皮尔逊提出了一个新的点估计方法——*矩方法*，这个方法有个局限就是要求所涉及的总体矩必须是有限的。1922 年，费舍尔谈到了这个局限性，重新提出了最大似然估计的方法，他认为如果不了解估计的精度，估计就没有什么价值。对比矩估计，费舍尔论证了最大似然估计的优越性，这让老皮尔逊心里非常不爽。

（1）点估计要求 $\mu$ 的估计量 $\hat{\mu}(\boldsymbol{X})$ 具备一些“好品质”，如相合性、有效性、充分性等。点估计的方法主要包括卡尔・皮尔逊的矩方法和费舍尔的最大似然法。二者各有千秋，在某些条件下最大似然法要略胜一筹（具体讨论见 §4.1.4）。

评价点估计的优劣要棘手一些。因为点估计要么猜中要么没猜中，而猜中的概率 $\mathsf{P}\{\hat{\theta}(\boldsymbol{X})=\theta\}$ 在一般情况下为零，所以我们转而研究点估计量的其他概率性质，如期望 $\mathsf{E}[\hat{\theta}(\boldsymbol{X})]$ 是否命中 $\theta$，以及方差 $\mathsf{V}[\hat{\theta}(\boldsymbol{X})]$ 有多大，等等。

*有效估计* (efficient estimate) 是一类性质优良的估计，与它息息相关的是著名的“克拉梅尔-拉奥不等式”和一个有效性的判定定理 4.6。针对有偏估计，折刀法有助于修正偏倚，§4.1.2 对它做了简介。

在费舍尔早期的工作中，他把估计看作点估计。1930—1935 年，费舍尔的区间估计理论基于从观测数据中获取的参数的*信任分布*（具体见 §4.2.4），这是他不自觉地倒向贝叶斯主义的一次尝试——费舍尔把未知参数视为了随机变量！参数的*信任推断*启发了内曼于 1934 年提出置信区间的概念。1937 年，内曼在论文《基于经典概率论的统计估计理论纲要》[96] 给出置信区间估计理论的完整描述。内曼坚守住频率派的贞洁，但也留下了一些让贝叶斯学派和费舍尔攻击的“破绽”。

（2）区间估计是给出以某个概率，譬如 $1-\alpha$，覆盖住 $\mu$ 的区间表示 $[\underline{\mu}(\boldsymbol{X}),\overline{\mu}(\boldsymbol{X})]$，其中统计量 $\underline{\mu}(\boldsymbol{X})<\overline{\mu}(\boldsymbol{X})$，$\alpha$ 是个很小的正数。换句话说，在大量可重复试验中，随机区间 $[\underline{\mu}(\boldsymbol{X}),\overline{\mu}(\boldsymbol{X})]$ 覆盖住 $\mu$ 的机会是 $1-\alpha$（图 4.2）。即

$$\mathsf{P}\{\underline{\mu}(\boldsymbol{X})\leqslant\mu\leqslant\overline{\mu}(\boldsymbol{X})\}=1-\alpha \tag{4.1}$$

内曼指出，“*概率陈述是指未来统计学家将要关注的估计问题。*”从抽样的角度理解式 (4.1)，就是在众多的重复试验中，所得到众多区间覆盖住该参数的频率是 $1-\alpha$。

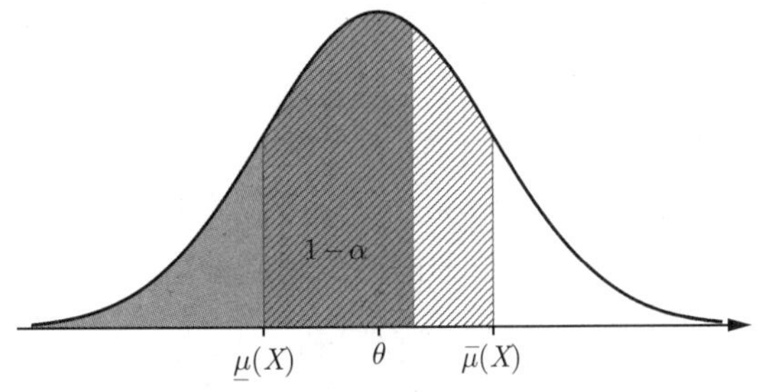


图 4.2　能以概率 $1-\alpha$ 覆盖住 $\theta$ 的随机区间 $[\underline{\mu}(\boldsymbol{X}),\overline{\mu}(\boldsymbol{X})]$

内曼特别强调，“*参数 $\theta$ 是一个未知常数，不能对其值作出任何概率陈述，也就是说，除了假设的和平凡的情况之外，当 $\theta$ 落于 $[1,2]$ 之内，$1\leqslant\theta\leqslant 2$ 的概率为 1；否则，概率为 0。*”换句话说，对

参数值的概率陈述一定不能针对某个具体区间而言。根据样本观测值算出来的这个具体的区间，没有向我们承诺任何东西，我们甚至不知晓未知参数是否真的落于该区间里。

能以概率 $1-\alpha$ 覆盖住 $\theta$ 的随机区间 $[\underline{\mu}(\boldsymbol{X}), \overline{\mu}(\boldsymbol{X})]$ 不唯一，越短越好（请读者想一下，为何要有这个标准）。例如，图 4.2 中两种阴影部分的面积都是 $1-\alpha$，所对应的区间长度差异却很大。

对于区间估计，我们可以约定这样的评判标准：在给定 $\alpha$ 的前提下，以概率 $1-\alpha$ 覆盖住未知参数的随机区间，其长度越短意味着猜得越准。内曼澄清了置信区间与信任区间的不同，“费舍尔提出的理论有点不同。它只适用于当我们只知道 $X$ 的分布仅依赖于一个未知特征（即参数）的情况。我正在使用的方法似乎有一个优点，它可以很容易地推广到有许多未知参数的情况（图 4.3）。”

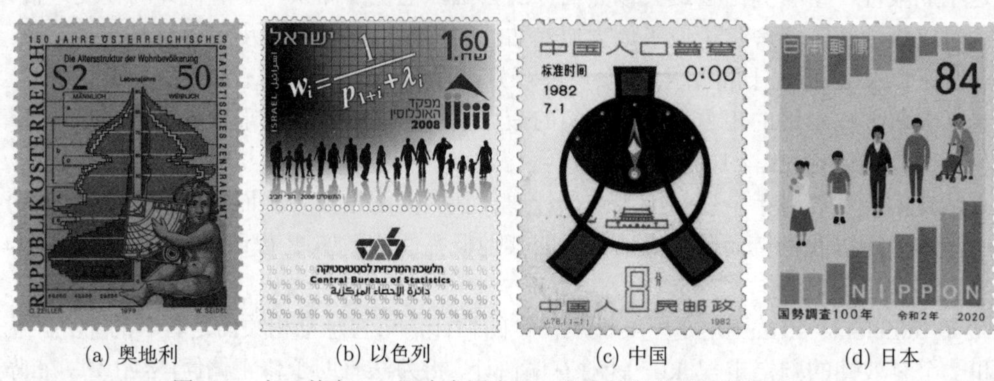


(a) 奥地利　　(b) 以色列　　(c) 中国　　(d) 日本

图 4.3　人口普查——调查全国人口、住房等相关信息的社会活动

注：人口普查影响着国家政治、经济政策的制定。人口统计分析需要用到参数估计，对生育率、出生率、死亡率、增长率、预期寿命、人口结构（如性别、年龄、婚姻状况等）、迁移流动、劳动就业等人口和社会问题进行系统研究。

在 1937 年内曼发表置信区间估计理论之前，他和费舍尔都认为置信区间和信任区间是同一个概念，只不过以不同的方式表述而已，内曼也承认费舍尔的优先权。然而，在 1937 年的论文里，内曼绝口不提费舍尔的工作，这让费舍尔非常撮火，向朋友抱怨内曼的忘恩负义。多年以后，内曼承认置信区间受到信任区间的直接影响，这丝毫无损他在前人工作的基础上创立整个区间估计理论框架的历史功绩。

内曼逐渐地认清了置信区间和信任区间的不同。如今，通过**费舍尔-贝伦斯问题**（例 4.49），我们可以明确地区分二者，特别是在透彻地理解了内曼-皮尔逊假设检验理论和置信区间估计的联系，以及置信区间的频率解释之后，不难看出内曼是更坚定的频率派。信任区间估计是费舍尔犯过的一个伟大的错误，它的伟大之一是启发了内曼的置信区间，它的伟大之二是衬托出贝叶斯方法的简单之美，以至于费舍尔明知有悖其客观概率的信仰也要踏入雷池。

图 4.4　费舍尔

内曼的置信区间理论出现在假设检验理论之后，二者之间有着密切的联系（具体见 §5.1.4）。不过，1937 年正式发表置信区间估计的完整框架时，内曼没有把这份功劳分给埃贡一丝一毫，埃贡对内曼的工作也没有表现出兴趣，二人的关系日渐疏远。战争和内曼的远赴美国，让两人的关系雪上加霜。

### 2. 费舍尔信息量与信息矩阵

未知参数 $\theta$ 的信息隐藏于样本之中，为刻画样本里所含未知参数信息的多少，1922 年，费舍尔（图 4.4）提出了**信息量**的这一美妙的概念[27]，它是对数似然函数对参数一阶导数的平方的期望，是有关参数的一个非负函数。**费舍尔信息量** (Fisher information) 是一个仍有待继续挖掘的概念，它将出现在一些重要的场合，如杰弗里斯先验分布、克拉梅尔-拉奥不等式、信息几何学等。

无论在频率派还是贝叶斯学派那里，费舍尔信息量都是具有生命力的。在阅读以下内容之前，读者需要了解一些矩阵计算的知识，可参阅《人工智能的数学基础——随机之美》[10] 的附录“矩阵计算的一些结果”。

**定义 4.1**（费舍尔信息量）　设随机向量 $\boldsymbol{X} \in \mathscr{X} \subseteq \mathbb{R}^n$ 的概率/密度函数为 $p_\theta(\boldsymbol{x})$，未知参数 $\theta \in \Theta$ 的费舍尔信息量 $\mathcal{I}(\theta)$ 定义为

$$\mathcal{I}(\theta) = \mathsf{E}_\theta\left[\frac{\partial \ln p_\theta(\boldsymbol{X})}{\partial \theta}\right]^2 = \begin{cases} \displaystyle\int_{\mathscr{X}} \left[\frac{\partial \ln p_\theta(\boldsymbol{x})}{\partial \theta}\right]^2 p_\theta(\boldsymbol{x})\mathrm{d}\boldsymbol{x} & \text{，连续型} \\ \displaystyle\sum_{j=1}^{\infty} \left[\frac{\partial \ln p_\theta(\boldsymbol{x}_j)}{\partial \theta}\right]^2 p_\theta(\boldsymbol{x}_j) & \text{，离散型} \end{cases} \tag{4.2}$$

**性质 4.1**　费舍尔信息量有一个等价定义：

$$\mathcal{I}(\theta) = -\mathsf{E}_\theta\left[\frac{\partial^2 \ln p_\theta(\boldsymbol{X})}{\partial \theta^2}\right] = \begin{cases} \displaystyle -\int_{\mathscr{X}} \frac{\partial^2 \ln p_\theta(\boldsymbol{x})}{\partial \theta^2} p_0(\boldsymbol{x})\mathrm{d}\boldsymbol{x} & \text{，连续型} \\ \displaystyle -\sum_{j=1}^{\infty} \frac{\partial^2 \ln p_\theta(\boldsymbol{x}_j)}{\partial \theta^2} p_\theta(\boldsymbol{x}_j) & \text{，离散型} \end{cases}$$

**证明**　因为 $\int_{-\infty}^{+\infty} f_\theta(x)\mathrm{d}x = 1$，等式两边对 $\theta$ 求偏导，显然有 $\int_{-\infty}^{+\infty} \frac{\partial f_\theta(x)}{\partial \theta}\mathrm{d}x = 0$。也就是说，

$$\int_{-\infty}^{+\infty} \left\{\frac{\partial f_\theta(x)}{\partial \theta} \cdot \frac{1}{f_\theta(x)}\right\} f_\theta(x)\mathrm{d}x = 0$$

这里，用到了数学里常见的“无中生有”（也称“凑”）的手法。对上式稍作整理，得到

$$\int_{-\infty}^{+\infty} \frac{\partial \ln f_\theta(x)}{\partial \theta} f_\theta(x)\mathrm{d}x = 0$$

上面这个结果可以等价地表示为

$$\mathsf{E}_\theta\left[\frac{\partial \ln f_\theta(X)}{\partial \theta}\right] = 0$$

上式两边对 $\theta$ 继续求偏导得

$$\int_{-\infty}^{+\infty} \left\{\frac{\partial^2 \ln f_\theta(x)}{\partial \theta^2} f_\theta(x) + \frac{\partial \ln f_\theta(x)}{\partial \theta} \frac{\partial f_\theta(x)}{\partial \theta}\right\} \mathrm{d}x = 0$$

用同样的“凑”的手法可以得到

$$\int_{-\infty}^{+\infty} \left\{\frac{\partial^2 \ln f_\theta(x)}{\partial \theta^2} + \left[\frac{\partial \ln f_\theta(x)}{\partial \theta}\right]^2\right\} f_\theta(x)\mathrm{d}x = 0$$

于是，有

$$\mathsf{E}_\theta\left[\frac{\partial \ln f_\theta(X)}{\partial \theta}\right]^2 = -\mathsf{E}_\theta\left[\frac{\partial^2 \ln f_\theta(X)}{\partial \theta^2}\right]$$

□

例 4.1 令总体为 $X \sim p\langle 1\rangle + (1-p)\langle 0\rangle$，其中参数 $p$ 未知，则

$$\begin{aligned}\mathcal{I}(p) &= -\mathsf{E}_p\left\{\frac{\partial^2 \ln[p^X(1-p)^{1-X}]}{\partial p^2}\right\}\\ &= \mathsf{E}_p\left[\frac{X}{p^2}+\frac{1-X}{(1-p)^2}\right]\\ &= \frac{1}{p(1-p)}\end{aligned}$$

当 $p = 1/2$ 时，费舍尔信息量达到最小，此时熵是最大的。

例 4.2 若总体为 $Y \sim \mathrm{B}(n,p)$，其中参数 $n$ 已知，未知参数 $p$ 的费舍尔信息量为

$$\mathcal{I}(p) = \frac{n}{p(1-p)}$$

当 $p = 1/2$ 时，费舍尔信息量达到最小。

我们将看到费舍尔信息量的好处之一是：在大样本的情况下，信息量的倒数以良好的精度告诉我们在一个合理的参数范围内某类“最优的”估计（特别是最大似然估计）的“内在精度”。详见克拉梅尔-拉奥不等式（第 101 页的定理 4.5）。

定义 4.2（费舍尔信息矩阵） 设随机向量 $\boldsymbol{X} \in \mathscr{X} \subseteq \mathbb{R}^n$ 的概率/密度函数为 $p_{\boldsymbol{\theta}}(\boldsymbol{x})$，未知向量参数 $\boldsymbol{\theta} = (\theta_1, \theta_2, \cdots, \theta_k)^\top \in \Theta$ 的费舍尔信息矩阵 (Fisher information matrix) 定义为一个 $k$ 阶对称矩阵

$$\mathcal{I}(\boldsymbol{\theta}) = -\mathsf{E}_{\boldsymbol{\theta}}\{\nabla^2_{\boldsymbol{\theta}} \ln p_{\boldsymbol{\theta}}(\boldsymbol{X})\}$$

即 $\mathcal{I}(\boldsymbol{\theta})$ 的第 $(i,j)$ 元素定义为

$$\mathcal{I}_{ij}(\boldsymbol{\theta}) = -\mathsf{E}_{\boldsymbol{\theta}}\left\{\frac{\partial^2 \ln p_{\boldsymbol{\theta}}(\boldsymbol{X})}{\partial\theta_i\partial\theta_j}\right\} = \begin{cases} -\displaystyle\int_{\mathscr{X}} \frac{\partial^2 \ln p_{\boldsymbol{\theta}}(\boldsymbol{x})}{\partial\theta_i\partial\theta_j} p_{\boldsymbol{\theta}}(\boldsymbol{x})\mathrm{d}\boldsymbol{x} & ，连续型 \\ -\displaystyle\sum_{j=1}^{\infty} \frac{\partial^2 \ln p_{\boldsymbol{\theta}}(\boldsymbol{x}_j)}{\partial\theta_i\theta_j} p_{\boldsymbol{\theta}}(\boldsymbol{x}_j) & ，离散型 \end{cases} \tag{4.3}$$

性质 4.2 与费舍尔信息量有两种等价定义类似，费舍尔信息矩阵亦可定义为

$$\mathcal{I}(\boldsymbol{\theta}) = \mathsf{E}_{\boldsymbol{\theta}}\{\boldsymbol{Y}\boldsymbol{Y}^\top\}，其中\ \boldsymbol{Y} = \nabla_{\boldsymbol{\theta}} \ln p_{\boldsymbol{\theta}}(\boldsymbol{X})$$

即 $\mathcal{I}(\boldsymbol{\theta})$ 的第 $(i,j)$ 元素定义为

$$\mathcal{I}_{ij}(\boldsymbol{\theta}) = \mathsf{E}_{\boldsymbol{\theta}}\left\{\frac{\partial \ln p_{\boldsymbol{\theta}}(\boldsymbol{X})}{\partial\theta_i} \times \frac{\partial \ln p_{\boldsymbol{\theta}}(\boldsymbol{X})}{\partial\theta_j}\right\}$$

费舍尔信息矩阵 $\mathcal{I}(\boldsymbol{\theta})$ 是一个 $k$ 阶半正定 (positive semidefinite) 对称矩阵，在 $k$ 维参数空间上定义了一个黎曼度量，被称为费舍尔信息度量，它把统计学与微分几何学联系了起来从而发展成为一个交叉学科——信息几何学 (information geometry) [97]，通过几何不变量来研究统计不变量。总而言之，费舍尔信息量和信息矩阵仍是一座有待开采的矿山，它是频率派和贝叶斯学派都非常关注的概念。

例 4.3 已知总体 $X \sim \mathrm{N}(\mu, \sigma^2)$，分以下三种情况讨论参数的费舍尔信息量。

- 若参数 $\mu$ 未知，$\sigma^2$ 已知，则方差越小，$\mu$ 的费舍尔信息量越大。这是因为

$$\begin{aligned}\mathcal{I}(\mu) &= -\mathsf{E}_\mu\left\{\frac{\partial^2 \ln\phi(X|\mu,\sigma^2)}{\partial\mu^2}\right\} \\ &= \mathsf{E}_\mu\left(\frac{1}{\sigma^2}\right) \\ &= \frac{1}{\sigma^2}\end{aligned}$$

- 若 $\mu$ 已知，$\sigma^2$ 未知，则均值并不影响方差的费舍尔信息量。

$$\begin{aligned}\mathcal{I}(\sigma^2) &= -\mathsf{E}_{\sigma^2}\left\{-\frac{(X-\mu)^2}{\sigma^6} + \frac{1}{2\sigma^4}\right\} \\ &= \frac{1}{2\sigma^4}\end{aligned}$$

- 若 $\boldsymbol{\theta} = (\mu, \sigma^2)^\top$ 未知，则费舍尔信息矩阵为

$$\mathcal{I}(\boldsymbol{\theta}) = \begin{pmatrix}\frac{1}{\sigma^2} & 0 \\ 0 & \frac{1}{2\sigma^4}\end{pmatrix}$$

按照定义 4.1，费舍尔信息量显然是非负的。当未知参数 $\theta$ 经过某个一一映射变为另一个参数时，它们的费舍尔信息量之间具有如下的关系。

例 4.4 已知随机变量 $X \sim p_\theta(x)$ 和一一映射

$$\eta = g(\theta)，其中\ \theta \in \Theta \subseteq \mathbb{R}$$

由链式法则有

$$\frac{\partial \ln p_\theta(x)}{\partial\theta} = \frac{\partial \ln p_\theta(x)}{\partial\eta} \cdot \frac{\mathrm{d}\eta}{\mathrm{d}\theta}$$

进而有

$$\begin{aligned}\mathcal{I}(\theta) &= \mathsf{E}\left[\frac{\partial \ln p_\theta(X)}{\partial\theta}\right]^2 \\ &= \mathsf{E}\left[\frac{\partial \ln p_\theta(X)}{\partial\eta}\right]^2\left(\frac{\mathrm{d}\eta}{\mathrm{d}\theta}\right)^2 \\ &= \mathcal{I}(\eta)\left(\frac{\mathrm{d}\eta}{\mathrm{d}\theta}\right)^2\end{aligned}$$

可得费舍尔信息量 $\mathcal{I}(\theta)$ 与 $\mathcal{I}(\eta)$ 具有关系

$$\sqrt{\mathcal{I}(\theta)} = \left|\frac{\mathrm{d}\eta}{\mathrm{d}\theta}\right|\sqrt{\mathcal{I}(\eta)}$$

✂例 4.5　已知随机向量 $\boldsymbol{X} \sim p_{\boldsymbol{\theta}}(\boldsymbol{x})$ 和一一映射 $\boldsymbol{\eta} = g(\boldsymbol{\theta})$，其中参数 $\boldsymbol{\eta}$ 与 $\boldsymbol{\theta}$ 的维数相同。由链式法则有

$$\frac{\partial \ln p_{\boldsymbol{\theta}}(\boldsymbol{x})}{\partial \boldsymbol{\theta}} = \left(\frac{\partial \boldsymbol{\eta}^{\top}}{\partial \boldsymbol{\theta}}\right)\left[\frac{\partial \ln p_{\boldsymbol{\theta}}(\boldsymbol{x})}{\partial \boldsymbol{\eta}}\right]$$

仿照例 4.4 的做法，进而有

$$\begin{aligned}
\mathcal{I}(\boldsymbol{\theta}) &= \mathsf{E}\left\{\left[\frac{\partial \ln p_{\boldsymbol{\theta}}(\boldsymbol{X})}{\partial \boldsymbol{\theta}}\right]\left[\frac{\partial \ln p_{\boldsymbol{\theta}}(\boldsymbol{X})}{\partial \boldsymbol{\theta}}\right]^{\top}\right\} \\
&= \mathsf{E}\left\{\frac{\partial \boldsymbol{\eta}^{\top}}{\partial \boldsymbol{\theta}}\left[\frac{\partial \ln p_{\boldsymbol{\theta}}(\boldsymbol{X})}{\partial \boldsymbol{\eta}}\right]\left[\frac{\partial \ln p_{\boldsymbol{\theta}}(\boldsymbol{X})}{\partial \boldsymbol{\eta}}\right]^{\top}\frac{\partial \boldsymbol{\eta}}{\partial \boldsymbol{\theta}}\right\} \\
&= \frac{\partial \boldsymbol{\eta}^{\top}}{\partial \boldsymbol{\theta}}\mathsf{E}\left\{\left[\frac{\partial \ln p_{\boldsymbol{\theta}}(\boldsymbol{X})}{\partial \boldsymbol{\eta}}\right]\left[\frac{\partial \ln p_{\boldsymbol{\theta}}(\boldsymbol{X})}{\partial \boldsymbol{\eta}}\right]^{\top}\right\}\frac{\partial \boldsymbol{\eta}}{\partial \boldsymbol{\theta}} \\
&= \frac{\partial \boldsymbol{\eta}^{\top}}{\partial \boldsymbol{\theta}}\mathcal{I}(\boldsymbol{\eta})\frac{\partial \boldsymbol{\eta}}{\partial \boldsymbol{\theta}}
\end{aligned}$$

于是，费舍尔信息矩阵 $\mathcal{I}(\boldsymbol{\theta})$ 与 $\mathcal{I}(\boldsymbol{\eta})$ 具有关系

$$\sqrt{\det \mathcal{I}(\boldsymbol{\theta})} = \left|\det\left(\frac{\partial \boldsymbol{\eta}}{\partial \boldsymbol{\theta}}\right)\right|\sqrt{\det \mathcal{I}(\boldsymbol{\eta})}$$

其中，$\det(\boldsymbol{A})$ 表示矩阵 $\boldsymbol{A}$ 的行列式。

**3. 对未知参数的不同理解**

在详细介绍频率派的参数估计理论之前，我们再次讨论一下频率派和贝叶斯学派对未知参数的理解。《六祖坛经》*讲过一个故事：时有风吹幡动。一僧曰风动，一僧曰幡动。议论不已。**惠能**（638—713）进曰，“非风动，非幡动，仁者心动。”（图 4.5）风动是因，幡动是果，心动是感知。如果没有感知，风动和幡动的客观存在对人来说都没有意义——惠能说出了本质的东西。

图 4.5　禅宗六祖惠能宣扬禅宗佛法的南华寺（祖殿）

相似的故事发生在贝叶斯学派和频率派之间，二者争论的焦点在未知参数上（图 4.6）。频率派说，参数是未知的固定值，不是参数动，而是样本动。贝叶斯学派反驳道，在无所不知的拉普拉斯妖眼里，参数的确是固定不动的，然而对人来说，观测样本总是有限的，所以参数永远是不确定的，何不大大方方地承认它是个随机变量呢？

---

* 在中国佛教历史上，禅宗六祖惠能的言论集录《六祖坛经》是唯一一部被尊奉为“经”的本土佛学著作，对中国古代哲学思想产生过深远的影响。基于类比逻辑，佛学常通过对话和故事旁敲侧击地讲明白一个妙不可言的道理。

图 4.6 争论

频率派可是雄心勃勃地要洞悉未知参数，甚至总体分布。如果能够获取潜在无穷多的样本，这个目标是有希望实现的。未知参数在拉普拉斯妖那里是已知的固定值，在人类这里是未知的固定值，只要猜对了，人类就成为拉普拉斯妖。频率派要拿大量尚未出现的样本“说事儿”，样本点自然就是随机变量了。归根结底，两个学派争论我们应该本分地做人还是勇敢地接近上帝（图 4.7）。

图 4.7 上帝是全能的，人类却不是

贝叶斯学派嘲讽道，如果把未知参数看作固定值，点估计要么一击命中（堪比中了头彩后又被流星击中并循环多次），要么失之交臂；区间估计要么覆盖住未知参数，要么擦肩而过。真正搞笑的是，成与不成都无从知晓。频率派反击道，统计学探索数据产生机制，虽然点估计一击未中，但是八九不离十可以近似反映出总体分布。区间估计在多次重复试验中，也是十有八九地覆盖住未知参数，失之交臂只能赖运气不好了。

本章只关注频率派的参数估计方法，我们仍需反思贝叶斯学派的异议。作为补充，§4.2.4 将介绍费舍尔的信任区间 (fiducial interval) 估计，它有别于传统的置信区间方法和贝叶斯方法，一直备受争议。有趣的是，在信任区间估计中，费舍尔也把未知参数视作随机变量，虽然费舍尔本人自始至终是强烈反对贝叶斯学派的。更有趣的是，费舍尔信任推断得到的结果通过贝叶斯方法也大多能得到。

## 第 4 章的关键概念

本章的关键概念大多由费舍尔定义（图 4.8），它们是未知参数点估计理论的基础，如相合性、充分性、有效性等。内曼受费舍尔的信任区间估计的影响，提出了置信区间理论，但二者有本质的区别。

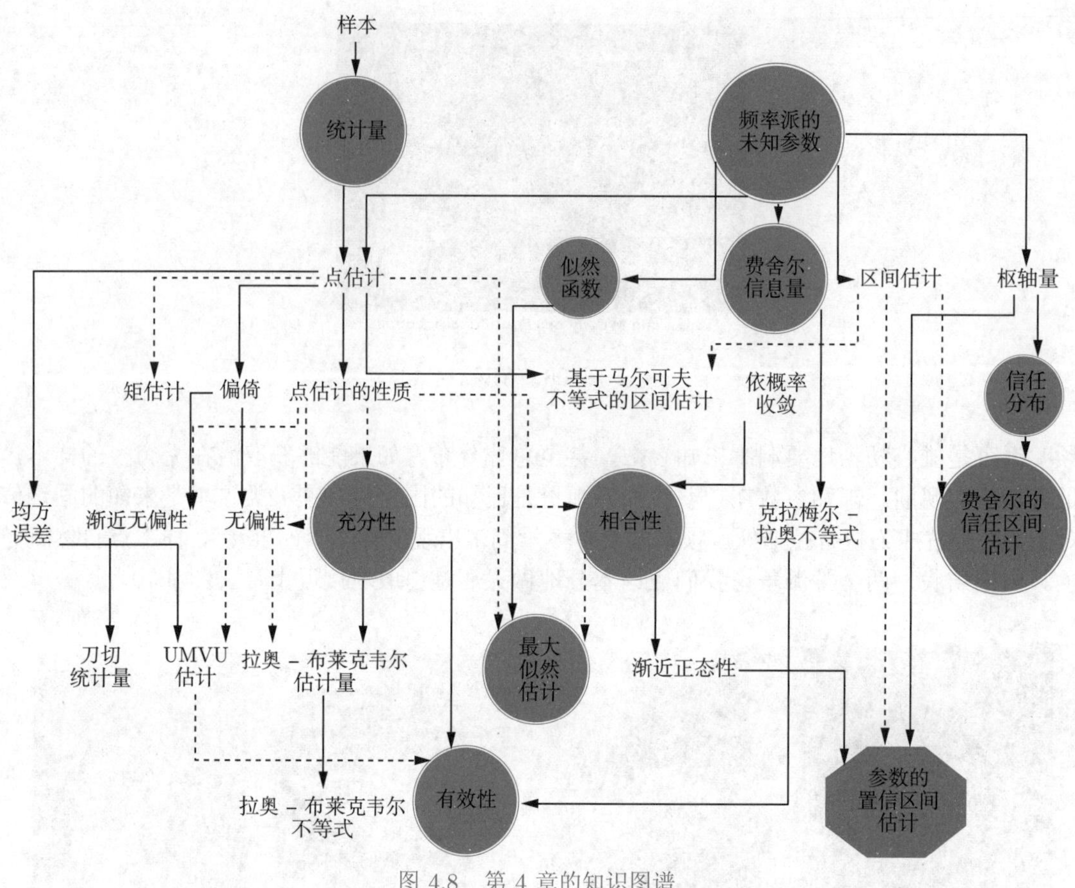


图 4.8　第 4 章的知识图谱

## 4.1 点估计及其优良性

步枪射击正常的弹着点应该在靶心周围形成一个正态分布——如果枪械和枪手都正常，弹着点应该围绕在靶心周围（图 4.9）。如果在别处，则意味着枪械有问题，或者枪手射击习惯有问题。换一个高手测试，如果弹着点的中心不再偏离靶心，则意味着枪手有问题；如果弹着点的中心依然偏离靶心，则极有可能枪械有系统误差问题，需要对枪械进行校正。

图 4.9　围绕在靶心周围的弹着点

点估计的目标就是构造统计量 $T=T(X_1,X_2,\cdots,X_n)$ 使得用它对参数 $\theta$ 的估计时在某些标准下是“好的”，譬如用偏倚（bias，或称系统误差）和均方误差 (mean squared error, MSE) 来评介统计量 $T$（图 4.10）。

$$\mathrm{BIAS}(\theta,T)=\mathsf{E}_\theta(T)-\theta \tag{4.4}$$

$$\begin{aligned}\mathrm{MSE}(\theta,T)&=\mathsf{E}_\theta(T-\theta)^2\\&=\mathsf{E}_\theta\left[T-\mathsf{E}_\theta(T)\right]^2+[\mathsf{E}_\theta(T)-\theta]^2\\&=\mathsf{V}_\theta(T)+[\mathrm{BIAS}(\theta,T)]^2\end{aligned} \tag{4.5}$$

偏倚和均方误差都是估计量 $T=T(X_1,X_2,\cdots,X_n)$ 固有的特征，不依赖于样本的具体观测结果。当偏倚为零时，MSE 越小意味着估计的精度越高。

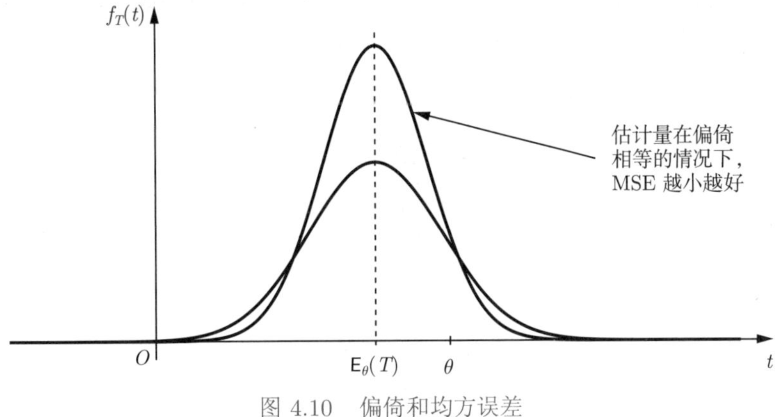


图 4.10 偏倚和均方误差

**定义 4.3（无偏性）** 如图 4.11 所示，设 $\theta$ 是总体分布中的未知参数，若统计量 $T$ 满足 $\mathsf{E}_\theta(T)=\theta$，即 $\mathrm{BIAS}(\theta,T)=0$，则称 $T$ 是参数 $\theta$ 的无偏估计 (unbiased estimate)，否则称 $T$ 是 $\theta$ 的有偏估计 (biased estimate)。

显然，若按照 $\theta$ 的无偏估计 $T$ 的分布，抽取到多个样本 $t_1,t_2,\cdots,t_m$，则当 $m$ 很大时，样本均值 $\frac{1}{m}(t_1+t_2+\cdots+t_m)$ 可以很接近 $\theta$。不像要求估计量必须具备相合性那样，无偏性是一个锦上添花的事情，有自然好，没有也无所谓。无偏估计并不唯一，方差小的那个更受欢迎。实践中，有的时候宁愿要小方差的有偏估计，也不要大方差的无偏估计（图 4.11）。

例4.6 简单样本 $X_1,X_2,\cdots,X_n$ 来自总体 $\mathsf{U}[0,\theta]$，其中 $\theta$ 是未知参数。令 $\overline{X}=\frac{1}{n}(X_1+X_2,\cdots+X_n)$，则 $2\overline{X}$ 是 $\theta$ 的无偏估计，这是因为，根据均匀分布的性质有

$$\begin{aligned}\mathsf{E}_\theta(2\overline{X})&=2\mathsf{E}_\theta(X_1)\\&=\theta\end{aligned}$$

并且，不难算出 $2\overline{X}$ 的方差为

$$\begin{aligned}\mathsf{V}_\theta(2\overline{X})&=\frac{4}{n}\mathsf{V}_\theta(X_1)\\&=\frac{\theta^2}{3n}\end{aligned}$$

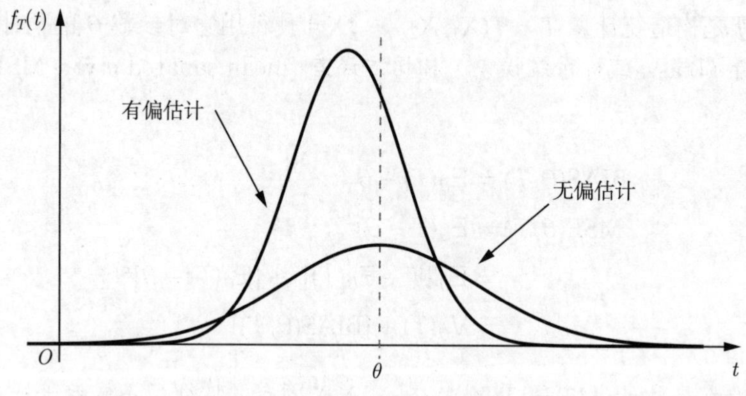


图 4.11　无偏估计与有偏估计

还有一个估计 $\theta$ 的方法看起来更合理：样本中的最大值 $X_{(n)} = \max(X_1, X_2, \cdots, X_n)$。由例 3.30，我们知道 $X_{(n)}$ 对 $\theta$ 而言是充分统计量。$X_{(n)}$ 的分布函数为

$$\begin{aligned}\mathsf{P}(X_{(n)} \leqslant x) &= \mathsf{P}(X_1 \leqslant x)\cdots \mathsf{P}(X_n \leqslant x)\\ &= [\mathsf{P}(X_1 \leqslant x)]^n\\ &= \left(\frac{x}{\theta}\right)^n，\text{其中 } 0 \leqslant x \leqslant \theta\end{aligned}$$

进而，密度函数为

$$\begin{aligned}f_{X_{(n)}}(x) &= \frac{\mathrm{d}}{\mathrm{d}x}\mathrm{P}(X_{(n)} \leqslant x)\\ &= \frac{n}{\theta^n}x^{n-1}\end{aligned}$$

$X_{(n)}$ 不是 $\theta$ 的无偏估计，这是因为

$$\begin{aligned}\mathsf{E}_\theta X_{(n)} &= \int_0^\theta \frac{n}{\theta^n}x^n \mathrm{d}x\\ &= \frac{n}{n+1}\theta\end{aligned}$$

然而，

$$\begin{aligned}\mathsf{V}_\theta X_{(n)} &= \int_0^\theta \left(x - \frac{n}{n+1}\theta\right)^2 \frac{n}{\theta^n}x^{n-1}\mathrm{d}x\\ &= \frac{n\theta^2}{(n+2)(n+1)^2}\\ &< \mathsf{V}_\theta(2\overline{X})\end{aligned}$$

我们对 $X_{(n)}$ 稍加改造，$\frac{n+1}{n}X_{(n)}$ 便是 $\theta$ 的无偏估计，并且其均方误差为

$$\begin{aligned}\mathsf{V}_\theta\left(\frac{n+1}{n}X_{(n)}\right) &= \frac{\theta^2}{n(n+2)}\\ &< \mathsf{V}_\theta(2\overline{X})\end{aligned}$$

通过此例，我们看到无偏估计不唯一，方差成为评判无偏估计优劣的标准。

例 4.7 如果总体 $X$ 的期望和方差存在，由性质 3.9 知，样本均值 $\overline{X}$ 和样本方差 $S^2$ 分别是对总体期望与方差的无偏估计。另外，如果 $\mathsf{E}(X^k) = m_k$ 存在，则 $k$ 阶样本矩 $A_k$ 是 $m_k$ 的无偏估计。

例 4.8 无偏估计有时并不存在。例如，总体 $X \sim \mathrm{B}(n, \theta)$，其中参数 $0<\theta<1$ 未知。设 $T = T(X)$ 是参数 $g(\theta) = \theta^{-1}$ 的无偏估计，则

$$\sum_{k=0}^{n} T(k) C_n^k \theta^k (1-\theta)^{n-k} = \frac{1}{\theta}，\text{其中 } 0 < \theta < 1$$

上式是不可能的，因为左边是有关 $\theta$ 的多项式，而右边不是。

定义 4.4（渐近无偏性） 若统计量 $T_n = T(X_1, X_2, \cdots, X_n)$ 满足 $\lim\limits_{n\to\infty} \mathsf{E}(T_n) = \theta$，则称之为 $\theta$ 的渐近无偏估计 (asymptotically unbiased estimator)。例 4.6 中的 $X_{(n)}$ 就是 $\theta$ 的渐近无偏估计。

例 4.9 样本二阶中心矩是总体方差的渐近无偏估计，而非无偏估计。

$$\begin{aligned} B_2 &= \frac{1}{n} \sum_{j=1}^{n} (X_j - \overline{X})^2 \\ &= \frac{n-1}{n} S^2 \end{aligned}$$

参数 $\theta$ 的无偏估计 $T$ 并不意味着每次估计都是精确的，它只保证基于不同的样本用 $T$ 在对 $\theta$ 进行大量重复的估计时 $T-\theta$ 或正或负相互抵消，偏倚 $\mathrm{BIAS}(\theta, T) = \mathsf{E}_\theta(T) - \theta = 0$ 意味着 $T$ 的均值是 $\theta$。另外，当 $T$ 是 $\theta$ 的无偏估计时，均方误差 (4.5) 简化为 $\mathrm{MSE}(\theta, T) = \mathsf{V}_\theta(T)$。于是，比较 $\theta$ 的两个无偏估计的优劣即比较它们的方差大小，理论上比较容易处理，因此无偏性成为点估计的常见标准之一。

参数点估计理论基本是由费舍尔奠定的，他在论文《有关理论统计学的数学基础》(1922) 中提出了相合性、有效性、充分性等概念，给出了费舍尔分解定理，以及有效性的判定条件等结果。

1951 年，内曼在《科学月刊》撰文评论费舍尔早期的这部分工作，他先称赞了一番，然后话锋一转，“费舍尔在其长期的学术工作中，也经常在数理统计学的概念方面进行尝试，这些努力在本卷中得到了适当的反映。特别是，费舍尔提出了三个主要概念，并在一些出版物中不断宣传。它们是用作假设中置信度量的数学似然、充分统计量和信任概率。不幸的是，在数理统计学的概念方面，费舍尔远不如在操作方面成功，而在上述三个概念中只有一个，即充分统计量的概念，继续引起人们的极大兴趣。事实证明，另外两个概念要么徒劳无功，要么自鸣得意，或多或少都被抛弃了。”

内曼对费舍尔的公开攻击失之偏颇，似然的概念没有如他的估计那样消亡，反而真金不怕火炼，展现出顽强的生命力。并且，现代统计学家也没有放弃对费舍尔信任概率的重新认识。

内曼在美国创建了他的学派，除了费舍尔，他对其他人表现得彬彬有礼并获得了普遍的爱戴。这让费舍尔耿耿于怀，作为 20 世纪最伟大的统计学家，费舍尔在小样本检验、方差分析、试验设计等领域的工作已经让他名垂青史，可却得不到最有资格成为他的知音的内曼的公正评价。抛开一些私人恩怨，我们只能将这两位统计学大师的矛盾理解为“道不同，不相为谋”。

第二次世界大战结束之后，世界科研的中心已经从欧洲转移到了美国。随着内曼和沃德分别于 1938 年和 1940 年移民美国，他们在教学中培养了一大批追随者。美国统计学界基本被内曼把持，由于他和费舍尔之间的个人恩怨，他的学生几乎不可能主动站在费舍尔的立场上思考，至少内曼健在的时候如此。不难理解，像费舍尔这样伟大的统计学家，缺乏了追随者也只能哀叹英雄暮年。万幸的是，统计学毕竟是一门应用数学，实践出真知，伟大的思想总能经得住时间的考验。

### 4.1.1 相合性与渐近正态性

结果 (3.22) 说明只要样本量足够大，可以以任意的精度用 $k$ 阶样本矩来近似总体的 $k$ 阶矩。为描述这样的大样本性质，费舍尔在论文《有关理论统计学的数学基础》(1922) 中提出了相合性的概念。

**定义 4.5**（相合性） 当 $n \to \infty$ 时，如果 $T_n = T(X_1, X_2, \cdots, X_n) \xrightarrow{\text{a.s.}} \theta$，则称 $T_n$ 是参数 $\theta$ 的强相合估计 (strong consistent estimate)。

如图 4.12 所示，当 $n \to \infty$ 时，如果 $T_n = T(X_1, X_2, \cdots, X_n) \xrightarrow{\text{P}} \theta$，则称 $T_n$ 是 $\theta$ 的弱相合估计或相合估计。即，随着样本容量 $n$ 的增加，相合估计量 $T_n$ 的分布越来越聚集在参数 $\theta$ 的周围。只要 $n$ 足够大，$T_n$ 的抽样就能非常接近 $\theta$。

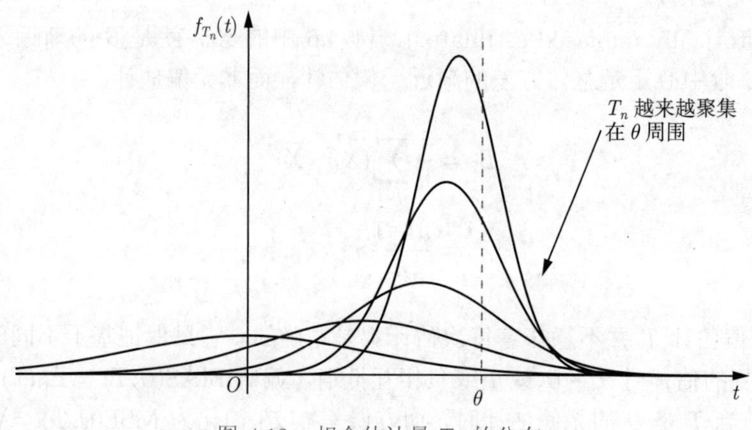


图 4.12 相合估计量 $T_n$ 的分布

作为大数律的一个应用，相合性并未描述收敛速度，但如果一个估计量不具备相合性，样本量再大对改善估计的精度也无济于事。所以，相合性是对点估计的最低要求。无偏性与相合性没有逻辑上的关系，即相合估计可以是有偏的。

例 4.10 相合估计不一定是唯一的。例如，样本 $X_1, X_2, \cdots X_n \overset{\text{iid}}{\sim} p\langle 1\rangle + (1-p)\langle 0\rangle$，则

$$T_n = \frac{1}{n}\sum_{j=1}^{n} X_j \xrightarrow{\text{P}} p$$

且

$$T_n = \frac{1}{n+2}\left(\sum_{j=1}^{n} X_j + 1\right) \xrightarrow{\text{P}} p$$

更一般地，有

$$T_n' = T_n + c_n \xrightarrow{\text{P}} p，\text{其中 } c_n \to 0$$

例 4.11 已知连续函数 $g(x)$ 和相合估计

$$X_n \xrightarrow{\text{P}} \theta$$

根据曼恩-沃德定理，则 $g(X_n)$ 是 $g(\theta)$ 的相合估计，即

$$g(X_n) \xrightarrow{\text{P}} g(\theta)$$

例 4.12　利用斯卢茨基定理不难证得：已知相合估计

$$T_n \xrightarrow{\text{P}} \alpha$$
$$S_n \xrightarrow{\text{P}} \beta$$

则 $T_n + S_n$ 和 $T_nS_n$ 分别是 $\alpha+\beta$ 和 $\alpha\beta$ 的相合估计，即

$$T_n + S_n \xrightarrow{\text{P}} \alpha + \beta$$
$$T_nS_n \xrightarrow{\text{P}} \alpha\beta$$

若 $\beta \neq 0$，还有

$$\frac{T_n}{S_n} \xrightarrow{\text{P}} \frac{\alpha}{\beta}$$

例 4.13　试证明：若样本 $X_1, X_2, \cdots X_n \overset{\text{iid}}{\sim} \text{N}(\mu, \sigma^2)$，则样本方差 $S^2$ 是总体方差 $\sigma^2$ 的相合估计。

证明　由 $(n-1)S^2/\sigma^2 \sim \chi^2_{n-1}$ 可知，

$$\mathsf{V}(S^2) = \frac{2}{n-1}\sigma^4$$
$$\mathsf{E}(S^2) = \sigma^2$$

根据切比雪夫不等式，$\forall \epsilon > 0$，当 $n \to \infty$ 时，

$$\begin{aligned}\mathsf{P}\left\{\left|S^2 - \sigma^2\right| \geqslant \epsilon\right\} &\leqslant \frac{\mathsf{V}(S^2)}{\epsilon^2} \\ &= \frac{2\sigma^4}{(n-1)\epsilon^2} \to 0\end{aligned}$$

于是，$S^2 \xrightarrow{\text{P}} \sigma^2$，样本方差 $S^2$ 是总体方差 $\sigma^2$ 的相合估计。 □

在例 4.13 中，若 $\sigma^2 = 4$，当样本容量 $n = 5, 10, 15, \cdots, 50$ 时样本方差 $S^2$ 的密度函数曲线随着 $n$ 的增加越来越“高瘦”，越来越凝聚在 $\sigma^2$ 的周围（图 4.13）。

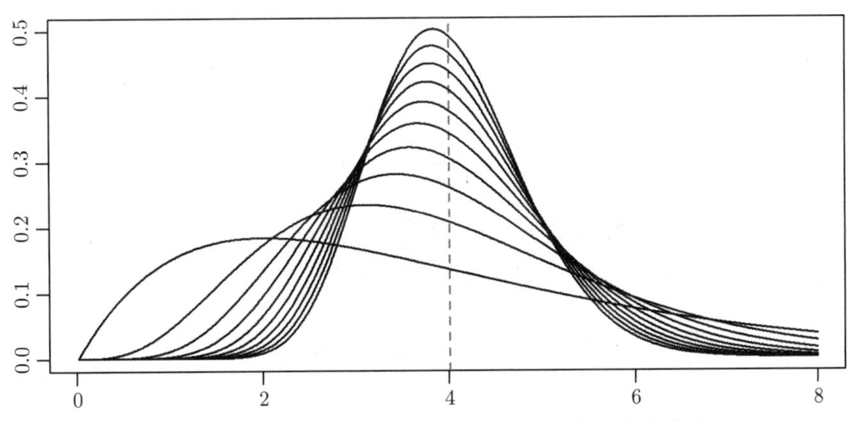


图 4.13　在例 4.13 中，样本方差 $S^2$ 是 $\sigma^2$ 的相合估计

定理 4.1　令 $\{T_n = T(X_1, X_2, \cdots, X_n)\}_{n=1}^{\infty}$ 是一个统计量的序列，则 $T_n$ 是 $\theta$ 的相合估计，如果它满足

$$\lim_{n\to\infty} \mathsf{E}(T_n) = \theta$$

$$\lim_{n\to\infty} \mathsf{V}(T_n) = 0$$

证明　由切比雪夫不等式，当 $n \to \infty$ 时有

$$\begin{aligned}\mathsf{P}\{|T_n - \theta| \geqslant \epsilon\} &\leqslant \frac{\mathsf{E}(T_n - \mathsf{E}T_n + \mathsf{E}T_n - \theta)^2}{\epsilon^2} \\ &= \frac{\mathsf{V}(T_n) + (\mathsf{E}T_n - \theta)^2}{\epsilon^2} \to 0\end{aligned}$$

□

定理 4.2　已知总体 $X$ 的均值 $\mu$ 和方差 $\sigma^2$ 都存在，设 $\overline{X}, S^2, B_2$ 分别是来自总体 $X$ 的简单随机样本 $X_1, X_2, \cdots X_n$ 的样本均值、样本方差和样本二阶中心矩，则

- ❏ $\overline{X}$ 是 $\mu$ 的相合估计，
- ❏ $S^2, B_2$ 都是 $\sigma^2$ 的相合估计。

由此结果可知，相合估计不一定唯一。即，依概率收敛到未知参数的统计量可能有多个。

证明　由切比雪夫弱大数律知 $\overline{X} \xrightarrow{\mathrm{P}} \mu$（即 $\overline{X}$ 是 $\mu$ 的相合估计）且

$$\frac{1}{n}\sum_{j=1}^{n} X_j^2 \xrightarrow{\mathrm{P}} \mathsf{E}(X^2)$$

因为

$$\begin{aligned}B_2 &= \frac{1}{n}\sum_{j=1}^{n}(X_j - \overline{X})^2 \\ &= \frac{1}{n}\sum_{j=1}^{n} X_j^2 - (\overline{X})^2\end{aligned}$$

所以

$$B_2 \xrightarrow{\mathrm{P}} \mathsf{E}(X^2) - [\mathsf{E}(X)]^2 = \sigma^2$$

并且

$$S^2 = \frac{n}{n-1} B_2 \xrightarrow{\mathrm{P}} \sigma^2$$

□

例 4.14（陈希孺，1994）　未知参数 $\theta$ 的相合估计并非总存在，陈希孺院士曾构造过一个相合估计不存在的例子。令简单随机样本 $X_1, X_2, \cdots, X_n$ 来自总体

$$X \sim \mathsf{P}_\theta(X=1)\langle 1\rangle + (1 - \mathsf{P}_\theta(X=1))\langle 0\rangle，\text{其中 } 0 \leqslant \theta \leqslant 1$$

$$\mathsf{P}_\theta(X=1) = \begin{cases} \theta & ，\text{若 } \theta \text{ 是有理数} \\ 1-\theta & ，\text{若 } \theta \text{ 是无理数} \end{cases}$$

经过复杂的论证，例 4.14 中未知参数 $\theta$ 的相合估计不存在。这为统计机器学习敲响了警钟：在未搞清楚相合估计是否存在之前，为参数估计收集大量样本是徒劳的。目前，尚未发现相合估计存在性的充分必要条件，下面的结果仅仅是一个充分条件。

**定理 4.3** 如果对任意的 $\theta \in \Theta, \epsilon > 0$，条件 (4.6) 成立，则未知参数 $\theta$ 的强相合估计存在。

$$\inf\{d(F_\theta, F_\eta) : \eta \in \Theta \text{ 满足 } \|\theta - \eta\| > \epsilon\} > 0 \tag{4.6}$$

**证明** 详见陈希孺的《高等数理统计学》[87] 第四章第一节。条件 (4.6) 的直观含义是"相隔较远的参数值所对应的分布函数不能太接近"。 □

估计量 $T_n$ 的抽样分布通常很难求得，但其极限分布有时却具有比较简单的形式。例如，当样本容量足够大时，式 (3.22) 描述了 $k$ 阶样本矩 $A_k$ 近似地服从一个正态分布，即

$$\frac{A_k - m_k}{\sqrt{(m_{2k} - m_k^2)/n}} \xrightarrow{\text{L}} \mathrm{N}(0,1)$$

**定义 4.6（渐近正态性）** 未知参数 $\mu_n(\theta)$ 的估计量 $T_n = T(X_1, X_2, \cdots, X_n)$ 称为具有渐近正态性 (asymptotic normality) 或是渐近正态的 (asymptotically normal)，如果存在一个只依赖于 $n, \theta$ 的常量 $\sigma_n(\theta) > 0$ 或者统计量 $\mathsf{V}_\theta(T_n)$ 使得

$$\frac{T_n - \mu_n(\theta)}{\sigma_n(\theta)} \xrightarrow{\text{L}} \mathrm{N}(0,1)$$

或者

$$\frac{T_n - \mu_n(\theta)}{\sqrt{\mathsf{V}_\theta(T_n)}} \xrightarrow{\text{L}} \mathrm{N}(0,1)$$

当 $n$ 很大时，$T_n$ 近似地服从一个正态分布，简记作

$$T_n \sim \mathrm{AN}(\mu_n(\theta), \sigma_n^2(\theta))$$

显然，$\mathsf{V}_\theta(T_n)$ 越小表明 $\mu_n(\theta)$ 的估计量 $T_n = T(X_1, X_2, \cdots, X_n)$ 越精确。

例 4.15 如果总体的均值 $\mu$ 和方差 $\sigma^2 > 0$ 都存在，由林德伯格-莱维中心极限定理，样本均值 $\overline{X}$ 具有渐近正态性

$$\overline{X} \sim \mathrm{AN}(\mu, \sigma^2/n)$$

即

$$\frac{\sqrt{n}(\overline{X} - \mu)}{\sigma} \xrightarrow{\text{L}} \mathrm{N}(0,1)\text{，其中 } n \text{ 为样本容量}$$

例如，样本 $X_1, X_2, \cdots, X_n \overset{\text{iid}}{\sim} \mathrm{U}[0, \theta]$，总体均值 $\mu = \theta/2$ 和总体方差 $\sigma^2 = \theta^2/12$ 都存在，则

$$\frac{\sqrt{12n}(\overline{X} - \theta/2)}{\theta} \xrightarrow{\text{L}} \mathrm{N}(0,1)$$

再例如，根据例 4.13 的结论，$S/\sigma \xrightarrow{\text{P}} 1$，由斯卢茨基定理，得到

$$\frac{\sqrt{n}(\overline{X} - \mu)}{S} = \frac{\sqrt{n}(\overline{X} - \mu)/\sigma}{S/\sigma} \xrightarrow{\text{L}} \mathrm{N}(0,1)$$

**定理 4.4** 若总体的期望 $\mu$ 和方差 $\sigma^2$ 都存在，并且函数 $g:\mathbb{R}\to\mathbb{R}$ 在 $\mu$ 处可导，则

$$\sqrt{n}(g(\overline{X})-g(\mu))\xrightarrow{\text{L}}\text{N}(0,\tau^2)，\text{其中 } \tau=\sigma^2[g'(\mu)]^2$$

证明　由 $\sqrt{n}(\overline{X}-\mu)\xrightarrow{\text{L}}Y$，其中 $Y\sim\text{N}(0,\sigma^2)$，以及变换下的依分布收敛定理可证。□

**推论 4.1** 在例 4.15 的条件下，样本均值 $\overline{X}$ 是渐近正态的。如果定理 4.4 中的函数 $g$ 还满足 $g'(\mu)\neq 0$ 且导函数 $g'$ 连续，则 $g(\overline{X})$ 也是渐近正态的。

证明　如果定理 4.4 中 $g'(\mu)\neq 0$ 且导函数 $g'$ 连续，由曼恩-沃德定理，可得

$$g'(\overline{X})\xrightarrow{\text{L}}g'(\mu)$$

进而有

$$\frac{Sg'(\overline{X})}{\sigma g'(\mu)}\xrightarrow{\text{L}}1$$

同时还有

$$\frac{\sqrt{n}(g(\overline{X})-g(\mu))}{\sigma g'(\mu)}\xrightarrow{\text{L}}\text{N}(0,1)$$

由斯卢茨基定理，可得

$$\frac{\sqrt{n}(g(\overline{X})-g(\mu))}{Sg'(\overline{X})}=\frac{\sqrt{n}(g(\overline{X})-g(\mu))/[\sigma g'(\mu)]}{Sg'(\overline{X})/[\sigma g'(\mu)]}\xrightarrow{\text{L}}\text{N}(0,1)$$ □

### 4.1.2 有效性

参数 $\theta$ 的所有无偏估计的方差是否存在非平凡的下界？印度统计学家、费舍尔的学生**卡利安普迪·拉达克里希纳·拉奥**（Calyampudi Radhakrishna Rao, 1920—）与瑞典统计学家**哈拉尔德·克拉梅尔**（Harald Cramér, 1893—1985）（图 4.14）分别于 1945 年和 1946 年独立对上述问题做出了肯定的回答，并给出了著名的克拉梅尔-拉奥不等式，其中所描述的下界被称为克拉梅尔-拉奥下界或简称 CR 界。

图 4.14　拉奥（左）和克拉梅尔（右）

拉奥是一位长寿的统计学家，是多卷《统计学手册》的主编，《印度时报》将他列为有史以来印度十大科学家之一。美国统计协会 (American Statistical Association) 对拉奥的评价是“一位在世的传奇人物，他的工作不仅影响了统计学，而且对经济学、遗传学、人类学、地质学、国家规划、人口学、生物测量和医学等诸多领域都产生了深远的影响。”

**定义 4.7**（UMVU 估计）　令 $T$ 是未知参数 $\theta$ 的任一无偏估计，对于任意的 $\theta\in\Theta$，如果 $\theta$ 的无偏估计 $T_*$ 满足以下不等关系：

$$\mathsf{V}_\theta(T_*)=\mathsf{E}_\theta(T_*-\theta)^2\leqslant\mathsf{V}_\theta(T)=\mathsf{E}_\theta(T-\theta)^2 \tag{4.7}$$

则称 $T_*$ 为 $\theta$ 的一致最小方差无偏估计 (uniformly minimum-variance unbiased estimate, UMVUE) 或简称 UMVU 估计。这里，所谓的“一致”就是指对参数空间 $\Theta$ 内的所有 $\theta$ 来说，$T_*$ 总是“最优的”，即它的方差最小。

UMVU 估计存在的情形并不多见，利用定义 4.7 验证给定的统计量是 UMVU 估计绝非易事。人们之所以对无偏估计的方差是否存在下界的问题感兴趣，是因为如果得到肯定的回答，达到下界者一定是 UMVU 估计。

**定理** 4.5（克拉梅尔-拉奥不等式）　令简单随机样本 $X_1, X_2, \cdots, X_n$ 来自密度函数为 $f_\theta(x)$ 的总体 $X$，统计量 $T = T(X_1, X_2, \cdots, X_n)$ 满足 $\mathsf{V}_\theta(T) < \infty$ 且

$$\frac{\mathrm{d}}{\mathrm{d}\theta}\mathsf{E}_\theta(T) = \underset{\mathbb{R}^n}{\int\cdots\int} \frac{\partial}{\partial\theta}\left[T(x_1, \cdots, x_n)\prod_{j=1}^{n} f_\theta(x_j)\right]\mathrm{d}x_1\cdots\mathrm{d}x_n$$

记 $\psi(\theta) = \mathsf{E}_\theta(T)$，则 $\mathsf{V}_\theta(T)$ 满足下面的不等式。

$$\mathsf{V}_\theta(T) \geqslant \frac{[\psi'(\theta)]^2}{n\mathcal{I}(\theta)} \tag{4.8}$$

对离散型的总体，该结论也是同样的。特别地，如果 $T$ 是未知参数 $\theta$ 的无偏估计，则 $\psi(\theta) = \theta$，进而 $\mathsf{V}_\theta(T)$ 满足下面的不等式。

$$\mathsf{V}_\theta(T) \geqslant \frac{1}{n\mathcal{I}(\theta)} \tag{4.9}$$

证明　令 $Z = \sum_{j=1}^{n} \partial \ln f_\theta(X_j)/\partial\theta$，由相关系数的性质易知，

$$\rho^2(T, Z) = \left[\frac{\mathsf{E}_\theta(TZ) - \mathsf{E}_\theta(T)\mathsf{E}_\theta(Z)}{\sqrt{\mathsf{V}_\theta(T)\mathsf{V}_\theta(Z)}}\right]^2 \leqslant 1 \tag{4.10}$$

由性质 4.1 的证明可知，

$$\begin{aligned}
&\mathsf{E}_\theta(Z) = 0\text{，并且 } \mathsf{V}_\theta(Z) = n\mathsf{E}\left[\frac{\partial \ln f_\theta(X)}{\partial\theta}\right]^2 = n\mathcal{I}(\theta) \\
&\psi'(\theta) = \underset{\mathbb{R}^n}{\int\cdots\int} T(x_1, \cdots, x_n)\left[\sum_{j=1}^{n}\frac{1}{f_\theta(x_j)}\frac{\partial f_\theta(x_j)}{\partial\theta}\right]\prod_{j=1}^{n} f_\theta(x_j)\mathrm{d}x_1\cdots\mathrm{d}x_n \\
&\quad = \underset{\mathbb{R}^n}{\int\cdots\int} T(x_1, \cdots, x_n)\left[\sum_{j=1}^{n}\frac{\partial \ln f_\theta(x_j)}{\partial\theta}\right]\prod_{j=1}^{n} f_\theta(x_j)\mathrm{d}x_1\cdots\mathrm{d}x_n \\
&\quad = \mathsf{E}_\theta(TZ)
\end{aligned}$$

把这些结果代入式 (4.10) 即可证得结果 (4.8)。 □

**定义** 4.8（有效性）　如果 $\theta$ 的无偏估计 $T_*$ 的方差 $\mathsf{V}_\theta(T_*)$ 达到了式 (4.9) 所示的克拉梅尔-拉奥下界，则称 $T_*$ 为 $\theta$ 的**有效估计** (efficient estimate)，它是无偏估计的“极品”。显然，有效估计一定是 UMVU 估计，反之则不然（因为方差最小并不意味着它能达到克拉梅尔-拉奥下界）。

例 4.16　已知简单随机样本 $X_1, X_2, \cdots, X_n$ 来自总体 $X \sim \mathrm{B}(m, p)$，其中 $m$ 已知而 $p$ 未知，则 $\overline{X}/m$ 是 $p$ 的有效估计量。事实上，$\mathsf{V}_p(\overline{X}/m) = \frac{pq}{mn}$，其中 $q = 1 - p$。令 $p_k = \mathsf{P}(X = k)$，则参数 $p$ 的费舍尔信息量为

$$\mathcal{I}(p) = \sum_{k=0}^{m}\left[\frac{\mathrm{d}}{\mathrm{d}p}\ln(\mathrm{C}_m^k p^k q^{m-k})\right]^2 p_k$$

$$
\begin{aligned}
&= \sum_{k=0}^{m}\left(\frac{k}{p}-\frac{m-k}{1-p}\right)^2 p_k \\
&= \sum_{k=0}^{m}\left(\frac{k-mp}{pq}\right)^2 p_k \\
&= \frac{mpq}{p^2q^2} \\
&= \frac{m}{pq}
\end{aligned}
$$

经过验证，$\mathsf{V}_p(\overline{X}/m) = [n\mathcal{I}(p)]^{-1}$，因此 $\overline{X}/m$ 确是 $p$ 的有效估计量。

例 4.17　设样本 $X_1, X_2, \cdots, X_n \overset{\text{iid}}{\sim} \text{Poisson}(\lambda)$，其中参数 $\lambda$ 未知，则 $\overline{X}$ 是 $\lambda$ 的有效估计量。这是因为 $\mathsf{V}_\lambda(\overline{X}) = \lambda/n$，并且

$$
\begin{aligned}
\frac{\partial}{\partial\lambda}\ln f_\lambda(x) &= \frac{\partial}{\partial\lambda}(x\ln\lambda - \lambda - \ln x!) \\
&= \frac{x-\lambda}{\lambda}
\end{aligned}
$$

于是，参数 $\lambda$ 的费舍尔信息量为

$$
\begin{aligned}
\mathcal{I}(\lambda) &= \mathsf{E}_\lambda\left[\frac{\partial\ln f_\lambda(X)}{\partial\lambda}\right]^2 \\
&= \frac{\mathsf{E}_\lambda(X-\lambda)^2}{\lambda^2} \\
&= \frac{1}{\lambda}
\end{aligned}
$$

经过验证，$\mathsf{V}_\lambda(\overline{X}) = [n\mathcal{I}(\lambda)]^{-1}$，因此 $\overline{X}$ 确是 $\lambda$ 的有效估计量。

例 4.18　已知样本 $X_1, X_2, \cdots, X_n \overset{\text{iid}}{\sim} \mathrm{N}(\mu, \sigma^2)$，其中 $\mu$ 已知而 $\sigma^2$ 未知，则

$$
\mathsf{V}(S^2) = \frac{2}{n-1}\sigma^4
$$

由例 4.3 知，

$$
\mathcal{I}(\sigma^2) = \frac{1}{2}\sigma^{-4}
$$

显然，$\mathsf{V}(S^2)$ 未达到克拉梅尔-拉奥下界 $2\sigma^4/n$，因此 $S^2$ 不是 $\sigma^2$ 的有效估计量。

从克拉梅尔-拉奥不等式的证明过程中还能得出什么结果？假设 $T$ 是 $\theta$ 的有效估计量，从式 (4.10) 可知 $\mathsf{P}\{Z = cT + d\} = 1$，即几乎必然有 $Z = cT + d$，其中 $c, d$ 为常数。因为 $T$ 是无偏的且 $\mathsf{E}_\theta(Z) = 0$，所以

$$
\begin{aligned}
\mathsf{E}_\theta(Z) &= c\mathsf{E}_\theta(T) + d = 0 \\
&\Rightarrow d = -c\theta \\
&\Rightarrow \mathsf{P}\{Z = c(T-\theta)\} = 1
\end{aligned}
$$

进而可知 $T$ 对未知参数 $\theta$ 而言是充分的，这是因为几乎必然有

$$
Z = \frac{\partial\ln\prod_{j=1}^{n} f_\theta(X_j)}{\partial\theta} = c(T-\theta)
$$

$$\Rightarrow \prod_{j=1}^{n} f_\theta(X_j) = h(X_1, X_2, \cdots, X_n) g_\theta(T)$$

$$\Rightarrow \frac{\partial \ln g_\theta(T)}{\partial \theta} = c(T-\theta)\text{，其中 } g_\theta(T) > 0$$

**定理** 4.6（有效性的判定）　条件与定理 4.5 相同，未知参数 $\theta$ 的无偏估计 $T = T(\boldsymbol{X})$ 是有效的，当且仅当

① 统计量 $T$ 是充分的，即样本 $\boldsymbol{X} = (X_1, X_2, \cdots, X_n)^\top$ 的密度函数

$$\prod_{j=1}^{n} f_\theta(x_j) = h(\boldsymbol{x}) g_\theta[T(\boldsymbol{x})]\text{，其中 } \boldsymbol{x} = (x_1, x_2, \cdots, x_n)^\top$$

② 函数 $g_\theta(t)$ 对于 $g_\theta(t) > 0$ 几乎必然满足方程

$$\frac{\partial \ln g_\theta(t)}{\partial \theta} = c(t-\theta)\text{，其中 } c \text{ 与 } t \text{ 无关}$$

**证明**　“$\Rightarrow$”已证，现在往证“$\Leftarrow$”，即往证 $\mathsf{V}_\theta(T) = [n\mathcal{I}(\theta)]^{-1}$：

$$T \text{ 是 } \theta \text{ 的无偏估计} \Rightarrow \mathsf{E}_\theta T = \int_{\mathbb{R}^n} T(\boldsymbol{x}) h(\boldsymbol{x}) g_\theta[T(\boldsymbol{x})] \mathrm{d}\boldsymbol{x} = \theta$$

$$\Rightarrow \int_{\mathbb{R}^n} T(\boldsymbol{x}) h(\boldsymbol{x}) \frac{\partial g_\theta[T(\boldsymbol{x})]}{\partial \theta} \mathrm{d}\boldsymbol{x} = 1$$

$$h(\boldsymbol{x}) g_\theta[T(\boldsymbol{x})] \text{ 是密度函数} \Rightarrow \int_{\mathbb{R}^n} h(\boldsymbol{x}) \frac{\partial g_\theta[T(\boldsymbol{x})]}{\partial \theta} \mathrm{d}\boldsymbol{x} = 0$$

综合上述两个结果，得到

$$\begin{aligned}
&\int_{\mathbb{R}^n} T(\boldsymbol{x}) h(\boldsymbol{x}) \frac{\partial g_\theta[T(\boldsymbol{x})]}{\partial \theta} \mathrm{d}\boldsymbol{x} - \theta \int_{\mathbb{R}^n} h(\boldsymbol{x}) \frac{\partial g_\theta[T(\boldsymbol{x})]}{\partial \theta} \mathrm{d}\boldsymbol{x} = 1 \\
\Rightarrow\ & \int_{\mathbb{R}^n} [T(\boldsymbol{x}) - \theta] h(\boldsymbol{x}) \frac{\partial g_\theta[T(\boldsymbol{x})]}{\partial \theta} \mathrm{d}\boldsymbol{x} = 1 \\
\Rightarrow\ & \int_{\mathbb{R}^n} [T(\boldsymbol{x}) - \theta] h(\boldsymbol{x}) \frac{\partial \ln g_\theta[T(\boldsymbol{x})]}{\partial \theta} g_\theta[T(\boldsymbol{x})] \mathrm{d}\boldsymbol{x} = 1 \\
\Rightarrow\ & c \int_{\mathbb{R}^n} [T(\boldsymbol{x}) - \theta]^2 h(\boldsymbol{x}) g_\theta[T(\boldsymbol{x})] \mathrm{d}\boldsymbol{x} = 1 \\
\Rightarrow\ & c\mathsf{V}_\theta(T) = 1
\end{aligned}$$

由于 $T$ 是充分统计量，所以样本的费舍尔信息量为

$$\begin{aligned}
n\mathcal{I}(\theta) &= \mathcal{I}_n(\theta) \\
&= \mathsf{E}_\theta \left\{ \frac{\partial \ln f_\theta(\boldsymbol{X})}{\partial \theta} \right\}^2 \\
&= \mathsf{E}_\theta \left\{ \frac{\partial \ln g_\theta[T(\boldsymbol{X})]}{\partial \theta} \right\}^2 \\
&= c^2 \mathsf{E}_\theta (T-\theta)^2 \\
&= c^2 \mathsf{V}_\theta(T)
\end{aligned}$$

与上式联立可得 $\mathsf{V}_\theta(T) = 1/[n\mathcal{I}(\theta)]$，达到了克拉梅尔-拉奥下界。 □

✂例 4.19　接着例 4.18，试证明：$\sigma^2$ 的无偏估计 $V = \frac{1}{n}\sum_{j=1}^{n}(X_j-\mu)^2$ 是有效的，满足

$$\mathsf{V}_{\sigma^2}(V) = \frac{2\sigma^4}{n}$$

证明　显然 $V$ 是 $\sigma^2$ 的无偏估计。由 $nV/\sigma \sim \chi_n^2$ 可得 $V$ 的密度函数 $g_{\sigma^2}(v)$ 为

$$g_{\sigma^2}(v) = \frac{n^{n/2}v^{n/2-1}}{(2\sigma^2)^{n/2}\Gamma(n/2)}\exp\left\{-\frac{nv}{2\sigma^2}\right\}$$

由例 3.33 的结果，$V$ 对 $\sigma^2$ 而言还是充分的。另外

$$\frac{\partial \ln g_{\sigma^2}(v)}{\partial \sigma^2} = \frac{n}{2\sigma^2}(v-\sigma^2)\text{，其中 } \frac{n}{2\sigma^2} \text{ 与 } v \text{ 无关}$$

综上所述，定理 4.6 的必要条件成立，于是 $V$ 是有效的。根据例 4.3 的结果，不难求得估计量 $V$ 的方差。

$$\begin{aligned}\mathsf{V}_{\sigma^2}(V) &= \frac{1}{n\mathcal{I}(\sigma^2)}\\ &= \frac{2}{n}\sigma^4\end{aligned}$$

□

从例 4.18 可知，在例 4.19 的条件下，样本方差 $S^2$ 差一点儿就成为总体方差 $\sigma^2$ 的有效估计量，与例 4.19 中的统计量 $V$ 比较一下便知 $S^2$ 差在没利用 $\mu$ 这一已知信息。

有效估计、UMVU 估计都具有某个难得一见的最优性质。“得不到的总是最好的”，本着“不求最好，但求更好”的原则，人们很自然地想：能否从已有的无偏估计量出发，找到更好的估计量。直觉上，充分统计量含有未知参数的信息，可以用来改进已有的估计量。

图 4.15　布莱克韦尔

拉奥和美国统计学家、数学家**戴维·布莱克韦尔**（David Blackwell, 1919—2010）分别于 1945 年和 1947 年得到下面的结果。布莱克韦尔（图 4.15）是美国国家科学院的首位黑人院士，研究领域包括贝叶斯统计学、信息论、博弈论、概率论、动态规划、逻辑学等。他的博士导师是美国概率论大师**约瑟夫·杜布**（Joseph Doob, 1910—2004）。因为种族歧视，布莱克韦尔在普林斯顿高等研究院从事博士后研究时，甚至被禁止参加普林斯顿大学的讲座。出站后，布莱克韦尔的求职经历可谓四处碰壁，虽然他的数学才华和他的肤色无关。1969 年，布莱克韦尔出版了《基础统计》一书，这是最早的贝叶斯统计学的教科书之一。2024 年，美国 Nvidia 公司发布了 Blackwell 图形处理器 (graphics processing unit, GPU) 微架构，以致敬和纪念这位统计学家。

**定理 4.7**（拉奥-布莱克韦尔不等式）　已知 $T(\boldsymbol{X})$ 是未知参数 $\theta$ 的充分统计量，其中 $\boldsymbol{X} = (X_1, X_2, \cdots, X_n)^\top$ 是样本。基于 $\theta$ 的无偏估计量 $\hat{\theta}(\boldsymbol{X})$，按照下述方法构造的新的估计量被称为拉奥-布莱克韦尔估计量 (Rao-Blackwell estimator)，简称 RB 估计量。

$$\hat{\hat{\theta}}(\boldsymbol{X}) = \mathsf{E}[\hat{\theta}(\boldsymbol{X})|T(\boldsymbol{X})]$$

RB 估计量也是无偏的。另外，RB 估计量的方差不会超过原始估计量 $\hat{\theta}$ 的方差，即下面的不等式总是成立的。

$$\mathsf{V}[\hat{\hat{\theta}}(\boldsymbol{X})] \leqslant \mathsf{V}[\hat{\theta}(\boldsymbol{X})] \tag{4.11}$$

证明 由双期望定理 $\mathsf{E}[\mathsf{E}(X|Y)] = \mathsf{E}(X)$，不难证得 RB 估计量的无偏性。

$$\begin{aligned}\mathsf{E}[\hat{\hat{\theta}}(\boldsymbol{X})] &= \mathsf{E}[\mathsf{E}(\hat{\theta}(\boldsymbol{X})|T(\boldsymbol{X}))] \\ &= \mathsf{E}[\hat{\theta}(\boldsymbol{X})] \\ &= \theta\end{aligned}$$

利用方差分解 $\mathsf{V}(X) = \mathsf{E}[\mathsf{V}(X|Y)] + \mathsf{V}[\mathsf{E}(X|Y)]$，我们有

$$\begin{aligned}\mathsf{V}(\hat{\theta}) &= \mathsf{E}[\mathsf{V}(\hat{\theta}|T)] + \mathsf{V}[\mathsf{E}(\hat{\theta}|T)] \\ &= \mathsf{E}[\mathsf{V}(\hat{\theta}|T)] + \mathsf{V}(\hat{\hat{\theta}})\end{aligned}$$

因为 $\mathsf{V}(\hat{\theta}|T) \geqslant 0$，拉奥-布莱克韦尔不等式 (4.11) 得证。 □

例 4.20 已知样本 $X_1, X_2, \cdots, X_n \overset{\text{iid}}{\sim} \text{Poisson}(\lambda)$，其中参数 $\lambda$ 未知。由第 83 页的性质 3.14 可知，$S_n = X_1 + X_2 + \cdots + X_n$ 是 $\lambda$ 的充分统计量。不难验证，如下定义的统计量 $\hat{\tau}$ 是未知参数 $\tau = \mathrm{e}^{-\lambda}$ 的无偏估计。

$$\hat{\tau}(X_1, X_2, \cdots, X_n) = \begin{cases} 1 & ，如果\ X_1 = 0 \\ 0 & ，否则 \end{cases}$$

事实上，

$$\begin{aligned}\mathsf{E}(\hat{\tau}) &= \mathsf{P}(\hat{\tau} = 1) \\ &= \mathsf{P}(X_1 = 0) \\ &= \mathrm{e}^{-\lambda}\end{aligned}$$

这个无偏估计的性质很差。由定理 4.7，RB 估计量是

$$\begin{aligned}\hat{\hat{\tau}} &= \mathsf{E}(\hat{\tau}|S_n = s_n) \\ &= \frac{\mathsf{P}(X_1 = 0, X_1 + X_2 + \cdots + X_n = s_n)}{\mathsf{P}(X_1 + X_2 + \cdots + X_n = s_n)} \\ &= \mathrm{e}^{-\lambda}\frac{\mathrm{e}^{-(n-1)\lambda}[(n-1)\lambda]^{s_n}}{s_n!} \div \frac{\mathrm{e}^{-n\lambda}(n\lambda)^{s_n}}{s_n!} \\ &= \left(1 - \frac{1}{n}\right)^{s_n} \\ &\approx \exp\left\{-\frac{s_n}{n}\right\}\end{aligned}$$

虽然起点很低，RB 估计量 $\hat{\hat{\tau}}$ 比 $\hat{\tau}$ 要好很多，它是 UMVU 估计。

### 4.1.3 折刀法

折刀法 (jackknife method)[78,98]，也译作“刀切法”，是一种普适的方法，能由给定的统计量 $T_n = T(X_1, X_2, \cdots, X_n)$ 构造出具有更小偏倚的统计量。这种偏倚修正的方法最初由英国统计学家**莫里斯·昆诺**（Maurice Quenouille, 1924—1973）于 1949、1956 年提出 [99-100]，后由美国数学家、统计学家**约**

翰·图基（John Tukey, 1915—2000）* 于 1958 年定名[101]，意思是该方法像便携式折刀那样轻巧实用（图 4.16）。

图 4.16　自带一些实用的小工具且便携的折刀

图 4.17　图基

折刀法也是一种*重抽样* (resampling) 技术，它是*自助法*的线性近似。20 世纪 70 年代，图基（图 4.17）将折刀法发展为计算标准误差和置信区间的非参数方法[73]，还应用于方差估计等[102]。下面我们粗略地介绍如何从给定的统计量构造一个新的统计量——*刀切估计* (jackknife estimator)，并给出实例。在此之前，我们做一个约定：将 $n$ 维向量 $\boldsymbol{X}=(X_1,\cdots,X_j,\cdots,X_n)^\top$ 中第 $j$ 个分量"切掉"后所得的 $(n-1)$ 维向量称为 $\boldsymbol{X}$ 的*舍一表示* (leave-one-out, LOO)，并记作

$$\boldsymbol{X}_{-j}=(X_1,\cdots,X_{j-1},X_{j+1},\cdots,X_n)^\top$$

机器学习里有一种叫作"*舍一交叉验证*"(LOO cross validation) 的评估方法：用标记数据 $\boldsymbol{X}$ 的舍一表示 $\boldsymbol{X}_{-j}$ 来训练模型，用"切掉"的样本点 $X_j$ 做测试。当 $j$ 遍历 $1,2,\cdots,n$ 后，其平均效果是对基于 $\boldsymbol{X}$ 的模型效果的一个近似。

**定义** 4.9（刀切估计）　如下构造的统计量称为 $\theta$ 的*刀切估计*：

$$T_{\text{jack}}=nT(\boldsymbol{X})-\frac{n-1}{n}\sum_{j=1}^{n}T(\boldsymbol{X}_{-j}) \tag{4.12}$$

下面说明式 (4.12) 所定义的刀切估计的偏倚比 $T(\boldsymbol{X})$ 的有所改善。不妨设 $T(\boldsymbol{X})$ 的偏倚 $\mathsf{E}_\theta[T(\boldsymbol{X})]-\theta$ 可用如下 $n^{-1}$ 的幂级数展开：

$$\mathsf{E}_\theta[T(\boldsymbol{X})]-\theta=\frac{c_1}{n}+\frac{c_2}{n^2}+\frac{c_3}{n^3}+\cdots$$

随机向量 $\boldsymbol{X}_{-j}$ 的维数是 $n-1$，构造估计量 $T(\boldsymbol{X}_{-j})$ 的方式与 $T(\boldsymbol{X})$ 的相同，按照上式可将 $T(\boldsymbol{X}_{-j})$ 的偏倚表示为

$$\mathsf{E}_\theta[T(\boldsymbol{X}_{-j})]-\theta=\frac{c_1}{n-1}+\frac{c_2}{(n-1)^2}+\frac{c_3}{(n-1)^3}+\cdots$$

* 图基是快速傅里叶变换算法的发明人之一，提出"比特"(bit) 这个术语，推动过"投影寻踪"(projection pursuit) 这一统计技术。他还是著名的华裔概率论专家**钟开莱**（Kai Lai Chung, 1917—2009）的导师。1962 年，图基发表论文《数据分析的未来》，机器学习、数据挖掘、大数据分析的兴起都印证了图基的远见卓识。

由 $\theta$ 的估计量 $T(\boldsymbol{X})$ 和 $T(\boldsymbol{X}_{-j})$ 的偏倚，下面求估计量 $T_{\text{jack}}$ 的偏倚。

$$\begin{aligned}\mathsf{E}_\theta(T_{\text{jack}})-\theta &= n\{\mathsf{E}_\theta[T(\boldsymbol{X})]-\theta\}-\frac{n-1}{n}\sum_{j=1}^{n}\{\mathsf{E}_\theta[T(\boldsymbol{X}_{-j})]-\theta\}\\ &= c_1+\frac{c_2}{n}+\frac{c_3}{n^2}+\cdots-\left\{c_1+\frac{c_2}{n-1}+\frac{c_3}{(n-1)^2}+\cdots\right\}\\ &\sim O(1/n^2)\end{aligned}$$

当 $n\to\infty$ 时，比起偏倚 $\mathsf{E}_\theta[T(\boldsymbol{X})]-\theta\sim O(1/n)$，$\mathsf{E}_\theta(T_{\text{jack}})-\theta$ 收敛于 0 的速度更快一些。因此，$T_{\text{jack}}$ 的偏倚比 $T(\boldsymbol{X})$ 的有所改善。

✂例 4.21　假设总体方差 $\sigma^2$ 存在且未知。样本二阶中心矩 $T(\boldsymbol{X})=\frac{1}{n}\sum_{j=1}^{n}(X_j-\overline{X})^2$ 是 $\sigma^2$ 的有偏估计，按照式 (4.12) 构造 $\sigma^2$ 的刀切估计。

$$T(\boldsymbol{X}_{-j})=\frac{1}{n-1}\sum_{\substack{k=1\\k\neq j}}^{n}\left(X_k-\frac{n\overline{X}-X_j}{n-1}\right)^2$$

将之代入式 (4.12) 中，于是

$$\begin{aligned}T_{\text{jack}} &= \sum_{j=1}^{n}(X_j-\overline{X})^2+\frac{n}{n-1}S^2-\frac{1}{n}\sum_{k,j=1}^{n}\left(X_k-\frac{n\overline{X}-X_j}{n-1}\right)^2\\ &= (n-1)S^2-\frac{1}{n}\sum_{k,j=1}^{n}\left(X_k-\overline{X}+\overline{X}-\frac{n\overline{X}-X_j}{n-1}\right)^2\\ &= \frac{n}{n-1}S^2-\frac{1}{n-1}S^2\\ &= S^2\end{aligned}$$

即，$T_{\text{jack}}$ 为总体方差的无偏估计。

### 4.1.4　点估计之矩方法和最大似然法

在参数的点估计方法中，矩方法和最大似然法分别受到卡尔·皮尔逊和费舍尔的推崇而引发了这两位统计学大师之间有关哪种方法更好的长期争论。费舍尔认为矩方法“没有理论上的合法性”，譬如矩方法对柯西分布的参数估计束手无策，而且矩估计的方差又大于最大似然估计的（渐近）方差。然而，老皮尔逊认为矩方法适用范围更广，譬如最大似然法就基本不适用于非参数统计学。历史的评价是这两种方法各有所长，下面依次介绍它们。

性质 4.3　如果总体 $X$ 的 $k$ 阶矩 $m_k=\mathsf{E}(X^k)$ 存在，则样本 $j$ 阶矩 $A_j=\frac{1}{n}\sum_{i=1}^{n}X_i^j, j=1,2,\cdots,k$ 是对 $m_j$ 的（强）相合的无偏估计。

证明　无偏性是显然的，（强）相合性直接由性质 3.9 可得。 □

**1. 皮尔逊的矩方法**

该性质启发了矩方法：若未知参数能通过总体矩表示出来，则将总体矩替换为相应的样本矩后，所得到的就是未知参数的估计量。

**定义 4.10（矩估计）** 令 $A_j$ 是样本 $j$ 阶矩，$j=1,2,\cdots,k$。如果总体分布中的未知参数 $\theta$ 能表示成有限个总体矩 $m_1,m_2,\cdots,m_k$ 的函数 $\theta=h(m_1,m_2,\cdots,m_k)$，其中 $h$ 为波雷尔可测函数，这样就能保证 $h(A_1,A_2,\cdots,A_k)$ 是一个统计量，称为 $\theta$ 的矩估计，记作 $\hat{\theta}$。

**定理 4.8** 在定义 4.10 中，如果 $h$ 是连续函数，则矩估计 $\hat{\theta}=h(A_1,A_2,\cdots,A_k)$ 是 $\theta$ 的强相合估计。如果函数 $h$ 对各个变量的一阶偏导数存在，则矩估计是渐近正态的。

**证明** 强相合性，即 $\hat{\theta}=h(A_1,A_2,\cdots,A_k)\xrightarrow{\text{a.s.}}\theta$ 由曼恩-沃德定理[10] 可证。渐近正态性的知识见 [70]，本书不作要求。 □

图 4.18 卡尔·皮尔逊

定理 4.8 是矩方法的理论依据。矩方法最大的优点是计算简单，只需把 $\theta=h(m_1,m_2,\cdots,m_k)$ 中的各阶矩 $m_1,m_2,\cdots,m_k$“移花接木”为相应的样本矩即可。矩方法的另外一个优点是在一般情况下矩估计是强相合的。矩方法的缺点是当参数无法通过矩用波雷尔可测函数表示出来的时候就彻底无法使用，如柯西分布中的参数。矩方法是“统计学之父”卡尔·皮尔逊（图 4.18）提出并大力推广的点估计经典方法，由于卡尔·皮尔逊笃信大样本分析，他主推矩方法就不足为怪了。

**例 4.22** 已知样本 $X_1,X_2,\cdots,X_n\overset{\text{iid}}{\sim}\mathrm{B}(m,p)$，其中参数 $m,p$ 都未知。由

$$\begin{aligned}\mathsf{E}(X)&=mp\\ \mathsf{E}(X^2)&=\mathsf{V}(X)+[\mathsf{E}(X)]^2\\ &=mp(1-p)+m^2p^2\end{aligned}$$

解如下方程组

$$\begin{cases}A_1=mp，\text{其中 } A_1 \text{ 是样本一阶矩}\\ A_2=mp(1-p)+m^2p^2，\text{其中 } A_2 \text{ 是样本二阶矩}\end{cases}$$

得到 $m$ 和 $p$ 的矩估计

$$\begin{aligned}\hat{m}&=\frac{A_1^2}{A_1+A_1^2-A_2}\\ \hat{p}&=\frac{A_1}{\hat{m}}\end{aligned}$$

**例 4.23** 若总体方差 $\sigma^2=m_2-m_1^2$ 存在，从简单随机样本 $X_1,X_2,\cdots,X_n$ 可得到 $\sigma^2$ 的矩估计 $\hat{\sigma}^2=A_2-A_1^2$，它是对 $\sigma^2$ 的相合的、渐近正态的、渐近无偏的估计。根据结果 (3.5)，$\hat{\sigma}^2$ 可进一步表示为

$$\hat{\sigma}^2=A_2-A_1^2=\frac{1}{n}\sum_{i=1}^{n}X_i^2-\overline{X}^2=\frac{n-1}{n}S^2=B_2$$

因为 $nB_2/\sigma^2\sim\chi^2_{n-1}$，所以

$$\begin{aligned}\mathsf{E}(\hat{\sigma}^2)&=\left(1-\frac{1}{n}\right)\sigma^2\\ \mathsf{V}(\hat{\sigma}^2)&=\frac{2(n-1)}{n^2}\sigma^4\end{aligned}$$

当 $n$ 很大时，近似地有

$$\hat{\sigma}^2 \sim \mathrm{N}\left(\left(1-\frac{1}{n}\right)\sigma^2, \frac{2(n-1)}{n^2}\sigma^4\right)$$

若简单随机样本来自正态总体 $\mathrm{N}(\mu,\sigma^2)$，其中 $\sigma^2=4$。图 4.19 的实线依次是样本容量 $n=10,50,100,200$ 时样本二阶中心矩 $B_2$ 的密度函数曲线。随着 $n$ 的增加，曲线越来越“高瘦”，越来越接近 $\mathrm{N}((1-\frac{1}{n})\sigma^2, \frac{2(n-1)}{n^2}\sigma^4)$，见图 4.19 的虚线。

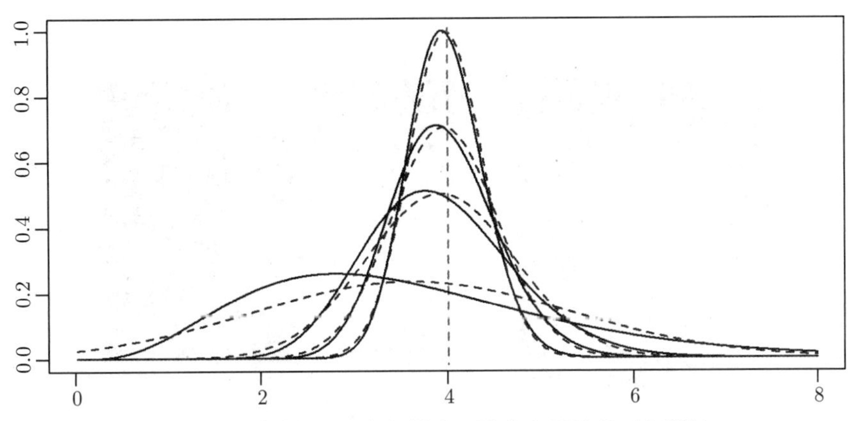


图 4.19　在例 4.23 中，样本二阶中心矩及其正态近似

例 4.24　令 $\theta_2>0$，设总体 $X$ 是 $X-\theta_1 \sim \mathrm{Expon}(1/\theta_2)$，其中参数 $\theta_1,\theta_2$ 都未知。已知 $X_1,X_2,\cdots,X_n$ 是来自此总体的简单随机样本，求未知参数 $\theta_1,\theta_2$ 的矩估计。

解　由指数分布的期望和方差不难得到

$$\mathsf{E}(X)=\theta_1+\theta_2$$
$$\mathsf{E}(X^2)=2\theta_2^2+2\theta_1\theta_2+\theta_1^2$$

列下述方程组求解未知参数的矩估计

$$\begin{cases} A_1=\theta_1+\theta_2 \\ A_2=2\theta_2^2+2\theta_1\theta_2+\theta_1^2 \end{cases}$$

得到

$$\hat{\theta}_1=\overline{X}-\sqrt{B_2}$$
$$\hat{\theta}_2=\sqrt{B_2}$$

例 4.25　已知样本 $X_1,X_2,\cdots,X_n \overset{\text{iid}}{\sim} \mathrm{U}[\theta_1,\theta_2]$，其中参数 $\theta_1,\theta_2$ 都未知，它们的矩估计是

$$\hat{\theta}_1=\overline{X}-\sqrt{3B_2}$$
$$\hat{\theta}_2=\overline{X}+\sqrt{3B_2}$$

例 4.26　已知样本 $X_1,X_2,\cdots,X_n \overset{\text{iid}}{\sim} \mathrm{Poisson}(\lambda)$，其中参数 $\lambda$ 未知。由 $m_1=\lambda, m_2=\lambda+\lambda^2$，我们利用矩方法可得 $\overline{X}$ 和 $\sum_{i=1}^n(X_i-\overline{X})^2/n$ 都是 $\lambda$ 的矩估计。这两个统计量有着不同的量纲，一般情况下是不同的，选哪个作为参数 $\lambda$ 的矩估计呢？我们规定矩估计如果能通过低阶矩解决，就不要通过高阶的。此例中，$\lambda$ 的矩估计是 $\hat{\lambda}=\overline{X}$。

2. **费舍尔的最大似然法**

最大似然法是参数点估计理论的另一个经典方法，最早由德国数学家**卡尔·弗里德里希·高斯**（Carl Friedrich Gauss, 1777—1855）于 1821 年提出。最大似然法的思想是简单而无懈可击的——观察到的现象多是以大概率发生的。历史上最大似然法还曾被其他很多数学家研究过，如**丹尼尔·伯努利**（Daniel Bernoulli, 1700—1782）、**莱昂哈德·欧拉**（Leonhard Euler, 1707—1783）、**约瑟夫·拉格朗日**（Joseph Lagrange, 1736—1813）、**皮埃尔-西蒙·拉普拉斯**（Pierre-Simon Laplace, 1749—1827）等，见图 4.20。

(a) 高斯

(b) 丹尼尔 · 伯努利

(c) 欧拉

(d) 拉格朗日

(e) 拉普拉斯

图 4.20 历史上曾经研究过最大似然法的数学家

图 4.21 费舍尔

最大似然法后被英国统计学家费舍尔（图 4.21）于 1912 年在论文《关于拟合频率曲线的一个绝对准则》中重新提及，接着费舍尔于 1922 年在他的一篇重要论文*《有关理论统计学的数学基础》[27] 中明确提出该方法（见它的第六节“估计问题的形式解”）。费舍尔系统地研究了最大似然法并将它推而广之、发扬光大。另外，费舍尔乐此不疲地用最大似然法挑战老皮尔逊的权威和他钟爱的矩方法，不惜得罪他并与之交恶。费舍尔在《统计方法与科学推断》中批评卡尔·皮尔逊，“他的数学和科学工作中可怕的弱点归因于他缺乏自我批评的能力，以及不愿承认自己有向他人学习的可能，甚至在他知之甚少的生物学上也是如此。因此他的数学，虽然总是充满活力，但通常是笨拙的，而且经常有误

* 另外费舍尔还在此文中提出了充分统计量和费舍尔信息量等关键概念。这篇经典论文 1955 年由英国皇家学会重印，并作为费舍尔的代表作收录于《统计学中的重大突破》第一卷[26]。

导。在他颇为沉迷的争论中，他不断表现出自己缺乏公道。”费舍尔甚至嘲笑老皮尔逊盛产垃圾论文，既自命不凡又稀奇古怪，基本上没啥价值。

内曼也深知最大似然法是费舍尔的得意之作，因此曾经通过嘲笑该方法来激怒费舍尔。历史证明，内曼的这个嘲笑是一次失策——最大似然法的生命力依然顽强。鉴于费舍尔为最大似然法的付出最多，统计学文献通常把它完全归功于费舍尔。

**定义 4.11**（似然函数）　设随机向量 $\boldsymbol{X}=(X_1,X_2,\cdots,X_n)^\top$ 的密度函数为 $f_{\boldsymbol{\theta}}(\boldsymbol{x})$，其中 $\boldsymbol{x}=(x_1,x_2,\cdots,x_n)^\top$，与密度函数差一个正的常数因子的任意函数 $\mathscr{L}(\boldsymbol{\theta};\boldsymbol{x})$ 被称为似然函数 (likelihood function)，即

$$\mathscr{L}(\boldsymbol{\theta};\boldsymbol{x}) \propto f_{\boldsymbol{\theta}}(\boldsymbol{x})$$

记作 $\mathscr{L}(\boldsymbol{\theta};\boldsymbol{x})$ 是为了突出似然函数是关于参数 $\boldsymbol{\theta}=(\theta_1,\cdots,\theta_k)^\top\in\Theta$ 的函数。对数似然函数 (log-likelihood function) 定义为

$$\ell(\boldsymbol{\theta};\boldsymbol{x}) = \ln \mathscr{L}(\boldsymbol{\theta};\boldsymbol{x})$$

例 4.27　已知简单随机样本 $X_1,X_2,\cdots,X_n$ 来自于总体 $X\sim f_{\boldsymbol{\theta}}(x)$，则对数似然函数为

$$\ell(\boldsymbol{\theta};x_1,x_2,\cdots,x_n) = \sum_{j=1}^{n} \ln f_{\boldsymbol{\theta}}(x_j)$$

例如，$X_1,X_2,\cdots,X_n \overset{\text{iid}}{\sim} \text{Poisson}(\theta)$，则对数似然函数是

$$\ell(\theta;x_1,x_2,\cdots,x_n) = -n\theta + \sum_{j=1}^{n}[x_j\ln\theta - \ln(x_j!)]$$

**定义 4.12**　给定（对数）似然函数，未知（向量）参数 $\boldsymbol{\theta}\in\Theta$ 的最大似然估计 (maximum likelihood estimate, MLE) 定义为下述寻找最大值点的最优化问题。

$$\begin{aligned}\hat{\boldsymbol{\theta}} &= \underset{\boldsymbol{\theta}\in\Theta}{\operatorname{argmax}}\, \mathscr{L}(\boldsymbol{\theta};\boldsymbol{x})\\ &= \underset{\boldsymbol{\theta}\in\Theta}{\operatorname{argmax}}\, \ell(\boldsymbol{\theta};\boldsymbol{x})\end{aligned} \tag{4.13}$$

当 $\Theta$ 为开集时极值可能达不到，为了讨论的方便也常用 $\Theta$ 的闭包 $\Theta_1$ 来替换式 (4.13) 中的 $\Theta$。若在 $\Theta_1$ 的内点集 $\Theta_0$ 上，$\mathscr{L}(\boldsymbol{\theta};\boldsymbol{x})$ 对 $\boldsymbol{\theta}$ 的各分量的一阶偏导数存在且 $\hat{\boldsymbol{\theta}}\in\Theta_0$，则 $\hat{\boldsymbol{\theta}}$ 可通过求解似然方程组 $\partial\mathscr{L}(\boldsymbol{\theta};\boldsymbol{x})/\partial\theta_j=0$ 或者下述（对数）似然方程组得到（在解不唯一的时候，需要判定哪个是最大值点）。

$$\frac{\partial\ell(\boldsymbol{\theta};\boldsymbol{x})}{\partial\theta_j} = 0，\text{其中 } j=1,2,\cdots,k$$

然而，似然方程组的解只是最大似然估计的“备选答案”，有时需要讨论似然函数是否在 $\Theta_1$ 的边界上取得最大值，式 (4.13) 的最优化问题可能很复杂。

例 4.28　令样本 $\boldsymbol{X}=(X_1,X_2,X_3,X_4)^\top$ 服从多项分布 $\text{Multin}\left(n;\frac{1}{2}+\frac{1}{4}\theta,\frac{1}{4}-\frac{1}{4}\theta,\frac{1}{4}-\frac{1}{4}\theta,\frac{1}{4}\theta\right)$，已知样本值 $\boldsymbol{x}=(x_1,x_2,x_3,x_4)^\top=(125,18,20,34)^\top$，求参数 $\theta$ 的最大似然估计。

解　随机向量 $\boldsymbol{X}$ 的密度函数为

$$\frac{(x_1+x_2+x_3+x_4)!}{x_1!x_2!x_3!x_4!}\left(\frac{1}{2}+\frac{1}{4}\theta\right)^{x_1}\left(\frac{1}{4}-\frac{1}{4}\theta\right)^{x_2}\left(\frac{1}{4}-\frac{1}{4}\theta\right)^{x_3}\left(\frac{1}{4}\theta\right)^{x_4}$$

定义似然函数 $\mathscr{L}(\theta;\boldsymbol{x})=(2+\theta)^{x_1}(1-\theta)^{x_2+x_3}\theta^{x_4}$，则对数似然函数

$$\ell(\theta;\boldsymbol{x})=x_1\ln(2+\theta)+(x_2+x_3)\ln(1-\theta)+x_4\ln\theta$$

此函数在 $(0,1)$ 上是单峰函数，通过 $\mathrm{d}\ell(\theta;\boldsymbol{x})/\mathrm{d}\theta=0$ 得到 $\theta$ 的最大似然估计 $\hat{\theta}\approx 0.6268215$。

例 4.29　已知样本 $X_1,X_2,\cdots,X_n\overset{\text{iid}}{\sim}\mathrm{N}(\mu,\sigma^2)$，其中 $\sigma^2>0$。求未知参数 $\boldsymbol{\theta}=(\mu,\sigma^2)^{\top}$ 的最大似然估计。

解　对数似然函数是

$$\ell(\boldsymbol{\theta};x_1,x_2,\cdots,x_n)=-\frac{n}{2}\ln\sigma^2-\frac{1}{2\sigma^2}\sum_{j=1}^{n}(x_j-\mu)^2-\frac{n}{2}\ln(2\pi)$$

解下面的似然方程组

$$\begin{cases}\dfrac{1}{\sigma^2}\displaystyle\sum_{j=1}^{n}(x_j-\mu)=0\\ -\dfrac{n}{2\sigma^2}+\dfrac{1}{2\sigma^4}\displaystyle\sum_{j=1}^{n}(x_j-\mu)^2=0\end{cases}$$

得到 $\mu,\sigma^2$ 的最大似然估计为

$$\hat{\mu}=\overline{\mathrm{X}}$$
$$\hat{\sigma}^2=\frac{1}{n}\sum_{j=1}^{n}(\mathrm{X}_j-\overline{\mathrm{X}})^2$$

请读者验证：样本均值 $\overline{x}$ 使得误差平方和最小，即对于任意的 $\mu\neq\overline{x}$，皆有

$$\sum_{j=1}^{n}(x_j-\mu)^2\geqslant\sum_{j=1}^{n}(x_j-\overline{x})^2$$

基于这个事实，不难看出

$$\frac{1}{(2\pi\sigma^2)^{n/2}}\exp\left\{-\frac{1}{2\sigma^2}\sum_{j=1}^{n}(x_j-\overline{x})^2\right\}\geqslant\frac{1}{(2\pi\sigma^2)^{n/2}}\exp\left\{-\frac{1}{2\sigma^2}\sum_{j=1}^{n}(x_j-\mu)^2\right\}$$

而上式左端在 $\sigma^2=\hat{\sigma}^2=\frac{1}{n}\sum_{j=1}^{n}(x_j-\overline{x})^2$ 取得最大值。经过上面的验证，所得的 $\hat{\mu}$ 和 $\hat{\sigma}^2$ 是 $\mu$ 和 $\sigma^2$ 的最大似然估计。同时，它们也是未知参数的矩估计。

例 4.30　接着第 82 的例 3.30，对数似然函数是

$$\begin{aligned}\ell(\theta)&=\ln f_{\theta}(x_1,x_2,\cdots,x_n)\\&=-n\ln\theta\end{aligned}$$

然而，$\mathrm{d}\ell(\theta)/\mathrm{d}\theta = 0$ 给出 $\theta$ 的最大似然估计是 $\hat{\theta} = \infty$，这显然是不对的。函数 $f_\theta(x_1, x_2, \cdots, x_n)$ 的曲线如图 4.22 所示，当 $\theta < x_{(n)}$ 时为零，在 $\theta = x_{(n)}$ 处取得最大值。因此，未知参数 $\theta$ 的最大似然估计是

$$\hat{\theta} = X_{(n)}$$

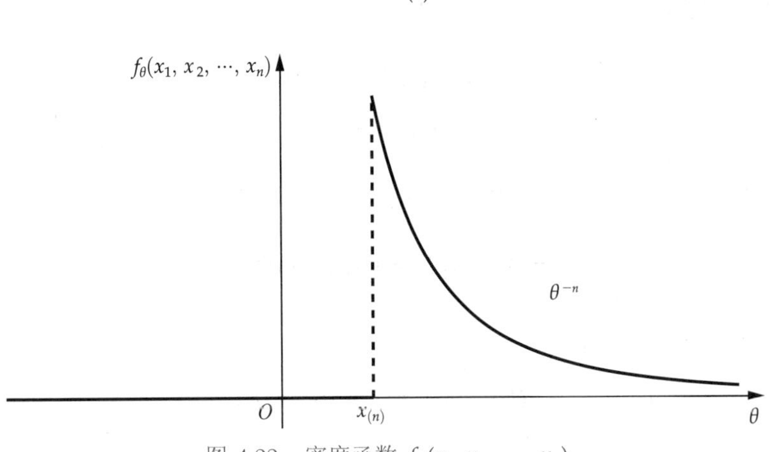


图 4.22 密度函数 $f_\theta(x_1, x_2, \cdots, x_n)$

性质 4.4 若统计量 $T(\boldsymbol{X})$ 对 $\boldsymbol{\theta}$ 而言是充分的，并且 $\boldsymbol{\theta}$ 的最大似然估计 $\hat{\boldsymbol{\theta}}$ 通过对数似然方程组解得，那么它一定是 $T(\boldsymbol{X})$ 的函数。

证明 因为 $T(\boldsymbol{X})$ 是充分统计量，所以似然函数 $\mathscr{L}(\boldsymbol{\theta}; \boldsymbol{x}) = h(\boldsymbol{x})g_{\boldsymbol{\theta}}[T(\boldsymbol{x})]$。最大似然估计 $\hat{\boldsymbol{\theta}}$ 是 $T(\boldsymbol{X})$ 的函数，这是因为

$$\frac{\partial \ln \mathscr{L}(\boldsymbol{\theta}; \boldsymbol{x})}{\partial \theta_j} = 0 \Rightarrow \frac{\partial \ln g_{\boldsymbol{\theta}}[T(\boldsymbol{x})]}{\partial \theta_j} = 0, \text{ 其中 } j = 1, 2, \cdots, k$$ □

定理 4.9 如果参数空间 $\Theta_0 \subseteq \mathbb{R}^k$ 为开凸集，（对数）似然函数 $\ell(\boldsymbol{\theta}; \boldsymbol{x})$ 在 $\Theta_0$ 上对 $\boldsymbol{\theta}$ 存在一阶和二阶偏导数，并且 $\forall \boldsymbol{\theta} \in \Theta_0$ 皆有 $-\nabla^2_{\boldsymbol{\theta}}\ell(\boldsymbol{\theta}; \boldsymbol{x})$ 为正定矩阵（即 $\nabla^2_{\boldsymbol{\theta}}\ell(\boldsymbol{\theta}; \boldsymbol{x})$ 为负定矩阵），则对数似然方程组的解（若存在）即为 $\boldsymbol{\theta}$ 的最大似然估计。

✂证明 见《人工智能的数学基础——随机之美》[10] 的附录“矩阵计算的一些结果”。 □

定理 4.10 已知参数空间 $\Theta$ 为一个开凸集，设样本 $\boldsymbol{X} = (X_1, X_2, \cdots, X_n)^\top$ 的密度函数为

$$f_{\boldsymbol{\theta}}(\boldsymbol{x}) = h(\boldsymbol{x}) \exp\left\{\sum_{j=1}^{k} \theta_j T_j(\boldsymbol{x}) + g(\boldsymbol{\theta})\right\}, \text{ 其中 } \boldsymbol{\theta} \in \Theta \subseteq \mathbb{R}^k$$

（1）则随机向量 $\boldsymbol{T} = (T_1(\boldsymbol{X}), \cdots, T_k(\boldsymbol{X}))^\top$ 的协方差矩阵为

$$\mathrm{Cov}(\boldsymbol{T}, \boldsymbol{T}) = -\nabla^2_{\boldsymbol{\theta}} g(\boldsymbol{\theta}) \tag{4.14}$$

（2）如果 $\mathrm{Cov}(\boldsymbol{T}, \boldsymbol{T})$ 是正定矩阵，则对数似然方程组的解（若存在）即为 $\boldsymbol{\theta}$ 的最大似然估计。

✂证明 第一个命题的证明参见陈希孺院士的《高等数理统计学》[87]，本书不做要求。在第二个命题的条件之下，结果 (4.14) 保证 $-\nabla^2_{\boldsymbol{\theta}} g(\boldsymbol{\theta})$ 正定。于是，$-\nabla^2_{\boldsymbol{\theta}}\ell(\boldsymbol{\theta}; \boldsymbol{x})$ 为正定矩阵，由定理 4.9 即可证得定理 4.10。 □

例4.31 设简单随机样本 $(X_1, Y_1)^\top, (X_2, Y_2)^\top, \cdots, (X_n, Y_n)^\top$ 来自二元正态总体 $\mathrm{N}(0, 0, \sigma^2, \sigma^2, \rho)$，其中 $|\rho| < 1$ 和 $0 < \sigma^2 < \infty$ 未知。试求参数 $\rho, \sigma^2$ 的最大似然估计。

解　在开凸集 $(0,1)\times(0,\infty)$ 上，似然函数为

$$\mathscr{L}=\left(2\pi\sigma^2\sqrt{1-\rho^2}\right)^{-n}\exp\left\{-\frac{\sum_{j=1}^n(x_j^2+y_j^2-2\rho x_j y_j)}{2\sigma^2(1-\rho^2)}\right\}$$

引入新参数 $\theta_1,\theta_2$ 如下：

$$\theta_1=-[2\sigma^2(1-\rho^2)]^{-1}$$
$$\theta_2=\rho[\sigma^2(1-\rho^2)]^{-1}$$

则 $\mathscr{L}$ 可简化为 $\theta_1,\theta_2$ 和 $T_1=\sum_{j=1}^n(x_j^2+y_j^2), T_2=\sum_{j=1}^n x_j y_j$ 的函数，即

$$\mathscr{L}=\exp\{\theta_1 T_1+\theta_2 T_2+g(\theta_1,\theta_2)\}$$

其中

$$g(\theta_1,\theta_2)=\ln[(2\pi)^{-n}(4\theta_1^2-\theta_2^2)^{-n/2}]$$

经验证满足定理 4.10 的条件，对参数的最大似然估计可由对数似然方程组解得。对数似然方程组是

$$\begin{cases}-\dfrac{4n\theta_1}{4\theta_1^2-\theta_2^2}=T_1\\ \dfrac{2n\theta_2}{4\theta_1^2-\theta_2^2}=T_2\end{cases}$$

参数的逆变换是

$$\begin{cases}\rho=-\dfrac{\theta_2}{\theta_1}\\ \sigma^2=-\dfrac{2\theta_1}{4\theta_1^2-\theta_2^2}\end{cases}$$

将对数似然方程组和参数的逆变换联立，得到参数 $\rho,\sigma^2$ 的最大似然估计是

$$\hat{\sigma}^2=\frac{1}{2n}\left(\sum_{j=1}^n X_j^2+\sum_{j=1}^n Y_j^2\right)$$

$$\hat{\rho}=\frac{2\sum_{j=1}^n X_j Y_j}{\sum_{j=1}^n X_j^2+\sum_{j=1}^n Y_j^2}$$

例 4.32　设样本 $X_1,X_2,\cdots,X_n\overset{\text{iid}}{\sim}\mathrm{U}[\theta,0]$，其中未知参数 $\theta\in\Theta=(-\infty,0)$，试求 $\theta$ 的最大似然估计。

解　似然函数是

$$\mathscr{L}(\theta;x_1,x_2,\cdots,x_n)=\begin{cases}(-\theta)^{-n} & \text{，若 } \theta\leqslant x_1,x_2,\cdots,x_n\leqslant 0\\ 0 & \text{，否则}\end{cases}$$

当 $\theta$ 取 $x_{(1)} = \min\limits_{1 \leqslant j \leqslant n} x_j$ 时，$\mathscr{L}$ 达到最大，于是 $\theta$ 的最大似然估计为

$$\hat{\theta} = \min_{1 \leqslant j \leqslant n} X_j$$

例 4.33　设样本 $X_1, X_2, \cdots, X_n \overset{\text{iid}}{\sim} \mathrm{U}\left[\theta - \frac{1}{2}, \theta + \frac{1}{2}\right]$，其中 $\theta$ 是未知参数，试求 $\theta$ 的最大似然估计。

解　似然函数是

$$\mathscr{L}(\theta; x_1, x_2, \cdots, x_n) = \begin{cases} 1 & ，若\ \theta - \frac{1}{2} \leqslant x_1, x_2, \cdots, x_n \leqslant \theta + \frac{1}{2} \\ 0 & ，否则 \end{cases}$$

记 $x_{(1)} = \min(x_1, x_2, \cdots, x_n), x_{(n)} = \max(x_1, x_2, \cdots, x_n)$，则

$$\theta - \frac{1}{2} \leqslant x_{(1)} \leqslant x_{(n)} \leqslant \theta + \frac{1}{2}$$

即

$$x_{(n)} - \frac{1}{2} \leqslant \theta \leqslant x_{(1)} + \frac{1}{2}$$

于是满足 $X_{(n)} - \frac{1}{2} \leqslant T(X_1, X_2, \cdots, X_n) \leqslant X_{(1)} + \frac{1}{2}$ 的每个统计量 $T(X_1, X_2, \cdots, X_n)$ 都是 $\theta$ 的最大似然估计，例如

$$X_{(n)} - \frac{1}{2} + \alpha[1 + X_{(1)} - X_{(n)}]，其中\ 0 < \alpha < 1$$

例 4.34　求第 109 页的例 4.24 中未知参数 $\theta_1, \theta_2$ 的最大似然估计。

解　似然函数是

$$\mathscr{L}(\theta_1, \theta_2; x_1, x_2, \cdots, x_n) = \theta_2^{-n} \exp\left\{-\frac{1}{\theta_2} \sum_{k=1}^{n} (x_k - \theta_1)\right\}，其中\ x_k \geqslant \theta_1, k = 1, 2, \cdots, n$$

从而，得到似然方程组

$$\begin{cases} \dfrac{\partial \ell(\theta_1, \theta_2)}{\partial \theta_1} = \dfrac{n}{\theta_2} = 0 \\ \dfrac{\partial \ell(\theta_1, \theta_2)}{\partial \theta_2} = -\dfrac{n}{\theta_2} + \dfrac{1}{\theta_2^2} \displaystyle\sum_{k=1}^{n} (x_k - \theta_1) = 0 \end{cases}$$

由第二式可得 $\hat{\theta}_2 = \overline{X} - \hat{\theta}_1$，但无论 $\theta_1$ 取何值都不能使第一式成立。为了使 $\mathscr{L}(\theta_1, \theta_2; x_1, x_2, \cdots, x_n)$ 达到最大就要选

$$\hat{\theta}_1 = \min_{1 \leqslant k \leqslant n} X_k$$

例 4.35　已知总体 $\boldsymbol{X} \sim \mathrm{N}_d(\boldsymbol{\mu}, \boldsymbol{\Sigma})$，其中参数 $\boldsymbol{\mu}, \boldsymbol{\Sigma}$ 都是未知的。给定样本 $\boldsymbol{x}_1, \boldsymbol{x}_2, \cdots, \boldsymbol{x}_n$，求未知参数的最大似然估计。

解 对数似然函数是

$$\ell(\boldsymbol{\mu},\boldsymbol{\Sigma})=\frac{n}{2}\ln|\boldsymbol{\Sigma}^{-1}|-\frac{1}{2}\sum_{j=1}^{n}(\boldsymbol{x}_j-\boldsymbol{\mu})^{\top}\boldsymbol{\Sigma}^{-1}(\boldsymbol{x}_j-\boldsymbol{\mu})$$

分别对 $\boldsymbol{\mu},\boldsymbol{\Sigma}^{-1}$ 求偏导，得到

$$\begin{cases}\dfrac{\partial\ell}{\partial\boldsymbol{\mu}}=\boldsymbol{\Sigma}^{-1}\displaystyle\sum_{j=1}^{n}(\boldsymbol{x}_j-\boldsymbol{\mu})\\ \dfrac{\partial\ell}{\partial\boldsymbol{\Sigma}^{-1}}=\dfrac{n}{2}\boldsymbol{\Sigma}-\dfrac{1}{2}\displaystyle\sum_{j=1}^{n}(\boldsymbol{x}_j-\boldsymbol{\mu})(\boldsymbol{x}_j-\boldsymbol{\mu})^{\top}\end{cases}$$

于是，得到 $\boldsymbol{\mu},\boldsymbol{\Sigma}$ 的最大似然估计

$$\hat{\boldsymbol{\mu}}=\frac{1}{n}\sum_{j=1}^{n}\boldsymbol{x}_j$$

$$\hat{\boldsymbol{\Sigma}}=\frac{1}{n}\sum_{j=1}^{n}(\boldsymbol{x}_j-\hat{\boldsymbol{\mu}})(\boldsymbol{x}_j-\hat{\boldsymbol{\mu}})^{\top}$$

最大似然估计通常很难计算，其相合性的证明也相当复杂（若总体是指数族的，在一般条件下最大似然估计是相合的）。1946 年，克拉梅尔在《统计学数学方法》[70] 中首次证明了在一定条件之下最大似然估计的弱相合性和渐近正态性。

**定理 4.11（克拉梅尔，1946）** 在某些正则条件*下，最大似然估计 $\hat{\theta}_n$ 是相合的，并且满足渐近正态性，即

$$\sqrt{n}(\hat{\theta}_n-\theta)\xrightarrow{\mathrm{L}}\mathrm{N}(0,[\mathcal{I}(\theta)]^{-1})\text{，其中 }\mathcal{I}(\theta)\text{ 是 }\theta\text{ 的费舍尔信息量}$$

这个结果可以推广到高维未知参数 $\boldsymbol{\theta}$ 的估计，即

$$\sqrt{n}(\hat{\boldsymbol{\theta}}_n-\boldsymbol{\theta})\xrightarrow{\mathrm{L}}\mathrm{N}(\boldsymbol{0},[\mathcal{I}(\boldsymbol{\theta})]^{-1})\text{，其中 }\mathcal{I}(\boldsymbol{\theta})\text{ 是 }\boldsymbol{\theta}\text{ 的费舍尔信息矩阵}$$

满足克拉梅尔定理 4.11 条件的最大似然估计 $\hat{\theta}_n$ 是渐近无偏的，并且也是渐近有效的。即，当样本量 $n\to\infty$ 时，$\mathrm{V}(\hat{\theta}_n)$ 趋近克拉梅尔-拉奥下界。而一般情况下，矩估计的方差不是渐近有效的。从这个角度，最大似然估计比矩估计略胜一筹。有关最大似然估计强相合性的工作是由**亚伯拉罕・沃德**（Abraham Wald, 1902—1950）于 1949 年做出的，本书不作介绍。

例 4.36 接着例 4.31，分别求未知参数 $\sigma^2,\rho$ 的最大似然估计的均方误差。

解 统计量 $\hat{\sigma}^2,\hat{\rho}$ 都是渐近无偏的。令 $\boldsymbol{\theta}=(\sigma^2,\rho)^{\top}$，计算未知参数 $\boldsymbol{\theta}$ 的费舍尔信息矩阵及其逆矩阵，得到

$$\mathcal{I}(\boldsymbol{\theta})=\frac{1}{1-\rho^2}\begin{pmatrix}\dfrac{1-\rho^2}{\sigma^4} & -\dfrac{\rho}{\sigma^2}\\ -\dfrac{\rho}{\sigma^2} & \dfrac{1+\rho^2}{1-\rho^2}\end{pmatrix}$$

---

* 详见**彼得・毕克尔**（Peter Bickel, 1940—）的《数理统计：基本思想和选题》[103] 第五章“渐近近似”或**哈拉尔德・克拉梅尔**（Harald Cramér, 1893—1985）的《统计学数学方法》。

$$[\mathcal{I}(\boldsymbol{\theta})]^{-1}=\begin{pmatrix}(1+\rho^2)\sigma^4 & \rho(1-\rho^2)\sigma^2\\ \rho(1-\rho^2)\sigma^2 & (1-\rho^2)^2\end{pmatrix}$$

利用定理 4.11，当样本容量 $n$ 很大时，$\sqrt{n}(\hat{\boldsymbol{\theta}}_n-\boldsymbol{\theta})$ 渐近服从二元正态分布，其分量也都是渐近正态分布，即

$$\sqrt{n}(\hat{\sigma}^2-\sigma^2)\xrightarrow{\text{L}}\text{N}(0,(1+\rho^2)\sigma^4)$$
$$\sqrt{n}(\hat{\rho}-\rho)\xrightarrow{\text{L}}\text{N}(0,(1-\rho^2)^2)$$

进而有

$$\text{MSE}(\sigma^2,\hat{\sigma}^2)=\frac{(1+\rho^2)\sigma^4}{n}$$
$$\text{MSE}(\rho,\hat{\rho})=\frac{(1-\rho^2)^2}{n}$$

显然，样本容量越大均方误差越小。同样样本容量之下，相关系数越接近 ±1，$\hat{\rho}$ 的均方误差越小；对 $\hat{\sigma}^2$ 来说恰恰相反，相关系数越接近 0，$\hat{\sigma}^2$ 的均方误差越小。

例 4.37 设简单随机样本 $(X_1,Y_1)^\top,\cdots,(X_n,Y_n)^\top$ 来自二元正态总体 $\text{N}(\mu_X,\mu_Y,\sigma_X^2,\sigma_Y^2,\rho)$，其中所有的参数都是未知的。试求未知参数 $\mu_X,\mu_Y,\sigma_X^2,\sigma_Y^2,\rho$ 的最大似然估计 $\hat{\mu}_X,\hat{\mu}_Y,\hat{\sigma}_X^2,\hat{\sigma}_Y^2,\hat{\rho}$ 及各自的均方误差，并说明 $\hat{\mu}_X,\hat{\mu}_Y$ 与 $\hat{\sigma}_X^2,\hat{\sigma}_Y^2,\hat{\rho}$ 相互独立。

解 未知参数 $\mu_X,\sigma_X^2,\rho$ 的 MLE 如下（$\mu_Y,\sigma_Y^2$ 的 MLE 也类似）：

$$\hat{\mu}_X=\frac{1}{n}\sum_{i=1}^{n}X_i$$

$$\hat{\sigma}_X^2=\frac{1}{n}\sum_{i=1}^{n}(X_i-\hat{\mu}_X)^2$$

$$\hat{\rho}=\frac{1}{n\hat{\sigma}_X\hat{\sigma}_Y}\sum_{i=1}^{n}(X_i-\hat{\mu}_X)(Y_i-\hat{\mu}_Y)$$

先求得未知参数 $\boldsymbol{\theta}=(\mu_X,\mu_Y,\sigma_X^2,\sigma_Y^2,\rho)^\top$ 的费舍尔信息矩阵及其逆矩阵如下：

$$\mathcal{I}(\boldsymbol{\theta})=\frac{1}{1-\rho^2}\begin{pmatrix}\dfrac{1}{\sigma_X^2} & -\dfrac{\rho}{\sigma_X\sigma_Y} & 0 & 0 & 0\\ -\dfrac{\rho}{\sigma_X\sigma_Y} & \dfrac{1}{\sigma_Y^2} & 0 & 0 & 0\\ 0 & 0 & \dfrac{2-\rho^2}{4\sigma_X^4} & -\dfrac{\rho^2}{4\sigma_X^2\sigma_Y^2} & -\dfrac{\rho}{2\sigma_X^2}\\ 0 & 0 & -\dfrac{\rho^2}{4\sigma_X^2\sigma_Y^2} & \dfrac{2-\rho^2}{4\sigma_Y^4} & -\dfrac{\rho}{2\sigma_Y^2}\\ 0 & 0 & -\dfrac{\rho}{2\sigma_X^2} & -\dfrac{\rho}{2\sigma_Y^2} & \dfrac{1+\rho^2}{1-\rho^2}\end{pmatrix}$$

$$[\mathcal{I}(\boldsymbol{\theta})]^{-1}=\begin{pmatrix}\sigma_X^2 & \rho\sigma_X\sigma_Y & 0 & 0 & 0\\ \rho\sigma_X\sigma_Y & \sigma_Y^2 & 0 & 0 & 0\\ 0 & 0 & 2\sigma_X^4 & 2\rho^2\sigma_X^2\sigma_Y^2 & \rho(1-\rho^2)\sigma_X^2\\ 0 & 0 & 2\rho^2\sigma_X^2\sigma_Y^2 & 2\sigma_Y^4 & \rho(1-\rho^2)\sigma_Y^2\\ 0 & 0 & \rho(1-\rho^2)\sigma_X^2 & \rho(1-\rho^2)\sigma_Y^2 & (1-\rho^2)^2\end{pmatrix}$$

利用定理 4.11，当样本容量 $n$ 很大时，有

$$\begin{aligned}\mathrm{MSE}(\mu_X,\hat{\mu}_X)&=\frac{\sigma_X^2}{n}\\ \mathrm{MSE}(\sigma_X^2,\hat{\sigma}_X^2)&=\frac{2\sigma_X^4}{n}\\ \mathrm{MSE}(\rho,\hat{\rho})&=\frac{(1-\rho^2)^2}{n}\end{aligned}$$

这些均方误差都与样本容量 $n$ 成反比。另外，独立性从 $[\mathcal{I}(\boldsymbol{\theta})]^{-1}$ 易得。直观上，样本均值 $\hat{\mu}_X,\hat{\mu}_Y$ 的信息对于确定 $\hat{\sigma}_X^2,\hat{\sigma}_Y^2,\hat{\rho}$ 的联合分布没有增益。

假设对数似然函数 $\ell(\boldsymbol{\theta};\boldsymbol{x})=\ln\mathscr{L}(\boldsymbol{\theta};\boldsymbol{x})=\sum_{j=1}^{n}\ln f(x_j|\boldsymbol{\theta})$ 的极大值点 $\hat{\boldsymbol{\theta}}\in\Theta_1$ 是 $\boldsymbol{\theta}$ 的最大似然估计，考虑 $\ell(\boldsymbol{\theta};\boldsymbol{x})$ 在 $\hat{\boldsymbol{\theta}}$ 处的 Taylor 级数展开。

$$\begin{aligned}\ell(\boldsymbol{\theta};\boldsymbol{x})&\approx\ell(\hat{\boldsymbol{\theta}};\boldsymbol{x})+(\boldsymbol{\theta}-\hat{\boldsymbol{\theta}})^\top\left.\frac{\partial\ell(\boldsymbol{\theta};\boldsymbol{x})}{\partial\boldsymbol{\theta}}\right|_{\hat{\boldsymbol{\theta}}}+\frac{1}{2}(\boldsymbol{\theta}-\hat{\boldsymbol{\theta}})^\top\left.\frac{\partial^2\ell(\boldsymbol{\theta};\boldsymbol{x})}{\partial\boldsymbol{\theta}^2}\right|_{\hat{\boldsymbol{\theta}}}(\boldsymbol{\theta}-\hat{\boldsymbol{\theta}})\\ &=\ell(\hat{\boldsymbol{\theta}})+\frac{1}{2}(\boldsymbol{\theta}-\hat{\boldsymbol{\theta}})^\top\left.\frac{\partial^2\ell(\boldsymbol{\theta};\boldsymbol{x})}{\partial\boldsymbol{\theta}^2}\right|_{\hat{\boldsymbol{\theta}}}(\boldsymbol{\theta}-\hat{\boldsymbol{\theta}})\end{aligned}$$

如果解析地求 $\ell(\boldsymbol{\theta};\boldsymbol{x})$ 的极大值点比较困难，可以利用**牛顿法**（附录 B）求得极大值点的数值解。该方法是英国数学家、物理学家**艾萨克·牛顿**（Isaac Newton, 1642—1727）（图 4.23）于 1669—1671 年提出的，在其 1736 年出版的遗作《流数法》中公开发表。牛顿仅将该方法用于多项式寻根。

图 4.23 牛顿

**定义 4.13** 称下面的正定矩阵 $\hat{\mathcal{I}}(\boldsymbol{x})$ 为观测的费舍尔信息矩阵。

$$\hat{\mathcal{I}}(\boldsymbol{x}) = -\left.\frac{\partial^2 \ell(\boldsymbol{\theta};\boldsymbol{x})}{\partial \boldsymbol{\theta}^2}\right|_{\hat{\boldsymbol{\theta}}}$$

**性质 4.5** 观测的费舍尔信息矩阵 $\hat{\mathcal{I}}(\boldsymbol{x})$ 的 $(i,j)$ 元素为

$$\hat{\mathcal{I}}_{ij}(\boldsymbol{x}) = -\sum_{k=1}^{n} \left.\frac{\partial^2 \ln f(x_k|\boldsymbol{\theta})}{\partial \theta_i \partial \theta_j}\right|_{\boldsymbol{\theta}=\hat{\boldsymbol{\theta}}}$$

**定理 4.12**（拉普拉斯近似） 令 $\hat{\mathcal{I}}(\boldsymbol{x})$ 为观测的费舍尔信息矩阵，条件如上所述，则

$$\mathscr{L}(\boldsymbol{\theta};\boldsymbol{x}) \approx \phi(\boldsymbol{\theta}|\hat{\boldsymbol{\theta}}, [\hat{\mathcal{I}}(\boldsymbol{x})]^{-1})$$

上述结果称为拉普拉斯近似 (Laplace approximation)。如果样本容量 $n$ 足够大，亦有

$$\mathscr{L}(\boldsymbol{\theta};\boldsymbol{x}) \approx \phi(\boldsymbol{\theta}|\hat{\boldsymbol{\theta}}, [\mathcal{I}(\hat{\boldsymbol{\theta}})]^{-1})$$

**证明** 参数 $\boldsymbol{\theta}$ 的信息矩阵的 $(i,j)$ 元素为

$$\mathcal{I}_{ij}(\boldsymbol{\theta}) = -n\mathsf{E}_{\boldsymbol{\theta}}\left\{\frac{\partial^2}{\partial \theta_i \partial \theta_j} \ln f(X_1|\boldsymbol{\theta})\right\}$$

如果样本容量 $n$ 足够大，则 $\mathcal{I}_{ij}(\hat{\boldsymbol{\theta}}) \approx \hat{\mathcal{I}}_{ij}(\boldsymbol{x})$。 □

按照频率派的观点，未知参数 $\boldsymbol{\theta}$ 是某一固定值，其最大似然估计 $\hat{\boldsymbol{\theta}}$ 是样本 $\boldsymbol{X} = (X_1, X_2, \cdots, X_n)^\top$ 定义的随机向量，渐近地有

$$\hat{\boldsymbol{\theta}} \sim \mathrm{N}(\boldsymbol{\theta}, [\mathcal{I}(\boldsymbol{\theta})]^{-1})$$

### 3. 伪似然函数

20 世纪 70 年代，英国贝叶斯学派统计学家**朱利安·贝萨格**（Julian Besag, 1945—2010）(图 4.24) 提出似然函数的一种近似，被称为伪似然函数 (pseudo-likelihood function)，简称伪似然，主要目的是简化似然函数。例如，把原问题分解形成简单的子问题，忽略子问题之间的依赖关系，从而似然就是子问题似然的乘积形式[104-106]。总之，伪似然函数是对似然函数的一种近似，使得参数估计在计算上可行。

图 4.24 贝萨格

**定义 4.14** 一般地，似然函数为

$$\mathscr{L}(\boldsymbol{\theta};\boldsymbol{x}) = \prod_{j=1}^{n} p_{\boldsymbol{\theta}}(x_j|x_1, \cdots, x_{j-1})$$

约定将 $n$ 维向量 $\boldsymbol{x} = (x_1, \cdots, x_j, \cdots, x_n)^\top$ 中第 $j$ 个分量“切掉”后所得的 $(n-1)$ 维向量记作

$$\boldsymbol{x}_{-j} = (x_1, \cdots, x_{j-1}, x_{j+1}, \cdots, x_n)^\top$$

伪似然函数和伪对数似然函数分别定义为

$$\mathscr{L}_*(\boldsymbol{\theta};\boldsymbol{x}) = \prod_{j=1}^{n} p_{\boldsymbol{\theta}}(x_j|\boldsymbol{x}_{-j})$$

$$\ell_*(\boldsymbol{\theta};\boldsymbol{x}) = \log \mathscr{L}_*(\boldsymbol{\theta};\boldsymbol{x})$$

例 4.38　令离散型随机向量 $(X,Y)^\top$ 的分布列为

$$\mathsf{P}(X=i,Y=j)=p_{ij}，其中\ i,j=0,1$$

假设该分布列含有一个未知参数 $\theta$，并且

$$p_{00}=p_{10}=p_{01}=\theta$$
$$p_{11}=1-3\theta，其中\ 0\leqslant\theta\leqslant\frac{1}{3}$$

已知在 $n$ 个观测样本中，$(i,j)^\top$ 的个数是 $n_{ij}$，其中 $i,j=0,1$。

❑ 似然函数是

$$\mathscr{L}(\theta)=\theta^{n_{00}+n_{01}+n_{10}}(1-3\theta)^{n_{11}}$$

未知参数 $\theta$ 的最大似然估计是

$$\hat{\theta}=\frac{1}{3}-\frac{n_{11}}{3n}$$

❑ 边缘分布分别是

$$X\sim 2\theta\langle 0\rangle+(1-2\theta)\langle 1\rangle$$
$$Y\sim 2\theta\langle 0\rangle+(1-2\theta)\langle 1\rangle$$

边缘似然函数是

$$\mathscr{L}_X(\theta)\mathscr{L}_Y(\theta)=(2\theta)^{n_{00}+n_{01}}(1-2\theta)^{n_{10}+n_{11}}\cdot(2\theta)^{n_{00}+n_{10}}(1-2\theta)^{n_{01}+n_{11}}$$

基于边缘似然，$\theta$ 的最大似然估计是

$$\tilde{\theta}=\frac{2n_{00}+n_{01}+n_{10}}{4n}$$

❑ 伪对数似然函数是

$$\ell_*(\theta)=(n_{00}+n_{01})\log\theta+2n_{11}\log(1-3\theta)-(2n_{11}+n_{01}+n_{10})\log(1-2\theta)$$

基于伪似然函数，$\theta$ 的最大似然估计是

$$\hat{\hat{\theta}}=\frac{n_{01}+n_{10}}{3(n_{01}+n_{10})+2n_{11}}$$

## 4.2 内曼置信区间估计

频率派坚信未知参数是固定值，只是估计者尚不知道它而已。所以，频率派的区间估计就是利用样本 $\boldsymbol{X}=(X_1,X_2,\cdots,X_n)^\top$ 构造两个统计量 $\overline{\theta}(\boldsymbol{X})$ 和 $\underline{\theta}(\boldsymbol{X})$ 满足 $\underline{\theta}(\boldsymbol{X})\leqslant\overline{\theta}(\boldsymbol{X})$，如果区间 $[\underline{\theta}(\boldsymbol{X}),\overline{\theta}(\boldsymbol{X})]$ 以一个大的概率（譬如，95%）覆盖住未知参数 $\theta$，则称它为 $\theta$ 的一个区间估计。因为 $\underline{\theta}(\boldsymbol{X})$ 和 $\overline{\theta}(\boldsymbol{X})$ 是由样本 $\boldsymbol{X}$ 构造的随机变量，区间 $[\underline{\theta}(\boldsymbol{X}),\overline{\theta}(\boldsymbol{X})]$ 覆盖住未知参数 $\theta$ 的概率 $\mathsf{P}_\theta\{\underline{\theta}(\boldsymbol{X})\leqslant\theta\leqslant\overline{\theta}(\boldsymbol{X})\}$ 和样

本具体取什么值没有半点关系。换句话说，没有观测数据，频率派也能够谈论 $\mathrm{P}_\theta\{\underline{\theta}(\boldsymbol{X}) \leqslant \theta \leqslant \overline{\theta}(\boldsymbol{X})\}$。在观察到样本值 $\boldsymbol{x} = (x_1, x_2, \cdots, x_n)^\top$ 之后，区间 $[\underline{\theta}(\boldsymbol{x}), \overline{\theta}(\boldsymbol{x})]$ 要么覆盖住 $\theta$，要么未覆盖住 $\theta$，没有任何随机性可言。频率派区间估计的价值体现在大量重复的试验观察中，区间 $[\underline{\theta}(\boldsymbol{X}), \overline{\theta}(\boldsymbol{X})]$ 经常能够覆盖住未知参数。

贝叶斯学派把未知参数 $\theta$ 视为随机变量，所以*贝叶斯区间估计*只谈论 $\theta$ 落于固定区间 $[\underline{\theta}(\boldsymbol{x}), \overline{\theta}(\boldsymbol{x})]$ 的概率。在贝叶斯学派看来，没有观测数据就没法讨论区间估计。本书仅介绍费舍尔和内曼的统计学，他们两位都反对贝叶斯主义。

我们把频率派的区间估计想象成统计学家跟“上帝”玩一个游戏：上帝根据分布 $F(x|\theta)$ 产生样本 $\boldsymbol{X} = (X_1, X_2, \cdots, X_n)^\top$，统计学家并不知道上帝选的参数 $\theta$，他们仅依靠样本构造区间 $[\underline{\theta}(\boldsymbol{X}), \overline{\theta}(\boldsymbol{X})]$，若该区间覆盖住 $\theta$ 则统计学家赢，否则统计学家输。统计学家该如何构造这个区间才能在大量独立重复的游戏中以一个大概率赢呢？请读者注意，统计学家并不计较一次的输赢，而是关注多次游戏中赢的比例。

图 4.25　内曼

也就是说，频率派统计学家按照“*归纳行为*”来解释区间估计，他们寻找构造区间的方法，以确保在大量独立的重复试验中，按照这种方法所构造出来的区间以概率 $1-\alpha$ 覆盖住未知参数，其中 $\alpha$ 是一个接近 0 的小量。

基于上述频率派区间估计的想法，波兰统计学家**耶泽·内曼**（图 4.25）于 1934—1937 年间提出了置信区间 (confidence interval) 的理论[107]。当年，内曼的这项研究工作受到了一些质疑和误解，其著名论文《基于经典概率论的统计估计理论纲要》[96] 颇费周折终于在 1937 年得以发表*。如今，内曼的置信区间估计理论已成为经典统计学的一部分，其基本思想就是用样本构造一个随机区间的上下限，使得该区间覆盖未知参数的概率不小于给定的正数 $1-\alpha$，其中 $0<\alpha<1$。值得注意的是，如果对区间长度不作要求，置信区间一般不唯一。

**定义** 4.15（置信区间）　如果 $\forall\theta \in \Theta$ 皆有

$$\mathrm{P}_\theta\{\underline{\theta}(\boldsymbol{X}) \leqslant \theta \leqslant \overline{\theta}(\boldsymbol{X})\} \geqslant 1-\alpha，其中常数\ \alpha \in (0,1)$$

则称区间估计 $[\underline{\theta}(\boldsymbol{X}), \overline{\theta}(\boldsymbol{X})]$ 具有*置信度* (confidence degree)† $1-\alpha$，或称 $[\underline{\theta}(\boldsymbol{X}), \overline{\theta}(\boldsymbol{X})]$ 是 $\theta$ 的*置信度为* $1-\alpha$ *的置信区间* (confidence interval)。通常 $\alpha$ 是一个接近 0 的正实数，如 $\alpha = 0.05, 0.01$ 等。

显然，对于任何 $\beta > \alpha$ 皆有

$$\mathrm{P}_\theta\{\underline{\theta}(\boldsymbol{X}) \leqslant \theta \leqslant \overline{\theta}(\boldsymbol{X})\} \geqslant 1-\beta$$

即 $1-\beta$ 也是置信度。于是，就有了下面的概念。

**定义** 4.16（置信系数）　对于未知参数 $\theta$ 的区间估计 $[\underline{\theta}(\boldsymbol{X}), \overline{\theta}(\boldsymbol{X})]$，其置信度中最大者被称为*置信系数* (confidence coefficient)，即

$$\inf_{\theta\in\Theta} \mathrm{P}_\theta\{\underline{\theta}(\boldsymbol{X}) \leqslant \theta \leqslant \overline{\theta}(\boldsymbol{X})\}$$

某些具体问题所关心的置信区间是半开半闭的，如电子元件的寿命问题只关心寿命的下限，置信区间形如 $[\underline{\theta}(\boldsymbol{X}), \infty)$。

---

* 1930 年，费舍尔曾提出过未知参数的信任区间估计。内曼的置信区间理论多少受其影响，当时有很多统计学家将二者混淆。因为内曼的置信区间理论和之前提出的假设检验理论是相通的，它们逐渐赢得了频率派多数统计学家的认可而成为经典统计学的重要组成部分。而费舍尔的信任区间理论由于种种原因却没能流行起来，详情见 §4.2.4。

† 有的文献也将之称为“置信水平” (confidence level)，为避免与假设检验中的“显著水平”混淆，本书采用“置信度”这一术语。

**定义 4.17**（置信限） 统计量 $\underline{\theta}(\boldsymbol{X})$ 和 $\overline{\theta}(\boldsymbol{X})$ 分别称为未知参数 $\theta$ 的置信度为 $1-\alpha$ 的置信下限 (lower confidence bound) 和置信上限 (upper confidence bound)，如果 $\forall\theta\in\Theta$ 皆有

$$\mathsf{P}_\theta\{\underline{\theta}(\boldsymbol{X})\leqslant\theta\}\geqslant 1-\alpha\text{，其中 }\alpha\in(0,1)$$
$$\mathsf{P}_\theta\{\theta\leqslant\overline{\theta}(\boldsymbol{X})\}\geqslant 1-\alpha$$

未知参数 $\theta$ 的置信度为 $1-\alpha$ 的置信下限 $\underline{\theta}(\boldsymbol{X})$ 满足 $\mathsf{P}_\theta\{\underline{\theta}(\boldsymbol{X})\leqslant\theta\}\geqslant 1-\alpha$，其直观解释是图 4.26 中阴影部分的面积不小于 $1-\alpha$。

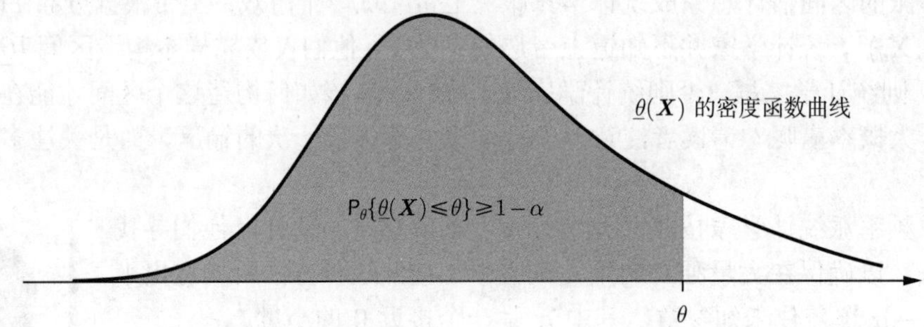


图 4.26 置信度为 $1-\alpha$ 的置信下限的直观意义

## 4.2.1 基于马尔可夫不等式的区间估计

利用马尔可夫不等式和参数 $\theta$ 的点估计 $\hat{\theta}=\hat{\theta}(\boldsymbol{X})$ 可以给出未知参数 $\theta$ 的置信区间估计，不要求 $\hat{\theta}$ 是无偏的，仅要求 $\mathsf{V}_\theta(\hat{\theta})<\infty$。该方法的优点是适用范围广泛，缺点是所给出的置信区间较粗，因为马尔可夫不等式不擅长计算概率。

**性质 4.6** 令 $\hat{\theta}=\hat{\theta}(\boldsymbol{X})$ 是未知参数 $\theta$ 的点估计，则

$$\mathsf{P}_\theta\left\{(\hat{\theta}-\theta)^2\leqslant\epsilon^2\mathsf{E}_\theta(\hat{\theta}-\theta)^2\right\}\geqslant 1-\frac{1}{\epsilon^2}\tag{4.15}$$

**证明** 令 $Y=(\hat{\theta}-\theta)^2$ 且 $k=\epsilon^2\mathsf{E}(Y)$，代入 $\mathsf{P}(Y\leqslant k)\geqslant 1-\mathsf{E}(Y)/k$ 中得证。 □

**算法 4.1** 有两种方法可以从式 (4.15) 得到 $\theta$ 的置信度为 $1-1/\epsilon^2$ 的置信区间。

⚀ 式 (4.15) 中的 $\mathsf{E}_\theta(\hat{\theta}-\theta)^2$ 即 $\hat{\theta}$ 的均方误差 $\mathrm{MSE}(\theta,\hat{\theta})$，如果需要，对其做一个适当的放大使其不再含有 $\theta$。

⚁ 直接求解式 (4.15) 中有关 $\theta$ 的不等式

$$(\hat{\theta}-\theta)^2\leqslant\epsilon^2\mathsf{E}_\theta(\hat{\theta}-\theta)^2$$

基于马尔可夫不等式的区间估计方法是普适的，在很弱的条件下就可以得到解。但有些时候，该方法给出的结果略显粗糙。

**例 4.39** 已知样本 $X_1,X_2,\cdots,X_n\overset{\text{iid}}{\sim}\mathrm{N}(\mu,\sigma^2)$，其中参数 $\mu$ 未知，$\sigma^2>0$ 已知。未知参数 $\mu$ 的最大似然估计是 $\overline{\mathrm{X}}\sim\mathrm{N}(\mu,\sigma^2/n)$。利用式 (4.15)，有

$$\mathsf{P}\left\{\overline{\mathrm{X}}-\frac{\sigma}{\sqrt{n\alpha}}\leqslant\mu\leqslant\overline{\mathrm{X}}+\frac{\sigma}{\sqrt{n\alpha}}\right\}\geqslant 1-\alpha$$

即未知参数 $\mu$ 的置信度为 $1-\alpha$ 的置信区间是 $[\overline{\mathrm{X}}-\sigma/\sqrt{n\alpha},\overline{\mathrm{X}}+\sigma/\sqrt{n\alpha}]$。请读者将本例的结果与性质 4.7 的进行比较，看看哪个更优。

例 4.40　已知样本 $X_1,X_2,\cdots,X_n \overset{\text{iid}}{\sim} p\langle 1\rangle+(1-p)\langle 0\rangle$，参数 $p$ 未知。显然，未知参数 $p$ 的无偏估计量 $\overline{X}$ 使得

$$\text{MSE}(p,\overline{X})=\mathsf{V}_p(\overline{X})$$

（1）下面，适当地扩大 $\mathsf{V}_p(\overline{X})$ 使之不含 $p$。

$$\begin{aligned}\mathsf{V}_p(\overline{X})&=\frac{p(1-p)}{n}\\&\leqslant\frac{1}{4n}\end{aligned}$$

未知参数 $p$ 的取值范围是 $[0,1]$，由式 (4.15) 得到参数 $p$ 的置信度为 $1-1/\epsilon^2$ 的置信区间如下：

$$[0,1]\cap\left[\overline{X}-\frac{\epsilon}{2\sqrt{n}},\overline{X}+\frac{\epsilon}{2\sqrt{n}}\right]$$

（2）将不等式 $(\hat{\theta}-\theta)^2\leqslant\epsilon^2\mathsf{E}_\theta(\hat{\theta}-\theta)^2$ 整理为有关 $\theta$ 的不等式，即

$$(\overline{X}-p)^2\leqslant\frac{\epsilon^2p(1-p)}{n}\quad\Leftrightarrow\quad\left(1+\frac{\epsilon^2}{n}\right)p^2-\left(2\overline{X}+\frac{\epsilon^2}{n}\right)p+\overline{X}^2\leqslant 0$$

上式右端关于 $p$ 的二次方程总存在两个不同的非负实根，不妨设为 $p_1(\overline{X})<p_2(\overline{X})$，则

$$\mathsf{P}\{p_1(\overline{X})\leqslant p\leqslant p_2(\overline{X})\}\geqslant 1-\frac{1}{\epsilon^2}$$

区间 $[p_1(\overline{X}),p_2(\overline{X})]$ 是对 $p$ 更精细的区间估计，但解的具体形式比较复杂。

在例 4.40 中，利用马尔可夫不等式给出的 $p$ 的置信度为 $1-1/\epsilon^2$ 的置信区间估计，显然第二种方法比第一种方法的效果要好一些。两种方法的比较见图 4.27。

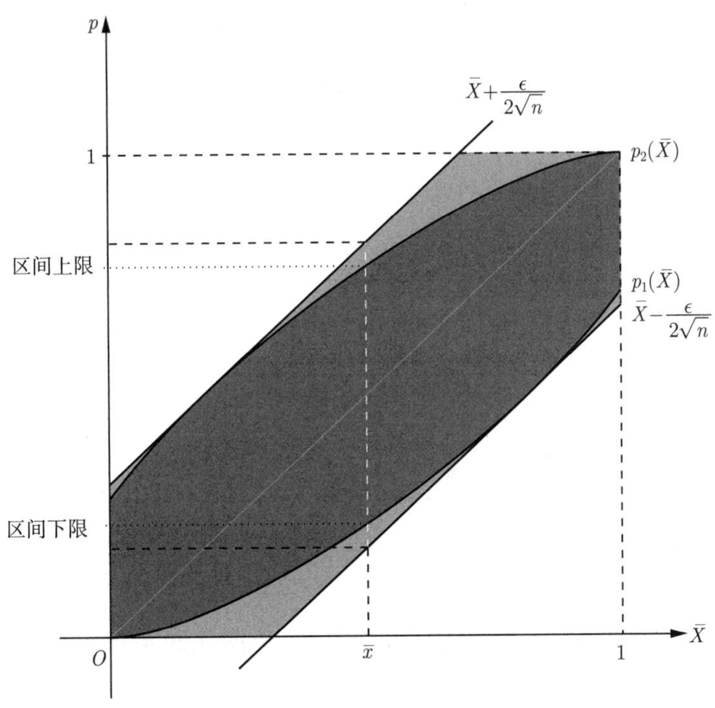


图 4.27　例 4.40 的两种区间估计方法

### 4.2.2 枢轴量法

**定义 4.18**（枢轴量） 如果简单随机样本 $\boldsymbol{X}=(X_1,X_2,\cdots,X_n)^\top$ 和未知参数 $\theta$ 的函数 $Y=h_\theta(\boldsymbol{X})$ 的分布与 $\theta$ 无关，则称 $h_\theta(\boldsymbol{X})$ 为枢轴量 (pivot)。

例 4.41 设样本 $X_1,X_2,\cdots,X_n \overset{\text{iid}}{\sim} \mathrm{N}(\mu,\sigma^2)$，其中 $\sigma^2$ 已知，$\mu$ 未知，则 $\sqrt{n}(\overline{X}-\mu)/\sigma$ 是枢轴量，这是因为

$$\frac{\sqrt{n}(\overline{X}-\mu)}{\sigma}\sim \mathrm{N}(0,1)$$

算法 4.2 枢轴量法的关键就是选择合适的枢轴量 $Y=h_\theta(\boldsymbol{X})$，表达式中含有未知参数 $\theta$，但分布与 $\theta$ 无关。接着，置信区间或置信限构造如下。

⚀ 首先，找到实数 $c_1<c_2$ 使得

$$\mathsf{P}\{c_1\leqslant h_\theta(\boldsymbol{X})\leqslant c_2\}\geqslant 1-\alpha \tag{4.16}$$

一般地，在式 (4.16) 中，取 $c_1=q_{\alpha/2},c_2=q_{1-\alpha/2}$，其中 $q_{1-\alpha/2}$ 是 $Y$ 的 $(1-\alpha/2)$-分位数。特别地，当枢轴量 $Y=h_\theta(\boldsymbol{X})$ 的密度函数关于 0 对称，于是

$$c_1=q_{\alpha/2}=-q_{1-\alpha/2}$$

⚁ 然后，解不等式 $c_1\leqslant h_\theta(\boldsymbol{X})\leqslant c_2$ 得到 $\underline{\theta}(\boldsymbol{X})\leqslant\theta\leqslant\overline{\theta}(\boldsymbol{X})$ 即是 $\theta$ 的置信度为 $1-\alpha$ 的置信区间。

性质 4.7 已知样本 $X_1,X_2,\cdots,X_n \overset{\text{iid}}{\sim} \mathrm{N}(\mu,\sigma^2)$，下面分别在不同的情况之下，利用枢轴量法对参数 $\mu$ 和 $\sigma^2$ 进行区间估计。

（1）参数 $\mu$ 未知，但参数 $\sigma^2$ 已知。由例 4.41，考虑枢轴量

$$Z=\frac{\sqrt{n}(\overline{X}-\mu)}{\sigma}\sim \mathrm{N}(0,1)$$

如图 4.28 所示，其密度函数关于 $z=0$ 对称。令 $c_1=-z_{1-\alpha/2},c_2=z_{1-\alpha/2}$，它们可满足式 (4.16)，其中 $z_{1-\alpha/2}$ 是 $\mathrm{N}(0,1)$ 分布的 $(1-\alpha/2)$-分位数。

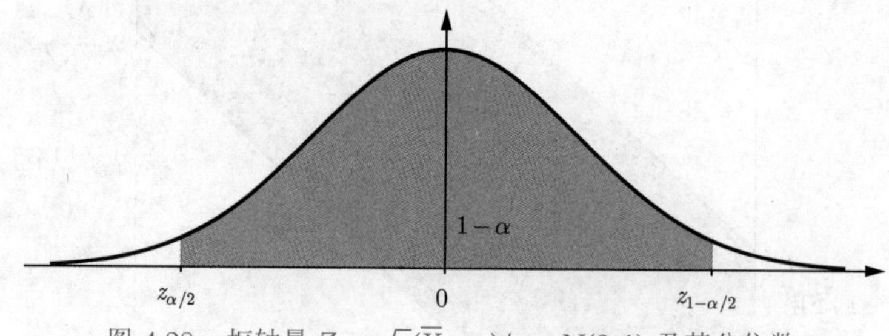


图 4.28 枢轴量 $Z=\sqrt{n}(\overline{X}-\mu)/\sigma\sim\mathrm{N}(0,1)$ 及其分位数

于是，得到 $\mu$ 的置信度为 $1-\alpha$ 的置信区间（其含义见图 4.29）如下：

$$\overline{X}-z_{1-\alpha/2}\frac{\sigma}{\sqrt{n}}\leqslant\mu\leqslant\overline{X}+z_{1-\alpha/2}\frac{\sigma}{\sqrt{n}} \tag{4.17}$$

假设总体为 N(0,1)，其中方差已知，均值 $\mu$ 未知。利用性质 4.7 的第一种情况，求得 $\mu$ 的置信度为 95% 的置信区间 $[\underline{\mu}(\boldsymbol{x}), \overline{\mu}(\boldsymbol{x})]$。在 100 次独立重复的随机试验中，发现有 96 次覆盖住 $\mu = 0$（图 4.29 中竖直实线），4 次未覆盖住 $\mu = 0$（图 4.29 中竖直虚线）。

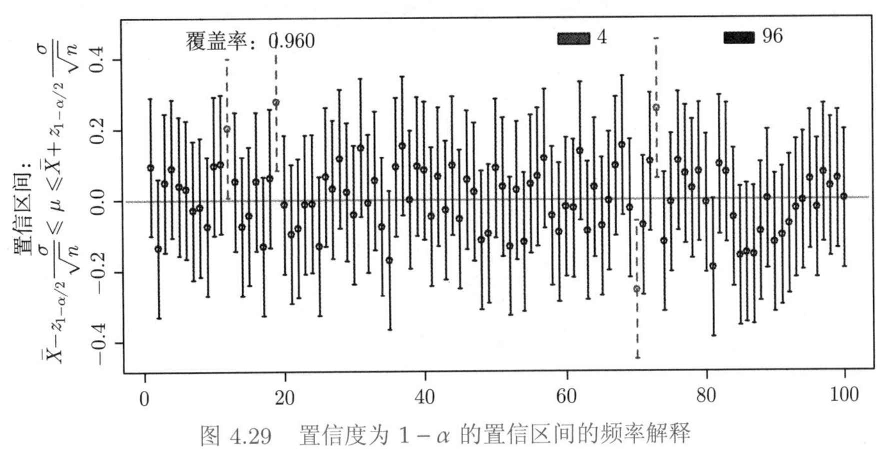


图 4.29　置信度为 $1-\alpha$ 的置信区间的频率解释

（2）参数 $\mu$ 已知，但参数 $\sigma^2$ 未知。考虑枢轴量

$$Y = \frac{1}{\sigma^2}\sum_{j=1}^{n}(X_j - \mu)^2 \sim \chi_n^2$$

如图 4.30 所示，其密度函数非对称。令 $c_1 = \chi^2_{n,\alpha/2}, c_2 = \chi^2_{n,1-\alpha/2}$，它们可满足式 (4.16)，其中 $\chi^2_{n,1-\alpha/2}$ 是 $\chi^2_n$ 分布的 $(1-\alpha/2)$-分位数。

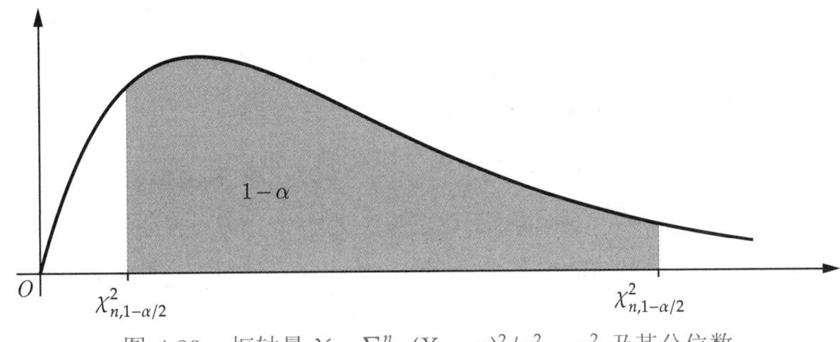


图 4.30　枢轴量 $Y = \sum_{j=1}^{n}(X_j - \mu)^2/\sigma^2 \sim \chi_n^2$ 及其分位数

于是，得到 $\sigma^2$ 的置信度为 $1-\alpha$ 的置信区间

$$\frac{1}{\chi^2_{n,1-\alpha/2}}\sum_{j=1}^{n}(X_j - \mu)^2 \leqslant \sigma^2 \leqslant \frac{1}{\chi^2_{n,\alpha/2}}\sum_{j=1}^{n}(X_j - \mu)^2 \tag{4.18}$$

（3）参数 $\mu, \sigma^2$ 都未知。考虑枢轴量

$$T = \frac{\sqrt{n}(\overline{X} - \mu)}{S} \sim t_{n-1}$$

如图 4.31 所示，其密度函数关于 $t = 0$ 对称。令 $c_1 = -t_{n-1,1-\alpha/2}, c_2 = t_{n-1,1-\alpha/2}$，它们可满足式 (4.16)，其中 $t_{n-1,1-\alpha/2}$ 是 $t_{n-1}$ 分布的 $(1-\alpha/2)$-分位数。

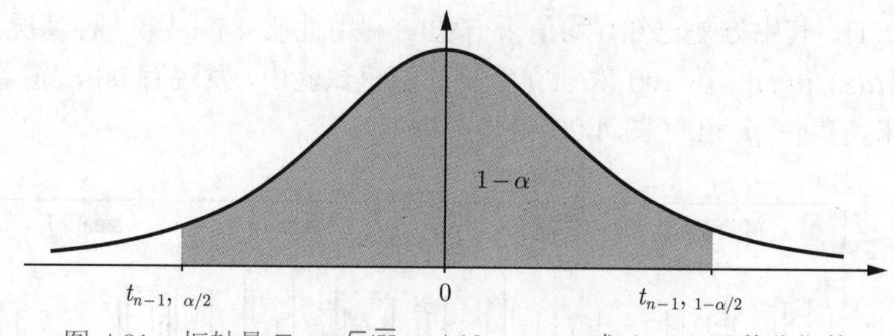


图 4.31 枢轴量 $T = \sqrt{n}(\overline{X} - \mu)/S \sim t_{n-1}$，式 (4.16) 及其分位数

于是，得到 $\mu$ 的置信度为 $1-\alpha$ 的置信区间

$$\overline{X} - t_{n-1,1-\alpha/2}\frac{S}{\sqrt{n}} \leqslant \mu \leqslant \overline{X} + t_{n-1,1-\alpha/2}\frac{S}{\sqrt{n}} \tag{4.19}$$

在这个区间估计中，未知参数 $\sigma^2$ 没有出现（如果出现，就不能作为 $\mu$ 的区间估计)，被称为冗余参数 (nuisance parameter)。考虑枢轴量

$$\frac{(n-1)S^2}{\sigma^2} \sim \chi^2_{n-1}$$

不难得到 $\sigma^2$ 的置信度为 $1-\alpha$ 的置信区间（$\mu$ 是冗余参数）

$$\frac{(n-1)S^2}{\chi^2_{n-1,1-\alpha/2}} \leqslant \sigma^2 \leqslant \frac{(n-1)S^2}{\chi^2_{n-1,\alpha/2}} \tag{4.20}$$

例 4.42 设食品厂生产的某袋装食品的重量服从正态分布 $\mathrm{N}(\mu,\sigma^2)$，参数 $\mu,\sigma^2$ 都未知。现随机抽取 20 袋食品测得重量 0.1126, 0.0860, 0.0954, 0.0861, 0.0907, 0.0971, 0.1038, 0.1012, 0.1043, 0.1022, 0.0952, 0.1072, 0.0909, 0.1176, 0.1069, 0.1032, 0.1058, 0.1043, 0.1125, 0.0952 千克，分别求 $\mu,\sigma^2$ 的置信度为 95%的置信区间。

解 分别利用性质 4.7 中第二和第四种情况求未知参数置信度为 95%的置信区间。

$$\mu \in [0.0968, 0.1050]$$
$$\sigma^2 \in [4.3936\times10^{-5}, 1.6206\times10^{-4}]$$

参数 $\theta$ 的置信度为 $1-\alpha$ 的置信区间 $[\underline{\mu}(\boldsymbol{x}),\overline{\mu}(\boldsymbol{x})]$ 并不是指这个区间以（至少）$1-\alpha$ 的概率覆盖住 $\theta$。事实上，区间 $[\underline{\mu}(\boldsymbol{x}),\overline{\mu}(\boldsymbol{x})]$ 是否覆盖住 $\theta$ 并无随机性，但是否覆盖住未知参数只有上帝知道。必须通过独立的重复试验——不断地从总体中抽取容量为 $n$ 的简单随机样本，利用覆盖率赋予置信度以概率含义。所以，置信度 $1-\alpha$ 的意义在于随机区间 $[\underline{\mu}(\boldsymbol{X}),\overline{\mu}(\boldsymbol{X})]$ 覆盖住未知参数 $\theta$ 的概率，而与具体观察到的样本值 $\boldsymbol{x}$ 并无多大关系。置信度 $1-\alpha$ 就像 $[\underline{\mu}(\boldsymbol{x}),\overline{\mu}(\boldsymbol{x})]$ 的出身证明，频率派拿只在假想试验中存在而实际尚未观察到的数据为当前的估计结果 $[\underline{\mu}(\boldsymbol{x}),\overline{\mu}(\boldsymbol{x})]$ “撑腰助威”的这一做法常被贝叶斯学派诟病——当根据样本观测值算出置信度为 $1-\alpha$ 的置信区间时，其实我们并不知道它是否覆盖住未知参数，置信度 $1-\alpha$ 就像是我们的“幸运指数”。然而，看看图 4.29 里没有覆盖住 $\theta$ 的那些“倒霉蛋”吧，它们和“幸运者”一样攥着同样的“幸运指数”，信誓旦旦却同样对是否覆盖住 $\theta$ 这一问题懵然不知。如果不允许或者无法多次抽取一定规模的样本，那么置信度就是一张空头支票，而置信区间的意义也不复存在。

相比之下，贝叶斯区间估计解释起来则更直接一些，就是未知参数 $\theta$ 落入某区间的概率：贝叶斯学派把未知参数 $\theta$ 视为随机变量，它的区间估计 $[\underline{\theta},\overline{\theta}]$ 是固定的，置信度 $1-\alpha$ 就是 $\theta$ 落于 $[\underline{\theta},\overline{\theta}]$ 的概率（图 4.32）。

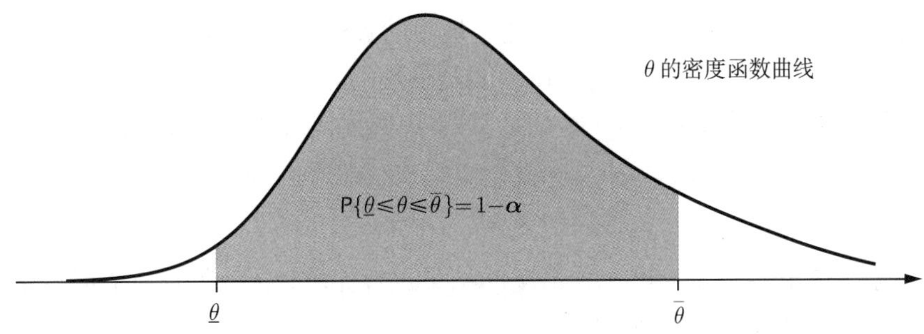


图 4.32　贝叶斯区间估计的示意图

例 4.43　已知样本 $X_1, X_2, \cdots, X_n \overset{\text{iid}}{\sim} \text{Expon}(\beta)$，其中参数 $\beta$ 未知，求 $\beta$ 的置信度为 $1-\alpha$ 的置信区间和置信下限。

解　令 $\overline{X} = \frac{1}{n}\sum_{j=1}^{n} X_j$，由第 70 页的表 3.7 中的结果，考虑 $2n\beta\overline{X} \sim \chi^2_{2n}$ 是枢轴量。于是，未知参数 $\beta$ 的置信度为 $1-\alpha$ 的置信区间是

$$\frac{\chi^2_{2n,\alpha/2}}{2n\overline{X}} \leqslant \beta \leqslant \frac{\chi^2_{2n,1-\alpha/2}}{2n\overline{X}}$$

另外，$\beta$ 的置信度为 $1-\alpha$ 的置信下限是 $\chi^2_{2n,1-\alpha}/(2n\overline{X})$。

在参数 $\theta$ 所有可能的置信区间中，人们最希望得到的是那个长度最短的区间 $[\underline{\theta}, \overline{\theta}]$，因为它对参数的估计最精确。但有时候为了顾及形式上的简单，如性质 4.7 中第三、四种情况，并不奢求最短的区间。

例 4.44　考虑性质 4.7 中的第一种情况，下面验证它就是最短的置信区间。令 $a < b$，其中 $b$ 是 $a$ 的函数，它们满足

$$\begin{aligned} G(a) &= \mathrm{P}\left\{a < \frac{\overline{X}-\mu}{\sigma/\sqrt{n}} \leqslant b\right\} \\ &= \int_a^b \phi(t)\mathrm{d}t \\ &= 1-\alpha \end{aligned}$$

显然，$\mathrm{d}G/\mathrm{d}a = 0$。另外，为了使得区间 $[\overline{X} - b\sigma/\sqrt{n}, \overline{X} - a\sigma/\sqrt{n}]$ 的长度 $L(a) = (b-a)\sigma/\sqrt{n}$ 取得最小，令 $\mathrm{d}L/\mathrm{d}a = 0$ 得到

$$\left.\begin{aligned} \frac{\mathrm{d}G}{\mathrm{d}a} = \phi(b)\frac{\mathrm{d}b}{\mathrm{d}a} - \phi(a) = 0 \\ \frac{\mathrm{d}L}{\mathrm{d}a} = \frac{\sigma}{\sqrt{n}}\left(\frac{\mathrm{d}b}{\mathrm{d}a} - 1\right) = 0 \end{aligned}\right\} \Rightarrow \phi(a) = \phi(b)$$

$$\Rightarrow a = b \text{ 或 } a = -b$$

$a = b$ 的解无意义，所以必有 $a = -b$，进而有

$$\begin{aligned} b &= z_{1-\alpha/2} \\ a &= -z_{1-\alpha/2} \end{aligned}$$

类似地，性质 4.7 中第二种情况所给出的也是最短的置信区间。事实上，当枢轴量 $Y = h_\theta(\mathbf{X})$ 的密度函数关于 0 对称时，算法 4.2 给出的置信区间是最短的。

例 4.45　接着例 4.44，以置信度 $1-\alpha$ 估计参数 $\mu$ 的置信区间，令区间长度 $L = 2z_{1-\alpha/2}\sigma/\sqrt{n}$ 不超过 $d$，样本量必须满足

$$n \geqslant 4z_{1-\alpha/2}^2\frac{\sigma^2}{d^2}$$

✂例 4.46　将例 4.39 和性质 4.7 第一种情况的结果进行比较，因为性质 4.7 取得了置信度为 $1-\alpha$ 的最短的置信区间，不难得到下面的不等式。

$$z_{1-\alpha/2} \leqslant \frac{1}{\sqrt{\alpha}}，\text{其中 } 0<\alpha<1$$

见图 4.33，任何在实线 $z_{1-\alpha/2}$ 之上的函数 $h(\alpha)$，都可以用来构造例 4.39 中未知参数 $\mu$ 的置信度为 $1-\alpha$ 的置信区间

$$\overline{X} - h(\alpha)\frac{\sigma}{\sqrt{n}} \leqslant \mu \leqslant \overline{X} + h(\alpha)\frac{\sigma}{\sqrt{n}}$$

例如，图 4.33 中的白线是

$$h(\alpha) = 0.2 - \operatorname{sign}(\alpha-1)\sqrt{-1.6\ln(\alpha(2-\alpha))}$$

图 4.33 中的实线是 $z_{1-\alpha/2}$，即标准正态分布 $Z \sim \mathrm{N}(0,1)$ 的 $(1-\alpha/2)$-分位数曲线。虚线 $1/\sqrt{\alpha}$ 和白线 $h(\alpha)$ 都在曲线 $z_{1-\alpha/2}$ 之上。

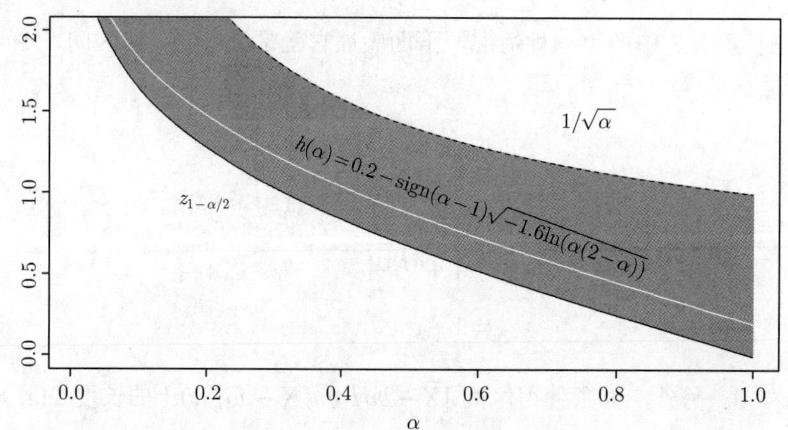


图 4.33　标准正态分布 $Z \sim \mathrm{N}(0,1)$ 的 $(1-\alpha/2)$-分位数曲线 $z_{1-\alpha/2}$ 以及高于它的曲线

### 4.2.3　大样本区间估计

前面所介绍的置信区间估计都是小样本方法。在大样本的情况之下，可以利用由样本和参数所构造的随机变量的极限分布来求得未知参数的近似置信区间。或者，利用克拉梅尔定理 4.11 所保证的最大似然估计的渐近正态性来求得近似置信区间。

性质 4.8　设简单随机样本 $X_1, X_2, \cdots, X_n$ 来自总体 $X$，已知总体具有有限期望 $\mathsf{E}(X) = \mu$ 和方差 $\mathsf{V}(X) = \sigma^2 > 0$，但它们都是未知的。当样本容量足够大，近似地有，$\mu$ 的置信度为 $1-\alpha$ 的置信区间

$$\overline{X} - z_{1-\alpha/2}\frac{S}{\sqrt{n}} \leqslant \mu \leqslant \overline{X} + z_{1-\alpha/2}\frac{S}{\sqrt{n}}$$

证明 由林德伯格-莱维中心极限定理知

$$\frac{\overline{X}-\mu}{\sigma/\sqrt{n}} \xrightarrow{L} N(0,1)$$

进而有

$$\frac{\overline{X}-\mu}{S/\sqrt{n}} \xrightarrow{L} N(0,1) \qquad \square$$

性质 4.9 令 $\hat{\theta}_n$ 是未知参数 $\theta$ 的最大似然估计，假设总体分布满足克拉梅尔定理 4.11 的条件，当样本容量很大时近似地有

$$\mathrm{P}\left\{-z_{1-\alpha/2} \leqslant \sqrt{n\mathcal{I}(\theta)}(\hat{\theta}_n-\theta) \leqslant z_{1-\alpha/2}\right\} = 1-\alpha$$

求解花括号中的不等式，便得到 $\theta$ 的置信度为 $1-\alpha$ 的置信区间。

例 4.47 已知简单随机样本 $X_1, X_2, \cdots, X_n$ 来自正态总体 $N(\mu, \sigma^2)$，若样本容量 $n$ 足够大，下面分三种情况讨论未知参数的区间估计。

（1）若 $\mu$ 未知，$\sigma^2$ 已知。由第 89 页的例 4.3，$\mathcal{I}(\mu) = 1/\sigma^2$。当 $n$ 很大时，由性质 4.9 得到 $\mu$ 的置信度为 $1-\alpha$ 的置信区间如式 (4.17) 所示。

（2）若 $\sigma^2$ 未知，$\mu$ 已知，则 $\mathcal{I}(\sigma^2) = 1/(2\sigma^4)$。$\sigma^2$ 的置信度为 $1-\alpha$ 的置信区间为

$$\frac{\sum_{j=1}^{n}(X_j-\mu)^2}{n+z_{1-\alpha/2}\sqrt{2n}} \leqslant \sigma^2 \leqslant \frac{\sum_{j=1}^{n}(X_j-\mu)^2}{n-z_{1-\alpha/2}\sqrt{2n}}$$

比较这个结果和式 (4.18)，二者之间相差无几，见图 4.34。另外，我们顺手得到了 $\chi^2$ 分布和标准正态分布的两类分位数之间的近似关系：

$$\chi^2_{n,1-\alpha/2} \approx n + z_{1-\alpha/2}\sqrt{2n}$$
$$\chi^2_{n,\alpha/2} \approx n - z_{1-\alpha/2}\sqrt{2n}$$

令 $\alpha = 0.05$。图 4.34 的实线是 $\chi^2_{n,1-\alpha/2}$ 和 $\chi^2_{n,\alpha/2}$，虚线是它们相应的近似 $n \pm z_{1-\alpha/2}\sqrt{2n}$，二者非常之接近（为方便显示，将 $n$ 连续化，把散点连成线）。

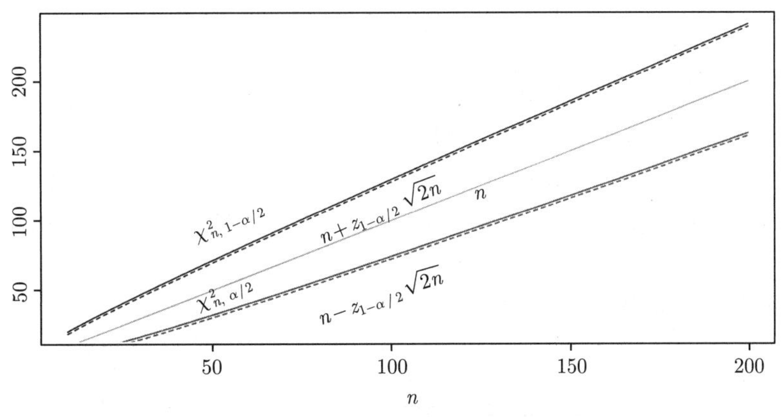


图 4.34 $\chi^2_{n,1-\alpha/2}$ 和 $\chi^2_{n,\alpha/2}$，及其相应的近似 $n \pm z_{1-\alpha/2}\sqrt{2n}$

（3）若 $\boldsymbol{\theta}=(\mu,\sigma^2)^\top$ 未知，例 4.3 给出 $\boldsymbol{\theta}$ 的费舍尔信息矩阵。于是，$\sigma^2$ 的置信度为 $1-\alpha$ 的置信区间为

$$\frac{\sum_{j=1}^n(X_j-\overline{X})^2}{n+z_{1-\alpha/2}\sqrt{2n}}\leqslant\sigma^2\leqslant\frac{\sum_{j=1}^n(X_j-\overline{X})^2}{n-z_{1-\alpha/2}\sqrt{2n}}$$

请读者仿照图 4.34 比较上述结果和式 (4.20)。类似地，$\mu$ 的置信度为 $1-\alpha$ 的置信区间为

$$\overline{X}-z_{1-\alpha/2}\sqrt{\frac{\sigma^2}{n}}\leqslant\mu\leqslant\overline{X}+z_{1-\alpha/2}\sqrt{\frac{\sigma^2}{n}}$$

用样本方差 $S^2$ 替换 $\sigma^2$，便得到

$$\overline{X}-z_{1-\alpha/2}\frac{S}{\sqrt{n}}\leqslant\mu\leqslant\overline{X}+z_{1-\alpha/2}\frac{S}{\sqrt{n}}$$

该结果与式 (4.19) 非常相似，因为当 $n$ 很大时，$t_{n-1,1-\alpha/2}\approx z_{1-\alpha/2}$。

例 4.48　设样本 $X_1,X_2,\cdots,X_m\overset{\text{iid}}{\sim}p\langle1\rangle+(1-p)\langle0\rangle$ 和样本 $Y_1,Y_2,\cdots,Y_n\overset{\text{iid}}{\sim}q\langle1\rangle+(1-q)\langle0\rangle$ 来自两个独立总体，其中参数 $p,q$ 未知，当 $m,n$ 都很大时，求 $p-q$ 的置信度为 $1-\alpha$ 的置信区间。

解　当 $m,n$ 都很大时，渐近地有

$$\overline{X}\sim\mathrm{N}\left(p,\frac{\overline{X}(1-\overline{X})}{m}\right)$$
$$\overline{Y}\sim\mathrm{N}\left(q,\frac{\overline{Y}(1-\overline{Y})}{n}\right)$$

于是，

$$\frac{\overline{X}-\overline{Y}-(p-q)}{\sqrt{\overline{X}(1-\overline{X})/m+\overline{Y}(1-\overline{Y})/n}}\xrightarrow{\text{L}}\mathrm{N}(0,1)$$

进而可得 $p-q$ 的置信度为 $1-\alpha$ 的置信区间

$$\overline{X}-\overline{Y}\mp z_{1-\alpha/2}\sqrt{\frac{\overline{X}(1-\overline{X})}{m}+\frac{\overline{Y}(1-\overline{Y})}{n}}$$

1935 年，费舍尔提出信任区间估计，他引用了德国化学家、统计学家**瓦尔特·贝伦斯**（Walter Behrens, 1902—1962）于 1929 年的论文，即性质 3.13 的第二个结果。

例 4.49（费舍尔-贝伦斯问题）　设样本 $X_1,X_2,\cdots,X_m\overset{\text{iid}}{\sim}\mathrm{N}(\mu_X,\sigma_X^2)$ 和样本 $Y_1,Y_2,\cdots,Y_n\overset{\text{iid}}{\sim}\mathrm{N}(\mu_Y,\sigma_Y^2)$ 来自两个独立总体，若 $\mu_X,\sigma_X^2,\mu_Y,\sigma_Y^2$ 都未知，在大样本的情况下，给出 $\mu_X-\mu_Y$ 的置信度为 $1-\alpha$ 的置信区间。

解　此问题没有适当的小样本解。根据性质 3.13，

$$\frac{[\overline{X}-\overline{Y}-(\mu_X-\mu_Y)]\sqrt{\frac{m+n-2}{\sigma_X^2/m+\sigma_Y^2/n}}}{\sqrt{(m-1)S_X^2/\sigma_X^2+(n-1)S_Y^2/\sigma_Y^2}}\sim t_{m+n-2}$$

在大样本情况下，即 $m,n$ 充分大时，有

$$\frac{S_X^2}{\sigma_X^2} \xrightarrow{L} 1，\text{并且 } \frac{S_Y^2}{\sigma_Y^2} \xrightarrow{L} 1$$

于是，渐近地有

$$\frac{\overline{X} - \overline{Y} - (\mu_X - \mu_Y)}{\sqrt{S_X^2/m + S_Y^2/n}} \sim \mathrm{N}(0,1)$$

利用正态逼近得到 $\mu_X - \mu_Y$ 的置信度为 $1-\alpha$ 的置信区间如下：

$$\overline{X} - \overline{Y} \mp z_{1-\alpha/2}\sqrt{\frac{S_X^2}{m} + \frac{S_Y^2}{n}}$$

在例 4.49 中，设两个独立总体为 $X \sim \mathrm{N}(0,1), Y \sim \mathrm{N}(2,0.25)$。利用大样本方法，分别求出 $\mu_X - \mu_Y$ 的置信度为 90%和 99%的置信区间。在 $10^4$ 次独立的随机试验中，置信区间的上下限的分布如图 4.35 中的直方图所示。

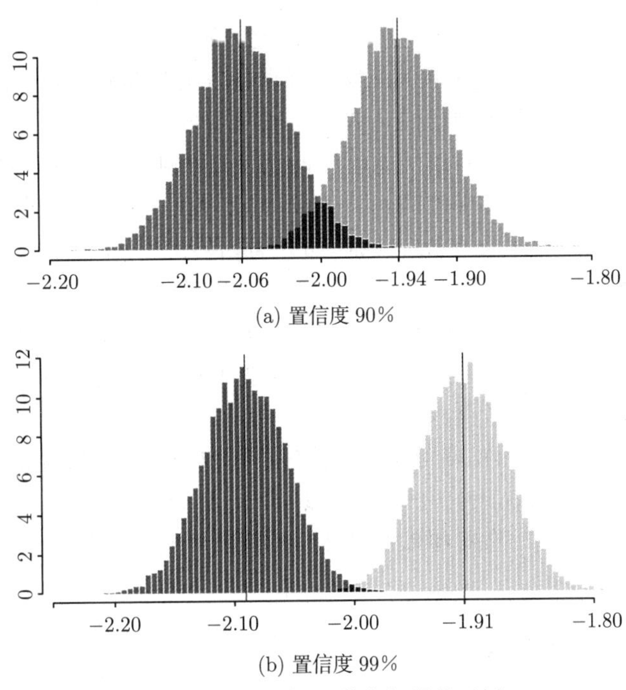


(a) 置信度 90%

(b) 置信度 99%

图 4.35 费舍尔-贝伦斯问题的示例

**例 4.50** 接着第 82 页的例 3.30，求未知参数 $\theta$ 的置信度为 $1-\alpha$ 的置信区间。

**解** 由例 4.30 知，$X_{(n)}$ 是 $\theta$ 的最大似然估计。由第 82 页的例 3.22 可得 $X_{(n)}$ 的分布函数为

$$F_{X_{(n)}}(x) = \begin{cases} (x/\theta)^n & ，\text{若 } 0 \leqslant x \leqslant \theta \\ 0 & ，\text{若 } x > \theta \end{cases}$$

$$\Rightarrow \mathsf{P}\left\{\sqrt[n]{\alpha}\theta \leqslant X_{(n)} \leqslant \theta\right\} = F_{X_{(n)}}(\theta) - F_{X_{(n)}}(\theta\sqrt[n]{\alpha}) = 1-\alpha$$

$$\Rightarrow \mathsf{P}\left\{X_{(n)} \leqslant \theta \leqslant \frac{1}{\sqrt[n]{\alpha}}X_{(n)}\right\} = 1-\alpha$$

即，$[X_{(n)}, X_{(n)}/\sqrt[n]{\alpha}]$ 是 $\theta$ 的置信度为 $1-\alpha$ 的置信区间。

### 4.2.4 费舍尔的信任估计

图 4.36 费舍尔

1930 年，在提交给剑桥哲学学会的一篇短文《逆概率》中，费舍尔（图 4.36）提出从观测数据中获取参数分布的信任推断 (fiducial inference)，也称基准推断方法，或多或少地影响了内曼的置信区间理论[108]。费舍尔自认为该文的“重要性在于提出一种从观察到其假设原因的新的推理模式。”1935 年，在《优生学年鉴》第六卷，费舍尔发表了一篇论文《统计推断中的信任论证》彻底阐述他的信任推断。他是这样评价内曼的置信区间估计的，“不幸的是，内曼博士试图以一种忽视估计理论结果的方式来发展信任概率的论点，而信任概率最初是根据估计理论提出的。因此，他的证明旨在证明一系列概率陈述的有效性，其中许多是相互矛盾的。”可见，那时两位统计学大师对区间估计的想法已经出现了分歧。

**定义 4.19** 把未知参数 $\theta$ 视作随机变量，从枢轴量及其分布得到参数 $\theta$ 的分布 $F$，费舍尔把它称为未知参数 $\theta$ 的信任分布。费舍尔把满足条件 $F(\theta_2) - F(\theta_1) = 1 - \alpha$ 的区间 $[\theta_1, \theta_2]$ 作为 $\theta$ 的区间估计，称作 $\theta$ 的信任区间（一般要使得 $\theta_2 - \theta_1$ 最小），把 $1 - \alpha$ 称作信任系数。

枢轴量（定义 4.18）是一个由样本和未知参数 $\theta$ 定义的随机变量，但其分布又与 $\theta$ 无关。此时，把 $\theta$ 看作是未知的固定值还是随机变量仅是立场的问题——前者是频率派，后者是贝叶斯学派。一生反对贝叶斯主义的费舍尔，在这个问题上没有像内曼那样立场坚定。

费舍尔对使用贝叶斯公式持非常谨慎的态度，他是强烈抵触贝叶斯学派的，尤其反对使用无信息先验。所以，有别于贝叶斯学派通过参数的先验分布和观测数据得到参数的后验分布，信任分布无先验与后验之说。遗憾的是费舍尔并未给出信任推断的一般定义与一般方法，只是处理了几个具体的例子，费舍尔也意识到信任推断的局限性，该方法终因缺少系统理论的支持而未被广泛接受。

费舍尔把要作区间估计的参数看成随机变量，不同于贝叶斯学派对未知参数的理解，也不同于频率派把未知参数视为未知的固定常数。信任区间估计在费舍尔的诸多成就中是颇受争议的，与费舍尔估计理论一贯坚持的似然方法也格格不入。

在费舍尔身后，许多追随者企图发展费舍尔的信任推断也未能取得实质成效，所以该理论的应用并不广泛。美国数学家、贝叶斯学派统计学家**伦纳德·萨维奇**（Leonard Savage, 1917—1971）曾调侃，“费舍尔的信任论点是不想打破贝叶斯鸡蛋却想做出贝叶斯煎蛋的一个大胆的但不成功的尝试。”（图 4.37）

图 4.37 鸡蛋和煎蛋

1978 年，美国统计学家**布拉德利·艾弗隆**（Bradley Efron, 1938—）给信任推断盖棺定论，“多数的，虽然不是全部的，当代统计学家认为它或者是某种形式的客观贝叶斯主义，或者就是一个简单的错误。”

尽管如此，它依旧能反映出一个伟大统计学家的思想的挣扎——在频率派和贝叶斯学派之间，一方面有太多的来自哲学层面的思想冲突，一方面它们的理论体系又相互地借鉴和促进。我们把费舍尔的信任区间估计看作是两个学派之间一次不成功的调和，它有助于深入了解费舍尔的统计哲学。

例 4.51 考虑样本 $X_1, X_2, \cdots, X_n \overset{\text{iid}}{\sim} \mathrm{N}(\mu, \sigma^2)$，其中 $\mu$ 未知而 $\sigma^2$ 已知。从事实 $Y = \sqrt{n}(\overline{X} - \mu)/\sigma \sim \mathrm{N}(0, 1)$，$Y > y$ 的概率等同于 $\mu < \overline{X} - y\sigma/\sqrt{n}$ 的概率。不难得到参数 $\mu$ 的信任分布

$$\mu = \overline{X} - \frac{\sigma}{\sqrt{n}} Y \sim \mathrm{N}(\overline{X}, \sigma^2/n)$$

进而得到信任区间 $\overline{X} \mp z_{1-\alpha/2}\sigma/\sqrt{n}$，与置信区间估计取得了相同的结果，见第 124 页的性质 4.7 中的第一种情况。若 $\mu, \sigma^2$ 都未知，$\mu$ 的信任区间与置信区间的结果也是相同的。难怪内曼一开始也认为他的置信区间估计就是信任区间估计，并承认优先权属于费舍尔。

费舍尔指出，“区分这些关于 $\mu$ 值的概率陈述与那些通过逆概率方法推导出的概率陈述是非常重要的，后者来自可能被抽样的不同总体中有关 $\mu$ 分布的后验知识。只有完全抛开寻求逆概率的想法，信任概率的含义才能被清楚地理解。…… 我们所得到的分布不依赖于 $\mu$ 的分布的所有先验知识。”

对于贝叶斯推断，参数 $\mu$ 的后验分布依赖于 $\mu$ 的先验分布。然而，信任推断不需要先验分布。费舍尔认为，这是两种推断方法最重要的区别。样本均值 $\overline{X}$ 在 $\mu$ 的信任分布中充当参数，仅由观测决定。费舍尔称之为“后验信任推断”。

例 4.52 考虑例 4.49（费舍尔-贝伦斯问题）的信任区间估计。显然，

$$\xi = \frac{\overline{X} - \mu_X}{S_X/\sqrt{m}} \sim t_{m-1} \text{ 与 } \eta = \frac{\overline{Y} - \mu_Y}{S_Y/\sqrt{n}} \sim t_{n-1} \text{ 相互独立}$$

从 $\mu_X - \mu_Y - (\overline{X} - \overline{Y}) = \frac{S_X}{\sqrt{m}}\xi - \frac{S_Y}{\sqrt{n}}\eta$ 的信任分布可求得 $\delta$ 使得

$$\mathsf{P}\left\{\left|\frac{S_X}{\sqrt{m}}\xi - \frac{S_Y}{\sqrt{n}}\eta\right| \leqslant \delta\right\} = 1 - \alpha$$

于是，便得到信任系数为 $1 - \alpha$ 的信任区间 $[\overline{X} - \overline{Y} - \delta, \overline{X} - \overline{Y} + \delta]$。费舍尔-贝伦斯问题是说明信任区间估计有别于置信区间估计的一个典型案例，内曼曾就 $\alpha = 0.05, m = 12, n = 6, \sigma_X/\sigma_Y = 0.1, 1, 10$ 等情况考察过信任区间所对应的置信系数，与 95% 相差很小。

在对待未知参数的态度上，费舍尔的“信任论证”(fiducial argument) 有贝叶斯主义的倾向。1959 年，费舍尔的论文《自然科学中的数学概率》[62] 认为伟大的德国数学家**卡尔·弗里德里希·高斯**（Carl Friedrich Gauss, 1777—1855）“应用误差理论对现实世界的特征作出概率陈述是恰当的，而观测只能不确定地探悉，例如在天文学中，关于太阳的距离。”

令 $X$ 表示这个未知距离，费舍尔抬出数学王子高斯为其后盾，“他把未知距离 $X$ 表示为我们现在所说的随机变量”，还曾对 $\forall p \in [0, 1]$ 计算 $x_p$ 使得

$$\mathsf{P}(X < x_p) = p\text{，其中 } x_p \text{ 是 } p \text{ 的函数}$$

“关于这个随机变量，可以断言所有水平的概率陈述。这表明，即使是最基本的数理统计概念也处于混乱状态，不止一位现代学者，也许从 1935 年的内曼开始，就应该反对这种说法，理由是，例如，

太阳的距离只有一个，如果它小于 $x_p$，概率应该是 1，如果大于 $x_p$，则必须为 0。显然，错误在于假设可以引入额外的数据，例如提供 X 的精确值的数据，而不改变数据实际提供的概率陈述。然而，逻辑论证的结论必须取决于其前提，以下论证无可厚非：如果归纳法中使用的前提与当前样子不同，那么这些结论就不同于它们本来的样子。

……

在 19 世纪早期的混乱中，高斯确实在他的论证中引入了拉普拉斯所教导的先验概率假设。他后来对此表示遗憾，在给贝塞尔*的信中承认了这种做法的任意性。然而，他无法弥补这一逻辑缺陷。

……

我们必须明确指出，如果贝叶斯先验概率是可用的，我们将使用贝叶斯方法，而适用于信任论证的第一个条件是，贝叶斯定理所需形式的先验概率不可用。

……

人们有时断言，信任方法通常会产生与置信区间方法相同的结果。很难理解为什么会这样，因为已经明确规定，置信区间的方法不会得出关于真实世界参数的概率陈述，而信任论证正是为了这个目的而存在的。”

显然，费舍尔认为高斯（图 4.38）并不赞同拉普拉斯的先验概率。也许，高斯曾尝试过理解贝叶斯主义，但最终还是因为它的“逻辑缺陷”而放弃了。高斯对哲学有一些偏见，也不屑于此。1844 年 11 月，他在给朋友的信中讥讽地说，“看看那些现代哲学家 …… 他们的定义难道不让你毛骨悚然吗？…… 即使康德，情况也往往好不到哪儿去；在我看来，他对分析命题和综合命题的区分要么微不足道，要么错了。”

图 4.38 高斯与贝塞尔曾讨论过先验概率

费舍尔认为贝叶斯和拉普拉斯（图 4.39）对“贝叶斯法则”的理解是不同的。“自拉普拉斯时代以来，贝叶斯先验概率的使用一直是一个绊脚石。因为拉普拉斯相信，正如贝叶斯所不相信的那样，这种概率是不言自明的先验。在普莱斯†的介绍信中，有两个短语表明了贝叶斯对这一概念的抵制，这两个短语解释说，在贝叶斯看来，这一假设‘可能并非所有人都认为是合理的’，因此他选择以另一种方

* 自学成才的德国天文学家、数学家、大地测量学家**弗里德里希·威廉·贝塞尔**（Friedrich Wilhelm Bessel, 1784—1846）（图 4.38）以测定岁差常数和恒星视差闻名于世，25 岁时就被任命为柯尼斯堡天文台的首位台长，并一直任职到去世。贝塞尔与高斯长期书信交流，并在高斯的推荐下获得哥廷根大学的荣誉博士学位。然而 1825 年，当二人见面时却发生了争吵，详情不得而知。贝塞尔还推广了丹尼尔·伯努利发现的一种特殊函数，即后来在物理学中得到广泛应用的“贝塞尔函数”。

† 威尔士数学家、哲学家**理查德·普莱斯**（Richard Price, 1723—1791）是**托马斯·贝叶斯**（Thomas Bayes, 1701?—1761）的好友，他编辑发表了贝叶斯的遗作《论有关机遇问题的求解》(1763)，并专门为它写了一篇导言。

式论证他的命题，‘而不是将任何可能引起争议的东西引入他的数学推理中’”。[62]

图 4.39　拉普拉斯

费舍尔看不惯拉普拉斯假设二项分布 B$(n,p)$ 中的未知参数 $p$ 先验地服从 $[0,1]$ 上的均匀分布。“在那个世纪，没有人反对 $p$ 只能有一个真实值，这个真实值要么在给定的范围里，要么不在，因此概率陈述是没有意义的。”显然，费舍尔很反感贝叶斯学派将未知参数视为随机变量的作法。在贝叶斯学派看来，上帝眼中的固定值于人类而言既然是未知的，就有可能取这个值，也有可能取那个值，为什么不可以“当作”随机变量呢？我们无法评判哪个理解是正确的，它不是一个数学问题，而是一个哲学问题。费舍尔既反对贝叶斯学派，又与频率派的内曼意见不合，这些纠纷（图 4.40）值得统计思想的研究者深入挖掘。

图 4.40　《学生的纠纷》

注：玻利维亚画家**塞西利奥·古兹曼·德·罗哈斯**（Cecilio Guzmán de Rojas, 1899—1950）的作品。

费舍尔在论文《自然科学中的数学概率》的结尾，对概率存在着不同的理解表示出一丝担忧。“20 世纪中叶并不是概率论教学出现严重混乱的首个时期。从拉普拉斯的《概率的分析理论》一书在法国和英国出版后的五十年里，充斥着关于证人的真实性和法庭裁决正确的可能性的废话。目前的混乱似乎很大程度上是那个时期的后遗症，自那开始，在法国和英国，19 世纪的讨论从混乱中大大解救了数学思想，但在一些较遥远的国度或许还不彻底。

然而，不同的是，尽管在 19 世纪，数学系中的错误可能很普遍，但除了迷惑学生之外，没有造成更大的危害，在我们这个时代，真正重要的事情，比如药品的标准化、流行病的控制、弹道导弹的精度在未来很可能会受到年轻人的影响，他们正揣着错误的数值表以及混乱过时的思想离开数学系。这个（事实）在某种程度上关乎我们所有人。”[62]

费舍尔的担忧并非没有道理。在人工智能和机器学习的许多理论中，主观概率和客观概率之争，依然是漂浮在“不确定性推断”头顶上的一朵乌云。不过人们似乎学乖了，“少谈主义、多谈问题”成了近些年的学界共识——哪个概率的应用效果好就用哪个。

然而，作为一个学术问题，我们仍然有必要继续寻找一个崭新的数学范式，它能够同时兼顾主观概率和客观概率，如布尔（图 1.23）所期待的那样，切实反映出人类的思维规律。只有来一场认知科学的革命[42]，人工智能和机器学习才会有本质性的突破，让智能机器在某些突发或异常的情况之下，即使没有人类的干预或帮助，也能够圆满地完成任务（图 4.41）。

图 4.41　人工智能和空间科学 (space science)

# 第 5 章

# 假设检验

若言琴上有琴声，放在匣中何不鸣？若言声在指头上，何不于君指上听？

——苏轼《琴诗》

关于总体分布的假设称为统计假设。统计假设与数学里“假设函数 $f(x)$ 光滑”“假设 $\mathscr{T}$ 为 $X$ 上的一个拓扑”等假设不同，二者的区别在于，是否拒绝一个统计假设要依赖于观测数据，并通过某些合理的检验手段才能下结论。假设检验 (hypothesis testing) 正是这样的手段，它是统计推断的一个重要组成部分。假设检验的目的就是在已知样本的基础上，对一个统计假设 $H_0$ 进行判断以决定是否拒绝它。我们常把 $H_0$ 称为零假设 (null hypothesis) 或原假设，把 $H_0$ 的对立命题 $H_1$ 称为备择假设 (alternative hypothesis)。

统计学大师**罗纳德·艾尔默·费舍尔**（Ronald Aylmer Fisher, 1890—1962）认为“与任何试验关联的假设，我们都可以称之为零假设，应该指出的是，零假设从不被证明或公认，而有可能在试验中被否定。任何试验可以说仅为给事实一次反驳零假设的机会而存在。”

例 5.1　工厂生产一批零件，其长度（单位：mm）服从分布 $\mathrm{N}(\mu, 10^{-2})$，其中参数 $\mu$ 未知，$\mu_0 = 100$ 为合格零件的长度。随机抽取 15 个零件测得其长度分别为：100.095, 100.101, 100.248, 100.156, 99.946, 100.243, 100.041, 100.145, 100.054, 100.113, 100.055, 100.080, 99.895, 100.135, 100.056。零假设是这批零件的长度合格，即 $H_0 : \mu = \mu_0$。备择假设是 $H_1 : \mu \neq \mu_0$。本章后续正文将给出例 5.1 假设检验的细节。

美国科学哲学家**黛博拉·梅奥**（Deborah Mayo）和英国统计学家**戴维·科克斯**（David Cox, 1924—）在论文《作为归纳推断理论的频率派统计学》里列举了统计学家和科学哲学家都关注的问题[109]：

- 应该观察什么？从结果数据中可以合理推断出什么？
- 数据对模型的确认或拟合程度如何？
- 什么是好的检验？
- 拒绝假设 $H$ 是否构成“确认”$H$ 的证据？
- 如何确定明显异常是否真实？对异常的指责如何正确地认定？
- 如果观测数据影响待检验的假设，这是否与数据和假设之间的关系有关？
- 如何区分虚假关系和真正的规则？
- 如何证明和检验因果解释和假设？

- 如何可靠地弥合现有数据和理论主张之间的差距？

支持归纳推断的费舍尔和主张归纳行为的内曼之间曾经对显著性假设检验有过多年的论战，统计思想植根于科学哲学，刨根问底到两个人的哲学思想不同，“志不同，道不合”。到了关乎信仰的哲学层面，无法论证对错，只能靠个人的理解了。但在数学层面，一般情况下对错是可证的；在统计层面，数据虽不能证明，但可以用来反驳某个命题。

**定义 5.1**　从不同的角度，统计假设可分为以下几种类型。

- 从是否已知总体分布类型的角度，统计假设分为参数假设和非参数假设两类。
  - 参数假设：总体分布类型已知且仅涉及未知参数的统计假设，如例 5.1。已知简单随机样本 $\boldsymbol{X} = (X_1, X_2, \cdots, X_n)^{\mathrm{T}}$ 来自总体 $X \sim F_\theta(x)$，其中 $\theta \in \Theta$ 是未知参数（可以是向量），$\Theta$ 是参数空间。令 $\Theta_0 \subseteq \Theta$ 且 $\Theta_1 = \Theta - \Theta_0$，通常把零假设和备择假设记作

$$H_0 : \theta \in \Theta_0 \leftrightarrow H_1 : \theta \in \Theta_1$$

    这里符号“$\leftrightarrow$”表示的是“对比”(versus) 的意思。例如，$H_0 : \theta = \theta_0 \leftrightarrow H_1 : \theta \neq \theta_0$ 或 $H_0 : \theta \leqslant \theta_0 \leftrightarrow H_1 : \theta > \theta_0$ 等。
  - 非参数假设：总体分布类型未知时，仅涉及总体分布类型的统计假设，譬如 $H_0$ : 总体分布 $F(x) \in$ 正态分布族。
- 从能否确定总体分布的角度，又可分为简单假设和复合假设两类。
  - 简单假设 (simple hypothesis)：能让我们明确写出总体分布的统计假设，如例 5.1 中的零假设 $H_0 : \mu = \mu_0$，若它成立，总体则服从 $\mathrm{N}(\mu_0, 10^{-2})$ 这一确定的分布。
  - 复合假设 (composite hypothesis)：不是简单假设的统计假设，例如，$H_0 : \mu \neq \mu_0$；或者，非参数假设 $H_0$ : 两个样本来自同一总体。再如，对例 5.1 中的总体也可以做这样的零假设，$H_0 : |\mu - \mu_0| \leqslant 0.1$，这就是一个复合假设。另外，非参数假设“$H_0$ : 总体分布 $F(x) \in$ 正态分布族”也是复合假设。

对零假设 $H_0 : \mu = \mu_0$ 只有两种行为可选择：拒绝或者不拒绝。“拒绝 $H_0$”意味着观测数据（即样本值）不支持零假设，“不拒绝 $H_0$”意味着观测数据不足以否定零假设。同样地，对备择假设 $H_1 : \mu \neq \mu_0$ 也只有拒绝或者不拒绝这两个选择。

对零假设之所以不用“接受或不接受”，其原因是，拒绝一个命题只需一个反例，而接受一个命题仅仅有一个佐证的例子是远远不够的——换言之，基于观测数据，拒绝零假设容易，而要接受它则难乎其难。在数学和统计里，拒绝和接受一个假设的难度不是对称的。

但是，在很多情况下为了表述的方便，只要不引起误解，我们也不严谨地用“接受”零假设来表示

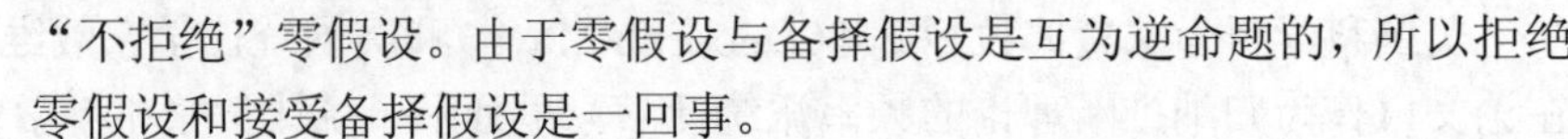

“不拒绝”零假设。由于零假设与备择假设是互为逆命题的，所以拒绝零假设和接受备择假设是一回事。

图 5.1　拉普拉斯

1. **贝叶斯假设检验**

19 世纪初，法国数学家**皮埃尔-西蒙·拉普拉斯**（Pierre-Simon Laplace, 1749—1827）在《概率的分析理论》里给出贝叶斯假设检验的一般理论。拉普拉斯（图 5.1）论证了巴黎男婴出生率 $\theta_P$ 低于伦敦男婴出生率 $\theta_L$，所用的方法是计算出 $\mathsf{P}(\theta_L > \theta_P)$ 接近 1，其中未知参数 $\theta_P, \theta_L$ 都是随机变量。因为贝叶斯学派把未知参数视为随机变量，零假设和备择假设都是有关参数的命题，所以可直接计算其概率，然后进行简单的比较便能得出结论。

贝叶斯假设检验在观测数据的基础上，允许将概率分配给所考虑的各种假设。费舍尔、内曼和埃贡·皮尔逊反对这种做法。他们的假设检验的原始动机是拒绝零假设，只要验证它的对立面更有可能即可。

2. **似然比检验**

1926 年，**埃贡·皮尔逊**（Egon Pearson, 1895—1980）曾写信请教**威廉·希利·戈塞**（William Sealy Gosset, 1876—1937）有关正态均值的检验问题（图 5.2），戈塞在回信中指出，“即便发现某样本的机会非常之小，如 0.00001，检验就其本身来说并未证明该样本不是从假设的总体中随机采得。检验做的是，说明如果有某个备择假设（譬如样本来自另一总体或样本不是随机的）将以一个更适度的概率，如 0.05，解释该样本的存在，你将更倾向于认为原假设不是真的。”

(a) 戈塞

(b) 埃贡 · 皮尔逊

图 5.2　似然比检验想法的提出者

换句话说，拒绝一个统计假设的正当理由是它的对立假设能以更大的概率解释观察到的样本。令 $D$ 是观测数据，当 $H_0$ 和 $H_1$ 都是简单假设时，戈塞认为拒绝 $H_0$ 的条件应该是

$$\mathsf{P}(D|H_0) < \mathsf{P}(D|H_1) \tag{5.1}$$

在人们默认的理念中，总是认为合理的假设应该使得观察到的事件以较大的概率发生。或者说，哪个假设能更好地解释数据的由来，哪个假设就更容易被接受。这个想法在贝叶斯学派那儿是再清楚不过的了，因为

$$\mathsf{P}(H_j|D) = \frac{\mathsf{P}(D|H_j)\mathsf{P}(H_j)}{\mathsf{P}(D)}，\text{其中 } j = 0, 1$$

在得到观测数据 $D$ 之前，零假设和备择假设满足 $\mathsf{P}(H_0) = \mathsf{P}(H_1) = \frac{1}{2}$，所以 $\mathsf{P}(D|H_0) < \mathsf{P}(D|H_1)$ 即意味着

$$\mathsf{P}(H_0|D) < \mathsf{P}(H_1|D) \tag{5.2}$$

上式的含义是：观测数据 $D$ 支持 $H_1$ 多于支持 $H_0$。只有通过贝叶斯法则，式 (5.1) 和式 (5.2) 才得以统一。戈塞的观点正好吻合贝叶斯学派的观点。

例 5.2（女士品茶）　一个常喝牛奶加茶的女士称，她能区分出牛奶还是茶被先倒入杯子。对她进行了 10 次试验，结果她都说对了（图 5.3）。令参数 $\theta$ 表示该女士在每次试验中答对的概率，参数空

间 $\Theta = \{0.5, 0.9\}$。则零假设 $H_0 : \theta = 0.5$ 表示她每次是随机猜测的，备择假设 $H_1 : \theta = 0.9$ 表示她很可能有此“特异功能”。显然，

$$\mathsf{P}(10\text{ 次都答对了}|H_0) = (0.5)^{10}$$

这个概率值非常小。但它不能作为拒绝 $H_0$ 的理由，合理的理由是备择假设使得以较大的概率 $\mathsf{P}(10\text{ 次都答对了}|H_1) = (0.9)^{10}$ 观察到结果。即，人们应该接受使得似然更大的那个简单假设。

图 5.3　女士品茶的思想实验

**定义 5.2**　若样本 $X_1, X_2, \cdots, X_n \overset{\text{iid}}{\sim} f_\theta(x)$，似然函数 $\mathscr{L}(\theta; \boldsymbol{x}) = \prod_{j=1}^n f_\theta(x_j)$ 在 $\theta_1$ 和 $\theta_0$ 两点的函数值之比被称为**似然比** (likelihood ratio)，记作 $\lambda(\boldsymbol{x}; \theta_0, \theta_1)$，即

$$\begin{aligned}\lambda(\boldsymbol{x}; \theta_0, \theta_1) &= \frac{\mathscr{L}(\theta_1; \boldsymbol{x})}{\mathscr{L}(\theta_0; \boldsymbol{x})} \\ &= \frac{\prod_{j=1}^n f_{\theta_1}(x_j)}{\prod_{j=1}^n f_{\theta_0}(x_j)}\end{aligned}$$

在上下文信息不引起误解的情况下，似然比有时也简记作 $\lambda(\boldsymbol{x})$。对于像例 5.2 这样的两个简单假设 $H_0 : \theta = \theta_0 \leftrightarrow H_1 : \theta = \theta_1$ 的检验问题，似然比 $\lambda(\boldsymbol{x}; \theta_0, \theta_1) > 1$ 意味着 $H_1 : \theta = \theta_1$ 更有可能成立。

**定义 5.3**　对于检验问题 $H_0 : \theta \in \Theta_0 \leftrightarrow H_1 : \theta \in \Theta_1$，如果存在凸集 $C$ 使得 $\Theta_1 \subseteq C$ 且 $C \cap \Theta_0 = \emptyset$，则称该问题是**单侧检验问题** (one-sided testing problem)，否则就称**双侧检验问题** (two-sided testing problem)。

例如，$H_0 : \theta \leqslant \theta_0 \leftrightarrow H_1 : \theta > \theta_0$ 是单侧检验，而 $H_0 : \theta = \theta_0 \leftrightarrow H_1 : \theta \neq \theta_0$ 是双侧检验。

**例 5.3**　已知样本 $X_1, X_2, \cdots, X_n \overset{\text{iid}}{\sim} \mathrm{N}(\mu, \sigma^2)$，其中 $\sigma^2$ 已知，$\mu$ 未知，考虑双侧检验

$$H_0 : \mu = \mu_0 \leftrightarrow H_1 : \mu \neq \mu_0$$

与例 5.2 不同的是，此处备择假设是一个复合假设，它不能确定总体分布，进而无法计算 $\mathsf{P}(X_1 = x_1, X_2 = x_2, \cdots, X_n = x_n|H_1)$，也不能计算似然比。我们如何实现戈塞的想法呢？

⊡ 假定零假设 $H_0$ 成立，即 $\mu = \mu_0$，则样本均值 $\overline{X}$ 是参数 $\mu$ 的最大似然估计，且

$$\overline{X} \sim \mathrm{N}(\mu_0, \sigma^2/n)$$

如图 5.4 所示，显然，样本均值 $\overline{X}$ 以大概率落于区间 $A = [\mu_0 - 3\sigma/\sqrt{n}, \mu_0 - 3\sigma/\sqrt{n}]$ 之内。若给定样本容量 $n$，这个区间是固定的。在大量重复试验中，样本均值的观测结果 $\bar{x}$ 多落于此区间内。

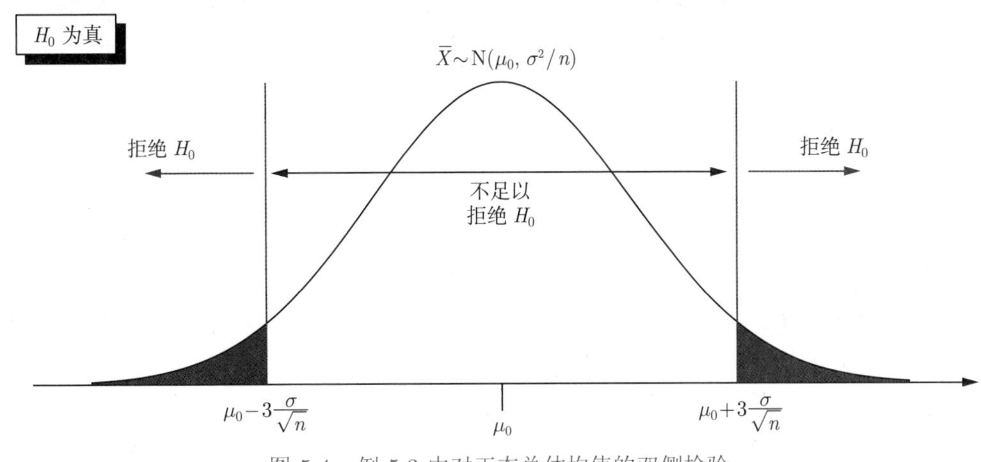


图 5.4　例 5.3 中对正态总体均值的双侧检验

如果 $\bar{x} \notin A$，意味着小概率事件 $\overline{X} \notin A$ 发生了。在这种情况下，小概率事件的发生让我们倾向于认为零假设 $H_0$ 不成立而拒绝它，因为与 $H_0 : \mu = \mu_0$ 相比，总体设为 $\mathrm{N}(\bar{x}, \sigma^2)$ 能更好地解释数据的由来，我们更愿意相信 $H_1 : \mu = \bar{x} \neq \mu_0$（见图 5.4 中拒绝 $H_0$ 的区域，离 $\mu_0$ 都足够远）。

### 3. 假设检验的两类错误

埃贡・皮尔逊受到戈塞的启发，他写信给内曼提议当备择假设之下样本的最大似然远大于原假设之下样本的最大似然时，可用似然比标准来拒绝原假设。埃贡・皮尔逊认为似然比为假设检验提供了一般框架，在与内曼的通信中二人开始了在假设检验理论方面的合作。

**定义 5.4**　1926 年至 1928 年，内曼与埃贡・皮尔逊在合作研究中指出，对假设 $H_0 : \theta \in \Theta_0 \leftrightarrow H_1 : \theta \in \Theta_1$ 的检验有可能犯以下两种类型的错误（表 5.1）。

- 第一类错误：当零假设 $H_0$ 真（即 $\theta \in \Theta_0$）时，拒绝了 $H_0$ 或者接受了 $H_1$。因此，第一类错误也称为“拒真错误”。
- 第二类错误：当零假设 $H_0$ 假（即 $\theta \in \Theta_1$）时，接受了 $H_0$ 或者拒绝了 $H_1$。因此，第二类错误也称为“取伪错误”。

表 5.1　假设检验的两类错误

| 行为 | 真实情况 | |
|---|---|---|
| | $H_0$ 为真 | $H_0$ 为假 |
| 拒绝 $H_0$ | 第一类错误 | 正确 |
| 接受 $H_0$ | 正确 | 第二类错误 |

内曼和埃贡・皮尔逊一语道破频率派假设检验的天机，“我们可以寻找规则来控制我们对它们的行为，在遵循这些规则的过程中，我们可以确保，从长期的经验来看，我们不会经常犯错误。”这是对归纳行为的最贴切的解释。

在大量的重复试验中，这两类错误的发生频率（或概率）是最基本、最核心的概念。如此，便可以把假设检验划归为一个统计决策问题[10]。

**定义 5.5** 第一类错误的概率 $\alpha = \mathsf{P}\{拒绝\ H_0|\theta \in \Theta_0\}$ 也称为*拒真概率*。不犯第二类错误的概率 $\beta$ 称为检验对备择假设的*功效*或*势* (power)，即

$$\beta = \mathsf{P}\{拒绝\ H_0|\theta \in \Theta_1\}$$

显然，第二类错误的概率（也称为*取伪概率*）是

$$\begin{aligned} 取伪概率 &= 1 - \mathsf{P}\{拒绝\ H_0|\theta \in \Theta_1\} \\ &= 1 - \beta \end{aligned}$$

在检验的拒真概率不超过一个给定的接近零的正实数 $\alpha$ 的时候，$\beta$ 越大表明检验拒伪的能力越强。人们当然希望一个检验的拒真概率和取伪概率都足够小，然而当样本量一定时，我们将论证同时无限制地减少这两类错误的概率是不可能的。

例 5.4 哪类错误更应引起注意呢？这依赖于零假设和具体的应用对象。譬如，

- “$H_0$ : 某人有癌症 $\leftrightarrow$ $H_1$ : 某人没有癌症”对医院来说，还有什么比挽救生命更重要的？拒真错误就是当 $H_0$ 为真时，却认为“某人没有癌症”，从而耽误病人及时治疗。所以，拒真错误比取伪错误更让人难以容忍（图 5.5）。
- “$H_0$ : 产品合格 $\leftrightarrow$ $H_1$ : 产品不合格”对生产者来说，取伪错误过大将带来产品质量的下降，拒真错误过大将导致生产成本的增加。而对消费者来说，减小取伪错误比减小拒真错误更重要。

通常情况下，人们把力图否定的命题约定为零假设（见例 5.1），假设检验就像是在用数据“抬杠”，总想对零假设说“不”。或者，把更关注的统计假设当作零假设（如 $H_0$ : 某人有癌症）。在这样的约定之下，拒真错误往往显得比较重要。如果搞混了错误的类型或者重要性，就是“错误的悲剧”了（图 5.6）。

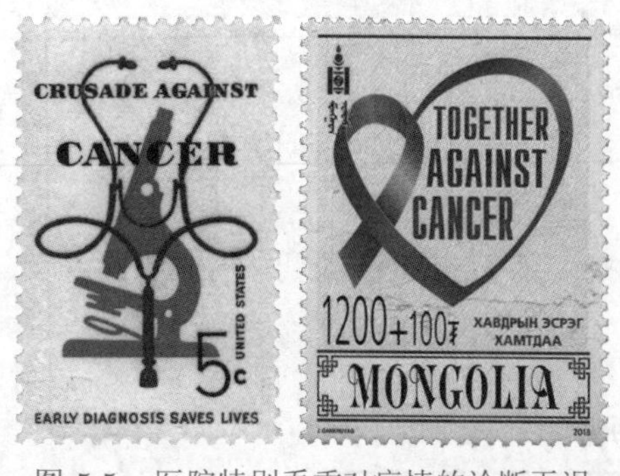


图 5.5 医院特别看重对病情的诊断无误

图 5.6 《错误的喜剧》

注：英国文学大师**威廉·莎士比亚**（William Shakespeare, 1564—1616）的早期作品，讲述了两对双胞胎兄弟失散后，两个弟弟一起寻找两个哥哥的故事。由于模样相似，四人之间阴差阳错地闹出许多令人啼笑皆非的趣事。

例 5.5 医学研究中常用双盲试验 (double-blind trial) 来验证药物的有效性：病人被随机分配到对照组 (control group) 和处理组 (treatment group)，分组信息对于被测者（即病人）和医生都是屏蔽的，在数据收集、分析之后这些信息才予以公布。对照组的病人服用的药物是安慰剂（即没有任何治疗作用的药片或针剂），处理组的病人服用的则是货真价实的待测药。这种随机对照双盲试验尽可能地确保了客观性，摈除了心理、偏好等主观因素的影响，尽可能将偏差降到最小，是目前比较常用的试验设计。如果分组信息对数据分析人员而言也是屏蔽的，这样的三盲试验则可以进一步减少分析上的偏差。

除了双盲试验，有时人们还需要对不同的医疗方法进行比较。所谓“比较”就是看它们是否等效，哪个治愈率更高，等等。假设检验是这种统计分析的常规方法，离开它很难给出令人信服的评价。事实上，所有的科学研究都离不开可被普遍接受的合理公正的评估标准，否则就会出现“公说公有理，婆说婆有理”的混乱局面了。只有可操作、可传授的知识才是真正的知识[52]。

例如，中医诊察疾病的基本方法（望、闻、问、切），以及五行（金、木、水、火、土）相生相克的理论（图 5.7），都需要经过双盲试验的科学验证。

图 5.7 中医的诊疗

1928—1930 年，埃贡·皮尔逊和内曼联名发表了几篇论文，提出了备择假设、两类错误等基本概念，研究了两样本问题和多样本问题的似然比检验。

因为内曼是频率派的忠实支持者，所以他终生反对贝叶斯学派。内曼觉得似然比与贝叶斯方法有牵连，因此他并不满足于似然比标准。内曼力图寻找更底层的原则和更坚实的基础，为此他提出了所谓的“内曼-皮尔逊原则”。

**定义 5.6**（内曼-皮尔逊原则） 1928 年，内曼和埃贡提出一个评价检验优劣的原则，称为内曼-皮尔逊原则：在控制住拒真概率的前提下，使取伪概率尽可能小或不犯取伪错误的概率 $\beta = \mathsf{P}\{拒绝\ H_0 | \theta \in \Theta_1\}$ 尽可能大。

- 在该原则之下，1930 年内曼构造出了当原假设和备择假设都是简单假设之时的最优检验，即著名的内曼-皮尔逊基本引理。
- 1933 年，内曼和埃贡·皮尔逊发表了著名论文《关于统计假设的最有效检验问题》，奠定了内曼-皮尔逊假设检验理论的基础，这篇论文被收录在《统计学中的重大突破》第一卷[26] 中。

内曼的统计哲学是把统计学视作决策行为的指导原则，他的假设检验理论与置信区间理论同出一辙，都是保证在长期的经验中不经常地犯错，而不是针对某次具体的决策。内曼的这一观点遭到了费舍尔的强烈反对，费舍尔认为内曼的理论只适用于可重复的情形，而作为科学推断的一般方法却是不适宜的。

对内曼-皮尔逊假设检验理论的反对之声还有一些来自技术层面的，譬如在未获得观测数据之前所有的检验步骤都已确定，因为统计实践往往要根据观测数据来选择模型，内曼-皮尔逊检验程序难免显得过于死板。另外，在内曼-皮尔逊的框架里，最优的检验要么不存在，要么难以求得，很多问题不得不局限在指数族里讨论。

即便如此，内曼-皮尔逊假设检验理论仍旧是经典统计学的重要组成部分，其后续发展在统计实践中一直扮演着重要角色。

## 第 5 章的关键概念

本章有关假设检验的内容大多为内曼和埃贡·皮尔逊的工作（图 5.8），其中有些想法受到戈塞和费舍尔的影响。

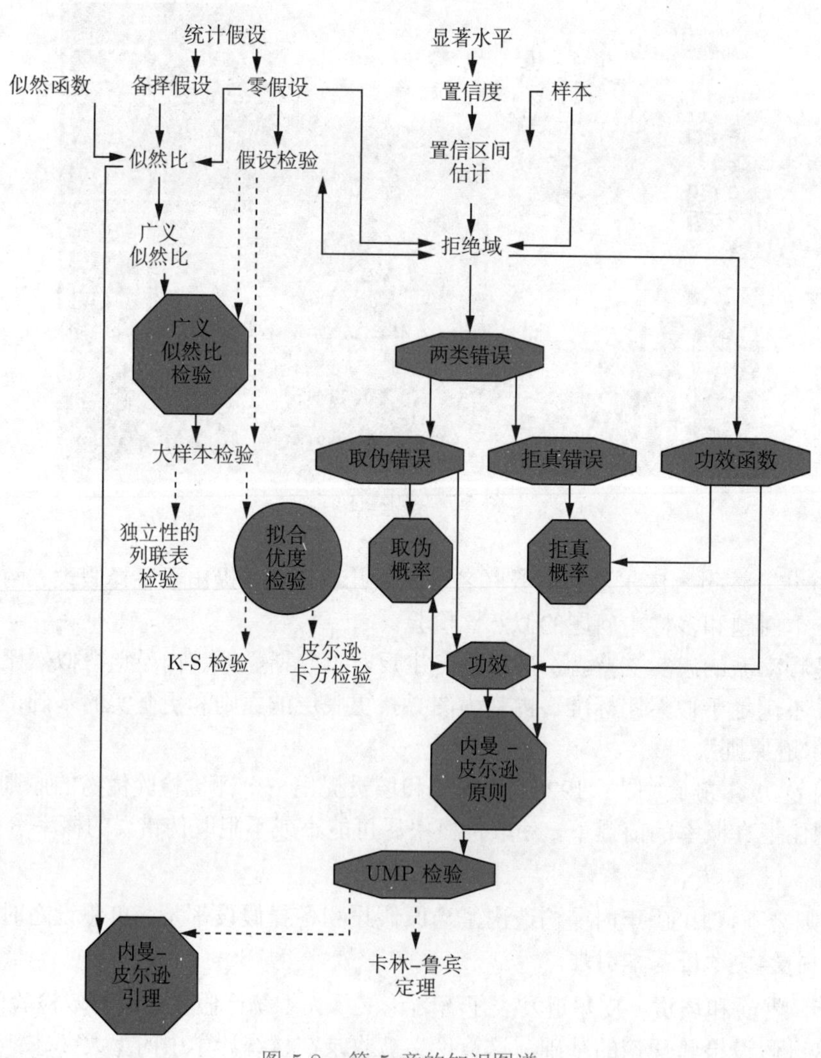

图 5.8　第 5 章的知识图谱

## 5.1 内曼-皮尔逊假设检验理论

在内曼和埃贡·皮尔逊的论文《关于统计假设的最有效检验问题》的导言部分，作者提到法国数学家**约瑟夫·贝特朗**（Joseph Bertrand, 1822—1900）曾悲观地认为，依据样本的某个特征的概率之大小来评判假设的真伪是得不到可靠的结果的，然而法国数学家**埃米尔·波雷尔**（Émile Borel, 1871—1956）相信只要特征选得好，该方法还是可行的。

内曼和埃贡·皮尔逊的观点是，检验的目的并不在于了解每个具体的假设为真或为假，而是寻找在长期实践中很少犯错的检验规则。譬如这样的检验规则 $R_{H_0}$：对于假设 $H_0$，计算观测数据的某特征 $x$，如果 $x > x_0$ 就拒绝 $H_0$，否则就接受 $H_0$，其中 $x_0$ 是一个阈值。内曼和埃贡·皮尔逊希望规则 $R_{H_0}$ 在大量重复使用中犯错误的概率很小。这一检验规则虽不能告诉人们某次具体的检验是否得出正确的结论，但如果我们能证明在反复实践中按此规则行事将很少犯错，那么每次具体的检验就会让人觉得“八九不离十”。打个比方，一个高超的赌博策略虽不能保证每次都赢，但一直赌下去必定是赢多输少。

内曼和埃贡·皮尔逊对假设检验的认知深受频率派思想的影响。事实上，内曼的置信区间理论延续了他的统计哲学，请读者回顾置信度的频率解释，再来体会内曼不纠缠检验规则“一时的成败”，而是通过大量反复的试验对检验规则给出一个综合评价。

**定义 5.7**　内曼-皮尔逊假设检验理论的基本想法是设定一个小的概率阈值 $\alpha$，称之为**显著水平** (significance level) 或**水平**，譬如 $\alpha = 0.05$ 或 $0.01$。假定零假设 $H_0 : \theta \in \Theta_0$ 成立，如果观察到样本 $\boldsymbol{X} = (X_1, X_2, \cdots, X_n)^\top$ 的概率不超过 $\alpha$，则在水平 $\alpha$ 拒绝零假设 $H_0$（例 5.2 和例 5.3）。即，拒绝 $H_0$ 的条件是

$$\mathsf{P}\{\boldsymbol{X}|\theta \in \Theta_0\} \leqslant \alpha$$

在实践中，为了避免概率计算上的麻烦，这个决策问题常常转化为判断样本 $\boldsymbol{X}$ 是否落于样本空间的某子区域 $R$，称之为该假设检验的**拒绝域** (rejection region)，当样本 $\boldsymbol{X}$ 落于 $R$ 中时拒绝零假设 $H_0$。拒绝域 $R$ 的补集 $A = R^c$ 称为**接受域**，当样本 $\boldsymbol{X}$ 落于 $A$ 中时接受零假设 $H_0$。不管拒绝还是接受，都是针对零假设 $H_0 : \theta \in \Theta_0$ 而言的（图 5.9）。

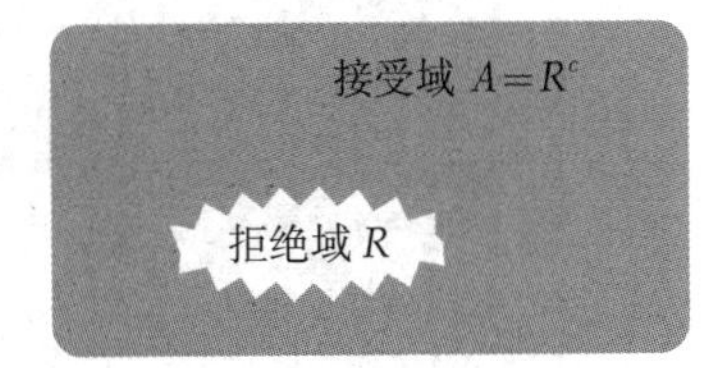


图 5.9　针对零假设 $H_0$ 而言的拒绝域和接受域

**定义 5.8**　假设检验的目标就是构造样本空间的子区域 $R$，我们把 $R$ 的指示函数 $\delta(\boldsymbol{x}) = I_R(\boldsymbol{x})$ 称作**检验函数** (test function)，构造拒绝域 $R$ 与构造检验函数 $\delta(\boldsymbol{x})$ 是一回事。其中，集合 $R$ 的**指示函数** (indicator function) $I_R$ 定义为

$$I_R(x) = \begin{cases} 1 & ，如果\ x \in R \\ 0 & ，如果\ x \notin R \end{cases} \tag{5.3}$$

例 5.6　以 $H_0 : \theta \leqslant \theta_0$ 为例，如果样本均值 $\overline{X}$ 是 $\theta$ 的点估计，则 $\overline{X}$ 越小 $H_0$ 成立的可能就越大。不妨设一个临界值 $c$，把样本空间划分为 $R = \{\boldsymbol{x} \in \mathbb{R}^n : \overline{x} > c\}$ 和 $R^c = \{\boldsymbol{x} \in \mathbb{R}^n : \overline{x} \leqslant c\}$ 两部分：如图 5.9 所示，当样本 $\boldsymbol{X}$ 落于 $R$ 中时，就拒绝 $H_0$，否则就接受 $H_0$。

给定拒绝域 $R$ 后，凭借样本 $\boldsymbol{X}$ 是否落于 $R$ 中来拒绝或接受 $H_0$ 便带来了随机性——在假设检验中，变的是样本，不变的是拒绝域。如何构造出合理的拒绝域 $R$ 呢？

简而言之，内曼-皮尔逊原则（定义 5.6 ）是金科玉律，即在控制住拒真概率的前提下，让取伪概率尽量小。有没有什么手段将鱼与熊掌兼得考虑？有！这便是如下定义的*功效函数* (power function)。

$$\beta(\theta) = \mathsf{P}_\theta\{\text{拒绝 } H_0\} \tag{5.4}$$

显然，当 $\theta \in \Theta_1$ 时，式 (5.4) 就是定义 5.5 所说的*功效*。下面，通过女士品茶问题，我们初步了解一下功效函数。

例 5.7　在例 5.2 的女士品茶试验中，配茶过程对于品茶者来说是不可见的（图 5.10）。

⚀ 费舍尔为该女士准备了 $n$ 对茶杯（每对茶杯中，一杯先加奶，另一杯先加茶）。在每对茶杯中，女士可以通过比较，而不是通过类的本质特征来判断。她若猜中了一个，也将猜中另一个。

⚁ 内曼为该女士准备了 $n$-重伯努利试验：抛一枚均匀的硬币，如果正面则先加奶，如果反面则先加茶，如此配制 $n$ 杯让她猜。内曼的试验设计摈除了女士通过比较判断类别的可能。内曼认为相对差异和类别的本质特征是不同的，试验目标是为了检测该女士是否具备识别两类茶的本质特征的能力。

综上所述，费舍尔的女士品茶是“区分”，内曼的女士品茶是“识别”，二者在语义上是不同的。就是这一点理解上的差异，导致两位统计学大师给出了不同的试验设计。

图 5.10　女士品茶问题

### 1. 费舍尔的试验设计

女士猜对的次数服从二项分布 $X \sim \mathrm{B}(n,\theta)$，其中 $\theta \in [0,1]$ 是未知参数。对 $\theta \in \left[0,\frac{1}{2}\right]$ 的解释是该女士品出了两种方法配制的茶有所不同，但并不清楚哪个是哪个。零假设是 $H_0: \theta = \frac{1}{2}$，备择假设可以是 $H_1: \theta \neq \frac{1}{2}$，也可以是 $H_1': \theta > \frac{1}{2}$。直觉上，猜对次数越多越应该拒绝 $H_0$，不妨设阈值为 $t$，则功效函数 (5.4) 是

$$\begin{aligned}\beta(\theta|t,n) &= \mathsf{P}_\theta(X \geqslant t)\\ &= 1 - \mathsf{P}_\theta(X < t)\\ &= 1 - \sum_{k=0}^{t-1} \mathrm{C}_n^k \theta^k (1-\theta)^{n-k}\end{aligned}$$

考虑 $H_0:\theta=\frac{1}{2}\leftrightarrow H_1':\theta>\frac{1}{2}$，对固定的 $t,n$ 来说，功效函数 $\beta(\theta|t,n)$ 是 $\theta$ 的增函数。对固定的 $\theta,n$ 而言，$\beta(\theta|t,n)$ 是 $t$ 的减函数（图 5.11）。

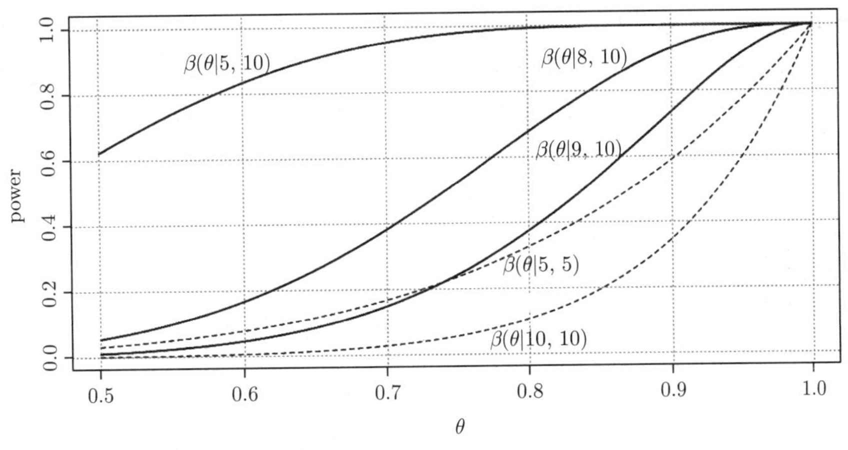


图 5.11　功效函数 $\beta(\theta|t,n)$

对备择假设 $H_1$ 和 $H_1'$ 而言，$\theta$ 的取值范围分别是 $[0,1]$ 和 $\left[\frac{1}{2},1\right]$。在 10-重伯努利试验中，如果我们选择阈值 $t$，即当该女士猜中的次数不低于 $t$ 时拒绝 $H_0$，那么

- 当 $H_0$ 为真（即该女士完全随机猜测）时，$t$ 越大（即拒绝 $H_0$ 的条件越严苛），功效函数的值越小，意味着犯拒真错误的概率越小。
- 当 $H_0$ 为假（即该女士有特异功能）时，$\theta$ 越大（即特异功能越强），功效函数的值越大，意味着不犯取伪错误的概率越大。

如果想在 $H_0:\theta=\frac{1}{2}$ 为真（即女士完全随机猜测）时，拒真概率不超过 $\alpha$，则只需解下面的方程，便能求出阈值 $t$ 得到拒绝域。

$$\left(\frac{1}{2}\right)^n\sum_{k=t}^{n}C_n^k\leqslant\alpha$$

例如，如果想让拒真概率不超过 $\alpha=0.05$，$n$-重伯努利试验中猜中 $t$ 次或以上才能拒绝 $H_0$，具体求得 $(n,t)$ 的结果如表 5.2 所示。

表 5.2　费舍尔拒绝“女士完全随机猜测”的条件

| $n$ | 5 | 10 | 20 | 30 | 40 | 50 | 60 | 70 | 80 | 90 | 100 |
|---|---|---|---|---|---|---|---|---|---|---|---|
| $t$ | 5 | 9 | 15 | 20 | 26 | 32 | 37 | 43 | 48 | 54 | 59 |

### 2. 内曼的试验设计

“我们注意到识别一种配茶方法的概率，$p_1$，可以认为有别于识别另一种配茶方法的概率，$p_2$。最终，该女士不具备识别配茶方法的能力也不必推出 $p_1=p_2=\frac{1}{2}$。事实上，该女士不能识别任何一种方法的假设仅仅意味着无论茶是用某一种方法配制还是用另一种方法配制，她断言茶是用第一种方法配制的频率是一样的。用概率 $p_1$ 和 $p_2$ 来讲，它仅意味着 $p_1=1-p_2$，其中 $p_1$ 和 $p_2$ 可能远非 $\frac{1}{2}$。例如，识别第一种方法的概率 $p_1$ 可能是 0.9，这并不表示该女士有任何能力品出茶是用哪个具体方法配制。这种情况发生当且仅当按既定计划送检第二种方法配制的茶，该女士依然十次里有九次坚持断言配茶方法是第一种。用概率 $p_2$ 来说，这意味着 $1 - p_2 = 0.9 = p_1$。相反，如果该女士真有能力品出配茶方法，这种情况会以一种不同的频率断言'茶由第一种方法配制'来表达自己，一个单独为由某种方法配制的茶而算得，一个单独为另一种方法配制的茶而算得。因此，假设不存在让该女士识别配茶方法的感知能力等价于假设 $p_1 = 1 - p_2$"。[32]

在内曼的随机试验中，有 $\frac{1}{2}$ 的概率使用第一种方法配制茶，该女士识别出此方法的概率是 $p_1$；有 $\frac{1}{2}$ 的概率使用第二种方法配制茶，该女士识别出此方法的概率是 $p_2$。因此，女士品茶的成功率是

$$\theta = \frac{1}{2}p_1 + \frac{1}{2}p_2$$

在 $n$ 次独立试验中，成功次数 $Y$ 服从二项分布 $\mathrm{B}(n, \theta)$，即

$$\mathsf{P}(Y = k|\theta) = \mathrm{C}_n^k \theta^k (1-\theta)^{n-k}$$

我们已经看到，"该女士没有能力识别配茶方法"的假设等价于"$p_1 = 1 - p_2$"的假设。于是，零假设是 $H_0 : \theta = \frac{1}{2}$。与前面的讨论类似，备择假设可以是 $H_1 : \theta \neq \frac{1}{2}$，也可以是 $H_1' : \theta > \frac{1}{2}$。

如果该女士真有能力识别配茶方法，当茶确由第一种方法配制时，她断言"茶由第一种方法配制"的频率应该高于茶由第二种方法配制时她做此断言的频率。即

$$p_1 > 1 - p_2，\text{或者 } \theta > \frac{1}{2}$$

内曼试验的功效函数与费舍尔试验中的相同。"然而，重要的是要注意到，试验方面的情况在这两种设计下是非常不同的。尤其是，至少乍一看，此处所描述的试验程序可能看起来比前面描述的 [费舍尔的方法] 效率高一倍。"该女士只需喝 $n$ 杯茶，而不是 $2n$ 杯茶。

3. **费舍尔的更一般的试验设计**

按照第 1 章中费舍尔所描述的试验设计，准备 $2n$ 个茶杯，其中 $n$ 个茶杯先加奶，$n$ 个茶杯先加茶。以随机次序让该女士品尝，她猜对的杯数 $Z$ 可能是 $0, 1, \cdots, n$，如果是随机猜测，$Z$ 服从超几何分布 $\mathrm{Hyper}(n, n, n)$（见《人工智能的数学基础——随机之美》[10]），其分布列是

$$\begin{aligned}\mathsf{P}(Z = k|\text{随机猜测}) &= \frac{\mathrm{C}_n^k \mathrm{C}_n^{n-k}}{\mathrm{C}_{2n}^n} \\ &= \frac{(\mathrm{C}_n^k)^2}{\mathrm{C}_{2n}^n}\end{aligned}$$

当 $n = 4$ 时，该分布列如表 5.3 所示。

表 5.3　超几何分布 Hyper(4, 4, 4) 的分布列

| $k$ | 0 | 1 | 2 | 3 | 4 |
|---|---|---|---|---|---|
| $\mathsf{P}(Z = k\|\text{随机猜测})$ | 1/70 | 16/70 | 36/70 | 16/70 | 1/70 |

费舍尔认为，"这个试验对象可能会对目前所描述的试验提出一个可能的反对意见，因为只有每一个杯子都被正确分类，她才会被认为是成功的。一个错误就会使她的表现降低到不显著的程度。然而，她的主张可能不是说她能以不变的确定性作出区分，而是说，尽管有时她错了，但对的比错的多。

试验应该被充分地扩大，或者充分地重复，这样她就能够在偶尔出现错误的情况下证明正确分类的数量优势了。”

费舍尔觉得，如果给该女士 12 杯茶，而不是 8 杯茶，她就能在犯一次错误的情况下依然保证在显著水平 $\alpha = 0.05$ 证实自己的品茶能力。费舍尔坚信，“通过增加试验的规模，我们可以使其更加敏感，这意味着它将允许检测到较低程度的感官辨别，或者换句话说，从数量上来说，与零假设的偏差较小。”

内曼评价道，“引用的这段话说明了费舍尔对第二类错误问题的意识，以及在小规模试验中，统计检验的力量可能很小，以至于使试验成为一项无望的任务。防范此类危险的最好的方法是在计算了一些功效函数之后确定试验的规模。然而，为了能够计算一个检验的功效函数，有必要弄清楚被认为是可接受的一组简单假设。

显然，对于任何一类给定的现象，一组可接受的简单假设与研究这些现象的试验密切相关。这个简单的可容许假设是关于可观测随机变量的，如果我们改变试验的设计，那么这个变化必然会引起可观测随机变量性质的一些变化，并可能改变它们与现象的关系。”

费舍尔认为，如果待检验的假设为真，那么可观测变量 Z 就是一个超几何分布的随机变量。然而，内曼对此有不同看法，“这一描述中与待检验的假设为假的情况有关的部分，以及女士确有辨茶味道的实质但不完全的能力，不足以确定变量相应的频率函数。”此处，频率函数指分布函数。

在费舍尔的试验设计中，虽然 Z 表示将某类的 $n$ 杯茶成功分类的次数，但内曼并不认为它是一个二项分布的变量，原因是该女士是通过比较（甚至多次品尝）来做判断的，这使得试验序列并非独立。无论何时她做决定，她都知道这 $2n$ 杯茶中有 $n$ 杯是一类的（图 5.12）。内曼质问道，如果 Z 不是二项分布的变量，并且如果因为这位女士的辨别能力，它也不是超几何分布的变量，那么它是什么呢？

图 5.12 18 世纪早期，德国柏林生产的中国风格的挂毯《女士品茶》

内曼认为费舍尔把“该女士没有能力识别配茶方法”等同于“随机猜测”的想法是错误的，这种对零假设的误解，导致无理的功效函数，也使得对试验规模的讨论没有意义。

“然而，这一论点，再加上对情况的一般描述，并不能确定这位女士在有十二个茶杯的扩大试验中成功的概率，该试验要求她至少对五对杯子进行正确分类。对这种概率的任何数值估计都将取决于新的猜测。因此，按照目前的试验设计，这位女士的申辩，以及试验者对试验规模足够大使得她能够证明自己能力的关注，都将继续没有令人信服的答案。

所有这些讨论都得出结论，当考虑一个试验设计来检验某些现象存在时，必须尽可能清楚地构想这种现象是如何在所考虑的试验条件下显现出来的。更具体地说，必须弄清楚由试验确定的可观测随机变量的频率函数与现象强度的某些适当测量（或某些测量）之间的联系。如果联系是明确的，那么计算所提出的试验的功效函数，然后确定试验的规模是否足以确保实质强度的现象有令人满意的被检测的机会，这是一件简单的事情。如果现象的强度与可观测变量之间的联系是含糊的，与扩大规模的试验有关的功效函数的计算就是不可能的，那么，为了确保合理的成功概率，试验规模应该有多大这个重要问题就无法回答。”[32]

4. **图灵测试**

1950 年，英国数学家、逻辑学家、密码分析专家**艾伦 · 图灵**（Alan Turing, 1912—1954）（图 5.13）在人工智能开创性论文《计算机器与智能》[43] 中，为验证机器是否达到人类的智能而提出了著名的“图灵测试”(Turing test)：被测试者 $X$ 可能是机器，也可能是人类。为了公平起见，试验采用盲测，即 $X$ 不能被外界所见，只能通过电传打字设备与外界沟通（譬如，$X$ 处于一个封闭的屋子里）。一个由人类组成的评判团通过自由提问来断定 $X$ 是机器还是人类，他们所有的依据就是 $X$ 对问题的回答。如果评判团不能正确地区分机器与人类，则机器可视为具备了人类的智能[45,46,52]。换句话说，对人类提问者判断力的否定便是对机器智能的肯定。显然，图灵测试绝非“一锤子买卖”（即靠一次试验就能下最终结论），而是要通过多次独立重复试验和假设检验来判断机器是否具备了人类的智能。

图 5.13 图灵——计算机科学和人工智能之父

图灵测试（图 5.14）和女士品茶有着极其相似的地方——它们都是为了判定某种能力的存在。然而需要强调的是，图灵测试认可机器智能的方式并不是要求它每次都能“蒙混过关”，而是通过假设检验“否证”人类评判团有能力区分机器与人类，这两种方式是有本质区别的。譬如，不论 $X$ 是什么，人类评判团每次都将其识别为“机器”，这反而不利于识别任务——虽然机器没能“蒙混过关”，但评判团的判断力也被假设检验否认了。简而言之，图灵测试考察的是评判团区分机器与人类的能力。因此，图灵明确提出，智能是一个与评判团反应相关的“情感概念”[46]。人们常常对图灵的观点产生误解。

图 5.14　人工智能中的图灵测试

事实上，假设检验方法可广泛地应用于对机器感知、决策等能力的测试，例如，*物体识别* (object detection)、*自动驾驶* (autonomous driving)、医疗诊断等。

### 5.1.1　功效函数与两类错误的概率

拒真概率与取伪概率有怎样的关系？要搞清楚这个问题需要功效函数这一工具，它源于内曼对 $t$ 检验第二类错误概率的研究。功效函数把两类错误的概率统一地表示出来，形式上很方便。以后讨论拒真概率和取伪概率都可以通过功效函数来完成。

**定义 5.9**　样本 $\boldsymbol{X}$ 落于拒绝域 $R$ 的概率就是拒绝 $H_0$ 的概率，即

$$
\begin{aligned}
\mathsf{P}_\theta\{\boldsymbol{X}\in R\} &= \mathsf{P}_\theta\{\text{拒绝 } H_0\}\\
&= \mathsf{P}_\theta\{I_R(\boldsymbol{X})=1\}
\end{aligned}
$$

显然，它是定义于参数空间 $\Theta$ 上关于 $\theta$ 的函数，称为*功效函数*或*势函数* (power function)，记作 $\beta_\delta(\theta)$ 或者 $\beta(\theta)$。

**性质 5.1**　由定义 5.9，显然，功效函数 $\beta_\delta(\theta)$ 满足：

$$
\begin{aligned}
\beta_\delta(\theta) &= \mathsf{E}_\theta I_R(\boldsymbol{X})\\
&= \mathsf{P}_\theta\{I_R(\boldsymbol{X})=1\}\\
&= \mathsf{P}_\theta\{\text{拒绝 } H_0\}\\
&= \begin{cases} \text{拒真概率} & \text{，如果 } \theta\in\Theta_0\\ 1-\text{取伪概率} & \text{，如果 } \theta\in\Theta_1 \end{cases}
\end{aligned}
$$

**定义 5.10** 对于检验函数 $\delta(\boldsymbol{x})$，如果 $\forall\theta\in\Theta_0$ 皆有 $\beta_\delta(\theta)\leqslant\alpha$，则称 $\delta$ 是一个水平 $\alpha$ 检验，它犯拒真错误的概率不超过 $\alpha$。后文中，所有水平 $\alpha$ 检验构成的集合记作 $\Delta_\alpha$。

如果拒绝域 $R$ 由 $T(\boldsymbol{x})>c$ 给出，其中 $T(\boldsymbol{X})$ 是一个统计量（称为检验统计量，test statistic），$c$ 为一待定常数称为临界值 (critical value)，可根据检验统计量 $T$ 的分布构造出拒绝域，只要保证拒真概率的上确界 $\alpha(c)$ 不超过给定的水平 $\alpha$，即

$$\begin{aligned}\alpha(c)&=\sup_{\theta\in\Theta_0}\mathsf{P}_\theta\{\text{拒绝 } H_0\}\\&=\sup_{\theta\in\Theta_0}\mathsf{P}_\theta\{T(\boldsymbol{X})>c\}\leqslant\alpha\end{aligned}\tag{5.5}$$

1. **基于功效的假设检验**

**算法 5.1** 假设检验的一般过程是:

⚀ 首先把整个参数空间 $\Theta$ 划分为 $\Theta_0$ 和 $\Theta_1$，列出零假设 $H_0:\theta\in\Theta_0$ 和备择假设 $H_1:\theta\in\Theta_1$。给出显著水平 $0<\alpha<1$，譬如 $\alpha=0.01$ 或 0.05 等。零假设一般为欲否定的命题。

⚁ 令 $T$ 为某一检验统计量，定义拒绝域为

$$R=\{\boldsymbol{x}\in\mathbb{R}^n:T(\boldsymbol{x})\geqslant c\}$$

其中，临界值 $c$ 待定。若数据落在边界 $\partial R=\{\boldsymbol{x}\in\mathbb{R}^n:T(\boldsymbol{x})=c\}$ 上，“拒绝”还是“接受”$H_0$ 本来就是模棱两可的事情，所以并不影响统计推断，有时也将拒绝域定义为

$$R=\{\boldsymbol{x}\in\mathbb{R}^n:T(\boldsymbol{x})>c\}$$

⚂ 由检验统计量的分布 $T(\boldsymbol{X})\sim G_\theta(t)$，其中 $G_\theta(t)$ 是一个含未知参数 $\theta$ 的分布，得到拒绝 $H_0$ 的概率 $\mathsf{P}_\theta\{T(\boldsymbol{X})>c\}$ 的表达式。为使得拒真错误不超过 $\alpha$，定义

$$\alpha(c)=\sup_{\theta\in\Theta_0}\mathsf{P}_\theta\{T(\boldsymbol{X})>c\}$$

由方程 $\alpha(c)=\alpha$ 解出临界值 $c$。

⚃ 当 $\boldsymbol{X}\in R$ 时，在水平 $\alpha$ 拒绝零假设 $H_0$；否则，接受 $H_0$。

**例 5.8** 设样本 $X_1,X_2,\cdots,X_n\overset{\text{iid}}{\sim}\mathrm{N}(\mu,\sigma^2)$，其中参数 $\sigma^2$ 已知，$\mu$ 未知，设 $\mu$ 的参数空间为 $\Theta=\{\mu_0,\mu_1\}$，其中 $\mu_0<\mu_1$。在水平 $\alpha$ 对简单假设 $H_0:\mu=\mu_0\leftrightarrow H_1:\mu=\mu_1$ 进行检验并求该检验的取伪概率。

**解** 显然，样本均值 $\overline{X}$ 越大，越倾向于否定 $H_0$，拒绝域定义为 $R=\{\boldsymbol{x}\in\mathbb{R}^n:\overline{x}>c\}$，其中 $c$ 是待定的常数。定义功效函数如下并得到拒真概率的上确界 $\alpha(c)$:

$$\begin{aligned}\beta_\delta(\mu)&=\mathsf{P}_\mu\{\overline{X}>c\}\\&=1-\Phi\left(\frac{c-\mu}{\sigma/\sqrt{n}}\right)\end{aligned}$$

$$\begin{aligned}\alpha(c)&=\sup_{\mu=\mu_0}\beta_\delta(\mu)\\&=\beta_\delta(\mu_0)\end{aligned}$$

$$= 1 - \Phi\left(\frac{c - \mu_0}{\sigma/\sqrt{n}}\right)$$

由 $\alpha(c) = \alpha$ 可得

$$c = \mu_0 + z_{1-\alpha}\frac{\sigma}{\sqrt{n}}$$

即拒绝 $H_0$ 的条件是

$$\frac{\overline{x} - \mu_0}{\sigma/\sqrt{n}} > z_{1-\alpha}$$

或者等价地，

$$\overline{x} > \mu_0 + z_{1-\alpha}\frac{\sigma}{\sqrt{n}}$$

进而得到该检验的取伪概率为

$$\begin{aligned} \mathsf{P}_{\mu_1}\{\overline{X} \leqslant c\} &= 1 - \beta_\delta(\mu_1) \\ &= \Phi\left[z_{1-\alpha} - \frac{\sqrt{n}(\mu_1 - \mu_0)}{\sigma}\right] \end{aligned}$$

明显地，拒真概率 $\leqslant \alpha$。当 $\alpha \to 0$ 时，取伪概率 $\to 1$。当样本量一定时，拒真概率和取伪概率就像跷跷板或跳板的两端（图 5.15），不能同时被降低。

图 5.15　跷跷板和跳板

例 5.9　在例 5.8 中，已知 $\sigma^2 = 1$，观测数据如下：

$$1.39, 0.39, 1.35, 0.92, -0.61, -0.87, -0.84, -1.59, -0.87, 0.06,$$
$$-0.06, -0.11, -0.16, -1.08, -0.20, -0.75, 1.63, -1.21, -0.64, 0.26$$

在水平 $\alpha = 0.05$ 对 $H_0: \mu = 0 \leftrightarrow H_1: \mu = 1/2$ 进行检验。

解　求得样本均值 $\overline{x} = -0.1495$，并且

$$\mu_0 + z_{1-\alpha}\frac{\sigma}{\sqrt{n}} = 0 + z_{0.95}\frac{1}{\sqrt{20}}$$

$$\approx 0.3678$$

根据例 5.8 的结果，在水平 $\alpha = 0.05$ 数据不足以否定零假设 $H_0 : \mu = 0$。另外，该检验的取伪概率为

$$\Phi\left[z_{1-\alpha} - \frac{\sqrt{n}(\mu_1 - \mu_0)}{\sigma}\right] = \Phi\left(z_{0.95} - \frac{\sqrt{20}}{2}\right)$$
$$\approx 0.2772$$

图 5.16 直观地展示了拒绝域、拒真概率、取伪概率、备择假设的功效等概念。无论观测数据如何，只要样本容量 $n$ 和检验水平 $\alpha$ 给定，该检验问题的拒绝域都固定是 $(0.3678, +\infty)$，进而取伪概率也总是 0.2772。

不难看出，当样本量一定时，拒真概率趋向于 0 将导致取伪概率趋向于 1，反之亦然。也就是说，在样本量一定时，两类错误的概率无法同时被减小。

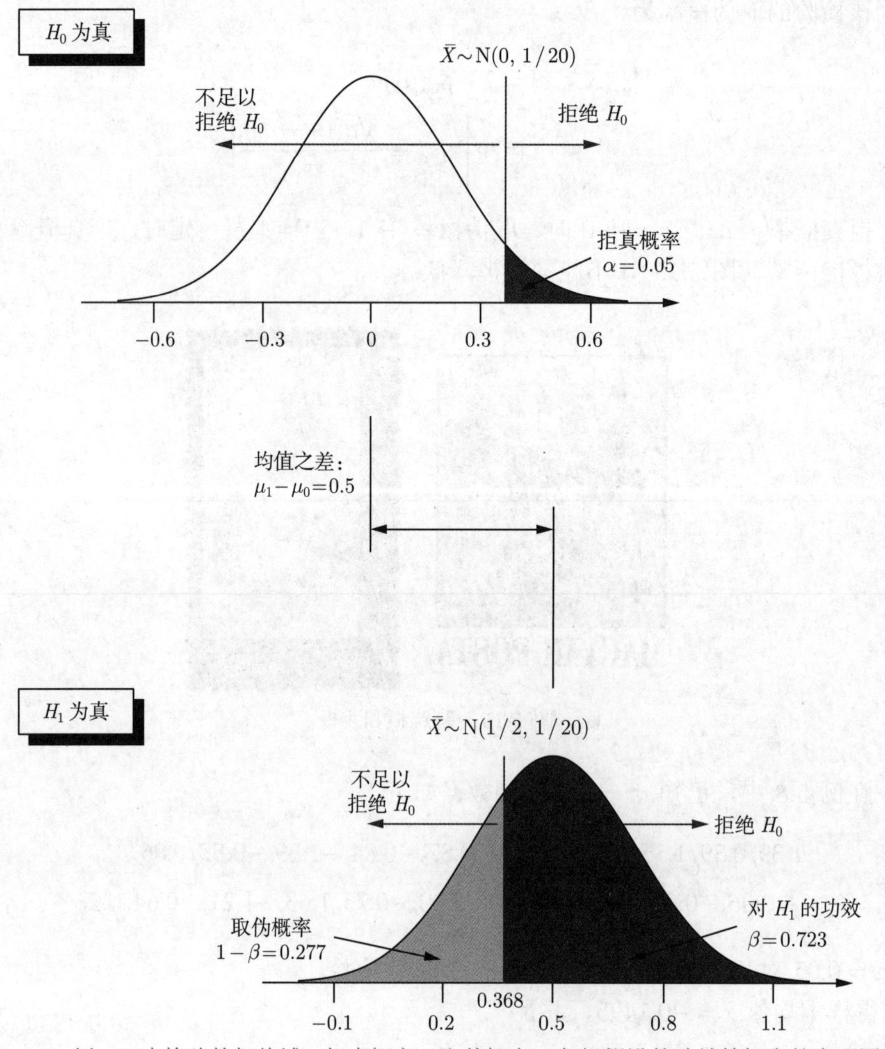


图 5.16 例 5.9 中检验的拒绝域、拒真概率、取伪概率、备择假设的功效等概念的直观图示

**例 5.10**　设样本 $X_1, X_2, \cdots, X_n \overset{\text{iid}}{\sim} \mathrm{N}(\mu, \sigma^2)$，其中参数 $\sigma^2$ 已知，$\mu \in \mathbb{R}$ 未知。在水平 $\alpha$ 对假设 $H_0: \mu \leqslant \mu_0 \leftrightarrow H_1: \mu > \mu_0$ 进行检验。

**解**　与例 5.8 类似，样本均值 $\overline{X}$ 越大，越倾向于否定 $H_0$。定义功效函数如下：

$$\begin{aligned}\beta_\delta(\mu) &= \mathsf{P}_\mu\{\overline{X} > c\} \\ &= 1 - \Phi\left(\frac{c-\mu}{\sigma/\sqrt{n}}\right)\end{aligned}$$

进而，得到拒真概率的上确界 $\alpha(c)$ 为

$$\begin{aligned}\alpha(c) &= \sup_{\mu \leqslant \mu_0} \beta_\delta(\mu) \\ &= \beta_\delta(\mu_0) \\ &= 1 - \Phi\left(\frac{c-\mu_0}{\sigma/\sqrt{n}}\right)\end{aligned}$$

由 $\alpha(c) = \alpha$ 可得

$$c = \mu_0 + z_{1-\alpha}\frac{\sigma}{\sqrt{n}}$$

拒绝 $H_0$ 的条件与例 5.8 的相同，该检验的功效函数为

$$\beta_\delta(\mu) = \Phi\left[\frac{\sqrt{n}(\mu - \mu_0)}{\sigma} - z_{1-\alpha}\right]$$

在例 5.10 中，不妨令 $\mu_0 = 0, \sigma = 1$，在水平 $\alpha = 0.05$，不同的 $n$ 所对应的功效函数如图 5.17 所示。显然，样本容量 $n$ 越大，功效函数 $\beta_\delta(\mu)$ 随着 $\mu$ 的增大趋向于 1 的速度就越快。

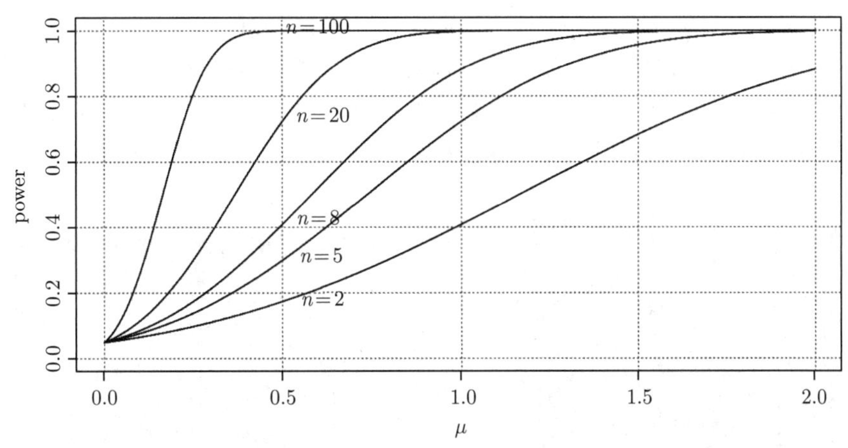


图 5.17　例 5.10 的功效函数

显然有

$$\lim_{\mu \to \mu_0} \beta_\delta(\mu) = \alpha$$

$$\lim_{\mu \to \infty} \beta_\delta(\mu) = 1$$

它的含义也很明显：$\mu$ 较之 $\mu_0$ 越大，拒绝 $H_0$ 的概率就越大。

### 2. 费舍尔对假设检验的诘难

费舍尔指出，“在我看来，在小样本理论中，用‘同一总体的重复抽样’来定义显著水平是有误导的，因为它允许在分母中不加批判地包含与观测的关键判断无关的材料。”

费舍尔叹息，“统计教学中纳入了一系列错误的显著性检验，虽然一个接一个地被揭露和质疑，并且在真正研究所用的检验中没有一席之地，但却使得许多从事科研、工业或行政工作的年轻人在一定程度上被灌输的错误推理削弱了能力。”（图 5.18）

图 5.18 科学与技术、科学与工业

费舍尔一开始对内曼-皮尔逊假设检验理论是赞同的，但后来他改变了主意，可能是看到在费舍尔-贝伦斯问题上两种理论的分歧。费舍尔不承认“功效”这个概念，对内曼-皮尔逊假设检验理论而言，此概念是核心，离了它就不能实现“控制住拒真概率并最小化取伪概率”。

费舍尔在《研究者用的统计方法》(1925) 中提倡 $\alpha = 5\%$ 作为标准水平，而 $\alpha = 1\%$ 作为更严格的选择。内曼和埃贡·皮尔逊遵循费舍尔采用的固定水平，直到今天，我们在教科书和论文中依然延续费舍尔的建议。然而，在面对同一数据、同一假设检验问题时，由于显著水平选取的不同，可能导致不同的结论。所以，当拒绝零假设时，一定要讲清楚是在什么条件下（图 5.19）。

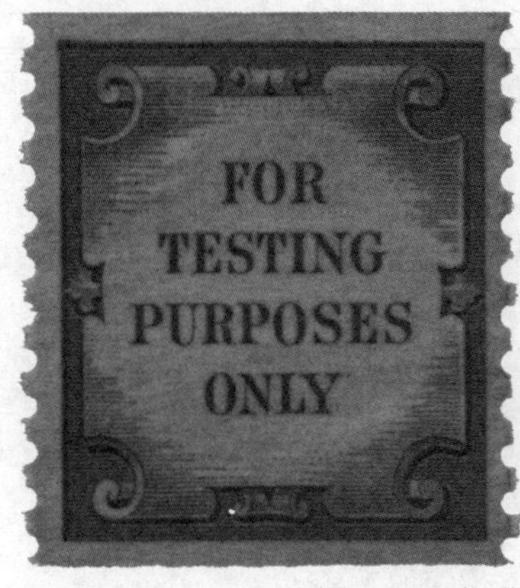

图 5.19 假设检验——统计学的“反证法”

为了避免标准不一引起的不便，很多统计人员在实践中使用如下定义的 $p$-值 ($p$-value) 或检验的显著性概率 (significance probability) 来报告假设检验的结果，它比 5%和 1%这样的标准水平要更客观一些。实际操作是：如果 $p$-值很小，则拒绝零假设。内曼和埃贡·皮尔逊在他们 1933 年的论文中，也不建议使用标准水平。令人惊讶的是，费舍尔曾反对内曼和埃贡·皮尔逊使用固定水平，“没有一个科学工作者有固定的显著水平，在此水平年复一年地在任何情况下拒绝假设；他宁愿根据自己的证据和想法来考虑每一个案例。”我们只能将费舍尔的这种前后矛盾和健忘理解为，他对非统计专业的初级实践者不加解释地要求按程序做事，而对统计学家则是另外一套高标准严要求。

**定义 5.11**（$p$-值） 基于样本观测值 $\boldsymbol{x}_{\text{obs}} = (x_1^{\text{obs}}, x_2^{\text{obs}}, \cdots, x_n^{\text{obs}})^{\top}$，定义 $p$-值为零假设 $H_0: \theta \in \Theta_0$ 成立时，检验统计量 $T$ 取值不小于 $T(\boldsymbol{x}_{\text{obs}})$ 的最大概率。即

$$
\begin{aligned}
p\text{-值} &= \alpha[T(\boldsymbol{x}_{\text{obs}})] \\
&= \sup_{\theta \in \Theta_0} \mathsf{P}_\theta\{T(\boldsymbol{X}) \geqslant T(\boldsymbol{x}_{\text{obs}})\}
\end{aligned}
$$

对照式 (5.5)，如果 $p$-值小于给定的显著水平 $\alpha$，则说明区域 $R_p = \{\boldsymbol{x} \in \mathbb{R}^n : T(\boldsymbol{x}) \geqslant T(\boldsymbol{x}_{\text{obs}})\}$ 落于拒绝域 $R = \{\boldsymbol{x} \in \mathbb{R}^n : T(\boldsymbol{x}) > c\}$ 之内。因为区域 $R_p$ 的拒真概率为 $p$-值，所以我们更应该拒绝零假设 $H_0$。

例 5.11 在例 5.8 和例 5.10 中，$p$-值皆为

$$
p\text{-值} = 1 - \Phi\left(\frac{\overline{x} - \mu_0}{\sigma/\sqrt{n}}\right)，\text{其中 } \overline{x} = \frac{1}{n}\sum_{j=1}^{n} x_j
$$

例 5.8 和例 5.10 中，在零假设 $H_0$ 为真的条件下，$p$-值的直观解释是观察到 $\{\overline{X} \geqslant \overline{x}\}$ 的概率，即图 5.20 中阴影部分的面积。显然，$\mathsf{P}\{\overline{X} \geqslant \overline{x}\}$ 越小说明 $\overline{x}$ 越远离 $\mu_0$。这种情形越极端，我们越倾向于拒绝 $H_0$。

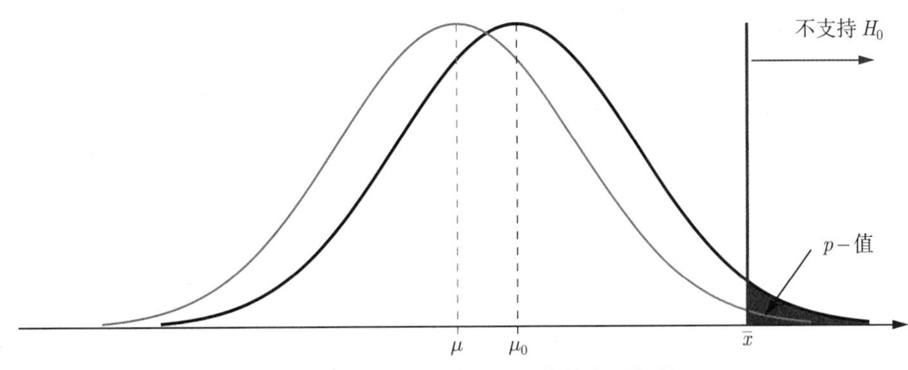


图 5.20 零假设为真时，$p$-值的直观解释

接着例 5.9 的试验，计算得 $p$-值 $= 0.7481$，它远大于通常选定的显著水平 $\alpha = 0.05$ 或 $\alpha = 0.01$，所以该观测数据无法拒绝零假设 $H_0$。

费舍尔在《研究者用的统计方法》以及后来的著作中，通过提供选定的分位数来计算 $p$-值的范围。他自己陈述主要结果时常用 $p$-值，后面有时评价一下结果的显著性。如今，利用计算机工具，$p$-值的计算不在话下，它应该替代标准水平的位置。

### 5.1.2 内曼-皮尔逊基本引理与似然比检验

根据内曼-皮尔逊原则，当检验 $\delta$ 的拒真概率被控制在不超过 $\alpha$ 的前提之下，该检验对备择假设 $H_1 : \theta \in \Theta_1$ 的功效越大越好。换句话说，对于水平 $\alpha$ 检验 $\delta_1, \delta_2 \in \Delta_\alpha$，如果 $\forall \theta \in \Theta_1$ 皆有 $\beta_{\delta_1}(\theta) \geqslant \beta_{\delta_2}(\theta)$，

则称检验 $\delta_1$ 优于 $\delta_2$，记作 $\delta_1 \succeq \delta_2$。显然，$\succeq$ 是定义在 $\Delta_\alpha$ 上的偏序关系。

**定义 5.12** 若水平 $\alpha$ 检验 $\delta^* \in \Delta_\alpha$ 优于任意的 $\delta \in \Delta_\alpha$，即 $\forall \theta \in \Theta_1$ 皆有

$$\beta_{\delta^*}(\theta) \geqslant \beta_\delta(\theta)，\text{其中 } \delta \in \Delta_\alpha$$

则称 $\delta^*$ 是显著水平 $\alpha$ 的一致最大功效 (uniformly most powerful, UMP) 检验，或一致最优检验，简称为水平 $\alpha$-UMP 检验。

1933 年，内曼和埃贡・皮尔逊在零假设和备择假设都是简单假设的情况下给出了如何构造 UMP 检验[28]，即内曼-皮尔逊基本引理，该结果常被称为“数理统计学的基本引理”。

一年之后，费舍尔发表了著名论文《数学似然的两个新性质》，讨论了充分统计量对内曼-皮尔逊理论的影响，论证了只有总体分布是“单参数指数族”时才存在 UMP 检验。这可能是费舍尔唯一一次正面地对待这个理论，也是一个态度的转折点——从以前认为的“大有前途”到后来断言的“一无是处”。或许，费舍尔愈来愈认清了 UMP 检验的适用范围，再加上个人恩怨，才会有态度的大反转。

**引理 5.1**（内曼-皮尔逊，1933） 设样本 $X_1, X_2, \cdots, X_n \overset{\text{iid}}{\sim} f_\theta(x)$，对于 $k \geqslant 0$，定义简单假设 $H_0: \theta = \theta_0 \leftrightarrow H_1: \theta = \theta_1$ 的检验函数 $\delta_k$ 为

$$\delta_k(\boldsymbol{x}) = \begin{cases} 1 &，\text{若似然比 } \lambda(\boldsymbol{x}; \theta_0, \theta_1) = \dfrac{\mathscr{L}(\theta_1; \boldsymbol{x})}{\mathscr{L}(\theta_0; \boldsymbol{x})} \geqslant k \\ 0 &，\text{否则} \end{cases}$$

若 $\mathsf{E}_{\theta_0}[\delta_k(\boldsymbol{X})] = \alpha$，则 $\delta_k$ 是水平 $\alpha$-UMP 检验。

**证明** 令 $\mathscr{L}(\theta_0; \boldsymbol{x})$ 和 $\mathscr{L}(\theta_1; \boldsymbol{x})$ 分别是 $H_0$ 和 $H_1$ 成立时的似然函数值。对于任意的检验函数 $\delta \in \Delta_\alpha$，构造函数 $g(\boldsymbol{x})$ 如下：

$$\begin{aligned} g(\boldsymbol{x}) &= [\delta_k(\boldsymbol{x}) - \delta(\boldsymbol{x})][\mathscr{L}(\theta_1; \boldsymbol{x}) - k\mathscr{L}(\theta_0; \boldsymbol{x})] \\ &= \begin{cases} [1 - \delta(\boldsymbol{x})][\mathscr{L}(\theta_1; \boldsymbol{x}) - k\mathscr{L}(\theta_0; \boldsymbol{x})] &，\text{如果 } \lambda(\boldsymbol{x}; \theta_0, \theta_1) \geqslant k \\ [-\delta(\boldsymbol{x})][\mathscr{L}(\theta_1; \boldsymbol{x}) - k\mathscr{L}(\theta_0; \boldsymbol{x})] &，\text{如果 } \lambda(\boldsymbol{x}; \theta_0, \theta_1) < k \end{cases} \end{aligned}$$

显然，$g(\boldsymbol{x}) \geqslant 0$，于是

$$\int_{\mathbb{R}^n} g(\boldsymbol{x})\mathrm{d}\boldsymbol{x} = \mathsf{E}_{\theta_1}[\delta_k(\boldsymbol{X})] - \mathsf{E}_{\theta_1}[\delta(\boldsymbol{X})] - k\{\mathsf{E}_{\theta_0}[\delta_k(\boldsymbol{X})] - \mathsf{E}_{\theta_0}[\delta(\boldsymbol{X})]\} \geqslant 0$$

对于水平 $\alpha$ 检验 $\delta$，由 $\mathsf{E}_{\theta_0}[\delta(\boldsymbol{X})] \leqslant \mathsf{E}_{\theta_0}[\delta_k(\boldsymbol{X})] = \alpha$ 易得

$$\mathsf{E}_{\theta_1}[\delta(\boldsymbol{X})] \leqslant \mathsf{E}_{\theta_1}[\delta_k(\boldsymbol{X})]$$

即 $\beta_\delta(\theta_1) \leqslant \beta_{\delta_k}(\theta_1)$，加之 $\Theta_1 = \{\theta_1\}$，所以 $\delta_k \succeq \delta$。 □

1. **似然比检验**

由引理 5.1 可知，对于给定的显著水平 $\alpha$，检验函数 $\delta_k(\boldsymbol{x}) = 1$，即拒绝 $H_0: \theta = \theta_0$ 的条件是似然比大于某常数 $k$，即

$$\lambda(\boldsymbol{x}; \theta_0, \theta_1) = \frac{\mathscr{L}(\theta_1; \boldsymbol{x})}{\mathscr{L}(\theta_0; \boldsymbol{x})} \geqslant k，\text{其中 } k \text{ 由 } \mathsf{E}_{\theta_0}[\delta_k(\boldsymbol{X})] = \alpha \text{ 待定} \tag{5.6}$$

显然，似然比越大越倾向于拒绝零假设 $H_0$，我们把 (5.6) 描述的检验称为似然比检验 (likelihood-ratio test)。内曼-皮尔逊基本引理 5.1 保证了两个简单假设之间的似然比检验是 UMP 检验，然而一般很难直接由 $\lambda(\boldsymbol{x}) \geqslant k$ 解出拒绝域，所幸的是有时通过函数 $\lambda(\boldsymbol{x})$ 关于由 $\boldsymbol{x}$ 构造的某个量的单调性可以大大简化求解拒绝域的过程，见下例。

例 5.12　在显著水平 $\alpha$，给出例 5.8 的似然比检验。

解　备择假设 $H_1: \mu = \mu_1$ 和零假设 $H_0: \mu = \mu_0$ 成立时的似然比是

$$\lambda(\boldsymbol{x}) = \frac{\exp\left\{-\frac{1}{2\sigma^2}\sum_{j=1}^n (x_j - \mu_1)^2\right\}}{\exp\left\{-\frac{1}{2\sigma^2}\sum_{j=1}^n (x_j - \mu_0)^2\right\}}$$

$$= \exp\left\{\sum_{j=1}^n x_j\left(\frac{\mu_1}{\sigma^2} - \frac{\mu_0}{\sigma^2}\right) + n\left(\frac{\mu_0^2}{2\sigma^2} - \frac{\mu_1^2}{2\sigma^2}\right)\right\}$$

显然 $\lambda(\boldsymbol{x})$ 是关于 $\sum_{j=1}^n x_j$ 的增函数。定义检验函数为

$$\delta_k(\boldsymbol{x}) = \begin{cases} 1 & ，如果\ \lambda(\boldsymbol{x}) \geqslant k \\ 0 & ，如果\ \lambda(\boldsymbol{x}) < k \end{cases}$$

函数 $\lambda(\boldsymbol{x}) \geqslant k$ 当且仅当 $\sum_{j=1}^n x_j \geqslant k_1$，于是检验函数简化为

$$\delta(\boldsymbol{x}) = \begin{cases} 1 & ，如果\ \sum_{j=1}^n x_j \geqslant k_1 \\ 0 & ，如果\ \sum_{j=1}^n x_j < k_1 \end{cases}$$

上式中的 $k_1$ 是由条件 $\mathsf{E}_{\mu_0}[\delta(\boldsymbol{X})] = \alpha$ 确定的，即

$$\alpha = \mathsf{P}_{\mu_0}\left\{\sum_{j=1}^n X_j \geqslant k_1\right\}$$

$$= \mathsf{P}\left\{\frac{\sum_{j=1}^n X_j - n\mu_0}{\sigma\sqrt{n}} \geqslant \frac{k_1 - n\mu_0}{\sigma\sqrt{n}}\right\}$$

$$= 1 - \Phi\left(\frac{k_1 - n\mu_0}{\sigma\sqrt{n}}\right)$$

解之得 $k_1 = z_{1-\alpha}\sigma\sqrt{n} + n\mu_0$，拒绝零假设 $H_0: \mu = \mu_0$ 的条件是

$$\sum_{j=1}^n x_j \geqslant z_{1-\alpha}\sigma\sqrt{n} + n\mu_0$$

该条件与例 5.8 的结果相同，即

$$\overline{x} \geqslant \mu_0 + z_{1-\alpha}\frac{\sigma}{\sqrt{n}}$$

由内曼-皮尔逊基本引理 5.1，检验 $\delta(\boldsymbol{x})$ 是水平 $\alpha$-UMP 检验。

例 5.13　在显著水平 $\alpha$，基于单个样本点 $X$ 对总体分布的简单假设 $H_0: X \sim \mathrm{N}(0,1) \leftrightarrow H_1: X \sim \mathrm{Cauchy}(0,1)$ 进行似然比检验。

解　备择假设 $H_1$ 和零假设 $H_0$ 成立时的似然比是

$$\frac{f_1(x)}{f_0(x)} = \frac{1/(\pi + \pi x^2)}{1/\sqrt{2\pi}\exp\{-x^2/2\}}$$

$$= \sqrt{\frac{2}{\pi}} \frac{\exp\{x^2/2\}}{1+x^2}$$

由内曼-皮尔逊基本引理 5.1，该问题的 UMP 检验具有形式

$$\delta(x) = \begin{cases} 1 & ，如果 \sqrt{\frac{2}{\pi}} \frac{\exp\{x^2/2\}}{1+x^2} \geqslant k \\ 0 & ，否则 \end{cases}$$

其中，$k$ 由 $\mathsf{E}_0[\delta(X)] = \alpha$ 唯一确定；$\mathsf{E}_0[\delta(X)]$ 表示零假设成立时 $\delta(X)$ 的期望，直接计算很困难。容易发现，当 $|x| > 1$ 时，$f_1(x)/f_0(x)$ 是关于 $|x|$ 的非减函数，尝试定义检验函数为

$$\delta(x) = \begin{cases} 1 & ，如果 |x| \geqslant k_1 \\ 0 & ，如果 |x| < k_1 \end{cases}$$

其中，$k_1$ 由 $\mathsf{E}_0[\delta(X)] = 2[1 - \Phi(k_1)] = \alpha$ 唯一确定，解之得 $k_1 = z_{1-\alpha/2}$。因为通常 $\alpha$ 为接近 0 的正数，所以能保证 $k_1 > 1$。当样本值 $x$ 满足 $|x| \geqslant z_{1-\alpha/2}$ 时，拒绝零假设 $H_0$。这样的检验 $\delta$ 对备择假设的功效是

$$\begin{aligned} \mathsf{E}_1[\delta(X)] &= 1 - \int_{-k_1}^{k_1} \frac{1}{\pi(1+x^2)} \mathrm{d}x \\ &= 1 - \frac{2}{\pi} \arctan z_{1-\alpha/2} \end{aligned}$$

如果显著水平 $\alpha = 0.05$，则第二类错误的概率为

$$\begin{aligned} 1 - \mathsf{E}_1[\delta(X)] &= \frac{2}{\pi} \arctan z_{1-\alpha/2} \\ &\approx 0.6996524 \end{aligned}$$

显然，$\alpha$ 越小，第二类错误的概率越大。在例 5.13 中，若样本 $X$ 落于 $H_0$ 的接受域 $[-1.96, 1.96]$ 上，该样本 $X$ 更像是来自 $\mathrm{N}(0,1)$，见图 5.21，其中实线是 $\mathrm{N}(0,1)$ 的密度曲线，虚线是 Cauchy(0,1) 的密度曲线。

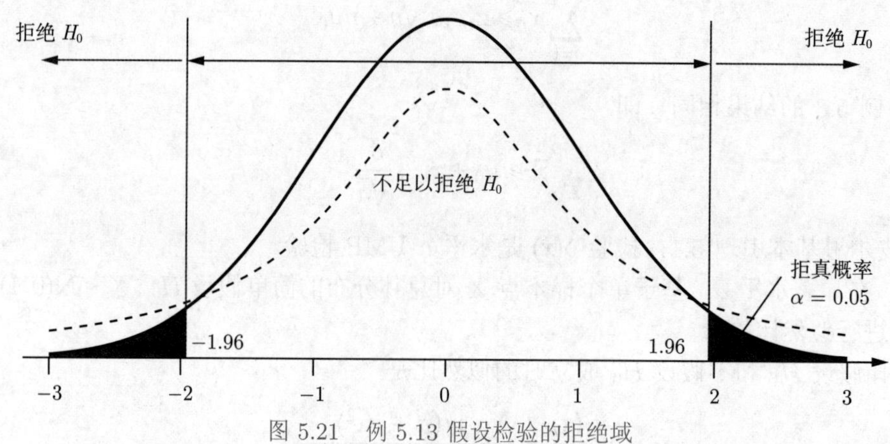


图 5.21 例 5.13 假设检验的拒绝域

**定义 5.13**　分布族 $\{f_\theta(\boldsymbol{x}):\theta\in\Theta\}$ 称为对统计量 $T(\boldsymbol{X})$ 具有单调似然比 (monotone likelihood ratio, MLR)，如果对 $\theta_0<\theta_1$，则密度函数 $f_{\theta_0}\neq f_{\theta_1}$ 且似然比 $\lambda(\boldsymbol{x})=f_{\theta_1}(\boldsymbol{x})/f_{\theta_0}(\boldsymbol{x})$ 是关于 $T(\boldsymbol{x})$ 的非减函数。

例 5.14　令 $X\sim\text{Cauchy}(\theta,1)$，则当 $x\to\pm\infty$ 时，有

$$\frac{f_{\theta_1}(x)}{f_{\theta_0}(x)}=\frac{(x-\theta_0)^2+1}{(x-\theta_1)^2+1}\to 1\text{，其中 }\theta_0<\theta_1$$

因此 $\text{Cauchy}(\theta,1)$ 没有单调似然比。

例 5.15　单参数指数族是这样一组密度函数

$$\{f_\theta(\boldsymbol{x})=h(\boldsymbol{x})\eta(\theta)\exp[\lambda(\theta)T(\boldsymbol{x})]:\theta\in\Theta\subseteq\mathbb{R}\text{ 且实值函数 }\lambda(\theta)\text{ 关于 }\theta\text{ 非减}\}$$

不难验证它对统计量 $T(\boldsymbol{X})$ 具有单调似然比。

2. **卡林-鲁宾的 UMP 检验**

1956 年，美国应用数学家、统计学家**塞缪尔·卡林**（Samuel Karlin, 1924—2007）和**赫尔曼·鲁宾**（Herman Rubin, 1926—2018）（图 5.22），推广了内曼-皮尔逊基本引理，得到了一类复合假设的 UMP 检验。

图 5.22　卡林（左）和鲁宾（右）

**定理 5.1**（卡林-鲁宾，1956）　设样本 $\boldsymbol{X}\sim f_\theta(\boldsymbol{x})$，其中未知参数 $\theta\in\Theta$，如果 $\{f_\theta\}$ 对统计量 $T(\boldsymbol{X})$ 具有单调似然比，则单侧检验问题 $H_0:\theta\leqslant\theta_0\leftrightarrow H_1:\theta>\theta_0$ 的检验函数

$$\delta(\boldsymbol{x})=\begin{cases}0\quad,\text{ 如果 }T(\boldsymbol{x})\leqslant t_0\\1\quad,\text{ 如果 }T(\boldsymbol{x})>t_0\end{cases}$$

具有非减的功效且是水平 $\alpha=\mathsf{P}\{T>t_0\}$ 的 UMP 检验。

**证明**　见文献 [83] 的第九章第四节或文献 [82] 的第八章第三节。 □

**推论 5.1**　令 $\theta_0<\theta_1$，例 5.15 中的单参数指数族存在对 $H_0:\theta\leqslant\theta_0$ 或 $\theta\geqslant\theta_1\leftrightarrow H_1:\theta_0<\theta<\theta_1$ 的 UMP 检验如下：

$$\delta(\boldsymbol{x})=\begin{cases}0\quad,\text{ 如果 }T(\boldsymbol{x})\leqslant c_1\text{ 或 }T(\boldsymbol{x})\geqslant c_2\\1\quad,\text{ 如果 }c_1<T(\boldsymbol{x})<c_2\end{cases}$$

其中，$c_1,c_2$ 由 $\mathsf{E}_{\theta_0}\delta(\boldsymbol{X})=\mathsf{E}_{\theta_1}\delta(\boldsymbol{X})=\alpha$ 解出，$\alpha$ 是给定的显著水平。

例 5.16　设样本 $X_1,X_2,\cdots,X_n\overset{\text{iid}}{\sim}\mathrm{N}(\mu,1)$，其中参数 $\mu$ 未知。在显著水平 $\alpha$ 给出复合假设 $H_0:\mu\leqslant\mu_0$ 或 $\mu\geqslant\mu_1\leftrightarrow H_1:\mu_0<\mu<\mu_1$ 的 UMP 检验。

解　样本 $\boldsymbol{X}=(X_1,X_2,\cdots,X_n)^\top$ 的密度函数 $f_\mu(\boldsymbol{x})$ 属于单参数指数族，对统计量 $T(\boldsymbol{X})=\sum_{j=1}^n X_j$ 具有单调似然比，这是因为

$$f_\mu(\boldsymbol{x})=\left(\frac{1}{\sqrt{2\pi}}\right)^n\exp\left\{-\frac{1}{2}\sum_{j=1}^n x_j^2\right\}\exp\left\{-\frac{n\mu^2}{2}\right\}\exp\left\{\mu\sum_{j=1}^n x_j\right\}$$

根据推论 5.1，复合假设 $H_0: \mu \leqslant \mu_0$ 或 $\mu \geqslant \mu_1 \leftrightarrow H_1: \mu_0 < \mu < \mu_1$ 的 UMP 检验函数为

$$\delta(\boldsymbol{x}) = \begin{cases} 0 & ，如果\ \sum_{j=1}^n x_j \leqslant c_1\ 或\ \sum_{j=1}^n x_j \geqslant c_2 \\ 1 & ，如果\ c_1 < \sum_{j=1}^n x_j < c_2 \end{cases}$$

其中，$c_1, c_2$ 由 $\mathsf{E}_{\mu_0}\delta(\boldsymbol{X}) = \mathsf{E}_{\mu_1}\delta(\boldsymbol{X}) = \alpha$ 解出。例如，由 $\mathsf{E}_{\mu_0}\delta(\boldsymbol{X}) = \alpha$ 得到

$$\begin{aligned} \alpha &= \mathsf{P}_{\mu_0}\left\{c_1 < \sum_{j=1}^n X_j < c_2\right\} \\ &= \mathsf{P}_{\mu_0}\left\{\frac{c_1 - n\mu_0}{\sqrt{n}} < \frac{\sum_{j=1}^n X_j - n\mu_0}{\sqrt{n}} < \frac{c_2 - n\mu_0}{\sqrt{n}}\right\} \\ &= \Phi\left(\frac{c_2 - n\mu_0}{\sqrt{n}}\right) - \Phi\left(\frac{c_1 - n\mu_0}{\sqrt{n}}\right) \end{aligned}$$

同理，

$$\Phi\left(\frac{c_2 - n\mu_1}{\sqrt{n}}\right) - \Phi\left(\frac{c_1 - n\mu_1}{\sqrt{n}}\right) = \alpha$$

与上式联立解出 $c_1, c_2$ 即可。$c_1, c_2$ 没有解析表达式，但可以利用牛顿法（附录 B）求它们的数值解。

UMP 检验虽好，但可遇不可求，对于大多数的检验问题并不存在。试想，一个水平 $\alpha$ 检验 $\delta$ 可以在 $\Theta_1$ 中的某些参数上取得很大的功效，同时在另一些参数上取得很小的功效也未尝。水平 $\alpha$-UMP 检验 $\delta^*$ 要满足 $\forall \delta \in \Delta_\alpha$，函数 $\beta_{\delta^*}(\theta) \geqslant \beta_\delta(\theta)$ 这一严酷的条件，即在每个参数 $\theta \in \Theta_1$ 上 $\delta^*$ 都拔得头筹，UMP 检验的凤毛麟角就不难想象了，它们如同王冠上的珠宝（图 5.23）那样罕见。

图 5.23　英国王冠

为了制定出评估检验优劣的合理标准，人们提出了无偏检验、相似检验等概念，把检验限制在某个函数类中再精挑细选出 UMP 检验。即便如此兴师动众，找到受限的 UMP 检验也非易事。想深入了解功效函数和检验优良性等内容的读者可参阅文献 [37]。

如果不纠结检验的优劣而追求更一般的假设检验方法，则埃贡·皮尔逊和内曼的广义似然比检验更实用一些，尤其在样本容量足够大的情况之下。

### 5.1.3　广义似然比检验

受费舍尔最大似然估计思想的影响，1928 年，埃贡·皮尔逊和内曼提出了广义似然比检验。一方面，该方法的适用范围较广，不管样本容量是大是小，它都具有一定的可行性，但在一般情况下有计算上的困难。另一方面，广义似然比检验不一定是 UMP 的，但当样本量足够大时，取伪概率也能控制得不错，通常是渐近最优的。广义似然比检验在假设检验理论中的地位如同最大似然估计在点估计理论中的地位一样崇高，它在正态分布样本上取得了漂亮的结果，见例 5.18~例 5.22。

**定义 5.14**（广义似然比）　令 $\boldsymbol{\theta} \in \Theta \subseteq \mathbb{R}^k$ 为一个向量参数，样本 $\boldsymbol{X} = (X_1, X_2, \cdots, X_n)^\top$ 的似然函数为 $\mathscr{L}(\boldsymbol{\theta}; \boldsymbol{x})$，其中 $\boldsymbol{x} = (x_1, x_2, \cdots, x_n)^\top$。考虑零假设 $H_0 : \boldsymbol{\theta} \in \Theta_0$，令 $\hat{\boldsymbol{\theta}}_0$ 和 $\hat{\boldsymbol{\theta}}$ 分别是参数限定在参数空间 $\Theta_0$ 和 $\Theta$ 上的最大似然估计。广义似然比 (generalized likelihood ratio, GLR) 定义为

$$\lambda(\boldsymbol{x}) = \frac{\sup\limits_{\boldsymbol{\theta} \in \Theta_0} \mathscr{L}(\boldsymbol{\theta}; \boldsymbol{x})}{\sup\limits_{\boldsymbol{\theta} \in \Theta} \mathscr{L}(\boldsymbol{\theta}; \boldsymbol{x})} = \frac{\mathscr{L}(\hat{\boldsymbol{\theta}}_0; \boldsymbol{x})}{\mathscr{L}(\hat{\boldsymbol{\theta}}; \boldsymbol{x})} \tag{5.7}$$

有的文献把广义似然比定义为 $1/\lambda(\boldsymbol{x})$，采用哪种定义只是行文习惯不同而已，后续的方法是类似的。本书之所以采用定义 (5.7)，是因为下面的性质。

**性质 5.2**　式 (5.7) 定义的广义似然比 $\lambda(\boldsymbol{x})$ 满足

$$0 \leqslant \lambda(\boldsymbol{x}) \leqslant 1$$

直观上，如果 $H_0 : \theta \in \Theta_0$ 为真，则式 (5.7) 定义的广义似然比必然接近 1。换句话说，如果这个比值很小就应该否定 $H_0$。我们把“拒绝 $H_0 : \boldsymbol{\theta} \in \Theta_0$ 当且仅当 $\lambda(\boldsymbol{x}) < c$”这样的检验称为广义似然比检验或 GLR 检验。如何待定出临界值 $c \in (0,1)$？为了使检验的拒真概率不超过给定的显著水平 $\alpha$，临界值 $c$ 可通过求解下述方程得到。

$$\sup_{\boldsymbol{\theta} \in \Theta_0} \mathsf{P}_{\boldsymbol{\theta}}\{\lambda(\boldsymbol{X}) < c\} = \alpha \tag{5.8}$$

在式 (5.8) 中，左边为拒真概率的上确界，其中 $\mathsf{P}_{\boldsymbol{\theta}}\{\lambda(\boldsymbol{X}) < c\}$ 有时需要利用函数 $\lambda(\boldsymbol{x})$ 的单调性来求解——这是广义似然比检验的技巧所在。

**例 5.17**　设样本 $X_1, X_2, \cdots, X_n \overset{\text{iid}}{\sim} p\langle 1\rangle + (1-p)\langle 0\rangle$，其中参数 $p$ 未知，在水平 $\alpha$ 对下面的假设进行广义似然比检验：

$$H_0 : p \leqslant p_0 \leftrightarrow H_1 : p > p_0$$

**解**　令 $X = X_1 + X_2 + \cdots + X_n$，则 $X \sim \mathrm{B}(n,p)$。不难看出，$\mathrm{C}_n^x p^x (1-p)^{n-x}$ 是关于 $p$ 的单峰函数（图 5.24），在 $\hat{p} = x/n$ 处取得最大值。

下面，分别计算广义似然比 (5.7) 的分母和分子。

$$\sup_{0 \leqslant p \leqslant 1} \mathrm{C}_n^x p^x (1-p)^{n-x} = \mathrm{C}_n^x (x/n)^x (1-x/n)^{n-x}$$

$$\sup_{p \leqslant p_0} \mathrm{C}_n^x p^x (1-p)^{n-x} = \begin{cases} \mathrm{C}_n^x p_0^x (1-p_0)^{n-x} & \text{，如果 } p_0 < x/n \\ \mathrm{C}_n^x (x/n)^x (1-x/n)^{n-x} & \text{，如果 } p_0 \geqslant x/n \end{cases}$$

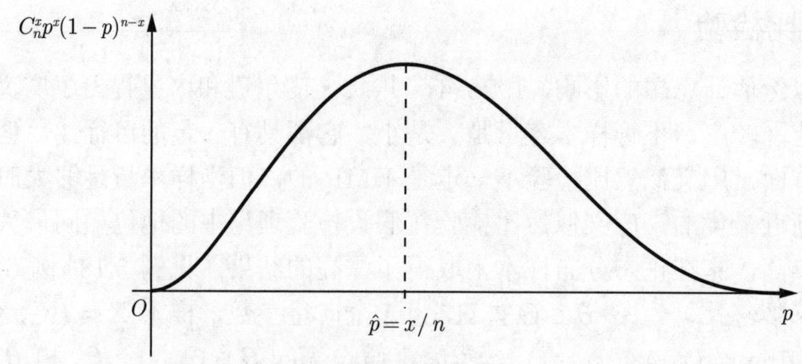


图 5.24 关于 $p$ 的单峰函数 $C_n^x p^x(1-p)^{n-x}$

由式 (5.7) 计算广义似然比，有

$$\lambda(x)=\frac{\sup\limits_{p\leqslant p_0} \mathrm{C}_n^x p^x(1-p)^{n-x}}{\sup\limits_{0\leqslant p\leqslant 1} \mathrm{C}_n^x p^x(1-p)^{n-x}}=\begin{cases}1 & \text{，如果 } x\leqslant np_0\\ \dfrac{p_0^x(1-p_0)^{n-x}}{(x/n)^x(1-x/n)^{n-x}} & \text{，如果 } x>np_0\end{cases}$$

广义似然比 $\lambda(x)$ 是一个关于 $x$ 的减函数，于是

$$\lambda(x)<c \Leftrightarrow x>c'$$

即，如果 $X$ 的观测值 $x>c'$，则广义似然比检验否定 $H_0$。具体地，有

$$\sup_{p\leqslant p_0} \mathsf{P}_p\{X>c'\}=\mathsf{P}_{p_0}\{X>c'\}=1-\sum_{k=0}^{\lfloor c'\rfloor}\mathrm{C}_n^k p_0^k(1-p_0)^{n-k}$$

因为 $X$ 是离散型随机变量，可通过下面的方法求得临界值 $c'$。

$$\mathsf{P}_{p_0}\{X>c'\}\leqslant\alpha \text{ 且 } \mathsf{P}_{p_0}\{X>c'-1\}>\alpha$$

下面的内容是针对正态总体中未知参数的广义似然比假设检验，也要用到类似例 5.17 的技巧，即利用广义似然比函数的单调性来求解临界值。

例 5.18 总体的分布为 $\mathrm{N}(\mu,\sigma^2)$，其中参数 $\boldsymbol{\theta}=(\mu,\sigma^2)^{\top}$ 未知，在水平 $\alpha$ 对下面的假设进行广义似然比检验：

$$H_0:\mu=\mu_0 \leftrightarrow H_1:\mu\neq\mu_0$$

解 下面分别考虑 $\sup\limits_{\theta\in\Theta_0} f_{\boldsymbol{\theta}}(\boldsymbol{x})$ 和 $\sup\limits_{\theta\in\Theta} f_{\boldsymbol{\theta}}(\boldsymbol{x})$，其中 $\Theta_0$ 是零假设成立时的参数空间，$\Theta$ 是整个参数空间，$\boldsymbol{x}=(x_1,x_2,\cdots,x_n)^{\top}$。

- 零假设成立时的参数空间为 $\Theta_0 = \{(\mu_0, \sigma^2)^\top : \sigma^2 > 0\}$，似然函数的上确界为

$$\begin{aligned}\sup_{\theta\in\Theta_0} f_{\theta}(x) &= \sup_{\sigma^2>0}\left[\left(\frac{1}{\sqrt{2\pi}\sigma}\right)^n \exp\left\{-\frac{\sum_{j=1}^n (x_j-\mu_0)^2}{2\sigma^2}\right\}\right] \\ &= \left(\frac{1}{\sqrt{2\pi e}\hat{\sigma}}\right)^n\end{aligned}$$

其中，$\hat{\sigma}^2$ 是参数 $\sigma^2$ 的最大似然估计值，即

$$\begin{aligned}\hat{\sigma}^2 &= \frac{1}{n}\sum_{j=1}^n (x_j-\mu_0)^2 \\ &= (\overline{x}-\mu_0)^2 + \frac{1}{n}\sum_{j=1}^n (x_j-\overline{x})^2\end{aligned}$$

- 在整个参数空间 $\Theta = \{(\mu, \sigma^2)^\top : \mu \in \mathbb{R}, \sigma^2 > 0\}$ 上，参数 $\boldsymbol{\theta} = (\mu, \sigma^2)^\top$ 的最大似然估计值和似然函数的上确界如下：

$$\hat{\boldsymbol{\theta}} = \left(\frac{1}{n}\sum_{j=1}^n x_j, \frac{1}{n}\sum_{j=1}^n (x_j-\overline{x})^2\right)^\top = (a_1, b_2)^\top$$

$$\sup_{\theta\in\Theta} f_{\theta}(x) = \left(\frac{1}{\sqrt{2\pi e b_2}}\right)^n$$

于是，广义似然比为

$$\begin{aligned}\lambda(x) &= \left(\frac{b_2}{\hat{\sigma}^2}\right)^{n/2} \\ &= \left[1 + \frac{n(\overline{x}-\mu_0)^2}{\sum_{j=1}^n (x_j-\overline{x})^2}\right]^{-n/2}\end{aligned}$$

因为 $\lambda(x)$ 是有关 $n(\overline{x}-\mu_0)^2/\sum_{j=1}^n (x_j-\overline{x})^2$ 的减函数，如果 $\lambda(x) < c$ 是广义似然比检验拒绝零假设 $H_0$ 的条件，则该条件等价于

$$\frac{\sqrt{n}(\overline{x}-\mu_0)}{\sqrt{\sum_{j=1}^n (x_j-\overline{x})^2}} > c'$$

或者等价地，

$$\left|\frac{\sqrt{n}(\overline{x}-\mu_0)}{s}\right| > c''，\text{其中 } s = \sqrt{\frac{1}{n-1}\sum_{j=1}^n (x_j-\overline{x})^2}$$

由性质 3.12，当 $H_0$ 成立时，有

$$\frac{\overline{X}-\mu_0}{S/\sqrt{n}} \sim t_{n-1}$$

故选取 $c'' = t_{n-1,1-\alpha/2}$，即在水平 $\alpha$ 拒绝零假设 $H_0$ 的条件是

$$\frac{|\overline{x}-\mu_0|}{s/\sqrt{n}} > t_{n-1,1-\alpha/2}$$

这就是为何我们常说 $t$ 分布开创了小样本分析的先河：无须假设样本容量 $n$ 趋向无穷，对于正态总体，例 5.18 给出了精确的假设检验。

例 5.19　接着例 5.18，在水平 $\alpha$ 对下面的假设进行广义似然比检验：

$$H_0 : \mu \leqslant \mu_0 \leftrightarrow H_1 : \mu > \mu_0$$

解　似然函数 $f_{\boldsymbol{\theta}}(\boldsymbol{x}) = \prod_{j=1}^{n} \phi(x_j|\mu, \sigma^2)$ 关于 $\mu$ 是单峰函数，在整个参数空间 $\Theta$ 上，$f_{\boldsymbol{\theta}}(\boldsymbol{x})$ 都在 $\hat{\mu} = \overline{x}, \hat{\sigma}^2 = \frac{1}{n}\sum_{j=1}^{n}(x_j - \overline{x})^2$ 处取得最大值。考虑下面两种情况。

- 如果 $\overline{x} \leqslant \mu_0$，在子空间 $\Theta_0 = \{(\mu, \sigma^2)^\top : \mu \leqslant \mu_0, \sigma^2 > 0\}$ 上，似然函数 $f_{\boldsymbol{\theta}}(\boldsymbol{x})$ 也在 $\hat{\mu} = \overline{x}, \hat{\sigma}^2 = \frac{1}{n}\sum_{j=1}^{n}(x_j - \overline{x})^2$ 处取得最大值。
- 如果 $\overline{x} > \mu_0$，在 $\Theta_0$ 上，$f_{\boldsymbol{\theta}}(\boldsymbol{x})$ 在 $\hat{\mu} = \mu_0, \hat{\sigma}^2 = \frac{1}{n}\sum_{j=1}^{n}(x_j - \mu_0)^2$ 处取得最大值。

类似例 5.18，求得广义似然比 $\lambda(\boldsymbol{x})$ 如下：

$$\lambda(\boldsymbol{x}) = \begin{cases} 1 & \text{，如果 } \overline{x} \leqslant \mu_0 \\ \left(1 + \dfrac{t^2}{n-1}\right)^{-n/2} & \text{，如果 } \overline{x} > \mu_0\text{，其中 } t = \dfrac{\sqrt{n}(\overline{x} - \mu_0)}{s} \end{cases}$$

显然，广义似然比 $\lambda(\boldsymbol{x})$ 是关于 $t = \sqrt{n}(\overline{x} - \mu_0)/s$ 的减函数，因为 $\sqrt{n}(\overline{X} - \mu_0)/S \sim t_{n-1}$，所以在水平 $\alpha$ 拒绝 $H_0$ 的条件是

$$\frac{\overline{x} - \mu_0}{s/\sqrt{n}} > t_{n-1,1-\alpha}$$

例 5.20　接着例 5.18，在水平 $\alpha$ 对下面的假设进行广义似然比检验。

$$H_0 : \sigma^2 = \sigma_0^2 \leftrightarrow H_1 : \sigma^2 \neq \sigma_0^2$$

解　仿照例 5.18 求得广义似然比 $\lambda(\boldsymbol{x})$ 如下：

$$\begin{aligned} \lambda(\boldsymbol{x}) &= \frac{(2\pi\sigma_0^2)^{-n/2} \exp\left\{-\frac{1}{2\sigma_0^2}\sum_{j=1}^{n}(x_j - \overline{x})^2\right\}}{(2\pi s_n^2)^{-n/2} \exp\{-n/2\}} \\ &= \left(\frac{s_n^2}{\sigma_0^2} \exp\left\{1 - \frac{s_n^2}{\sigma_0^2}\right\}\right)^{n/2} \end{aligned}$$

因为 $\lambda(\boldsymbol{x})$ 是关于 $v = s_n^2/\sigma_0^2$ 的单峰函数（图 5.25），所以拒绝 $H_0$ 的条件是

$$\frac{s_n^2}{\sigma_0^2} < c_1 \text{ 或 } \frac{s_n^2}{\sigma_0^2} > c_2$$

等价地，拒绝 $H_0$ 的条件是 $(n-1)s^2/\sigma_0^2 < c_1'$ 或者 $(n-1)s^2/\sigma_0^2 > c_2'$。由性质 3.11，当 $H_0$ 成立时，有

$$\frac{(n-1)S^2}{\sigma_0^2} \sim \chi_{n-1}^2$$

选择 $c_1' = \chi_{n-1,\alpha/2}^2$ 和 $c_2' = \chi_{n-1,1-\alpha/2}^2$，即在水平 $\alpha$ 拒绝 $H_0$ 的条件是

$$\frac{(n-1)s^2}{\sigma_0^2} \notin [\chi_{n-1,\alpha/2}^2, \chi_{n-1,1-\alpha/2}^2]$$

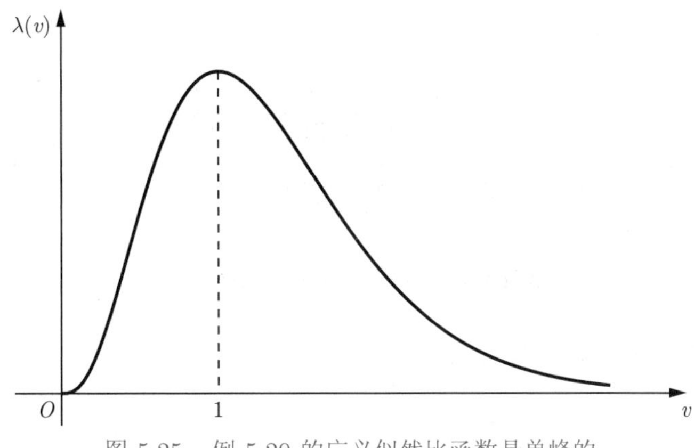

图 5.25 例 5.20 的广义似然比函数是单峰的

✂例 5.21 设样本 $X_1, X_2, \cdots, X_m \overset{\text{iid}}{\sim} \mathrm{N}(\mu_X, \sigma_X^2)$ 和 $Y_1, Y_2, \cdots, Y_n \overset{\text{iid}}{\sim} \mathrm{N}(\mu_Y, \sigma_Y^2)$，且两总体是独立的，其中参数 $\boldsymbol{\theta} = (\mu_X, \sigma_X^2, \mu_Y, \sigma_Y^2)^\top$ 未知，在水平 $\alpha$ 对下面的假设进行 GLR 检验：

$$H_0 : \sigma_X^2 = \sigma_Y^2 \leftrightarrow H_1 : \sigma_X^2 \neq \sigma_Y^2$$

解 整个未知参数空间是 $\Theta = \{(\mu_X, \sigma_X^2, \mu_Y, \sigma_Y^2)^\top : \mu_X, \mu_Y \in \mathbb{R}, \sigma_X^2, \sigma_Y^2 > 0\}$，两个样本 $(X_1, X_2, \cdots, X_m, Y_1, Y_2, \cdots, Y_n)^\top$ 的联合密度函数为

$$f_{\boldsymbol{\theta}}(\boldsymbol{x}, \boldsymbol{y}) = \frac{1}{(2\pi)^{(m+n)/2}\sigma_X^m \sigma_Y^n} \exp\left\{-\frac{\sum_{j=1}^m (x_j - \mu_X)^2}{2\sigma_X^2} - \frac{\sum_{j=1}^n (y_j - \mu_Y)^2}{2\sigma_Y^2}\right\}$$

❏ 在参数空间 $\Theta$ 上，$\mu_X, \sigma_X^2, \mu_Y, \sigma_Y^2$ 的最大似然估计值分别为.

$$\hat{\mu}_X = \overline{x}, \quad \hat{\sigma}_X^2 = \frac{1}{m}\sum_{j=1}^m (x_j - \overline{x})^2$$

$$\hat{\mu}_Y = \overline{y}, \quad \hat{\sigma}_Y^2 = \frac{1}{n}\sum_{j=1}^n (y_j - \overline{y})^2$$

❏ 当 $H_0$ 成立的时候，在参数空间 $\Theta_0 = \{(\mu_X, \sigma_X^2, \mu_Y, \sigma_Y^2)^\top : \mu_X, \mu_Y \in \mathbb{R}, \sigma_X^2 = \sigma_Y^2 = \sigma^2 > 0\}$ 上，$\mu_X, \mu_Y, \sigma^2$ 的最大似然估计值分别为

$$\hat{\mu}_X = \overline{x}, \quad \hat{\mu}_Y = \overline{y}, \quad \hat{\sigma}^2 = \frac{1}{m+n}\left[\sum_{j=1}^m (x_j - \overline{x})^2 + \sum_{j=1}^n (y_j - \overline{y})^2\right]$$

经过简单的计算，得到广义似然比如下：

$$\lambda(\boldsymbol{x}, \boldsymbol{y}) = \sqrt{\frac{(m+n)^{m+n}\left[\sum_{j=1}^m (x_j - \overline{x})^2\right]^m \left[\sum_{j=1}^n (y_j - \overline{y})^2\right]^n}{m^m n^n \left[\sum_{j=1}^m (x_j - \overline{x})^2 + \sum_{j=1}^n (y_j - \overline{y})^2\right]^{m+n}}}$$

$$= \sqrt{\frac{(m+n)^{m+n}}{m^m n^n \left[1 + \frac{m-1}{n-1} f\right]^n \left[1 + \frac{n-1}{m-1} \cdot \frac{1}{f}\right]^m}}$$

其中，$f$ 为

$$f=\frac{\sum_{j=1}^{m}(x_j-\overline{x})^2/(m-1)}{\sum_{j=1}^{n}(y_j-\overline{y})^2/(n-1)}$$

因为广义似然比 $\lambda(\boldsymbol{x},\boldsymbol{y})$ 是关于 $f$ 的单峰函数，所以

$$\lambda(\boldsymbol{x},\boldsymbol{y})<c \text{ 等价于 } f<c_1 \text{ 或 } f>c_2$$

根据性质 3.13 的第一个结论，当 $H_0$ 成立时，有

$$F=\frac{\sum_{j=1}^{m}(X_j-\overline{X})^2/(m-1)}{\sum_{j=1}^{n}(Y_j-\overline{Y})^2/(n-1)}\sim F_{m-1,n-1}$$

令 $c_1=F_{m-1,n-1,\alpha/2}$ 和 $c_2=F_{m-1,n-1,1-\alpha/2}$，在水平 $\alpha$ 拒绝 $H_0$ 的条件是

$$\frac{\sum_{j=1}^{m}(x_j-\overline{x})^2/(m-1)}{\sum_{j=1}^{n}(y_j-\overline{y})^2/(n-1)}\notin[F_{m-1,n-1,\alpha/2},F_{m-1,n-1,1-\alpha/2}]$$

例 5.22　设简单随机样本 $(X_1,Y_1)^\top,(X_2,Y_2)^\top,\cdots,(X_n,Y_n)^\top$ 来自二元正态总体 $(X,Y)^\top\sim\mathrm{N}(\mu_X,\mu_Y,\sigma_X^2,\sigma_Y^2,\rho)$，其中参数 $\boldsymbol{\theta}=(\mu_X,\mu_Y,\sigma_X^2,\sigma_Y^2,\rho)^\top$ 未知。众所周知，随机变量 $X,Y$ 相互独立当且仅当 $\rho=0$。令零假设是 $X,Y$ 相互独立，在水平 $\alpha$ 对假设下面的假设进行广义似然比检验：

$$H_0:\rho=0\leftrightarrow H_1:\rho\neq0$$

解　零假设 $H_0$ 成立和一般情况的最大似然函数如下：

$$f_{\hat{\boldsymbol{\theta}}_0}(\boldsymbol{x},\boldsymbol{y})=\frac{1}{(2\pi\hat{\sigma}_X^2\hat{\sigma}_Y^2)^n}\exp\left(-\frac{n}{2}\right)$$

$$f_{\hat{\boldsymbol{\theta}}}(\boldsymbol{x},\boldsymbol{y})=\frac{1}{(2\pi\hat{\sigma}_X^2\hat{\sigma}_Y^2)^n}\cdot\frac{1}{\sqrt{(1-\hat{\rho}^2)^n}}\exp\left(-\frac{n}{2}\right)$$

其中，

$$\hat{\rho}=\frac{1}{n\hat{\sigma}_X\hat{\sigma}_Y}\sum_{i=1}^{n}(x_i-\hat{\mu}_X)(y_i-\hat{\mu}_Y)$$

$$\hat{\mu}_X=\frac{1}{n}\sum_{i=1}^{n}x_i$$

$$\hat{\sigma}_X^2=\frac{1}{n}\sum_{i=1}^{n}(x_i-\hat{\mu}_X)^2$$

广义似然比函数 $\lambda(\boldsymbol{x},\boldsymbol{y})=\sqrt{(1-\hat{\rho}^2)^n}$ 关于 $\hat{\rho}^2$ 递减，于是拒绝 $H_0$ 的条件 $\lambda(\boldsymbol{x},\boldsymbol{y})<c$ 等价于 $|\hat{\rho}|>c'$。基于第 117 页的例 4.37 的结果，当 $n$ 足够大时，渐近地有

$$\frac{\sqrt{n}(\hat{\rho}-\rho)}{1-\rho^2}\sim\mathrm{N}(0,1)$$

若 $H_0$ 成立，则 $\sqrt{n}\hat{\rho} \sim \mathrm{N}(0,1)$。于是，拒绝 $H_0$ 的条件是

$$|\hat{\rho}| > \frac{z_{1-\alpha/2}}{\sqrt{n}}$$

### 5.1.4 假设检验与置信区间估计的关系

假设检验与置信区间估计有着密切的联系，它们共同反映出内曼的统计思想。假设检验理论在先，置信区间估计理论在后，内曼的初衷是在二者之间建立联系，把假设检验的某些结果转化为区间估计的结果。考虑到本书介绍这两个理论的次序，我们把区间估计的某些结果转化为假设检验的结果。

若 $\theta$ 是未知参数，在显著水平 $\alpha$，构造简单假设 $H_0: \theta = \theta_0$ 的接受域：如果 $H_0$ 成立，$\theta$ 的置信度为 $1-\alpha$ 的置信区间，就是由样本 $\boldsymbol{X}$ 构造的、以不小于 $1-\alpha$ 的概率覆盖住 $\theta$ 的随机区间 $[\underline{\theta}(\boldsymbol{X}), \overline{\theta}(\boldsymbol{X})]$，即

$$\mathsf{P}_{\theta_0}[\underline{\theta}(\boldsymbol{X}) \leqslant \theta_0 \leqslant \overline{\theta}(\boldsymbol{X})] \geqslant 1 - \alpha$$

仿照置信区间的构造方式，定义检验函数 $\delta(\boldsymbol{x})$ 如下：

$$\delta(\boldsymbol{x}) = \begin{cases} 0 & ，如果\ \theta_0 \in [\underline{\theta}(\boldsymbol{x}), \overline{\theta}(\boldsymbol{x})] \\ 1 & ，否则 \end{cases} \tag{5.9}$$

区域 $A = \{\boldsymbol{x} \in \mathbb{R}^n : \theta_0 \in [\underline{\theta}(\boldsymbol{x}), \overline{\theta}(\boldsymbol{x})]\}$ 是在水平 $\alpha$ 对简单假设 $H_0: \theta = \theta_0$ 的接受域，使得检验 $\delta(\boldsymbol{x})$ 犯拒真错误的概率不超过 $\alpha$，这是因为

$$\begin{aligned} \mathsf{P}_{\theta_0}\{\delta(\boldsymbol{X}) = 1\} &= 1 - \mathsf{P}_{\theta_0}[\underline{\theta}(\boldsymbol{X}) \leqslant \theta_0 \leqslant \overline{\theta}(\boldsymbol{X})] \\ &\leqslant 1 - (1 - \alpha) \\ &= \alpha \end{aligned}$$

于是，在显著水平 $\alpha$，零假设 $H_0: \theta = \theta_0$ 的拒绝域是 $(-\infty, \underline{\theta}(\boldsymbol{x})) \cup (\overline{\theta}(\boldsymbol{x}), \infty)$。显著水平 $\alpha$ 与置信度 $1-\alpha$ 的频率解释（图 4.29）类似，即在大量重复的随机试验中，基于式 (5.9) 的检验犯拒真错误的频率接近 $\alpha$，例如图 4.29 所示的 100 次重复试验中，有 4 次拒绝 $H_0: \mu = 0$，拒真错误的频率是 4%，接近 $\alpha = 5\%$。

- 如果 $\underline{\theta}(\boldsymbol{X})$ 是 $\theta$ 的置信度为 $1-\alpha$ 的置信下限，即 $\mathsf{P}_\theta\{\underline{\theta}(\boldsymbol{X}) \leqslant \theta\} = 1-\alpha$，则在显著水平 $\alpha$ 拒绝 $H_0: \theta \leqslant \theta_0$ 当且仅当 $\theta_0 < \underline{\theta}(\boldsymbol{x})$，拒真错误的概率不超过 $\alpha$。
- 类似地，如果 $\overline{\theta}(\boldsymbol{X})$ 是 $\theta$ 的置信度为 $1-\alpha$ 的置信上限，即 $\mathsf{P}_\theta\{\theta \leqslant \overline{\theta}(\boldsymbol{X})\} = 1-\alpha$，则在显著水平 $\alpha$ 拒绝 $H_0: \theta \geqslant \theta_0$ 当且仅当 $\theta_0 > \overline{\theta}(\boldsymbol{x})$。

例 5.23　设样本 $X_1, X_2, \cdots, X_n \overset{\text{iid}}{\sim} \mathrm{N}(\mu, \sigma^2)$，样本均值和方差分别为 $\overline{X}$ 和 $S^2$（它们的观察值分别记为 $\bar{x}$ 和 $s^2$）。将参数 $\sigma^2$ 分为已知和未知两种情况，在显著水平 $\alpha$ 对未知参数 $\mu$ 进行假设检验。

- 当 $\sigma^2$ 已知时，考虑假设 $H_0: \mu = \mu_0 \leftrightarrow H_1: \mu \neq \mu_0$ 的检验问题：如果零假设 $H_0$ 成立，由性质 4.7 中的第一种情况给出 $\mu_0$ 的置信度为 $1-\alpha$ 的置信区间

$$\overline{X} - z_{1-\alpha/2}\frac{\sigma}{\sqrt{n}} \leqslant \mu_0 \leqslant \overline{X} + z_{1-\alpha/2}\frac{\sigma}{\sqrt{n}}$$

于是，拒绝 $H_0: \mu = \mu_0$ 的条件如下：

$$\frac{|\overline{x} - \mu_0|}{\sigma/\sqrt{n}} > z_{1-\alpha/2}$$

像这种用到了正态分布分位数的双侧或单侧检验统称为 $z$ 检验。

- 当 $\sigma^2$ 未知时，考虑假设 $H_0: \mu = \mu_0 \leftrightarrow H_1: \mu \neq \mu_0$ 的检验问题：由性质 4.7 中的第二种情况，给出拒绝 $H_0: \mu = \mu_0$ 的条件是

$$\frac{|\overline{x} - \mu_0|}{s/\sqrt{n}} > t_{n-1,1-\alpha/2}$$

像这种用到了 $t$ 分布分位数的双侧或单侧检验统称为 $t$ 检验。

- 当 $\sigma^2$ 已知时，考虑假设 $H_0: \mu \leqslant \mu_0 \leftrightarrow H_1: \mu > \mu_0$ 的检验问题：因为 $\frac{\overline{X}-\mu}{\sigma/\sqrt{n}} \sim \mathrm{N}(0,1)$，所以

$$\mathsf{P}_\mu\left\{\frac{\overline{X} - \mu}{\sigma/\sqrt{n}} \leqslant z_{1-\alpha}\right\} = 1 - \alpha$$

参数 $\mu$ 的置信度为 $1-\alpha$ 的置信下限是 $\overline{X} - z_{1-\alpha}\sigma/\sqrt{n}$，如图 5.26 所示，拒绝 $H_0: \mu \leqslant \mu_0$ 的条件是 $\mu_0 < \overline{x} - z_{1-\alpha}\sigma/\sqrt{n}$，即

$$\frac{\overline{x} - \mu_0}{\sigma/\sqrt{n}} > z_{1-\alpha}$$

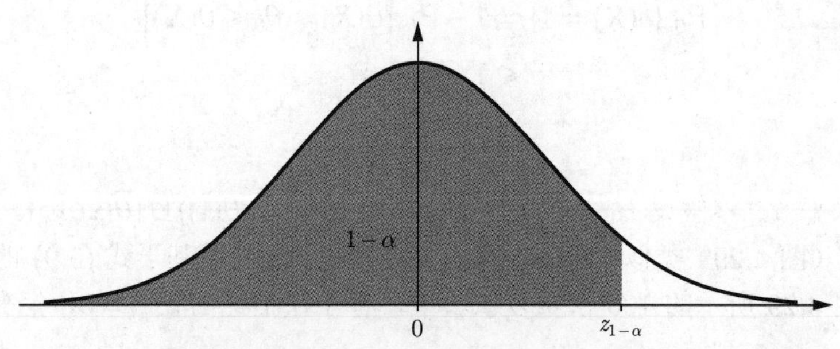


图 5.26　方差已知的正态总体均值的单侧检验

例 5.24　工厂生产某种灯管，假定灯管寿命 $X$ 服从正态分布 $\mathrm{N}(\mu,\sigma^2)$，其中参数 $\mu,\sigma^2$ 都未知。随机抽取 25 个样本，测得寿命值（单位：天）如下：285, 271, 328, 538, 81, 585, 308, 416, 228, 374, 187, 459, 216, 347, 664, 159, 304, 143, 412, 339, 84, 155, 31, 76, 137。在显著水平 $\alpha = 0.05$ 对假设 $H_0: \mu \geqslant 300 \leftrightarrow H_0 < 300$ 进行检验。

解　利用例 5.23 的结果，发现当前观测数据无法拒绝零假设 $H_0$。

例 5.25　设样本 $X_1, X_2, \cdots, X_n \overset{\text{iid}}{\sim} \mathrm{N}(\mu,\sigma^2)$，以下是关于参数 $\mu$ 和 $\sigma^2$ 的假设检验。

- 如果 $\mu$ 未知，将参数 $\sigma^2$ 分为已知和未知两种情况，在水平 $\alpha$ 拒绝零假设 $H_0$ 的条件如表 5.4 所示。
- 如果 $\sigma^2$ 未知，将参数 $\mu$ 分为已知和未知两种情况，利用性质 3.11，不难得到在显著水平 $\alpha$ 拒绝零假设 $H_0$ 的条件如表 5.5 所示。

表 5.4 正态总体均值的假设检验

| $H_0 \leftrightarrow H_1$ | $\sigma^2$ 已知 | $\sigma^2$ 未知 |
|---|---|---|
| $\mu = \mu_0 \leftrightarrow \mu \neq \mu_0$ | $\dfrac{\lvert\overline{x}-\mu_0\rvert}{\sigma/\sqrt{n}} > z_{1-\alpha/2}$ | $\dfrac{\lvert\overline{x}-\mu_0\rvert}{s/\sqrt{n}} > t_{n-1,1-\alpha/2}$ |
| $\mu \leqslant \mu_0 \leftrightarrow \mu > \mu_0$ | $\dfrac{\overline{x}-\mu_0}{\sigma/\sqrt{n}} > z_{1-\alpha}$ | $\dfrac{\overline{x}-\mu_0}{s/\sqrt{n}} > t_{n-1,1-\alpha}$ |
| $\mu \geqslant \mu_0 \leftrightarrow \mu < \mu_0$ | $\dfrac{\overline{x}-\mu_0}{\sigma/\sqrt{n}} < z_{\alpha}$ | $\dfrac{\overline{x}-\mu_0}{s/\sqrt{n}} < t_{n-1,\alpha}$ |

表 5.5 正态总体方差的假设检验

| $H_0 \leftrightarrow H_1$ | $\mu$ 已知 | $\mu$ 未知 |
|---|---|---|
| $\sigma^2 = \sigma_0^2 \leftrightarrow \sigma^2 \neq \sigma_0^2$ | $\dfrac{\sum_{j=1}^n (x_j-\mu)^2}{\sigma_0^2} < \chi^2_{n,\alpha/2}$ 或 $> \chi^2_{n,1-\alpha/2}$ | $\dfrac{(n-1)s^2}{\sigma_0^2} < \chi^2_{n-1,\alpha/2}$ 或 $> \chi^2_{n-1,1-\alpha/2}$ |
| $\sigma^2 \leqslant \sigma_0^2 \leftrightarrow \sigma^2 > \sigma_0^2$ | $\dfrac{\sum_{j=1}^n (x_j-\mu)^2}{\sigma_0^2} > \chi^2_{n,1-\alpha}$ | $\dfrac{(n-1)s^2}{\sigma_0^2} > \chi^2_{n-1,1-\alpha}$ |
| $\sigma^2 \geqslant \sigma_0^2 \leftrightarrow \sigma^2 < \sigma_0^2$ | $\dfrac{\sum_{j=1}^n (x_j-\mu)^2}{\sigma_0^2} < \chi^2_{n,\alpha}$ | $\dfrac{(n-1)s^2}{\sigma_0^2} < \chi^2_{n-1,\alpha}$ |

例 5.26 接着例 5.24，在显著水平 $\alpha = 0.05$ 对总体方差的假设 $H_0 : \sigma^2 \leqslant 100^2 \leftrightarrow H_1 : \sigma^2 > 100^2$ 进行检验。利用例 5.25 的结果，发现观测数据拒绝零假设 $H_0$。

例 5.27 设样本 $X_1, X_2, \cdots, X_m \overset{\text{iid}}{\sim} \mathrm{N}(\mu_X, \sigma_X^2)$ 和样本 $Y_1, Y_2, \cdots, Y_n \overset{\text{iid}}{\sim} \mathrm{N}(\mu_Y, \sigma_Y^2)$ 来自两个独立的总体。样本均值 $\overline{X}, \overline{Y}$ 相互独立，如果 $\mu_X = \mu_Y$，则

$$\frac{\overline{X}-\overline{Y}}{\sqrt{\sigma_X^2/m + \sigma_Y^2/n}} \sim \mathrm{N}(0,1)$$

设两样本方差分别为 $S_X^2$ 和 $S_Y^2$，两个样本的*合并样本方差* (pooled sample variance) 定义为

$$S^2 = \frac{(m-1)S_X^2 + (n-1)S_Y^2}{m+n-2}$$

将总体方差分为已知和未知（但知道 $\sigma_X^2 = \sigma_Y^2$）两种情况，在显著水平 $\alpha$ 拒绝零假设 $H_0$ 的条件如表 5.6 所示，其中右列结果根据的是性质 3.13。

表 5.6 两个正态总体均值的假设检验

| $H_0 \leftrightarrow H_1$ | $\sigma_X^2, \sigma_Y^2$ 已知 | $\sigma_X^2 = \sigma_Y^2 = \sigma^2$ 未知 |
|---|---|---|
| $\mu_X = \mu_Y \leftrightarrow \mu_X \neq \mu_Y$ | $\dfrac{\lvert\overline{x}-\overline{y}\rvert}{\sqrt{\sigma_X^2/m+\sigma_Y^2/n}} > z_{1-\alpha/2}$ | $\dfrac{\lvert\overline{x}-\overline{y}\rvert}{s\sqrt{1/m+1/n}} > t_{m+n-2,1-\alpha/2}$ |
| $\mu_X \leqslant \mu_Y \leftrightarrow \mu_X > \mu_Y$ | $\dfrac{\overline{x}-\overline{y}}{\sqrt{\sigma_X^2/m+\sigma_Y^2/n}} > z_{1-\alpha}$ | $\dfrac{\overline{x}-\overline{y}}{s\sqrt{1/m+1/n}} > t_{m+n-2,1-\alpha}$ |
| $\mu_X \geqslant \mu_Y \leftrightarrow \mu_X < \mu_Y$ | $\dfrac{\overline{x}-\overline{y}}{\sqrt{\sigma_X^2/m+\sigma_Y^2/n}} < z_{\alpha}$ | $\dfrac{\overline{x}-\overline{y}}{s\sqrt{1/m+1/n}} < t_{m+n-2,\alpha}$ |

例 5.28 设样本 $(X_1,Y_1)^\top,(X_2,Y_2)^\top,\cdots,(X_n,Y_n)^\top \overset{\text{iid}}{\sim} \mathrm{N}(\boldsymbol{\mu},\boldsymbol{\Sigma})$，其中期望 $\boldsymbol{\mu}=(\mu_X,\mu_Y)^\top$ 已知，但是协方差矩阵 $\boldsymbol{\Sigma}=[\sigma_X^2,\rho\sigma_X\sigma_Y;\rho\sigma_X\sigma_Y,\sigma_Y^2]$ 未知。令 $D_j=X_j-Y_j, j=1,2,\cdots,n$，我们得到新的样本 $D_1,D_2,\cdots,D_n$。显然，

$$D_1,D_2,\cdots,D_n \overset{\text{iid}}{\sim} \mathrm{N}(\mu_X-\mu_Y,\sigma^2)，其中\ \sigma^2=\sigma_X^2+\sigma_Y^2-2\rho\sigma_X\sigma_Y$$

样本均值为 $\overline{D}=\frac{1}{n}\sum_{j=1}^n D_j$ 并且样本方差为 $S^2=\frac{1}{n-1}\sum_{j=1}^n(D_j-\overline{D})^2$。利用例 5.23 的结果，在显著水平 $\alpha$ 拒绝零假设 $H_0$ 的条件如表 5.7 所示。

表 5.7 二元正态总体均值的假设检验

| $H_0 \leftrightarrow H_1$ | 拒绝零假设 $H_0$ 的条件 |
|---|---|
| $\mu_X-\mu_Y=d_0 \leftrightarrow \mu_X-\mu_Y\neq d_0$ | $\dfrac{\lvert\overline{d}-d_0\rvert}{s/\sqrt{n}}>t_{n-1,1-\alpha/2}$ |
| $\mu_X-\mu_Y\leqslant d_0 \leftrightarrow \mu_X-\mu_Y>d_0$ | $\dfrac{\overline{d}-d_0}{s/\sqrt{n}}>t_{n-1,1-\alpha}$ |
| $\mu_X-\mu_Y\geqslant d_0 \leftrightarrow \mu_X-\mu_Y<d_0$ | $\dfrac{\overline{d}-d_0}{s/\sqrt{n}}<t_{n-1,\alpha}$ |

例 5.29 假定前后的体重满足 $(X,Y)^\top \overset{\text{iid}}{\sim} \mathrm{N}(\boldsymbol{\mu},\boldsymbol{\Sigma})$，考察 9 个人在新的饮食计划实施前后的体重（单位：kg），观测数据见表 5.8，请判定该饮食计划是否有助于减轻体重。

表 5.8 饮食计划实施前后的体重

| 随机变量 | 样本 | | | | | | | | |
|---|---|---|---|---|---|---|---|---|---|
| | 1 | 2 | 3 | 4 | 5 | 6 | 7 | 8 | 9 |
| $X$（实施计划之前） | 132 | 139 | 126 | 114 | 122 | 132 | 142 | 119 | 126 |
| $Y$（实施计划之后） | 124 | 141 | 118 | 116 | 114 | 132 | 145 | 123 | 121 |

解 在显著水平 $\alpha=0.01$ 对假设 $H_0:\mu_X-\mu_Y\leqslant 0 \leftrightarrow H_1:\mu_X-\mu_Y>0$ 进行检验。利用例 5.28 的结果对 $H_0:\mu_X-\mu_Y\leqslant 0 \leftrightarrow H_1:\mu_X-\mu_Y>0$ 进行检验，发现数据无法拒绝 $H_0$，即该饮食计划无助于减轻体重。

例5.30 已知来自两个独立总体的样本 $X_1,X_2,\cdots,X_m \overset{\text{iid}}{\sim} \mathrm{N}(\mu_X,\sigma_X^2)$ 与 $Y_1,Y_2,\cdots,Y_n \overset{\text{iid}}{\sim} \mathrm{N}(\mu_Y,\sigma_Y^2)$，样本方差分别为 $S_X^2$ 和 $S_Y^2$，定义

$$F=\frac{\sum_{j=1}^m(X_j-\mu_X)^2/m}{\sum_{j=1}^n(Y_j-\mu_Y)^2/n}$$

在得到样本值后，令 $s_X^2,s_Y^2,f$ 分别是 $S_X^2,S_Y^2,F$ 的取值。对于下面的假设检验，在显著水平 $\alpha$ 拒绝零假设 $H_0$ 的条件如表 5.9 所示。

例 5.31 设样本 $X_1,X_2,\cdots,X_n \overset{\text{iid}}{\sim} \mathrm{Expon}(\beta)$，其中参数 $\beta$ 未知，利用例 4.43，在显著水平 $\alpha$ 对未知参数 $\beta$ 进行假设检验，拒绝零假设 $H_0$ 的条件如表 5.10 所示。

表 5.9　两个正态总体方差的假设检验

| $H_0 \leftrightarrow H_1$ | $\mu_X, \mu_Y$ 已知 | $\mu_X, \mu_Y$ 未知 |
|---|---|---|
| $\sigma_X^2 = \sigma_Y^2 \leftrightarrow \sigma_X^2 \neq \sigma_Y^2$ | $\begin{cases} f > F_{m,n,1-\alpha/2} \\ \text{或} \\ f < 1/F_{n,m,1-\alpha/2} \end{cases}$ | $\begin{cases} s_X^2/s_Y^2 > F_{m-1,n-1,1-\alpha/2}，\text{如果 } s_X^2 > s_Y^2 \\ \text{或} \\ s_X^2/s_Y^2 < 1/F_{n-1,m-1,1-\alpha/2}，\text{如果 } s_X^2 < s_Y^2 \end{cases}$ |
| $\sigma_X^2 \leqslant \sigma_Y^2 \leftrightarrow \sigma_X^2 > \sigma_Y^2$ | $f > F_{m,n,1-\alpha}$ | $s_X^2/s_Y^2 > F_{m-1,n-1,1-\alpha}$ |
| $\sigma_X^2 \geqslant \sigma_Y^2 \leftrightarrow \sigma_X^2 < \sigma_Y^2$ | $f < F_{n,m,1-\alpha}^{-1}$ | $s_X^2/s_Y^2 < 1/F_{n-1,m-1,1-\alpha}$ |

表 5.10　指数分布的假设检验

| $H_0 \leftrightarrow H_1$ | 拒绝零假设 $H_0$ 的条件 |
|---|---|
| $\beta = \beta_0 \leftrightarrow \beta \neq \beta_0$ | $2\beta_0 n\bar{x} < \chi^2_{2n,\alpha/2}$ 或 $> \chi^2_{2n,1-\alpha/2}$ |
| $\beta \leqslant \beta_0 \leftrightarrow \beta > \beta_0$ | $2\beta_0 n\bar{x} > \chi^2_{2n,1-\alpha}$ |
| $\beta \geqslant \beta_0 \leftrightarrow \beta < \beta_0$ | $2\beta_0 n\bar{x} < \chi^2_{2n,\alpha}$ |

## 5.2　大样本检验

如果样本量允许趋向无穷，人们就可以凭借检验统计量的渐近分布（性质 4.8 和性质 4.9）构造合理的检验，很多情况下也能带来形式上的简化。例如，广义似然比 $\lambda(\boldsymbol{x})$ 可以很复杂，当样本量足够大时，在一定的条件之下 $-2\ln\lambda(\boldsymbol{X})$ 渐近地服从 $\chi^2$ 分布，于是临界值 $c$ 可近似求得。

定理 5.2　令 $m$ 是参数空间 $\Theta$ 与 $\Theta_0$ 中独立参数个数之差，则随着样本量趋向无穷，广义似然比具有渐近分布

$$\chi^2 = -2\ln\lambda(\boldsymbol{X}) \sim \chi_m^2$$

例 5.32　在例 5.17 中，对假设 $H_0: p = p_0 \leftrightarrow H_1: p \neq p_0$ 进行水平为 $\alpha$ 的广义似然比检验。首先，广义似然比是

$$\lambda(x) = \frac{p_0^x(1-p_0)^{n-x}}{(x/n)^x(1-x/n)^{n-x}}$$

由定理 5.2 知，

$$\begin{aligned}\chi^2 &= -2\ln\lambda(X) \\ &= 2X\ln\frac{X/n}{p_0} + 2(n-X)\ln\frac{1-X/n}{1-p_0} \sim \chi_1^2\end{aligned}$$

在显著水平 $\alpha$，$H_0: p = p_0$ 的拒绝域是 $R = [\chi^2_{1,\alpha}, \infty)$。即，当 $\chi^2 \in R$ 时，拒绝零假设 $H_0: p = p_0$。

例 5.33（共现的判定）　在语料库语言学 (corpus linguistics) 里，两个单词 $w$ 和 $w'$ 之间存在共现 (cooccurrence) 关系，指的是它们共同出现在上下文（譬如，同一句子或者同一段落）中并不是随机的。共现的词语一般是非独立的，其语义关联具有一定的统计显著性（图 5.27）。

- 在包含 $n$ 个句子的随机语料中，记 $N_w$ 是包含单词 $w$ 的句子个数，$N_{w,w'}$ 是同时包含 $w$ 和 $w'$ 的句子个数。

- ❑ $N_{w,w'}$ 服从二项分布，不妨设 $N_{w,w'} \sim \mathsf{B}(n,p)$，其中 $p = \mathsf{P}(w,w')$ 是未知参数，其点估计为 $N_{w,w'}/n$。如果 $w,w'$ 相互独立，则 $p = \mathsf{P}(w)\mathsf{P}(w')$，进而其点估计亦为 $N_wN_{w'}/n^2$。

图 5.27　共现关系意味着语义关联

现在考虑假设检验 $H_0: p = p_0 \leftrightarrow H_1: p \neq p_0$，其中 $p_0 = n_wn_{w'}/n^2$，而 $n_w, n_{w'}$ 分别是 $N_w, N_{w'}$ 的观测结果。由例 5.32 的结果不难得到

$$\chi^2 = 2N_{w,w'}\ln\frac{N_{w,w'}/n}{p_0} + 2(n - N_{w,w'})\ln\frac{1 - N_{w,w'}/n}{1 - p_0} \sim \chi_1^2$$

对于给定的显著水平 $\alpha$，当 $\chi^2 > \chi^2_{1,\alpha}$ 时拒绝零假设，进而判定 $w,w'$ 不是独立的，即二者有共现关系。例如，“费舍尔”总是与“统计学大师”之类的短语共现于文本之中。

例 5.33 中的统计量 $\chi^2$ 还有另外一个解释：

$$\begin{aligned}\chi^2 &= 2n\frac{N_{w,w'}}{n}\ln\frac{N_{w,w'}/n}{p_0} + 2n\left(1 - \frac{N_{w,w'}}{n}\right)\ln\frac{1 - N_{w,w'}/n}{1 - p_0}\\ &= 2n\mathsf{K}(X/Y)\text{，其中 } \mathsf{K}(X/Y) \text{ 表示 } Y \text{ 到 } X \text{ 的 KL 散度}\\ X &\sim \frac{N_{w,w'}}{n}\langle 1\rangle + \left(1 - \frac{N_{w,w'}}{n}\right)\langle 0\rangle\\ Y &\sim p_0\langle 1\rangle + (1 - p_0)\langle 0\rangle\end{aligned}$$

例 5.34　接着例 5.18，零假设 $H_0$ 成立时，独立参数只有 $\sigma^2$ 一个，按照定理 5.2，有

$$-2\ln\lambda(\boldsymbol{X}) = n\ln\left\{1 + \frac{n(\overline{X} - \mu_0)^2}{\sum_{j=1}^n (X_j - \overline{X})^2}\right\} \sim \chi_1^2$$

对于给定的显著水平 $\alpha$，零假设 $H_0$ 的接受条件是

$$0 \leqslant -2\ln\lambda(\boldsymbol{x}) = n\ln\left\{1 + \left[\frac{\sqrt{n}(\overline{x} - \mu_0)}{\sqrt{n-1}s}\right]^2\right\} \leqslant \chi^2_{1,1-\alpha}$$

令 $z = \sqrt{n}(\overline{x} - \mu_0)/s$，上式等价为

$$z^2 \leqslant (n-1)\left(\exp\left\{\frac{1}{n}\chi^2_{1,1-\alpha}\right\} - 1\right)$$

利用

$$e^z = 1 + \sum_{k=1}^{\infty} \frac{z^k}{k!}$$

当 $n$ 很大时，上式近似为 $z^2 \leqslant \chi^2_{1,1-\alpha}$，而例 5.18 的结论是 $H_0$ 的接受条件是

$$z^2 \leqslant t^2_{n-1,1-\alpha/2}$$

美籍匈牙利裔统计学家**亚伯拉罕·沃德**（Abraham Wald, 1902—1950）（图 5.28）是序贯分析的提出者，也是统计决策理论的奠基者之一。在大样本的情况下，若点估计具有渐近正态性，沃德给出了下面的一般检验方法。

图 5.28 沃德

定理 5.3（沃德检验, 1943） 考虑假设检验 $H_0: \theta = \theta_0 \leftrightarrow H_1: \theta \neq \theta_0$，若 $\theta$ 的点估计 $\hat{\theta}_n$ 满足渐近正态性，即

$$W_n = \frac{\hat{\theta}_n - \theta_0}{\mathrm{V}(\hat{\theta}_n)} \xrightarrow{\mathrm{L}} \mathrm{N}(0,1)$$

在显著水平 $\alpha$，若 $|W_n| > z_{\alpha/2}$，则拒绝 $H_0$。

例 5.35 例 5.32 在大样本的情况下，利用二项分布的正态近似，对 $H_0: p = p_0 \leftrightarrow H_1: p \neq p_0$ 的检验将变得简单，因为当 $n \to \infty$ 时，渐近地有

$$\frac{X - np}{\sqrt{np(1-p)}} \sim \mathrm{N}(0,1)$$

当 $|x - np_0|/\sqrt{np_0(1-p_0)} > z_{1-\alpha/2}$ 时，拒绝零假设 $H_0: p = p_0$。这个判定条件还可以更精细一些（详细结果见表 5.11），利用二项分布的正态逼近，有

$$\begin{aligned}
\mathrm{P}(X \leqslant m) &= \sum_{k=0}^{m} \mathrm{C}_n^k p^k (1-p)^{n-k} \\
&\approx \Phi\left(\frac{m + \frac{1}{2} - np}{\sqrt{np(1-p)}}\right) \\
\mathrm{P}(X \geqslant m) &= \sum_{k=m}^{n} \mathrm{C}_n^k p^k (1-p)^{n-k} \\
&\approx 1 - \Phi\left(\frac{m - \frac{1}{2} - np}{\sqrt{np(1-p)}}\right)
\end{aligned}$$

例 5.36（两比率的大样本检验） 接着第 130 页的例 4.48，在显著水平 $\alpha$ 给出假设 $H_0: p = q \leftrightarrow H_1: p \neq q$ 的检验。

解 根据例 4.48 的结果，拒绝零假设 $H_0: p = q$ 的条件是

$$\frac{|\overline{x} - \overline{y}|}{\sqrt{\overline{x}(1-\overline{x})/m + \overline{y}(1-\overline{y})/n}} > z_{1-\alpha/2}$$

表 5.11 0-1 分布的沃德检验

| $H_0 \leftrightarrow H_1$ | 在显著水平 $\alpha$ 拒绝零假设 $H_0$ 的条件 |
|---|---|
| $p = p_0 \leftrightarrow p \neq p_0$ | $\dfrac{x+\frac{1}{2}-np_0}{\sqrt{np_0(1-p_0)}} < z_{\alpha/2}$ 或 $\dfrac{x-\frac{1}{2}-np_0}{\sqrt{np_0(1-p_0)}} > z_{1-\alpha/2}$ |
| $p \leqslant p_0 \leftrightarrow p > p_0$ | $\dfrac{x-\frac{1}{2}-np_0}{\sqrt{np_0(1-p_0)}} > z_{1-\alpha}$ |
| $p \geqslant p_0 \leftrightarrow p < p_0$ | $\dfrac{x+\frac{1}{2}-np_0}{\sqrt{np_0(1-p_0)}} < z_{\alpha}$ |

例 5.37 质量控制 (quality control) 是生产的必要环节，目的是及时地发现并消除那些导致不合格的因素（图 5.29）。

图 5.29 质量控制

设甲乙两厂生产同一种产品，随机地从甲厂抽取 400 件发现 20 件次品，从乙厂抽取 300 件发现 22 件次品，在显著水平 $\alpha = 0.05$ 下，甲、乙两厂的次品率是否有显著差异？

解 分别以 $p_1, p_2$ 表示甲、乙两厂的次品率，利用例 5.36 的结果，在水平 $\alpha = 0.05$ 对假设 $H_0 : p_1 = p_2 \leftrightarrow H_1 : p_1 \neq p_2$ 进行检验。结论是：数据无法拒绝 $H_0$，即甲、乙两厂的次品率无显著差异。

例 5.38 仿照例 5.36，在显著水平 $\alpha$ 对例 4.48 中有关未知参数 $p - q$ 的假设进行检验，拒绝零假设 $H_0$ 的条件如表 5.12 所示。

表 5.12 两个 0-1 分布均值之差的沃德检验

| $H_0 \leftrightarrow H_1$ | 拒绝零假设 $H_0$ 的条件 |
|---|---|
| $p - q = d_0 \leftrightarrow p - q \neq d_0$ | $\dfrac{\lvert\overline{x}-\overline{y}-d_0\rvert}{\sqrt{\overline{x}(1-\overline{x})/m+\overline{y}(1-\overline{y})/n}} > z_{1-\alpha/2}$ |
| $p - q \leqslant d_0 \leftrightarrow p - q > d_0$ | $\dfrac{\overline{x}-\overline{y}-d_0}{\sqrt{\overline{x}(1-\overline{x})/m+\overline{y}(1-\overline{y})/n}} > z_{1-\alpha}$ |
| $p - q \geqslant d_0 \leftrightarrow p - q < d_0$ | $\dfrac{\overline{x}-\overline{y}-d_0}{\sqrt{\overline{x}(1-\overline{x})/m+\overline{y}(1-\overline{y})/n}} < z_{\alpha}$ |

### 5.2.1 拟合优度检验

已知简单随机样本 $X_1, X_2, \cdots, X_n$ 来自总体 $X \sim F(x)$，对假设 $H_0: F = F_0 \leftrightarrow H_1: F \neq F_0$ 进行的检验，或者更一般地，对假设 $H_0: F \in \mathscr{F} \leftrightarrow H_1: F \notin \mathscr{F}$ 进行的检验，称为拟合优度检验 (goodness-of-fit test)，其中 $F_0$ 是某一具体的分布（不含未知参数），$\mathscr{F} = \{F_{\boldsymbol{\theta}}(x) : \boldsymbol{\theta} \in \Theta\}$ 是一个分布族。为方便起见，备择假设常省略不说。例如，零假设认为某骰子均匀，即

$$H_0: F = \frac{1}{6}\langle 1\rangle + \cdots \frac{1}{6}\langle 6\rangle$$

大样本检验的第一个重要结果是英国数学家、统计学之父**卡尔・皮尔逊**（Karl Pearson, 1857—1936）（图 5.30）于 1900 年给出的下述引理 5.2，它是统计学最重要的成果之一，也是统计学从以描述为主的第一阶段进入以严格数学方法为基础的第二阶段的标志。

图 5.30 统计学之父卡尔・皮尔逊

卡尔・皮尔逊生前长期是统计学界的领袖，在英国培养了一大批统计学的人才，包括他的儿子**埃贡・皮尔逊**（Egon Pearson, 1895—1980）。然而，老皮尔逊与费舍尔素有嫌隙，势如水火直到去世。

引理 5.2（皮尔逊，1900） 已知随机向量 $\boldsymbol{Y} = (Y_1, Y_2, \cdots, Y_k)^\top \sim \text{Multin}(n; p_1, p_2, \cdots, p_k)$，其中 $\sum_{j=1}^{k} Y_j = n$，$Y_j$ 被称为经验频次，$np_j$ 被称为理论频次。定义皮尔逊 $\chi^2$ 统计量（也称卡方统计量）为

$$\begin{aligned}\chi^2(\boldsymbol{Y}) &= \sum_{j=1}^{k} \frac{(Y_j - np_j)^2}{np_j} \\ &= \frac{1}{n}\sum_{j=1}^{k} \frac{Y_j^2}{p_j} - n \end{aligned} \tag{5.10}$$

$\chi^2(\boldsymbol{Y})$ 刻画了经验频次 $\boldsymbol{Y} = (Y_1, Y_2, \cdots, Y_k)^\top$ 与理论频次 $(np_1, np_2, \cdots, np_k)^\top$ 之间的差异。当 $n \to$

$\infty$ 时，渐近地有

$$\chi^2(\boldsymbol{Y}) = \sum_{j=1}^{k} \frac{(Y_j - np_j)^2}{np_j} \sim \chi^2_{k-1}$$

证明　见陈希孺院士的《高等概率统计学》[87] 的第六章第二节。□

1. **皮尔逊 $\chi^2$ 检验**

按照分点 $a_0 < a_1 < \cdots < a_k$ 把实数轴 $\mathbb{R}$ 划分成 $k$ 个两两不交的区间：$A_1 = (a_0, a_1], A_2 = (a_1, a_2], \cdots, A_k = (a_{k-1}, a_k)$，其中 $a_0 = -\infty, a_k = \infty$。

定理 5.4（皮尔逊 $\chi^2$ 检验）　若零假设 $H_0 : F = F_0$ 成立，即总体的分布为 $F_0$，令

$$\begin{aligned} p_j &= \mathsf{P}(X \in A_j)，\text{其中 } j = 1, 2, \cdots, k \\ &= F_0(a_j) - F_0(a_{j-1}) > 0 \end{aligned}$$

显然，

$$\sum_{j=1}^{k} p_j = 1$$

定义随机变量 $Y_j$ 为 $X_1, X_2, \cdots, X_n$ 落于区间 $A_j$ 内的个数，则

$$\boldsymbol{Y} = (Y_1, Y_2, \cdots, Y_k)^\top \sim \text{Multin}(n; p_1, p_2, \cdots, p_k)$$

由引理 5.2，在显著水平 $\alpha$，当皮尔逊 $\chi^2$ 统计量的观测结果 $\chi^2(\boldsymbol{y}) > \chi^2_{k-1,1-\alpha}$ 时拒绝零假设 $H_0 : F = F_0$；当 $\chi^2(\boldsymbol{y}) \leqslant \chi^2_{k-1,1-\alpha}$ 时接受零假设。

例 5.39　某机器在周一至周五共发生了 $n = 30$ 次故障，每天的故障数依次为 $4, 7, 10, 3, 6$ 次，在水平 $\alpha = 0.05$ 检验假设“故障率与周几有关”。

解　设每天的故障数 $\boldsymbol{Y} = (Y_1, Y_2, Y_3, Y_4, Y_5)^\top \sim \text{Multin}(n; p_1, p_2, p_3, p_4, p_5)$，当零假设“$H_0$ : 故障率与周几无关”成立时，$p_j = 1/5, j = 1, 2, \cdots, 5$，即每天理论故障数为 $np_j = 6$。计算得

$$\chi^2(\boldsymbol{y}) = \sum_{j=1}^{5} \frac{(y_j - np_j)^2}{np_j} > \chi^2_{4,1-\alpha}，\text{其中 } \boldsymbol{y} = (4, 7, 10, 3, 6)^\top$$

经过皮尔逊 $\chi^2$ 检验，数据在水平 $\alpha = 0.05$ 无法否认零假设。

若定理 5.4 中的总体改为参数总体 $F_{\boldsymbol{\theta}}(x)$，卡尔·皮尔逊认为渐近性质 $\chi^2(\boldsymbol{Y}) \sim \chi^2_{k-1}$ 依然成立——这是卡尔·皮尔逊的一个重大失误。1922 年，费舍尔发现了这个错误，并于 1924 年撰文《$\chi^2$ 作为度量观测值与假设间的偏差的条件》给出了正确的结果，即下面的定理。

定理 5.5（费舍尔，1924）　已知样本 $X_1, X_2, \cdots, X_n \overset{\text{iid}}{\sim} F_{\boldsymbol{\theta}}(x)$，假设未知参数 $\boldsymbol{\theta} = (\theta_1, \theta_2, \cdots, \theta_r)^\top$ 的最大似然估计存在，设为 $\hat{\boldsymbol{\theta}} = (\hat{\theta}_1, \hat{\theta}_2, \cdots, \hat{\theta}_r)^\top$。设 $\hat{p}_j = \mathsf{P}_{\hat{\boldsymbol{\theta}}}\{X \in A_j\} > 0, j = 1, 2, \cdots, k$，定义随机变量 $Y_j$ 为样本 $X_1, X_2, \cdots, X_n$ 落于 $A_j$ 内的个数（被称为经验频次），$n\hat{p}_j$ 被称为理论频次。当 $n \to \infty$ 时，渐近地有

$$\chi^2(\boldsymbol{Y}) = \sum_{j=1}^{k} \frac{(Y_j - n\hat{p}_j)^2}{n\hat{p}_j} \sim \chi^2_{k-1-r} \tag{5.11}$$

对零假设 $H_0: F \in \mathscr{F} = \{F_\theta(x)\}$ 的检验可转换为对 $H_0: F = F_{\hat{\theta}}(x)$ 的皮尔逊 $\chi^2$ 检验：在水平 $\alpha$ 拒绝 $H_0$ 的充分条件是

$$\chi^2(\boldsymbol{y}) > \chi^2_{k-1-r,1-\alpha}$$

起初卡尔·皮尔逊并不承认自己的疏忽，在参数情况下自由度是否应该减小这个问题上曾与费舍尔有过激烈的、不愉快的争论。但权威战胜不了真理，在很多事实面前卡尔·皮尔逊终于不得不接受费舍尔的结果。

非不废是，瑕不掩瑜，历史为纪念卡尔·皮尔逊原创地发现引理 5.2 的学术功绩，习惯上把基于定理 5.5 的检验也称作拟合优度的皮尔逊 $\chi^2$ 检验，不知二人作何感想。学术江湖的这点小小恩怨，应该都被真理化解了吧——数学的世界里没有威权，唯有真理永存。

例 5.40　假设三天之内全国发生了 306 起交通事故，按小时将三天等分为 $n = 72$ 个单位时间段，每小时事故数的观测结果见表 5.13 的左边两列（例如每小时发生 0 或 1 次事故的有 5 次，每小时发生 2 次事故的有 10 次，……）。试问：在水平 $\alpha = 0.05$ 之下，每小时的事故数 X 是否服从泊松分布？

表 5.13　三天内交通事故的观测数据 [83]

| 每小时事故数 | 观测值 $y_j$ | 拟合值 $n\hat{p}_j$ |
|---|---|---|
| 0 或 1 | 5 | 5.391880 |
| 2 | 10 | 9.275318 |
| 3 | 15 | 13.140034 |
| 4 | 12 | 13.961286 |
| 5 | 12 | 11.867093 |
| 6 | 6 | 8.405858 |
| 7 | 5 | 5.103556 |
| 8 或更多 | 7 | 4.854974 |

解　在零假设 $H_0: X \sim \text{Poisson}(\lambda)$ 成立的情况下，参数 $\lambda$ 的最大似然估计是

$$\hat{\lambda} = \overline{X} = \frac{306}{72} = 4.25$$

❑ 根据递归关系

$$\frac{\mathsf{P}_{\hat{\lambda}}(X = j+1)}{\mathsf{P}_{\hat{\lambda}}(X = j)} = \frac{\hat{\lambda}}{j+1}$$

以及初始值

$$\hat{p}_0 = \mathsf{P}_{\hat{\lambda}}(X = 0) = \exp\{-\hat{\lambda}\} = 0.0143$$

可以得到

$$\hat{p}_j = \mathsf{P}_{\hat{\lambda}}(X = j)$$

进而求得 $n\hat{p}_j$（表中最右列），其中 $j = 0, 1, 2, \cdots$。

❑ 根据 $k - 1 - r = 8 - 1 - 1 = 6$ 以及式 (5.11)，在水平 $\alpha = 0.05$ 之下，有

$$\sum_{j=1}^{8} \frac{(y_j - n\hat{p}_j)^2}{n\hat{p}_j} = 2.263792 < \chi^2_{6,0.95} = 12.59159$$

于是，在水平 $\alpha=0.05$ 数据不能拒绝零假设 $H_0$，即每小时的交通事故（图 5.31）的数量 $X$ 服从泊松分布。

图 5.31 交通事故

注：世界卫生组织的调查显示，大约 50%~60% 的交通事故与酒后驾驶有关。

皮尔逊 $\chi^2$ 检验必须将样本分组，多了一些任意性。当一维总体分布函数 $F(x)$ 连续时，功效更大的检验是基于第 64 页定理 3.2 的柯尔莫哥洛夫检验，下面介绍它。

**2. 柯尔莫哥洛夫检验**

令 $F_n^*(x)$ 是由简单随机样本 $X_1,X_2,\cdots,X_n$ 构造的经验分布函数，根据格利温科定理 3.1，当 $n$ 很大时，由柯尔莫哥洛夫距离定义的统计量 $D_n=\sup|F_n^*(x)-F(x)|$ 接近 0。如何计算 $D_n$ 呢？

算法 5.2 从图 3.21 可见 $|F_n^*(x)-F(x)|$ 的最大值点只可能出现在 $F_n^*(x)$ 的跳跃点 $X_{(1)}\leqslant X_{(2)}\leqslant\cdots\leqslant X_{(n)}$ 中，所以

$$D_n=\max\{D_n^+,D_n^-\}$$

其中，$D_n^+,D_n^-$ 称为单侧柯尔莫哥洛夫统计量，定义如下：

$$D_n^+=\max_{1\leqslant j\leqslant n}\left\{\frac{j}{n}-F(X_{(j)})\right\}$$

$$D_n^-=\max_{1\leqslant j\leqslant n}\left\{F(X_{(j)})-\frac{j-1}{n}\right\}$$

如果零假设 $H_0:F(x)=F_0(x)$ 成立，一个合理的检验是：当 $D_n(\boldsymbol{x})=\sup|F_n^*(x)-F_0(x)|>c$ 时，拒绝零假设。令 $K_{1-\alpha}$ 是式 (3.17) 所定义的柯尔莫哥洛夫分布 $K(z)$ 的 $(1-\alpha)$-分位数，利用定理 3.2 可得柯尔莫哥洛夫检验：

- 在水平 $\alpha=0.05$ 之下，取

$$c=\frac{K_{1-\alpha}}{\sqrt{n}}=\frac{1.358}{\sqrt{n}}$$

- 在水平 $\alpha=0.01$ 之下，取

$$c=\frac{1.628}{\sqrt{n}}$$

或者，在总体分布的零假设 $H_0: F(x) = F_0(x)$ 之下，计算统计量 $D_n$ 的观测值和检验的 $p$-值（定义 5.11）。如果 $p$-值小于预先给定的水平 $\alpha$，则拒绝零假设。通过柯尔莫哥洛夫检验，可以判定伪随机数是否来自某指定的分布（图 5.32）。

图 5.32　针对分布函数的柯尔莫哥洛夫检验

例 5.41　掷某骰子 60 次，1 至 6 点的次数依次为 16, 7, 8, 8, 9, 12，问该骰子是否均匀？

解　令零假设 $H_0: \mathsf{P}\{X = x\} = 1/6$，其中 $x = 1, 2, \cdots, 6$，即骰子均匀，其分布函数记作 $F_0(x)$。将样本经验分布函数记作 $F^*_{60}(x)$，则这两个分布函数及其差距可由表 5.14 刻画。

表 5.14　两个分布函数及其差距

| 考察内容 | $x$ | | | | | | | |
|---|---|---|---|---|---|---|---|---|
| | $<1$ | 1 | 2 | 3 | 4 | 5 | 6 | $>6$ |
| 频次 | 0 | 16 | 7 | 8 | 8 | 9 | 12 | 0 |
| $F^*_{60}(x)$ | 0 | 16/60 | 23/60 | 31/60 | 39/60 | 48/60 | 1 | 1 |
| $F_0(x)$ | 0 | 1/6 | 2/6 | 3/6 | 4/6 | 5/6 | 1 | 1 |
| $\lvert F^*_{60}(x) - F_0(x)\rvert$ | 0 | 6/60 | 3/60 | 1/60 | 1/60 | 2/60 | 0 | 0 |

因为

$$D_{60} = \sup\lvert F^*_{60}(x) - F_0(x)\rvert = 0.1 < \frac{1.358}{\sqrt{60}} \approx 0.175$$

所以，对于 K-S 检验，在水平 $\alpha = 0.05$ 观测数据无法拒绝 $H_0$，即该骰子均匀。

然而，皮尔逊 $\chi^2$ 检验在水平 $\alpha = 0.05$ 拒绝 $H_0$，因为 $\chi^2 = 284.1 > \chi^2_{5,0.95} \approx 11.07$。由此可知，两种不同的假设检验方法可以在相同的水平得出不同的结论！

### 3. 斯米尔诺夫检验

1944 年，苏联概率论和数理统计学家**尼古拉・斯米尔诺夫**（Nikolai Smirnov, 1900—1966）在定理 3.2 的基础上证明了统计量 $D_n^+$ 具有下面的极限性质（$D_n^-$ 也有相同的结果）。

$$\lim_{n\to\infty} \mathsf{P}\{\sqrt{n}D_n^+ \leqslant z\} = \begin{cases} 1 - \mathrm{e}^{-2z^2} & ，如果\ z > 0 \\ 0 & ，如果\ z \leqslant 0 \end{cases} \tag{5.12}$$

斯米尔诺夫定义了下述统计量，基于它们的大样本性质可以检验两样本的总体 $F_1$ 和 $F_2$ 是否相同。

**定义 5.15** 设简单随机样本 $X_{j1}, X_{j2}, \cdots, X_{jn_j}$ 来自具有一维连续分布函数 $F_j(x)$ 的总体，其中 $j = 1, 2$，记它们的经验分布函数为 $F^*_{1n_1}(x)$ 和 $F^*_{2n_2}(x)$。斯米尔诺夫统计量定义为二者的柯尔莫哥洛夫距离，即

$$D_{n_1,n_2} = \sup_{x\in\mathbb{R}}\{|F^*_{1n_1}(x) - F^*_{2n_2}(x)|\}$$

单侧斯米尔诺夫统计量定义为

$$D^+_{n_1,n_2} = \sup_{x\in\mathbb{R}}\{F^*_{1n_1}(x) - F^*_{2n_2}(x)\}$$

**定理 5.6**（斯米尔诺夫，1944） 若总体 $F_1(x) = F_2(x)$，则斯米尔诺夫统计量 $D_{n_1,n_2}$ 和单侧斯米尔诺夫统计量 $D^+_{n_1,n_2}$ 具有如下极限性质。

$$\lim_{\substack{n_1\to\infty\\ n_2\to\infty}} \mathsf{P}\left\{\sqrt{\frac{n_1n_2}{n_1+n_2}}D_{n_1,n_2} \leqslant z\right\} = K(z)$$

$$\lim_{\substack{n_1\to\infty\\ n_2\to\infty}} \mathsf{P}\left\{\sqrt{\frac{n_1n_2}{n_1+n_2}}D^+_{n_1,n_2} \leqslant z\right\} = \begin{cases} 1-\exp(-2z^2) & ，如果\ z>0 \\ 0 & ，如果\ z\leqslant 0 \end{cases}$$

基于定理 5.6 可给出两个总体是否具有相同的连续分布函数的斯米尔诺夫检验。拒绝零假设 $H_0 : F_1(x) = F_2(x)$ 的充分条件是

$$D_{n_1,n_2}(\boldsymbol{x}_1, \boldsymbol{x}_2) > \frac{K_{1-\alpha}}{\sqrt{n}}，其中\ n = \frac{n_1n_2}{n_1+n_2}$$

(a) 柯尔莫哥洛夫

(b) 斯米尔诺夫

图 5.33 K-S 检验的提出者

柯尔莫哥洛夫检验和斯米尔诺夫检验统称为 K-S 检验（图 5.33）。其中，斯米尔诺夫检验也称为两样本的 K-S 检验，柯尔莫哥洛夫检验也称为单样本的 K-S 检验。

**推论 5.2** 当 $n \to \infty$ 时，统计量 $D^+_n$ 和 $D^+_{n_1,n_2}$ 具有下面的渐近性质。

$$4n(D^+_n)^2 \sim \chi^2_2$$

$$\frac{4n_1n_2}{n_1+n_2}(D^+_{n_1,n_2})^2 \sim \chi^2_2$$

**证明** 由结果 (5.12)，有

$$\lim_{n\to\infty} \mathsf{P}\{4n(D^+_n)^2 \leqslant x\} = 1 - \exp\left\{-\frac{x}{2}\right\}$$

它是 $\chi^2_2$ 的分布函数。类似地，由定理 5.6 可证得第二个结果。 □

**例 5.42** 观察 $A, B$ 两个牌子的电池的使用寿命（小时）如下。

$$A : 116, 76, 111, 99, 97, 103, 100, 116, 125, 72$$

$$B : 121, 97, 108, 92, 93, 90, 78, 96, 97, 93$$

试问：这两组电池（图 5.34）在使用寿命这一性能上是否相同？

图 5.34 电池寿命的比较

注：电池是意大利物理学家**亚历山德罗·伏特**（Alessandro Volta, 1745—1827）发明的。

解 令零假设 $H_0$ : 两个牌子的电池的使用寿命服从相同的分布。先分别计算经验分布函数 $F_{10}^*(x)$ 和 $G_{10}^*(x)$，见图 5.35。经过计算得到

$$D_{10,10} = \sup\{|F_{10}^*(x) - G_{10}^*(x)|\} = 0.5$$

利用斯米尔诺夫检验（定理 5.6），在水平 $\alpha = 0.05$ 有

$$D_{10,10} = 0.5 < \frac{1.358}{\sqrt{5}} \approx 0.607$$

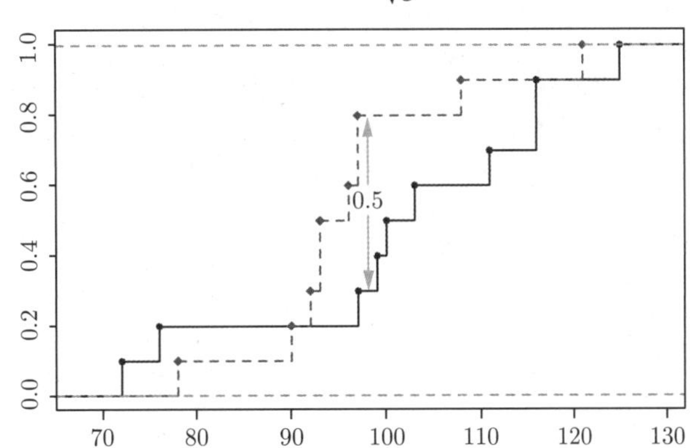


图 5.35 例 5.42 中的两组数据对应的经验分布函数的柯尔莫哥洛夫距离

于是，数据无法拒绝零假设 $H_0$，即这两个牌子的电池寿命同分布。

例 5.43 设样本 $X_1, X_2, \cdots, X_n \overset{\text{iid}}{\sim} F(x)$，其中 $F(x)$ 是一维连续分布函数。对于零假设 $H_0 : F(x) \geqslant F_0(x)$，它的单侧检验是当 $D_n^+(\boldsymbol{x}) > c$ 时拒绝零假设。根据推论 5.2，在水平 $\alpha$ 之下，临界值 $c$ 的取值如下：

$$c = \frac{1}{2}\sqrt{\frac{\chi_{2,1-\alpha}^2}{n}} = \begin{cases} \dfrac{1.223873}{\sqrt{n}} & \text{，如果 } \alpha = 0.05 \\ \dfrac{1.517427}{\sqrt{n}} & \text{，如果 } \alpha = 0.01 \end{cases} \tag{5.13}$$

例 5.44 设两样本 $X_{11}, X_{12}, \cdots, X_{1n_1} \overset{\text{iid}}{\sim} F_1(x)$ 和 $X_{21}, X_{22}, \cdots, X_{2n_2} \overset{\text{iid}}{\sim} F_2(x)$，其中 $F_1(x), F_2(x)$ 都是一维连续分布函数。根据推论 5.2，在水平 $\alpha$ 之下，拒绝零假设 $H_0 : F_1(x) \geqslant F_2(x)$ 的单侧检验的充分条件是

$$D^{+}_{n_1,n_2}(x_1, x_2) > \frac{1}{2}\sqrt{\frac{\chi^2_{2,1-\alpha}(n_1+n_2)}{n_1 n_2}}$$

### 5.2.2 独立性的列联表检验

分类 (classification) 是数学与科学里常见的工作，更是人类的一项基本能力。例如，医疗人员可分为家庭医生、验光师、护士、精神科医生、理疗师、牙医、放射科医生、药剂师、按摩师（图 5.36），等等。在数学里，一个等价关系 (equivalence relation) 决定一个划分 (partition)，反之亦然。例如，同胚 (homeomorphism)、同伦 (homotopy) 都是拓扑学中的等价关系，纽结 (knot) 就是三维空间中的与圆周同胚的封闭曲线，但二者一般不是同伦的。

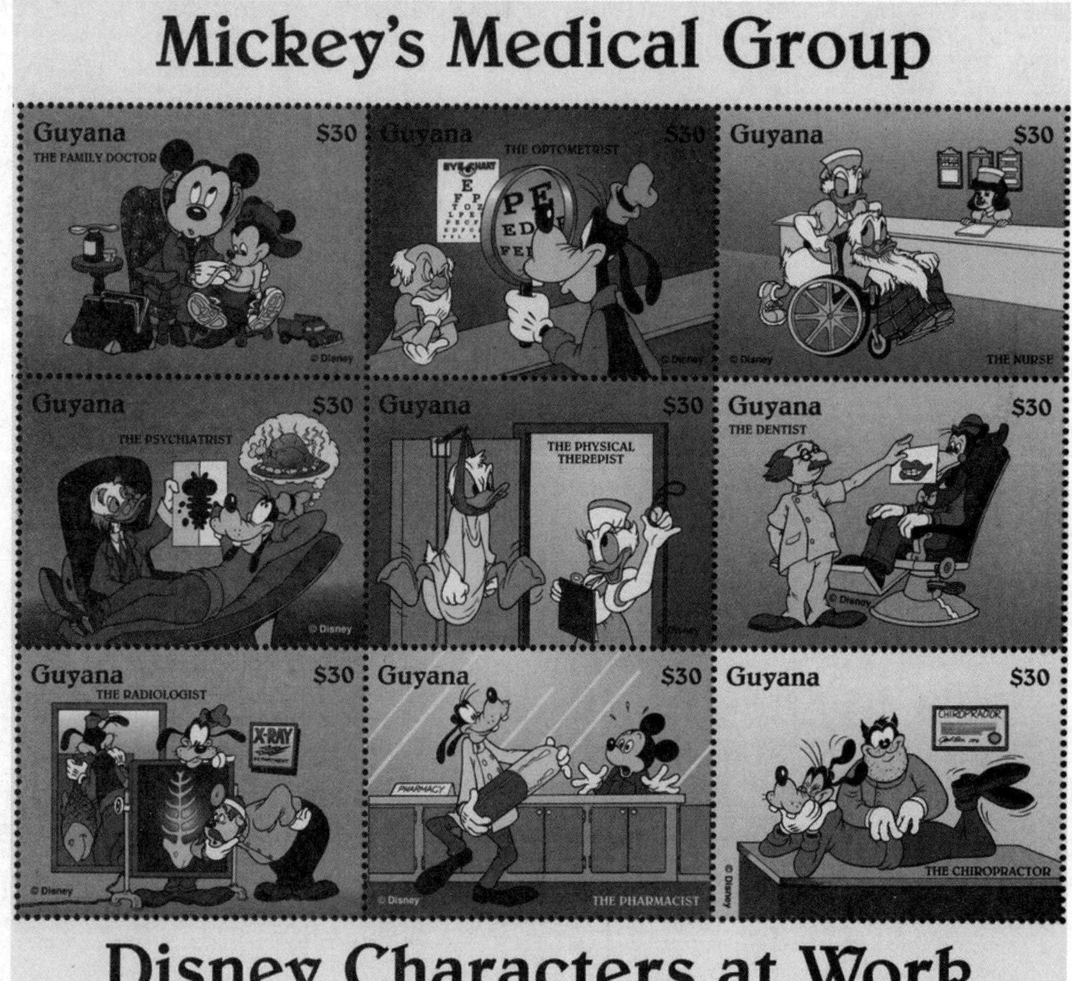


图 5.36 医疗人员分类

独立性分析是统计学的一个重要主题。当人们对某事物的两个不同属性 $A,B$（譬如 $A=$ 受教育程度，$B=$ 收入）是否相互关联感兴趣时，常把属性 $A$ 分为 $r$ 个等级 $A_1,A_2,\cdots,A_r$，把属性 $B$ 分为 $s$ 个等级 $B_1,B_2,\cdots,B_s$，这样共产生 $rs$ 个组合子类。例如，将“受教育程度”分为小学、初中、高中、大学四个等级，将“收入”分为低、中、高三个等级，则共有 12 个子类（或组），如 (小学, 高)、(大学, 低) 等。每个观测数据只能落入唯一的子类之中，这个子类就是该观测数据的“标签”，有时我们将打标签称为“分组”或“分类”（图 5.37）。

图 5.37 基于分组的统计分析

**定义 5.16（列联表）** 从总体中随机抽取 $n$ 个样本点，发现其中分到 $(A_i,B_j)$ 子类的有 $N_{ij}$ 个，其中 $i=1,2,\cdots,r$，$j=1,2,\cdots,s$。如表 5.15 这样构造的 $r\times s$ 数据矩阵被称为二维列联表 (contingency table)，其中 $N_{i\cdot},N_{\cdot j}$ 分别称为行和、列和，即

$$N_{i\cdot}=\sum_{j=1}^{s}N_{ij}$$

$$N_{\cdot j}=\sum_{i=1}^{r}N_{ij}$$

列联表分析是离散多元分析 (discrete multivariate analysis) 的研究内容之一，利用它对 $A,B$ 的独立性进行的假设检验称为列联表检验。

表 5.15 $r\times s$ 列联表

| 属性 $A$ 的分组 | 属性 $B$ 的分组 | | | | | 行和 |
|---|---|---|---|---|---|---|
| | $B_1$ | $\cdots$ | $B_j$ | $\cdots$ | $B_s$ | |
| $A_1$ | $N_{11}$ | $\cdots$ | $N_{1j}$ | $\cdots$ | $N_{1s}$ | $N_{1\cdot}$ |
| $\vdots$ | $\vdots$ | | $\vdots$ | | $\vdots$ | $\vdots$ |
| $A_i$ | $N_{i1}$ | $\cdots$ | $N_{ij}$ | $\cdots$ | $N_{is}$ | $N_{i\cdot}$ |
| $\vdots$ | $\vdots$ | | $\vdots$ | | $\vdots$ | $\vdots$ |
| $A_r$ | $N_{r1}$ | $\cdots$ | $N_{rj}$ | $\cdots$ | $N_{rs}$ | $N_{r\cdot}$ |
| 列和 | $N_{\cdot 1}$ | $\cdots$ | $N_{\cdot j}$ | $\cdots$ | $N_{\cdot s}$ | $n=N_{11}+\cdots N_{rs}$ |

定义随机向量 $(X,Y)^{\top}$ 满足 $\mathrm{P}(X=i,Y=j)=p_{ij}$，其中 $p_{ij}$ 表示 $(X,Y)^{\top}$ 属于 $(A_i,B_j)$ 子类的概率，

$i=1,2,\cdots,r$ 且 $j=1,2,\cdots,s$。

对零假设“$H_0$ : $X,Y$ 相互独立”的检验即验证存在非负常数 $p_{1\cdot},p_{2\cdot},\cdots,p_{r\cdot}$ 和 $p_{\cdot 1},p_{\cdot 2},\cdots,p_{\cdot s}$ 满足

$$\sum_{i=1}^{r} p_{i\cdot} = \sum_{j=1}^{s} p_{\cdot j} = 1$$

并使得

$$\mathrm{P}(X=i,Y=j) = p_{i\cdot}p_{\cdot j}$$

若 $H_0$ 成立，为确定 $(X,Y)^\top$ 的分布，必须确定未知参数 $p_{1\cdot},p_{2\cdot},\cdots,p_{r\cdot}$ 和 $p_{\cdot 1},p_{\cdot 2},\cdots,p_{\cdot s}$，其中只有 $r+s-2$ 个自由参数（因为有两个约束条件）。这些参数的最大似然估计为

$$\hat{p}_{i\cdot} = \frac{N_{i\cdot}}{n}$$

$$\hat{p}_{\cdot j} = \frac{N_{\cdot j}}{n}$$

进而，得到经验频次 $N_{ij}$ 和理论频次

$$n\hat{p}_{ij} = \frac{N_{i\cdot}N_{\cdot j}}{n}$$

**推论 5.3（列联表检验）** 由表 5.15 构造统计量 $\chi^2$ 如下，利用定理 5.5 可得，当 $n\to\infty$ 时，渐近地有

$$\begin{aligned}\chi^2 &= \sum_{i=1}^{r}\sum_{j=1}^{s}\frac{(N_{ij}-N_{i\cdot}N_{\cdot j}/n)^2}{N_{i\cdot}N_{\cdot j}/n}\\ &= \sum_{i=1}^{r}\sum_{j=1}^{s}\frac{(nN_{ij}-N_{i\cdot}N_{\cdot j})^2}{nN_{i\cdot}N_{\cdot j}} \sim \chi^2_m \end{aligned}\tag{5.14}$$

其中，$m=rs-1-(r+s-2)=(r-1)(s-1)$。若 $\chi^2>\chi^2_{m,1-\alpha}$，则在水平 $\alpha$ 下拒绝 $H_0:X,Y$ 相互独立。

例 5.45 接着考虑例 5.33 的单词共现问题，为检验假设“$H_0=$ 在句子中单词或短语 $w$ 和 $w'$ 相互独立”，随机选取 $n$ 个句子，得到 $2\times 2$ 列联表，见表 5.16。其中，$N_{11}=N_{w,w'}$ 表示同时包含 $w,w'$ 的句子的个数，$N_{12}=N_{w,\neg w'}$ 表示包含 $w$ 而不含 $w'$ 的句子的个数。类似地，$N_{21}=N_{\neg w,w'}$ 和 $N_{22}=N_{\neg w,\neg w'}$。令 $N_{k\cdot}=N_{k1}+N_{k2},N_{\cdot k}=N_{1k}+N_{2k}$，其中 $k=1,2$。

表 5.16 共现词语的 $2\times 2$ 列联表

| 关于 $w$ 的分组 | 关于 $w'$ 的分组 | | 行和 |
|---|---|---|---|
| | 出现 $w'$ | 不出现 $w'$ | |
| 出现 $w$ | $N_{11}$ | $N_{12}$ | $N_{1\cdot}$ |
| 不出现 $w$ | $N_{21}$ | $N_{22}$ | $N_{2\cdot}$ |
| 列和 | $N_{\cdot 1}$ | $N_{\cdot 2}$ | $n=N_{11}+N_{12}+N_{21}+N_{22}$ |

由推论 5.3，当 $n\to\infty$ 时，渐近地有

$$\chi^2 = \frac{n(N_{11}N_{22}-N_{12}N_{21})^2}{N_{1\cdot}N_{2\cdot}N_{\cdot 1}N_{\cdot 2}} \sim \chi^2_1 \tag{5.15}$$

根据列联表检验，如果 $\chi^2 > \chi^2_{1,1-\alpha}$，则观测数据在水平 $\alpha$ 拒绝 $H_0$。人类的语言（图 5.38）是如此地丰富多彩，可以营造出远远超越字面含义的语境 (context)，人类天生懂得如何调用经验或知识来解读它，有时甚至"心有灵犀一点通"。因此，语言中的非独立性理应涵盖那些没有在字面出现的隐藏变量，它们如同宇宙中的"暗物质"(dark matter)，不被看到却起着重要的作用。

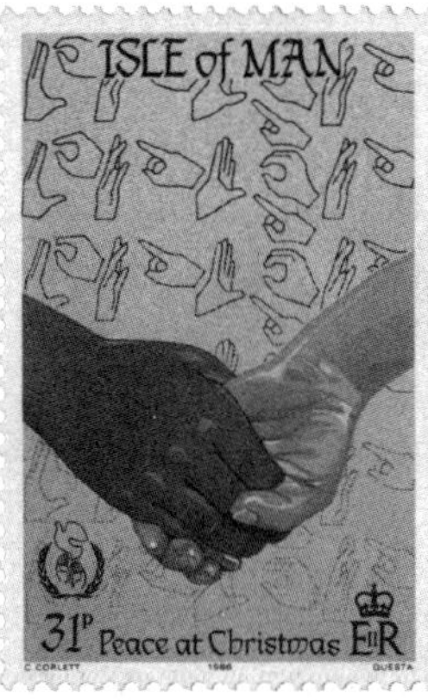

图 5.38　人类的语言

例 5.46　某药品有注射和口服两种给药方式，对 $n = 1000$ 个病人进行给药方式和效果的考察，结果见表 5.17。问效果与给药方式是否独立？

表 5.17　药品种类与效果的列联表

| 方式 | 效果 | | 行和 |
|---|---|---|---|
| | 有效 | 无效 | |
| 口服 | 226 | 278 | 504 |
| 注射 | 255 | 241 | 496 |
| 列和 | 481 | 519 | 1000 |

解　令零假设 $H_0$ : 效果与给药方式独立。将数据代入式 (5.15)，得到 $\chi^2 = 4.322482$。若 $\alpha = 0.05$，则 $\chi^2_{1,0.95} = 3.841459$。因为 $\chi^2 > \chi^2_{1,1-\alpha}$，所以在水平 $\alpha = 0.05$ 拒绝 $H_0$。

# 第 6 章

# 回归分析与方差分析

竹外桃花三两枝，春江水暖鸭先知。蒌蒿满地芦芽短，正是河豚欲上时。

——苏轼《惠崇春江晚景》

在经典数学、物理学的理论中，变量之间确定性的关系通常用函数来刻画，如圆的面积 $S$ 与半径 $r$ 有 $S = \pi r^2$，力 $F$ 与加速度 $a$ 有 $F = ma$，等等。这些确定的关系揭示了自然的本质规律，除此之外，变量之间还有一种非确定性的关系，即所谓的相关关系。笼统地说，相关关系就是在确定的函数关系上附加一个随机扰动。

**定义 6.1**（相关关系） 输入变量 $a_1, a_2, \cdots, a_k$ 是可精确观测或者可精确控制的普通自变量，称为解释变量 (explanatory variable)；因变量 $X$ 是普通函数 $f(a_1, a_2, \cdots, a_k)$ 和随机误差 $\epsilon \sim \mathrm{N}(0, \sigma^2)$ 之和，在不同场合称为目标变量或响应变量*。

这里，函数 $f(a_1, a_2, \cdots, a_k)$ 被称为回归函数。式 (6.1) 所描述的响应变量 $X$ 与解释变量 $a_1, a_2, \cdots, a_k$ 之间的关系不是普通的函数关系，而是其推广（试想一下 $\sigma^2 = 0$ 的情形），被称为相关关系——加了些随机扰动的确定关系。

$$X = f(a_1, a_2, \cdots, a_k) + \epsilon，其中 \epsilon \sim \mathrm{N}(0, \sigma^2) \tag{6.1}$$

随机变量 $X \sim \mathrm{N}(f(a_1, a_2, \cdots, a_k), \sigma^2)$ 由两部分组成：确定的 $f(a_1, a_2, \cdots, a_k)$ 和由随机因素引起的不确定的 $\epsilon$。该随机误差项的期望可以不失一般性地设为 0，这是因为我们总可以把 $\epsilon - \mathsf{E}\epsilon \sim \mathrm{N}(0, \sigma^2)$ 当作随机误差项，即

$$X = f(a_1, a_2, \cdots, a_k) + \mathsf{E}\epsilon + (\epsilon - \mathsf{E}\epsilon)$$

因此，式 (6.1) 有时也简单地表示为

$$\mathsf{E}X = f(a_1, a_2, \cdots, a_k)$$

特别地，对于单个解释变量 $a$，响应变量 $X$ 与它之间的相关关系是：当自变量 $a$ 确定时，相应的因变量的取值以 $\mathrm{N}(f(a), \sigma^2)$ 的方式分布在 $f(a)$ 的周围（图 6.1）。

* 解释变量不是随机变量，它们就是一些可被精确测量的量，没有任何随机性可言。响应变量则是随机变量。有时，我们也用 $x_1, x_2, \cdots, x_k$ 表示解释变量，用 $Y$ 表示响应变量。

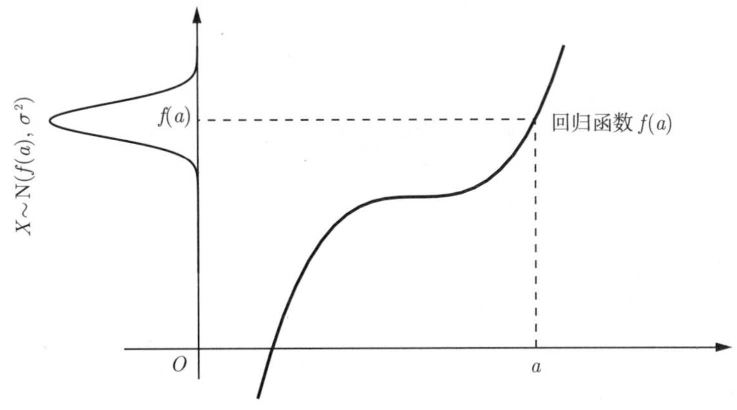


图 6.1　回归函数的直观含义

如图 6.2 所示，统计学中的回归分析 (regression analysis) 研究的就是变量之间的这种非确定性的相关关系，利用它们的数量表达式进行统计推断 [110-112]，其中包括寻找一个满意的 $f$ 使得随机误差项的方差足够小，这样在实践中就能通过观察 $a_1,a_2,\cdots,a_n$ 来预测 $X$，或通过控制 $a_1,a_2,\cdots,a_n$ 来控制 $X$。例如，在烧砖生产中，通过控制土质、烧结温度、烧制时间等来控制砖的硬度。

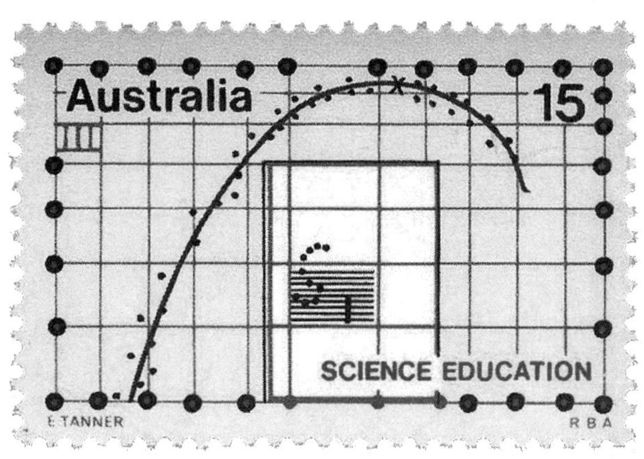


图 6.2　对数据进行拟合的回归曲线

例 6.1　人的体重和身高之间大致存在关系：越高越重（这里身高是自变量），而且对于身高为 $a$ 的人群，体重 $X$ 呈现出正态分布。

定义 6.2　在自变量 $a_1,a_2,\cdots,a_k$ 取值为 $a_{i1},a_{i2},\cdots,a_{ik}$ 时，观测到样本 $X=x_i, i=1,2,\cdots,n$，记作

| $X$ | $a_1$ | $a_2$ | $\cdots$ | $a_k$ |
|---|---|---|---|---|
| $x_1$ | $a_{11}$ | $a_{12}$ | $\cdots$ | $a_{1k}$ |
| $\vdots$ | $\vdots$ | $\vdots$ | | $\vdots$ |
| $x_i$ | $a_{i1}$ | $a_{i2}$ | $\cdots$ | $a_{ik}$ |
| $\vdots$ | $\vdots$ | $\vdots$ | | $\vdots$ |
| $x_n$ | $a_{n1}$ | $a_{n2}$ | $\cdots$ | $a_{nk}$ |

或者，$(x_1|a_{11},a_{12},\cdots,a_{1k}),\cdots,(x_i|a_{i1},a_{i2},\cdots,a_{ik}),\cdots,(x_n|a_{n1},a_{n2},\cdots,a_{nk})$，或者，

$$A = \begin{pmatrix} a_{11} & a_{12} & \cdots & a_{1k} \\ \vdots & \vdots & & \vdots \\ a_{i1} & a_{i2} & \cdots & a_{ik} \\ \vdots & \vdots & & \vdots \\ a_{n1} & a_{n2} & \cdots & a_{nk} \end{pmatrix} \mapsto x = \begin{pmatrix} x_1 \\ \vdots \\ x_i \\ \vdots \\ x_n \end{pmatrix}$$

矩阵 $\boldsymbol{A}$ 称为变量 $a_1, a_2, \cdots, a_k$ 的*观测矩阵*或*数据矩阵* (data matrix)。基于模型 (6.1)，我们得到下面的理论值（在不同场合下也称作*回归值*、*预测值*、*拟合值*等），它们是自变量 $a_1, a_2, \cdots, a_k$ 取某些值时的回归函数值 $f(a_1, a_2, \cdots, a_k)$。

$$f_i = f(a_{i1}, a_{i2}, \cdots, a_{ik})，其中\ i = 1, 2 \cdots, n$$

有时也将理论值记作 $\hat{x}_i$，把 $x_i - \hat{x}_i$ 称作*残差* (residual)，把 $\boldsymbol{x} - \hat{\boldsymbol{x}}$ 称作*残差向量*，其中 $\boldsymbol{x} = (x_1, x_2, \cdots, x_n)^\top$ 是实际观测值，$\hat{\boldsymbol{x}} = (\hat{x}_1, \hat{x}_2, \cdots, \hat{x}_n)^\top$ 是理论值。

例 6.2　软件 R 自带了 cars 数据（采集于 20 世纪 20 年代），记录了车速（横坐标）和紧急刹车的滑行距离（纵坐标），其散点图见图 6.3。大致来说，车速越快，紧急刹车后滑行得越远。

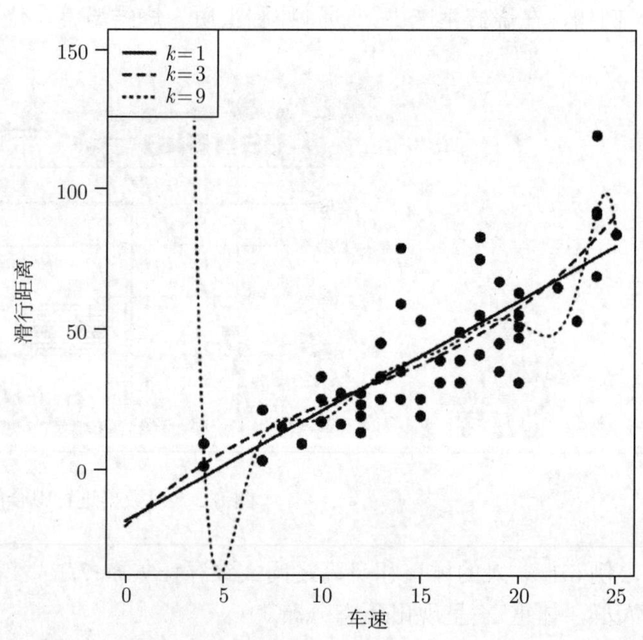


图 6.3　cars 数据的散点图与多项式拟合

在实践中，回归函数的类型经常是未知的。对此例，我们可以采用 $k$ 次多项式来描述相关关系，其中 $k = 1,3,9$，如图 6.3 所示。在观测数据上的拟合效果不是唯一的标准，有时拟合效果好，但泛化能力很差。例如图 6.3 中，9 次多项式回归在一些区间上明显缺乏合理性——函数关系并非越复杂越好。

例 6.3　已知简单样本 $X_1, X_2, \cdots, X_n$ 来自总体 $\mathrm{N}(\mu, \sigma^2)$（例如，这些样本是对某物体长度的测量值），则*误差* (error) 分别定义为

$$e_i = X_i - \mu，其中\ i = 1, 2, \cdots, n$$

样本均值 $\overline{X} = \frac{1}{n}(X_1 + X_2 + \cdots + X_n)$ 是对总体均值 $\mu$ 的点估计，将之替换上式中的 $\mu$ 便得到*残差* (residual)，分别是

$$r_i = X_i - \overline{X}，其中\ i = 1, 2, \cdots, n$$

初学者容易搞混淆误差和残差，其实它们有着不同的统计性质，例如：

$$\frac{1}{\sigma^2}\sum_{i=1}^{n} e_i^2 \sim \chi_n^2$$

$$\frac{1}{\sigma^2}\sum_{i=1}^{n} r_i^2 \sim \chi_{n-1}^2$$

简而言之，误差是观测值和真实值之间的差异*；残差是观测值和理论值（或预测值）之间的差异，完全是由样本定义的函数。

图 6.4 博克斯

费舍尔的女婿、英国贝叶斯学派统计学家**乔治·博克斯**（George Box, 1919—2013）（图 6.4）曾说，“设计简单而令人回味的模型的能力是伟大科学家的签名，过度细致和过度参数化常常是平庸的标志。”大量而广泛的应用已经证明线性模型是简单且实用的。不知博克斯若了解到深度学习中成千上万的参数会作何评价？所谓“大语言模型”(large language model，LLM) 的参数已达数万亿个，一次训练的能耗不知是人脑的多少倍。诚然，算力的提升带来了人工智能的进步——许多过去被算力耽误了前程的方法“东山再起”，然而再强大的算力如果使用不当，也不可能产生高级的机器智能，只会尽显理论和算法的贫乏。以简约为美和追求因果规律（即可解释性）曾是科学家的信条，如今人们在亲手制造的复杂模型中迷失了自我，博克斯的话似警钟长鸣，呼唤我们回归简约和因果。

参数并非越多越好的一个通俗的说法是，利用左脚的大小估计身高的模型再引入右脚的大小并不会使效果更好。更宽泛地，当解释变量之间具有高度相关性时，可能会因为数据的微小变化而导致模型失真（其原因我们后面将给出解释），我们称之为多重共线性 (multicollinearity)。

**定义 6.3** 最简单的回归函数是线性函数，即

$$X = \beta_0 + \beta_1 a_1 + \cdots + \beta_k a_k + \epsilon，其中\ \epsilon \sim N(0, \sigma^2) \tag{6.2}$$

变量之间的关系可以很复杂，式 (6.2) 具有代表性吗？如果变量之间的关系不是线性的，某些情况下可以通过变换使之成为线性的。例如：

$$\frac{1}{x} = \beta_0 + \frac{\beta_1}{a} \xrightarrow[a'=1/a]{x'=1/x} x' = \beta_0 + \beta_1 a'$$

$$x = \beta_1 \exp(\beta_0 a) \xrightarrow[a'=\exp(\beta_0 a)]{x'=x} x' = \beta_1 a'$$

$$x = \beta_0 + \beta_1 a + \cdots + \beta_k a^k \xrightarrow[a_i'=a^i, i=1,2,\cdots,k]{x'=x} x' = \beta_0 + \beta_1 a_1' + \cdots + \beta_k a_k'$$

在式 (6.2) 中，未知参数 $\beta_0, \beta_1, \cdots, \beta_k$ 称为回归系数 (regression coefficient)，我们要利用 $X$ 的观测样本，通过参数估计的方法把 $\beta_0, \beta_1, \cdots, \beta_k, \sigma^2$ 都估计出来（详见 §6.1.1）。不妨设这些估计值分别是 $\hat{\beta}_0, \hat{\beta}_1, \cdots, \hat{\beta}_k, \hat{\sigma}^2$，则理论值为

$$\hat{x}_i = \hat{\beta}_0 + \hat{\beta}_1 a_{i1} + \cdots + \hat{\beta}_k a_{ik}，其中\ i = 1, 2, \cdots, n \tag{6.3}$$

* 真实值往往是未知的，拉普拉斯、高斯等概率论先驱多是从误差的角度理解随机变量的。

美国社会学家**奥蒂斯·达德利·邓肯**（Otis Dudley Duncan, 1921—2004）（图 6.5）调查了 1950 年美国 45 种职业的收入、受教育程度和社会威望。为考察社会威望 $X$（纵坐标）与收入 $a_1$、受教育程度 $a_2$ 之间的相关关系，观察图 6.6 ——邓肯数据的散点图，非常明显，受教育程度和收入都偏低的人群的社会威望也偏低。似乎能找到一个回归平面，使得响应变量 $X$ 与解释变量 $a_1, a_2$ 之间具有以下线性的相关关系：

$$X = \beta_0 + \beta_1 a_1 + \beta_2 a_2 + \epsilon$$

其中，$\epsilon \sim \mathrm{N}(0, \sigma^2)$，参数 $\beta_0, \beta_1, \beta_2, \sigma^2$ 未知。观测数据散布在回归平面周围。

图 6.5 邓肯

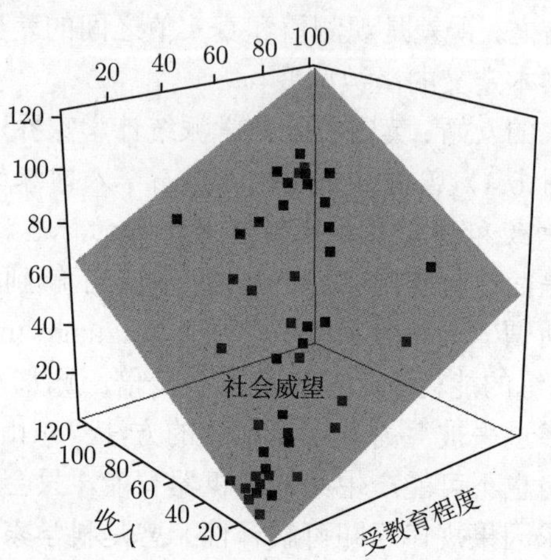


图 6.6 邓肯数据的散点图与回归平面

## 第 6 章的关键概念

方差分析（图 6.7）是费舍尔创立的一个统计分支，回归分析是统计学中最常用的工具之一。

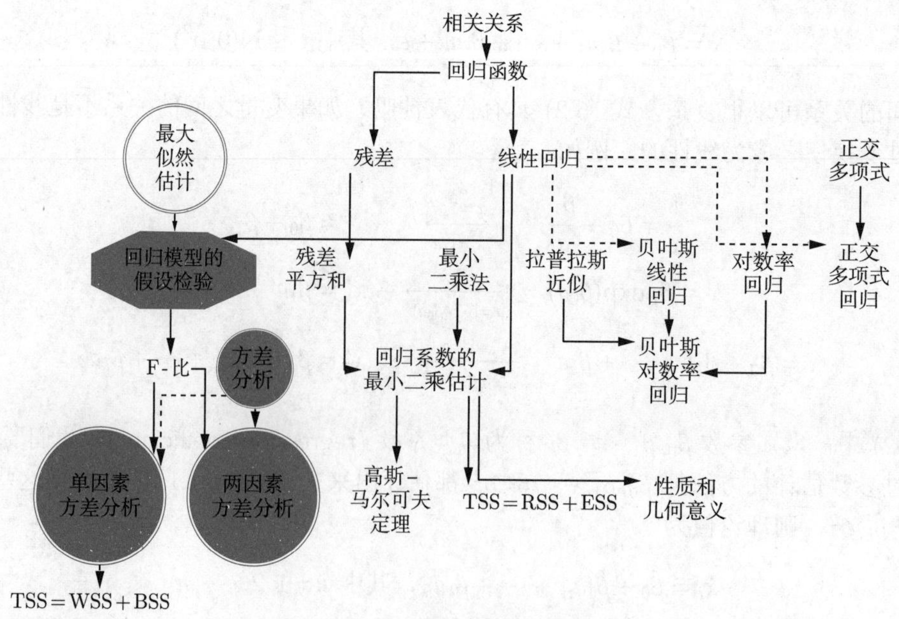


图 6.7 第 6 章的知识图谱

## 6.1 线性回归模型

设式 (6.2) 中自变量 $a_1, a_2, \cdots, a_k$ 的取值分别为 $a_{i1}, a_{i2}, \cdots, a_{ik}$ 的时候观察到样本点 $X_i, i = 1, 2, \cdots, n$ 且 $n > k$，于是便得到 $n$ 个线性方程 $X_i = \beta_0 + \beta_1 a_{i1} + \cdots + \beta_k a_{ik} + \epsilon_i$ 构成的方程组，其中假定 $\epsilon_1, \epsilon_2, \cdots, \epsilon_n \stackrel{\text{iid}}{\sim} \mathrm{N}(0, \sigma^2)$，$\sigma^2$ 未知。

$$\begin{pmatrix} X_1 \\ X_2 \\ \vdots \\ X_n \end{pmatrix} = \begin{pmatrix} 1 & a_{11} & \cdots & a_{1k} \\ 1 & a_{21} & \cdots & a_{2k} \\ \vdots & \vdots & & \vdots \\ 1 & a_{n1} & \cdots & a_{nk} \end{pmatrix} \begin{pmatrix} \beta_0 \\ \beta_1 \\ \vdots \\ \beta_k \end{pmatrix} + \begin{pmatrix} \epsilon_1 \\ \epsilon_2 \\ \vdots \\ \epsilon_n \end{pmatrix}, \text{ 其中 } \epsilon_1, \epsilon_2, \cdots, \epsilon_n \stackrel{\text{iid}}{\sim} \mathrm{N}(0, \sigma^2) \tag{6.4}$$

**定义 6.4** 如果样本 $\boldsymbol{X} = (X_1, X_2, \cdots, X_n)^\top$ 使得式 (6.4) 成立，则称它满足一个线性模型 (linear model)。方程组 (6.4) 称为 $k$ 元线性回归模型，我们将利用最小二乘法对回归系数，即未知参数 $\beta_0, \beta_1, \cdots, \beta_k, \sigma^2$ 进行估计，相应的估计值记作 $\hat{\beta}_0, \hat{\beta}_1, \cdots, \hat{\beta}_k, \hat{\sigma}^2$。

式 (6.4) 中，条件 $\epsilon_1, \epsilon_2, \cdots, \epsilon_n \stackrel{\text{iid}}{\sim} \mathrm{N}(0, \sigma^2)$ 是一个假设，被称为方差齐性 (homogeneity of variance) 假设，主要是为了简化模型便于计算。在使用这个假设之前，应该对其做假设检验。

**例 6.4**（多项式回归模型） 若回归函数是某个一元 $k$ 次多项式 $f(a) = \beta_0 + \beta_1 a + \cdots + \beta_k a^k$，当观察到解释变量 $a$ 的 $n$ 个取值 $a_1, a_2, \cdots, a_n$ 及其对应的响应值 $x_1, x_2, \cdots, x_n$，其中 $n > k$，回归分析可抽象为一个 $k$ 元线性回归模型。

$$\begin{pmatrix} X_1 \\ X_2 \\ \vdots \\ X_n \end{pmatrix} = \begin{pmatrix} 1 & a_1 & \cdots & a_1^k \\ 1 & a_2 & \cdots & a_2^k \\ \vdots & \vdots & & \vdots \\ 1 & a_n & \cdots & a_n^k \end{pmatrix} \begin{pmatrix} \beta_0 \\ \beta_1 \\ \vdots \\ \beta_k \end{pmatrix} + \begin{pmatrix} \epsilon_1 \\ \epsilon_2 \\ \vdots \\ \epsilon_n \end{pmatrix} \tag{6.5}$$

**定义 6.5** 定义常数 $a_0 = 1$，令 $\boldsymbol{A}$ 是变量 $a_0, a_1, \cdots, a_n$ 的数据矩阵，具体如下：

$$\boldsymbol{A} = \begin{pmatrix} 1 & a_{11} & \cdots & a_{1k} \\ 1 & a_{21} & \cdots & a_{2k} \\ \vdots & \vdots & & \vdots \\ 1 & a_{n1} & \cdots & a_{nk} \end{pmatrix} = \begin{pmatrix} a_{10} & a_{11} & \cdots & a_{1k} \\ a_{20} & a_{21} & \cdots & a_{2k} \\ \vdots & \vdots & & \vdots \\ a_{n0} & a_{n1} & \cdots & a_{nk} \end{pmatrix}_{n\times(k+1)}$$

其中，$a_{10} = a_{20} = \cdots = a_{n0} = 1$。为了记述和推导的方便，把线性回归模型 (6.4) 整理为矩阵的形式如下：

$$\boldsymbol{X} = \boldsymbol{A}\boldsymbol{\beta} + \boldsymbol{\epsilon}, \text{ 其中 } \boldsymbol{\epsilon} = (\epsilon_1, \epsilon_2, \cdots, \epsilon_n)^\top \sim \mathrm{N}_n(\boldsymbol{0}, \sigma^2 \boldsymbol{I}) \tag{6.6}$$

在上式中，回归系数向量 $\boldsymbol{\beta} = (\beta_0, \beta_1, \cdots, \beta_k)^\top \in \mathbb{R}^{k+1}$ 未知待定。

**性质 6.1** 式 (6.6) 中的随机向量 $\boldsymbol{X}$ 的密度函数为

$$f(\boldsymbol{x}|\boldsymbol{\beta}, \sigma^2) = \left(\frac{1}{\sqrt{2\pi}\sigma}\right)^n \exp\left\{-\frac{(\boldsymbol{x} - \boldsymbol{A}\boldsymbol{\beta})^\top (\boldsymbol{x} - \boldsymbol{A}\boldsymbol{\beta})}{2\sigma^2}\right\} \tag{6.7}$$

**定义 6.6**（广义线性模型） 若定义 6.5 中误差 $\epsilon_1, \epsilon_2, \cdots, \epsilon_n$ 的分布非正态，则下述模型称为广义线性模型 (generalized linear model, GLM)[113]，

$$\mathsf{E}(\boldsymbol{X}) = g^{-1}(\boldsymbol{A}\boldsymbol{\beta})$$

其中，$g$ 是连接函数 (link function)，例如 $g(z) = \ln z, 1/z, \ln \frac{z}{1-z}$ 等。

既然回归模型 (6.6) 是用来做预测或控制的，人们当然希望理论值 $\hat{\boldsymbol{x}}$ 和观测值 $\boldsymbol{x}$ 越接近越好。为此，参数 $\boldsymbol{\beta}$ 的估计值 $\hat{\boldsymbol{\beta}} = (\hat{\beta}_0, \hat{\beta}_1, \cdots, \hat{\beta}_k)^\top$ 要使得下述残差平方和 (residual sum of squares, RSS) 达到最小，其几何意义见图 6.8。

$$\begin{aligned} \text{RSS} &= \sum_{i=1}^{n} (x_i - \hat{x}_i)^2 \\ &= (\boldsymbol{x} - \hat{\boldsymbol{x}})^\top (\boldsymbol{x} - \hat{\boldsymbol{x}}) \\ &= \|\boldsymbol{x} - \boldsymbol{A}\hat{\boldsymbol{\beta}}\|_2^2 \end{aligned} \tag{6.8}$$

响应变量 X 的观测值 $x_i$ 与理论值 $\hat{x}_i = \beta_0 + \beta_1 a_i$ 之间的残差 $r_i$ 可以有多种定义，式 (6.8) 的几何解释基于图 6.8(a) 的竖直偏差，它比图 6.8(b) 的垂直偏差易于计算。

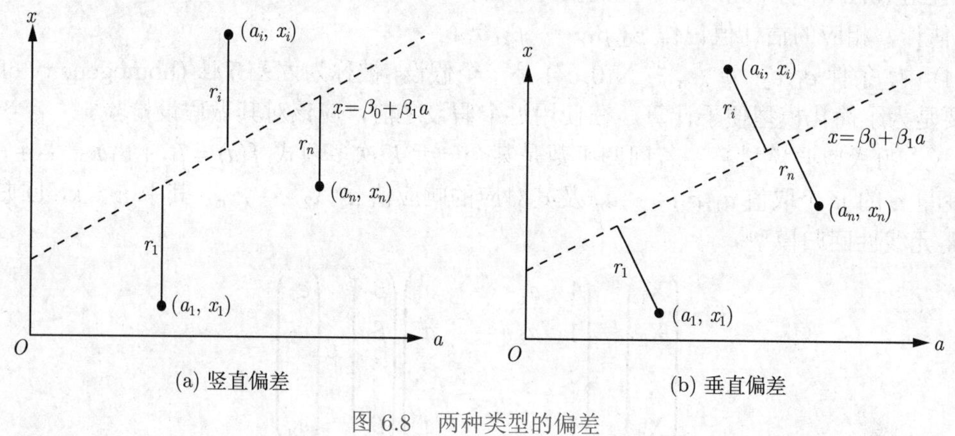


图 6.8　两种类型的偏差

采用残差平方和比采用残差绝对值之和在理论推导和计算上更简捷些，所以习惯上用残差平方和 (6.8) 来构造最优化问题中的目标函数。在此标准之下，对未知参数 $\boldsymbol{\beta}$ 的点估计就归结为一个最优化的问题，它的求解方法被称为最小二乘法。

### 6.1.1　最小二乘估计

最小二乘法给出了一类最优化*的标准，它的思想是朴素的。举个例子，对某物体长度的多次测量得到了观测结果 $x_1, x_2, \cdots, x_n$，测量误差（图 6.9）分别为 $\epsilon_i = x_i - \theta, i = 1, 2, \cdots, n$，其中 $\theta$ 为真实长度。对 $\theta$ 来说，什么样的估计才是好的？一个简单而有效的评判标准是如下定义的误差平方和。

$$\sum_{i=1}^{n} \epsilon_i^2 = \sum_{i=1}^{n} (x_i - \theta)^2$$

显然，误差平方和越小越好。为了使其达到最小，未知参数 $\theta$ 的估计值 $\hat{\theta}$ 应该取样本值的算术平均 $\overline{x}$，即

$$\hat{\theta} = \overline{x} = \frac{1}{n} \sum_{i=1}^{n} x_i$$

---

* 最优化 (optimization) 理论，有时也称作数学规划 (Mathematical Programming)，是应用数学的一个重要领域，它研究在约束条件之下目标函数的极值问题。

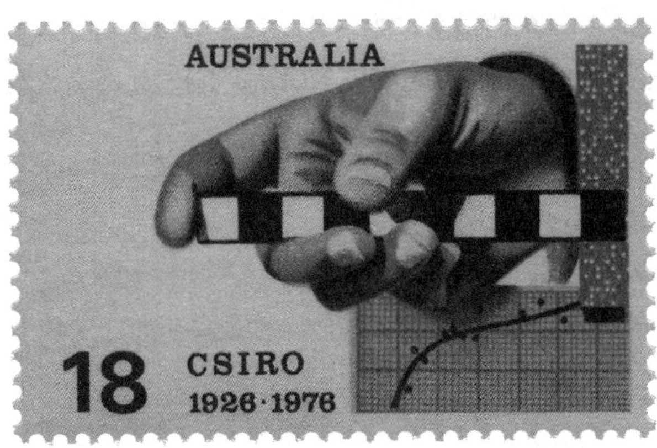


图 6.9 测量中的随机误差

最小二乘法深刻地影响了统计学的发展，曾是 19 世纪的数学研究的热点之一，它的重要性"犹如微积分之于数学"[65]。德国数学家**卡尔·弗里德里希·高斯**（Carl Friedrich Gauss, 1777—1855）（图 6.10）与法国数学家**阿德里安-马里·勒让德**（Adrien-Marie Legendre, 1752—1833）之间曾有过最小二乘法优先权之争，其激烈程度堪比牛顿和莱布尼茨的微积分优先权之战。真实情况可能是，高斯对最小二乘法的研究在先，而发表在后*。最小二乘法被视为高斯应用数学解决实际问题的典型成就。从最小二乘法优先权的公案，我们也可以感受到数学家对该方法之重视，以及它在数学史中地位之关键。

图 6.10 高斯与谷神星轨道

注："高斯数学应用奖"的奖章背面为一条穿过圆和正方形的曲线，代表高斯利用最小二乘法算出谷神星的轨道。2006 年，第一届高斯奖授予了日本数学家**伊藤清**（Kiyoshi Itô, 1915—2008），他是随机分析的奠基人。

最小二乘法虽然重要却并非完美，它的缺点是稳健性 (robustness) 欠佳。所谓稳健性，是衡量统计方法优劣的标准之一，它考察的是方法是否容易受样本中异常值的影响。例如，中位数的稳健性优于均值。恰是因为平方函数增长较快，才导致最小二乘法的这一缺憾，因此有人建议用比平方增长慢的函数来构造目标函数，例如误差的绝对值之和，但计算上会稍复杂一些。

**定义 6.7** 对于线性回归模型 (6.6)，如果 $\forall \boldsymbol{\beta} \in \mathbb{R}^{k+1}$ 都有

$$\|\boldsymbol{x} - \boldsymbol{A}\hat{\boldsymbol{\beta}}\|_2^2 \leqslant \|\boldsymbol{x} - \boldsymbol{A}\boldsymbol{\beta}\|_2^2 \tag{6.9}$$

则称 $\hat{\boldsymbol{\beta}}$ 是未知参数 $\boldsymbol{\beta}$ 的最小二乘估计 (least squares estimate, LSE)。直观上，最小二乘估计使得理论值 $\hat{\boldsymbol{x}} = \boldsymbol{A}\hat{\boldsymbol{\beta}}$ 与观测值 $\boldsymbol{x}$ 的欧氏距离最近。

* 为解出最小二乘估计，高斯还提出了线性方程组的"高斯消去法"。勒让德没有研究最小二乘法的误差分析问题，这部分工作由高斯于 1809 年完成，并对统计学产生了深远的影响。

性质 6.2　式 (6.9) 所定义的 $\boldsymbol{\beta}$ 的最小二乘估计也是最大似然估计。

证明　由线性回归模型 (6.6)，随机向量 $\boldsymbol{X} \sim \mathrm{N}(\boldsymbol{A\beta}, \sigma^2\boldsymbol{I}_n)$，其密度函数为

$$\phi(\boldsymbol{x}|\boldsymbol{A\beta}, \sigma^2\boldsymbol{I}) \propto \frac{1}{\sigma}\exp\left\{-\frac{\|\boldsymbol{x}-\boldsymbol{A\beta}\|_2^2}{2\sigma^2}\right\}$$ □

1. **正则方程与残差平方和**

首先，线性回归模型 (6.6) 中参数的最小二乘估计总是存在的（定理 6.2）。该问题所要最小化的目标函数是一个关于 $\boldsymbol{\beta}$ 的函数 $L(\boldsymbol{\beta})$，具体为

$$\begin{aligned} L(\boldsymbol{\beta}) &= \boldsymbol{\epsilon}^\top\boldsymbol{\epsilon} \\ &= (\boldsymbol{x}-\boldsymbol{A\beta})^\top(\boldsymbol{x}-\boldsymbol{A\beta}) \\ &= \boldsymbol{x}^\top\boldsymbol{x} - \boldsymbol{x}^\top\boldsymbol{A\beta} - \boldsymbol{\beta}^\top\boldsymbol{A}^\top\boldsymbol{x} + \boldsymbol{\beta}^\top\boldsymbol{A}^\top\boldsymbol{A\beta} \end{aligned}$$

欲寻找合适的 $\boldsymbol{\beta}$ 使得上式最小，不难从 $\partial L(\boldsymbol{\beta})/\partial\boldsymbol{\beta} = \boldsymbol{0}$ 得到下面的*正则方程* (regular equation)：

$$\boldsymbol{A}^\top\boldsymbol{A\beta} = \boldsymbol{A}^\top\boldsymbol{x} \tag{6.10}$$

正则方程 (6.10) 的几何意义是：向量 $\boldsymbol{\epsilon} = \boldsymbol{x} - \boldsymbol{A\beta}$ 与 $\boldsymbol{A}$ 的每个列向量都正交。我们将在定理 6.2 的证明中深入探讨最小二乘估计的几何意义。

定理 6.1　若矩阵 $\boldsymbol{A}^\top\boldsymbol{A}$ 非奇异（即存在逆矩阵），则线性回归模型 (6.6) 中未知参数 $\boldsymbol{\beta}$ 的最小二乘估计存在且唯一，具体为

$$\hat{\boldsymbol{\beta}} = (\boldsymbol{A}^\top\boldsymbol{A})^{-1}\boldsymbol{A}^\top\boldsymbol{X} \tag{6.11}$$

当 $\boldsymbol{X} = \boldsymbol{x}$ 时，由式 (6.11) 得到 $\hat{\boldsymbol{\beta}} = (\boldsymbol{A}^\top\boldsymbol{A})^{-1}\boldsymbol{A}^\top\boldsymbol{x}$，以及拟合值的向量

$$\hat{\boldsymbol{x}} = \boldsymbol{A}\hat{\boldsymbol{\beta}} = \boldsymbol{A}(\boldsymbol{A}^\top\boldsymbol{A})^{-1}\boldsymbol{A}^\top\boldsymbol{x}$$

推论 6.1　在定理 6.1 的条件下，有

$$(\boldsymbol{X}-\boldsymbol{A\beta})^\top(\boldsymbol{X}-\boldsymbol{A\beta}) = (\boldsymbol{X}-\boldsymbol{A}\hat{\boldsymbol{\beta}})^\top(\boldsymbol{X}-\boldsymbol{A}\hat{\boldsymbol{\beta}}) + (\boldsymbol{\beta}-\hat{\boldsymbol{\beta}})^\top\boldsymbol{A}^\top\boldsymbol{A}(\boldsymbol{\beta}-\hat{\boldsymbol{\beta}})$$

证明　因为 $\boldsymbol{A}^\top(\boldsymbol{X}-\boldsymbol{A}\hat{\boldsymbol{\beta}}) = \boldsymbol{0}$，所以

$$(\boldsymbol{\beta}-\hat{\boldsymbol{\beta}})^\top\boldsymbol{A}^\top(\boldsymbol{X}-\boldsymbol{A}\hat{\boldsymbol{\beta}}) = 0 \tag{6.12}$$

进而有

$$\begin{aligned} (\boldsymbol{X}-\boldsymbol{A\beta})^\top(\boldsymbol{X}-\boldsymbol{A\beta}) &= [(\boldsymbol{X}-\boldsymbol{A}\hat{\boldsymbol{\beta}}) + (\boldsymbol{A}\hat{\boldsymbol{\beta}}-\boldsymbol{A\beta})]^\top[(\boldsymbol{X}-\boldsymbol{A}\hat{\boldsymbol{\beta}}) + (\boldsymbol{A}\hat{\boldsymbol{\beta}}-\boldsymbol{A\beta})] \\ &= (\boldsymbol{X}-\boldsymbol{A}\hat{\boldsymbol{\beta}})^\top(\boldsymbol{X}-\boldsymbol{A}\hat{\boldsymbol{\beta}}) + (\boldsymbol{\beta}-\hat{\boldsymbol{\beta}})^\top\boldsymbol{A}^\top\boldsymbol{A}(\boldsymbol{\beta}-\hat{\boldsymbol{\beta}}) \end{aligned}$$ □

当模型中两个解释变量的相关性很高时，多重共线性的极端情形将导致 $\boldsymbol{A}^\top\boldsymbol{A}$ 是奇异的，即其逆矩阵不存在，从而无法进行回归分析。所以，建模的时候选择解释变量很重要，这需要用到一些领域知识或经验。

**定义 6.8** 矩阵 $\boldsymbol{A}^{+}=(\boldsymbol{A}^{\top}\boldsymbol{A})^{-1}\boldsymbol{A}^{\top}$ 也称作列满秩矩阵 $\boldsymbol{A}$ 的*左逆* (left inverse)，这是因为

$$\boldsymbol{A}^{+}\boldsymbol{A}=\boldsymbol{I}$$

左逆是一类特殊的摩尔-彭罗斯*伪逆矩阵* (pseudo-inverse matrix)*，显然

$$\boldsymbol{A}^{+}(\boldsymbol{A}^{+})^{\top}=(\boldsymbol{A}^{\top}\boldsymbol{A})^{-1}$$

**例 6.5** 对于线性回归模型 (6.6) 中未知参数 $\boldsymbol{\beta}$ 的最小二乘估计，请验证

$$\mathrm{RSS}=\boldsymbol{x}^{\top}(\boldsymbol{I}-\boldsymbol{A}\boldsymbol{A}^{+})\boldsymbol{x}，\text{其中 } \boldsymbol{A}^{+}=(\boldsymbol{A}^{\top}\boldsymbol{A})^{-1}\boldsymbol{A}^{\top}$$

**证明** 显然，$\boldsymbol{A}\boldsymbol{A}^{+}$ 是对称矩阵。利用式 (6.11)，有

$$\begin{aligned}
\mathrm{RSS}&=\|\boldsymbol{x}-\boldsymbol{A}\hat{\boldsymbol{\beta}}\|_2^2\\
&=\|\boldsymbol{x}-\boldsymbol{A}\boldsymbol{A}^{+}\boldsymbol{x}\|_2^2\\
&=\|(\boldsymbol{I}-\boldsymbol{A}\boldsymbol{A}^{+})\boldsymbol{x}\|_2^2\\
&=\boldsymbol{x}^{\top}(\boldsymbol{I}-\boldsymbol{A}\boldsymbol{A}^{+})(\boldsymbol{I}-\boldsymbol{A}\boldsymbol{A}^{+})\boldsymbol{x}\\
&=\boldsymbol{x}^{\top}(\boldsymbol{I}-\boldsymbol{A}\boldsymbol{A}^{+}-\boldsymbol{A}\boldsymbol{A}^{+}+\boldsymbol{A}\boldsymbol{A}^{+}\boldsymbol{A}\boldsymbol{A}^{+})\boldsymbol{x}\\
&=\boldsymbol{x}^{\top}(\boldsymbol{I}-\boldsymbol{A}\boldsymbol{A}^{+})\boldsymbol{x}
\end{aligned}$$

□

**例 6.6** 考虑一元线性回归模型 $\boldsymbol{X}=\boldsymbol{A}\boldsymbol{\beta}+\boldsymbol{\epsilon}$，其中 $\boldsymbol{\beta}=(\beta_0,\beta_1)^{\top},\boldsymbol{A}^{\top}=\begin{pmatrix}1&\cdots&1\\a_1&\cdots&a_n\end{pmatrix}$ 且 $\boldsymbol{A}^{\top}\boldsymbol{A}$ 可逆。给定 $\boldsymbol{X}$ 的观测值 $\boldsymbol{x}=(x_1,x_2,\cdots,x_n)^{\top}$，求未知参数 $\boldsymbol{\beta}$ 的最小二乘估计 $\hat{\boldsymbol{\beta}}$。

**解** 直接利用定理 6.1 来求解 $\boldsymbol{\beta}$ 的最小二乘估计 $\hat{\boldsymbol{\beta}}$ 如下：

$$\begin{aligned}
\hat{\boldsymbol{\beta}}&=(\boldsymbol{A}^{\top}\boldsymbol{A})^{-1}(\boldsymbol{A}^{\top}\boldsymbol{x})\\
&=\begin{pmatrix}n&\sum_{i=1}^n a_i\\ \sum_{i=1}^n a_i&\sum_{i=1}^n a_i^2\end{pmatrix}^{-1}\begin{pmatrix}\sum_{i=1}^n x_i\\ \sum_{i=1}^n a_ix_i\end{pmatrix}\\
&=\frac{1}{n\sum_{i=1}^n a_i^2-(\sum_{i=1}^n a_i)^2}\begin{pmatrix}\sum_{i=1}^n a_i^2\sum_{i=1}^n x_i-\sum_{i=1}^n a_i\sum_{i=1}^n a_ix_i\\ n\sum_{i=1}^n a_ix_i-\sum_{i=1}^n a_i\sum_{i=1}^n x_i\end{pmatrix}
\end{aligned}$$

也可以通过最小化目标函数

$$\begin{aligned}
L(\boldsymbol{\beta})&=\boldsymbol{\epsilon}^{\top}\boldsymbol{\epsilon}\\
&=\sum_{i=1}^n(x_i-\beta_0-\beta_1a_i)^2
\end{aligned}$$

得到未知参数 $\beta_0,\beta_1$ 的最小二乘估计如下：

$$\hat{\beta}_0=\overline{x}-\hat{\beta}_1\overline{a}$$

---

* 伪逆矩阵是对逆矩阵的推广，分别由美国数学家**埃利亚基姆·摩尔**（Eliakim Moore, 1862—1932）和英国物理学家（2020 年诺贝尔物理学奖得主）兼数学家**罗杰·彭罗斯**（Roger Penrose, 1931—）于 1920 和 1955 年提出。对于实矩阵 $\boldsymbol{A}_{m\times n}$，如果矩阵 $\boldsymbol{A}_{n\times m}^{+}$ 满足以下三个条件，则称为 $\boldsymbol{A}$ 的伪逆：① $\boldsymbol{A}\boldsymbol{A}^{+}\boldsymbol{A}=\boldsymbol{A}$，② $\boldsymbol{A}^{+}\boldsymbol{A}\boldsymbol{A}^{+}=\boldsymbol{A}^{+}$，③ $\boldsymbol{A}\boldsymbol{A}^{+}$ 和 $\boldsymbol{A}^{+}\boldsymbol{A}$ 都是对称矩阵。伪逆总是存在且唯一的。特别地，若方阵 $\boldsymbol{A}$ 可逆，其伪逆就是 $\boldsymbol{A}$ 的逆。一般地，$\boldsymbol{A}^{+}\boldsymbol{A}=\boldsymbol{I}$ 和 $\boldsymbol{A}\boldsymbol{A}^{+}=\boldsymbol{I}$ 并不成立。

其中，$\bar{a}, \bar{x}, \hat{\beta}_1$ 的值分别为

$$\bar{a} = \frac{1}{n}\sum_{i=1}^{n} a_i$$

$$\bar{x} = \frac{1}{n}\sum_{i=1}^{n} x_i$$

$$\hat{\beta}_1 = \frac{\sum_{i=1}^{n}(a_i - \bar{a})(x_i - \bar{x})}{\sum_{i=1}^{n}(x_i - \bar{x})^2}$$

例 6.7　在第 193 页的例 6.4 中，若 $a_1, a_2, \cdots, a_n$ 中至少有 $k+1$ 个两两不等，试证明：多项式回归模型 (6.5) 中未知参数 $\beta_0, \beta_1, \cdots, \beta_k$ 的最小二乘估计存在（图 6.11）。

图 6.11　多项式回归

**证明**　若 $a_1, a_2, \cdots, a_n$ 中至少有 $k+1$ 个两两不等，则如下定义的范德蒙矩阵* $\boldsymbol{A}$ 是列满秩的（即所有列向量线性无关）。

$$\boldsymbol{A} = \begin{pmatrix} 1 & a_1 & \cdots & a_1^k \\ 1 & a_2 & \cdots & a_2^k \\ \vdots & \vdots & & \vdots \\ 1 & a_n & \cdots & a_n^k \end{pmatrix}$$

范德蒙矩阵 $\boldsymbol{A}$ 的左上角的 $(k+1)\times(k+1)$ 方阵的行列式为

$$\begin{vmatrix} 1 & a_1 & \cdots & a_1^k \\ 1 & a_2 & \cdots & a_2^k \\ \vdots & \vdots & & \vdots \\ 1 & a_{k+1} & \cdots & a_{k+1}^k \end{vmatrix} = \prod_{1\leqslant i<j\leqslant k+1}(a_j - a_i)$$

由线性代数的知识，矩阵 $\boldsymbol{A}$ 列满秩当且仅当 $\boldsymbol{A}^{\mathrm{T}}\boldsymbol{A}$ 可逆。由定理 6.1，证得参数的最小二乘估计存在且唯一。特别地，当 $n = k+1$ 时，$\beta_0, \beta_1, \cdots, \beta_k$ 就是拉格朗日插值多项式的系数。□

* 亚历山大·范德蒙（Alexandre Vandermonde, 1735—1796）是法国数学家、化学家和音乐家。

2. 增量线性回归

定理 6.1 给出的是“批量”估计的结果，即变量 $a_1, a_2, \cdots, a_k$ 的观测矩阵 $\boldsymbol{A}$ 是已经给定了的。如果观测结果是一个一个地给（这种情况在实践中很常见），我们不能等到攒够一定规模的观测结果后再去估计未知参数 $\boldsymbol{\beta}$，而是希望给一个观测结果估计一次参数。笨的方法是每次按照式 (6.11) 来计算，聪明的方法是下面的增量学习 (incremental learning) 算法*，它的基础是以下事实：我们依次得到解释变量 $\boldsymbol{a} = (a_0, a_1, \cdots, a_k)^\top$ 的观测值

$$\begin{aligned}
\boldsymbol{a}_1 &= (a_{10}, a_{11}, \cdots, a_{1k})^\top \\
\boldsymbol{a}_2 &= (a_{20}, a_{21}, \cdots, a_{2k})^\top \\
&\vdots \\
\boldsymbol{a}_n &= (a_{n0}, a_{n1}, \cdots, a_{nk})^\top
\end{aligned}$$

其中，$a_{10} = a_{20} = \cdots = a_{n0} = 1$。根据定义 6.5，显然数据矩阵为 $\boldsymbol{A}_n = (\boldsymbol{a}_1, \boldsymbol{a}_2, \cdots, \boldsymbol{a}_n)^\top$。由定理 6.1 我们有

$$\begin{aligned}
\hat{\boldsymbol{\beta}}_n &= (\boldsymbol{A}_n^\top \boldsymbol{A}_n)^{-1} \boldsymbol{A}_n^\top \boldsymbol{x}，\text{利用事实 } \boldsymbol{A}_n = (\boldsymbol{A}_{n-1}, \boldsymbol{a}_n) \\
&= (\boldsymbol{A}_{n-1}^\top \boldsymbol{A}_{n-1} + \boldsymbol{a}_n \boldsymbol{a}_n^\top)^{-1} \left( \sum_{i=1}^{n-1} \boldsymbol{a}_i x_i + \boldsymbol{a}_n x_n \right)，\text{利用谢尔曼-莫里森定理}^{[10]} \\
&= \left( \boldsymbol{\Gamma}_{n-1} - \frac{\boldsymbol{\Gamma}_{n-1} \boldsymbol{a}_n \boldsymbol{a}_n^\top \boldsymbol{\Gamma}_{n-1}}{1 + \boldsymbol{a}_n^\top \boldsymbol{\Gamma}_{n-1} \boldsymbol{a}_n} \right) \left( \sum_{i=1}^{n-1} \boldsymbol{a}_i x_i + \boldsymbol{a}_n x_n \right)，\text{其中 } \boldsymbol{\Gamma}_{n-1} = (\boldsymbol{A}_{n-1}^\top \boldsymbol{A}_{n-1})^{-1} \\
&= \hat{\boldsymbol{\beta}}_{n-1} - \frac{\boldsymbol{\Gamma}_{n-1} \boldsymbol{a}_n \boldsymbol{a}_n^\top \hat{\boldsymbol{\beta}}_{n-1}}{1 + \boldsymbol{a}_n^\top \boldsymbol{\Gamma}_{n-1} \boldsymbol{a}_n} + \left( \boldsymbol{\Gamma}_{n-1} - \frac{\boldsymbol{\Gamma}_{n-1} \boldsymbol{a}_n \boldsymbol{a}_n^\top \boldsymbol{\Gamma}_{n-1}}{1 + \boldsymbol{a}_n^\top \boldsymbol{\Gamma}_{n-1} \boldsymbol{a}_n} \right) \boldsymbol{a}_n x_n
\end{aligned}$$

上式给出了 $\hat{\boldsymbol{\beta}}_n$ 与 $\hat{\boldsymbol{\beta}}_{n-1}$ 之间的递归关系，只需 $\boldsymbol{\Gamma}_{n-1}$ 和 $\boldsymbol{a}_n$ 的帮忙便可完成结果的更新。由此，我们得到下面的线性回归的增量学习算法。

算法 6.1（增量线性回归） 初始化

$$\begin{aligned}
\hat{\boldsymbol{\beta}}_0 &= \boldsymbol{0} \in \mathbb{R}^{k+1} \\
\boldsymbol{\Gamma}_0 &= \boldsymbol{I}_{k+1}
\end{aligned}$$

按照下述方法算得的 $\hat{\boldsymbol{\beta}}_n$ 便是定理 6.1 的 $\hat{\boldsymbol{\beta}}$，并且 $\boldsymbol{\Gamma}_n = (\boldsymbol{A}^\top \boldsymbol{A})^{-1}$。

$$\begin{aligned}
\boldsymbol{C}_i &= \frac{\boldsymbol{\Gamma}_{i-1} \boldsymbol{a}_i \boldsymbol{a}_i^\top}{1 + \boldsymbol{a}_i^\top \boldsymbol{\Gamma}_{i-1} \boldsymbol{a}_i} \\
\boldsymbol{\Gamma}_i &= \boldsymbol{\Gamma}_{i-1} - \boldsymbol{C}_i \boldsymbol{\Gamma}_{i-1} \\
\hat{\boldsymbol{\beta}}_i &= \hat{\boldsymbol{\beta}}_{i-1} - \boldsymbol{C}_i \hat{\boldsymbol{\beta}}_{i-1} + \boldsymbol{\Gamma}_i \boldsymbol{a}_i x_i，\text{其中 } i = 1, 2, \cdots, n
\end{aligned}$$

一般情况下，$n > k$。算法 6.1 和式 (6.11) 所描述的“批量”方法的算法复杂度都是 $O(nk^2)$，但每一步所需要的存储空间只有 $O(k^2)$，比“批量”方法要小很多。

---

* 增量学习确保学习机具有在线学习 (online learning) 的能力：过去学得的结果无须丢掉，只需在新的数据基础上更新即可。这种学习方式对一些计算资源受限、不能批量获取训练数据的应用场景是必要的。增量学习的目标不是为了改进精度，而是为了在降低计算复杂度的同时，保证其效果必须和批量学习 (batch learning) 的一样。因此，增量学习对大数据分析来说也非常重要。然而，并非所有的机器学习算法都有增量学习的版本，有时要靠牺牲一些精度来换取。

### 6.1.2 线性回归的若干性质

本节所涉及的范数都是 2-范数，简记 $\|x\|_2$ 为 $\|x\|$，表示向量 $x$ 的欧氏长度。我们把向量 $x \in \mathbb{R}^n$ 在线性空间 $\mathscr{V} = \text{span}(a_0, a_1, \cdots, a_k)$ 上的投影记作 $\text{proj}_{\mathscr{V}} x$。

**定理 6.2** 线性回归模型 (6.6) 参数 $\beta$ 的最小二乘估计总是存在的，且 $\hat{\beta}$ 为 $\beta$ 的最小二乘估计当且仅当 $\hat{\beta}$ 满足正则方程 (6.10)。

证明 由矩阵 $A_{n\times(k+1)} = (a_0, a_1, \cdots, a_k)$ 的所有列向量张成的线性空间 $\mathscr{V}$ 为

$$\begin{aligned}\text{span}(a_0, a_1, \cdots, a_k) &= \{\beta_0 a_0 + \beta_1 a_1 + \cdots + \beta_k a_k : \beta = (\beta_0, \beta_1, \cdots, \beta_k)^\top \in \mathbb{R}^{k+1}\} \\ &= \{\eta \in \mathbb{R}^n : \eta = A\beta，\text{其中 } \beta \in \mathbb{R}^{k+1}\}\end{aligned}$$

如图 6.12 所示，向量 $x \in \mathbb{R}^n$ 在线性空间 $\mathscr{V} \subseteq \mathbb{R}^n$ 里的最佳逼近是 $x$ 在 $\mathscr{V}$ 上的投影向量 $\text{proj}_{\mathscr{V}} x$，其几何直观源自直和分解

$$x = \text{proj}_{\mathscr{V}} x \oplus (x - \text{proj}_{\mathscr{V}} x)，\text{其中向量 } (x - \text{proj}_{\mathscr{V}} x) \perp \mathscr{V}$$

该分解满足勾股定理 $\|x\|^2 = \|\text{proj}_{\mathscr{V}} x\|^2 + \|x - \text{proj}_{\mathscr{V}} x\|^2$。

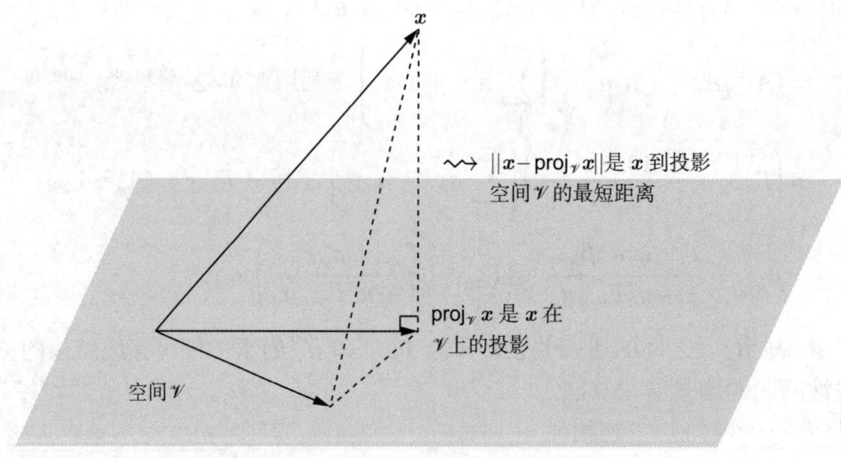


图 6.12 向量 $x$ 在空间 $\mathscr{V}$ 上的投影

令 $A\tilde{\beta} = \text{proj}_{\mathscr{V}} x$，如图 6.12 所示，显然，有

$$\|x - A\tilde{\beta}\| \leqslant \|x - A\beta\|$$

即 $\tilde{\beta}$ 是 $\beta$ 的最小二乘估计，存在性得证。反之，如果 $\hat{\beta}$ 是 $\beta$ 的最小二乘估计，则必有

$$A\hat{\beta} = \text{proj}_{\mathscr{V}} x$$

如若不然，将导致 $\|x - A\tilde{\beta}\| < \|x - A\hat{\beta}\|$，矛盾！于是条件 $A\hat{\beta} = \text{proj}_{\mathscr{V}} x$ 是 $\hat{\beta}$ 为 $\beta$ 的最小二乘估计的充要条件，它等价于

$$\epsilon = x - A\hat{\beta} \perp \mathscr{V}$$

即，残差向量 $\epsilon = x - A\hat{\beta}$ 垂直于 $A$ 的每个列向量，也就是说

$$A^\top(x - A\hat{\beta}) = 0_{k+1}$$

故 $\hat{\beta}$ 满足正则方程 (6.10)。 □

如果 $\boldsymbol{A}$ 是列满秩的，则线性回归模型 (6.6) 参数的最小二乘估计是唯一的。定理 6.2 揭示了 $\hat{\boldsymbol{x}} = \boldsymbol{A}\hat{\boldsymbol{\beta}}$ 的几何意义，即 $\boldsymbol{x}$ 在空间 $\mathscr{V}$ 上的投影。如果 $\boldsymbol{A}$ 不是列满秩的，$\boldsymbol{A}$ 的列向量就是线性相关的，用这些列向量来线性表示 $\mathrm{proj}_{\mathscr{V}}\boldsymbol{x}$ 就可能不唯一，即最小二乘估计可能不唯一。若模型 (6.6) 中的未知参数 $\boldsymbol{\beta}$ 有其他额外的约束条件，如 $\boldsymbol{\beta}^\top\boldsymbol{\beta} \leqslant 2$，则 $\boldsymbol{\beta}$ 的最小二乘估计可以通过拉格朗日乘子法（见附录 B）得到。

**定理 6.3** 对于线性回归模型 (6.6)，若 $\boldsymbol{A}_{n\times(k+1)}$ 为列满秩（即秩为 $k+1$），令 $\boldsymbol{A}^+ = (\boldsymbol{A}^\top\boldsymbol{A})^{-1}\boldsymbol{A}^\top$，则回归系数的最小二乘估计为

$$\hat{\boldsymbol{\beta}} = \boldsymbol{A}^+\boldsymbol{X}$$
$$\hat{\sigma}^2 = \frac{\|\boldsymbol{X} - \boldsymbol{A}\hat{\boldsymbol{\beta}}\|^2}{n-k-1}$$

它们分别是 $\boldsymbol{\beta}$ 和 $\sigma^2$ 的无偏估计。更细致的结果是

$$\hat{\boldsymbol{\beta}} \sim \mathrm{N}_{k+1}(\boldsymbol{\beta}, \sigma^2(\boldsymbol{A}^\top\boldsymbol{A})^{-1})$$
$$\frac{(n-k-1)\hat{\sigma}^2}{\sigma^2} \sim \chi^2_{n-k-1}$$

**证明** 若矩阵 $\boldsymbol{A}_{n\times(k+1)}$ 为列满秩，则 $\boldsymbol{A}^\top\boldsymbol{A}$ 为正定矩阵，存在逆矩阵。

- 已知 $\boldsymbol{X}$ 服从正态分布，经过线性变换后 $\hat{\boldsymbol{\beta}} = \boldsymbol{A}^+\boldsymbol{X}$ 依然服从正态分布，只需计算其均值和协方差阵便可知该正态分布的细节。

$$\begin{aligned}
\mathsf{E}\hat{\boldsymbol{\beta}} &= \boldsymbol{A}^+(\mathsf{E}\boldsymbol{X}) \\
&= \boldsymbol{A}^+\boldsymbol{A}\boldsymbol{\beta} \\
&= \boldsymbol{\beta} \\
\mathsf{Cov}(\hat{\boldsymbol{\beta}}, \hat{\boldsymbol{\beta}}) &= \mathsf{Cov}[\boldsymbol{A}^+(\boldsymbol{A}\boldsymbol{\beta} + \boldsymbol{\epsilon}), \boldsymbol{A}^+(\boldsymbol{A}\boldsymbol{\beta} + \boldsymbol{\epsilon})] \\
&= \mathsf{Cov}(\boldsymbol{A}^+\boldsymbol{\epsilon}, \boldsymbol{A}^+\boldsymbol{\epsilon}) \\
&= (\boldsymbol{A}^\top\boldsymbol{A})^{-1}\boldsymbol{A}^\top\mathsf{Cov}(\boldsymbol{\epsilon}, \boldsymbol{\epsilon})\boldsymbol{A}(\boldsymbol{A}^\top\boldsymbol{A})^{-1} \\
&= \sigma^2(\boldsymbol{A}^\top\boldsymbol{A})^{-1}
\end{aligned}$$

- 首先，把 $\hat{\boldsymbol{\beta}} = \boldsymbol{A}^+\boldsymbol{X}$ 代入 $\|\boldsymbol{X} - \boldsymbol{A}\hat{\boldsymbol{\beta}}\|^2$ 将之化简，再计算其期望。

$$\begin{aligned}
\|\boldsymbol{X} - \boldsymbol{A}\hat{\boldsymbol{\beta}}\|^2 &= \boldsymbol{x}^\top\boldsymbol{X} - \boldsymbol{x}^\top\boldsymbol{A}\boldsymbol{A}^+\boldsymbol{X} \\
&= \boldsymbol{x}^\top(\boldsymbol{I} - \boldsymbol{A}\boldsymbol{A}^+)\boldsymbol{X}\text{，令 } \boldsymbol{B} = \boldsymbol{I} - \boldsymbol{A}\boldsymbol{A}^+ \\
&= \boldsymbol{x}^\top\boldsymbol{B}\boldsymbol{X}\text{，根据矩阵迹的性质可得} \\
&= \mathsf{tr}(\boldsymbol{B}\boldsymbol{X}\boldsymbol{x}^\top) \\
\mathsf{E}\|\boldsymbol{X} - \boldsymbol{A}\hat{\boldsymbol{\beta}}\|^2 &= \mathsf{E}[\mathsf{tr}(\boldsymbol{B}\boldsymbol{X}\boldsymbol{x}^\top)] \\
&= \mathsf{tr}[\boldsymbol{B}\cdot\mathsf{E}(\boldsymbol{X}\boldsymbol{x}^\top)] \\
&= \mathsf{tr}[\boldsymbol{B}\cdot(\sigma^2\boldsymbol{I} + \boldsymbol{A}\boldsymbol{\beta}\boldsymbol{\beta}^\top\boldsymbol{A}^\top)] \\
&= \sigma^2\mathsf{tr}(\boldsymbol{B})\text{，因为 } \boldsymbol{B}\boldsymbol{A} = \boldsymbol{O}_{n\times(k+1)} \\
&= \sigma^2\{\mathsf{tr}(\boldsymbol{I}) - \mathsf{tr}(\boldsymbol{A}\boldsymbol{A}^+)\}
\end{aligned}$$

$$= \sigma^2\{n - \text{tr}(A^+A)\}$$
$$= \sigma^2(n-k-1)$$

于是，$\hat{\sigma}^2 = \|X - A\hat{\beta}\|^2/(n-k-1)$ 是 $\sigma$ 的无偏估计。

❑ 欲证 $(n-k-1)\hat{\sigma}^2/\sigma^2 \sim \chi^2_{n-k-1}$，只需往证

$$\frac{\|X - A\hat{\beta}\|^2}{\sigma^2} = \frac{x^\top}{\sigma}(I - AA^+)\frac{X}{\sigma} \sim \chi^2_{n-k-1}$$

矩阵 $B = I - AA^+$ 是对称幂等矩阵（即 $BB = B$），由卡方分布的正态分解定理[10]，$\|X - A\hat{\beta}\|^2/\sigma^2$ 服从 $\chi^2$ 分布。再由其期望为 $n-k-1$，得证

$$\frac{\|X - A\hat{\beta}\|^2}{\sigma^2} \sim \chi^2_{n-k-1}$$ □

**定理 6.4**（高斯-马尔可夫） 对于线性回归模型 (6.6)，若 $A_{n\times(k+1)}$ 列满秩，则在 $\beta$ 的所有形为 $C_{(k+1)\times n}X$ 的线性无偏估计当中，最小二乘估计 $\hat{\beta} = A^+X$ 的协方差矩阵是“最小的”，即 $\text{Cov}(CX) - \text{Cov}(\hat{\beta})$ 是半正定矩阵。

**证明** 将矩阵 $C_{(k+1)\times n}$ 分解为 $C = A^+ + D_{(k+1)\times n}$，则 $\tilde{\beta} = CX$ 是 $\beta$ 的无偏估计当且仅当 $DA = O$。这是因为

$$\begin{aligned}
\text{E}(\tilde{\beta}) &= \text{E}(CX) \\
&= \text{E}[(A^+ + D)(A\beta + \epsilon)] \\
&= (A^+ + D)A\beta \\
&= (I + DA)\beta
\end{aligned}$$

由定理 6.3 知 $\text{Cov}(\hat{\beta}) = \sigma^2(A^\top A)^{-1}$，下面往证 $\text{Cov}(\tilde{\beta}) \geqslant \text{Cov}(\hat{\beta})$。

$$\begin{aligned}
\text{Cov}(\tilde{\beta}) &= \text{Cov}(CX) \\
&= C\text{Cov}(X)C^\top \\
&= \sigma^2 CC^\top \\
&= \sigma^2(A^\top A)^{-1} + \sigma^2 DD^\top \\
&\geqslant \text{Cov}(\hat{\beta})
\end{aligned}$$ □

**定义 6.9** 令 $\hat{\beta}$ 是线性回归模型 (6.6) 的未知参数 $\beta$ 的最小二乘估计。由观测数据 $x = (x_1, x_2, \cdots, x_n)^\top$ 及其均值 $\bar{x} = \frac{1}{n}(x_1 + x_2 + \cdots + x_n)$，以及理论值 $\hat{x} = A\hat{\beta} = (\hat{x}_1, \hat{x}_2, \cdots, \hat{x}_n)^\top$ 构造下面的三类平方和：总平方和 (total sum of squares, TSS)，回归平方和 (explained sum of squares, ESS)，残差平方和 (residual sum of squares, RSS)。

$$\text{总平方和：TSS} = \sum_{j=1}^{n}(x_j - \bar{x})^2 = \|x - \bar{x}\mathbf{1}\|^2\text{，其中 } \mathbf{1} = (\underbrace{1, \cdots, 1}_{n})^\top$$

$$\text{回归平方和：ESS} = \sum_{j=1}^{n}(\hat{x}_j - \overline{x})^2 = \|\hat{\boldsymbol{x}} - \overline{x}\mathbf{1}\|^2$$

$$\text{残差平方和：RSS} = \sum_{j=1}^{n}(x_j - \hat{x}_j)^2 = \|\boldsymbol{x} - \hat{\boldsymbol{x}}\|^2$$

**性质 6.3** 总平方和是回归平方和与残差平方和二者之和，即

$$\text{TSS} = \text{RSS} + \text{ESS}$$

**证明** 由定理 6.2 的证明，$\hat{\boldsymbol{x}} - \overline{x}\mathbf{1} \in \mathscr{V}$。因为 $(\boldsymbol{x} - \hat{\boldsymbol{x}}) \perp \mathscr{V}$，所以 $\boldsymbol{x} - \hat{\boldsymbol{x}}$ 与 $\hat{\boldsymbol{x}} - \overline{x}\mathbf{1}$ 正交，即二者内积为零。于是，

$$\begin{aligned}\text{TSS} &= \|\boldsymbol{x} - \hat{\boldsymbol{x}} + \hat{\boldsymbol{x}} - \overline{x}\mathbf{1}\|^2 \\ &= \|\boldsymbol{x} - \hat{\boldsymbol{x}}\|^2 + \|\hat{\boldsymbol{x}} - \overline{x}\mathbf{1}\|^2 + 2(\boldsymbol{x} - \hat{\boldsymbol{x}})^\top(\hat{\boldsymbol{x}} - \overline{x}\mathbf{1}) \\ &= \text{RSS} + \text{ESS}\end{aligned}$$

□

### 6.1.3 回归模型的假设检验

对于线性回归模型 (6.6) 中的未知参数 $\beta_0, \beta_1, \cdots, \beta_k$，除了对它们进行估计，有时还会遇到如下一些假设检验的问题。

- 变量 $X$ 与 $a_1, a_2, \cdots, a_k$ 之间是否存在线性关系？若无线性关系，则 $\beta_0 = \beta_1 = \cdots = \beta_k = 0$，欲通过样本说明这一事实需要对零假设 $H_0 : \beta_0 = \beta_1 = \cdots = \beta_k = 0$ 进行检验。
- 如果变量 $X$ 与因素 $a_1, a_2, \cdots, a_k$ 之间的确存在线性关系，是否每个因素都起作用呢？若因素 $a_i$ 对 $X$ 的影响不是显著的，则 $\beta_i = 0$，欲通过样本说明这一事实需要对零假设 $H_0 : \beta_i = 0$ 进行检验。

**定义 6.10** 包括上述两个假设检验问题，凡是有关 $\beta_0, \beta_1, \cdots, \beta_k$ 之间线性关系的假设都可以统一地表示为

$$H_0 : \boldsymbol{H\beta} = \mathbf{0}\text{，其中 } \boldsymbol{H}_{r\times(k+1)} \text{ 是一个秩为 } r \leqslant k+1 \text{ 的矩阵} \tag{6.13}$$

这类假设被称为线性假设 (linear hypothesis)，它陈述的是参数 $\beta_0, \beta_1, \cdots, \beta_k$ 满足 $r$ 个独立的线性约束。

**定理 6.5** 考虑线性回归模型 (6.6)，线性假设为 $H_0 : \boldsymbol{H\beta} = \mathbf{0}$，其中 $\boldsymbol{H}$ 是一个秩为 $r \leqslant k+1$ 的 $r \times (k+1)$ 矩阵。令 $\hat{\boldsymbol{\beta}}$ 是 $\boldsymbol{\beta}$ 的最大似然估计，令 $\tilde{\boldsymbol{\beta}}$ 是零假 $H_0$ 成立时 $\boldsymbol{\beta}$ 的最大似然估计。构造统计量如下：

$$F = \frac{(\boldsymbol{X} - \boldsymbol{A}\hat{\boldsymbol{\beta}})^\top(\boldsymbol{X} - \boldsymbol{A}\hat{\boldsymbol{\beta}}) - (\boldsymbol{X} - \boldsymbol{A}\tilde{\boldsymbol{\beta}})^\top(\boldsymbol{X} - \boldsymbol{A}\tilde{\boldsymbol{\beta}})}{(\boldsymbol{X} - \boldsymbol{A}\hat{\boldsymbol{\beta}})^\top(\boldsymbol{X} - \boldsymbol{A}\hat{\boldsymbol{\beta}})} \tag{6.14}$$

则下面的结果成立。

$$\frac{n-k-1}{r}F \sim F_{r,n-k-1} \tag{6.15}$$

**证明** 详见文献 [83] 的第 12 章。 □

算法 6.2　统计量 $F$ 如定理 6.5 所描述，在给定的显著水平 $\alpha$ 之下，似然比检验拒绝零假设 $H_0: \boldsymbol{H\beta} = \boldsymbol{0}$ 的条件是

$$\frac{n-k-1}{r}F > F_{r,n-k-1,1-\alpha}$$

例 6.8　考虑一元线性回归模型 $X_i = \beta_0 + \beta_1 a_i + \epsilon_i, i = 1, 2, \cdots, n$，并假定 $\epsilon_1, \epsilon_2, \cdots, \epsilon_n \overset{\text{iid}}{\sim} \text{N}(0, \sigma^2)$。将该模型写成式 (6.6) 的矩阵形式，其中

$$\boldsymbol{\beta} = (\beta_0, \beta_1)^\top, \boldsymbol{\epsilon} = (\epsilon_1, \epsilon_2, \cdots, \epsilon_n)^\top，\text{并且 } \boldsymbol{A} = \begin{pmatrix} 1 & 1 & \cdots & 1 \\ a_1 & a_2 & \cdots & a_n \end{pmatrix}^\top$$

零假设为 $H_0: \beta_1 = 0$，整理成线性假设的形式 $H_0: \boldsymbol{H\beta} = \boldsymbol{0}$，其中 $\boldsymbol{H} = (0, 1)$，于是 $r = 1, k = 2$。我们知道，随机向量 $\boldsymbol{X} = (X_1, X_2, \cdots, X_n)^\top$ 的密度函数为

$$f(\boldsymbol{x}; \beta_0, \beta_1, \sigma^2) = \left(\frac{1}{\sqrt{2\pi}\sigma}\right)^n \exp\left\{-\frac{1}{2\sigma^2}\sum_{i=1}^n (x_i - \beta_0 - \beta_1 a_i)^2\right\}$$

- 利用最大似然估计的方法，容易得到参数点估计的结果为

$$\hat{\beta}_0 = \overline{X} - \hat{\beta}_1 \overline{a}，\text{其中 } \overline{a} = \frac{1}{n}\sum_{i=1}^n a_i$$

$$\hat{\beta}_1 = \frac{\sum_{i=1}^n (a_i - \overline{a})(X_i - \overline{X})}{\sum_{i=1}^n (a_i - \overline{a})^2}，\text{其中 } \overline{X} = \frac{1}{n}\sum_{i=1}^n X_i$$

$$\hat{\sigma}^2 = \frac{1}{n}\sum_{i=1}^n (X_i - \hat{\beta}_0 - \hat{\beta}_1 a_i)^2$$

- 在零假设 $H_0: \beta_1 = 0$ 成立时，参数最大似然估计的结果是

$$\tilde{\beta}_0 = \frac{1}{n}\sum_{i=1}^n X_i = \overline{X}$$

$$\tilde{\sigma}^2 = \frac{1}{n}\sum_{i=1}^n (X_i - \overline{X})^2$$

根据式 (6.14)，构造统计量如下：

$$\begin{aligned} F &= \frac{\sum_{i=1}^n (X_i - \overline{X} + \hat{\beta}_1 \overline{a} - \hat{\beta}_1 a_i)^2 - \sum_{i=1}^n (X_i - \overline{X})^2}{\sum_{i=1}^n (X_i - \overline{X} + \hat{\beta}_1 \overline{a} - \hat{\beta}_1 a_i)^2} \\ &= \frac{\hat{\beta}_1^2 \sum_{i=1}^n (a_i - \overline{a})^2}{\sum_{i=1}^n (X_i - \overline{X} + \hat{\beta}_1 \overline{a} - \hat{\beta}_1 a_i)^2} \end{aligned}$$

根据结果 (6.15) 有

$$(n-2)F \sim F_{1,n-2}$$

由 $t$ 分布的定义知

$$\sqrt{(n-2)F} \sim t_{n-2}$$

于是，在水平 $\alpha$ 拒绝 $H_0$ 假设的条件是

$$\sqrt{(n-2)F} \geqslant t_{n-2,1-\alpha}$$

例 6.9　考虑例 6.8 中的线性回归模型，将零假设换为 $H_0: \beta_0 = 0$，取 $\boldsymbol{H} = (1,0)$。当零假设 $H_0$ 成立时，参数的最大似然估计为

$$\tilde{\beta}_1 = \frac{\sum_{i=1}^n a_i X_i}{\sum_{i=1}^n a_i^2} = \hat{\beta}_1 + \frac{n\hat{\beta}_0 \overline{a}}{\sum_{i=1}^n a_i^2}$$

$$\tilde{\sigma}^2 = \frac{1}{n}\sum_{i=1}^n (X_i - \tilde{\beta}_1 a_i)^2$$

根据式 (6.14)，构造统计量如下：

$$\begin{aligned} F &= \frac{\sum_{i=1}^n (X_i - \overline{X} + \hat{\beta}_1\overline{a} - \tilde{\beta}_1 a_i)^2 - \sum_{i=1}^n (X_i - \tilde{\beta}_1 a_i)^2}{\sum_{i=1}^n (X_i - \overline{X} + \hat{\beta}_1\overline{a} - \hat{\beta}_1 a_i)^2} \\ &= \frac{\hat{\beta}_0^2 n \sum_{i=1}^n (a_i - \overline{a})^2 / \sum_{i=1}^n a_i^2}{\sum_{i=1}^n (X_i - \overline{X} + \hat{\beta}_1\overline{a} - \hat{\beta}_1 a_i)^2} \end{aligned}$$

与例 6.8 类似，若 $\sqrt{(n-2)F} \geqslant t_{n-2,1-\alpha}$，则在水平 $\alpha$ 拒绝 $H_0$ 假设。

### 6.1.4　正交多项式回归

“正交”是平面几何中垂直的概念（图 6.13）在内积空间（附录 D）里的推广，即两个向量的内积为零。因为内积空间里的向量有长度，两个向量之间有角度，所以可以谈论内积空间里一些对象的几何性质，就如同在欧氏空间里一样。

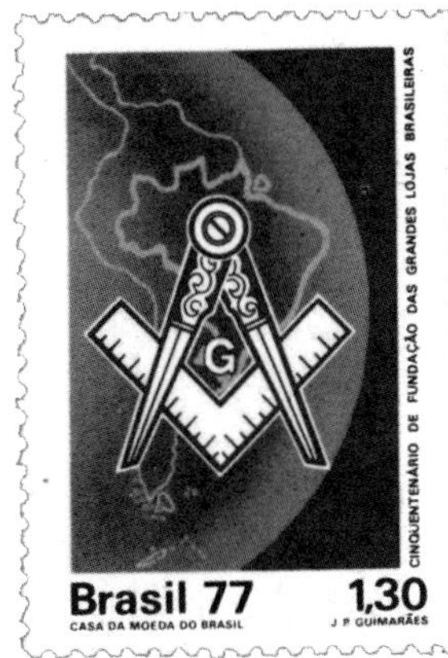

图 6.13　平面几何中的正交就是垂直

例 6.10　对于任意实系数多项式 $f(x), g(x)$，定义内积

$$\langle f, g \rangle = \int_a^b f(x)g(x)\mathrm{d}x$$

对于多项式序列 $f_0(x), f_1(x), \cdots, f_i(x), \cdots$，如果 $i \neq j$ 必有 $\langle f_i, f_j \rangle = 0$，则称这些多项式为区间 $[a, b]$ 上的正交多项式。例如，$[-1, 1]$ 上的勒让德多项式（Legendre polynomials），如图 6.14 所示。

$$
\begin{aligned}
f_0(x) &= 1 \\
f_1(x) &= x \\
f_2(x) &= \frac{3x^2 - 1}{2} \\
f_3(x) &= \frac{5x^3 - 3x}{2} \\
f_4(x) &= \frac{35x^4 - 30x^2 + 3}{8} \\
f_5(x) &= \frac{63x^5 - 70x^3 + 15x}{8} \\
&\vdots
\end{aligned}
$$

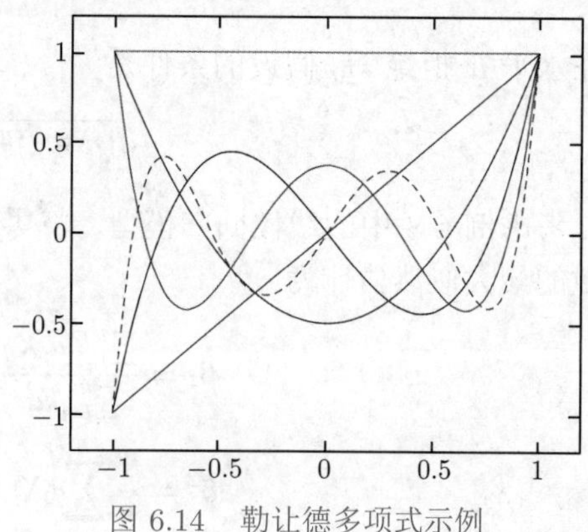

图 6.14　勒让德多项式示例

正交多项式回归是一类广义线性回归模型，它以一组数据上的正交多项式为基，其回归结果比传统线性回归的结果要更稳健。该方法可以推广至一般正交函数 (orthogonal functions) 上。

**定义 6.11**（正交多项式）　令 $p_d(x)$ 表示 $d$ 次多项式，如果多项式 $p_0(x), p_1(x), \cdots, p_k(x)$ 满足下面的条件，则称它们是 $x_1, x_2, \cdots, x_m$ 上的正交多项式 (orthogonal polynomials)。

$$\sum_{j=1}^{m} p_d^2(x_j) = c_d \neq 0，其中\ d = 0, 1, \cdots, k\ 且\ k < m$$

$$\sum_{j=1}^{m} p_d(x_j) p_{d'}(x_j) = 0，其中\ d \neq d'$$

为方便起见，我们把向量 $(p_d(x_1), p_d(x_2), \cdots, p_d(x_m))^\top \in \mathbb{R}^m$ 记作 $p_d(\boldsymbol{x})$，其中 $\boldsymbol{x} = (x_1, x_2, \cdots, x_m)^\top, d = 0, 1, \cdots, k$。在不引起歧义的情况下，它有时也简记作 $\boldsymbol{p}_d$。按此约定，上述条件可简单地表示为

$$\|p_d(\boldsymbol{x})\|^2 = c_d \neq 0，其中\ d = 0, 1, \cdots, k\ 且\ k < m$$

$$\langle p_d(\boldsymbol{x}), p_{d'}(\boldsymbol{x}) \rangle = 0，其中\ d \neq d'$$

即，多项式 $p_0, p_1, \cdots, p_k$ 把 $\boldsymbol{x}$ 映射为 $k$ 个正交向量 $p_0(\boldsymbol{x}), p_1(\boldsymbol{x}), \cdots, p_k(\boldsymbol{x})$，其中，点 $x_j$ 变为行向量如下：

$$x_j \mapsto (p_0(x_j), p_1(x_j), \cdots, p_k(x_j)) \tag{6.16}$$

例 6.11　令原始数据是 cars 里的车速（见第 190 页的图 6.3），经过 3 个正交多项式（次数分别是 1,2,3）的变换，如图 6.15 所示，变成了三维正交的向量——每个原始数据，按照映射 (6.16)，都对应着一个三维向量（即 3 条折线的纵坐标）。

若再增加一个正交多项式 $p_{k+1}(x)$，点 $x_j$ 的行向量表示将在映射 (6.16) 的基础上自然地完成扩展，即

$$x_j \mapsto (p_0(x_j), p_1(x_j), \cdots, p_k(x_j), p_{k+1}(x_j))$$

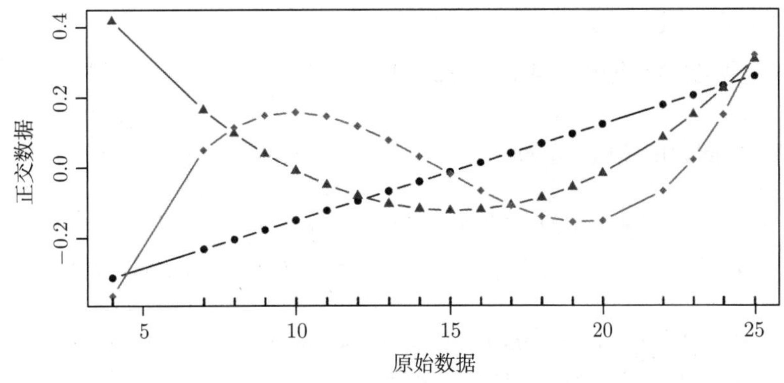


图 6.15　cars 数据上的 3 个正交多项式

总而言之，正交多项式可以把数据从低维拉升到高维，从不同次数的角度“看待”数据，使得数据表示变得更加丰富。设 $p_0(\boldsymbol{x}), p_1(\boldsymbol{x}), \cdots, p_k(\boldsymbol{x})$ 对应的单位向量为 $\boldsymbol{u}_0, \boldsymbol{u}_1, \cdots, \boldsymbol{u}_k$，即

$$\boldsymbol{u}_d = \frac{p_d(\boldsymbol{x})}{\|p_d(\boldsymbol{x})\|}，其中\ d = 0, 1, \cdots, k$$

1. **如何构建正交多项式**

美国数学家、计算机科学家**乔治 · 弗塞斯**（George Forsythe, 1917—1972）（图 6.16）是斯坦福大学计算机系的创始人。1972 年，算法大师**唐纳德 · 克努斯**（Donald Knuth, 1938—）在一篇纪念文章《乔治 · 弗塞斯与计算机科学的发展》中盛赞了弗塞斯对高校计算机教育的贡献。弗塞斯早年从数值分析跨入计算机科学领域，推动它成为一门独立的学科。1957 年，弗塞斯给出了一个构造 $x_1, x_2, \cdots, x_m$ 上正交多项式的算法。

图 6.16　弗塞斯

**定理 6.6**（弗塞斯，1957）　按照下面的方法构造的多项式是 $x_1, x_2, \cdots, x_m$ 上首系数为 1 的正交多项式[114]。

$$\begin{aligned}
p_0(x) &= 1 \\
p_1(x) &= x - \bar{x}，其中\ \bar{x} = \frac{x_1 + x_2 + \cdots + x_m}{m} \\
p_{d+1}(x) &= (x - \alpha_{d+1})p_d(x) - \alpha'_d p_{d-1}(x)，其中\ d = 1, 2, \cdots, k-1 \\
\alpha_{d+1} &= \frac{\langle \boldsymbol{x}, p_d^2(\boldsymbol{x})\rangle}{\|p_d(\boldsymbol{x})\|^2} \\
\alpha'_d &= \frac{\|p_d(\boldsymbol{x})\|^2}{\|p_{d-1}(\boldsymbol{x})\|^2}
\end{aligned}$$

**证明**　我们只需验证对于任意的 $d \in \mathbb{N}$，皆有

$$\langle p_{d+1}(\boldsymbol{x}), p_i(\boldsymbol{x})\rangle = 0，其中\ i = 0, 1, \cdots, d$$

或者，

$$\langle p_d(\boldsymbol{x}), \boldsymbol{x} * p_i(\boldsymbol{x})\rangle - \alpha_{d+1}\langle p_d(\boldsymbol{x}), p_i(\boldsymbol{x})\rangle - \alpha'_d\langle p_{d-1}(\boldsymbol{x}), p_i(\boldsymbol{x})\rangle = 0 \tag{6.17}$$

显然，$d=1$ 时上式是成立的。对 $d$ 进行归纳验证：

- 若 $i<d-1$，则 $xp_i(x)$ 可由 $p_0(x),\cdots,p_{d-1}(x)$ 唯一线性表出，由归纳假设，式 (6.17) 左边三项皆为 0。
- 若 $i=d-1$，则式 (6.17) 左边为

$$\begin{aligned}\langle p_d(\boldsymbol{x}),\boldsymbol{x}*p_{d-1}(\boldsymbol{x})\rangle-\alpha_d'\|p_{d-1}(\boldsymbol{x})\|^2&=\langle p_d(\boldsymbol{x}),\boldsymbol{x}*p_{d-1}(\boldsymbol{x})\rangle-\|p_d(\boldsymbol{x})\|^2\\&=\langle p_d(\boldsymbol{x}),\boldsymbol{x}*p_{d-1}(\boldsymbol{x})-p_d(\boldsymbol{x})\rangle\end{aligned}$$

因为 $x*p_{d-1}(x)-p_d(x)$ 的次数不超过 $d$，所以式 (6.17) 左边一定为 0。

- 若 $i=d$，由 $\alpha_{d+1}$ 的定义，式 (6.17) 左边为

$$\langle \boldsymbol{x},p_d^2(\boldsymbol{x})\rangle-\alpha_{n+1}\|p_d(\boldsymbol{x})\|^2=0$$

□

推论 6.2　由定理 6.6 的证明，不难得到

$$\begin{aligned}\boldsymbol{p}_{d+1}&=\boldsymbol{x}*\boldsymbol{p}_d-\frac{\langle \boldsymbol{x},\boldsymbol{p}_d^2\rangle}{\|\boldsymbol{p}_d\|^2}\boldsymbol{p}_d-\frac{\|\boldsymbol{p}_d\|^2}{\|\boldsymbol{p}_{d-1}\|^2}\boldsymbol{p}_{d-1}\\\|\boldsymbol{p}_{d+1}\|^2&=\langle \boldsymbol{p}_{d+1},\boldsymbol{x}*\boldsymbol{p}_d\rangle\end{aligned}\tag{6.18}$$

### 2. 正交多项式回归

定义 6.12　给定 $k+1$ 个 $x_1,x_2,\cdots,x_m$ 上的正交多项式 $p_0,p_1,\cdots,p_k$，我们把下面的回归问题称为正交多项式回归 (orthogonal polynomial regression, OPR)。

$$y_j=\beta_0p_0(x_j)+\beta_1p_1(x_j)+\cdots+\beta_kp_k(x_j)+\epsilon_j$$

其中，$\epsilon_1,\epsilon_2,\cdots,\epsilon_m\overset{\text{iid}}{\sim}\mathrm{N}(0,\sigma^2),j=1,2,\cdots,m$。令 $\boldsymbol{\beta}=(\beta_0,\beta_1,\cdots,\beta_k)^\top$，上式可简单地表示为

$$\begin{aligned}\boldsymbol{y}&=\beta_0p_0(\boldsymbol{x})+\beta_1p_1(\boldsymbol{x})+\cdots+\beta_kp_k(\boldsymbol{x})+\boldsymbol{\epsilon}\\&=\boldsymbol{P\beta}+\boldsymbol{\epsilon}\end{aligned}\tag{6.19}$$

其中，

$$\begin{aligned}\boldsymbol{P}_{m\times(k+1)}&=(\boldsymbol{1},p_1(\boldsymbol{x}),\cdots,p_k(\boldsymbol{x}))\\\boldsymbol{\epsilon}&\sim\mathrm{N}_m(\boldsymbol{0},\sigma^2\boldsymbol{I})\end{aligned}$$

有的时候，我们把下面的回归问题也称为正交多项式回归。

$$\begin{aligned}\boldsymbol{y}&=\eta_0\boldsymbol{1}+\eta_1\boldsymbol{u}_1+\cdots+\eta_k\boldsymbol{u}_k+\boldsymbol{\epsilon}\\&=\boldsymbol{U\eta}+\boldsymbol{\epsilon}\end{aligned}\tag{6.20}$$

其中，

$$\begin{aligned}\boldsymbol{U}_{m\times(k+1)}&=(\boldsymbol{1},\boldsymbol{u}_1,\cdots,\boldsymbol{u}_k)\\\boldsymbol{\eta}&=(\eta_0,\eta_1,\cdots,\eta_k)^\top\\\boldsymbol{\epsilon}&\sim\mathrm{N}_m(\boldsymbol{0},\sigma^2\boldsymbol{I})\end{aligned}$$

正交多项式回归具有多项式逼近和正交表示的双重优势：只要给定控制变量 $\boldsymbol{x}$，正交系 $p_0(\boldsymbol{x}), p_1(\boldsymbol{x}),\cdots,p_k(\boldsymbol{x})$ 就是确定了的。由该正交系张成的空间的维数是 $k+1$，$\boldsymbol{y}\in\mathbb{R}^m$ 在这个空间上的投影便是它的最佳近似。

定理 6.7 正交多项式回归 (6.19) 中的回归系数 $\boldsymbol{\beta}$ 为

$$\beta_d = \frac{\langle \boldsymbol{y}, p_d(\boldsymbol{x})\rangle}{\|p_d(\boldsymbol{x})\|^2}，\text{其中 } d=0,1,\cdots,k \tag{6.21}$$

正交多项式回归 (6.20) 中的回归系数 $\boldsymbol{\eta}$ 为

$$\begin{aligned}\eta_d &= \langle \boldsymbol{y}, \boldsymbol{u}_d\rangle \\ &= \|\boldsymbol{p}_d\|\beta_d，\text{其中 } d=0,1,\cdots,k\end{aligned} \tag{6.22}$$

证明 首先，$\boldsymbol{P}^\top\boldsymbol{P}$ 是正定矩阵，这是因为

$$\boldsymbol{P}^\top\boldsymbol{P} = \mathrm{diag}(\|p_0(\boldsymbol{x})\|^2, \|p_1(\boldsymbol{x})\|^2,\cdots,\|p_k(\boldsymbol{x})\|^2)$$

进而，

$$\begin{aligned}\boldsymbol{\beta} &= (\boldsymbol{P}^\top\boldsymbol{P})^{-1}\boldsymbol{P}^\top\boldsymbol{y} \\ &= \mathrm{diag}(\|p_0(\boldsymbol{x})\|^{-2},\cdots,\|p_k(\boldsymbol{x})\|^{-2})(\langle \boldsymbol{y}, p_0(\boldsymbol{x})\rangle,\cdots,\langle \boldsymbol{y}, p_k(\boldsymbol{x})\rangle)^\top\end{aligned}$$

结果 (6.22) 的证明是类似的，留给读者补全。 □

定理 6.7 的几何意义是很直观的：向量 $\boldsymbol{y}$ 在 $\boldsymbol{p}_d$ 上的投影为

$$\begin{aligned}\mathrm{proj}_{\boldsymbol{p}_d}\boldsymbol{y} &= \frac{\langle \boldsymbol{y}, \boldsymbol{p}_d\rangle}{\|\boldsymbol{p}_d\|^2}\boldsymbol{p}_d，\text{其中 } d=0,1,\cdots,k \\ &= \langle \boldsymbol{y}, \boldsymbol{u}_d\rangle\boldsymbol{u}_d \\ &= \mathrm{proj}_{\boldsymbol{u}_d}\boldsymbol{y}\end{aligned}$$

正交多项式回归 (6.19) 和 (6.20) 也可以表示为

$$\begin{aligned}\boldsymbol{y} &= \sum_{d=0}^{k}\mathrm{proj}_{\boldsymbol{p}_d}\boldsymbol{y} + \boldsymbol{\epsilon} \\ &= \sum_{d=0}^{k}\mathrm{proj}_{\boldsymbol{u}_d}\boldsymbol{y} + \boldsymbol{\epsilon}\end{aligned}$$

### 3. 两个更简单的算法

欲求正交多项式回归 (6.19) 的系数 $\boldsymbol{\beta}$，不必通过定理 6.6 具体计算正交多项式。下面给出两个等价的算法，绕过构造正交多项式，直接计算系数 $\boldsymbol{\beta}$。

算法 6.3 定义初始向量如下：

$$\begin{aligned}\boldsymbol{p}_0 &= \boldsymbol{1} \\ \boldsymbol{p}_1 &= \boldsymbol{x} - \bar{x}\boldsymbol{1} = (x_1-\bar{x},\cdots,x_m-\bar{x})^\top\end{aligned}$$

（1）由递归式 (6.18) 和上述两个初始向量，求得向量 $\boldsymbol{p}_2,\boldsymbol{p}_3,\cdots,\boldsymbol{p}_k$。

（2）由式 (6.21) 得到模型 (6.19) 的正交多项式回归系数 $\boldsymbol{\beta}$。

（3）由式 (6.22) 得到模型 (6.20) 的正交多项式回归系数 $\boldsymbol{\eta}$。

算法 6.4　模型 (6.20) 中，正交多项式回归系数 $\boldsymbol{\eta}$ 可按下面的方法求得。

（1）令 $\boldsymbol{z} \leftarrow \boldsymbol{x} - \overline{x}\boldsymbol{1} = (x_1 - \overline{x}, \cdots, x_m - \overline{x})^\top$。

（2）构造 $\boldsymbol{Z}_{m\times(k+1)} \leftarrow (\boldsymbol{1}, \boldsymbol{z}, \cdots, \boldsymbol{z}^k)$，设该范德蒙矩阵的 QR 分解（见《人工智能的数学基础——随机之美》[10] 的附录“矩阵计算的一些结果”）如下：

$$\boldsymbol{Z}_{m\times(k+1)} = \boldsymbol{Q}_{m\times(k+1)}\boldsymbol{R}_{(k+1)\times(k+1)}$$

其中，$\boldsymbol{Q} = (\boldsymbol{q}_1, \boldsymbol{q}_2, \cdots, \boldsymbol{q}_{k+1})$ 是正交矩阵，$\boldsymbol{R}$ 是对角线元素为正数的上三角矩阵。

（3）定义 $\boldsymbol{U}_{m\times(k+1)} = (\boldsymbol{1}, \boldsymbol{q}_2, \boldsymbol{q}_3, \cdots, \boldsymbol{q}_{k+1})$，则正交多项式回归系数为

$$\boldsymbol{\eta} = (\boldsymbol{U}^\top\boldsymbol{U})^{-1}\boldsymbol{U}^\top\boldsymbol{y}$$

证明　我们只需证明在算法 6.4 中，

$$\boldsymbol{u}_d = \boldsymbol{q}_{d+1}，其中\ d = 0, 1, \cdots, k$$

事实上，对于每个 $d = 0, 1, \cdots, k$，多项式 $(x - \overline{x})^d$ 存在唯一的线性表示

$$(x - \overline{x})^d = k_0p_0(x) + \cdots + k_{d-1}p_{d-1}(x) + p_d(x)$$

进而，

$$\begin{aligned}\boldsymbol{z}^d &= (\boldsymbol{x} - \overline{x})^d \\ &= \frac{k_0}{\|\boldsymbol{p}_0\|}\boldsymbol{u}_0 + \cdots + \frac{k_{d-1}}{\|\boldsymbol{p}_{d-1}\|}\boldsymbol{u}_{d-1} + \frac{1}{\|\boldsymbol{p}_d\|}\boldsymbol{u}_d\end{aligned}$$

于是，矩阵 $\boldsymbol{Z}$ 可以表示为正交矩阵 $(\boldsymbol{u}_0, \boldsymbol{u}_1, \cdots, \boldsymbol{u}_k)$ 与某个对角线元素为正数的上三角矩阵的乘积，根据 QR 分解的唯一性，我们有

$$(\boldsymbol{u}_0, \boldsymbol{u}_1, \cdots, \boldsymbol{u}_k) = (\boldsymbol{q}_1, \boldsymbol{q}_2, \cdots, \boldsymbol{q}_{k+1})$$

□

例 6.12　如图 6.17 所示，样本来自总体 $\frac{\sin(x)}{x} + \mathrm{N}(0, 0.0025)$，拟合出的正交多项式回归曲线（实线）与潜在函数 $\frac{\sin(x)}{x}$（虚线）已经非常接近，其中参数 $k = 18, 28$。

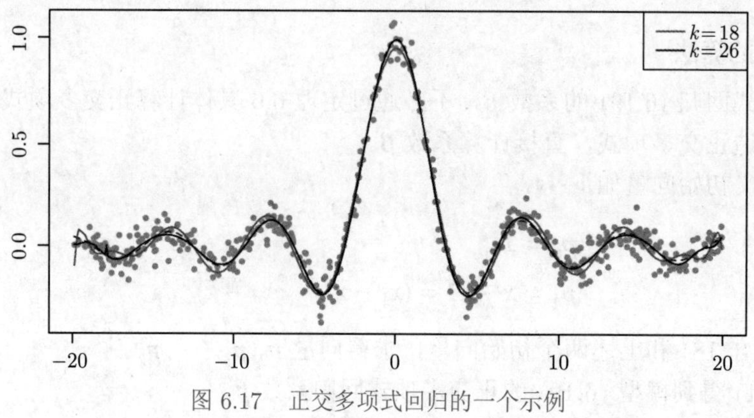


图 6.17　正交多项式回归的一个示例

4. 正交多项式回归与多项式回归的关系

现在，我们考虑正交多项式回归 (6.19) 和多项式回归的关系。不妨设多项式回归模型如下：

$$y_j = \alpha_0 + \alpha_1 x_j + \cdots + \alpha_k x_j^k + \epsilon_j\text{，其中 } j = 1, 2, \cdots, m$$

或者，

$$\boldsymbol{y} = \boldsymbol{X\alpha} + \boldsymbol{\epsilon}$$

其中，

$$\begin{aligned} \boldsymbol{X} &= (\mathbf{1}, \boldsymbol{x}, \cdots, \boldsymbol{x}^k) \\ \boldsymbol{\alpha} &= (\alpha_0, \alpha_1, \cdots, \alpha_k)^\top \\ \boldsymbol{\epsilon} &\sim \mathrm{N}_m(\mathbf{0}, \sigma^2 \boldsymbol{I}) \end{aligned}$$

值得注意的是，$\mathbf{1}, \boldsymbol{x}, \cdots, \boldsymbol{x}^k$ 可能是线性相关的，倘若如此，$\boldsymbol{y}$ 在 $\mathrm{span}(\mathbf{1}, \boldsymbol{x}, \cdots, \boldsymbol{x}^k)$ 上的投影不能唯一地被 $\mathbf{1}, \boldsymbol{x}, \cdots, \boldsymbol{x}^k$ 线性表出。而正交多项式回归则没有这个顾虑。不失一般性，假设

$$p_d(x) = \sum_{i=0}^{d} f_{di} x^i\text{，其中 } d = 0, 1, \cdots, k$$

将回归函数由正交多项式的表示变为多项式的表示，即

$$\begin{aligned} \sum_{d=0}^{k} \beta_d p_d(x) &= \sum_{d=0}^{k} \beta_d \left( \sum_{i=0}^{d} f_{di} x^i \right) \\ &= \sum_{d=0}^{k} \left( \sum_{i=d}^{k} \beta_i f_{id} \right) x^d \end{aligned}$$

于是，我们得到多项式回归系数和正交多项式回归系数的关系如下：

$$\alpha_d = \sum_{i=d}^{k} \beta_i f_{id}\text{，其中 } d = 0, 1, \cdots, k$$

或者，

$$\boldsymbol{\alpha} = \boldsymbol{F\beta}\text{，其中 } \boldsymbol{F} \text{ 是一个上三角矩阵}$$

### 6.1.5 贝叶斯线性回归

给定观测数据 $D = (\boldsymbol{A}, \boldsymbol{x})$，其中 $\boldsymbol{A} = (\boldsymbol{a}_1, \boldsymbol{a}_2, \cdots, \boldsymbol{a}_n)$ 是解释矩阵，每一列 $\boldsymbol{a}_i = (a_{i1}, a_{i2}, \cdots, a_{ik})^\top$ 都是对解释变量 $\boldsymbol{a} = (a_1, a_2, \cdots, a_k)^\top$ 的一次精确观测；$\boldsymbol{x} = (x_1, x_2, \cdots, x_n)^\top$ 是响应变量 $X$ 的 $n$ 次独立的观测结果。无论是传统的线性回归，还是正交多项式回归，都基于最优化理论。事实上，目前多数有监督的机器学习都使用最优化方法，下述两类常见的问题，是有监督学习 (supervised learning)，也称“有指导学习”很难避免的。

（1）模型与观测数据吻合的程度高并不意味着预测能力就强，过拟合问题 (over-fitting problem) 是数据科学中经常遇到的（例 6.2），将使得模型的泛化能力减弱，即在训练数据上表现良好，但在开放测试中表现不佳。

（2）还有一类欠拟合问题 (underfitting problem)，即模型在训练集上都表现不佳，测试集上就更不用说了。模型训练到什么程度可以适可而止？目前，经典统计方法尚缺乏一些可靠的理论指导。

考虑线性模型 $\boldsymbol{X} = \boldsymbol{A\beta} + \boldsymbol{\epsilon}$，其中 $\boldsymbol{X}$ 是 $n$ 维观测向量，$\boldsymbol{\beta}$ 是 $k$ 维回归系数向量，$\boldsymbol{A}$ 是 $n \times k$ 解释矩阵。$\boldsymbol{\epsilon} = (\epsilon_1, \epsilon_2, \cdots, \epsilon_n)^\top$ 是误差向量，满足

$$\epsilon_1, \epsilon_2, \cdots, \epsilon_n \overset{\text{iid}}{\sim} \mathrm{N}(0, \sigma^2)，\text{其中 } \sigma^2 \text{ 未知}$$

于是，

$$\boldsymbol{X}|\boldsymbol{\beta}, \sigma^2 \sim \mathrm{N}(\boldsymbol{A\beta}, \sigma^2 \boldsymbol{I}_n)，\text{其中 } \boldsymbol{X} = (X_1, X_2, \cdots, X_n)^\top$$

为了减轻过拟合问题，我们希望回归系数 $\boldsymbol{\beta}$ 不是个别的所谓最优解，按照贝叶斯学派的观点，未知参数是随机变量，我们关注的是在得到观测数据 $\boldsymbol{X} = \boldsymbol{x}$ 之后，参数 $\boldsymbol{\beta}$ 和 $\sigma^2$ 的后验分布。这样就能得到一族备选答案，每个答案受偏爱的程度不同，为预测留下了足够大的回旋余地。

下面，我们分几个步骤推导后验分布 $\boldsymbol{\beta}|\boldsymbol{X} = \boldsymbol{x}$。因为 $\sigma^2$ 未知，我们先求出后验分布 $\boldsymbol{\beta}, \sigma^2|\boldsymbol{X} = \boldsymbol{x}$，然后再求边缘分布 $\boldsymbol{\beta}|\boldsymbol{X} = \boldsymbol{x}$。

- 令

$$\begin{aligned}
\hat{\boldsymbol{\beta}} &= (\boldsymbol{A}^\top \boldsymbol{A})^{-1} \boldsymbol{A}^\top \boldsymbol{x} \\
\hat{\boldsymbol{x}} &= \boldsymbol{A}\hat{\boldsymbol{\beta}} \\
s^2 &= \frac{1}{m}(\boldsymbol{x} - \hat{\boldsymbol{x}})^\top (\boldsymbol{x} - \hat{\boldsymbol{x}})，\text{其中 } m = n - k
\end{aligned}$$

根据结果 (6.12)，不难得到 $(\boldsymbol{x} - \hat{\boldsymbol{x}})^\top \boldsymbol{A}(\boldsymbol{\beta} - \hat{\boldsymbol{\beta}}) = 0$，并且

$$\begin{aligned}
(\boldsymbol{x} - \boldsymbol{A\beta})^\top (\boldsymbol{x} - \boldsymbol{A\beta}) &= (\boldsymbol{x} - \hat{\boldsymbol{x}} + \boldsymbol{A}\hat{\boldsymbol{\beta}} - \boldsymbol{A\beta})^\top (\boldsymbol{x} - \hat{\boldsymbol{x}} + \boldsymbol{A}\hat{\boldsymbol{\beta}} - \boldsymbol{A\beta}) \\
&= (\boldsymbol{x} - \hat{\boldsymbol{x}})^\top (\boldsymbol{x} - \hat{\boldsymbol{x}}) + (\boldsymbol{\beta} - \hat{\boldsymbol{\beta}})^\top \boldsymbol{A}^\top \boldsymbol{A}(\boldsymbol{\beta} - \hat{\boldsymbol{\beta}}) - 2(\boldsymbol{x} - \hat{\boldsymbol{x}})^\top \boldsymbol{A}(\boldsymbol{\beta} - \hat{\boldsymbol{\beta}}) \\
&= ms^2 + (\boldsymbol{\beta} - \hat{\boldsymbol{\beta}})^\top \boldsymbol{A}^\top \boldsymbol{A}(\boldsymbol{\beta} - \hat{\boldsymbol{\beta}})
\end{aligned}$$

- 由第 196 页的推论 6.1，$\boldsymbol{X}$ 的密度函数可整理为

$$\begin{aligned}
f(\boldsymbol{x}|\boldsymbol{\beta}, \sigma^2) &= \left(\frac{1}{\sigma\sqrt{2\pi}}\right)^n \exp\left\{-\frac{(\boldsymbol{x} - \boldsymbol{A\beta})^\top (\boldsymbol{x} - \boldsymbol{A\beta})}{2\sigma^2}\right\} \\
&= \left(\frac{1}{\sigma\sqrt{2\pi}}\right)^n \exp\left\{-\frac{ms^2 + (\boldsymbol{\beta} - \hat{\boldsymbol{\beta}})^\top \boldsymbol{A}^\top \boldsymbol{A}(\boldsymbol{\beta} - \hat{\boldsymbol{\beta}})}{2\sigma^2}\right\}
\end{aligned}$$

- 令 $\pi(\sigma^2, \boldsymbol{\beta}) \propto \sigma^{-2}$ 为参数的先验分布，参数的后验分布为

$$\begin{aligned}
\pi(\boldsymbol{\beta}, \sigma^2|\boldsymbol{X} = \boldsymbol{x}) &\propto f(\boldsymbol{x}|\boldsymbol{\beta}, \sigma^2) \times \pi(\sigma^2, \boldsymbol{\beta}) \\
&\propto (\sigma^2)^{-k/2} \exp\left\{-\frac{(\boldsymbol{\beta} - \hat{\boldsymbol{\beta}})^\top \boldsymbol{A}^\top \boldsymbol{A}(\boldsymbol{\beta} - \hat{\boldsymbol{\beta}})}{2\sigma^2}\right\} \times (\sigma^2)^{-m/2-1} \exp\left\{-\frac{ms^2}{2\sigma^2}\right\}
\end{aligned}$$

$$\propto \pi(\boldsymbol{\beta}|\hat{\boldsymbol{\beta}}, \sigma^2) \times \pi(\sigma^2|s^2)$$

显然，

$$\boldsymbol{\beta}|\hat{\boldsymbol{\beta}}, \sigma^2 \sim \mathrm{N}(\hat{\boldsymbol{\beta}}, \sigma^2(\boldsymbol{A}^\top\boldsymbol{A})^{-1})$$

- 由逆 $\chi^2$ 分布的定义（见《人工智能的数学基础——随机之美》[10]），$Y \sim \chi_\eta^{-2}$，其密度函数为

$$f(y) = \begin{cases} 0 & ，若\ y \leqslant 0 \\ \dfrac{y^{-(\eta/2+1)}\mathrm{e}^{-1/(2y)}}{2^{\eta/2}\Gamma(\eta/2)} & ，若\ y > 0, \eta > 0 \end{cases}$$

不难发现，

$$\left.\frac{\sigma^2}{ms^2}\right| s^2 \sim \chi_m^{-2} \tag{6.23}$$

- 线性模型中回归系数的后验分布为

$$\begin{aligned} \pi(\boldsymbol{\beta}|\boldsymbol{X} = \boldsymbol{x}) &= \int_0^{+\infty} \pi(\boldsymbol{\beta}, \sigma^2|\boldsymbol{X} = \boldsymbol{x})\mathrm{d}\sigma^2 \\ &\propto [ms^2 + (\boldsymbol{\beta} - \hat{\boldsymbol{\beta}})^\top\boldsymbol{A}^\top\boldsymbol{A}(\boldsymbol{\beta} - \hat{\boldsymbol{\beta}})]^{-n/2} \\ &\propto \left[\frac{(\boldsymbol{\beta} - \hat{\boldsymbol{\beta}})^\top\boldsymbol{A}^\top\boldsymbol{A}(\boldsymbol{\beta} - \hat{\boldsymbol{\beta}})}{ms^2} + 1\right]^{-(m+k)/2} \end{aligned}$$

根据自由度为 $n$ 的 $d$ 元 $t$ 分布 $\boldsymbol{T} \sim t_n(\boldsymbol{\mu}, \boldsymbol{\Sigma})$ 的概率密度函数[10]

$$f_n(\boldsymbol{t}) = \frac{\Gamma\left(\frac{n+d}{2}\right)}{\Gamma\left(\frac{n}{2}\right)\sqrt{n^d\pi^d|\boldsymbol{\Sigma}|}}\left[\frac{1}{n}(\boldsymbol{t} - \boldsymbol{\mu})^\top\boldsymbol{\Sigma}^{-1}(\boldsymbol{t} - \boldsymbol{\mu}) + 1\right]^{-(n+d)/2}$$

不难发现，$\boldsymbol{\beta}$ 的后验分布是

$$\boldsymbol{\beta}|\boldsymbol{X} = \boldsymbol{x} \sim t_m(\hat{\boldsymbol{\beta}}, s^2(\boldsymbol{A}^\top\boldsymbol{A})^{-1}) \tag{6.24}$$

上述结果与定理 6.3 的区别在于，频率派的统计量 $\hat{\boldsymbol{\beta}} = (\boldsymbol{A}^\top\boldsymbol{A})^{-1}\boldsymbol{A}^\top\boldsymbol{X}$ 是随机变量，未知参数是固定值。而贝叶斯学派的未知参数是随机变量，$\hat{\boldsymbol{\beta}} = (\boldsymbol{A}^\top\boldsymbol{A})^{-1}\boldsymbol{A}^\top\boldsymbol{x}$ 是固定值。

算法 6.5　由多元 $t$ 分布的定义，可按下面的方式产生 $\boldsymbol{\beta}$ 的后验分布 (6.24) 的随机数：

$$\hat{\boldsymbol{\beta}} + \frac{\mathrm{N}(\boldsymbol{0}, s^2(\boldsymbol{A}^\top\boldsymbol{A})^{-1})}{\sqrt{\chi_m^2/m}}$$

图 6.18 是 cars 数据上的经典线性回归（实线）和贝叶斯线性回归（虚线），其中回归系数的后验分布是多元 $t$ 分布 (6.24)。从该分布随机抽样 10 次产生 10 条回归直线。

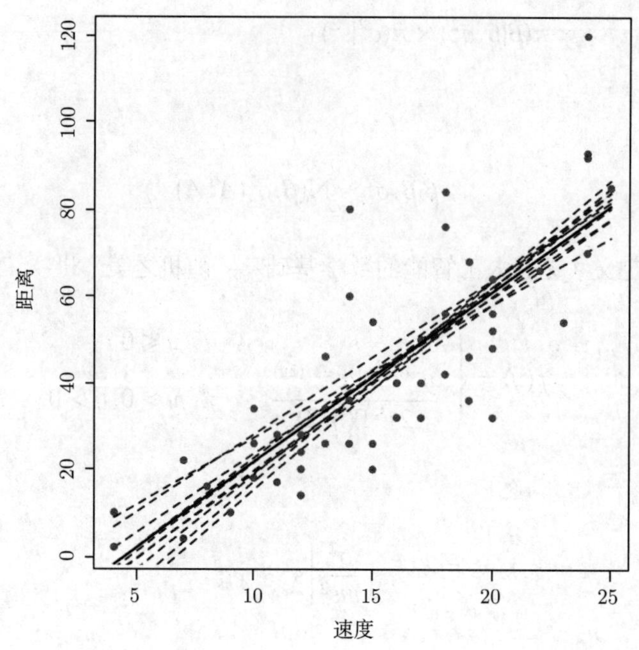


图 6.18　cars 数据上的经典线性回归（实线）和贝叶斯线性回归（虚线）

### 6.1.6　对数率回归

给定样本 $\boldsymbol{x}_1, \boldsymbol{x}_2, \cdots, \boldsymbol{x}_n \in \mathbb{R}^d$ 以及对应的类标 (class label) $t_1, t_2, \cdots, t_n$，类标的取值是 $\{1, 2, \cdots, K\}$。记解释矩阵为 $\boldsymbol{X} = (\boldsymbol{x}_1, \boldsymbol{x}_2, \cdots, \boldsymbol{x}_n)$，记 $\boldsymbol{t} = (t_1, t_2, \cdots, t_n)^\top$ 为相应的类向量。我们用 $D = (\boldsymbol{X}, \boldsymbol{t})$ 或者 $D = \{(\boldsymbol{x}_1, t_1), (\boldsymbol{x}_2, t_2), \cdots, (\boldsymbol{x}_n, t_n)\}$ 表示观测数据或训练数据 (training data)。

对于新样本 $\boldsymbol{x}_{\text{new}}$，分类问题 (classification problem) 可以转化为判定 $\mathsf{P}(t_{\text{new}} = k | D, \boldsymbol{x}_{\text{new}}), k = 1, 2, \cdots, K$ 的最大者。具体的概率模型是

$$\ln \frac{\mathsf{P}(t = 1 | \boldsymbol{X} = \boldsymbol{x})}{\mathsf{P}(t = K | \boldsymbol{X} = \boldsymbol{x})} = \beta_{1,0} + \boldsymbol{\beta}_1^\top \boldsymbol{x}$$

$$\vdots$$

$$\ln \frac{\mathsf{P}(t = K-1 | \boldsymbol{X} = \boldsymbol{x})}{\mathsf{P}(t = K | \boldsymbol{X} = \boldsymbol{x})} = \beta_{K-1,0} + \boldsymbol{\beta}_{K-1}^\top \boldsymbol{x}$$

概率之比 $\mathsf{P}(t = k | \boldsymbol{X} = \boldsymbol{x}) / \mathsf{P}(t = K | \boldsymbol{X} = \boldsymbol{x})$ 的对数（简称“对数率”）取值范围是 $\mathbb{R}$，上面的模型就是用传统的线性回归模型来拟合对数率。等价地，

$$\mathsf{P}(t = k | \boldsymbol{X} = \boldsymbol{x}) = \frac{\exp(\beta_{k,0} + \boldsymbol{\beta}_k^\top \boldsymbol{x})}{1 + \sum_{k=1}^{K-1} \exp(\beta_{k,0} + \boldsymbol{\beta}_k^\top \boldsymbol{x})}，\text{其中 } k = 1, 2, \cdots, K-1$$

$$\mathsf{P}(t = K | \boldsymbol{X} = \boldsymbol{x}) = \frac{1}{1 + \sum_{k=1}^{K-1} \exp(\beta_{k,0} + \boldsymbol{\beta}_k^\top \boldsymbol{x})}$$

我们的目标是通过 $D$ 来估计出未知参数

$$\boldsymbol{\beta} = (\beta_{1,0}, \boldsymbol{\beta}_1^\top, \cdots, \beta_{K-1,0}, \boldsymbol{\beta}_{K-1}^\top)^\top \in \mathbb{R}^{(K-1)(d+1)}$$

记 $\mathsf{P}(t = k|\boldsymbol{X} = \boldsymbol{x})$ 为 $p_k(\boldsymbol{x}|\boldsymbol{\beta})$，则 $D$ 的对数似然函数是

$$\ell(\boldsymbol{\beta}) = \sum_{j=1}^{n} \ln p_{t_j}(\boldsymbol{x}_j|\boldsymbol{\beta})$$

算法 6.6（对数率回归） 首先，求出 $\boldsymbol{\beta}$ 的最大似然估计

$$\hat{\boldsymbol{\beta}} = (\hat{\beta}_{1,0}, \hat{\boldsymbol{\beta}}_1^\top, \cdots, \hat{\beta}_{K-1,0}, \hat{\boldsymbol{\beta}}_{K-1}^\top)^\top$$

按照下述条件来判定新样本 $\boldsymbol{x}_{\text{new}}$ 所在的类。

- 如果 $\forall k = 1, 2, \cdots, K-1$，皆有 $\hat{\beta}_{k,0} + \hat{\boldsymbol{\beta}}_k^\top \boldsymbol{x}_{\text{new}} < 0$，则答案是 $K$。
- 否则，答案是

$$\underset{k \in \{1,2,\cdots,K\}}{\operatorname{argmax}} \hat{\beta}_{k,0} + \hat{\boldsymbol{\beta}}_k^\top \boldsymbol{x}_{\text{new}}$$

算法 6.6 所示的这种分类方法被称为*对数率回归* (logit regression 或 logistic regression)*，它通过回归来解决分类问题，实则是一个分类模型，也称为*分类器* (classifier)。给定一些带标记的观察数据（如分类语料、语义分割的图像），如何训练出性能良好的分类器是机器学习的一个经典问题。有时训练数据很不均衡，标记也不见得精准，甚至样本量严重不足，此时机器能否像人类一样，靠小样本的学习就能很好地完成分类任务？

### 1. 二分类的对数率回归

如果是二分类 (binary classification) 问题，即只有两个类别的分类问题†，不妨设类标取值为 $\{0, 1\}$，记 $p_1(\boldsymbol{x}|\boldsymbol{\beta})$ 为 $p(\boldsymbol{x}|\boldsymbol{\beta})$，记 $\boldsymbol{\beta} = (\beta_{1,0}, \boldsymbol{\beta}_1^\top)^\top$，则概率模型是

$$\ln \frac{p(\boldsymbol{x}|\boldsymbol{\beta})}{1 - p(\boldsymbol{x}|\boldsymbol{\beta})} = \boldsymbol{\beta}^\top \tilde{\boldsymbol{x}}，\text{其中 } \tilde{\boldsymbol{x}} = \begin{pmatrix} 1 \\ \boldsymbol{x} \end{pmatrix} \tag{6.25}$$

上式左边就是*对数率函数* (logit function) $\operatorname{logit}(x)$ 在 $p(\boldsymbol{x}|\boldsymbol{\beta})$ 的取值，其中

$$\operatorname{logit}(x) = \ln \frac{x}{1-x}，\text{其中 } 0 < x < 1$$

性质 6.4 在广义线性模型 (6.25) 中，*连接函数*是对数率函数。对数率函数的反函数就是机器学习和模式识别中常见的 *S 形函数* (sigmoid function)，即

$$S(x) = \frac{1}{1 + \exp(-x)}$$

不难验证，

$$S(x) = 1 - S(-x)$$

$$S'(x) = S(x)[1 - S(x)]$$

---

* 国内一般将之音译为*逻辑回归*或*逻辑斯谛回归*，但是它和逻辑没有丝毫关系。为避免不必要的混淆，我们采用意译“对数率回归”。

† 评测二分类性能的指标包括准确率 (accuracy)、精确率 (precision)、召回率 (recall)、$F$-度量 ($F$-measure) 等，它们都是基于混淆矩阵 (confusion matrix) 定义的[10]。

按照对数率函数和 S 形函数的关系，模型 (6.25) 可等价地表示为

$$\begin{aligned}p(\boldsymbol{x}|\boldsymbol{\beta}) &= \frac{1}{1+\exp(-\boldsymbol{\beta}^\top\tilde{\boldsymbol{x}})}\\ &= S(\boldsymbol{\beta}^\top\tilde{\boldsymbol{x}})\end{aligned}$$

于是，对数似然函数可展开为

$$\begin{aligned}\ell(\boldsymbol{\beta}) &= \sum_{j=1}^{n} t_j \ln p(\boldsymbol{x}_j|\boldsymbol{\beta}) + (1-t_j)\ln(1-p(\boldsymbol{x}_j|\boldsymbol{\beta}))\\ &= \sum_{j=1}^{n} t_j \ln \frac{p(\boldsymbol{x}_j|\boldsymbol{\beta})}{1-p(\boldsymbol{x}_j|\boldsymbol{\beta})} + \ln(1-p(\boldsymbol{x}_j|\boldsymbol{\beta}))\\ &= \sum_{j=1}^{n} t_j\boldsymbol{\beta}^\top\tilde{\boldsymbol{x}}_j + \ln S(-\boldsymbol{\beta}^\top\tilde{\boldsymbol{x}}_j)\end{aligned}$$

- 为了利用牛顿法，分别求梯度和海森矩阵如下：

$$\begin{aligned}\nabla\ell(\boldsymbol{\beta}) &= \sum_{j=1}^{n}(t_j - S(\boldsymbol{\beta}^\top\tilde{\boldsymbol{x}}_j))\tilde{\boldsymbol{x}}_j\\ &= \tilde{\boldsymbol{X}}(\boldsymbol{t}-\boldsymbol{s})\end{aligned}$$

其中，

$$\tilde{\boldsymbol{X}}_{(d+1)\times n} = (\tilde{\boldsymbol{x}}_1,\cdots,\tilde{\boldsymbol{x}}_n)$$

$$\boldsymbol{s} = (S(\boldsymbol{\beta}^\top\tilde{\boldsymbol{x}}_1),\cdots,S(\boldsymbol{\beta}^\top\tilde{\boldsymbol{x}}_n))^\top$$

进而，

$$\begin{aligned}\nabla^2\ell(\boldsymbol{\beta}) &= -\sum_{j=1}^{n}\tilde{\boldsymbol{x}}_j\tilde{\boldsymbol{x}}_j^\top S(\boldsymbol{\beta}^\top\tilde{\boldsymbol{x}}_j)[1-S(\boldsymbol{\beta}^\top\tilde{\boldsymbol{x}}_j)]\\ &= -\tilde{\boldsymbol{X}}\boldsymbol{\Lambda}\tilde{\boldsymbol{X}}^\top\end{aligned}$$

其中，

$$\boldsymbol{\Lambda}_{n\times n} = \mathrm{diag}(S(\boldsymbol{\beta}^\top\tilde{\boldsymbol{x}}_1)[1-S(\boldsymbol{\beta}^\top\tilde{\boldsymbol{x}}_1)],\cdots,S(\boldsymbol{\beta}^\top\tilde{\boldsymbol{x}}_n)[1-S(\boldsymbol{\beta}^\top\tilde{\boldsymbol{x}}_n)])$$

需要注意的是，$\tilde{\boldsymbol{X}}\boldsymbol{\Lambda}\tilde{\boldsymbol{X}}^\top$ 是半正定矩阵。如果它不是正定的，则对其进行微扰，使其成为正定矩阵。

- 牛顿法对参数 $\boldsymbol{\beta}$ 的更新过程是：首先初始化 $\boldsymbol{\beta}=\boldsymbol{0}$，然后按照如下方式更新。

$$\begin{aligned}\boldsymbol{\beta}_{\text{update}} &= \boldsymbol{\beta} - (\nabla^2\ell(\boldsymbol{\beta}))^{-1}\nabla\ell(\boldsymbol{\beta})\\ &= \boldsymbol{\beta} + (\tilde{\boldsymbol{X}}\boldsymbol{\Lambda}\tilde{\boldsymbol{X}}^\top)^{-1}\tilde{\boldsymbol{X}}(\boldsymbol{t}-\boldsymbol{s})\end{aligned}$$

直至参数的更新幅度在预先设定的阈值之内。两个类之间的分割边界是

$$\boldsymbol{\beta}^{\top}\tilde{\boldsymbol{x}} = \boldsymbol{0}$$

二分类是基本且重要的。一般地，多分类 (multiclass classification) 问题可以简单地分解为一系列的二分类问题：每个二分类都是针对一个类及其“补类”（即其他所有的类合并成的类）而言的，见图 6.19 第二行中的虚线（两个类之间的分割边界）。因为这些二分类可以并行完成，所以多分类的时间复杂度与二分类的等同。类 $k$ 对其“补类”的二分类器是样本 $\boldsymbol{x}$ 属于类 $k$ 的概率 $p_k(\boldsymbol{x})$，则新样本 $\boldsymbol{x}_{\text{new}}$ 所属的类是

$$\underset{k\in\{1,2,\cdots,K\}}{\operatorname{argmax}}\, p_k(\boldsymbol{x}_{\text{new}})$$

除了上述方法之外，也可利用迭代再加权最小二乘 (iteratively reweighted least squares, IRLS) 算法对参数 $\boldsymbol{\beta} \in \mathbb{R}^{(K-1)(d+1)}$ 进行更新[22, 115]。

费舍尔的鸢尾花 (iris) 数据有 3 个类，4 个解释变量，作为公开数据集常用来测试回归或分类模型。图 6.20 是对数率回归在此数据集上的二分类结果。

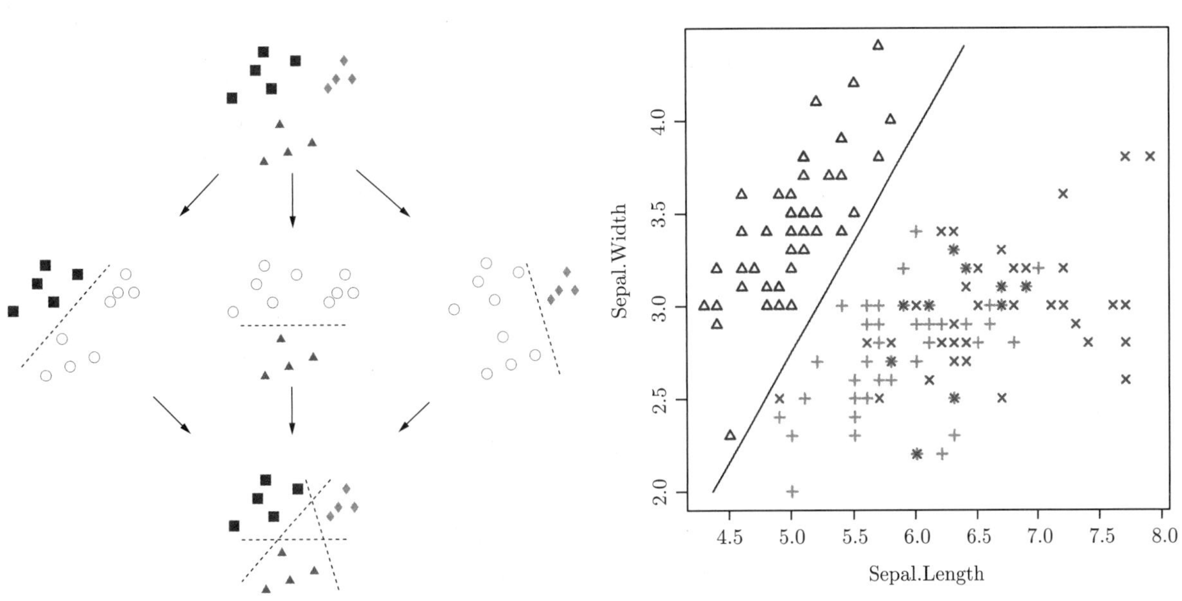


图 6.19　多分类问题到二分类问题的转化

图 6.20　对数率回归对 iris 数据的二分类

2. 贝叶斯对数率回归

假设 $\boldsymbol{\beta}$ 的先验分布是

$$\boldsymbol{\beta} \sim \mathrm{N}(\boldsymbol{\mu}_0, \boldsymbol{\Sigma}_0)$$

对于二分类问题，类标取值为 $\{0,1\}$。未知参数 $\boldsymbol{\beta}$ 的后验分布是

$$\begin{aligned}\ln p(\boldsymbol{\beta}|\boldsymbol{t}) &\propto \ln p(\boldsymbol{\beta}) + \ln p(\boldsymbol{t}|\boldsymbol{\beta}) \\ &= -\frac{1}{2}(\boldsymbol{\beta}-\boldsymbol{\mu}_0)^{\top}\boldsymbol{\Sigma}_0^{-1}(\boldsymbol{\beta}-\boldsymbol{\mu}_0) + \sum_{j=1}^{n} t_j\boldsymbol{\beta}^{\top}\tilde{\boldsymbol{x}}_j + \ln S(-\boldsymbol{\beta}^{\top}\tilde{\boldsymbol{x}}_j) + \text{常数}\end{aligned}$$

像 §6.1.5 那样直接精确求解回归系数 $\boldsymbol{\beta}$ 的后验分布很困难，只能用近似的方法。下面所介绍的拉普拉斯近似 (Laplace approximation) 很有代表性：它源自非负单峰实值函数的近似积分（详见《人工智能的数学基础——随机之美》[10]），要用到 $\ln p(\boldsymbol{\beta}|\boldsymbol{t})$ 的最大值点和海森矩阵。

非负单峰实值函数 $\ln p(\boldsymbol{\beta}|\boldsymbol{t})$ 的最大值点记作 $\hat{\boldsymbol{\beta}}_{\text{MAP}}$，称为 $\boldsymbol{\beta}$ 的最大后验 (maximum a posteriori, MAP) 估计。

- 函数 $\ln p(\boldsymbol{\beta}|\boldsymbol{t}) = \mathbf{0}$ 对 $\boldsymbol{\beta}$ 的梯度是

$$\nabla \ln p(\boldsymbol{\beta}|\boldsymbol{t}) = -\boldsymbol{\Sigma}_0^{-1}(\boldsymbol{\beta} - \boldsymbol{\mu}_0) + \tilde{\boldsymbol{X}}(\boldsymbol{t} - \boldsymbol{s})$$

- 函数 $\ln p(\boldsymbol{\beta}|\boldsymbol{t})$ 的海森矩阵是

$$\nabla^2 \ln p(\boldsymbol{\beta}|\boldsymbol{t}) = -\boldsymbol{\Sigma}_0^{-1} - \tilde{\boldsymbol{X}}\boldsymbol{\Lambda}\tilde{\boldsymbol{X}}^\top$$

显然，$-\nabla^2 \ln p(\boldsymbol{\beta}|\boldsymbol{t}) = \boldsymbol{\Sigma}_0^{-1} + \tilde{\boldsymbol{X}}\boldsymbol{\Lambda}\tilde{\boldsymbol{X}}^\top$ 是正定矩阵，其逆矩阵存在。

- 于是，按下面的方式迭代逼近 $\hat{\boldsymbol{\beta}}_{\text{MAP}}$。

$$\begin{aligned}\boldsymbol{\beta}_{\text{update}} &= \boldsymbol{\beta} - [\nabla^2 \ln p(\boldsymbol{\beta}|\boldsymbol{t})]^{-1}[\nabla \ln p(\boldsymbol{\beta}|\boldsymbol{t})] \\ &= \boldsymbol{\beta} + (\boldsymbol{\Sigma}_0^{-1} + \tilde{\boldsymbol{X}}\boldsymbol{\Lambda}\tilde{\boldsymbol{X}}^\top)^{-1}\left[-\boldsymbol{\Sigma}_0^{-1}(\boldsymbol{\beta} - \boldsymbol{\mu}_0) + \tilde{\boldsymbol{X}}\begin{pmatrix} t_1 - S(\boldsymbol{\beta}^\top\tilde{\boldsymbol{x}}_1) \\ \vdots \\ t_n - S(\boldsymbol{\beta}^\top\tilde{\boldsymbol{x}}_n)\end{pmatrix}\right]\end{aligned}$$

更新 $\boldsymbol{\beta}$ 直至 $\nabla \ln p(\boldsymbol{\beta}|\boldsymbol{t}) = \mathbf{0}$，即收敛条件是

$$\hat{\boldsymbol{\beta}}_{\text{MAP}} = \boldsymbol{\mu}_0 + \boldsymbol{\Sigma}_0\tilde{\boldsymbol{X}}(\boldsymbol{t} - \boldsymbol{s})$$

- 利用拉普拉斯近似（见第 119 页的定理 4.12），参数 $\boldsymbol{\beta}$ 的后验分布近似地为下面的正态分布：

$$\begin{aligned}\boldsymbol{\beta}|\boldsymbol{t} &\sim \mathrm{N}(\hat{\boldsymbol{\beta}}_{\text{MAP}}, [-\nabla^2 \ln p(\hat{\boldsymbol{\beta}}_{\text{MAP}}|\boldsymbol{t})]^{-1}) \\ &\sim \mathrm{N}(\boldsymbol{\mu}_0 + \boldsymbol{\Sigma}_0\tilde{\boldsymbol{X}}(\boldsymbol{t} - \boldsymbol{s}), (\boldsymbol{\Sigma}_0^{-1} + \tilde{\boldsymbol{X}}\boldsymbol{\Lambda}\tilde{\boldsymbol{X}}^\top)^{-1})\end{aligned} \tag{6.26}$$

二分类的分割边界是

$$\hat{\boldsymbol{\beta}}_{\text{MAP}}^\top\tilde{\boldsymbol{x}} = \mathbf{0} \tag{6.27}$$

式 (6.27) 中的 $\hat{\boldsymbol{\beta}}_{\text{MAP}}$ 也可以替换为从正态分布 (6.26) 抽样而得的 $\boldsymbol{\beta}$ 的随机数。

特别地，设 $\boldsymbol{\mu}_0 = \mathbf{0}, \boldsymbol{\Sigma}_0 = \boldsymbol{I}_{d+1}$，则更新公式可简化为

$$\boldsymbol{\beta}_{\text{update}} = \boldsymbol{\beta} + (\boldsymbol{I}_{d+1} + \tilde{\boldsymbol{X}}\boldsymbol{\Lambda}\tilde{\boldsymbol{X}}^\top)^{-1}\left[-\boldsymbol{\beta} + \tilde{\boldsymbol{X}}\begin{pmatrix} t_1 - S(\boldsymbol{\beta}^\top\tilde{\boldsymbol{x}}_1) \\ \vdots \\ t_n - S(\boldsymbol{\beta}^\top\tilde{\boldsymbol{x}}_n)\end{pmatrix}\right]$$

$$
= (\boldsymbol{I}_{d+1} + \tilde{\boldsymbol{X}}\boldsymbol{\Lambda}\tilde{\boldsymbol{X}}^\top)^{-1}\tilde{\boldsymbol{X}}\left[\boldsymbol{\Lambda}\tilde{\boldsymbol{X}}^\top\boldsymbol{\beta} + \begin{pmatrix} t_1 - S(\boldsymbol{\beta}^\top\tilde{\boldsymbol{x}}_1) \\ \vdots \\ t_n - S(\boldsymbol{\beta}^\top\tilde{\boldsymbol{x}}_n) \end{pmatrix}\right]
$$

参数更新的收敛条件是

$$
\hat{\boldsymbol{\beta}}_{\mathrm{MAP}} = \tilde{\boldsymbol{X}}(\boldsymbol{t} - \boldsymbol{s})
$$

未知参数 $\boldsymbol{\beta}$ 的后验分布是

$$
\boldsymbol{\beta}|\boldsymbol{t} \sim \mathrm{N}(\tilde{\boldsymbol{X}}(\boldsymbol{t} - \boldsymbol{s}), (\boldsymbol{I}_{d+1} + \tilde{\boldsymbol{X}}\boldsymbol{\Lambda}\tilde{\boldsymbol{X}}^\top)^{-1})
$$

利用贝叶斯对数率回归对 iris 数据进行二分类，如图 6.21 所示。图中，实线是分割边界 (6.27)，虚线是抽样产生的分割边界。读者可以从泛化能力和稳健性等角度将图 6.21 与图 6.20 作对比。

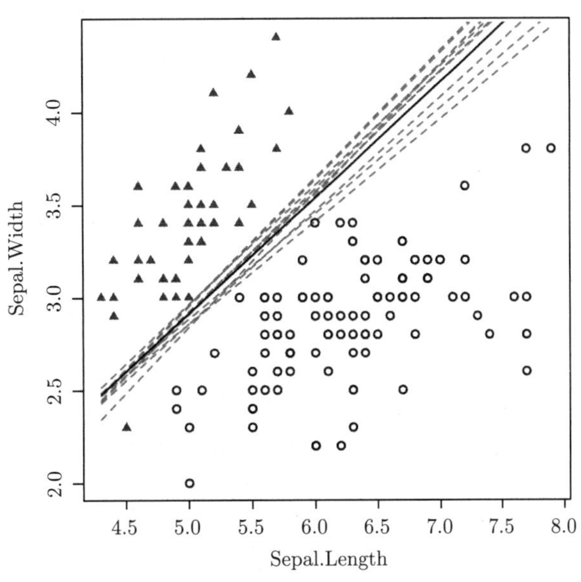


图 6.21　贝叶斯对数率回归对 iris 数据的二分类

## 6.2 方差分析模型

科学研究、社会调查和生产实践中，经常需要通过试验来考察若干指定的因素（也称因子）对某一或某些指标的影响。影响指标的因素之间或制约或依存，它们的共同作用决定着指标值。譬如：

- 农业学家关心土壤、肥料、日照时间等因素对某农作物产量的影响，他们寻找最有利于该农作物生长的环境（图 6.22）。

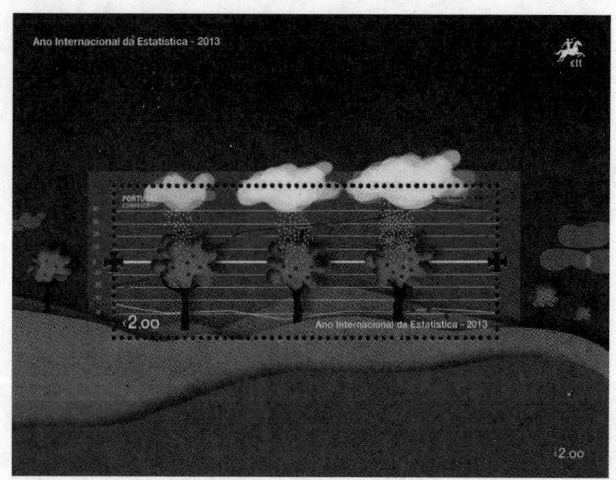


图 6.22　影响农作物产量的一些可控因素和不可控的随机因素

- 为研究家庭因素和学校因素对小学生成绩的影响，我们要考查同年龄段、出自不同家庭环境和就学环境的小学生的学业情况。
- 同时服用几种药物对某疾病的疗效，如通过多种抗病毒药物联合使用来治疗艾滋病的鸡尾酒疗法。
- 考虑受教育程度单个因素对经济收入的影响，社会学家对受教育程度越高收入越少的现象感兴趣。
- 通过考察不同的饲料配方对家禽体重增长的效果，寻找优产、低耗、高质的饲养方法。如果几种饲料在增肥效果上有明显差异，要搞清楚这差异是饲料因素引起的还是试验误差造成的。

对每个因素，我们相应地设置几个水平 (level)，即按照某个指标对集合进行划分。譬如，受教育的程度以最后毕业的学历可设为 7 个水平：无学历、小学、初中、高中、大学本科、硕士研究生、博士研究生。而不同的药物组合或者饲料配方就是不同的水平。

例 6.13　把三个品牌的电池定为三个水平，以电池的寿命（单位：h）为指标，表 6.1 是观察到的 $n = 15$ 个电池寿命的样本值，其中每个因素对应的样本数为 $n_1 = 5, n_2 = 4, n_3 = 6$。

表 6.1　三个品牌电池寿命的观测值[83]

| | 电池品牌 | | |
|---|---|---|---|
| | $X_1$ | $X_2$ | $X_3$ |
| 电池寿命 | 40 | 60 | 60 |
| | 30 | 40 | 50 |
| | 50 | 55 | 70 |
| | 50 | 65 | 65 |
| | 30 | | 75 |
| | | | 40 |
| 均值 | 40 | 55 | 60 |

例 6.14　一般情况下，教师和教学方法是影响学生成绩的两个重要因素（图 6.23），哪个因素的影响更大一些？我们将教师和教学方法各自分为三个水平，以学生的成绩为指标，观察到三位教师分别使用三种不同教学方法导致学生取得表 6.2 所示的成绩。

图 6.23 教学效果受教师和教学方法的影响

表 6.2 三个老师三种教学方法的效果[83]

| 教学方法 | 教师 | | |
|---|---|---|---|
| | Ⅰ | Ⅱ | Ⅲ |
| 1 | 95 | 60 | 86 |
| | 85 | 90 | 77 |
| | 74 | 80 | 75 |
| | 74 | 70 | 70 |
| 2 | 90 | 89 | 83 |
| | 80 | 90 | 70 |
| | 92 | 91 | 75 |
| | 82 | 86 | 72 |
| 3 | 70 | 68 | 74 |
| | 80 | 73 | 86 |
| | 85 | 78 | 91 |
| | 85 | 93 | 89 |

费舍尔于 1919—1925 年间提出方差分析 (analysis of variance, ANOVA) 的理论，他那时正在罗森思德实验站分析农作物数据（图 6.24）。例如，测试 5 种不同品种的农作物的相对产量。“为了这个目的，我们假设实验区被分成 8 个紧凑的或近似正方形的区块，每个区块被分成 5 块，从区块的一端到另一端，并排排列，总共 40 块。除了使用的品种不同外，整个地区都要进行统一的农业处理。在每个区块中，5 个地块随机分配给 5 个品种中的每一个。”

图 6.24 起源于农业实验的试验设计

费舍尔把对观测结果的统计分析称作"方差分析",从确定"自由度或者独立比较的数量"开始,"这些比较是在地块之间,或者相关地块的群组之间进行。……在 40 个地块之间,可以进行 39 个独立比较,因此总自由度为 39。这个数字将分为三个部分,分别代表 (a) 品种间的独立比较,(b) 区块间的独立比较,以及 (c) 代表不同品种在不同区块内相对性能的差异,这些差异为误差估计提供了依据。"

| | 自由度 |
|---|---|
| 品种 | 4 |
| 区块 | 7 |
| 误差 | 28 |
| 总计 | 39 |

"这样,代表 40 个试验产量之间所有原因引起的总变异量的平方和被划分为与其解释相关的 3 个部分,分别是测量品种之间的变异量、区块之间的变异量,以及不同品种在不同区块的表现的差异总量。"(图 6.25)

图 6.25 方差分析考察各种变异量

费舍尔解释道,"很容易看出,任何一组简单比较的自由度,例如,品种之间或区块之间,必须比要比较的项数少一个。在目前的情况下,所有区块内的地块都是随机分配的,其余 28 个自由度的全部原因仅仅是同一区块内不同地块之间的肥力差异,因此可用于提供误差估计……我们提出的形式适合于这样一个问题:如果在同一块土地上只播种一个品种,那么不同品种的产量总体上是否比通常发现的差异更大。可以适当地检验零假设:我们的 5 个品种的产量事实上是相同的。"

方差分析通过研究不同来源变异的相对大小(对总变异而言)来衡量可控因素对结果的影响。费舍尔定义了一类 $F$ 统计量,用它对各种因素进行假设检验。但是,方差分析并不是因果分析。

本章将着重介绍全面试验的费舍尔方差分析方法,包括单因素的和两因素的两种情况。顾名思义,单因素方差分析 (one-way ANOVA, single-factor ANOVA) 在试验中仅考虑一个因素,如例 6.13 中电池的品牌;两因素方差分析 (two-way ANOVA, two-factor ANOVA) 在试验中考虑两个因素,允许这两个因素存在相互作用,如例 6.14 中的教师和教学方法。上述这些试验的目的无外乎以下几点:

- 通过数据分析找出显著影响指标的因素。

- 对某个因素而言，哪个水平使得指标值最大或最小？
- 因为因素之间存在相互作用，所有因素以什么样的水平搭配才能使得指标最优？

如果我们把每个因素的所有水平都纳入考察范围，这样的试验被称作全面试验。费舍尔说，“可能影响结果的非可控原因永远是无穷多的。”对于更多因素的情况，为了避免组合爆炸导致的大工作量和高成本，我们不应简单地进行全面试验，而是要通过试验设计 (design of experiments) 的方法选取一些有代表性的水平组合进行试验。试验设计是统计学的一个重要的分支，经历了方差分析、正交试验法、调优设计法三个发展阶段，它探究用何种方法经济地、科学地安排试验。

### 6.2.1 单因素方差分析

单因素方差分析的目的在于比较因素各水平上指标值的差别变化。我们把单因素分为 $k$ 个水平，第 $i$ 个水平上有 $n_i$ 个观测样本 $X_{i1}, X_{i2}, \cdots, X_{in_i}$。考虑下面的线性模型

$$X_{ij} = \mu_i + \epsilon_{ij}，其中\ \epsilon_{ij} \overset{\text{iid}}{\sim} \mathrm{N}(0,\sigma^2), i = 1,2,\cdots,k\ 且\ j = 1,2,\cdots,n_i \tag{6.28}$$

显然，样本的密度函数为

$$f(\boldsymbol{x};\boldsymbol{\mu},\sigma^2) = \left(\frac{1}{\sqrt{2\pi}\sigma}\right)^n \exp\left\{-\frac{1}{2\sigma^2}\sum_{i=1}^{k}\sum_{j=1}^{n_i}(x_{ij}-\mu_i)^2\right\} \tag{6.29}$$

参数最大似然估计的结果为

$$\hat{\mu}_i = \frac{1}{n_i}\sum_{j=1}^{n_i} X_{ij} = \overline{X}_{i\cdot}，其中\ i = 1,2,\cdots,k$$

$$\hat{\sigma}^2 = \frac{1}{n}\sum_{i=1}^{k}\sum_{j=1}^{n_i}(X_{ij}-\overline{X}_{i\cdot})^2$$

假设共有 $n$ 个观测样本，记作 $\boldsymbol{X} = (X_{11},\cdots,X_{1n_1},X_{21},\cdots,X_{2n_2},\cdots,X_{k1},\cdots,X_{kn_k})^\top$，其中 $\sum_{i=1}^{k} n_i = n$。线性模型 (6.28) 也可以简单地表示为

$$\boldsymbol{X} = \boldsymbol{A}\boldsymbol{\mu} + \boldsymbol{\epsilon}，其中\ \boldsymbol{\mu} = (\mu_1,\cdots,\mu_k)^\top$$

其中，误差向量 $\boldsymbol{\epsilon} = (\epsilon_{11},\cdots,\epsilon_{1n_1},\epsilon_{21},\cdots,\epsilon_{2n_2},\cdots,\epsilon_{k1},\cdots,\epsilon_{kn_k})^\top$，矩阵 $\boldsymbol{A}$ 定义为

$$\boldsymbol{A}_{n\times k} = \begin{pmatrix} \boldsymbol{1}_{n_1} & \boldsymbol{0} & \cdots & \boldsymbol{0} \\ \boldsymbol{0} & \boldsymbol{1}_{n_2} & \cdots & \boldsymbol{0} \\ \vdots & \vdots & & \vdots \\ \boldsymbol{0} & \boldsymbol{0} & \cdots & \boldsymbol{1}_{n_k} \end{pmatrix}^\top，其中列向量\ \boldsymbol{1}_{n_1} = (\overbrace{1,1,\cdots,1}^{n_1个})^\top$$

如果认为不同水平对指标的影响没有差异，零假设可设置为 $H_0: \mu_1 = \mu_2 = \cdots = \mu_k$，或者等价地用线性假设的形式表示为 $H_0: \boldsymbol{H}\boldsymbol{\mu} = \boldsymbol{0}$，其中矩阵 $\boldsymbol{H}_{(k-1)\times k}$ 的秩为 $k-1$，具体为

$$\boldsymbol{H} = \begin{pmatrix} 1 & -1 & 0 & \cdots & 0 \\ 1 & 0 & -1 & \cdots & 0 \\ \vdots & \vdots & \vdots & & \vdots \\ 1 & 0 & 0 & \cdots & -1 \end{pmatrix}$$

在零假设 $H_0: \mu_1 = \mu_2 = \cdots = \mu_k$ 成立的情况下，设 $\mu_1 = \mu_2 = \cdots = \mu_k = \mu$，则样本的密度函数 (6.29) 简化为

$$f(\boldsymbol{x}; \mu, \sigma^2) = \left(\frac{1}{\sqrt{2\pi}\sigma}\right)^n \exp\left\{-\frac{1}{2\sigma^2}\sum_{i=1}^{k}\sum_{j=1}^{n_i}(x_{ij}-\mu)^2\right\}$$

参数 $\mu, \sigma^2$ 的最大似然估计的结果为

$$\tilde{\mu} = \frac{1}{n}\sum_{i=1}^{k}\sum_{j=1}^{n_i} X_{ij} = \overline{X}$$

$$\tilde{\sigma}^2 = \frac{1}{n}\sum_{i=1}^{k}\sum_{j=1}^{n_i}(X_{ij}-\overline{X})^2$$

按照定理 6.5，我们构造统计量

$$F = \frac{\sum_{i=1}^{k}\sum_{j=1}^{n_i}(X_{ij}-\overline{X})^2 - \sum_{i=1}^{k}\sum_{j=1}^{n_i}(X_{ij}-\overline{X}_{i\cdot})^2}{\sum_{i=1}^{k}\sum_{j=1}^{n_i}(X_{ij}-\overline{X}_{i\cdot})^2} \tag{6.30}$$

**定义 6.13** 为了化简统计量 (6.30)，我们定义以下统计量（其自由度见表 6.3）。

- 总偏差平方和 (total sum of squares, TSS)：

$$\mathrm{TSS} = \sum_{i=1}^{k}\sum_{j=1}^{n_i}(X_{ij}-\overline{X})^2$$

- 组内偏差平方和 (within sum of squares, WSS)：

$$\mathrm{WSS} = \sum_{i=1}^{k}\sum_{j=1}^{n_i}(X_{ij}-\overline{X}_{i\cdot})^2$$

- 组间偏差平方和 (between sum of squares, BSS)：

$$\mathrm{BSS} = \sum_{i=1}^{k} n_i(\overline{X}_{i\cdot}-\overline{X})^2$$

**性质 6.5** 总偏差平方和可以分解为组内偏差平方和与组间偏差平方和之和，即

$$\mathrm{TSS} = \mathrm{WSS} + \mathrm{BSS}$$

**证明** 由于 $\sum_{j=1}^{n_i}(X_{ij}-\overline{X}_{i\cdot}) = 0$，所以 TSS 有如下的分解：

$$\begin{aligned}\sum_{i=1}^{k}\sum_{j=1}^{n_i}(X_{ij}-\overline{X})^2 &= \sum_{i=1}^{k}\sum_{j=1}^{n_i}(X_{ij}-\overline{X}_{i\cdot}+\overline{X}_{i\cdot}-\overline{X})^2 \\ &= \sum_{i=1}^{k}\sum_{j=1}^{n_i}(X_{ij}-\overline{X}_{i\cdot})^2 + \sum_{i=1}^{k} n_i(\overline{X}_{i\cdot}-\overline{X})^2\end{aligned}$$

□

表 6.3 总结了组间偏差平方和、组内偏差平方和、总偏差平方和及其自由度，以及相应的平均偏差平方和。

表 6.3 各种偏差平方和的自由度

| 来源 | 偏差平方和 | 自由度 | 平均偏差平方和 |
|---|---|---|---|
| 组间 | $\mathrm{BSS} = \sum_{i=1}^{k} n_i(\overline{X}_{i\cdot} - \overline{X})^2$ | $k-1$ | $\mathrm{BSS}/(k-1)$ |
| 组内 | $\mathrm{WSS} = \sum_{i=1}^{k}\sum_{j=1}^{n_i}(X_{ij} - \overline{X}_{i\cdot})^2$ | $n-k$ | $\mathrm{WSS}/(n-k)$ |
| 总的 | $\mathrm{TSS} = \sum_{i=1}^{k}\sum_{j=1}^{n_i}(X_{ij} - \overline{X})^2$ | $n-1$ | $\mathrm{TSS}/(n-1)$ |

性质 6.6 式 (6.30) 即为 $F = \mathrm{BSS}/\mathrm{WSS}$，进一步由定理 6.5 可得

$$\frac{n-k}{k-1}F = \frac{\mathrm{BSS}/(k-1)}{\mathrm{WSS}/(n-k)} \sim F_{k-1,n-k} \tag{6.31}$$

上式中，$\frac{n-k}{k-1}F$ 被称为 $F$-比 ($F$-ratio)，它是组间与组内的平均偏差平方和之比。当 $F$-比 $\geqslant F_{k-1,n-k,1-\alpha}$ 时，在水平 $\alpha$ 似然比检验拒绝零假设 $H_0: \mu_1 = \mu_2 = \cdots = \mu_k$。

例 6.15 接着例 6.13，若零假设 $H_0$ 是三个电池品牌之间没有差异。

$$\overline{x} = \frac{200+220+360}{15} = 52$$

$$\sum_{j=1}^{5}(x_{1j} - \overline{x}_{1\cdot})^2 = 400$$

$$\sum_{j=1}^{4}(x_{2j} - \overline{x}_{2\cdot})^2 = 350$$

$$\sum_{j=1}^{6}(x_{3j} - \overline{x}_{3\cdot})^2 = 850$$

不难求得组内偏差平方和为 $\mathrm{WSS} = 400 + 350 + 850 = 1600$，自由度为 12；组间偏差平方和为 $\mathrm{BSS} = 5(40-52)^2 + 4(55-52)^2 + 6(60-52)^2 = 1140$，自由度为 2。

进而，由结果 (6.31) 求得 $F$-比为 4.28。因为 $F$-比 $> F_{2,12,0.95} = 3.89$，所以在水平 $\alpha = 0.05$ 拒绝零假设 $H_0: \mu_1 = \mu_2 = \mu_3$。

## 6.2.2 两因素方差分析

在实际应用中，人们经常会遇到一个指标被两个因素影响的情况，有时这两个因素之间还会有相互作用。譬如，在例 6.14 中，教师和教学方法之间有着微妙的关系，有的教学方法有助于特定的教师改进教学效果而对其他教师适得其反。为了分析这两个因素谁对观测结果的影响大，以及两个因素之间有无相互作用，仿照例 6.14，不失一般性，我们把观测样本整理成下面表 6.4 的样子。

在自然界和人类社会中，相互作用无处不在（图 6.26）。在机器学习中，“特征工程”和“学习模型”这两个因素常常会影响到最终的学习效果，有时候二者也有相互作用——某种数据表示特别适合某种模型。无论学习机的效果好与坏，基于观测结果进行两因素方差分析，我们将猜测背后的原因。目前，机器学习仍缺乏一整套严谨可靠的评估体系。

表 6.4 观测数据按照两因素的不同水平分成若干个组

| 因素 1 的水平 | 因素 2 的水平 | | | | 因素 1 不同水平的均值 |
|---|---|---|---|---|---|
| | 1 | 2 | $\cdots$ | $b$ | |
| 1 | $X_{111}$ | $X_{121}$ | $\cdots$ | $X_{1b1}$ | |
| $\vdots$ | $\vdots$ | $\vdots$ | | $\vdots$ | |
| 1 | $X_{11m}$ | $X_{12m}$ | $\cdots$ | $X_{1bm}$ | $\overline{X}_{1\cdot\cdot}$ |
| $\vdots$ | $\vdots$ | $\vdots$ | | $\vdots$ | $\vdots$ |
| $a$ | $X_{a11}$ | $X_{a21}$ | $\cdots$ | $X_{ab1}$ | |
| $\vdots$ | $\vdots$ | $\vdots$ | | $\vdots$ | |
| $a$ | $X_{a1m}$ | $X_{a2m}$ | $\cdots$ | $X_{abm}$ | $\overline{X}_{a\cdot\cdot}$ |
| 因素 1 不同水平的均值 | $\overline{X}_{\cdot 1\cdot}$ | $\overline{X}_{\cdot 2\cdot}$ | $\cdots$ | $\overline{X}_{\cdot b\cdot}$ | $\overline{X}$ |

(a) 人、自然、技术

(b) 大气、冰、海洋

图 6.26 无处不在的相互作用

定义 6.14 在两因素方差分析中，我们常考虑四种均值：样本均值、两因素第 $ij$ 水平的均值、因素 1 第 $i$ 水平的均值、因素 2 第 $j$ 水平的均值。它们的定义如下：

$$\overline{X} = \frac{1}{n}\sum_{i=1}^{a}\sum_{j=1}^{b}\sum_{s=1}^{m} X_{ijs}$$

$$\overline{X}_{ij\cdot} = \frac{1}{m}\sum_{s=1}^{m} X_{ijs}$$

$$\overline{X}_{i\cdot\cdot} = \frac{1}{mb}\sum_{j=1}^{b}\sum_{s=1}^{m} X_{ijs}$$

$$\overline{X}_{\cdot j\cdot} = \frac{1}{ma}\sum_{i=1}^{a}\sum_{s=1}^{m} X_{ijs}$$

定义 6.15 四种偏差平方和（自由度见表 6.5）：分别由因素 1 和因素 2 引起的偏差平方和 $SS_1$

和 $SS_2$、由相互作用引起的偏差平方和 SSI、由误差项引起的偏差平方和 SSE。它们的定义如下：

$$SS_1 = bm\sum_{i=1}^{a}(\overline{X}_{i\cdot\cdot} - \overline{X})^2$$

$$SS_2 = am\sum_{j=1}^{b}(\overline{X}_{\cdot j\cdot} - \overline{X})^2$$

$$SSI = m\sum_{i=1}^{a}\sum_{j=1}^{b}(\overline{X}_{ij\cdot} - \overline{X}_{i\cdot\cdot} - \overline{X}_{\cdot j\cdot} + \overline{X})^2$$

$$SSE = \sum_{i=1}^{a}\sum_{j=1}^{b}\sum_{s=1}^{m}(\overline{X}_{ijs} - \overline{X}_{ij\cdot})^2$$

表 6.5 列出了四种偏差平方和及其自由度、均方偏差、$F$-比。这些计算步骤，如今都已经程序化了，不再需要人类计算员按部就班地手动操作。不难想象，在费舍尔提出方差分析的 20 世纪 20 年代，这些规范是必需的。

表 6.5　各种偏差平方和的自由度、均方偏差和 $F$-比

| 偏差来源 | 平方和 | 自由度 | 均方偏差 | $F$-比 |
|---|---|---|---|---|
| 因素 1 | $SS_1$ | $a-1$ | $MS_1 = SS_1/(a-1)$ | $MS_1/MSE$ |
| 因素 2 | $SS_2$ | $b-1$ | $MS_2 = SS_2/(b-1)$ | $MS_2/MSE$ |
| 相互作用 | SSI | $(a-1)(b-1)$ | $MSI = SSI/[(a-1)(b-1)]$ | $MSI/MSE$ |
| 误差项 | SSE | $ab(m-1)$ | $MSE = SSE/[ab(m-1)]$ | |

下面，我们考虑线性模型

$$X_{ijs} = \mu + \alpha_i + \beta_j + \gamma_{ij} + \epsilon_{ijs} \tag{6.32}$$

其中，$\alpha_i, \beta_j, \gamma_{ij}, \epsilon_{ijs}, i = 1,2,\cdots,a, j = 1,2,\cdots,b, s = 1,2,\cdots,m$ 满足约束条件：

$$\sum_{i=1}^{a}\alpha_i = \sum_{j=1}^{b}\beta_j = \sum_{i=1}^{a}\gamma_{ij} = \sum_{j=1}^{b}\gamma_{ij} = 0 \tag{6.33}$$

$$\epsilon_{ijs} \overset{\text{iid}}{\sim} N(0, \sigma^2)$$

在线性模型 (6.32) 中，$\gamma_{ij}$ 是 $\alpha_i$ 和 $\beta_j$ 相互作用的结果。为什么会有约束条件 (6.33) 呢？假设 $\mu, \alpha_i, \beta_j, \gamma_{ij}$ 不满足式 (6.33)，可以构造 $\mu', \alpha'_i, \beta'_j, \gamma'_{ij}$ 如下，使之满足条件 (6.33)。

$$\mu' = \mu + \overline{\alpha} + \overline{\beta} + \overline{\gamma}$$

$$\alpha'_i = \alpha_i - \overline{\alpha} + \overline{\gamma}_{i\cdot} - \overline{\gamma}$$

$$\beta'_j = \beta_j - \overline{\beta} + \overline{\gamma}_{\cdot j} - \overline{\gamma}$$

$$\gamma'_{ij} = \gamma_{ij} - \overline{\gamma}_{i\cdot} - \overline{\gamma}_{\cdot j} + \overline{\gamma}$$

其中，$\overline{\alpha}, \overline{\beta}, \overline{\gamma}_{i\cdot}, \overline{\gamma}_{\cdot j}, \overline{\gamma}$ 的定义如下：

$$\overline{\alpha} = \frac{1}{a}\sum_{i=1}^{a}\alpha_i \qquad \overline{\beta} = \frac{1}{b}\sum_{j=1}^{b}\beta_j$$

$$\overline{\gamma}_{i\cdot} = \frac{1}{b}\sum_{j=1}^{b}\gamma_{ij} \qquad \overline{\gamma}_{\cdot j} = \frac{1}{a}\sum_{i=1}^{a}\gamma_{ij}$$

$$\overline{\gamma} = \frac{1}{ab}\sum_{i=1}^{a}\sum_{j=1}^{b}\gamma_{ij}$$

显然，$\mu', \alpha_i', \beta_j', \gamma_{ij}'$ 满足

$$\mu' + \alpha_i' + \beta_j' + \gamma_{ij}' = \mu + \alpha_i + \beta_j + \gamma_{ij}$$

它们也满足约束条件 (6.33)。事实上，

$$\sum_{i=1}^{a}\alpha_i' = \sum_{i=1}^{a}\alpha_i - a\overline{\alpha} + \sum_{i=1}^{a}\overline{\gamma}_{i\cdot} - a\overline{\gamma} = 0$$

$$\sum_{i=1}^{a}\gamma_{ij}' = \sum_{i=1}^{a}\gamma_{ij} - \sum_{i=1}^{a}\overline{\gamma}_{i\cdot} - a\overline{\gamma}_{\cdot j} + a\overline{\gamma} = 0$$

**性质 6.7** 实践中，我们经常考虑以下两种类型的零假设：一种是针对某个因素；另一种是针对两因素的相互作用。

（1）对模型 (6.32)，我们考虑零假设 $H_\alpha : \alpha_1 = \cdots = \alpha_a = 0$，即因素 1 不影响指标。这是一个线性假设，其中，

$$n = abm$$

$$k = ab$$

$$r = a - 1$$

$$n - k = ab(m-1)$$

参数的最大似然估计分别为

$$\begin{aligned}
\hat{\mu} &= \tilde{\mu} = \overline{X} \\
\hat{\alpha}_i &= \overline{X}_{i\cdot\cdot} - \overline{X} \\
\hat{\beta}_j &= \tilde{\beta}_j = \overline{X}_{\cdot j\cdot} - \overline{X} \\
\hat{\gamma}_{ij} &= \tilde{\gamma}_{ij} = \overline{X}_{ij\cdot} - \overline{X}_{i\cdot\cdot} - \overline{X}_{\cdot j\cdot} + \overline{X}
\end{aligned}$$

构造统计量如下：

$$\begin{aligned}
F &= \frac{\sum\limits_{i,j,s}(X_{ijs} - \overline{X}_{ij\cdot} + \overline{X}_{i\cdot\cdot} - \overline{X})^2 - \sum\limits_{i,j,s}(X_{ijs} - \overline{X}_{ij\cdot})^2}{\sum\limits_{i,j,s}(X_{ijs} - \overline{X}_{ij\cdot})^2} \\
&= \frac{bm\sum\limits_{i}(\overline{X}_{i\cdot\cdot} - \overline{X})^2}{\sum\limits_{i,j,s}(X_{ijs} - \overline{X}_{ij\cdot})^2}
\end{aligned}$$

$$= \frac{\text{SS}_1}{\text{SSE}}$$

由结果 (6.31) 可得 $F$-比的分布如下：

$$\frac{ab(m-1)}{a-1}F = \frac{\text{MS}_1}{\text{MSE}} \sim F_{a-1,ab(m-1)}$$

（2）对模型 (6.32)，我们考虑零假设 $H_\gamma : \gamma_{ij} = 0, \forall i, j$，即两因素相互独立，没有相互作用。这种情况下，

$$\begin{aligned} n &= abm \\ k &= ab \\ r &= (a-1)(b-1) \\ n-k &= ab(m-1) \end{aligned}$$

参数的最大似然估计分别为

$$\begin{aligned} \tilde{\mu} &= \overline{X} \\ \tilde{\alpha}_i &= \overline{X}_{i\cdot\cdot} - \overline{X} \\ \tilde{\beta}_j &= \overline{X}_{\cdot j\cdot} - \overline{X} \end{aligned}$$

构造统计量如下：

$$\begin{aligned} F &= \frac{\sum\limits_{i,j,s}(X_{ijs} - \overline{X}_{i\cdot\cdot} - \overline{X}_{\cdot j\cdot} + \overline{X})^2 - \sum\limits_{i,j,s}(X_{ijs} - \overline{X}_{ij\cdot})^2}{\sum\limits_{i,j,s}(X_{ijs} - \overline{X}_{ij\cdot})^2} \\ &= \frac{m\sum\limits_{i,j,s}(\overline{X}_{ij\cdot} - \overline{X}_{i\cdot\cdot} - \overline{X}_{\cdot j\cdot} + \overline{X})^2}{\sum\limits_{i,j,s}(X_{ijs} - \overline{X}_{ij\cdot})^2} \\ &= \frac{\text{SSI}}{\text{SSE}} \end{aligned}$$

由结果 (6.31) 可得 $F$-比的分布如下：

$$\frac{ab(m-1)}{(a-1)(b-1)}F = \frac{\text{MSI}}{\text{MSE}} \sim F_{a-1,ab(m-1)}$$

给定显著水平 $\alpha$，类似性质 6.6，看 $F$-比是否小于相应的分位数 $F_{a-1,ab(m-1),1-\alpha}$。如果不小于，则在水平 $\alpha$ 似然比检验拒绝零假设。

例 6.16　接着例 6.14，利用性质 6.7，我们分别针对单个因素“方法”和“教师”，以及二者的相互作用进行假设检验（图 6.27）。共有三个步骤：① 计算四种均值；② 计算四种偏差平方和；③ 计算 $F$-比。

图 6.27 利用两因素方差分析来评估教学方法、教师对教学效果的影响

下面，计算两因素及其相互作用引起的均方偏差 $\text{MS}_1, \text{MS}_2, \text{MSI}$ 相对于误差项引起的均方偏差 MSE 之比（即 $F$-比）。

- 将观察数据整理成表 6.4 的样子（例 6.14）。首先，求得四种均值 $\overline{X}_{ij\cdot}, \overline{X}_{i\cdot\cdot}, \overline{X}_{\cdot j\cdot}, \overline{X}$，将之汇总成表 6.6 如下。

表 6.6 例 6.14 的四种均值

| | $\overline{X}_{ij\cdot}$ | | | $\overline{X}_{i\cdot\cdot}$ |
|---|---|---|---|---|
| | 82 | 75 | 77 | 78.0 |
| | 86 | 89 | 75 | 83.3 |
| | 80 | 78 | 85 | 81.0 |
| $\overline{X}_{\cdot j\cdot}$ | 82.7 | 80.7 | 79.0 | $\overline{X} = 80.8$ |

- 然后，分别求得四种偏差平方和如下：

$$\text{SS}_1 = bm\sum_{i=1}^{a}(\overline{X}_{i\cdot\cdot} - \overline{X})^2 = 3 \times 4 \times 14.13 = 169.56$$

$$\text{SS}_2 = am\sum_{j=1}^{b}(\overline{X}_{\cdot j\cdot} - \overline{X})^2 = 82.32$$

$$\text{SSI} = 561.80$$

$$\text{SSE} = 1830.00$$

按照表 6.3，计算均方偏差和 $F$-比，结果见下面的表 6.7。

表 6.7 例 6.14 的均方偏差和 $F$-比

| 偏差来源 | 偏差平方和 | 自由度 | 均方偏差 | $F$-比 |
|---|---|---|---|---|
| 方法 | 169.56 | 2 | 84.78 | 1.25 |
| 教师 | 82.32 | 2 | 41.16 | 0.61 |
| 相互作用 | 561.80 | 4 | 140.45 | 2.07 |
| 误差项 | 1830.00 | 27 | 67.78 | |

- 最后，给定显著水平 $\alpha = 0.05$，由性质 6.7，计算相应的分位数。

$$F_{2,27,0.95} = 3.35$$

$$F_{4,27,0.95} = 2.73$$

根据性质 6.7，我们不能拒绝三种方法是等效的，也不能拒绝三位教师是等效的，也不能拒绝两因素没有相互作用。

# 第三部分

# 现代统计学

# 第 7 章

# 多元统计分析简介

胜日寻芳泗水滨，无边光景一时新。等闲识得东风面，万紫千红总是春。
——朱熹《春日》

计算机科学里有句格言，“垃圾进，垃圾出”（garbage in，garbage out，GIGO），同样适合于统计学、数据挖掘、机器学习、模式识别、大数据分析等数据科学。当总体是一个随机向量，根据样本搞清楚总体就要靠多元统计分析[84,116]。很多人认为，把研究对象抽象为向量或矩阵，似乎只是专业领域的差事，其实不然。数据表示得合适与否，直接影响到后续的应用效果。为了达到更好的效果，往往要对数据进行一些变换，我们把这一步骤称为*数据表示*，它是从未经过处理的原始数据到实际输入模型的数据之间的桥梁。

原始数据 → 数据表示 → 变换后的数据

例如，为了更高的效率和更好的效果，我们往往需要将“大数据”变换为“小数据”，这个过程需要利用合适的数据表示，能够把大数据中的研究对象的信息尽可能地保留至小数据中。拿*数据克隆*（data cloning）举例，我们能否发明一种方法抽取原始数据的一个小子集（或某些统计特征），基于该子集（或这些统计特征）可以产生与原始数据统计性质相近的“克隆”数据？这是数据表示的一个典型应用场景，特别当原始数据是敏感数据时，数据克隆可以保证在不泄露敏感信息的前提下，依然可以进行有效的数据分析（图 7.1）方面的工作。

图 7.1　数据分析

矩阵理论[117,118] 是数据表示的强大工具之一。我们沿用《人工智能的数学基础——随机之美》[10] 里的符号习惯，约定用 $\boldsymbol{I}_n$ 表示 $n$ 阶单位矩阵（即对角元素为 1，其他元素都为 0 的方阵），$\boldsymbol{O}$ 表示所有元素都为零的矩阵，$\boldsymbol{A}^\top$ 表示矩阵 $\boldsymbol{A}$ 的转置，$\text{rank}(\boldsymbol{A})$ 表示矩阵 $\boldsymbol{A}$ 的秩，$\lambda(\boldsymbol{A})$ 和 $\sigma(\boldsymbol{A})$ 分别表示矩阵 $\boldsymbol{A}$ 的本征值和奇异值，$\text{diag}(a_1, a_2, \cdots, a_n)$ 表示由 $a_1, a_2, \cdots, a_n$ 构成的对角阵，等等。由向量 $\boldsymbol{x}_1, \boldsymbol{x}_2, \cdots, \boldsymbol{x}_n$ 张成的空间就是它们所有线性组合的全体，一般记作 $\text{span}(\boldsymbol{x}_1, \boldsymbol{x}_2, \cdots, \boldsymbol{x}_n)$。

例 7.1　令 $\boldsymbol{E}_n$ 表示元素都是 1 的 $n$ 阶方阵，试证明：

$$\boldsymbol{E}_n = \mathbf{1}_n\mathbf{1}_n^\top，\text{其中 } \mathbf{1}_n = (1,\cdots,1)^\top \in \mathbb{R}^n$$

定义 7.1（解释矩阵和数据矩阵）　考虑总体 $\boldsymbol{X} = (X_1, X_2, \cdots, X_d)^\top$，一个样本点 $\boldsymbol{x} = (x_1, x_2, \cdots, x_d)^\top \in \mathbb{R}^d$ 就是一个 $d$ 维的列向量。

- 由 $n$ 个样本点 $\boldsymbol{x}_1, \boldsymbol{x}_2, \cdots, \boldsymbol{x}_n$ 构成的 $d\times n$ 矩阵 $\boldsymbol{A}_{d\times n} = (\boldsymbol{x}_1, \boldsymbol{x}_2, \cdots, \boldsymbol{x}_n)$ 被称为解释矩阵 (explicative matrix)，其第 $j$ 列是样本点 $\boldsymbol{x}_j = (x_{j1}, x_{j2}, \cdots, x_{jd})^\top$，有时也记作 $\boldsymbol{x}_j = (x_j^{(1)}, x_j^{(2)}, \cdots, x_j^{(d)})^\top$，$j = 1, 2, \cdots, n$。解释矩阵 $\boldsymbol{A}$ 的第 $i$ 行是对解释变量 $X_i$ 的 $n$ 次观测，$i = 1, 2, \cdots, d$。
- 矩阵 $\boldsymbol{D} = \boldsymbol{A}^\top$ 称为数据矩阵 (data matrix)，其每一行是对解释变量 $X_1, X_2, \cdots, X_d$ 的一次观测（数据矩阵沿用西方的行文习惯，逐行地记录试验结果），即

$$\begin{array}{cc} & \begin{array}{cccc} X_1 & X_2 & \cdots & X_d \end{array} \\ \boldsymbol{D} = & \begin{pmatrix} x_{11} & x_{12} & \cdots & x_{1d} \\ \vdots & \vdots & & \vdots \\ x_{n1} & x_{n2} & \cdots & x_{nd} \end{pmatrix} \begin{array}{c} 1 \\ \vdots \\ n \end{array} \\ & \begin{array}{cccc} \overline{x}_1 & \overline{x}_2 & \cdots & \overline{x}_d \\ s_1^2 & s_2^2 & \cdots & s_d^2 \end{array} \end{array}$$

其中，$\overline{x}_i$ 和 $s_i^2$ 分别是随机变量 $X_i$ 的样本均值和样本方差，$i = 1, 2, \cdots, d$。即

$$\overline{x}_i = \frac{1}{n}(x_{1i} + x_{2i} + \cdots + x_{ni})$$

$$s_i^2 = \frac{1}{n-1}[(x_{1i} - \overline{x}_i)^2 + (x_{2i} - \overline{x}_i)^2 + \cdots + (x_{ni} - \overline{x}_i)^2]$$

定义 7.2（中心化的样本）　给定样本 $\boldsymbol{x}_1, \boldsymbol{x}_2, \cdots, \boldsymbol{x}_n \in \mathbb{R}^d$，样本均值 $\overline{\boldsymbol{x}} = \frac{1}{n}(\boldsymbol{x}_1 + \boldsymbol{x}_2 + \cdots + \boldsymbol{x}_n)$ 是数据的中心。中心化的样本 (centralized sample) $\boldsymbol{z}_1, \boldsymbol{z}_2, \cdots, \boldsymbol{z}_n$ 定义为

$$\begin{aligned} \boldsymbol{z}_1 &= \boldsymbol{x}_1 - \overline{\boldsymbol{x}} \\ \boldsymbol{z}_2 &= \boldsymbol{x}_2 - \overline{\boldsymbol{x}} \\ &\vdots \\ \boldsymbol{z}_n &= \boldsymbol{x}_n - \overline{\boldsymbol{x}} \end{aligned}$$

其解释矩阵为 $\boldsymbol{Z}_{d\times n} = (\boldsymbol{z}_1, \boldsymbol{z}_2, \cdots, \boldsymbol{z}_n) = (\boldsymbol{x}_1, \boldsymbol{x}_2, \cdots, \boldsymbol{x}_n) - (\overbrace{\overline{\boldsymbol{x}}, \cdots, \overline{\boldsymbol{x}}}^{n\text{ 个}})$，有时也记作 $Z(\boldsymbol{x}_1, \boldsymbol{x}_2, \cdots, \boldsymbol{x}_n)$。显然，

$$\boldsymbol{z}_1 + \boldsymbol{z}_2 + \cdots + \boldsymbol{z}_n = \boldsymbol{0}$$

一般地，我们默认将原始样本预处理为中心化的样本，消除各分量均值的影响。

定义 7.3（标准化的样本）　有时，为了消除均值 $\overline{\boldsymbol{x}} = (\overline{x}_1, \overline{x}_2, \cdots, \overline{x}_d)^\top$ 和量纲的影响，需要将数据标准化。将定义 7.1 中的数据矩阵变换为标准化的数据矩阵：

$$\check{D} = \begin{pmatrix} \frac{x_{11}-\overline{x}_1}{s_1} & \frac{x_{12}-\overline{x}_2}{s_2} & \cdots & \frac{x_{1d}-\overline{x}_d}{s_d} \\ \frac{x_{21}-\overline{x}_1}{s_1} & \frac{x_{22}-\overline{x}_2}{s_2} & \cdots & \frac{x_{2d}-\overline{x}_d}{s_d} \\ \vdots & \vdots & & \vdots \\ \frac{x_{n1}-\overline{x}_1}{s_1} & \frac{x_{n2}-\overline{x}_2}{s_2} & \cdots & \frac{x_{nd}-\overline{x}_d}{s_d} \end{pmatrix}$$

（列标：$X_1 \quad X_2 \quad \cdots \quad X_d$）

于是，标准化的解释矩阵为

$$\begin{aligned}\check{A} &= \check{D}^\top \\ &= (\check{x}_1, \check{x}_2, \cdots, \check{x}_n)\end{aligned}$$

令 $V = \mathrm{diag}(s_1^2, s_2^2, \cdots, s_d^2)$, 则解释矩阵 $\check{A}$ 具体可表示为

$$\check{A} = V^{-\frac{1}{2}} Z$$

样本 $x_j$ 变为标准化的样本 (standardized sample) $\check{x}_j$，即

$$\check{x}_j = \left(\frac{x_{j1}-\overline{x}_1}{s_1}, \frac{x_{j2}-\overline{x}_2}{s_2}, \cdots, \frac{x_{jd}-\overline{x}_d}{s_d}\right)^\top$$

定义 7.4（样本的散布矩阵、协方差矩阵和相关系数矩阵）　样本 $x_1, x_2, \cdots, x_n \in \mathbb{R}^d$ 的散布矩阵 (scatter matrix) 记作 $S = S(x_1, x_2, \cdots, x_n)$，定义为

$$\begin{aligned}S_{d\times d} &= ZZ^\top，\text{其中 } Z_{d\times n} = Z(x_1, x_2, \cdots, x_n) \qquad (7.1)\\ &= \sum_{j=1}^{n} z_j z_j^\top，\text{其中 } z_j = x_j - \overline{x}\end{aligned}$$

上式中，运算 $z_j z_j^\top$ 称为外积 (outer product)。一般地，向量 $x \in \mathbb{R}^m, y \in \mathbb{R}^n$ 的外积是一个 $m \times n$ 矩阵，记作 $x \circ y$，定义为

$$\begin{aligned}x \circ y &= xy^\top \qquad (7.2)\\ &= (x_i y_j)_{m\times n}\end{aligned}$$

显然，外积不满足交换律，但满足结合律。

$$x \circ (y + z) = x \circ y + x \circ z$$

❑ 样本协方差矩阵 (sample covariance matrix, SCM) 定义为

$$C_{d\times d} = \frac{1}{n-1} S，\text{其中 } S \text{ 是该样本的散布矩阵} \qquad (7.3)$$

样本协方差矩阵记作 $C = \text{Cov}(X_1, X_2, \cdots, X_n)$，从形式上或通过上下文都能避免与随机向量 $X$ 的协方差矩阵 $\Sigma$ 混淆。显然，$C$ 是对 $\Sigma$ 的无偏估计。有时，我们也使用有偏的样本协方差矩阵 $\tilde{C} = \frac{1}{n}S$，当样本容量 $n$ 很大时，它与样本协方差矩阵相差无几。另外，散布矩阵 $S$ 与协方差矩阵 $C$ 只相差一个正的常数因子，它们的非零本征向量*总是相同的。

- 样本相关系数矩阵 (sample correlation matrix) 定义为

$$\begin{aligned}\rho(x_1, x_2, \cdots, x_n) &= \text{diag}(s_1, s_2, \cdots, s_d) C_{d\times d} \text{diag}(s_1, s_2, \cdots, s_d) \\ &= V^{\frac{1}{2}} C V^{\frac{1}{2}}\end{aligned} \tag{7.4}$$

其中，$s_1^2, s_2^2, \cdots, s_d^2$ 分别是 $X_1, X_2, \cdots, X_d$ 的样本方差。

性质 7.1　样本 $x_1, x_2, \cdots, x_n$ 经过标准化后，所得到的标准化的样本 $\check{x}_1, \check{x}_2, \cdots, \check{x}_n$ 的协方差矩阵和相关系数矩阵相同，都等于 $x_1, x_2, \cdots, x_n$ 的相关系数矩阵，即

$$\begin{aligned}\text{Cov}(\check{x}_1, \check{x}_2, \cdots, \check{x}_n) &= \rho(\check{x}_1, \check{x}_2, \cdots, \check{x}_n) \\ &= \rho(x_1, x_2, \cdots, x_n)\end{aligned}$$

性质 7.2　样本 $x_1, x_2, \cdots, x_n$ 的协方差矩阵 (7.3) 的本征向量可由样本线性表出，即本征向量落在 $x_1, x_2, \cdots, x_n$ 张成的空间里。

证明　由 $Su = \lambda u$ 得到

$$u = \frac{1}{\lambda} \sum_{j=1}^{n} (z_j^\top u) z_j$$

□

性质 7.3　给定样本 $x_1, x_2, \cdots, x_n \in \mathbb{R}^d$，令 $A$ 是其解释矩阵，则样本散布矩阵是

$$S = A\left(I_n - \frac{1}{n}E_n\right)A^\top \tag{7.5}$$

证明　利用例 7.1 的结果，不难验证 $B = I_n - \frac{1}{n}E_n = I_n - \frac{1}{n}\mathbf{1}_n\mathbf{1}_n^\top$ 是幂等矩阵 (idempotent matrix)，即

$$BB = B$$

并且有

$$AB = Z(x_1, x_2, \cdots, x_n)$$

□

性质 7.4　给定样本 $x_1, x_2, \cdots, x_n \in \mathbb{R}^d$，设中心化的解释矩阵 $Z_{d\times n}$ 的秩为 $r \leqslant \min(d, n)$，若它的奇异值分解为 $Z = U\Sigma V^\top$，其中矩阵 $U_{d\times r} = (u_1, u_2, \cdots, u_r)$ 和 $V_{n\times r} = (v_1, v_2, \cdots, v_r)$ 都是列正交矩阵，$\Sigma_{r\times r} = \text{diag}(\sigma_1, \sigma_2, \cdots, \sigma_r)$ 是 $Z$ 的非零奇异值构成的对角阵，则

- 散布矩阵 $S_{d\times d}$ 具有谱分解

$$S = U\Sigma^2 U^\top$$

其中 $u_1, u_2, \cdots, u_r$ 是 $S$ 的单位本征向量。

---

* 若 $u \in \mathbb{R}^n$ 是矩阵 $A_{n\times n}$ 的非零本征向量，则 $u$ 乘上某个非零常数也是 $A$ 的本征向量。因此，我们约定非零本征向量都是单位向量，即 $\|u\|_2 = 1$。有时为了强调，也称之为单位本征向量。

❑ 类似地，内积矩阵 $G_{n\times n}=Z^\top Z$ 具有谱分解

$$G=V\Sigma^2V^\top$$

其中 $v_1,v_2,\cdots,v_r$ 是 $G$ 的单位本征向量。

作为预备知识，我们不加证明地引入多元正态分布的两个重要性质[10]，多元贝叶斯分析、基于高斯过程的回归/分类、因子分析、卡尔曼滤波等都会用到它们。

**定理 7.1**　已知随机向量 $X\sim \mathrm{N}_n(\mu,\Sigma)$，将 $X,\mu,\Sigma$ 做如下相应的分块：

$$X=\begin{pmatrix}X_{(1)}\\X_{(2)}\end{pmatrix}\qquad \mu=\begin{pmatrix}\mu_{(1)}\\\mu_{(2)}\end{pmatrix}\qquad \Sigma=\begin{pmatrix}\Sigma_{11}&\Sigma_{12}\\\Sigma_{21}&\Sigma_{22}\end{pmatrix}$$

不妨设 $X_{(1)}$ 是 $m$ 维列向量，$\mu_{(1)}$ 是 $m$ 维列向量，$\Sigma_{11}$ 是 $m\times m$ 阶矩阵。若 $\Sigma$ 正定且 $\Sigma_{11},\Sigma_{22}$ 可逆，则

① 在给定 $X_{(2)}=x_{(2)}$ 的条件下，$X_{(1)}$ 的条件分布为

$$X_{(1)}|X_{(2)}=x_{(2)}\sim \mathrm{N}_m\left(\mu_{(1)}+\Sigma_{12}\Sigma_{22}^{-1}(x_{(2)}-\mu_{(2)}),\Sigma_{11}-\Sigma_{12}\Sigma_{22}^{-1}\Sigma_{21}\right)$$

在给定 $X_{(1)}=x_{(1)}$ 的条件下，$X_{(2)}$ 的条件分布为

$$X_{(2)}|X_{(1)}=x_{(1)}\sim \mathrm{N}_{n-m}\left(\mu_{(2)}+\Sigma_{21}\Sigma_{11}^{-1}(x_{(1)}-\mu_{(1)}),\Sigma_{22}-\Sigma_{21}\Sigma_{11}^{-1}\Sigma_{12}\right)$$

② 随机向量 $X_{(1)}$ 与 $X_{(2)}$ 相互独立，当且仅当

$$\Sigma_{12}=O_{m\times(n-m)}$$

③ 随机向量 $X_{(1)}-\Sigma_{12}\Sigma_{22}^{-1}X_{(2)}$ 与 $X_{(2)}$ 相互独立。

**推论 7.1**（多元正态分布的贝叶斯公式）　已知

$$X\sim \mathrm{N}(\mu,B^{-1})$$

$$Y|X=x\sim \mathrm{N}(Ax+b,C^{-1})$$

则，我们有

$$Y\sim \mathrm{N}(A\mu+b,C^{-1}+AB^{-1}A^\top)$$

$$X|Y=y\sim \mathrm{N}(\Sigma[A^\top C(y-b)+B\mu],\Sigma)，\text{其中 } \Sigma=(B+A^\top CA)^{-1}$$

人类对自然现象中确定关系的追求始终如一。例如，第 6 章的回归分析，底色还是确定性的关系。对这种确定关系的认知，来自实践中的经验或者一些领域知识。在很多实际问题上，数据科学无法替代领域专家的地位，如果关键知识和学习能力无法形式化，数据分析就不可能机械化。

首先，根据研究对象的某个特点将之抽象为一个可操作的数学对象。例如，从拓扑空间到群（如基本群、同调群、同伦群等），从纽结到多项式，从彩色图片到张量，从音频到时间序列……。统计学、模式识别、机器学习、数据挖掘都假设这个抽象的工作已经完成，数据模式基本上都是向量、矩阵等，因此线性代数、多变量微积分等自然而然就成为这些领域的主要研究工具。

接下来，如何从数据中获取有用的信息？统计学（包括时间序列分析）、信号处理（即对信号进行提取、变换、分析等处理）、机器学习/模式识别、数据挖掘等有不同的视角。费舍尔的充分统计量是一种视角，信号处理常用的小波变换、傅里叶变换是一种视角，多元统计分析的主成分分析是一种视角……总而言之，我们必须以一种包容的眼光去审视数据的本质，同时顾及它们的融合和应用。如图 7.2 所示，"Better Data，Better Lives"（优化数据，改善生活），只有拥有更优质的数据，才可能创造更美好的生活。

图 7.2　第二个世界统计日

近些年，数据科学发展迅速，尤其在特征工程以及与计算机科学（包括人工智能）的结合上，取得了长足的进步。

- 数据处理的目的是去粗取精、去伪存真，其手段多种多样——有时需要降维对数据进行有损压缩，有时为改善可分性需要把数据变换到更高维度的空间，有时需要探究潜在的不可观测的因子，有时需要把数据变换回原来的样子……另外，当原始数据所在空间的维度非常高时可能会引发复杂度激增、数据稀疏（即数据向量或矩阵中绝大多数元素缺失或为零）等问题，进而造成经典统计方法的失效。这便是最优控制、机器学习、数据挖掘等领域中常会遇到的维度之咒 (curse of dimensionality)。特征工程 (feature engineering) 有助于减轻来自高维的压力，§7.2 将介绍特征提取的一般方法。
- 人工智能和大数据分析的发展，更加剧了对应用驱动的实用主义方法的需求。毋庸置疑，学科的融合以及与计算机实践更紧密的结合，已成为现代数据科学的主要特点。例如，计算统计学 (computational statistics)，也称统计计算 (statistical computing)，是统计学、数值方法和计算机科学的交叉学科。计算机已成为数据分析和随机模拟的基本工具（图 7.3），计算统计学必将走入统计学的基本素质教育。

总而言之，数据科学的方法正在相互借鉴并走向融合。例如，本书介绍的几个重要的回归和分类方法之间的关系可以用图 7.4 描述。其中，实线表示"核化"，虚线表示"分类化"，点线表示"贝叶斯化"。位于顶面的 4 种方法见第 6 章，位于底面的 4 种方法见本章。

图 7.3　哈雷彗星的计算机模拟

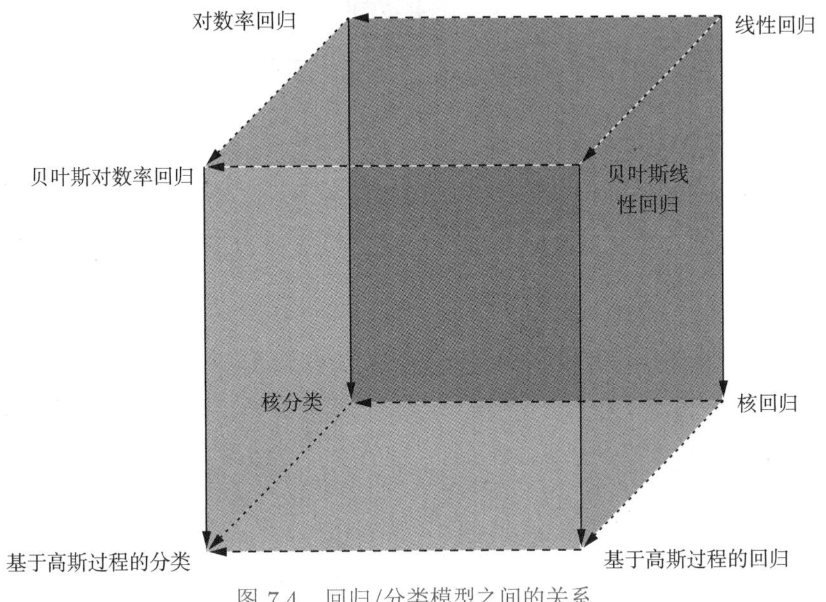


图 7.4　回归/分类模型之间的关系

## 第 7 章的关键概念

因为特征工程是数据分析、机器学习最重要的前奏，本章重点介绍数据表示（特别是特征抽取）的常用方法（图 7.5）。此外，一些经典的机器学习模型也是本章的主要内容。

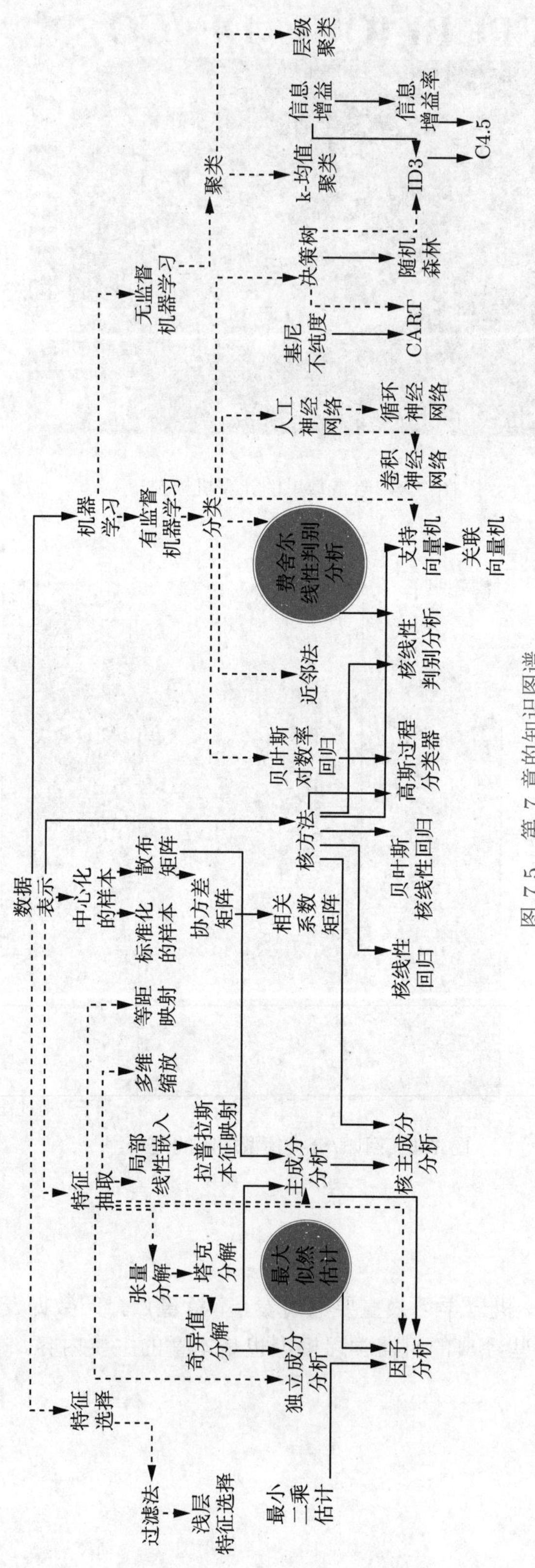


图 7.5 第 7 章的知识图谱

## 7.1 核方法及其在回归上的应用

在数据原有的空间 $\mathbb{R}^d$，可能找不到一个超平面将两个不同的类分割开（这两个类是线性不可分的）。我们希望通过一个变换，将线性不可分的数据重新整理成线性可分的，如图 7.6 和图 7.7 所示。当我们找到一个从线性不可分到线性可分的映射时，其实就已经得到了这两个类的分割边界（separating boundary）。

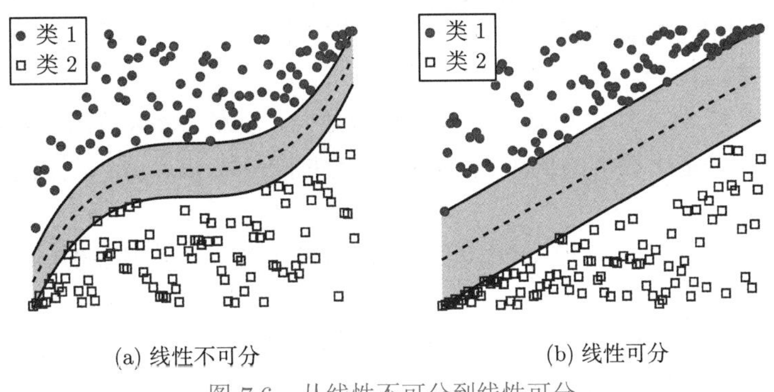


(a) 线性不可分　　(b) 线性可分

图 7.6 从线性不可分到线性可分

有时候，在数据所在的空间怎么也无法将线性不可分的数据变换为可分的，但是可以通过映射 $\varphi$，把数据映射到高维空间后改善数据的可分性。例如，如图 7.7 所示，在数轴 $x$ 上有两个类，一个类落在区间 $A=[-1,1]$ 内，另一个类落在 $A^c$（即区间 $A$ 的两侧），显然在 $\mathbb{R}$ 里这两个类是线性不可分的。如果定义 $\varphi(x)=\alpha x^2$，其中 $\alpha>0$ 是某常数，则在 $\mathbb{R}^2$ 里，数据的像变成了线性可分的。

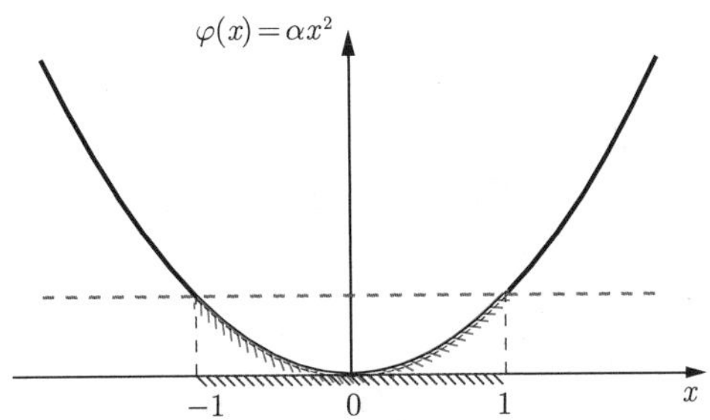


图 7.7 从直线上 $A=[-1,1]$ 与 $A^c$ 的线性不可分到平面内 $\varphi(A)$ 与 $\varphi(A^c)$ 的线性可分

再如，在平面内，圆盘 $D$ 与 $D^c$ 是线性不可分的。如图 7.8 所示，北极点 $N$ 与平面上任意一点 $z$ 所决定的直线与球面相交于一点，记作 $\varphi(z)$，它是平面到球面的一一映射。经过映射 $\varphi(z)$，圆盘 $D$ 映射为下半球面，$D^c$ 映射为上半球面，其中平面上的无穷远点映射为北极点 $N$。

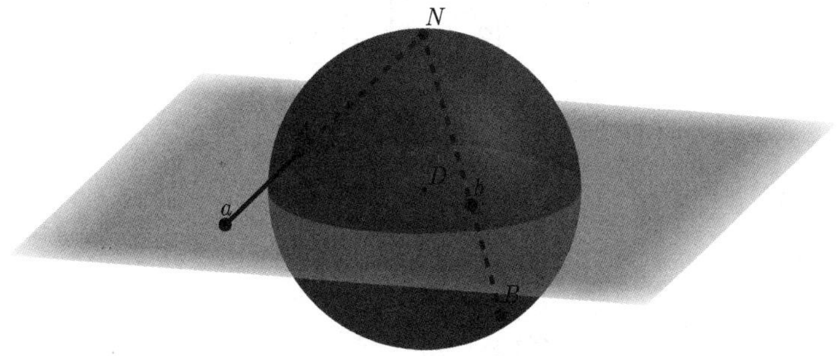


图 7.8 从低维空间里的线性不可分到高维空间里的线性可分

**定义 7.5** 通过非线性映射 $\varphi$，样本 $\boldsymbol{x}_1,\boldsymbol{x}_2,\cdots,\boldsymbol{x}_n \in \mathbb{R}^d$ 被映射到高维空间 $\mathscr{F}$（称为特征空间），其分布会发生变化，有时会改善类之间的可分性。通常，我们并不需要非线性映射 $\varphi$ 的显式表达，而仅仅需要如下定义的*核函数* (kernel function) $\kappa(\boldsymbol{x},\boldsymbol{y})$。

$$\kappa(\boldsymbol{x},\boldsymbol{y}) = \langle \varphi(\boldsymbol{x}), \varphi(\boldsymbol{y}) \rangle \tag{7.6}$$

核函数 $\kappa(\cdot,\cdot)$ 定义了样本点在特征空间里的内积，进而决定了它们之间的几何性质（包括夹角和距离）。当一个方法仅用到这些简单的几何性质时，我们就能用上“*核技巧*”(kernel trick) 把问题变换到特征空间里重新考虑。

**定义 7.6** 按照式 (7.6)，由 $\varphi$ 可唯一地构造核函数 $\kappa$。然而，核函数却不是唯一地对应着 $\varphi$，换句话说，不同的 $\varphi$ 可能构造出相同的核函数。对于给定的核函数 $\kappa(\boldsymbol{x},\boldsymbol{y})$，凡是满足式 (7.6) 的 $\varphi$ 都称为*特征映射* (feature map)。

虽然特征映射 $\varphi$ 可能不唯一，但 $\varphi(x),\varphi(y)$ 的距离和夹角完全由核函数 $\kappa(x,y)$ 唯一决定。也就是说，在不同的特征映射 $\varphi$ 下的特征空间 $\mathscr{F}=\varphi(\mathscr{V})$ 里，我们所关注的距离、夹角等几何性质是一样的。甚至多数情况下，我们无法明确地写出特征映射 $\varphi$ 的解析表达式（即特征映射并不是显式的），但依然可以讨论特征空间的几何性质——这便是“*核技巧*”的理论基础[119-121]。

**例 7.2** $\forall \boldsymbol{x},\boldsymbol{y} \in \mathscr{V} = \mathbb{R}^d$，请读者验证下述函数是一个核函数：

$$\begin{aligned}\kappa(\boldsymbol{x},\boldsymbol{y}) &= \langle \boldsymbol{x},\boldsymbol{y}\rangle_{\mathscr{V}}^2 \\ &= (\boldsymbol{x}^\top \boldsymbol{y})^2\end{aligned}$$

很容易验证它的特征映射是

$$\begin{aligned}\varphi(\boldsymbol{x}) &= (x_i x_j)_{i,j=1}^d \\ &= (x_1x_1,\cdots,x_1x_d,\cdots,x_dx_1,\cdots,x_dx_d)^\top \in \mathscr{F} = \mathbb{R}^{d^2}\end{aligned}$$

使得

$$\langle \boldsymbol{x},\boldsymbol{y}\rangle_{\mathscr{V}}^2 = \langle \varphi(\boldsymbol{x}),\varphi(\boldsymbol{y})\rangle_{\mathscr{F}}$$

例如：

$$\varphi: \mathbb{R}^2 \to \mathbb{R}^4$$

$$\begin{pmatrix} x_1 \\ x_2 \end{pmatrix} \mapsto \begin{pmatrix} x_1^2 \\ x_2^2 \\ x_1x_2 \\ x_2x_1 \end{pmatrix}$$

不难发现，下面的 $\varphi: \mathbb{R}^2 \to \mathbb{R}^3$ 也是一个特征映射（图 7.9）。

$$\varphi\begin{pmatrix} x_1 \\ x_2 \end{pmatrix} = \begin{pmatrix} x_1^2 \\ x_2^2 \\ \sqrt{2}x_1x_2 \end{pmatrix} \tag{7.7}$$

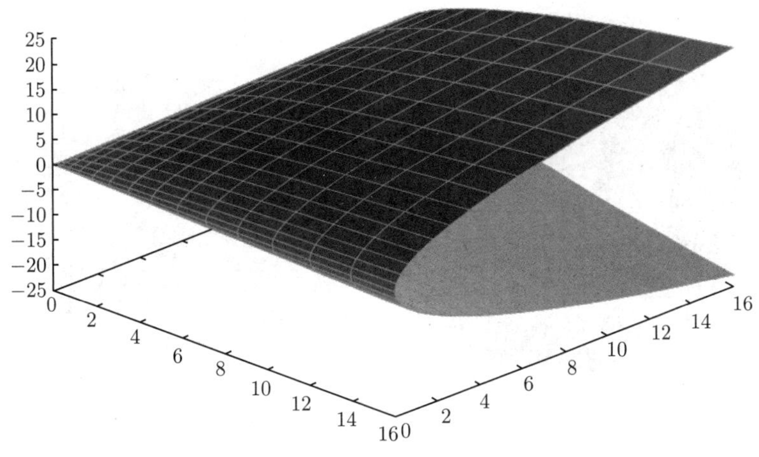


图 7.9　特征映射 (7.7) 的曲面

定义 7.7　如果一个有关 $\boldsymbol{x} \in \mathbb{R}^d$ 的实值函数 $f(\boldsymbol{x})$，总可以表达为有关 $\|\boldsymbol{x}\|$ 的函数 $f(\|\boldsymbol{x}\|)$，则称之为径向基函数 (radial basis function, RBF)。例如：

$$f(\boldsymbol{x}) = \exp(-\alpha\|\boldsymbol{x}\|)，其中\ \alpha \in \mathbb{R}^+$$

例 7.3　下面的径向基函数是一个核函数，我们称之为高斯核 (Gaussian kernel)。

$$\kappa(\boldsymbol{x}, \boldsymbol{y}) = \exp(-\alpha\|\boldsymbol{x} - \boldsymbol{y}\|^2)，其中\ \alpha \in \mathbb{R}^+ \tag{7.8}$$

事实上，$\forall x, y \in \mathbb{R}$，有

$$\begin{aligned}
\exp(-\alpha\|x - y\|^2) &= \exp(-\alpha x^2 - \alpha y^2 + 2\alpha xy) \\
&= \exp(-\alpha x^2 - \alpha y^2)\left\{1 + \frac{2\alpha xy}{1!} + \frac{(2\alpha xy)^2}{2!} + \cdots\right\} \\
&= [\varphi(x)]^\top \varphi(y)
\end{aligned}$$

其中，

$$\varphi(x) = \exp(-\alpha x^2)\left[1, \sqrt{\frac{2\alpha}{1!}}x, \sqrt{\frac{(2\alpha)^2}{2!}}x^2, \cdots\right]^\top$$

核函数如何决定特征空间 $\mathscr{F} = \varphi(\mathscr{V})$ 的几何性质？分别考虑向量 $\varphi(x), \varphi(y)$ 的距离和夹角：

$$\begin{aligned}
\|\varphi(x) - \varphi(y)\| &= \sqrt{\langle \varphi(x) - \varphi(y), \varphi(x) - \varphi(y) \rangle} \\
&= \sqrt{\kappa(x, x) + \kappa(y, y) - 2\kappa(x, y)} \\
\angle(\varphi(x), \varphi(y)) &= \arccos \frac{\kappa(x, y)}{\kappa(x, x)\kappa(y, y)}
\end{aligned}$$

接下来，我们将介绍两种核线性回归的方法，分别基于最小二乘法和高斯过程（Gaussian process，GP），它们都巧妙地使用了核技巧，而且都与高斯（图 7.10）的数学成就有关。

图 7.10　高斯与正态分布

### 7.1.1　核函数的性质

已知 $\kappa_1, \kappa_2$ 是 $\mathscr{V} \times \mathscr{V}$ 上的核函数，其中 $\mathscr{V} \subseteq \mathbb{R}^d$，可以证明以下构造的 $\kappa(x, y)$ 也是核函数[22]。至于哪个核函数适合手头的具体问题，目前尚缺乏理论指导，需要通过尝试获得一些经验。

（1）$\kappa(x, y) = \kappa_1(x, y) + \kappa_2(x, y)$。

（2）$\kappa(x, y) = \alpha\kappa_1(x, y)$，其中 $\alpha \in \mathbb{R}^+$。

（3）$\kappa(x, y) = \kappa_1(x, y)\kappa_2(x, y)$。

（4）$\kappa(x, y) = f(x)\kappa_1(x, y)f(y)$，其中 $f(x)$ 是 $\mathscr{V}$ 上的一个实函数。

（5）$\kappa(x, y) = g[\kappa_1(x, y)]$，其中 $g(x)$ 是一个系数为正数的多项式。例如：

$$\kappa(x, y) = (x^\top y + c)^m$$

或者，$g(x) = \exp\{x\}$，特别地，对例 7.3 定义的高斯核 $\kappa$ 来说，特征映射 $\varphi$ 把任何向量 $\boldsymbol{x}$ 都映射为单位长度的向量 $\varphi(x)$，这是因为 $\kappa(x, x) = 1$。

（6）$\kappa(x, y) = \kappa_3(g(x), g(y))$，其中 $g : \mathscr{V} \to \mathbb{R}^m$ 并且 $\kappa_3$ 是 $\mathbb{R}^m \times \mathbb{R}^m$ 上的核函数。例如，$\kappa_3(x, y) = f(\|x - y\|^2)$ 被称为距离诱导核 (distance-induced kernel)。令 $\kappa_1(\cdot, \cdot)$ 是核函数，其对应的特征映射是 $\varphi_1$，则

$$\|\varphi_1(x) - \varphi_1(y)\|^2 = \kappa_1(x, x) - 2\kappa_1(x, y) + \kappa_1(y, y)$$

进而，$\kappa(x, y) = f(\kappa_1(x, x) - 2\kappa_1(x, y) + \kappa_1(y, y))$ 也是核函数。

（7）$\kappa(x, y) = x^\top S_{d\times d}\, y$，其中 $S_{d\times d}$ 是对称半正定矩阵。

（8）基于概率的核：令 $p(x)$ 是一个概率密度函数，则下面的 $\kappa(x, y)$ 也是核函数。

$$\kappa(x, y) = p(x)p(y)$$

$$\kappa(x, y) = \sum_i p(x|i)p(y|i)p(i)$$

$$\kappa(x, y) = \int p(x|z)p(y|z)\mathrm{d}z$$

（9）令 $\mathcal{I}(\boldsymbol{\theta})$ 是费舍尔信息矩阵，费舍尔核 (Fisher kernel) 定义为

$$\kappa(x, y) = \left[\frac{\partial f_{\boldsymbol{\theta}}(x)}{\partial \boldsymbol{\theta}}\right]^\top \mathcal{I}(\boldsymbol{\theta}) \left[\frac{\partial f_{\boldsymbol{\theta}}(y)}{\partial \boldsymbol{\theta}}\right] \tag{7.9}$$

### 7.1.2 基于最优化的核线性回归

矩阵（matrix）是一件非常实用的数学工具，对统计学、物理学、计算机科学等来说都是不可或缺的。在很多人眼里，矩阵还颇有一些神秘感，似乎蕴藏着人工智能的强大力量。例如，机器眼睛看到的世界，就是矩阵的世界（图 7.11）。

(a) 图像矩阵

(b) 多屏矩阵显示器

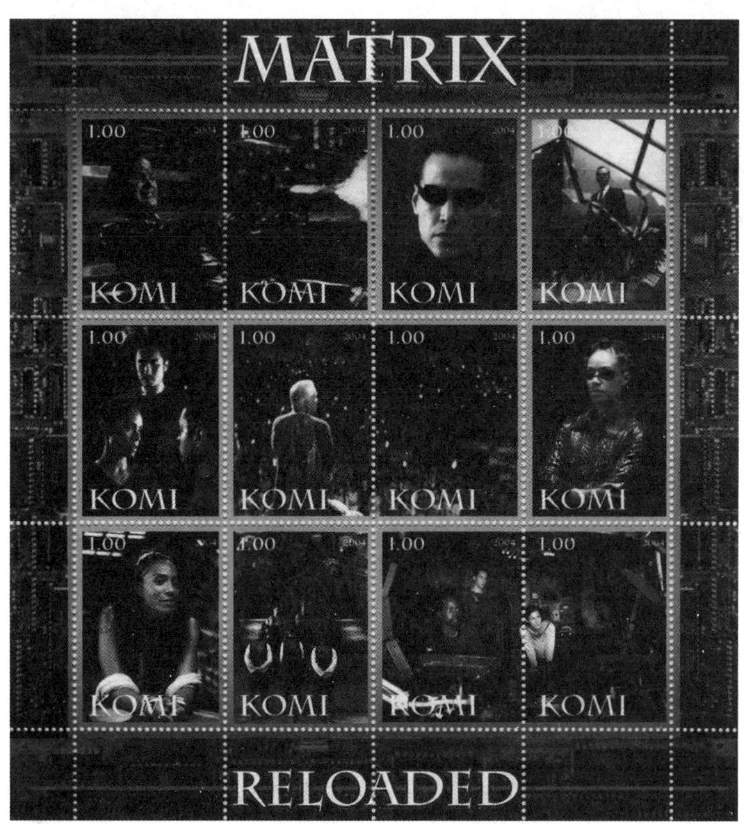


(c) 电影《矩阵》，中文译作《黑客帝国》

图 7.11 用处广泛的矩阵

数据 $\boldsymbol{x}_1, \boldsymbol{x}_2, \cdots, \boldsymbol{x}_n$ 经过特征映射后，在特征空间里考虑如下线性回归问题：

$$y = \boldsymbol{w}^{\top}\varphi(\boldsymbol{x}) \tag{7.10}$$

然而，$\varphi$ 的显式表达通常是未知的。即使有显式表达，也不见得唯一。我们谈论它都是暂时的，早晚要利用核技巧将其“抹掉”，而核矩阵 (kernel matrix) 是常用的方法之一。

定义 7.8（核矩阵） 在特征空间里，数据 $\varphi(\boldsymbol{x}_1),\varphi(\boldsymbol{x}_2),\cdots,\varphi(\boldsymbol{x}_n)$ 的解释矩阵是

$$\boldsymbol{\Phi}=(\varphi(\boldsymbol{x}_1),\varphi(\boldsymbol{x}_2),\cdots,\varphi(\boldsymbol{x}_n))$$

虽然矩阵 $\boldsymbol{\Phi}$ 含有特征映射 $\varphi$，但我们不必细究它的具体表达，因为可以通过下面的核技巧让 $\varphi$ 消失。

$$\boldsymbol{K}_{n\times n}=\boldsymbol{\Phi}^\top\boldsymbol{\Phi}=(\kappa(\boldsymbol{x}_i,\boldsymbol{x}_j))_{n\times n}$$

显然，$\boldsymbol{K}$ 是一个 $n$ 阶对称矩阵，其 $(i,j)$ 元素是 $\kappa(\boldsymbol{x}_i,\boldsymbol{x}_j)$，称为样本 $\boldsymbol{x}_1,\boldsymbol{x}_2,\cdots,\boldsymbol{x}_n$ 的核矩阵。核矩阵 $\boldsymbol{K}$ 就是 $\varphi(\boldsymbol{x}_1),\varphi(\boldsymbol{x}_2),\cdots,\varphi(\boldsymbol{x}_n)\in\mathscr{F}$ 的格拉姆矩阵，它是半正定的（附录 D 的性质 D.7）。

性质 7.5 如下定义的向量值函数被称为核向量函数：

$$\boldsymbol{k}(\boldsymbol{x})=\boldsymbol{\Phi}^\top\varphi(\boldsymbol{x})=(\kappa(\boldsymbol{x}_1,\boldsymbol{x}),\kappa(\boldsymbol{x}_2,\boldsymbol{x}),\cdots,\kappa(\boldsymbol{x}_n,\boldsymbol{x}))^\top$$

则核函数可表示为

$$\boldsymbol{K}=(\boldsymbol{k}(\boldsymbol{x}_1),\boldsymbol{k}(\boldsymbol{x}_2),\cdots,\boldsymbol{k}(\boldsymbol{x}_n))$$

1. **基于最小二乘法的核线性回归**

目标函数是误差平方和加上一个正则项，称之为正则化的误差函数 (regularized error function)，具体为

$$e(\boldsymbol{w})=\frac{1}{2}\sum_{i=1}^{n}[\boldsymbol{w}^\top\varphi(\boldsymbol{x}_i)-t_i]^2+\frac{\lambda}{2}\boldsymbol{w}^\top\boldsymbol{w}，其中\ \lambda\geqslant 0 \tag{7.11}$$

上式中，正则项 $\frac{\lambda}{2}\boldsymbol{w}^\top\boldsymbol{w}$（或者 $\frac{\lambda}{2}\|\boldsymbol{w}\|^2$）对向量 $\boldsymbol{w}$ 的长度进行了限制。即，在误差平方和相同的情况下，$\|\boldsymbol{w}\|$ 越小越好；否则 $\varphi(\boldsymbol{x})$ 略有变动，$y(\boldsymbol{x})$ 可能就会有剧变，模型的泛化能力变弱。

- 令 $\partial e/\partial\boldsymbol{w}=\boldsymbol{0}$，我们有

$$\begin{aligned}\boldsymbol{w}&=-\frac{1}{\lambda}\sum_{i=1}^{n}[\boldsymbol{w}^\top\varphi(\boldsymbol{x}_i)-t_i]\,\varphi(\boldsymbol{x}_i)\\&=\boldsymbol{\Phi}\boldsymbol{a}，其中\ \boldsymbol{a}=(a_1,a_2,\cdots,a_n)^\top,a_i=\frac{t_i-\boldsymbol{w}^\top\varphi(\boldsymbol{x}_i)}{\lambda}\end{aligned}$$

- 将 $\boldsymbol{w}=\boldsymbol{\Phi}\boldsymbol{a}$ 代入目标函数 (7.11)，得到它的对偶表示：

$$\begin{aligned}e(\boldsymbol{a})&=\frac{1}{2}\boldsymbol{a}^\top\boldsymbol{\Phi}^\top\boldsymbol{\Phi}\boldsymbol{\Phi}^\top\boldsymbol{\Phi}\boldsymbol{a}-\boldsymbol{a}^\top\boldsymbol{\Phi}^\top\boldsymbol{\Phi}\boldsymbol{t}+\frac{1}{2}\boldsymbol{t}^\top\boldsymbol{t}+\frac{\lambda}{2}\boldsymbol{a}^\top\boldsymbol{\Phi}^\top\boldsymbol{\Phi}\boldsymbol{a}\\&=\frac{1}{2}\boldsymbol{a}^\top\boldsymbol{K}^2\boldsymbol{a}-\boldsymbol{a}^\top\boldsymbol{K}\boldsymbol{t}+\frac{1}{2}\boldsymbol{t}^\top\boldsymbol{t}+\frac{\lambda}{2}\boldsymbol{a}^\top\boldsymbol{K}\boldsymbol{a}，其中\ \boldsymbol{t}=(t_1,t_2,\cdots,t_n)^\top\end{aligned}$$

利用核技巧，此时目标函数中不再含有特征映射 $\varphi$，而是完全由核函数定义。

❑ 令 $\partial e/\partial \boldsymbol{a} = \boldsymbol{0}$，我们得到

$$\boldsymbol{a} = (\boldsymbol{K} + \lambda \boldsymbol{I}_n)^{-1}\boldsymbol{t}$$

于是，基于最小二乘法的核线性回归的结果是

$$\begin{aligned} y(\boldsymbol{x}) &= \boldsymbol{w}^\top \varphi(\boldsymbol{x}) \\ &= \boldsymbol{a}^\top \boldsymbol{\Phi}^\top \varphi(\boldsymbol{x}) \\ &= \boldsymbol{k}(\boldsymbol{x})^\top (\boldsymbol{K} + \lambda \boldsymbol{I}_n)^{-1}\boldsymbol{t} \end{aligned} \tag{7.12}$$

例 7.4　类似 6.12，令样本来自总体 $\frac{\sin(x)}{x} + \mathrm{N}(0, 0.0025)$，图 7.12 是基于最小二乘法的核线性回归的一个示例。设参数 $\lambda = 0.1$，利用高斯核 $\kappa(x_1, x_2) = \exp(-0.1|x_1 - x_2|^2)$，得到的回归曲线（实线）与潜在函数 $\frac{\sin(x)}{x}$（虚线）几乎完全吻合。

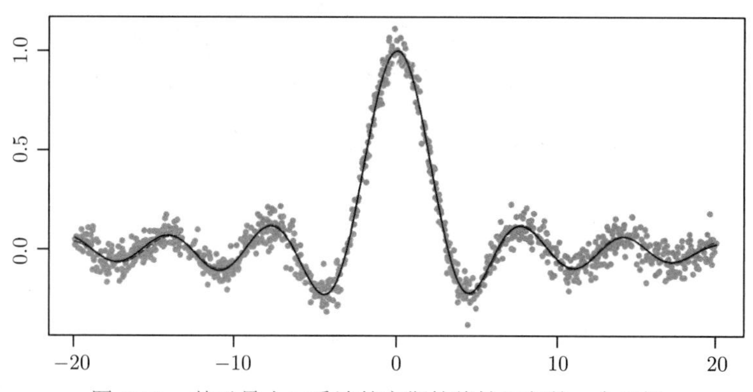


图 7.12　基于最小二乘法的高斯核线性回归的一个示例

2. **支持向量机回归模型**

支持向量机 (support vector machine, SVM) 最初作为分类模型，由美籍俄裔数学家**弗拉基米尔・瓦普尼克**（Vladimir Vapnik, 1936—）于 1995 年提出。它与核方法结合既可用于分类，也可用于回归。为了和支持向量机分类模型（详见 §7.4.4，建议读者可以在此跳转，先了解线性支持向量机）保持形式上的相似性，在特征空间里，假设简单的线性回归是

$$y(\boldsymbol{x}) = \boldsymbol{w}^\top \varphi(\boldsymbol{x}) + b$$

其目标是为了最小化正则化的误差函数 (7.11)。如果对该回归模型的误差更宽容一些，当理论值 $y(\boldsymbol{x}_i)$ 和真实值 $t_i$ 相差不多时就认为没有误差，令 $C > 0$ 是一个给定的惩罚因子，则目标函数可改造为

$$C\sum_{i=1}^{n} e[y(\boldsymbol{x}_i) - t_i] + \frac{1}{2}\|\boldsymbol{w}\|^2$$

其中，

$$e[y(\boldsymbol{x}) - t] = \begin{cases} 0 & ，\text{如果 } |y(\boldsymbol{x}) - t| < \epsilon \\ |y(\boldsymbol{x}) - t| - \epsilon & ，\text{否则} \end{cases}$$

我们称回归曲线 $y(\boldsymbol{x})$ 的半径为 $\epsilon$ 的邻域为"$\epsilon$-管"（必须强调，回归曲线 $y(\boldsymbol{x})$ 邻域的定义不唯一，$\epsilon$-管只是其中之一）。形象地说，二分类线性支持向量机寻找类之间的最宽间隔，而我们正考虑的支持向量机回归模型寻找合适的"$\epsilon$-管"。如图 7.13 所示，图中灰色区域即是"$\epsilon$-管"，落于其中的样本点都"认可"模型，觉得它效果不错；而落于其外的样本点都"倍感冷落"，它们要让模型受到一点"惩罚"。罚多少合适呢？

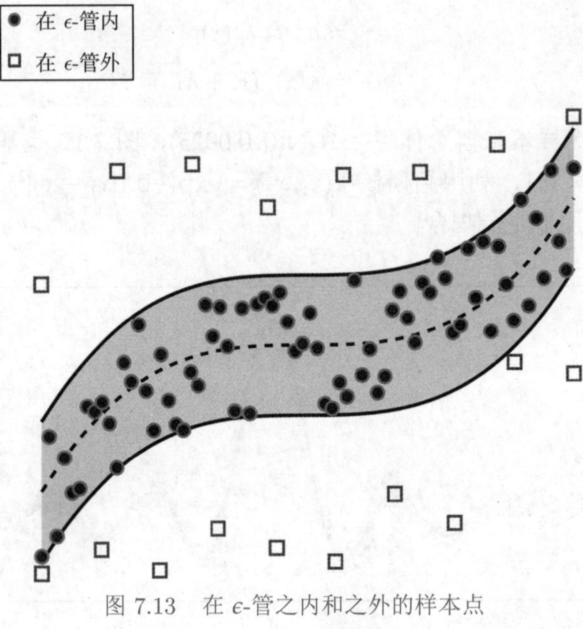


图 7.13　在 $\epsilon$-管之内和之外的样本点

我们约定：真实值 $t_i$ 距离 $\epsilon$-管多远就罚多少。为此，我们引入松弛变量 $\xi_i \geqslant 0$ 和 $\xi_i' \geqslant 0$，其中

$$\begin{cases} \xi_i > 0 & \text{，如果 } t_i > y(\boldsymbol{x}_i) + \epsilon \text{ 并且 } t_i \leqslant y(\boldsymbol{x}_i) + \epsilon + \xi_i \\ \xi_i' > 0 & \text{，如果 } t_i < y(\boldsymbol{x}_i) - \epsilon \text{ 并且 } t_i \geqslant y(\boldsymbol{x}_i) - \epsilon - \xi_i' \end{cases}$$

于是，回归问题变为以下最优化问题：

$$\begin{aligned} \text{最小化} \quad & C\sum_{i=1}^{n}(\xi_i + \xi_i') + \frac{1}{2}\|\boldsymbol{w}\|^2 \\ \text{满足约束条件} \quad & \xi_i \geqslant 0 \text{ 且 } \xi_i' \geqslant 0 \\ & t_i \leqslant y(\boldsymbol{x}_i) + \epsilon + \xi_i \\ & t_i \geqslant y(\boldsymbol{x}_i) - \epsilon - \xi_i' \end{aligned}$$

解　记 $y_i = y(\boldsymbol{x}_i) = \boldsymbol{w}^\top \varphi(\boldsymbol{x}_i) + b$。引入拉格朗日乘子 $\alpha_i \geqslant 0, \alpha_i' \geqslant 0, a_i \geqslant 0, a_i' \geqslant 0$，我们得到拉格朗日函数

$$\begin{aligned} \mathscr{L}(\boldsymbol{w}, b, \xi_1, \cdots, \xi_n, \xi_1', \cdots, \xi_n') =& C\sum_{i=1}^{n}(\xi_i + \xi_i') + \frac{1}{2}\|\boldsymbol{w}\|^2 - \sum_{i=1}^{n}(\alpha_i\xi_i + \alpha_i'\xi_i') - \\ & \sum_{i=1}^{n} a_i(\epsilon + \xi_i + y_i - t_i) - \sum_{i=1}^{n} a_i'(\epsilon + \xi_i' - y_i + t_i) \end{aligned} \tag{7.13}$$

函数 $\mathscr{L}$ 对变量 $\boldsymbol{w}, b, \xi_i, \xi_i'$ 分别求偏导，由 $\partial \mathscr{L} / \partial \boldsymbol{w} = \mathbf{0}$ 得到

$$\boldsymbol{w} = \sum_{i=1}^{n} (a_i - a_i') \varphi(\boldsymbol{x}_i) \tag{7.14}$$

类似地，由 $\partial \mathscr{L} / \partial b = 0, \partial \mathscr{L} / \partial \xi_i = 0, \partial \mathscr{L} / \partial \xi_i' = 0$ 得到

$$\sum_{i=1}^{n} (a_i - a_i') = 0 \tag{7.15}$$

$$a_i + \alpha_i = C \tag{7.16}$$

$$a_i' + \alpha_i' = C \tag{7.17}$$

进而由式 (7.14)，我们得到

$$y(\boldsymbol{x}) = \sum_{i=1}^{n} (a_i - a_i') \kappa(\boldsymbol{x}, \boldsymbol{x}_i) + b \tag{7.18}$$

将式 (7.14)~ 式 (7.17) 代入式 (7.13)，我们得到对偶问题：

$$\begin{aligned}
\text{最小化} \quad & \frac{1}{2} \sum_{i,j=1}^{n} (a_i - a_i')(a_j - a_j') \kappa(\boldsymbol{x}_i, \boldsymbol{x}_j) + \epsilon \sum_{i=1}^{n} (a_i + a_i') - \sum_{i=1}^{n} (a_i - a_i') t_i \\
\text{满足约束条件} \quad & 0 \leqslant a_i \leqslant C \text{ 且 } 0 \leqslant a_i' \leqslant C, i = 1, 2, \cdots, n \\
& \sum_{i=1}^{n} (a_i - a_i') = 0
\end{aligned}$$

该最优化问题的 KKT 条件是

$$\begin{aligned}
a_i(\epsilon + \xi_i + y_i - t_i) &= 0 \\
a_i'(\epsilon + \xi_i' - y_i + t_i) &= 0 \\
(C - a_i)\xi_i &= 0 \\
(C - a_i')\xi_i' &= 0
\end{aligned}$$

- 由前两个条件，可得

$$a_i a_i' = 0$$

- 样本点 $\boldsymbol{x}_i$ 的真实响应值在 $\epsilon$-管内（即 $y_i - \epsilon < t_i < y_i + \epsilon$）当且仅当 $a_i = a_i' = 0$，根据结果 (7.18)，在 $\epsilon$-管内的样本点对回归没有任何贡献。
- 如果样本点 $\boldsymbol{x}_i$ 的真实响应值在 $\epsilon$-管边界或之外，则 $a_i \neq 0$ 或者 $a_i' \neq 0$。我们称这样的样本点为支持向量，它们在结果 (7.18) 里共同决定了回归曲线。
- 选择一个在 $\epsilon$-管边界上的向量 $\boldsymbol{x}_k$（即 $\xi_k = 0$），满足 $0 < a_k < C$，由结果 (7.18) 可得

$$b = t_k - \epsilon - \sum_{i=1}^{n} (a_i - a_i') \kappa(\boldsymbol{x}_k, \boldsymbol{x}_i)$$

例 7.5　类似 6.12，基于潜在函数 $\frac{\sin(x)}{x}$（虚线）产生一定规模的随机样本（图 7.14）。利用高斯核 $\kappa(\boldsymbol{x},\boldsymbol{y})=\exp(-5\|\boldsymbol{x}-\boldsymbol{y}\|^2)$，得到如图 7.14 所示的支持向量机回归曲线（实线）。

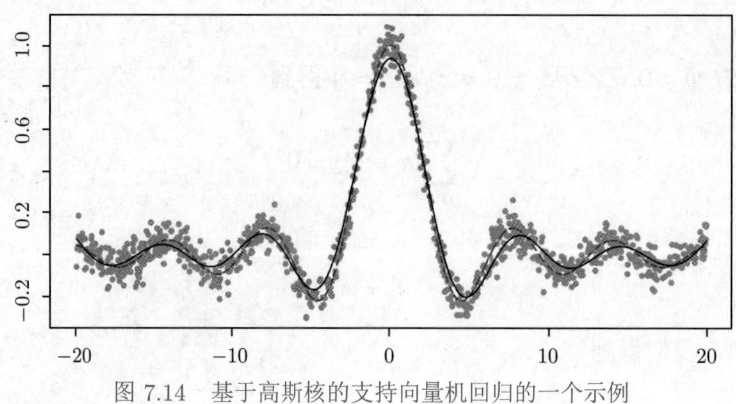


图 7.14　基于高斯核的支持向量机回归的一个示例

### 7.1.3　贝叶斯核线性回归

从贝叶斯分析的角度，假设特征空间里线性回归问题 (7.10) 中的未知参数 $\boldsymbol{w}$ 的先验分布是

$$\boldsymbol{w}\sim \mathrm{N}(\boldsymbol{0},\alpha\boldsymbol{I})\text{，其中 }\alpha\text{ 是超参数且 }\alpha>0 \tag{7.19}$$

给定 $n$ 个样本点 $\boldsymbol{x}_1,\boldsymbol{x}_2,\cdots,\boldsymbol{x}_n$，我们有

$$\boldsymbol{y}=\boldsymbol{\Phi}^\top\boldsymbol{w}\text{，其中 }\boldsymbol{y}=(y(\boldsymbol{x}_1),y(\boldsymbol{x}_2),\cdots,y(\boldsymbol{x}_n))^\top$$

于是，随机向量 $\boldsymbol{y}$ 的数字特征是

$$\begin{aligned}\mathsf{E}(\boldsymbol{y})&=\boldsymbol{\Phi}^\top\mathsf{E}(\boldsymbol{w})\\&=\boldsymbol{0}\\\mathsf{Cov}(\boldsymbol{y})&=\mathsf{E}(\boldsymbol{y}\boldsymbol{y}^\top)\\&=\boldsymbol{\Phi}^\top\mathsf{E}(\boldsymbol{w}\boldsymbol{w}^\top)\boldsymbol{\Phi}\\&=\alpha\boldsymbol{\Phi}^\top\boldsymbol{\Phi}\end{aligned}$$

不难验证，$\boldsymbol{y}$ 的协方差矩阵 $\boldsymbol{K}_\alpha=\mathsf{Cov}(\boldsymbol{y})$ 即是下述核函数的核矩阵：

$$\begin{aligned}\kappa_\alpha(\boldsymbol{x},\boldsymbol{y})&=\alpha\kappa(\boldsymbol{x},\boldsymbol{y})\\\boldsymbol{K}_\alpha&=\alpha\boldsymbol{K}\end{aligned}$$

为保证 $\boldsymbol{K}_\alpha$ 的逆矩阵存在，总假定 $\boldsymbol{K}$ 是正定的。有了 $\boldsymbol{K}$ 是正定矩阵的保障，于是 $\boldsymbol{y}$ 总有后验分布

$$\boldsymbol{y}|\boldsymbol{X},\alpha\sim\mathrm{N}(\boldsymbol{0},\boldsymbol{K}_\alpha)\text{，其中 }\boldsymbol{X}_{d\times n}=(\boldsymbol{x}_1,\boldsymbol{x}_2,\cdots,\boldsymbol{x}_n)\text{ 是解释矩阵}$$

若 $\boldsymbol{K}$ 不是正定的，总可以在其对角元素上随机地加一些小的正扰动使其变为正定矩阵，即

$$\boldsymbol{K}\leftarrow\boldsymbol{K}+\mathsf{diag}(|r_1|,|r_2|,\cdots,|r_n|)\text{，其中 }r_1,r_2,\cdots,r_n\text{ 是 N}(0,\eta^2)\text{ 随机数，}\eta^2\text{ 很小}$$

1. 基于高斯过程的核线性回归

给定 $\boldsymbol{y}$，假设 $\boldsymbol{t}$ 的概率模型是

$$\boldsymbol{t}|\boldsymbol{y},\beta \sim \mathrm{N}(\boldsymbol{y},\beta\boldsymbol{I}_n)\text{，其中 }\beta\text{ 是超参数且 }\beta>0$$

一个高斯过程（如带漂移的布朗运动、奥恩斯坦-乌伦贝克过程等[10]）由它的均值函数和协方差函数唯一决定。在时间点 $1,2,\cdots,n$ 上，$y(\boldsymbol{x}_1),y(\boldsymbol{x}_2),\cdots,y(\boldsymbol{x}_n)$ 是正态分布，该高斯过程由核函数 $\kappa_\alpha(\boldsymbol{x},\boldsymbol{y})$ 唯一决定[122]。

- 为了计算 $\boldsymbol{t}$ 的分布，我们利用推论 7.1，求得

$$\boldsymbol{t}|\boldsymbol{X},\alpha,\beta \sim \mathrm{N}(\boldsymbol{0},\tilde{K})\text{，其中 }\tilde{\boldsymbol{K}}=\boldsymbol{K}_\alpha+\beta\boldsymbol{I}_n \tag{7.20}$$

  因为 $\boldsymbol{K}_\alpha$ 是正定的，所以 $\tilde{\boldsymbol{K}}$ 也是正定的。

- 随机向量 $\boldsymbol{t}_{n+1}=(t_1,\cdots,t_n,t_{\mathrm{new}})^\top$ 的分布是

$$\boldsymbol{t}_{n+1}\sim \mathrm{N}(\boldsymbol{0},\boldsymbol{K}_{n+1})$$

  其中，

$$\boldsymbol{K}_{n+1}=\begin{pmatrix}\tilde{K} & \boldsymbol{k}\\ \boldsymbol{k}^\top & k\end{pmatrix}$$
$$\boldsymbol{k}=(\kappa_\alpha(\boldsymbol{x}_1,\boldsymbol{x}_{\mathrm{new}}),\cdots,\kappa_\alpha(\boldsymbol{x}_n,\boldsymbol{x}_{\mathrm{new}}))^\top$$
$$k=\kappa_\alpha(\boldsymbol{x}_{\mathrm{new}},\boldsymbol{x}_{\mathrm{new}})+\beta$$

  分块矩阵 $\boldsymbol{K}_{n+1}$ 的“形象”如下：

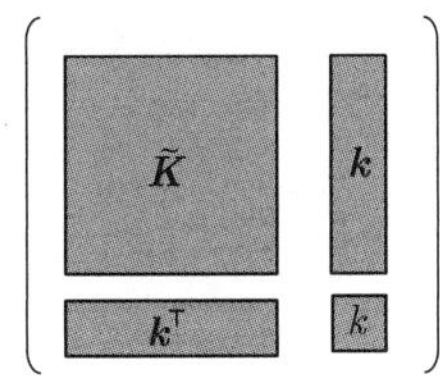


  于是，我们得到 $t_{\mathrm{new}}$ 的后验预测分布

$$t_{\mathrm{new}}|\boldsymbol{t}\sim \mathrm{N}(\boldsymbol{k}^\top\tilde{\boldsymbol{K}}^{-1}\boldsymbol{t},k-\boldsymbol{k}^\top\tilde{\boldsymbol{K}}^{-1}\boldsymbol{k})$$

  这个结果比 (7.12) 更精细。因为 $t_{n+1}$ 的后验均值是

$$\mathsf{E}(t_{\mathrm{new}}|\boldsymbol{t})=\boldsymbol{k}^\top\tilde{\boldsymbol{K}}^{-1}\boldsymbol{t}$$

  当 $\alpha=1,\lambda=\beta$ 时，$t_{\mathrm{new}}$ 的后验均值就是结果 (7.12)。此外，方差

$$\sigma_{\mathrm{new}}^2=k-\boldsymbol{k}^\top\tilde{\boldsymbol{K}}^{-1}\boldsymbol{k}$$

  刻画了 $t_{\mathrm{new}}$ 后验预测分布的散布情况。利用“$3\sigma$ 原则”，超过 99.7%的概率使得回归曲线落在 $\mathsf{E}(t_{\mathrm{new}}|\boldsymbol{t})\pm 3\sigma_{\mathrm{new}}$ 内。

例 7.6 类似 6.12，样本来自总体 $\frac{\sin(x)}{x}+\mathrm{N}(0,0.0025)$。设参数 $\alpha=1.1,\beta=0.1$，利用高斯核 $\kappa(x_1,x_2)=\exp(-0.1|x_1-x_2|^2)$，得到的基于高斯过程的核线性回归曲线（实线）与潜在函数 $\frac{\sin(x)}{x}$ 曲线（虚线）几乎完全吻合，见图 7.15。另外，由“$3\sigma$ 原则”确定的一条“带子”，使得回归曲线以大概率落于其中。在“带子”之外的样本点，基本可判定是异常的。

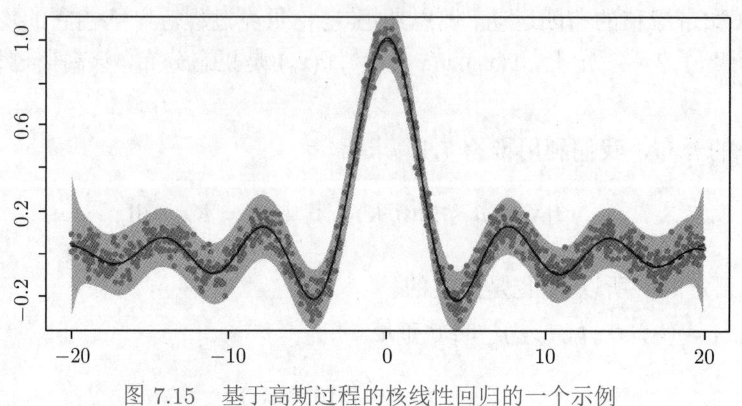


图 7.15 基于高斯过程的核线性回归的一个示例

利用推论 7.1 可求出 $\boldsymbol{y}$ 的后验分布：

$$\boldsymbol{y}|\boldsymbol{X},\boldsymbol{t},\alpha,\beta\sim\mathrm{N}(\beta^{-1}\boldsymbol{\Sigma}\boldsymbol{t},\boldsymbol{\Sigma}),\text{ 其中 }\boldsymbol{\Sigma}_{n\times n}=(\boldsymbol{K}_{\alpha}^{-1}+\beta^{-1}\boldsymbol{I}_n)^{-1}$$

若有新的观测数据，贝叶斯参数更新是最朴素的*增量学习* (incremental learning)：只需以上述分布为先验分布，开始新的一轮求 $t_{\text{new}}$ 的后验预测分布。

另外，在上述回归模型中，核函数不必是给定的。如果核函数是参数化的，例如：

$$\kappa(\boldsymbol{x},\boldsymbol{y})=\theta_0\exp\left\{-\frac{\theta_1}{2}\|\boldsymbol{x}-\boldsymbol{y}\|^2\right\}+\theta_2+\theta_3\boldsymbol{x}^{\top}\boldsymbol{y}$$

$$\kappa(\boldsymbol{x},\boldsymbol{y})=\theta_0\exp\left\{-\frac{1}{2}\sum_{i=1}^{d}\eta_i(x_i-y_i)^2\right\}+\theta_2+\theta_3\boldsymbol{x}^{\top}\boldsymbol{y}$$

则随机向量 $\boldsymbol{t}$ 的对数似然函数是

$$\ln p(\boldsymbol{t}|\boldsymbol{\theta})=-\frac{1}{2}\ln|\boldsymbol{K}|-\frac{1}{2}\boldsymbol{t}^{\top}\boldsymbol{K}^{-1}\boldsymbol{t}+\text{常数}$$

利用最大似然估计得到这些参数的估计，求解方法如下：

$$\frac{\partial\ln p(\boldsymbol{t}|\boldsymbol{\theta})}{\partial\theta_i}=-\frac{1}{2}\mathrm{tr}\left(\boldsymbol{K}^{-1}\frac{\partial\boldsymbol{K}}{\partial\theta_i}\right)+\frac{1}{2}\boldsymbol{t}^{\top}\boldsymbol{K}^{-1}\frac{\partial\boldsymbol{K}}{\partial\theta_i}\boldsymbol{K}^{-1}\boldsymbol{t}$$

### 2. 关联向量机

2000—2001 年，数据科学家**迈克·蒂平**（Mike Tipping）提出*关联向量机* (relevance vector machine, RVM)[123]，对假设 (7.19) 稍做改造：假设有超参数 $\boldsymbol{\alpha}=(\alpha_1,\alpha_2,\cdots,\alpha_m)^{\top}$ 和 $\beta>0$ 使得

$$\boldsymbol{w}|\boldsymbol{\alpha}\sim\mathrm{N}(\boldsymbol{0},\boldsymbol{A}),\text{ 其中 }\boldsymbol{A}=\mathrm{diag}(\alpha_1,\alpha_2,\cdots,\alpha_m)$$

$$\boldsymbol{t}|\boldsymbol{X},\boldsymbol{w},\beta\sim\mathrm{N}(\boldsymbol{\Phi}^{\top}\boldsymbol{w},\beta\boldsymbol{I}_n),\text{ 其中 }\boldsymbol{X}_{d\times n}=(\boldsymbol{x}_1,\boldsymbol{x}_2,\cdots,\boldsymbol{x}_n)\text{ 是解释矩阵}$$

根据推论 7.1，我们有

$$t|X,\alpha,\beta \sim \mathrm{N}(\mathbf{0},\tilde{K})\text{，其中 } \tilde{K}_{n\times n} = \beta I_n + \Phi^\top A\Phi \text{ 是正定矩阵}$$
$$w|X,t,\alpha,\beta \sim \mathrm{N}(\beta^{-1}\Sigma\Phi t,\Sigma)\text{，其中 } \Sigma_{m\times m} = (A^{-1}+\beta^{-1}\Phi\Phi^\top)^{-1}$$

关联向量机是基于高斯过程的核线性回归方法的一般化，后者是当 $\alpha_1=\alpha_2=\cdots=\alpha_m=\alpha$ 时的特例，此时 $t$ 的后验分布与式 (7.20) 相同。除此之外，很难针对 $\Phi^\top A\Phi,\Sigma,\Sigma\Phi$ 等使用核技巧。

通常，要通过数值分析的方法近似求解上述分布，例如期望最大化算法（第 8 章）。本书对关联向量机不予细究，感兴趣的读者可参阅文献 [22,123]。图 7.16 是关联向量机回归的一个示例。

例 7.7 类似例 6.12，样本来自总体 $\frac{\sin(x)}{x}+\mathrm{N}(0,0.0025)$。图 7.16 展示了基于高斯核的关联向量机回归曲线（实线）与潜在函数 $\frac{\sin(x)}{x}$ 曲线（虚线）。

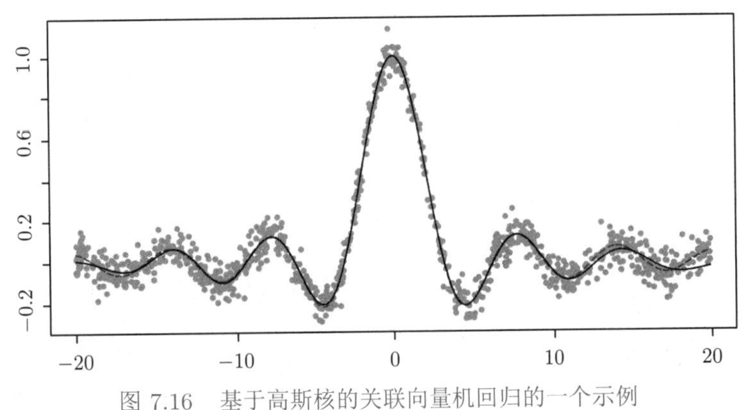


图 7.16 基于高斯核的关联向量机回归的一个示例

## 7.2 特征工程

概括地说，特征工程就是把数据从一种形式变换为另一种更适合利用的形式（图 7.17）。这一过程往往占数据分析总工作量的 70%以上，是最重要但又缺乏系统方法的一个环节。它包括特征抽取 (feature extraction) 和特征选择 (feature selection) 两个子类。

除了数据表示，以下所列的特征工程的方方面面也是非常重要的，但由于篇幅所限，它们在本书中并未被详尽地展开介绍，我们只是走马观花地介绍一些常用的经典方法。

- **数据整理**：对数据进行汇总、分组、归类、编码、审核等，使之更加条理化，包括
  - 数据清洗（例如，独立成分分析，见 §7.2.3）。
  - 缺失数据分析（见 §8.3 ）。
  - 诱导特征：由已知的特征构造新的、有意义的特征（例如，由距离和时间定义平均速度）。
  - 数据压缩与重构：有损压缩和无损压缩（例如，主成分分析等）。
  - 数据合并：不同来源的同类数据（例如，不同实验室采集的某个癌症的质谱数据）如何合并成一个更大的数据集？
- **关系发现**：如关联规则 (association rule)、知识图谱、因果分析，等等。
- **异常点检测**：从多种角度（例如，分布、预测、模式识别等）判定异常点，然后找到引起异常的原因（根因分析更重要），特别应用于健康监测、故障诊断、欺诈检测、干扰分析等。

图 7.17 特征工程

1883 年，高尔顿出版了心理学史上具有里程碑意义的著作《人类的才能及其发展研究》[124]，提出“优生学”(eugenics) 这个术语。他试图从外在生物特征找出与智商、健康、犯罪的关系，并极力推广他的“智商测试”的理论（图 7.18)。高尔顿和他的学生卡尔 · 皮尔逊都热衷于采集人类颅骨的各种测量数据，他们试图通过颅骨测量术来评估智商，但最后均以失败告终。

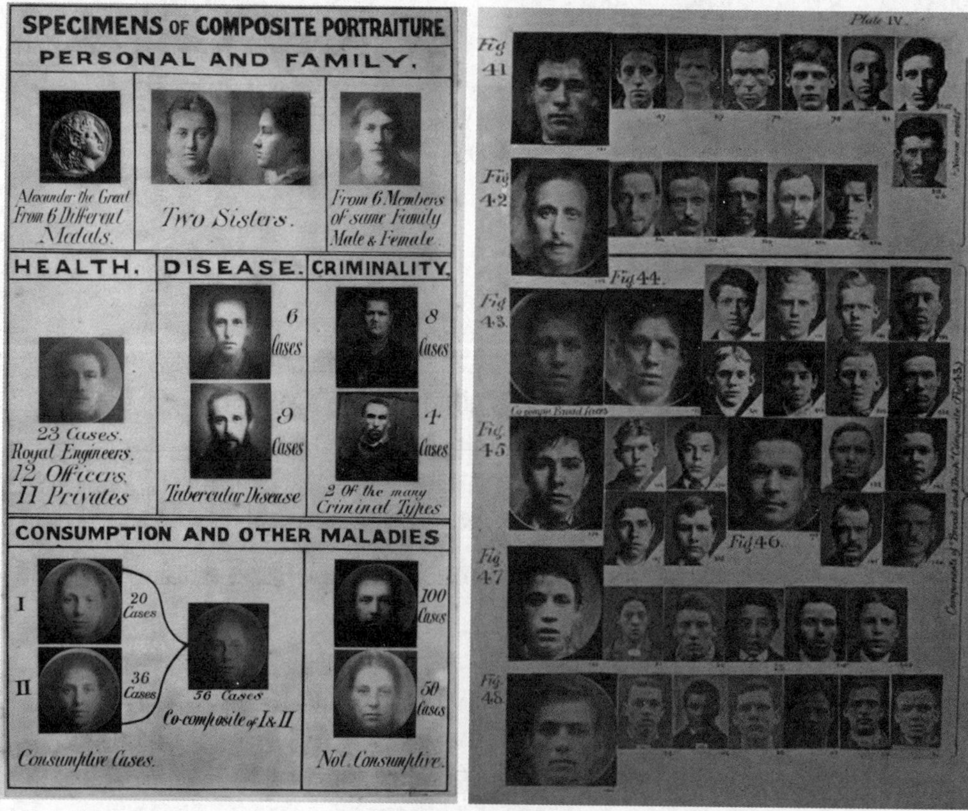


图 7.18 《人类的才能及其发展研究》中收集的数据

1893 年，高尔顿参观了巴黎的贝蒂隆刑事鉴定实验室，图 7.19 是当时的留影。不知 AI 识别系统能否单凭面相判定高尔顿是一位绅士，而不是一个种族主义者？

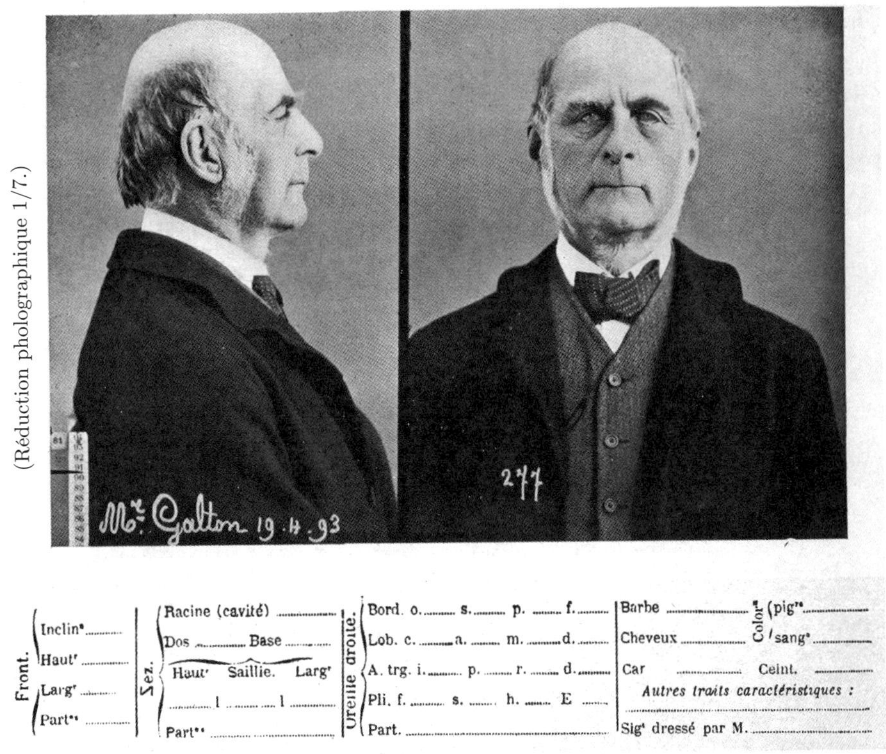


Francis Galton, aged 71, phctographed as a criminal on his visit to Bertillon' s Criminal Identification Laboratory in Paris, 1893.

图 7.19　高尔顿

人体测量学 (anthropometry) 无法获取显著的特征（包括脑容量）来揭示智商的规律。可见，专业领域的可靠知识对于成功的特征工程、统计建模、数据分析是必不可少的，它指导我们应该采集怎样的数据，以及如何使用这些数据来佐证或反驳某个科学假设。毫无经验或知识的数据分析被称为“模型盲”(model-blind)，应该尽量避免使用它们（图 7.20）。

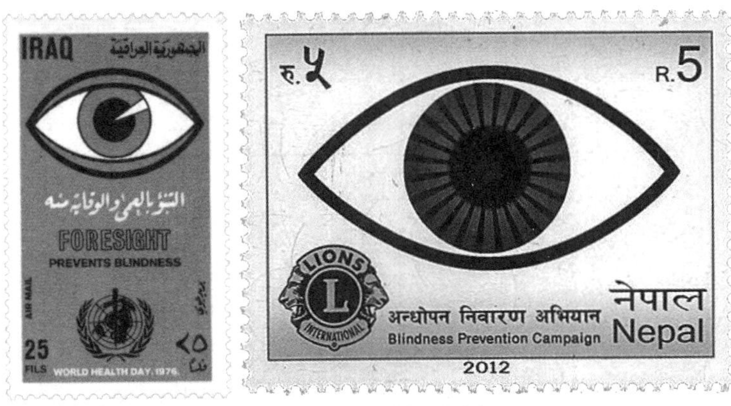


图 7.20　模型盲不足取

1. **特征选择**

美籍匈牙利裔数学家、物理学家、计算机科学家**约翰·冯·诺依曼**（John von Neumann, 1903—1957）（图 7.21）曾说“用四个参数，我就能拟合一头大象；用五个参数，我就能让它扭动鼻子。”

冯 • 诺依曼深知：参数越多，表达的自由度越高。

图 7.21　冯 • 诺依曼

然而，我们并不知道大自然是怎样表达出数据的。作为常见的数据表示方法，特征选择只考虑总体 $\boldsymbol{X}=(X_1,X_2,\cdots,X_d)^\top$ 的部分分量 $\tilde{\boldsymbol{X}}=(\tilde{X}_1,\tilde{X}_2,\cdots,\tilde{X}_k)^\top$，其中 $1\leqslant k\leqslant d$，$\tilde{X}_i$ 是 $\boldsymbol{X}$ 的某个分量，目标是为了使得应用（分类、预测等）效果更好或者效率更高。简而言之，特征选择扔掉与机器学习任务毫无帮助的分量。例如，对某个疾病的诊断来说，哪些医学指标或临床症状有助于精准地判别出有无该疾病？

在实际问题中，特征往往联合在一起产生“化学反应”，要找出很多特征的某个最优的子集并非易事，“组合爆炸”和应用效果都是拦路虎。目前，特征选择缺少系统的方法，仍是一个未解决的问题。本书没有深入探讨这个话题，仅介绍一个简单的过滤法 (filter method)* 如下。

算法 7.1（浅层特征选择）　给定一个二分类数据集 $\{(\boldsymbol{x}_j,t_j):\boldsymbol{x}_j\in\mathbb{R}^m,t_j\in\{0,1\}$，其中 $j=1,2,\cdots,n\}$。此处，我们用 $\{0,1\}$ 表示类标，每个样本 $\boldsymbol{x}_j\in\mathbb{R}^m$ 都是一个列向量。如表 7.1 所示，不妨设 $\boldsymbol{x}_1,\cdots,\boldsymbol{x}_k$ 属于类 0，其余样本属于类 1。

表 7.1　二分类的浅层特征选择

| 特征 | 两类样本 | | | | | | 重要性 |
|---|---|---|---|---|---|---|---|
| | $\boldsymbol{x}_1$ | $\cdots$ | $\boldsymbol{x}_k$ | $\boldsymbol{x}_{k+1}$ | $\cdots$ | $\boldsymbol{x}_n$ | |
| $f_1$ | $x_{1,1}$ | $\cdots$ | $x_{1,k}$ | $x_{1,k+1}$ | $\cdots$ | $x_{1,n}$ | $\mathsf{P}(f_1\|\alpha)$ |
| $f_2$ | $x_{2,1}$ | $\cdots$ | $x_{2,k}$ | $x_{2,k+1}$ | $\cdots$ | $x_{2,n}$ | $\mathsf{P}(f_2\|\alpha)$ |
| $\vdots$ | $\vdots$ | | $\vdots$ | $\vdots$ | | $\vdots$ | $\vdots$ |
| $f_m$ | $x_{m,1}$ | $\cdots$ | $x_{m,k}$ | $x_{m,k+1}$ | $\cdots$ | $x_{m,n}$ | $\mathsf{P}(f_m\|\alpha)$ |
| 类 | 0 | $\cdots$ | 0 | 1 | $\cdots$ | 1 | |

* 过滤法逐一地考察特征，在统一标准下决定每个特征的去留。另外两种特征选择方法——封装法（考虑几个特征的共同作用）和嵌入法（同时考虑特征选择和学习机），本书不予涉猎。

浅层特征选择 (shallow feature selection) 的基本想法是：无须假设总体分布，如果特征 $f_i, i = 1,2,\cdots,m$ 在统计意义上显著地区分了两个类，那么它对分类器来说是重要的。

- 利用两样本的 K-S 检验，在给定的显著水平 $\alpha$ 判定 $x_{i,1},\cdots,x_{i,k}$ 和 $x_{i,k+1},\cdots,x_{i,n}$ 是否来自同一总体（零假设 $H_0^{(i)}$ 是它们来自同一总体），其中 $i=1,2,\cdots,m$。
- 重抽样 $(N-1)$ 次，对每次抽样，重复地做 K-S 检验。

重抽样弱化了极端值对 K-S 检验的影响。如果在多数试验中 $H_0^{(i)}$ 被拒绝，则特征 $f_i$ 对分类来说是重要的。为刻画特征 $f_i$ 的重要性，定义选择 $f_i$ 的概率为

$$\mathrm{P}(f_i|\alpha) = \frac{\sharp(\text{拒绝 } H_0^{(i)})}{N}$$

### 2. 特征抽取

在某个标准之下，将原始数据经过某个变换后使之达到最优的过程称作“特征抽取”。标准不同，所用的变换就不同，因此无法泛泛地评判孰优孰劣，一般要根据实际要求或应用效果来选择。譬如，针对信号处理里的盲源分离问题，独立成分分析是合适的方法。

相比特征选择，特征抽取所得到的数据表示可能缺乏“可解读性”，即经过变换使得数据分量的含义发生了改变，对人类而言，有的时候很难明确地解释它们。为了追求好的应用效果，人们常常会舍弃一些“可解读性”。

无论特征抽取，还是特征选择，都可以与某个具体的学习机“联手”，得到最适合该学习机的数据表示。但这种做法有待商榷，它可能导致数据表示对其他的学习机是不适合的——在此情况下，很难说数据表示抓住了数据的本质特征。

面对一个机器学习任务，数据表示应不应该捆绑具体的学习机（如特征选择的嵌入法、深度学习等），还是要利用一些普适的准则有目的地挖掘数据本身的某些特征？这个问题在数学界尚无定论。如果要使得整理后的数据在多数学习机上都能取得改进的效果，后者或许更合理一些（本节所介绍的特征提取的方法，基本上都属于这一类），尤其对“可解释性”（即“可溯因性”）的要求较高时，有助于我们锁定问题出自模型还是数据。

有的时候，为了改善数据的可分性，我们需要把数据映射到高维空间（甚至无穷维的希尔伯特空间）。有的时候，我们需要对数据进行有损压缩，在保证压缩比的同时要使得数据在重构中的损失尽可能少。有的时候，我们需要深入理解数据特征背后的规律，甚至探索一些不可直接观测的因素。有的时候，观测数据经过了某些未知的变换，我们需要对它们进行清洗，找出数据的原始形态……

选择参数和数学建模一般需要特定的背景知识，有时解决一个难题可能需要“东市买骏马，西市买鞍鞯，南市买辔头，北市买长鞭。”（《木兰辞》）对统计分析和机器学习而言，一定数量的合适特征将使得对模式的描述更加丰富。如何得到这些特征？这是数据分析中最重要的环节——特征工程所关注的研究内容。有的时候，即便找到了特征，在特定环境下也难以用上。有诗为证，“雄兔脚扑朔，雌兔眼迷离；双兔傍地走，安能辨我是雄雌？”（图 7.22）

总而言之，“特征抽取”超越了费舍尔的简化数据的想法，有时为了抓取到本质特征，对数据进行必要的繁化也未尝不可。本节的后续内容主要聚焦于一些常见的特征抽取方法。

图 7.22　《木兰辞》

注：《木兰辞》是中国北朝的一首民歌，收于《乐府诗集》。花木兰隐藏了女性的特征替父从军，连与她朝夕相处的战友都没识别出来。

## 7.2.1　主成分分析

《人工智能的数学基础——随机之美》的第 4 章介绍了随机向量的主成分：随机向量 $\boldsymbol{X} = (X_1, X_2, \cdots, X_d)^\top$ 经过某正交变换 $\boldsymbol{U}^\top\boldsymbol{X} = (Y_1, Y_2, \cdots, Y_d)^\top$ 后，各分量变得不相关（即相关系数为零），并且第一个分量 $Y_1$ 的方差最大，第二分量 $Y_2$ 的方差次之，……。这些分量被称为随机向量 $\boldsymbol{X}$ 的主成分。该正交矩阵 $\boldsymbol{U}$ 的列向量正是 $\boldsymbol{X}$ 的方差-协方差矩阵的单位本征向量 $\boldsymbol{u}_1, \boldsymbol{u}_2, \cdots, \boldsymbol{u}_d$，对应的本征值满足

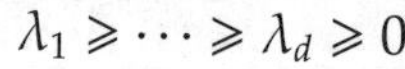

$$\lambda_1 \geqslant \cdots \geqslant \lambda_d \geqslant 0$$

图 7.23　霍特林

给定样本 $\boldsymbol{x}_1, \boldsymbol{x}_2, \cdots, \boldsymbol{x}_n \in \mathbb{R}^d$，经过中心化 $\boldsymbol{Z} = Z(\boldsymbol{x}_1, \boldsymbol{x}_2, \cdots, \boldsymbol{x}_n)$ 后，式 (7.3) 定义的样本协方差矩阵 $\boldsymbol{C}$ 是对总体 $\boldsymbol{X} = (X_1, X_2, \cdots, X_d)^\top$ 协方差矩阵的估计，它的本征向量是否也有类似的性质？

随机向量主成分的概念是美国统计学家、经济学家**哈罗德・霍特林**（Harold Hotelling, 1895—1973）于 1933 年明确定义的，他还提出了多元统计的主成分分析 (principal component analysis, PCA) 的代数方法[125]。霍特林（图 7.23）是美国大学统计学教育的主要推动者，他是费舍尔的追随者，深受其影响，曾全力推荐《研究者用的统计方法》一书。主成分分析常用于降维和最佳近似，是多元统计学里经典的数据表示方法之一。1901 年，统计学之父卡尔・皮尔逊曾给出该方法的几何推导。

### 1. 经典主成分分析

主成分分析的主要想法是寻找一个单位向量 $\boldsymbol{u}_1 \in \mathbb{R}^d$，使得样本在这个方向上的投影坐标 $\boldsymbol{u}_1^\top\boldsymbol{x}_1, \boldsymbol{u}_1^\top\boldsymbol{x}_2, \cdots, \boldsymbol{u}_1^\top\boldsymbol{x}_n$ 具有最大方差。单位向量 $\boldsymbol{u}_1$ 被称为样本的第一主成分 (principal component)，它之所

以特殊，是因为数据在 $\boldsymbol{u}_1$ 这个方向上所含的信息量最大。即

$$\begin{aligned}\boldsymbol{u}_1 &= \underset{\|\boldsymbol{u}\|=1}{\operatorname{argmax}} \|\boldsymbol{Z}^\top \boldsymbol{u}\|_2^2 \\ &= \underset{\|\boldsymbol{u}\|=1}{\operatorname{argmax}}\, \boldsymbol{u}^\top \boldsymbol{Z}\boldsymbol{Z}^\top \boldsymbol{u}\end{aligned} \tag{7.21}$$

❏ 下面，利用拉格朗日乘子法求解这个最优化问题。该问题的拉格朗日函数是

$$\mathscr{L}(\boldsymbol{u}) = \boldsymbol{u}^\top \boldsymbol{Z}\boldsymbol{Z}^\top \boldsymbol{u} + \lambda(1 - \boldsymbol{u}^\top \boldsymbol{u})$$

为最大化该函数，令 $\nabla_{\boldsymbol{u}}\mathscr{L}(\boldsymbol{u}) = \boldsymbol{0}$，即

$$2\boldsymbol{Z}\boldsymbol{Z}^\top \boldsymbol{u} - 2\lambda \boldsymbol{u} = \boldsymbol{0}$$

我们得到

$$\boldsymbol{Z}\boldsymbol{Z}^\top \boldsymbol{u} = \lambda \boldsymbol{u} \tag{7.22}$$

因此，该最优化问题的解是散布矩阵 $\boldsymbol{S} = \boldsymbol{Z}\boldsymbol{Z}^\top$ 的本征向量。半正定矩阵 $\boldsymbol{Z}\boldsymbol{Z}^\top$ 的本征值都是非负的。此时，为了使投影方差 $\|\boldsymbol{Z}^\top \boldsymbol{u}\|_2^2 = \lambda$ 达到最大，$\lambda$ 应是散布矩阵 $\boldsymbol{S} = \boldsymbol{Z}\boldsymbol{Z}^\top$ 最大的本征值 $\lambda_1$，其本征向量 $\boldsymbol{u}_1$ 就是第一主成分，见图 7.24。显然，样本在 $\boldsymbol{u}_1$ 主成分上比在 $\boldsymbol{u}_2$ 主成分上的方差要更大一些，所保留的原数据的信息量也更多一些。对于二维数据而言，$\boldsymbol{u}_1$ 确定后，$\boldsymbol{u}_2$ 也随之确定下来了。

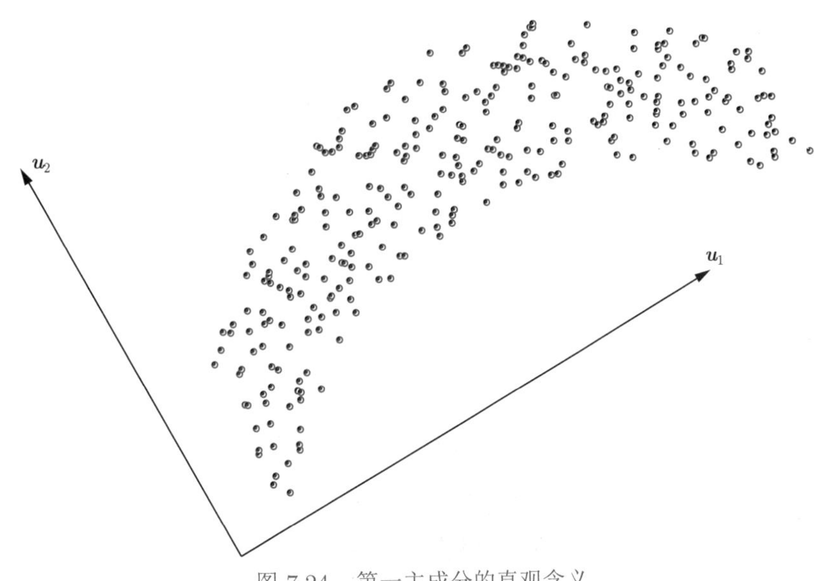

图 7.24　第一主成分的直观含义

❏ 如果样本空间的维度大于 2，接下来，我们寻找第二主成分：一个与 $\boldsymbol{u}_1$ 正交的单位向量，并且最大化目标函数

$$\mathscr{L}(\boldsymbol{u}) = \boldsymbol{u}^\top \boldsymbol{Z}\boldsymbol{Z}^\top \boldsymbol{u} + \lambda(1 - \boldsymbol{u}^\top \boldsymbol{u}) + \alpha(\boldsymbol{u}^\top \boldsymbol{u}_1)$$

令 $\nabla_{\boldsymbol{u}}\mathscr{L}(\boldsymbol{u}) = \boldsymbol{0}$，我们得到

$$2ZZ^\top \boldsymbol{u} - 2\lambda \boldsymbol{u} + \alpha \boldsymbol{u}_1 = \boldsymbol{0}$$

上式两侧左乘 $\boldsymbol{u}_1^\top$，有

$$2\boldsymbol{u}_1^\top ZZ^\top \boldsymbol{u} - 2\lambda \boldsymbol{u}_1^\top \boldsymbol{u} + \alpha \boldsymbol{u}_1^\top \boldsymbol{u}_1 = 0$$

即

$$2(ZZ^\top \boldsymbol{u}_1)^\top \boldsymbol{u} + \alpha = 0$$

进而，有

$$\alpha = -2\lambda_1 \boldsymbol{u}_1^\top \boldsymbol{u} = 0$$

于是，最优问题的解依然满足 (7.22)，即 $\boldsymbol{S} = \boldsymbol{Z}\boldsymbol{Z}^\top$ 的本征向量。类似地，为了使投影方差达到最大，第二主成分应为第二大本征值 $\lambda_2$ 所对应的本征向量 $\boldsymbol{u}_2$。

算法 7.2（主成分分析）　设中心化的解释矩阵 $\boldsymbol{Z}_{d\times n}$ 的秩为 $r$，具有奇异值分解

$$\boldsymbol{Z} = \boldsymbol{U}\boldsymbol{\Sigma}\boldsymbol{V}^\top$$

样本的前 $k$（$k \leqslant r$）个主成分以及基于它们的数据表示可按下面的方法求得。

（1）前 $k$（$k \leqslant r$）个主成分即矩阵 $\boldsymbol{U}$ 的前 $k$ 列，即

$$\boldsymbol{u}_1, \boldsymbol{u}_2, \cdots, \boldsymbol{u}_k \in \mathbb{R}^d$$

（2）样本 $z_1, z_2, \cdots, z_n \in \mathbb{R}^d$ 在空间 $\mathrm{span}(u_1, u_2, \cdots, u_k)$ 的投影 $\boldsymbol{y}_1, \boldsymbol{y}_2, \cdots, \boldsymbol{y}_n \in \mathbb{R}^k$ 即是 $\boldsymbol{Z}$ 的 PCA 数据表示，即

$$\begin{aligned} \boldsymbol{Y}_{k\times n} &= (\boldsymbol{y}_1, \boldsymbol{y}_2, \cdots, \boldsymbol{y}_n) \\ &= \boldsymbol{U}_k^\top Z \\ &= \boldsymbol{\Sigma}_k \boldsymbol{V}_k^\top \end{aligned} \tag{7.23}$$

其中，

$$\begin{aligned} \boldsymbol{U}_k &= (\boldsymbol{u}_1, \boldsymbol{u}_2, \cdots, \boldsymbol{u}_k) \\ \boldsymbol{V}_k &= (\boldsymbol{v}_1, \boldsymbol{v}_2, \cdots, \boldsymbol{v}_k) \\ \boldsymbol{\Sigma}_k &= \mathrm{diag}(\sigma_1, \sigma_2, \cdots, \sigma_k) \end{aligned}$$

证明　结果 (7.23) 只需要代入奇异值分解验证即可。

$$\begin{aligned} \boldsymbol{U}_k^\top Z &= \boldsymbol{U}_k^\top \boldsymbol{U}\boldsymbol{\Sigma}\boldsymbol{V}^\top \\ &= (\boldsymbol{I}_k, \boldsymbol{O}_{k\times(d-k)})\mathrm{diag}(\sigma_1, \sigma_2, \cdots, \sigma_r)(\boldsymbol{v}_1, \boldsymbol{v}_2, \cdots, \boldsymbol{v}_r)^\top \\ &= \boldsymbol{\Sigma}_k \boldsymbol{V}_k^\top \end{aligned}$$

□

算法 7.2 是一个通用的 PCA 算法。事实上，对于 $d \ll n$ 的情形，散布矩阵 $S_{d\times d} = ZZ^{\top}$ 的谱分解比解释矩阵 $Z$ 的奇异值分解代价要小，求前 $k$ 个主成分莫不如直接求 $S$ 的前 $k$ 个单位本征向量。

性质 7.6 算法 7.2 给出的样本的数据表示 (7.23) 是中心化的，它的散布矩阵是

$$S_Y = \text{diag}(\sigma_1^2, \sigma_2^2, \cdots, \sigma_k^2)，其中\ \sigma_1 \geqslant \sigma_2 \geqslant \cdots \geqslant \sigma_k > 0\ 是\ Z\ 的前\ k\ 个奇异值$$

证明 样本 $\boldsymbol{y}_1 = \boldsymbol{U}_k^{\top} z_1, \boldsymbol{y}_2 = \boldsymbol{U}_k^{\top} z_2, \cdots, \boldsymbol{y}_n = \boldsymbol{U}_k^{\top} z_n$ 之和为 $\mathbf{0}$，其散布矩阵为

$$\begin{aligned} S_Y &= \boldsymbol{Y}\boldsymbol{Y}^{\top} \\ &= \boldsymbol{\Sigma}_k \boldsymbol{V}_k^{\top} \boldsymbol{V}_k \boldsymbol{\Sigma}_k \\ &= \boldsymbol{\Sigma}_k \boldsymbol{I}_k \boldsymbol{\Sigma}_k \\ &= \text{diag}(\sigma_1^2, \sigma_2^2, \cdots, \sigma_k^2) \end{aligned}$$

□

例 7.8 考虑鸢尾花 (iris) 数据：样本维数 $d = 4$，样本容量 $n = 150$，分为 setosa、versicolor 和 virginica 三类（每类有 50 个样本点）。我们将这三类混在一起，利用 (7.23) 给出 iris 数据的二维 PCA 表示，如图 7.25 所示。

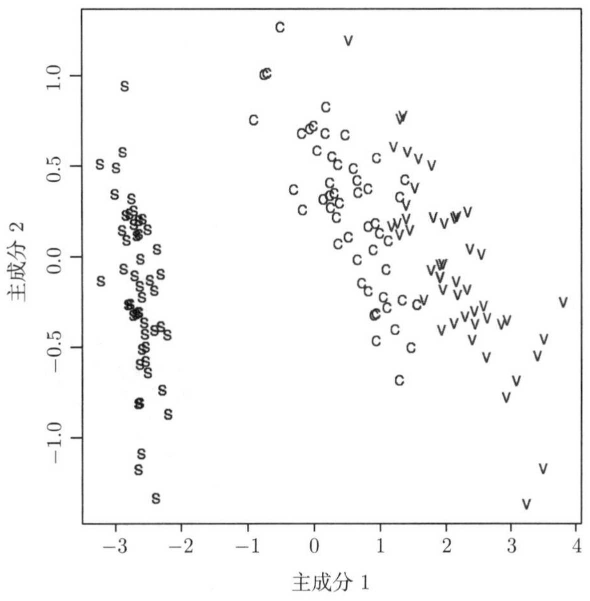


图 7.25 iris 数据的二维 PCA 表示

性质 7.7 在算法 7.2 中，按照下面的方式产生矩阵 $Z_{(k)}$，作为 $Z_{d\times n}$ 的重构。

$$\begin{aligned} \boldsymbol{Z}_{(k)} &= \boldsymbol{U}_k \boldsymbol{Y} \\ &= \boldsymbol{U}_k \boldsymbol{U}_k^{\top} \boldsymbol{Z} \\ &= \boldsymbol{U}_k \boldsymbol{\Sigma}_k \boldsymbol{V}_k^{\top} \end{aligned}$$

❑ 由埃卡特-杨定理（见《人工智能的数学基础——随机之美》[10] 的附录）可知，在所有秩为 $k$

的 $d \times n$ 矩阵中，按照 2-范数和 $F$-范数，$Z_{(k)}$ 都是 $Z$ 的最佳近似，称为埃卡特-杨近似。即

$$\begin{aligned} Z_{(k)} &= \underset{\text{rank}(B)=k}{\text{argmin}} \|B - Z\|_2 \\ &= \underset{\text{rank}(B)=k}{\text{argmin}} \|B - Z\|_F \end{aligned}$$

其中，误差分别为

$$\|Z_{(k)} - Z\|_2 = \sigma_{k+1}$$

$$\|Z_{(k)} - Z\|_F = \sqrt{\sum_{j=k+1}^{r} \sigma_j^2}$$

- 原解释矩阵 $X = (x_1, x_2, \cdots, x_n)$ 可由 $\underbrace{(\bar{x}, \cdots, \bar{x})}_{n\ 列} + Z_{(k)}$ 近似。

对于高维样本，即 $d \gg n$，散布矩阵 $S_{d\times d}$ 的谱分解和解释矩阵 $Z_{d\times n}$ 的奇异值分解代价都大，精度也受影响。下面，我们专门为高维数据的 PCA 设计一个算法。关键的想法来自性质 7.2，不妨设 $S$ 的单位本征向量 $u$ 为

$$u = Zv = \sum_{i=1}^{n} v_i z_i，其中\ v = (v_1, v_2, \cdots, v_n)^\top\ 使得\ \|u\|_2 = 1 \tag{7.24}$$

用 $Z^\top$ 左乘 $Su = \lambda u$ 两侧，可得

$$Z^\top Z Z^\top Z v = \lambda Z^\top Z v \tag{7.25}$$

式 (7.25) 中，$G = Z^\top Z$ 是样本的内积矩阵。经过整理，式 (7.25) 变为

$$G^2 v = \lambda G v$$

解此方程组，我们只需求下面的非零本征值问题。

$$Gv = \lambda v，其中\ \lambda\ 是\ G\ 的本征值 \tag{7.26}$$

式 (7.24) 要求 $v$ 满足

$$u^\top u = v^\top Z^\top Z v = v^\top G v = 1$$

结合式 (7.26)，待定系数 $v$ 满足

$$\|v\|_2 = \frac{1}{\sqrt{\lambda}} \tag{7.27}$$

显然，$Z^\top u = Gv$ 是样本 $z_1, z_2, \cdots, z_n$ 在单位向量 $u$ 上的投影坐标。有趣的是，不必计算出主成分 $u_1, u_2, \cdots, u_k$ 的具体结果，样本 $z_1, z_2, \cdots, z_n$ 在空间 $\text{span}(u_1, u_2, \cdots, u_k)$ 上的投影就变成求内积矩阵 $G$ 的满足条件 (7.27) 的本征向量。

**算法7.3**（高维数据的主成分分析）　给定样本 $\boldsymbol{x}_1,\boldsymbol{x}_2,\cdots,\boldsymbol{x}_n\in\mathbb{R}^d$，样本维数 $d\gg n$。设 $\boldsymbol{z}_1,\boldsymbol{z}_2,\cdots,\boldsymbol{z}_n$ 是中心化了的样本。

（1）计算内积矩阵 $\boldsymbol{G}_{n\times n}=\boldsymbol{Z}^\top\boldsymbol{Z}$ 的谱分解 $\boldsymbol{G}=\boldsymbol{V\Lambda V}^\top$，其中 $\boldsymbol{\Lambda}=\mathrm{diag}(\lambda_1,\lambda_2,\cdots,\lambda_n)$ 是 $G$ 的本征值按降序构成的对角阵，$\boldsymbol{V}_{n\times n}=(\boldsymbol{v}_1,\boldsymbol{v}_2,\cdots,\boldsymbol{v}_n)$ 是正交矩阵。

（2）样本 $\boldsymbol{z}_1,\boldsymbol{z}_2,\cdots,\boldsymbol{z}_n$ 由前 $k$ 个主成分给出的数据表示是

$$\boldsymbol{Y}_{k\times n}=(\boldsymbol{y}_1,\boldsymbol{y}_2,\cdots,\boldsymbol{y}_n)=\boldsymbol{\Lambda}_k^{\frac{1}{2}}\boldsymbol{V}_k^\top \tag{7.28}$$

其中，

$$\boldsymbol{V}_k=(\boldsymbol{v}_1,\boldsymbol{v}_2,\cdots,\boldsymbol{v}_k)$$
$$\boldsymbol{\Lambda}_k=\mathrm{diag}(\lambda_1,\lambda_2,\cdots,\lambda_k)$$

证明　样本 $\boldsymbol{z}_1,\boldsymbol{z}_2,\cdots,\boldsymbol{z}_n$ 在单位向量 $\boldsymbol{u}_j,j=1,2,\cdots,k$ 上的投影坐标是

$$\begin{aligned}\boldsymbol{G}\frac{\boldsymbol{v}_j}{\sqrt{\lambda_j}}&=\boldsymbol{V\Lambda}\left(\boldsymbol{V}^\top\frac{\boldsymbol{v}_j}{\sqrt{\lambda_j}}\right)\\&=\boldsymbol{V}\mathrm{diag}(\lambda_1,\lambda_2,\cdots,\lambda_n)\left(0,\cdots,0,\frac{1}{\sqrt{\lambda_j}},0,\cdots,0\right)^\top\\&=(\boldsymbol{v}_1,\boldsymbol{v}_2,\cdots,\boldsymbol{v}_n)\left(0,\cdots,0,\sqrt{\lambda_j},0,\cdots,0\right)^\top\\&=\sqrt{\lambda_j}\boldsymbol{v}_j\end{aligned}$$

□

**性质 7.8**　在算法 7.3 中，根据式 (7.28)，$\boldsymbol{Z}_{(k)}=\boldsymbol{U}_k\boldsymbol{Y}=\boldsymbol{ZV}_k\boldsymbol{V}_k^\top$ 是对 $\boldsymbol{Z}_{d\times d}$ 的近似。

证明　根据式 (7.24)，前 $k$ 个主成分为 $\boldsymbol{u}_j=\frac{1}{\sqrt{\lambda_j}}\boldsymbol{Z}\boldsymbol{v}_j,j=1,2,\cdots,k$。于是，

$$\boldsymbol{U}_kY=\left(\boldsymbol{Z}\frac{\boldsymbol{v}_1}{\sqrt{\lambda_1}},\cdots,\boldsymbol{Z}\frac{\boldsymbol{v}_k}{\sqrt{\lambda_k}}\right)\mathrm{diag}(\sqrt{\lambda_1},\sqrt{\lambda_2},\cdots,\sqrt{\lambda_n})\boldsymbol{V}_k^\top=\boldsymbol{ZV}_k\boldsymbol{V}_k^\top$$

□

**例 7.9**（潜在语义分析）　给定 $m$ 个术语和 $n$ 篇文档，则第 $j$ 篇文档可被抽象为一个 $m$ 维向量 $\boldsymbol{d}_j\in\mathbb{R}^m$，其中第 $i$ 个分量就是第 $i$ 个术语在该文档中出现的次数。于是，数据可被整理为一个 $m\times n$ 矩阵，称为*术语-文档矩阵* (term-document matrix)，定义如下：

$$\boldsymbol{D}=(\boldsymbol{d}_1,\boldsymbol{d}_2,\cdots,\boldsymbol{d}_n)$$

不妨设 $\boldsymbol{D}$ 的奇异值分解为 $\boldsymbol{D}=\boldsymbol{U\Sigma V}^\top$，则 $\boldsymbol{U}_k\boldsymbol{\Sigma}_k\boldsymbol{V}_k^\top$ 是 $\boldsymbol{D}$ 的近似，即

$$(\boldsymbol{d}_1,\boldsymbol{d}_2,\cdots,\boldsymbol{d}_n)\approx(\boldsymbol{u}_1,\boldsymbol{u}_2,\cdots,\boldsymbol{u}_k)\begin{pmatrix}\sigma_1&\cdots&0\\\vdots&&\vdots\\0&\cdots&\sigma_k\end{pmatrix}(\boldsymbol{v}_1,\boldsymbol{v}_2,\cdots,\boldsymbol{v}_k)^\top$$

令 $\hat{\boldsymbol{d}}_j=\boldsymbol{U}_k^\top\boldsymbol{d}_j$，它是 $\boldsymbol{d}_j$ 在 $\boldsymbol{u}_1,\boldsymbol{u}_2,\cdots,\boldsymbol{u}_k$ 张成的 $k$ 维空间（称为*主题空间*）里的投影。不难验证

$$(\hat{\boldsymbol{d}}_1,\hat{\boldsymbol{d}}_2,\cdots,\hat{\boldsymbol{d}}_n)=\boldsymbol{\Sigma}_k\boldsymbol{V}_k^\top=\begin{pmatrix}\sigma_1\boldsymbol{v}_1^\top\\\sigma_2\boldsymbol{v}_2^\top\\\vdots\\\sigma_k\boldsymbol{v}_k^\top\end{pmatrix}$$

如图 7.26 所示，我们称 $V_k^\top$ 为文档空间。第 $j$ 列向量的分量分别乘上权重 $\sigma_1,\sigma_2,\cdots,\sigma_k$ 所得向量就是 $\hat{d}_j = U_k^\top d_j$，也是矩阵 $\Sigma_k V_k^\top$ 的第 $j$ 列。术语-文档矩阵具有埃卡特-杨近似（详见文献 [10] 的附录）如下。

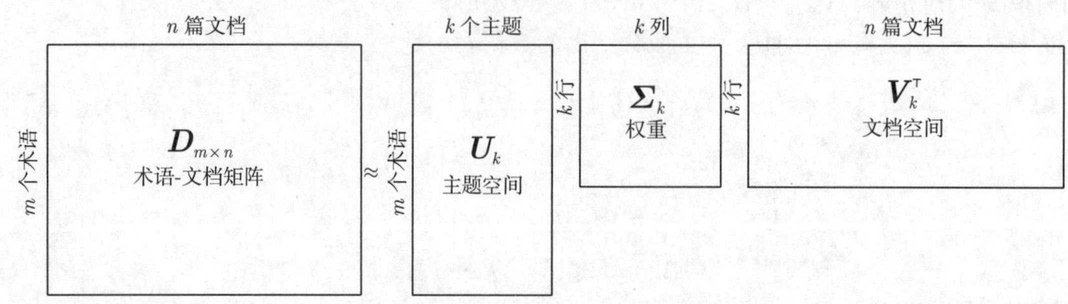


图 7.26 潜在语义分析的直观示意

潜在语义分析 (latent semantic analysis, LSA) [126] 利用 $\hat{d}_j$ 作为文档 $d_j$ 新的数据表示，进而计算夹角余弦相似度等。潜在语义分析利用奇异值分解降低样本的维数，同时尽可能地保留了文档间的相似关系，常用于文本聚类和信息检索。譬如，考虑以下 3 篇中文文档，经过切分 (segmentation) 后，术语由下画线标出。

表 7.2 术语-文档矩阵

| 术语 | $d_1$ | $d_2$ | $d_3$ |
|---|---|---|---|
| 玻色子 | 0 | 0 | 2 |
| 乘积 | 0 | 1 | 0 |
| 费米子 | 0 | 0 | 1 |
| 介子 | 0 | 0 | 1 |
| 粒子 | 0 | 0 | 2 |
| 泡利不相容原理 | 0 | 0 | 1 |
| 数论 | 0 | 1 | 0 |
| 数学 | 1 | 0 | 0 |
| 素数 | 0 | 1 | 0 |
| 素因子 | 0 | 2 | 0 |
| 物理规则 | 0 | 0 | 1 |
| 相反数 | 1 | 0 | 0 |
| 整除 | 0 | 1 | 0 |
| 整数 | 3 | 4 | 3 |
| 自然数 | 2 | 0 | 0 |
| 自旋 | 0 | 0 | 3 |

（1）整数 是自然数、自然数 的相反数 或者零。大多数数学 都包含整数。

（2）任何大于 1 的整数，若只能被它本身和 1 整除，则称之为素数（见数论）。每一个整数 都有唯一一组素因子，它们的乘积 等于该整数。例如，整数 42 的素因子 是 2, 3 和 7。

（3）所有介子 的自旋 必须等于整数。自旋 等于整数 的粒子 称为玻色子。玻色子 有别于自旋 为非整数 的粒子——费米子，它不服从“泡利不相容原理”这个物理规则。

在统计自然语言处理[126] 的很多问题中，高频无意义词（如助词“着、了、过”等）和低频词一般不被考虑。不妨设词典 (lexicon) 由表 7.2 所示的一些术语构成。为简单起见，文档中出现的某些词语未被收录。

令术语-文档矩阵 $D$ 的奇异值分解是 $D = U\Sigma V^\top$。令 $k = 2$，则文档在二维主题空间的数据表示为

$$(\hat{d}_1, \hat{d}_2, \hat{d}_3) = \Sigma_2 V_2^\top \approx \begin{pmatrix} -2.8945 & -4.0614 & -4.6177 \\ 1.4102 & 2.3422 & -2.9440 \end{pmatrix}$$

例 7.9 中，潜在语义分析将文档和术语投射到二维主题空间里，如图 7.27 所示。一般地，语义上接近的对象，其夹角余弦相似度相对较高。

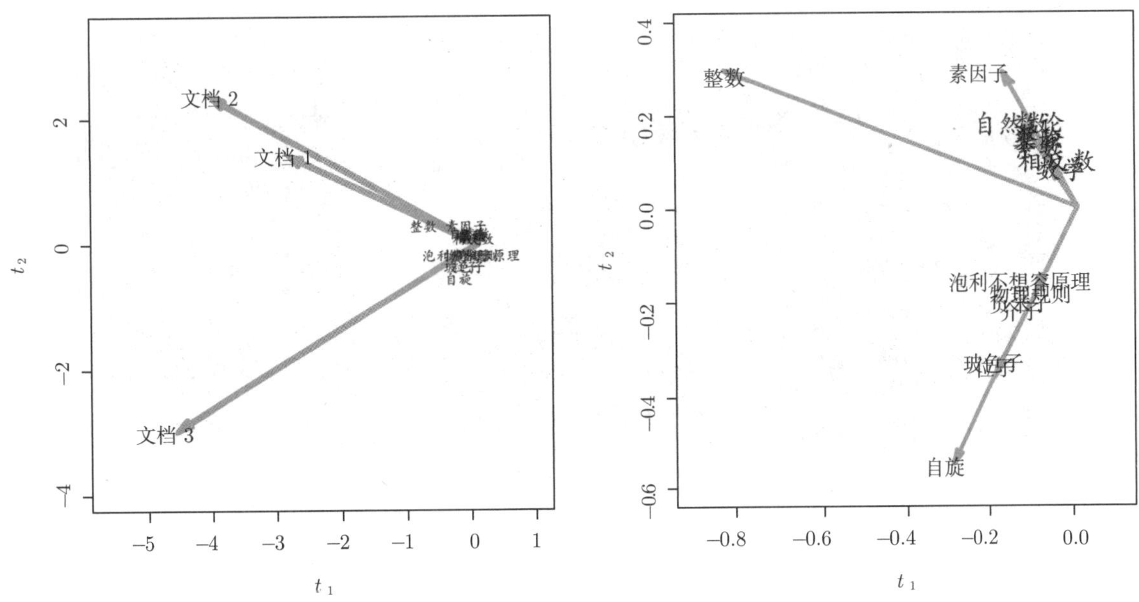


图 7.27　例 7.9 中文档和术语的二维表示

例 7.10　图像数据的维数一般都很高。例如，日本女性面部表情 (JAFFE) 数据库里每个图片的大小都是 256×256 像素，用一个 $d = 65536$ 维的向量来表示。每位女性的面部有 7 种表情，如图 7.28 所示，按列依次是愤怒、厌恶、恐惧、快乐、中性、悲伤和惊讶，每种表情 3 个样本，共有 $n = 21$ 个样本。

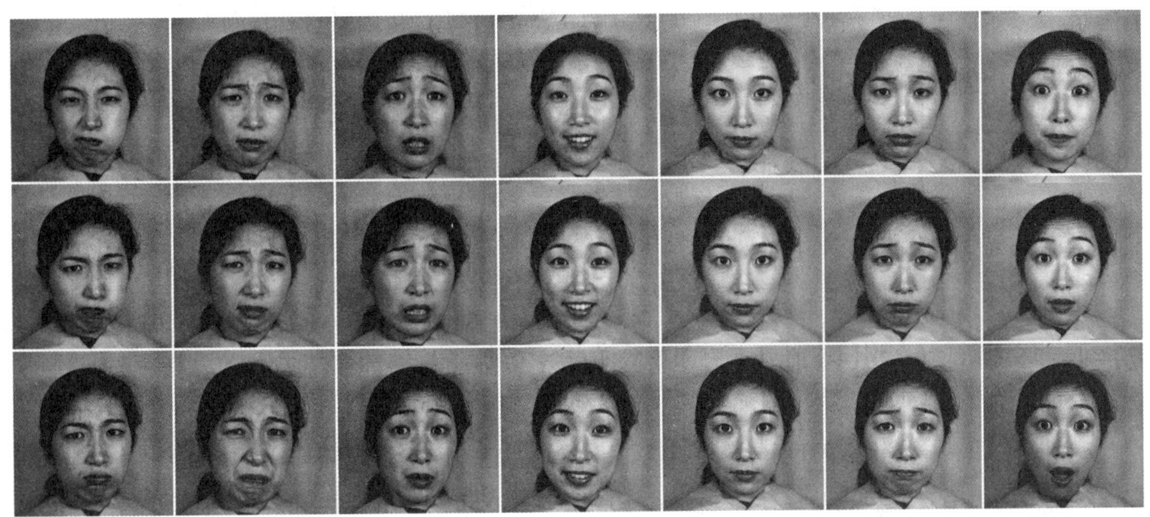

图 7.28　面部的 7 种表情

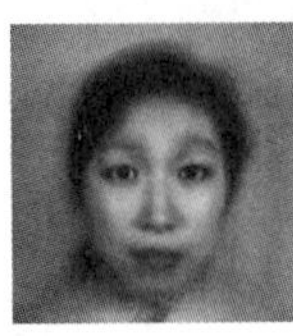

是样本均值，即平均表情。先利用算法 7.2（或算法 7.3）将每个图片压缩为一个 $k = 3$ 维向量，再利用性质 7.7（或性质 7.8）重构原始数据，效果见图 7.29。性质 7.7 和具体实验都显示：$k$ 越大，近似效果越好。

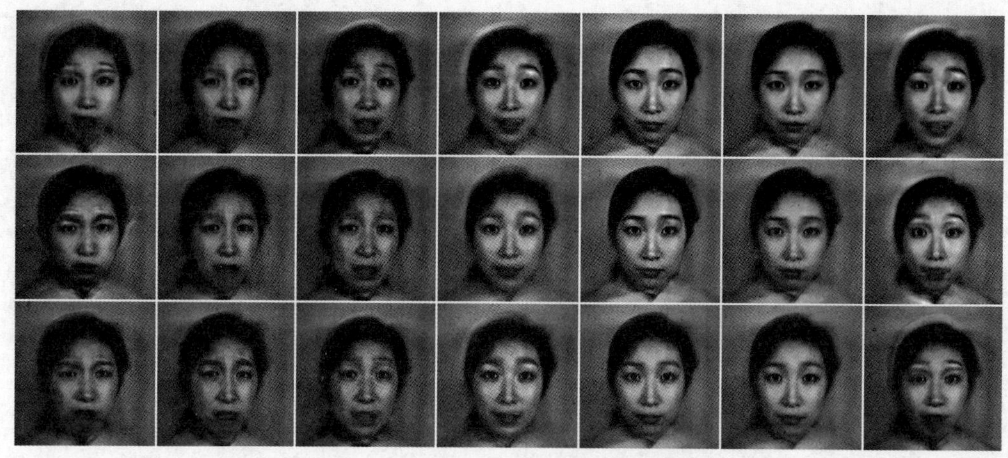

(a) 利用样本均值和三维的 PCA 数据表示得到原始数据的近似

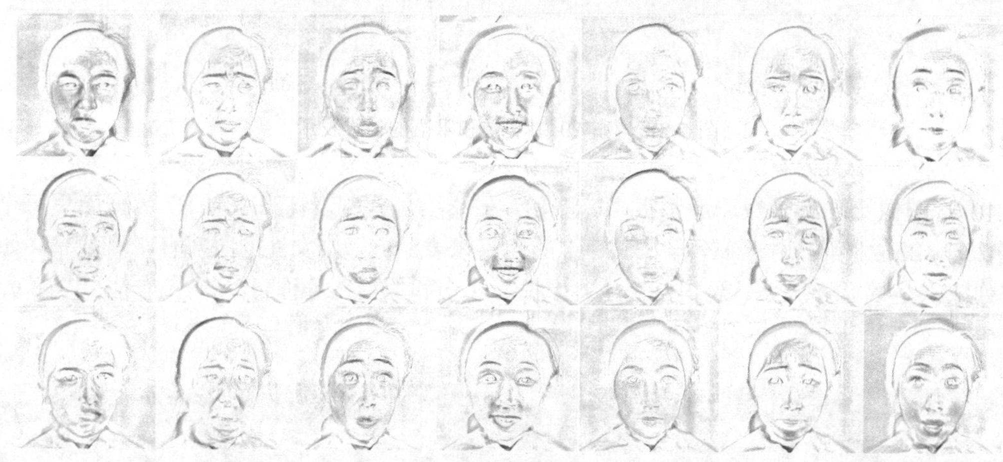

(b) PCA 数据表示的误差 (为清楚地显示，采用反转片)

图 7.29　基于 PCA 的压缩与重构

**2. 核主成分分析**

对于给定的核函数 $\kappa(\boldsymbol{x},\boldsymbol{y})$，样本 $\boldsymbol{x}_1,\boldsymbol{x}_2,\cdots,\boldsymbol{x}_n$ 经过特征映射变为 $\varphi(\boldsymbol{x}_1),\varphi(\boldsymbol{x}_2),\cdots,\varphi(\boldsymbol{x}_n)$，简记作 $\boldsymbol{\varphi}_1,\boldsymbol{\varphi}_2,\cdots,\boldsymbol{\varphi}_n$。先不妨设 $\boldsymbol{\Phi}=(\boldsymbol{\varphi}_1,\boldsymbol{\varphi}_2,\cdots,\boldsymbol{\varphi}_n)$ 是中心化了的，即其均值为 $\mathbf{0}$，稍后我们再来处理如何中心化的问题。

在特征空间里，样本 $\boldsymbol{\varphi}_1,\boldsymbol{\varphi}_2,\cdots,\boldsymbol{\varphi}_n$ 的维数一般很高（甚至是无穷维）。仿照算法 7.3，令 $\boldsymbol{u}$ 是散布矩阵 $\boldsymbol{S}_\varphi=\boldsymbol{\Phi}\boldsymbol{\Phi}^\top$ 的单位本征向量，不难验证 $\boldsymbol{u}$ 可由 $\boldsymbol{\varphi}_1,\boldsymbol{\varphi}_2,\cdots,\boldsymbol{\varphi}_n$ 线性表出，即 $\boldsymbol{u}$ 落在 $\boldsymbol{\varphi}_1,\boldsymbol{\varphi}_2,\cdots,\boldsymbol{\varphi}_n$ 张成的空间里。不妨设

$$\boldsymbol{u}=\boldsymbol{\Phi}\boldsymbol{v}=\sum_{i=1}^{n}v_i\boldsymbol{\varphi}_i,\ \text{其中}\ \boldsymbol{v}=(v_1,v_2,\cdots,v_n)^\top\ \text{使得}\ \|\boldsymbol{u}\|_2=1 \tag{7.29}$$

用 $\boldsymbol{\Phi}^\top$ 左乘 $\boldsymbol{S}_\varphi\boldsymbol{u}=\lambda\boldsymbol{u}$ 两侧，可得

$$\boldsymbol{\Phi}^\top\boldsymbol{\Phi}\boldsymbol{\Phi}^\top\boldsymbol{\Phi}\boldsymbol{v}=\lambda\boldsymbol{\Phi}^\top\boldsymbol{\Phi}\boldsymbol{v} \tag{7.30}$$

式 (7.30) 中，$\boldsymbol{\Phi}^\top\boldsymbol{\Phi}=\boldsymbol{K}$ 是样本的核矩阵。经过整理，式 (7.30) 变为

$$\boldsymbol{K}^2\boldsymbol{v}=\lambda\boldsymbol{K}\boldsymbol{v}$$

为解上述方程组，我们求下面的非零本征值问题。

$$\boldsymbol{K}\boldsymbol{v}=\lambda\boldsymbol{v}，\text{其中 }\lambda\text{ 是 }\boldsymbol{K}\text{ 的本征值} \tag{7.31}$$

其中，式 (7.29) 里的条件要求 $\boldsymbol{v}$ 满足

$$\boldsymbol{u}^\top\boldsymbol{u}=\boldsymbol{v}^\top\boldsymbol{\Phi}^\top\boldsymbol{\Phi}\boldsymbol{v}=\boldsymbol{v}^\top\boldsymbol{K}\boldsymbol{v}=1$$

结合式 (7.31)，待定系数 $\boldsymbol{v}$ 满足

$$\|\boldsymbol{v}\|_2=\frac{1}{\sqrt{\lambda}} \tag{7.32}$$

显然，$\boldsymbol{\Phi}^\top\boldsymbol{u}=\boldsymbol{K}\boldsymbol{v}$ 是样本 $\boldsymbol{\varphi}_1,\boldsymbol{\varphi}_2,\cdots,\boldsymbol{\varphi}_n$ 在单位向量 $\boldsymbol{u}$ 上的投影坐标。于是，样本 $\boldsymbol{\varphi}_1,\boldsymbol{\varphi}_2,\cdots,\boldsymbol{\varphi}_n$ 的主成分分析就变成求核矩阵 $\boldsymbol{K}$ 的满足条件 (7.32) 的本征向量 $\boldsymbol{v}$ 这一线性代数问题，简称核主成分分析 (kernel PCA)。

**算法** 7.4（核主成分分析）　给定样本 $\boldsymbol{x}_1,\boldsymbol{x}_2,\cdots,\boldsymbol{x}_n$ 和核函数 $\kappa(\cdot,\cdot)$，不妨设 $\varphi$ 是特征映射。在特征空间里，假设样本 $\varphi(\boldsymbol{x}_1),\varphi(\boldsymbol{x}_2),\cdots,\varphi(\boldsymbol{x}_n)$ 是中心化了的。

（1）定义核矩阵 $\boldsymbol{K}_{n\times n}=(k_{ij})$，其中 $k_{ij}=\kappa(\boldsymbol{x}_i,\boldsymbol{x}_j)$。

（2）给出核矩阵 $\boldsymbol{K}$ 的谱分解 $\boldsymbol{K}=\boldsymbol{V}\boldsymbol{\Lambda}\boldsymbol{V}^\top$，其中 $\boldsymbol{\Lambda}=\mathrm{diag}(\lambda_1^*,\lambda_2^*,\cdots,\lambda_n^*)$ 是 $\boldsymbol{K}$ 的本征值按降序构成的对角阵，$\boldsymbol{V}_{n\times n}=(\boldsymbol{v}_1,\boldsymbol{v}_2,\cdots,\boldsymbol{v}_n)$ 是正交矩阵。

（3）在特征空间里，样本 $\varphi(\boldsymbol{x}_1),\varphi(\boldsymbol{x}_2),\cdots,\varphi(\boldsymbol{x}_n)$ 由前 $k$ 个主成分给出的数据表示是

$$(\boldsymbol{y}_1,\boldsymbol{y}_2,\cdots,\boldsymbol{y}_n)_{k\times n}=\begin{pmatrix}\boldsymbol{v}_1^\top/\sqrt{\lambda_1^*}\\ \boldsymbol{v}_2^\top/\sqrt{\lambda_2^*}\\ \vdots\\ \boldsymbol{v}_k^\top/\sqrt{\lambda_k^*}\end{pmatrix}\boldsymbol{K}=\begin{pmatrix}\sqrt{\lambda_1^*}\boldsymbol{v}_1^\top\\ \sqrt{\lambda_2^*}\boldsymbol{v}_2^\top\\ \vdots\\ \sqrt{\lambda_k^*}\boldsymbol{v}_k^\top\end{pmatrix}$$

上述算法简直就是算法 7.3 的翻版。值得关注的是，上述解法虽然借助了样本散布矩阵 $\boldsymbol{S}$ 的本征向量，但并未求其显式表达，而是巧妙地绕过了 $\boldsymbol{S}$ 的谱分解，直奔主题——样本在主成分上的投影坐标。之所以能这样做，就是利用“核技巧”抹掉了所有显式的 $\varphi$，用核函数 $\kappa$ 取而代之。其中，式 (7.29) 和式 (7.30) 是关键。

要比较主成分分析和核主成分分析的效果，常用（中心化的）解释矩阵与它的秩为 $k$ 的埃卡特-杨近似之间的误差的 $F$-范数之比来衡量，具体为

$$\frac{\|\boldsymbol{\Phi}-\hat{\boldsymbol{\Phi}}\|_F}{\|\boldsymbol{Z}-\hat{\boldsymbol{Z}}\|_F}=\frac{\sqrt{\sum_{i=k+1}^n\lambda_i^*}}{\sqrt{\sum_{i=k+1}^n\lambda_i}}$$

最后，我们来解决数据在特征空间中心化的问题。一般情况下，我们无法得到数据的显式表示，但只需要利用“核技巧”搞清楚中心化后的数据之间的内积，就可以得到核矩阵。

**性质** 7.9（核矩阵）　令 $\boldsymbol{K}_{n\times n}=(k_{ij})=(\kappa(\boldsymbol{x}_i,\boldsymbol{x}_j))$ 是未中心化的样本 $\boldsymbol{x}_1,\boldsymbol{x}_2,\cdots,\boldsymbol{x}_n$ 的核矩阵。

❑ 为在特征空间里将样本中心化，定义新的特征映射

$$\tilde{\varphi}(\boldsymbol{x}) = \varphi(\boldsymbol{x}) - \frac{1}{n}\sum_{k=1}^{n}\varphi(\boldsymbol{x}_k)$$

显然，$\tilde{\varphi}(\boldsymbol{x}_1), \tilde{\varphi}(\boldsymbol{x}_2), \cdots, \tilde{\varphi}(\boldsymbol{x}_n)$ 是中心化的。该特征映射定义的核函数为

$$\begin{aligned}\tilde{\kappa}(\boldsymbol{x}, \boldsymbol{y}) &= \langle \tilde{\varphi}(\boldsymbol{x}), \tilde{\varphi}(\boldsymbol{y}) \rangle \\ &= \kappa(\boldsymbol{x}, \boldsymbol{y}) - \frac{1}{n}\sum_{k=1}^{n}\kappa(\boldsymbol{x}_k, \boldsymbol{x}) - \frac{1}{n}\sum_{k=1}^{n}\kappa(\boldsymbol{x}_k, \boldsymbol{y}) + \frac{1}{n^2}\sum_{s,t=1}^{n}\kappa(\boldsymbol{x}_s, \boldsymbol{x}_t)\end{aligned}$$

❑ 设核函数 $\tilde{\kappa}$ 在样本 $\boldsymbol{x}_1, \boldsymbol{x}_2, \cdots, \boldsymbol{x}_n$ 上所对应的核矩阵为 $\tilde{\boldsymbol{K}}_{n\times n} = (\tilde{k}_{ij})$，其中

$$\begin{aligned}\tilde{k}_{ij} &= \tilde{\kappa}(\boldsymbol{x}_i, \boldsymbol{x}_j) \\ &= k_{ij} - \frac{1}{n}\sum_{k=1}^{n}k_{ki} - \frac{1}{n}\sum_{k=1}^{n}k_{kj} + \frac{1}{n^2}\sum_{s,t=1}^{n}k_{st}\end{aligned} \tag{7.33}$$

不难看出，式 (7.33) 中的 $\frac{1}{n}\sum_{k=1}^{n}k_{ki}$, $\frac{1}{n}\sum_{k=1}^{n}k_{kj}$ 和 $\frac{1}{n^2}\sum_{s,t=1}^{n}k_{st}$ 分别是核矩阵 $\boldsymbol{K}$ 的第 $i$ 列的均值、第 $j$ 列的均值和整个核矩阵 $\boldsymbol{K}$ 的均值。

### 7.2.2 因子分析

随机向量 $\boldsymbol{X} = (X_1, X_2, \cdots, X_d)^\top$ 各分量之间的关系早就写在联合分布之中了，推导这些关系靠的是纯粹数学，答案总是唯一的。但当对总体 $\boldsymbol{X}$ 的分布一无所知的时候，通过样本来研究 $X_1, X_2, \cdots, X_d$ 的关系就是统计学的任务了。另外，测量并非易事，世间充满了不可测量的事物。因子分析利用可测量的变量来解释潜在因子的语义，如智力、消费者态度等，有助于探索事物的深层规律。

图 7.30 斯皮尔曼

20 世纪初，英国心理学家、统计学家**查尔斯・斯皮尔曼**（Charles Spearman, 1863—1945）（图 7.30）在分析学生各科成绩的时候发现了统计相关性，即某科成绩好，其他科也不赖。为此，斯皮尔曼假想存在一个潜在的（即不可直接测量的）一般智力 (general intelligence) 因子影响着学生的成绩。1904 年，斯皮尔曼发表因子分析 (factor analysis)（图 7.31）的首篇论文。如今，因子分析已发展成多元统计的经典方法，它常用来分析 $d$ 个随机变量之间的相关关系，目的是将这些变量分为 $k < d$ 组（每组称为一个因子），使得组内的变量之间是高度相关的[114]。我们可以把因子视为变量的聚类，每个因子具有潜在的语义，可以由背景知识给出合理的解释。

图 7.31　因子分析起源于儿童心理学的研究

因子分析的方法不唯一，本节只介绍其中比较常用的 3 种方法：① 基于主成分的因子分析；② 基于最大似然估计的因子分析；③ 基于最小二乘估计的因子分析。其他因子分析的方法可参阅文献 [114, 127-130]。

1. **基于主成分的因子分析**

**定义 7.9**　因子分析的一般模型是考虑均值为 $\mathbf{0}$ 的随机向量 $\boldsymbol{X} = (X_1, X_2, \cdots, X_d)^\top$ 是否能被少数几个无关的随机变量线性表出，即

$$\boldsymbol{X} = \boldsymbol{L}_{d\times k}\boldsymbol{F} + \boldsymbol{\epsilon}，\text{其中 } k < d \tag{7.34}$$

在式 (7.34) 中，随机向量 $\boldsymbol{F} = (F_1, F_2, \cdots, F_k)^\top, \boldsymbol{\epsilon} = (\epsilon_1, \epsilon_2, \cdots, \epsilon_d)^\top$ 的各分量之间不相关，并且满足

$$\begin{aligned}
&\mathsf{E}(\boldsymbol{F}) = \mathbf{0} &&\mathsf{Cov}(\boldsymbol{F}) = \boldsymbol{I}_k\\
&\mathsf{E}(\boldsymbol{\epsilon}) = \mathbf{0} &&\mathsf{Cov}(\boldsymbol{\epsilon}) = \boldsymbol{\Psi}，\text{其中 } \boldsymbol{\Psi} = \mathsf{diag}(\psi_1, \psi_2, \cdots, \psi_d)
\end{aligned}$$

矩阵 $\boldsymbol{L}_{d\times k}$ 是未知的，称为因子载荷矩阵 (factor loading matrix)。$k$ 维随机向量 $\boldsymbol{F}$ 被称为公共因子 (common factor)，它和特殊因子 (unique factor) $\boldsymbol{\epsilon}$ 都是不可直接测量的。特殊方差矩阵 $\boldsymbol{\Psi}$ 也是未知的。

公共因子 $\boldsymbol{F}$ 的直观含义是它的分量是独立的随机变量，使得观测数据 $\boldsymbol{X}$ 按照式 (7.34) 用 $\boldsymbol{F}$ 线性表示出来（图 7.32），样本协方差矩阵（或样本相关系数矩阵）与原有的样本协方差矩阵（或样本相关系数矩阵）尽可能地接近。

令 $\boldsymbol{\Sigma}$ 是 $\boldsymbol{X}$ 的协方差矩阵，则

$$\begin{aligned}
\boldsymbol{\Sigma} &= \mathsf{E}(\boldsymbol{X}\boldsymbol{X}^\top)\\
&= \mathsf{E}[(\boldsymbol{L}\boldsymbol{F} + \boldsymbol{\epsilon})(\boldsymbol{L}\boldsymbol{F} + \boldsymbol{\epsilon})^\top]\\
&= \boldsymbol{L}\mathsf{E}(\boldsymbol{F}\boldsymbol{F}^\top)\boldsymbol{L} + \boldsymbol{L}\mathsf{E}(\boldsymbol{F}\boldsymbol{\epsilon}^\top) + \mathsf{E}(\boldsymbol{\epsilon}\boldsymbol{\epsilon}^\top)\\
&= \boldsymbol{L}\boldsymbol{L}^\top + \boldsymbol{\Psi}
\end{aligned} \tag{7.35}$$

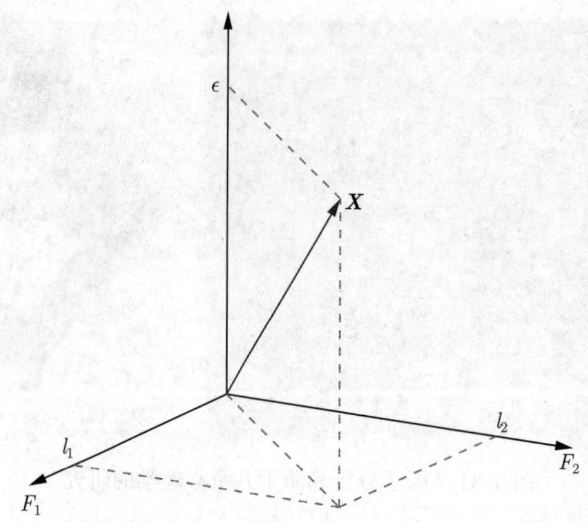


图 7.32　数据 $\boldsymbol{X}$ 由公共因子 $\boldsymbol{F}$ 线性表示

另外，有

$$\mathrm{Cov}(\boldsymbol{\epsilon},\boldsymbol{F}) = \mathrm{E}(\boldsymbol{\epsilon}\boldsymbol{F}^\top) = \boldsymbol{0}$$
$$\mathrm{Cov}(\boldsymbol{X},\boldsymbol{F}) = \mathrm{E}(\boldsymbol{X}\boldsymbol{F}^\top) = \boldsymbol{L}\mathrm{E}(\boldsymbol{F}\boldsymbol{F}^\top) + \mathrm{E}(\boldsymbol{\epsilon}\boldsymbol{F}^\top) = \boldsymbol{L}$$

显然，满足条件 (7.35) 的 $\boldsymbol{L},\boldsymbol{\Psi}$ 不唯一。譬如，若 $\boldsymbol{L}$ 满足条件 (7.35)，则 $\tilde{\boldsymbol{L}} = \boldsymbol{L}\boldsymbol{U}$ 也满足条件 (7.35)，其中 $\boldsymbol{U}$ 是任意正交矩阵。并且，$\tilde{\boldsymbol{F}} = \boldsymbol{U}^\top\boldsymbol{F}$ 满足

$$\mathrm{E}(\tilde{\boldsymbol{F}}) = \boldsymbol{U}^\top\mathrm{E}(\boldsymbol{F}) = \boldsymbol{0}$$
$$\mathrm{Cov}(\tilde{\boldsymbol{F}}) = \boldsymbol{U}^\top\mathrm{Cov}(\boldsymbol{F})\boldsymbol{U} = \boldsymbol{U}^\top\boldsymbol{U} = \boldsymbol{I}$$

从 $\boldsymbol{X}$ 的观测结果，无法区分载荷矩阵 $\boldsymbol{L}$ 和 $\tilde{\boldsymbol{L}}$，并且因子 $\boldsymbol{F}$ 和 $\tilde{\boldsymbol{F}}$ 具有相同的统计性质。所以，载荷矩阵只需精确到相差一个正交变换即可。

算法 7.5　样本 $\boldsymbol{X}_1,\boldsymbol{X}_2,\cdots,\boldsymbol{X}_n \in \mathbb{R}^d$ 的协方差矩阵 $\boldsymbol{C}_{d\times d} = \frac{1}{n-1}\boldsymbol{Z}\boldsymbol{Z}^\top$ 是 $\boldsymbol{\Sigma}$ 的无偏估计。

（1）利用对称矩阵 $\boldsymbol{C}$ 的谱分解（奇异值分解的特例）：

$$\boldsymbol{C} = \boldsymbol{U}\boldsymbol{\Lambda}\boldsymbol{U}^\top，其中\ r = \mathrm{rank}(\boldsymbol{\Lambda})$$

由埃卡特-杨定理可知，在所有秩为 $k \leqslant r$ 的 $d\times k$ 矩阵之中，有

$$\hat{\boldsymbol{L}} = (\sqrt{\lambda_1}\boldsymbol{u}_1, \sqrt{\lambda_2}\boldsymbol{u}_2,\cdots,\sqrt{\lambda_k}\boldsymbol{u}_k)\ 使得\ \hat{\boldsymbol{L}}\hat{\boldsymbol{L}}^\top\ 是\ \boldsymbol{C}\ 的最佳逼近$$

（2）矩阵 $\boldsymbol{C}-\hat{\boldsymbol{L}}\hat{\boldsymbol{L}}^\top$ 对角线上的元素构成的对角阵 $\hat{\boldsymbol{\Psi}} = \mathrm{diag}(\hat{\psi}_1,\hat{\psi}_2,\cdots,\hat{\psi}_d)$ 是对 $\boldsymbol{\Psi}$ 的估计。残差矩阵 $\boldsymbol{C}-(\hat{\boldsymbol{L}}\hat{\boldsymbol{L}}^\top+\hat{\boldsymbol{\Psi}})$ 中所有元素的平方和具有如下上界：

$$\|\boldsymbol{C}-(\hat{\boldsymbol{L}}\hat{\boldsymbol{L}}^\top+\hat{\boldsymbol{\Psi}})\|_F^2 \leqslant \sum_{j=k+1}^{r}\lambda_j$$

（3）因子个数 $k$ 的选择，一般遵循如下规则：选择 $k$ 使得以下比例刚好不超过给定的阈值 $t$。一般讲，$k$ 越小，$\hat{\boldsymbol{L}}\hat{\boldsymbol{L}}^\top+\hat{\boldsymbol{\Psi}}$ 拟合 $\boldsymbol{C}$ 的效果就越差，此时的因子分析是没有意义的。

$$R(k) = \frac{\lambda_{k+1}+\cdots+\lambda_r}{\lambda_1+\cdots+\lambda_r} \leqslant t \tag{7.36}$$

然而在实践中，为了消除不同变量的均值和量纲的影响，人们经常使用标准化的样本（定义 7.3）。根据性质 7.1，其协方差矩阵就是相关系数矩阵。所以，在上述解法中，将样本 $\boldsymbol{x}_1, \boldsymbol{x}_2, \cdots, \boldsymbol{x}_n$ 的协方差矩阵 $\boldsymbol{C}$ 替换为样本相关系数矩阵（定义 7.4）即可。

例 7.11　问卷调查是伦敦统计学会 (Statistical Society of London)，即皇家统计学会 (图 7.33) 于 1838 年发明的一种抽样调查 (sampling survey) 方法，它通过一系列设计好的问题采集被访者的意见、反应、感受等，进而推断整体人群的想法。例如，民意测验、舆情分析等。调查问卷（图 7.33）的设计需要在预设模型的基础上，尽可能全面地收集信息以达成统计分析之目的。同时，在伦理标准的指导下，避免触碰和泄露个人隐私，不能引起被访者的反感和抵触。譬如，姓名、年龄如果不在模型考虑之内就无须询问，收入按设定好的区间调查等。

图 7.33　皇家统计学会与调查问卷 (questionnaire)

例如，影响是否购买某电子产品的几个潜在因素是价格 (price)、配套软件 (software)、外观 (looks)、品牌 (brand)、朋友建议 (friend)、家庭适用 (home)。针对这几个变量，我们设计调查问卷如下（用从 1 到 10 的打分来刻画程度）。

- ❏ 价格 ($P$) 吸引你的程度？
- ❏ 对配套软件 ($S$) 的满意度？
- ❏ 对外观 ($L$) 的满意度？
- ❏ 对品牌 ($B$) 的满意度？
- ❏ 朋友 ($F$) 建议影响你的程度？
- ❏ 适用于整个家庭 ($H$) 的程度？

对随机遇到的 17 个消费者进行问卷调查，打分的结果见表 7.3。

表 7.3　例 7.11 的问卷调查结果

| 变量 | 1 | 2 | 3 | 4 | 5 | 6 | 7 | 8 | 9 | 10 | 11 | 12 | 13 | 14 | 15 | 16 | 17 |
|---|---|---|---|---|---|---|---|---|---|---|---|---|---|---|---|---|---|
| $P$ | 7 | 2 | 8 | 7 | 10 | 1 | 2 | 9 | 4 | 8 | 10 | 2 | 1 | 7 | 8 | 3 | 4 |
| $S$ | 10 | 4 | 5 | 10 | 4 | 4 | 5 | 6 | 7 | 5 | 10 | 8 | 9 | 10 | 7 | 7 | 2 |
| $L$ | 10 | 9 | 5 | 2 | 2 | 10 | 7 | 5 | 8 | 2 | 1 | 8 | 7 | 1 | 4 | 8 | 1 |
| $B$ | 8 | 10 | 7 | 1 | 2 | 6 | 8 | 5 | 10 | 3 | 4 | 10 | 7 | 4 | 5 | 7 | 9 |
| $F$ | 9 | 7 | 6 | 1 | 2 | 2 | 8 | 10 | 4 | 5 | 8 | 8 | 5 | 9 | 10 | 2 | 7 |
| $H$ | 10 | 8 | 5 | 5 | 3 | 5 | 2 | 7 | 5 | 7 | 10 | 7 | 7 | 10 | 8 | 4 | 10 |

这些变量之间有怎样的关系？我们可以通过样本相关系数来粗略理解。在表 7.4 所示的样本相关系数矩阵 $\boldsymbol{\rho}$ 中，不难发现：价格 ($P$) 和外观 ($L$)、品牌 ($B$) 都是负相关，意味着对外观和品牌越满意，对价格越不满意（可能是因为价格太贵）。朋友建议 ($F$) 和家庭适用 ($H$) 是正相关的，意味着朋友建

议可能很多都是考虑到家庭适用的经验之谈。

表 7.4 例 7.11 中样本相关系数矩阵

| 变量 | $P$ | $S$ | $L$ | $B$ | $F$ | $H$ |
|---|---|---|---|---|---|---|
| $P$ | 1.0000 | 0.1965 | −0.6636 | −0.6735 | 0.1981 | 0.2138 |
| $S$ | 0.1965 | 1.0000 | −0.0388 | −0.2401 | 0.1588 | 0.3196 |
| $L$ | −0.6636 | −0.0388 | 1.0000 | 0.6617 | −0.0587 | −0.2485 |
| $B$ | −0.6735 | −0.2401 | 0.6617 | 1.0000 | 0.2802 | 0.0915 |
| $F$ | 0.1981 | 0.1588 | −0.0587 | 0.2802 | 1.0000 | 0.5996 |
| $H$ | 0.2138 | 0.3196 | −0.2485 | 0.0915 | 0.5996 | 1.0000 |

对矩阵 $\boldsymbol{\rho}$ 进行谱分解，得到 $\boldsymbol{\rho} = \boldsymbol{U}\boldsymbol{\Lambda}\boldsymbol{U}^\top$，其中 $\boldsymbol{\Lambda} = \mathrm{diag}(\lambda_1, \lambda_2, \cdots, \lambda_r)$，满足 $\lambda_1 \geqslant \lambda_2 \leqslant \cdots \geqslant \lambda_r > 0$。具体为

$$\boldsymbol{\Lambda} = \mathrm{diag}(2.4597, 1.7609, 0.9330, 0.4508, 0.2417, 0.1538)$$

给定阈值 $t = 0.15$，由算法 7.5 求得 $R(k), k = 1, 2, \cdots, 5$，不难发现首个使得不等式 (7.36) 成立的是 $k = 3$，于是因子个数选为 3。进而，得到 $\hat{\boldsymbol{L}}_{6\times 3}$ 如表 7.5 所示。

因子 1 与产品本身的价格 ($P$)、外观 ($L$)、品牌 ($B$) 有关。因子 2 与朋友建议 ($F$) 和家庭适用 ($H$) 有关，是一些外在因素。因子 3 是配套软件 ($S$)。这三个因子的重要性依次从高至低。

表 7.5 利用主成分得到例 7.11 的因子分析结果

| 变量 | 因子 1 | 因子 2 | 因子 3 |
|---|---|---|---|
| $P$ | −0.8848 | 0.0701 | −0.1323 |
| $S$ | −0.3793 | −0.3236 | 0.8553 |
| $L$ | 0.8452 | −0.1657 | 0.3056 |
| $B$ | 0.7901 | −0.5136 | −0.1555 |
| $F$ | −0.2042 | −0.8526 | −0.2526 |
| $H$ | −0.3909 | −0.7957 | −0.0521 |

由 $\hat{\boldsymbol{L}}$ 和 $\hat{\boldsymbol{\Psi}} = \mathrm{diag}(0.1948, 0.0199, 0.1648, 0.0878, 0.1676, 0.2114)$，我们得到例 7.11 中残差矩阵的 $F$-范数为

$$\|\boldsymbol{\rho} - (\hat{\boldsymbol{L}}\hat{\boldsymbol{L}}^\top + \hat{\boldsymbol{\Psi}})\|_F \approx 0.3733$$

接下来，分别介绍基于最大似然估计和基于最小二乘估计的因子分析，将它们应用于表 7.3 的问卷调查数据上，结果分别见表 7.6 和表 7.7。

2. 基于最大似然估计的因子分析

假设 $\boldsymbol{F} \sim \mathrm{N}_k(\boldsymbol{0}, \boldsymbol{I}_k)$ 与 $\boldsymbol{\epsilon} \sim \mathrm{N}_d(\boldsymbol{0}, \boldsymbol{\Psi})$ 相互独立，其中 $\boldsymbol{\Psi} = \mathrm{diag}(\psi_1, \psi_2, \cdots, \psi_d)$。由 $\boldsymbol{X} = \boldsymbol{L}\boldsymbol{F} + \boldsymbol{\epsilon}$ 得到

$$\boldsymbol{X} \sim \mathrm{N}_d(\boldsymbol{0}, \boldsymbol{L}\boldsymbol{L}^\top + \boldsymbol{\Psi})$$

将 $\boldsymbol{F}$ 视为隐藏变量，则它与 $\boldsymbol{X}$ 的联合分布是正态分布

$$\begin{pmatrix} \boldsymbol{F} \\ \boldsymbol{X} \end{pmatrix} \sim \mathrm{N}_{d+k}\left(\boldsymbol{0}, \begin{pmatrix} \boldsymbol{I}_k & \boldsymbol{L}^\top \\ \boldsymbol{L} & \boldsymbol{L}\boldsymbol{L}^\top + \boldsymbol{\Psi} \end{pmatrix}\right)$$

根据定理 7.1，给定 $\boldsymbol{X}=\boldsymbol{x}$，随机向量 $\boldsymbol{F}$ 的条件分布是

$$\boldsymbol{F}|\boldsymbol{X}=\boldsymbol{x} \sim \mathrm{N}_k(\boldsymbol{L}^\top(\boldsymbol{L}\boldsymbol{L}^\top+\boldsymbol{\Psi})^{-1}\boldsymbol{x}, \boldsymbol{I}_k-\boldsymbol{L}^\top(\boldsymbol{L}\boldsymbol{L}^\top+\boldsymbol{\Psi})^{-1}L)$$

显然，有

$$\begin{aligned}
\mathsf{E}(\boldsymbol{F}|\boldsymbol{X}=\boldsymbol{x}) &= \boldsymbol{L}^\top(\boldsymbol{L}\boldsymbol{L}^\top+\boldsymbol{\Psi})^{-1}\boldsymbol{x} \\
&= \boldsymbol{A}\boldsymbol{x}，\text{其中 } \boldsymbol{A}_{k\times d}=\boldsymbol{L}^\top(\boldsymbol{L}\boldsymbol{L}^\top+\boldsymbol{\Psi})^{-1} \\
\mathsf{E}(\boldsymbol{F}\boldsymbol{F}^\top|\boldsymbol{X}=\boldsymbol{x}) &= \mathsf{Cov}(\boldsymbol{F}|\boldsymbol{X}=\boldsymbol{x})+\mathsf{E}(\boldsymbol{F}|\boldsymbol{X}=\boldsymbol{x})[\mathsf{E}(\boldsymbol{F}|\boldsymbol{X}=\boldsymbol{x})]^\top \\
&= \boldsymbol{I}_k-\boldsymbol{A}\boldsymbol{L}+\boldsymbol{A}\boldsymbol{x}\boldsymbol{x}^\top\boldsymbol{A}^\top，\text{显然 } \boldsymbol{A}\boldsymbol{x}\boldsymbol{x}^\top\boldsymbol{A}^\top \text{ 是对称矩阵}
\end{aligned}$$

给定观测样本 $\boldsymbol{x}_1,\boldsymbol{x}_2,\cdots,\boldsymbol{x}_n\in\mathbb{R}^d$，对数似然函数（忽略掉常数）是

$$\begin{aligned}
\ell(\boldsymbol{L},\boldsymbol{\Psi}) &= -\frac{n}{2}\ln|\boldsymbol{\Psi}|-\frac{1}{2}\sum_{j=1}^n(\boldsymbol{x}_j-\boldsymbol{L}\boldsymbol{f}_j)^\top\boldsymbol{\Psi}^{-1}(\boldsymbol{x}_j-\boldsymbol{L}\boldsymbol{f}_j) \\
&= -\frac{n}{2}\ln|\boldsymbol{\Psi}|-\frac{1}{2}\sum_{j=1}^n(\boldsymbol{x}_j^\top\boldsymbol{\Psi}^{-1}\boldsymbol{x}_j-2\boldsymbol{x}_j^\top\boldsymbol{\Psi}^{-1}\boldsymbol{L}\boldsymbol{f}_j+\boldsymbol{f}_j^\top\boldsymbol{L}^\top\boldsymbol{\Psi}^{-1}\boldsymbol{L}\boldsymbol{f}_j) \\
&= -\frac{n}{2}\ln|\boldsymbol{\Psi}|-\frac{1}{2}\sum_{j=1}^n[\boldsymbol{x}_j^\top\boldsymbol{\Psi}^{-1}\boldsymbol{x}_j-2\boldsymbol{x}_j^\top\boldsymbol{\Psi}^{-1}\boldsymbol{L}\boldsymbol{f}_j+\mathrm{tr}(\boldsymbol{L}^\top\boldsymbol{\Psi}^{-1}\boldsymbol{L}\boldsymbol{f}_j\boldsymbol{f}_j^\top)]
\end{aligned}$$

上式中 $\boldsymbol{f}_j$ 和 $\boldsymbol{f}_j\boldsymbol{f}_j^\top$ 是未知的，我们分别用 $\mathsf{E}(\boldsymbol{F}|\boldsymbol{x}_j)$ 和 $\mathsf{E}(\boldsymbol{F}\boldsymbol{F}^\top|\boldsymbol{x}_j)$ 来替换它们，则上式变为

$$Q=-\frac{n}{2}\ln|\boldsymbol{\Psi}|-\frac{1}{2}\sum_{j=1}^n[\boldsymbol{x}_j^\top\boldsymbol{\Psi}^{-1}\boldsymbol{x}_j-2\boldsymbol{x}_j^\top\boldsymbol{\Psi}^{-1}L\mathsf{E}(\boldsymbol{F}|\boldsymbol{x}_j)+\mathrm{tr}(\boldsymbol{L}^\top\boldsymbol{\Psi}^{-1}L\mathsf{E}(\boldsymbol{F}\boldsymbol{F}^\top|\boldsymbol{x}_j)]$$

于是，有

$$\frac{\partial Q}{\partial \boldsymbol{L}}=-\sum_{j=1}^n\boldsymbol{\Psi}^{-1}\boldsymbol{x}_j[\mathsf{E}(\boldsymbol{F}|\boldsymbol{x}_j)]^\top+\sum_{j=1}^n\boldsymbol{\Psi}^{-1}L\mathsf{E}(\boldsymbol{F}\boldsymbol{F}^\top|\boldsymbol{x}_j)$$

令上面的梯度矩阵为零矩阵，得到

$$\boldsymbol{L}\sum_{j=1}^n\mathsf{E}(\boldsymbol{F}\boldsymbol{F}^\top|\boldsymbol{x}_j)=\sum_{j=1}^n\boldsymbol{x}_j[\mathsf{E}(\boldsymbol{F}|\boldsymbol{x}_j)]^\top \tag{7.37}$$

类似地，有

$$\frac{\partial Q}{\partial \boldsymbol{\Psi}^{-1}}=\frac{n}{2}\boldsymbol{\Psi}-\frac{1}{2}\sum_{j=1}^n[\boldsymbol{x}_j\boldsymbol{x}_j^\top-2L\mathsf{E}(\boldsymbol{F}|\boldsymbol{x}_j)\boldsymbol{x}_j^\top+L\mathsf{E}(\boldsymbol{F}\boldsymbol{F}^\top|\boldsymbol{x}_j)\boldsymbol{L}^\top]$$

将式 (7.37) 代入上式，得到

$$\frac{\partial Q}{\partial \boldsymbol{\Psi}^{-1}}=\frac{n}{2}\boldsymbol{\Psi}-\frac{1}{2}\sum_{j=1}^n[\boldsymbol{x}_j\boldsymbol{x}_j^\top-L\mathsf{E}(\boldsymbol{F}|\boldsymbol{x}_j)\boldsymbol{x}_j^\top]$$

令上面的梯度矩阵为零矩阵，得到

$$\boldsymbol{\Psi} = \frac{1}{n}\sum_{j=1}^{n}[\boldsymbol{x}_j\boldsymbol{x}_j^\top - \boldsymbol{L}\mathsf{E}(\boldsymbol{F}|\boldsymbol{x}_j)\boldsymbol{x}_j^\top] \tag{7.38}$$

直接求 $\boldsymbol{L},\boldsymbol{\Psi}$ 的最大似然估计的显式解很困难，然而用数值逼近的方法估计 $\boldsymbol{L},\boldsymbol{\Psi}$ 却是可行的。1982 年，美国统计学家**唐纳德 · 鲁宾**（Donald Rubin, 1943—）给出了下述算法，其理论基础是期望最大化算法[131]，详见第 8 章。

算法 7.6　设样本是经过标准化的。初始化 $\boldsymbol{\Psi}_{(0)}$ 和 $\boldsymbol{L}_{(0)}$，使矩阵 $\boldsymbol{L}_{(0)}\boldsymbol{L}_{(0)}^\top + \boldsymbol{\Psi}_{(0)}$ 可逆。

- 按照当前的参数 $\boldsymbol{L}$ 和 $\boldsymbol{\Psi}$，令

$$\boldsymbol{A}_{(t)} = \boldsymbol{L}_{(t)}^\top(\boldsymbol{L}_{(t)}\boldsymbol{L}_{(t)}^\top + \boldsymbol{\Psi}_{(t)})^{-1}$$

计算 $\boldsymbol{F}$ 和 $\boldsymbol{F}\boldsymbol{F}^\top$ 的条件期望如下：

$$\begin{aligned}\mathsf{E}(\boldsymbol{F}|\boldsymbol{x}_j) &= \boldsymbol{A}_{(t)}\boldsymbol{x}_j\\ \mathsf{E}(\boldsymbol{F}\boldsymbol{F}^\top|\boldsymbol{X}=\boldsymbol{x}_j) &= \boldsymbol{I}_k - \boldsymbol{A}_{(t)}\boldsymbol{L}_{(t)} + \boldsymbol{A}_{(t)}\boldsymbol{x}_j\boldsymbol{x}_j^\top\boldsymbol{A}_{(t)}^\top\end{aligned}$$

- 令 $\boldsymbol{S}$ 是散布矩阵。由结果 (7.37) 和 (7.38)，更新 $\boldsymbol{L},\boldsymbol{\Psi}$ 如下：

$$\begin{aligned}\boldsymbol{L}_{(t+1)} &= \left[\sum_{j=1}^{n}\boldsymbol{x}_j[\mathsf{E}(\boldsymbol{F}|\boldsymbol{x}_j)]^\top\right]\left[\sum_{j=1}^{n}\mathsf{E}(\boldsymbol{F}\boldsymbol{F}^\top|\boldsymbol{x}_j)\right]^{-1}\\ &= \boldsymbol{S}\boldsymbol{A}_{(t)}^\top[n(\boldsymbol{I}_k - \boldsymbol{A}_{(t)}\boldsymbol{L}_{(t)}) + \boldsymbol{A}_{(t)}\boldsymbol{S}\boldsymbol{A}_{(t)}^\top]^{-1}\\ \boldsymbol{\Psi}_{(t+1)} &= \frac{1}{n}\mathrm{diag}\left[\sum_{j=1}^{n}\boldsymbol{x}_j\boldsymbol{x}_j^\top - \boldsymbol{L}_{(t)}\mathsf{E}(\boldsymbol{F}|\boldsymbol{x}_j)\boldsymbol{x}_j^\top\right]\\ &= \frac{1}{n}\mathrm{diag}[(\boldsymbol{I}_d - \boldsymbol{L}_{(t)}\boldsymbol{A}_{(t)})\boldsymbol{S}]\end{aligned}$$

因为对角阵 $\hat{\boldsymbol{\Psi}}$ 中的元素必须是非负的，所以需要将其对角线元素更新为各自的绝对值。

- 重复上述两个步骤，直至达到预定的收敛标准。

例 7.12　利用算法 7.6 求得例 7.11 的因子分析结果（表 7.6），其结论与表 7.5 的相似。

表 7.6　利用最大似然估计得到例 7.11 的因子分析结果

| 变量 | 因子 1 | 因子 2 | 因子 3 |
|---|---|---|---|
| $P$ | −0.7967 | 0.02072 | −0.1303 |
| $S$ | −0.3757 | −0.35379 | 0.8215 |
| $L$ | 0.7416 | −0.11674 | 0.2445 |
| $B$ | 0.8024 | −0.50428 | −0.1253 |
| $F$ | −0.1742 | −0.74628 | −0.2191 |
| $H$ | −0.3199 | −0.66265 | −0.0655 |

3. 基于最小二乘估计的因子分析

对问题 (7.34) 来说，估计 $\boldsymbol{L},\boldsymbol{\Psi}$ 的方法并不唯一。除了上述基于主成分和最大似然估计的方法，还有最小化以下目标函数的最小二乘估计[114]。

$$f_{\text{LSE}}(\boldsymbol{L},\boldsymbol{\Psi})=\frac{1}{2}\text{tr}[\boldsymbol{C}-(\boldsymbol{L}\boldsymbol{L}^\top+\boldsymbol{\Psi})]^2\text{，其中 }\boldsymbol{C}\text{ 是样本协方差矩阵}$$

将上式右侧展开，得到

$$\begin{aligned}f_{\text{LSE}}(\boldsymbol{L},\boldsymbol{\Psi})&=\frac{1}{2}\text{tr}(\boldsymbol{C}^2-\boldsymbol{C}\boldsymbol{L}\boldsymbol{L}^\top-\boldsymbol{C}\boldsymbol{\Psi}-\\&\quad\boldsymbol{L}\boldsymbol{L}^\top\boldsymbol{C}+\boldsymbol{L}\boldsymbol{L}^\top\boldsymbol{L}\boldsymbol{L}^\top+\boldsymbol{L}\boldsymbol{L}^\top\boldsymbol{\Psi}-\\&\quad\boldsymbol{\Psi}\boldsymbol{C}+\boldsymbol{\Psi}\boldsymbol{L}\boldsymbol{L}^\top+\boldsymbol{\Psi}^2)\\&=\frac{1}{2}\text{tr}(\boldsymbol{C}^2)+\frac{1}{2}\text{tr}(\boldsymbol{L}\boldsymbol{L}^\top\boldsymbol{L}\boldsymbol{L}^\top)+\frac{1}{2}\text{tr}(\boldsymbol{\Psi}^2)-\\&\quad\text{tr}(\boldsymbol{C}\boldsymbol{L}\boldsymbol{L}^\top)-\text{tr}(\boldsymbol{C}\boldsymbol{\Psi})+\text{tr}(\boldsymbol{L}\boldsymbol{L}^\top\boldsymbol{\Psi})\end{aligned}$$

利用梯度矩阵（见《人工智能的数学基础——随机之美》[10] 的附录），不难得到

$$\begin{aligned}\frac{\partial f}{\partial \boldsymbol{L}}&=\frac{1}{2}\frac{\partial\text{tr}(\boldsymbol{C}^2)}{\partial \boldsymbol{L}}+\frac{1}{2}\frac{\partial\text{tr}(\boldsymbol{L}\boldsymbol{L}^\top\boldsymbol{L}\boldsymbol{L}^\top)}{\partial \boldsymbol{L}}+\frac{1}{2}\frac{\partial\text{tr}(\boldsymbol{\Psi}^2)}{\partial \boldsymbol{L}}-\\&\quad\frac{\partial\text{tr}(\boldsymbol{C}\boldsymbol{L}\boldsymbol{L}^\top)}{\partial \boldsymbol{L}}-\frac{\partial\text{tr}(\boldsymbol{C}\boldsymbol{\Psi})}{\partial \boldsymbol{L}}+\frac{\partial\text{tr}(\boldsymbol{L}\boldsymbol{L}^\top\boldsymbol{\Psi})}{\partial \boldsymbol{L}}\\&=\boldsymbol{O}+2\boldsymbol{L}\boldsymbol{L}^\top\boldsymbol{L}+\boldsymbol{O}-2\boldsymbol{C}\boldsymbol{L}+\boldsymbol{O}+2\boldsymbol{\Psi}\boldsymbol{L}\\&=2\boldsymbol{L}\boldsymbol{L}^\top\boldsymbol{L}-2\boldsymbol{C}\boldsymbol{L}+2\boldsymbol{\Psi}\boldsymbol{L}\end{aligned}$$

令上述梯度矩阵为零矩阵，我们得到

$$\boldsymbol{L}\boldsymbol{L}^\top\boldsymbol{L}=(\boldsymbol{C}-\boldsymbol{\Psi})\boldsymbol{L}$$

将上式两边同时右乘 $\boldsymbol{L}^\top$，因为 $\boldsymbol{L}\boldsymbol{L}^\top$ 是正定的，所以总有

$$\boldsymbol{L}\boldsymbol{L}^\top=\boldsymbol{C}-\boldsymbol{\Psi}$$

类似地，有

$$\frac{\partial f}{\partial \boldsymbol{\Psi}}=\boldsymbol{\Psi}-\boldsymbol{C}+\boldsymbol{L}\boldsymbol{L}^\top$$

于是，得到

$$\boldsymbol{\Psi}=\text{diag}(\boldsymbol{C}-\boldsymbol{L}\boldsymbol{L}^\top)$$

算法 7.7　假设样本是经过标准化的。初始化 $\hat{\boldsymbol{\Psi}}$，譬如 $\hat{\boldsymbol{\Psi}}=[\text{diag}(\boldsymbol{C}^{-1})]^{-1}$，或者 $\hat{\boldsymbol{\Psi}}$ 为均匀分布 $\text{U}(0,1)$ 的 $d$ 个随机数构成的对角阵。

- 令 $A = C - \hat{\Psi}$。显然，$A$ 是对称矩阵。设 $A$ 的本征值 $\lambda_1 \geqslant \lambda_2 \geqslant \cdots \geqslant \lambda_d$ 所对应的本征向量是 $v_1, v_2, \cdots, v_d$。记

$$\Lambda = \text{diag}(\lambda_1, \lambda_2, \cdots, \lambda_d)$$
$$V = (v_1, v_2, \cdots, v_d)$$

对称矩阵 $A$ 具有谱分解 $A = V\Lambda V^\top$。令

$$\hat{L} = V_k \Lambda_k^{\frac{1}{2}}$$

其中，

$$\Lambda_k = \text{diag}(\lambda_1, \lambda_2, \cdots, \lambda_k)$$
$$V_k = (v_1, v_2, \cdots, v_k)$$

这一步骤与算法 7.5 的第一步是类似的。显然，$\hat{L}\hat{L}^\top$ 是对 $A$ 的近似。

- 设当前对 $L$ 的估计是 $\hat{L}$。令

$$\hat{\Psi} = \text{diag}(C - \hat{L}\hat{L}^\top)$$

与算法 7.6 类似，需要将 $\hat{\Psi}$ 的对角线元素更新为其绝对值。

- 重复上述两个步骤，直至达到预定的收敛标准。例如，$\hat{\Psi}$ 中元素的最大变化不超过 0.01。

例 7.13　利用算法 7.7 求得例 7.11 的因子分析结果（表 7.7），其结论也与表 7.5 的相似。

表 7.7　利用最小二乘法得到例 7.11 的因子分析结果

| 变量 | 因子 1 | 因子 2 | 因子 3 |
|---|---|---|---|
| $P$ | −0.8028 | −0.006056 | 0.1728 |
| $S$ | −0.4110 | 0.456305 | −0.7898 |
| $L$ | 0.7664 | 0.107173 | −0.2798 |
| $B$ | 0.8547 | 0.473126 | 0.1332 |
| $F$ | −0.1335 | 0.755712 | 0.2962 |
| $H$ | −0.2980 | 0.680853 | 0.1536 |

### 7.2.3　独立成分分析

在演唱会现场（图 7.34），麦克风的数量可以是一个，也可以是两个、三个……，每个麦克风都采集了乐器和歌者的声音（即观测数据）。音源和麦克风的个数是已知的，如何将这几个独立的音源分离出来？

图 7.34　演唱会现场

上述问题在信号处理里属于盲源分离 (blind source separation, BSS)，即从观测信号中将各个源信号分离出来（图 7.35）。这类问题有两个难点：一是源信号不能直接观测；二是信号模型是未知的，即我们并不了解源信号是如何混合的[132-134]。譬如，如何分离在鸡尾酒会上同时说话的每个人的声音信号。

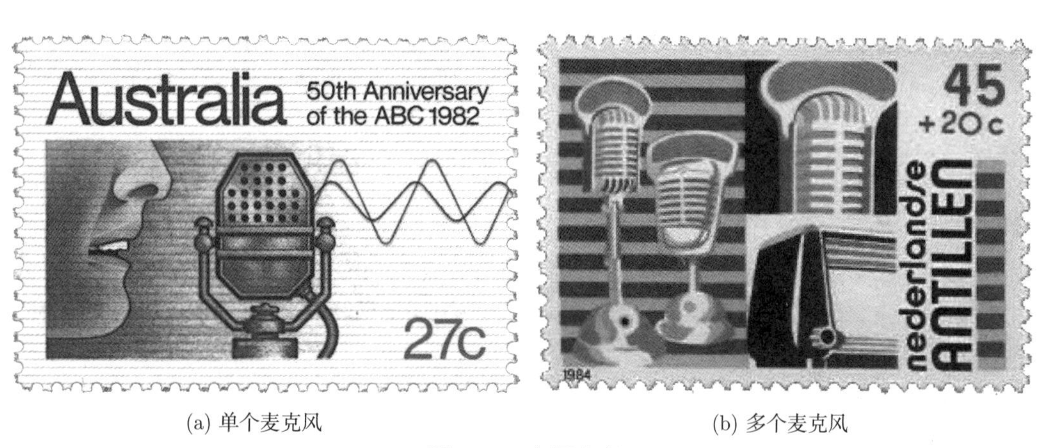


(a) 单个麦克风　　(b) 多个麦克风

图 7.35　盲源分离

盲源分离是信号处理的难题之一，它可以一般化为：对于任意的随机向量 $\boldsymbol{X} = (X_1, X_2, \cdots, X_d)^\top$，是否存在一个可逆变换 $\boldsymbol{A} = (a_{ij})_{d\times d}$ 使得随机向量 $\boldsymbol{X}$ 可分解为 $\boldsymbol{X} = \boldsymbol{AS}$，其中，矩阵 $\boldsymbol{A}$ 和随机向量 $\boldsymbol{S} = (S_1, S_2, \cdots, S_d)^\top$ 都是未知的，而 $\boldsymbol{S}$ 的各个分量是相互独立的。

对于多元正态分布，它的主成分是相互独立的[10]，毫无疑问上述分解是存在的。下面，介绍一种经典的盲源分离方法——独立成分分析 (independent component analysis, ICA)，利用最大似然估计寻找最优可能的分解

$$\boldsymbol{X} = \boldsymbol{AS}$$

设 $\boldsymbol{W} = (w_{ij})_{d\times d}$ 是 $\boldsymbol{A}$ 的逆变换，则 $\boldsymbol{S} = \boldsymbol{WX}$，满足分量独立的条件，于是随机向量 $\boldsymbol{S}$ 的协方差矩阵应为单位矩阵。给定观测数据 $\boldsymbol{x}_1, \boldsymbol{x}_2, \cdots, \boldsymbol{x}_n \in \mathbb{R}^d$，潜在的源数据是

$$\boldsymbol{s}_j = \boldsymbol{W}\boldsymbol{x}_j，\text{其中 } j = 1, 2, \cdots, n$$

令 $C'$ 是源数据 $s_1, s_2, \cdots, s_n$ 的协方差矩阵，它应为单位矩阵。令 $C$ 是样本 $x_1, x_2, \cdots, x_n$ 的协方差矩阵，它与 $C'$ 的具体关系是

$$\begin{aligned} C &= \frac{1}{n-1}\sum_{j=1}^{n} x_j x_j^{\top} \\ &= \frac{1}{n-1}\sum_{j=1}^{n}(As_j)(As_j)^{\top} \\ &= A\left(\frac{1}{n-1}\sum_{j=1}^{n} s_j s_j^{\top}\right)A^{\top} \\ &= AC'A^{\top} \\ &= AA^{\top} \end{aligned}$$

设 $A$ 的奇异值分解是 $A = U\Sigma V^{\top}$（其几何含义见图 7.36），代入上式，得到

$$C = U\Sigma^2 U^{\top}$$

上式是半正定的对称矩阵 $C$ 的谱分解，其中 $\Sigma^2 = \mathrm{diag}(\sigma_1^2, \sigma_2^2, \cdots, \sigma_d^2)$ 是 $C$ 的本征值构成的对角阵，$U = (u_1, u_2, \cdots, u_d)$ 是相应本征向量构成的正交阵。我们只需要搞清楚 $V$，即可得到

$$\begin{aligned} W &= V\Sigma^{-1}U^{\top} \\ &= V\tilde{W} \end{aligned}$$

独立成分分析试图重新发现数据的原始形态，也就是求潜在变换 $A$ 的逆变换 $W$。虽然 $A$ 是未知的，但它的奇异值分解的部分信息是可以从样本协方差矩阵中获取的，即旋转 $U^{\top}$ 和拉伸 $\Sigma^{-1}$。再经过一个旋转 $V$，源数据就出现了。

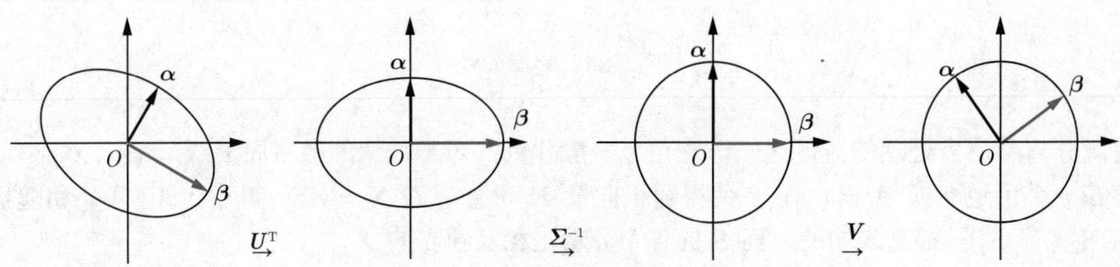


图 7.36　奇异值分解 $A = U\Sigma V^{\top}$ 的几何含义

我们称 $\tilde{W} = \Sigma^{-1}U^{\top}$ 为白化矩阵 (whitening matrix)，称 $z_j = \tilde{W}x_j, j = 1, 2, \cdots, n$ 为白化数据 (whitened data)。从白化数据到源数据就差一个旋转变换 $V$。从白化数据可以得到各个变量的边缘分布，如果这些变量是独立的，其联合分布的抽样可以通过边缘分布的抽样得到，其形态应该与白化数据相差无几。遗憾的是，白化数据中的变量一般不满足独立性，见例 7.14。

例 7.14　令源数据是 $(-1,1)\times(-1,1)$ 上均匀分布的随机数，经过变换 $A = \begin{pmatrix} 1 & 3 \\ 2 & 1 \end{pmatrix}$ 得到观测数据，见图 7.37(a)。从图 7.37(b) 不难看出，白化数据离源数据只有一步之遥。图 7.37(c) 是从白化数据的经验边缘分布抽样所得到的重构数据，与白化数据相距甚远，说明两个边缘分布并不独立。

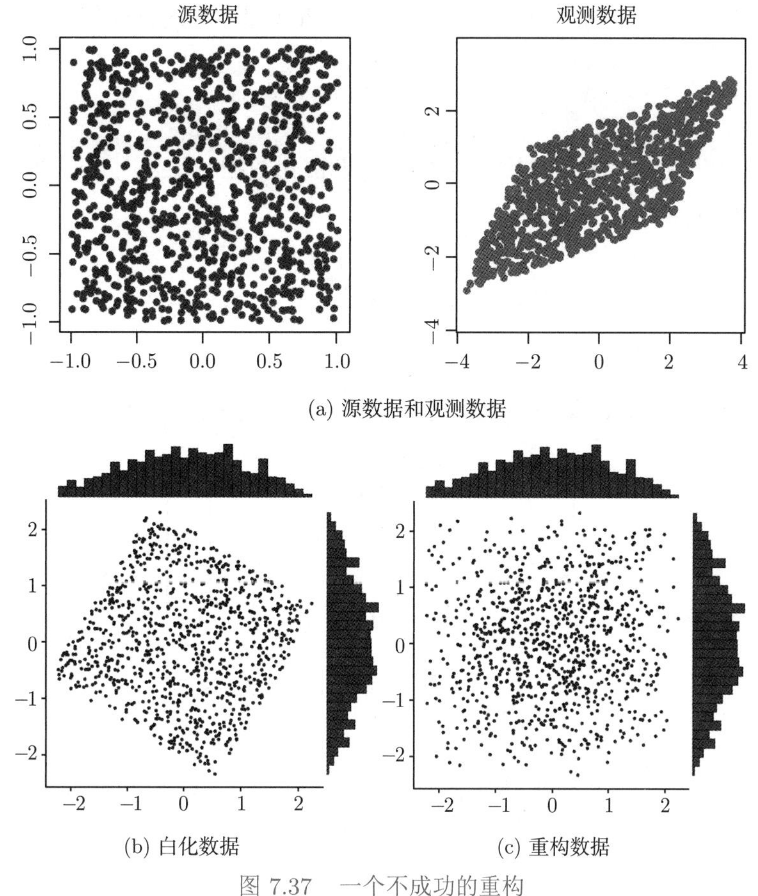

(a) 源数据和观测数据

(b) 白化数据　(c) 重构数据

图 7.37　一个不成功的重构

假设源信号 $\boldsymbol{S}$ 不服从正态分布，否则白化数据做任何旋转都可以得到独立成分，因此解不唯一，独立成分分析没有任何意义。为了得到 $\boldsymbol{V}$，下面我们分两个步骤考虑它的最大似然估计问题，其中源数据的独立成分不是正态分布。

- 白化数据的总体分布：若已知 $\boldsymbol{S}$ 的密度函数是

$$f_{\boldsymbol{S}}(\boldsymbol{s}) = \prod_{i=1}^{d} f_{S_i}(s_i)$$

随机向量 $\boldsymbol{S}$ 与 $\boldsymbol{Z} = \boldsymbol{\Sigma}^{-1}\boldsymbol{U}^{\top}\boldsymbol{X}$ 的关系是 $\boldsymbol{S} = \boldsymbol{V}\boldsymbol{Z}$，或者等价地有

$$\boldsymbol{Z} = \boldsymbol{V}^{\top}\boldsymbol{S}$$

因此，$\boldsymbol{Z}$ 的密度函数是

$$\begin{aligned} f_{\boldsymbol{Z}}(\boldsymbol{z}) &= \left|\frac{\partial \boldsymbol{s}}{\partial \boldsymbol{z}}\right| f_{\boldsymbol{S}}(\boldsymbol{s}) \\ &= |\boldsymbol{V}| f_{\boldsymbol{S}}(\boldsymbol{V}\boldsymbol{z}) \\ &= |\boldsymbol{V}| \prod_{i=1}^{d} f_{S_i}(\boldsymbol{v}_{i\cdot}^{\top}\boldsymbol{z}) \end{aligned}$$

其中，$\boldsymbol{v}_{i\cdot} = (v_{i1}, v_{i2}, \cdots, v_{id})^\top$，即 $\boldsymbol{V}$ 的第 $i$ 行向量转置而成的列向量。显然，

$$\boldsymbol{V}^\top = (\boldsymbol{v}_{1\cdot}, \boldsymbol{v}_{2\cdot}, \cdots, \boldsymbol{v}_{d\cdot})_{d\times d}$$

- 由白化数据的对数似然函数求旋转变换 $\boldsymbol{V}$：设白化数据 $\boldsymbol{z}_1, \boldsymbol{z}_2, \cdots, \boldsymbol{z}_n$ 是来自总体 $\boldsymbol{Z}$ 的样本，则对数似然函数为

$$\ell(\boldsymbol{V}) = n \ln |\boldsymbol{V}| + \sum_{j=1}^{n} \sum_{i=1}^{d} \ln f_{S_i}(\boldsymbol{v}_{i\cdot}^\top \boldsymbol{x}_j)$$

定义逐量向量函数 (component-wise vector function) $\boldsymbol{g} : \mathbb{R}^d \to \mathbb{R}^d$ 如下：

$$\boldsymbol{g}(\boldsymbol{y}) = \begin{pmatrix} g_1(y_1) \\ g_2(y_2) \\ \vdots \\ g_d(y_d) \end{pmatrix}，其中\ \boldsymbol{y} = \begin{pmatrix} y_1 \\ y_2 \\ \vdots \\ y_d \end{pmatrix}$$

$$g_i = \frac{f'_{S_i}}{f_{S_i}}，其中\ i = 1, 2, \cdots, d$$

特别地，当所有 $g_i$ 都等于某个函数 $g$ 时，$\boldsymbol{g}(\boldsymbol{y})$ 也简写作 $g(\boldsymbol{y})$。在 R 语言里，向量值函数 $g(\boldsymbol{y})$ 的定义也是

$$g(\boldsymbol{y}) = \begin{pmatrix} g(y_1) \\ g(y_2) \\ \vdots \\ g(y_d) \end{pmatrix}$$

对数似然函数对 $\boldsymbol{V}$ 的梯度矩阵是

$$\begin{aligned}
\frac{\partial \ell(\boldsymbol{V})}{\partial \boldsymbol{V}} &= \frac{n}{|\boldsymbol{V}|} \frac{\partial |\boldsymbol{V}|}{\partial \boldsymbol{V}} + \sum_{j=1}^{n} \sum_{i=1}^{d} \frac{f'_{S_i}(\boldsymbol{v}_{i\cdot}^\top \boldsymbol{z}_j)}{f_{S_i}(\boldsymbol{v}_{i\cdot}^\top \boldsymbol{z}_j)} \cdot \frac{\partial (\boldsymbol{v}_{i\cdot}^\top \boldsymbol{z}_j)}{\partial \boldsymbol{V}} \\
&= \frac{n}{|\boldsymbol{V}|} |\boldsymbol{V}| (\boldsymbol{V}^\top)^{-1} + \sum_{j=1}^{n} \sum_{i=1}^{d} g_i(\boldsymbol{v}_{i\cdot}^\top \boldsymbol{z}_j) \begin{pmatrix} O \\ \boldsymbol{z}_j^\top \\ O \end{pmatrix} \leftarrow 第\ i\ 行 \\
&= n\boldsymbol{V} + \sum_{j=1}^{n} \begin{pmatrix} g_1(\boldsymbol{v}_{1\cdot}^\top \boldsymbol{z}_j) \boldsymbol{z}_j^\top \\ \vdots \\ g_d(\boldsymbol{v}_{d\cdot}^\top \boldsymbol{z}_j) \boldsymbol{z}_j^\top \end{pmatrix} \\
&= n\boldsymbol{V} + \sum_{j=1}^{n} \boldsymbol{g}(\boldsymbol{V}\boldsymbol{z}_j) \boldsymbol{z}_j^\top
\end{aligned}$$

算法 7.8 令上述梯度矩阵 $\frac{\partial \ell(V)}{\partial V}$ 为零矩阵，我们得到

$$V \leftarrow -\frac{1}{n}\sum_{j=1}^{n} g(Vz_j)z_j^{\top} \tag{7.39}$$

将 $V = (v_1, v_2, \cdots, v_d)$ 的列向量都变为单位向量，即

$$V \leftarrow \left(\frac{v_1}{\|v_1\|}, \frac{v_2}{\|v_2\|}, \cdots, \frac{v_d}{\|v_d\|}\right)$$

然后，再次重复式 (7.39)，直至再无很多更新。

例 7.15 算法 7.8 的一个具体实现：假设 $S$ 的各个分量 $S_1, S_2, \cdots, S_d \overset{\text{iid}}{\sim} \text{Logistic}(0,1)$，其密度函数是

$$f_{S_i}(s) = \frac{\exp\{-s\}}{(1+\exp\{-s\})^2}$$

于是，有

$$\begin{aligned} g_i(s) &= \frac{f'_{S_i}(s)}{f_{S_i}(s)} \\ &= 1 - \frac{2}{1+\exp\{-s\}} \\ &= 1 - 2S(s) \end{aligned}$$

上式中，$S(x)$ 是机器学习和模式识别里大名鼎鼎的 S 形函数。由更新方法 (7.39) 可得

$$\begin{aligned} V &\leftarrow -\frac{1}{n}\sum_{j=1}^{n}\left(\mathbf{1}_d - \frac{2}{1+\exp\{-Vz_j\}}\right)z_j^{\top} \\ &= \frac{2}{n}\sum_{j=1}^{n}\frac{1}{1+\exp\{-Vz_j\}}z_j^{\top} - \begin{pmatrix} \bar{z}^{\top} \\ \vdots \\ \bar{z}^{\top} \end{pmatrix}_{d\times d} \end{aligned}$$

其中，$\bar{z} = \frac{1}{n}\sum_{j=1}^{n} z_j$ 是白化数据的均值。

例 7.16 接着例 7.14，从图 7.37(a) 所示的观测数据，我们得到 PCA 数据表示和 ICA 数据表示，如图 7.38 所示。其中，PCA 数据表示 (7.23) 无法得到源数据，它只关心数据散布最大的正交方向。ICA 数据表示可能与源数据相差一个常尺度的拉伸，在某种意义上算是恢复了源数据。

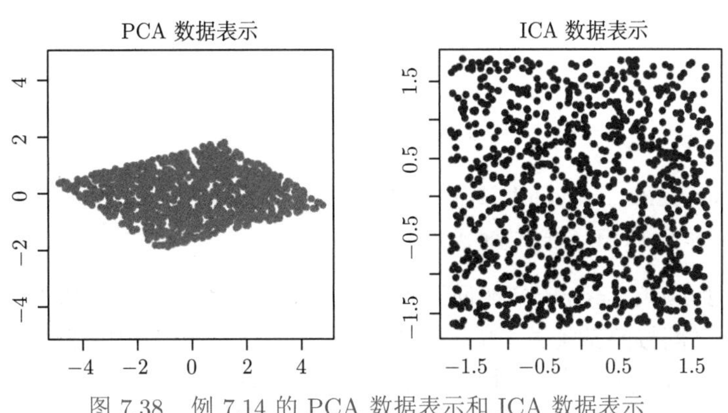


图 7.38 例 7.14 的 PCA 数据表示和 ICA 数据表示

### 7.2.4 多维缩放与等距映射

在几何上，如何把样本的维数降下来，同时又尽量不破坏它们之间的距离关系？**多维缩放** (multi-dimensional scaling, MDS) 就是实现这类数据表示的方法。

已知样本 $\boldsymbol{x}_1, \boldsymbol{x}_2, \cdots, \boldsymbol{x}_n$ 的距离矩阵 $\boldsymbol{\Delta} = (d_{ij})_{n\times n}$，譬如，欧氏距离矩阵。我们要寻找的数据表示 $\boldsymbol{y}_1, \boldsymbol{y}_2, \cdots, \boldsymbol{y}_n \in \mathbb{R}^k$ 要尽可能地保证

$$\|\boldsymbol{y}_i - \boldsymbol{y}_j\|_2 = d_{ij}, \forall i, j \in \{1, 2, \cdots, n\}$$

换句话说，就是求解下面的全局最优化问题。

$$\underset{\boldsymbol{y}_1,\cdots,\boldsymbol{y}_n\in\mathbb{R}^k}{\operatorname{argmin}} \sum_{i<j} (\|\boldsymbol{y}_i - \boldsymbol{y}_j\|_2 - d_{ij})^2 \tag{7.40}$$

图 7.39 杨（左）和豪斯霍尔德（右）

实际上，问题 (7.40) 并不需要真实样本 $\boldsymbol{x}_1, \boldsymbol{x}_2, \cdots, \boldsymbol{x}_n$，有也可无也可。它探讨的是如何仅仅通过给定的距离矩阵 $\boldsymbol{\Delta}$ 重构样本 $\boldsymbol{y}_1, \boldsymbol{y}_2, \cdots, \boldsymbol{y}_n \in \mathbb{R}^k$，使其距离矩阵就是 $\boldsymbol{\Delta}$。重构样本的维数 $k$ 是由 $\boldsymbol{\Delta}$ 决定的。1938 年，美国数学家**盖尔·杨**（Gail Young, 1915—1999）和**阿尔斯通·斯科特·豪斯霍尔德**（Alston Scott Householder, 1904—1993）（图 7.39）利用由欧氏距离矩阵 $\boldsymbol{\Delta}$ 构造的内积矩阵（见附录 D 的性质 D.8）的谱分解给出了一个答案[135]。

算法 7.9 给定欧氏距离矩阵 $\boldsymbol{\Delta}$，下述算法给出问题 (7.40) 的一个解。

（1）根据性质 D.8，由 $\boldsymbol{\Delta}$ 构造内积矩阵 $\boldsymbol{G}$。

（2）计算 $\boldsymbol{G}$ 的谱分解：

$$\begin{aligned}\boldsymbol{G} &= \boldsymbol{V}\boldsymbol{\Lambda}\boldsymbol{V}^\top \\ &= \boldsymbol{V}\mathrm{diag}(\lambda_1, \lambda_2, \cdots, \lambda_r)\boldsymbol{V}^\top\end{aligned}$$

（3）我们得到问题 (7.40) 的一个解：

$$\begin{aligned}\boldsymbol{Y} &= \boldsymbol{\Lambda}^{\frac{1}{2}}\boldsymbol{V}^\top \\ &= \mathrm{diag}(\sqrt{\lambda_1}, \sqrt{\lambda_2}, \cdots, \sqrt{\lambda_r})\boldsymbol{V}^\top\end{aligned}$$

另外，$\boldsymbol{Y}_{n\times n} = \boldsymbol{V}\boldsymbol{\Lambda}^{\frac{1}{2}}\boldsymbol{V}^\top$ 也是问题 (7.40) 的一个解。

证明 不难验证矩阵 $\boldsymbol{Y}_{r\times n} = \boldsymbol{\Lambda}^{\frac{1}{2}}\boldsymbol{V}^\top$ 满足 $\boldsymbol{Y}^\top\boldsymbol{Y} = \boldsymbol{G}$，即 $\boldsymbol{A}$ 的列向量的内积矩阵就是 $\boldsymbol{G}$，进而根据性质 D.8，这些列向量的欧氏距离矩阵为 $\boldsymbol{\Delta}$。 □

例 7.17 从普林斯顿大学 WordNet 词汇语义知识库或者类似的知识图谱中，可以抽取词汇距离（例如，两个概念节点之间按照某种关系的最短路径的长度）。多维缩放算法 7.9 使得这些词汇或概念在欧氏空间里得以向量化，为自然语言处理提供了数据表示。下面，通过一个虚构的例子讲解算法 7.9：表 7.8 是一个词汇距离矩阵，只用于演示多维缩放。

表 7.8 虚构的词汇距离数据

| $\Delta$ | 狗 | 猫 | 人类 | 机器人 | 车 |
|---|---|---|---|---|---|
| 狗 | 0 | 3 | 8 | 12 | 16 |
| 猫 | 3 | 0 | 9 | 13 | 16 |
| 人类 | 8 | 9 | 0 | 6 | 15 |
| 机器人 | 12 | 13 | 6 | 0 | 4 |
| 车 | 16 | 16 | 15 | 4 | 0 |

根据表 7.8，由算法 7.9 计算出词汇的二维向量表示，见表 7.9。

表 7.9 二维词汇向量

| | 狗 | 猫 | 人类 | 机器人 | 车 |
|---|---|---|---|---|---|
| $y_1$ | 6.26 | 6.49 | 2.49 | −5.50 | −9.74 |
| $y_2$ | 1.70 | 3.13 | −5.52 | −2.48 | 3.17 |

表 7.9 中的二维词汇向量近似地保留了表 7.8 所描述的词汇距离信息（图 7.40）。在算法 7.9 中，投射空间的维度不超过内积矩阵 $\boldsymbol{G}$ 的秩。词汇向量的维度越高，距离信息越精确。

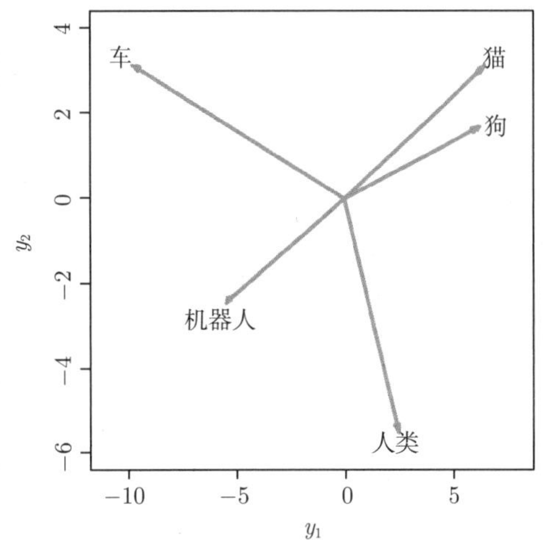

图 7.40 在平面内的二维词汇向量

以上的讨论都是基于 $\boldsymbol{\Delta}$ 是欧氏距离矩阵。在多维缩放中，采用欧氏距离的做法是值得商榷的。譬如，数据若分布在一个球面上，用欧氏距离来实现多维缩放就是错误的。一般地，数据在空间的分布是未知的，甚至连数据所在的空间我们也知之甚少。若要考虑比球面更一般的几何对象，就需要*流形* (manifold) 的概念。

流形不严格地定义为：每个点的局部都可近似地看作欧氏空间的几何对象（如球面、环面等）。例如，足球是一些正五边形“拼接”而成的（图 7.41(a)）。再如，美国建筑师、发明家**巴克敏斯特·富勒** (Buckminster Fuller, 1895—1983)（图 7.41(b)）的球型屋顶，也是用欧氏碎片“拼接”得到的。大量的几何对象都可以通过这种“拼接”方式构造出来。

(a) 足球

(b) 富勒

图 7.41 流形

按照流形的定义，我们可按照欧氏几何来研究流形的局部性质，见图 7.42(a)。在一个流形上，局部两点之间的最短路径被称为测地线 (geodesic)。例如，在球面上，两点之间的最短路径是过此两点和球心的平面截出来的大圆上的一段弧线，见图 7.42(b)。其中，球面三角形 $ABC$ 是由三条测地线构成的，三个内角之和大于 $\pi$。

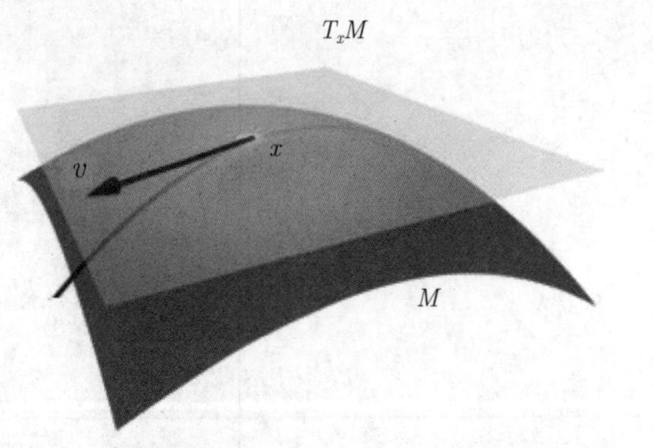


(a) 流形 $M$ 的点 $x$ 处所有切线构成的切空间 $T_xM$

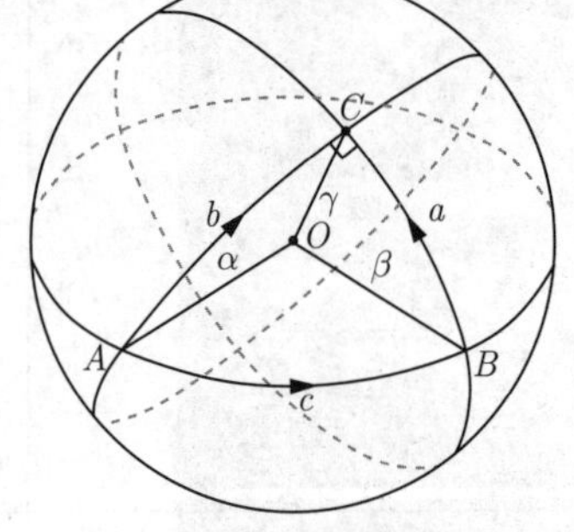


(b) 球面上的测地线

图 7.42 微分流形上的切平面与测地线

在不清楚流形具体长啥样的情况下，如何测得任意两样本点之间的测地距离 (geodesic distance) 呢？可以利用流形的定义，对每个样本点，先局部测好与近邻 (nearest neighbor, NN) 的距离，然后再一段一段地拼接起来。1816—1855 年，俄国天文学家、地理学家**瓦西里 · 雅可夫列维奇 · 斯特鲁维**（Vasily Yakovlevich Struve, 1793—1864）*（图 7.43）从挪威到黑海构建了一组三角测量点，所得到的三角测量链被称为“斯特鲁维测地弧”(Struve geodetic arc)，全长 2820 千米。

流形学习 (manifold learning) 中常见的等距映射 (isometric map, Isomap) 算法[136] 借鉴了斯特鲁维测地弧的基本想法，该算法是麻省理工学院认知科学家**乔舒亚 · 特南鲍姆**（Joshua Tenenbaum, 1972—）于 2000 年提出的。

---

* 斯特鲁维的德文名字是弗里德里希 · 格奥尔格 · 威廉 · 冯 · 斯特鲁维 (Friedrich Georg Wilhelm von Struve)，他的家族出了好几位天文学家，月球上的斯特鲁维环形山正是以他和他的天文学家儿孙命名的。

图 7.43　斯特鲁维测地弧

算法 7.10（等距映射）　先按照欧氏距离算得每个点 $p$ 的 $k$ 个近邻，这些近邻与点 $p$ 的测地距离可近似为欧氏距离。

（1）构造一个近邻图，边的权重就是欧氏距离。

（2）利用戴克斯特拉算法*或者弗洛伊德-沃舍尔算法†求任意两点间的最短路径，所得的距离之和即为测地距离的近似，称为“近似测地距离”。

（3）最后利用 MDS 进行非线性降维。

假设数据分布在一个弯曲空间里，则两点之间的距离理应采用测地距离，它的近似计算参见算法 7.10 的前两个步骤。如图 7.44 所示，数据分布在“卷筒”流形（也称“瑞士卷”）上，不能直接用欧氏距离来刻画两点间的测地距离，见图 7.44(a)。而是应该利用欧氏距离为每个点找出近邻后，再用最短路径的欧氏距离之和来逼近测地距离，见图 7.44(b) 的近似测地线。如果将瑞士卷平铺开来，如图 7.44(c) 所示，测地线与近似测地线的关系就一目了然了。

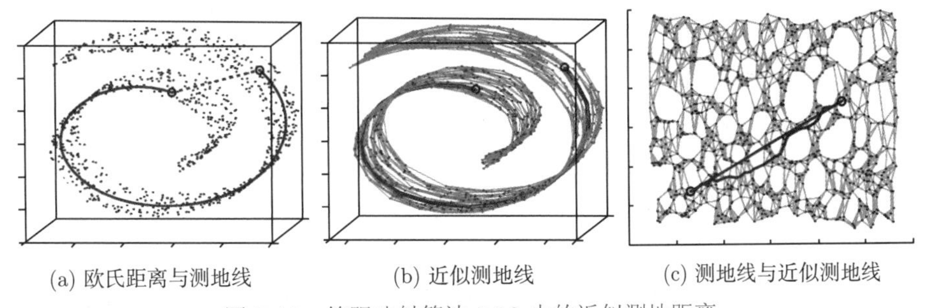

(a) 欧氏距离与测地线　　(b) 近似测地线　　(c) 测地线与近似测地线

图 7.44　等距映射算法 7.10 中的近似测地距离

因为要算任意两点之间的欧氏距离或者测地距离，基于全局寻优的多维缩放算法的计算复杂度较高。如果我们只关注近邻之间的性质，就可以把全局寻优降格为局部寻优。7.2.5 节的“局部线性嵌入”和“拉普拉斯本征映射”就是一类只考虑保留局部性质的降维方法，也属于流形学习的范畴。

* 荷兰计算机科学家、1972 年图灵奖得主**艾兹赫尔·戴克斯特拉**（Edsger Dijkstra, 1930—2002）于 1956 年发现的广度优先搜索算法，用于寻找赋权有向图的单源最短路径。

† 美国计算机科学家、1978 年图灵奖得主**罗伯特·弗洛伊德**（Robert Floyd, 1936—2001）和美国计算机科学家**斯蒂芬·沃舍尔**（Stephen Warshall, 1935—2006）于 1962 年发现的求最短路径的一种算法。

### 7.2.5 局部嵌入的降维

与多维缩放保证全局最优的降维方法不同，如果只想让某个局部性质在降维过程中保持不变，例如，在每个局部的样本点之间的线性相关性（即每个样本点可由它的几个近邻线性表出），或者局部的近邻关系等，我们无须顾忌数据在空间分布的整体性质，搜索空间大幅缩小。该如何把这类保持局部性质不变的降维抽象为一个最优化问题呢？

1. **局部线性嵌入**

2000 年，美国机器学习专家**山姆·罗维斯**（Sam Roweis, 1972—2010）提出*局部线性嵌入* (locally-linear embedding, LLE) 的降维方法，它的基本想法如图 7.45 所示，即每个样本点在局部被其 $k$ 个近邻线性表出，在降维时保留近邻间的线性关系[137]。该方法潜在的假设是，样本间的局部线性关系是数据的本质特征，在降维后仍该予以保留。

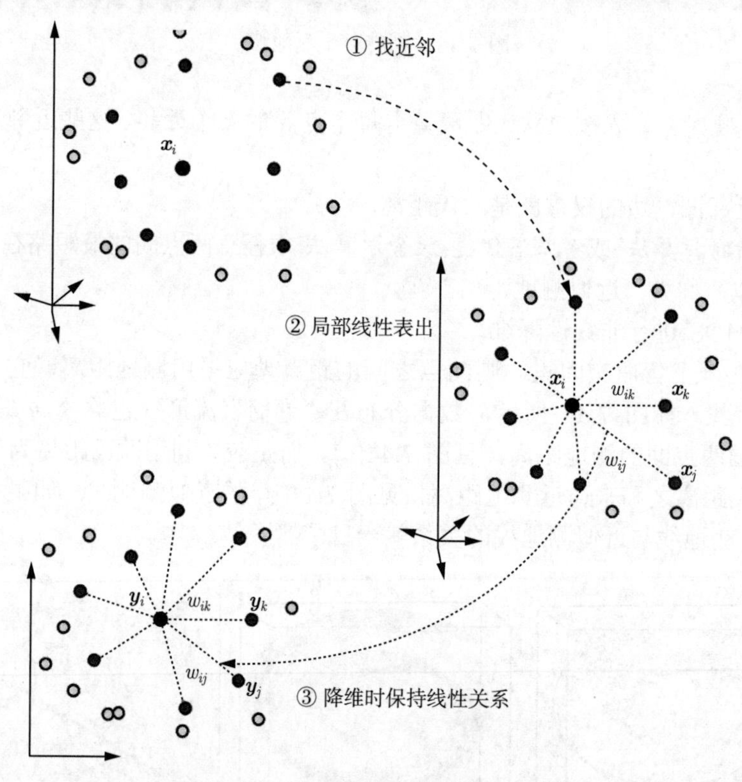


图 7.45 局部线性嵌入的基本想法[137]

（1）局部线性表示：对每个样本点 $x_i \in \mathbb{R}^D, i = 1, 2, \cdots, n$ 考虑其近邻 $x_j, j \in N(i)$，其中 $N(i)$ 表示 $x_i$ 的 $k$ 个近邻的指标集合。寻找一个稀疏矩阵 $W_{n\times n} = (w_{ij})$，使之最小化下面的误差函数：

$$E(W) = \sum_{i=1}^{n} \left\| x_i - \sum_{j=1}^{n} w_{ij} x_j \right\|^2$$

其中，$w_{ij}$ 满足以下条件：

$$w_{ij} = 0,\ \text{如果}\ j \notin N(i)$$
$$\sum_{j=1}^{n} w_{ij} = 1$$

在此条件之下，每个点 $\boldsymbol{z}$ 各自寻求其 $k$ 个近邻 $\boldsymbol{z}_1, \boldsymbol{z}_2, \cdots, \boldsymbol{z}_k$ 的局部线性表出。令 $\boldsymbol{w} = (w_1, w_2, \cdots, w_k)^\top$，误差函数 $E(\boldsymbol{w})$ 可以定义为

$$\begin{aligned}
E(\boldsymbol{w}) &= \left\| \boldsymbol{z} - \sum_{j=1}^{k} w_j \boldsymbol{z}_j \right\|^2 \\
&= \left\| \sum_{j=1}^{k} w_j (\boldsymbol{z} - \boldsymbol{z}_j) \right\|^2 \\
&= \boldsymbol{w}^\top (\boldsymbol{z} - \boldsymbol{z}_j)(\boldsymbol{z} - \boldsymbol{z}_j)^\top \boldsymbol{w} \\
&= \boldsymbol{w}^\top \boldsymbol{Z} \boldsymbol{w},\ \text{其中}\ \boldsymbol{Z} = (\boldsymbol{z} - \boldsymbol{z}_j)(\boldsymbol{z} - \boldsymbol{z}_j)^\top
\end{aligned}$$

定义拉格朗日函数（附录 B）为

$$\mathscr{L}(\boldsymbol{w}, \lambda) = \boldsymbol{w}^\top \boldsymbol{Z} \boldsymbol{w} + \lambda (1 - \boldsymbol{w}^\top \mathbf{1}_k)$$

令 $\partial \mathscr{L} / \partial \boldsymbol{w} = \mathbf{0}$，得到

$$2\boldsymbol{Z}\boldsymbol{w} - \lambda \mathbf{1}_k = \mathbf{0}$$

按照条件，对 $\boldsymbol{w}$ 进行归一化（便消掉了 $\lambda$），于是有

$$\boldsymbol{w} = \frac{\boldsymbol{Z}^{-1} \mathbf{1}_k}{\mathbf{1}_k^\top \boldsymbol{Z}^{-1} \mathbf{1}_k}$$

对每个点（并行地）进行局部线性表出，便得到矩阵 $\boldsymbol{W}$。

（2）保证局部线性关系的降维：令 $\boldsymbol{y}_i \in \mathbb{R}^d$ 是 $\boldsymbol{x}_i$ 降维后的结果，其中局部线性关系 $\boldsymbol{x}_i \approx \sum_{j=1}^{n} w_{ij} \boldsymbol{x}_j$ 保留至 $\boldsymbol{y}_i \approx \sum_{j=1}^{n} w_{ij} \boldsymbol{y}_j$（即降维尽可能不破坏每个样本点的局部线性表示）。我们的任务是寻找解释矩阵 $\boldsymbol{Y}_{d \times n} = (\boldsymbol{y}_1, \boldsymbol{y}_2, \cdots, \boldsymbol{y}_n)$，使得下面的损失函数达到最小。

$$\begin{aligned}
L(\boldsymbol{Y}) &= \sum_{i=1}^{n} \left\| \boldsymbol{y}_i - \sum_{j=1}^{n} w_{ij} \boldsymbol{y}_j \right\|^2 \\
&= \|\boldsymbol{Y} - \boldsymbol{Y}\boldsymbol{W}^\top\|_F^2,\ \text{由}\ \|\boldsymbol{A}\|_F^2 = \mathrm{tr}(\boldsymbol{A}\boldsymbol{A}^\top) \\
&= \mathrm{tr}[(\boldsymbol{Y} - \boldsymbol{Y}\boldsymbol{W}^\top)(\boldsymbol{Y} - \boldsymbol{Y}\boldsymbol{W}^\top)^\top] \\
&= \mathrm{tr}(\boldsymbol{Y}\boldsymbol{M}\boldsymbol{Y}^\top),\ \text{其中}\ \boldsymbol{M}_{n \times n} = (\boldsymbol{I}_n - \boldsymbol{W})^\top (\boldsymbol{I}_n - \boldsymbol{W})
\end{aligned}$$

$$= \sum_{j=1}^{d} \tilde{\boldsymbol{y}}_j^\top \boldsymbol{M} \tilde{\boldsymbol{y}}_j, \text{ 其中 } \boldsymbol{Y}^\top = (\tilde{\boldsymbol{y}}_1, \tilde{\boldsymbol{y}}_2, \cdots, \tilde{\boldsymbol{y}}_d)$$

为了解的唯一性，我们要求 $\boldsymbol{y}_1, \boldsymbol{y}_2, \cdots, \boldsymbol{y}_n$ 满足以下标准化（即均值为零，样本协方差矩阵为单位矩阵）的条件。

$$\boldsymbol{Y}\boldsymbol{1}_n = \sum_{i=1}^{n} \boldsymbol{y}_i = \boldsymbol{0}$$

$$\frac{1}{n-1}\boldsymbol{Y}\boldsymbol{Y}^\top = \frac{1}{n-1}\sum_{i=1}^{n} \boldsymbol{y}_i \boldsymbol{y}_i^\top = \boldsymbol{I}_d$$

不难看出，第一个条件通过中心化就可轻易实现。第二个条件要求 $\boldsymbol{Y}^\top = (\tilde{\boldsymbol{y}}_1, \tilde{\boldsymbol{y}}_2, \cdots, \tilde{\boldsymbol{y}}_d)$ 的列向量是正交的且欧氏长度都是 $\sqrt{n}$。于是，向量 $\tilde{\boldsymbol{y}}_j / \sqrt{n}$ 都落在单位球面上，根据第 498 页的定理 B.1，当 $\boldsymbol{x} = \tilde{\boldsymbol{y}}_j / \sqrt{n}$ 是 $M$ 的单位本征向量时，使得二次型 $\boldsymbol{x}^\top \boldsymbol{M} \boldsymbol{x}$ 取得极值，即本征值 $\lambda_j$。

对称矩阵 $\boldsymbol{M}$ 是半正定的，其所有本征值都是非负的，本征向量都是正交的。其中，$\lambda = 0$ 一定是 $\boldsymbol{M}$ 的本征值，其本征向量为 $\boldsymbol{1}_n$，因为

$$\begin{aligned}
\boldsymbol{M}\boldsymbol{1}_n &= (\boldsymbol{I}_n - \boldsymbol{W})^\top (\boldsymbol{I}_n - \boldsymbol{W}) \boldsymbol{1}_n \\
&= (\boldsymbol{I}_n - \boldsymbol{W})^\top \left[ \boldsymbol{1}_n - \begin{pmatrix} \sum_{j=1}^{n} w_{1j} \\ \vdots \\ \sum_{j=1}^{n} w_{nj} \end{pmatrix} \right] \\
&= \boldsymbol{0}
\end{aligned}$$

要使得损失函数 $L(\boldsymbol{Y})$ 达到最小，我们只需考虑从小到大前 $d$ 个正的本征值 $\lambda_1, \lambda_2, \cdots, \lambda_d$ 所对应的长度为 $\sqrt{n}$ 的本征向量 $\tilde{\boldsymbol{y}}_1, \tilde{\boldsymbol{y}}_2, \cdots, \tilde{\boldsymbol{y}}_d \in \mathbb{R}^n$，并令 $\boldsymbol{Y}_{d\times n} = (\tilde{\boldsymbol{y}}_1, \tilde{\boldsymbol{y}}_2, \cdots, \tilde{\boldsymbol{y}}_d)^\top$，此时的损失是

$$L(\boldsymbol{Y}) = n(\lambda_1 + \lambda_2 + \cdots + \lambda_d)$$

如果不知道定理 B.1 这个结果也无所谓，我们下面老老实实地用拉格朗日乘子法（附录 B）来求解：令 $\boldsymbol{\Lambda} = \text{diag}(\lambda_1, \lambda_2, \cdots, \lambda_d)$，定义拉格朗日函数 $\mathscr{L}(\boldsymbol{Y}, \boldsymbol{\Lambda})$ 为

$$\mathscr{L}(\boldsymbol{Y}, \boldsymbol{\Lambda}) = \text{tr}(\boldsymbol{Y}\boldsymbol{M}\boldsymbol{Y}^\top) - \text{tr}\{\boldsymbol{\Lambda}[\boldsymbol{Y}\boldsymbol{Y}^\top - (n-1)\boldsymbol{I}_d]\}$$

利用以下结果[10]：

$$\frac{\partial \text{tr}(\boldsymbol{A}\boldsymbol{X}\boldsymbol{B})}{\partial \boldsymbol{X}} = \boldsymbol{A}^\top \boldsymbol{B}^\top \tag{7.41}$$

$$\frac{\partial \text{tr}(\boldsymbol{A}\boldsymbol{X}\boldsymbol{B}\boldsymbol{X}^\top \mathrm{C})}{\partial \boldsymbol{X}} = \boldsymbol{C}\boldsymbol{A}\boldsymbol{X}\boldsymbol{B} + \boldsymbol{A}^\top \boldsymbol{C}^\top \boldsymbol{X}\boldsymbol{B}^\top \tag{7.42}$$

- 令 $\partial \mathscr{L} / \partial \boldsymbol{\Lambda} = \boldsymbol{O}$，即得到第二个条件。
- 令 $\partial \mathscr{L} / \partial \boldsymbol{Y} = \boldsymbol{O}$，得到

$$2\boldsymbol{Y}\boldsymbol{M} - 2\boldsymbol{\Lambda}\boldsymbol{Y} = \boldsymbol{O}$$

上式转置后得到

$$MY^{\top} = Y^{\top}\Lambda$$

或者，

$$M\tilde{y}_j = \lambda_j \tilde{y}_j,\ 其中\ j = 1, 2, \cdots, d$$

即，$\lambda_1, \lambda_2, \cdots, \lambda_d$ 是对称半正定阵 $M$ 的本征值。

例 7.18　图 7.46 展示了局部线性嵌入将分布在“卷筒”流形上的数据投射到二维平面，保持局部的线性关系一致[137]。

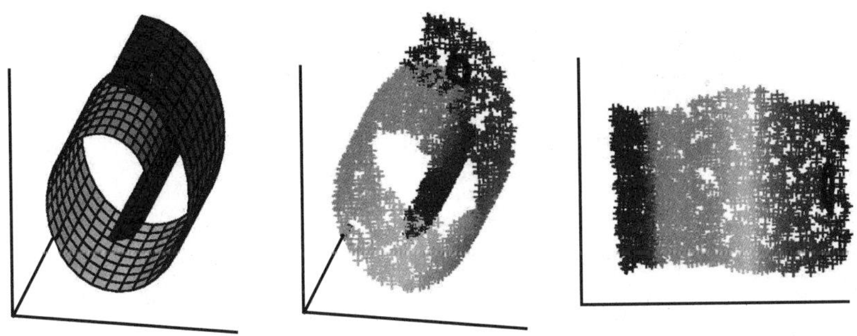

图 7.46　“卷筒”流形上数据的局部线性嵌入

利用局部线性嵌入，将四维空间里的 iris 数据投射到二维平面。如图 7.47 所示，LLE 对近邻个数 $k$ 是敏感的，导致降维结果迥然不同。然而，类 S 都被映为原点。

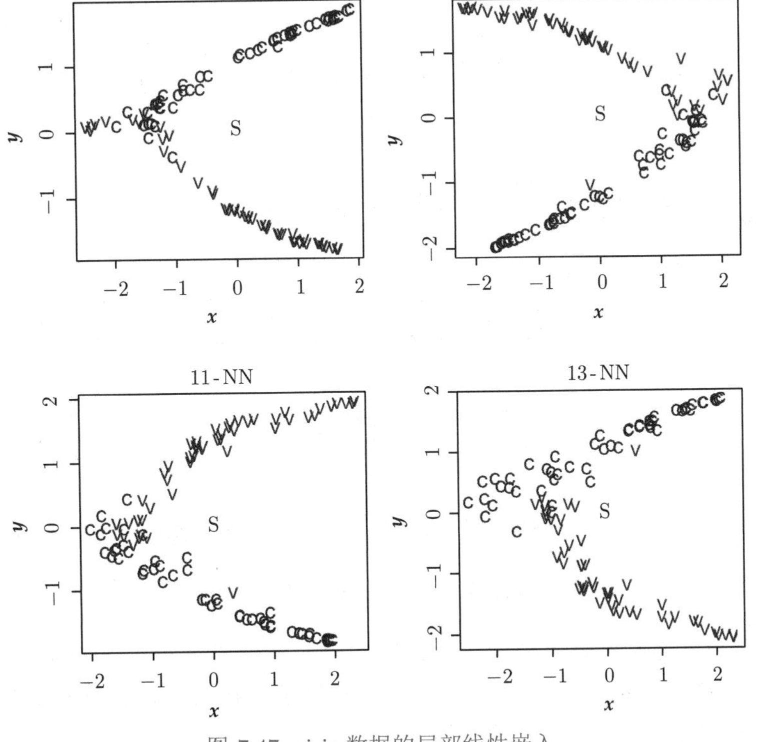


图 7.47　iris 数据的局部线性嵌入

2. **拉普拉斯本征映射**

与局部线性嵌入方法类似，2003 年美国机器学习专家**米哈伊尔·贝尔金**（Mikhail Belkin）和**帕萨·尼约吉**（Partha Niyogi）提出了一种新的局部嵌入的降维方法——拉普拉斯本征映射 (Laplacian eigenmap, LE)[138]。这种降维方法只是粗略地要求相近的样本点 $\boldsymbol{x}_i, \boldsymbol{x}_j$ 降维后变为 $\boldsymbol{y}_i, \boldsymbol{y}_j \in \mathbb{R}^d$ 依然很接近。

该方法也是从 $k$ 近邻开始考虑：构建一个无向图 $G = (V, E)$，每个节点代表一个样本点，$V = \{1, 2, \cdots, n\}$。如果点 $i$ 是点 $j$ 的 $k$ 近邻之一，或者 $j$ 是 $i$ 的 $k$ 近邻之一，则 $i, j$ 之间有一条边相连，记作 $(i, j) \in E$。拉普拉斯本征映射化归为一个最优化问题，即

$$\min_{\boldsymbol{Y}} \sum_{i,j=1}^{n} w_{ij} \|\boldsymbol{y}_i - \boldsymbol{y}_j\|^2，\text{其中 } \boldsymbol{Y}_{d \times n} = (\boldsymbol{y}_1, \boldsymbol{y}_2, \cdots, \boldsymbol{y}_n)$$

上式中，$w_{ij}$ 是一个惩罚因子，定义为

$$w_{ij} = \begin{cases} \exp\left(-\dfrac{\|\boldsymbol{x}_i - \boldsymbol{x}_j\|^2}{t}\right) & \text{，如果 } \boldsymbol{x}_i, \boldsymbol{x}_j \text{ 连通} \\ 0 & \text{，否则} \end{cases}$$

或者，简单地将其定义为

$$w_{ij} = \begin{cases} 1 & \text{，如果 } \boldsymbol{x}_i, \boldsymbol{x}_j \text{ 之间有一条边} \\ 0 & \text{，否则} \end{cases} \tag{7.43}$$

显然，$\boldsymbol{W}_{n \times n} = (w_{ij})$ 是一个对称矩阵。其中，$w_{ij}$ 越接近 0，表示 $\boldsymbol{x}_i, \boldsymbol{x}_j$ 的距离越远，我们对 $\|\boldsymbol{y}_i - \boldsymbol{y}_j\|^2$ 的大小越不在意。相反，$w_{ij}$ 越接近 1，则 $\boldsymbol{x}_i, \boldsymbol{x}_j$ 的距离越近，$\|\boldsymbol{y}_i - \boldsymbol{y}_j\|^2$ 的大小将直接影响目标函数。

$$\begin{aligned}
\sum_{i,j=1}^{n} w_{ij} \|\boldsymbol{y}_i - \boldsymbol{y}_j\|^2 &= \sum_{i,j=1}^{n} w_{ij} (\|\boldsymbol{y}_i\|^2 + \|\boldsymbol{y}_j\|^2 - 2\boldsymbol{y}_i^\top \boldsymbol{y}_j) \\
&= \sum_{i=1}^{n} \|\boldsymbol{y}_i\|^2 \sum_{j=1}^{n} w_{ij} + \sum_{j=1}^{n} \|\boldsymbol{y}_j\|^2 \sum_{i=1}^{n} w_{ij} - 2 \sum_{i,j=1}^{n} \boldsymbol{y}_i^\top w_{ij} \boldsymbol{y}_j \\
&= 2 \sum_{i=1}^{n} \boldsymbol{y}_i^\top d_i \boldsymbol{y}_i - 2 \sum_{i,j=1}^{n} \boldsymbol{y}_i^\top w_{ij} \boldsymbol{y}_j，\text{其中 } d_i = \sum_{j=1}^{n} w_{ij} \\
&= 2\mathrm{tr}[\boldsymbol{Y}(\boldsymbol{D} - \boldsymbol{W})\boldsymbol{Y}^\top]，\text{其中 } \boldsymbol{D} = \mathrm{diag}(d_1, d_2, \cdots, d_n) \\
&= 2\mathrm{tr}[\boldsymbol{Y}\boldsymbol{L}\boldsymbol{Y}^\top]，\text{其中 } \boldsymbol{L} = \boldsymbol{D} - \boldsymbol{W}
\end{aligned}$$

$d_i$ 越大，意味着 $\boldsymbol{x}_i$ 和它的 $k$ 近邻越凝聚。将 $\boldsymbol{D}$ 类比作无向图中一个节点的度（即该节点所连的边数），将 $\boldsymbol{W}$ 类比作邻接矩阵 (adjacency matrix)，对称矩阵 $\boldsymbol{L} = \boldsymbol{D} - \boldsymbol{W}$ 被称为拉普拉斯矩阵 (Laplacian matrix)，这个概念来自于图论（见《人工智能的数学基础——随机之美》[10] 的附录“矩阵计算的一些结果”）。

性质 7.10 拉普拉斯矩阵是一个对称、半正定矩阵。这是因为

$$
\begin{aligned}
\boldsymbol{x}^\top \boldsymbol{L}\boldsymbol{x} &= \boldsymbol{x}^\top(\boldsymbol{D}-\boldsymbol{W})\boldsymbol{x} \\
&= \sum_{i=1}^{n} d_i x_i^2 - 2\sum_{(i,j)\in E} x_i x_j \\
&= \sum_{(i,j)\in E} (x_i - x_j)^2 \geqslant 0
\end{aligned}
$$

为了移除局部嵌入中的任意比例因子，加上限制条件 $\boldsymbol{YDY}^\top = \boldsymbol{I}_d$。拉普拉斯本征映射将原始数据变为满足以下条件的 $\boldsymbol{Y} = (\boldsymbol{y}_1, \boldsymbol{y}_2, \cdots, \boldsymbol{y}_n)$：

$$
\underset{\boldsymbol{YDY}^\top=\boldsymbol{I}_d}{\operatorname{argmin}} \operatorname{tr}(\boldsymbol{YLY}^\top) \tag{7.44}
$$

显然，样本点之间的近邻关系被抽象为 $(\boldsymbol{W},\boldsymbol{D})$，它们甚至可以是像 (7.43) 这样没有度量的拓扑关系。换句话说，只要 $(\boldsymbol{W},\boldsymbol{D})$ 一样，不管原数据怎样，拉普拉斯本征映射的结果都一样。

- 最优化问题 (7.44) 与局部线性嵌入在形式上如此之像。令 $\boldsymbol{\Lambda} = \operatorname{diag}(\lambda_1, \lambda_2, \cdots, \lambda_d)$，定义拉格朗日函数 $\mathscr{L}(\boldsymbol{Y},\boldsymbol{\Lambda})$ 如下：

$$
\mathscr{L}(\boldsymbol{Y},\boldsymbol{\Lambda}) = \operatorname{tr}(\boldsymbol{YLY}^\top) - \operatorname{tr}[\boldsymbol{\Lambda}(\boldsymbol{YDY}^\top - \boldsymbol{I}_d)]
$$

利用结果 (7.41) 和 (7.42)，令 $\partial\mathscr{L}/\partial\boldsymbol{Y} = \boldsymbol{O}$，得到

$$
\boldsymbol{YL} - \boldsymbol{\Lambda YD} = \boldsymbol{O}
$$

上式转置后得到

$$
\boldsymbol{LY}^\top = \boldsymbol{DY}^\top\boldsymbol{\Lambda}
$$

或者，

$$
\boldsymbol{L}\tilde{\boldsymbol{y}}_j = \lambda_j \boldsymbol{D}\tilde{\boldsymbol{y}}_j，\text{其中 } \boldsymbol{Y}^\top = (\tilde{\boldsymbol{y}}_1, \tilde{\boldsymbol{y}}_2, \cdots, \tilde{\boldsymbol{y}}_d) \tag{7.45}
$$

称满足式 (7.45) 的 $\lambda_j, \tilde{\boldsymbol{y}}_j$ 为拉普拉斯本征值和拉普拉斯本征向量。特别地，如果 $d_i > 0$ $(i = 1,2,\cdots,n)$，则 $\tilde{\boldsymbol{y}}_j (j = 1,2,\cdots,n)$ 是半正定阵 $\boldsymbol{D}^{-1}\boldsymbol{L}$ 的本征值。忽略掉那些 $\lambda_j = 0$，因为 $\boldsymbol{L}\tilde{\boldsymbol{y}}_j = \boldsymbol{0}$。其中，$\lambda = 0$ 一定是拉普拉斯本征值，其拉普拉斯本征向量为 $\boldsymbol{1}_n$，因为

$$
\begin{aligned}
(\boldsymbol{D}-\boldsymbol{W})\boldsymbol{1}_n &= \boldsymbol{D}\boldsymbol{1}_n - \boldsymbol{W}\boldsymbol{1}_n \\
&= \begin{pmatrix} d_1 \\ d_2 \\ \vdots \\ d_n \end{pmatrix} - \begin{pmatrix} \sum_{j=1}^{n} w_{1j} \\ \sum_{j=1}^{n} w_{2j} \\ \vdots \\ \sum_{j=1}^{n} w_{nj} \end{pmatrix} \\
&= \boldsymbol{0}
\end{aligned}
$$

不妨设 $0 < \lambda_1 \leqslant \lambda_2 \leqslant \cdots \leqslant \lambda_d$，则拉普拉斯本征映射后的结果是

$$\boldsymbol{Y} = (\tilde{\boldsymbol{y}}_1, \tilde{\boldsymbol{y}}_2, \cdots, \tilde{\boldsymbol{y}}_d)^\top$$

❑ 令 $\boldsymbol{Z} = \boldsymbol{Y}\boldsymbol{D}^{\frac{1}{2}}$，其中 $\boldsymbol{D}^{\frac{1}{2}} = \mathrm{diag}(\sqrt{d_1}, \sqrt{d_2}, \cdots, \sqrt{d_n})$。如果 $\boldsymbol{D}$ 非奇异，则

$$\min_{\boldsymbol{Y}\boldsymbol{D}\boldsymbol{Y}^\top = \boldsymbol{I}_d} \mathrm{tr}(\boldsymbol{Y}\boldsymbol{L}\boldsymbol{Y}^\top) = \min_{\boldsymbol{Z}\boldsymbol{Z}^\top = \boldsymbol{I}_d} \mathrm{tr}[\boldsymbol{Z}(\boldsymbol{D}^{-\frac{1}{2}}\boldsymbol{L}\boldsymbol{D}^{-\frac{1}{2}})\boldsymbol{Z}^\top]$$

即，拉普拉斯本征映射模型和局部线性嵌入模型在形式上是一致的。

### 7.2.6 塔克分解

实践中，我们经常会遇到多维数组 (multidimensional array)。例如，商品为行、消费者为列、时间为层来记录一个时间段内消费者的购物情况，数据表示就是如图 7.48 所示的三维数组，记作 $\boldsymbol{X} \in \mathbb{R}^I \times \mathbb{R}^J \times \mathbb{R}^K$（有时，简记作 $\boldsymbol{X} \in \mathbb{R}^{I \times J \times K}$）。

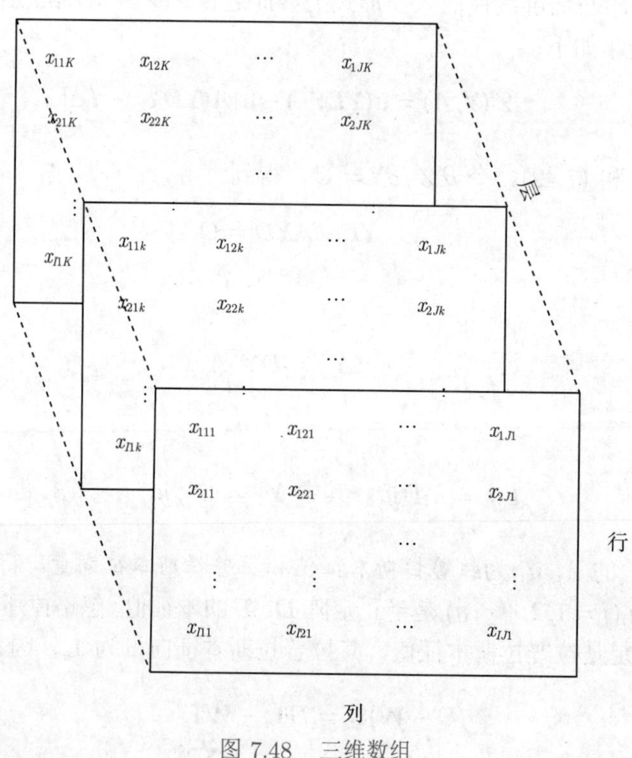


图 7.48 三维数组

可以从不同的角度来理解图 7.48 所示的三阶张量，每一切片都是一个矩阵[139]：有的是层相同，有的是列相同，有的是行相同（图 7.49）。

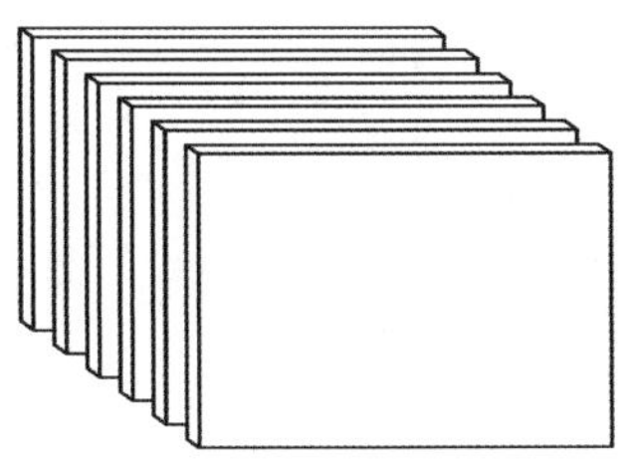 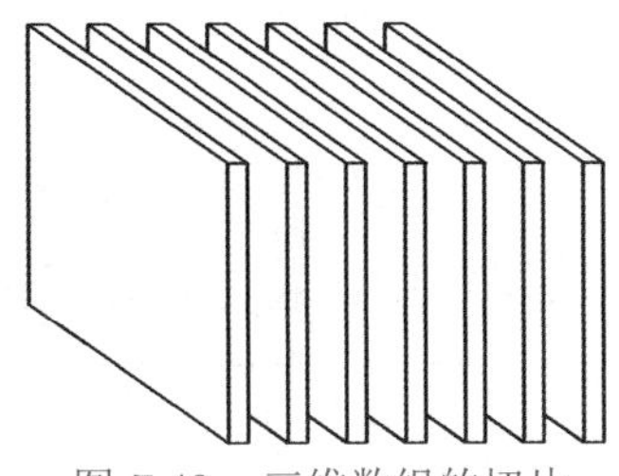 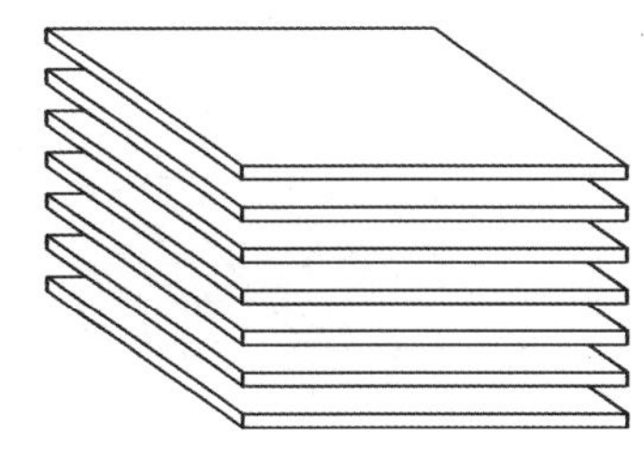

图 7.49　三维数组的切片

图 7.50　塔克

张量可由多维数组表示，它是向量、矩阵的一般化（附录 E）：向量是一阶张量，矩阵是二阶张量。主成分分析的理论基础是矩阵的奇异值分解，对于高阶张量，是否也有类似的分解？人们之所以对它感兴趣，主要是想通过多维数组的压缩与重构，找出数据中的规律性。1966 年，美国统计学家、心理学家**莱德亚德·塔克**（Ledyard Tucker, 1910—2004）（图 7.50）提出张量的“塔克分解”，最初被描述为因子分析和主成分分析的扩展。塔克在《心理测量学》期刊发表论文，将三维数组近似为

$$\hat{x}_{ijk} = \sum_{p=1}^{P}\sum_{q=1}^{Q}\sum_{r=1}^{R} \sigma_{pqr} u_i^p v_j^q w_k^r \tag{7.46}$$

其中，$P \leqslant I, Q \leqslant J, R \leqslant K$ 是给定的。我们的目标是寻找秩为 $(P,Q,R)$ 的张量 $\boldsymbol{\Sigma}_{P\times Q\times R} = (\sigma_{pqr}) \in \mathbb{R}^{P\times Q\times R}$ 和正交矩阵 $\boldsymbol{U}_{I\times P}, \boldsymbol{V}_{J\times Q}, \boldsymbol{W}_{K\times R}$，使得式 (7.46) 是对张量 $\boldsymbol{X}_{I\times J\times K} = (x_{ijk})$ 的最佳逼近，即误差平方和 $\sum\limits_{i,j,k}(x_{ijk} - \hat{x}_{ijk})^2$ 最小。秩为 $(P,Q,R)$ 的塔克分解简记作

$$\boldsymbol{X}_{(P,Q,R)} = [\boldsymbol{\Sigma}_{P\times Q\times R}; \boldsymbol{U}_{I\times P}, \boldsymbol{V}_{J\times Q}, \boldsymbol{W}_{K\times R}] \tag{7.47}$$

按照爱因斯坦记法，$a^j b_j$ 表示 $a^1 b_1 + a^2 b_2 + \cdots$，即对重复的上下标（这里，$a^j$ 不是 $a$ 的 $j$ 次方！而是第 $j$ 个分量）求和。于是，式 (7.46) 可简记为

$$\hat{x}_{ijk} = \sigma_{pqr} u_i^p v_j^q w_k^r \tag{7.48}$$

从数据压缩与重构的角度，塔克分解是对张量 $\boldsymbol{X}$ 的有损压缩，式 (7.48) 是对 $\boldsymbol{X}$ 的重构。塔克分解 (7.47) 是从 $\boldsymbol{X}_{(I,J,K)} = [\boldsymbol{\Sigma}_{I\times J\times K}; \boldsymbol{U}_{I\times I}, \boldsymbol{V}_{J\times J}, \boldsymbol{W}_{K\times K}]$ 裁剪而得的，其直观解释见图 7.51，如同埃卡特-杨近似是奇异值分解的一个“简化版本”一样。因此，塔克分解 (7.46) 也被称为高阶奇异值分解 (higher order singular value decomposition, HOSVD)，也有类似埃卡特-杨近似（图 7.26）的最佳逼近。其中，$\boldsymbol{U}_{I\times P}$ 是正交矩阵 $\boldsymbol{U}_{I\times I}$ 的前 $P$ 列，简记作 $\boldsymbol{U}_P$；$\boldsymbol{V}_{J\times Q}$ 是正交矩阵 $\boldsymbol{V}_{J\times J}$ 的前 $Q$ 列，简记作 $\boldsymbol{V}_Q$；$\boldsymbol{W}_{K\times R}$ 是正交矩阵 $\boldsymbol{W}_{K\times K}$ 的前 $R$ 列，简记作 $\boldsymbol{W}_R$。

塔克分解并不唯一，基于式 (7.48)，构造新的塔克分解如下：

$$\begin{aligned}\hat{x}_{ijk} &= (\sigma_{pqr} a_\alpha^p b_\beta^q c_\gamma^r)(u_i^p a_p^\alpha)(v_j^q b_q^\beta)(w_k^r c_r^\gamma) \\ &= \tilde{\sigma}_{\alpha\beta\gamma} \tilde{u}_i^\alpha \tilde{v}_j^\beta \tilde{w}_k^\gamma\end{aligned}$$

其中，$a_\alpha^p, b_\beta^q, c_\gamma^r$ 分别是非奇异矩阵 $a_p^\alpha, b_q^\beta, c_r^\gamma$ 的逆矩阵。

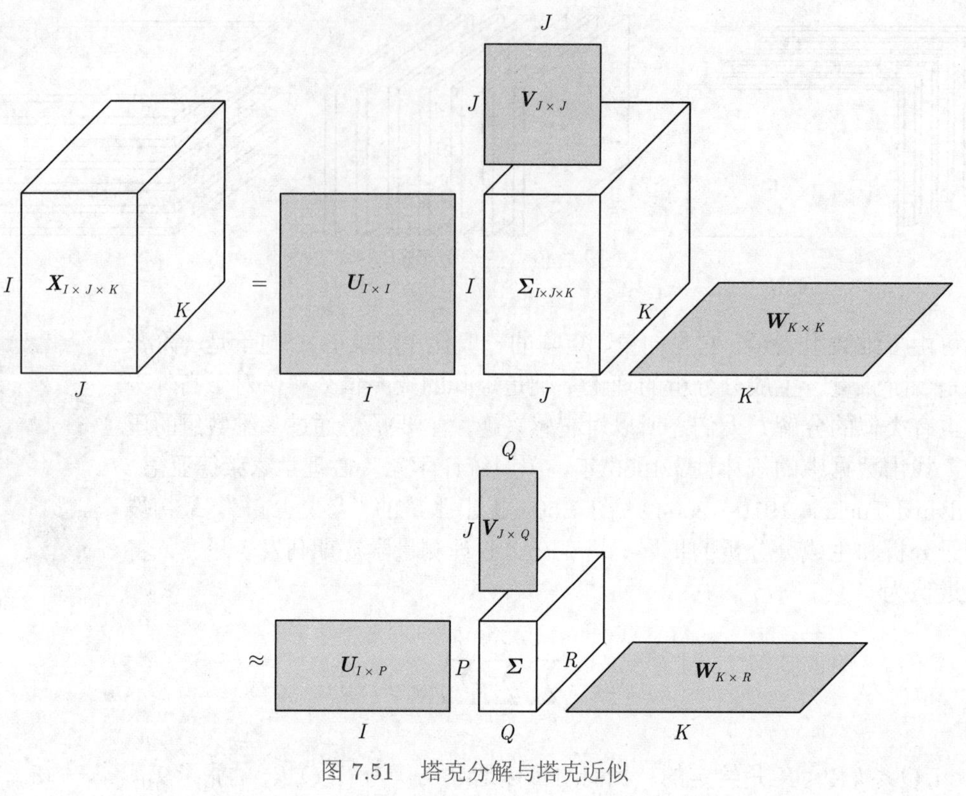


图 7.51　塔克分解与塔克近似

**定义** 7.10（张量的矩阵展开）　对于三阶张量 $\boldsymbol{X}_{I\times J\times K}$，有 3 种常见的矩阵展开方式，分别记作 $\boldsymbol{X}^{\langle 1\rangle},\boldsymbol{X}^{\langle 2\rangle},\boldsymbol{X}^{\langle 3\rangle}$。以图 7.52 所示的张量为例。

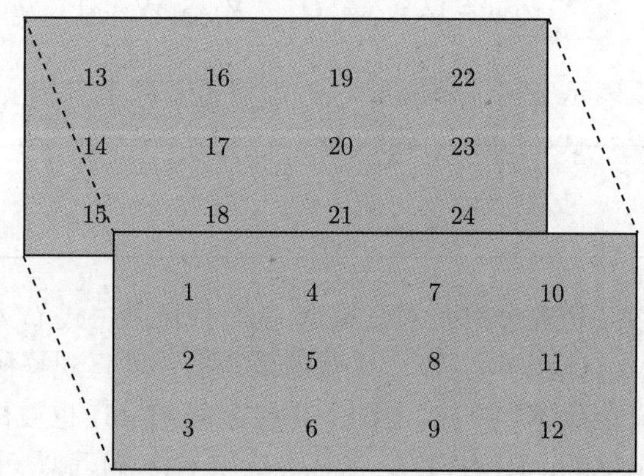


图 7.52　按列将 $1,2,\cdots,24$ 存为 $I=3,J=4,K=2$ 的三阶张量

矩阵 $\boldsymbol{X}_1=\begin{pmatrix}1&4&7&10\\2&5&8&11\\3&6&9&12\end{pmatrix}$ 和矩阵 $\boldsymbol{X}_2=\begin{pmatrix}13&16&19&22\\14&17&20&23\\15&18&21&24\end{pmatrix}$“按列合并”定义为

$$\boldsymbol{X}_1\triangleleft\boldsymbol{X}_2=\begin{pmatrix}1&4&7&10&13&16&19&22\\2&5&8&11&14&17&20&23\\3&6&9&12&15&18&21&24\end{pmatrix}$$

定义张量的 3 种矩阵展开分别为

$$
\begin{aligned}
X^{\langle 1\rangle} &= X_1 \triangleleft X_2 \\
X^{\langle 2\rangle} &= X_1^\top \triangleleft X_2^\top \\
&= \begin{pmatrix} 1 & 2 & 3 & 13 & 14 & 15 \\ 4 & 5 & 6 & 16 & 17 & 18 \\ 7 & 8 & 9 & 19 & 20 & 21 \\ 10 & 11 & 12 & 22 & 23 & 24 \end{pmatrix} \\
X^{\langle 3\rangle} &= [\mathrm{vec}(X_1) \triangleleft \mathrm{vec}(X_2)]^\top \\
&= \begin{pmatrix} 1 & 2 & 3 & \cdots & 10 & 11 & 12 \\ 13 & 14 & 15 & \cdots & 22 & 23 & 24 \end{pmatrix}
\end{aligned}
$$

其中，$\mathrm{vec}(A_{m\times n})$ 是将 $A$ 的列向量首尾相接“拉直”为一个 $mn$ 维列向量。

一般地，对于张量 $X \in \mathbb{R}^{I_1\times I_2\times\cdots\times I_N}$，其第 $n$ 种矩阵展开定义为

$$X^{\langle n\rangle} \in \mathbb{R}^{I_n} \times \mathbb{R}^{D/I_n}，\text{其中 } D = \prod_{j=1}^{N} I_j$$

定义 7.11（张量积）　向量 $a \in \mathbb{R}^I, b \in \mathbb{R}^J, \cdots, c \in \mathbb{R}^K$ 的张量积 (tensor product) 是外积 (7.2) 的一般化，定义为

$$X_{I\times J\times\cdots\times K} = a \circ b \circ \cdots \circ c，\text{其中 } x_{ij\cdots k} = a_i b_j \cdots c_k$$

塔克分解 (7.48) 可由张量积简单地表示为

$$X_{(P,Q,R)} = \sigma_{pqr} u^p \circ v^q \circ w^r$$

其中，$u^p, v^q, w^r$ 分别是矩阵 $U, V, W$ 的第 $p, q, r$ 列。

算法 7.11（高阶奇异值分解，HOSVD）　对于三阶张量 $X \in \mathbb{R}^{I\times J\times K}$，其塔克分解 $X_{(P,Q,R)}$ 可由下述方法求得。

（1）依次求得 $X$ 的矩阵展开 $X^{\langle 1\rangle}, X^{\langle 2\rangle}, X^{\langle 3\rangle}$ 的前 $P, Q, R$ 个左奇异向量*，将这些矩阵分别记作 $U, V, W$。显然，有

$$
\begin{aligned}
U^\top U &= I_P \\
V^\top V &= I_Q \\
W^\top W &= I_R
\end{aligned}
$$

（2）张量 $\Sigma_{P\times Q\times R}$ 按如下方法计算：

$$
\begin{aligned}
\Sigma_{P\times Q\times R} &= [X_{I\times J\times K}; U^\top, V^\top, W^\top] \\
&= x_{ijk} \tilde{u}^i \circ \tilde{v}^j \circ \tilde{w}^k
\end{aligned} \tag{7.49}
$$

其中，$\tilde{u}^i, \tilde{v}^j, \tilde{w}^k$ 分别是矩阵 $U^\top, V^\top, W^\top$ 的第 $i, j, k$ 列。

---

* 矩阵 $A_{m\times n}$ 的左奇异向量即 $AA^\top$ 的单位本征向量。按照本征值的降序，对应可得左奇异向量的序。这里，$X^{\langle 1\rangle}$ 是一个 $I \times JK$ 矩阵，它的前 $P$ 个左奇异向量按列构成了矩阵 $U_{I\times P}$。

这个算法可以自然地推广到 $n$ 阶张量，只是要考虑更多的矩阵展开 $\boldsymbol{X}^{\langle 1\rangle},\boldsymbol{X}^{\langle 2\rangle},\cdots,\boldsymbol{X}^{\langle n\rangle}$。其他做法与算法 7.11 都是类似的。

**定义 7.12** 矩阵 $\boldsymbol{A}_{m\times n}=(a_{ij})$ 与 $\boldsymbol{B}_{p\times q}$ 的克罗内克积 (Kronecker product) 定义为

$$\boldsymbol{A}\otimes\boldsymbol{B}=\begin{pmatrix} a_{11}\boldsymbol{B} & a_{12}\boldsymbol{B} & \cdots & a_{1n}\boldsymbol{B} \\ a_{21}\boldsymbol{B} & a_{22}\boldsymbol{B} & \cdots & a_{2n}\boldsymbol{B} \\ \vdots & \vdots & & \vdots \\ a_{m1}\boldsymbol{B} & a_{m2}\boldsymbol{B} & \cdots & a_{mn}\boldsymbol{B} \end{pmatrix}_{(mp)\times(nq)}$$

显然，两个向量 $\boldsymbol{x},\boldsymbol{y}$ 的外积是克罗内克积的一个特例，即

$$\boldsymbol{x}\circ\boldsymbol{y}=\boldsymbol{x}\otimes\boldsymbol{y}^{\top}=\boldsymbol{y}^{\top}\otimes\boldsymbol{x}$$

**性质 7.11** 克罗内克积不满足交换律，但满足结合律。并且有

$$(\boldsymbol{A}\otimes\boldsymbol{B})^{\top}=\boldsymbol{A}^{\top}\otimes\boldsymbol{B}^{\top}$$

$$(\boldsymbol{A}\otimes\boldsymbol{B})^{-1}=\boldsymbol{A}^{-1}\otimes\boldsymbol{B}^{-1}，\text{其中 }\boldsymbol{A},\boldsymbol{B}\text{ 是可逆方阵}$$

$$|\boldsymbol{A}_{m\times m}\otimes\boldsymbol{B}_{p\times p}|=|\boldsymbol{A}|^{p}|\boldsymbol{B}|^{m}$$

$$\mathrm{tr}(\boldsymbol{A}\otimes\boldsymbol{B})=\mathrm{tr}(\boldsymbol{A})\mathrm{tr}(\boldsymbol{B})$$

$$\mathrm{rank}(\boldsymbol{A}\otimes\boldsymbol{B})=\mathrm{rank}(\boldsymbol{A})\mathrm{rank}(\boldsymbol{B})$$

**性质 7.12** 由算法 7.11 所得的塔克分解，可以重构张量 $\boldsymbol{X}$ 的三个矩阵展开。

$$\hat{\boldsymbol{X}}^{\langle 1\rangle}=\boldsymbol{U}_{I\times P}\boldsymbol{\Sigma}^{\langle 1\rangle}_{P\times QR}(\boldsymbol{W}_{K\times R}\otimes\boldsymbol{V}_{J\times Q})^{\top}$$

$$\hat{\boldsymbol{X}}^{\langle 2\rangle}=\boldsymbol{V}_{J\times Q}\boldsymbol{\Sigma}^{\langle 2\rangle}_{Q\times PR}(\boldsymbol{W}_{K\times R}\otimes\boldsymbol{U}_{I\times P})^{\top}$$

$$\hat{\boldsymbol{X}}^{\langle 3\rangle}=\boldsymbol{W}_{K\times R}\boldsymbol{\Sigma}^{\langle 3\rangle}_{R\times PQ}(\boldsymbol{V}_{J\times Q}\otimes\boldsymbol{U}_{I\times P})^{\top}$$

HOSVD 算法并未使得 $\|\boldsymbol{X}^{\langle 1\rangle}-\hat{\boldsymbol{X}}^{\langle 1\rangle}\|_F$ 达到最小，我们需要继续利用下述高阶正交迭代 (higher order orthogonal iteration, HOOI) 算法求得最优塔克分解。

**算法 7.12（高阶正交迭代，HOOI）** 在 HOSVD 结果的基础上，令 $\tilde{\boldsymbol{u}}^{i},\tilde{\boldsymbol{v}}^{j},\tilde{\boldsymbol{w}}^{k}$ 分别是矩阵 $\boldsymbol{U}^{\top},\boldsymbol{V}^{\top},\boldsymbol{W}^{\top}$ 的第 $i,j,k$ 列。依次更新张量 $\boldsymbol{U},\boldsymbol{V},\boldsymbol{W},\boldsymbol{\Sigma}$ 如下。

- 依次更新 $\boldsymbol{U},\boldsymbol{V},\boldsymbol{W}$，直至满足预定的收敛条件：

$$\boldsymbol{T}_{I\times Q\times R}\leftarrow x_{ijk}\tilde{\boldsymbol{v}}^{j}\circ\tilde{\boldsymbol{w}}^{k}$$

  $\boldsymbol{T}_{I\times Q\times R}$ 是一个张量。更新 $\boldsymbol{U}_{I\times P}$ 为 $T^{\langle 1\rangle}$ 的前 $P$ 个左奇异向量。

$$\boldsymbol{T}_{P\times J\times R}\leftarrow x_{ijk}\tilde{\boldsymbol{u}}^{i}\circ\tilde{\boldsymbol{w}}^{k}$$

  更新 $\boldsymbol{V}_{J\times Q}$ 为 $\boldsymbol{T}^{\langle 2\rangle}$ 的前 $Q$ 个左奇异向量。

$$\boldsymbol{T}_{P\times Q\times K} \leftarrow x_{ijk}\tilde{\boldsymbol{u}}^i \circ \tilde{\boldsymbol{v}}^j$$

更新 $\boldsymbol{W}_{K\times R}$ 为 $\boldsymbol{T}^{\langle 3\rangle}$ 的前 $R$ 个左奇异向量。

- 当 $\boldsymbol{U},\boldsymbol{V},\boldsymbol{W}$ 不再更新时，张量 $\boldsymbol{\Sigma}_{P\times Q\times R}$ 按式 (7.49) 更新。

例7.19 彩色图像在计算机里是由红、绿、蓝三个基色的图像叠加而成。莱娜的彩色图像是 $512\times 512\times 3$ 的张量 $\boldsymbol{X}$，图 7.53 的第一行是这三种基色的原始图像（即 $\boldsymbol{X}^{\langle 1\rangle}$，按灰度图像显示）。令 $P=Q=100, R=2$，经过塔克分解，HOSVD 和 HOOI 的效果分别见第二、三行。

图 7.53 莱娜灰度图像的重构

图 7.54 的左图是莱娜彩色图像的原图，中图和右图分别是经过塔克分解 ($P = Q = 100, R = 2$) 的 HOSVD 和 HOOI 的重构。HOOI 的效果似乎比 HOSVD 的要好一些。

图 7.54 莱娜彩色图像的重构

固定 $R = 3$ 或 1，分别设置 $P = Q = 50, 100, 150$，图 7.55 列出了更多莱娜彩色图像的塔克分解 HOOI 重构。不难看出，$R$ 越大，对颜色保留的信息越多。$P = Q$ 越大，图像的解析度越高。

(a) $R = 3$, $P = \mathrm{Q} = 50$, 100, 150

(b) $R = 1$, $P = \mathrm{Q} = 50$, 100, 150

图 7.55 莱娜彩色图像的 HOOI 重构

## 7.3 聚类

分类问题是科学关注的基本问题之一。《周易 · 系辞上》说，“方以类聚，物以群分”，意思是同类的东西常聚在一起，后演化成俗语“物以类聚，人以群分”（图 7.56）。当我们对类的信息缺少认知的时候，有没有可能对数据进行分类，让那些具有共同属性的样本点聚在一起？20 世纪的 60—70 年代，*聚类* (clustering) 方法，或称*无监督分类* (unsupervised classification) 方法，被统计学家和信息科学家深入地研究。

(a) 信件的分类

(b) 人种的分类

(c) 电话区号的分类

图 7.56　分类都是基于某个给定的标准

例如，已知总体 $\boldsymbol{X} \sim p\mathrm{N}_2(\boldsymbol{\mu}_1, \Sigma_1)+(1-p)\mathrm{N}_2(\boldsymbol{\mu}_2, \Sigma_2)$，即两个高斯分布的混合，其中参数 $p, \boldsymbol{\mu}_1, \Sigma_1, \boldsymbol{\mu}_2, \Sigma_2$ 都是未知的。能否在给定观测数据上聚出两个类来，分别是 $\mathrm{N}_2(\boldsymbol{\mu}_1, \Sigma_1)$ 和 $\mathrm{N}_2(\boldsymbol{\mu}_2, \Sigma_2)$，并且两类元素个数之比为 $p:(1-p)$？这个问题并不简单，我们将在 §8.2.1 给出参数估计的方法。

1. **聚类树**

给定观测数据 $D = \{\boldsymbol{x}_1, \boldsymbol{x}_2, \cdots, \boldsymbol{x}_n \in \mathbb{R}^d\}$，聚类问题就是如何构造树状结构，使得数据是 $n$ 个叶节点，该树在某些标准之下是最优的。譬如，$k$-均值聚类给出 $D$ 的某个划分 $D_1, D_2, \cdots, D_k$，使其满足类内平方和最小。若聚类树只有一层，则称之为*无层级聚类*（图 7.57）；若有多层，则称之为*层级聚类*。

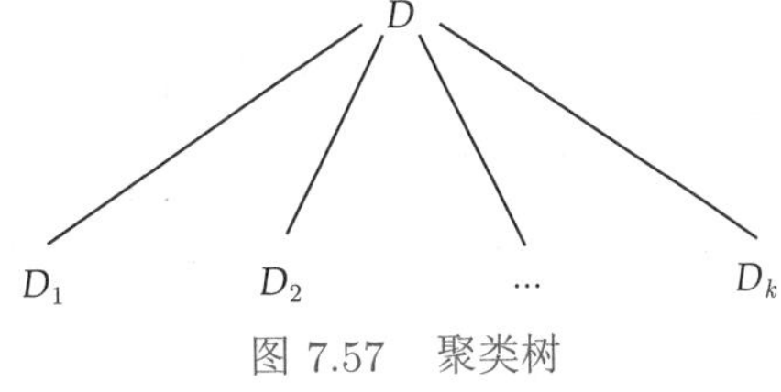

图 7.57　聚类树

对于层级聚类，在哪个水平看结果也是因需求而异。水平太低，类的个数多，类内元素一般偏少；水平太高，类的个数少，类内元素可能偏多。

2. **相似度**

在聚类之前，一定要先制定一个标准来刻画对象之间以及类之间的*相异度* (dissimilarity) 或距离（有时，也用*相似度*），借助此标准才可分辨亲疏远近。例如，两个向量 $\boldsymbol{x}, \boldsymbol{y}$ 之间的*夹角余弦相似度*（简称“余弦相似度”)：

$$\cos(x, y) = \frac{x^\top y}{\|x\| \cdot \|y\|}$$

我们定义夹角余弦相异度为 $\frac{1}{2}(1 - \cos(x, y))$，该值介于 0 ~ 1。显然，$x, y$ 夹角余弦相异度为 0 当且仅当这两个向量方向相同（即夹角为 0）；相异度为 1 当且仅当二者方向相反，如图 7.58(b) 所示。

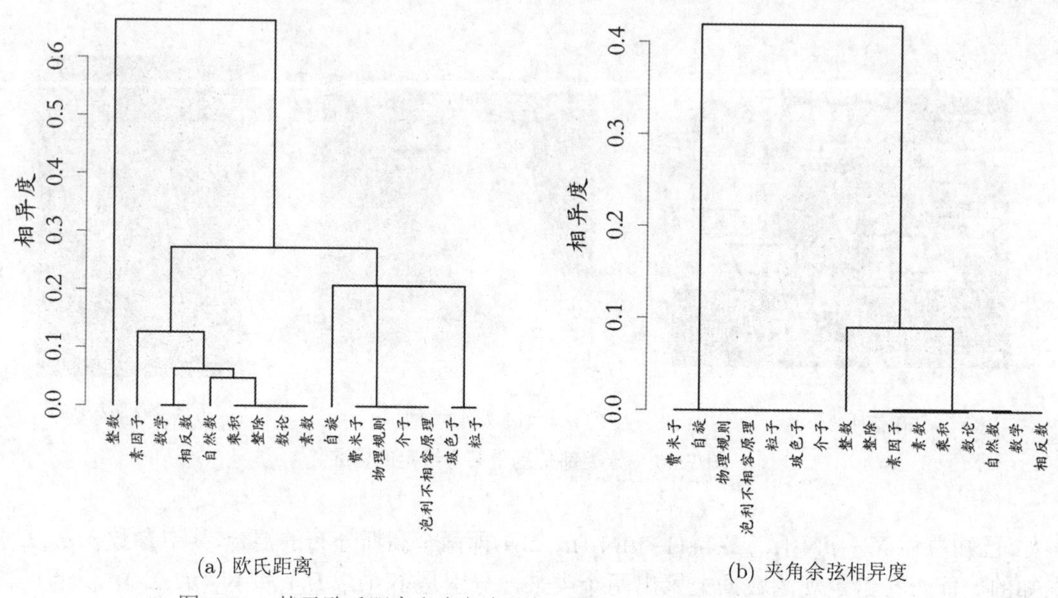


(a) 欧氏距离 (b) 夹角余弦相异度

图 7.58 基于欧氏距离和夹角余弦相异度，例 7.9 中术语的层级聚类

印度统计学家**普拉桑塔·钱德拉·马哈拉诺比斯**（Prasanta Chandra Mahalanobis, 1893—1972）被誉为“印度统计学之父”，见图 7.59。以他命名的马哈拉诺比斯距离 (Mahalanobis distance) 是多元统计常采用的一类距离。令 $\boldsymbol{\Sigma}$ 是协方差矩阵，马哈拉诺比斯距离定义为

$$d(x, y) = \sqrt{(x - y)^\top \boldsymbol{\Sigma}^{-1}(x - y)}$$

图 7.59 马哈拉诺比斯

对未标记 (unlabelled) 观测数据的分析都属于无监督学习，也称无指导学习 (unsupervised learning)，其中标记可以是类标，也可以是响应值。例如，从不含任何语法或语义标记的生语料中如何获取词汇信息。人们相信数据本身具有一定的属性，如分布及其数字特征，可以通过理性的手段加以研究。这里的“未标记”不等于数据是任意采集的，事实上，我们总是本着某个标准采集数据（如图 7.60 所示的《人民日报》等报纸语料，是自然语言处理的一类可靠的数据来源），而这个标准所关联的属性（如《人民日报》的各种主题）隐藏在数据背后有待挖掘。

如何评估无监督学习的表现呢？如果有答案，只需将理论值和真实值做一个简单对比便能得出对错，整体效果也有很多方法可来衡量。然而，对聚类来说，没有标准答案可供借鉴，类聚得好与坏通

常只能依靠领域专家或者应用效果来判断。例如，宇宙中的星团（图 7.61）通常由十几颗到几十万颗恒星聚集在一起构成。昴宿星团 (Pleiades star cluster) 距离地球约 444 光年，星团核心半径约 8 光年，有 3000 多颗恒星，是常见的疏散星团之一。

图 7.60　报纸语料是相对比较正规的书面语言

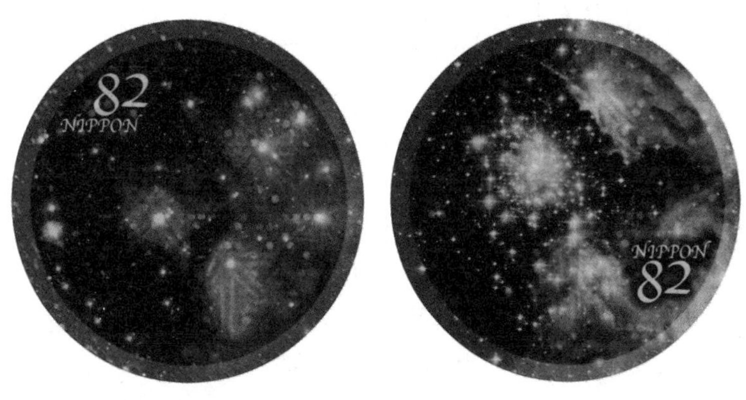


(a)昴宿星团　　(b) 星暴开放星团

图 7.61　著名的星团 (star cluster)

### 7.3.1　层级聚类

我们通过一个有趣的语言聚类的实例来讲解层级聚类算法。

例 7.20（层级聚类）　考虑二十种自然语言中数字 $1,2,\cdots,10$ 的拼写，见表 7.10。如果我们把拼写简化为首字母，两种语言之间的相异度定义为这 10 个数字中不同拼写的个数。譬如，英语 (EN) 和法语 (FR) 的相异度是 6，德语 (GE) 和汉语 (CH) 的相异度是 10。根据表 7.10，我们得到对应的相异度矩阵（表 7.11）。

- 寻找相异度最小的配对：相异度为 1 的两门语言分别是：丹麦语 (DA) 和挪威语 (NO)，意大利语 (IT) 和法语 (FR)，意大利语与拉丁语 (LA)，意大利语与西班牙语 (SP)。
- 单联聚类 (single-linkage clustering) 的基本想法是：如图 7.62 所示，两个类 $C_1,C_2$ 的相异度定义为两类元素之间最小的相异度。即

$$d(C_1, C_2) = \min\{d(x, y) : x \in C_1, y \in C_2\}$$

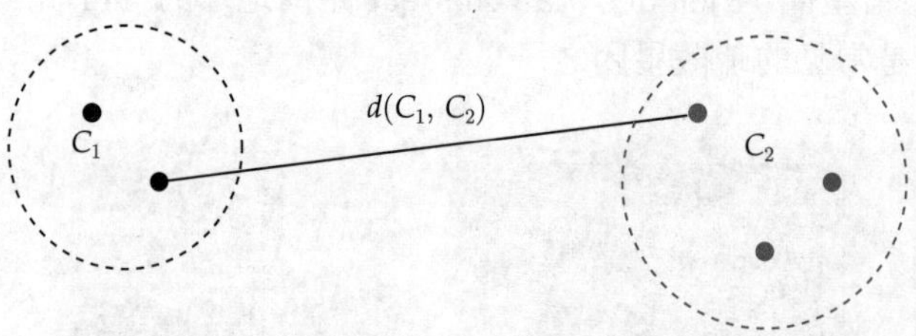


图 7.62　单联相异度

如图 7.63 所示，意大利语与法语在“相异度 = 1”的水平形成 {IT, FR} 类，拉丁语和西班牙语与该类的相异度都是 1，它们在“相异度 = 1”的水平共同形成 {IT, FR, LA, SP} 类，尽管西班牙语和拉丁语的相异度是 2。类似地，英语 (EN) 与 {DA, NO} 的相异度是 2，它们在“相异度 = 2”的水平一起形成 {DA, NO, EN} 类。在“相异度 = 6”这一水平，共聚出几个类？

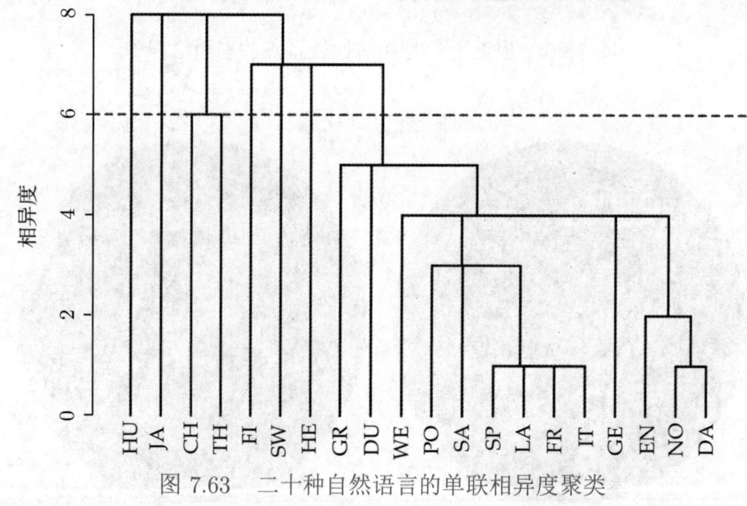


图 7.63　二十种自然语言的单联相异度聚类

- 全联聚类 (complete-linkage clustering) 的基本想法：如图 7.64 所示，两个类 $C_1, C_2$ 的相异度定义为两类元素之间最大的相异度。即

$$d(C_1, C_2) = \max\{d(x, y) : x \in C_1, y \in C_2\}$$

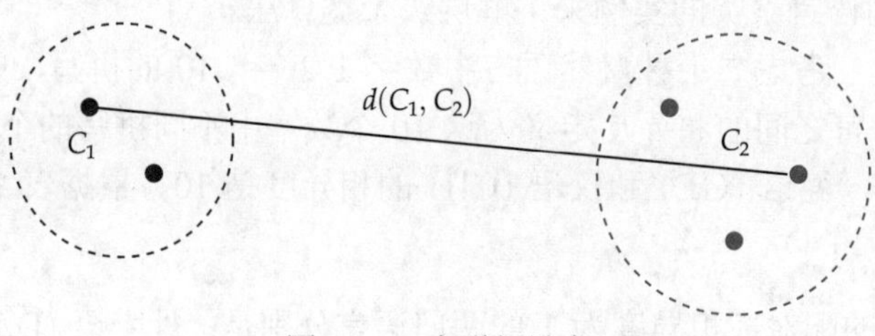


图 7.64　全联相异度

如图 7.65 所示，拉丁语和西班牙语与 {IT, FR} 类的相异度都是 2，它们在“相异度 = 2”的水平共同形成 {IT, FR, LA, SP} 类。在“相异度 = 6”这一水平，共聚出几个类？

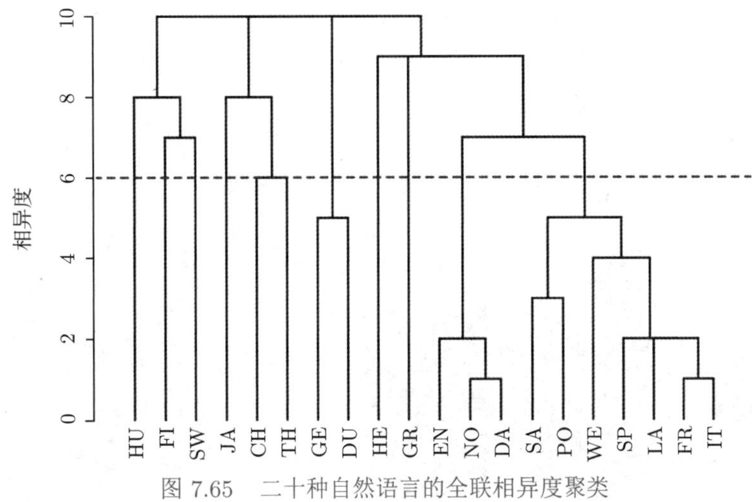


图 7.65 二十种自然语言的全联相异度聚类

- **均联聚类** (average-linkage clustering) 的基本想法：如图 7.66 所示，两个类 $C_1, C_2$ 的相异度定义为两类元素之间相异度的均值。即

$$d(C_1, C_2) = \text{mean}\{d(x, y) : x \in C_1, y \in C_2\}$$

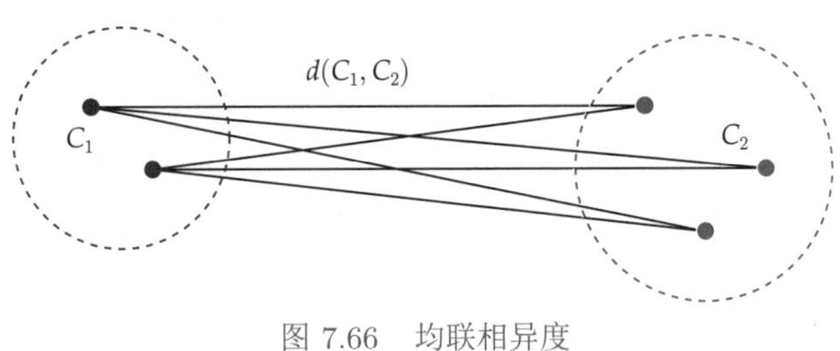


图 7.66 均联相异度

如图 7.67 所示，在“相异度 = 6”这一水平，均联聚类给出了 8 个结果：{JA}, {CH, TH}, {HE}, {DU, GE, EN, NO, DA}, {GR, WE, SP, LA, FR, IT, SA, PO}, {HU}, {FI}, {SW}。

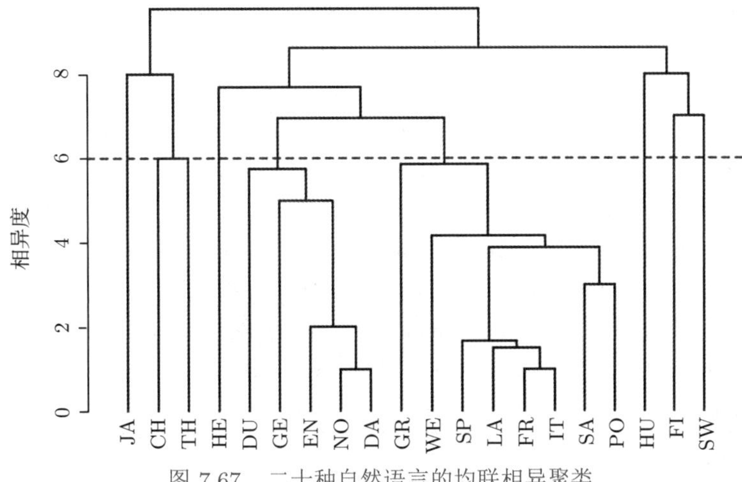


图 7.67 二十种自然语言的均联相异聚类

自然语言主要分为印欧语系（图 7.68)、汉藏语系、闪含语系和阿尔泰语系。其中，英语、法语、意大利语、西班牙语、梵语等属于印欧语系，汉语、泰语等属于汉藏语系，希伯来语属于闪含语系。例 7.20 的聚类虽是一个玩具模型，但也反映出一些语系特点。

图 7.68　欧洲语言

表 7.10　二十种自然语言中数字 1,2,$\cdots$,10 的拼写

| 语言 | 数字 | | | | | | | | | |
|---|---|---|---|---|---|---|---|---|---|---|
| | 1 | 2 | 3 | 4 | 5 | 6 | 7 | 8 | 9 | 10 |
| 英语 | one | two | three | four | five | six | seven | eight | nine | ten |
| 法语 | un | deux | trois | quatre | cinq | six | sept | huit | neuf | dix |
| 德语 | eins | zwei | drei | vier | funf | sechs | sieben | acht | neun | zehn |
| 汉语 | yi | er | san | si | wu | liu | qi | ba | jiu | shi |
| 日语 | iti | ni | san | si | go | roku | siti | hati | kyuu | zyuu |
| 泰语 | nueng | song | sam | see | har | hok | jed | bad | gao | sib |
| 梵语 | eka | dvi | tri | chatur | pancha | shash | sapta | ashta | nava | dasha |
| 挪威语 | en | to | tre | fire | fem | seks | sju | atte | ni | ti |
| 丹麦语 | en | to | tre | fire | fem | seks | syv | otte | ni | ti |
| 荷兰语 | een | twee | drie | vier | vijf | zes | zeven | acht | negen | tien |
| 波兰语 | jeden | dwa | trzy | cztery | piec | szesc | siedem | osiem | dziewiec | dziesiec |
| 芬兰语 | yksi | kaksi | kolme | neljä | viisi | kuusi | seitseman | kahdeksan | yhdeksan | kymmenen |
| 拉丁语 | unus | duo | tres | quattuor | quinque | sex | septem | octo | novem | decem |
| 希腊语 | enas | duo | treis | tessera | pente | exi | epta | okto | ennea | deka |
| 希伯来语 | echad | shnayim | shlosha | arba’a | chamisha | shisha | shiv’a | shmonah | tish’a | assara |
| 意大利语 | uno | due | tre | quattro | cinque | sei | sette | otto | nove | dieci |
| 西班牙语 | uno | dos | tres | cuatro | cinco | seis | siete | ocho | nueve | diez |
| 威尔士语 | un | dau | tri | pedwar | pump | chwech | saith | wyth | naw | deg |
| 匈牙利语 | egy | ketto | harom | negy | ot | hat | het | nyolc | kilenc | tiz |
| 斯瓦希里语 | moja | mbili | tatu | nne | tano | sita | saba | nane | tisa | kumi |

表 7.11 基于表 7.10 和相异度的定义得到的相异度矩阵，并圈出最小相异度

| 语言 | EN | FR | GE | CH | JA | TH | SA | NO | DA | DU | PO | FI | LA | GR | HE | IT | SP | WE | HU | SW |
|---|---|---|---|---|---|---|---|---|---|---|---|---|---|---|---|---|---|---|---|---|
| EN | 0 | | | | | | | | | | | | | | | | | | | |
| FR | 6 | 0 | | | | | | | | | | | | | | | | | | |
| GE | 6 | 7 | 0 | | | | | | | | | | | | | | | | | |
| CH | 10 | 10 | 10 | 0 | | | | | | | | | | | | | | | | |
| JA | 9 | 8 | 8 | 8 | 0 | | | | | | | | | | | | | | | |
| TH | 10 | 10 | 10 | 6 | 8 | 0 | | | | | | | | | | | | | | |
| SA | 6 | 4 | 5 | 10 | 9 | 10 | 0 | | | | | | | | | | | | | |
| NO | 2 | 6 | 4 | 10 | 9 | 10 | 4 | 0 | | | | | | | | | | | | |
| DA | 2 | 6 | 5 | 10 | 9 | 10 | 5 | ① | 0 | | | | | | | | | | | |
| DU | 7 | 9 | 5 | 10 | 10 | 10 | 7 | 5 | 6 | 0 | | | | | | | | | | |
| PO | 7 | 5 | 8 | 10 | 9 | 10 | 3 | 7 | 6 | 10 | 0 | | | | | | | | | |
| FI | 9 | 9 | 9 | 9 | 9 | 10 | 9 | 9 | 9 | 9 | 9 | 0 | | | | | | | | |
| LA | 6 | 2 | 7 | 10 | 9 | 10 | 4 | 6 | 5 | 9 | 4 | 9 | 0 | | | | | | | |
| GR | 9 | 7 | 9 | 10 | 10 | 10 | 5 | 8 | 7 | 9 | 5 | 10 | 6 | 0 | | | | | | |
| HE | 8 | 7 | 7 | 9 | 8 | 8 | 7 | 7 | 7 | 9 | 8 | 9 | 8 | 9 | 0 | | | | | |
| IT | 6 | ① | 7 | 10 | 9 | 10 | 4 | 6 | 5 | 9 | 4 | 9 | ① | 6 | 7 | 0 | | | | |
| SP | 6 | 2 | 7 | 10 | 9 | 10 | 3 | 6 | 5 | 9 | 3 | 9 | 2 | 6 | 7 | ① | 0 | | | |
| WE | 7 | 4 | 8 | 10 | 9 | 10 | 4 | 7 | 7 | 9 | 5 | 9 | 4 | 6 | 9 | 4 | 4 | 0 | | |
| HU | 9 | 10 | 9 | 10 | 9 | 9 | 9 | 8 | 8 | 8 | 10 | 8 | 10 | 9 | 9 | 10 | 10 | 10 | 0 | |
| SW | 7 | 7 | 8 | 10 | 9 | 10 | 7 | 7 | 7 | 10 | 7 | 7 | 7 | 9 | 8 | 7 | 7 | 8 | 8 | 0 |

## 7.3.2 *k*-均值聚类

图 7.69 斯坦豪斯

波兰数学家、教育家**雨果・斯坦豪斯**（Hugo Steinhaus, 1887—1972）（图 7.69）师从希尔伯特，对数学有广泛的贡献，但他谦虚地把发掘出泛函分析大师**斯特凡・巴拿赫**（Stefan Banach, 1892—1945）视为他“最伟大的数学发现”。1956 年，斯坦豪斯首次明确提出多维数据的 *k*-均值聚类 (*k*-means clustering) 方法*。算法描述很简单，但却是 NP-难的。实践中，有时需要使用一些启发规则，避免其结果收敛于局部最优。

给定一组观测样本 $D = \{x_1, x_2, \cdots, x_n \in \mathbb{R}^d\}$，欲将之划分成 $k$ 个类 $D_1, D_2, \cdots, D_k$，目标是最小化类内平方和 (within-cluster sum of squares, WCSS) 如下：

$$g(D_1, D_2, \cdots, D_k) = \sum_{j=1}^{k} \sum_{x \in D_j} \|x - \mu_j\|^2，\text{其中 } \mu_j \text{ 是 } D_j \text{ 的均值} \tag{7.50}$$

这个最优化的标准被称为平方和准则 (sum-of-squares criterion)。它的“连续版”是寻找 $\mathbb{R}^d$ 的划分 $D_1, D_2, \cdots, D_k$，以最小化

$$g(D_1, D_2, \cdots, D_k) = \sum_{j=1}^{k} \int_{D_j} \|x - \mathsf{E}[X|X \in D_j]\|^2 \mathrm{d}F(x)，\text{其中 } F(x) \text{ 是分布函数}$$

* 1957 年，美国物理学家**斯图尔特・芬尼・劳埃德**（Stuart Phinney Lloyd, 1923—2007）独立提出一维数据的 *k*-均值聚类算法。有时，模式识别把 *k*-均值聚类方法称为劳埃德算法。

**算法 7.13**（$k$-均值聚类）　随机地初始化 $k$ 个均值 $\boldsymbol{\mu}_1^{(1)}, \boldsymbol{\mu}_2^{(1)}, \cdots, \boldsymbol{\mu}_k^{(1)}$，重复下面两个步骤直至 $\boldsymbol{\mu}_1^{(t+1)}, \boldsymbol{\mu}_2^{(t+1)}, \cdots, \boldsymbol{\mu}_k^{(t+1)}$ 与 $\boldsymbol{\mu}_1^{(t)}, \boldsymbol{\mu}_2^{(t)}, \cdots, \boldsymbol{\mu}_k^{(t)}$ 完全一样（即聚类不再有变化）。

❑ 赋值：定义 $D_j^{(t)}$ 为距离 $\boldsymbol{\mu}_j^{(t)}$ 最近的点集，$t = 1, 2, \cdots$，即

$$D_j^{(t)} = \{\boldsymbol{x} \in D : \|\boldsymbol{x} - \boldsymbol{\mu}_j^{(t)}\| \leqslant \|\boldsymbol{x} - \boldsymbol{\mu}_i^{(t)}\|, \forall i \neq j\}$$

❑ 更新：求 $D_j^{(t)}$ 的均值 $\boldsymbol{\mu}_j^{(t+1)}$，即

$$\boldsymbol{\mu}_j^{(t+1)} = \frac{1}{|D_j^{(t)}|} \sum_{\boldsymbol{x} \in D_j^{(t)}} \boldsymbol{x}，\text{其中 } j = 1, 2, \cdots, k$$

简而言之，$k$-均值聚类就是不断地找类的中心，重新按近邻分类，再找类的中心……，直至不能更新为止。在一般情况下，最优化问题 (7.50) 的解是局部最优的，这导致 $k$-均值聚类的结果和收敛速度往往依赖于初始 $k$ 个均值的选取，不同的初始化可能导致不同的结果和收敛速度。示例见图 7.70 和图 7.71。

$k$-均值聚类的初始化可以有多种方法，例如：① 随机地选取 $k$ 个样本点；② 随机地将样本分成 $k$ 个类后再计算每个类的均值。遗憾的是，目前任何初始化方法都不能保证 $k$-均值聚类收敛到全局最优解，而算法的收敛速度在最差的情况下是指数级的。另外，类的个数 $k$ 是预设的，设得不好也会导致结果很差。

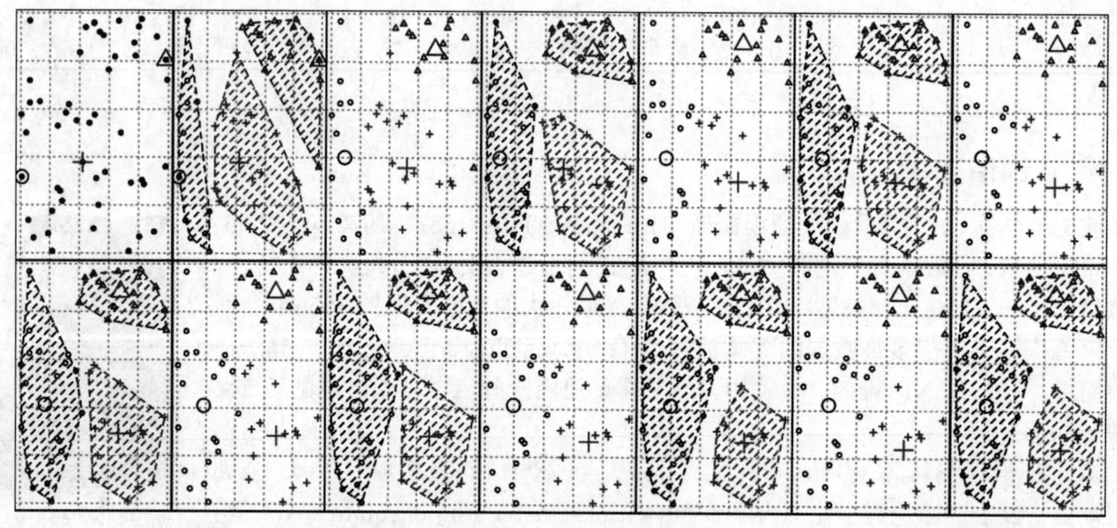

(a) 慢收敛

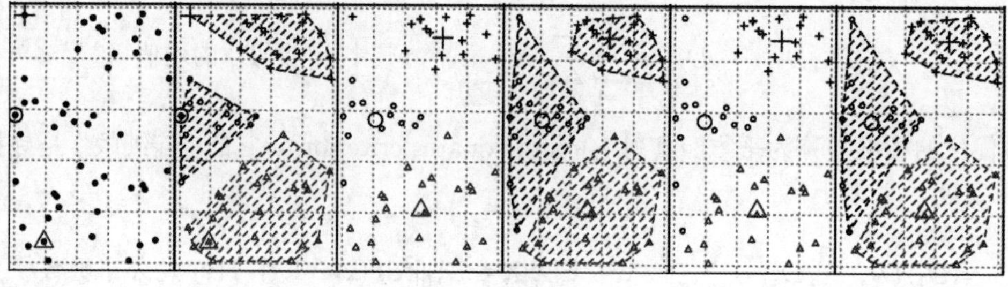

(b) 快收敛

图 7.70　不同的初始化将导致 $k$-均值聚类的结果和收敛速度不同

**例 7.21**　图 7.71 是 iris 数据的第一和第二主成分上的 3-均值聚类，结果并不唯一。将聚类结果和已有的分类进行比较，看哪个结果好一些？（答案：第一个结果）

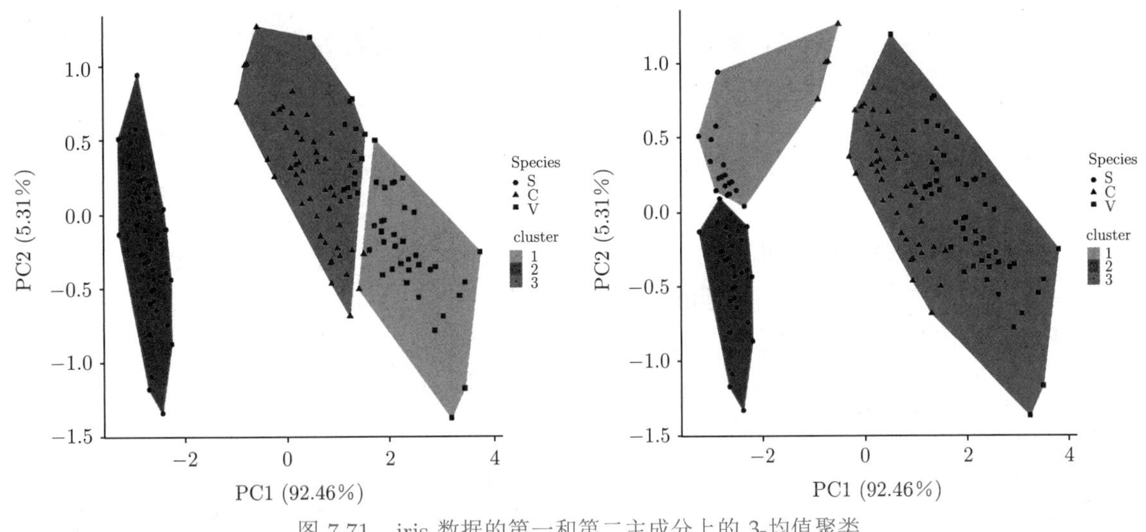


图 7.71　iris 数据的第一和第二主成分上的 3-均值聚类

全局寻优如同身处群山之中，要找到最高峰，只能爬上一座座山峰，然后才能有所比较。全局最优一定是“会当凌绝顶，一览众山小。”（图 7.72）

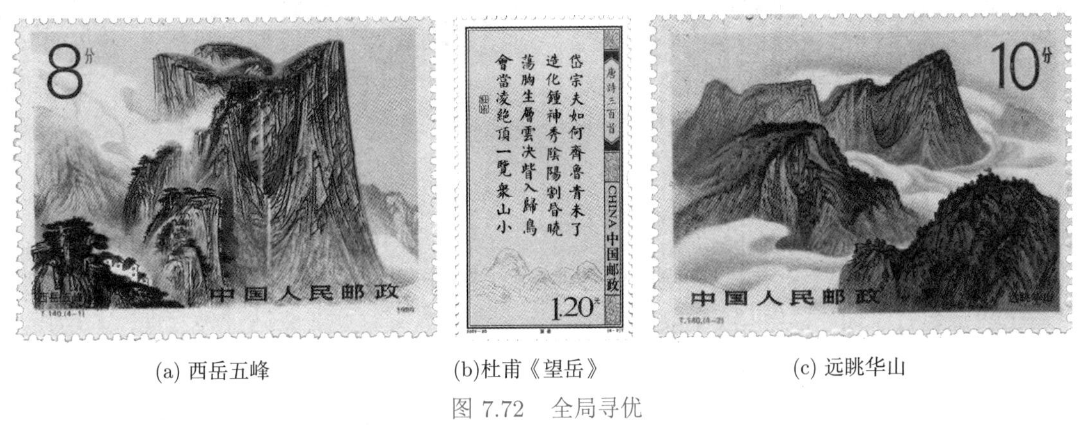


(a) 西岳五峰　　(b)杜甫《望岳》　　(c) 远眺华山

图 7.72　全局寻优

**定义 7.13**　模糊 $k$-均值聚类 (fuzzy $k$-means clustering) 是 $k$-均值聚类的一个变种，它不要求 $D_1, D_2, \cdots, D_k$ 是 $D$ 的划分，仅要求是 $D$ 的一些真子集。一个样本点 $\boldsymbol{x}_i$ 属于 $D_j$ 的程度 $m_{ij} (0 \leqslant m_{ij} \leqslant 1)$ 简称隶属度 (membership degree)*，满足

$$\sum_{j=1}^{k} m_{ij} = 1$$

如果把目标函数 (7.50) 稍作修改如下，便成了模糊 $k$-均值聚类问题。

* 美国控制论专家**卢特菲·扎德**（Lotfali Zadeh, 1921—2017）于 1965 年提出了模糊集合论，其中，集合里的每个元素被赋予一个实数 $m \in [0,1]$，即隶属度，来描述它属于该集合的程度。模糊集常用于人工智能刻画不确定性，但隶属度不是分布列。

$$g(D_1, D_2, \cdots, D_k) = \sum_{j=1}^{k}\sum_{i=1}^{n} m_{ij}^{r} \|\boldsymbol{x} - \boldsymbol{\mu}_j\|^2 \text{，其中 } \boldsymbol{\mu}_j \text{ 是 } D_j \text{ 的均值，} r > 1 \tag{7.51}$$

如果目标函数 (7.51) 中 $r = 1$，那么最优的 $D_1, D_2, \cdots, D_k$ 一定是 $D$ 的划分，失去了“模糊”的意义。所以，模糊 $k$-均值聚类要求 $r > 1$。

## 7.4 分类

形象地讲，分类就是给样本打标签 (label)，也称类标（图 7.73）。标签是事先约定好的，在它们之上可以有语义结构。譬如，图像理解中的物体识别，“车辆”“行人”“自行车”等都是标签。“车辆”可以有更细致的分类，如“轿车”“卡车”“吊车”等。标签之间的语义关系可以是“上下位关系”(is a kind of)，可以是“部分-整体关系”(is a part of)，等等。很多情况下，标签就是对类的语义的简单描述，对人来说，它们的含义是明确的、可理解的。

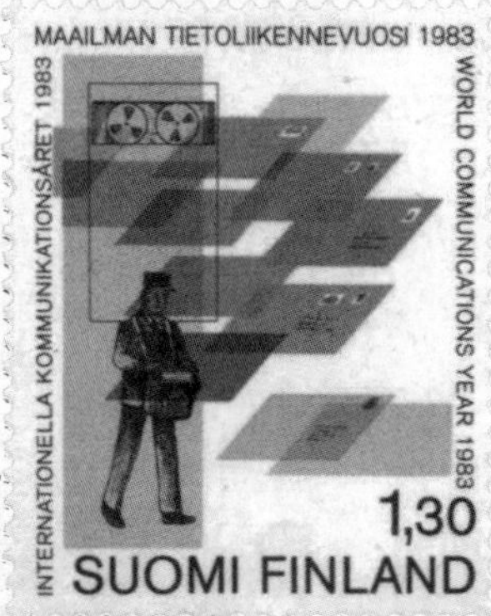


(a) 信件的分类

(b) 烟草叶子的分类

图 7.73 无处不在的分类任务

1869 年，俄国科学家**德米特里·门捷列夫**（Dmitri Mendeleev, 1834—1907）（图 7.74）根据原子量发现了化学元素的周期性，并据此预测了 12 种新元素。后来这些元素陆续被发现，其性质与门捷列夫的预测高度地吻合。到了 20 世纪初，门捷列夫的元素分类体系被化学界接纳为标准。之前，其他化学家所给出的分类体系，统统都湮没无闻。

图 7.74 门捷列夫与元素周期

第 6 章已经介绍过一种分类方法——对数率回归，把分类问题划归为一个回归问题，输出的答案是样本属于每个类的概率。分类方法不仅于此，还有很多直接的方法就是在类和类之间画出一条分割边界，或者给出一系列的判别条件。

### 1. 学习策略

机器学习里有非常多的分类模型，为了更合理地分类，人们提出了许多*学习策略* (learning strategy)，它们是凌驾于具体学习算法之上的*元算法* (meta algorithm) 或*元规则* (meta rule)，用来指导整个学习过程。举例如下。

- *增量学习* (incremental learning)：轻量机器学习的首选策略。第 199 页的增量线性回归是增量学习策略的一个应用，实现了线性回归模型的在线学习。
- *迁移学习* (transfer learning)：利用新旧两对 (训练数据, 学习任务) 之间的相似性，把旧的(训练数据,学习任务) 上的经验或知识触类旁通地转用到新的上。这是一种类比推理，是在演绎推理、归纳推理之外，人类司空见惯而机器束手无策的一种推理方式。
- *集成学习* (ensemble learning)：本节即将介绍的*随机森林* (random forest) 是集成学习策略在决策树上的一个应用。好的集成学习策略能把一组弱学习机“组装”成一个强学习机，能有效地利用不同学习机的特点扬长避短，“青出于蓝而胜于蓝”。

在给定样本及其响应值之上训练回归或分类（即响应值分别为实数或类标）模型的方法统称*有监督学习*，也称*有指导学习* (supervised learning)（图 7.75(a)）。如果样本没有响应值，其上的机器学习统称*无监督学习*，也称*无指导学习* (unsupervised learning)（图 7.75(b)）。

(a) 有指导学习　　(b) 无指导学习

图 7.75　两类与环境无互动的机器学习

*学习策略*在较高的水平指导机器学习（包括回归和分类），它往往是一些浅显易懂的道理。例如，集成学习就是“三个臭皮匠，顶个诸葛亮”；迁移学习就是“举一反三、问牛知马”；增量学习就是“循序渐进、孜孜不倦”。

古人给我们留下了许多有关“学习”的成语，都能找到相应的机器学习方法，如深度学习的“博学强记”，强化学习的“循循善诱”，有监督学习的“鹦鹉学舌”，无监督学习的“自学成才”……。

请读者们发散一下思维，想一想“因材施教、学以致用、独学寡闻、不求甚解、邯郸学步、庖丁解牛（图 7.76）、学非所用”这些成语在机器学习里都是什么意思？

(a) 邯郸学步

(b) 庖丁解牛

图 7.76 机器和人类共同面临的一些相似的学习困难

2. **提升方法**

图 7.77 瓦利安特

1988 年，美国计算机科学家、2010 年图灵奖得主**莱斯利·瓦利安特**（Leslie Valiant, 1949—）（图 7.77）提出一个尖锐的问题：在有监督学习中，一些*弱学习机*（譬如，比随机猜测要好一些的分类器）能否组成一个*强学习机*？更一般地，如果针对某个问题我们有多个学习算法，瓦利安特的问题就是如何利用它们来提高学习效果？如同有一个专家团队，如何利用这些专家来得到更好的学习效果？最简单的方法是靠“多数投票”(majority voting)，即“少数服从多数”的决策原则。各个专家的水平不一样、能力也有侧重，如何赋权重？如何扬长避短、最大可能地发挥其优势？这些问题都是集成学习关注的。

对有监督学习而言，把几个效果比较差的学习机组装成一个效果很好的学习机的方法称为*提升方法* (boosting method)。提升方法关注点在于模型，甚至可以为了模型精挑细选它的训练数据。在训练数据集 $D$ 上，“性格各异”的学习机 $L_1,L_2,\cdots,L_m$ 组成“专家团”（图 7.78），它们术业有专攻。提升方法就是要把这些各有所长的“专家们”的优势累积发挥出来，拼装在一起后能改进学习效果。

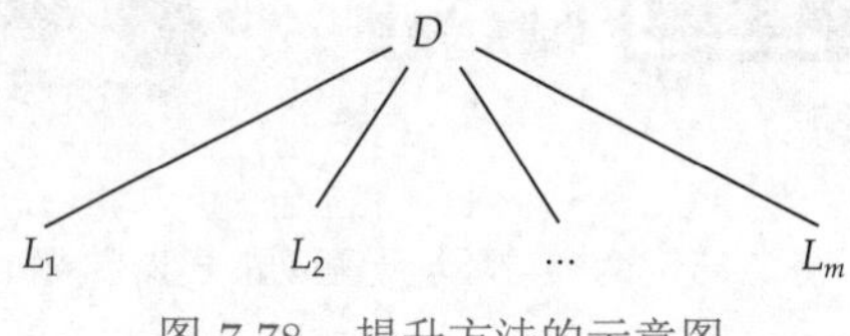


图 7.78 提升方法的示意图

图 7.78 所示的提升方法是一类重要的集成学习，其结果一般简记作

$$L = \alpha_1 L_1 + \alpha_2 L_2 + \cdots + \alpha_m L_m\text{，其中 } \alpha_1,\alpha_2,\cdots,\alpha_m \text{ 是权重}$$

它的含义和多数投票类似，仅仅是权重变为实数而已（在多数投票策略中，所有权重都等于 1）。显而易见，集体分类决策的结果就是权重最大的那个类。投票选举的方式可以多种多样，图 7.79 给出的两种是比较常见的。

(a) 大众投票

(b) 代表投票

图 7.79 两种常见的投票选举方式

### 3. 自适应提升

1990 年，美国计算机科学家**罗伯特 · 沙派尔**（Robert Schapire）证明在某些情况下，提升方法可以帮助我们实现这个想法，降低训练误差。提升方法聚焦于模型，训练数据基本上都是由模型诱导出来的。1997 年，罗伯特 · 沙派尔和以色列计算机科学家**约夫 · 弗罗因德**（Yoav Freund）（图 7.80）提出了一种提升方法——自适应提升（AdaBoost=adaptive boosting），为此二人于 2003 年获得“哥德尔奖”。

图 7.80 沙派尔和弗罗因德

AdaBoost 用当前分类器错分（即错误分类）的样本来训练下一个分类器，使得培养出来的专家各有所长。每个样本被赋予一个概率，是它被选中作为下一个模型训练样本的概率——分对的样本被选中的概率小，分错的样本被选中的概率大。只要分类器的正确率超过 50%，一些弱分类器在一起通过自适应提升集成学习也能取得好的效果。自适应提升的建模过程可以简单地表示如下：

$$D_1 = D \to L_1 \to D_2 \to L_2 \to \cdots \to D_m \to L_m$$

$$\Downarrow$$

$$L = \alpha_1 L_1 + \alpha_2 L_2 + \cdots + \alpha_m L_m$$

其中，$\alpha_1, \alpha_2, \cdots, \alpha_m$ 是权重。$D_i \to L_i$ 表示从训练集 $D_i$ 得到学习机 $L_i, i = 1, 2, \cdots, m$。而 $L_j \to D_{j+1}$ 表示由学习机 $L_j$ 遴选出来的训练样本 $D_{j+1}, j = 1, 2, \cdots, m-1$（特别地，学习机 $L_j$ 表现较差的那些样本将会在 $D_{j+1}$ 中显得比较“突出”）。

**算法 7.14**（自适应提升） 给定训练数据 $D = \{(\boldsymbol{x}_i, y_i) : i = 1, 2, \cdots, n\}$，对于分类器 $C_k$，记样本 $\boldsymbol{x}_i$ 被选中用于训练 $C_k$ 的概率是 $p_k(i)$。令初始化是

$$p_1(i) = \frac{1}{n}，\text{其中 } i = 1, 2, \cdots, n$$

也就是说，对于分类器 $C_1$，它的训练集 $D_1$ 是从集合 $D$ 中随机抽样的结果，其中 $D$ 里每个元素被抽中的概率等同。所以，干脆不必抽样，直接令 $D_1 = D$。

- 令 $E_k$ 是分类器 $C_k$ 的训练误差（即错分样本的比例），定义权重 $\alpha_k$ 如下：

$$\alpha_k = \frac{1}{2}\ln\frac{1-E_k}{E_k}$$

不难看出，权重 $\alpha_k$ 一般要大于零，即训练误差一般要小于 50%。

- 为了构建新的训练集 $D_{k+1}$，定义

$$p_{k+1}(i) \propto \begin{cases} p_k(i)\exp(-\alpha_k) & \text{，若 } \boldsymbol{x}_i \text{ 被 } C_k \text{ 分对} \\ p_k(i)\exp(\alpha_k) & \text{，若 } \boldsymbol{x}_i \text{ 被 } C_k \text{ 分错} \end{cases} \tag{7.52}$$

显然，训练误差 $E_k$ 越小，权重 $\alpha_k$ 越大，使得错分样本在新的训练集中越容易被抽中（其效果相当于往原训练集中添加了一些错分样本），为了减少错分的损失，进而新的分类器会尽量避免在错分样本上重蹈覆辙。

- 按照分布 $p_{k+1}(1), p_{k+1}(2), \cdots, p_{k+1}(n)$ 来抽取样本形成 $D_{k+1}$，训练分类器 $C_{k+1}$，直至分类器的个数 $k$ 达到预设的 $k_{\max}$。最后，得到一个加权的分类器

$$f(\boldsymbol{x}) = \sum_{k=1}^{k_{\max}} \alpha_k f_k(\boldsymbol{x})\text{，其中 } f_k(\boldsymbol{x}) \text{ 是 } C_k \text{ 的分类函数}$$

自适应提升算法 7.14 通过提高错分样本被抽中的概率，巧妙地让后续的“专家”特别关注一下这些错分样本。“专家们”前赴后继，让错分的可能性在“专家团”（图 7.81）的集体智慧下不断变小。

图 7.81　专家团

自适应提升方法有针对性地训练“专家”，从而实现了举贤使能。然而，自适应提升法还有一些问题值得读者思考。

（1）对自适应提升算法 7.14 所构建的学习机和训练集来说，$D_1 = D \to L_1 \to D_2 \to L_2 \to \cdots \to D_m \to L_m$ 形成了一条因果链。如果 $D$ 稍作改动，后面的结果都会跟着变。人们不禁要问：最终结果的差异会怎样？

（2）在什么情况下，自适应提升法无法大幅度地改进分类效果？

（3）自适应提升法如何与其他学习策略相结合？

例 7.22　训练集 $D_1$ 如图 7.82(a) 所示，其中方形和圆形表示两个类，显然它们是线性不可分的（即找不到一条直线将二者分开）。要求只能用三条水平或竖直的分割线来区分这两个类。

解 对于给定的训练集 $D_1$，按照自适应提升算法 7.14 依次给出分类器（即分割线）$L_1,L_2,L_3$，分别如图 7.82(b)、图 7.82(c)、图 7.82(d) 所示。图 7.82(f) 是集成学习的结果 $L$。对每个分类器，错分的样本点被放大，并标上叉号，它们是下一个分类器需小心翼翼避免犯错的对象。下面是图 7.82 所示的具体求解过程。

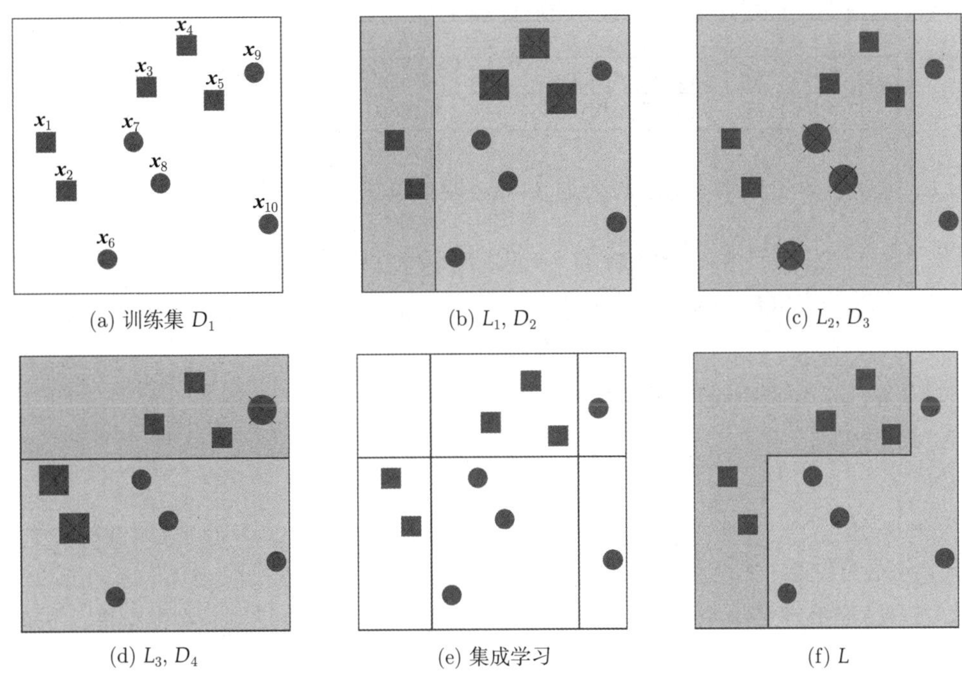


(a) 训练集 $D_1$ (b) $L_1, D_2$ (c) $L_2, D_3$

(d) $L_3, D_4$ (e) 集成学习 (f) $L$

图 7.82 自适应提升算法 7.14 在分类问题上的一个示例

（1）分割线 $L_1$ 错分了 3 个样本 $\boldsymbol{x}_3,\boldsymbol{x}_4,\boldsymbol{x}_5$，而每个样本被抽中的概率都是 $\frac{1}{10}$，即

$$p_1(i)=\frac{1}{10}，其中\ i=1,2,\cdots,10$$

因此，训练误差是 $E_1=30\%$，权重 $\alpha_1$ 为

$$\alpha_1=\frac{1}{2}\ln\frac{1-E_1}{E_1}\approx 0.4236$$

（2）按照式 (7.52)，在训练集 $D_2$ 中，每个分错和分对的样本被抽中的概率分别正比于 $\frac{1}{10}\exp(\alpha_1)$ 和 $\frac{1}{10}\exp(-\alpha_1)$。经过归一化后，每个分错和分对的样本被抽中的概率分别是

$$p_w=0.1666667 \qquad\qquad p_r=0.0714286$$

训练集 $D_2$ 中的样本可由表 7.12 所示的分布列产生，其中，中括号标记的是 $L_2$ 错分的样本。

表 7.12 训练集 $D_2$ 的分布列

| $i$ | 1 | 2 | 3 | 4 | 5 | [6] | [7] | [8] | 9 | 10 |
|---|---|---|---|---|---|---|---|---|---|---|
| $p_2(i)$ | $p_r$ | $p_r$ | $p_w$ | $p_w$ | $p_w$ | $p_r$ | $p_r$ | $p_r$ | $p_r$ | $p_r$ |

分割线 $L_2$ 错分了 3 个样本 $\boldsymbol{x}_6,\boldsymbol{x}_7,\boldsymbol{x}_8$。于是，$L_2$ 的训练误差和权重分别是

$$E_2=p_2(6)+p_2(7)+p_2(8)\approx 0.2143$$

$$\alpha_2 = \frac{1}{2}\ln\frac{1-E_2}{E_2} \approx 0.6496$$

（3）类似地，按照式 (7.52)，在训练集 $D_3$ 中，每个样本被抽中的概率如表 7.13 所示。

表 7.13 训练集 $D_3$ 的分布列

| $i$ | [1] | [2] | 3 | $\cdots$ | 6 | $\cdots$ | [9] | 10 |
|---|---|---|---|---|---|---|---|---|
| $p_3(i)$ | $p_r e^{-\alpha_2}$ | $p_r e^{-\alpha_2}$ | $p_w e^{-\alpha_2}$ | $\cdots$ | $p_r e^{\alpha_2}$ | $\cdots$ | $p_r e^{-\alpha_2}$ | $p_r e^{-\alpha_2}$ |
| | 0.04545 | 0.04545 | 0.10606 | $\cdots$ | 0.16667 | $\cdots$ | 0.04545 | 0.04545 |

分割线 $L_3$ 错分了 3 个样本 $\boldsymbol{x}_1, \boldsymbol{x}_2, \boldsymbol{x}_9$。于是，$L_3$ 的训练误差和权重分别是

$$E_3 = p_3(1) + p_3(2) + p_3(9) \approx 0.1364$$

$$\alpha_3 = \frac{1}{2}\ln\frac{1-E_3}{E_3} \approx 0.9229$$

自适应提升算法 7.14 给出的分类器是

$$L = 0.4236L_1 + 0.6496L_2 + 0.9229L_3$$

例如，对于样本 $\boldsymbol{x}_8$，“专家”$L_1, L_2, L_3$ 分别判定它为“圆形类”“方形类”“圆形类”。在考虑了“专家”的权重后，“专家团”$L$ 认为 $\boldsymbol{x}_8$ 应该是“圆形类”。

例 7.23 自适应提升算法 7.14 并未保证在任何分类问题上利用任何分类器都能改进效果。例如，基于对数率回归模型，对 iris 数据进行二分类——根据萼片长度判断是否为山鸢尾 (setosa)，准确率大约为 89.33%。自适应提升算法 7.14 无法继续改进这个结果。

```
## 目的：基于对数率回归模型的iris二分类器
labels <- as.numeric(iris$Species=="setosa")
sample_size <- length(labels)
fitted_result <- fitted(glm(labels ~
                        iris$Sepal.Length, family=binomial))
accuracy_table <- table(fitted_result > 0.5, labels)
accuracy <- (accuracy_table[1,1] + accuracy_table[2,2])/sample_size
```

### 4. 自助聚合

图 7.83 布雷曼

有的学者从训练数据上打主意。例如，美国统计学家**莱奥·布雷曼**（Leo Breiman, 1928—2005）（图 7.83）的自助聚合 (bagging=bootstrap aggregating)* 方法，它的想法很朴素，就是由原始训练数据集构造若干个训练数据集（用到了统计里的自助法，详见 §3.2.2），分别在它们上面训练模型。机器学习中著名的随机森林方法便是自助聚合的一个应用实例（见第 337 页的算法 7.19）。自助聚合的基本思想可以用图 7.84 来简单地描述：从给定的训练集 $D$ 产生出 $m$ 个新的训练集 $D_1, D_2, \cdots, D_m$，进而在其上训练出 $m$ 个学习机 $L_1, L_2, \cdots, L_m$，它们

* 在统计学里，“聚合数据”这一行为意味着将观察数据的不同组用相应的摘要统计信息替换。例如，R 语言中的 aggregate(mtcars, by=list(cyl, gear), FUN=mean, na.rm=TRUE) 函数，将图 2.6 所示的 mtcars 数据集按气缸数 (cyl) 和前进挡数 (gear) 聚合，返回每个数值变量的平均值。

构成一个专家团。“专家”的多样性来自于不同的训练数据集，而这些数据集又是从原始数据集抽样而得的，具备一定的相似性。

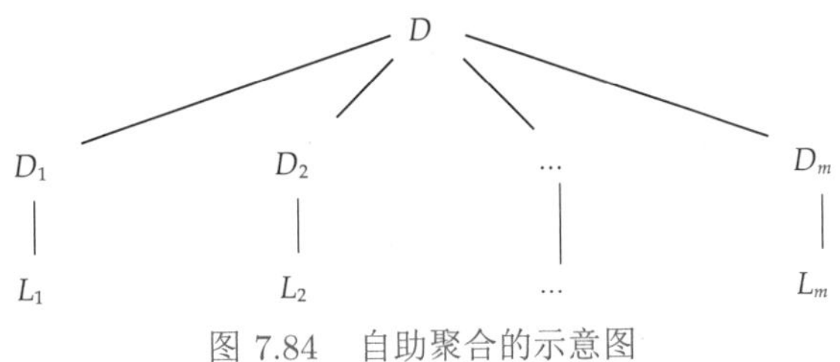

图 7.84 自助聚合的示意图

与提升方法不同，自助聚合的训练数据 $D_1, D_2, \cdots, D_m$ 不是由模型或学习机诱导出来的，而是直接对原始训练数据 $D$ 进行抽样得到的。至于学习机和训练数据哪个应该在先，这不是一个数学问题，无须纠结。提升方法和自助聚合都能自圆其说，同属于集成学习策略一类。

**算法** 7.15（自助聚合） 给定训练数据集 $D$，下面的“抽样 + 训练”过程可以并行地完成：

- 对训练样本进行有放回的均匀抽样（即在每次抽样中，任何一个样本点被抽中的机会都等同），得到一个与 $D$ 等势的集合。
- 将上述抽样过程独立重复 $m$ 次，得到一系列数据集 $D_j$ 用于训练学习机 $L_j, j = 1, 2, \cdots, m$。

我们将这 $m$ 个学习机组成一个专家团共同完成决策任务（图 7.85），例如，分类问题通过投票，回归问题通过求均值来解决。显然，自助聚合方法也是集成学习。它可以降低过拟合的风险，也减少个别异常值对学习机的影响。

图 7.85 集成学习有助于形成群体智能

自助聚合可以与其他方法结合产生许多变种。例如：

- 在算法 7.15 的基础上，利用一些特征工程的方法对 $D_1, D_2, \cdots, D_m$ 进行改造（例如，随机森林所用的“随机子空间方法”，见算法 7.19），得到新的训练集 $D'_1, D'_2, \cdots, D'_m$，然后再训练 $L_1, L_2, \cdots, L_m$。此过程可视为对图 7.84 稍做改造而得到的另一类自助聚合方法（图 7.86）。

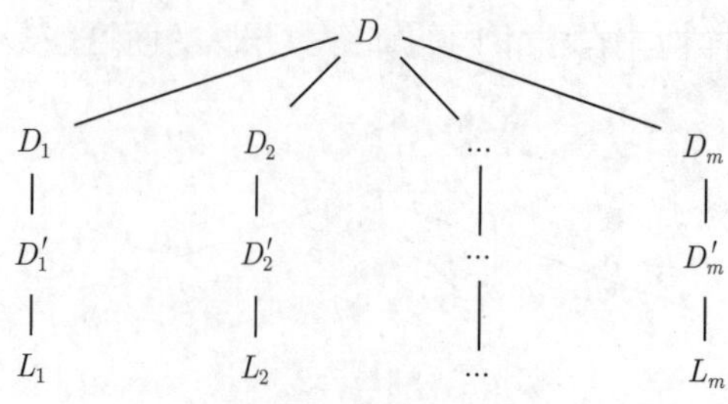


图 7.86 基于特征工程的自助聚合

基于自助聚合，我们对图 7.84 稍做改造，把 $D_k$ 到 $L_k$ 的过程具体化为一个自助提升。于是，我们得到有着两层集成学习的学习策略，它可以由图 7.87 直观描述：从 $D_k$ 到 $L_k$ 是自助提升（虚线），其中 $k = 1,2,\cdots,m$，每个 $L_k$ 都是集成学习的结果。它们再强强联手形成一个专家团。

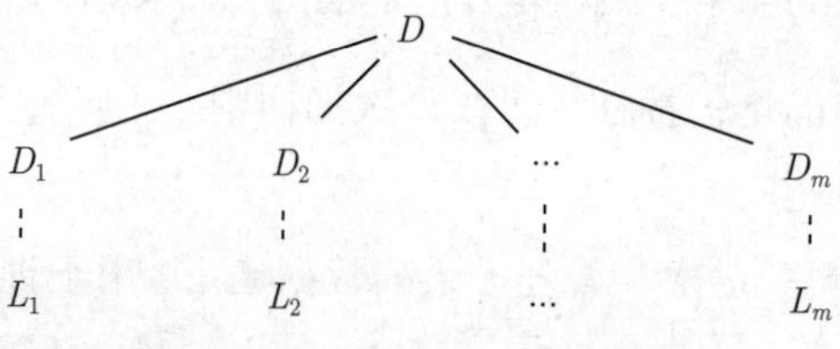


图 7.87 自助聚合与自助提升的结合

在已有学习策略的基础上，可以结合出新的花样。例如，某些学习机的集成学习也可以有增量学习的版本，也就是在线的集成学习。只要实践需要，我们还可以提出新的学习策略（图 7.88)。

图 7.88 新的策略

### 5. 梯度提升

图 7.89 弗里德曼

1997 年，布雷曼发现每个提升学习都可归结为某个*损失函数*的最优化问题。譬如，高尔夫球的每一杆，运动员都尽其所能，不断地接近目标，力求每一洞都用最少杆数。1999 年，美国统计学家**杰罗姆 · 弗里德曼**（Jerome Friedman, 1939—）（图 7.89），顺着布雷曼的思路提出*梯度提升* (gradient boosting) 方法，它的基本想法是分阶段不断改进学习效果，如同高尔夫球的每一杆都寻求最优解，尽管通常做不到。

再打个比方，雕刻的第一阶段是刀砍斧凿，第二阶段是精雕细琢，第三阶段是打磨抛光。这些阶段是递进的，每个阶段要解决的问题可能是不同的，但总体上距离最终的完美作品越来越近（图 7.90）。

图 7.90 一件雕塑作品的诞生

注：《圣殇》是文艺复兴时期意大利伟大的艺术家**米开朗基罗**（Michelangelo, 1475—1564）于 1498—1499 年完成的大理石雕塑作品。

算法 7.16（*梯度提升*） 给定训练数据 $D = \{(\boldsymbol{x}_i, y_i) : i = 1, 2, \cdots, n\}$。我们约定，总是按照某个最优化标准（如最小化均方误差）来训练学习机（或模型）。与自适应提升的建模过程类似，梯度提升也是构建训练集和学习机序列：

$$D_0 = D \to f_0 \to D_1 \to h_1 \to \cdots \to D_t \to h_t$$
$$\Downarrow$$
$$f_t = f_0 + h_1 + \cdots + h_t$$

其中，$f_0$ 是基于 $D$ 训练出来的学习机，$h_j$ 是基于 $D_j$ 训练出来的学习机。设 $f_t(\boldsymbol{x})$ 是当前训练出来的学习机，则在样本 $\boldsymbol{x}_i$ 上的残差是 $y_i - f_t(\boldsymbol{x}_i)$，其中 $t = 0, 1, 2, \cdots$。总效果的评估标准是残差平方和

$$\text{RSS} = \sum_{i=1}^{n} [y_i - f_t(\boldsymbol{x}_i)]^2$$

❑ 定义新的训练集：每个样本的响应值变为相应的残差，即

$$D_{t+1} = \{(\boldsymbol{x}_i, y_i - f_t(\boldsymbol{x}_i)) : i = 1, 2, \cdots, n\}，\text{其中 } t = 0, 1, 2, \cdots$$

❑ 不妨设在 $D_t$ 上训练出来的学习机是 $h_t(\boldsymbol{x})$，定义

$$f_{t+1}=f_t+h_{t+1}，其中\ t=0,1,2,\cdots$$

重复上述步骤，直至 RSS 达到收敛要求。梯度提升算法 7.16 可简单地描述为图 7.91。

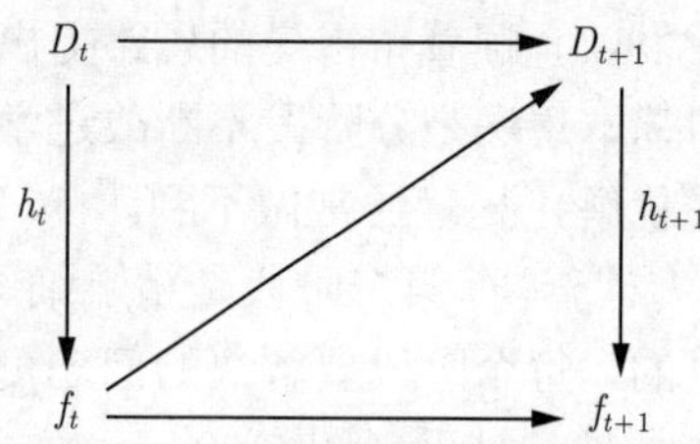


图 7.91　梯度提升算法 7.16 的示意图

例 7.24　接着例 7.22，不妨用 +1 和 −1 分别代表方形类和圆形类。分割函数 $f_0$ 错分了 3 个方形样本 $\boldsymbol{x}_3,\boldsymbol{x}_4,\boldsymbol{x}_5$，于是构建新的训练集如下：

$$D_1=\{(\boldsymbol{x}_3,2),(\boldsymbol{x}_4,2),(\boldsymbol{x}_5,2)\}\cup\{(\boldsymbol{x}_i,0):i=1,2,6,\cdots,10\}$$

在 $D_1$ 上，$h_1$ 和 $f_1=f_0+h_1$ 都只错分了一个样本 $\boldsymbol{x}_9$，于是构建新的训练集如下：

$$D_2=\{(\boldsymbol{x}_9,-2)\}\cup\{(\boldsymbol{x}_i,0):i=1,2,\cdots,8,10\}$$

利用梯度提升算法 7.16 不断改进分类器的效果，依次给出分类器 $f_0, f_1=f_0+h_1, f_2=f_0+h_1+h_2$，其中学习机 $f_2$ 在 $D$ 上的训练误差变为零，整个过程如图 7.92 所示。

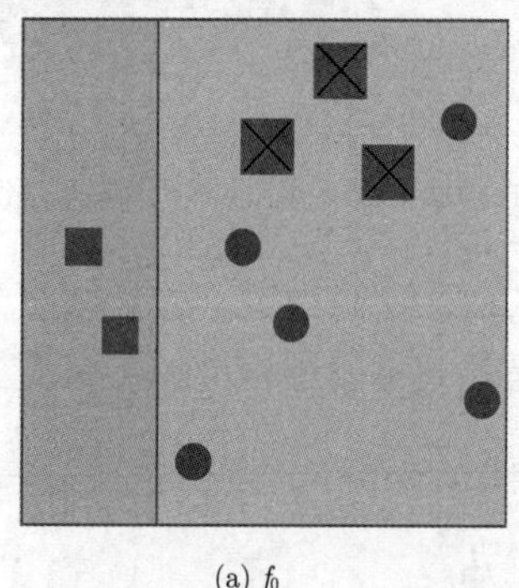

(a) $f_0$

(b) $f_1=f_0+h_1$

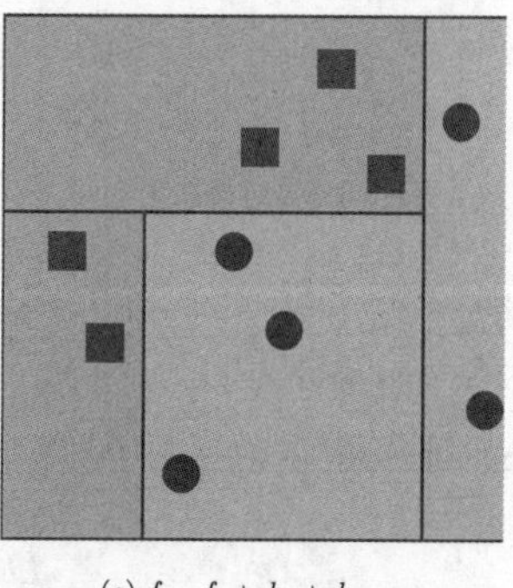

(c) $f_2=f_0+h_1+h_2$

图 7.92　梯度提升算法 7.16 在分类问题上的一个示例

算法 7.17　给定损失函数 $L(y,f(\boldsymbol{x}))$，梯度提升算法 7.16 也可简单地表述如下：

$$f_0(\boldsymbol{x})=\underset{\gamma}{\operatorname{argmin}}\sum_{i=1}^{n}L(y_i,\gamma)$$

$$f_t(\boldsymbol{x})=f_{t-1}(\boldsymbol{x})+\underset{h\in\mathcal{H}}{\operatorname{argmin}}\sum_{i=1}^{n}L(y_i,f_{t-1}(\boldsymbol{x}_i)+h(\boldsymbol{x}_i))$$

例如，$L(y,f(\boldsymbol{x}))=\frac{1}{2}(y-f(\boldsymbol{x}))^2$，总效果的评估标准是 $\frac{1}{2}$RSS。对回归问题而言，有

$$f_0(\boldsymbol{x})=\frac{y_1+y_2+\cdots+y_n}{n}$$

特别地，梯度提升方法用于决策树（详见 §7.4.2）所得到的学习机被称为*梯度提升决策树* (gradient boosted decision tree, GBDT)，无论对回归问题还是分类问题，它都是一类可解释性非常好的集成学习。图 7.93 展示了利用 GBDT 逼近连续函数，其中 $d$ 和 $t$ 分别是决策树的深度和个数，值越大效果越好。

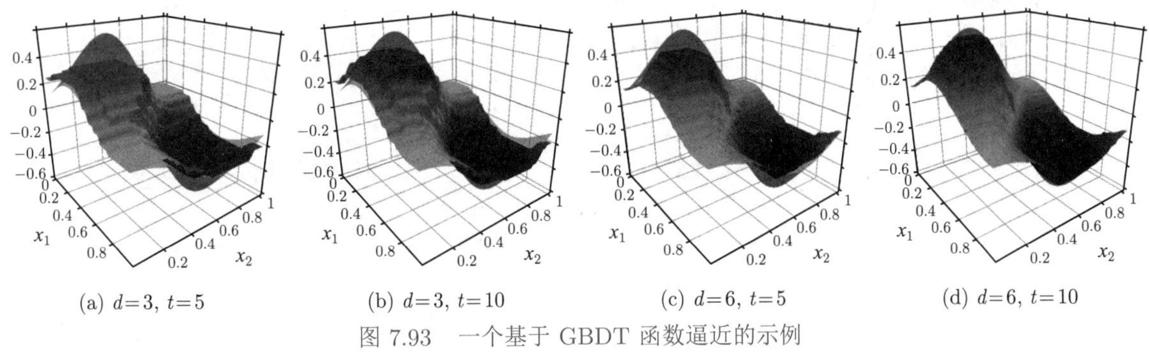


(a) $d=3$, $t=5$　(b) $d=3$, $t=10$　(c) $d=6$, $t=5$　(d) $d=6$, $t=10$

图 7.93　一个基于 GBDT 函数逼近的示例

6. **通过决策树表达知识**

例 7.25　决策树（详见 §7.4.2）是一种有着较好*可解释性*的分类器，所用的属性（也称“特征”）变量对于人类来说是可读的，适合作为人类分类认知的一种形式化手段，甚至不必通过机器学习而直接由人类表达出这类知识。例如，图 7.94 所示的根据颜色、尺寸、形状这三个属性（它们有各自的取值）对一些常见水果的分类。

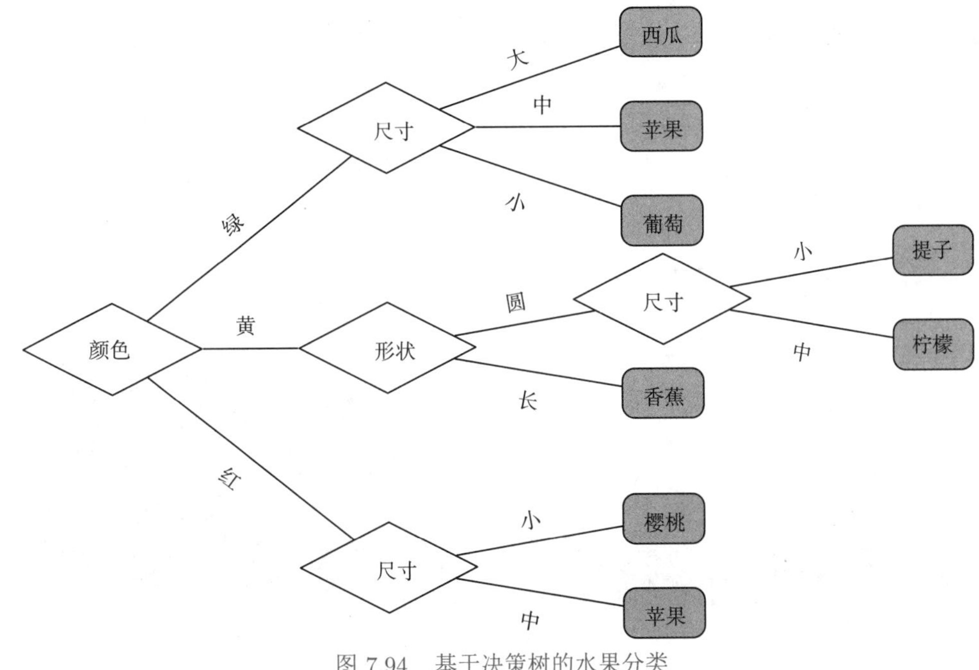


图 7.94　基于决策树的水果分类

子类之间的一些共性可以用来弥补样本的不足。例如，不同品种的苹果（图 7.95），它们可能在颜色上有些许差异，但它们的形状、尺寸、营养等非常接近。

图 7.95 不同品种的苹果

如果用属性及其取值来刻画状态，用叶节点表示某个决策（或判别）动作，决策树就是从状态空间到动作空间的一个映射。例如：

$$\begin{bmatrix} \text{颜色} = \text{黄} \\ \text{形状} = \text{圆} \\ \text{尺寸} = \text{中} \end{bmatrix} \mapsto \text{柠檬} \qquad \begin{bmatrix} \text{颜色} = \{\text{红}, \text{绿}\} \\ \text{尺寸} = \text{中} \end{bmatrix} \mapsto \text{苹果}$$

对于图像分析，可以用任何学习机（如深度神经网络）来判定这些属性的取值，再结合这棵决策树共同实现物体识别。即，把识别问题和决策问题区分开，分别交给各自的专家来解决。

决策树是否准确和全面直接影响判别效果。例如，“黄苹果”的颜色、尺寸、形状被识别出来，但决策树（图 7.94）并不知其为何物。如果把“黄”改为其他颜色（即把颜色“变量化”，让它可以取任意值），则“黄苹果”就有可能被判定为颜色为“黄”的“苹果”。

例 7.26 如果分类器没有“骡子”这个概念，基于特征的决策分类可能把它疑似地识别为“马”或“驴”。这个分类虽然是错误的，但在语义上它们至少是接近的，聊胜于无。并且，有关“马”或“驴”的一些知识可以迁移到“骡子”上（图 7.96）。

(a) 驴

(b) 马

(c) 骡子

图 7.96 属性相似的对象

在迁移学习中，有一类零样本学习，也称零命中学习 (zero-shot learning, ZSL) 问题，就是考虑在缺少某类训练样本的情况下，如何给出八九不离十的分类。原则上，几乎所有机器学习问题都可以采用这种模式识别与知识表示协同解决的方案，在整体上提升模型的可解释性。譬如，深度学习擅长识别而不擅长决策，我们就要制订元规则仅让它做分内之事。

### 7.4.1 近邻法

希伯来语中有“爱你的邻居”这样的谚语（图 7.97）。《三字经》里说，“昔孟母，择邻处。”为了孟子有个更好的教育环境，孟母三迁，可见邻居的重要性。如果学习机很傻很天真，“傻子过年看隔壁”（出自明代著名教育家刘元卿《贤奕编》的《应谐录》）不失为巧计良策。*近邻法*就是这个朴素的想法在模式识别和机器学习中的实现，即利用研究对象 $\boldsymbol{x}$ 的最近的几个邻居的已知信息来猜测 $\boldsymbol{x}$ 的未知信息。

图 7.97　希伯来语谚语“爱你的邻居”

图 7.98　卡沃

在模式识别中，近邻法 (nearest neighbor method) 是美国信息论专家**托马斯·卡沃**（Thomas Cover, 1938—2012）（图 7.98）和他的学生**彼得·哈特**（Peter Hart）于 1967 年在论文《近邻模式分类》中提出的[140]，它是一类非常简单有效的非参数方法。近邻法是一种*基于实例的学习* (instance-based learning)，无论是分类问题还是回归问题，近邻法的算法都是类似的，即利用距离研究对象最近的几个样本的已知信息。卡沃和哈特在该论文中证明了在大样本的情况下，近邻法分类器的错误率不会超过两倍的*贝叶斯错误率*。近邻法的条件极弱，因此适用范围很广，它的效果常作为学习机的一个基准底线。

算法 7.18　给定观测数据 $D = \{(x_1, y_1), (x_2, y_2), \cdots, (x_n, y_n)\}$，其中 $y_i$ 是对象 $x_i \in \mathbb{R}^d$ 的类标（或响应值），$i = 1, 2, \cdots, n$。如何估计新样本 $\boldsymbol{x}$ 的类别（或响应值）呢？

- 最简单的方法是找到距离（这里的距离不限于欧氏距离，可以是任何度量空间里的距离）$\boldsymbol{x}$ 最近的邻居，猜 $\boldsymbol{x}$ 的类别（或响应值）就是它的最近邻的类别（或响应值）。该方法被称为*最近邻法*，简记作 1-NN。
- 将上述方法稍做推广：找到距离 $\boldsymbol{x}$ 最近的 $k$ 个邻居，猜 $\boldsymbol{x}$ 的类别（或响应值）就是这 $k$ 个近邻中占最多数的类别（或 $k$ 个响应值的均值）。该方法被称为 *$k$-近邻法*，简记作 $k$-NN。

显然，对于不同的近邻个数 $k$，$k$-近邻法的结果可能完全不同（图 7.99）。$k$ 的选择依赖于数据，没有一个统一的标准。一般说来，大的 $k$ 使得分类器的稳健性好一些，但同时使位于类的边界周围的样本不易被区分。

例 7.27　$k$-近邻法的结果依赖于 $k$ 的选择，这是该方法的一个缺憾。例如图 7.99 中，$k=6$ 时，近邻多数是“方形”；$k=11$ 时，近邻多数是“三角形”。

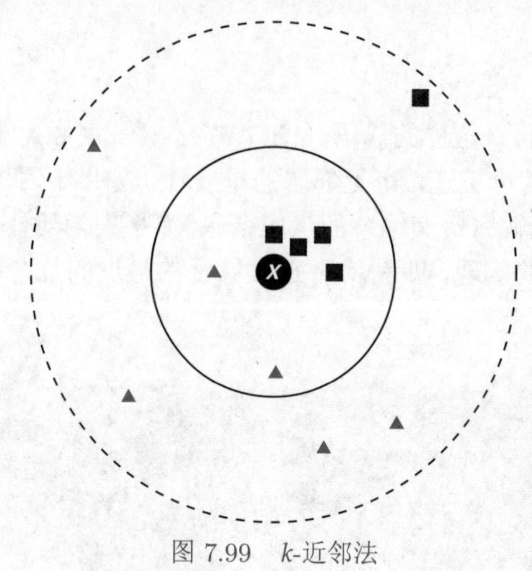


图 7.99　$k$-近邻法

虽有瑕疵，$k$-近邻法却有很好的可解释性——“近朱者赤，近墨者黑”。另外，$k$-近邻法的错误率有一些很好的性质。图 7.100 是 $k$-近邻法对 iris 数据的分类。为确保答案唯一，通常 $k$ 选为奇数。

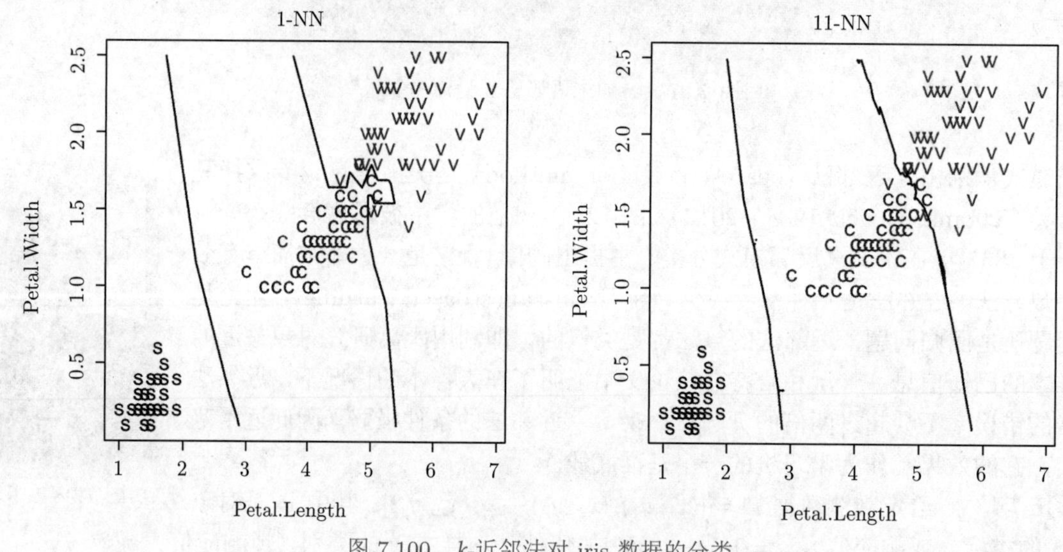


图 7.100　$k$-近邻法对 iris 数据的分类

不妨设共有 $m$ 个类，新样本 $\boldsymbol{x}$ 的类别是 $C$，但是最近邻法把它猜成另一个类 $C'(C'\neq C)$，其中 $\boldsymbol{x}$ 的最近邻 $\boldsymbol{x}'\in C'$。这个分类错误就是因为 $\boldsymbol{x}$ 和 $\boldsymbol{x}'$ 挨着最近引起的，我们把这个分类错误的事件记作 $E$，其概率记作 $\mathsf{P}_{\text{1-NN}}(E|\boldsymbol{x},\boldsymbol{x}')$。

定义 7.14　我们记样本 $\boldsymbol{x}$ 被错分的概率为 $\mathsf{P}_{\text{1-NN}}(E|\boldsymbol{x})$，并称之为条件错误率，具体定义为：所有因为 $\boldsymbol{x}$ 的最近邻 $\boldsymbol{x}'$ 引起的分类错误的概率 $\mathsf{P}_{\text{1-NN}}(E|\boldsymbol{x},\boldsymbol{x}')$ 的期望值。即

$$\mathsf{P}_{\text{1-NN}}(E|\boldsymbol{x})=\int_{\mathbb{R}^d}\mathsf{P}_{\text{1-NN}}(E|\boldsymbol{x},\boldsymbol{x}')p(\boldsymbol{x}'|\boldsymbol{x})\mathrm{d}\boldsymbol{x}'$$

最近邻法的错误率 (error rate) 定义为 $\mathsf{P}_{1\text{-NN}}(E|\boldsymbol{x})$ 的期望值，即

$$\mathsf{P}_{1\text{-NN}}(E) = \int_{\mathbb{R}^d} \mathsf{P}_{1\text{-NN}}(E|\boldsymbol{x})p(\boldsymbol{x})\mathrm{d}\boldsymbol{x}$$

定义 7.15　类似定义 7.14，贝叶斯错误率 (Bayes error rate) 定义为

$$\mathsf{P}_{\text{Bayes}}(E) = \int_{\mathbb{R}^d} \mathsf{P}_{\text{Bayes}}(E|\boldsymbol{x})p(\boldsymbol{x})\mathrm{d}\boldsymbol{x}$$

其中，$\mathsf{P}_{\text{Bayes}}(E|\boldsymbol{x})$ 是样本 $\boldsymbol{x}$ 被错分的概率（不妨设 $\boldsymbol{x}$ 的正确分类是 $C$），即

$$\mathsf{P}_{\text{Bayes}}(E|\boldsymbol{x}) = 1 - \mathsf{P}(y = C|\boldsymbol{x})\text{，其中 } y \text{ 是对 } \boldsymbol{x} \text{ 的分类}$$

近邻法是一类非参数方法，与其他有监督学习一样，近邻法分类器也是由训练样本决定的。最近邻法的错误率和贝叶斯错误率都是在所有样本上条件错误率的加权平均，一个条件错误率是 $\mathsf{P}_{1\text{-NN}}(E|\boldsymbol{x})$，另一个是 $\mathsf{P}_{\text{Bayes}}(E|\boldsymbol{x})$。前者通过所有可能的最近邻得到，它与后者有怎样的关系？

卡沃和哈特在论文《近邻模式分类》中证明了：作为二分类器的 $k$-近邻法的条件错误率随着 $k$ 的增加而递减，并且只要样本容量足够大，用于多分类目标的最近邻法的错误率一般低于两倍的贝叶斯错误率。这些性质保证了近邻法作为通用分类器的普适效果，因此该方法也经常为其他分类器提供一个基本效果参考。

定理 7.2　作为二分类器，$k$-近邻法的条件错误率满足

$$\cdots \leqslant \mathsf{P}_{k\text{-NN}}(E|\boldsymbol{x}) \leqslant \cdots \leqslant \mathsf{P}_{1\text{-NN}}(E|\boldsymbol{x})$$

证明　为避免无法判定的情形，假设 $k$ 是奇数。样本 $\boldsymbol{x}$ 要么是 $C$ 类，要么是 $C'$ 类。不妨设

$$\begin{aligned}\mathsf{P}(y = C|\boldsymbol{x}) &= p \\ \mathsf{P}(y = C'|\boldsymbol{x}) &= 1 - p\end{aligned}$$

在样本 $\boldsymbol{x}$ 的 $k$ 个近邻中，不妨设有 $k_C$ 个 $C$ 类的样本，有 $k_{C'}$ 个 $C'$ 类的样本。二分类的标准是

$$\boldsymbol{x} \in \begin{cases} C & \text{，如果 } k_C \geqslant \dfrac{k+1}{2} \\ C' & \text{，否则} \end{cases}$$

- 若 $\boldsymbol{x} \in C$，然而 $k_C \leqslant \frac{k-1}{2}$，则错误率为

$$e_1 = \sum_{i=0}^{\frac{k-1}{2}} C_k^i p^i (1-p)^{k-i}$$

- 若 $\boldsymbol{x} \in C'$，然而 $k_{C'} \leqslant \frac{k-1}{2}$，则错误率为

$$e_2 = \sum_{i=0}^{\frac{k-1}{2}} C_k^i p^{k-i} (1-p)^i$$

于是，将样本 $\boldsymbol{x}$ 错分的概率是

$$\begin{aligned}\mathsf{P}_{k\text{-NN}}(E|\boldsymbol{x}) &= \mathsf{P}(y=C|\boldsymbol{x})e_1 + \mathsf{P}(y=C'|\boldsymbol{x})e_2 \\ &= \sum_{i=0}^{\frac{k-1}{2}} C_k^i[p^{i+1}(1-p)^{k-i} + p^{k-i}(1-p)^{i+1}] \end{aligned} \tag{7.53}$$

因为上式右端是有关 $k$ 的减函数，定理得证。 □

定义 7.16　仿照定义 7.14，$k$-近邻法的错误率定义为

$$\mathsf{P}_{k\text{-NN}}(E) = \int_{\mathbb{R}^d} \mathsf{P}_{k\text{-NN}}(E|\boldsymbol{x})p(\boldsymbol{x})\mathrm{d}\boldsymbol{x}$$

显然，对于二分类器而言，$\mathsf{P}_{k\text{-NN}}(E|\boldsymbol{x})$ 就是结果 (7.53)。

定理7.3（卡沃-哈特，1967）　假设样本容量足够大，用于多分类目标的最近邻法的错误率 $\mathsf{P}_{1\text{-NN}}(E)$ 一般不会超过两倍的贝叶斯错误率，其上下界具体如下：

$$\mathsf{P}_{\text{Bayes}}(E) \leqslant \mathsf{P}_{1\text{-NN}}(E) \leqslant \mathsf{P}_{\text{Bayes}}(E)\left[2 - \frac{m}{m-1}\mathsf{P}_{\text{Bayes}}(E)\right]，\text{其中 } m \text{ 是类别数}$$

为方便记忆，上述不等式有时简记为

$$\mathsf{P}_{\text{Bayes}}(E) \leqslant \mathsf{P}_{1\text{-NN}}(E) < 2\mathsf{P}_{\text{Bayes}}(E)$$

证明　如果训练样本足够多，以至于 $\|\boldsymbol{x}-\boldsymbol{x}'\|$ 足够小，近似地有

$$p(\boldsymbol{x}'|\boldsymbol{x}) = \delta(\boldsymbol{x}'-\boldsymbol{x})，\text{其中 } \delta \text{ 是狄拉克函数}$$

另外，由 $(\boldsymbol{x}, y)$ 与 $(\boldsymbol{x}', y')$ 的独立性，有

$$\begin{aligned}\mathsf{P}_{1\text{-NN}}(E|\boldsymbol{x},\boldsymbol{x}') &= 1 - \sum_C \mathsf{P}(y=C, y'=C|\boldsymbol{x},\boldsymbol{x}') \\ &= 1 - \sum_C \mathsf{P}(y=C|\boldsymbol{x})\mathsf{P}(y'=C|\boldsymbol{x}')\end{aligned}$$

$$\begin{aligned}\mathsf{P}_{1\text{-NN}}(E|\boldsymbol{x}) &= \int_{\mathbb{R}^d}\left[1 - \sum_C \mathsf{P}(y=C|\boldsymbol{x})\mathsf{P}(y'=C|\boldsymbol{x}')\right]\delta(\boldsymbol{x}'-\boldsymbol{x})\mathrm{d}\boldsymbol{x}' \\ &= 1 - \sum_C [\mathsf{P}(y=C|\boldsymbol{x})]^2\end{aligned}$$

定义条件概率

$$\mathsf{P}_C(y|\boldsymbol{x}) = \begin{cases} \mathsf{P}(y=C|\boldsymbol{x}) = 1 - \mathsf{P}_{\text{Bayes}}(E|\boldsymbol{x}) & ，\text{若 } y = C \\ \dfrac{\mathsf{P}_{\text{Bayes}}(E|\boldsymbol{x})}{m-1} & ，\text{若 } y \neq C \end{cases}$$

于是，有

$$\sum_C [\mathsf{P}(y=C|\boldsymbol{x})]^2 \geqslant \sum_C [\mathsf{P}_C(y=C|\boldsymbol{x})]^2$$

$$= [\mathsf{P}_C(y = C|\boldsymbol{x})]^2 + \sum_{C' \neq C} [\mathsf{P}_C(y = C'|\boldsymbol{x})]^2$$

$$= [1 - \mathsf{P}_{\text{Bayes}}(E|\boldsymbol{x})]^2 + (m-1)\left[\frac{\mathsf{P}_{\text{Bayes}}(E|\boldsymbol{x})}{m-1}\right]^2$$

$$= 1 - 2\mathsf{P}_{\text{Bayes}}(E|\boldsymbol{x}) + \frac{m}{m-1}\left[\mathsf{P}_{\text{Bayes}}(E|\boldsymbol{x})\right]^2$$

因此，得到

$$1 - \sum_C [\mathsf{P}(y = C|\boldsymbol{x})]^2 \leqslant 2\mathsf{P}_{\text{Bayes}}(E|\boldsymbol{x}) - \frac{m}{m-1}\left[\mathsf{P}_{\text{Bayes}}(E|\boldsymbol{x})\right]^2$$

进而，最近邻法的错误率是

$$\mathsf{P}_{\text{1-NN}}(E) = \int_{\mathbb{R}^d} \left\{1 - \sum_C [\mathsf{P}(y = C|\boldsymbol{x})]^2\right\} p(\boldsymbol{x})\mathrm{d}\boldsymbol{x}$$

$$\leqslant \mathsf{P}_{\text{Bayes}}(E)\left[2 - \frac{m}{m-1}\mathsf{P}_{\text{Bayes}}(E)\right] \qquad \square$$

### 7.4.2　决策树

最直接的分类就是给出每个类的判别条件,通常这些判别条件都是关于某个或某些属性 (attribute) 的陈述，对人而言，其可解释性和可检查性是最大优势（例 7.25）。“[决策树] 在属性值的缩放以及各种其他变换下是不变的，对不相关的属性是稳健的，并且能生成可检查的模型。”[115] 例如，图 7.101 中数据是线性不可分的，但有关半径的几个简单的判别条件便能将这三个类分开。并且，任何决策树都可以整理成一个等价的二叉决策树。

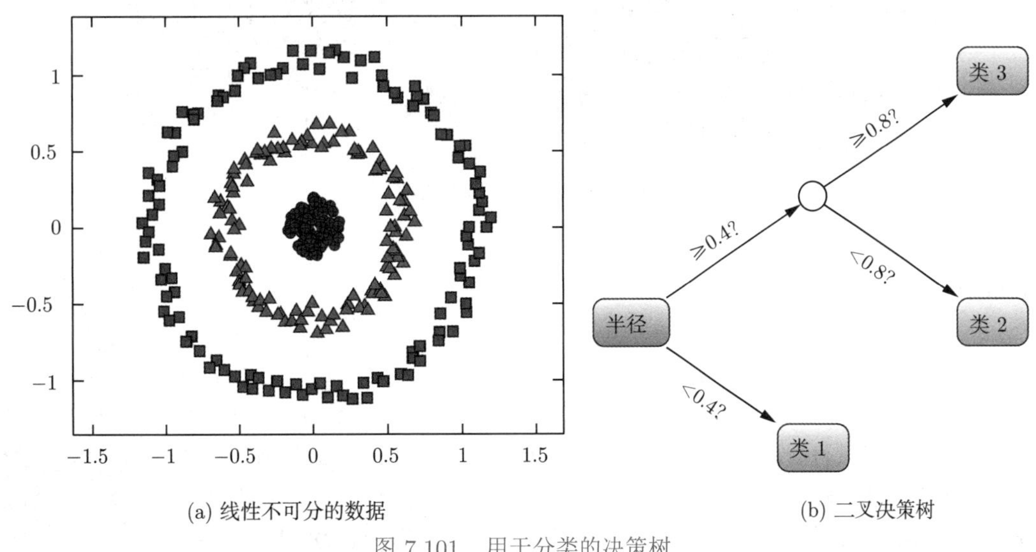


(a) 线性不可分的数据　　(b) 二叉决策树

图 7.101　用于分类的决策树

如图 7.102 所示，利用逐段常数 (piecewise-constant) 的函数来拟合数据，决策树还可以用于回归——根据自变量的取值所符合的条件来估计因变量的取值。

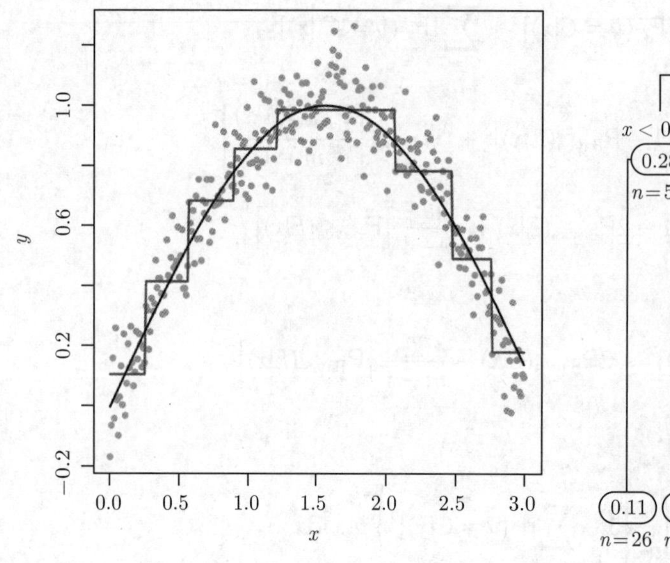

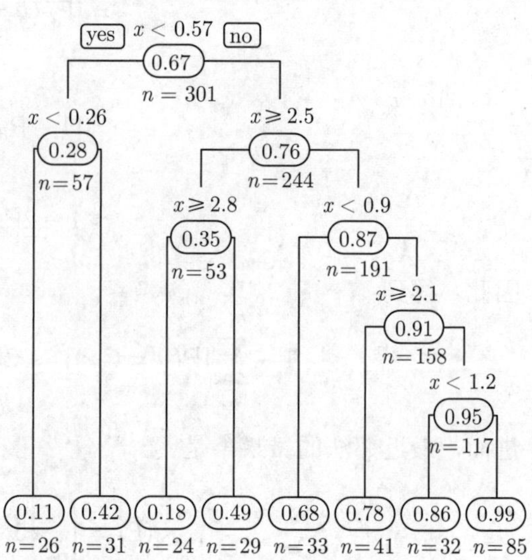


图 7.102 用于回归的决策树

树有着简单的结构，从根到每片叶子都只有唯一一条路径。对决策树的研究始于 20 世纪 60 年代，经过半个多世纪的发展，现代决策树理论已经枝繁叶茂（图 7.103），已有二十多种不同类型的决策树。如今，决策树可以对变量子集进行线性分割，并在划分中拟合最近邻、核密度（附录 C）等模型[141]。我们只能选择几位有代表性的工作，它们来自昆兰、布雷曼、罗伟贤、霍索恩等人。

图 7.103 生机勃勃的树

1. ID3 和 C4.5 算法

图 7.104 昆兰

澳大利亚计算机科学家**罗斯 · 昆兰**（Ross Quinlan）（图 7.104）在 20 世纪 70 年代末提出决策树分类器 ID3 (Iterative Dichotomiser 3)，并于 90 年代发展为 C4.5 *算法*。昆兰对 C4.5 做了一些改进，发展成 C5.0（示例见图 7.112），并对它进行商业销售（随着对知识产权的保护，算法的商品化将成为一个趋势）。

定义 7.17（信息增益） 在观察到类别分布 $C \sim p_1\langle 1\rangle + \cdots p_k\langle k\rangle$ 的某个属性 $A$ 之后，离散型随机变量 $C$ 的*信息增益* (information gain, IG)* 就是它的熵与条

* 如果 $C, A$ 都是随机变量，则 $C, A$ 的*互信息* (mutual information) 是 $\mathsf{I}(C, A) = \mathsf{H}(C) - \mathsf{H}(C|A)$，与信息增益在形式上很像。

件熵之差（图 7.105），即

$$\mathrm{G}(C|A) = \mathrm{H}(C) - \mathrm{H}(C|A)$$

如果属性 $A$ 使得熵减 $\mathrm{H}(C) - \mathrm{H}(C|A)$ 最大，即信息增益最大，则它应该优先考虑，因为引入它可以最大地减少 $C$ 的混乱程度。

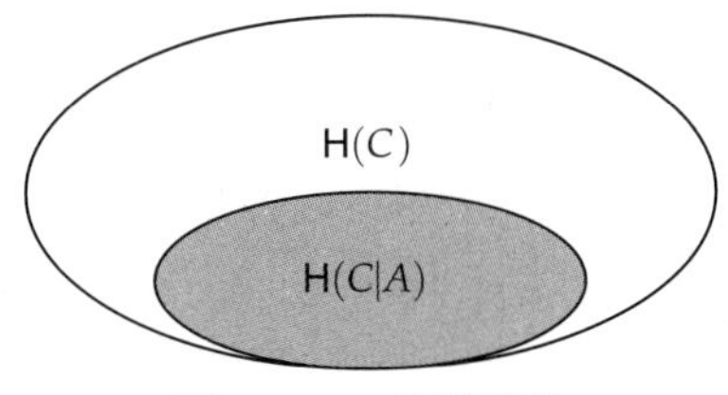

图 7.105　信息增益

给定一个带类标的训练数据，设共有 $k$ 个类，各个类所占的比例分别是 $p_1, p_2, \cdots, p_k$，熵越大意味着系统越混乱（或者，平均编码长度越大），ID3 利用最大信息增益来分类实质上就是优先考虑令熵减最大的属性，它是一个贪心算法。下面通过两个实例来解释 ID3 算法。

例 7.28　表 7.14 是一个小的训练数据集合，记录了 14 天里祝英台是否出去玩，以及当天的天气（晴天、雨天、阴天）、温度（炎热、温暖、凉爽）、湿度（高、正常）和刮风与否的情况。如何从中总结出祝英台是否出去玩的决策规则？这个例子来自昆兰的论文《决策树归纳法》[142]。我们用 $P, O, T, H, W$ 分别表示随机变量“出去玩 (Play)”、“天气 (Outlook)”、“温度 (Temperature)”、“湿度 (Humidity)”、“刮风 (Wind)”。

表 7.14　昆兰的训练数据

| No. | 属性 | | | | Play? |
|---|---|---|---|---|---|
| | Outlook | Temperature | Humidity | Wind | |
| 1 | sunny | hot | high | false | no |
| 2 | sunny | hot | high | true | no |
| 3 | overcast | hot | high | false | yes |
| 4 | rain | mild | high | false | yes |
| 5 | rain | cool | normal | false | yes |
| 6 | rain | cool | normal | true | no |
| 7 | overcast | cool | normal | true | yes |
| 8 | sunny | mild | high | false | no |
| 9 | sunny | cool | normal | false | yes |
| 10 | rain | mild | normal | false | yes |
| 11 | sunny | mild | normal | true | yes |
| 12 | overcast | mild | high | true | yes |
| 13 | overcast | hot | normal | false | yes |
| 14 | rain | mild | high | true | no |

❑ 首先，从 $P \sim \frac{9}{14}\langle\text{yes}\rangle + \frac{5}{14}\langle\text{no}\rangle$ 得到 $P$ 的熵为

$$\mathrm{H}(P) = -\frac{9}{14}\log_2\frac{9}{14} - \frac{5}{14}\log_2\frac{5}{14}$$

$$= 0.940 \text{ 比特}$$

为方便起见，在下文的熵和条件熵中省略“比特”二字。

❑ 以 $O = \text{sunny}$ 为条件，在表 7.14 中，只考虑 $O = \text{sunny}$ 的样本，不难发现

$$P|O = \text{sunny} \sim \frac{2}{5}\langle \text{yes} \rangle + \frac{3}{5}\langle \text{no} \rangle$$
$$\mathsf{H}(P|O = \text{sunny}) = -\frac{2}{5}\log_2\frac{2}{5} - \frac{3}{5}\log_2\frac{3}{5}$$
$$\approx 0.971$$

类似地，

$$P|O = \text{overcast} \sim \frac{4}{4}\langle \text{yes} \rangle + \frac{0}{4}\langle \text{no} \rangle$$
$$\mathsf{H}(P|O = \text{overcast}) = 0$$
$$P|O = \text{rain} \sim \frac{3}{5}\langle \text{yes} \rangle + \frac{2}{5}\langle \text{no} \rangle$$
$$\mathsf{H}(P|O = \text{rain}) \approx 0.971$$

于是，由 $O \sim \frac{5}{14}\langle \text{sunny} \rangle + \frac{4}{14}\langle \text{overcast} \rangle + \frac{5}{14}\langle \text{rain} \rangle$ 可得条件熵如下：

$$\mathsf{H}(P|O) = \frac{5}{14}\mathsf{H}(P|O = \text{sunny}) + \frac{4}{14}\mathsf{H}(P|O = \text{overcast}) + \frac{5}{14}\mathsf{H}(P|O = \text{rain})$$
$$\approx 0.694$$

进而，观察到属性 $O$ 后的信息增益是

$$\mathsf{G}(P|O) = \mathsf{H}(P) - \mathsf{H}(P|O)$$
$$\approx 0.940 - 0.694$$
$$\approx 0.246$$

❑ 仿照 $\mathsf{G}(P|O)$ 的做法，我们可以得到

$$\mathsf{G}(P|T) \approx 0.029$$
$$\mathsf{G}(P|H) \approx 0.151$$
$$\mathsf{G}(P|W) \approx 0.048$$

比较这些信息增益，最大者是属性 $O$ 带来的。即，以该属性为条件，$P$ 的条件熵最小。于是，ID3 算法得到图 7.106，首先以“天气”这个属性来决定是否“出去玩”。表 7.14 所示的数据显示，“阴天”的时候，总是“出去玩”；“晴天”和“雨天”的时候不确定。

❑ 在表 7.14 中，仅考虑 $O = \text{sunny}$ 的子表，按照上述做法，继续利用信息增益进行分类。同时可以并行地考虑 $O = \text{rain}$ 的子表，独立地进行分类。最终，我们得到图 7.107。

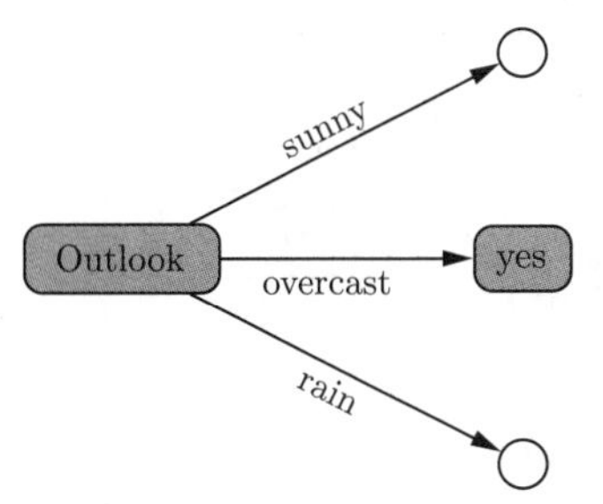

图 7.106 ID3 算法得出决策树的根为“天气”

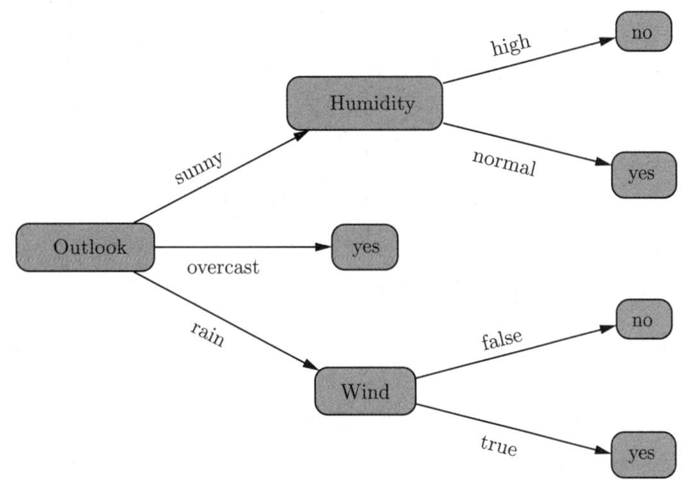

图 7.107 ID3 算法从表 7.14 所示的数据中得出的决策树

ID3 算法有一些缺点：因为 ID3 是一个贪心算法，所以它不能保证输出全局最优解。另外，ID3 可能导致过拟合现象（为了避免过拟合，应该首选较小的决策树）。而当属性值连续时，搜索最佳划分点可能会非常耗时。

例 7.29 利用 ID3 算法对费舍尔的 iris 数据进行分类，其中三个类是山鸢尾 (setosa)、变色鸢尾 (versicolor) 和维吉尼亚鸢尾 (virginica)，分别用 S,C,V 表示。类的分布是

$$X \sim \frac{1}{3}\langle \mathrm{S}\rangle + \frac{1}{3}\langle \mathrm{C}\rangle + \frac{1}{3}\langle \mathrm{V}\rangle \tag{7.54}$$

基于一个属性的决策树不见得是最优的，我们只是借助它来讲清楚一些基本概念。考虑属性 $A =$ Sepal.Length（或者 Sepal.Width），划分点为 $t$ 时，数据被划分为 $D_1$ 和 $D_2$ 两部分，分别满足性质 $A \leqslant t$ 和 $A > t$，不妨设其占比分别为 $p_1$ 和 $p_2$。

- 对每个部分，分别求 $X$ 的熵，分别记作 $\mathsf{H}(X|A \leqslant t)$ 和 $\mathsf{H}(X|A > t)$，做法与例 7.28 相同。
- 于是，我们得到在该划分点的条件熵为

$$\mathsf{H}(X|A,t) = p_1\mathsf{H}(X|A \leqslant t) + p_2\mathsf{H}(X|A > t)$$

显然，$\mathsf{H}(X|A,t)$ 是一个关于 $t$ 的函数，具有最小值点 $t_*$。图 7.108 中的曲线是 ID3 算法按照 $A =$ Sepal.Length（或 Sepal.Width）的不同的划分点所得到的条件熵。我们寻找使得条件熵最小的划分点 $t_*$，它使得信息增益最大。然后，对 $D_1, D_2$ 中熵较大的那部分继续分类——寻找下一个最佳划分点。

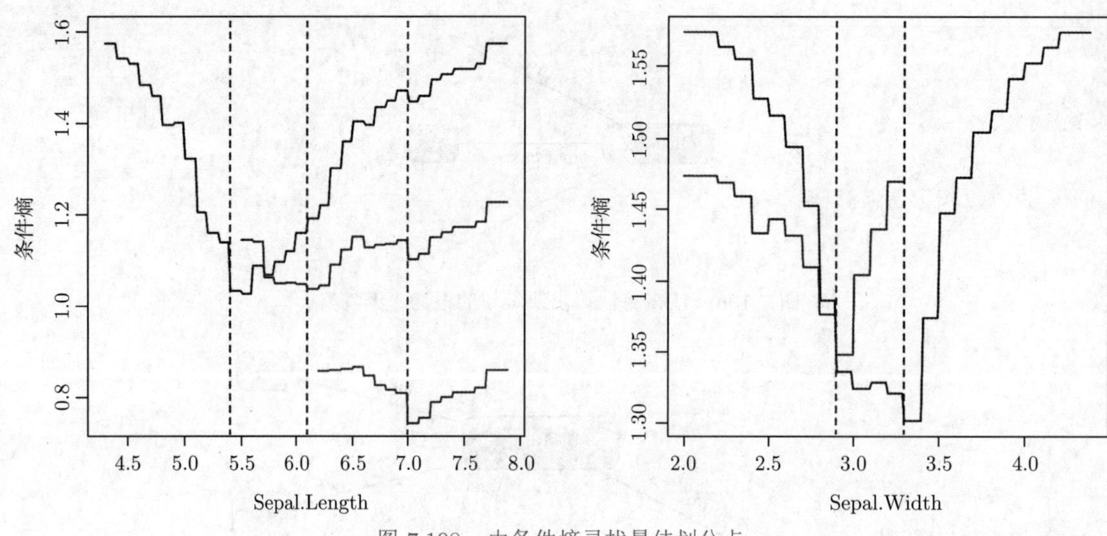


图 7.108　由条件熵寻找最佳划分点

举例说明，当 Sepal.Length ⩽ 5.4 时，有 52 个样本满足该条件，其中超过 80%的属于 S 类，大约 15%属于 C 类，剩下的属于 V 类，见图 7.109(a)。此时条件熵最小，于是选择 $t_* = 5.4$，并接着对有着较大熵的 Sepal.Length > 5.4 的那部分数据继续寻找最佳划分点。图 7.109(b) 的含义也是类似的。

对于图 7.109 所示的决策树，每个叶节点直方图对应着一个条件熵，按照每个叶节点所覆盖样本的占比，所算得的这些条件熵的加权平均便是该决策树的条件熵——它越小信息增益越大。理论上，我们可以构建足够复杂的决策树，使得它的条件熵接近零。但这样做通常会导致过拟合，从而弱化泛化能力。

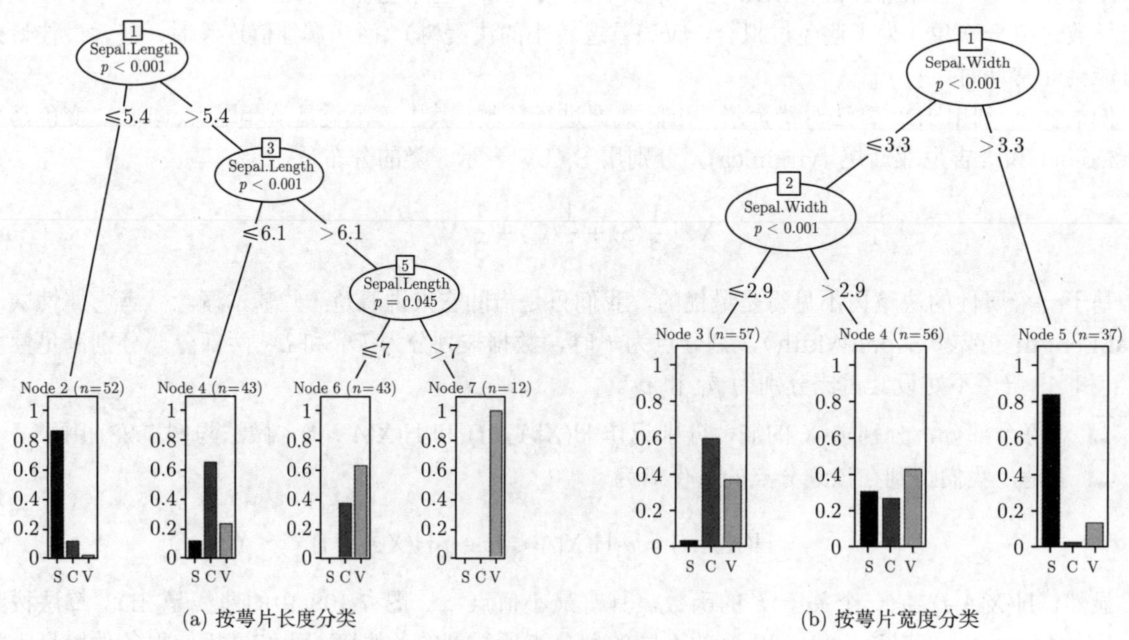


(a) 按萼片长度分类　　(b) 按萼片宽度分类

图 7.109　基于图 7.108 中最佳划分点的决策树

决策树的条件熵越小，分类效果越好——在叶节点上，类的判别越明确。基于两个或两个以上属性的决策树也是类似的，只不过搜索空间更大了。

例 7.30 图 7.110 和图 7.111 分别是基于 iris 数据两个属性的决策树。每一步都是贪心地选信息增益最大的属性（包括最佳划分点），在决策树规模满足要求的前提下，寻找最小条件熵的决策树是 ID3 所追求的。

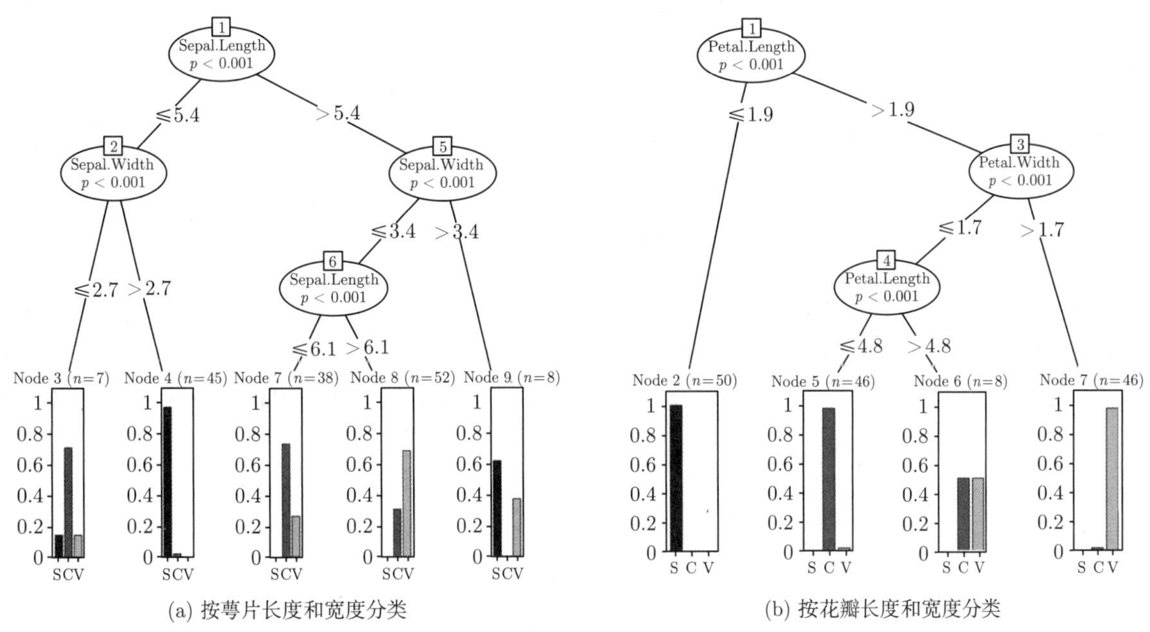


(a) 按萼片长度和宽度分类

(b) 按花瓣长度和宽度分类

图 7.110 由两个属性构造的决策树

图 7.110(a) 所示的决策树比图 7.110(b) 的条件熵大，说明后者的分类效果更好一些。这两棵决策树的分割边界见图 7.111。

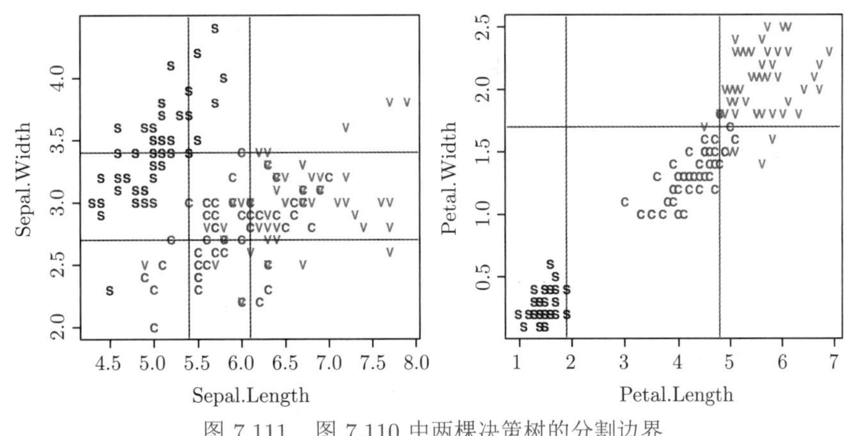


图 7.111 图 7.110 中两棵决策树的分割边界

ID3 算法容易引发过拟合问题，尤其当某个属性取值很多的时候，它把数据集合划分成很多子集，甚至每个子集只有一个元素。例如，对客户的消费习惯进行分类，若用身份证属性，则将导致很高的信息增益，因为身份证属性唯一地标识了客户。然而，这种属性限制了模型的泛化能力，很难用于新客户。

为了克服上述缺憾，昆兰提出属性的“内在价值”的概念，“信息增益率”就是单位内在价值的信息增益，它是个无量纲的度量。

定义 7.18　按照属性 $A$，数据集合 $D$ 被划分为 $m$ 个子集 $D_1, D_2, \cdots, D_m$，定义随机变量

$$Y \sim \frac{|D_1|}{|D|}\langle D_1\rangle + \frac{|D_2|}{|D|}\langle D_2\rangle + \cdots + \frac{|D_m|}{|D|}\langle D_m\rangle$$

我们称 $\mathsf{H}(Y)$ 为 $A$ 的*内在价值* (intrinsic value)，记作 $v(A)$。特别地，$\mathsf{H}(Y_m)$ 是 $m$ 的严格增函数，其中

$$Y_m \sim \frac{1}{m}\langle 1\rangle + \frac{1}{m}\langle 2\rangle + \cdots + \frac{1}{m}\langle m\rangle$$

基于属性 $A$ 的信息增益和内在价值，定义该属性的*信息增益率* (information gain ratio, IGR) 如下：

$$\mathsf{GR}(C|A) = \frac{\mathsf{G}(C|A)}{v(A)}$$

C4.5 *算法*是 ID3 算法的发展：ID3 利用*信息增益*，C4.5 利用*信息增益率*。两个算法的基本步骤是类似的，仅仅是所用的度量不同罢了。

例 7.31　接着例 7.28，属性 $O$ 的内在价值是 $Y \sim \frac{5}{14}\langle\text{sunny}\rangle + \frac{5}{14}\langle\text{overcast}\rangle + \frac{5}{14}\langle\text{rain}\rangle$ 的熵，即

$$v(O) = -\frac{5}{14}\log_2\frac{5}{14} - \frac{4}{14}\log_2\frac{4}{14} - \frac{5}{14}\log_2\frac{5}{14} \approx 1.577$$

进而，属性 $O$ 的信息增益率是

$$\begin{aligned}\mathsf{GR}(P|O) &= \frac{\mathsf{G}(P|O)}{v(O)} \\ &\approx \frac{0.246}{1.577} \\ &\approx 0.155\end{aligned}$$

类似地，有

$$\begin{aligned}\mathsf{GR}(P|T) &\approx 0.019 \\ \mathsf{GR}(P|H) &\approx 0.151 \\ \mathsf{GR}(P|W) &\approx 0.049\end{aligned}$$

按照 C4.5 算法，决策树依旧是图 7.107。

C4.5 倾向于选择有更多值的类变量 (categorial variable)，有较少值的实值变量，以及有更多缺失数据的变量。很多时候，C5.0 取得和 C4.5 相似的结果，但 C5.0 具有更快的运行速度和更小的内存消耗，并且输出较小的决策树，也增加了对*提升方法*的支持。图 7.112 是 C5.0 对 iris 数据的分类，结果与 ID3 很接近。

### 2. 分类及回归树和随机森林

20 世纪 80 年代，一些统计学家开始有意识地在统计学和计算机科学之间开疆扩土。加州大学伯克利分校的统计学教授**莱奥·布雷曼**（Leo Breiman, 1928—2005）在 20 世纪 80 年代初提出了一类决策树——*分类及回归树* (classification and regression tree, CART)[143]（示例见图 7.113），它利用“基尼不纯度”的改进幅度（如同 ID3 利用信息增益）来寻找最佳划分点。

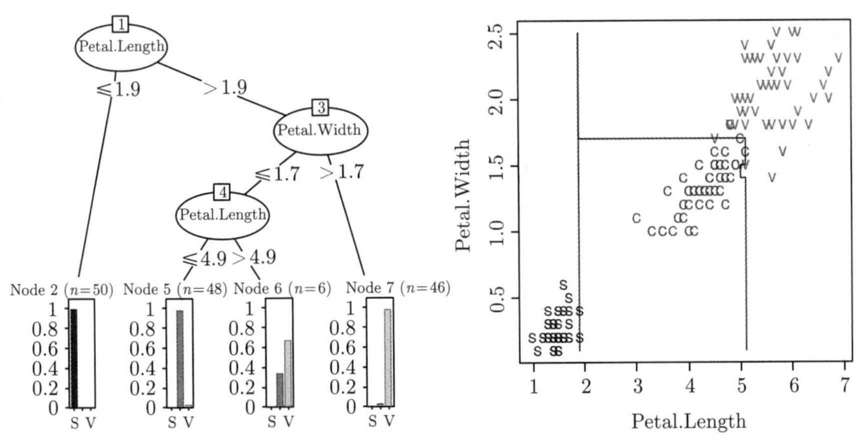


图 7.112 C5.0 对 iris 数据的分类

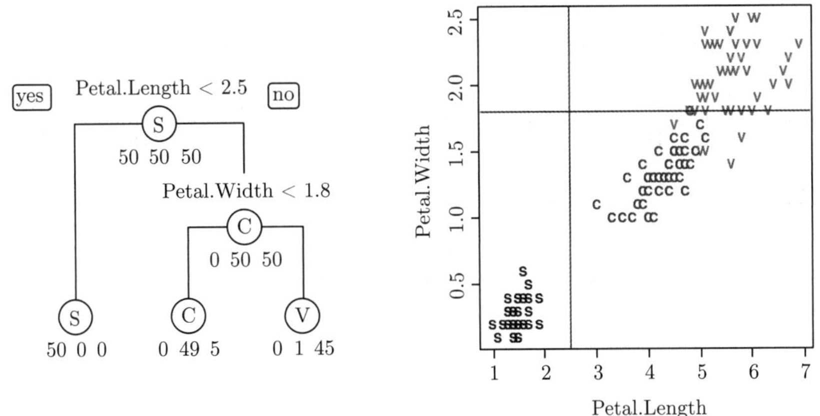


图 7.113 CART 对 iris 数据的分类

**定义 7.19**（基尼不纯度） 已知类别分布 $C \sim p_1\langle 1\rangle + p_2\langle 2\rangle + \cdots p_k\langle k\rangle$，如果按照该分布的随机数来"打标签"，对类 $j$ 来说，随机标注产生错误的概率是 $1-p_j$。对所有的类，期望错误率称为基尼不纯度 (Gini impurity)，定义如下：

$$\begin{aligned}\text{Gini}(C) &= \sum_{j=1}^{k} p_j(1-p_j)\\ &= 1-\sum_{j=1}^{k} p_j^2\end{aligned}$$

例如，iris 的类别分布 (7.54) 的基尼不纯度是

$$\text{Gini}(X) = \frac{1}{3}\left(1-\frac{1}{3}\right)+\frac{1}{3}\left(1-\frac{1}{3}\right)+\frac{1}{3}\left(1-\frac{1}{3}\right)=\frac{2}{3}$$

图 7.113 是 CART 对 iris 数据的分类，结果与 ID3 很接近。该决策树把数据划分为三个子集，第一个子集有 50 个 S，第二个子集有 49 个 C 和 5 个 V，第三个子集有 1 个 C 和 45 个 V。

构造分类及回归树的过程类似于 ID3，只不过所用度量不同而已。CART 寻找最佳划分点使得决策树的基尼不纯度最低，或者说，基尼不纯度的降低幅度最大。下面的例子演示了如何求解基尼不纯度。

例 7.32　如图 7.113 所示，决策树 $T$ 将原数据集合划分为三个子集，每个子集中类的分布分别是

$$X_1 \sim 1\langle \mathrm{S}\rangle + 0\langle \mathrm{C}\rangle + 0\langle \mathrm{V}\rangle$$
$$X_2 \sim 0\langle \mathrm{S}\rangle + \frac{49}{54}\langle \mathrm{C}\rangle + \frac{5}{54}\langle \mathrm{V}\rangle$$
$$X_3 \sim 0\langle \mathrm{S}\rangle + \frac{1}{46}\langle \mathrm{C}\rangle + \frac{45}{46}\langle \mathrm{V}\rangle$$

这三个分布的基尼不纯度分别是

$$\mathrm{Gini}(X_1) = 1 \times (1-1) + 0 \times (1-0) + 0 \times (1-0) = 0$$
$$\mathrm{Gini}(X_2) = 0 \times (1-0) + \frac{49}{54} \times \left(1 - \frac{49}{54}\right) + \frac{5}{54} \times \left(1 - \frac{5}{54}\right) = \frac{490}{54^2}$$
$$\mathrm{Gini}(X_2) = 0 \times (1-0) + \frac{1}{46} \times \left(1 - \frac{1}{46}\right) + \frac{45}{46} \times \left(1 - \frac{45}{46}\right) = \frac{90}{46^2}$$

这三个基尼不纯度的加权平均就是该决策树的基尼不纯度，即

$$\mathrm{Gini}(X|T) = \frac{50}{150}\mathrm{Gini}(X_1) + \frac{54}{150}\mathrm{Gini}(X_2) + \frac{46}{150}\mathrm{Gini}(X_3) = \frac{137}{1863} \approx 0.0735$$

该决策树降低的基尼不纯度是

$$\mathrm{Gini}(X) - \mathrm{Gini}(X|T) = \frac{2}{3} - \frac{137}{1863} \approx 0.5931$$

任何分类器都有过拟合的风险，CART 也不例外，图 7.114 是一个示例，它在训练数据上只有一个分类错误。

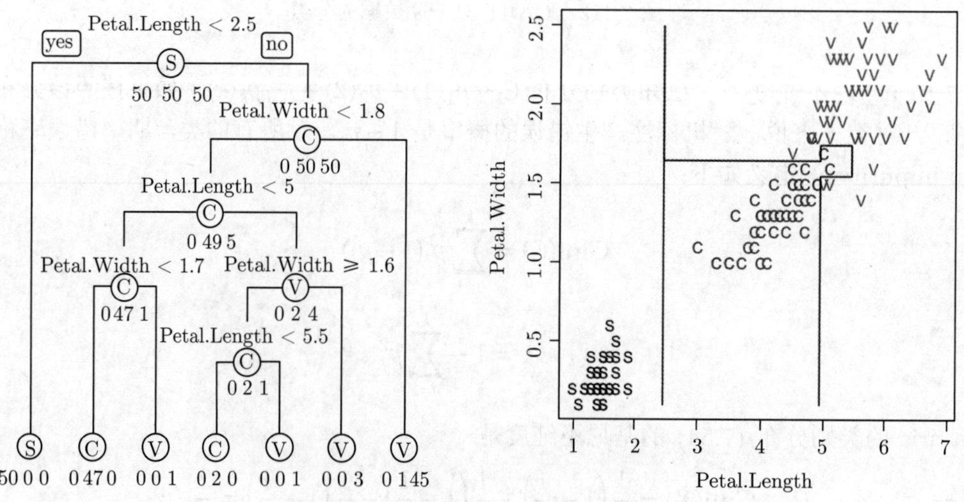


图 7.114　对 iris 数据过拟合的 CART

CART 有很多变种，也被统计学家用于分析删失数据。但是，它有一个致命的弱点就是计算复杂度高，特别当类变量的取值较多的时候。类似 C4.5，CART 也倾向于优先拆分允许更多拆分的变量，以及有更多缺失数据的变量。

**算法 7.19**（随机森林） 在自助聚合学习策略的指导下，通过对数据集合 $D$ 有放回地抽样，产生一系列的训练集合 $D_1, D_2, \cdots, D_m$，在这些集合上训练分类树或者回归树 $T_1, T_2, \cdots, T_m$。对于新样本 $x_{\text{new}}$，分类问题用 $T_1(x_{\text{new}}), T_2(x_{\text{new}}), \cdots, T_m(x_{\text{new}})$ 多数投票，回归问题用均值

$$\frac{1}{m}\sum_{j=1}^{m} T_j(x_{\text{new}})$$

当属性个数 $N$ 很多时，寻找最优的决策树并非易事。1995 年，美籍华裔计算机科学家**何天琴**（Tin Kam Ho）提出“随机子空间方法”，即在每次产生训练集合的同时，从 $N$ 个属性中随机抽取 $q$ 个不同的属性，仅基于这 $q$ 个属性来表示数据和训练决策树（图 7.86），这便是**随机森林** (random forest) 方法。“森林”一词意味着有多棵“决策树”（图 7.115）。粗略地说，随机森林是自助聚合和随机子空间方法的有机结合。布雷曼建议：

$$q = \begin{cases} \max(5, N/3) & \text{，回归问题} \\ \sqrt{N} & \text{，分类问题} \end{cases}$$

图 7.115 森林

因为随机森林是一个随机算法，所以每次的结果可能不同（有时结果差距甚大），示例见图 7.116。实践中，好的学习策略对机器学习的效果有很大的提升。

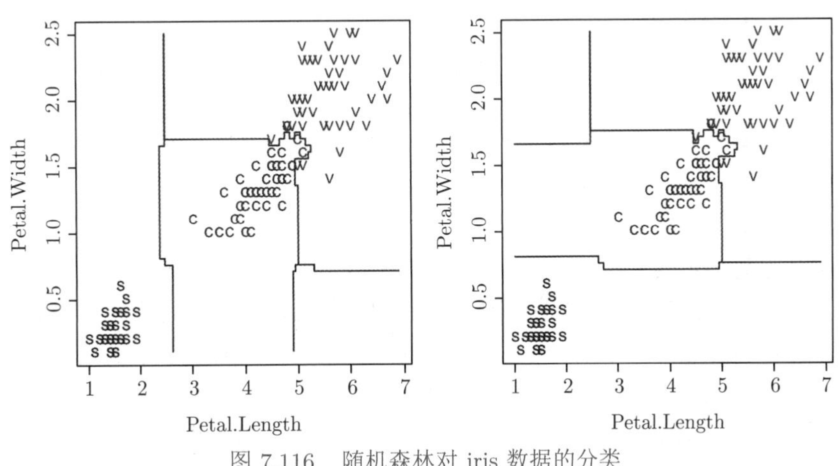


图 7.116 随机森林对 iris 数据的分类

虽说“三个臭皮匠，顶个诸葛亮”，但“皮匠”之间不能太像，水平也不能太臭，否则集成学习是没有意义的。我们希望，学习机最好个个都是“诸葛亮”（图 7.117），在不同的数据和属性环境里脱颖而出。如此随机抽取属性，保证了雨露均沾，不会因为某个属性被多数决策树“偏爱”而造成它们之间的强相关。另外，决策树的训练是独立且并行的，可以分析它们的精度的均值和方差。

(a) 卧龙出山　　(b) 鞠躬尽瘁

图 7.117　诸葛亮

3. **其他决策树**

美籍华裔统计学家**罗伟贤**（Wei-Yin Loh）于 20 世纪 80 年代末、90 年代末和 21 世纪初提出了几类决策树模型：*快速精确分类树* (fast and accurate classification tree, FACT, 1988)、*快速无偏高效统计树* (quick, unbiased and efficient statistical tree, QUEST, 1997)、*无偏交互选择与估计分类规则* (classification rule with unbiased interaction selection and estimation, CRUISE, 2001) 和*广义无偏交互检测与估计* (generalized, unbiased, interaction detection and estimation, GUIDE, 2002)[141]。其中，FACT 分类算法的基本思路是：

- 利用单因素方差分析的 $F$-检验（见第 225 页的性质 6.6）选择用于分类的变量。类似地，列联表检验（见 §5.2.2）被用于 QUEST 和 CRUISE 来选择变量。
- 利用单变量的*费舍尔线性判别分析*（见 §7.4.3）寻找最佳划分点（即两个类的均值的中点）。该方法也被用于 CRUISE。

2006 年，德国生物统计学家**托尔斯滕・霍索恩**（Torsten Hothorn）等人提出*条件推断树* (conditional inference tree, CTREE)[144]。该分类方法的基本思路是：

- 对输入变量和响应变量做独立性假设检验，如果不能否认它们之间的独立性，则停止；否则，利用 $p$-值选出与响应变量关联性最强的输入变量。
- 在所选变量的基础上做二分类。
- 递归重复上述两个步骤。

上述决策树用于 iris 数据的分类效果见图 7.118。20 世纪末，加拿大统计学家**休・奇普曼**（Hugh Chipman）等人提出贝叶斯分类及回归树（Bayesian CART）。2010 年，他提出*贝叶斯加性回归树*（Bayesian additive regression tree，BART）[145]。贝叶斯决策树需要考虑树模型上的分布和随机搜索，这部分内容不在本书的范围之内。另外，回归树的理论很庞杂，本书也跳过了，感兴趣的读者可以参考罗伟贤的工作[141]。

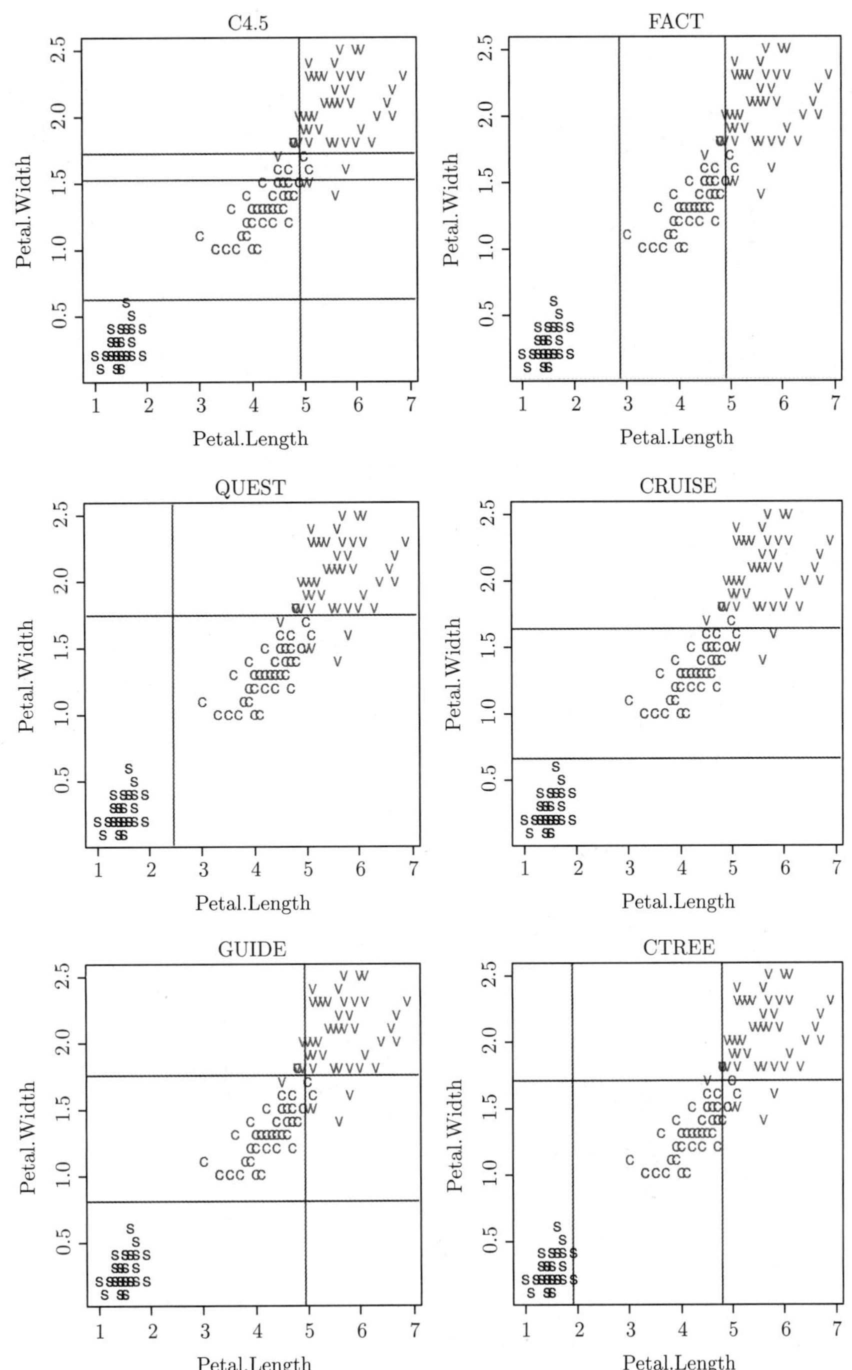


图 7.118 C4.5、FACT、QUEST、CRUISE、GUIDE、CTREE 对 iris 数据的分类

### 7.4.3 费舍尔线性判别分析

如图 7.119 所示，直线上最简单的二分类判别规则是：如果样本点位于分割点左侧，则判定它属于第一个类；若位于右侧，则判定它属于第二个类。按此规则，阴影部分的面积就是相应分割点的贝叶斯错误率。当分割点为 $c$ 时，贝叶斯错误率最小，称为**理想贝叶斯错误率**，在不引起歧义时也简称

为贝叶斯错误率。

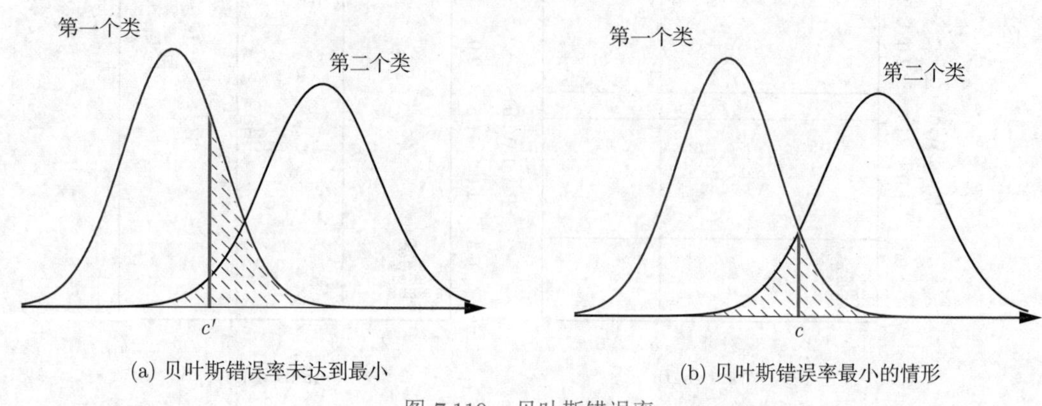


(a) 贝叶斯错误率未达到最小　　(b) 贝叶斯错误率最小的情形

图 7.119　贝叶斯错误率

1936 年，费舍尔提出一类线性分类器，对于二分类问题，就是寻找一个投影方向 $\boldsymbol{w}$，使得两类样本在 $\boldsymbol{w}$ 上的投影样本的理想贝叶斯错误率最小，由此来确定**分割超平面** (separating hyperplane)。譬如图 7.120，两个二元正态分布的类，在任意方向上的投影依然服从正态分布。贝叶斯错误率即是两个直方图相互重叠部分的面积——在重叠区域里，样本从属于哪个类的概率大就分到哪个类里。显然，图 7.120 中，样本在水平方向上的投影比在竖直方向上的投影具有更小的贝叶斯错误率。

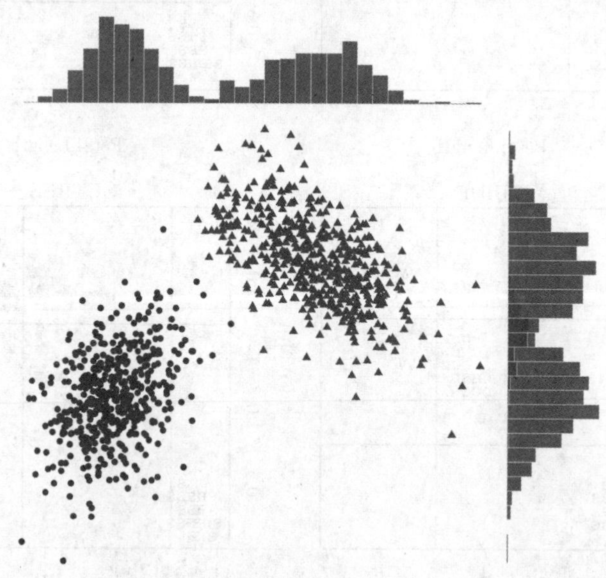

图 7.120　以贝叶斯错误率为标准的分类

1. **经典线性判别分析**

将数据投影到数据所在空间的一个待定的向量 $\boldsymbol{w} \in \mathbb{R}^d$ 上，费舍尔线性判别分析 (linear discriminant analysis, LDA) 就是要最大化下面的判别函数：

$$J(\boldsymbol{w}) = \frac{\boldsymbol{w}^\top S_\mathrm{b} \boldsymbol{w}}{\boldsymbol{w}^\top S_\mathrm{w} \boldsymbol{w}} \tag{7.55}$$

定义 7.20　令 $\boldsymbol{m}_1, \boldsymbol{m}_2$ 分别是类 $C_1, C_2$ 的均值，上式中 $S_\mathrm{w}$ 是类内 (within-class) 散布矩阵（假设 $S_\mathrm{w}$ 非奇异），$S_\mathrm{b}$ 是类间 (between-class) 散布矩阵，它们的定义分别如下：

$$\begin{aligned} S_\mathrm{w} &= S_1 + S_2 \\ &= \sum_{x\in C_1} (\boldsymbol{x}-\boldsymbol{m}_1)(\boldsymbol{x}-\boldsymbol{m}_1)^\top + \sum_{x\in C_2} (\boldsymbol{x}-\boldsymbol{m}_2)(\boldsymbol{x}-\boldsymbol{m}_2)^\top \\ S_\mathrm{b} &= (\boldsymbol{m}_1-\boldsymbol{m}_2)(\boldsymbol{m}_1-\boldsymbol{m}_2)^\top \end{aligned}$$

事实上，式 (7.55) 就是广义瑞利商 $R_{S_\mathrm{b},S_\mathrm{w}}(\boldsymbol{w})$（定义见第 498 页的例 B.4）。最大化式 (7.55) 的目的是让分母（即类内散落程度）尽可能地小，同时分子（即类间的距离）尽可能地大。

解　因为 $S_\mathrm{w}$ 非奇异。根据式 (D.5)，我们有

$$\begin{aligned} \boldsymbol{w}^\top S_\mathrm{b}\boldsymbol{w} &= [\boldsymbol{w}^\top(\boldsymbol{m}_1-\boldsymbol{m}_2)]^2 \\ &\leqslant (\boldsymbol{w}^\top S_\mathrm{w}\boldsymbol{w})[(\boldsymbol{m}_1-\boldsymbol{m}_2)^\top S_w^{-1}(\boldsymbol{m}_1-\boldsymbol{m}_2)] \end{aligned}$$

其中，等号成立当且仅当 $\boldsymbol{w} \propto S_w^{-1}(\boldsymbol{m}_1-\boldsymbol{m}_2)$。于是，最优投影向量是

$$\boldsymbol{w} = S_w^{-1}(\boldsymbol{m}_1-\boldsymbol{m}_2) \tag{7.56}$$

对于二分类，数据的可分性常用下面的非负值 $J$ 来度量，称为“可分度”。

$$\begin{aligned} J &= \max_{\boldsymbol{w}} J(\boldsymbol{w}) \\ &= (\boldsymbol{m}_1-\boldsymbol{m}_2)^\top S_w^{-1}(\boldsymbol{m}_1-\boldsymbol{m}_2) \end{aligned} \tag{7.57}$$

在向量 $\boldsymbol{w}$ 上，两个类之间的分割点记作 $c(\boldsymbol{w})$，它使得贝叶斯错误率 (Bayes error) 最小。给定新的样本点 $\boldsymbol{x}_\mathrm{new}$，分类决策是

$$f(\boldsymbol{x}_\mathrm{new}) = \mathrm{sign}[\boldsymbol{x}_\mathrm{new}^\top S_w^{-1}(\boldsymbol{m}_1-\boldsymbol{m}_2) - c(\boldsymbol{w})]$$

如图 7.121 所示，由向量 $\boldsymbol{w}\in\mathbb{R}^d$ 和点 $c(\boldsymbol{w})$ 唯一决定的超平面就是基于经典线性判别分析的二分类器（即分割超平面）。

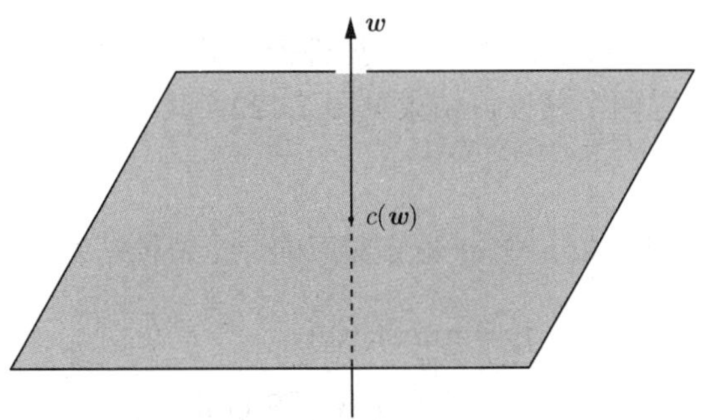


图 7.121　过点 $c(\boldsymbol{w})$ 且与 $\boldsymbol{w}$ 垂直的超平面

例 7.33　如果两个类 $\mathrm{N}_2(\boldsymbol{\mu}_1, \boldsymbol{\Sigma})$ 和 $\mathrm{N}_2(\boldsymbol{\mu}_2, \boldsymbol{\Sigma})$ 有相同的协方差矩阵，则

$$\boldsymbol{w} = \boldsymbol{\Sigma}^{-1}(\boldsymbol{\mu}_1-\boldsymbol{\mu}_2)$$

分割点 $c(\boldsymbol{w})$ 是 $\boldsymbol{w}^\top\boldsymbol{\mu}_1$ 和 $\boldsymbol{w}^\top\boldsymbol{\mu}_2$ 的中点。

定义 7.21　对于 $k$-分类问题，做法也是类似的。分别定义各类样本均值 $\boldsymbol{m}_i$、样本均值 $\boldsymbol{m}$、样本散布矩阵 $S_{\mathrm{t}}$、类内散布矩阵 $S_{\mathrm{w}}$、类间散布矩阵 $S_{\mathrm{b}}$ 如下：

$$\boldsymbol{m}_i = \frac{1}{n_i}\sum_{x\in C_i}\boldsymbol{x}，\text{其中 } n_i \text{ 是类 } C_i \text{ 的样本数}$$

$$\boldsymbol{m} = \frac{1}{n}\sum_{x}\boldsymbol{x} = \frac{1}{n}\sum_{i=1}^{k} n_i\boldsymbol{m}_i，\text{其中 } n \text{ 是总样本数}$$

$$S_{\mathrm{t}} = \sum_{x}(\boldsymbol{x}-\boldsymbol{m})(\boldsymbol{x}-\boldsymbol{m})^{\top}$$

$$S_{\mathrm{w}} = \sum_{i=1}^{k}\sum_{x\in C_i}(\boldsymbol{x}-\boldsymbol{m}_i)(\boldsymbol{x}-\boldsymbol{m}_i)^{\top}$$

$$S_{\mathrm{b}} = \sum_{i=1}^{k} n_i(\boldsymbol{m}_i-\boldsymbol{m})(\boldsymbol{m}_i-\boldsymbol{m})^{\top}$$

性质 7.13　定义 7.21 中的 $S_{\mathrm{t}}, S_{\mathrm{w}}, S_{\mathrm{b}}$ 是对称矩阵，并且有

$$S_{\mathrm{t}} = S_{\mathrm{w}} + S_{\mathrm{b}}$$

令 $\lambda_1 \geqslant \lambda_2 \geqslant \cdots \geqslant \lambda_s > 0$ 是 $S_{\mathrm{w}}^{-1}S_{\mathrm{b}}$ 的非零本征值，其中 $s \leqslant \min(k-1, d)$，所对应的本征向量分别是 $\boldsymbol{e}_1, \boldsymbol{e}_2, \cdots, \boldsymbol{e}_s$。它们可通过解下面的方程组求得。

$$\det(S_{\mathrm{b}} - \lambda S_{\mathrm{w}}) = 0$$

根据例 B.4 的结论，$\boldsymbol{w}_1 = \boldsymbol{e}_1$ 最大化了广义瑞利商 $J(\boldsymbol{w}) = \frac{\boldsymbol{w}^{\top}S_{\mathrm{b}}\boldsymbol{w}}{\boldsymbol{w}^{\top}S_{\mathrm{w}}\boldsymbol{w}}$。线性组合 $\boldsymbol{w}_1^{\top}\boldsymbol{x}$ 称为样本第一判别式。类似地，$\boldsymbol{w}_2 = \boldsymbol{e}_2$ 定义了样本第二判别式 $\boldsymbol{w}_2^{\top}\boldsymbol{x}$，等等。

性质 7.14　假设 $S_{\mathrm{w}}$ 非奇异，令 $\lambda_1 \geqslant \lambda_2 \geqslant \cdots \geqslant \lambda_s > 0$ 是 $S_{\mathrm{w}}^{-1}S_{\mathrm{b}}$ 的 $s \leqslant \min(k-1, d)$ 个正的本征值，或者方程 $\det(S_{\mathrm{b}} - \lambda S_{\mathrm{w}}) = 0$ 的 $s$ 个正的根，则可分度为

$$J = \mathrm{tr}(S_{\mathrm{w}}^{-1}S_{\mathrm{b}}) = \lambda_1 + \lambda_2 + \cdots + \lambda_s$$

例 7.34　利用多分类线性判别分析对 iris 数据进行分类，同例 7.29 一样，三个类标分别为 S, C, V。为了显示分类结果，只考虑两个属性，结果见图 7.122（其中，中间一列的贝叶斯错误率最低）。

**2. 核线性判别分析**

令 $\kappa(\cdot,\cdot)$ 是 $\mathbb{R}^d \times \mathbb{R}^d$ 上的核函数，令 $\varphi$ 是它对应的一个特征映射。定义可分度为

$$\begin{aligned} J_{\kappa} &= \max_{\boldsymbol{w}} J_{\kappa}(\boldsymbol{w}) \\ &= \max_{\boldsymbol{w}} \frac{\varphi(\boldsymbol{w})^{\top}\tilde{S}_{\mathrm{b}}\varphi(\boldsymbol{w})}{\varphi(\boldsymbol{w})^{\top}\tilde{S}_{\mathrm{w}}\varphi(\boldsymbol{w})} \end{aligned} \tag{7.58}$$

其中，$\tilde{S}_{\mathrm{b}}, \tilde{S}_{\mathrm{w}}$ 的定义与 $S_{\mathrm{b}}, S_{\mathrm{w}}$ 是类似的。如果

$$J_{\kappa} > J = \max_{\boldsymbol{w}} J(\boldsymbol{w})$$

则说明特征映射改进了两个类的线性可分性。

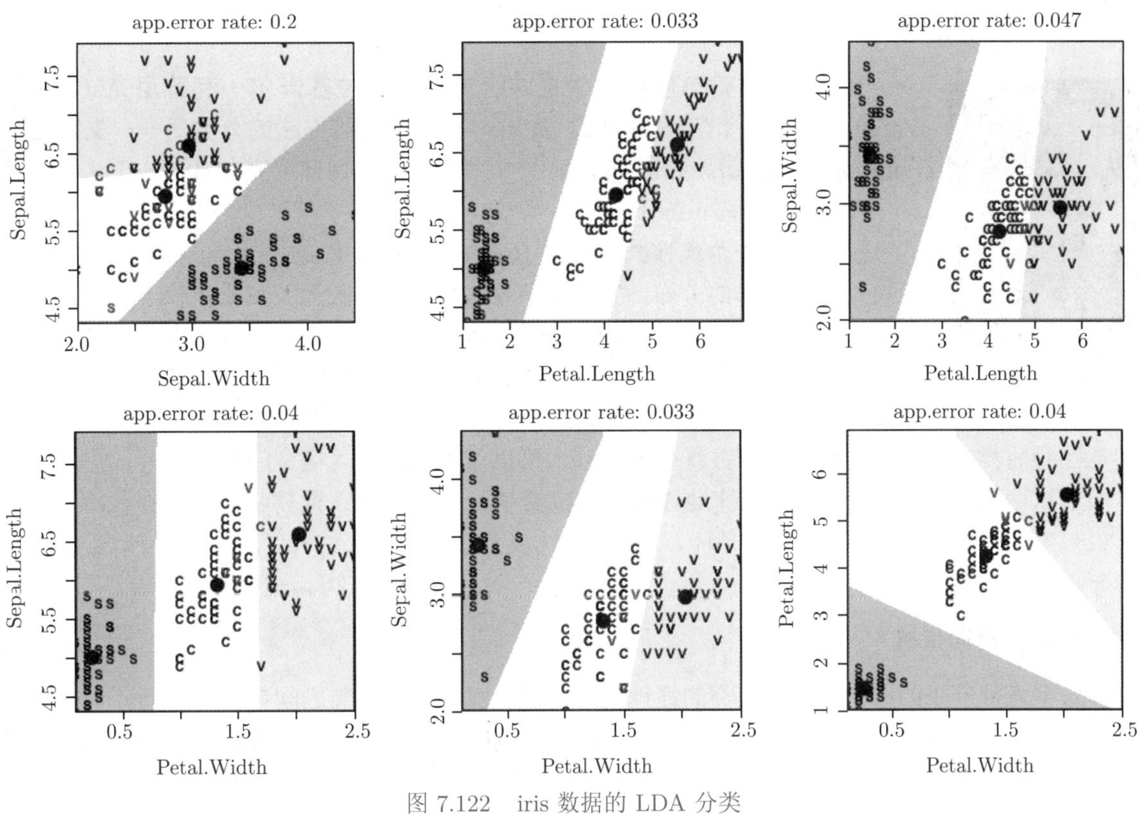

图 7.122 iris 数据的 LDA 分类

性质 7.15 可分度 $J_\kappa$ 不依赖于特征映射 $\varphi$，只依赖于核函数 $\kappa$ 和训练数据。这是因为

$$\tilde{\boldsymbol{m}}_i = \frac{1}{n_i}\sum_{x\in C_i}\varphi(\boldsymbol{x}),\ \text{其中 } i=1,2$$

$$\begin{aligned}
\varphi(\boldsymbol{w})^\top \tilde{S}_{\mathrm{b}}\varphi(\boldsymbol{w}) &= \varphi(\boldsymbol{w})^\top(\tilde{\boldsymbol{m}}_1-\tilde{\boldsymbol{m}}_2)(\tilde{\boldsymbol{m}}_1-\tilde{\boldsymbol{m}}_2)^\top\varphi(\boldsymbol{w}) \\
&= \left[\frac{1}{n_1}\sum_{x\in C_1}\kappa(\boldsymbol{w},\boldsymbol{x}) - \frac{1}{n_2}\sum_{x\in C_2}\kappa(\boldsymbol{w},\boldsymbol{x})\right]^2 \\
\varphi(\boldsymbol{w})^\top \tilde{S}_{\mathrm{w}}\varphi(\boldsymbol{w}) &= \varphi(\boldsymbol{w})^\top\sum_{i=1}^{2}\sum_{x\in C_i}\left[\varphi(\boldsymbol{x})-\tilde{\boldsymbol{m}}_i\right]\left[\varphi(\boldsymbol{x})-\tilde{\boldsymbol{m}}_i\right]^\top\varphi(\boldsymbol{w}) \\
&= \sum_{i=1}^{2}\sum_{x\in C_i}\left[\kappa(\boldsymbol{w},\boldsymbol{x}) - \frac{1}{n_i}\sum_{x\in C_i}\kappa(\boldsymbol{w},\boldsymbol{x})\right]^2 \\
&= \sum_{i=1}^{2}\left\{\sum_{x\in C_i}\kappa^2(\boldsymbol{w},\boldsymbol{x}) - \frac{1}{n_i}\left[\sum_{x\in C_i}\kappa(\boldsymbol{w},\boldsymbol{x})\right]^2\right\}
\end{aligned}$$

类似结果 (7.57)，问题 (7.58) 的解是

$$\begin{aligned}
J_\kappa &= (\tilde{\boldsymbol{m}}_1-\tilde{\boldsymbol{m}}_2)^\top\tilde{S}_{\mathrm{w}}^{-1}(\tilde{\boldsymbol{m}}_1-\tilde{\boldsymbol{m}}_2) \\
&= \mathrm{tr}(\tilde{S}_{\mathrm{w}}^{-1}\tilde{S}_{\mathrm{b}})
\end{aligned}$$

### 7.4.4 支持向量机

图 7.123 瓦普尼克

1995 年，美籍俄裔数学家、统计学家**弗拉基米尔·瓦普尼克**（Vladimir Vapnik, 1936—）（图 7.123）提出一种基于几何方法的分类器——支持向量机 (support vector machine, SVM)[146]。在这之前，瓦普尼克一直专注于统计学习理论 (statistical learning theory)[147,148]，因此获得“统计学习之父”的美誉。

不同于费舍尔线性判别分析 (Fisher's linear discriminant analysis)，支持向量机不考虑样本的分布，它的复杂度与数据的维数无关，只依赖于样本个数。由于这个特点，支持向量机经常用于高维小样本的分析。另外，支持向量机可与核方法完美结合。在核方法 (kernel method) 的帮助下，支持向量机作为分类/回归的非传统方法在很多应用领域取得了很好的成绩[120]。核方法并非 SVM 所独有，它的意图是将样本映入高维空间以改善线性可分性，可以作为很多学习模型的前端[149]。

由于这两大优点，支持向量机迅速地成为主流机器学习方法[119,150] 而将神经网络打入冷宫。支持向量机兴盛了十年，被顶着深度学习光环、在强大算力支撑下卷土重来的神经网络赶下神坛。然而，小样本分析、核方法等已深入人心。

#### 1. 线性支持向量机

在数据线性可分的情况下，二分类的线性支持向量机就是在两个类之间寻找将它们分开的最宽间隔 (maximum margin)，如图 7.124 所示，两条平行虚线中间的区域。为何我们倾向于寻找最宽间隔呢？因为数据在 $\boldsymbol{w}$ 方向上的投影被最大限度地分开了，与费舍尔线性判别分析的想法类似，我们总是希望类间距离越大越好。

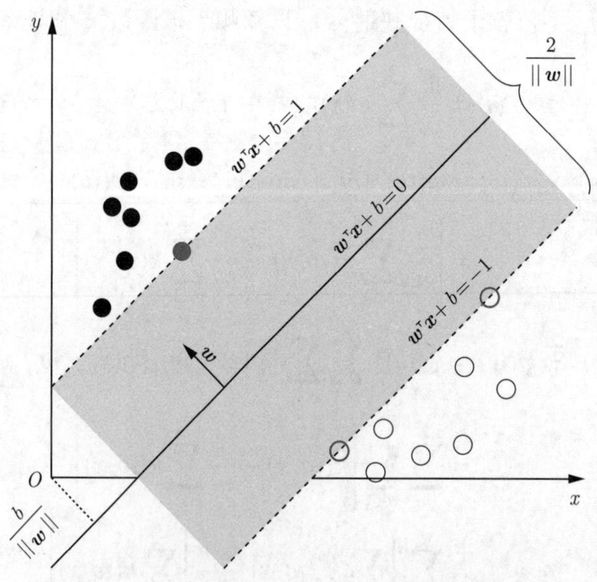


图 7.124 寻找两类之间最宽间隔的线性支持向量机

我们约定它的中线就是两个类的分割边界。这个约定是否合理呢？如果知道了 $\boldsymbol{w}$ 方向，也就能得到样本在这个方向上的投影，分割边界是否应该向投影方差小的一侧偏移？偏移多少？在合理性与简单性之间，我们有时不得不做一个取舍或折中。

**定义 7.22** 如果存在一个超平面 $H: \boldsymbol{w}^{\top}\boldsymbol{x} + b = 0$ 能够将这两个类分开，则称这两个类线性可分

(linearly separable)。即

$$t_i(\boldsymbol{w}^\top \boldsymbol{x}_i + b) \geqslant 0，\text{其中 } i = 1, 2, \cdots, n$$

考虑线性可分的数据 $\{(\boldsymbol{x}_i, t_i) : \boldsymbol{x}_i \in \mathbb{R}^d, t_i = \pm 1, i = 1, 2, \cdots, n\}$ 的支持向量机。令超平面 $y(\boldsymbol{x}) = \boldsymbol{w}^\top \boldsymbol{x} + b$ 为该支持向量机的分割边界。令 $\boldsymbol{x}^+$ 和 $\boldsymbol{x}^-$ 分别表示在超平面 $H : \boldsymbol{w}^\top \boldsymbol{x} + b = 0$ 两侧离它最近的样本点，它们满足

$$\begin{cases} \boldsymbol{w}^\top \boldsymbol{x}^+ + b = +1 \\ \boldsymbol{w}^\top \boldsymbol{x}^- + b = -1 \end{cases}$$

于是，间隔的宽度为

$$\frac{\boldsymbol{w}^\top \boldsymbol{x}^+}{\|\boldsymbol{w}\|} - \frac{\boldsymbol{w}^\top \boldsymbol{x}^-}{\|\boldsymbol{w}\|} = \frac{2}{\|\boldsymbol{w}\|}$$

为了使得 $2/\|\boldsymbol{w}\|$ 最大化，该最优化问题抽象为

$$\begin{aligned} &\text{最小化} \quad f(\boldsymbol{w}) = \frac{1}{2}\|\boldsymbol{w}\|^2 \\ &\text{满足约束条件} \quad t_i(\boldsymbol{w}^\top \boldsymbol{x}_i + b) \geqslant 1，\text{其中 } i = 1, 2, \cdots, n \end{aligned} \tag{7.59}$$

相应的拉格朗日函数是

$$\mathscr{L}(\boldsymbol{w}, b, \boldsymbol{\alpha}) = \frac{1}{2}\boldsymbol{w}^\top \boldsymbol{w} + \sum_{i=1}^{n} \alpha_i \left[1 - t_i(\boldsymbol{w}^\top \boldsymbol{x}_i + b)\right] \tag{7.60}$$

其中 $\alpha_i \geqslant 0, i = 1, 2, \cdots, n$。令 $\partial \mathscr{L}/\partial \boldsymbol{w} = \boldsymbol{0}, \partial \mathscr{L}/\partial b = 0$，我们得到

$$\boldsymbol{w} = \sum_{i=1}^{n} t_i \alpha_i \boldsymbol{x}_i$$

$$\sum_{i=1}^{n} t_i \alpha_i = 0$$

进而，得到函数 (7.60) 的对偶函数为

$$\begin{aligned} \tilde{f}(\boldsymbol{\alpha}) &= \inf_{\boldsymbol{w}, b} \mathscr{L}(\boldsymbol{w}, b, \boldsymbol{\alpha}) \\ &= \sum_{i=1}^{n} \alpha_i - \frac{1}{2}\sum_{i=1}^{n} t_i t_j \alpha_i \alpha_j \boldsymbol{x}_i^\top \boldsymbol{x}_j \end{aligned}$$

最优化问题 (7.59) 的对偶函数如下，其中的 $\alpha_i$ 可由二次规划求得。

$$\begin{aligned} &\text{最大化} \quad \sum_{i=1}^{n} \alpha_i - \frac{1}{2}\sum_{i=1}^{n} t_i t_j \alpha_i \alpha_j \boldsymbol{x}_i^\top \boldsymbol{x}_j \\ &\text{满足约束条件} \quad \sum_{i=1}^{n} t_i \alpha_i = 0，\text{其中 } \alpha_i \geqslant 0, i = 1, 2, \cdots, n \end{aligned}$$

最后，求得 $\boldsymbol{w}$ 为

$$\boldsymbol{w}_* = \sum_{i=1}^{n} t_i \alpha_i^* \boldsymbol{x}_i \tag{7.61}$$

式 (7.61) 的具体表达式不是我们关注的，因为决策函数 $f(\boldsymbol{x}_{\text{new}}) = \text{sign}(\boldsymbol{w}_*^\top \boldsymbol{x}_{\text{new}} + b)$ 等价于

$$f(\boldsymbol{x}_{\text{new}}) = \text{sign}\left\{\sum_{i=1}^{n} t_i\alpha_i^* \boldsymbol{x}_i^\top \boldsymbol{x}_{\text{new}} + b\right\} \tag{7.62}$$

约束最优化问题 (7.59) 的 KKT 条件（附录 B）是

$$\begin{aligned} \alpha_i &\geqslant 0 \\ t_i y_i - 1 &\geqslant 0, \text{其中 } y_i = y(\boldsymbol{x}_i) = \boldsymbol{w}^\top \boldsymbol{x}_i + b \\ \alpha_i(t_i y_i - 1) &= 0 \end{aligned}$$

即，对任意样本点 $\boldsymbol{x}_i$，要么 $\alpha_i = 0$，要么 $t_i y(\boldsymbol{x}_i) = 1$。

- 若 $\alpha_i \neq 0$，我们称 $\boldsymbol{x}_i$ 为一个*支持向量* (support vector)。直观上，支持向量落在最宽间隔的边缘上。
- 若 $\alpha_i = 0$，则 $\boldsymbol{x}_i$ 在式 (7.61) 中对决定 $\boldsymbol{w}$ 不起作用。即非支持向量对分类没有任何贡献，如同在 $\epsilon$-管内的样本点对回归没有任何贡献一样（详见 §7.1.2）。

所以，支持向量机也被认为是小样本分析的工具，无须假设样本容量趋向无穷，因为真正参与决定分割边界的样本点（即支持向量）仅是一小部分。如果几乎所有样本点都成了支持向量，则暗示有过拟合问题了。

2. **核支持向量机**

支持向量机的迷人之处在于它和核方法的完美结合。有时我们惊叹它的效果之好，不知是支持向量机的魅力还是核方法的魅力，或许是二者“化学反应”的魅力吧。利用核技巧，我们轻易地把线性支持向量机的最优化问题改造为

$$\begin{aligned} \text{最大化} \quad & \sum_{i=1}^{n} \alpha_i - \frac{1}{2}\sum_{i=1}^{n} t_i t_j \alpha_i \alpha_j \kappa(\boldsymbol{x}_i, \boldsymbol{x}_j) \\ \text{满足约束条件} \quad & \sum_{i=1}^{n} t_i \alpha_i = 0, \text{其中 } \alpha_i \geqslant 0, i = 1, 2, \cdots, n \end{aligned}$$

与线性支持向量机的决策函数 (7.62 ) 类似，核支持向量机的决策函数是

$$f(\boldsymbol{x}_{\text{new}}) = \text{sign}\left\{\sum_{i=1}^{n} t_i\alpha_i^* \kappa(\boldsymbol{x}_i, \boldsymbol{x}_{\text{new}}) + b\right\}$$

使用不同的核函数，支持向量机的分类效果也会大相径庭，示例见图 7.125。一般来说，高斯核是最常用的核函数。

如果考虑所有属性，则核支持向量机能把 iris 数据中的三个类完全“拉开”，投射到二维空间三个类的数据如图 7.126 所示。

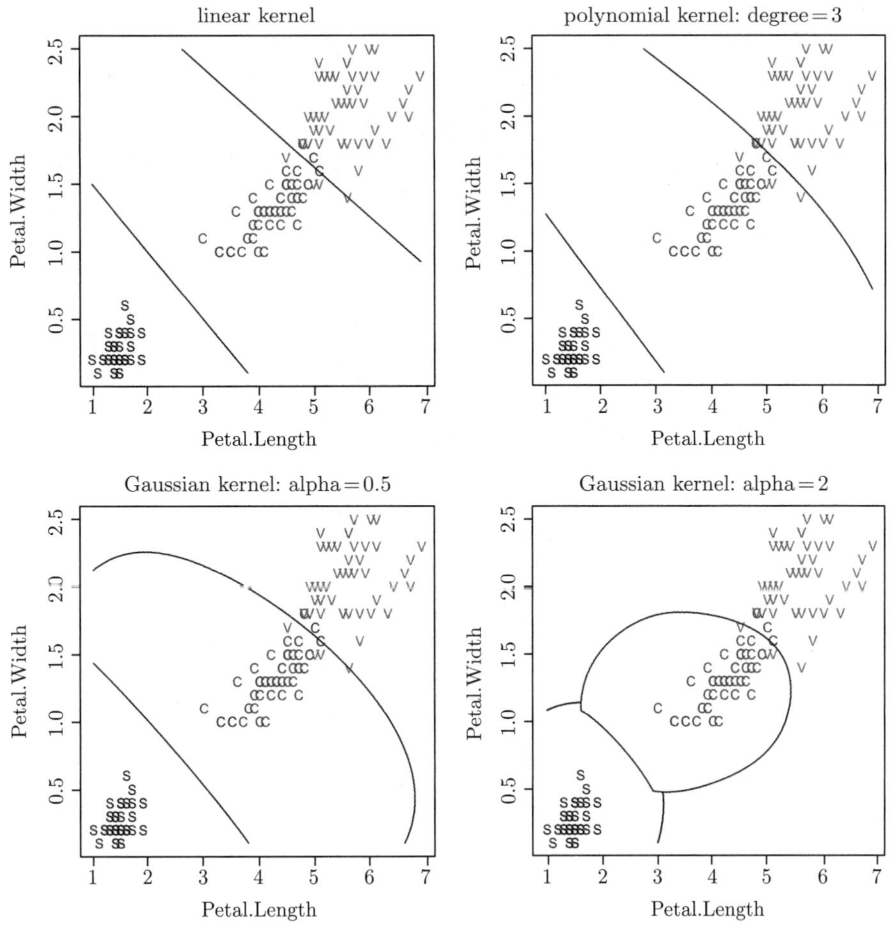

图 7.125 利用不同的核函数的支持向量机对 iris 数据的分类

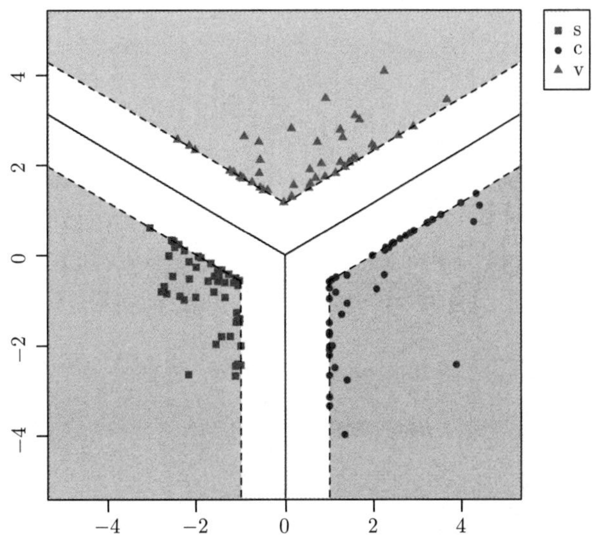

图 7.126 高斯核支持向量机对 iris 数据的分类

### 7.4.5 基于高斯过程的分类

在 §6.1.6，我们考虑了贝叶斯对数率回归，本节我们将给出它的“核化”版本——基于高斯过程 (Gaussian process) 的分类器（图 7.4），简称“GP 分类器”。

令 $y(\boldsymbol{x})$ 是 $\boldsymbol{x}$ 的某个函数，不见得有显式表达，可以是某个核函数 $\kappa(\cdot,\cdot)$ 所对应的特征映射 $\varphi(\boldsymbol{x})$，原则上它应具有这样的特点：如果 $\boldsymbol{x}$ 的类标是 $t=1$，则 $y(\boldsymbol{x})$ 越趋向 $+\infty$ 越好；相反，若它的类标是 $t=0$，则 $y(\boldsymbol{x})$ 越趋向 $-\infty$ 越好。二分类的概率模型是

$$\mathsf{P}\{t=1|y(\boldsymbol{x})\}=S(y(\boldsymbol{x}))$$

事实上，将 S 形函数替换为值域为 $(0,1)$ 的任何光滑函数都是可行的。记 $\boldsymbol{y}=(y_1,y_2,\cdots,y_n)^\top$，其中 $y_j=y(\boldsymbol{x}_j), j=1,2,\cdots,n$。由于样本的独立性，有

$$\begin{aligned}p(\boldsymbol{t}|\boldsymbol{y})&=\prod_{i=1}^{n}[S(y_i)]^{t_i}[1-S(y_i)]^{1-t_i}\\&=\prod_{i=1}^{n}\exp(y_it_i)S(-y_i)\end{aligned}$$

仿照 §7.1.3 中基于高斯过程的核线性回归，令 $\boldsymbol{K}_{n\times n}$ 是给定核函数 $\kappa$ 在样本 $\boldsymbol{x}_1,\boldsymbol{x}_2,\cdots,\boldsymbol{x}_n\in\mathbb{R}^d$ 上的核矩阵。由 $\boldsymbol{y}\sim\mathrm{N}(\boldsymbol{0},K)$ 可以得到

$$y_{\text{new}}|\boldsymbol{y}\sim\mathrm{N}(\boldsymbol{k}^\top\boldsymbol{K}^{-1}\boldsymbol{y},k-\boldsymbol{k}^\top\boldsymbol{K}^{-1}\boldsymbol{k})\tag{7.63}$$

其中，

$$\begin{aligned}\boldsymbol{k}&=(\kappa(\boldsymbol{x}_1,\boldsymbol{x}_{\text{new}}),\kappa(\boldsymbol{x}_2,\boldsymbol{x}_{\text{new}}),\cdots,\kappa(\boldsymbol{x}_n,\boldsymbol{x}_{\text{new}}))^\top\\k&=\kappa(\boldsymbol{x}_{\text{new}},\boldsymbol{x}_{\text{new}})\end{aligned}$$

仿照 §6.1.6 的做法，有

$$\begin{aligned}\ln p(\boldsymbol{y}|\boldsymbol{t})&\propto\ln p(\boldsymbol{y})+\ln p(\boldsymbol{t}|\boldsymbol{y})\\&\propto-\frac{1}{2}\boldsymbol{y}^\top\boldsymbol{K}^{-1}\boldsymbol{y}+\boldsymbol{t}^\top\boldsymbol{y}+\sum_{i=1}^{n}\ln S(-y_i)+\text{常数}\\\nabla\ln p(\boldsymbol{y}|\boldsymbol{t})&=-\boldsymbol{K}^{-1}\boldsymbol{y}+\boldsymbol{t}-\boldsymbol{s}\text{，其中 }\boldsymbol{s}=[S(y_1),S(y_2),\cdots,S(y_n)]^\top\\\nabla^2\ln p(\boldsymbol{y}|\boldsymbol{t})&=-\boldsymbol{K}^{-1}-\boldsymbol{\varLambda}\text{，其中 }\boldsymbol{\varLambda}=\mathsf{diag}\{S(y_1)[1-S(y_1)],S(y_2)[1-S(y_2)],\cdots,S(y_n)[1-S(y_n)]\}\end{aligned}$$

因为 $-\nabla^2\ln p(\boldsymbol{y}|\boldsymbol{t})$ 是正定的，所以 $\ln p(\boldsymbol{y}|\boldsymbol{t})$ 是凸函数，有唯一一个全局最大值。利用牛顿法最大化 $\ln p(\boldsymbol{y}|\boldsymbol{t})$，有

$$\begin{aligned}\boldsymbol{y}_{\text{update}}&=\boldsymbol{y}-[\nabla^2\psi(\boldsymbol{y})]^{-1}[\nabla\psi(\boldsymbol{y})]\\&=\boldsymbol{y}+\boldsymbol{K}(\boldsymbol{I}_n+\boldsymbol{\varLambda}\boldsymbol{K})^{-1}(\boldsymbol{t}-\boldsymbol{s}-\boldsymbol{K}^{-1}\boldsymbol{y})\\&=\boldsymbol{K}(\boldsymbol{I}_n+\boldsymbol{\varLambda}\boldsymbol{K})^{-1}(\boldsymbol{t}-\boldsymbol{s}+\boldsymbol{\varLambda}\boldsymbol{y})\end{aligned}$$

更新 $\boldsymbol{y}$ 直到 $\nabla \ln p(\boldsymbol{y}|\boldsymbol{t}) = \boldsymbol{0}$，即收敛条件是

$$\hat{\boldsymbol{y}} = \boldsymbol{K}(\boldsymbol{t} - \boldsymbol{s})$$

进而，由第 119 页的定理 4.12 可得

$$\begin{aligned}\boldsymbol{y}|\boldsymbol{t} &\sim \mathrm{N}(\hat{\boldsymbol{y}}, [-\nabla^2 \ln p(\hat{\boldsymbol{y}}|\boldsymbol{t})]^{-1}) \\ &\sim \mathrm{N}(\boldsymbol{K}(\boldsymbol{t}-\boldsymbol{s}), (\boldsymbol{K}^{-1} + \boldsymbol{\Lambda})^{-1})\end{aligned}$$

由上述结果和结果 (7.63)，利用推论 7.1，我们得到

$$y_{\text{new}}|\boldsymbol{t} \sim \mathrm{N}(\mu, \sigma^2)$$

其中，

$$\begin{aligned}\mu &= \boldsymbol{k}^\top \boldsymbol{K}^{-1}\boldsymbol{K}(\boldsymbol{t}-\boldsymbol{s}) \\ &= \boldsymbol{k}^\top(\boldsymbol{t}-\boldsymbol{s}) \\ \sigma^2 &= k - \boldsymbol{k}^\top\boldsymbol{K}^{-1}\boldsymbol{k} + \boldsymbol{k}^\top\boldsymbol{K}^{-1}(\boldsymbol{K}^{-1}+\boldsymbol{\Lambda})^{-1}\boldsymbol{K}^{-1}\boldsymbol{k} \\ &= k - \boldsymbol{k}^\top\boldsymbol{K}^{-1}(\boldsymbol{K}^{-1}+\boldsymbol{\Lambda})^{-1}[(\boldsymbol{K}^{-1}+\boldsymbol{\Lambda}) - \boldsymbol{K}^{-1}]\boldsymbol{k} \\ &= k - \boldsymbol{k}^\top(\boldsymbol{\Lambda}\boldsymbol{K} + \boldsymbol{I}_n)^{-1}\boldsymbol{\Lambda}\boldsymbol{k} \\ &= k - \boldsymbol{k}^\top(\boldsymbol{\Lambda}^{-1} + \boldsymbol{K})^{-1}\boldsymbol{k}\end{aligned}$$

一般地，$\boldsymbol{x}_{\text{new}}$ 属于类 1 当且仅当

$$\boldsymbol{k}^\top(\boldsymbol{t}-\boldsymbol{s}) > 0$$

如果误判 $\boldsymbol{x}_{\text{new}}$ 属于类 1 的代价很大，也可以将判定标准改为

$$\boldsymbol{k}^\top(\boldsymbol{t}-\boldsymbol{s}) - 3\sigma > 0$$

我们写不出 $y(\boldsymbol{x})$ 的解析表达式，更写不出分割边界的解析表达式，但我们能计算出 $\boldsymbol{x}_{\text{new}}$ 属于类 1 的平均概率 $S(\boldsymbol{k}^\top(\boldsymbol{t}-\boldsymbol{s}))$，甚至贝叶斯区间估计，等等。另外，我们还“顺手牵羊”得到了下面的两个不等式：

$$\begin{aligned}\boldsymbol{k}^\top\boldsymbol{K}^{-1}\boldsymbol{k} &\leqslant k \\ \boldsymbol{k}^\top(\boldsymbol{\Lambda}^{-1}+\boldsymbol{K})^{-1}\boldsymbol{k} &\leqslant k\end{aligned}$$

**高斯过程分类器** (Gaussian process classifier, GPC) 优雅地用核方法和贝叶斯方法解决了分类问题，并通过数值计算将之实现。

例 7.35　基于高斯过程的二分类器（采用高斯核 $\kappa(\boldsymbol{x}_1, \boldsymbol{x}_2) = \exp\{-0.5\|\boldsymbol{x}_1 - \boldsymbol{x}_2\|^2\}$）在 iris 数据上的应用效果见图 7.127。请读者找出这两个类的分割边界。

至此，图 7.4 所示的 8 种回归/分类方法已经介绍完毕，它们之间的来龙去脉充分反映出经典统计学对机器学习、模式识别等现代数据分析的深刻影响。

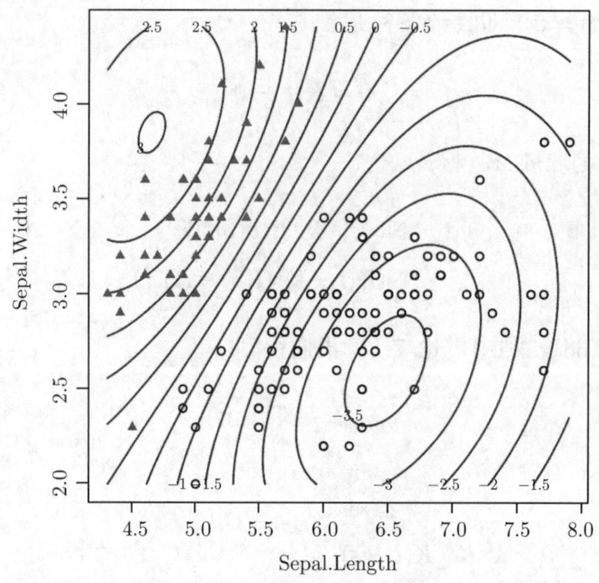


图 7.127　高斯过程分类器在 iris 数据上的应用示例

## 7.4.6　人工神经网络

从经验中学习是高等动物的本能，知识的最初来源就是通过观察得到的。人们一直感兴趣的这个处理观测数据并把它们转化为知识的黑箱，不是简单的“刺激-反应”模型能够描述的，因为黑箱本身也处于一个动态的学习过程中。譬如，在儿童语言能力这个问题上，著名语言学家**诺姆·乔姆斯基**（Noam Chomsky, 1928—）认为，在人的头脑中存在着可遗传的先天语言获得机制并提出了*泛语法* (universal grammar) 模型来刻画它：儿童语言习得的过程就是泛语法中参数学习的过程[151]。如果真的存在泛语法，它在大脑中的神经基础是什么？人类一直在探索大脑的奥秘，许多与认知能力相关的话题都是未解之谜[52]（图 7.128）。

(a)《斯拉夫语语法》　　(b) 希腊《拉斯卡里斯语法书》

图 7.128　自然语言的语法

西班牙神经学家、病理学家**圣地亚哥·拉蒙-卡哈尔**（Santiago Ramón y Cajal, 1852—1934）发现了轴突生长锥，并通过实验证明了神经细胞之间的关系不是连续的，而是存在着间隙。他因大脑微观结构的研究而获得 1906 年的诺贝尔生理学或医学奖，被誉为“现代神经科学之父”（图 7.129）。

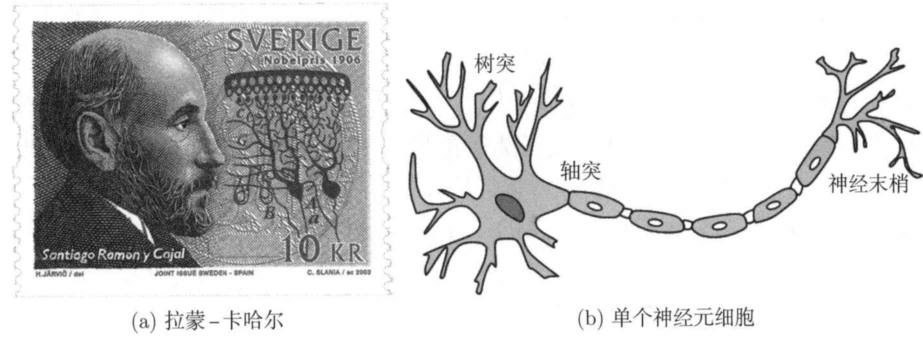


(a) 拉蒙-卡哈尔 (b) 单个神经元细胞

图 7.129 神经元的奥秘

### 1. 早期的人工神经网络

神经元细胞的树突收集生物信号，通过轴突传递到神经末梢（突触）输出信号。受此启发，1943年，美国神经科学家、控制论专家**沃伦·麦卡洛克**（Warren McCulloch, 1898—1969）和美国逻辑学家**沃尔特·皮茨**（Walter Pitts, 1923—1969）发表论文《神经活动内在概念的逻辑演算》[152]，是人工智能早期对学习机制的研究，它从对大脑神经系统的模拟开始，提出了人工神经网络 (artificial neural network, ANN) 或神经网络的最初设计，开创了人工智能的连接主义学派（图 7.130）。

图 7.130 连接主义的创始人皮茨和麦卡洛克（1949 年）

1957 年，美国人工智能科学家、神经生物学家、心理学家**弗兰克·罗森布拉特**（Frank Rosenblatt, 1928—1971）提出感知器 (perceptron) 来模拟单个神经元，它是一个不带隐层的人工神经网络（图 7.131），不能处理线性不可分的分类问题。

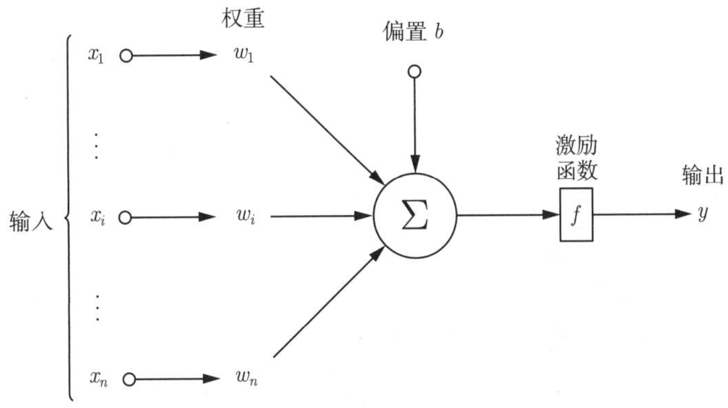


图 7.131 对单个神经元进行模拟的感知器是最简单的人工神经网络

1960 年，弗兰克・罗森布拉特完成了 Mark I 感知器的开发，这是第一台以试错方式进行学习的神经网络机器，模拟人类思维的过程（图 7.132）。1962 年，他出版了著作《神经动力学原理：感知器和脑机制理论》，掀起了人们对感知器的热情。1971 年，罗森布拉特在一次划船事故中英年早逝。

著名的美国人工智能科学家、1969 年图灵奖得主**马文・闵斯基**（Marvin Minsky, 1927—2016）是人工神经网络的先驱之一，开启了它的理论研究。但在 20 世纪 60 年代末，闵斯基在其著作《感知器：计算几何导论》中批评了弗兰克・罗森布拉特的工作，证明了感知器无法处理非线性问题，直接将神经网络的研究打入低谷。直到 20 世纪 80 年代中期，后传播算法出现之前，神经网络的研究受算法和算力的束缚，几乎没有实质性的进展。

(a) 弗兰克·罗森布拉特与 Mark I 感知器

(b) 闵斯基

图 7.132　人工神经网络的理论奠基人

图 7.133 是带一个隐层的人工神经网络，其中输入层节点 $x_i$ 到隐层节点 $\varphi_k$ 的权重 $w_{ik}$（其中 $i=1,2,\cdots,n$ 且 $k=1,2,\cdots,m$），以及隐层节点 $\varphi_k$ 到输出节点的权重 $v_k$ 都是待定的参数。

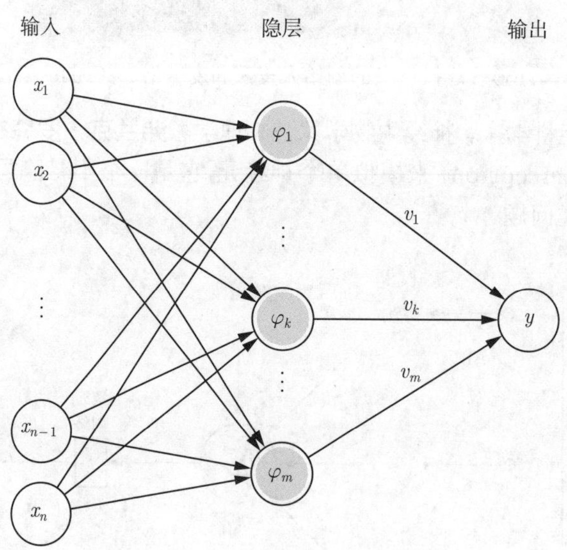


图 7.133　带一个隐层的人工神经网络

只要隐层节点的个数足够多，带一个隐层的神经网络的非线性分类能力已经可以“傲视群雄”了（图 7.134）。一般而言，层级结构越丰富，参数越多，神经网络的描述能力就越强。

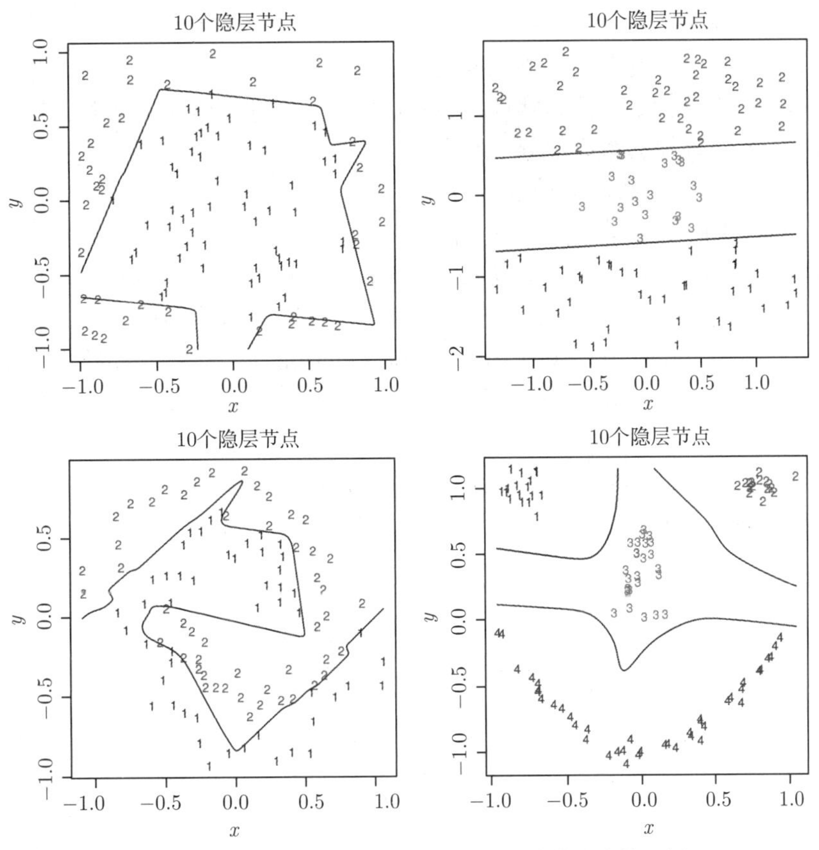


图 7.134 带一个隐层的神经网络的非线性分类的示例

20 世纪 50 年代末，柯尔莫哥洛夫证明任意多元连续函数 $f(x_1,x_2,\cdots,x_n)$ 都可以表示为若干个一元连续函数的如下“叠加”[153-157]，这为机器学习提供了理论支持，成为人工神经网络的数学基础。

$$f(x_1,\cdots,x_n)=\sum_{q=1}^{2n+1}\chi_q\left[\sum_{p=1}^{n}\phi_{pq}(x_p)\right]$$

1963 年和 1970 年诺贝尔生理学或医学奖授予了神经传导的研究——图 7.135(a) 所示的神经细胞膜周围和中央部分兴奋和抑制的离子机制，图 7.135(b) 所示的神经末梢体液递质及其储存、释放和失活机制。

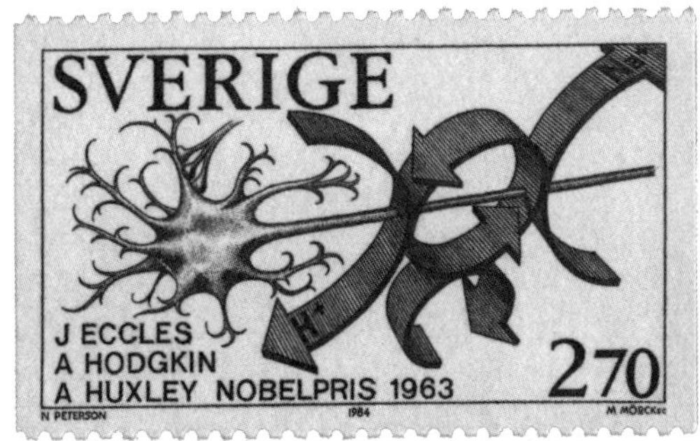


(a) 1963 年

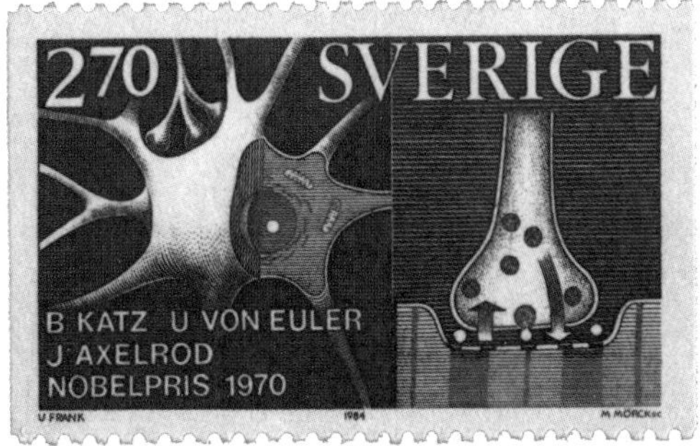


(b) 1970 年

图 7.135 诺贝尔生理学或医学奖

人工神经网络试图从中“借鉴”一些规律，以电路的方式模拟神经元的运行。经过半个多世纪的发展，神经网络已是成熟的工具并在诸多领域取得了很好的应用效果。跟一些传统的统计方法比较，神经网络在数据表示、数据分析中更富有弹性，正是由于在非线性系统建模上的优势，神经网络已成为模式识别和机器学习不可或缺的组成部分[2, 22, 74, 158]。

例 7.36　考虑带单个隐层的人工神经网络，其中

- 输入是一个 $n$ 维向量 $\boldsymbol{x}=(x_1,x_2,\cdots,x_n)^\top$。
- 中间隐层是一个 $m$ 维向量 $\varphi(\boldsymbol{z})=(\varphi(z_1),\varphi(z_2),\cdots,\varphi(z_m))^\top$，简记作 $\boldsymbol{\varphi}=(\varphi_1,\varphi_2,\cdots,\varphi_m)^\top$，其中 $\boldsymbol{z}=(z_1,z_1,\cdots,z_m)^\top=\boldsymbol{W}_{m\times n}\boldsymbol{x}$。令 $w_{ij}$ 表示输入单元 $i$ 到隐层单元 $j$ 的连接权重，参数矩阵 $\boldsymbol{W}=(w_{ij})_{m\times n}$ 是未知的。激励函数 (activation function) $\varphi$ 是某一给定的可微函数（如光滑的 S 形函数、双曲正切函数 tanh、高斯函数等），或者连续函数（如 ReLU 函数 $\varphi(x)=\max(0,x)$），或者阶梯函数。
- 输出为 $y=\sum_{k=1}^m v_k\varphi_k$，参数 $\boldsymbol{v}=(v_1,\cdots,v_m)^\top$ 未知。

显然，这个神经网络可视为作用于 $\boldsymbol{x}$ 上的一连串的变换，可简单地表示为

$$f(\boldsymbol{x})=\boldsymbol{v}^\top\varphi(\boldsymbol{W}\boldsymbol{x})$$

$$\boxed{\boldsymbol{x}}\xrightarrow{W}\boxed{\boxed{\boldsymbol{z}=\boldsymbol{W}\boldsymbol{x}}\xrightarrow{\varphi}\boxed{\boldsymbol{\varphi}=\varphi(\boldsymbol{z})}}\xrightarrow{v}\boxed{y=\boldsymbol{v}^\top\boldsymbol{\varphi}}$$

设理论输出为 $t$，我们要调整参数 $\boldsymbol{W},\boldsymbol{v}$ 使得误差函数 $E=\frac{1}{2}(t-y)^2$ 取得最小值。不妨设 $\varphi$ 是 S 形函数（见第 215 页的性质 6.4），利用求导的链式法则，我们有

$$\frac{\partial E}{\partial w_{ij}}=\sum_{k=1}^m\frac{\partial E}{\partial y}\frac{\partial y}{\partial\varphi_k}\frac{\partial\varphi_k}{\partial z_k}\frac{\partial z_k}{\partial w_{ij}}\qquad\qquad\frac{\partial E}{\partial v_k}=\frac{\partial E}{\partial y}\frac{\partial y}{\partial v_k}$$

其中，

$$\frac{\partial E}{\partial y}=y-t\qquad\qquad\frac{\partial y}{\partial\varphi_k}=v_k$$

$$\frac{\partial y}{\partial v_k}=\varphi_k\qquad\qquad\frac{\partial\varphi_k}{\partial z_k}=\varphi_k(1-\varphi_k)$$

$$\frac{\partial z_k}{\partial w_{ij}}=\begin{cases}0 & ,\text{若 } k\neq i\\ x_j & ,\text{若 } k=i\end{cases}$$

于是，有

$$\frac{\partial E}{\partial w_{ij}}=(y-t)v_i\varphi_i(1-\varphi_i)x_j\qquad\qquad\frac{\partial E}{\partial v_k}=(y-t)\varphi_k$$

根据梯度下降法，参数 $w_{ij},v_k$ 的增量分别是

$$\Delta w_{ij}=-\gamma\frac{\partial E}{\partial w_{ij}}=-\gamma(y-t)v_i\varphi_i(1-\varphi_i)x_j$$

$$\Delta v_k=-\gamma\frac{\partial E}{\partial v_k}=-\gamma(y-t)\varphi_k$$

将上述结果写成张量的形式，有

$$\Delta \boldsymbol{W} = -\gamma(y-t)[\boldsymbol{v} \odot \boldsymbol{\varphi} \odot (\boldsymbol{1}-\boldsymbol{\varphi})] \circ \boldsymbol{x}$$
$$\Delta \boldsymbol{v} = -\gamma(y-t)\boldsymbol{\varphi}$$

以上算法就是单个隐层的人工神经网络的*后传播算法* (back-propagation algorithm)，它是梯度下降法的一个具体实现。这个算法可以推广到对输入 $\boldsymbol{x}$ 的任意一串（甚至一组具有明确流程的）带参数的变换上。例如，图 7.136 是只含一个隐层（隐层节点个数分别是 1,3,5,7）的 ANN 对 iris 数据的分类。

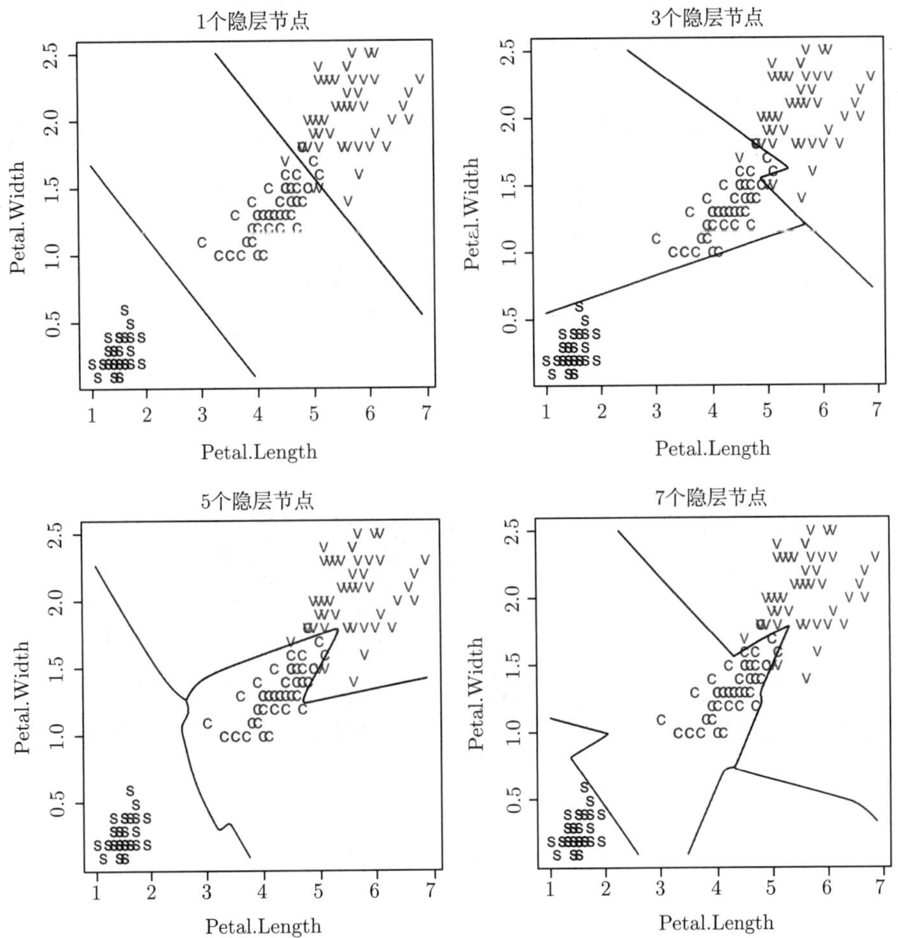


图 7.136　只含一个隐层（隐层节点个数分别是 1,3,5,7）的 ANN 对 iris 数据的分类

一般地，带一个隐层的后传播网络的输出向量是

$$f_k(\boldsymbol{x}) = b_k + \sum_{j=1}^{m} v_{jk}\varphi\left(a_j + \sum_{i=1}^{n} w_{ij}x_i\right), \text{ 其中 } k=1,2,\cdots,n'$$

神经网络的参数 $\boldsymbol{\theta} \in \Theta \subseteq \mathbb{R}^d$ 包含权重 $w_{ij}, v_{jk}$（即隐层单元 $j$ 到输出单元 $k$ 的连接权重），以及隐层和输出层的*偏置* $a_j, b_k$。参数空间 $\Theta$ 中的任意一点 $\boldsymbol{\theta}$ 都对应着一个函数 $f_{\boldsymbol{\theta}}: \mathbb{R}^n \to \mathbb{R}^{n'}$，在给定训练数据集 $D = \{(\boldsymbol{x}_i, \boldsymbol{y}_i): \boldsymbol{x}_i \in \mathbb{R}^n, \boldsymbol{y}_i \in \mathbb{R}^{n'}, i=1,2,\cdots,N\}$ 上，我们希望机器学习得到的 $\boldsymbol{\theta}$ 在总体上尽量

减小 $f_\theta(\boldsymbol{x}_i)$ 与 $\boldsymbol{y}_i$ 的差距。例如：

$$\hat{\boldsymbol{\theta}} = \underset{\theta \in \Theta}{\operatorname{argmin}} \sum_{i=1}^{N} \|f_\theta(\boldsymbol{x}_i) - \boldsymbol{y}_i\|^2$$

对比参数模型，神经网络中的参数缺少统计意义上的解释，所以一般把它们归为非参数模型的范畴。出于应用的需要，我们将重点考虑多层感知器网络（multilayer perceptron network，MPN），特别是带多个隐层的后传播网络（back-propagation network，BPN）或前馈网络（feedforward network），它在数据及模式的表示上比单个隐层的神经网络的能力更强。在以小样本分析著称的支持向量机盛行的十年里 (1995—2005)，学界的研究兴趣被核方法吸引。神经网络无法自然核化，再次因为受制于算力而被打入冷宫。

2. **深度神经网络的崛起**

进入 21 世纪，算力的困窘逐渐缓解。2006 年，加拿大计算机科学家**杰弗里·辛顿**（Geoffrey Hinton, 1947—）的论文《深度信念网络的快速学习算法》重新点燃了人们对神经网络的热情，这次它在“深度学习”(deep learning) 的大旗下借助算力的东风卷土重来。所谓深度学习，就是隐层多一些的神经网络，其中较为著名的有：① 美籍法国裔计算机科学家**杨立昆**（Yann LeCun, 1960—）提出的卷积神经网络 (convolutional neural network, CNN)，② 循环神经网络 (recurrent neural network, RNN) 等[159]，以及 ③ 谷歌 2017 年提出的“变换器”(transformer)[159] 模型。

“深度学习之父”杰弗里·辛顿、加拿大计算机科学家**约书亚·本吉奥**（Yoshua Bengio, 1964—）、“卷积神经网络之父”杨立昆因为对深度学习的贡献，三人获得了 2018 年的图灵奖（图 7.137）。

(a) 辛顿

(b) 本吉奥

(c) 杨立昆

图 7.137　2018 年图灵奖得主

但是，也有人质疑深度学习的可解释性而把它比喻成“炼金术”，不喜欢把调参数变成一件诡异且依靠运气的事情。尽管如此，学术界依然公认深度神经网络具有一些优点，除了大脑和认知心理学不断有证据的支持[160-162]，还有：

- 丰富的特征表达能力：将特征工程与模型学习有机结合了起来，虽然对人而言这些特征提取缺乏一定的可解释性。
- 强悍的拟合记忆能力：如此之多的参数保证了各种模式都能被死记硬背下来。
- 真实的问题解决能力：在图像分析、自然语言处理等领域取得了很多骄人的战绩。

例 7.37　在一些感知类的问题上，表现最好的机器学习模型是人工神经网络。深度学习在语义分割、分类与定位、多个物体识别、实例分割等图像分析（图 7.138）的具体应用中都表现得出类拔萃。

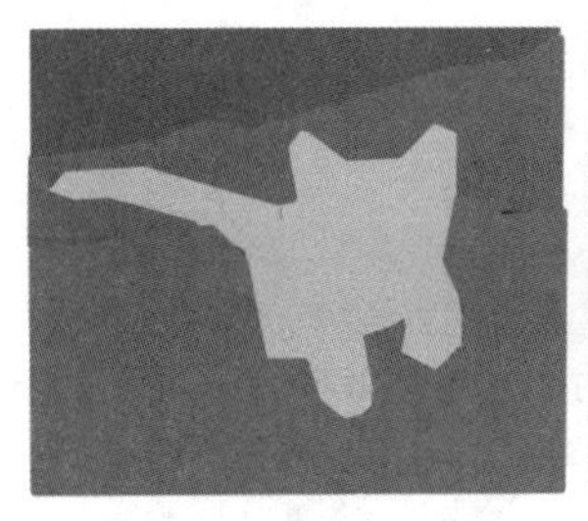

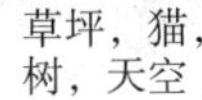

猫

狗，狗，猫

狗，狗，猫

图 7.138　图像分析

注：图片来自斯坦福大学课程 CS231n 2017 讲义。

再如，手写数字识别目前最佳成绩是卷积神经网络取得的。以图 7.139 所示的 MNIST 手写数字数据集为例（每个数字是一个 $28\times28$ 像素的图像，MNIST 包含 6 万个训练数据，1 万个测试数据），卷积神经网络的错误率仅有 0.2%。

图 7.139　MNIST 手写数字数据集

通常，一个灰度像素由 8 比特保存，于是共有 $2^8=256$ 种灰度*。一幅灰度图像就是一个矩阵 $\boldsymbol{A}_{m\times n}=(a_{ij})$，其中 $a_{ij}$ 取值为 $0,1,\cdots,255$。在利用神经网络处理图像之前，矩阵 $\boldsymbol{A}$ 要先“拉直”为向量，方法是逐列首尾相接，即

$$\boldsymbol{A}=\begin{pmatrix} a_{11} & a_{12} & \cdots & a_{1n} \\ \vdots & \vdots & & \vdots \\ a_{m1} & a_{m2} & \cdots & a_{mn} \end{pmatrix} \mapsto \mathrm{vec}(\boldsymbol{A})=(a_{11},\cdots,a_{m1},a_{12},\cdots,a_{m2},\cdots,a_{1n},\cdots,a_{mn})^\top$$

不难看出，$\boldsymbol{A}$ 中元素 $a_{ij}$ 在 $\mathrm{vec}(\boldsymbol{A})$ 中的位置是 $(j-1)m+i$。也有文献采用逐行首尾相接，则 $a_{ij}$ 在 $\mathrm{vec}(\boldsymbol{A})$ 中的位置是 $(i-1)n+j$。

反之，向量也可以“折叠”成矩阵，然后使用各种“按摩”手法。在将矩阵“拉直”为向量之前，可以对图像做卷积、最大池化（即将图像矩阵 $\boldsymbol{A}$ 适当分块后，每个子块取最大值所形成的矩阵）等变换，如图 7.140 所示，卷积神经网络就是把这些变换穿插在神经网络的各层之间。卷积和池化增强了

* 真彩色图像中每个像素都对应一个三维向量 $(R,G,B)$，即红、绿、蓝三个基色。每个基色有 $2^8=256$ 个强度等级，所以共有 $2^{24}=16$ 兆种色彩。所以，一幅彩色图像可由三个矩阵表示。

数据表示的能力，让一些特征得以凸显。这个想法不限于神经网络，对其他机器学习和数据分析方法也是适用的。

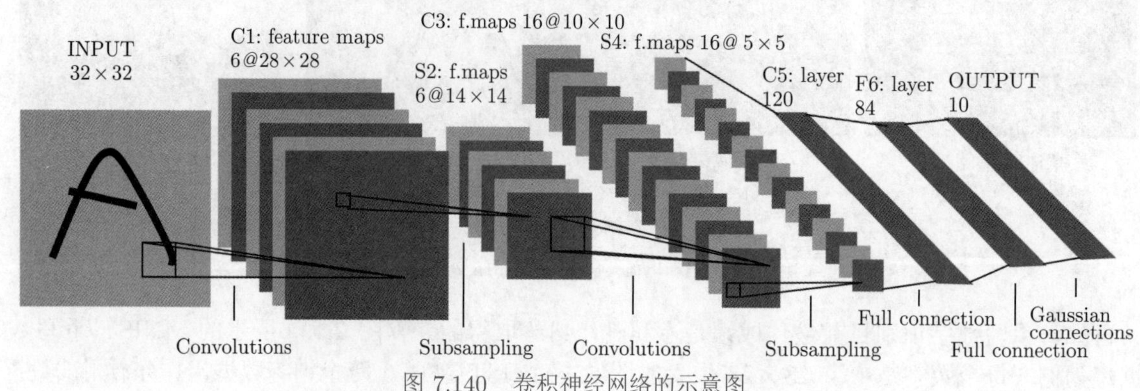


图 7.140 卷积神经网络的示意图

注：图片来自杨立昆等人的论文《基于梯度学习的文档识别》[163]。

在自然语言处理中，如果我们有方法将词语表示为一个 $m$ 维向量（例如，word2vec 模型，以及第 284 页的例 7.17 的多维缩放），那么一个有着 $n$ 个词语的句子就是一个 $m \times n$ 的矩阵。处理图像的卷积神经网络模型也能用来分析自然语言。

对于更复杂的前馈神经网络，无非是隐层更多，中间夹杂着*卷积* (convolution)、*池化* (pooling) 等非线性变换。参数 $\boldsymbol{\theta}$ 包括卷积核，其学习过程都是随机设定初值，通过在给定数据集 $D$ 上最小化某个预先定义好的目标函数或错误函数，譬如*误差平方和*等，不断更新 $\boldsymbol{\theta}$ 以便挑选到满意解。通常我们利用*梯度下降法*或*随机梯度下降法*寻找 $\boldsymbol{\theta}$ 的局部最优解（例 7.36），其中梯度可由*后传播算法*得到[164]。

例 7.38 接着例 7.36，在图 7.133 所示的输入层之前加上一个卷积层，输入的灰度图像是 $\boldsymbol{A}_{r\times s} = (a_{ij})$，卷积核是 $\boldsymbol{K}_{d\times d} = (k_{pq})$。由《人工智能的数学基础——随机之美》[10] 的附录“卷积的物理意义”，我们知道，卷积 $\boldsymbol{A} * \boldsymbol{K} = \boldsymbol{X}_{(r+1-d)\times(s+1-d)}$ 的 $(i, j)$ 元素是

$$x_{ij} = \sum_{p,q=1}^{d} a_{i+d-p,j+d-q} k_{pq}$$

一个最简单的卷积神经网络就是将矩阵 $\boldsymbol{X}$“拉直”后作为图 7.133 中的输入向量 $\boldsymbol{x} = (x_1, x_2, \cdots, x_n)^\top$，其中 $n = (r+1-d)(s+1-d)$。简而言之，就是在传统神经网络里用卷积造层。利用梯度下降法，卷积核 $\boldsymbol{K}$ 的增量是

$$\begin{aligned}\Delta \boldsymbol{K} &= -\gamma \frac{\partial E}{\partial \boldsymbol{K}} \\ &= -\gamma \left( \frac{\partial E}{\partial k_{pq}} \right)\end{aligned}$$

其中，

$$\begin{aligned}\frac{\partial E}{\partial k_{pq}} &= \frac{\partial E}{\partial y} \sum_{k=1}^{m} \frac{\partial y}{\partial \varphi_k} \frac{\partial \varphi_k}{\partial z_k} \sum_{l=1}^{n} \frac{\partial z_k}{\partial x_l} \frac{\partial x_l}{\partial k_{pq}} \\ &= (y-t) \sum_{k=1}^{m} v_k \varphi_k (1-\varphi_k) \sum_{l=1}^{n} w_{kl} \frac{\partial x_l}{\partial k_{pq}}\end{aligned} \tag{7.64}$$

将矩阵“拉直”为向量的过程回放，$x_1$ 即是 $x_{11}$，于是有

$$\frac{\partial x_1}{\partial k_{pq}} = a_{d+1-p,d+1-q}$$

类似地，有

$$\frac{\partial x_2}{\partial k_{pq}} = a_{d+2-p,d+1-q}$$

$$\vdots$$

$$\frac{\partial x_n}{\partial k_{pq}} = a_{r+1-p,s+1-q}$$

将这些结果代入 (7.64)，得到

$$\frac{\partial E}{\partial k_{pq}} = (y-t)[\boldsymbol{v} \odot \boldsymbol{\varphi} \odot (\mathbf{1}-\boldsymbol{\varphi})]^{\top} \boldsymbol{W} \text{vec}(\boldsymbol{B})$$

其中，

$$\boldsymbol{B} = \boldsymbol{A}[(d+1-p):(r+1-p),(d+1-q):(s+1-q)]$$

这里，我们约定用 $\boldsymbol{A}[i:i',j:j']$ 表示 $\boldsymbol{A}$ 中第 $i$ 行到第 $i'$ 行、第 $j$ 列到第 $j'$ 列的子块。上式中，$\boldsymbol{B}$ 是矩阵 $\boldsymbol{A}$ 的子块，由 $p,q$ 唯一决定。以 $p=q=1$ 为例，$\left(\frac{\partial x_1}{\partial k_{11}},\cdots,\frac{\partial x_n}{\partial k_{11}}\right)^{\top}$ 就是矩阵 $\boldsymbol{A}$ 的如下子块 $\boldsymbol{B}$ 按列拉直。

$$\boldsymbol{A}_{r\times s} = \left(\begin{array}{c|c} \begin{matrix}(d-1)\\ \times(d-1)\end{matrix} & \\ \hline & \boldsymbol{B}_{(r+1-d)\times(s+1-d)} \end{array}\right)$$

例 7.39 与前馈网络不同，循环神经网络允许有环路，一般用于处理序列数据，例如，双语对齐的语料（用于机器翻译）、音频数据（用于语音识别与语音合成）等。循环神经网络是时间序列分析的一种机器学习方法：令 $h_t$ 代表 $t$ 时刻的潜在变换，它把输入 $\boldsymbol{x}_t$ 变为输出 $\boldsymbol{y}_t$，同时给下一个变换 $h_{t+1}$“传递信息”（图 7.141）。

在当前时刻 $t$，参数化的变换 $h_t$ 有两个输入：观测数据 $\boldsymbol{x}_t$ 和从时刻 $t-1$ 传递来的信息，包括时刻 $t-1$ 观测数据 $\boldsymbol{x}_{t-1}$ 的响应 $\boldsymbol{y}_{t-1}$，以及对不可观测的隐性变量 $\boldsymbol{z}_{t-1}$ 的估计。即

$$h_t(\boldsymbol{x}_t,\boldsymbol{y}_{t-1},\boldsymbol{z}_{t-1}) = \begin{pmatrix}\boldsymbol{y}_t\\ \boldsymbol{z}_t\end{pmatrix}$$

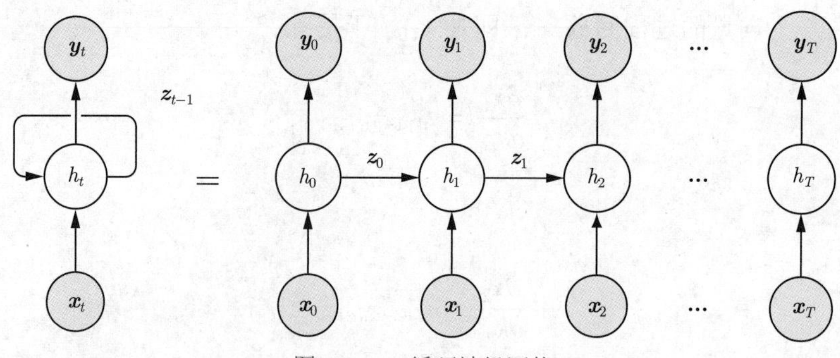


图 7.141 循环神经网络

我们可以把 $z_0, z_1, \cdots, z_t, \cdots$ 看作缺失数据，它们和 $\boldsymbol{y}_0, \boldsymbol{y}_1, \cdots, \boldsymbol{y}_t, \cdots$ 一起构成了响应的完全数据 (complete data)。例如，$\boldsymbol{x}_t \in \mathbb{R}^n, \boldsymbol{y}_t \in \mathbb{R}^d, z_t \in \mathbb{R}^k$，令参数矩阵 $\boldsymbol{W}_{m\times n}, \boldsymbol{V}_{m\times d}, \boldsymbol{U}_{m\times k}$ 满足

$$\mathbb{R}^m \xrightarrow{h_t} \mathbb{R}^{d+k}$$

$$\boldsymbol{W}\boldsymbol{x}_t + \boldsymbol{V}\boldsymbol{y}_{t-1} + \boldsymbol{U}z_{t-1} \mapsto \begin{pmatrix} \boldsymbol{y}_t \\ z_t \end{pmatrix}$$

循环神经网络的训练很难并行化，一般用梯度下降法、遗传算法等训练循环神经网络[47]。最近几年，变换器 (transformer)[159] 取得了比 RNN 更好的效果。考虑到深度学习的发展日新月异，某些曾风光一时的模型，如长短期记忆 (long short-term memory, LSTM) 逐渐被人遗忘，缺乏理论基础的“炼金术”大多都是如此的命运。深度学习的数学基础仍有待发展，本书不再展开探讨该领域的话题，感兴趣的读者可以参考 [2,47,48,51,159] 等文献。

不可否认，深度学习在自然语言处理、计算机视觉等领域的感知类问题以及生成式 AI（如 ChatGPT* 和扩散模型[50]）上取得了很好的应用效果。然而，我们依然对它的数学本质缺少清晰的了解，例如，表示空间的几何性质、模型的定性与稳定性等。在工程上的成功并不能彻底说服一些严谨的学者[165]，尤其在图像理解（图 7.142）、自然语言理解[166] 等认知问题上，在纯粹数据驱动的关联分析层面是否真的能做到，这个问题本身就是智者见智[60]。连接主义的方法如何实现知识表示与推理，依然是一个未解决的难题。

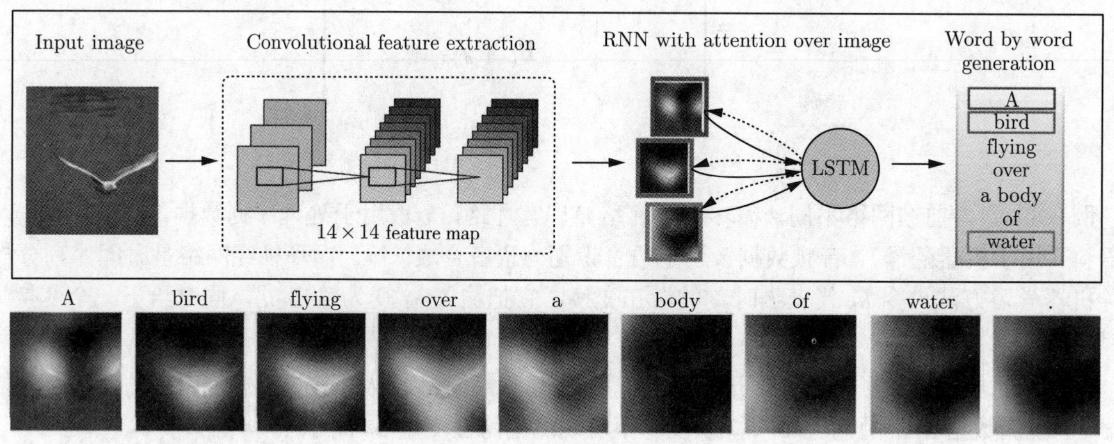


图 7.142 利用 CNN 来解释图像（提取特征），利用 RNN 来生成其语义描述[165]

* 2022 年 11 月底，美国 OpenAI 实验室发布了一个名为 ChatGPT 的人机对话系统，在自然语言生成方面取得了令人瞩目的成就。然而，语言不等于思维，AI 仍任重道远。可以肯定的是，未来会有更多的生成式 AI 的数学模型在人工智能领域展露锋芒。

对深度学习的另一丝担忧来自于某些动力系统存在着混沌现象[10] 的事实。深度神经网络动辄有成百上千个隐层，有着大量的函数嵌套，它是否也有类似的现象？即，输入的一点微小扰动，经过数层变换之后将导致函数值的巨大变化[167]。具有混沌特性的神经网络无疑会降低模型的稳健性和可解释性，并产生数据攻击 (data attack) 等安全隐患。对人类来说几乎无差别的两张图片，对深度神经网络来说可能差别巨大。

例 7.40　2015 年，谷歌公司的研究人员发现，深度学习在物体识别上很容易被数据攻击——稍加一些巧妙设计的噪点，便能让识别系统崩溃。如图 7.143 所示，一只熊猫的图片加入噪点后，在人类的眼睛里它还是一只熊猫，但机器却以非常高的置信度将它错误地识别为长臂猿[168]。

$+\ 0.007\ \times$

$=$

图 7.143　加入噪点的图片

如果人工智能产品或系统所用的机器学习模型缺乏可解释性，人们甚至搞不清楚模型何时表现得脆弱、何时结果不可信，那么它们就有被数据攻击的风险。例如，一副边框带噪点的眼镜就足以让人脸识别系统失效，犯罪分子完全可以钻这个空子轻易逃脱监控。再例如，破坏者在交通标志上喷些噪点便能让自动驾驶的识别系统误判，可能会造成车毁人亡的严重后果。

随着深伪 (deep fake) 技术的进步，由描述性文字产生相应的图片和视频变得越来越便捷。数据合成将不可避免地遇到 AI 伦理问题（如隐私与安全），除了法律法规，我们还应利用一些可行的 AI 技术来识别与阻止那些不当的应用[52]。

# 第 8 章

# 期望最大化算法

如切如磋，如琢如磨。

——《国风 · 卫风 · 淇奥》

在前人工作的基础上，1977 年美国统计学家**阿瑟 · 丹普斯特**（Arthur Dempster, 1929—），**南 · 莱尔德**（Nan Laird, 1943—）和**唐纳德 · 鲁宾**（Donald Rubin, 1943—）发表论文[169] 明确提出了不完全数据问题中用于最大似然估计的迭代算法——期望最大化（expectation-maximization，EM）算法，简称 EM 算法。在计算机时代，数学家对显式解的追求不再执着，显式解部分地让位于高效的算法，特别当它不存在或者非常复杂之时。这篇 EM 算法的原创文章简称为“DLR”，以作者（图 8.1）的姓的首写字母表示。它是统计学中引用率极高的论文之一，已有数万次之多，EM 算法自然成为统计计算中的著名算法。

(a) 丹普斯特

(b) 莱尔德

(c) 鲁宾

图 8.1　期望最大化（EM）算法的三位提出者

EM 算法主要包括两个步骤：求期望的 E 步骤和求最大化的 M 步骤。该算法以理论的简洁性和收敛的稳定性著称，另外它还具有启发性，经过多年的发展，EM 算法衍生出许多的变种。同时，研究者也发现 EM 算法与马尔可夫链蒙特卡罗方法有着密切的联系，二者都已经成为统计计算不可或缺的有力工具[170]。为了直观地理解 EM 算法，先举两个简单的例子。

例 8.1　丹普斯特等人的论文[169] 引用了拉奥曾举过的一个最大似然估计的例子（见 111 页的例

4.28)：令样本

$$\boldsymbol{X} = (X_1, X_2, X_3, X_4)^\top \sim \text{Multin}\left(n; \frac{1}{2} + \frac{1}{4}\theta, \frac{1}{4} - \frac{1}{4}\theta, \frac{1}{4} - \frac{1}{4}\theta, \frac{1}{4}\theta\right)$$

已知样本值 $\boldsymbol{x} = (x_1, x_2, x_3, x_4)^\top = (125, 18, 20, 34)^\top$，求参数 $\theta$ 的最大似然估计。

解　对数似然函数 $\ell(\theta; \boldsymbol{x}) = x_1 \ln(2+\theta) + (x_2 + x_3)\ln(1-\theta) + x_4 \ln\theta$ 是单峰函数，参数 $\theta$ 的最大似然估计存在且唯一，答案见例 4.28。下面提供另一种解法，对该具体问题而言并非最简便，但有抛砖引玉的作用。

令可观测的随机变量 $X_1$ 是由两个不可观测的隐性（latent）随机变量 $Y_1, Y_2$ 构成，即 $X_1 = Y_1 + Y_2$，并且

$$(Y_1, Y_2, X_2, X_3, X_4)^\top \sim \text{Multin}\left(n; \frac{1}{2}, \frac{1}{4}\theta, \frac{1}{4} - \frac{1}{4}\theta, \frac{1}{4} - \frac{1}{4}\theta, \frac{1}{4}\theta\right)$$

服从多项分布的随机向量的任何分量的（边缘）分布是二项分布[10]，例如，$Y_2 \sim \text{B}(n, \theta/4)$。观测数据 $\boldsymbol{x}$ 和隐性变量 $\boldsymbol{y} = (y_1, y_2)^\top$ 构成了完全数据（complete data），其中 $y_1 + y_2 = x_1 = 125$。此时我们可以得到形式上更简单的似然函数和对数似然函数如下：

$$\mathscr{L}(\theta; \boldsymbol{x}, \boldsymbol{y}) = \theta^{y_2 + x_4}(1-\theta)^{x_2 + x_3}，\text{其中 } y_2, \theta \text{ 都未知}$$

$$\ell(\theta; \boldsymbol{x}, \boldsymbol{y}) = (y_2 + x_4)\ln\theta + (x_2 + x_3)\ln(1-\theta)$$

不难得到 $\theta$ 的最大似然估计为

$$\hat{\theta} = \frac{y_2 + x_4}{y_2 + x_2 + x_3 + x_4}$$

上式中，$y_2$ 是一个隐性变量，猜想可用 $Y_2$ 的后验期望来替换它。论文 DLR 演示[169]，通过下面的迭代步骤可以得到 $\theta$ 的最大似然估计。

❑ 不妨设当前对 $\theta$ 的估计是 $\theta^{(t)}$，则

$$Y_2 | \boldsymbol{X} = \boldsymbol{x} \sim \text{B}(x_1, p^{(t)})$$

其中，

$$\begin{aligned} p^{(t)} &= \frac{\frac{1}{4}\theta^{(t)}}{\frac{1}{2} + \frac{1}{4}\theta^{(t)}} \\ &= \frac{\theta^{(t)}}{\theta^{(t)} + 2} \end{aligned}$$

进而，$y_2, y_1$ 的点估计分别是

$$\begin{aligned} y_2^{(t)} &= \mathsf{E}_{\theta^{(t)}}(Y_2 | \boldsymbol{X} = \boldsymbol{x}) \\ &= x_1 p^{(t)} \\ &= \frac{x_1 \theta^{(t)}}{\theta^{(t)} + 2} \qquad (8.1) \\ y_1^{(t)} &= x_1 - y_2^{(t)} \qquad (8.2) \end{aligned}$$

它们都是 $\boldsymbol{x}$ 和 $\theta^{(t)}$ 的函数。记 $\boldsymbol{y}^{(t)} = (y_1^{(t)}, y_2^{(t)})^\top$ 为当前对 $\boldsymbol{y}$ 的估计。

❑ 考虑由当前的“完全数据”定义的对数似然函数，即

$$\begin{aligned}Q(\theta,\theta^{(t)}) &= \ell(\theta;\boldsymbol{x},\boldsymbol{y}^{(t)})\\ &= (y_2^{(t)}+x_4)\ln\theta+(x_2+x_3)\ln(1-\theta)\end{aligned}$$

通过 $\mathrm{d}Q(\theta,\theta^{(t)})/\mathrm{d}\theta=0$ 得到对 $\theta$ 的最大似然估计，并令其为 $\theta^{(t+1)}$，即

$$\theta^{(t+1)}=\frac{y_2^{(t)}+x_4}{y_2^{(t)}+x_2+x_3+x_4} \tag{8.3}$$

若令初值 $\theta^{(0)}=0.95$，通过递归关系 (8.1) ~ (8.3) 可以得到 $\theta^{(t)}$ 的序列（稍后的性质 8.1 将保证这是一个“良性循环”）0.6614827, 0.6313092, 0.6274154, 0.6269003, 0.6268320, 0.6268229, 0.6268217, 0.6268215, $\cdots$，收敛于 $\theta$ 的最大似然估计

$$\hat{\theta}\approx 0.6268$$

例 8.2（缺失数据的参数估计） 由于种种原因，数据有时不完整，有一些缺失了。统计学中有一些**缺失数据**（missing data）分析的方法[171]，能将缺失数据填补，EM 算法是其中重要的方法之一。例如，随机向量 $(X,Y)^\top\sim \mathrm{N}_2(\boldsymbol{\mu},\boldsymbol{\Sigma})$ 的观测数据如表 8.1 所示，其中 NA（not available）表示该数据缺失了。如何估计出未知参数 $\boldsymbol{\mu},\boldsymbol{\Sigma}$ 并将缺失数据填补？

表 8.1 例 8.2 中的原始数据

| $x$ | 0 | 2 | 1 | −1 | NA | 3 | 1 |
|---|---|---|---|---|---|---|---|
| $y$ | 1 | 0 | 3 | 1 | 0 | NA | NA |

解 参数 $\boldsymbol{\mu}=(\mu_1,\mu_2)^\top$ 的最大似然估计为

$$\begin{aligned}\mu_1^{(1)}&=\frac{1}{6}(0+2+1-1+3+1)=1\\ \mu_2^{(1)}&=\frac{1}{5}(1+0+3+1+0)=1\end{aligned}$$

❑ 缺失数据更新：目前，没有未知参数 $\boldsymbol{\Sigma}$ 的估计，如表 8.2 所示，暂时用 $\mu_1^{(1)},\mu_2^{(1)}$ 相应地替换 NA 处的值。

表 8.2 例 8.2 中的第一轮最大似然估计

| $x$ | 0 | 2 | 1 | −1 | 1 | 3 | 1 |
|---|---|---|---|---|---|---|---|
| $y$ | 1 | 0 | 3 | 1 | 0 | 1 | 1 |

❑ 参数估计更新：记 $\boldsymbol{\mu}^{(1)}=(\mu_1^{(1)},\mu_2^{(1)})^\top$。未知参数 $\boldsymbol{\Sigma}=(\sigma_{11},\sigma_{12};\sigma_{21},\sigma_{22})$ 的最大似然估计为

$$\begin{aligned}\sigma_{11}^{(1)}&=\frac{1}{7}\sum_{j=1}^{7}(x_j-\mu_1^{(1)})^2\\ &=\frac{1}{7}[(0-1)^2+(2-1)^2+(1-1)^2+(-1-1)^2+(1-1)^2+(3-1)^2+(1-1)^2]\\ &=\frac{10}{7}\end{aligned}$$

$$\sigma_{22}^{(1)} = \frac{6}{7} \quad \text{（请读者验证）}$$

$$\sigma_{12}^{(1)} = \sigma_{21}^{(1)} = \frac{1}{7}\sum_{j=1}^{7}(x_j - \mu_1^{(1)})(y_j - \mu_2^{(1)}) = -\frac{1}{7}$$

记 $\boldsymbol{\Sigma}^{(1)} = (\sigma_{11}^{(1)}, \sigma_{12}^{(1)}; \sigma_{21}^{(1)}, \sigma_{22}^{(1)})$。到此，我们完成了第一轮对参数的估计。

- 缺失数据更新：由定理 7.1，条件分布 $X|Y = y$ 和 $Y|X = x$ 分别为

$$X|Y = y \sim \mathrm{N}(\mu_2 + \sigma_{12}\sigma_{22}^{-1}(y - \mu_2), \sigma_{11} - \sigma_{12}^2\sigma_{22}^{-1}) \tag{8.4}$$

$$Y|X = x \sim \mathrm{N}(\mu_1 + \sigma_{12}\sigma_{11}^{-1}(x - \mu_1), \sigma_{22} - \sigma_{12}^2\sigma_{11}^{-1}) \tag{8.5}$$

在当前状态 $(X, Y)^\top \sim \mathrm{N}_2(\boldsymbol{\mu}^{(1)}, \boldsymbol{\Sigma}^{(1)})$ 之下，利用分布 (8.4) 和 (8.5) 分别对缺失的 $x$ 分量和 $y$ 分量进行更新。譬如，若 $x$ 分量缺失，可用条件期望 $\mathsf{E}(X|Y = y)$ 对它赋值，其中

$$\mathsf{E}(X|Y = y) = \mu_2^{(1)} + \frac{\sigma_{12}^{(1)}}{\sigma_{22}^{(1)}}(y - \mu_2^{(1)})$$

经过对缺失数据赋值，如表 8.3 所示，我们得到更新后的数据。

表 8.3 例 8.2 中的第二轮最大似然估计

| $x$ | 0 | 2 | 1 | −1 | 7/6 | 3 | 1 |
|---|---|---|---|---|---|---|---|
| $y$ | 1 | 0 | 3 | 1 | 0 | 4/5 | 1 |

- 参数估计更新：基于当前的数据，又可以求得 $\boldsymbol{\mu}$ 最大似然估计为

$$\mu_1^{(2)} = \frac{43}{42} \qquad \mu_2^{(2)} = \frac{34}{35}$$

类似地，又可以求 $\boldsymbol{\Sigma}$ 的最大似然估计 $\boldsymbol{\Sigma}^{(2)}$（留作练习），再用条件期望对缺失分量进行更新。如此反复，直至参数不再更新（或差异小于给定的阈值）为止，缺失数据也得到了填补。

算法 8.1 缺失数据的参数估计问题可以通过下面的迭代算法解决：

- 以观测数据 $\boldsymbol{x}$ 为条件，根据当前的参数估计 $\boldsymbol{\theta}^{(t)}$，用隐性变量 $\boldsymbol{Y}$ 的条件期望来填补缺失数据 $\boldsymbol{y}^{(t)}$，即

$$\boldsymbol{y}^{(t)} = \mathsf{E}_{\boldsymbol{\theta}^{(t)}}(\boldsymbol{Y}|\boldsymbol{X} = \boldsymbol{x})$$

- 利用观测数据 $\boldsymbol{x}$ 和缺失数据的当前填补 $\boldsymbol{y}^{(t)}$ 来更新参数估计（所用方法一般是最大似然估计），即

$$\boldsymbol{\theta}^{(t+1)} = h(\boldsymbol{x}, \boldsymbol{y}^{(t)})$$

统计建模（例如，定义似然函数）如同在讲一个故事，如果必须引入隐性变量的角色才能自圆其说时，EM 算法是一种迭代求解未知参数的最大似然估计的有效方法。它不是那种具体的算法，而需要针对具体的问题来设计，其基本思路都是一样的，即 E 步骤和 M 步骤的迭代。

## 第 8 章的关键概念

费舍尔的最大似然估计（图 8.2）在缺失数据分析中通过期望最大化算法再次大放异彩。

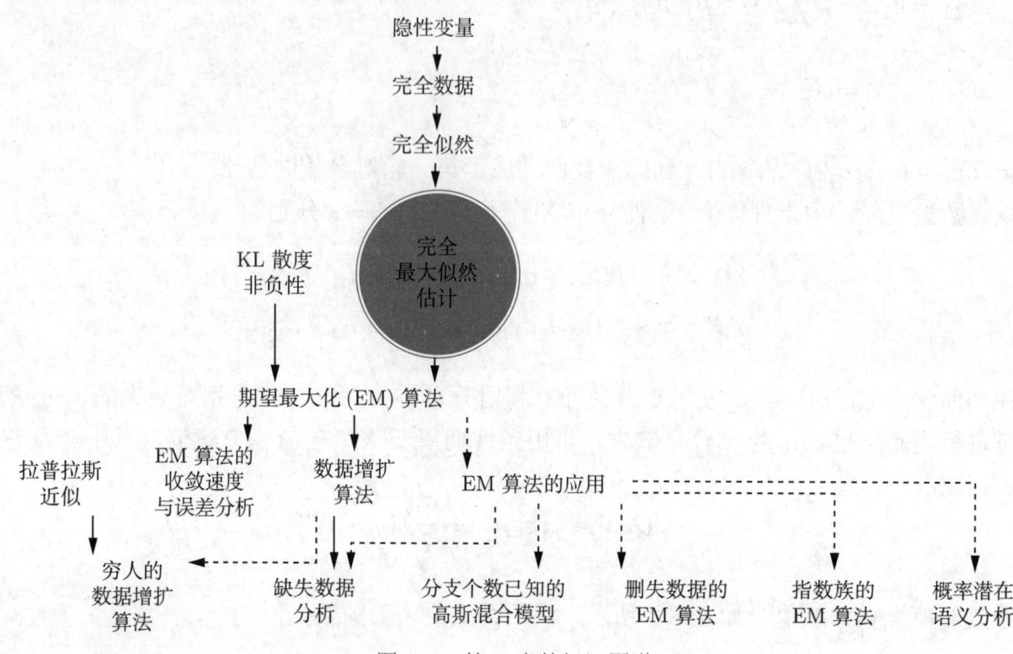


图 8.2　第 8 章的知识图谱

## 8.1 完全数据与最大似然估计

像例 8.1 和例 8.2，观测样本 $\boldsymbol{X} = (X_1, X_2, \cdots, X_n)^\top$ 连同隐性数据或缺失数据等不可观测数据 $\boldsymbol{Y} \in \mathscr{Y}$ 扩充而得的数据 $\boldsymbol{Z} \in \mathscr{Z}$ 称为完全数据或扩充数据（augmented data），引入 $\boldsymbol{Y}$ 的目的是简化似然函数，或者是在缺失数据的情况之下使得最大似然估计得以进行。

- 完全似然（complete likelihood）：令 $f_{\boldsymbol{\theta}}(\boldsymbol{x}, \boldsymbol{y})$ 是 $\boldsymbol{X}$ 和 $\boldsymbol{Y}$ 的联合密度函数，其中参数 $\boldsymbol{\theta}$ 未知，完全似然函数定义为

$$\mathscr{L}(\boldsymbol{\theta}; \boldsymbol{x}, \boldsymbol{y}) = f_{\boldsymbol{\theta}}(\boldsymbol{x}, \boldsymbol{y})$$

很多时候，如下定义的完全对数似然函数更常用。

$$\ell(\boldsymbol{\theta}; \boldsymbol{x}, \boldsymbol{y}) = \ln \mathscr{L}(\boldsymbol{\theta}; \boldsymbol{x}, \boldsymbol{y})$$

- 完全最大似然估计：令 $h_{\boldsymbol{\theta}}(\boldsymbol{y}|\boldsymbol{x})$ 为给定 $\boldsymbol{X} = \boldsymbol{x}$ 条件下的 $\boldsymbol{Y}$ 的条件密度函数，则 $\boldsymbol{X}$ 的密度函数为

$$g_{\boldsymbol{\theta}}(\boldsymbol{x}) = \frac{f_{\boldsymbol{\theta}}(\boldsymbol{x}, \boldsymbol{y})}{h_{\boldsymbol{\theta}}(\boldsymbol{y}|\boldsymbol{x})}$$

对数似然函数为

$$\ell(\boldsymbol{\theta}; \boldsymbol{x}) = \ln g_{\boldsymbol{\theta}}(\boldsymbol{x})$$

$$= \ln f_{\theta}(x, y) - \ln h_{\theta}(y|x) \tag{8.6}$$

进而，基于完全似然函数的 $\theta$ 的完全最大似然估计是

$$\begin{aligned}\hat{\theta} &= \underset{\theta}{\operatorname{argmax}}\, \ell(\theta; x) \\ &= \underset{\theta}{\operatorname{argmax}}[\ln f_{\theta}(x, y) - \ln h_{\theta}(y|x)]\end{aligned} \tag{8.7}$$

式 (8.6) 的一个特点是，$\ln f_{\theta}(x, y) - \ln h_{\theta}(y|x)$ 中的 $y$ 被“内耗”掉了，这个特点被 EM 算法利用来计算 (8.7)，详见 §8.1.1。

### 8.1.1 EM 算法及其收敛速度

考虑到式 (8.6) 的特点，$\ln f_{\theta}(x, Y)$ 和 $\ln h_{\theta}(Y|x)$ 都是由 $Y$ 定义的随机变量。然而，$\ln f_{\theta}(x, Y) - \ln h_{\theta}(Y|x)$ 的表达式 $\ell(\theta; x)$ 中却不含 $Y$。不妨假设对未知参数 $\theta$ 的当前估计为 $\theta^{(t)}$，在给定条件 $X = x$ 之下，恒有

$$\begin{aligned}\ell(\theta; x) &= \mathsf{E}_{\theta^{(t)}}[\ell(\theta; x)|X = x] \\ &= \mathsf{E}_{\theta^{(t)}}[\ln f_{\theta}(x, Y)|X = x] - \mathsf{E}_{\theta^{(t)}}[\ln h_{\theta}(Y|x)|X = x] \\ &= Q(\theta, \theta^{(t)}) - H(\theta, \theta^{(t)})\end{aligned} \tag{8.8}$$

上面的分解是 EM 算法的“戏核儿”，这是因为 $Q, H$ 的性质直接影响了 EM 的算法设计。具体地，

$$H(\theta, \theta^{(t)}) = \mathsf{E}_{\theta^{(t)}}[\ln h_{\theta}(Y|x)|X = x]$$

我们将说明 $H$ 不是 EM 算法大戏的主角，真正的主角是

$$\begin{aligned}Q(\theta, \theta^{(t)}) &= \mathsf{E}_{\theta^{(t)}}[\ln f_{\theta}(x, Y)|X = x] \\ &= \int_{\mathscr{Y}} h_{\theta^{(t)}}(y|x) \ln f_{\theta}(x, y) \mathrm{d}y \\ &= \int_{\mathscr{Y}} \frac{f_{\theta^{(t)}}(x, y)}{g_{\theta^{(t)}}(x)} \ell(\theta; x, y) \mathrm{d}y \\ &\propto \int_{\mathscr{Y}} f_{\theta^{(t)}}(x, y) \ell(\theta; x, y) \mathrm{d}y\end{aligned} \tag{8.9}$$

算法 8.2（EM 算法）　为求得 (8.7) 的结果，参数的更新采用如下的迭代算法：

$$\theta^{(t+1)} = \underset{\theta}{\operatorname{argmax}}\, Q(\theta, \theta^{(t)}) \tag{8.10}$$

或者更具体地，

$$\theta^{(t+1)} = \underset{\theta}{\operatorname{argmax}} \int_{\mathscr{Y}} f_{\theta^{(t)}}(x, y) \ell(\theta; x, y) \mathrm{d}y \tag{8.11}$$

性质 8.1　算法 8.2 保证了迭代序列 $\{\theta^{(t)} : t = 0, 1, \cdots\}$ 总向增加似然的方向收敛，即

$$\ell(\boldsymbol{\theta}^{(t+1)};\boldsymbol{x}) \geqslant \ell(\boldsymbol{\theta}^{(t)};\boldsymbol{x}),\ \text{其中}\ t=0,1,2,\cdots \tag{8.12}$$

显然，等号成立当且仅当

$$Q(\boldsymbol{\theta}^{(t+1)},\boldsymbol{\theta}^{(t)}) = Q(\boldsymbol{\theta}^{(t)},\boldsymbol{\theta}^{(t)})$$

丹普斯特把满足式 (8.12) 的参数更新算法称为*广义期望最大化算法*（简记作 GEM 算法），并不见得一定要是式 (8.10) 或式 (8.11) 的样子。参数更新满足条件 (8.12) 是最关键的，不管用什么方法都可以。数据科学里的惯例是“不管白猫黑猫，捉到老鼠就是好猫。”（图 8.3）这个实用主义的特点在统计机器学习和人工智能中也同样存在，甚至有时人们放弃对简洁之美的追求，只要模型的效果能够傲视群雄。也有一些数学家把数学的美感看得比什么都重要，著名的德国数学家**赫尔曼·外尔**（Hermann Weyl, 1885—1955）（图 8.3）曾说，“*我的工作总是试图把真与美结合起来，当我不得不选择其中之一时，我通常会选择美。*”

图 8.3 白猫、外尔和黑猫

**证明** 根据式 (8.10)，显然有

$$Q(\boldsymbol{\theta}^{(t+1)},\boldsymbol{\theta}^{(t)}) - Q(\boldsymbol{\theta}^{(t)},\boldsymbol{\theta}^{(t)}) \geqslant 0$$

另外，由 KL 散度的非负性知 $h_{\boldsymbol{\theta}^{(t)}}(\boldsymbol{y}|\boldsymbol{x})$ 与 $h_{\boldsymbol{\theta}^{(t+1)}}(\boldsymbol{y}|\boldsymbol{x})$ 的 KL 散度非负，即

$$\begin{aligned} H(\boldsymbol{\theta}^{(t)},\boldsymbol{\theta}^{(t)}) - H(\boldsymbol{\theta}^{(t+1)},\boldsymbol{\theta}^{(t)}) &= \int_{\mathscr{Y}} h_{\boldsymbol{\theta}^{(t)}}(\boldsymbol{y}|\boldsymbol{x}) \ln \frac{h_{\boldsymbol{\theta}^{(t)}}(\boldsymbol{y}|\boldsymbol{x})}{h_{\boldsymbol{\theta}^{(t+1)}}(\boldsymbol{y}|\boldsymbol{x})} \mathrm{d}\boldsymbol{y} \\ &= \mathsf{K}(h_{\boldsymbol{\theta}^{(t)}}, h_{\boldsymbol{\theta}^{(t+1)}}) \\ &\geqslant 0 \end{aligned}$$

换句话说，在对数似然函数的分解 (8.8) 中，$Q$ 函数不减且 $H$ 函数不增。这是个绝妙的性质，它保障了每一次参数的更新 (8.10) 或 (8.11) 都更接近“真实值”，即那个最大化似然 $\ell(\boldsymbol{\theta};\boldsymbol{x})$ 的 $\boldsymbol{\theta}$。具体用公式写出来就是

$$\ell(\boldsymbol{\theta}^{(t+1)};\boldsymbol{x}) - \ell(\boldsymbol{\theta}^{(t)};\boldsymbol{x}) = [Q(\boldsymbol{\theta}^{(t+1)},\boldsymbol{\theta}^{(t)}) - Q(\boldsymbol{\theta}^{(t)},\boldsymbol{\theta}^{(t)})] + [H(\boldsymbol{\theta}^{(t)},\boldsymbol{\theta}^{(t)}) - H(\boldsymbol{\theta}^{(t+1)},\boldsymbol{\theta}^{(t)})] \geqslant 0 \qquad \square$$

若已知 $\ell(\boldsymbol{\theta};\boldsymbol{x})$ 是单峰的，则 EM 算法收敛至 $\boldsymbol{\theta}$ 的最大似然估计。若 $\ell(\boldsymbol{\theta};\boldsymbol{x})$ 是多峰的，初值 $\boldsymbol{\theta}^{(0)}$ 的选择将影响到算法的结果。为了避免 EM 算法收敛到局部极值点，一般采用并行策略选

择多个初值。令 $\Theta$ 为参数空间，EM 算法定义了映射 $M:\Theta\to\Theta$ 使得

$$\boldsymbol{\theta}^{(t+1)} = M(\boldsymbol{\theta}^{(t)})$$

显而易见，EM 算法的结果就是 $M$ 的不动点（fixed point）*，即

$$\boldsymbol{\theta}^{*} = M(\boldsymbol{\theta}^{*})$$

性质 8.2 根据式 (8.8) 不难得到观测的费舍尔信息矩阵，即

$$\begin{aligned}\hat{\mathcal{I}}(\boldsymbol{\theta};\boldsymbol{x}) &= -\frac{\partial^2\ell(\boldsymbol{\theta};\boldsymbol{x})}{\partial\boldsymbol{\theta}^2}\\ &= \mathsf{E}_{\theta^*}\left[-\frac{\partial^2\ln f_{\theta}(\boldsymbol{x},\boldsymbol{Y})}{\partial\boldsymbol{\theta}^2}\middle|\boldsymbol{X}=\boldsymbol{x}\right] - \mathsf{E}_{\theta^*}\left[-\frac{\partial^2\ln h_{\theta}(\boldsymbol{y}|\boldsymbol{x})}{\partial\boldsymbol{\theta}^2}\middle|\boldsymbol{X}=\boldsymbol{x}\right]\\ &= -\left.\frac{\partial^2 Q(\boldsymbol{\theta},\boldsymbol{\tau})}{\partial\boldsymbol{\theta}^2}\right|_{\tau=\theta^*} + \left.\frac{\partial^2 H(\boldsymbol{\theta},\boldsymbol{\tau})}{\partial\boldsymbol{\theta}^2}\right|_{\tau=\theta^*}\end{aligned}$$

（1）丹普斯特等人还证明了[169]

$$\left[\left.\frac{\partial M(\boldsymbol{\theta})}{\partial\boldsymbol{\theta}}\right|_{\theta^*}\right]\left[\left.\frac{\partial^2 Q(\boldsymbol{\theta},\boldsymbol{\theta}^*)}{\partial\boldsymbol{\theta}^2}\right|_{\theta^*}\right] = \left[\left.\frac{\partial^2 H(\boldsymbol{\theta},\boldsymbol{\theta}^*)}{\partial\boldsymbol{\theta}^2}\right|_{\theta^*}\right] \tag{8.13}$$

进而，在 $\boldsymbol{\theta}^*$ 的某邻域内，EM 算法的收敛速度为

$$\frac{\partial^2 H}{\partial\boldsymbol{\theta}^2}\left(\frac{\partial^2 Q}{\partial\boldsymbol{\theta}^2}\right)^{-1}$$

（2）1982 年，美国统计学家**托马斯·路易斯**（Thomas Louis）进一步证明了

$$\frac{\partial^2 H}{\partial\boldsymbol{\theta}^2} = -\mathsf{V}\left[\frac{\partial\ell(\boldsymbol{\theta};\boldsymbol{x},\boldsymbol{Y})}{\partial\boldsymbol{\theta}}\right] \tag{8.14}$$

例 8.3 接着例 8.1，令当前对参数 $\theta$ 的估计是 $\theta^{(t)}$，于是

$$Y_2|\boldsymbol{X}=\boldsymbol{x} \sim \mathrm{B}(x_1,p^{(t)})\text{，其中 } p^{(t)} = \frac{\theta^{(t)}}{\theta^{(t)}+2}$$

进而，当前的完全对数似然函数是

$$\begin{aligned}Q(\theta,\theta^{(t)}) &= \mathsf{E}_{\theta^{(t)}}[(Y_2+x_4)\ln\theta + (x_3+x_4)\ln(1-\theta)|\boldsymbol{X}=\boldsymbol{x}]\\ &= [\mathsf{E}_{\theta^{(t)}}(Y_2|\boldsymbol{X}=\boldsymbol{x})+x_4]\ln\theta + (x_3+x_4)\ln(1-\theta)\end{aligned}$$

通过 $\mathrm{d}Q(\theta,\theta^{(t)})/\mathrm{d}\theta = 0$ 我们得到参数更新的迭代公式，即

$$\theta^{(t+1)} = \frac{\mathsf{E}_{\theta^{(t)}}(Y_2|\boldsymbol{X}=\boldsymbol{x})+x_4}{\mathsf{E}_{\theta^{(t)}}(Y_2|\boldsymbol{X}=\boldsymbol{x})+x_2+x_3+x_4}$$

---

* 函数 $f(x)$ 的不动点 $x^*$ 就是方程 $f(x)=x$ 的解，即满足 $f(x^*)=x^*$。荷兰数学家（直觉主义代表人物）、哲学家**鲁伊兹·布劳威尔**（Luitzen Brouwer, 1881—1966）曾发现，将紧凸集（例如，闭区间、闭圆盘等）映射到自身的任意连续函数必有不动点，这个结果被称为布劳威尔不动点定理（Brouwer fixed-point theorem）。

$$= \frac{\frac{x_1\theta^{(t)}}{\theta^{(t)}+2} + x_4}{\frac{x_1\theta^{(t)}}{\theta^{(t)}+2} + x_2 + x_3 + x_4}$$

选择初始值 $\theta^{(0)} = 0.5$，经过 5 次更新后得到 $\theta^{(5)} \approx 0.6268$，可近似地当作 $\theta$ 的最大似然估计 $\hat{\theta}$。

$$\begin{aligned}
-\left.\frac{\partial^2 Q(\theta,\hat{\theta})}{\partial\theta^2}\right|_{\hat{\theta}} &= \frac{\mathsf{E}_{\theta^{(t)}}(Y_2|\boldsymbol{X}=\boldsymbol{x}) + x_4}{\hat{\theta}^2} + \frac{x_3 + x_4}{(1-\hat{\theta})^2} \\
&= \frac{29.83 + 34}{0.6268^2} + \frac{38}{(1-0.6268)^2} \\
&= 435.2 \\
\mathsf{V}\left[\left.\frac{\partial \ell(\theta;\boldsymbol{x},\boldsymbol{Y})}{\partial\theta}\right|_{\hat{\theta}}\right] &= \frac{\mathsf{V}_{\hat{\theta}}(Y_2|\boldsymbol{X}=\boldsymbol{x})}{\hat{\theta}^2} \\
&= \left(\frac{125}{\theta^2}\right)\left(\frac{\hat{\theta}}{\hat{\theta}+2}\right)\left(\frac{2}{\hat{\theta}+2}\right) \\
&= 57.8 \\
-\left.\frac{\partial^2 \ell(\theta;\boldsymbol{x})}{\partial\theta^2}\right|_{\hat{\theta}} &= 435.3 - 57.8 \\
&= 377.5
\end{aligned}$$

因此，$\hat{\theta}$ 的标准误差是 $\sqrt{1/377.5} = 0.05$。于是，$\theta$ 的后验分布是

$$\theta|\boldsymbol{X} = \boldsymbol{x} \sim \mathrm{N}(0.6268, 0.05^2)$$

### 8.1.2 指数族的 EM 算法

假设扩充数据 $\boldsymbol{Z} = (\boldsymbol{X}, \boldsymbol{Y})$ 的密度函数 $f_{\boldsymbol{\theta}}(\boldsymbol{z})$ 如下：

$$f_{\boldsymbol{\theta}}(\boldsymbol{z}) = \frac{b(\boldsymbol{z})}{\alpha(\boldsymbol{\theta})} \exp\{\boldsymbol{\theta}^\top s(\boldsymbol{z})\}$$

其中，向量值函数 $\boldsymbol{s} = s(\boldsymbol{z}) = (s_1(\boldsymbol{z}), s_2(\boldsymbol{z}), \cdots, s_k(\boldsymbol{z}))^\top$，即 $\boldsymbol{Z}$ 的密度函数属于正则指数族（一般指数族的定义见定义 3.16）。设当前的参数估计是 $\boldsymbol{\theta}^{(t)}$，由式 (8.9)，得到

$$Q(\boldsymbol{\theta}, \boldsymbol{\theta}^{(t)}) = \int_{\mathscr{Y}} h_{\boldsymbol{\theta}^{(t)}}(\boldsymbol{y}|\boldsymbol{x}) \ln b(\boldsymbol{z}) \mathrm{d}\boldsymbol{y} + \boldsymbol{\theta}^\top \int_{\mathscr{Y}} s(\boldsymbol{z}) h_{\boldsymbol{\theta}^{(t)}}(\boldsymbol{y}|\boldsymbol{x}) \mathrm{d}\boldsymbol{y} - \ln \alpha(\boldsymbol{\theta})$$

- E 步骤：上式右端第一项不含 $\boldsymbol{\theta}$，所以在 E 步骤不必考虑它。E 步骤只需计算上式中第二项中的积分，即

$$\int_{\mathscr{Y}} s(\boldsymbol{z}) h_{\boldsymbol{\theta}^{(t)}}(\boldsymbol{y}|\boldsymbol{x}) \mathrm{d}\boldsymbol{y} = \mathsf{E}_{\boldsymbol{\theta}^{(t)}}(s(\boldsymbol{Z})|\boldsymbol{X} = \boldsymbol{x})$$

- M 步骤：不妨将上式的结果记为 $\boldsymbol{s}^{(t)}$，则在 EM 算法的 M 步骤里只需考虑最大化 $\boldsymbol{\theta}^\top \boldsymbol{s}^{(t)} - \ln \alpha(\boldsymbol{\theta})$ 即可，即求解方程 $\partial Q(\boldsymbol{\theta}, \boldsymbol{\theta}^{(t)})/\partial \boldsymbol{\theta} = \boldsymbol{0}$。

$$\frac{\partial Q(\boldsymbol{\theta}, \boldsymbol{\theta}^{(t)})}{\partial \boldsymbol{\theta}} = \frac{\partial [\boldsymbol{\theta}^\top \boldsymbol{s}^{(t)} - \ln \alpha(\boldsymbol{\theta})]}{\partial \boldsymbol{\theta}}$$

$$
\begin{aligned}
&= \boldsymbol{s}^{(t)} - \frac{\partial \ln \alpha(\boldsymbol{\theta})}{\partial \boldsymbol{\theta}} \\
&= \boldsymbol{s}^{(t)} - \frac{1}{\alpha(\boldsymbol{\theta})} \int_{\mathscr{Z}} b(z) \frac{\partial \exp\{\boldsymbol{\theta}^{\top} s(z)\}}{\partial \boldsymbol{\theta}} \mathrm{d}z \\
&= \boldsymbol{s}^{(t)} - \int_{\mathscr{Z}} s(z) \frac{b(z)}{\alpha(\boldsymbol{\theta})} \exp\{\boldsymbol{\theta}^{\top} s(z)\} \mathrm{d}z \\
&= \boldsymbol{s}^{(t)} - \mathsf{E}_{\boldsymbol{\theta}}(s(\boldsymbol{Z}))
\end{aligned}
$$

问题最终转化为解有关 $\boldsymbol{\theta}$ 的方程

$$
\mathsf{E}_{\boldsymbol{\theta}}(s(\boldsymbol{Z})) = \boldsymbol{s}^{(t)}
$$

例 8.4 若简单随机样本 $Y_1, Y_2, \cdots, Y_n \overset{\text{iid}}{\sim} \text{Expon}(\lambda)$ 不可直接观测（即，它们是隐性变量），参数 $\lambda$ 未知。给定常数序列 $c_1, c_2, \cdots, c_n$，观测样本 $X_1, X_2, \cdots, X_n$ 按照下面的方式产生，如何利用 EM 算法估计 $\lambda$?

$$
\begin{aligned}
X_j &= J(Y_j - c_j) \\
&= \begin{cases} 1 & \text{，如果 } Y_j \geqslant c_j \\ 0 & \text{，如果 } Y_j < c_j \end{cases}
\end{aligned}
$$

解 扩充数据 $\boldsymbol{Z} = (\boldsymbol{X}, \boldsymbol{Y})$ 的密度函数属于指数族，事实上

$$
f_{\lambda}(z) = \lambda^n \exp\left\{-\lambda \sum_{j=1}^{n} y_j\right\}
$$

❑ E 步骤：于是，$s(\boldsymbol{Z}) = -\sum_{j=1}^{n} Y_j$，进而

$$
\begin{aligned}
\mathsf{E}_{\lambda}(s(\boldsymbol{Z})) &= -\sum_{j=1}^{n} \mathsf{E}_{\lambda} Y_j \\
&= -\frac{n}{\lambda} \\
s^{(t)} &= \mathsf{E}_{\lambda^{(t)}}(s(\boldsymbol{Z}) | \boldsymbol{X} = \boldsymbol{x}) \\
&= -\sum_{j=1}^{n} \mathsf{E}_{\lambda^{(t)}}(Y_j | X_j = x_j)
\end{aligned}
$$

分别考虑 $x_j = 1$ 和 $x_j = 0$ 两种情况：

$$
\begin{aligned}
\mathsf{E}_{\lambda^{(t)}}(Y_j | X_j = 0) &= \mathsf{E}_{\lambda^{(t)}}(Y_j | Y_j < c_j) \\
&= \frac{1}{\mathsf{P}_{\lambda^{(t)}}(Y_j < c_j)} \int_0^{c_j} \lambda^{(t)} x_j \exp\left\{-\lambda^{(t)} x_j\right\} \mathrm{d}x_j \\
&= \frac{1}{1 - \exp\{-\lambda^{(t)} c_j\}} \left[\frac{1 - (1 + \lambda^{(t)} c_j) \exp\{-\lambda^{(t)} c_j\}}{\lambda^{(t)}}\right] \\
&= \frac{1}{\lambda^{(t)}} \left[1 - \frac{\lambda^{(t)} c_j}{\exp\{\lambda^{(t)} c_j\} - 1}\right]
\end{aligned}
$$

$$
\begin{aligned}
\mathsf{E}_{\lambda^{(t)}}(Y_j|X_j=1) &= \mathsf{E}_{\lambda^{(t)}}(Y_j|Y_j \geqslant c_j) \\
&= \frac{1}{\mathsf{P}_{\lambda^{(t)}}(Y_j \geqslant c_j)} \int_{c_j}^{+\infty} \lambda^{(t)} x_j \exp\left\{-\lambda^{(t)} x_j\right\} \mathrm{d}x_j \\
&= \exp\{\lambda^{(t)} c_j\} \frac{(1+\lambda^{(t)} c_j)\exp\{-\lambda^{(t)} c_j\}}{\lambda^{(t)}} \\
&= \frac{1}{\lambda^{(t)}}\left[1+\lambda^{(t)} c_j\right]
\end{aligned}
$$

上述结果可以统一写成

$$
\begin{aligned}
s^{(t)} &= -\sum_{j=1}^{n} \frac{1}{\lambda^{(t)}}\left[1 + x_j \lambda^{(t)} c_j + (x_j - 1)\frac{\lambda^{(t)} c_j}{\exp\{\lambda^{(t)} c_j\} - 1}\right] \\
&= -\frac{n}{\lambda^{(t)}}\left[1 + \frac{1}{n}\sum_{j=1}^{n} x_j \lambda^{(t)} c_j + (x_j - 1)\frac{\lambda^{(t)} c_j}{\exp\{\lambda^{(t)} c_j\} - 1}\right]
\end{aligned}
$$

为方便起见，记

$$
h_t = \frac{1}{n}\sum_{j=1}^{n} x_j \lambda^{(t)} c_j + (x_j - 1)\frac{\lambda^{(t)} c_j}{\exp\{\lambda^{(t)} c_j\} - 1}
$$

❑ M 步骤：求解方程

$$
\mathsf{E}_{\lambda}(s(\mathbf{Z})) = s^{(t)}
$$

得到参数 $\lambda$ 的更新公式：

$$
\begin{aligned}
\lambda^{(t+1)} &= -\frac{n}{s^{(t)}} \\
&= \frac{\lambda^{(t)}}{1+h_t}
\end{aligned}
$$

在例 8.4 中，令 $\lambda = 0.4$，产生 $n = 1000$ 个 Expon($\lambda$) 的随机数。产生 0.1 到 10，长度为 $n$ 的等距常数序列 $c_1, c_2, \cdots, c_n$。R 代码如下：

```
## 目的：测试指数族的 EM 算法
n <- 10^3                  # 样本容量
true_lambda <- 0.4         # 指数分布的参数的真实值

## 产生常数序列，长度为 n
c <- seq(from=0.1, to=10, length.out=n)

## 产生指数分布的随机数，这些数据是隐性的
y <- rexp(n, true_lambda)

## 产生观测数据
x <- y>=c

## 设置迭代次数
N <- 15
```

```
## 参数估计的初始化
initial_lambda <- runif(1, min=0, max=2)
lambda <- rep(initial_lambda, N)

h <- function(x, c, lambda){
  return(mean(x*c*lambda + (x-1)*c*lambda/(exp(c*lambda) - 1)))
}

## 参数更新公式
for (j in 1:(N-1)){
  lambda[j+1] <- lambda[j]/(1+h(x, c, lambda[j]))
}
```

随机地选取 U[0,2] 的随机数作为初始值 $\lambda^{(1)}$。例 8.4 中的 EM 算法的收敛情况见图 8.4。不难看出，只要 EM 算法迭代次数足够多，即便初始值 $\lambda^{(1)}$ 远离真实值 $\lambda$，算法的效果依然很好，甚至不见得比误差小的初始值差。

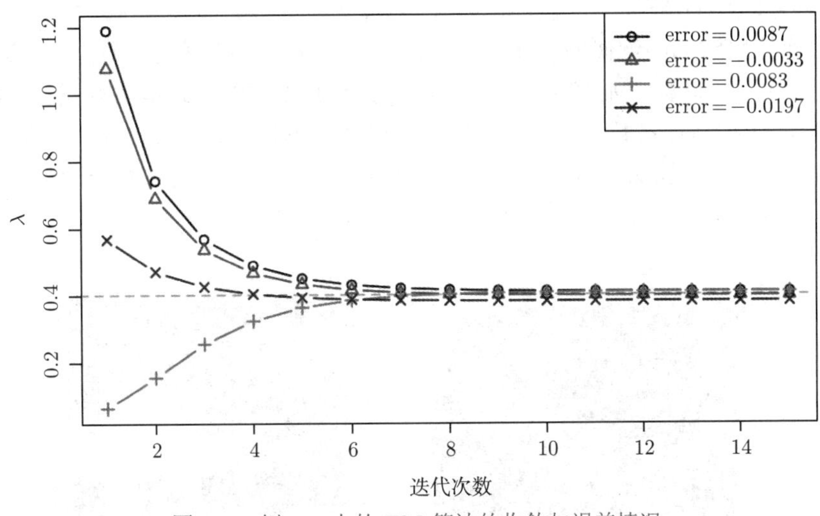


图 8.4　例 8.4 中的 EM 算法的收敛与误差情况

## 8.2 期望最大化算法的应用

如果 E 步骤，即式 (8.9) 计算困难，可用随机模拟的方法（详见《模拟之巧》）近似求解：从分布 $h_{\theta^{(t)}}(\boldsymbol{y}|\boldsymbol{x})$ 里抽样得到 $\boldsymbol{y}_1, \boldsymbol{y}_2, \cdots, \boldsymbol{y}_m$，令

$$Q(\boldsymbol{\theta}, \boldsymbol{\theta}^{(t)}) = \int_{\mathscr{Y}} h_{\theta^{(t)}}(\boldsymbol{y}|\boldsymbol{x}) \ln f_{\theta}(\boldsymbol{x}, \boldsymbol{y}) \mathrm{d}\boldsymbol{y}$$

$$\approx \frac{1}{m} \sum_{j=1}^{m} \ell(\boldsymbol{\theta}; \boldsymbol{x}, \boldsymbol{y}_j)$$

例 8.5　在例 8.1 中，从 $\mathrm{B}(x_1, p^{(t)})$ 里抽样得到 $y_1, y_2, \cdots, y_m$，则

$$\mathsf{E}_{\theta^{(t)}}(Y_2|\boldsymbol{X} = \boldsymbol{x}) \approx \frac{1}{m} \sum_{j=1}^{m} y_j$$

令 $m = 10, \theta^{(0)} = 0.4$，经过 $9 \sim 12$ 次迭代便可得到 $\hat{\theta} \approx 0.627$。

例 8.6 贝叶斯统计从 EM 算法也获得了很多益处。例如，利用拉普拉斯近似（见第 119 页的定理 4.12），未知参数 $\boldsymbol{\theta}$ 的后验分布可用正态分布来逼近：令 $\boldsymbol{\theta}^*$ 最大化 $\ell(\boldsymbol{\theta};\boldsymbol{x}) = \ln g_{\boldsymbol{\theta}}(\boldsymbol{x})$，则后验分布 $\boldsymbol{\theta}|\boldsymbol{X}=\boldsymbol{x}$ 可由如下正态分布近似。

$$\boldsymbol{\theta}|\boldsymbol{X}=\boldsymbol{x} \sim \mathrm{N}_d(\boldsymbol{\theta}^*, \boldsymbol{\Sigma}_{\mathrm{obv}})$$

其中，

$$\begin{aligned}\boldsymbol{\Sigma}_{\mathrm{obv}}^{-1} &= -\left.\frac{\partial^2 \ell(\boldsymbol{\theta};\boldsymbol{x})}{\partial \boldsymbol{\theta}^2}\right|_{\boldsymbol{\theta}^*} \\ &= -\left.\frac{\partial^2 Q(\boldsymbol{\theta},\boldsymbol{\theta}^*)}{\partial \boldsymbol{\theta}^2}\right|_{\boldsymbol{\theta}^*} + \left.\frac{\partial^2 H(\boldsymbol{\theta},\boldsymbol{\theta}^*)}{\partial \boldsymbol{\theta}^2}\right|_{\boldsymbol{\theta}^*} \\ &= -\int_{\mathscr{Y}} \left.\frac{\partial^2 \ln \ell(\boldsymbol{\theta};\boldsymbol{x},\boldsymbol{y})}{\partial \boldsymbol{\theta}^2}\right|_{\boldsymbol{\theta}^*} h_{\boldsymbol{\theta}^*}(\boldsymbol{y}|\boldsymbol{x})\mathrm{d}\boldsymbol{y} + \int_{\mathscr{Y}} \left.\frac{\partial^2 \ln h_{\boldsymbol{\theta}}(\boldsymbol{y}|\boldsymbol{x})}{\partial \boldsymbol{\theta}^2}\right|_{\boldsymbol{\theta}^*} h_{\boldsymbol{\theta}^*}(\boldsymbol{y}|\boldsymbol{x})\mathrm{d}\boldsymbol{y}\end{aligned}$$

此处的积分，也可以用上述随机模拟的方法来数值逼近。

利用算法和算力，我们绕开了一些复杂的精确求解（它们多无显式表达，即便有也相当复杂很难得到），只求高效地算出它们的近似解。我们需要在数学文化里，把算法视为构造性数学而倍加重视。

缺失数据的统计分析需要 EM 算法，例 8.2 介绍了用 EM 算法处理缺失数据：用期望值替代缺失值，并基于补缺后的数据估计参数，然后在此参数设定之下再计算缺失值的条件期望，如此反复迭代、环环相扣（图 8.5）。在 EM 算法之前，已有很多学者利用这样的迭代过程填充缺失值，例如隐马尔可夫模型中的鲍姆-韦尔奇算法（见第 463 页的算法 9.15）。

图 8.5 环环相扣

EM 算法的应用有很多。我们算海拾贝，挑选了频率派的高斯混合模型参数估计、删失数据分析为例。自然语言处理（natural language processing，NLP）中的概率潜在语义分析 (probabilistic latent semantic analysis, PLSA)[172] 和潜在狄利克雷分配（latent Dirichlet allocation，LDA）[8,163-164] 都是层级贝叶斯的主题模型，其中“主题”（topic）是一个未知参数（设其取值 $z_1, \cdots, z_j, \cdots, z_K$，其中每个主题 $z_j$ 是所有词上的一个离散分布），每篇文档有一个或多个主题，它们决定着数据（即一组词语）的产生机制（图 8.6）。借助 EM 算法，这些隐藏的随机变量的性质可以用数值来逼近。

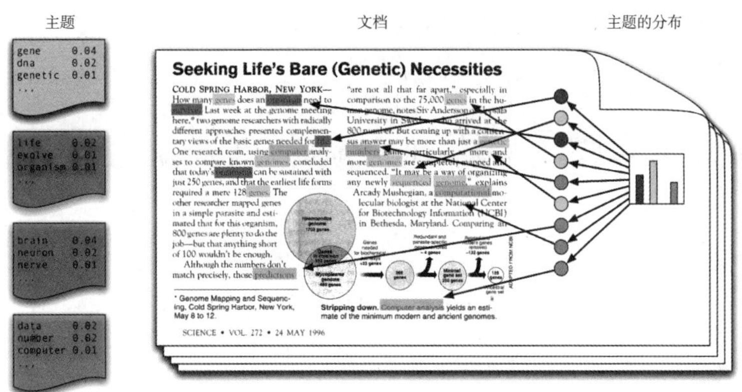


图 8.6 LDA 主题模型示意图[164]

## 8.2.1 分支个数已知的高斯混合模型

已知简单随机样本 $\boldsymbol{X}_1, \boldsymbol{X}_2, \cdots, \boldsymbol{X}_n \in \mathbb{R}^d$ 来自高斯混合（Gaussian mixture）总体

$$\boldsymbol{X} \sim \sum_{i=1}^{k} p_i \phi(\boldsymbol{x}|\boldsymbol{\mu}_i, \boldsymbol{\Sigma}_i)$$

该总体有时也简记作 $\sum_{i=1}^{k} p_i \mathrm{N}_d(\boldsymbol{\mu}_i, \boldsymbol{\Sigma}_i)$，其中参数 $\boldsymbol{\mu}_i, \boldsymbol{\Sigma}_i, 0 < p_i < 1, i = 1, 2, \cdots, k$ 都是未知的且 $\sum_{i=1}^{k} p_i = 1$，而分支个数 $k$ 是有限的且是已知的。已知样本值为 $\boldsymbol{x}_1, \boldsymbol{x}_2, \cdots, \boldsymbol{x}_n$，未知参数是

$$\boldsymbol{\theta} = (\boldsymbol{\mu}_1, \cdots, \boldsymbol{\mu}_k, \boldsymbol{\Sigma}_1, \cdots, \boldsymbol{\Sigma}_k, p_1, \cdots, p_k)$$

下面，根据算法 8.2 设计出具体的 EM 算法给出参数的最大似然估计：令每个样本点 $\boldsymbol{X}_j$ 伴随着一个 $k$ 维的隐性随机向量 $\boldsymbol{Y}_j = (Y_{j1}, Y_{j2}, \cdots, Y_{jk})^{\top}$，其中只有一个分量为 1，其他分量都为 0。显然，有

$$\sum_{i=1}^{k} Y_{ji} = 1$$

若分量 $Y_{ji} = 1$，则表示样本 $\boldsymbol{X}_j$ 抽取自分支 $\mathrm{N}_d(\boldsymbol{\mu}_i, \boldsymbol{\Sigma}_i)$。设隐性数据为 $\boldsymbol{y}_1, \boldsymbol{y}_2, \cdots, \boldsymbol{y}_n$，则完全对数似然函数为

$$\ell(\boldsymbol{\theta}; \boldsymbol{x}_1, \boldsymbol{x}_2, \cdots, \boldsymbol{x}_n, \boldsymbol{y}_1, \boldsymbol{y}_2, \cdots, \boldsymbol{y}_n) = \sum_{j=1}^{n} \sum_{i=1}^{k} [y_{ji} \ln p_i + y_{ji} \ln \phi(\boldsymbol{x}_j|\boldsymbol{\mu}_i, \boldsymbol{\Sigma}_i)] \tag{8.15}$$

对比似然函数 $\ell(\boldsymbol{\theta}; \boldsymbol{x}_1, \boldsymbol{x}_2, \cdots, \boldsymbol{x}_n) = \sum_{j=1}^{n} \ln \left[ \sum_{i=1}^{k} p_i \phi(\boldsymbol{x}_j|\boldsymbol{\mu}_i, \boldsymbol{\Sigma}_i) \right]$，式 (8.15) 已有了些简化。为了简单陈述起见，例 8.7 考虑了二分支二维高斯混合模型的参数估计问题，读者可尝试将之推广到 $k$ 分支的情形。

例 8.7 已知样本来自二分支高斯混合总体

$$p\phi(\boldsymbol{x}|\boldsymbol{\mu}_1, \boldsymbol{\Sigma}_1) + (1 - p)\phi(\boldsymbol{x}|\boldsymbol{\mu}_2, \boldsymbol{\Sigma}_2)，\text{其中 } 0 < p < 1$$

请利用 EM 算法对参数 $\boldsymbol{\theta} = (p, \boldsymbol{\mu}_1, \boldsymbol{\mu}_2, \boldsymbol{\Sigma}_1, \boldsymbol{\Sigma}_2)$ 进行估计。

解　令伴随着样本点 $\boldsymbol{X}_j$ 的隐性变量 $Y_j \in \{1,0\}$ 表示 $\boldsymbol{X}_j$ 是否来自分支 $\mathrm{N}_d(\boldsymbol{\mu}_1, \boldsymbol{\Sigma}_1)$，不妨设 $\boldsymbol{y} = (y_1, y_2, \cdots, y_n)^\top$ 为隐性数据，则完全对数似然函数为

$$\begin{aligned}\ell(\boldsymbol{\theta}; \boldsymbol{x}_1, \boldsymbol{x}_2, \cdots, \boldsymbol{x}_n, \boldsymbol{y}) = \sum_{j=1}^{n} [&y_j \ln p + y_j \ln \phi(\boldsymbol{x}_j | \boldsymbol{\mu}_1, \boldsymbol{\Sigma}_1) \\ &+ (1 - y_j) \ln(1 - p) + (1 - y_j) \ln \phi(\boldsymbol{x}_j | \boldsymbol{\mu}_2, \boldsymbol{\Sigma}_2)]\end{aligned}$$

令 $\partial \ell(\boldsymbol{\theta}; \boldsymbol{x}_1, \boldsymbol{x}_2, \cdots, \boldsymbol{x}_n, \boldsymbol{y}) / \partial \boldsymbol{\theta} = \boldsymbol{0}$，可得参数 $\boldsymbol{\theta}$ 的最大似然估计如下：

$$\hat{p} = \frac{1}{n} \sum_{j=1}^{n} y_j$$

$$\hat{\boldsymbol{\mu}}_1 = \frac{\sum_{j=1}^{n} y_j \boldsymbol{x}_j}{\sum_{j=1}^{n} y_j}$$

$$\hat{\boldsymbol{\mu}}_2 = \frac{\sum_{j=1}^{n} (1 - y_j) \boldsymbol{x}_j}{n - \sum_{j=1}^{n} y_j}$$

$$\hat{\boldsymbol{\Sigma}}_1 = \frac{1}{n} \sum_{j=1}^{n} y_j (\boldsymbol{x}_j - \boldsymbol{\mu}_1)(\boldsymbol{x}_j - \boldsymbol{\mu}_1)^\top$$

$$\hat{\boldsymbol{\Sigma}}_2 = \frac{1}{n} \sum_{j=1}^{n} (1 - y_j)(\boldsymbol{x}_j - \boldsymbol{\mu}_2)(\boldsymbol{x}_j - \boldsymbol{\mu}_2)^\top$$

按照 EM 算法，初始的参数估计 $\boldsymbol{\theta}^{(0)} = (p^{(0)}, \boldsymbol{\mu}_1^{(0)}, \boldsymbol{\mu}_2^{(0)}, \boldsymbol{\Sigma}_1^{(0)}, \boldsymbol{\Sigma}_2^{(0)})$ 由用户设定，求解参数 $\boldsymbol{\theta}$ 的最大似然估计可转化为下述 E 步骤和 M 步骤的迭代过程。

- E 步骤：设 $\boldsymbol{\theta}^{(t)} = (p^{(t)}, \boldsymbol{\mu}_1^{(t)}, \boldsymbol{\mu}_2^{(t)}, \boldsymbol{\Sigma}_1^{(t)}, \boldsymbol{\Sigma}_2^{(t)})$ 是当前的参数估计。

$$\begin{aligned}\mathsf{E}_{\boldsymbol{\theta}^{(t)}}(Y_j | \boldsymbol{X}_j = \boldsymbol{x}_j) &= \mathsf{P}_{\boldsymbol{\theta}^{(t)}}(Y_j = 1 | \boldsymbol{X}_j = \boldsymbol{x}_j) \\ &= \frac{\mathsf{P}_{\boldsymbol{\theta}^{(t)}}(Y_j = 1) \mathsf{P}_{\boldsymbol{\theta}^{(t)}}(\boldsymbol{X}_j = \boldsymbol{x}_j | Y_j = 1)}{\mathsf{P}_{\boldsymbol{\theta}^{(t)}}(\boldsymbol{X}_j = \boldsymbol{x}_j)} \\ &= \frac{p^{(t)} \phi(\boldsymbol{x}_j | \boldsymbol{\mu}_1^{(t)}, \boldsymbol{\Sigma}_1^{(t)})}{p^{(t)} \phi(\boldsymbol{x}_j | \boldsymbol{\mu}_1^{(t)}, \boldsymbol{\Sigma}_1^{(t)}) + (1 - p^{(t)}) \phi(\boldsymbol{x}_j | \boldsymbol{\mu}_2^{(t)}, \boldsymbol{\Sigma}_2^{(t)})}\end{aligned}$$

  置 $y_j \leftarrow \mathsf{E}_{\boldsymbol{\theta}^{(t)}}(Y_j | \boldsymbol{X}_j = \boldsymbol{x}_j)$，即用 $Y_j | \boldsymbol{X}_j = \boldsymbol{x}_j$ 在当前参数设定下的条件期望替代隐性数据 $y_j, j = 1, 2, \cdots, n$。

- M 步骤：将参数按照最大似然估计之结果 $\hat{p}, \hat{\boldsymbol{\mu}}_1, \hat{\boldsymbol{\mu}}_2, \hat{\boldsymbol{\Sigma}}_1, \hat{\boldsymbol{\Sigma}}_2$ 从 $\boldsymbol{\theta}^{(t)}$ 更新至 $\boldsymbol{\theta}^{(t+1)}$。继续重复 E 步骤和 M 步骤直至达到精度要求。

例 8.8　利用 R 语言，从二分支高斯混合总体产生 $n = 1000$ 个随机样本，该总体是

$$\begin{pmatrix} X_1 \\ X_2 \end{pmatrix} \sim 0.4 \mathrm{N}_2 \left( \begin{pmatrix} 0 \\ 0 \end{pmatrix}, \begin{pmatrix} 1 & 0.25 \\ 0.25 & 0.5 \end{pmatrix} \right) + 0.6 \mathrm{N}_2 \left( \begin{pmatrix} 1 \\ 1.5 \end{pmatrix}, \begin{pmatrix} 2 & -0.5 \\ -0.5 & 0.4 \end{pmatrix} \right)$$

```
## 目的：产生随机样本，数据矩阵（其中，样本点为行向量）记作 X
library(mvtnorm)           # 导入 mvtnorm 包，为了产生二元正态分布的随机数
n <- 1000                  # 样本容量 n
p <- 0.40                  # 随机数来自第一个分支的概率 p
X.1 <- rmvnorm(n*p, c(0, 0), sigma=matrix(c(1, 0.25, 0.25, 0.5), 2, 2))
X.2 <- rmvnorm(n*(1-p), c(1,1.5), sigma=matrix(c(2, -0.5, -0.5, 0.4), 2, 2))
X   <- rbind(X.1, X.2)     # 数据矩阵 X
```

利用例 8.7 所示的 EM 算法，经过 $N = 100$ 次迭代，求得未知参数 $p, \boldsymbol{\mu}_1, \boldsymbol{\mu}_2, \boldsymbol{\Sigma}_1, \boldsymbol{\Sigma}_2$ 的最大似然估计 $\hat{p}, \hat{\boldsymbol{\mu}}_1, \hat{\boldsymbol{\mu}}_2, \hat{\boldsymbol{\Sigma}}_1, \hat{\boldsymbol{\Sigma}}_2$，在此参数之下，二分支高斯混合总体的密度函数曲面的等高线和 $\hat{p}, \hat{\boldsymbol{\mu}}_1, \hat{\boldsymbol{\mu}}_2$ 的收敛情况见图 8.7，R 代码见本小节结尾。

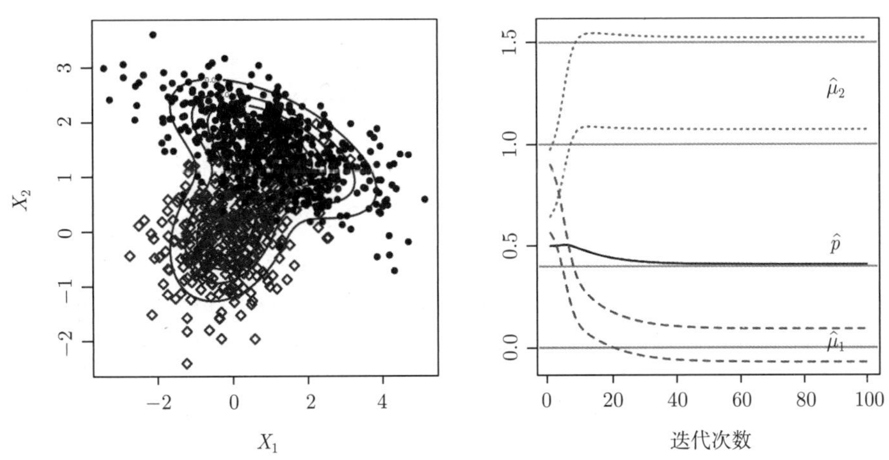


图 8.7 例 8.8 中二分支高斯混合总体的 EM 估计

```
## 目的：从二分支高斯混合总体中抽取随机数，利用 EM 算法估计参数
## 参数 theta 的初始设置
S1 <- X[sample(1:nrow(X), nrow(X)/2), ]          # 随机选出一半数据
S2 <- X[sample(1:nrow(X), nrow(X)/2), ]          # 同上
theta <- list(p=c(0.5,0.5),                      # 每个分支等概率
              mu1=colMeans(S1),                  # 随机数据的均值
              mu2=colMeans(S2),
              Sigma1=cov(S1),                    # 随机数据的方差-协方差矩阵
              Sigma2=cov(S2))

## E 步骤：计算隐性变量的条件期望
E.step <- function(theta){
  t(apply(cbind(
     theta$p[1] * dmvnorm(X, mean=theta$mu1, sigma=theta$Sigma1),
     theta$p[2] * dmvnorm(X, mean=theta$mu2, sigma=theta$Sigma2)),
     1, function(x) x/sum(x)))
}

## M 步骤：当前参数的最大似然估计
M.step <- function(y){
```

```
  list(p=colMeans(y),                                    # 对 y 按列求均值
       mu1=apply(X, 2, weighted.mean, y[,1]),
       mu2=apply(X, 2, weighted.mean, y[,2]),
       Sigma1=cov.wt(X, y[,1])$cov,
       Sigma2=cov.wt(X, y[,2])$cov)
}

## EM 算法的迭代过程（也可按照参数更新的幅度来判断是否终止迭代）
N <- 1000                                                # N 为迭代次数
for (iter in 1:N){
  y <- E.step(theta)                                     # 更新隐性数据
  theta <- M.step(y)                                     # 更新未知参数的 MLE
}

## 绘制数据的散点图，以及在参数估计之下二分支高斯混合的等高线
xpts <- seq(from=min(X[,1]), to=max(X[,1]), length.out=100)
ypts <- seq(from=min(X[,2]), to=max(X[,2]), length.out=100)

plot.em <- function(theta){
  mixture.contour <- outer(xpts, ypts, function(x,y) {
    theta$p[1] * dmvnorm(cbind(x,y), mean=theta$mu1, sigma=theta$Sigma1) +
    theta$p[2] * dmvnorm(cbind(x,y), mean=theta$mu2, sigma=theta$Sigma2)}
  )
  contour(xpts, ypts, mixture.contour, nlevels=5, drawlabel=FALSE,
          col="darkred", xlab="", ylab="", main="")
}
plot.em(theta)
points(X.1, col="blue")
points(X.2, type="p", pch=19)
```

### 8.2.2 针对删失数据的 EM 算法

在保险业、生物医学、工程实践中，对生物或产品的寿命（图 8.8）进行预测和评估是生存分析或可靠性研究的内容，如今已发展成为统计学的重要分支——生存分析与可靠性理论，简称生存分析（survival analysis）。预知事物的失效或故障，将有助于提前替换或维护，进而提高运维效率、降低运维成本。

图 8.8 生老病死

测量工具（图 8.9）总有一定的范围，超出此范围就失效了。“删失”现象经常发生在研究对象超出仪器测量范围的时候。例如，体重秤最大刻度是 160kg，体重 200kg 的人使用该秤，观测结果只能是 $160^{+}$kg，他的真实体重是未知的。

图 8.9　各种各样的测量工具

在生存分析中，寿命数据往往有删失的特点。例如，检验一个电子器件或电子产品（图 8.10）的寿命，在试验结束时它仍然未寿终正寝，我们并不知道它的确切寿命，只知道它的寿命大于 $r$，此时称该产品的寿命在 $r$ 处是（右）删失的，称该观测结果为（右）**删失数据**（censored data），记作 $r^{+}$。

图 8.10　电子器件与电子产品

类似地，对左删失数据而言，只知道数据小于某一个确定的值 $l$，但它的实际值是未知的。例如，用最低刻度是 −10℃ 的温度计（图 8.11）测量西伯利亚冬天的室外温度，将会产生左删失数据。在实际应用中，右删失数据的情形更常见一些。

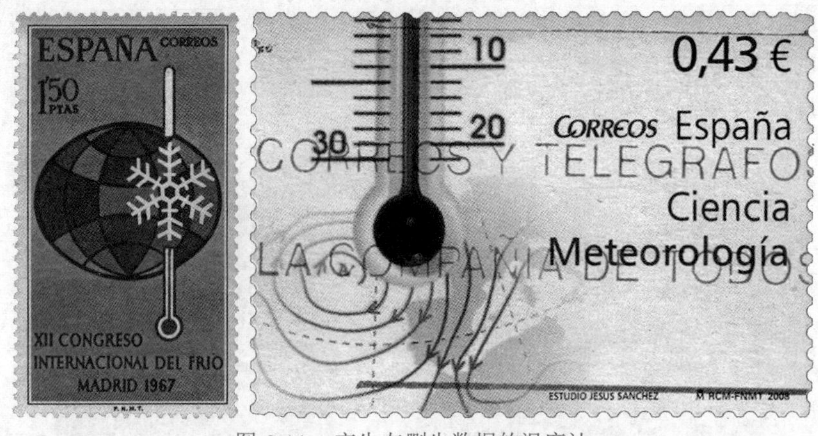


图 8.11　产生左删失数据的温度计

例 8.9　已知观测样本 $X_1, X_2, \cdots, X_m, Y_{m+1}, \cdots, Y_n \overset{\text{iid}}{\sim} \mathrm{N}(\theta, 1)$，其中不可观测样本 $Y_{m+1}, \cdots, Y_n$ 在 $r$ 上是右删失的，用 EM 算法给出参数 $\theta$ 的最大似然估计。

解　完全对数似然函数是

$$\ell(\theta; \boldsymbol{x}, \boldsymbol{y}) = -\frac{1}{2}\sum_{i=1}^{m}(x_i - \theta)^2 - \frac{1}{2}\sum_{i=m+1}^{n}(y_i - \theta)^2$$

从 $\mathrm{d}\ell(\theta; \boldsymbol{x}, \boldsymbol{y})/\mathrm{d}\theta = 0$ 解得参数 $\theta$ 的最大似然估计如下：

$$\hat{\theta} = \frac{1}{n}(x_1 + x_2 + \cdots + x_m + y_{m+1} + \cdots + y_n)$$

设当前的参数设置为 $\theta^{(t)}$，删失数据 $Y_{m+1} = r^+, \cdots, Y_n = r^+$ 来自截尾正态总体 $Y$，其密度函数为

$$f_Y(y) = \frac{\phi(y - \theta^{(t)})}{1 - \Phi(r - \theta^{(t)})}，\text{其中 } y > r$$

把 $y_{m+1}, \cdots, y_n$ 都设置为 $\mathsf{E}_{\theta^{(t)}}(Y)$，参数更新方式如下：

$$\begin{aligned}\theta^{(t+1)} &= \frac{x_1 + x_2 + \cdots + x_m + (n-m)\mathsf{E}_{\theta^{(t)}}(Y)}{n} \\ &= \frac{x_1 + x_2 + \cdots + x_m}{n} + \frac{n-m}{n}\left[\theta^{(t)} + \frac{\phi(r - \theta^{(t)})}{1 - \Phi(r - \theta^{(t)})}\right]\end{aligned}$$

为了验证例 8.9 的效果，令 $\theta = 3, r = 2.5$，抽取 $n = 1000$ 个样本，只保留小于 $r$ 的数据不变（其个数为 $m$），其他数据都标注为右删失数据 $r^+$（其个数为 $n - m$），见图 8.12(a)。基于所有数据，对未知参数 $\theta$ 进行点估计。

- 如果对非删失数据简单地取算术平均，得到 $\hat{\theta} \approx 1.8844$，误差非常大。
- 所有观测数据（令删失数据的取值为 $r$）的算术平均是 $\hat{\theta} \approx 2.3092$，误差依然很大。因为删失位置在均值的左侧，这两种算术平均不可能接近 $\theta$ 的真实值。

利用例 8.9 的 EM 方法，迭代十几次后便收敛了，得到 $\hat{\theta} \approx 3.0082$，见图 8.12(b) 中的虚线位置。这个点估计很精确，原因是算法利用了总体分布 $\mathrm{N}(\theta, 1)$ 以及右删失位置 $r$ 的信息。

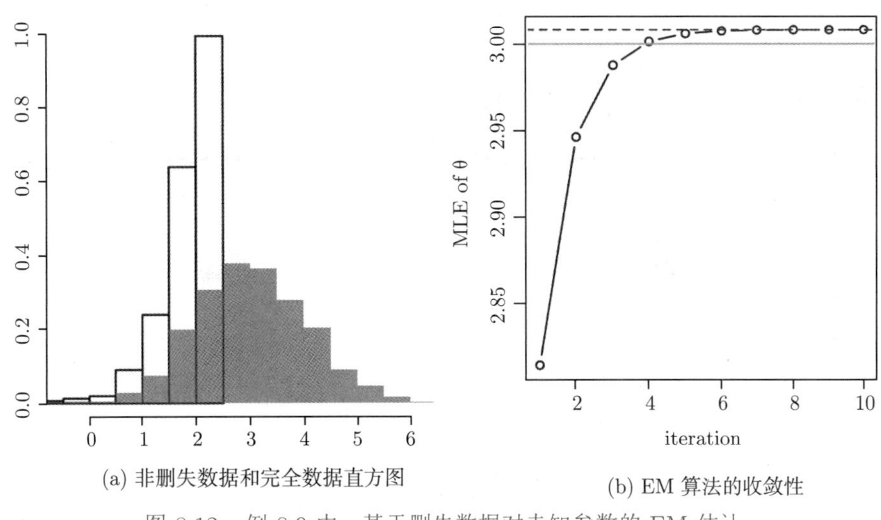


(a) 非删失数据和完全数据直方图　(b) EM 算法的收敛性

图 8.12　例 8.9 中，基于删失数据对未知参数的 EM 估计

删失和缺失是两个不同的概念。删失数据含有真实值的部分信息，例如右删失数据 $r^+$ 意味着真实值不小于 $r$。而缺失数据一般发生在分量上，没有任何数量上的信息可供参考，只能靠总体分布以及其他分量的信息来填补。

### 8.2.3 概率潜在语义分析

在自然语言处理中，不妨设整个词集的规模为 $V$，即我们只关注这 $V$ 个词，其他的词都被忽略了。已知语料是由 $M$ 篇文本构成，其中第 $m$ 个文本有 $N_m$ 个词。不计较词的出现次序，一个文本可以抽象为一个“词袋”（bag of words），里面装着 $N_m$ 个词（允许有重复的词）。假设共有 $K$ 个主题 $1,2,\cdots,K$，它们隐藏在文字背后，是无法观测的。为了把经验和知识注入模型设计中，避免成为“模型盲”（图 8.13），我们需要讲清楚数据产生的机制。

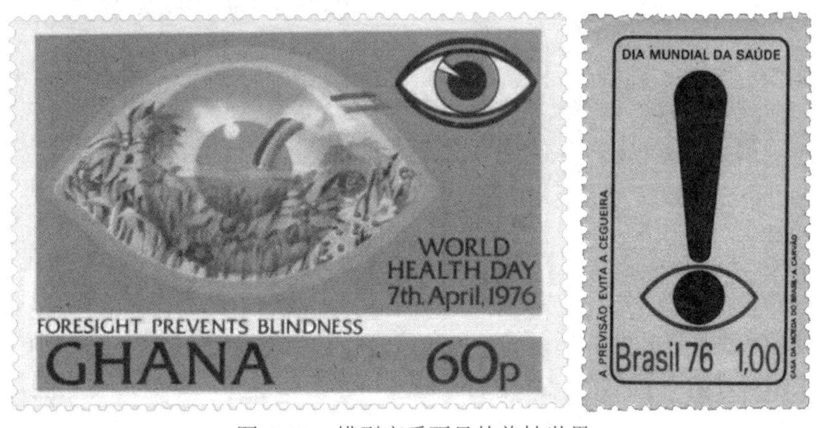


图 8.13　模型盲看不见的美妙世界

1999 年，德国机器学习和自然语言处理专家**托马斯·霍夫曼**（Thomas Hofmann）提出了概率潜在语义分析（probabilistic latent semantic analysis，PLSA）模型[172]。如图 8.14 所示，PLSA 模型假设文档 $d \in \{d_1, d_2, \cdots, d_M\}$ 是这样生成的：独立地重复以下两个步骤直至得到整个词袋。

- 从分布 $\mathsf{P}(z|d)$ 产生一个主题 $z \in \{z_1, z_2, \cdots, z_K\}$；

☐ 在主题 $z$ 之下，从分布 $\mathsf{P}(w|z)$ 产生词 $w$。即，主题 $z$ 就是在所有词上的一个离散分布 $\mathsf{P}(w|z)$。

PLSA 模型是一个两层的贝叶斯模型：隐藏变量 $z_{m,n}$ 表示文档 $d_m$ 中第 $n$ 个词 $w_{m,n}$ 的主题。深色节点表示可观测变量，白色节点表示不可观测变量。

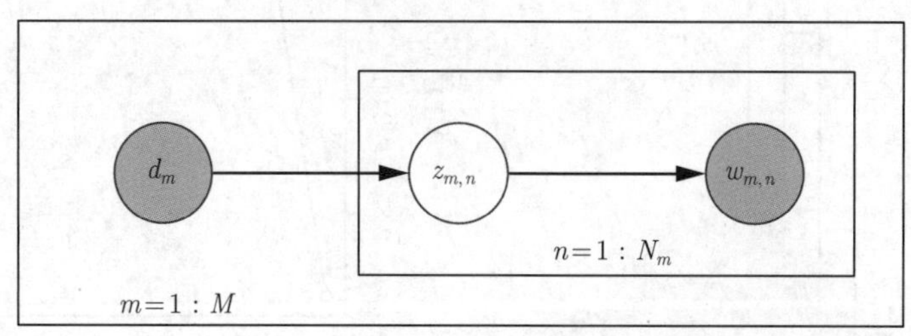


图 8.14 PLSA 模型

在《人工智能的数学基础——随机之美》[10] 中，我们已经介绍了 PLSA 是一个层级贝叶斯模型，它描述了数据产生的机制，在一定程度上反映了语言的规律。我们将利用 EM 算法估计文档中每个词的主题 $\mathsf{P}(z|d,w)$。

这里，我们介绍 PLSA 的目的是从一个侧面展现 EM 算法与贝叶斯分析的相互影响。简而言之，EM 算法最重大的意义就是统计建模时，人们可以大胆地把不可观测变量考虑进去，讲一个如何产生数据的完整故事（图 8.15）。或者，数据的产生机制就好比组装手册，一旦搞清楚了（即，掌握了它的自然规律），就可以源源不断地产生新的数据——这正是人工智能（如人机对话、模拟技术等）梦寐以求的。

图 8.15 组装手册

设计模型就是“讲故事”，先不论模型管不管用，至少故事听上去得是合理的（图 8.16）。“讲故事”这个做法，EM 算法与贝叶斯分析是一致的。这是纯粹数据驱动（也称“模型盲”）的机器学习无法企及的——建模本身就含有数据不能提供的领域知识表示。譬如，数据产生机制，是完全凌驾于数据之上的规则。

❑ 在图 8.14 所示的 PLSA 模型中，可观测变量 $d,w$ 的联合分布是

$$\begin{aligned}\mathsf{P}(d,w) &= \mathsf{P}(d)\sum_z \mathsf{P}(z|d)\mathsf{P}(w|z)\\ &= \sum_z \mathsf{P}(z)\mathsf{P}(d|z)\mathsf{P}(w|z)，\text{因为 } d \perp\!\!\!\perp_z w\end{aligned}$$

令 $n(d,w)$ 表示文档 $d$ 中 $w$ 出现的次数，上式中

$$\mathsf{P}(w|z) \propto \sum_{d} n(d,w)\mathsf{P}(z|d,w)$$
$$\mathsf{P}(d|z) \propto \sum_{w} n(d,w)\mathsf{P}(z|d,w)$$
$$\mathsf{P}(z) \propto \sum_{d,w} n(d,w)\mathsf{P}(z|d,w)$$

图 8.16 听上去合情合理的故事

对数似然函数是

$$\ell = \sum_{d,w} n(d,w) \ln \mathsf{P}(d,w)$$

对数似然函数 $\ell$ 中包含隐藏变量 $z$，如何估计出未知的 $\mathsf{P}(z), \mathsf{P}(d|z), \mathsf{P}(w|z)$，即潜在的数据产生机制，使得 $\ell$ 最大？下面，我们利用 EM 算法估计出 $\mathsf{P}(z), \mathsf{P}(d|z), \mathsf{P}(w|z)$，进而也就搞清楚了图 8.14 所示的数据产生机制。

- E 步骤：观察到 $d,w$，主题 $z$ 的后验概率是

$$\mathsf{P}(z|d,w) = \frac{\mathsf{P}(z)\mathsf{P}(d|z)\mathsf{P}(w|z)}{\sum_{z'} \mathsf{P}(z')\mathsf{P}(d|z')\mathsf{P}(w|z')}$$

- M 步骤：依次更新 $\mathsf{P}(w|z), \mathsf{P}(d|z), \mathsf{P}(z)$ 如下

$$\mathsf{P}(w|z) = \frac{1}{S_z} \sum_{d} n(d,w)\mathsf{P}(z|d,w)$$
$$\mathsf{P}(d|z) = \frac{1}{S_z} \sum_{w} n(d,w)\mathsf{P}(z|d,w)$$
$$\mathsf{P}(z) = \frac{1}{R} \sum_{d,w} n(d,w)\mathsf{P}(z|d,w) = \frac{S_z}{R}$$

其中，

$$S_z = \sum_{d,w} n(d,w)\mathsf{P}(z|d,w) \text{ 保证了 } \sum_{w} \mathsf{P}(w|z) = 1 \text{ 且 } \sum_{d} \mathsf{P}(d|z) = 1$$

$$R = \sum_{d,w} n(d,w) \text{ 是所有文档里的总词数}$$

不难看出，$n(d,w)\mathsf{P}(z|d,w)$ 就是术语-文档矩阵 $\boldsymbol{D}$ 和条件概率矩阵 $\mathsf{P}(z|d,w)$（与术语-文档矩阵一样，以术语为行，文档为列）的阿达玛积（Hadamard product），而 $\sum_d n(d,w)\mathsf{P}(z|d,w)$ 就是按行求和。

例 8.10 考虑第 265 页的例 7.9 中的语料，设其中主题个数为 $K = 2$。经过概率潜在语义分析，主题的类别分布是 $z \sim 0.55\langle 1\rangle + 0.45\langle 2\rangle$。条件概率 $\mathsf{P}(d|z)$ 如表 8.4 所示。

表 8.4 例 8.10 中，由主题 $z$ 产生文档 $d$ 的条件概率 $\mathsf{P}(d|z)$

| $\mathsf{P}(d\|z)$ | 文档 1 | 文档 2 | 文档 3 |
|---|---|---|---|
| 主题 1 | 0.41 | 0.59 | 0 |
| 主题 2 | 0.00 | 0.00 | 1 |

我们用下画线表示主题 1，用波浪线表示主题 2。根据上面的结果，例 7.9 的语料中文档 1 和文档 2 中的术语都属于主题 1，而文档 3 的主题情况如下。

(3) 所有介子的自旋必须等于整数。自旋等于整数的粒子称为玻色子。玻色子有别于自旋为非整数的粒子——费米子，它不服从“泡利不相容原理”这个物理规则。

按照术语的主题，文档 1 和文档 2 属于一类（数学类），文档 3 属于另一类（物理类）。虽然，主题模型无法赋予主题以自然语言的语义，但从其在术语上的离散分布（表 8.5），我们大致可以猜出其含义。

表 8.5 例 8.10 中的两个主题

| $\mathsf{P}(w\|z)$ | 主题 1 | 主题 2 |
|---|---|---|
| 玻色子 | 0.000 | 0.143 |
| 乘积 | 0.059 | 0.000 |
| 费米子 | 0.000 | 0.071 |
| 介子 | 0.000 | 0.071 |
| 粒子 | 0.000 | 0.143 |
| 泡利不相容原理 | 0.000 | 0.071 |
| 数论 | 0.059 | 0.000 |
| 数学 | 0.059 | 0.000 |
| 素数 | 0.059 | 0.000 |
| 素因子 | 0.118 | 0.000 |
| 物理规则 | 0.000 | 0.071 |
| 相反数 | 0.059 | 0.000 |
| 整除 | 0.059 | 0.000 |
| 整数 | 0.412 | 0.214 |
| 自然数 | 0.118 | 0.000 |
| 自旋 | 0.000 | 0.214 |

## 8.3 数据增扩算法与缺失数据分析

贝叶斯学派的*数据增扩算法*（data augmentation algorithm）是在 EM 算法出现十年之后诞生的，它不是 EM 算法却深受 EM 算法的影响[175]，而且青出于蓝而胜于蓝——数据增扩算法（简称 DA 算法）不仅解决了未知参数的后验分布，同时填补了缺失数据。

频率派和贝叶斯学派争论了两个多世纪，其间二者有一些相互影响，但更多的是批评甚至攻击。贝叶斯学派流传着这样一个有关频率派的无伤大雅的玩笑，如果把人类的演化（图 8.17）视为思维能力从低级向高级的跃迁，那么该过程经历了以下几个关键阶段：

（1）靠先验本能的南方古猿；

（2）会观察、奉行实用主义的能人；

（3）懂得有条件观察的直立人（频率派）；

（4）能全面思考的智人；

（5）通过观察更新知识的现代人（贝叶斯学派）。

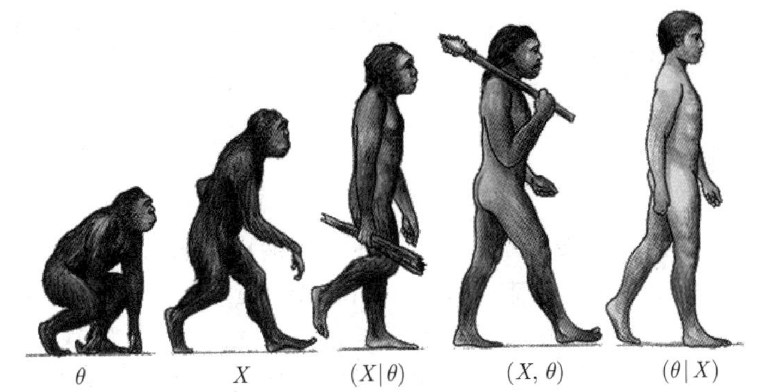


图 8.17 人类的演化：南方古猿 → 能人 → 直立人 → 智人 → 现代人

如果我们在观测数据 $\boldsymbol{y}_{\text{obv}}$ 的基础上填补了缺失数据 $\boldsymbol{y}_{\text{mis}}$，未知参数 $\theta$（可以是随机向量）的后验分布是

$$p(\theta|\boldsymbol{y}_{\text{obv}}) = \int p(\theta|\boldsymbol{y}_{\text{obv}}, \boldsymbol{y}_{\text{mis}})p(\boldsymbol{y}_{\text{mis}}|\boldsymbol{y}_{\text{obv}})\mathrm{d}\boldsymbol{y}_{\text{mis}} \tag{8.16}$$

简而言之，当前的目标是获得参数的后验分布，即 $p(\theta|\boldsymbol{y}_{\text{obv}})$，这对贝叶斯数据分析来说是至关重要的。如果我们能从 $p(\boldsymbol{y}_{\text{mis}}|\boldsymbol{y}_{\text{obv}})$ 抽取 $\boldsymbol{y}_{\text{mis}}$ 的样本，就可以利用蒙特卡罗方法来求 (8.16) 的近似解。然而，

$$p(\boldsymbol{y}_{\text{mis}}|\boldsymbol{y}_{\text{obv}}) = \int p(\boldsymbol{y}_{\text{mis}}|\boldsymbol{y}_{\text{obv}}, \theta)p(\theta|\boldsymbol{y}_{\text{obv}})\mathrm{d}\theta$$

我们注意到 $p(\boldsymbol{y}_{\text{mis}}|\boldsymbol{y}_{\text{obv}})$ 依赖于 $p(\theta|\boldsymbol{y}_{\text{obv}})$。将上式换成等价的表达式如下：

$$p(\boldsymbol{y}_{\text{mis}}|\boldsymbol{y}_{\text{obv}}) = \int p(\boldsymbol{y}_{\text{mis}}|\boldsymbol{y}_{\text{obv}}, \eta)p(\eta|\boldsymbol{y}_{\text{obv}})\mathrm{d}\eta$$

将新表达式代入 (8.16)，不难发现 $p(\theta|\boldsymbol{y}_{\text{obv}})$ 在某个积分算子之下是*不动点*：$p(\theta|\boldsymbol{y}_{\text{obv}})$ 满足下面的积

分方程（integral equation），被称为第二类弗雷德霍姆方程（Fredholm equation of the second type）*。

$$g(\theta) = \int \kappa(\theta, \eta) g(\eta) \mathrm{d}\eta \tag{8.17}$$

其中，$g(\theta)$ 是未知的待解函数，$\kappa(\theta, \eta)$ 是已知函数，具体为

$$\kappa(\theta, \eta) = \int p(\theta | \boldsymbol{y}_{\mathrm{obv}}, \boldsymbol{y}_{\mathrm{mis}}) p(\boldsymbol{y}_{\mathrm{mis}} | \boldsymbol{y}_{\mathrm{obv}}, \eta) \mathrm{d}\boldsymbol{y}_{\mathrm{mis}}$$

从初始化 $g_0(\theta)$ 开始，按下面的方式迭代。

$$g_{k+1}(\theta) = \int \kappa(\theta, \eta) g_k(\eta) \mathrm{d}\eta$$

数据增扩算法绕开了贝叶斯推断中复杂的数学推导，这是算法和算力“勤能补拙”的范例。贝叶斯方法是小样本分析（small sample analysis）的利器，有望成为统计机器学习的主流，这或许是费舍尔和内曼都始料未及的。

将 DA 算法放在本章主要是为了对比：在一些问题上，频率派的 EM 算法和贝叶斯学派的 DA 算法哪个效果更好，读者简单比较后便一目了然。

### 8.3.1 经典的数据增扩算法

图 8.18 王永雄

1987 年，美国统计学家**马丁·坦纳**（Martin Tanner, 1957—）和著名的美籍华裔统计学家**王永雄**（Wing Hung Wong, 1953—）（图 8.18），在上述观察的基础上提出了数据增扩（data augmentation，DA）算法[177] 来估计未知参数的后验分布，而不是像 EM 算法那样仅仅基于最大似然估计（或者最大后验估计）寻找参数的点估计。

算法 8.3（数据增扩算法） 令 $g_0(\theta)$ 是对 $p(\theta|\boldsymbol{y}_{\mathrm{obv}})$ 的一个近似。

- ⚀ 抽取参数：从 $g_k(\theta)$ 独立抽样 $\theta^{(i)}$，其中 $i = 1, 2, \cdots, m$。
- ⚁ 多重填补：从 $p(\boldsymbol{y}_{\mathrm{mis}}|\boldsymbol{y}_{\mathrm{obv}}, \theta^{(i)})$ 独立抽样 $\boldsymbol{y}_{\mathrm{mis}}^{(i)}$。
- ⚂ 更新后验：将 $g_k(\theta)$ 更新为 $g_{k+1}(\theta)$。

$$g_{k+1}(\theta) = \frac{1}{m} \sum_{i=1}^{m} p(\theta | \boldsymbol{y}_{\mathrm{obv}}, \boldsymbol{y}_{\mathrm{mis}}^{(i)})$$

我们称 $m$ 为填补重数。通常，根据误差 $p(\theta^{(i)}|\boldsymbol{y}_{\mathrm{obv}}) - g_k(\theta^{(i)})$ 来监控收敛情况。不完全数据经过多重填补（multiple imputations）后，各自进行参数估计，最后将结果综合[171,178]（图 8.19）。

数据增扩算法 8.3 在某些正则条件下是收敛的[177]。经过数次迭代之后，我们既得到未知参数的后验分布，又填补了缺失数据。数据增扩算法是贝叶斯方法，它的基本想法来自频率派的 EM 算法。基于最大似然估计，EM 算法对参数做点估计，但数据增扩算法却是估计未知参数的后验分布，顺手把缺失数据填补了。

---

* 积分方程理论与数学物理问题紧密关联。瑞典数学家**埃里克·伊瓦尔·弗雷德霍姆**（Erik Ivar Fredholm, 1866—1927）是积分方程理论的创始人之一，他的工作深刻地影响了泛函分析的发展[176]。

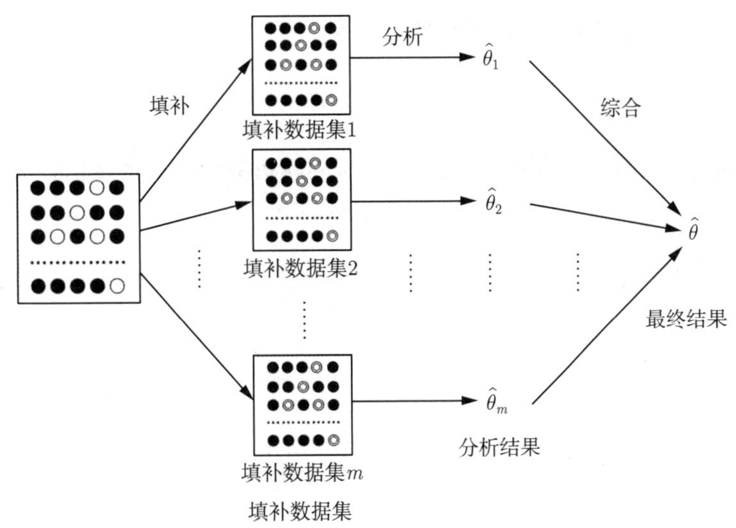


图 8.19　数据增扩算法 8.3 的示意图

例 8.11　接着例 8.1 和例 8.3，观测数据是 $\boldsymbol{y}_{\text{obv}} = \boldsymbol{x} = (125, 18, 20, 34)^\top$。

- 令 $\boldsymbol{y}_{\text{mis}} = (y_1, y_2)^\top$，并且 $x_1 = y_1 + y_2$ 满足

$$p(y_1) = \frac{1}{2}$$
$$p(y_2) = \frac{\theta}{4}$$

- 令先验分布 $\theta \propto$ 常数，则

$$p(\theta|\boldsymbol{y}_{\text{obv}}, \boldsymbol{y}_{\text{mis}}) \propto \theta^{y_2+x_4}(1-\theta)^{x_2+x_3}$$

- 条件预测分布：

$$Y_2|\boldsymbol{y}_{\text{obv}}, \theta \sim \mathrm{B}\left(125, \frac{\theta}{\theta+2}\right)$$

利用数据增扩算法 8.3 估计例 8.1 中未知参数 $\theta$ 的后验分布。令填补重数 $m = 50$，具体过程如下。

- 填补：重复以下步骤 $m$ 次，得到 $y_2^{(1)}, y_2^{(2)}, \cdots, y_2^{(m)}$。
  - 从当前对 $p(\theta|\boldsymbol{y}_{\text{obv}})$ 的估计中抽取 $\theta$。
  - 从 $\mathrm{B}(125, \theta/(\theta+2))$ 产生 $y_2$。
- 更新：后验分布更新为

$$\theta|\boldsymbol{y}_{\text{obv}} \sim \frac{1}{m}\sum_{i=1}^{m} \mathrm{Beta}(a_i, b)，其中 \begin{cases} a_i = y_2^{(i)} + x_4 + 1 \\ b = x_2 + x_3 + 1 \end{cases}$$

例 8.1 的准确答案是

$$p(\theta|\boldsymbol{y}_{\text{obv}}) \propto (2+\theta)^{125}(1-\theta)^{38}\theta^{34}$$

例 8.3 中，EM 算法估计未知参数 $\theta$ 的后验分布是

$$\theta \sim \mathrm{N}(0.6268, 0.05^2)$$

利用数据增扩算法，产生 $N = 1000$ 个 $\theta$ 后验分布的随机数，由核密度估计（附录 C）得到 $\theta$ 的后验分布（图 8.20）。

```
## 目的：利用数据增扩算法估计参数的后验分布
x <- c(125, 18, 20, 34)          # observed data
b <- x[2] + x[3] + 1
N <- 1000                        # size of samples from posterior theta
theta <- rep(0, N)               # samples of theta
m <- 50                          # multiple imputation
y2 <- rep(0, m)                  # initialization of y2

for(k in 1:N) {
  for(i in 1:m) {
    j <- sample(1:m, 1)
    a <- y2[j] + x[4] +1
    theta[k] <- rbeta(1,a,b)     # sample from Beta mixture
    y2[i] <- rbinom(1, x[1], theta[k]/(theta[k]+2))  # imputation
  }
}
```

例 8.1 中未知参数 $\theta$ 的后验分布，以及基于 EM 算法的正态估计和基于 DA 算法的估计见图 8.20 (a)。然而，正态性不是必然的。如果观测数据是 $\boldsymbol{y}_{\mathrm{obv}} = (16,0,1,3)^{\top}$，则 $\theta$ 的后验分布明显是非正态的，见图 8.20(b)，DA 算法依然有效。

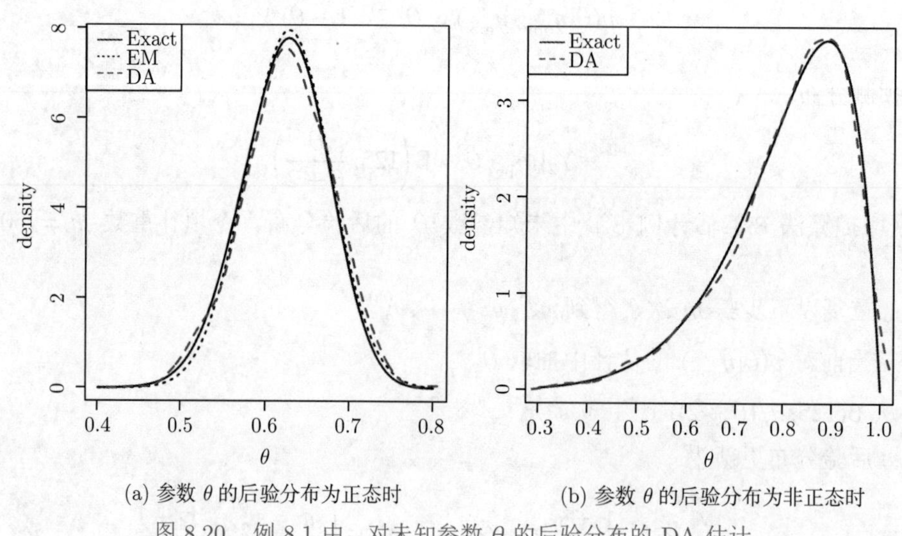


(a) 参数 $\theta$ 的后验分布为正态时　　(b) 参数 $\theta$ 的后验分布为非正态时

图 8.20　例 8.1 中，对未知参数 $\theta$ 的后验分布的 DA 估计

✂例 8.12　从二元正态分布 $\mathrm{N}(0,0,\sigma_1^2,\sigma_2^2,\rho)$ 抽取 12 个样本，其中有一些缺失数据（记作 NA），如表 8.6 所示。在四对观测数据中，两对相关系数是 1，另外两对相关系数是 −1。未知参数是方差-协方差矩阵

$$\boldsymbol{\Sigma} = \begin{pmatrix} \sigma_1^2 & \rho\sigma_1\sigma_2 \\ \rho\sigma_1\sigma_2 & \sigma_2^2 \end{pmatrix}$$

显然，基于给定样本，对 $\boldsymbol{\Sigma}$ 的最大似然估计将左右为难、误入歧途。

表 8.6　从 $\mathrm{N}_2\,(\mathbf{0},\boldsymbol{\Sigma})$ 抽取的 12 个样本[165]

| $X_1$ | 1 | 1 | −1 | −1 | 2 | 2 | −2 | −2 | NA | NA | NA | NA |
|---|---|---|---|---|---|---|---|---|---|---|---|---|
| $X_2$ | 1 | −1 | 1 | −1 | NA | NA | NA | NA | 2 | 2 | −2 | −2 |

解　在本书的姊妹篇《人工智能的数学基础——随机之美》[10] 的“贝叶斯分析与统计决策”一章，我们已经知道，如果未知参数 $\boldsymbol{\Sigma}$ 的先验分布是

$$p(\boldsymbol{\Sigma}) \propto |\boldsymbol{\Sigma}|^{-(d+1)/2}$$

则 $\boldsymbol{\Sigma}$ 的后验分布是逆威沙特分布（见文献 [10] 的“一些常见的分布”一章），即

$$\boldsymbol{\Sigma}|\boldsymbol{X}_1=\boldsymbol{x}_1,\cdots,\boldsymbol{X}_n=\boldsymbol{x}_1 \sim \text{Inv-Wishart}_n^d(\boldsymbol{S})\text{，其中 } \boldsymbol{S}=\sum_{j=1}^n \boldsymbol{x}_j\boldsymbol{x}_j^\top \text{ 为散度矩阵}$$

这是因为

$$\begin{aligned} p(\boldsymbol{\Sigma}|\boldsymbol{X}_1=\boldsymbol{x}_1,\cdots,\boldsymbol{X}_n=\boldsymbol{x}_1) &\propto p(\boldsymbol{x}_1,\cdots,\boldsymbol{x}_n|\boldsymbol{\Sigma})p(\boldsymbol{\Sigma}) \\ &\propto |\boldsymbol{\Sigma}|^{-n/2}\exp\left\{-\frac{1}{2}\sum_{j=1}^n \boldsymbol{x}_j^\top\boldsymbol{\Sigma}^{-1}\boldsymbol{x}_j\right\}|\boldsymbol{\Sigma}|^{-(d+1)/2} \\ &\propto |\boldsymbol{\Sigma}|^{-(n+d+1)/2}\exp\left\{-\frac{1}{2}\mathrm{tr}(\boldsymbol{S}\boldsymbol{\Sigma}^{-1})\right\} \end{aligned}$$

利用数据增扩算法 8.3 估计例 8.12 中未知参数 $\boldsymbol{\Sigma}$ 的后验分布，具体过程如下。

- 填补：重复以下步骤 $m$ 次，得到填补数据 $\boldsymbol{y}_{\text{mis}}^{(1)},\boldsymbol{y}_{\text{mis}}^{(2)},\cdots,\boldsymbol{y}_{\text{mis}}^{(m)}$，以及相应的散度矩阵 $\boldsymbol{S}_1,\boldsymbol{S}_2,\cdots,\boldsymbol{S}_m$。
  - 从当前 $\boldsymbol{\Sigma}$ 的后验分布 $\text{Inv-Wishart}_n^d(\boldsymbol{S})$ 中抽取 $\boldsymbol{\Sigma}$，其中 $d=2,n=12$。
  - 从 $\mathrm{N}_2(\mathbf{0},\boldsymbol{\Sigma})$ 填补缺失数据：
    - 如果 $x_1$ 已知，从下面的正态分布中产生随机数来填补缺失数据。

$$\mathrm{X}_2 \sim \mathrm{N}\left(\rho\frac{\sigma_2}{\sigma_1}x_1,\sigma_2^2(1-\rho^2)\right)$$

    - 如果 $x_2$ 已知，从下面的正态分布中产生随机数来填补缺失数据。

$$\mathrm{X}_1 \sim \mathrm{N}\left(\rho\frac{\sigma_1}{\sigma_2}x_2,\sigma_1^2(1-\rho^2)\right)$$

- 更新：后验分布更新为

$$\boldsymbol{\Sigma}|\boldsymbol{y}_{\text{obv}} \sim \frac{1}{m}\sum_{i=1}^m \text{Inv-Wishart}_n(\boldsymbol{S}_i)$$

例 8.12 的 DA 算法与例 8.11 的类似，只不过此时缺失数据是随机向量，未知参数是随机矩阵 $\boldsymbol{\Sigma}$。其中，未知参数 $\rho$ 的真实后验分布是

$$\frac{(1-\rho^2)^{4.5}}{(1.25-\rho^2)^8}$$

令填补重数 $m=15$，利用 DA 算法从 $\boldsymbol{\Sigma}$ 的后验分布中产生 $N=10^4$ 个随机数，结果见图 8.21。其中，图 8.21(a) 是估计出来的未知参数 $\sigma_1,\sigma_2$ 的后验联合分布的等高线；图 8.21(b) 是未知参数 $\rho$ 的真实后验分布（实线）和通过 DA 算法产生的 $\rho$ 的随机数的直方图及其核密度估计（虚线）。

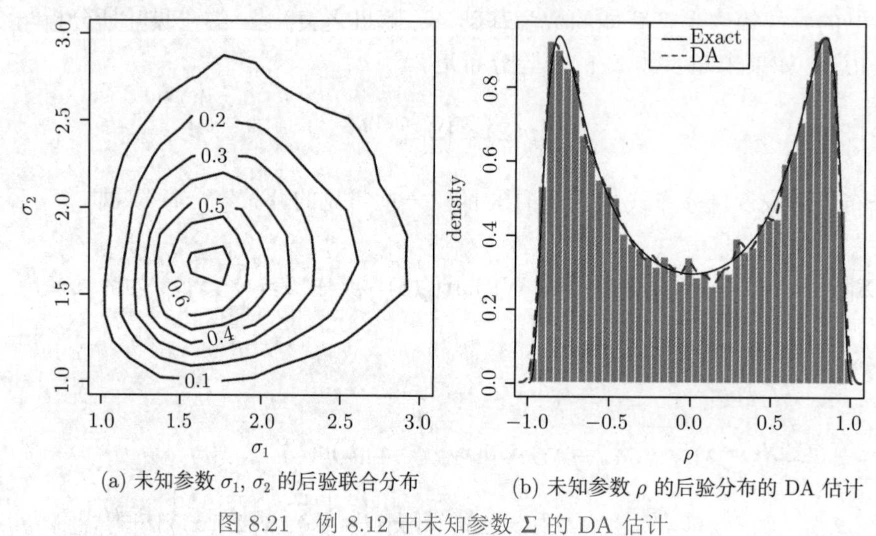


(a) 未知参数 $\sigma_1$, $\sigma_2$ 的后验联合分布　　(b) 未知参数 $\rho$ 的后验分布的 DA 估计

图 8.21　例 8.12 中未知参数 $\Sigma$ 的 DA 估计

例 8.13　令 $\Phi$ 表示标准正态分布的分布函数。考虑贝叶斯线性二分类器（Bayesian linear binary classifier）模型如下：

$$\mathsf{P}(Y_i=1)=\Phi(\boldsymbol{x}_i^\top\boldsymbol{\beta})，其中\ \boldsymbol{\beta}\in\mathbb{R}^d, i=1,2,\cdots,n$$

引入 $n$ 个独立的隐藏变量 $Z_1,Z_2,\cdots,Z_n$，使得

$$Z_i|Y_i,\boldsymbol{\beta}\sim \mathrm{N}(\boldsymbol{x}_i^\top\boldsymbol{\beta},1)$$

其中，$Y_i$ 是 $Z_i$ 在 0 处的截断，即

$$Y_i=\begin{cases}1 & ，如果\ Z_i>0\\ 0 & ，如果\ Z_i\leqslant 0\end{cases}$$

也就是说，

- 当 $Y_i=1$ 时，从 $Z_i\sim \mathrm{N}(\boldsymbol{x}_i^\top\boldsymbol{\beta},1)$ 抽样直到抽到正的随机数。
- 当 $Y_i=0$ 时，从 $Z_i\sim \mathrm{N}(\boldsymbol{x}_i^\top\boldsymbol{\beta},1)$ 抽样直到抽到负的随机数或者 0。

未知参数 $\boldsymbol{\beta}$ 在完全数据 $\boldsymbol{y},\boldsymbol{z}$ 之下的后验概率分布是

$$\boldsymbol{\beta}|\boldsymbol{y},\boldsymbol{z}\sim \mathrm{N}(\hat{\boldsymbol{\beta}},(\boldsymbol{D}^\top\boldsymbol{D})^{-1})$$

其中，

$$
\begin{aligned}
\boldsymbol{D}_{n\times d} &= (\boldsymbol{x}_1, \boldsymbol{x}_2, \cdots, \boldsymbol{x}_n)^\top \text{ 是数据矩阵} \\
\hat{\boldsymbol{\beta}} &= (\boldsymbol{D}^\top \boldsymbol{D})^{-1} \boldsymbol{D}^\top \boldsymbol{z} \\
\boldsymbol{z} &= (z_1, z_2, \cdots, z_n)^\top \\
\boldsymbol{y} &= (y_1, y_2, \cdots, y_n)^\top
\end{aligned}
$$

已知样本 $\boldsymbol{x}_i = (1, i)^\top, i = 1, 2, \cdots, 10$ 所对应的类标是 $\boldsymbol{y} = (0,1,0,0,0,1,1,1,1,1)^\top$。利用 DA 算法产生例 8.13 中未知参数 $\boldsymbol{\beta} = (\beta_1, \beta_2)^\top$ 的后验分布的 2000 个随机数（进而估计出它的密度函数），如图 8.22 所示，每个 $\boldsymbol{\beta}$ 的随机数都决定一个线性分割边界，其中的实直线是由 $\mathsf{E}(\boldsymbol{\beta})$ 决定的。

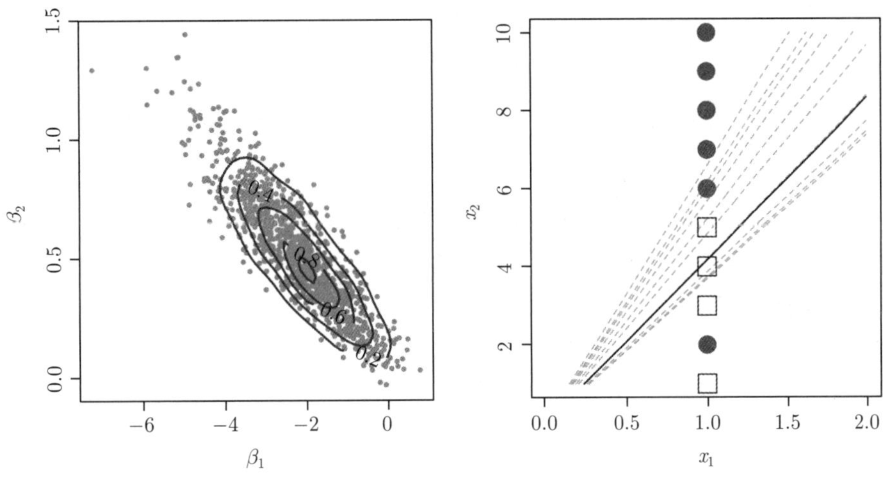


图 8.22　例 8.13 中利用 DA 算法实现的贝叶斯二分类器

不同于频率派的机器学习，贝叶斯模型关注的是数据产生的机制，它不追求某个目标函数的极值点，而追求在备选模型中数据产生的最简机制。

例 8.14　如果对例 8.13 稍作修改：令样本为 $\boldsymbol{x}_i = (-1, i)^\top, i = 1, 2, \cdots, 10$（即，位于第二象限），类标依然是 $\boldsymbol{y} = (0,1,0,0,0,1,1,1,1,1)^\top$。DA 算法产生的未知参数 $\boldsymbol{\beta} = (\beta_1, \beta_2)^\top$ 的样本使得线性分割边界的斜率为负值（图 8.23），其中的实直线是由 $\mathsf{E}(\boldsymbol{\beta})$ 决定的分割边界。

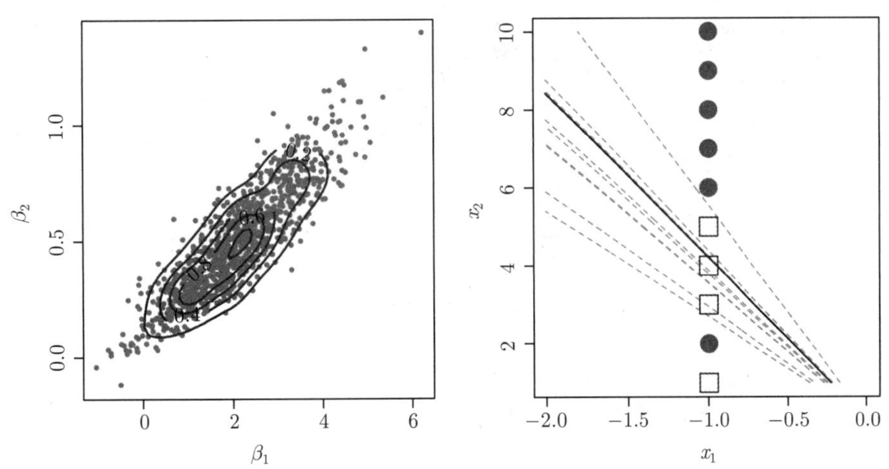


图 8.23　例 8.14 中利用 DA 算法实现的贝叶斯二分类器

例 8.15　将例 8.13 所示的贝叶斯线性二分类器用于 iris 数据，结果见图 8.24，其中的实直线是由 $\mathsf{E}(\boldsymbol{\beta})$ 决定的分割边界。请读者与贝叶斯对数率回归（其结果见第 219 页的图 6.21）进行比较。

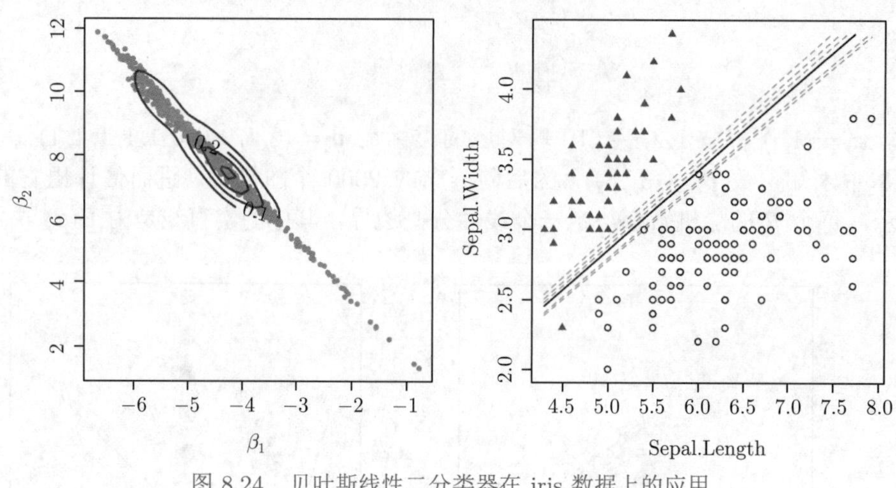


图 8.24　贝叶斯线性二分类器在 iris 数据上的应用

## 8.3.2　穷人的数据增扩算法

穷人的数据增扩（poor man's data augmentation，PMDA）算法是一个近似求 $p(\theta|\boldsymbol{y}_{\text{obv}})$ 的非迭代算法，也可为数据增扩算法提供良好的起始点。另外，该算法可逼近非正态的后验分布。之所以称之为“穷人的数据增扩算法”，是因为该算法是专为“付不起”从 $p(\boldsymbol{y}_{\text{mis}}|\boldsymbol{y}_{\text{obv}})$ 抽样代价的“穷人”（图 8.25）准备的。

图 8.25　穷人

如果未知参数 $\theta$（这里，我们不区分随机变量和随机向量）的后验分布是指数族的 $\exp\{nh(\theta)\}$，则函数 $g(\theta)$ 的期望可以由一阶拉普拉斯近似（Laplace approximation）[10] 求解，即

$$\mathsf{E}[g(\theta)] = \frac{\int g(\theta)\exp\{nh(\theta)\}\mathrm{d}\theta}{\int \exp\{nh(\theta)\}\mathrm{d}\theta}$$

$$= g(\hat{\theta})\left[1 + O\left(\frac{1}{n}\right)\right]，\text{其中 } \hat{\theta} = \underset{\theta}{\operatorname{argmax}}\, h(\theta)$$

于是，对 $p(\boldsymbol{y}_{\text{mis}}|\boldsymbol{y}_{\text{obv}})$ 的一阶拉普拉斯近似是

$$\begin{aligned} p(\boldsymbol{y}_{\text{mis}}|\boldsymbol{y}_{\text{obv}}) &= \int p(\boldsymbol{y}_{\text{mis}}|\boldsymbol{y}_{\text{obv}}, \theta)p(\theta|\boldsymbol{y}_{\text{obv}})\text{d}\theta \\ &= \mathsf{E}[p(\boldsymbol{y}_{\text{mis}}|\boldsymbol{y}_{\text{obv}}, \theta)] \\ &= p(\boldsymbol{y}_{\text{mis}}|\boldsymbol{y}_{\text{obv}}, \hat{\theta})\left[1 + O\left(\frac{1}{n}\right)\right]，\text{其中 } \hat{\theta} \text{ 是 } p(\theta|\boldsymbol{y}_{\text{obv}}) \text{ 的众数} \end{aligned}$$

**算法** 8.4（穷人的数据增扩之一阶算法，简记作“PMDA 1”）　利用 $p(\boldsymbol{y}_{\text{mis}}|\boldsymbol{y}_{\text{obv}})$ 的一阶拉普拉斯近似

⚀ 产生随机数 $\boldsymbol{y}_{\text{mis}}^{(1)}, \boldsymbol{y}_{\text{mis}}^{(2)}, \cdots, \boldsymbol{y}_{\text{mis}}^{(m)} \sim p(\boldsymbol{y}_{\text{mis}}|\boldsymbol{y}_{\text{obv}}, \hat{\theta})$，而不是从分布 $p(\boldsymbol{y}_{\text{mis}}|\boldsymbol{y}_{\text{obv}})$。

⚁ 求未知参数后验分布 $p(\theta|\boldsymbol{y}_{\text{obv}})$ 的近似解：

$$p(\theta|\boldsymbol{y}_{\text{obv}}) \approx \frac{1}{m}\sum_{i=1}^{m} p(\theta|\boldsymbol{y}_{\text{obv}}, \boldsymbol{y}_{\text{mis}}^{(i)})$$

例 8.16　在例 8.11 中，若 $\boldsymbol{y}_{\text{obv}} = (125, 18, 20, 34)^\top$，则 $p(\theta|\boldsymbol{y}_{\text{obv}}) \propto (2+\theta)^{125}(1-\theta)^{38}\theta^{34}$ 的极值点是 0.6268。若 $\boldsymbol{y}_{\text{obv}} = (16, 0, 1, 3)^\top$，则 $p(\theta|\boldsymbol{y}_{\text{obv}}) \propto (2+\theta)^{14}(1-\theta)\theta^{5}$ 的极值点是 0.8879。

```
## 目的：利用穷人的数据增扩算法估计参数的后验分布
x <- c(125, 18, 20, 34)          # observed data
b <- x[2] + x[3] + 1
N <- 1000                        # size of samples from posterior theta
theta <- rep(0, N)               # samples of theta
m <- 50                          # multiple imputation
theta_hat <- 0.6268              # the mode of posterior theta
y2 <- rbinom(m, x[1], theta_hat/(theta_hat+2))  # imputation

for(k in 1:N) {
  for(i in 1:m) {
    j <- sample(1:m, 1)
    a <- y2[j] + x[4] + 1
    theta[k] <- rbeta(1,a,b)    # sample from Beta mixture
  }
}
```

例 8.1 中未知参数 $\theta$ 的后验分布，以及基于 PMDA 算法 8.4 的估计见图 8.26。如果观测数据是 $\boldsymbol{y}_{\text{obv}} = (16, 0, 1, 3)^\top$，则 $\theta$ 后验分布明显是非正态的，见图 8.26(b)，PMDA 算法的效果也不错（与图 8.20 所示的 DA 算法的结果相比较）。

**算法** 8.5（穷人的数据增扩之精确算法）　利用重要性抽样（详见《模拟之巧》），从精确的预测分布 $p(\boldsymbol{y}_{\text{mis}}|\boldsymbol{y}_{\text{obv}})$ 抽样。

⚀ 产生随机数 $\boldsymbol{y}_{\text{mis}}^{(1)}, \boldsymbol{y}_{\text{mis}}^{(2)}, \cdots, \boldsymbol{y}_{\text{mis}}^{(m)} \sim p(\boldsymbol{y}_{\text{mis}}|\boldsymbol{y}_{\text{obv}}, \hat{\theta})$。

⚁ 计算权重

$$w_j = \frac{p(\boldsymbol{y}_{\text{mis}}^{(j)}|\boldsymbol{y}_{\text{obv}})}{p(\boldsymbol{y}_{\text{mis}}^{(j)}|\boldsymbol{y}_{\text{obv}}, \hat{\theta})}, \text{ 其中 } j = 1, 2, \cdots, m$$

⚁ 参数的后验分布为

$$p(\theta|\boldsymbol{y}_{\text{obv}}) \approx \frac{\sum_{j=1}^{m} w_j p(\theta|\boldsymbol{y}_{\text{obv}}, \boldsymbol{y}_{\text{mis}}^{(j)})}{\sum_{j=1}^{m} w_j}$$

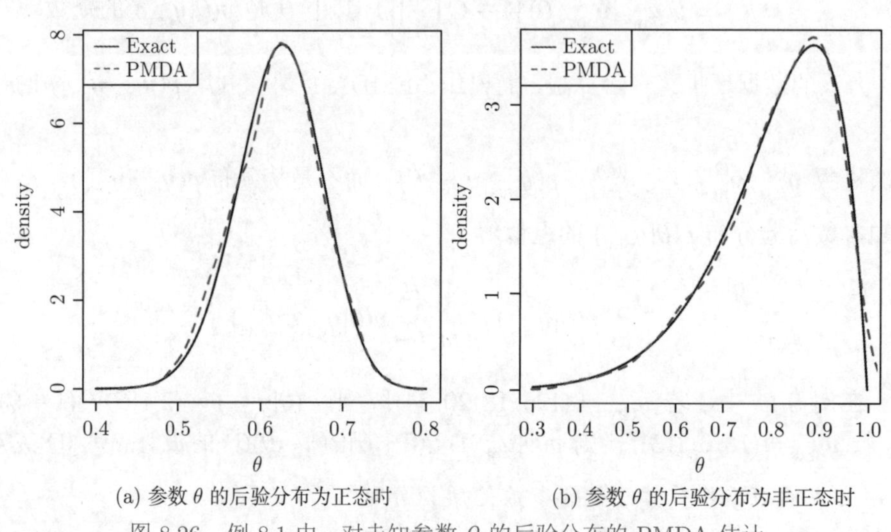


(a) 参数 $\theta$ 的后验分布为正态时　(b) 参数 $\theta$ 的后验分布为非正态时

图 8.26　例 8.1 中，对未知参数 $\theta$ 的后验分布的 PMDA 估计

如果“穷人”（图 8.27）还希望用上更精确的 $p(\boldsymbol{y}_{\text{mis}}|\boldsymbol{y}_{\text{obv}})$ 的近似，是否有“便宜”的近似方法能偷梁换柱？人们很自然地想到 $\mathsf{E}[g(\theta)]$ 的二阶拉普拉斯近似。

图 8.27　《穷诗人》

注：德国浪漫主义画家和诗人卡尔·施皮茨韦格（Carl Spitzweg, 1808—1885）的作品。

$\mathsf{E}[g(\theta)]$ 的二阶拉普拉斯近似为

$$\mathsf{E}[g(\theta)] = \sqrt{\frac{\det(\boldsymbol{\Sigma}_*)}{\det(\boldsymbol{\Sigma})}}\frac{\exp\{nh_*(\theta_*)\}}{\exp\{nh(\hat{\theta})\}}\left[1 + O\left(\frac{1}{n^2}\right)\right]$$

其中，

$$nh(\theta) = \ln p(\theta|\boldsymbol{y}_{\mathrm{obv}}) \qquad \hat{\theta} = \operatorname*{argmax}_{\theta} h(\theta)$$

$$nh_*(\theta) = nh(\theta) + \ln g(\theta) \qquad \theta_* = \operatorname*{argmax}_{\theta} h_*(\theta)$$

$$\boldsymbol{\Sigma} = \left[\left.\frac{\partial^2 h}{\partial\theta^2}\right|_{\hat{\theta}}\right]^{-1} \qquad \boldsymbol{\Sigma}_* = \left[\left.\frac{\partial^2 h_*}{\partial\theta^2}\right|_{\theta_*}\right]^{-1}$$

于是，对 $p(\boldsymbol{y}_{\mathrm{mis}}|\boldsymbol{y}_{\mathrm{obv}})$ 的二阶拉普拉斯近似是

$$\begin{aligned}
p(\boldsymbol{y}_{\mathrm{mis}}|\boldsymbol{y}_{\mathrm{obv}}) &= \mathsf{E}[p(\boldsymbol{y}_{\mathrm{mis}}|\boldsymbol{y}_{\mathrm{obv}}, \theta)] \\
&= \int_{\Theta} p(\boldsymbol{y}_{\mathrm{mis}}|\boldsymbol{y}_{\mathrm{obv}}, \theta)p(\theta|\boldsymbol{y}_{\mathrm{obv}})\mathrm{d}\theta \\
&= \int_{\Theta} p(\boldsymbol{y}_{\mathrm{mis}}|\boldsymbol{y}_{\mathrm{obv}}, \theta)\left[\frac{p(\theta|\boldsymbol{y}_{\mathrm{obv}}, \boldsymbol{y}_{\mathrm{mis}})p(\boldsymbol{y}_{\mathrm{mis}}|\boldsymbol{y}_{\mathrm{obv}})}{p(\boldsymbol{y}_{\mathrm{mis}}|\boldsymbol{y}_{\mathrm{obv}}, \theta)}\right]\mathrm{d}\theta \\
nh(\theta) &= \ln p(\theta|\boldsymbol{y}_{\mathrm{obv}}, \boldsymbol{y}_{\mathrm{mis}}) + \ln p(\boldsymbol{y}_{\mathrm{mis}}|\boldsymbol{y}_{\mathrm{obv}}) - \ln p(\boldsymbol{y}_{\mathrm{mis}}|\boldsymbol{y}_{\mathrm{obv}}, \theta) \\
nh_*(\theta) &= \ln p(\theta|\boldsymbol{y}_{\mathrm{obv}}, \boldsymbol{y}_{\mathrm{mis}}) + \ln p(\boldsymbol{y}_{\mathrm{mis}}|\boldsymbol{y}_{\mathrm{obv}})
\end{aligned}$$

令 $\theta_*$ 最大化 $p(\theta|\boldsymbol{y}_{\mathrm{obv}}, \boldsymbol{y}_{\mathrm{mis}})$。当 $p(\boldsymbol{y}_{\mathrm{mis}}|\boldsymbol{y}_{\mathrm{obv}})$ 难算时，我们用它的二阶近似：

$$p(\boldsymbol{y}_{\mathrm{mis}}|\boldsymbol{y}_{\mathrm{obv}}) \propto \sqrt{\det(\boldsymbol{\Sigma}_*)}\frac{p(\theta_*|\boldsymbol{y}_{\mathrm{obv}}, \boldsymbol{y}_{\mathrm{mis}})p(\boldsymbol{y}_{\mathrm{mis}}|\boldsymbol{y}_{\mathrm{obv}}, \hat{\theta})}{p(\hat{\theta}|\boldsymbol{y}_{\mathrm{obv}}, \boldsymbol{y}_{\mathrm{mis}})}$$

**算法** 8.6（穷人的数据增扩之二阶算法，简记作“PMDA 2”） 利用 $p(\boldsymbol{y}_{\mathrm{mis}}|\boldsymbol{y}_{\mathrm{obv}})$ 的二阶拉普拉斯近似，仿照算法 8.5，该算法是对算法 8.4 的改进。

⚀ 产生随机数

$$\boldsymbol{y}_{\mathrm{mis}}^{(1)}, \boldsymbol{y}_{\mathrm{mis}}^{(2)}, \cdots, \boldsymbol{y}_{\mathrm{mis}}^{(m)} \sim p(\boldsymbol{y}_{\mathrm{mis}}|\boldsymbol{y}_{\mathrm{obv}}, \hat{\theta})$$

⚁ 计算权重

$$\begin{aligned}
w_j &= \sqrt{\det(\boldsymbol{\Sigma}_*)}\frac{p(\theta_*^{(j)}|\boldsymbol{y}_{\mathrm{obv}}, \boldsymbol{y}_{\mathrm{mis}}^{(j)})p(\boldsymbol{y}_{\mathrm{mis}}^{(j)}|\boldsymbol{y}_{\mathrm{obv}}, \hat{\theta})}{p(\hat{\theta}|\boldsymbol{y}_{\mathrm{obv}}, \boldsymbol{y}_{\mathrm{mis}}^{(j)})p(\boldsymbol{y}_{\mathrm{mis}}^{(j)}|\boldsymbol{y}_{\mathrm{obv}}, \hat{\theta})} \\
&= \sqrt{\det(\boldsymbol{\Sigma}_*)}\frac{p(\theta_*^{(j)}|\boldsymbol{y}_{\mathrm{obv}}, \boldsymbol{y}_{\mathrm{mis}}^{(j)})}{p(\hat{\theta}|\boldsymbol{y}_{\mathrm{obv}}, \boldsymbol{y}_{\mathrm{mis}}^{(j)})}
\end{aligned}$$

⚂ 求未知参数后验分布的近似解

$$p(\theta|\boldsymbol{y}_{\mathrm{obv}}) \approx \frac{\sum_{j=1}^{m} w_j p(\theta|\boldsymbol{y}_{\mathrm{obv}}, \boldsymbol{y}_{\mathrm{mis}}^{(j)})}{\sum_{j=1}^{m} w_j}$$

如果 PMDA 1 和 PMDA 2 取得一致的结果，则这两个 PMDA 算法的有效性基本得以保障，“穷人”（图 8.28）大可放心。否则，建议“穷人”使用算法 8.5。

(a)《海边的穷人》　　(b)《穷渔夫》

图 8.28　名画中的穷人

注：《海边的穷人》是西班牙艺术家**巴勃罗·毕加索**（Pablo Picasso, 1881—1973）在“蓝色时期”的作品。《穷渔夫》是法国印象派画家**保罗·高更**（Paul Gauguin, 1848—1903）的作品。

# 第 9 章

# 时间序列分析初步

滚滚长江东逝水，浪花淘尽英雄。是非成败转头空。青山依旧在，几度夕阳红。

白发渔樵江渚上，惯看秋月春风。一壶浊酒喜相逢。古今多少事，都付笑谈中。

——杨慎《临江仙》

以随机过程为数学基础，时间序列分析（简称“时序分析”）是现代统计学的一个重要分支，研究的是以时间排序的数据中所包含的统计规律。时间序列分析和经典统计学是两个截然不同的工具，前者被视为离散指标的随机过程的统计学，关心的是序列数据内在的依赖关系；后者的研究对象是基于独立性假设的简单样本（数据之间是不相关的），没有把时间变量纳入研究框架。

例 9.1　挪威百年间（1876—1976 年）的国内生产总值在两次世界大战期间有所下降。挪威中央统计局的世纪邮票（图 9.1）显示了其社会发展的整体面貌。

图 9.1　挪威百年

时间序列有时候指随机变量的序列 $\{X_1, X_2, \cdots\}$，有时候指按时间顺序取得的具体观测值的序列 $\{x_1, x_2, \cdots\}$（即随机过程所生成的无限总体中的一个样本实现）。时间序列的本质特征是相邻观测值之间的依赖性，例如工厂每天的产量，医院每个月治愈某种疾病的人数，全球温度的变化（图 9.2）等。时间序列分析的对象就是这种依赖性，一旦我们了解了它就可以利用时间序列的历史数据对它的未来取值进行预测，或者根据输入输出的时间序列来研究动态系统和控制模型。

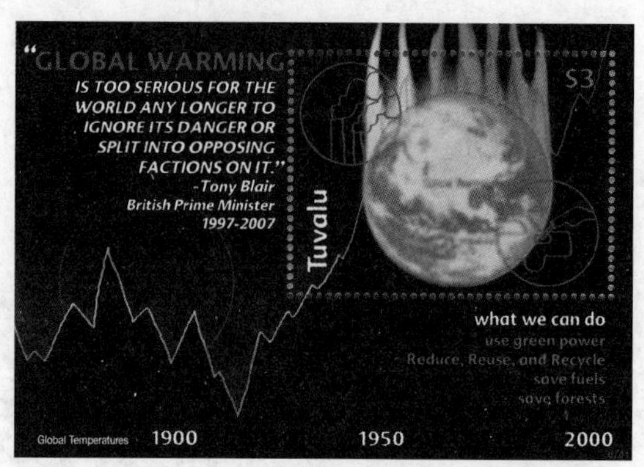

图 9.2　近一百多年全球温度变化情况

考虑到未知因素的影响，我们不可能用一个确定模型去实现最优预测和控制，而是要用概率模型（或随机模型）。对于探索经济、金融、工程、环境、气象、水文、人口、质量控制等以时间顺序出现的数据的内在规律，时间序列分析是一个基本工具[179-183]。例如，图 9.3 是 1946—1959 年，纽约市每个月的出生人数的历史数据。

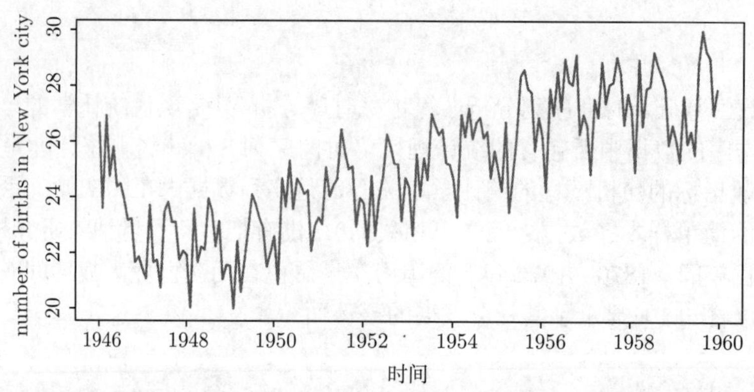

图 9.3　1946—1959 年，纽约市每个月的出生人数（单位：千人）

再例如，R 语言里包含美国泛美航空公司 1949—1960 年的 12 年间国际航班月度旅客人数数据集“AirPassengers”（图 9.4）。如何从中分析出规律？

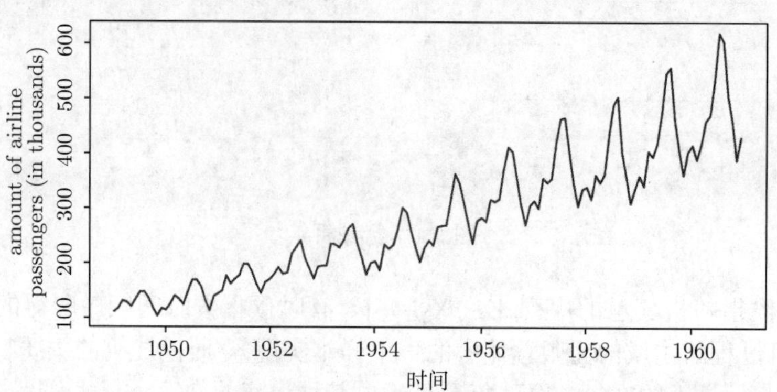

图 9.4　1949—1960 年，泛美航空公司国际航班月度旅客人数（单位：千人）

二氧化碳过度排放导致温室效应（图 9.5），全球气温升高将带来一系列的气候灾难。发现二者的相关性，有助于人们理解绿色能源的重要性。

图 9.5　二氧化碳过度排放引起全球变暖

定义 9.1　当我们得到了 $\{X_1,X_2,\cdots,X_t\}$ 的观测值，如何预测 $X_{t+1}$ 的结果？预测值 $\hat{X}_{t+1}$ 是一个有关 $\{X_1,X_2,\cdots,X_t\}$ 的函数，为了使均方误差 $\mathsf{E}(X_{t+1}-\hat{X}_{t+1})^2$ 最小，$\hat{X}_{t+1}$ 应是条件期望 $\mathsf{E}(X_{t+1}|X_1,X_2,\cdots,X_t)$，称为**最佳预测**。然而，条件分布 $f(x_{t+1}|x_1,x_2,\cdots,x_t)$ 一般是未知的，也很难从观测数据中估计出来。

利用 $\{X_1,X_2,\cdots,X_t\}$ 对 $X_{t+h}$ 进行预测，$h=1,2,\cdots$，预测值记作 $\hat{X}_{t+h|t}$。如果我们对条件心知肚明，或者在上下文中条件没有任何歧义，则该预测值也简记作 $\hat{X}_{t+h}$。

例 9.2　**股票**（stock）是一种可以进行买卖交易的有价证券，股份公司借助它筹措资金、分配股权、平摊风险，投资人可通过股息或者股票交易市场的波动获利（图 9.6）。股票价格的预测时常需要用到时间序列分析这一工具。

(a) 维也纳证券交易所

(b) 埃及股票交易始于 1903 年

(c) 纽约证券交易所

图 9.6　1771 年，维也纳证券交易所成立；1792 年，纽约证券交易所成立

人们常用 K 线图（candlestick chart）来刻画股价的变化：K 线图两端的纵坐标为**开盘价**和**收盘价**，高开低收为**阴线**，低开高收为**阳线**。美国股市用红色（警戒色）表示阴线，绿色（安全色）表示阳线（见图 9.7，正好与国内的使用习惯相反）。

定义 9.2（滞后算子和差分算子）　对于过程 $\{X_t\}$，**滞后算子**（lag operator）$\mathsf{L}$ 定义为

$$\mathsf{L}X_t = X_{t-1}$$

- 将滞后算子 L 连续用 $k$ 次便得到 $k$ 阶后移算子 $\mathsf{L}^k$，即

$$\mathsf{L}^k X_t = X_{t-k}，其中\ k = 1, 2, \cdots$$

滞后算子 L 把时间序列 $X_t$ 中的时间向过去移动一个单位（例如，$X_1$ 是 2020 年 1 月的某数据，$\mathsf{L}X_1$ 则把该数据的时间改为 2019 年 12 月），$\mathsf{L}^k$ 则移动 $k$ 个单位。

- 由滞后算子还可以定义差分算子 (difference operator) $\nabla$（读作"纳布拉"）、$k$ 步差分算子 $\nabla_k$、$k$ 阶差分算子 $\nabla^k$：

$$\nabla = 1 - \mathsf{L}$$

$$\nabla_k = 1 - \mathsf{L}^k，其中\ k \in \mathbb{N}$$

$$\nabla^k = (1 - \mathsf{L})^k$$

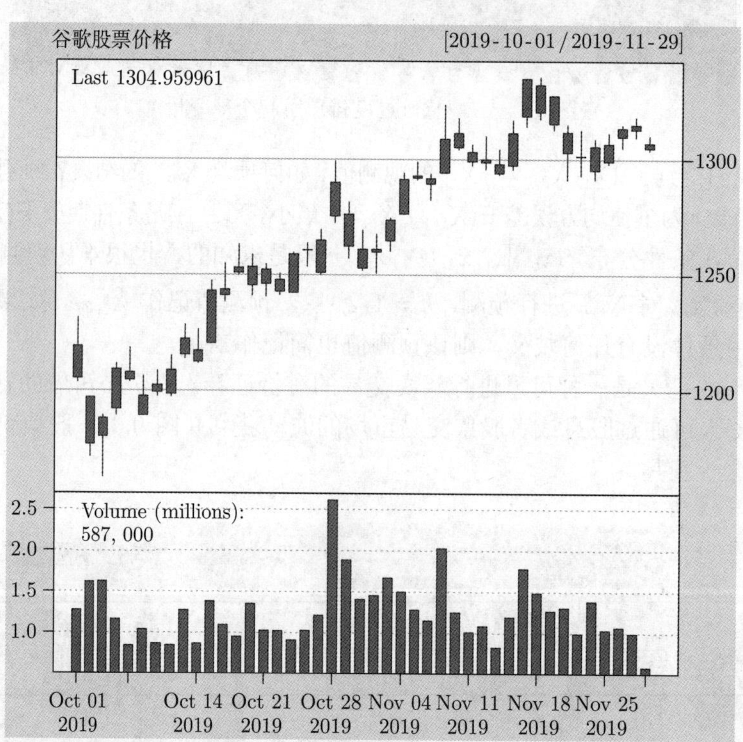


图 9.7　2019 年 10 至 11 月，美国谷歌公司股票价格的 K 线图与交易量

例如，一阶差分就是 $\nabla X_t = X_t - X_{t-1}$，二阶、三阶差分具体展开后为

$$\nabla^2 X_t = X_t - 2X_{t-1} + X_{t-2}$$

$$\nabla^3 X_t = X_t - 3X_{t-1} + 3X_{t-2} - X_{t-3}$$

**例 9.3**　图 9.4 所示泛美航空月国际旅客人数的一阶、二阶差分序列的示例见图 9.8。

**性质 9.1**　显而易见，$k$ 步差分算子和 $k$ 阶差分算子可具体展开为

$$\nabla_k X_t = X_t - X_{t-k}$$

$$\nabla^k X_t = \sum_{j=0}^{k} (-1)^j C_k^j X_{t-j}$$

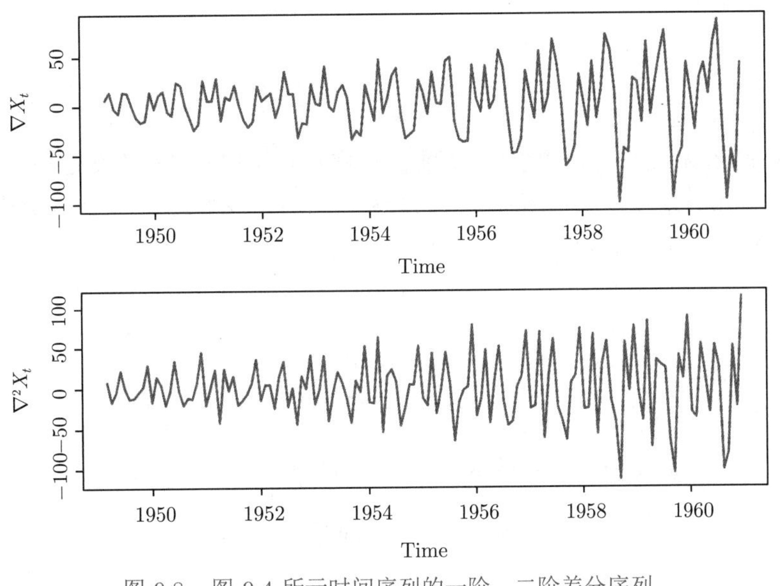

图 9.8　图 9.4 所示时间序列的一阶、二阶差分序列

**定义 9.3**　复数域上时间序列 $\{X_t : t \in \mathbb{Z}\}$ 的自协方差函数 (autocovariance function, ACVF) 和自相关函数 (autocorrelation function, ACF) 分别定义为

$$\gamma_X(t,s) = \mathsf{E}[(X_t - \mathsf{E}X_t)(X_s - \mathsf{E}X_s)] \\ = \mathsf{E}(X_tX_s) - \mathsf{E}X_t\mathsf{E}X_s$$

$$\rho_X(t,s) = \frac{\gamma_X(t,s)}{\sigma_X(t)\sigma_X(s)}$$

**定义 9.4**（平稳时间序列）　时间序列 $\{X_t : t \in \mathbb{Z}\}$ 如果满足下面的条件，则称之为弱平稳 (weakly stationary) 时间序列，简称平稳时间序列或平稳序列 (stationary series)。

- 常数期望：所有 $X_t$ 的期望皆为一个常数。即，$\forall t \in \mathbb{Z}$，皆有

$$\mathsf{E}(X_t) = \mu，其中\ \mu\ 为常数$$

- 方差有限：$\forall t \in \mathbb{Z}$，皆有

$$\mathsf{V}(X_t) < \infty$$

- 平移不变：$\forall r,s,t \in \mathbb{Z}$，皆有

$$\gamma_X(r,s) = \gamma_X(r+t,s+t)$$

平稳序列基本在某个水平上下波动，不同时间的波动幅度可以不同。若对于任意时间点 $t_1,t_2,\cdots,t_k \in \mathbb{Z}$，若 $(X_{t_1},X_{t_2},\cdots,X_{t_k})^\top$ 与 $(X_{t_1+h},X_{t_2+h},\cdots,X_{t_k+h})^\top$ 同分布，则称该时间序列是强平稳的 (strongly stationary)。

**性质 9.2**　对于一个平稳时间序列 $\{X_t\}$，方差函数 $\sigma_X^2(t) = \gamma_X(t,t) = \gamma_X(0,0)$ 与 $t$ 无关，不妨记作 $\sigma^2$。自协方差函数和自相关函数也与 $t$ 无关，即

$$\gamma(h) = \mathsf{E}(X_{t+h}X_t) - \mathsf{E}X_{t+h}\mathsf{E}X_t$$

$$= \gamma_X(h, 0)$$

$$\rho(h) = \frac{\gamma(h)}{\sigma^2}$$

显然，$\rho(h)$ 就是 $X_t$ 和 $\mathsf{L}^h X_t$ 之间的相关系数。平稳时间序列的平移不变性把二元的自协方差函数和自相关函数变为一元函数，即“时间间隔”的函数。有时，我们把 $\gamma(h), \rho(h)$ 分别简记作 $\gamma_h, \rho_h$。

性质 9.3　自协方差函数 $\gamma(h)$ 满足下面的性质：

$$\gamma(0) = \sigma^2$$
$$\gamma(-h) = \gamma(h)$$
$$|\gamma(h)| \leqslant \gamma(0), \forall h$$

证明　令 $\tau = t - h$，利用自协方差函数不依赖于时间点，有

$$\begin{aligned}\gamma(-h) &= \mathsf{E}[(X_t - \mu)(X_{t-h} - \mu)] \\ &= \mathsf{E}[(X_{t-h} - \mu)(X_t - \mu)] \\ &= \mathsf{E}[(X_\tau - \mu)(X_{\tau+h} - \mu)] \\ &= \gamma(h)\end{aligned}$$

利用柯西-施瓦茨不等式，有

$$|\gamma(h)| \leqslant \mathsf{E}|(X_t - \mu)(X_{t+h} - \mu)| \leqslant \sigma^2 = \gamma(0)$$ □

性质 9.4　平稳时间序列的自相关函数满足以下性质：

$$\rho(0) = 1$$
$$\rho(-h) = \rho(h)$$
$$|\rho(h)| \leqslant 1, \forall h \in \mathbb{Z}$$

性质 9.5　自协方差函数 $\gamma(h)$ 是半正定的，即对于任意时间点 $t_1, t_2, \cdots, t_k$ 和任意实数 $b_1, b_2 \cdots, b_k$ 皆有

$$\sum_{i,j=1}^{k} \gamma(t_i - t_j) b_i b_j \geqslant 0$$

证明　定义 $Y = b_1 X_{t_1} + \cdots + b_k X_{t_k}$，显然 $\mathsf{V}(Y) \geqslant 0$，即

$$\begin{aligned}\mathsf{V}(Y) &= \mathsf{E}\left[\sum_{j=1}^{k} b_j (X_{t_j} - \mu)\right]^2 \\ &= \sum_{i,j=1}^{k} \gamma(t_i - t_j) b_i b_j \geqslant 0\end{aligned}$$ □

定理 9.1　分别记 $\gamma(j), \rho(j)$ 为 $\gamma_j, \rho_j$，其中 $j = 0, 1, 2, \cdots, k$。如果 $\gamma_0 > 0$ 且

$$\lim_{j \to \infty} \gamma_j = 0$$

则 $\forall k>0$ 下面的两个矩阵 $\boldsymbol{\Gamma}_k$ 和 $\boldsymbol{R}_k$ 都是正定的。

$$\boldsymbol{\Gamma}_k=\begin{pmatrix}\gamma_0 & \gamma_1 & \cdots & \gamma_k\\ \gamma_1 & \gamma_0 & \cdots & \gamma_{k-1}\\ \vdots & \vdots & & \vdots\\ \gamma_k & \gamma_{k-1} & \cdots & \gamma_0\end{pmatrix}\qquad \boldsymbol{R}_k=\begin{pmatrix}1 & \rho_1 & \cdots & \rho_k\\ \rho_1 & 1 & \cdots & \rho_{k-1}\\ \vdots & \vdots & & \vdots\\ \rho_k & \rho_{k-1} & \cdots & 1\end{pmatrix}$$

定义 9.5　如果平稳序列 $\{Z_t\}$ 满足

$$\begin{aligned}\mathsf{E}(Z_t)&=\mu\\ \gamma(h)&=\begin{cases}\sigma^2<\infty & ，若\ h=0\\ 0 & ，若\ h\neq 0\end{cases}\end{aligned}$$

则称之为白噪声 (white noise) 序列，记作

$$\{Z_t\}\sim \mathrm{WN}(\mu,\sigma^2)$$

若它还是独立同分布的，则称之为 IID 噪声，记作

$$\{Z_t\}\sim \mathrm{IID}(\mu,\sigma^2)$$

特别地，$\{Z_t\}\overset{\text{iid}}{\sim}\mathrm{N}(0,\sigma^2)$ 被称为高斯白噪声或正态白噪声。

两个随机变量的相关系数刻画了它们之间线性相关的程度，自相关函数 $\rho(h)$ 真的度量了 $\mathsf{L}^hX_t=X_{t-h}$ 对 $X_t$ 的影响吗？影响 $X_t$ 的还有 $\mathsf{L}X_t=X_{t-1},\cdots,\mathsf{L}^{h-1}X_t=X_{t-h+1}$。有可能 $\mathsf{L}X_t$ 是“压垮骆驼的最后一根稻草”，即通过一个连锁反应，$\mathsf{L}^hX_t$ 强烈地影响了 $X_t$（或者恰恰相反，影响随时间而消散了）。所以，我们不能把自相关函数 $\rho(h)$ 简单地理解为 $X_t$ 和 $\mathsf{L}^hX_t$ 的关联度量。

定义 9.6（偏自相关函数）　在平稳时间序列 $\{X_t\}$ 中，为了揭示 $X_t$ 与 $\mathsf{L}^hX_t$ 的关联性，定义时间序列 $\{X_t\}$ 的偏自相关函数 (partial autocorrelation function, PACF) 为在给定 $X_{t-1},\cdots,X_{t-h+1}$ 的条件下，$X_t$ 与 $X_{t-h}$ 之间的相关系数。即

$$\begin{aligned}\pi(0)&=1\\ \pi(1)&=\rho(1)\\ \pi(h)&=\rho(X_t,X_{t-h}|X_{t-1},\cdots,X_{t-h+1})\\ &=\frac{\mathsf{E}[(X_t-\mathsf{E}(X_t|X_{t-1},\cdots,X_{t-h+1}))(X_{t-h}-\mathsf{E}(X_{t-h}|X_{t-1},\cdots,X_{t-h+1}))]}{\sqrt{\mathsf{V}(X_t|X_{t-1},\cdots,X_{t-h+1})\mathsf{V}(X_{t-h}|X_{t-1},\cdots,X_{t-h+1})}}\end{aligned}$$

与 $\rho(h)$ 不同，$\pi(h)$ 把 $X_{t-h},\overbrace{X_{t-h+1},\cdots,X_{t-1}}^{\text{条件}},X_t$ 中间那段当作已知条件，再看 $X_{t-h}$ 与 $X_t$ 的相关系数，这样就避免了累积影响。就像考察一个人 $X_t$ 的前 $h$ 辈祖先 $X_{t-h}$ 对其影响，当 $h$ 很大时影响一般很小，但如果已知 $X_{t-h+1},\cdots,X_{t-1}$ 都是文盲（或者，都是秀才），则 $X_{t-h}$ 对 $X_t$ 的影响很大。

定义 9.7（谱密度）　时间序列 $\{X_t:t\in\mathbb{Z}\}$ 的自协方差函数 $\gamma(h)$ 如果满足

$$\sum_{h=-\infty}^{\infty}|\gamma(h)|<\infty$$

则它的傅里叶变换称作该时间序列的谱密度 (spectral density)，即下面的函数

$$f(\lambda) = \frac{1}{2\pi} \sum_{h=-\infty}^{\infty} e^{-ih\lambda} \gamma(h), \text{ 其中 } -\pi \leqslant \lambda \leqslant \pi \tag{9.1}$$

显然，自协方差函数和谱密度有下面的关系：

$$\gamma(h) = \int_{-\pi}^{\pi} e^{ih\lambda} f(\lambda) d\lambda$$

时间序列自协方差函数和谱密度的关系类似随机变量的密度函数和示性函数的关系[10]。

性质 9.6　白噪声 $\mathrm{WN}(\mu, \sigma^2)$ 的谱密度是常数

$$f(\lambda) = \frac{\sigma^2}{2\pi}$$

许多时间序列具有周期性，谱分析 (spectral analysis) 是一种可以发现潜在周期性的技术。要进行谱分析，我们首先必须将数据从时域转换到频域，如傅里叶变换、小波变换 (wavelet transform)*等。

## 第 9 章的关键概念

时间序列（图 9.9）是人类利用随机数学认知客观变化（如金融、天气、地震、信号等）的常用手段。倘若变化毫无规律可循，或者由几个没有随机性的简单规则就能描述清楚，则时间序列就没有了用武之地。

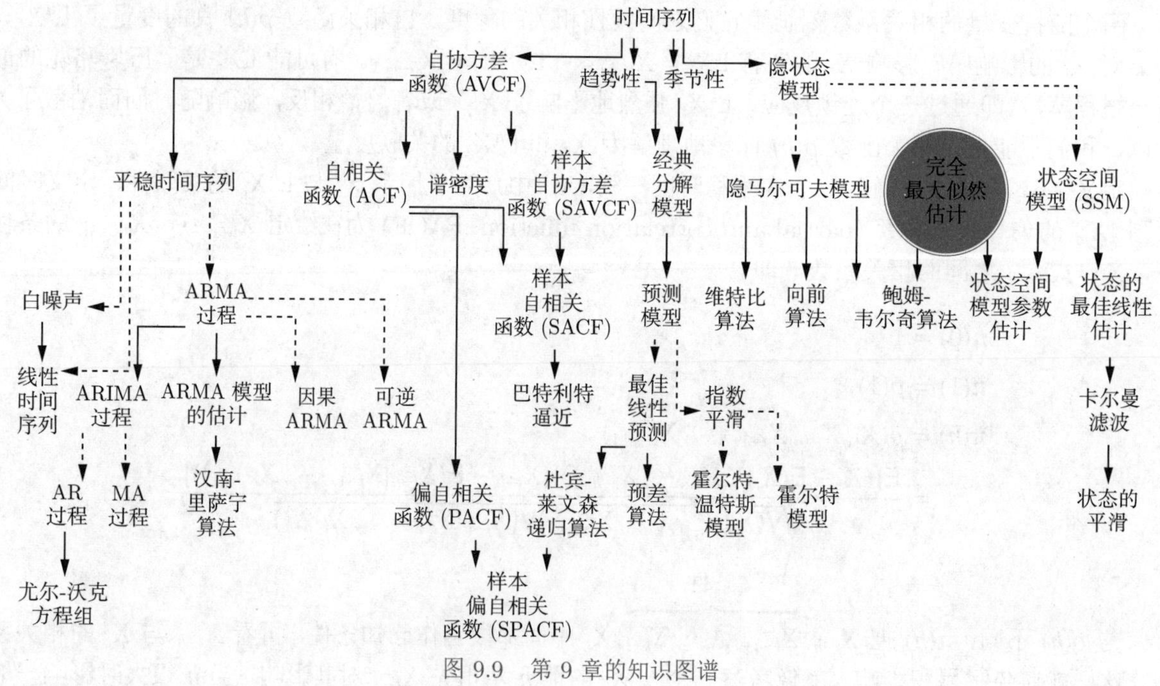


图 9.9　第 9 章的知识图谱

* 小波变换利用母小波 $g(x)$（例如，墨西哥帽小波 $g(x) = (1 - x^2)\exp\{-x^2/2\}$ 等）的平移和伸缩 $g_{a,b}(x) = g((x-b)/a)$ 将时域信号 $s(t)$ 变换为一个有关平移 $b$ 和尺度 $a > 0$ 的二元函数 $\psi(a, b)$，即

$$\psi(a,b) = \frac{1}{\sqrt{a}} \int_{-\infty}^{+\infty} g_{a,b}(t) s(t) dt, \text{ 其中 } a > 0$$

## 9.1 时间序列模型

事实上，$X_{t+1}$ 和 $\{X_1, X_2, \cdots, X_t\}$ 之间关系可以很复杂。作为研究对象，我们不妨从最简单的入手：假设存在线性关系 $\hat{X}_{t+1} = a_0 + a_1X_1 + \cdots + a_tX_t$，其中系数 $a_0, a_1, \cdots, a_t$ 使得均方误差 $\mathsf{E}(X_{t+1} - \hat{X}_{t+1})^2$ 最小，该结果被称为最佳线性预测。这类模型的优点是简单，结果仅依赖于 $\mathsf{E}X_i$ 和 $\mathsf{E}(X_iX_j), i, j = 1, 2, \cdots$。即，求解最优化问题

$$\underset{a_0, a_1, \cdots, a_t}{\operatorname{argmin}} \mathsf{E}(X_{t+1} - a_0 - a_1X_1 - \cdots - a_tX_t)^2$$

基于数学、统计学的模型（特别是时间序列模型），利用计算机模拟进行某些趋势性的预测，已成为非常普遍的一种研究手段。例如：

- 预估在干预或不干预的条件下流行病的传播与规模演化，以期防患于未然，及时采取应对策略，改善公共健康。
- 预测天气的变化或模拟气候的变迁。如图 9.10 所示，考察二氧化碳浓度与气温的关系，预估冰川融化以及干旱的严重程度，以便唤醒普通民众，对以下观点达成共识：使用绿色能源保护环境，减缓全球变暖，消除文明发展对气候的恶劣影响等。

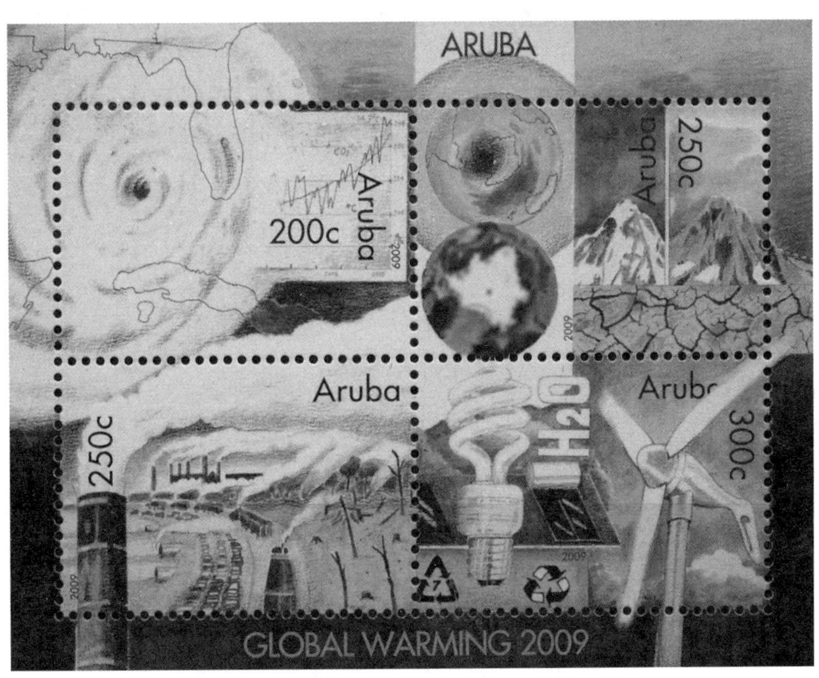


图 9.10　环境保护的共识来自统计预测

**定义 9.8**（线性时间序列）　一个平稳时间序列 $\{X_t\}$ 如果有如下的表示，则称之为线性时间序列 (linear time series) 或线性过程 (linear process)。

$$X_t = \mu + \sum_{j=0}^{\infty} \psi_j Z_{t-j} \tag{9.2}$$

其中，

$$\{Z_t\} \sim \mathrm{WN}(0, \sigma^2)，\ t \in \mathbb{Z}，\text{并且} \sum_{j=0}^{\infty} |\psi_j| < \infty$$

$Z_t$ 称为 $t$ 时刻的扰动 (shock)。定义多项式

$$\psi(z) = \sum_{j=0}^{\infty} \psi_j z^j$$

易见，线性时间序列 (9.2) 可简写为

$$X_t = \mu + \psi(\mathsf{L})Z_t$$

性质 9.7　线性时间序列 (9.2) 的期望、方差、自协方差、自相关函数如下：

$$\begin{aligned}
\mathsf{E}(X_t) &= \mu \\
\mathsf{V}(X_t) &= \sigma^2 \sum_{j=0}^{\infty} \psi_j^2 \\
\gamma(h) &= \mathsf{E}\left(\sum_{j=0}^{\infty} \psi_j Z_{t+h-j}\right)\left(\sum_{j=0}^{\infty} \psi_j Z_{t-j}\right) \\
&= \sigma^2 \sum_{j=0}^{\infty} \psi_j \psi_{j-h}，\text{其中当 } j < 0 \text{ 时，} \psi_j = 0 \\
\rho(h) &= \frac{\sum_{j=0}^{\infty} \psi_j \psi_{j-h}}{\sum_{j=0}^{\infty} \psi_j^2}
\end{aligned}$$

由上述结果不难看出：

$$\lim_{j\to\infty} \psi_j = 0$$

$$\lim_{h\to\infty} \rho(h) = 0$$

即，线性时间序列越远的历史对当前的影响越小，相隔越远的观测之间的相关性越小（图 9.11）。

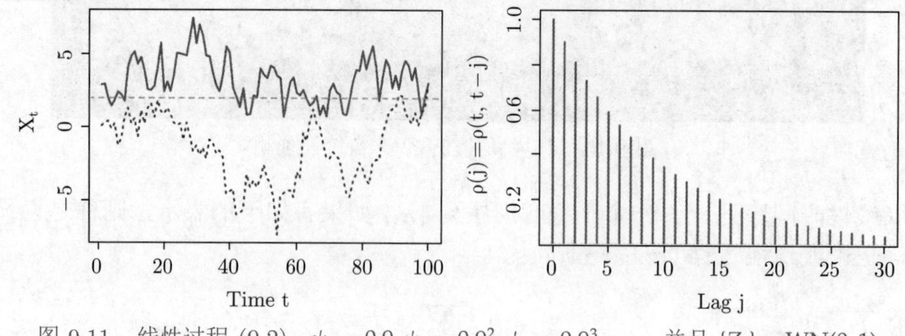


图 9.11　线性过程 (9.2)：$\psi_0 = 0.9, \psi_1 = 0.9^2, \psi_2 = 0.9^3, \cdots$；并且 $\{Z_t\} \sim \mathrm{WN}(0, 1)$

推论 9.1　线性时间序列 (9.2) 的谱密度是

$$f(\lambda) = \frac{\sigma^2}{2\pi} |\psi(\mathrm{e}^{-\mathrm{i}\lambda})|^2，\text{其中 } -\pi \leqslant \lambda \leqslant \pi$$

性质 9.8 不妨设 $X_{t-1},\cdots,X_{t-h+1}$ 对 $X_t$ 和 $X_{t-h}$ 的最佳线性预测（具体解法见第 436 页的定理 9.5）分别是

$$\hat{X}_t = \alpha_0 + \alpha_1 X_{t-1} + \cdots + \alpha_{h-1} X_{t-h+1}$$
$$\hat{X}_{t-h} = \beta_0 + \beta_1 X_{t-1} + \cdots + \beta_{h-1} X_{t-h+1}$$

如果 $\alpha_0,\alpha_1,\cdots,\alpha_h$ 和 $\beta_0,\beta_1,\cdots,\beta_{h-1}$ 与 $t$ 无关，则

$$\pi(h) = \rho(X_t - \hat{X}_t, X_{t-h} - \hat{X}_{t-h})$$

定义 9.9 时间序列 $\{W_t : t = 0,1,2,\cdots\}$ 被称为随机游动 (random walk)，如果 $W_0 = 0$ 且 $W_t$ 是由 $t$ 个独立同分布的随机变量叠加而成，即

$$W_t = X_1 + X_2 + \cdots + X_t，其中\ t = 1,2,\cdots \tag{9.3}$$

或者，

$$W_t = W_{t-1} + X_t，其中\ t = 1,2,\cdots$$

图 9.12 是一个随机游动的示例。如果 $X_t$ 服从两点分布，则 $W_t$ 是简单随机游动。在随机过程理论中，由简单随机游动可以构造标准布朗运动[10]。

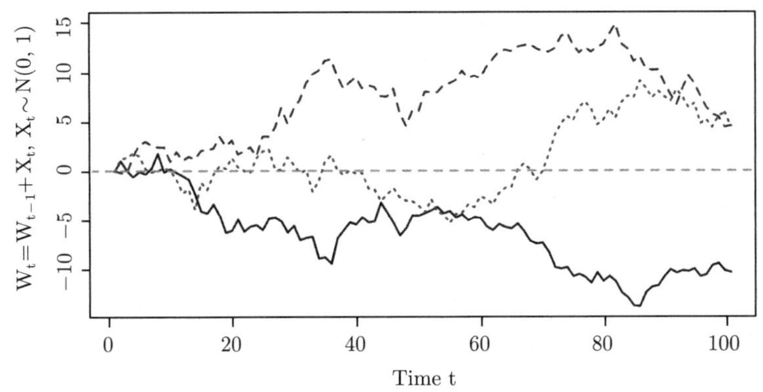


图 9.12 随机游动 $W_t = X_1 + X_2 + \cdots + X_t$，其中 $X_1, X_2, \cdots, X_t \overset{\text{iid}}{\sim} N(0,1)$

例 9.4 令随机游动 (9.3) 中 $\{X_t\} \sim WN(0,\sigma^2)$，则随机游动 $W_t$ 满足

$$\mathsf{E}(W_t) = 0$$
$$\mathsf{V}(W_t) = t\sigma^2 < +\infty$$

但 $\{W_t\}$ 不是平稳的，因为协方差函数 $\gamma_W(t+h,t)$ 与 $t$ 有关。

$$\begin{aligned}\gamma_W(t+h,t) &= \mathsf{Cov}(W_{t+h}, W_t)\\ &= \mathsf{Cov}(W_t + X_{t+1} + \cdots + X_{t+h}, W_t)\\ &= \mathsf{Cov}(W_t, W_t)\\ &= t\sigma^2\end{aligned}$$

定义 9.10　令 $\{Z_t\} \sim \mathrm{WN}(0,\sigma^2)$，定义两类常见的随机游动如下。

- 带漂移的随机游动：

$$W_t = \alpha + W_{t-1} + Z_t，\text{其中 } t = 1,2,\cdots$$

- 有确定趋势的随机游动：

$$W_t = \alpha + \beta t + Z_t，\text{其中 } t = 1,2,\cdots$$

其中，$\alpha + \beta t$ 是确定趋势（deterministic trend）。

### 9.1.1 ARMA 模型

自回归滑动平均（autoregressive moving average，ARMA）过程，简称 ARMA 过程，常用于研究随季节变化的价格、销售量等波动规律，我们可以把它视作自回归 (autogressive, AR) 过程和滑动平均（moving average，MA）过程的混合体，或二者（分别简称 AR 过程和 MA 过程）是 ARMA 过程的特例。在一些文献里，滑动平均也称为“移动平均”。

定义 9.11　一个平稳过程 $\{X_t : t \in \mathbb{Z}\}$ 称为一个 ARMA$(p,q)$ 过程，如果它满足

$$X_t - \varphi_1 X_{t-1} - \cdots - \varphi_p X_{t-p} = Z_t + \theta_1 Z_{t-1} + \cdots + \theta_q Z_{t-q}，\text{其中 } \{Z_t\} \sim \mathrm{WN}(0,\sigma^2) \tag{9.4}$$

有的文献这样定义 ARMA$(p,q)$ 过程：在时刻 $t$，有

$$X_t - \varphi_1 X_{t-1} - \cdots - \varphi_p X_{t-p} = \varphi_0 + Z_t + \theta_1 Z_{t-1} + \cdots + \theta_q Z_{t-q}，\text{其中 } \varphi_0 \text{ 是一个常数}$$

于是，在时刻 $t-1$，有

$$X_{t-1} - \varphi_1 X_{t-2} - \cdots - \varphi_p X_{t-1-p} = \varphi_0 + Z_{t-1} + \theta_1 Z_{t-2} + \cdots + \theta_q Z_{t-1-q}$$

将上述两式相减，便可得到类似式 (9.4) 那样没有常数的形式。为简单起见，我们默认采用式 (9.4) 作为 ARMA$(p,q)$ 模型的定义。特别地，

- ARMA$(p,0)$ 过程简称为 AR$(p)$ 过程。即

$$X_t = \varphi_1 X_{t-1} + \cdots + \varphi_p X_{t-p} + Z_t$$

- ARMA$(0,q)$ 过程简称为 MA$(q)$ 过程。即

$$X_t = Z_t + \theta_1 Z_{t-1} + \cdots + \theta_q Z_{t-q}$$

利用滞后算子，式 (9.4) 可以简化为

$$\varphi(\mathsf{L}) X_t = \theta(\mathsf{L}) Z_t \tag{9.5}$$

其中，

$$\{Z_t\} \sim \mathrm{WN}(0,\sigma^2)$$

$$\varphi(z) = 1 - \varphi_1 z - \cdots - \varphi_p z^p \tag{9.6}$$

$$\theta(z) = 1 + \theta_1 z + \cdots + \theta_q z^q \tag{9.7}$$

我们称式 (9.6) 为 AR 多项式，式 (9.7) 为 MA 多项式。

例 9.5（滑动平均模型）　以一阶滑动平均模型 MA(1) 为例，有

$$X_t = Z_t + \theta Z_{t-1}，其中\ Z_t \sim \mathrm{WN}(0,\sigma^2)$$

计算 MA(1) 的自协方差函数和自相关函数如下：

$$\begin{aligned}
\mathsf{E}(X_t) &= 0\\
\mathsf{V}(X_t) &= \sigma^2(1+\theta^2)\\
\gamma(1) &= \mathsf{E}(X_tX_{t-1}) - \mathsf{E}X_t\mathsf{E}X_{t-1}\\
&= \mathsf{E}(Z_tZ_{t-1}) + \theta\mathsf{E}(Z_tZ_{t-2}) + \theta\mathsf{E}(Z_{t-1}^2) + \theta^2\mathsf{E}(Z_{t-1}Z_{t-2})\\
&= \sigma^2\theta\\
\gamma(h) &= 0，其中\ h \geqslant 2\\
\rho(1) &= \rho_X(t,t-1)\\
&= \frac{\theta}{1+\theta^2}\\
\rho(h) &= 0，其中\ h \geqslant 2
\end{aligned}$$

例如，模型 MA(1)，其中 $\theta = 0.9, \sigma^2 = 1$，其 ACF 在 $j = 2$ 处截尾，即 $\rho(j) = 0$，其中 $j \geqslant 2$（图 9.13）。

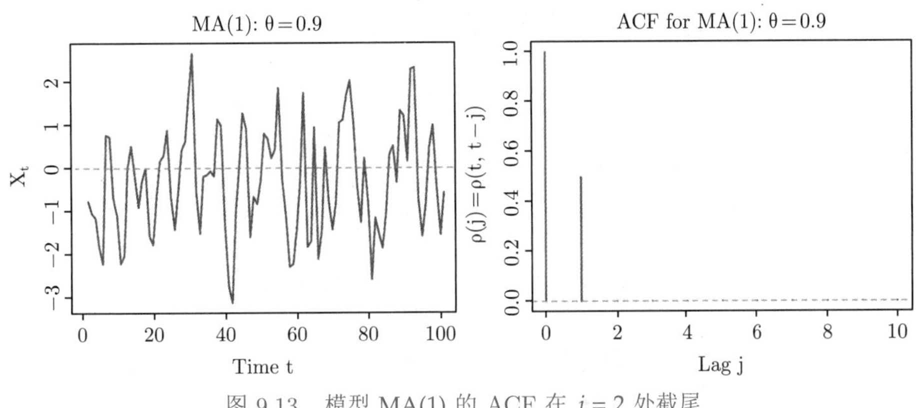


图 9.13　模型 MA(1) 的 ACF 在 $j = 2$ 处截尾

上述结果也可由性质 9.7 的结果导出。易见，MA(1) 是平稳时间序列，其中 $X_t$ 与 $X_{t-h}$ 之间无关联 $(h > 1)$。它的谱密度函数是

$$f(\lambda) = \frac{\sigma^2}{2\pi}(1+\theta^2+2\theta\cos\lambda)，其中\ -\pi \leqslant \lambda \leqslant \pi$$

例 9.6（二阶滑动平均模型）　再以二阶滑动平均模型 MA(2) 为例，有

$$X_t = Z_t + \theta_1 Z_{t-1} + \theta_2 Z_{t-2}$$

由性质 9.7 的结果，类似地，有

$$\mathsf{E}(X_t) = 0$$

$$
\begin{aligned}
\mathsf{V}(X_t) &= \sigma^2(1+\theta_1^2+\theta_2^2) \\
\gamma(1) &= \sigma^2(\theta_1+\theta_1\theta_2) \\
\gamma(2) &= \sigma^2\theta_2 \\
\gamma(h) &= 0，\text{其中 } h \geqslant 3 \\
\rho(1) &= \frac{\theta_1+\theta_1\theta_2}{1+\theta_1^2+\theta_2^2} \\
\rho(2) &= \frac{\theta_2}{1+\theta_1^2+\theta_2^2} \\
\rho(h) &= 0，\text{其中 } h \geqslant 3
\end{aligned}
$$

例如，模型 MA(2)，其中 $\theta_1 = 0.9, \theta_2 = -0.3, \sigma^2 = 1$，其 ACF 在 $j = 3$ 处截尾（图 9.14）。

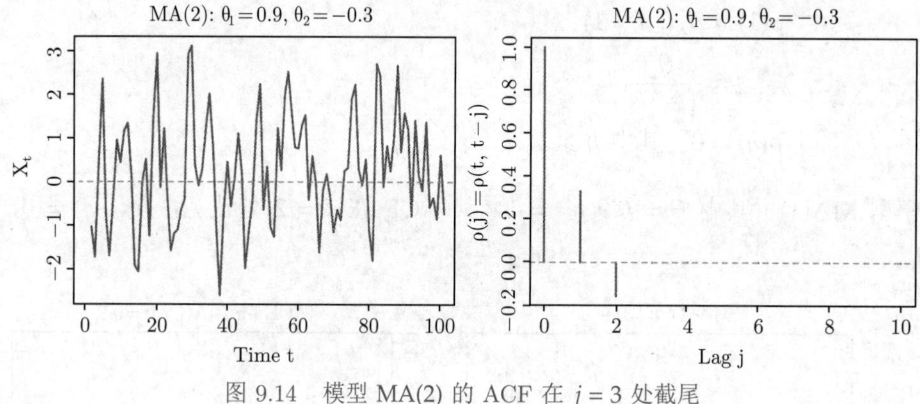


图 9.14 模型 MA(2) 的 ACF 在 $j = 3$ 处截尾

例 9.7 考虑以下两个 MA(1) 模型，即

$$
X_t = Z_t + 5Z_{t-1}，\text{其中 } Z_t \sim \mathrm{WN}(0,1)
$$

$$
Y_t = Z_t + \frac{1}{5}Z_{t-1}，\text{其中 } Z_t \sim \mathrm{WN}(0,25)
$$

由例 9.5 的结果，不难看出，时间序列 $\{X_t\}$ 和 $\{Y_t\}$ 有相同的自协方差函数

$$
\gamma(h) = \begin{cases} 26 & ，\text{如果 } h = 0 \\ 5 & ，\text{如果 } h = 1 \\ 0 & ，\text{如果 } h \geqslant 2 \end{cases}
$$

也就是说，不同的 MA(1) 模型可能拥有相同的自协方差函数。请读者构造例子来说明 MA(2) 模型也有这类现象。

$p$ 阶自回归模型 AR($p$) 利用历史数据预测未来数据，“自回归”一词来自线性回归，它的模型是

$$
X_t = \varphi_1 X_{t-1} + \cdots + \varphi_p X_{t-p} + Z_t，\text{其中 } \{Z_t\} \sim \mathrm{WN}(0,\sigma^2) \tag{9.8}
$$

1. **尤尔-沃克方程组**

统计学之父卡尔·皮尔逊的学生、英国著名统计学家**乌迪·尤尔**（Udny Yule, 1871—1951）（图 9.15）在 20 世纪 20 年代奠定了时间序列分析的理论基础。

图 9.15 尤尔（左）和沃克（右）

尤尔和英国物理学家、统计学家**吉尔伯特·沃克**（Gilbert Walker, 1868—1958）（图 9.15）分别于 1927 年和 1931 年发现了 $p$ 阶自回归模型 AR($p$) 的下述性质，被称为尤尔-沃克方程组。

$$\gamma(h) = \sum_{j=1}^{p} \varphi_j \gamma(h-j) + \sigma^2 \delta_0^h \tag{9.9}$$

其中，$\delta_0^h$ 是克罗内克符号，定义见式 (E.3)，它取值 1,0 表示 $h=0$ 是否成立。

证明　式 (9.8) 两边同乘以 $X_{t-h}$，然后求期望。由 $Z_t$ 与 $X_{t-1}, X_{t-2}, \cdots$ 的独立性，可得差分方程 (9.9)。 □

尤尔-沃克方程组 (9.9) 也可以写成矩阵的形式：

$$\boldsymbol{\gamma}_p = \boldsymbol{\Gamma}_p \boldsymbol{\varphi}_p \tag{9.10}$$

$$\sigma^2 = \gamma(0) - \boldsymbol{\varphi}_p^{\top} \boldsymbol{\gamma}_p \tag{9.11}$$

其中，

$$\boldsymbol{\Gamma}_p = \begin{pmatrix} \gamma(0) & \gamma(1) & \cdots & \gamma(p-2) & \gamma(p-1) \\ \gamma(1) & \gamma(0) & \cdots & \gamma(p-3) & \gamma(p-2) \\ \vdots & \vdots & & \vdots & \vdots \\ \gamma(p-1) & \gamma(p-2) & \cdots & \gamma(1) & \gamma(0) \end{pmatrix} \qquad \boldsymbol{\varphi}_p = \begin{pmatrix} \varphi_1 \\ \varphi_2 \\ \vdots \\ \varphi_p \end{pmatrix} \qquad \boldsymbol{\gamma}_p = \begin{pmatrix} \gamma(1) \\ \gamma(2) \\ \vdots \\ \gamma(p) \end{pmatrix}$$

性质 9.9　令平稳时间序列 $\{X_t\}$ 的自相关函数是 $\rho_h = \rho(h)$，其中 $h = 0,1,2,\cdots$。考虑变量为 $\pi_{h1}, \pi_{h2}, \cdots, \pi_{h,h-1}, \pi_{hh}$ 的线性方程组

$$\begin{cases} \rho_1 = \pi_{h1}\rho_0 + \pi_{h2}\rho_1 + \cdots + \pi_{h,h-1}\rho_{h-2} + \pi_{hh}\rho_{h-1} \\ \rho_2 = \pi_{h1}\rho_1 + \pi_{h2}\rho_0 + \cdots + \pi_{h,h-1}\rho_{h-3} + \pi_{hh}\rho_{h-2} \\ \quad\vdots \\ \rho_h = \pi_{h1}\rho_{h-1} + \pi_{h2}\rho_{h-2} + \cdots + \pi_{h,h-1}\rho_1 + \pi_{hh}\rho_0 \end{cases}$$

求解该方程组，偏自相关函数为

$$\pi(h) = \pi_{hh}$$

具体地，$\pi_{11} = \rho_1$，并且

$$
\pi_{22} = \frac{\begin{vmatrix} \rho_0 & \rho_1 \\ \rho_1 & \rho_2 \end{vmatrix}}{\begin{vmatrix} \rho_0 & \rho_1 \\ \rho_1 & \rho_0 \end{vmatrix}} = \frac{\rho_2 - \rho_1^2}{1 - \rho_1^2} \qquad \cdots \qquad \pi_{hh} = \frac{\begin{vmatrix} \rho_0 & \cdots & \rho_{h-2} & \rho_1 \\ \rho_1 & \cdots & \rho_{h-3} & \rho_2 \\ \vdots & & \vdots & \vdots \\ \rho_{h-1} & \cdots & \rho_1 & \rho_0 \end{vmatrix}}{\begin{vmatrix} \rho_0 & \cdots & \rho_{h-2} & \rho_{h-1} \\ \rho_1 & \cdots & \rho_{h-3} & \rho_{h-2} \\ \vdots & & \vdots & \vdots \\ \rho_{h-1} & \cdots & \rho_1 & \rho_0 \end{vmatrix}}
$$

例 9.8（自回归模型） 以一阶自回归模型 AR(1) 为例，有

$$X_t = \varphi X_{t-1} + Z_t$$

仿照例 9.5，不难算得

$$
\begin{aligned}
\mathsf{E}(X_t) &= 0 \\
\mathsf{V}(X_t) &= \frac{\sigma^2}{1-\varphi^2} \\
\gamma(h) &= \frac{\sigma^2 \varphi^{|h|}}{1-\varphi^2} \\
\rho(1) &= \varphi \\
\rho(h) &= \varphi^h \\
f(\lambda) &= \frac{\sigma^2}{2\pi(1+\varphi^2 - 2\varphi\cos\lambda)}
\end{aligned}
$$

上述结果表明，AR(1) 是平稳时间序列。其中，如果 $|\varphi| < 1$，则

$$\lim_{h\to\infty} \rho_X(t, t-h) = 0$$

MA($q$) 的 ACF 在有限步之内截尾，而 AR($p$) 则不能（我们称之为拖尾）。一般地，ACF 为截尾时，符合 MA 模型；ACF 为拖尾时，符合 AR 模型或 ARMA 模型。图 9.16 是一阶自回归模型 AR(1)，其中 $\varphi = -0.8, \sigma^2 = 1$。ACF 按 $\varphi^j$ 指数衰减。

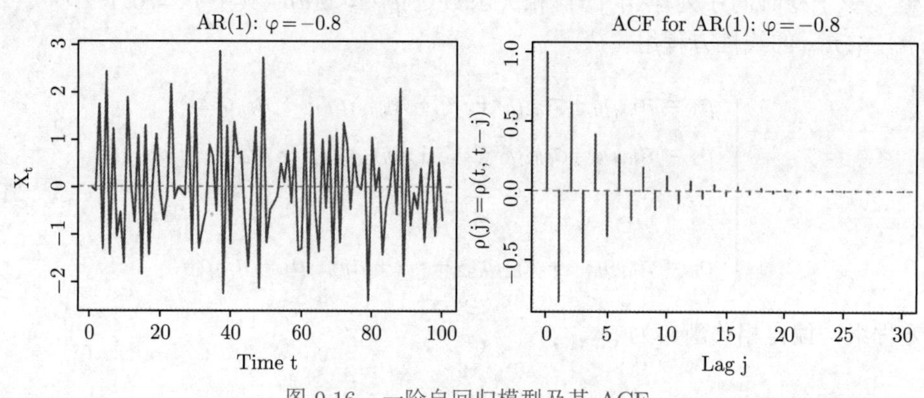


图 9.16 一阶自回归模型及其 ACF

将 ARMA(1,1) 的 ACF 与 MA(1) 和 AR(1) 的相比较，不难看出它与后者更像——在有限步之内无法截尾。我们需要 PACF 的截尾特征来甄别数据符合 AR 模型还是 ARMA 模型。通常，PACF 截尾符合 AR 模型，拖尾符合 ARMA 模型。

2. **因果的 ARMA 过程**

**定义 9.12** 对于 ARMA$(p,q)$ 过程 (9.4)，如果存在常数 $\psi_k, k=0,1,2,\cdots$ 满足下面两个条件，则称该 ARMA$(p,q)$ 过程是因果的 (causal)。

$$\sum_{k=0}^{\infty}|\psi_k|<\infty，\text{称为“绝对可和”}$$

$$X_t=\sum_{k=0}^{\infty}\psi_k Z_{t-k}，\text{其中 } t\in\mathbb{Z} \tag{9.12}$$

例如，线性时间序列（定义 9.8）是因果的。图 9.17 是两个 ARMA(1,1) 模型的示例。我们很好奇，ARMA 模型为何需要“因果”这个性质？

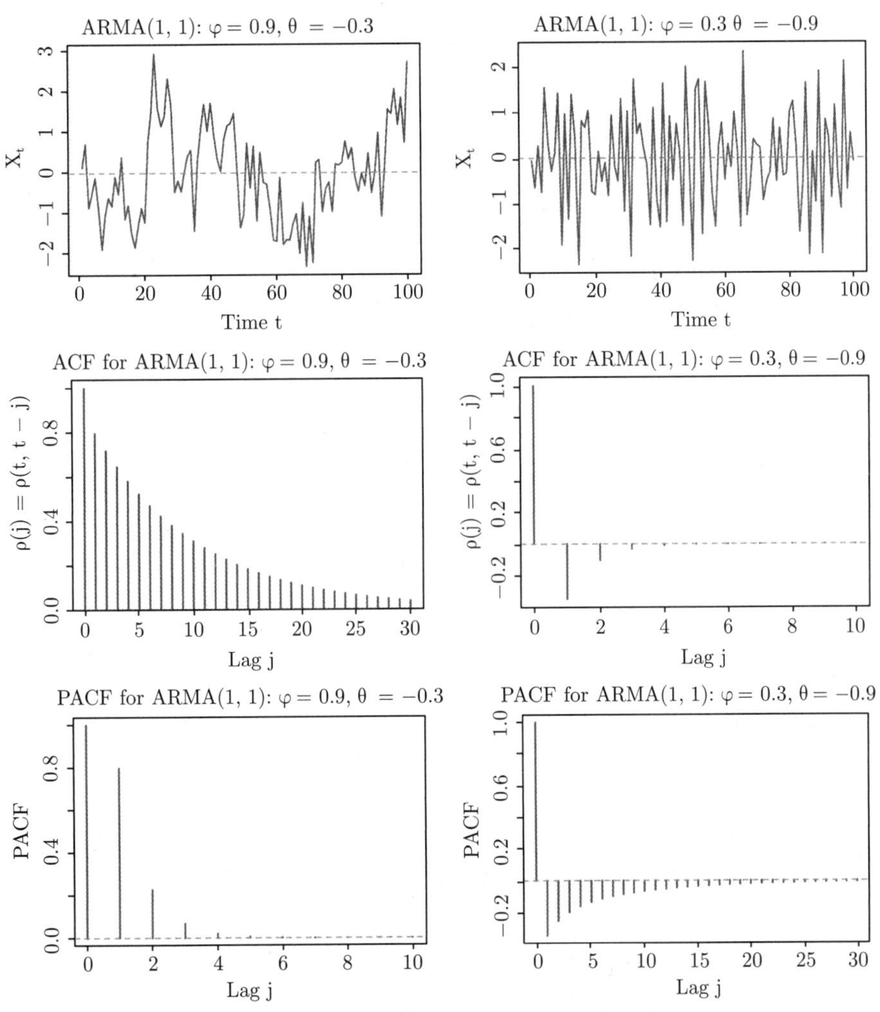


图 9.17 两个 ARMA(1,1) 模型及其 ACF 与 PACF

- 因果 ARMA 时间序列可以表示为一个简单的线性过程。
- 因果 ARMA 模型允许实时预测 $X_t$，因为它只依赖过去的值，而不依赖未来的值——这也是用“因果”这个词的原因。由于预测是 ARMA 模型的主要用途之一，因此“因果”是一个理想的性质。

例 9.9　考虑以下的 AR(∞) 模型，我们将说明它是一个因果过程。

$$X_t + \sum_{j=1}^{\infty}(-\theta)^j X_{t-j} = Z_t，其中\ |\theta| < 1$$

在时刻 $t-1$ 时，有

$$X_{t-1} + \sum_{j=1}^{\infty}(-\theta)^j X_{t-1-j} = Z_{t-1}$$

在上式两边同乘以 $-\theta$，得到

$$-\theta X_{t-1} + \sum_{j=1}^{\infty}(-\theta)^{j+1} X_{t-1-j} = -\theta Z_{t-1}$$

于是，AR(∞) 模型摇身一变成了下述 MA(1) 模型，应了物极必反的老话。

$$X_t = Z_t + \theta Z_{t-1}，其中\ |\theta| < 1$$

定理 9.2　考虑 ARMA$(p,q)$ 过程 (9.5)，若多项式 (9.6) 和 (9.7) 没有公共零点，则

- 该 ARMA$(p,q)$ 过程是因果的当且仅当 AR 多项式

$$\varphi(z) \neq 0，其中\ |z| \leqslant 1$$

　就像例 9.9 中的 AR 多项式

$$\begin{aligned}\varphi(z) &= 1 + \sum_{j=1}^{\infty}(-\theta)^j z^j \\ &= \frac{1}{1+\theta z}，其中\ |\theta| < 1, |z| \leqslant 1\end{aligned}$$

- 式 (9.12) 中的常数 $\psi_k, k = 0,1,2,\cdots$ 就是下述多项式 $\psi(z)$ 的系数。

$$\begin{aligned}\psi(z) &= \frac{\theta(z)}{\varphi(z)} \\ &= \sum_{k=0}^{\infty}\psi_k z^k，其中\ |z| \leqslant 1\end{aligned}$$

例 9.10　考虑 ARMA(1,1) 模型：

$$X_t - \varphi X_{t-1} = Z_t + \theta Z_{t-1}，其中\ |\varphi| < 1, |\theta| < 1, \varphi \neq -\theta \tag{9.13}$$

该 ARMA(1,1) 模型满足定理 9.2 的条件，它是一个因果线性时间序列。下面，由定理 9.2 求 $X_t$ 的表达式。

$$\frac{1+\theta z}{1-\varphi z}=(1+\theta z)\sum_{j=0}^{\infty}\varphi^j z^j$$
$$=1+(\varphi+\theta)\sum_{j=1}^{\infty}\varphi^{j-1}z^j$$

于是，$X_t$ 可由 $Z_t,Z_{t-1},\cdots$ 线性表出为

$$X_t=Z_t+(\varphi+\theta)\sum_{j=1}^{\infty}\varphi^{j-1}Z_{t-j} \tag{9.14}$$

❑ $X_t$ 的期望和方差是

$$\mathsf{E}(X_t)=0$$
$$\mathsf{V}(X_t)=\sigma^2\left[1+(\varphi+\theta)^2\sum_{j=1}^{\infty}\varphi^{2(j-1)}\right]$$
$$=\sigma^2\frac{1+2\varphi\theta+\theta^2}{1-\varphi^2}$$

❑ 式 (9.13) 两边同乘以 $Z_t$，然后求期望可得

$$\mathsf{E}(X_tZ_t)=\sigma^2$$

❑ 式 (9.13) 两边同乘以 $X_{t-1}$，然后求期望可得

$$\gamma(1)-\varphi\gamma(0)=\theta\mathsf{E}(Z_{t-1}X_{t-1})$$
$$=\theta\sigma^2$$

于是，有

$$\gamma(1)=\varphi\gamma(0)+\theta\sigma^2$$

❑ 式 (9.13) 两边同乘以 $X_{t-h}$，其中 $h\geqslant 2$，然后求期望可得

$$\gamma(h)-\varphi\gamma(h-1)=0$$

进而，有

$$\gamma(h)=\varphi^{h-1}\gamma(1)$$

根据上述结果，整理后得到

$$\gamma(h)=\begin{cases}\sigma^2\dfrac{(\varphi+\theta)(1+\varphi\theta)}{1-\varphi^2} & ，如果\ h=1\\ \varphi^{h-1}\gamma(1) & ，如果\ h\geqslant 2\end{cases}$$

$$\rho(h)=\begin{cases}\dfrac{(\varphi+\theta)(1+\varphi\theta)}{1+2\varphi\theta+\theta^2} & ，如果\ h=1\\ \varphi^{h-1}\rho(1) & ，如果\ h\geqslant 2\end{cases}$$

3. **可逆的 ARMA 过程**

**定义 9.13** 对于 ARMA$(p,q)$ 过程 (9.4)，如果存在常数 $\pi_k, k=0,1,2,\cdots$ 满足下面两个条件，则称该 ARMA$(p,q)$ 过程是可逆的 (invertible)。

$$\sum_{k=0}^{\infty}|\pi_k| < \infty$$

$$Z_t = \sum_{k=0}^{\infty}\pi_k X_{t-k}，\text{其中 } t\in\mathbb{Z} \tag{9.15}$$

即，$Z_t$ 可由当前观测 $X_t$ 和历史观测线性表出，离当前越远的历史，其影响越小。例如，例 9.9 的 AR$(\infty)$ 模型是可逆的。我们同样好奇，ARMA 模型为何需要"可逆"这个性质？

可逆 ARMA 模型可以表示为一个 AR 模型，而 AR 模型的自相关函数是由模型唯一决定的，见尤尔-沃克方程组 (9.9)。所以，可逆性 (invertibility) 解决了 MA 模型的自相关函数不唯一的问题（例 9.7）。

**例 9.11** 考虑以下的 MA$(\infty)$ 模型：

$$X_t = Z_t + \sum_{j=1}^{\infty}(-\varphi)^j Z_{t-j}，\text{其中 } |\varphi|<1$$

仿照例 9.9，我们可以证明上述模型是可逆的，它就是下述 AR(1) 模型。

$$X_t + \varphi X_{t-1} = Z_t，\text{其中 } |\varphi|<1$$

**定理 9.3** 考虑 ARMA$(p,q)$ 过程 (9.5)，若多项式 (9.6) 和 (9.7) 没有公共零点，则

- 该 ARMA$(p,q)$ 过程是可逆的当且仅当 MA 多项式

$$\theta(z)\neq 0，\text{其中 } |z|\leqslant 1$$

  就像例 9.11 中的 MA 多项式

$$\begin{aligned}\theta(z) &= 1+\sum_{j=1}^{\infty}(-\varphi)^j z^j\\ &= \frac{1}{1+\varphi z}\end{aligned}$$

- 式 (9.15) 中的常数 $\pi_k, k=0,1,2,\cdots$ 就是下述多项式 $\pi(z)$ 的系数。

$$\begin{aligned}\pi(z) &= \frac{\varphi(z)}{\theta(z)}\\ &= \sum_{k=0}^{\infty}\pi_k z^k，\text{其中 } |z|\leqslant 1\end{aligned}$$

对于平稳可逆的 ARMA 模型，定理 9.2 和定理 9.3 保证了 ARMA 模型在某些特定条件之下可以归结为 MA 模型和 AR 模型。

**例 9.12** 考虑 ARMA(2,2) 模型：

$$X_t - 0.4X_{t-1} - 0.21X_{t-2} = Z_t + 0.6Z_{t-1} + 0.09Z_{t-2}$$

该 ARMA(2,2) 模型的 ACF 和 PACF 见图 9.18。

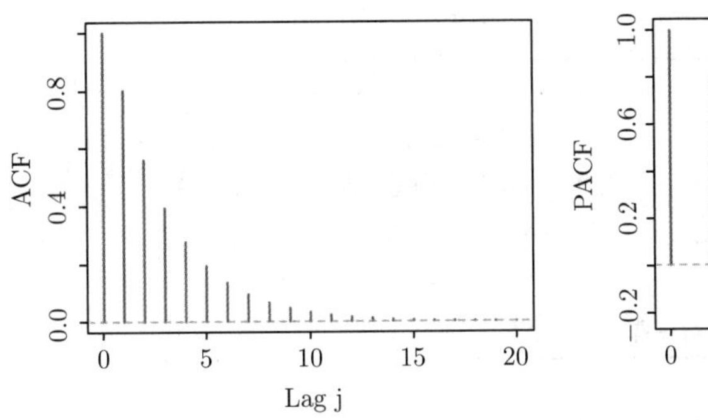


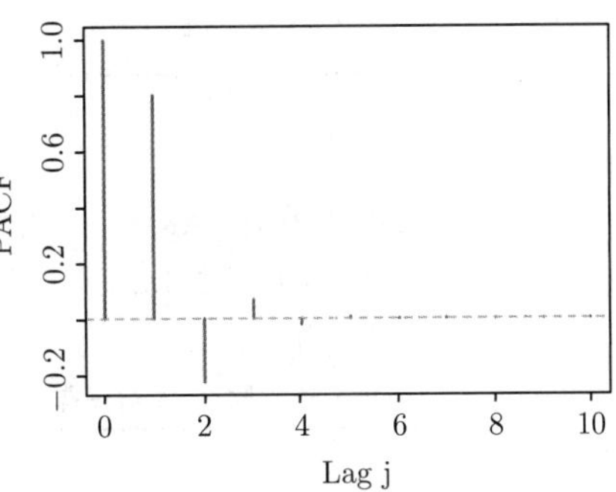


图 9.18 例 9.12 的时间序列的 ACF 和 PACF

AR 多项式和 MA 多项式分别是

$$\varphi(z) = (1 + 0.3z)(1 - 0.7z)$$
$$\theta(z) = (1 + 0.3z)^2$$

由定理 9.2 和定理 9.3，该 ARMA(2, 2) 过程是因果且可逆的。

$$\psi(z) = \frac{\theta(z)}{\varphi(z)} = \frac{1 + 0.3z}{1 - 0.7z} = (1 + 0.3z)\sum_{j=0}^{\infty}(0.7z)^j = 1 + \sum_{j=1}^{\infty}(0.7)^{j-1}z^j$$

$$\pi(z) = \frac{\varphi(z)}{\theta(z)} = \frac{1 - 0.7z}{1 + 0.3z} = (1 - 0.7z)\sum_{j=0}^{\infty}(-0.3z)^j = 1 + \sum_{j=1}^{\infty}(-1)^j(0.3)^{j-1}z^j$$

于是，所关注的 ARMA(2, 2) 模型有如下两种表示：

$$X_t = Z_t + \sum_{j=1}^{\infty}(0.7)^{j-1}Z_{t-j}$$
$$Z_t = X_t + \sum_{j=1}^{\infty}(-1)^j(0.3)^{j-1}X_{t-j}$$

4. ARIMA **过程**

定义 9.14 如果 $\nabla^d X_t$ 是一个因果 ARMA$(p, q)$ 过程，则 $X_t$ 称为一个 ARIMA$(p, d, q)$ 过程（也称为自回归整合滑动平均模型，简称 ARIMA 模型），其中 $d \in \mathbb{N}$。即

$$\varphi(\mathsf{L})\nabla^d X_t = \theta(\mathsf{L})Z_t，其中 \{Z_t\} \sim \text{WN}(0, \sigma^2) \tag{9.16}$$

其中，$d$ 是非负整数，$\varphi(z) = 0$ 和 $\theta(z) = 0$ 的根都在单位圆之外，并且 $\varphi(z), \theta(z)$ 无公因子（例 9.12 的 ARMA 模型不满足这个条件）。ARIMA 的全称是 Autoregressive Integrated Moving Average，ARIMA 模型是时间序列预测分析的主要方法之一，它涵盖了前面介绍的一些概念（表 9.1）。

表 9.1 ARIMA$(p,d,q)$ 模型的几个特例

| 模型 | ARIMA 范式 |
| --- | --- |
| 白噪声 | ARIMA$(0,0,0)$ |
| 自回归模型 AR$(p)$ | ARIMA$(p,0,0)$ |
| 滑动平均模型 MA$(q)$ | ARIMA$(0,0,q)$ |
| 随机游动模型 | ARIMA$(0,1,0)$，不带常数 |
| 带漂移的随机游动模型 | ARIMA$(0,1,0)$，带常数 |

例 9.13 如果 $\nabla^2 X_t = X_t - 2X_{t-1} + X_{t-2}$ 是例 9.10 中所示的因果 ARMA$(1,1)$ 过程，则 $X_t$ 是一个 ARIMA$(1,2,1)$ 过程，即

$$(1-\varphi\mathsf{L})\nabla^2 X_t = Z_t + \theta Z_{t-1}，\text{其中 } |\varphi|<1, |\theta|<1, \varphi \neq -\theta$$

对上式左边稍作整理，得到

$$\begin{aligned}(1-\varphi\mathsf{L})\nabla^2 X_t &= (X_t - 2X_{t-1} + X_{t-2}) - \varphi\mathsf{L}(X_t - 2X_{t-1} + X_{t-2}) \\ &= X_t - (2+\varphi)X_{t-1} + (1+2\varphi)X_{t-2} - \varphi X_{t-3}\end{aligned}$$

显然，上述 ARIMA$(1,2,1)$ 模型是对下面 ARMA$(3,1)$ 模型的简化描述。

$$X_t - (2+\varphi)X_{t-1} + (1+2\varphi)X_{t-2} - \varphi X_{t-3} = Z_t + \theta Z_{t-1}$$

一般地，ARIMA$(p,d,q)$ 模型 (9.16) 是如下 ARMA$(p+d,q)$ 模型的简化描述。

$$[\varphi(\mathsf{L})(1-\mathsf{L})^d]X_t = \theta(\mathsf{L})Z_t，\text{其中 } \{Z_t\} \sim \mathrm{WN}(0,\sigma^2)$$

ARIMA 模型是时间序列数据分析的常用模型之一。可利用 ARIMA 模型预测温度的变化趋势，以及未来的气候变化等。如图 9.19(a) 所示，五十多年间，南极法拉第观测站夏季平均气温，呈现上升趋势。全球变暖的主要原因是温室气体吸收一些反射的热能（图 9.19(b)）。

(a) 南极法拉第观测站夏季平均气温

(b) 温室效应

图 9.19 对全球变暖的观测和解释

2017 年，谷歌公司的几位人工智能科学家提出了一种基于注意力（attention）机制的深度学习模型“变换器”（transformer）[185]，其本质就是自回归模型。变换器彻底改变了自然语言处理与计算机视觉的研究范式，从此大语言模型（large language model，LLM）加剧了 AI 对算力和算法的诉求。

它是不是通用人工智能（artificial general intelligence，AGI）的未来? 学术界仍然争论不休。面对大语言模型的“幻觉”（hallucination）等问题，很多学者认为变换器只是一个过渡模型，于是纷纷提出了新的 AGI 范式。

### 9.1.2　样本（偏）自相关函数

本小节所要介绍的样本（偏）自相关函数将揭示时间序列重要的特征，甚至决定该用什么模型来描述时间序列（图 9.20）。已知平稳时间序列 $\{X_t\}$ 的观测结果 $X_1, X_2, \cdots, X_n$，则均值 $\mu$ 的无偏估计是

$$\overline{X} = \frac{1}{n}\sum_{j=1}^{n} X_j$$

考虑两组随机变量 $V_{1:(n+h)}$ 和 $W_{1:(n+h)}$，

$$V_{1:(n+h)} : \overbrace{0, 0, \cdots, 0}^{h\text{ 个}}, X_1 - \overline{X}, X_2 - \overline{X}, \cdots, X_n - \overline{X}$$

$$W_{1:(n+h)} : X_1 - \overline{X}, X_2 - \overline{X}, \cdots, X_n - \overline{X}, \underbrace{0, 0, \cdots, 0}_{h\text{ 个}}$$

图 9.20　时间序列

显然，$V_1, V_2, \cdots, V_{n+k}$ 的均值和 $W_1, W_2, \cdots, W_{n+k}$ 的均值都是 0。

$$\sum_{t=1}^{n+h} V_t W_t = \sum_{t=h+1}^{n} V_t W_t$$

$$= \sum_{t=1}^{n-h} (X_t - \overline{X})(X_{t+h} - \overline{X})$$

样本相关系数就是对 $\rho(h)$ 的估计，即

$$\hat{\rho}(h) = \frac{\frac{1}{n+h}\sum_{t=1}^{n+h} V_t W_t}{\sqrt{\frac{1}{n+h}\sum_{t=1}^{n+h} V_t^2}\sqrt{\frac{1}{n+h}\sum_{t=1}^{n+h} W_t^2}}$$

$$= \frac{\sum_{t=1}^{n-h}(X_t - \overline{X})(X_{t+h} - \overline{X})}{\sum_{t=1}^{n}(X_t - \overline{X})^2}$$

算法 9.1　对自协方差函数 (ACVF) 和自相关函数 (ACF) 的估计分别是

$$\hat{\gamma}(h) = \begin{cases} \dfrac{1}{n}\displaystyle\sum_{t=1}^{n-h}(X_t - \overline{X})(X_{t+h} - \overline{X}) & ，\text{如果 } 0 \leqslant h \leqslant n-1 \\ 0 & ，\text{如果 } h \geqslant n \end{cases}$$

$$\hat{\rho}(h) = \frac{\hat{\gamma}(h)}{\hat{\gamma}(0)}$$

我们分别称之为样本自协方差函数（SACVF）和样本自相关函数（SACF）。计算 SACF，若 $\hat{\rho}(h)$ 总有大值存在，则应怀疑该时间序列的平稳性。

图 9.21 巴特利特

1933 年，英国统计学家**莫里斯·巴特利特**（Maurice Bartlett, 1910—2002）（图 9.21）被埃贡·皮尔逊招入伦敦大学学院新建立的统计系。巴特利特早年深受费舍尔影响，却因批评信任推断而开罪于费舍尔。第二次世界大战后，巴特利特聚焦随机过程和时间序列分析的研究。1946 年，他研究了样本自协方差函数和样本自相关函数的渐近性质，得到了下述重要结果——定理 9.4。

定理 9.4（巴特利特逼近，1946） 如果 $X_t$ 是平稳的高斯过程，则算法 9.1 所给出的 $\hat{\gamma}(h)=\hat{\gamma}_h, \hat{\rho}(h)=\hat{\rho}_h$ 具有以下渐近性质。

$$\mathrm{Cov}(\hat{\gamma}_h, \hat{\gamma}_{h+j}) \approx \frac{1}{n}\sum_{i=-\infty}^{\infty}(\gamma_i\gamma_{i+j}+\gamma_{i+h+j}\gamma_{i-h})$$

$$\mathrm{V}(\hat{\gamma}_h) \approx \frac{1}{n}\sum_{i=-\infty}^{\infty}(\gamma_i^2+\gamma_{i+h}\gamma_{i-h})$$

$$\mathrm{Cov}(\hat{\rho}_h, \hat{\rho}_{h+j}) \approx \frac{1}{n}\sum_{i=-\infty}^{\infty}(\rho_i\rho_{i+j}+\rho_{i+h+j}\rho_{i-h}-2\rho_h\rho_i\rho_{i-h-j}-2\rho_{h+j}\rho_i\rho_{i-h}+2\rho_h\rho_{h+j}\rho_i^2)$$

$$\mathrm{V}(\hat{\rho}_h) \approx \frac{1}{n}\sum_{i=-\infty}^{\infty}(\rho_i^2+\rho_{i+h}\rho_{i-h}-4\rho_h\rho_i\rho_{i-h}+2\rho_h^2\rho_i^2)$$

特别地，如果 $\lim\limits_{h\to\infty}\rho(h)=0$，则对于非常大的 $h$，有

$$\mathrm{Cov}(\hat{\rho}_h, \hat{\rho}_{h+j}) \approx \frac{1}{n}\sum_{i=-\infty}^{\infty}\rho_i\rho_{i+j}$$

$$\mathrm{V}(\hat{\rho}_h) \approx \frac{1}{n}\sum_{i=-\infty}^{\infty}\rho_i^2$$

显然，如果存在自然数 $m$ 使得 $\forall h>m, \rho_h=0$，则 $\mathrm{V}(\hat{\rho}_h)$ 的巴特利特逼近是

$$\mathrm{V}(\hat{\rho}_h) \approx \frac{1}{n}(1+2\rho_1^2+\cdots+2\rho_m^2)$$

如果时间序列 $X_t$ 是白噪声（图 9.22），则

$$\mathrm{V}(\hat{\rho}_h) = \frac{1}{n}$$

图 9.22 的左图是高斯白噪声 $Z_t \sim \mathrm{WN}(0,1)$ 的一条样本路径。右图中虚线表示白噪声产生的 95% 置信区间，落于其中的样本 ACF 可视为零。虚线是 $\pm 2/\sqrt{n}$，其中 $n$ 是时间序列样本的长度。此例中，$n=100$。

在得到 $\hat{\rho}(h)$ 之后，对偏自相关函数 (PACF) 的估计 $\hat{\pi}(h)$ 可以通过性质 9.9 来实现，不过算法复杂度较高。也可以用下面的杜宾-莱文森递归算法来实现，该算法主要针对一类特殊的线性方程组的求解。

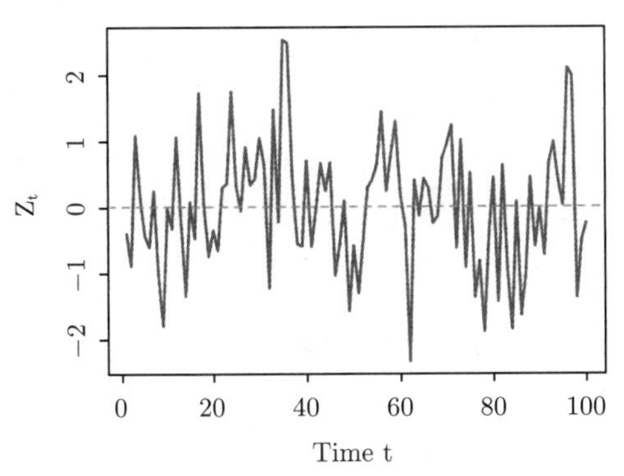

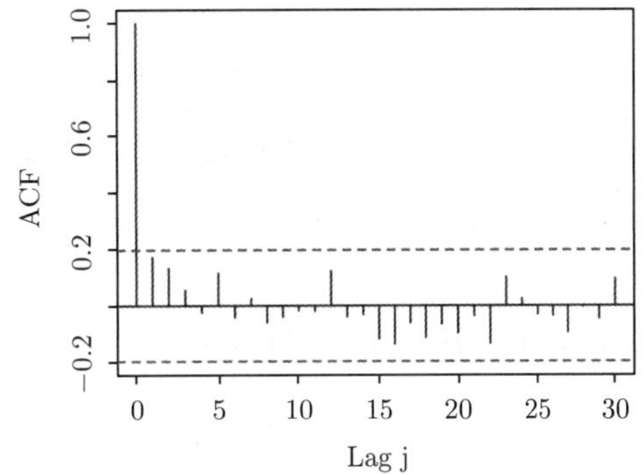


图 9.22　高斯白噪声及其特点

式 (9.10) 中的矩阵 $\boldsymbol{\Gamma}_n$ 是一个*托普利兹矩阵*，以德国哥廷根学派从事泛函分析的数学家**奥托・托普利兹**（Otto Toeplitz, 1881—1940）（图 9.23）命名。托普利兹博士毕业后来到哥廷根大学，与希尔伯特共事多年。他还是一位数学史专家，主张通过历史叙述来引入关键概念。托普利兹矩阵的 $(i,j)$ 元素与 $(i+1,j+1)$ 元素相同，都是 $\gamma(i-j)$。即

图 9.23　托普利兹

$$\boldsymbol{\Gamma}_n = \begin{pmatrix} \gamma(1-1) & \gamma(1-2) & \cdots & \gamma(1-(n-1)) & \gamma(1-p) \\ \gamma(2-1) & \gamma(2-2) & \cdots & \gamma(2-(n-1)) & \gamma(2-p) \\ \vdots & \vdots & & \vdots & \vdots \\ \gamma(p-1) & \gamma(p-2) & \cdots & \gamma(p-(p-1)) & \gamma(p-p) \end{pmatrix}$$

图 9.24　莱文森和杜宾

为了求解形如 $\boldsymbol{\Gamma}_p\boldsymbol{\varphi}_p = \boldsymbol{\gamma}_p$ 这类特殊的线性方程组，1947 年，**诺伯特・维纳**（Norbert Wiener, 1894—1964）的学生、美国数学家**诺曼・莱文森**（Norman Levinson, 1912—1975）（图 9.24 左）提出一个递归算法。英国统计学家**詹姆斯・杜宾**（James Durbin, 1923—2012）（图 9.24 右）于 1960 年对它进行了改进。后来，又有了一些新的改进。该递归算法复杂度是 $\Theta(n^2)$，比高斯消元法的 $\Theta(n^3)$ 要好。

算法 9.2（*杜宾-莱文森递归算法*）　偏自相关函数 $\pi(h) = \pi_{hh}$ 的估计（称为*样本偏自相关函数*，SPACF）可以按下面的方法递归地算得。

$$\hat{\pi}_{hh} = \frac{\hat{\rho}(h) - \sum_{j=1}^{h-1}\hat{\pi}_{h-1,j}\hat{\rho}(h-j)}{1 - \sum_{j=1}^{h-1}\hat{\pi}_{h-1,j}\hat{\rho}(h-j)}$$

$$\hat{\pi}_{h,j} = \hat{\pi}_{h-1,j} - \hat{\pi}_{hh}\hat{\pi}_{h-1,h-j}，\ 其中\ j = 1,2,\cdots,h-1$$

具体地，有

$$\hat{\pi}_{11} = \hat{\rho}(1)$$

$$\hat{\pi}_{22} = \frac{\hat{\rho}(2) - \hat{\pi}_{11}\hat{\rho}(1)}{1 - \hat{\pi}_{11}\hat{\rho}(1)} = \frac{\hat{\rho}(2) - \hat{\rho}^2(1)}{1 - \hat{\rho}^2(1)}$$

$$\hat{\pi}_{21} = \hat{\pi}_{11} - \hat{\pi}_{22}\hat{\pi}_{11}$$

$$\hat{\pi}_{33} = \frac{\hat{\rho}(3) - \hat{\pi}_{21}\hat{\rho}(2) - \hat{\pi}_{22}\hat{\rho}(1)}{1 - \hat{\pi}_{21}\hat{\rho}(1) - \hat{\pi}_{22}\hat{\rho}(2)}$$

$$\hat{\pi}_{31} = \hat{\pi}_{21} - \hat{\pi}_{33}\hat{\pi}_{22}$$

$$\hat{\pi}_{32} = \hat{\pi}_{22} - \hat{\pi}_{33}\hat{\pi}_{21}$$

图 9.3 和图 9.4 所示时间序列的样本 ACF 和样本 PACF 见图 9.25。

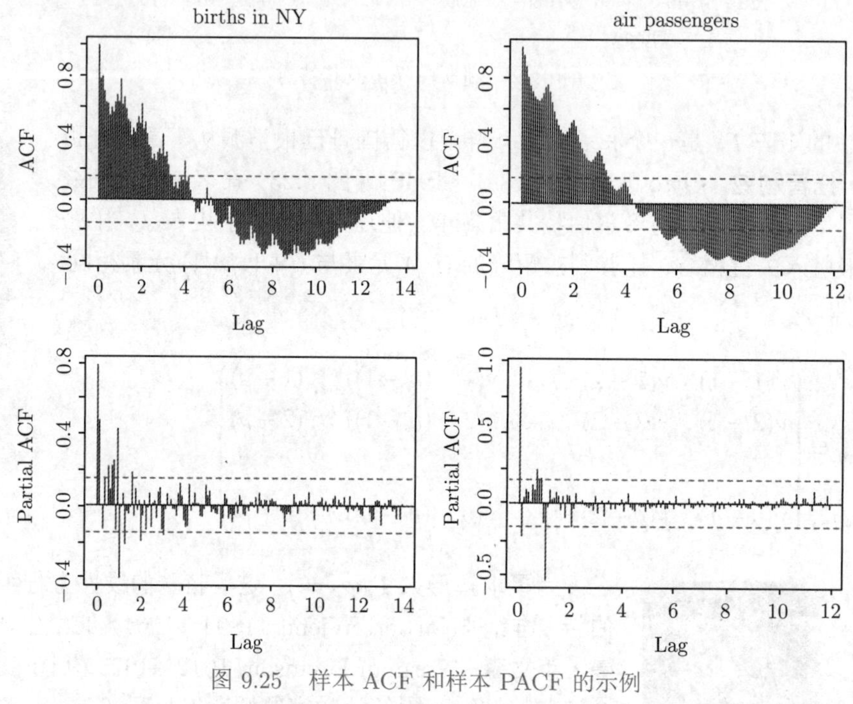


图 9.25　样本 ACF 和样本 PACF 的示例

### 9.1.3　经典分解模型

“年年岁岁花相似，岁岁年年人不同。”（刘希夷《代悲白头翁》）如图 9.4 所示的航班月度旅客人数，时间序列呈现出一定的趋势和频率不变的波动性。波动性与固定长度的时间段有关，可能是以日、周、月、季度、年等为单位，我们称之为“季节性”（图 9.26）。

图 9.26　春夏秋冬的温度（或降水量）变化呈现一定的规律性

假设时间序列数据由以下随机过程产生：

$$X_t = T_t + S_t + Z_t\text{，其中 } t = 1, 2, \cdots, n \tag{9.17}$$

满足

$$\begin{aligned} Z_t &\sim \mathrm{WN}(0, \sigma^2) \\ S_{t+p} &= S_t \\ \sum_{j=1}^{p} S_j &= 0 \end{aligned}$$

式 (9.17) 中，$T_t$ 是一个随时间变化的函数，称作趋势分量（trend component）；$S_t$ 是一个周期函数（不妨设其周期为 $p$），称作季节分量（seasonal component）。式 (9.17) 被称为经典分解模型（classical decomposition model），其实现的步骤是：

- 抽取出趋势性后，在时间序列数据中“减掉”趋势性，即 $X_t - T_t$。
- 然后，从 $X_t - T_t$ 整理出季节性 $S_t$。
- 最后，减掉季节性，剩下的就是随机误差 $Z_t = X_t - T_t - S_t$。

式 (9.17) 的一个简化版本就是下面的非季节模型 (nonseasonal model)。

$$X_t = T_t + Z_t\text{，其中 } t = 1, 2, \cdots, n \tag{9.18}$$

令 $h$ 是一个非负整数，则式 (9.18) 所定义的过程 $\{X_t\}$ 的双侧滑动平均 (two-sided moving average)* 定义为

$$\begin{aligned} Y_t &= \frac{1}{2h+1}\sum_{j=-h}^{h} X_{t-j} \\ &= \frac{1}{2h+1}\sum_{j=-h}^{h} T_{t-j} + \frac{1}{2h+1}\sum_{j=-h}^{h} Z_{t-j}\text{，其中 } h+1 \leqslant t \leqslant n-h \end{aligned}$$

上式中，$2h+1$ 称为滑动窗口宽度；白噪声在时间段 $[t-h, t+h]$ 里的均值接近 0。假设 $T_t$ 在该时间段里近似线性，则对趋势分量 $T_t$ 的估计是

$$\begin{aligned} \hat{T}_t &= Y_t \\ &= \frac{1}{2h+1}\sum_{j=-h}^{h} X_{t-j}\text{，其中 } h+1 \leqslant t \leqslant n-h \end{aligned} \tag{9.19}$$

滑动窗口越宽，线性滤波的结果越平滑（示例见图 9.27）。例如，当 $h = 1$ 时，有

$$\hat{T}_t = \frac{1}{3}(X_{t-1} + X_t + X_{t+1})$$

* 形如 $Y_t = \sum_{i=-\infty}^{\infty} \alpha_i X_{t+i}$ 的变换称为线性滤波器 (linear filter)，它常用于提取信号。双侧滑动平均是一类特殊的线性滤波器。

例 9.14　图 9.27 中的时间序列是线性函数 $t/10$ 加上高斯白噪声 WN(0,1)。令滑动窗口宽度为 $2h+1$，其中 $h$ 分别取 1,10,20，相应地得到三条双侧滑动平均的折线。

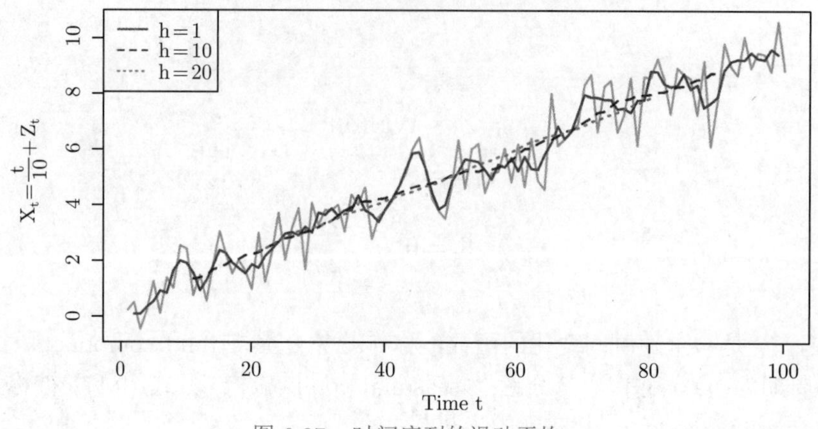


图 9.27　时间序列的滑动平均

滑动平均是由原始时间序列经过适当"平滑"处理（即逐段求算术平均）而得到的新序列，因为扔掉了一些细节，所以易于看出变化趋势。例如，图 9.3 所示纽约月出生人数（1946—1959 年）的双侧滑动平均图 9.28。

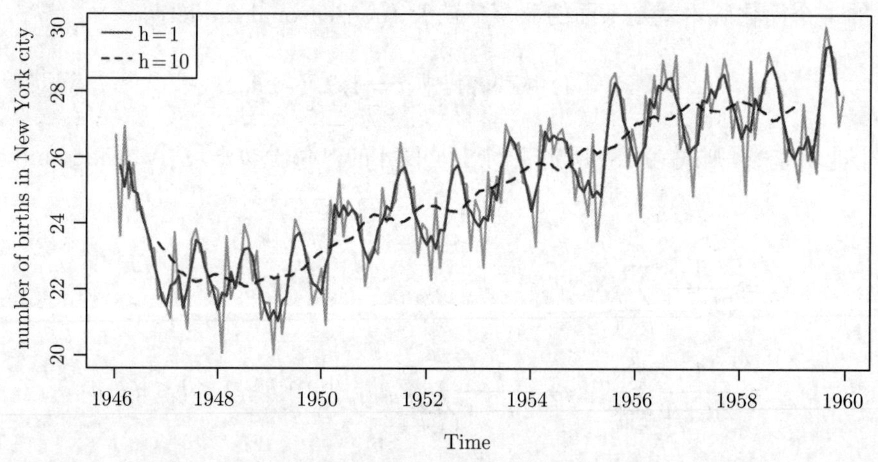


图 9.28　纽约月出生人数的双侧滑动平均

2020 年，新型冠状病毒（COVID-19）肆虐世界。2020 年 3 月 2 日至 2023 年 2 月 4 日，美国 COVID-19 新增死亡人数（来源：《纽约时报》）如图 9.29 所示，其中曲线是周滑动平均。

对于经典分解模型 (9.17)，季节分量的周期 $p$ 若为奇数，即 $p = 2h+1$，则趋势分量的估计为式 (9.19)。否则，设 $p = 2h$，趋势分量的估计为

$$\hat{T}_t = \frac{1}{p}\left(\frac{X_{t-h}}{2} + \sum_{j=1-h}^{h-1} X_{t-j} + \frac{X_{t+h}}{2}\right), \text{ 其中 } h < t \leqslant n-h$$

在经典分解模型中，周期内的季节分量之和为零。所以，当滑动窗口宽度为周期 $p$ 时，$\frac{1}{2h+1}\sum_{j=-h}^{h} X_{t-j}$ 中的季节性被消除，趋势得以显现。

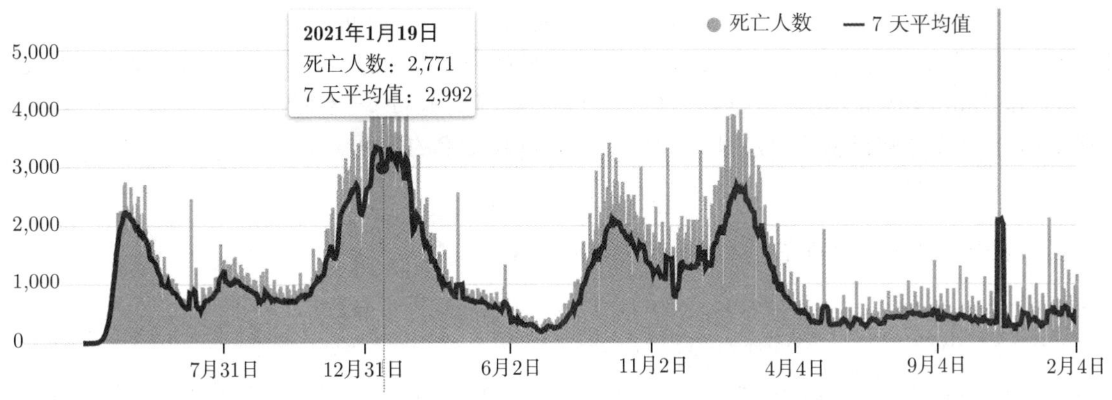


图 9.29　美国 COVID-19 每日新增死亡人数及其周滑动平均

例 9.15　图 9.30 第一行是图 9.3 所示时间序列的趋势。从原数据中去掉趋势性后，不难看出，$X_t-\hat{T}_t$（图 9.30 第二行）中只剩季节性和随机误差。以年为单位，求其均值得到季节分量 $\hat{S}_t$（图 9.30 第三行）。进而，得到随机误差 $X_t-\hat{T}_t-\hat{S}_t$（图 9.30 最后一行）。

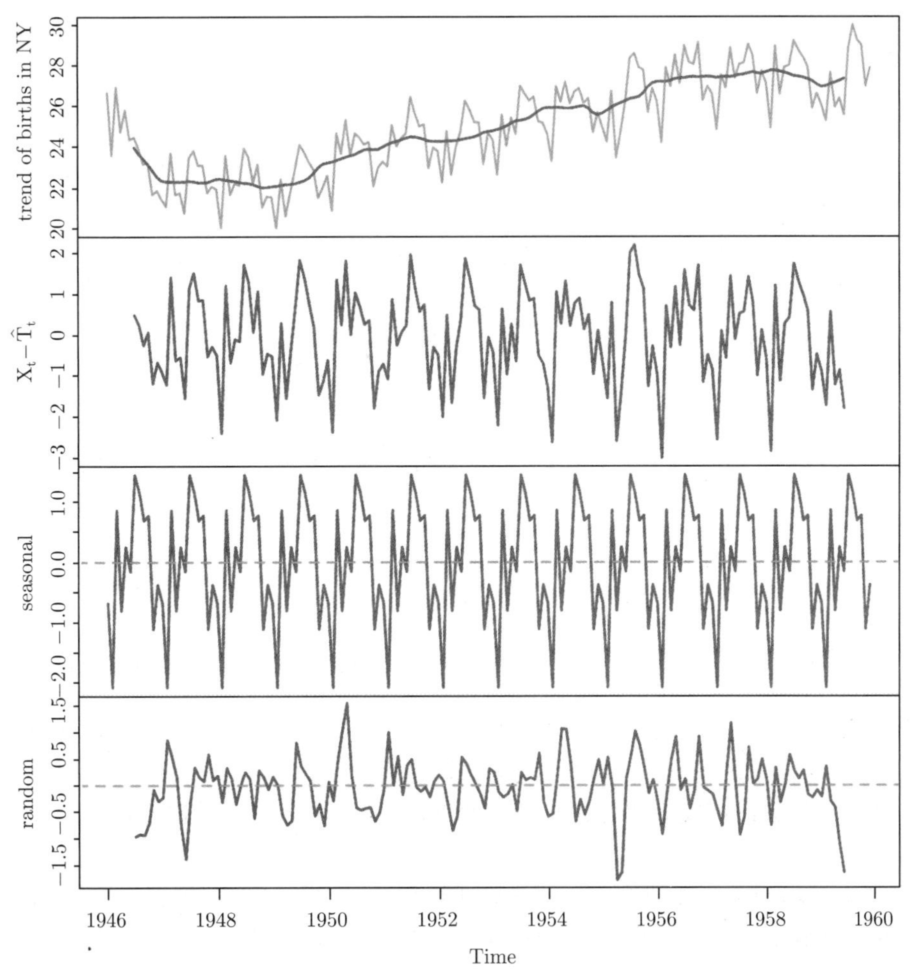


图 9.30　纽约月出生人数（1946—1959 年）时间序列的经典分解

从图 9.30 的第一行不难看出，经典分解模型无法估计趋势的前面几个和最后几个结果，并且过度平滑了 1946 年到 1948 年出生人数的骤降。后来，又发展出几种更稳健的分解方法，如 STL (Seasonal and Trend decomposition using Loess) 分解、X11 分解等，本书不予细究。

例 9.16　经典分解模型 (9.17) 也可以针对经过对数变换的数据。即

$$\ln X_t = T_t + S_t + Z_t$$

R 语言提供了时间序列的经典分解函数 decompose：

```
AirPassengers <- ts(log(AirPassengers), frequency=12, start=c(1949,1))
components <- decompose(AirPassengers)
```

components$trend、components$seasonal、components$random 分别是趋势分量、季节分量和随机误差。图 9.31 是利用 R 语言得到的图 9.4 所示的时间序列经过对数变换后的经典分解，趋势近似地呈现出线性增长。

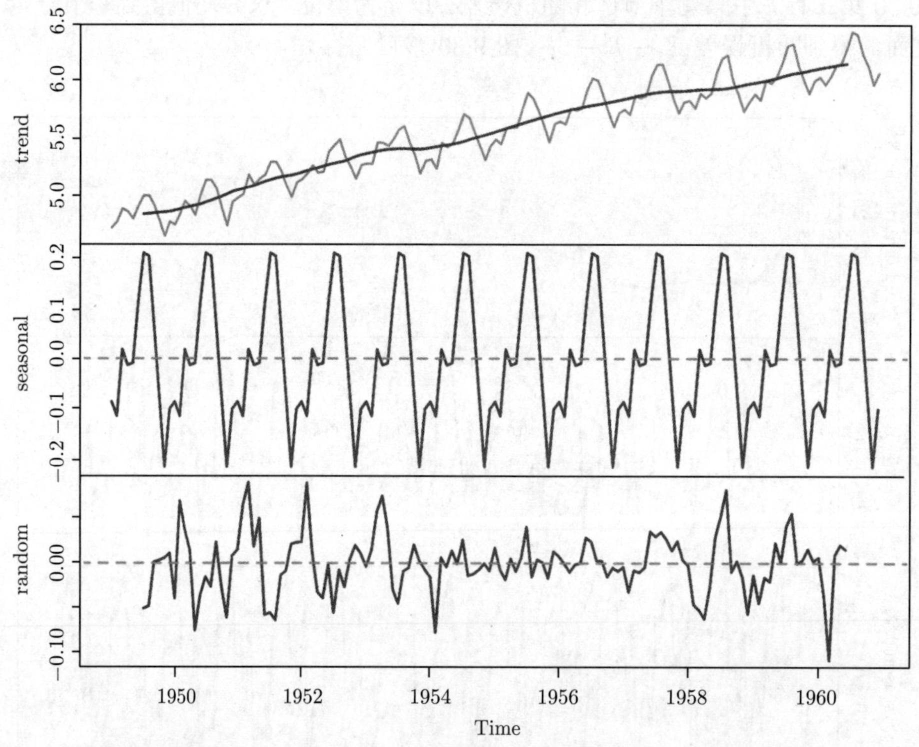


图 9.31　泛美航空月国际旅客人数（1949—1960 年）时间序列经过对数变换后的经典分解

有的时候，我们不关心季节性引起的数据波动，所以需要去掉季节性来看时间序列。例如，纽约的月出生人数在上半年呈现增长趋势，下半年呈现减少趋势（图 9.32），但这种增减并不是由于经济状况导致的。当我们研究经济发展或衰退与出生率的关系时，应该对原数据进行季节性调整 (seasonal adjustment)。

除了双侧滑动平均和季节性调整，去掉趋势性和季节性的手段还有差分算子（示例见图 9.33 和图 9.34）。因为任何函数都可以用多项式来逼近，不妨设

$$T_t = \sum_{j=0}^{k} c_j t^j$$

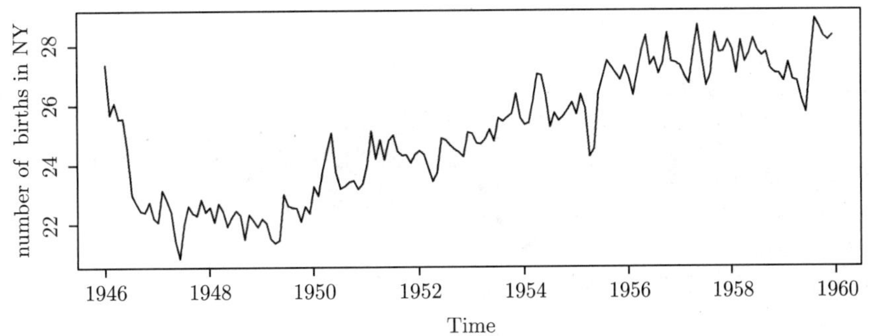


图 9.32　经过季节性调整的纽约月出生人数（1946—1959 年）时间序列

用算子 $\nabla^k$ 作用于式 (9.18) 两侧，不难得到一个均值为 $k!c_k$ 的平稳过程。事实上，

$$\nabla^k X_t = k!c_k + \nabla^k Z_t$$

图 9.3 所示纽约月出生人数（1946—1959 年）的差分序列见图 9.33，其中抹掉了原数据的趋势性，但季节性依然存在（见右边的 ACF 图）。

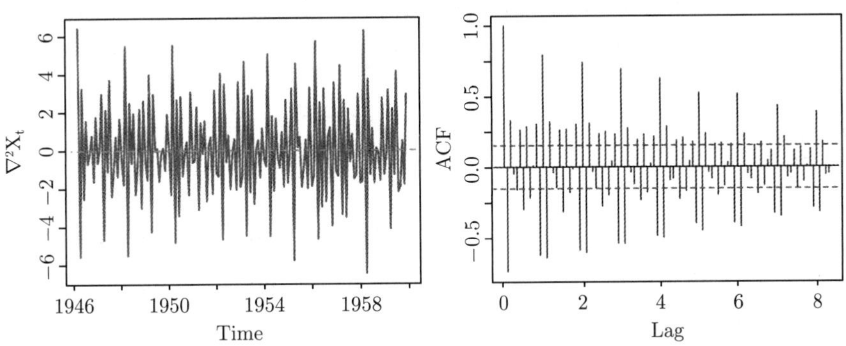


图 9.33　纽约月出生人数（1946—1959 年）的差分序列及其 ACF

定义 $\nabla_{12} = 1 - L^{12}$，将算子 $\nabla_{12}$ 作用于图 9.33 所示的差分序列，就抹掉了季节性。例如，在图 9.33 差分序列的基础上，抹掉季节性后，最后只剩下随机误差（图 9.34）。

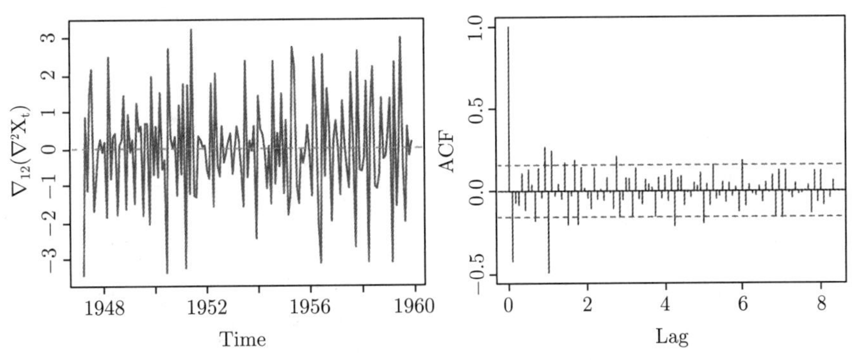


图 9.34　抹掉图 9.33 差分序列中的季节性

时间序列的周期性，指的是频率可变的起起落落。例如，经济周期（也称“商业周期”）并没有固定的频率，虽然冠以“周期”，实则难以预测。在分解模型 (9.17) 中，趋势分量包含周期性（periodicity），为避免与季节性混淆，故而不予强调（图 9.35）。

图 9.35　在时间序列中，季节性和周期性是两个完全不同的概念

## 9.2 预测与估计

对未来的预测一直是人类的梦想，因为决策一般要依赖于对某些发展趋势或状态的预判。中国上古奇书《易经》（又称《周易》，见图 9.36）是最早的占卜理论体系，它试图用演绎的方法来预测未来。它的基本思想是在变与不变中寻找自然规律以沟通人神。上至君王显贵，下至平民百姓，国家大事的决策和婚丧嫁娶的择日都需占卜，《易经》的影响遍及军事、经济、政治、医疗、宗教、科技、艺术等领域，我们把《易经》视为最早的预测理论实不为过。《易经》的英文翻译是 The Book of Changes，强调它是本讲变化的书。

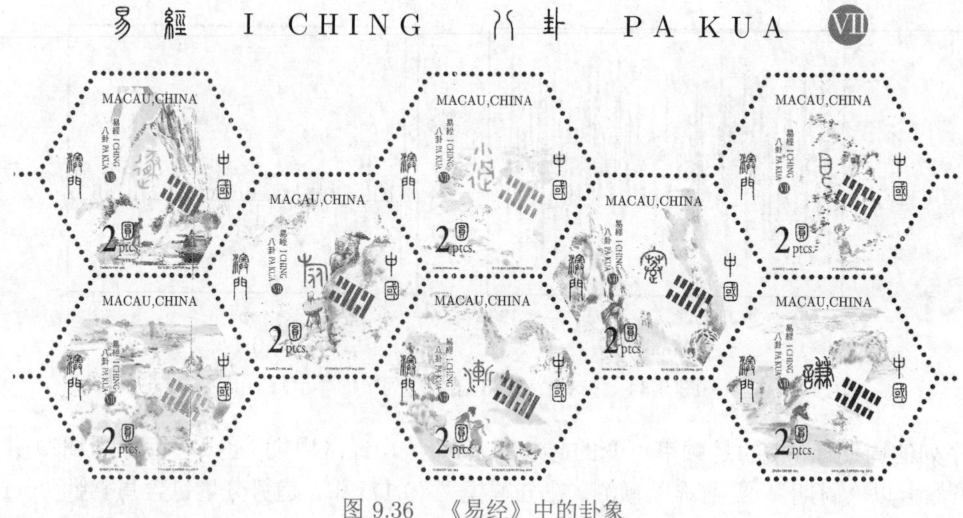


图 9.36　《易经》中的卦象

预测的方法大致分为四类：主观预测、时间序列分析、因果推断和随机模拟。有个笑话，说一个对股票（图 9.37）的技术指标一窍不通的“炒股高手”的买入卖出策略就是数交易所的人头：当交易所空空荡荡时（其背后的因是股市低迷、散户无信心）买入，当交易所人头攒动时（股市疯狂、散户热情得失去理智）卖出。据说，其预测效果大大优于那些复杂的技术分析。

图 9.37 悉尼股票交易始于 1871 年

“天有不测风云，人有旦夕祸福”。在这个充满不确定性的世界里，什么是可预测的？抛一枚均匀的硬币，对正反面的预测是不可能的，因为熵越大越难预测。对于更一般的不确定性，有没有什么标准来判断何种情况下是可预测的，何种情况下是不可预测的（即并不会比随机地猜更好）？如果我们钻进了一个不可预测的死胡同，就如同谈论“圆的方”一样，研究本身就是无意义的。

有些基于现状的短期预测是可行的（图 9.38(a)），有些事件则突如其来，完全令人始料不及。例如，1929 年至 1933 年，全球爆发经济大衰退（图 9.38(b)）。大萧条从 1929 年 10 月末的华尔街股灾开始席卷了全世界，持续了十年之久。这次危机暴露了资本主义市场缺乏政府合理干预和管控的缺陷，绝大多数人都没有预测到。

(a) 经济形势预测

(b) 1929年，华尔街股灾引发了世界经济大萧条

图 9.38 人类不具备未卜先知、神机妙算的预测能力

注：牌子上写着，“100 美元就能买下这辆车，要现金。在股市里失去了一切。”

图 9.39 洛伦茨和蝴蝶效应

1961 年，美国数学家、气象学家**爱德华·洛伦茨**（Edward Lorenz, 1917—2008）（图 9.39）在天气预测模型中发现混沌现象，两年后发表了重要论文《决定性的非周期流》，证明长期的天气预测是不可能的。1972 年，洛伦茨发表演讲《可预测性：巴西一只蝴蝶翅膀的扇动会在德克萨斯州引发龙卷风吗?》更是引发了学界对混沌现象的研究。

我们在《人工智能的数学基础——随机之美》[10] 中讨论了混沌不是随机性。混沌是某些动力系统所固有的，即初值的微小扰动将引起未来的巨变。换句话说，即便是不带随机性的确定系统，也无法保证预测的效果，因为我们无法做到对当前状态百分百精准的描述，些许误差也将导致整个系统“失之毫厘，差之千里”。

遗憾的是，我们没有一个统一的标准来判断可预测性，甚至大多时候无法形式化要预测的事物。例如，对某些科技发展的预测，都是来自领域的顶级专家的主观认知。拿人工智能做例子，它经过几起几落，对其兴衰的预测也是时准时偏。

1956 年，全球最顶尖的人工智能科学家汇聚一堂，在达特茅斯会议上正式提出了“人工智能”（artificial intelligence，AI）这一术语，定义其含义是“学习或者智能的任何特性都能够被精确地加以描述，使得机器可以对其进行模拟。”人工智能的先驱们对 AI 的未来都做出了乐观的预测，有些被历史证明是言过其实的，有些的确如期或延期实现。

- 1965 年，诺贝尔经济学奖得主 (1978)、图灵奖得主 (1975)、人工智能先驱**赫伯特·西蒙**（Herbert Simon, 1916—2001）（图 9.40(a)）曾预言，“二十年内，机器将能完成人能做到的一切工作。”
- 1967 年，图灵奖得主 (1969) **马文·闵斯基**（Marvin Minsky, 1927—2016）（图 9.40(b)）预言，“一代之内……创造人工智能的问题将获得实质上的解决。”三年之后，他又信心满满地说，“在三到八年的时间里，我们将得到一台具有人类平均智能的机器。”
- 图灵奖得主 (1975) **艾伦·纽厄尔**（Allen Newell, 1927—1992）（图 9.40(c)）在 1958 年预言，“十年之内，数字计算机将成为国际象棋世界冠军。十年之内，数字计算机将发现并证明一个重要的数学定理。”

(a) 西蒙

(b) 闵斯基

(c) 纽厄尔

图 9.40 人工智能的几位先驱、图灵奖得主

1997 年，IBM 公司的专门用于分析国际象棋的超级计算机“深蓝（Deep Blue）”打败了当时的国际象棋冠军**加里·卡斯帕罗夫**（Garry Kasparov, 1963—）。自此，围棋被视为保留人类尊严的最后一个棋类游戏。2016 年，谷歌公司的 AlphaGo 围棋程序首次打败了人类顶尖围棋高手，在此之前，围棋曾一度被认为是人工智能无法攻克的棋类游戏（图 9.41）。

(a) IBM 深蓝击败卡斯帕罗夫

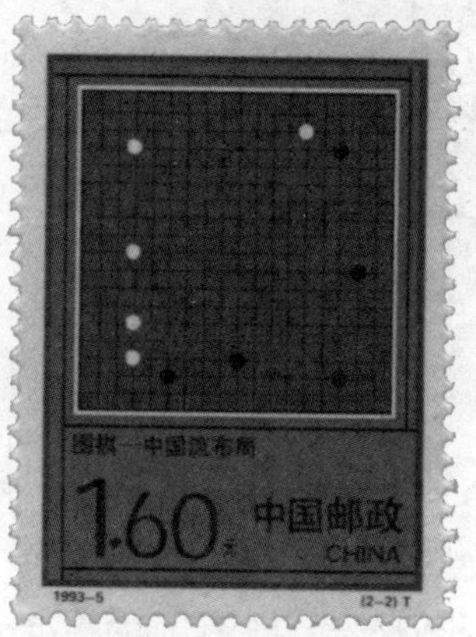

(b) 围棋

图 9.41 在棋类游戏上，人类被人工智能碾压

1959 年，美籍华人数理逻辑学家、计算机科学家、哲学家**王浩**（Hao Wang, 1921—1995）（图 9.42(c)）在 IBM 704 计算机上用时九分钟证明了*逻辑主义* (logicism) 代表人物、英国数学家、哲学家**阿尔弗雷德・怀特海**（Alfred Whitehead, 1861—1947）（图 9.42(a)）和他的学生英国哲学家、数学家、逻辑学家、文学家**伯特兰・罗素**（Bertrand Russell, 1872—1970）（图 9.42(b)）倾注多年心血合著的三卷《数学原理》(Principia Mathematica) 中数百条数理逻辑定理，该工作于 1983 年荣获人工智能国际联合会议的第一个自动定理证明里程碑奖 (the first Milestone Prize for Automated Theorem-Proving)。

(a) 怀特海

(b) 罗素与《数学原理》

(c) 王浩

图 9.42　怀特海和罗素的《数学原理》为王浩的机器证明提供了试验场

1976 年，美国数学家**凯尼斯・阿佩尔**（Kenneth Appel, 1932—2013）和德国数学家**沃夫冈・哈肯**（Wolfgang Haken, 1928—）利用计算机首次给出*四色定理* (four color theorem)* 的机器证明（图 9.43）。2004 年，这个“证明”通过了可靠性验证，至此人们对它不再有质疑。四色定理迄今仍无人工的证明，这是机器证明领先人类的首例。虽然，仍有数学家对机器证明持谨慎或怀疑的态度，但是人工智能时代已悄然而至，计算机成为数学研究的“得力助手”注定是大势所趋。

(a) 阿佩尔（站立者)、哈肯

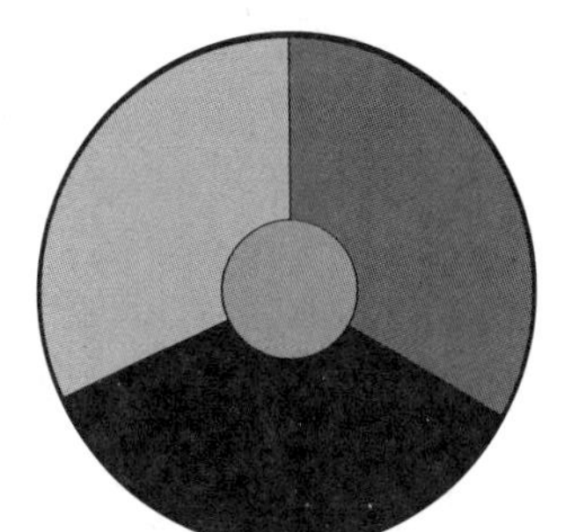

(b) 无法用三种颜色染色的地图

图 9.43　阿佩尔和哈肯利用计算机证明了四色定理

我国著名数学家**吴文俊**（Wen-Tsün Wu, 1919—2017）（图 9.44）在 20 世纪 70 年代后期倡导的“机械化数学”，在几何定理的机器证明方面取得了国际领先的成果。机器的确有能力“发现”新的数学定理，没人知道计算机在这条路上到底能走多远。未来是否能有机器人数学家，日夜不懈地帮助人类探索数学真理？

图 9.44　吴文俊

对人工智能未来的任何预测都是科学家的主观判断，它受到社会大环境的影响，其中不乏一些商业意图，即便最严谨、最诚实的学者也无法做到料事如神。一

* 在 19 世纪提出的一个数学猜想：任意平面地图是否可以只用四种颜色来着色，使得每两个相邻区域有着不同的颜色？

些关键理论或技术可能会严重地影响 AI 的进程，来自不同专家的各种声音能够牵制狂热或者鼓舞士气，在一定程度上降低预测的风险。经济的主观预测也是如此，通过调研、讨论、历史类比等手段，可以得到一些预测结果。

时间序列中的所谓“预测”是根据已知的时间序列模型和一些观测数据 $X_1, X_2, \cdots, X_n$，对还未发生的 $X_{n+1}$ 进行猜测。而估计问题，则是在对模型不完全了解的情况下，通过观测数据对它的参数或者某些属性进行猜测，以便搞清楚数据的产生机制后再进行预测分析。时间序列预测的方法已经非常庞杂，既有统计的，也有机器学习的。

例 9.17　基于图 9.4 中 1949 年 1 月至 1956 年 12 月的数据，利用神经网络对 1957 年 1 月至 1960 年 12 月的月出生人口进行预测。训练数据是这样构造的：以数据点 $X_n$ 为输出，以它前 12 个月的数据 $(X_{n-1}, X_{n-2}, \cdots, X_{n-12})^{\top}$ 为输入。误差项从正态分布抽取，产生大量的预测（每条样本路径可以想象成一个专家的预测），进而得到置信度为 80% 和 95% 的预测区间。

利用带一个隐层的神经网络（节点数分别是 3 和 6）对泛美航空公司国际航班月度旅客人数进行预测，结果见图 9.45。不难看出，近期预测效果更好。隐层的节点数越多，预测区间越狭窄——这并不意味着预测越精准，仅仅表示“专家们”的预测比较集中。

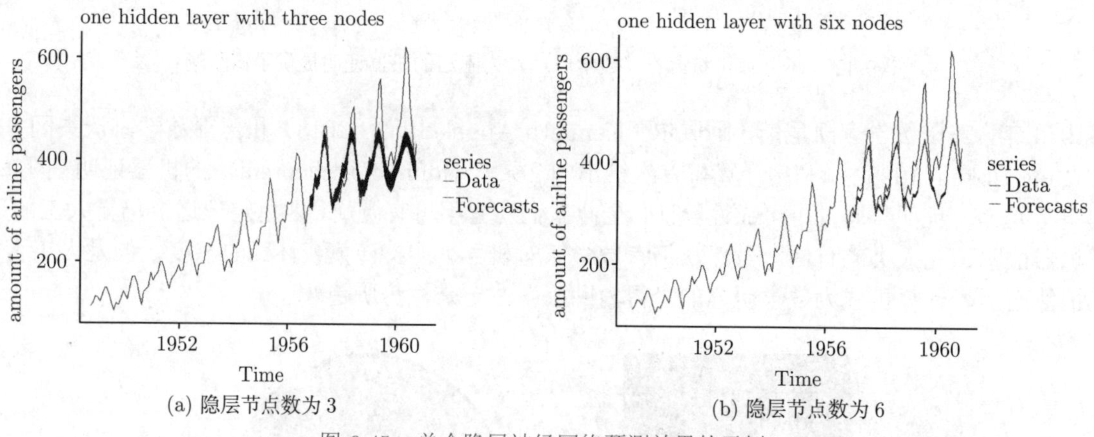

(a) 隐层节点数为 3　　(b) 隐层节点数为 6

图 9.45　单个隐层神经网络预测效果的示例

利用卫星和模拟技术，三天甚至一周以内的天气预报可以做到比较准确。地震的精准预测仍然是未攻克的难题，它是以分秒计的，哪怕提前一分钟的正确预警也能挽救无数生命（图 9.46）。

(a) 气象观测

(b) 天气预报

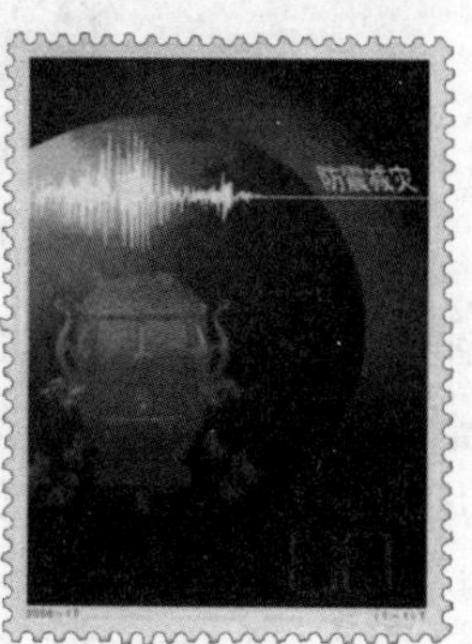

(c) 防震减灾

图 9.46　预测天气与地震

像天气、地震等复杂系统的预测（图 9.47），需要强大的算力、合理的模型、精巧的算法。这方面的研究关乎国计民生，综合了数学、计算机科学、地球科学（如大气科学）等领域，是衡量国家软实力的一把标尺。

(a) 气球探空

(b) 气象雷达

(c) 气象卫星

(d) 数值预报

图 9.47 探测和预报天气的不同方法

**约翰·冯·诺依曼**（John von Neumann, 1903—1957）很早就利用计算机研究需要大量复杂数值计算的湍流理论，他特别重视湍流在气象学和海洋学中的应用，甚至预想人类未来能控制天气和气候（远不止人工降雨、人工消雹等，见图 9.48）。“虽然很难评估迄今所作努力的意义，但证据似乎表明，目标是可以实现的。”详见《约翰·冯·诺依曼文集》[185] 的第六卷《博弈论、天体物理学、流体力学和气象学》。

(a) 人工降雨

(b) 人工消雹

图 9.48 人工干预天气

## 9.2.1 指数平滑

最简单的预测是 $X_{t+h|t} = X_t$，也就是拿当前的观测 $X_t$ 来预测 $X_{t+h}$，其中 $h = 1, 2, \cdots$。或者，用观测 $X_1, X_2, \cdots, X_t$ 的算数平均来预测 $X_{t+h}$。一般地，越近的历史对于当前的预测越有价值。例如，今天

的体重比两个月前的体重更有助于预测明天的体重。简单指数平滑方法的思想很朴素，即由近及远赋予历史数据指数递减的权重来预测：令平滑参数 $0<\alpha<1$，设当前时刻是 $t$，则 $t+1$ 时刻的预测是

$$\hat{X}_{t+1|t}=\alpha X_t+\alpha(1-\alpha)X_{t-1}+\alpha(1-\alpha)^2X_{t-2}+\cdots$$

或者，

$$\hat{X}_{t+1|t}=\alpha X_t+(1-\alpha)\hat{X}_{t|t-1} \tag{9.20}$$

上式揭示了 $t+1$ 时刻的预测 $\hat{X}_{t+1|t}$ 是 $t$ 时刻的预测 $\hat{X}_{t|t-1}$ 与真实观测的凸组合，于是对于数据流，简单指数平滑具有增量学习的形式 (9.20)。由式 (9.20) 继续可得

$$\hat{X}_{t+1|t}=\sum_{j=0}^{t-1}\alpha(1-\alpha)^jX_{t-j}+(1-\alpha)^t\hat{X}_0$$

其中，$\alpha(1-\alpha)^j, j=0,1,2,\cdots$ 的衰减情况如图 9.49 所示。由图可知，$\alpha$ 越接近 1 衰减得越快。

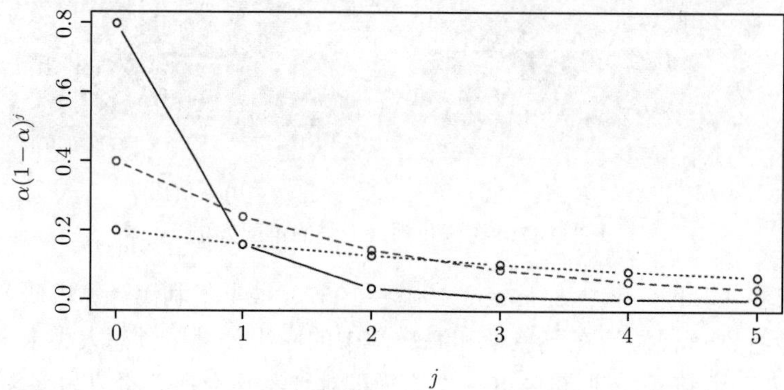


图 9.49　当平滑参数 $\alpha=0.2,0.4,0.8$ 时，$\alpha(1-\alpha)^j, j=0,1,2,\cdots$ 的取值

基于简单指数平滑的预测模型可以表示为以下两个方程，分别称为预测方程和水平方程：简而言之，用 $t$ 时刻的平滑值 $L_t$ 来预测 $X_{t+h}$。

$$\hat{X}_{t+h|t}=L_t \tag{9.21}$$

$$L_t=\alpha X_t+(1-\alpha)L_{t-1} \tag{9.22}$$

1. **霍尔特模型**

20 世纪 50 年代末至 60 年代初，美国管理科学家、经济学家**查尔斯·霍尔特**（Charles Holt, 1921—2010）发展了简单指数平滑方法，将之用于具有趋势性而无季节性的时间序列。霍尔特修改了预测方程 (9.21) 和水平方程 (9.22)，并且增加了一个趋势方程形成霍尔特模型如下：

$$\begin{aligned}\hat{X}_{t+h|t}&=L_t+hB_t\\L_t&=\alpha X_t+(1-\alpha)(L_{t-1}+B_{t-1})\\B_t&=\beta(L_t-L_{t-1})+(1-\beta)B_{t-1}\end{aligned}$$

其中，$B_t$ 是 $t$ 时刻的趋势斜率，$\alpha,\beta$ 都是平滑参数。

2. 霍尔特-温特斯模型

1960 年，霍尔特的学生**彼得・温特斯**（Peter Winters）在霍尔特模型的基础上，进一步将季节性加入指数平滑，进而得到霍尔特-温特斯模型。

$$
\begin{aligned}
\hat{X}_{t+h|t} &= L_t + hB_t + S_{t+h-m(k+1)}\text{，其中 } k \text{ 是 } (h-1)/m \text{ 的整数部分} \\
L_t &= \alpha(X_t - S_{t-m}) + (1-\alpha)(L_{t-1} + B_{t-1}) \\
B_t &= \beta(L_t - L_{t-1}) + (1-\beta)B_{t-1} \\
S_t &= \gamma(X_t - L_{t-1} - B_{t-1}) + (1-\gamma)S_{t-m}
\end{aligned}
$$

例 9.18　基于 1949 年 1 月至 1958 年 12 月泛美航空公司国际航班月度旅客数据，利用霍尔特-温特斯模型预测 1959 年和 1960 年的结果见图 9.50。

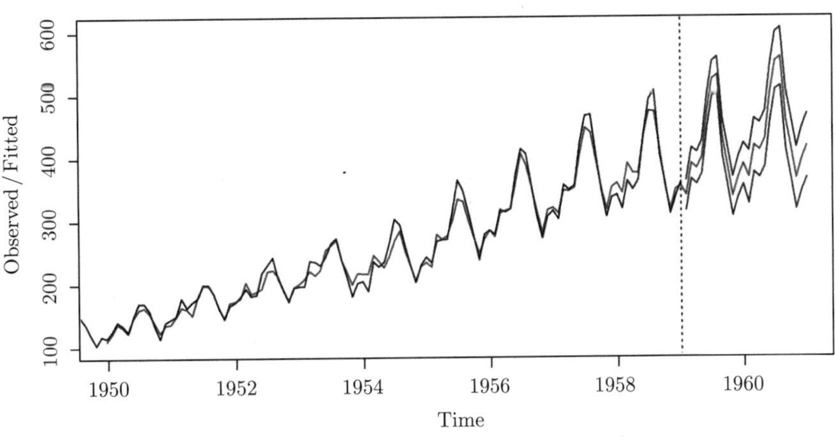


图 9.50　霍尔特-温特斯模型的预测示例

### 9.2.2　最佳线性预测

定义 9.15　已知随机变量 $X_1, X_2, \cdots, X_n$ 和 $Y$ 具有有限期望（分别记作 $\mu_1, \mu_2, \cdots, \mu_n, \mu$）和方差。随机向量 $\boldsymbol{X} = (X_1, X_2, \cdots, X_n)^\top$ 的协方差矩阵记作 $\boldsymbol{\Gamma} = (\gamma_{ij})_{n\times n}$，$\boldsymbol{X}$ 与 $Y$ 的协方差向量定义为

$$
\boldsymbol{\gamma} = \begin{pmatrix} \gamma_1 \\ \gamma_2 \\ \vdots \\ \gamma_n \end{pmatrix} = \begin{pmatrix} \mathrm{Cov}(X_1, Y) \\ \mathrm{Cov}(X_2, Y) \\ \vdots \\ \mathrm{Cov}(X_n, Y) \end{pmatrix}
$$

在所有形如 $\hat{Y} = \beta_0 + \beta_1 X_1 + \cdots + \beta_n X_n$ 的随机变量中，作为 $Y$ 的最佳线性预测 (best linear predictor, BLP)，未知参数 $\beta_0, \beta_1, \cdots, \beta_n$ 要使得均方误差 $\mathrm{E}(Y - \hat{Y})^2$ 最小。为简化计算，我们考虑如下随机变量

$$
\hat{Y} = \mu + a_1(X_1 - \mu_1) + a_2(X_2 - \mu_2) + \cdots + a_n(X_n - \mu_n) \tag{9.23}
$$

显然，$\mathrm{E}\hat{Y} = \mu$，$\hat{Y}$ 是 $Y$ 的无偏估计。为了最小化 $f(a_1, a_2, \cdots, a_n) = \mathrm{E}(Y - \hat{Y})^2$，只需要

$$\frac{\partial f}{\partial a_j} = 2\mathrm{E}[(Y - \hat{Y})X_j] = 0，其中\ j = 1,2,\cdots,n$$

或者等价地，

$$\mathrm{Cov}(Y - \hat{Y}, X_j) = 0，其中\ j = 1,2,\cdots,n$$

也就是说，$\boldsymbol{X}$ 与预测误差（简称预差）$Y - \hat{Y}$ 的协方差向量是零向量。

定理 9.5　如果平稳时间序列 $\{X_t\}$ 满足以下条件：

$$\mathrm{E}X_t = 0$$

$$\gamma(0) > 0$$

$$\lim_{h\to\infty}\gamma(h) = 0$$

则对于 $X_{n+1}$ 的最佳线性预测 $\hat{X}_{n+1} = \varphi_{n1}X_n + \varphi_{n2}X_{n-1} + \cdots + \varphi_{nn}X_1$，有如下结果：

① 记 $\gamma_{ij} = \gamma(i-j), \boldsymbol{\gamma}_n = (\gamma(1),\gamma(2),\cdots,\gamma(n))^\top$，则未知参数 $\boldsymbol{\varphi}_n = (\varphi_{n1},\varphi_{n2},\cdots,\varphi_{nn})^\top$ 为

$$\boldsymbol{\varphi}_n = \boldsymbol{\Gamma}_n^{-1}\boldsymbol{\gamma}_n，其中\ \boldsymbol{\Gamma}_n = (\gamma_{ij})_{n\times n}\ 是可逆矩阵$$

② 该最佳线性预测的均方误差为

$$\mathrm{E}(X_{n+1} - \hat{X}_{n+1})^2 = \gamma(0) - \boldsymbol{\gamma}_n^\top\boldsymbol{\Gamma}_n^{-1}\boldsymbol{\gamma}_n$$

最佳线性预测在经济学、人口学（图 9.51）等领域都有广泛的应用。

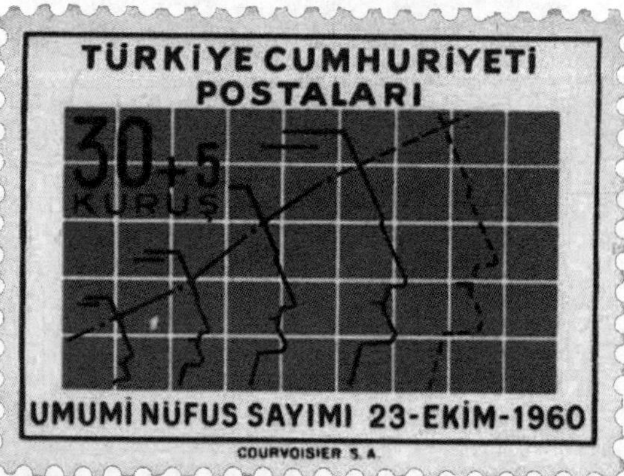


图 9.51　农业、人口的预测问题

1. **杜宾-莱文森递归算法**

**算法** 9.3（杜宾-莱文森递归算法）　在定理 9.5 的条件下，未知参数 $\boldsymbol{\varphi}_n = (\varphi_{n1},\varphi_{n2},\cdots,\varphi_{nn})^\top$ 可通过下面的递归方法求出：

$$w_0 = \gamma(0)$$

$$\varphi_{11} = \frac{\gamma(1)}{\gamma(0)}$$

$$\varphi_{nn} = w_{n-1}^{-1}\left[\gamma(n) - \sum_{k=1}^{n-1}\varphi_{n-1,k}\gamma(n-k)\right]$$

$$\begin{pmatrix}\varphi_{n1}\\ \vdots \\ \varphi_{n,n-1}\end{pmatrix} = \begin{pmatrix}\varphi_{n-1,1}\\ \vdots \\ \varphi_{n-1,n-1}\end{pmatrix} - \varphi_{nn}\begin{pmatrix}\varphi_{n-1,n-1}\\ \vdots \\ \varphi_{n-1,1}\end{pmatrix}$$

$$w_n = w_{n-1}(1-\varphi_{nn}^2)$$

例 9.19 考虑 MA(1) 时间序列

$$X_t = Z_t + 0.9Z_{t-1}，\text{其中 } Z_t \sim \mathrm{WN}(0,1)$$

由例 9.5 的结果，可得

$$w_0 = 1 + 0.9^2 = 1.81$$

$$\varphi_{11} = \frac{0.9}{1+0.9^2} = 0.497$$

利用杜宾-莱文森递归算法 9.3，求得 $w_n, \varphi_{mn}$，其中 $m,n = 1,2,\cdots$（见表 9.2）。

表 9.2 杜宾-莱文森递归算法 9.3 在例 9.19 上的应用

| | | | | | |
|---|---|---|---|---|---|
| | | | | | $w_0 = 1.81$ |
| $\varphi_{11} = 0.497$ | | | | | $w_1 = 1.36$ |
| $\varphi_{22} = -0.328$ | $\varphi_{21} = 0.661$ | | | | $w_2 = 1.22$ |
| $\varphi_{33} = 0.243$ | $\varphi_{32} = -0.489$ | $\varphi_{31} = 0.740$ | | | $w_3 = 1.14$ |
| $\varphi_{44} = -0.191$ | $\varphi_{43} = 0.385$ | $\varphi_{42} = -0.583$ | $\varphi_{41} = 0.787$ | | $w_4 = 1.10$ |
| $\varphi_{55} = 0.156$ | $\varphi_{54} = -0.314$ | $\varphi_{53} = 0.476$ | $\varphi_{52} = -0.643$ | $\varphi_{51} = 0.817$ | $w_5 = 1.07$ |

在得到观测数据之前，算法 9.3 就能给出最佳线性预测的表达式。例如，在得到了 5 个观测数据 $X_1 = -0.274, X_2 = 3.570, X_3 = -0.825, X_4 = -1.213, X_5 = -0.436$ 之后，对 $X_6$ 的最佳线性预测是

$$\begin{aligned}\hat{X}_6 &= \varphi_{51}X_5 + \varphi_{52}X_4 + \cdots + \varphi_{55}X_1 \\ &= -1.134\end{aligned}$$

在算法 9.3 中，对 $X_{n+1}$ 的最佳线性预测 $\hat{X}_{n+1}$ 由历史数据 $X_n,\cdots,X_1$ 线性表出。单步预测误差 (one-step prediction error) $X_{n+1} - \hat{X}_{n+1}$ 被称为预差 (innovation)*，它具有以下性质：对于内积 $\langle X_i, X_j\rangle = \mathsf{E}(X_iX_j)$，预差 $X_n - \hat{X}_n,\cdots,X_1 - \hat{X}_1$ 两两正交（即内积为零）[186]，其直观含义是两两垂直（图 9.52）。最佳线性预测 $\hat{X}_{n+1}$ 可由预差 $X_n - \hat{X}_n,\cdots,X_1-\hat{X}_1$ 以正交的形式线性表出。

* 国内有些文献将之译为“新息”，容易与“信息”谐音和混淆。

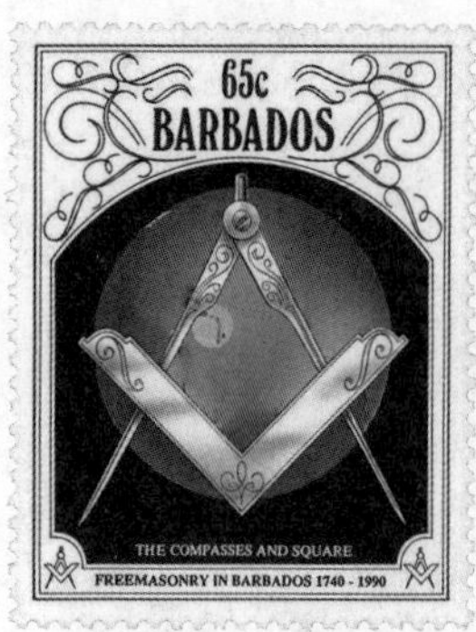

图 9.52　正交是对平面几何中垂直概念的一般化

2. **预差算法**

图 9.53　布洛克威尔和戴维斯

1988 年，美国统计学家**彼得 · 布洛克威尔**（Peter Brockwell）和**理查德 · 戴维斯**（Richard Davis）（图 9.53）提出最佳线性预测的另一个递归算法——*预差算法* (innovations algorithm)[182, 186]。该算法对平稳或非平稳序列都是适用的，只要 $\{X_t\}$ 有有限的二阶矩，即 $\forall t$ 皆有 $\mathsf{E}|X_t|^2 < \infty$。对比杜宾-莱文森递归算法 9.3，预差算法性能更优，在实践中多被采纳。二人合著的《时间序列：理论和方法》[186]、《时间序列和预测导论》[182] 是该领域值得推荐的参考文献，预差算法 9.4 的证明细节见第二部著作。

**算法 9.4**（*预差算法*）　设时间序列 $\{X_t\}$ 均值为 0，并且矩阵 $\boldsymbol{E}_{n\times n} = (e_{ij})$ 可逆，其中，

$$e_{ij} = \mathsf{E}(X_iX_j)$$

则 $X_{n+1}$ 的最佳线性预测是

$$\hat{X}_1 = 0$$

$$\hat{X}_{n+1} = \sum_{j=1}^{n} \theta_{nj}(X_{n+1-j} - \hat{X}_{n+1-j})，\text{其中 } n \geqslant 1$$

$$w_0 = e_{11}$$

$$\theta_{nk} = w_k^{-1}\left(e_{n+1,k+1} - \sum_{j=0}^{k-1} \theta_{k,k-j}\theta_{n,n-j}w_j\right)，\text{其中 } k = 0, 1, \cdots, n-1$$

$$w_n = e_{n+1,n+1} - \sum_{j=0}^{n-1} \theta_{n,n-j}^2 w_j$$

算法 9.4 在具体时间序列上的应用，有时会得到简化[182]。下面讨论 MA 模型、ARMA 模型的预差算法，更多的示例见文献 [182] 和文献 [186]。

**例 9.20**　接着例 9.19，考虑 MA(1) 时间序列

$$X_t = Z_t + \theta Z_{t-1}，\text{其中 } Z_t \sim \mathrm{WN}(0, \sigma^2)$$

由例 9.5 的结果，得到

$$e_{ij}=0\text{，其中 }|i-j|>1$$
$$e_{ii}=\sigma^2(1+\theta^2)$$
$$e_{i,i+1}=\sigma^2\theta$$

由预差算法 9.4，得到

$$\theta_{nj}=0\text{，其中 }2\leqslant j\leqslant n$$
$$\theta_{n1}=w_{n-1}^{-1}\sigma^2\theta$$
$$w_0=\sigma^2(1+\theta^2)$$
$$w_n=\sigma^2(1+\theta^2-w_{n-1}^{-1}\sigma^2\theta^2)$$

定义 $r_n=w_n/\sigma^2$，则最佳线性预测 $\hat{X}_{n+1}$ 与预差 $X_n-\hat{X}_n$ 的关系是

$$\hat{X}_{n+1}=\frac{\theta}{r_{n-1}}(X_n-\hat{X}_n)\text{，其中}\begin{cases}r_0=1+\theta^2\\ r_n=1+\theta^2-\dfrac{\theta^2}{r_{n-1}}\end{cases}$$

上述结果就是预差算法 9.4 在 MA(1) 时间序列上的具体应用，将之用于例 9.19，递归求得最佳线性预测，过程见表 9.3，最佳线性预测的结果 $\hat{X}_6=-1.134$ 与杜宾-莱文森递归算法 9.3 的相同。

表 9.3 预差算法 9.4 在例 9.19 上的应用

| $t$ | $X_{t+1}$ | $r_t=w_t$ | $\hat{X}_{t+1}$ |
|---|---|---|---|
| 0 | −0.274 | 1.81 | 0.000 |
| 1 | 3.570 | 1.36 | −0.136 |
| 2 | −0.825 | 1.22 | 2.448 |
| 3 | −1.213 | 1.14 | −2.424 |
| 4 | −0.436 | 1.10 | 0.953 |
| 5 | | 1.07 | −1.134 |

显然，$w_n$ 关于 $n$ 是非增的。另外，

$$\lim_{n\to\infty}\|X_n-\hat{X}_n-Z_n\|=0$$
$$\lim_{n\to\infty}w_n=\sigma^2$$

**算法 9.5**（ARMA 模型的预差算法） 因果 ARMA$(p,q)$ 模型 (9.5) 的最佳线性预测：

- 当 $1\leqslant n\leqslant \max(p,q)$ 时，有

$$\hat{X}_{n+1}=\sum_{j=1}^{n}\theta_{nj}(X_{n+1-j}-\hat{X}_{n+1-j})$$

- 当 $n\geqslant \max(p,q)$ 时，有

$$\hat{X}_{n+1}=\varphi_1X_n+\cdots+\varphi_pX_{n+1-p}+\sum_{j=1}^{q}\theta_{nj}(X_{n+1-j}-\hat{X}_{n+1-j})$$

上述 $\theta_{nj}$ 是将预差算法 9.4 用于以下时间序列所得：

$$Y_t = \begin{cases} \sigma^{-1}X_t &，如果\ t = 1, 2, \cdots, \max(p, q) \\ \sigma^{-1}\theta(\mathsf{L})X_t &，如果\ t > \max(p, q) \end{cases} \tag{9.24}$$

特别地，AR($p$) 过程就是 ARMA($p$, 1) 过程，其中 $\theta_1 = 0$。于是，有

$$\hat{X}_{n+1} = \varphi_1 X_n + \cdots + \varphi_p X_{n+1-p}，其中\ n \geqslant p$$

MA($q$) 过程就是 ARMA(1, $q$) 过程，其中 $\varphi_1 = 0$。于是，有

$$\hat{X}_{n+1} = \sum_{j=1}^{\min(n,q)} \theta_{nj}(X_{n+1-j} - \hat{X}_{n+1-j})，其中\ n \geqslant 1$$

例 9.21　考虑 ARMA(1, 1) 时间序列

$$X_t - \varphi X_{t-1} = Z_t + \theta Z_{t-1}，其中\ Z_t \sim \mathrm{WN}(0, \sigma^2), |\varphi| < 1$$

由算法 9.5，有

$$\hat{X}_{n+1} = \varphi X_n + \theta_{n1}(X_n - \hat{X}_n)$$

为了求得 $\theta_{n1}$，考虑式 (9.24) 所定义的时间序列 $Y_t$。由例 9.10，有

$$\mathsf{E}(Y_i Y_j) = \begin{cases} \dfrac{(\varphi+\theta)(1+\varphi\theta)}{1-\varphi^2} &，如果\ i = j = 1 \\ 1+\theta^2 &，如果\ i = j \geqslant 2 \\ \theta &，如果\ |i-j| = 1, i \geqslant 1 \\ 0 &，其他 \end{cases}$$

算法 9.5 中的递归关系是

$$r_0 = \frac{1 + 2\varphi\theta + \theta^2}{1 - \varphi^2}$$

$$\theta_{n1} = \frac{\theta}{r_{n-1}}$$

$$r_n = 1 + \theta^2 - \frac{\theta^2}{r_{n-1}}$$

最佳线性预测的均方误差是

$$\mathsf{E}(X_{n+1} - \hat{X}_{n+1})^2 = \sigma^2 r_n$$

上述结果就是算法 9.5 在因果 ARMA(1, 1) 模型上的具体应用。例如，考虑如下 ARMA(1, 1) 模型，它所产生的 10 个观测数据 $X_1, X_2, \cdots, X_{10}$ 见表 9.4。

$$X_t - 0.9X_{t-1} = Z_t - 0.3Z_{t-1}，其中\ Z_t \sim \mathrm{WN}(0, 1)$$

利用算法 9.5 递归求出 $X_{11}$ 的最佳线性预测 $\hat{X}_{11} = 0.5179$，均方误差是 $\sigma^2 r_{10} = 1$，具体计算过程如表 9.4 所示。

表 9.4　算法 9.5 在例 9.21 上的应用

| $t$ | $X_{t+1}$ | $r_t$ | $\theta_{t1}$ | $\hat{X}_{t+1}$ |
|---|---|---|---|---|
| 0 | 1.337 | 2.89 | | 0.0000 |
| 1 | 1.366 | 1.06 | −0.104 | 0.8245 |
| 2 | 0.893 | 1.01 | −0.283 | 1.0678 |
| 3 | −0.369 | 1.00 | −0.299 | 0.8561 |
| 4 | 0.580 | 1.00 | −0.300 | 0.0354 |
| 5 | −0.685 | 1.00 | −0.300 | 0.3586 |
| 6 | 1.695 | 1.00 | −0.300 | −0.3034 |
| 7 | 0.874 | 1.00 | −0.300 | 0.9260 |
| 8 | 0.356 | 1.00 | −0.300 | 0.8022 |
| 9 | 0.636 | 1.00 | −0.300 | 0.4543 |
| 10 | | 1.00 | −0.300 | 0.5179 |

在真实世界里，多数的自然现象（如天气、地震等）是复杂的、非线性的（图 9.54），时间序列预测模型有时力不从心。目前，天气预报的有效性通常在一周之内，3 天预报的准确率可达 80%。而地震预报还是一个未解的难题，仍处于探索阶段，准确率只有 20%左右。

图 9.54　国家气候方案：根据天气预报，做好灾情的准备工作

## 9.2.3　ARMA 模型的估计

1970 年，英国统计学家**乔治·博克斯**（George Box, 1919—2013）和**格维里姆·詹金斯**（Gwilym Jenkins, 1932—1982）在其合著的《时间序列分析：预测和控制》[183] 一书里提出了一种方法，用来确定 ARIMA$(p,d,q)$ 模型中的 $d,p,q$，被称为“博克斯-詹金斯模型识别”(Box-Jenkins model identification)。

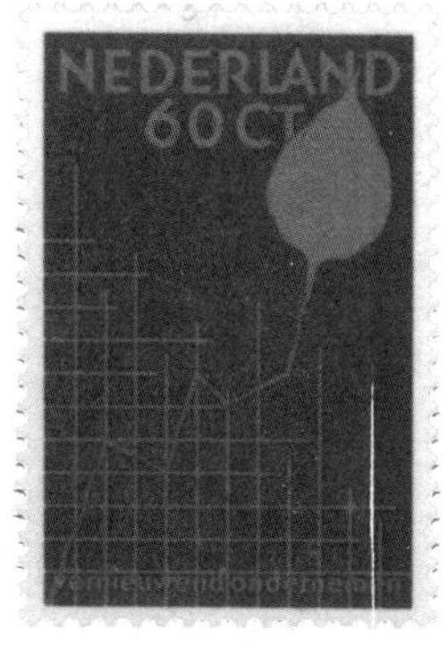


图 9.55　时间序列

**算法** 9.6（博克斯-詹金斯模型识别，1970）　给定时间序列（图 9.55）的观察数据之后，利用 ARIMA$(p,d,q)$ 建模的过程一般分为以下几个步骤：

（1）绘制数据，如果数据看起来是平稳的，则 $d=0$。否则，猜测趋势并通过求一阶差分来消除它（有时，还需要进行季节性调整来去除季节性引起的影响，见图 9.32），若满足平稳性，则 $d=1$。以此类推，直至找到合适的 $d$。要尽量避免高阶差分，特别是过度差分引起的方差增大、MA$(q)$ 模型的阶 $q$ 过大等。

（2）如果 SACF 指数衰减或振荡（如有类似正弦的行为），则有可能是 AR 或 ARMA 模型。利用样本 PACF 的截尾位置确定 AR 模型的阶 $p$。

（3）在差分数据上，利用样本 ACF 的截尾位置来确定 MA 模型的阶 $q$。

在确定了模型的轮廓之后，接下来的任务是模型的细节。下面，分别讨论 $\mathrm{MA}(q), \mathrm{AR}(p), \mathrm{ARMA}(p,q)$ 模型中的参数估计。

1. **AR 模型的估计**

任何零均值的因果 AR($p$) 过程 (9.8) 都满足尤尔-沃克方程组 (9.10)。根据算法 9.1，我们分别得到 $\boldsymbol{\Gamma}_p, \boldsymbol{\gamma}_p$ 的估计如下：

$$\hat{\boldsymbol{\Gamma}}_p = \begin{pmatrix} \hat{\gamma}(0) & \hat{\gamma}(1) & \cdots & \hat{\gamma}(p-2) & \hat{\gamma}(p-1) \\ \hat{\gamma}(1) & \hat{\gamma}(0) & \cdots & \hat{\gamma}(p-3) & \hat{\gamma}(p-2) \\ \vdots & \vdots & & \vdots & \vdots \\ \hat{\gamma}(p-1) & \hat{\gamma}(p-2) & \cdots & \hat{\gamma}(1) & \hat{\gamma}(0) \end{pmatrix} \qquad \hat{\boldsymbol{\gamma}}_p = \begin{pmatrix} \hat{\gamma}(1) \\ \hat{\gamma}(2) \\ \vdots \\ \hat{\gamma}(p) \end{pmatrix}$$

进而得到 $\boldsymbol{\varphi}, \sigma^2$ 的尤尔-沃克估计为

$$\hat{\boldsymbol{\varphi}} = \hat{\boldsymbol{\Gamma}}_p^{-1} \hat{\boldsymbol{\gamma}}_p$$
$$\hat{\sigma}^2 = \hat{\gamma}(0) - \hat{\boldsymbol{\varphi}}^{\top} \hat{\boldsymbol{\gamma}}_p$$

定理 9.6　对于因果 AR($p$) 过程 $\{X_t\}$，其中 $\{Z_t\} \sim \mathrm{IID}(0, \sigma^2)$，当 $n$ 很大时，$\hat{\sigma}^2$ 依概率收敛到 $\sigma^2$，并且 $\hat{\boldsymbol{\varphi}}$ 渐近地服从正态分布如下：

$$\hat{\boldsymbol{\varphi}} \sim \mathrm{N}\left(\boldsymbol{\varphi}, \frac{\sigma^2}{n} \hat{\boldsymbol{\Gamma}}_p^{-1}\right)$$
$$\hat{\sigma}^2 \xrightarrow{\mathrm{P}} \sigma^2$$

图 9.56　博格

在杜宾-莱文森递归算法 9.3 中，最关键的是计算 $\varphi_{ii}$（其中 $i = 1, 2, \cdots$），计算 $\varphi_{ii}$ 需要自协方差函数 $\gamma(h)$。1968 年，美国信号处理专家**约翰·帕克·博格**（John Parker Burg, 1931—）（图 9.56）提出了一个计算 $\varphi_{ii}$ 的方法（算法 9.7），绕开了 $\gamma(h)$。最佳线性预测中的其他参数 $\varphi_{ik}$（其中 $k = 1, 2, \cdots, i-1$）的求解与算法 9.3 相同。

算法 9.7（博格，1968）　在得到观测数据 $X_1 = x_1, \cdots, X_n = x_n$ 后，

（1）基于前 $i$ 个观测结果 $x_1, \cdots, x_i$，定义

$$u_i(t) = X_{n+1+i-t} - \hat{X}_{n+1+i-t}，其中\ 0 \leqslant i < n, t = i+1, \cdots, n$$

（2）基于后 $i$ 个观测结果 $x_{n+1-i}, \cdots, x_n$，定义

$$v_i(t) = X_{n+1-t} - \hat{X}_{n+1-t}，其中\ 0 \leqslant i < n, t = i+1, \cdots, n$$

$\{u_i(t)\}$ 和 $\{v_i(t)\}$ 满足下面的递归关系：

$$u_0(t) = v_0(t) = x_{n+1-t}$$
$$u_i(t) = u_{i-1}(t-1) - \varphi_{ii} v_{i-1}(t)$$

$$v_i(t) = v_{i-1}(t) - \varphi_{ii}u_{i-1}(t-1)$$

按照下面的方法求解 $\varphi_{ii}$：

$$d(1) = \frac{1}{2}x_1^2 + \sum_{j=2}^{n-1} x_j^2 + \frac{1}{2}x_n^2$$

$$\varphi_{ii} = \frac{1}{d(i)} \sum_{t=i+1}^{n} v_{i-1}(t)u_{i-1}(t-1)$$

$$\sigma_i^2 = \frac{d(i)(1-\varphi_{ii}^2)}{n-i}$$

$$d(i+1) = d(i)(1-\varphi_{ii}^2) - \frac{1}{2}v_i^2(i+1) - \frac{1}{2}u_i^2(n)$$

分别利用 AR(1) 和 AR(2) 模型，通过博格算法 9.7 来拟合纽约月出生人数（1946—1959 年）的时间序列数据，结果见图 9.57。

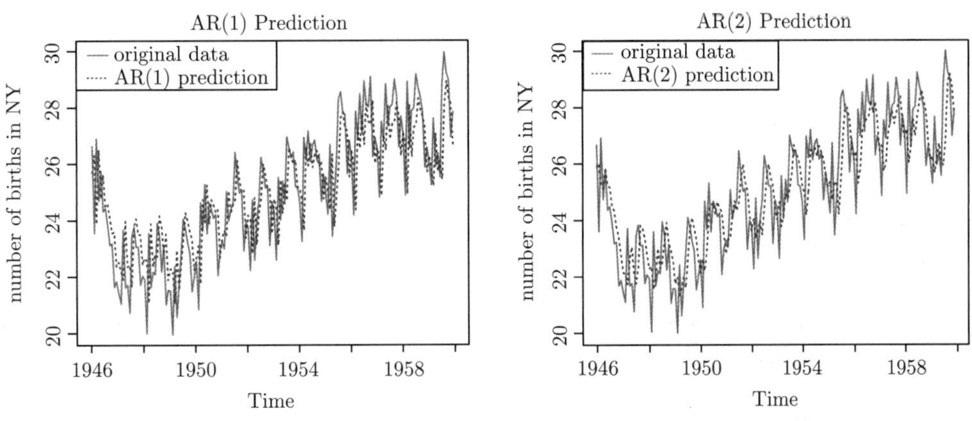


图 9.57　AR(1) 和 AR(2) 模型对纽约月出生人数时间序列的拟合

2. MA **模型的估计**

假设数据来自 MA($q$) 过程，其中 $q$ 未知，

$$X_t = Z_t + \theta_1 Z_{t-1} + \cdots + \theta_q Z_{t-1}，其中\ Z_t \sim \text{IID}(0, \sigma^2)$$

算法 9.8　对 MA 模型的估计是

$$X_t = Z_t + \hat{\theta}_{m1} Z_{t-1} + \cdots + \hat{\theta}_{mm} Z_{t-m}，其中\ Z_t \sim \text{IID}(0, \hat{w}_m^2)$$

上式中的参数由下面的递归关系计算：

$$w_0 = \hat{\gamma}(0)$$

$$\hat{\theta}_{m,m-k} = \hat{w}_k^{-1}\left(\hat{\gamma}(m-k) - \sum_{j=0}^{k-1} \hat{\theta}_{m,m-j}\hat{\theta}_{k,k-j}\hat{w}_j\right)，其中\ k = 0, 1, \cdots, m-1$$

$$\hat{w}_m = \hat{\gamma}(0) - \sum_{j=0}^{m-1} \hat{\theta}_{m,m-j}^2 \hat{w}_j，其中\ m = 1, 2, \cdots, n-1$$

滑动平均模型可用来描述什么随机现象呢？假设 $X_t$ 是某股票当天的价格变化，$Z_{t+1}$ 是明天某意外的新闻对股价的影响。如果这个新闻的影响需要两天时间才能完全被市场所吸收，则后天的股价应是

$$X_{t+2} = Z_{t+2} + \theta Z_{t+1}$$

时间序列分析采用什么样的模型，需要一些经验的指导。如果用错了模型，则不可能取得好的效果。例如，分别利用 MA(1) 和 MA(2) 模型，通过算法 9.8 来拟合纽约月出生人数（1946—1959 年）的时间序列数据。结果见图 9.58，显然效果不如 AR 模型好。请读者想一想这是为什么？

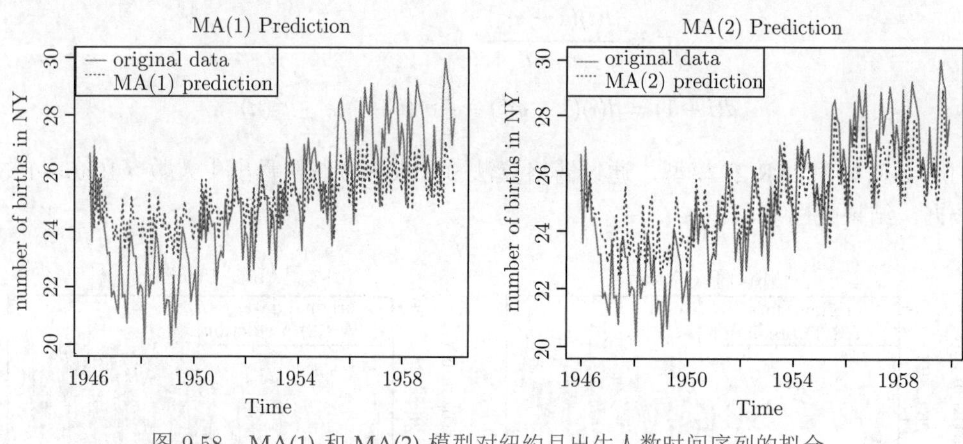


图 9.58 MA(1) 和 MA(2) 模型对纽约月出生人数时间序列的拟合

3. ARMA **模型的估计**

图 9.59 汉南（左）和里萨宁（右）

1982 年，澳大利亚统计学家、计量经济学家**爱德华·汉南**（Edward Hannan, 1921—1994）和芬兰信息科学家**乔玛·里萨宁**（Jorma Rissanen, 1932—2020）（图 9.59）提出 ARMA 模型的估计算法。澳大利亚科学院每两年颁发一次“汉南数学科学奖章”（图 9.60，该奖章就是为了纪念汉南对时间序列分析的贡献），以表彰本国学者在数学和统计学上的成就。里萨宁是*最小描述长度* (minimum description length, MDL) 原则之父、无损数据压缩的算术编码实用方法的原创者，他的著作《统计建模中的信息与复杂性》《统计查询中的随机复杂性》都颇具影响力。

**算法** 9.9（汉南-里萨宁，1982） 对于 ARMA$(p,q)$ 过程 (9.4)，其中 $\{Z_t\} \sim \mathrm{IID}(0,\sigma^2)$，分两步来估计未知参数 $\boldsymbol{\varphi} = (\varphi_1, \cdots, \varphi_p)^\top, \boldsymbol{\theta} = (\theta_1, \cdots, \theta_q)^\top$。

（1）通过*尤尔-沃克估计*，利用高阶 AR$(m)$ 模型来拟合数据，其中 $m > \max(p,q)$。不妨设

$$\hat{Z}_t = X_t - \hat{\varphi}_{m1}X_{t-1} - \cdots - \hat{\varphi}_{mm}X_{t-m}，其中\ t = m+1, \cdots, n$$

（2）未知参数 $\boldsymbol{\beta} = \binom{\boldsymbol{\varphi}}{\boldsymbol{\theta}}$ 通过最小化下面的损失函数求得，

$$L(\boldsymbol{\beta}) = \sum_{t=m+1}^{n} (X_t - \varphi_1 X_{t-1} - \cdots - \varphi_p X_{t-p} - \theta_1 \hat{Z}_{t-1} - \cdots - \theta_q \hat{Z}_{t-q})^2$$

图 9.60　汉南数学科学奖章

我们称最优解 $\hat{\boldsymbol{\beta}}$ 为汉南-里萨宁估计，即

$$\hat{\boldsymbol{\beta}} = (\boldsymbol{A}^\top\boldsymbol{A})^{-1}\boldsymbol{A}^\top \begin{pmatrix} X_{m+1} \\ \vdots \\ X_n \end{pmatrix}$$

其中，$\boldsymbol{A}^\top\boldsymbol{A}$ 非奇异，

$$\boldsymbol{A} = \begin{pmatrix} X_m & X_{m-1} & \cdots & X_{m-p+1} & \hat{Z}_m & \hat{Z}_{m-1} & \cdots & \hat{Z}_{m-q+1} \\ \vdots & \vdots & & \vdots & \vdots & \vdots & & \vdots \\ X_{n-1} & X_{n-2} & \cdots & X_{n-p} & \hat{Z}_{n-1} & \hat{Z}_{n-2} & \cdots & \hat{Z}_{n-q} \end{pmatrix}$$

另外，白噪声的方差 $\sigma^2$ 的汉南-里萨宁估计是

$$\hat{\sigma}^2 = \frac{L(\hat{\boldsymbol{\beta}})}{n-m}$$

## 9.3　隐马尔可夫模型及算法

在《人工智能的数学基础——随机之美》[10] 中，我们引用过英国物理学家**斯蒂芬·霍金**（Stephen Hawking, 1942—2018）的话，“爱因斯坦说‘上帝不掷骰子’时，他是双重地错了。……上帝不但掷骰子，有时还把骰子掷到无法被看到的地方。”（图 9.61）现代物理学对随机性已经形成广泛的共识，霍金的说法是中肯的。

对霍金的这番充满哲理的话，可以有多种理解。为了从随机性角度解释它，我们假想上帝和爱因斯坦玩一个游戏，道具是 $n$ 个罐子（编号为 $1,2,\cdots,n$），每个罐子里都有 $m$ 种不同颜色的球。另外，还有 $n+1$ 个“$n$ 面骰子”（编号为 $0,1,\cdots,n$，每个骰子的点数都是 $1,2,\cdots,n$，见图 9.62。多面骰子是离散型随机变量的道具，用于产生某分布列的随机数）。爱因斯坦知道一些信息，如每个罐子中 $m$ 种颜色的球的比例以及每个 $n$ 面骰子的概率规律（即点数的分布列）。

图 9.61　广义相对论百年——从爱因斯坦到霍金

图 9.62　多面骰子

- 上帝先掷第 0 号骰子，不妨设所掷的点数是 $i$，选择罐子 $i$ 为初始罐子。此时，第 0 号骰子已完成使命，退出了游戏。
- 上帝在罐子 $i$ 里随机抽取一个球，汇报该球的颜色后将球放回罐子内（即有放回地抽取）。接着，上帝再掷第 $i$ 号骰子，按掷出的点数再选取下一个罐子和骰子，重复刚才的过程……。

也就是说，上帝不断地做着如图 9.63 所示的随机试验。

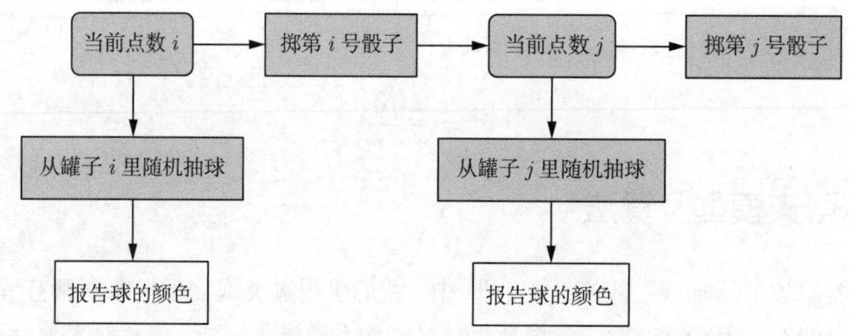


图 9.63　上帝和爱因斯坦的游戏中，颜色序列的产生机制

游戏中上帝掷骰子的过程对爱因斯坦来说是不可见的（如霍金所言，骰子被掷到无法看到的地方），即所选罐子的序列对爱因斯坦来说是不可观测的，爱因斯坦能得到的观测数据就是上帝汇报的颜色序列。请问：聪明的爱因斯坦该如何猜出上帝掷骰子的点数序列（即罐子序列）呢？

最笨的解法是把所有可能的罐子序列都逐个尝试一遍，看看哪个导致颜色序列的概率最大，哪个就是答案。先不管它的复杂度离谱到不可行，这个问题至少看起来不是不可解的。人类如同盲人，靠听觉和触觉来“看世界”，有时候难免做一些“盲人摸象”的事情，非得借助数学和统计建模这副透视眼镜才能勉强看到一些真相。数据分析应该避免“模型盲”（model-blind）（图 9.64），因为模型可以承载建模者的一些经验或知识。

图 9.64　模型盲

“物有本末，事有终始，知所先后，则近道矣”（摘自《大学》）。在现实中，这类需要透过表象（如颜色序列）探索隐藏的事实（如罐子序列）的问题比比皆是。

例 9.22　在自然语言处理 (natural language processing, NLP) 中，词性的识别直接影响机器翻译、语义理解的结果[126]。而词性是隐藏的状态，拿“教育”一词来说，它既可以是名词也可以是动词。如何让机器能够识别出“推动基础数学教育”中的“教育”是名词？

$$[[\text{推动}]_{V}[[\text{基础数学}]_{N}[\text{教育}]_{N}]_{NP}]_{VP}$$

英文单词之间有空格，语句是自然切分的。相比之下，切分是传统中文 NLP 的第一道拦路虎，因为中文的切分和词性标注是捆绑在一起的。例如，输入的中文语句“南京市长江大桥欢迎您”（图 9.65）可以有如下切分-词性标注的输出结果，它们的句法都是正确的，但是基于常识人们不会选择第二个结果。

| 输入： | 南京市 | 长江 | 大桥 | 欢迎 | 您 |
|---|---|---|---|---|---|
| | ↓ | ↓ | ↓ | ↓ | ↓ |
| 词性： | 名词 | 名词 | 名词 | 动词 | 代词 |
| 输入： | 南京 | 市长 | 江大桥 | 欢迎 | 您 |
| | ↓ | ↓ | ↓ | ↓ | ↓ |
| 词性： | 名词 | 名词 | 人名 | 动词 | 代词 |

图 9.65　南京长江大桥

注：南京长江大桥是我国自主设计建造的一座横跨长江的铁路、公路两用桥，建成于 1968 年。

我们把这个游戏再设计得复杂点儿：如果除了状态数 $n$ 和颜色数 $m$，爱因斯坦对其他信息一概不知，在拿到一些颜色序列的观察数据之后，他能猜出对应的罐子序列吗（图 9.66）？

图 9.66　爱因斯坦说，“无论如何，我确信上帝不掷骰子”

解决这类问题的数学模型称作隐马尔可夫模型（hidden Markov model，HMM），它是一类概率图模型（probabilistic graphical model，PGM）[187]，也可视作一种特殊的概率有限状态转换器（probabilistic finite-state transducer，PFST）。其理论基础是 1907 年俄国数学家、圣彼得堡学派的代表人物**安德雷·马尔可夫**（Andrey Markov, 1856—1922，也译作“马尔科夫”，图 9.67）提出的马尔可夫链（即离散状态的马尔可夫过程）。

图 9.67　马尔可夫及其母校圣彼得堡大学

20 世纪 70 年代中期，隐马尔可夫模型被用于语音识别、词性标注[126]。20 世纪 80 年代末，被用于生物序列分析（例如，基因预测、剪切位点识别等）[188]。事实上，生物信息学 (bioinformatics) 和计算语言学 (computational linguistics) 共享着很多句法/语义分析的方法（图 9.68）。无论是人类的语言，还是大自然的语言，隐马尔可夫模型都是适用的。

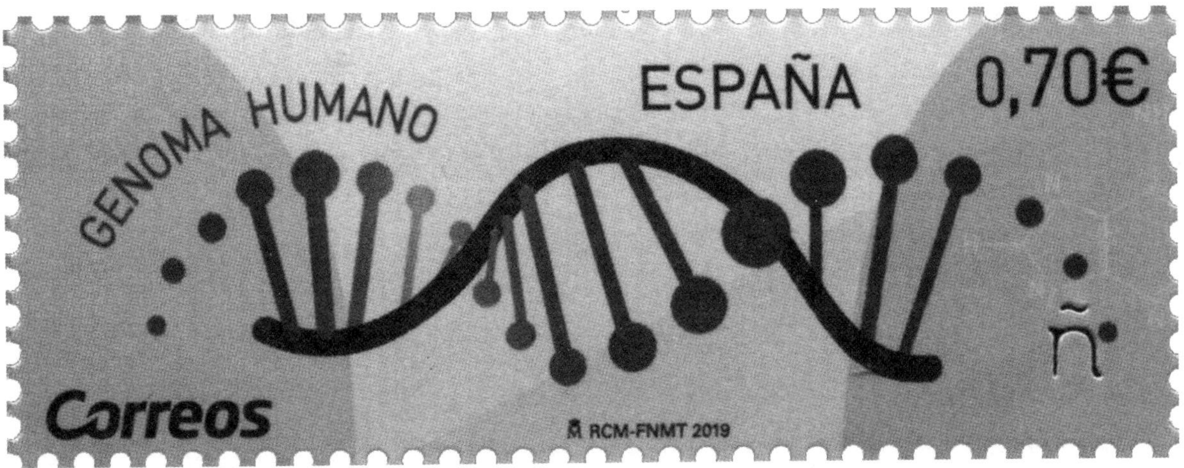


图 9.68 生物信息学与计算语言学有着许多相似之处

本节重点介绍有关隐马尔可夫模型的三个核心算法——向前向后算法、维特比算法和鲍姆-韦尔奇算法。其中，向前向后算法是鲍姆-韦尔奇算法的基础，而后者又是第 8 章的期望最大化算法的特例。

## 9.3.1 隐马尔可夫模型

爱因斯坦为了猜出（对他来说）不可见的罐子序列，首先必须把游戏规则和问题抽象为数学语言：有 $n$ 个隐藏状态（即罐子）构成的马尔可夫链，状态是不可观测的，标号为 $S = \{1,2,\cdots,n\}$；有 $m$ 个不同的观测结果（即不同的颜色），标号为 $\Omega = \{\omega_1,\omega_2,\cdots,\omega_m\}$。设随机变量 $Z_t, X_t$ 分别为 $t$ 时刻系统所处的状态和观察到的结果，对上帝和爱因斯坦的游戏（图 9.63）的数学建模可由定义 9.16 刻画。

**定义 9.16**（隐马尔可夫模型） 按照图 9.63 所示的游戏规则，以下信息（即模型的参数）是爱因斯坦已知的，具体描述如下：

- 初始状态（即初始罐子）的概率分布为 $Z_1 \sim \pi_1\langle 1\rangle+\pi_2\langle 2\rangle+\cdots+\pi_n\langle n\rangle$，记 $\boldsymbol{\pi} = (\pi_1,\pi_2,\cdots,\pi_n)^\top$。即，第 0 号骰子的点数分布列。
- 从状态 $i$ 转移到状态 $j$（即第 $i$ 号骰子掷出 $j$ 点）的概率为

$$\mathsf{P}(Z_t = j|Z_{t-1} = i) = a_{ij}$$

称方阵 $\boldsymbol{A} = (a_{ij})_{n\times n}$ 为状态转移矩阵（state transition matrix）。显然，$(a_{ij})$ 每行之和等于 1（概率分布的归一性），即

$$\sum_{j=1}^{n} a_{ij} = 1，\text{其中 } i = 1,2,\cdots,n$$

显然，状态转移矩阵逐行刻画了第 $1,2,\cdots,n$ 号骰子的点数分布列。

- 在状态 $i$ 观察到第 $k$ 个结果（即在罐子 $i$ 中随机抽取到颜色 $k$ 的球）的概率为

$$\mathsf{P}(X_t = \omega_k|Z_t = i) = b_{ik}$$

称矩阵 $\boldsymbol{B}=(b_{ik})_{n\times m}$ 为发射矩阵 (emission matrix)，其第 $i$ 行就是状态 $i$ 下观测结果 $\omega_1,\omega_2,\cdots,\omega_m$（即罐子 $i$ 里不同颜色）的分布列。

$$b_{i1}\langle\omega_1\rangle+b_{i2}\langle\omega_2\rangle\cdots+b_{im}\langle\omega_m\rangle$$

显然，$(b_{ik})$ 也满足每行之和等于 1，即

$$\sum_{k=1}^{m}b_{ik}=1\text{，其中 }i=1,2,\cdots,n$$

有时为了强调观测结果，也把 $b_{ik}$ 记作 $b_i(k)$。

上述模型称为隐马尔可夫模型 (hidden Markov model, HMM) 或隐马氏模型，记作五元组 $\mathcal{M}=(S,\Omega,\boldsymbol{A},\boldsymbol{B},\boldsymbol{\pi})$，其中 $\boldsymbol{\theta}=(\boldsymbol{A},\boldsymbol{B},\boldsymbol{\pi})$ 称为隐马尔可夫模型的参数。

隐马尔可夫模型是一类概率图模型（图 9.69）：不可观测的状态序列 $Z_{1:T}=Z_1Z_2\cdots Z_t\cdots Z_T$ 是一个马尔可夫过程（时刻 $T$ 称为"终止时刻"）。在给定 $Z_t$ 之后，$X_t$ 条件独立于其他节点所示的随机变量。

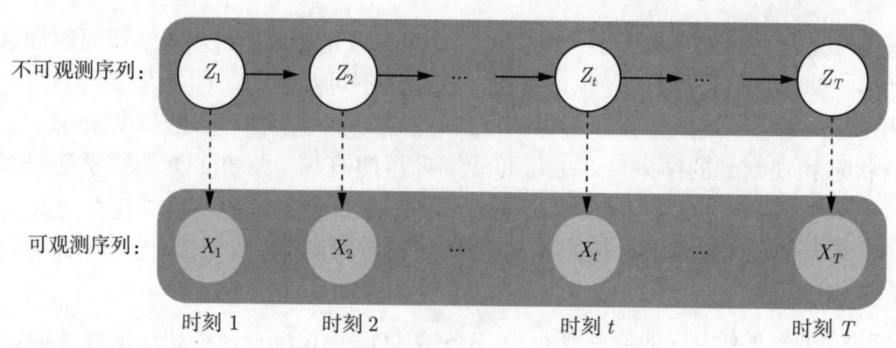


图 9.69　隐马尔可夫模型的直观示意图

从图 9.69 中不难看出，$Z_t$ 阻断了其他节点与 $X_t$ 的信息交流（见文献 [10] 中有关随机变量的条件独立性一节）。也就是说，在给定条件 $Z_t$ 之后，$X_t$ 条件独立于其他节点所示的随机变量。

例 9.23　如图 9.70 所示，彝族姑娘阿诗玛的内心状态分为"愉快"和"忧郁"，是不可观测的。然而，她的外在行为"读书"、"发呆"和"弹琴"是可观测的。譬如，在"愉快"的状态下，我们观察到阿诗玛"读书""发呆""弹琴"的概率分别为 0.5，0.1 和 0.4。

图 9.70 所示的隐马尔可夫模型中，令 $\omega_1=$"读书"，$\omega_2=$"发呆"，$\omega_3=$"弹琴"。为方便起见，约定用 $R$ 表示"读书"，用 $M$ 表示"发呆"，用 $G$ 表示"弹琴"。用 1 表示状态"愉快"，用 2 表示状态"忧郁"，则初始分布为 $0.7\langle1\rangle+0.3\langle2\rangle$，状态转移矩阵 $\boldsymbol{A}$ 和发射矩阵 $\boldsymbol{B}$ 分别为

$$\boldsymbol{A}=\begin{pmatrix}0.6 & 0.4\\0.1 & 0.9\end{pmatrix}\qquad \boldsymbol{B}=\begin{pmatrix}0.5 & 0.1 & 0.4\\0.1 & 0.6 & 0.3\end{pmatrix}$$

设到 $T$ 时刻为止观察到的结果的序列为 $x_{1:T}=x_1x_2\cdots x_T$，对隐马尔可夫模型 $\mathcal{M}=(S,\Omega,\boldsymbol{A},\boldsymbol{B},\boldsymbol{\pi})$，有如下三个问题待解决。

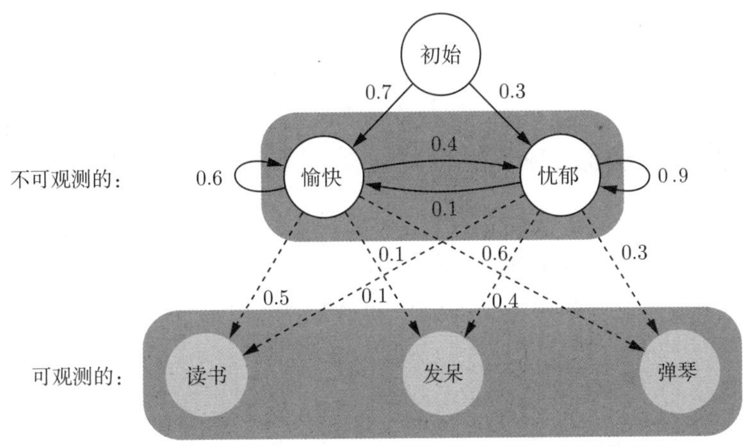


图 9.70　阿诗玛的内心状态和外在行为的隐马尔可夫模型

问题一　观测结果的概率：给定了参数 $\boldsymbol{\theta}$，求概率 $\mathsf{P}(X_{1:T}=x_{1:T}|\boldsymbol{\theta})$，也简记作 $\mathsf{P}(x_{1:T}|\boldsymbol{\theta})$。譬如，在例 9.23 中，求 $\mathsf{P}(RRGM|\boldsymbol{\theta})$。解决了这个问题，我们就能明确回答对于给定的长度，哪个观测序列最有可能出现。例如，直观上阿诗玛一旦进入"忧郁"状态便很难走出来，而"发呆"是处于"忧郁"状态最有可能的结果，所有长度为 4 的观测序列中 $MMMM$ 的概率是不是最大呢？

问题二　状态序列的概率：给定了参数 $\boldsymbol{\theta}$，求最有可能的状态序列 $\hat{z}_{1:T}$，使得

$$\hat{z}_{1:T}=\underset{z_{1:T}}{\operatorname{argmax}}\,\mathsf{P}(z_{1:T}|x_{1:T},\boldsymbol{\theta})，\text{其中 } z_{1:T}=z_1z_2\cdots z_T \tag{9.25}$$

这个问题具有非常广泛的应用背景，例如自然语言处理中的词性标注。对机器而言，观察到的是词序列*（或基因组序列），未知的是对应的词性序列（或基因功能序列）。如果隐马尔可夫模型的参数真实地反映出该语言（或基因组，图 9.71）的统计规律，还有什么比 (9.25) 更合理的标准呢？

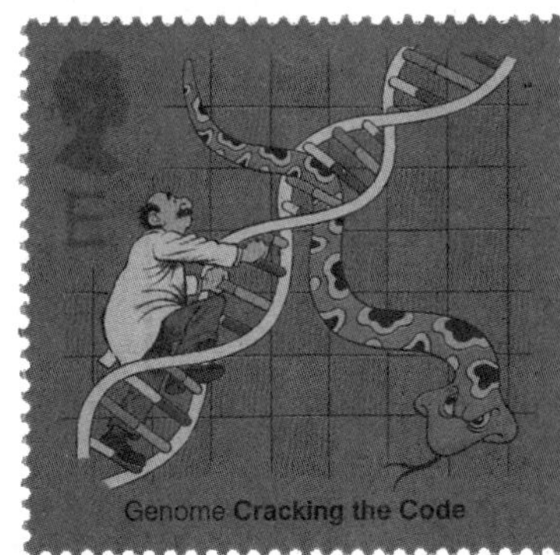

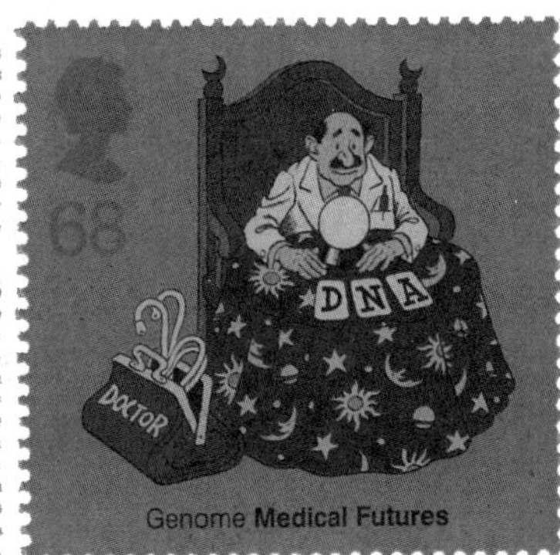


图 9.71　基因组遗传学

问题三　参数的训练：若参数 $\boldsymbol{\theta}$ 未知，求解 $\boldsymbol{\theta}$ 的最大似然估计 $\hat{\boldsymbol{\theta}}$，使得

$$\hat{\boldsymbol{\theta}}=\underset{\boldsymbol{\theta}}{\operatorname{argmax}}\,\mathsf{P}(x_{1:T}|\boldsymbol{\theta})$$

* 对某些语言，譬如中文，词的切分 (segmentation) 和词性 (part-of-speech, POS) 判定是捆绑在一起的，有时甚至要借助句法分析才能得到正确的结论。

如果机器能够在观测数据的基础上为取得更好的效果而动态地修改模型参数，外观上就似乎具备了学习的能力，问题三正是有关隐马尔可夫模型参数的更新。

### 9.3.2 概率有限状态转换器

我们可以从一个更高的视角理解隐马尔可夫模型 $\mathcal{M}=(S,\Omega,\boldsymbol{A},\boldsymbol{B},\pi)$，它是一类概率有限状态转换器（probabilistic finite-state transducer，PFST），这对抽象建模有帮助。

**定义 9.17** 一个确定有限状态自动机（deterministic finite-state automaton, DFSA 或 deterministic finite automaton，DFA）是一个五元组 $\mathcal{A}=(Q,\Sigma,\delta,q_0,F)$，包括：

- 有限的状态集合 $Q$，不妨设 $|Q|=n$；
- 有限的输入符号集合 $\Sigma$；
- 状态转移函数（transition function）$\delta: Q\times\boldsymbol{\Sigma}\to Q$；
- 初始状态（initial state）$q_0\in Q$；
- 终止状态（final state）集合 $F\subseteq Q$。

从初始状态开始，自动机依次读入字符串 $w_{1:k}=w_1w_2\cdots w_k$ 中的字符，根据状态转移函数不断更新状态 $r_0=q_0,r_1,\cdots,r_k$。如果读完 $w_{1:k}$ 后自动机所处的状态 $r_k$ 落于终止状态集合，则称 $w_{1:k}$ 可被 $\mathcal{A}$ 识别或接受。即

$$
\begin{aligned}
&r_0=q_0\\
&r_{i+1}=\delta(r_i,w_{i+1})，\text{其中 } i=0,1,\cdots,k-1\\
&r_k\in F
\end{aligned}
$$

我们把自动机 $\mathcal{A}$ 看成识别器，能被它接受的字符串的全体记作 $L(\mathcal{A})$，称作 $\mathcal{A}$ 识别的语言（language）。如果两个 DFSA 识别的语言相同，则称它们是等价的。

**定理 9.7** 能被一个 DFSA 识别的语言 $L$ 可由某个正则文法（regular grammar）* 生成。所以，该语言也被称为正则语言[189,190]。

**定理 9.8** 对任意 DFSA $\mathcal{A}$，总唯一地存在与之等价且状态数不能再减少的 DFSA $\mathcal{B}$，我们称 $\mathcal{B}$ 是 $\mathcal{A}$ 的归约 (reduction)。示例见图 9.72。

**定义 9.18** 两个状态 $q,q'\in Q$ 是不可区分的 (undistinguishable) 当且仅当任何从 $q$ 开始被接受的字串，从 $q'$ 开始也能被接受，反之亦然。示例见图 9.72。

当状态 $q,q'$ 是不可区分的时候，$q'$ 便是冗余的，对 DFSA 适当地改造后，便可以删除 $q'$ 得到一个等价的 DFSA。即，归约的算法就是减少“不可区分”的状态。

**算法 9.10** 如果状态 $q,q'\in Q$ 是不可区分的，我们把进入 $q'$ 的状态转移改为进入 $q$，然后删除 $q'$ 和所有离开 $q'$ 的状态转移，如此得到的 DFSA 与原来的等价且状态数减少了。

**例 9.24** 对 DFSA 而言，每个 $(q,w)\in Q\times\Sigma$ 在 $\delta$ 下都确定地转移至唯一的状态。图 9.72 所示的 DFSA 及其归约所识别的语言都是以 1 结束的有限 0,1 字符串。

---

* 一个正则文法就是基于非终结符（nonterminal symbol）集合 $N$ 和终结符集合 $T$（其中 $N\cap T=\varnothing$）的一组特定的重写规则（rewriting rules），其类型分别是：① $A\to\varepsilon$，其中 $A\in N$，$\varepsilon$ 是空符（长度为零）；② $A\to a$，其中 $A\in N,a\in T$；③ $A\to aB$ 或者 $A\to Ba$，其中 $A,B\in N,a\in T$。显然，空集 $\varnothing$、空符集 $\{\varepsilon\}$、单点集 $\{a:a\in T\}$ 都是正则语言。如果 $L,L'$ 是正则语言，则克莱尼闭包（Kleene closure）$L^*$、并集 $L\cup L'$、交集 $L\cap L'$、差集 $L-L'$、串接（concatenation）$L\cdot L'$ 等都是正则语言。

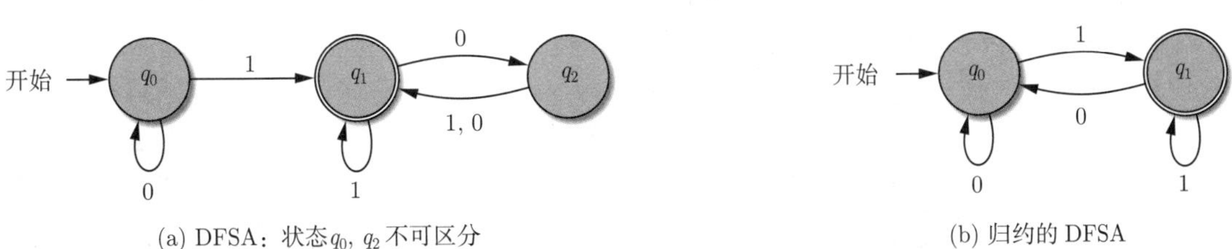


(a) DFSA：状态$q_0$, $q_2$不可区分

(b) 归约的 DFSA

图 9.72 不可区分和归约的示例

### 1. 非确定有限状态自动机

**定义 9.19** 在定义 9.17 中，如果状态转移函数是 $\nu : Q \times \Sigma \to 2^Q$，其中 $2^Q$ 是 $Q$ 的幂集合，则 $\mathcal{N} = (Q, \Sigma, \nu, q_0, F)$ 被称为非确定有限状态自动机（nondeterministic finite-state automaton，NFSA）。

状态转移函数 $\nu : Q \times \Sigma \to 2^Q$ 使得 $(q, w)$ 有可能对应多个状态，选择任何一个状态转移的机会都是等同的（示例见图 9.73）。因此，我们可以将 NFSA 视为几个并行的 DFSA，如果其中某个接受了输入，则认为该 NFSA 接受了该输入。具体说来，字符串 $w_{1:k}$ 可被 $\mathcal{N}$ 识别或接受，当且仅当存在一个状态的序列 $r_0 = q_0, r_1, \cdots, r_k$ 使得

$$
\begin{aligned}
& r_0 = q_0 \\
& r_{i+1} \in \nu(r_i, w_{i+1})，\text{其中 } i = 0, 1, \cdots, k-1 \\
& r_k \in F
\end{aligned}
$$

例 9.25 对于 NFSA，$(q, w)$ 可能无法转移（即对应着 $\varnothing$），如图 9.73 中的 $(q_2, 0)$；也可能可转移至几个状态，如 $(q_1, 0)$。图 9.73 的 NFSA 同样识别以 1 结束的有限 0, 1 字符串。

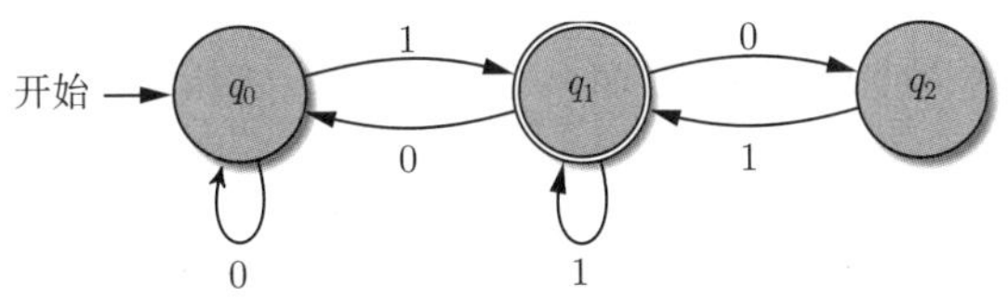


图 9.73 非确定有限状态自动机的示例

**定理 9.9** 形式上，NFSA 是对 DFSA 的推广。然而，从计算能力或语言识别的角度看，DFSA 与 NFSA 是等价的[189, 190]。即，二者可以相互模拟——识别对方能识别的正则语言。

换一个角度，状态转移函数 $\nu : Q \times \Sigma \to 2^Q$ 以及关系 $q' \in \nu(q, w)$，$q'' \notin \nu(q, w)$ 分别可以理解为

$$
\begin{gathered}
Q \times \Sigma \times Q \xrightarrow{\chi} \{0, 1\} \\
(q, w, q') \mapsto 1 \\
(q, w, q'') \mapsto 0
\end{gathered}
$$

即，$\nu$ 可以等价地表示为一个指示函数 $\chi$。理论上，NFSA 让人们能更便捷地应用有限状态自动机，也启发了下述概率有限状态自动机 (probabilistic finite-state automaton, PFSA)。

### 2. 概率有限状态自动机

**定义 9.20** 概率有限状态自动机是一个五元组 $\mathcal{P} = (Q, \Sigma, \psi, \pi, F)$，其中状态转移函数 $\psi : Q \times \Sigma \times Q \to [0, 1]$ 推广了 NFSA 的状态转移函数，$\psi(q, w, q')$ 的含义是从 $(q, w)$（即当前状态 $q$ 读入 $w$ 后）转

移到状态 $q'$ 的概率。状态转移函数 $\psi(q,\cdot,\cdot)$ 满足归一性，即

$$\sum_{w\in\Sigma}\sum_{q'\in Q}\psi(q,w,q')=1 \tag{9.26}$$

另外，初始状态不再是固定的，而是按照 $Q$ 上某个给定的离散概率分布 $\pi_1\langle q_1\rangle+\pi_2\langle q_2\rangle+\cdots+\pi_n\langle q_n\rangle$ 来随机抽取，记 $\boldsymbol{\pi}=(\pi_1,\pi_2,\cdots,\pi_n)^\top$。PFSA 的示例见图 9.74。

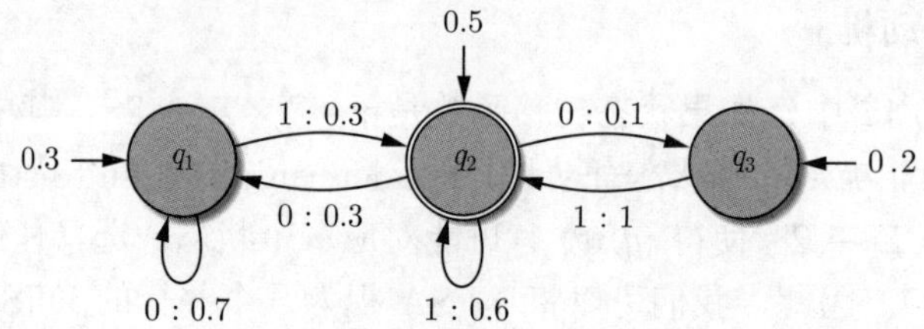


图 9.74 概率有限状态自动机的示例

例 9.26 在 PFSA 里，每个状态转移出去的概率之和归一，见式 (9.26)。初始分布 $\pi_1\langle q_1\rangle+\pi_2\langle q_2\rangle+\cdots+\pi_n\langle q_n\rangle$ 可视为从虚拟的初始状态 $q_0$ 转移出去的概率，输入是空符 $\varepsilon$。

- 为方便起见，我们把状态简记作 $1,2,\cdots,n$。$\forall w\in\Sigma$，状态转移函数 $\psi$ 可由一系列的 $n\times n$ 矩阵 $\boldsymbol{P}_w$ 刻画，其 $(i,j)$ 位置的元素就是 $\psi(i,w,j)$。由式 (9.26)，有

$$\sum_{w\in\Sigma}\sum_{j=1}^{n}\boldsymbol{P}_w(i,j)=1$$

- 字符串 $w_{1:k}$ 可被 $\mathcal{P}$ 识别或接受的概率，是所有可能的状态序列 $r_{0:k}=r_0r_1\cdots r_k$ 的概率之和，其中 $r_k\in F$。即

$$\mathsf{P}(w_{1:k})=\sum_{\substack{r_{0:k}\\ r_k\in F}}\pi_{r_0}\prod_{j=1}^{k}\boldsymbol{P}_{w_j}(r_{j-1},r_j)$$

对于给定的 $\eta\in[0,1]$，$L_\eta(\mathcal{P})$ 是 $\mathcal{P}$ 的所有识别概率大于 $\eta$ 的字符串的全体，称为 $\eta$-随机语言 (stochastic language)，它有可能不是正则语言。我们常用正则语言的泵引理（pumping lemma）* 来判断一个语言是不是正则语言，例如，$\{0^n1^n:n\geqslant 0\}$ 不是正则语言。

3. **确定型有限状态转换器**

1951 年，美国数学家、计算机科学家**乔治·米利**（George Mealy, 1927—2010）将 DFSA 识别器“改造”成确定型有限状态转换器 (deterministic finite-state transducer, DFST)，也称米利机 (Mealy machine)。它是密码机（读入明文，输出密文）或破解机（读入密文，输出明文）的一般数学模型（图 9.75）。

**定义** 9.21 在定义 9.17 里去掉终止状态集合，增加一个有限的输出符号集合 $\Lambda$ 和输出函数 (output function) $\tau: Q\times\Sigma\to\Lambda$ 便得到米利机，一个六元组 $\mathcal{T}=(Q,\Sigma,\delta,q_0,\Lambda,\tau)$，不妨设 $|Q|=n,|\Lambda|=m$。

---

* 如果语言 $L\in\Sigma^*$ 是正则语言，不妨设识别它的 DFSA 的状态数为 $n$，则存在字符串 $s\in L$ 且 $|s|\geqslant n$ 使得分解 $s=xyz$ 满足 $|xy|\leqslant n,|y|\geqslant 1$ 并且 $xy^kz\in L,\forall k\in\mathbb{N}$。

图 9.75 第二次世界大战期间，图灵破解了纳粹德国的 Enigma 密码系统[44]

米利机在状态 $q$ 读入 $w$ 时，由输出函数 $\tau$ 相应地给出一个输出。因为米利机的任务不是识别而是转换，所以没有终止状态，可以简单地将之视为一个“翻译机器”。

例 9.27 令 $\Lambda = \{a, b, c\}$，图 9.76 所示 DFST 将输入的 0,1 串转换为 $a, b, c$ 串。例如，“0010110”对应着输出“*aabccac*”。

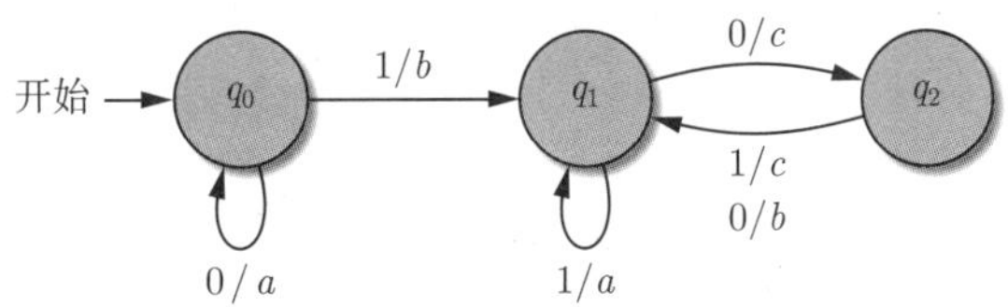


图 9.76 确定型有限状态转换器的示例

1956 年，美国数学家、计算机科学家**爱德华·摩尔**（Edward Moore, 1925—2003）把米利机的输出函数简化为 $\tau : Q \to \Lambda$ 而成为摩尔机 （Moore machine）。每个米利机都有一个与之等价的摩尔机（其状态数一般不小于该米利机的状态数），二者的描述能力相同。当我们谈论 DFST 时，可以直接把它理解为摩尔机。摩尔机的输出只与当前状态有关，而与当前输入无关，它在形式上简化了模型（示例见图 9.77）。

例 9.28 令 $\Lambda = \{a, b, c\}$，图 9.77 所示的摩尔机将输入的 0,1 串转换为 $a, b, c$ 串。例如，“0010110”对应输出“*aabcbbc*”。

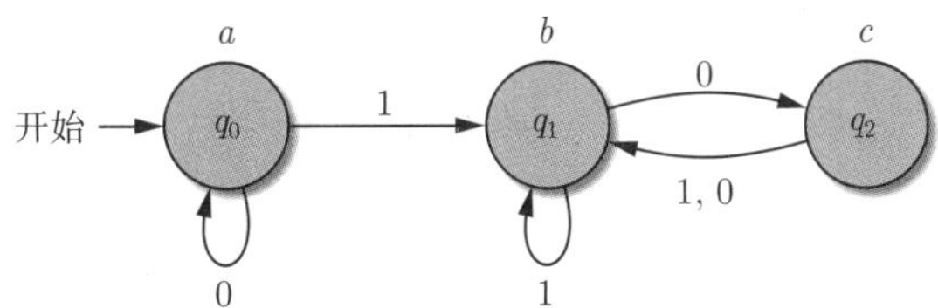


图 9.77 摩尔机的示例

### 4. 概率有限状态转换器

仿照从 DFSA 到 PFSA 的概念演化，我们可以把 DFST 发展成概率有限状态转换器 (PFST)：将输出函数 $\tau : Q \to \Lambda$ 一般化为发射矩阵 $\boldsymbol{B}_{n\times m}$，其中第 $i$ 行是指在状态 $i$ 时 $\Lambda$ 上的一个离散概率分布。PFST 的示例见图 9.78。

性质 9.10 如果一个 PFST 的输入符号集合 $\{\varepsilon\}$ 只有空符，状态转移矩阵 $\boldsymbol{P}_w$ 不依赖于 $w$，即

$\forall w \in \Sigma$ 都是同一个矩阵 $\boldsymbol{A}_{n\times n}$，则该 PFST 就是一个隐马尔可夫模型 $\mathcal{M}=(S,\Omega,\boldsymbol{A},\boldsymbol{B},\boldsymbol{\pi})$，其中 $S$ 是状态集合，$\Omega$ 是输出符号集合，$(\boldsymbol{A},\boldsymbol{B},\boldsymbol{\pi})$ 分别是状态转移矩阵、发射矩阵和初始状态分布。

例 9.29　任何隐马尔可夫模型都是一个特殊的 PFST，我们可以把 PFST 理解为一个带有随机性的“翻译机器”。例如图 9.70 所描述的隐马尔可夫模型，就是图 9.78 所示的概率有限状态转换器。

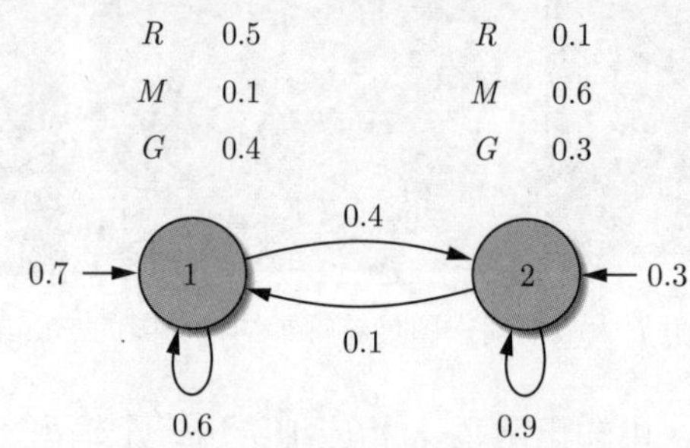


图 9.78　概率有限状态转换器的示例

PFST 描述了观测数据是如何生成的，可被视为一类**概率图模型**，它的建模承载了一些先验知识或经验。如果 PFST 是已知的，则基于它的应用一般都是概率计算；如果 PFST 中有未知参数，则基于它的应用一般都是统计推断。从自动机或转换器的角度理解概率/统计模型，有助于我们理解机器的计算能力。

### 9.3.3　观测序列的概率：向前算法与向后算法

已知隐马尔可夫模型 $\mathcal{M}=(S,\Omega,\boldsymbol{A},\boldsymbol{B},\boldsymbol{\pi})$，参数为 $\boldsymbol{\theta}=(\boldsymbol{A},\boldsymbol{B},\boldsymbol{\pi})$。本节试图解决隐马尔可夫模型的问题一。设 $z_{1:T}=z_1z_2\cdots z_T$ 是观测到的颜色序列 $x_{1:T}=x_1x_2\cdots x_T$ 所对应的不可观测的罐子序列，则

$$
\begin{array}{rcccc}
\text{罐子序列的概率：} & \pi_{z_1} & a_{z_1z_2} & \cdots & a_{z_{T-1}z_T} \\
 & \uparrow & \uparrow & \cdots & \uparrow \\
\text{罐子序列：} & z_1 & z_2 & \cdots & z_T \\
 & \downarrow & \downarrow & \cdots & \downarrow \\
\text{颜色序列的条件概率：} & b_{z_1}(x_1) & b_{z_2}(x_2) & \cdots & b_{z_T}(x_T)
\end{array}
$$

观测数据 $x_{1:T}$（即颜色序列）和隐藏数据 $z_{1:T}$（即罐子序列）一起构成了**完全数据**，隐马尔可夫模型讲述了一个有关它们的“完整故事”，即

$$\mathsf{P}(x_{1:T},z_{1:T}|\boldsymbol{\theta})=\mathsf{P}(x_{1:T}|z_{1:T},\boldsymbol{\theta})\mathsf{P}(z_{1:T}|\boldsymbol{\theta})$$

隐马尔可夫模型的问题一是求观测数据 $x_{1:T}$ 的概率 $\mathsf{P}(x_{1:T}|\boldsymbol{\theta})$，它可由全概率公式算得。即

$$\begin{aligned}\mathsf{P}(x_{1:T}|\boldsymbol{\theta})&=\sum_{z_{1:T}}\mathsf{P}(x_{1:T},z_{1:T}|\boldsymbol{\theta})\\&=\sum_{z_{1:T}}\mathsf{P}(x_{1:T}|z_{1:T},\boldsymbol{\theta})\mathsf{P}(z_{1:T}|\boldsymbol{\theta})\end{aligned}\tag{9.27}$$

在上式中，右侧的每个乘积项可由已知参数 $\boldsymbol{\theta}=(\boldsymbol{A},\boldsymbol{B},\boldsymbol{\pi})$ 算得。

- 不可观测的罐子序列 $z_{1:T}=z_1z_2\cdots z_T$ 的概率是

$$\mathsf{P}(z_{1:T}|\boldsymbol{\theta})=\pi_{z_1}a_{z_1z_2}a_{z_2z_3}\cdots a_{z_{T-1}z_T}\tag{9.28}$$

❑ 在给定条件 $Z_{1:T} = z_{1:T}$ 之后，$X_1, X_2, \cdots, X_T$ 是条件独立的，即

$$\begin{aligned} \mathsf{P}(x_{1:T}|z_{1:T}, \boldsymbol{\theta}) &= \prod_{t=1}^{T} \mathsf{P}(x_t|z_t, \boldsymbol{\theta}) \\ &= b_{z_1}(x_1) b_{z_2}(x_2) \cdots b_{z_T}(x_T) \end{aligned} \tag{9.29}$$

例 9.30 接着例 9.23，问：观察到序列 $x_{1:4} = RRGM$ 的概率是多少？

解 本例中状态序列 $z_{1:T} = z_1z_2z_3z_4$ 共有 16 种可能，即 $1111, 2111, \cdots, 2222$。依次利用式 (9.28) 和式 (9.29) 计算，再代入式 (9.27)。譬如：

$$\begin{aligned} \mathsf{P}(2111|\boldsymbol{\theta}) &= \pi_2 a_{21} a_{11} a_{11} \\ &= 0.3 \times 0.1 \times 0.6 \times 0.6 \\ &= 0.0108 \\ \mathsf{P}(x_{1:4}|2111, \boldsymbol{\theta}) &= b_{21} b_{11} b_{13} b_{12} \\ &= 0.1 \times 0.5 \times 0.4 \times 0.1 \\ &= 0.002 \end{aligned}$$

根据公式 (9.27)，可求得 $\mathsf{P}(x_{1:4}|\boldsymbol{\theta}) \approx 0.01738$。请读者自行验证这一结果。

若像例 9.30 用蛮力（brute force）方法把式 (9.28) 和式 (9.29) 代入式 (9.27) 老老实实地计算 $\mathsf{P}(x_{1:T}|\boldsymbol{\theta})$，因为 $S$ 遍历了所有可能的状态序列，所以复杂度为 $O(Tn^T)$。试想一下如果两个状态序列仅最后一个不同，用蛮力方法独立地对待它们而使得中间的计算步骤白白地重复多次，岂能不浪费时间？在这种情况下，通常需要设计*动态规划*（dynamic programming）* 算法[191] 来改进算法复杂度。动态规划算法的核心技巧是找出问题和子问题之间的*递归*（recursive）关系，在求解过程中保留中间结果以避免重复计算。

例9.31 如图 9.79 所示，费波纳奇（Fibonacci）数列 $F(n) = F(n-1)+F(n-2)$ 的问题 $F(n)$ 可以拆解为两个子问题，它们的计算有重叠，有必要牺牲一点内存来降低时间复杂度。例如，计算 $F(5) = F(4)+F(3)$ 时，用蛮力方法需要算两次 $F(3)$，而用动态规划算法只需算一次。

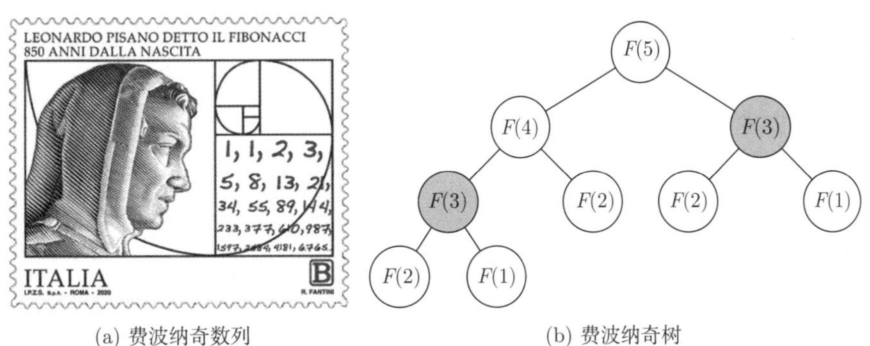


(a) 费波纳奇数列 (b) 费波纳奇树

图 9.79 费波纳奇数列的动态规划算法

**算法** 9.11（*向前算法*） 为了讨论的方便，我们把 $t$ 时刻处于状态 $i$ 且观察到 $x_1x_2\cdots x_t$ 的概率 $\alpha_t(i) = \mathsf{P}(x_1x_2\cdots x_t, z_t = i|\boldsymbol{\theta})$ 称为向前变量 (forward variable)，其含义见图 9.80。

* 在 20 世纪 40 年代，美国应用数学家**理查德·贝尔曼**（Richard Bellman, 1920—1984）引入了“动态规划”这个术语。1953 年，他进一步明确此概念为，旨在将原问题递归地分解为一系列的子问题，以便全局地优化求解过程。

⚀ 初始赋值：初始时刻从状态 $i$ 观察到 $x_1$ 的概率为

$$\alpha_1(i) = \pi_i b_i(x_1)\text{，其中 } 1 \leqslant i \leqslant n$$

⚁ 递归步骤：向前变量 $\alpha_t(i), 1 \leqslant i \leqslant n$ 与 $\alpha_{t+1}(j)$ 的递归关系如下。

$$\alpha_{t+1}(j) = \left[\sum_{i=1}^{n} \alpha_t(i) a_{ij}\right] b_j(x_{t+1})\text{，其中 } 1 \leqslant j \leqslant n, 1 \leqslant t \leqslant T-1$$

其中，$\sum_{i=1}^{n} \alpha_t(i) a_{ij}$ 是 $t+1$ 时刻即将处于状态 $j$ 并且已观察到 $x_1 x_2 \cdots x_t$ 的概率（图 9.80）。

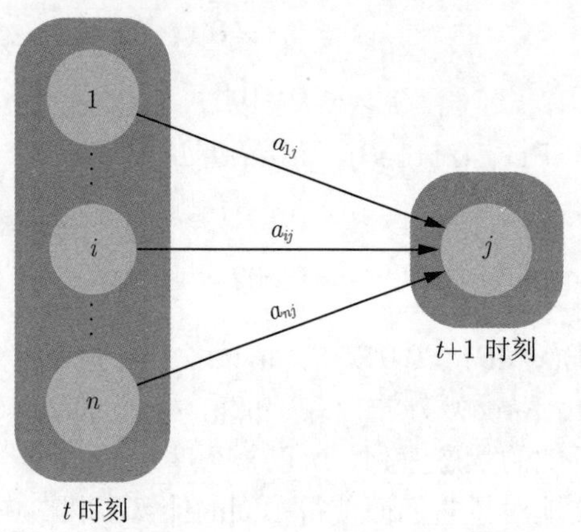


图 9.80 向前变量的直观解释

⚂ 计算结果：到 $T$ 时刻为止观察到 $x_1 x_2 \cdots x_T$ 的概率为

$$\mathsf{P}(x_{1:T}|\boldsymbol{\theta}) = \sum_{i=1}^{n} \alpha_T(i) \tag{9.30}$$

例 9.32 接着例 9.23，若观察到序列 $x_{1:7} = RRGMGRR$，表 9.5 列出了所有的向前变量 $\alpha_t(i)$ 在不同时刻和状态的取值。

表 9.5 向前变量的取值

| 状态 | 时刻 | | | | | | |
|---|---|---|---|---|---|---|---|
| | 1 | 2 | 3 | 4 | 5 | 6 | 7 |
| 1 | 0.35 | 0.107 | 0.0262 | 0.00175 | 0.001044 | 0.0005348 | 0.00018247 |
| 2 | 0.03 | 0.017 | 0.0173 | 0.01563 | 0.004430 | 0.0004405 | 0.00006103 |

利用公式 (9.30)，观测序列 $RRGMGRR$ 的概率是 0.00024350，即第 7 列之和，而例 9.30 所求的概率即第 4 列之和。

例 9.33 如果观测序列 $x_{1:T}$ 和 $x'_{1:T}$ 仅次序不同，一般地，有

$$\mathsf{P}(x_{1:T}|\boldsymbol{\theta}) \neq \mathsf{P}(x'_{1:T}|\boldsymbol{\theta})$$

譬如，在例 9.23 中，$x'_{1:7} = GRRRMRG$ 的概率是 0.00019632。

由递归关系知，计算 $\alpha_{t+1}(j)$ 的复杂度为 $O(n)$，所以对每个固定的 $t$，计算 $\{\alpha_t(i):1\leqslant i\leqslant n\}$ 需要 $O(n^2)$ 步。因为 $t=1,2,\cdots,T$，所以向前算法的时间复杂度为 $O(Tn^2)$。相比蛮力方法，复杂度已有巨大的改进。类似地，计算 $\mathsf{P}(x_{1:T}|\boldsymbol{\theta})$ 也可采用向后算法。

算法 9.12（向后算法）　若当前为 $t$ 时刻且处于状态 $i$，我们把即将观察到 $x_{t+1}x_{t+2}\cdots x_T$ 的概率 $\beta_t(i)=\mathsf{P}(x_{t+1}x_{t+2}\cdots x_T|z_t=i,\boldsymbol{\theta})$ 称为向后变量 (backward variable)，其含义见图 9.81。

⚀ 初始赋值：在 $T$ 时刻，不管处于哪个状态，观察到 $x_T$ 的概率都为 1，即

$$\beta_T(i)=1\text{，其中 }1\leqslant i\leqslant n$$

⚁ 递归步骤：向后变量 $\beta_{t+1}(j),1\leqslant j\leqslant n$ 与 $\beta_t(i)$ 的递归关系如下。

$$\beta_t(i)=\sum_{j=1}^{n}a_{ij}b_j(x_{t+1})\beta_{t+1}(j)\text{，其中 }1\leqslant i\leqslant n,1\leqslant t\leqslant T-1$$

其中，$a_{ij}b_j(x_{t+1})\beta_{t+1}(j)$ 是 $t$ 时刻处于状态 $i$，$t+1$ 时刻即将处于状态 $j$，并且在未来观察到 $x_{t+1}x_{t+2}\cdots x_T$ 的概率（图 9.81）。

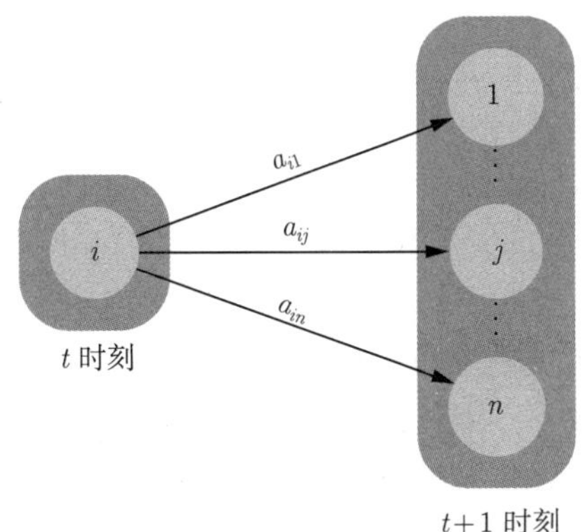


图 9.81　向后变量的直观解释

⚂ 计算结果：到 $T$ 时刻为止观察到 $x_1x_2\cdots x_T$ 的概率为

$$\mathsf{P}(x_{1:T}|\boldsymbol{\theta})=\sum_{i=1}^{n}\pi_i\beta_1(i)$$

算法 9.13　为解决隐马尔可夫模型的问题一，向前算法和向后算法可按下面的方法并行地执行，时间复杂度依然是 $O(Tn^2)$。如果说向前算法 9.11 和向后算法 9.12 是“一根筋”，那么当前的算法可谓“两头堵”。

$$\mathsf{P}(x_{1:T}|\boldsymbol{\theta})=\sum_{i=1}^{n}\sum_{j=1}^{n}\alpha_t(i)a_{ij}b_j(x_{t+1})\beta_{t+1}(j)\text{，其中 }1\leqslant t\leqslant T \tag{9.31}$$

证明　对于任意固定的 $t$，皆有

$$\mathsf{P}(x_{1:T}|\boldsymbol{\theta})=\sum_{i=1}^{n}\mathsf{P}(x_1\cdots x_T,z_t=i|\boldsymbol{\theta})$$

$$
\begin{aligned}
&= \sum_{i=1}^{n} \mathsf{P}(x_1 \cdots x_t, z_t = i, x_{t+1} \cdots x_T|\boldsymbol{\theta}) \\
&= \sum_{i=1}^{n} \mathsf{P}(x_1 \cdots x_t, z_t = i|\boldsymbol{\theta})\mathsf{P}(x_{t+1} \cdots x_T|z_t = i, \boldsymbol{\theta}) \\
&= \sum_{i=1}^{n} \alpha_t(i)\beta_t(i) \\
&= \sum_{i=1}^{n}\sum_{j=1}^{n} \alpha_t(i)a_{ij}b_j(x_{t+1})\beta_{t+1}(j)
\end{aligned}
$$

□

### 9.3.4 状态序列的概率：维特比算法

考虑隐马尔可夫模型的问题二，就是寻找满足式 (9.25) 的状态序列 $\hat{z}_{1:T}$，即

$$
\begin{aligned}
\hat{z}_{1:T} &= \underset{z_{1:T}}{\operatorname{argmax}}\, \mathsf{P}(z_{1:T}|x_{1:T}, \boldsymbol{\theta}) \\
&= \underset{z_{1:T}}{\operatorname{argmax}}\, \mathsf{P}(z_{1:T}|x_{1:T}, \boldsymbol{\theta})\mathsf{P}(x_{1:T}|\boldsymbol{\theta}) \\
&= \underset{z_{1:T}}{\operatorname{argmax}}\, \mathsf{P}(z_{1:T}, x_{1:T}|\boldsymbol{\theta})
\end{aligned}
$$

图 9.82 维特比

换句话说，隐马尔可夫模型的问题二等同于寻找 $z_{1:T}$ 来最大化 $\mathsf{P}(z_{1:T}, x_{1:T}|\boldsymbol{\theta})$。1967 年，美籍意大利裔电气工程学家、高通公司的创立者之一**安德鲁·维特比**（Andrew Viterbi, 1935—）（图 9.82）提出了*维特比算法*（Viterbi algorithm），解决了隐马尔可夫模型的问题二（算法 9.14）。维特比算法也是一个动态规划算法，在律师的建议下，维特比放弃申请该算法的专利。多年后，维特比算法的价值得到实践的肯定，他因此获得 2008 年的千禧年科技奖。另外，维特比还帮助开发了手机网络的 CDMA（code division multiple access，码分多址）标准，并因此获得美国国家科学奖章（2007 年）。

**算法 9.14**（维特比，1967） 我们把 $t$ 时刻处于状态 $i$ 且观察到 $x_1x_2\cdots x_t$ 的最有可能的状态子序列 $z_1,\cdots,z_{t-1}$ 称为*维特比路径* (Viterbi path)，其中 $z_{t-1}$ 所示的状态记作 $\Delta_t(i)$。该维特比路径的概率 $\delta_t(i)$ 称为*维特比变量*（Viterbi variable，见图 9.83），即

$$
\delta_t(i) = \max_{z_{1:(t-1)}} \mathsf{P}(Z_{1:(t-1)} = z_{1:(t-1)}, Z_t = i, X_{1:t} = x_{1:t}|\boldsymbol{\theta})
$$

⚀ 初始赋值：上帝掷初始骰子时的状态记作 0，即 $\Delta_1(i) = 0$，其中 $1 \leqslant i \leqslant n$ 是初始骰子的点数。显然，上帝掷出 $i$ 点并抽取到 $x_1$ 颜色的球的概率是

$$
\delta_1(i) = \pi_i b_i(x_1)，其中\ 1 \leqslant i \leqslant n
$$

⚁ 递归步骤：维特比变量 $\delta_t(i), 1 \leqslant i \leqslant n$ 与 $\delta_{t+1}(j)$ 之间的递归关系如下。

$$
\delta_{t+1}(j) = \left[\max_{1\leqslant i\leqslant n} \delta_t(i)a_{ij}\right] b_j(x_{t+1})，其中\ 1 \leqslant t \leqslant T-1, 1 \leqslant j \leqslant n
$$

如图 9.83 所示，记录 $t$ 时刻状态 $i$ 的维特比路径在 $t-1$ 时刻的状态 $\Delta_t(i)$，即

$$\Delta_t(i) = \underset{1\leqslant k\leqslant n}{\operatorname{argmax}}\,[\delta_{t-1}(k)a_{ki}]\,b_i(x_t)$$

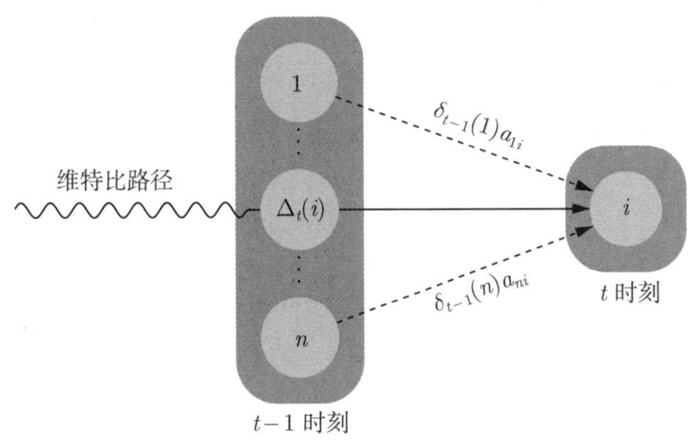


图 9.83　维特比变量的直观解释

⚁ 状态回溯：计算 $\mathrm{P}(\hat{z}_{1:T}, x_{1:T}|\boldsymbol{\theta}) = \max\limits_{1\leqslant i\leqslant n}[\delta_T(i)]$，并回溯得到状态序列

$$\hat{z}_T = \underset{1\leqslant i\leqslant n}{\operatorname{argmax}}\,[\delta_T(i)]$$

$$\hat{z}_t = \Delta_{t+1}(\hat{z}_{t+1})，\text{其中 } t = T-1,\cdots,1$$

维特比算法 9.14 的算法复杂度为 $O(Tn^2)$。

例 9.34　接着例 9.23，观测序列 $x_{1:4} = RRGM$ 对应状态序列 1122，观测序列 $x_{1:6} = RRGMGR$ 对应状态序列 112222，而观测序列 $x_{1:7} = RRGMGRR$ 对应状态序列 1111111。显然，$x_{1:4}$ 和 $x_{1:7}$ 的子序列对应不同的状态序列。

对于隐马尔可夫模型的问题二，更多的观察可能导致不同的结论——这个现象并不稀奇，因为局部最优不见得是全局最优。寻优陷入局部极值点，可谓“不识庐山真面目，只缘身在此山中。”（图 9.84）

图 9.84　庐山

## 9.3.5 模型参数的估计：鲍姆-韦尔奇算法

图 9.85 鲍姆（左）和韦尔奇（右）

隐马尔可夫模型 $\mathcal{M} = (S, \Omega, \boldsymbol{A}, \boldsymbol{B}, \boldsymbol{\pi})$ 的问题三就是求解未知参数 $\boldsymbol{\theta} = (\boldsymbol{A}, \boldsymbol{B}, \boldsymbol{\pi})$ 的最大似然估计 $\hat{\boldsymbol{\theta}}$。20 世纪 60 年代末，美国数学家**伦纳德 · 鲍姆**（Leonard Baum, 1931—2017）和**劳埃德 · 韦尔奇**（Lloyd Welch, 1927—）（图 9.85）基于向前算法和向后算法提出了*鲍姆-韦尔奇算法*，从而解决了该问题。

从隐马尔可夫模型的广泛应用来评价，鲍姆-韦尔奇算法的学术价值是以增量学习的方式解决了参数更新的问题。该算法出现在 EM 算法之前，虽然它仅面向隐马尔可夫模型，但是它对缺失数据下的参数估计是有启发性的。

性质 9.11 若给定了观测结果 $x_{1:T} = x_1x_2\cdots x_T$ 和当前参数设置 $\hat{\boldsymbol{\theta}}$，在此条件之下，我们能够计算 $t$ 时刻的状态转移概率和状态分布，即下面的两类条件概率。

- 利用式 (9.31)，算得在 $t$ 时刻从状态 $i$ 到状态 $j$ 的条件转移概率 $\xi_t(i,j)$，称之为*鲍姆-韦尔奇变量*（Baum-Welch variable，含义见图 9.86），即

$$\begin{aligned}\xi_t(i,j) &= \mathsf{P}(Z_t = i, Z_{t+1} = j | x_{1:T}, \hat{\boldsymbol{\theta}}), \text{其中 } 1 \leqslant t \leqslant T-1 \\ &= \frac{\mathsf{P}(Z_t = i, Z_{t+1} = j, x_{1:T} | \hat{\boldsymbol{\theta}})}{\mathsf{P}(x_{1:T} | \hat{\boldsymbol{\theta}})} \\ &= \frac{\alpha_t(i)a_{ij}b_j(x_{t+1})\beta_{t+1}(j)}{\sum_{i=1}^n \sum_{j=1}^n \alpha_t(i)a_{ij}b_j(x_{t+1})\beta_{t+1}(j)}\end{aligned}$$

其中，在 $t$ 时刻处于状态 $i$，$t+1$ 时刻处于状态 $j$ 的条件概率是

$$\mathsf{P}(Z_t = i, Z_{t+1} = j, x_{1:T} | \hat{\boldsymbol{\theta}}) = \alpha_t(i)a_{ij}b_j(x_{t+1})\beta_{t+1}(j)$$

它可以由向前算法 9.11 和向后算法 9.12 求得。

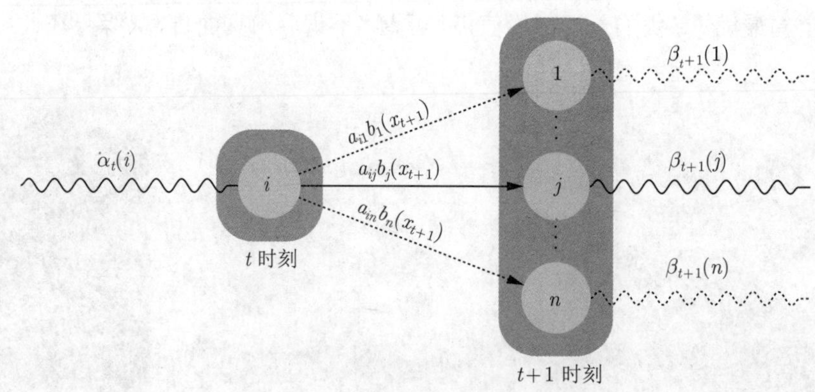


图 9.86 鲍姆-韦尔奇变量的直观解释

- 在 $t$ 时刻出现状态 $i$ 的条件概率 $\mathsf{P}(Z_t = i | x_{1:T}, \hat{\boldsymbol{\theta}})$，记作 $\gamma_t(i)$。特别地，

$$\mathsf{P}(Z_t = i | x_{1:T}, \hat{\boldsymbol{\theta}}) = \sum_{j=1}^{n} \mathsf{P}(Z_t = i, Z_{t+1} = j | x_{1:T}, \hat{\boldsymbol{\theta}}), \text{其中 } 1 \leqslant t \leqslant T-1$$

$$= \sum_{j=1}^{n} \xi_t(i,j)$$

推论 9.2 在性质 9.11 的基础上，如果不计较事件发生的时刻，则

- 发生状态转移 $i \to j$ 的条件概率是

$$\mathsf{P}(i \to j | x_{1:T}, \hat{\boldsymbol{\theta}}) = \sum_{t=1}^{T-1} \xi_t(i,j)$$

- 基于上面的结果，不难算得在时刻 $1, 2, \cdots, T-1$（即非终止时刻）出现状态 $i$ 的条件概率 $\mathsf{P}(i \in \{Z_1, Z_2, \cdots, Z_{T-1}\} | x_{1:T}, \hat{\boldsymbol{\theta}})$，具体为

$$\begin{aligned}\mathsf{P}(i \in \{Z_1, Z_2, \cdots, Z_{T-1}\} | x_{1:T}, \hat{\boldsymbol{\theta}}) &= \sum_{j=1}^{n} \mathsf{P}(i \to j | x_{1:T}, \hat{\boldsymbol{\theta}}) \\ &= \sum_{j=1}^{n} \sum_{t=1}^{T-1} \xi_t(i,j) \\ &= \sum_{t=1}^{T-1} \gamma_t(i)\end{aligned}$$

算法 9.15（鲍姆-韦尔奇算法） 设当前的参数设置为 $\hat{\boldsymbol{\theta}}$（初始参数可以随机地给出，只要它满足定义 9.16 中的条件）。为得到参数的最大似然估计 $\hat{\boldsymbol{\theta}}_{\text{MLE}}$，可按照下述过程不断地更新参数来逼近 $\hat{\boldsymbol{\theta}}_{\text{MLE}}$。

1. 参数更新：新参数 $\tilde{\boldsymbol{\theta}} = (\tilde{\boldsymbol{A}}, \tilde{\boldsymbol{B}}, \tilde{\boldsymbol{\pi}})$ 按如下方式计算。

$$\begin{aligned}\tilde{a}_{ij} &= \frac{\sum_{t=1}^{T-1} \xi_t(i,j)}{\sum_{t=1}^{T-1} \gamma_t(i)} \\ \tilde{b}_i(k) &= \frac{\sum_{t=1}^{T} \gamma_t(i) I_k(x_t)}{\sum_{t=1}^{T} \gamma_t(i)}，\text{其中指示函数 } I_k(x_t) = \begin{cases} 1 & \text{，如果 } x_t = \omega_k \\ 0 & \text{，否则} \end{cases} \\ \tilde{\pi}_i &= \gamma_1(i)\end{aligned}$$

2. 收敛判定：用户设定一个阈值 $\epsilon > 0$，用来判定参数是否需要继续更新，如果

$$|\ln \mathsf{P}(x_{1:T} | \tilde{\boldsymbol{\theta}}) - \ln \mathsf{P}(x_{1:T} | \hat{\boldsymbol{\theta}})| < \epsilon$$

则返回 $\hat{\boldsymbol{\theta}}$ 并结束更新；否则，令 $\hat{\boldsymbol{\theta}} = \tilde{\boldsymbol{\theta}}$，并重返更新参数的步骤。

由第 8 章的期望最大化算法，参数从 $\hat{\boldsymbol{\theta}}$ 更新到 $\tilde{\boldsymbol{\theta}}$，只要能保证观测序列 $x_{1:T}$ 的可能性增大就好，即

$$\mathsf{P}(x_{1:T} | \tilde{\boldsymbol{\theta}}) \geqslant \mathsf{P}(x_{1:T} | \hat{\boldsymbol{\theta}})$$

图 9.87 EM 环环相扣

每个骰子的点数、每个罐子中球的颜色都是离散型随机变量，鲍姆-韦尔奇算法 9.15 不断地刷新它们的后验分布，保证了参数的每一次更新都在增大似然。如果在一定规模的迭代之后，参数更新的幅度非常之小，则基本可判定算法已经收敛。

如此看来，鲍姆-韦尔奇算法就是第 8 章的 EM 算法（图 9.87）在隐马尔可夫模型参数估计上的一个实现。下面，我们给出鲍姆-韦尔奇算法 9.15 的一个严格证明。

**证明** 不可观测的罐子序列 $z_{1:T}$ 和观测到的颜色序列 $x_{1:T}$ 一起构成了完全数据。根据式 (8.9)，定义

$$\begin{aligned}
Q(\boldsymbol{\theta},\hat{\boldsymbol{\theta}}) &= \sum_{z_{1:T}} \mathsf{P}(z_{1:T},x_{1:T}|\hat{\boldsymbol{\theta}}) \ln \mathsf{P}(z_{1:T},x_{1:T}|\boldsymbol{\theta}) \\
&= \sum_{z_{1:T}} \mathsf{P}(z_{1:T},x_{1:T}|\hat{\boldsymbol{\theta}}) \ln\left[\pi_{Z_1} b_{Z_1}(x_1) \prod_{t=1}^{T-1} a_{Z_tZ_{t+1}} b_{Z_{t+1}}(x_{t+1})\right] \\
&= \sum_{z_{1:T}} \mathsf{P}(z_{1:T},x_{1:T}|\hat{\boldsymbol{\theta}}) \left[\ln \pi_{Z_1} + \sum_{t=1}^{T-1} \ln a_{Z_tZ_{t+1}} + \sum_{t=1}^{T} \ln b_{Z_t}(x_t)\right] \\
&= \sum_{i=1}^{n} \mathsf{P}(Z_1=i,x_{1:T}|\hat{\boldsymbol{\theta}}) \ln \pi_i + \\
&\quad \sum_{i,j=1}^{n}\sum_{t=1}^{T-1} \mathsf{P}(Z_t=i,Z_{t+1}=j,x_{1:T}|\hat{\boldsymbol{\theta}}) \ln a_{ij} + \\
&\quad \sum_{i=1}^{n}\sum_{t=1}^{T} \mathsf{P}(Z_t=i,x_{1:T}|\hat{\boldsymbol{\theta}}) \ln b_i(x_t)
\end{aligned}$$

下面，求 $Q(\boldsymbol{\theta},\hat{\boldsymbol{\theta}})$ 的最大值点 $\tilde{\boldsymbol{\theta}}=(\tilde{\boldsymbol{A}},\tilde{\boldsymbol{B}},\tilde{\boldsymbol{\pi}})$。

- 考虑到约束条件 $\sum_{i=1}^{n}\pi_i=1$，引入拉格朗日乘子 $\alpha>0$，求解

$$\frac{\partial}{\partial \pi_i}\left[\sum_{i=1}^{n} \mathsf{P}(Z_1=i,x_{1:T}|\hat{\boldsymbol{\theta}}) \ln \pi_i + \alpha\left(1-\sum_{i=1}^{n}\pi_i\right)\right]=0$$

于是，

$$\pi_i = \frac{1}{\alpha}\mathsf{P}(Z_1=i,x_{1:T}|\hat{\boldsymbol{\theta}})，\text{其中 } i=1,2,\cdots,n$$

即，我们得到了 $\pi_i$ 的估计值。然后，将它们归一化，消去了拉格朗日乘子 $\alpha$，得到分布列 $\tilde{\pi}_1,\cdots,\tilde{\pi}_n$ 如下：

$$\begin{aligned}
\tilde{\pi}_i &= \frac{\mathsf{P}(Z_1=i,x_{1:T}|\hat{\boldsymbol{\theta}})}{\mathsf{P}(x_{1:T}|\hat{\boldsymbol{\theta}})}，\text{其中 } i=1,2,\cdots,n \\
&= \mathsf{P}(Z_1=i|x_{1:T},\hat{\boldsymbol{\theta}}) \\
&= \gamma_1(i)
\end{aligned}$$

❑ 类似地，考虑到约束条件 $\sum_{j=1}^{n} a_{ij} = 1$，引入拉格朗日乘子 $\beta > 0$，求解

$$\frac{\partial}{\partial a_{ij}}\left[\sum_{i,j=1}^{n}\sum_{t=1}^{T-1} \mathsf{P}(Z_t = i, Z_{t+1} = j, x_{1:T}|\hat{\boldsymbol{\theta}}) \ln a_{ij} + \beta\left(1 - \sum_{j=1}^{n} a_{ij}\right)\right] = 0$$

对任意给定的 $i = 1, 2, \cdots, n$，我们得到归一化后的分布列

$$\begin{aligned}\tilde{a}_{ij} &= \frac{\sum_{t=1}^{T-1} \mathsf{P}(Z_t = i, Z_{t+1} = j, x_{1:T}|\hat{\boldsymbol{\theta}})}{\sum_{t=1}^{T-1} \mathsf{P}(Z_t = i, x_{1:T}|\hat{\boldsymbol{\theta}})}，\text{其中 } j = 1, 2, \cdots, n \\ &= \frac{\sum_{t=1}^{T-1} \mathsf{P}(Z_t = i, Z_{t+1} = j|x_{1:T}, \hat{\boldsymbol{\theta}})}{\sum_{t=1}^{T-1} \mathsf{P}(Z_t = i|x_{1:T}, \hat{\boldsymbol{\theta}})} \\ &= \frac{\sum_{t=1}^{T-1} \xi_t(i, j)}{\sum_{t=1}^{T-1} \gamma_t(i)}\end{aligned}$$

❑ 类似地，考虑到约束条件 $\sum_{k=1}^{m} b_i(k) = 1$，引入拉格朗日乘子 $\gamma > 0$，求解

$$\frac{\partial}{\partial b_{ik}}\left[\sum_{i=1}^{n}\sum_{t=1}^{T} \mathsf{P}(Z_t = i, x_{1:T}|\hat{\boldsymbol{\theta}}) \ln b_i(x_t) + \gamma\left(1 - \sum_{k=1}^{m} b_i(k)\right)\right] = 0$$

对任意给定的 $i = 1, 2, \cdots, n$，我们得到归一化后的分布列

$$\begin{aligned}\tilde{b}_i(k) &= \frac{\sum_{t=1}^{T} \mathsf{P}(Z_t = i, x_{1:T}|\hat{\boldsymbol{\theta}}) I_k(x_t)}{\sum_{t=1}^{T} \mathsf{P}(Z_t = i, x_{1:T}|\hat{\boldsymbol{\theta}})}，\text{其中 } k = 1, 2, \cdots, m \\ &= \frac{\sum_{t=1}^{T} \mathsf{P}(Z_t = i|x_{1:T}, \hat{\boldsymbol{\theta}}) I_k(x_t)}{\sum_{t=1}^{T} \mathsf{P}(Z_t = i|x_{1:T}, \hat{\boldsymbol{\theta}})} \\ &= \frac{\sum_{t=1}^{T} \gamma_t(i) I_k(x_t)}{\sum_{t=1}^{T} \gamma_t(i)}\end{aligned}$$

根据性质 9.11，鲍姆-韦尔奇算法 9.15 的参数更新得证。 □

鲍姆-韦尔奇算法 9.15 是基于一个颜色序列来更新参数。如果上帝和爱因斯坦（用同一套道具）独立地玩了 $S$ 轮游戏，爱因斯坦手头有 $S$ 个长短不一的颜色序列，他该如何估计模型参数呢？这个问题有真实的实践背景，例如有待词性标注的大规模语料。

**算法 9.16** 不妨设这些颜色序列的长度分别是 $T_1, T_2, \cdots, T_S$。对第 $s$ 个颜色序列 $\boldsymbol{x}^{(s)} = x_1^{(s)} x_2^{(s)} \cdots x_{T_s}^{(s)}$，用性质 9.11 算得 $\xi_t^{(s)}(i, j)$ 和 $\gamma_t^{(s)}(i)$，则参数更新为

$$\tilde{a}_{ij} = \frac{\sum_{s=1}^{S}\sum_{t=1}^{T_s-1} \xi_t^{(s)}(i, j)}{\sum_{s=1}^{S}\sum_{t=1}^{T_s-1} \gamma_t^{(s)}(i)}$$

$$\tilde{b}_i(k) = \frac{\sum_{s=1}^{S}\sum_{t=1}^{T_s} \gamma_t^{(s)}(i) I_k(x_t^{(s)})}{\sum_{s=1}^{S}\sum_{t=1}^{T_s} \gamma_t^{(s)}(i)}$$

$$\tilde{\pi}_i = \frac{1}{S}\sum_{s=1}^{S}\gamma_1^{(s)}(i)$$

当 $\ln \mathsf{P}(\boldsymbol{x}^{(1)}, \boldsymbol{x}^{(2)}, \cdots, \boldsymbol{x}^{(S)}|\tilde{\boldsymbol{\theta}})$ 与 $\ln \mathsf{P}(\boldsymbol{x}^{(1)}, \boldsymbol{x}^{(2)}, \cdots, \boldsymbol{x}^{(S)}|\hat{\boldsymbol{\theta}})$ 差异小于给定的阈值时结束参数更新。

证明　在当前参数条件之下，这 $S$ 个颜色序列是条件独立的。即

$$\mathsf{P}(\boldsymbol{x}^{(1)}, \boldsymbol{x}^{(2)}, \cdots, \boldsymbol{x}^{(S)}|\boldsymbol{\theta}) = \prod_{s=1}^{S}\mathsf{P}(\boldsymbol{x}^{(s)}|\boldsymbol{\theta})$$

仿照鲍姆-韦尔奇算法 9.15 的证明，无非是多了一层求和 $\sum_{s=1}^{S}$。 □

## 9.4 状态空间模型与卡尔曼滤波

隐马尔可夫模型中，状态是离散值，它们靠状态转移矩阵联系起来；可观测结果也是离散值，在每个状态之下，其分布是已知的（见图 9.69）。把隐马尔可夫模型推广至连续值的情形，状态空间模型 (state-space model, SSM) 也是通过控制变量和观测结果来估计系统不可直接观测的状态。该模型被广泛地应用于计量经济学、信号处理、机器人学（如飞机/汽车自动驾驶中的运动规划及控制）、天气预报等（图 9.88）。

(a) 自动驾驶汽车

(b) 国家气象服务

图 9.88　状态空间模型的应用

定义 9.22　状态空间模型可由图 9.89 描述，其中 $\boldsymbol{Z}_0, \cdots, \boldsymbol{Z}_{t-1}, \boldsymbol{Z}_t, \boldsymbol{Z}_{t+1}, \cdots$ 是状态序列（有时是不可观测的）。每个状态 $\boldsymbol{Z}_t$ 都是一个 $w$ 维随机向量，由之前的状态 $\boldsymbol{Z}_{t-1}$、控制变量 $\boldsymbol{u}_t \in \mathbb{R}^d$（常规变量）和一个随机扰动 $\boldsymbol{W}_t$ 决定。

- 令 $\boldsymbol{A}_t$ 是 $w \times w$ 的状态转移矩阵，$\boldsymbol{B}_t$ 是 $w \times d$ 的控制输入矩阵 (control-input matrix)，$\boldsymbol{H}_t$ 是 $v \times w$ 的观测变换矩阵。在 $t$ 时刻，状态 $\boldsymbol{Z}_t$ 和测量值 $\boldsymbol{X}_t$ 的定义如下：

$$\boldsymbol{Z}_t = \boldsymbol{A}_t\boldsymbol{Z}_{t-1} + \boldsymbol{B}_t\boldsymbol{u}_t + \boldsymbol{W}_t，\text{其中 } \boldsymbol{W}_t \sim \mathrm{N}_w(\boldsymbol{0}, \boldsymbol{\Sigma}_t) \tag{9.32}$$

$$\boldsymbol{X}_t = \boldsymbol{H}_t\boldsymbol{Z}_t + \boldsymbol{V}_t，\text{其中 } \boldsymbol{V}_t \sim \mathrm{N}_v(\boldsymbol{0}, \boldsymbol{\Xi}_t) \tag{9.33}$$

为简单起见，随机向量 $\boldsymbol{Z}_0, \boldsymbol{W}_1, \cdots, \boldsymbol{W}_t, \boldsymbol{V}_1, \cdots, \boldsymbol{V}_t$ 要求是独立的。式 (9.32) 称作状态方程，式 (9.33) 称作观测方程，二者合称动态线性模型 (dynamic linear model, DLM) 或线性状态空间模型。

- 状态方程 (9.32) 和观测方程 (9.33) 可以一般化为

$$\boldsymbol{Z}_t = f_t(\boldsymbol{Z}_{t-1}, \boldsymbol{u}_t) + \boldsymbol{W}_t，\text{其中 } \boldsymbol{W}_1, \boldsymbol{W}_2, \cdots \text{ 独立}$$
$$\boldsymbol{X}_t = h_t(\boldsymbol{Z}_t) + \boldsymbol{V}_t，\text{其中 } \boldsymbol{V}_1, \boldsymbol{V}_2, \cdots \text{ 独立}$$

二者合称动态非线性模型或非线性状态空间模型。

本书只考虑线性状态空间模型，凡是“状态空间模型”都是指“线性状态空间模型”。如果一个时间序列 $\{\boldsymbol{X}_t\}$ 能够由式 (9.32) 和式 (9.33) 定义，则称它有一个状态空间表示 (state-space representation)，这实际上是定性地刻画了该时间序列的产生机制。

状态空间模型是一类概率图模型，如图 9.89 所示，图中圆圈里的是向量，方框里的是矩阵，不规则圆圈里的是高斯噪声。请读者将之与隐马尔可夫模型（图 9.69）、循环神经网络（图 7.141）作对比，看二者有什么异同。

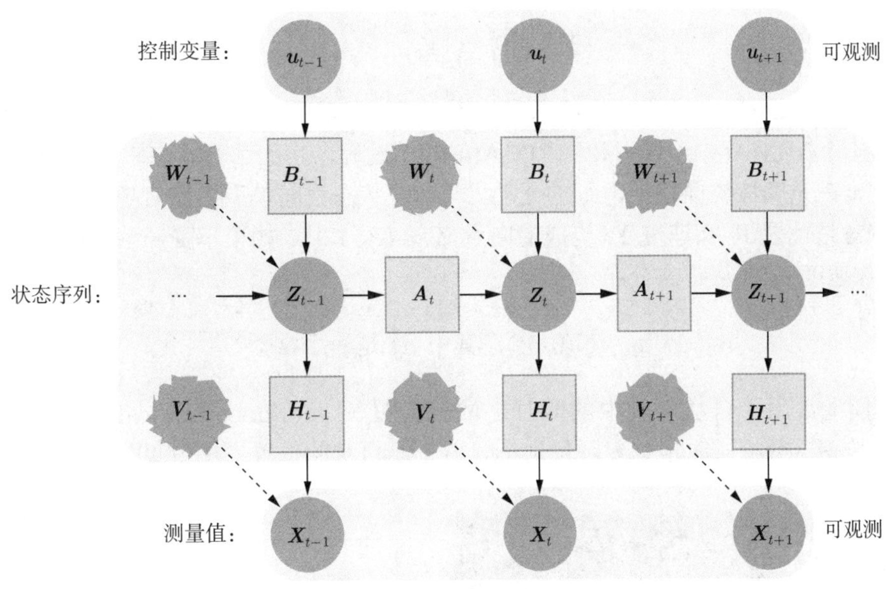


图 9.89　状态空间模型

例 9.35　令 $X_t$ 是一个平稳的、零均值的 AR($p$) 过程，

$$X_t = \varphi_1 X_{t-1} + \cdots + \varphi_p X_{t-p} + \epsilon_t，\text{其中 } \{\epsilon_t\} \sim \mathrm{WN}(0, \sigma^2)$$

则 $X_t$ 具有状态空间表示

$$\boldsymbol{Z}_t = \boldsymbol{A}\boldsymbol{Z}_{t-1} + \boldsymbol{W}_t$$
$$X_t = \begin{pmatrix} 0 & 0 & \cdots & 1 \end{pmatrix} \boldsymbol{Z}_t$$

其中，

$$\boldsymbol{Z}_t = \begin{pmatrix} X_{t-p+1} \\ X_{t-p+2} \\ \vdots \\ X_t \end{pmatrix} \in \mathbb{R}^p \qquad \boldsymbol{A}_{p\times p} = \begin{pmatrix} 0 & 1 & 0 & \cdots & 0 \\ 0 & 0 & 1 & \cdots & 0 \\ \vdots & \vdots & \vdots & & \vdots \\ 0 & 0 & 0 & \cdots & 1 \\ \varphi_p & \varphi_{p-1} & \varphi_{p-2} & \cdots & \varphi_1 \end{pmatrix} \qquad \boldsymbol{W}_t = \epsilon_t \begin{pmatrix} 0 \\ 0 \\ \vdots \\ 0 \\ 1 \end{pmatrix} \in \mathbb{R}^p$$

例 9.36　接着第 414 页的例 9.10，令

$$\xi_t = \sum_{j=0}^{\infty} \varphi^j Z_{t-j}$$

$$\boldsymbol{Y}_t = \begin{pmatrix} \xi_{t-1} \\ \xi_t \end{pmatrix}$$

由结果 (9.14)，可得

$$\boldsymbol{Y}_t = \begin{pmatrix} 0 & 1 \\ 0 & \varphi \end{pmatrix} \boldsymbol{Y}_{t-1} + \begin{pmatrix} 0 \\ Z_t \end{pmatrix}$$

$$X_t = \begin{pmatrix} \theta & 1 \end{pmatrix} \boldsymbol{Y}_t$$

因此，因果 ARMA(1,1) 过程可由状态空间模型描述，其中状态方程和观测方程如上所示。这个结果可推广至因果 ARMA$(p,q)$ 过程和 ARIMA$(p,d,q)$ 过程，它们都有状态空间表示[179,182]。

例 9.37　拿在无摩擦的横轴上滑行的无动力车（即状态空间模型中没有控制变量）为例，在当前时刻 $t$，它的状态是位置 $P_t$ 和速度 $Y_t$ 构成的向量 $\boldsymbol{Z}_t = (P_t, Y_t)^\top$。如果车受一些随机外力（如风力）的影响，不妨设加速度 $a_t$ 服从正态分布

$$a_t \sim \mathrm{N}(0, \sigma_a^2)，其中\ \sigma_a^2\ 是一个常数$$

状态空间模型常用于自动驾驶中的即时定位与制图（simultaneous localization and mapping, SLAM）：基于传感器数据实时地构建环境地图，并推测自身的位置（图 9.90）。

图 9.90　自动驾驶

如图 9.91 所示，在时刻 $t+\Delta t$ 时，车的位置和速度分别是

$$P_{t+\Delta t} = P_t + Y_t\Delta t + \frac{1}{2}a_t(\Delta t)^2$$
$$Y_{t+\Delta t} = Y_t + a_t\Delta t$$

也就是说，车的状态方程 (9.32) 具体表述为

$$\begin{aligned}
\boldsymbol{Z}_{t+\Delta t} &= \begin{pmatrix} 1 & \Delta t \\ 0 & 1 \end{pmatrix}\boldsymbol{Z}_t + \begin{pmatrix} \frac{1}{2}(\Delta t)^2 \\ \Delta t \end{pmatrix} a_t \\
&= \boldsymbol{A}_{t+\Delta t}\boldsymbol{Z}_t + \boldsymbol{W}_{t+\Delta t}，\text{其中 } \boldsymbol{W}_{t+\Delta t} \sim \mathrm{N}(\boldsymbol{0}, \boldsymbol{\Sigma}_{t+\Delta t}) \\
\boldsymbol{\Sigma}_{t+\Delta t} &= \mathsf{E}\left[\begin{pmatrix} \frac{1}{2}(\Delta t)^2 \\ \Delta t \end{pmatrix} a_t^2 \begin{pmatrix} \frac{1}{2}(\Delta t)^2 \\ \Delta t \end{pmatrix}^\top\right] \\
&= \sigma_a^2 \begin{pmatrix} \frac{1}{4}(\Delta t)^4 & \frac{1}{2}(\Delta t)^3 \\ \frac{1}{2}(\Delta t)^3 & (\Delta t)^2 \end{pmatrix}
\end{aligned}$$

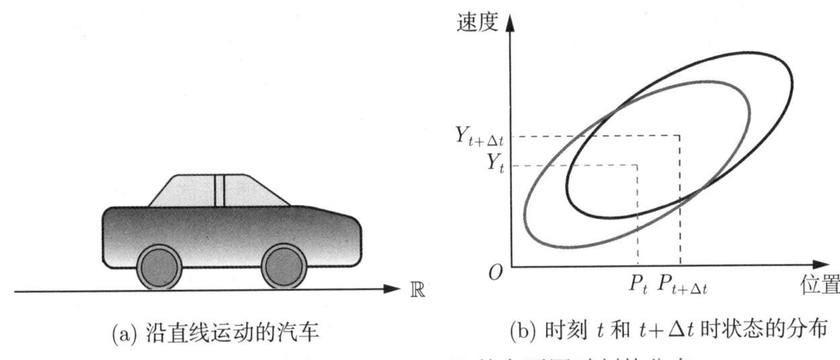

(a) 沿直线运动的汽车 (b) 时刻 $t$ 和 $t+\Delta t$ 时状态的分布

图 9.91 状态 $\boldsymbol{Z}_t = (P_t, Y_t)^\top$ 的在不同时刻的分布

状态 $\boldsymbol{Z}_t = (P_t, Y_t)^\top$ 的真实值是无法精确观测的，每个时刻的状态都是一个随机向量。例如，民用的全球定位系统（global positioning system，GPS）的精度大致是 10m 左右，只能粗略地圈一个范围，难以用它来提供精确的位置信息。

正是因为无可避免的随机性，状态之间的关系必须用状态方程 (9.32) 来刻画。另外，我们有各种传感器来提供系统状态的信息。例如，里程表、GPS、用于测量物体角速率和加速度的惯性测量单元（inertial measurement unit，IMU）等。

在任意状态之下，每个传感器都告诉我们一些关于状态的间接信息，其中不乏随机性。于是，状态和传感器观测值之间的关系可用观测方程 (9.33) 来描述。自动驾驶中的定位，就是要通过传感器的观测值来估计精确的坐标位置，使得结果优于卫星定位（图 9.92）。

状态空间模型假设数据是按照图 9.89 所示的机制产生的。在得到观测结果 $\boldsymbol{X}_1, \boldsymbol{X}_2, \cdots, \boldsymbol{X}_s$ 之后，状态空间模型的目标包括：

- ❑ 估计未知参数 $\boldsymbol{\theta}_t = (\boldsymbol{A}_t, \boldsymbol{B}_t, \boldsymbol{H}_t, \boldsymbol{\Sigma}_t, \boldsymbol{\Xi}_t)$。
- ❑ 计算 $\boldsymbol{Z}_t$ 的最佳线性估计，即条件期望

$$\hat{\boldsymbol{Z}}_{t|s} = \mathsf{E}(\boldsymbol{Z}_t | \boldsymbol{X}_1, \boldsymbol{X}_2, \cdots, \boldsymbol{X}_s)$$

以及均方误差（即 $\boldsymbol{Z}_t-\hat{\boldsymbol{Z}}_{t|s}$ 的协方差矩阵）*

$$\boldsymbol{\Gamma}_{t|s}=\mathsf{E}[(\boldsymbol{Z}_t-\hat{\boldsymbol{Z}}_{t|s})(\boldsymbol{Z}_t-\hat{\boldsymbol{Z}}_{t|s})^\top]$$

- 预测 (forecasting)：当 $s<t$，特别地，单步状态预测 $\hat{\boldsymbol{Z}}_{2|1},\hat{\boldsymbol{Z}}_{3|2},\cdots$。
- 滤波 (filtering)：当 $s=t$，计算 $\hat{\boldsymbol{Z}}_{t|t}$。例如自动驾驶，由传感器的观测值 $\boldsymbol{X}_1,\boldsymbol{X}_2,\cdots,\boldsymbol{X}_t$ 来猜测最可能的当前状态 $\boldsymbol{Z}_t$。
- 平滑 (smoothing)：当 $s>t$，序列 $\hat{\boldsymbol{Z}}_{1|s},\hat{\boldsymbol{Z}}_{2|s},\cdots,\hat{\boldsymbol{Z}}_{s|s}$ 的图像比 $\hat{\boldsymbol{Z}}_{1|0},\hat{\boldsymbol{Z}}_{2|1},\cdots,\hat{\boldsymbol{Z}}_{s|s-1}$ 或 $\hat{\boldsymbol{Z}}_{1|1}$, $\hat{\boldsymbol{Z}}_{2|2},\cdots,\hat{\boldsymbol{Z}}_{s|s}$ 都要更光滑一些。

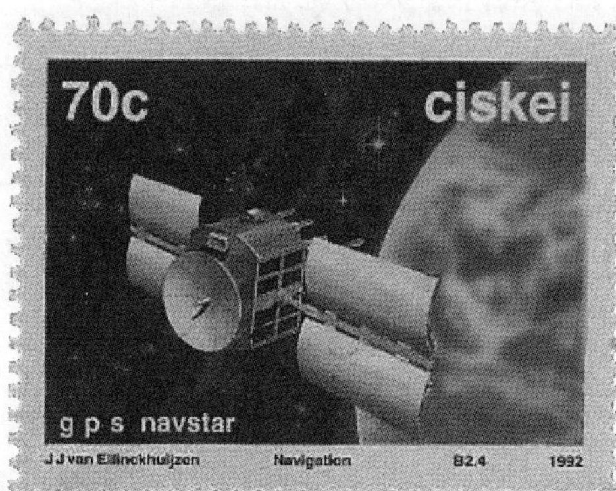

图 9.92 （左图）GPS 卫星导航，（右图）北斗卫星导航系统

图 9.93 卡尔曼

因为状态之间的关联性部分地反映在了观测值之间，所以状态 $\boldsymbol{Z}_t$ 和 $\boldsymbol{X}_1$, $\boldsymbol{X}_2,\cdots,\boldsymbol{X}_t$ 的关系可能具有一定的规律性。1960 年，美籍匈牙利裔数学家、电气工程学家**鲁道夫·卡尔曼**（Rudolf Kálmán, 1930—2016）（图 9.93）提出一种递归算法求解上述滤波问题，被称为卡尔曼滤波 (Kalman filtering) 或卡尔曼滤波器 (Kalman filter)，它的理论基础之一是下面的性质。

性质 9.12　为了简单起见，不妨设状态空间模型中没有控制变量。因此，状态 $\boldsymbol{Z}_t$ 的分布由 $\boldsymbol{Z}_{t-1}$ 唯一决定。对滤波而言，条件分布 $p(z_t|x_1,\cdots,x_t)$ 可递归地表示为

$$\begin{aligned}p(z_t|x_1,\cdots,x_t)&\propto p(x_t|z_t,x_1,\cdots,x_{t-1})p(z_t|x_1,\cdots,x_{t-1})\\&=p(x_t|z_t)p(z_t|x_1,\cdots,x_{t-1})\\&=p(x_t|z_t)\int p(z_t,z_{t-1}|x_1,\cdots,x_{t-1})\mathrm{d}z_{t-1}\\&\propto p(x_t|z_t)\int p(z_t|z_{t-1})p(z_{t-1}|x_1,\cdots,x_{t-1})\mathrm{d}z_{t-1}\end{aligned}\tag{9.34}$$

**证明**　在状态空间模型中，如果给定了 $\boldsymbol{Z}_t$ 的信息，那么它阻断了 $\boldsymbol{X}_t$ 与历史观测变量 $\boldsymbol{X}_1$, $\boldsymbol{X}_2,\cdots,\boldsymbol{X}_{t-1}$ 的信息交流（见图 9.89），即 $\boldsymbol{X}_t$ 条件独立于 $\boldsymbol{X}_1,\boldsymbol{X}_2,\cdots,\boldsymbol{X}_{t-1}$。 □

---

* 有时，需要考虑两个状态的协方差矩阵

$$\boldsymbol{\Gamma}_{t_1,t_2|s}=\mathsf{E}[(\boldsymbol{Z}_{t_1}-\hat{\boldsymbol{Z}}_{t_1|s})(\boldsymbol{Z}_{t_2}-\hat{\boldsymbol{Z}}_{t_2|s})^\top]$$

显然，$\boldsymbol{\Gamma}_{t|s}=\boldsymbol{\Gamma}_{t,t|s}$，只是 $\boldsymbol{\Gamma}_{t_1,t_2|s}$ 的一个特殊情况。$\boldsymbol{Z}_t-\hat{\boldsymbol{Z}}_{t|s}$ 与 $\boldsymbol{X}_1,\cdots,\boldsymbol{X}_s$ 之间的协方差矩阵为零矩阵，由于正态性，二者是独立的。所以，$\boldsymbol{\Gamma}_{t_1,t_2|s}=\mathsf{E}[(\boldsymbol{Z}_{t_1}-\hat{\boldsymbol{Z}}_{t_1|s})(\boldsymbol{Z}_{t_2}-\hat{\boldsymbol{Z}}_{t_2|s})^\top|\boldsymbol{X}_1,\cdots,\boldsymbol{X}_s]$ 中的条件可以省略。

推导性质 9.12 的中间结果暗示了滤波和状态预测有递归关系，即

$$p(z_t|\boldsymbol{x}_1,\cdots,\boldsymbol{x}_t) \propto p(\boldsymbol{x}_t|z_t)p(z_t|\boldsymbol{x}_1,\cdots,\boldsymbol{x}_{t-1})$$
$$p(z_t|\boldsymbol{x}_1,\cdots,\boldsymbol{x}_{t-1}) \propto \int p(z_t|z_{t-1})p(z_{t-1}|\boldsymbol{x}_1,\cdots,\boldsymbol{x}_{t-1})\mathrm{d}z_{t-1}$$

性质 9.12 告诉我们，滤波的递归关系式 (9.34) 可以通过上述两个递归关系获得。这些递归关系保证了状态预测和滤波都可由增量学习实现，即

$$\begin{aligned} p(z_1|\boldsymbol{x}_1) &\Rightarrow p(z_2|\boldsymbol{x}_1) \Rightarrow p(z_2|\boldsymbol{x}_1,\boldsymbol{x}_2) \\ &\Rightarrow \cdots \\ &\Rightarrow p(z_t|\boldsymbol{x}_1,\cdots,\boldsymbol{x}_{t-1}) \Rightarrow p(z_t|\boldsymbol{x}_1,\cdots,\boldsymbol{x}_t) \end{aligned}$$

每一步的计算结果都不会浪费，其信息都累计到下一个结果之中。该递归关系是贝叶斯公式、全概率公式以及概率图模型本身的特点共同决定的。显然，性质 9.12 对于非线性状态空间模型也是成立的*。

性质9.13　在状态方程 (9.32) 和观测方程 (9.33) 定义的线性状态空间模型中，条件分布 $p(z_t|z_{t-1})$，$p(\boldsymbol{x}_t|z_t)$，$p(z_t|\boldsymbol{x}_1,\cdots,\boldsymbol{x}_{t-1})$，$p(z_t|\boldsymbol{x}_1,\cdots,\boldsymbol{x}_t)$ 都是正态的，即

$$\begin{aligned} \boldsymbol{Z}_t|\boldsymbol{Z}_{t-1} &\sim \mathrm{N}(\boldsymbol{A}_t\boldsymbol{Z}_{t-1},\boldsymbol{\Sigma}_t) \\ \boldsymbol{X}_t|\boldsymbol{Z}_t &\sim \mathrm{N}(\boldsymbol{H}_t\boldsymbol{Z}_t,\boldsymbol{\Xi}_t) \\ \boldsymbol{Z}_t|\boldsymbol{X}_1,\boldsymbol{X}_2,\cdots,\boldsymbol{X}_{t-1} &\sim \mathrm{N}(\hat{\boldsymbol{Z}}_{t|t-1},\boldsymbol{\Gamma}_{t|t-1}) \\ \boldsymbol{Z}_t|\boldsymbol{X}_1,\boldsymbol{X}_2,\cdots,\boldsymbol{X}_t &\sim \mathrm{N}(\hat{\boldsymbol{Z}}_{t|t},\boldsymbol{\Gamma}_{t|t}) \end{aligned}$$

### 9.4.1　状态的最佳线性估计

为了方便起见，我们在状态方程 (9.32) 中去掉控制变量一项。于是，状态方程 (9.32) 简化为

$$\boldsymbol{Z}_t = \boldsymbol{A}_t\boldsymbol{Z}_{t-1} + \boldsymbol{W}_t，\text{其中 } \boldsymbol{W}_t \sim \mathrm{N}(\boldsymbol{0},\boldsymbol{\Sigma}_t)$$

由性质 9.12，我们希望继续揭示状态预测和滤波之间的关系，主要考察最佳线性估计和均方误差的一些性质。

❑ 首先，我们得到状态预测和滤波的最佳线性估计的关系：

$$\begin{aligned} \hat{\boldsymbol{Z}}_{t|t-1} &= \mathsf{E}(\boldsymbol{Z}_t|\boldsymbol{X}_1,\cdots,\boldsymbol{X}_{t-1}) \\ &= \mathsf{E}(\boldsymbol{A}_t\boldsymbol{Z}_{t-1} + \boldsymbol{W}_t|\boldsymbol{X}_1,\cdots,\boldsymbol{X}_{t-1}) \\ &= \boldsymbol{A}_t\hat{\boldsymbol{Z}}_{t-1|t-1} \end{aligned}$$

即，时刻 $t$ 的状态预测与时刻 $t-1$ 的滤波之间的关系就是状态方程 (9.32) 中确定性的那部分。二者的均方误差的关系是

$$\boldsymbol{\Gamma}_{t|t-1} = \mathsf{E}[(\boldsymbol{Z}_t - \hat{\boldsymbol{Z}}_{t|t-1})(\boldsymbol{Z}_t - \hat{\boldsymbol{Z}}_{t|t-1})^{\top}]$$

---

* 作为卡尔曼滤波的一般化，粒子滤波 (particle filtering) 用于解决非线性状态空间模型，其中噪声分布可以是非正态的。粒子滤波需要蒙特卡罗方法，这部分内容见《模拟之巧》。

$$
\begin{aligned}
&= \mathsf{E}[(A_t Z_{t-1} + W_t - A_t \hat{Z}_{t-1|t-1})(A_t Z_{t-1} + W_t - A_t \hat{Z}_{t-1|t-1})^\top] \\
&= \mathsf{E}[A_t (Z_{t-1} - \hat{Z}_{t-1|t-1})(Z_{t-1} - \hat{Z}_{t-1|t-1})^\top A_t^\top] + \mathsf{E}(W_t W_t^\top) \\
&= A_t \Gamma_{t-1|t-1} A_t^\top + \Sigma_t
\end{aligned}
$$

- 为得到滤波 $\hat{Z}_{t|t} = \mathsf{E}(Z_t|X_1, \cdots, X_t)$ 及其均方误差 $\Gamma_{t|t}$ 的递归关系，我们注意到

$$
\begin{aligned}
\hat{Z}_{t|t} &= \mathsf{E}(Z_t|X_1, \cdots, X_t) \\
&= \mathsf{E}(Z_t|X_1, \cdots, X_{t-1}, X_t - \hat{X}_{t|t-1})
\end{aligned}
$$

其中，$\hat{X}_{t|t-1}$ 是（单步）观测预测，它与状态预测 $\hat{Z}_{t|t-1}$ 之间的关系继承了观测方程 (9.33) 中确定性的那部分，即

$$
\begin{aligned}
\hat{X}_{t|t-1} &= \mathsf{E}(X_t|X_1, \cdots, X_{t-1}) \\
&= \mathsf{E}(H_t Z_t + V_t|X_1, \cdots, X_{t-1}) \\
&= H_t \hat{Z}_{t|t-1}
\end{aligned}
$$

- 事实上，$\delta_t = X_t - \hat{X}_{t|t-1}$ 是 $t$ 时刻的观测预差，该误差与状态预差 $\zeta_t = Z_t - \hat{Z}_{t|t-1}$ 的关系就是观测方程，即

$$
\begin{aligned}
\delta_t &= H_t Z_t + V_t - H_t \hat{Z}_{t|t-1} \\
&= H_t (Z_t - \hat{Z}_{t|t-1}) + V_t \\
&= H_t \zeta_t + V_t
\end{aligned}
$$

显然，$\mathsf{E}(\delta_t) = \mathbf{0}, \mathsf{E}(\zeta_t) = \mathbf{0}$。观测预差 $\delta_t$ 与状态预差 $\zeta_t$ 的协方差矩阵是

$$
\mathsf{E}(\delta_t \zeta_t^\top) = H_t \Gamma_{t|t-1}
$$

并且，

$$
\begin{aligned}
\mathsf{V}(\delta_t) &= \mathsf{V}[H_t (Z_t - \hat{Z}_{t|t-1}) + V_t] \\
&= H_t \Gamma_{t|t-1} H_t^\top + \Xi_t
\end{aligned}
$$

于是，观测预差服从正态分布

$$
\delta_t \sim \mathrm{N}(\mathbf{0}, H_t \Gamma_{t|t-1} H_t^\top + \Xi_t) \tag{9.35}
$$

- 不难看出，观测预差 $\delta_t$ 与 $X_1, \cdots, X_{t-1}$ 是不相关的。于是，

$$
\begin{aligned}
\mathrm{Cov}(Z_t, \delta_t|X_1, \cdots, X_{t-1}) &= \mathrm{Cov}(Z_t - \hat{Z}_{t|t-1}, H_t (Z_t - \hat{Z}_{t|t-1}) + V_t|X_1, \cdots, X_{t-1}) \\
&\qquad \text{因为 } \hat{Z}_{t|t-1} \text{ 是 } X_1, \cdots, X_{t-1} \text{ 的函数} \\
&= \mathrm{Cov}(Z_t - \hat{Z}_{t|t-1}, H_t (Z_t - \hat{Z}_{t|t-1}) + V_t) \\
&= \Gamma_{t|t-1} H_t^\top
\end{aligned}
$$

因为 $\boldsymbol{\delta}_t$ 与 $\boldsymbol{Z}_t|\boldsymbol{X}_1,\cdots,\boldsymbol{X}_{t-1}$ 的联合分布是正态的，所以

$$\begin{pmatrix}\boldsymbol{Z}_t\\ \boldsymbol{\delta}_t\end{pmatrix}|\boldsymbol{X}_1,\cdots,\boldsymbol{X}_{t-1}\sim \mathrm{N}\left(\begin{pmatrix}\hat{\boldsymbol{Z}}_{t|t-1}\\ \boldsymbol{0}\end{pmatrix},\begin{pmatrix}\boldsymbol{\Gamma}_{t|t-1} & \boldsymbol{\Gamma}_{t|t-1}\boldsymbol{H}_t^\top\\ \boldsymbol{H}_t\boldsymbol{\Gamma}_{t|t-1} & \boldsymbol{H}_t\boldsymbol{\Gamma}_{t|t-1}\boldsymbol{H}_t^\top+\boldsymbol{\Xi}_t\end{pmatrix}\right) \tag{9.36}$$

❑ 应用定理 7.1 于结果 (9.36)，以分量 $\boldsymbol{\delta}_t$ 为条件，$\boldsymbol{Z}_t$ 的条件分布也是正态的，即

$$\boldsymbol{Z}_t|\boldsymbol{X}_1,\cdots,\boldsymbol{X}_{t-1},\boldsymbol{\delta}_t\sim \mathrm{N}(\hat{\boldsymbol{Z}}_{t|t-1}+\boldsymbol{K}_t\boldsymbol{\delta}_t,\boldsymbol{\Gamma}_{t|t-1}-\boldsymbol{K}_t\boldsymbol{H}_t\boldsymbol{\Gamma}_{t|t-1})$$

其中，$\boldsymbol{K}_t$ 被称为卡尔曼增益 (Kalman gain)，具体为

$$\boldsymbol{K}_t=\boldsymbol{\Gamma}_{t|t-1}\boldsymbol{H}_t^\top(\boldsymbol{H}_t\boldsymbol{\Gamma}_{t|t-1}\boldsymbol{H}_t^\top+\boldsymbol{\Xi}_t)^{-1} \tag{9.37}$$

**算法** 9.17（卡尔曼滤波）　令 $\boldsymbol{K}_t$ 是卡尔曼增益 (9.37)，则滤波可由状态预测表示如下：

$$\begin{aligned}\hat{\boldsymbol{Z}}_{t|t}&=\hat{\boldsymbol{Z}}_{t|t-1}+\boldsymbol{K}_t\boldsymbol{\delta}_t\\&=\hat{\boldsymbol{Z}}_{t|t-1}+\boldsymbol{K}_t(\boldsymbol{X}_t-\boldsymbol{H}_t\hat{\boldsymbol{Z}}_{t|t-1})\\ \boldsymbol{\Gamma}_{t|t}&=\boldsymbol{\Gamma}_{t|t-1}-\boldsymbol{K}_t\boldsymbol{H}_t\boldsymbol{\Gamma}_{t|t-1}\\&=(\boldsymbol{I}-\boldsymbol{K}_t\boldsymbol{H}_t)\boldsymbol{\Gamma}_{t|t-1}\end{aligned}$$

直观上，卡尔曼滤波就是在状态预测基础上，利用观测预差和卡尔曼增益做一些修正。或者，在滤波转移的基础上做同样的修正，即

$$\hat{\boldsymbol{Z}}_{t|t}=\boldsymbol{A}_t\hat{\boldsymbol{Z}}_{t-1|t-1}+\boldsymbol{K}_t\boldsymbol{\delta}_t$$

卡尔曼滤波与状态预测一起联手，共同完成更新，整个流程可由图 9.94 描述。卡尔曼滤波算法 9.17 和状态预测相互交替更新，耗时在矩阵求逆。

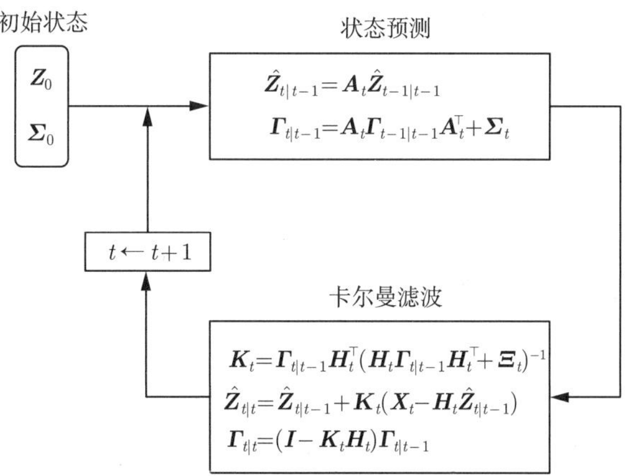


图 9.94　卡尔曼滤波算法 9.17 的示意图

**算法** 9.18（基于卡尔曼滤波的平滑）　在得到 $\boldsymbol{X}_1,\cdots,\boldsymbol{X}_n$ 之后，对 $\boldsymbol{Z}_t$ 的估计，即 $\hat{\boldsymbol{Z}}_{t|n}$，可以这样得到：

❑ 按照卡尔曼滤波算法 9.17 计算 $\hat{\boldsymbol{Z}}_{t|t},\hat{\boldsymbol{Z}}_{t|t-1},\boldsymbol{\Gamma}_{t|t},\boldsymbol{\Gamma}_{t|t-1}$，其中 $t=1,2,\cdots,n$。

❑ 对于 $t = n, n-1, \cdots$，倒着计算

$$\hat{\boldsymbol{Z}}_{t-1|n} = \hat{\boldsymbol{Z}}_{t-1|t-1} + \boldsymbol{J}_{t-1}(\hat{\boldsymbol{Z}}_{t|n} - \hat{\boldsymbol{Z}}_{t|t-1})$$
$$\boldsymbol{\Gamma}_{t-1|n} = \boldsymbol{\Gamma}_{t-1|t-1} + \boldsymbol{J}_{t-1}(\boldsymbol{\Gamma}_{t|n} - \boldsymbol{\Gamma}_{t|t-1})\boldsymbol{J}_{t-1}^{\top}$$

其中，

$$\boldsymbol{J}_{t-1} = \boldsymbol{\Gamma}_{t-1|t-1}\boldsymbol{A}_t^{\top}\boldsymbol{\Gamma}_{t|t-1}^{-1}$$

证明　与结果 (9.36) 类似，我们有

$$\begin{pmatrix} \boldsymbol{Z}_{t-1} \\ \boldsymbol{Z}_t \end{pmatrix} | \boldsymbol{X}_1, \cdots, \boldsymbol{X}_{t-1} \sim \mathrm{N}\left(\begin{pmatrix} \hat{\boldsymbol{Z}}_{t-1|t-1} \\ \hat{\boldsymbol{Z}}_{t|t-1} \end{pmatrix}, \begin{pmatrix} \boldsymbol{\Gamma}_{t-1|t-1} & \boldsymbol{\Gamma}_{t-1|t-1}\boldsymbol{A}_t^{\top} \\ \boldsymbol{A}_t\boldsymbol{\Gamma}_{t-1|t-1} & \boldsymbol{\Gamma}_{t|t-1} \end{pmatrix}\right)$$

应用定理 7.1 于上述结果，得到

$$\boldsymbol{Z}_{t-1}|\boldsymbol{X}_1, \cdots, \boldsymbol{X}_{t-1}, \boldsymbol{Z}_t \sim \mathrm{N}(\hat{\boldsymbol{Z}}_{t-1|t-1} + \boldsymbol{J}_{t-1}(\boldsymbol{Z}_t - \hat{\boldsymbol{Z}}_{t|t-1}), \boldsymbol{\Gamma}_{t-1|t-1} - \boldsymbol{J}_{t-1}\boldsymbol{A}_t\boldsymbol{\Gamma}_{t-1|t-1})$$

特别地，当 $\boldsymbol{Z}_t$ 为 $\boldsymbol{Y} = \boldsymbol{Z}_t|\boldsymbol{X}_1, \cdots, \boldsymbol{X}_n$，则

$$\begin{aligned}
\hat{\boldsymbol{Z}}_{t-1|n} &= \mathsf{E}(\boldsymbol{Z}_{t-1}|\boldsymbol{X}_1, \cdots, \boldsymbol{X}_n)\text{，由双期望定理}^{[10]}\text{，可得} \\
&= \mathsf{E}_{\boldsymbol{Y}}[\mathsf{E}(\boldsymbol{Z}_{t-1}|\boldsymbol{X}_1, \cdots, \boldsymbol{X}_{t-1}, \boldsymbol{Y})] \\
&= \hat{\boldsymbol{Z}}_{t-1|t-1} + \boldsymbol{J}_{t-1}(\hat{\boldsymbol{Z}}_{t|n} - \hat{\boldsymbol{Z}}_{t|t-1}) \\
\boldsymbol{\Gamma}_{t-1|n} &= \mathsf{V}(\boldsymbol{Z}_{t-1}|\boldsymbol{X}_1, \cdots, \boldsymbol{X}_n) \\
&= \mathsf{E}_{\boldsymbol{Y}}[\mathsf{V}(\boldsymbol{Z}_{t-1}|\boldsymbol{X}_1, \cdots, \boldsymbol{X}_t, \boldsymbol{Y})] + \mathsf{V}_{\boldsymbol{Y}}[\mathsf{E}(\boldsymbol{Z}_{t-1}|\boldsymbol{X}_1, \cdots, \boldsymbol{X}_t, \boldsymbol{Y})] \\
&= \boldsymbol{\Gamma}_{t-1|t-1} - \boldsymbol{J}_{t-1}\boldsymbol{\Gamma}_{t+1|t}\boldsymbol{J}_{t-1}^{\top} + \boldsymbol{J}_{t-1}\boldsymbol{\Gamma}_{t|n}\boldsymbol{J}_{t-1}^{\top} \\
&= \boldsymbol{\Gamma}_{t-1|t-1} + \boldsymbol{J}_{t-1}(\boldsymbol{\Gamma}_{t|n} - \boldsymbol{\Gamma}_{t|t-1})\boldsymbol{J}_{t-1}^{\top}
\end{aligned}$$
□

算法 9.17 和算法 9.18 中各估计值之间的关系如图 9.95 所示。平滑算法 9.18 在卡尔曼滤波的结果基础上依次计算 $\hat{\boldsymbol{Z}}_{n-1|n}, \hat{\boldsymbol{Z}}_{n-2|n}, \cdots, \hat{\boldsymbol{Z}}_{1|n}$。

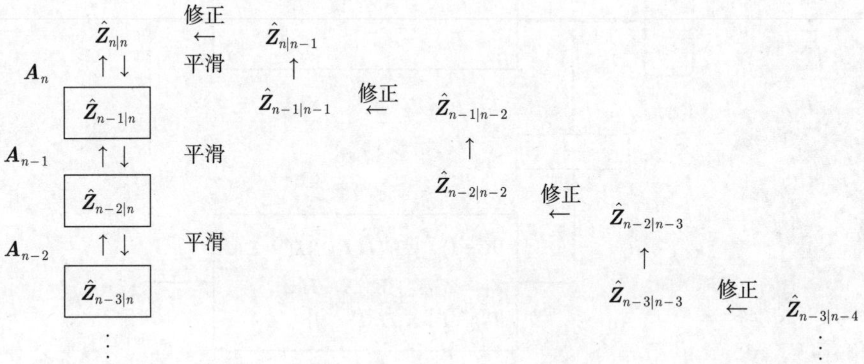

$\hat{\boldsymbol{Z}}_{n|n}$ 修正 ← $\hat{\boldsymbol{Z}}_{n|n-1}$
$\boldsymbol{A}_n$ ↑↓ 平滑 ↑
$\hat{\boldsymbol{Z}}_{n-1|n}$　$\hat{\boldsymbol{Z}}_{n-1|n-1}$ 修正 ← $\hat{\boldsymbol{Z}}_{n-1|n-2}$
$\boldsymbol{A}_{n-1}$ ↑↓ 平滑 ↑
$\hat{\boldsymbol{Z}}_{n-2|n}$　$\hat{\boldsymbol{Z}}_{n-2|n-2}$ 修正 ← $\hat{\boldsymbol{Z}}_{n-2|n-3}$
$\boldsymbol{A}_{n-2}$ ↑↓ 平滑 ↑
$\hat{\boldsymbol{Z}}_{n-3|n}$　$\hat{\boldsymbol{Z}}_{n-3|n-3}$ 修正 ← $\hat{\boldsymbol{Z}}_{n-3|n-4}$
⋮　⋮

图 9.95　平滑算法 9.18 的示意图

算法 9.18 只是状态空间模型的平滑算法之一，还有诸如“固定区间平滑”“固定滞后平滑”“定点平滑”（即对固定的时刻 $t$，求 $\hat{\boldsymbol{Z}}_{t|n}, \hat{\boldsymbol{Z}}_{t|n-1}, \cdots, \hat{\boldsymbol{Z}}_{t|t+1}$）等。作为“事后诸葛亮”，它的应用也是非常广泛的。例如：

- 利用 GPS 数据估计汽车的运动轨迹，实现对导航系统的精确校正。
- 通过平滑估计噪声环境里的真实音频信号来去除音频信号中的噪声。
- 基于火箭弹道的雷达测量，估计确切的发射地点。

例 9.38　接着例 9.37，假设观测结果是不太精准的 GPS 定位数据，观测方程是

$$\begin{aligned} X_t &= \begin{pmatrix}1 & 0\end{pmatrix}\boldsymbol{Z}_t + V_t，\text{其中 } V_t \sim \mathrm{N}(0,\sigma_{\mathrm{X}}^2) \\ &= P_t + V_t \end{aligned}$$

令 $\Delta t = 1, \sigma_a^2 = 0.09, \sigma_{\mathrm{X}}^2 = 100$，则状态方程和观测方程是

$$\begin{aligned} \begin{pmatrix}P_t\\ Y_t\end{pmatrix} &= \begin{pmatrix}1 & 1\\ 0 & 1\end{pmatrix}\begin{pmatrix}P_{t-1}\\ Y_{t-1}\end{pmatrix} + \boldsymbol{W}_t，\text{其中 } \boldsymbol{W}_t \sim \mathrm{N}\left(\begin{pmatrix}0\\0\end{pmatrix}, 0.09\begin{pmatrix}\frac{1}{4} & \frac{1}{2}\\ \frac{1}{2} & 1\end{pmatrix}\right) \\ X_t &= P_t + V_t，\text{其中 } V_t \sim \mathrm{N}(0,100) \end{aligned}$$

设初始状态是 $(0,0)^\top$，由上述方程产生 $X_1, X_2, \cdots, X_{100}$。根据算法 9.17 和算法 9.18 分别求得卡尔曼滤波和平滑数据，结果见图 9.96。

卡尔曼滤波可以在线学习 (online learning)。数据平滑是“马后炮”，它更精确地揭示出隐藏的状态序列。虽然没有直接测量速度，但通过滤波和平滑，依然可以将它估计出来（图 9.96 的右图）。

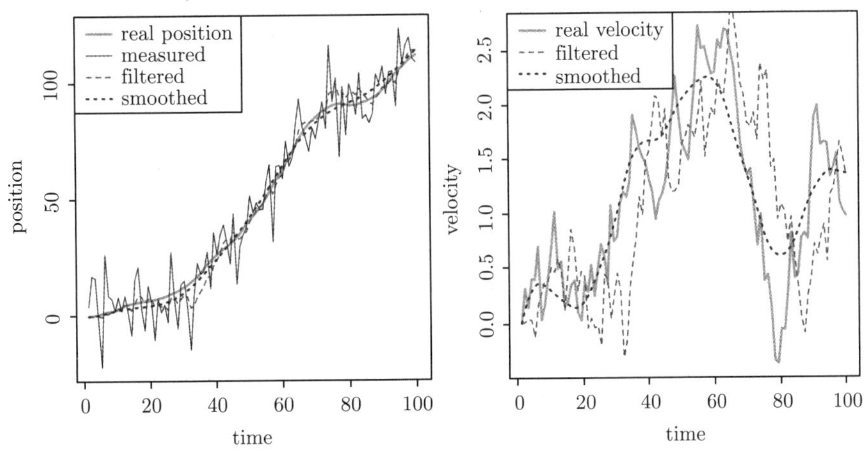


图 9.96　例 9.38 中车的位置和速度的卡尔曼滤波以及平滑

算法 9.19　经过平滑算法 9.18 之后，相邻状态的协方差矩阵 $\boldsymbol{\Gamma}_{t,t-1|n}$ 可以这样求得：

$$\begin{aligned} \boldsymbol{\Gamma}_{n,n-1|n} &= (\boldsymbol{I} - \boldsymbol{K}_n\boldsymbol{H}_n)\boldsymbol{A}_n\boldsymbol{\Gamma}_{n-1|n-1} \\ \boldsymbol{\Gamma}_{t-1,t-2|n} &= (\boldsymbol{I} - \boldsymbol{K}_{t-1}\boldsymbol{H}_{t-1})\boldsymbol{A}_{t-1}\boldsymbol{\Gamma}_{t-2|t-2} + \\ &\quad \boldsymbol{J}_{t-1}(\hat{\boldsymbol{Z}}_{t|n} - \hat{\boldsymbol{Z}}_{t|t-1})(\hat{\boldsymbol{Z}}_{t-1|n} - \hat{\boldsymbol{Z}}_{t-1|t-2})^\top \boldsymbol{J}_{t-2}^\top，\text{其中 } t = n, n-1, \cdots, 2 \end{aligned}$$

上式中，$\hat{\boldsymbol{Z}}_{t|n} - \hat{\boldsymbol{Z}}_{t|t-1}$ 是“事后诸葛亮”和“事前诸葛亮”的差异。所有的数值在平滑算法 9.18 中都出现过，不需要重新计算。

证明　首先，我们得到一个有关协方差矩阵 $\boldsymbol{\Gamma}_{t,t-1|t-1}$ 的性质，即

$$\boldsymbol{\Gamma}_{t,t-1|t-1} = \mathsf{E}[(\boldsymbol{Z}_t - \hat{\boldsymbol{Z}}_{t|t-1})(\boldsymbol{Z}_{t-1} - \hat{\boldsymbol{Z}}_{t-1|t-1})^\top]，\text{其中 } t = n, n-1, \cdots, 2$$

$$
\begin{aligned}
&= \mathsf{E}[(\boldsymbol{A}_t\boldsymbol{Z}_{t-1} + \boldsymbol{W}_t - \boldsymbol{A}_t\hat{\boldsymbol{Z}}_{t-1|t-1})(\boldsymbol{Z}_{t-1} - \hat{\boldsymbol{Z}}_{t-1|t-1})^\top] \\
&= \boldsymbol{A}_t\boldsymbol{\Gamma}_{t-1|t-1}
\end{aligned}
$$

利用这个性质不难得到相邻时刻的观测预差与状态预差的协方差矩阵，即

$$
\begin{aligned}
\mathsf{E}(\boldsymbol{\delta}_t\boldsymbol{\zeta}_{t-1}^\top) &= \mathsf{E}[(\boldsymbol{H}_t(\boldsymbol{Z}_t - \hat{\boldsymbol{Z}}_{t|t-1}) + \boldsymbol{V}_t)(\boldsymbol{Z}_{t-1} - \hat{\boldsymbol{Z}}_{t-1|t-1})^\top] \\
&= \boldsymbol{H}_t\boldsymbol{\Gamma}_{t,t-1|t-1} \\
&= \boldsymbol{H}_t\boldsymbol{A}_t\boldsymbol{\Gamma}_{t-1|t-1}
\end{aligned}
$$

按照协方差矩阵 $\boldsymbol{\Gamma}_{t,t-1|n}$ 的定义逐项展开，利用算法 9.17 和算法 9.18 的结果做些替换便能得证。具体过程如下：

$$
\begin{aligned}
\boldsymbol{\Gamma}_{n,n-1|n} &= \mathsf{E}[(\boldsymbol{Z}_n - \hat{\boldsymbol{Z}}_{n|n})(\boldsymbol{Z}_{n-1} - \hat{\boldsymbol{Z}}_{n-1|n})^\top] \\
&= \mathsf{E}[(\boldsymbol{Z}_n - \boldsymbol{Z}_{n|n-1} - \boldsymbol{K}_n\boldsymbol{\delta}_n)(\boldsymbol{Z}_{n-1} - \hat{\boldsymbol{Z}}_{n-1|n-1} - \boldsymbol{J}_{n-1}\boldsymbol{K}_n\boldsymbol{\delta}_n)^\top] \\
&= \mathsf{E}[(\boldsymbol{Z}_n - \hat{\boldsymbol{Z}}_{n|n-1})(\boldsymbol{Z}_{n-1} - \hat{\boldsymbol{Z}}_{n-1|n-1})^\top] + \boldsymbol{K}_n\mathsf{V}(\boldsymbol{\delta}_n)\boldsymbol{K}_n^\top\boldsymbol{J}_{n-1}^\top \\
&\quad - \mathsf{E}(\boldsymbol{\zeta}_n\boldsymbol{\delta}_n^\top)\boldsymbol{K}_n^\top\boldsymbol{J}_{n-1}^\top - \boldsymbol{K}_n\mathsf{E}(\boldsymbol{\delta}_n\boldsymbol{\zeta}_{n-1}^\top) \\
&= \boldsymbol{\Gamma}_{n,n-1|n-1} + \boldsymbol{K}_n(\boldsymbol{H}_n\boldsymbol{\Gamma}_{n|n-1}\boldsymbol{H}_n^\top + \boldsymbol{\Xi}_n)\boldsymbol{K}_n^\top\boldsymbol{J}_{n-1}^\top \\
&\quad - \boldsymbol{\Gamma}_{n|n-1}\boldsymbol{H}_n^\top\boldsymbol{K}_n^\top\boldsymbol{J}_{n-1}^\top - \boldsymbol{K}_n\boldsymbol{H}_n\boldsymbol{A}_n\boldsymbol{\Gamma}_{n-1|n-1}
\end{aligned}
$$

利用 $\boldsymbol{K}_n = \boldsymbol{\Gamma}_{n|n-1}\boldsymbol{H}_n^\top(\boldsymbol{H}_n\boldsymbol{\Gamma}_{n|n-1}\boldsymbol{H}_n^\top + \boldsymbol{\Xi}_n)^{-1}$ 简化上式，得到

$$
\begin{aligned}
\boldsymbol{\Gamma}_{n,n-1|n} &= \boldsymbol{A}_n\boldsymbol{\Gamma}_{n-1|n-1} + (\boldsymbol{\Gamma}_{n|n-1}\boldsymbol{H}_n^\top\boldsymbol{K}_n^\top\boldsymbol{J}_{n-1}^\top - \boldsymbol{\Gamma}_{n|n-1}\boldsymbol{H}_n^\top\boldsymbol{K}_n^\top\boldsymbol{J}_{n-1}^\top) - \boldsymbol{K}_n\boldsymbol{H}_n\boldsymbol{A}_n\boldsymbol{\Gamma}_{n-1|n-1} \\
&= (\boldsymbol{I} - \boldsymbol{K}_n\boldsymbol{H}_n)\boldsymbol{A}_n\boldsymbol{\Gamma}_{n-1|n-1} \\
\boldsymbol{\Gamma}_{t-1,t-2|n} &= \mathsf{E}[(\boldsymbol{Z}_{t-1} - \hat{\boldsymbol{Z}}_{t-1|n})(\boldsymbol{Z}_{t-2} - \hat{\boldsymbol{Z}}_{t-2|n})^\top] \\
&= \mathsf{E}[(\boldsymbol{A}_{t-1}\boldsymbol{Z}_{t-2} + \boldsymbol{W}_{t-1} - \boldsymbol{A}_{t-1}\hat{\boldsymbol{Z}}_{t-2|t-2} - \boldsymbol{K}_{t-1}\boldsymbol{\delta}_{t-1} - \boldsymbol{J}_{t-1}(\hat{\boldsymbol{Z}}_{t|n} - \hat{\boldsymbol{Z}}_{t|t-1})) \\
&\quad (\boldsymbol{Z}_{t-2} - \hat{\boldsymbol{Z}}_{t-2|t-2} - \boldsymbol{J}_{t-2}(\hat{\boldsymbol{Z}}_{t-1|n} - \hat{\boldsymbol{Z}}_{t-1|t-2}))^\top] \\
&= \boldsymbol{A}_{t-1}\boldsymbol{\Gamma}_{t-2|t-2} - \boldsymbol{K}_{t-1}\mathsf{E}(\boldsymbol{\delta}_{t-1}\boldsymbol{\zeta}_{t-2}^\top) + \boldsymbol{J}_{t-1}(\hat{\boldsymbol{Z}}_{t|n} - \hat{\boldsymbol{Z}}_{t|t-1})(\hat{\boldsymbol{Z}}_{t-1|n} - \hat{\boldsymbol{Z}}_{t-1|t-2})^\top\boldsymbol{J}_{t-2}^\top
\end{aligned}
$$

将 $\mathsf{E}(\boldsymbol{\delta}_{t-1}\boldsymbol{\zeta}_{t-2}^\top) = \boldsymbol{H}_{t-1}\boldsymbol{A}_{t-1}\boldsymbol{\Gamma}_{t-2|t-2}$ 代入即得证。 □

扩展的卡尔曼滤波算法 9.20 用到了向量值函数的局部性质：$f(\boldsymbol{y})$ 在点 $\boldsymbol{p}$ 附近可由 $f(\boldsymbol{p})+\boldsymbol{J}_f(\boldsymbol{p})(\boldsymbol{y}-\boldsymbol{p})$ 近似，其中 $\boldsymbol{J}_f$ 是 $f$ 的雅可比矩阵。

算法 9.20（扩展的卡尔曼滤波）　考虑如下的非线性状态空间模型，其中误差项都服从正态分布。

$$
\begin{aligned}
\boldsymbol{Z}_t &= f_t(\boldsymbol{Z}_{t-1}, \boldsymbol{u}_t) + \boldsymbol{W}_t\text{，其中 } \boldsymbol{W}_t \sim \mathrm{N}(\boldsymbol{0}, \boldsymbol{\Sigma}_t) \\
\boldsymbol{X}_t &= h_t(\boldsymbol{Z}_t) + \boldsymbol{V}_t\text{，其中 } \boldsymbol{V}_t \sim \mathrm{N}(\boldsymbol{0}, \boldsymbol{\Xi}_t)
\end{aligned}
$$

与算法 9.17 类似，观测预差是

$$
\begin{aligned}
\boldsymbol{\delta}_t &= \boldsymbol{X}_t - \hat{\boldsymbol{X}}_{t|t-1} \\
&= \boldsymbol{X}_t - h_t(\hat{\boldsymbol{Z}}_{t|t-1})
\end{aligned}
$$

与算法 9.17 的推导过程类似，该非线性状态空间模型的滤波算法可用图 9.97 描述。

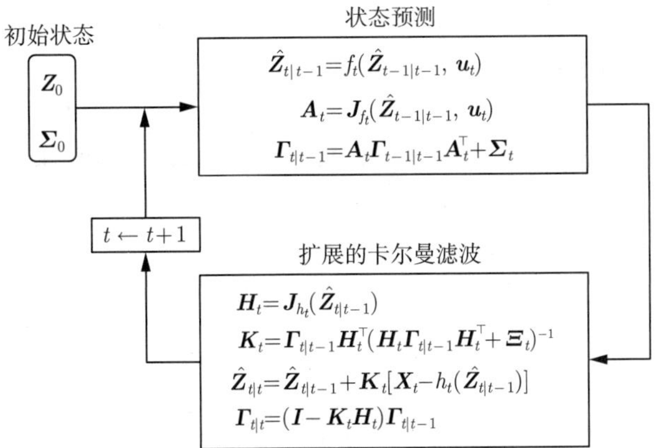


图 9.97 扩展的卡尔曼滤波算法 9.20 的示意图

由于算法 9.20 使用了向量值函数的线性近似，它无法保证最优性，甚至会低估真实的协方差矩阵。要求解非线性状态空间模型，还得靠粒子滤波算法。

### 9.4.2 参数估计

在得到观测数据 $X_1 = x_1, X_2 = x_2, \cdots, X_n = x_n$ 之后，参数 $\theta_t = (A_t, B_t, H_t, \Sigma_t, \Xi_t), t = 1, 2, \cdots, n$ 的最大似然估计通过对以下似然函数进行优化求得。

$$\mathscr{L}(\theta; x_1, x_2, \cdots, x_n) = \prod_{t=1}^{n} p_t(x_t|x_1, x_2, \cdots, x_{t-1})，其中\ \theta = (\theta_1, \theta_2, \cdots, \theta_n)$$

一般情况下，上述似然函数非常复杂。但是，如果 $W_1, \cdots, W_n, V_1, \cdots, V_n$ 独立，则观测预差 $\delta_t = X_t - \hat{X}_{t|t-1}$ 服从正态分布 (9.35)。于是，

$$\mathscr{L}(\theta; x_1, x_2, \cdots, x_n) = \frac{1}{(2\pi)^{nv/2}}\left(\prod_{t=1}^{n}|\Gamma_{\delta_t}|\right)^{-1/2}\exp\left\{-\frac{1}{2}\sum_{t=1}^{n}\delta_t^\top\Gamma_{\delta_t}^{-1}\delta_t\right\}$$

其中，

$$\Gamma_{\delta_t} = H_t\Gamma_{t|t-1}H_t^\top + \Xi_t$$

一般地，可以利用牛顿法或 EM 算法（其中，状态是隐性变量）近似地求参数的数值解[192]。我们以下面的状态空间模型为例，考虑它的参数估计问题，其中状态方程和观测方程分别是

$$\begin{aligned}&Z_t = AZ_{t-1} + W_t，其中\ \{W_t\} \overset{\text{iid}}{\sim} \mathrm{N}(\mathbf{0}, \Sigma)\\&Z_0 \sim \mathrm{N}(\mu_0, \Sigma_0)，其中\ \mu_0, \Sigma_0\ 未知\\&X_t = H_tZ_t + V_t，其中\ \{V_t\} \overset{\text{iid}}{\sim} \mathrm{N}(\mathbf{0}, \Xi)\end{aligned}$$

未知参数是 $\theta = (\mu_0, \Sigma_0, A, \Sigma, \Xi)$，忽略掉常数项和正系数后，对数似然函数是

$$\ell(\theta; x_1, x_2, \cdots, x_n) = -\sum_{t=1}^{n}\ln|\Gamma_{\delta_t}(\theta)| - \sum_{t=1}^{n}\delta_t^\top(\theta)\Gamma_{\delta_t}^{-1}(\theta)\delta_t(\theta)$$

算法 9.21　利用牛顿法，未知参数 $\boldsymbol{\theta}$ 的最大似然估计可以由下面的算法来数值逼近。

- 初始化参数 $\boldsymbol{\theta}^{(0)}$。利用卡尔曼滤波算法 9.17，算得观测预差 $\boldsymbol{\delta}_t^{(0)}$ 及其协方差矩阵 $\boldsymbol{\Gamma}_{\delta_t}^{(0)}$，其中 $t = 1,2,\cdots,n$。
- 对 $\ell(\boldsymbol{\theta};\boldsymbol{x}_1,\boldsymbol{x}_2,\cdots,\boldsymbol{x}_n)$ 应用牛顿法，得到新的参数估计 $\boldsymbol{\theta}^{(1)}$。利用卡尔曼滤波算法 9.17，算得观测预差 $\boldsymbol{\delta}_t^{(1)}$ 及其协方差矩阵 $\boldsymbol{\Gamma}_{\delta_t}^{(1)}$，其中 $t = 1,2,\cdots,n$。
- 如此迭代，直至参数估计满足了预设的收敛条件。

如果让观测数据 $\boldsymbol{x}_1,\boldsymbol{x}_2,\cdots,\boldsymbol{x}_n$（简记作 $\boldsymbol{x}_{1:n}$）和隐藏状态 $\boldsymbol{z}_0,\boldsymbol{z}_1,\cdots,\boldsymbol{z}_n$（简记作 $\boldsymbol{z}_{0:n}$）一起构成完全数据，则完全似然函数是

$$p_{\boldsymbol{\theta}}(\boldsymbol{z}_{0:n},\boldsymbol{x}_{1:n}) = p_{\boldsymbol{\mu}_0,\boldsymbol{\Sigma}_0}(\boldsymbol{z}_0)\prod_{t=1}^{n} p_{\boldsymbol{A},\boldsymbol{\Sigma}}(\boldsymbol{z}_t|\boldsymbol{z}_{t-1})\prod_{t=1}^{n} p_{\boldsymbol{\Xi}}(\boldsymbol{x}_t|\boldsymbol{z}_t)$$

忽略掉常数项和正系数后，完全对数似然函数是

$$\begin{aligned}\ell(\boldsymbol{\theta};\boldsymbol{z}_{0:n},\boldsymbol{x}_{1:n}) = &-\ln|\boldsymbol{\Sigma}_0| - (\boldsymbol{z}_0-\boldsymbol{\mu}_0)^\top\boldsymbol{\Sigma}_0^{-1}(\boldsymbol{z}_0-\boldsymbol{\mu}_0)\\ &- n\ln|\boldsymbol{\Sigma}| - \sum_{t=1}^{n}(\boldsymbol{z}_t-\boldsymbol{A}\boldsymbol{z}_{t-1})^\top\boldsymbol{\Sigma}^{-1}(\boldsymbol{z}_t-\boldsymbol{A}\boldsymbol{z}_{t-1})\\ &- n\ln|\boldsymbol{\Xi}| - \sum_{t=1}^{n}(\boldsymbol{x}_t-\boldsymbol{H}_t\boldsymbol{z}_t)^\top\boldsymbol{\Xi}^{-1}(\boldsymbol{x}_t-\boldsymbol{H}_t\boldsymbol{z}_t)\end{aligned}$$

算法 9.22　未知参数 $\boldsymbol{\theta}$ 的最大似然估计也可以由下面的 EM 算法来数值逼近。首先，初始化参数为 $\boldsymbol{\theta}^{(0)}$。

- E 步骤：在第 $j$ 次迭代（其中 $j = 1,2,\cdots$），参数是 $\boldsymbol{\theta}^{(j-1)}$。按照算法 9.18，求得平滑 $\hat{\boldsymbol{Z}}_{0|n},\cdots,\hat{\boldsymbol{Z}}_{n|n}$，将之简记作 $\tilde{\boldsymbol{z}}_0,\cdots,\tilde{\boldsymbol{z}}_n$。

$$\begin{aligned}Q(\boldsymbol{\theta},\boldsymbol{\theta}^{(j-1)}) &= \mathsf{E}_{\boldsymbol{\theta}^{(j-1)}}[\ell(\boldsymbol{\theta};\boldsymbol{Z}_{0:n},\boldsymbol{x}_{1:n})|\boldsymbol{X}_{1:n}=\boldsymbol{x}_{1:n}]\\ &= -\ln|\boldsymbol{\Sigma}_0| - \mathrm{tr}\{\boldsymbol{\Sigma}_0^{-1}[\boldsymbol{\Gamma}_{0|n} + (\tilde{\boldsymbol{z}}_0-\boldsymbol{\mu}_0)(\tilde{\boldsymbol{z}}_0-\boldsymbol{\mu}_0)^\top]\}\\ &\quad - n\ln|\boldsymbol{\Sigma}| - \mathrm{tr}\{\boldsymbol{\Sigma}^{-1}[\boldsymbol{S}_{11} - \boldsymbol{S}_{10}\boldsymbol{A}^\top - \boldsymbol{A}\boldsymbol{S}_{10}^\top + \boldsymbol{A}\boldsymbol{S}_{00}\boldsymbol{A}^\top]\}\\ &\quad - n\ln|\boldsymbol{\Xi}| - \mathrm{tr}\left\{\boldsymbol{\Xi}^{-1}\sum_{t=1}^{n}[(\boldsymbol{x}_t-\boldsymbol{H}_t\tilde{\boldsymbol{z}}_t)(\boldsymbol{x}_t-\boldsymbol{H}_t\tilde{\boldsymbol{z}}_t)^\top\boldsymbol{H}_t\boldsymbol{\Gamma}_{t|n}\boldsymbol{H}_t^\top]\right\}\end{aligned}$$

上式中，

$$\boldsymbol{S}_{11} = \sum_{t=1}^{n}(\tilde{\boldsymbol{z}}_t\tilde{\boldsymbol{z}}_t^\top + \boldsymbol{\Gamma}_{t|n})$$

$$\boldsymbol{S}_{10} = \sum_{t=1}^{n}(\tilde{\boldsymbol{z}}_t\tilde{\boldsymbol{z}}_{t-1}^\top + \boldsymbol{\Gamma}_{t,t-1|n})\text{，其中 } \boldsymbol{\Gamma}_{t,t-1|n} \text{ 由算法 9.19 算得}$$

$$\boldsymbol{S}_{00} = \sum_{t=1}^{n}(\tilde{\boldsymbol{z}}_{t-1}\tilde{\boldsymbol{z}}_{t-1}^\top + \boldsymbol{\Gamma}_{t-1|n})$$

- M 步骤：求函数 $Q(\boldsymbol{\theta},\boldsymbol{\theta}^{(j)})$ 的极大值点，即分别解方程

$$\frac{\partial Q}{\partial \boldsymbol{\mu}} = \boldsymbol{0}$$

$$\frac{\partial Q}{\partial \boldsymbol{M}} = \boldsymbol{O}\text{，其中 } \boldsymbol{M} \text{ 分别是矩阵 } \boldsymbol{\Sigma}_0, \boldsymbol{A}, \boldsymbol{\Sigma}, \boldsymbol{\Xi}$$

得到

$$\begin{aligned}
\boldsymbol{\mu}_0^{(j)} &= \tilde{\boldsymbol{z}}_0 \\
\boldsymbol{\Sigma}_0^{(j)} &= \boldsymbol{\Gamma}_{0|n} \\
\boldsymbol{A}^{(j)} &= \boldsymbol{S}_{10}\boldsymbol{S}_{00}^{-1} \\
\boldsymbol{\Sigma}^{(j)} &= \frac{1}{n}(\boldsymbol{S}_{11} - \boldsymbol{S}_{10}\boldsymbol{S}_{00}^{-1}\boldsymbol{S}_{10}^{\top}) \\
\boldsymbol{\Xi}^{(j)} &= \frac{1}{n}\sum_{t=1}^{n}[(\boldsymbol{x}_t - \boldsymbol{H}_t\tilde{\boldsymbol{z}}_t)(\boldsymbol{x}_t - \boldsymbol{H}_t\tilde{\boldsymbol{z}}_t)^{\top} + \boldsymbol{H}_t\boldsymbol{\Gamma}_{t|n}\boldsymbol{H}_t^{\top}]
\end{aligned}$$

通过 EM 算法来求最大似然估计比较费时，因为每个 E 步骤都要做一遍平滑，还要用算法 9.19 来计算相邻状态的协方差矩阵。

# 第四部分

# 附录

# 附录 A

# 软件R、Maxima和GnuPlot简介

工欲善其事，必先利其器。

——孔子《论语·卫灵公》

开源的数学软件不胜枚举，经得起实践和时间考验的佼佼者就屈指可数了，然而不论怎么数，R、Maxima 和 GnuPlot 必列其中。这三个软件都是跨平台的，既支持命令行交互模式，也支持脚本。我们推荐在类 UNIX 环境使用它们。

本书鼓励以“用”为驱动熟练掌握这些优秀的工具软件，但由于篇幅和主题所限，在正文中无法过多地介绍这三门编程语言的细节，本附录所给的也仅仅是浮光掠影式的简介，读者可通过软件自带的手册或在线帮助文档学习它们。

## A.1 R：最好的统计软件

R 是一门用于统计分析、统计计算和数据可视化的面向对象编程语言，它与贝尔实验室**约翰·钱伯斯**（John Chambers, 1941—）等人研发的 S 语言兼容，有时也称为 GNU S。1998 年，钱伯斯因对 S 语言的杰出贡献获得了 ACM 软件系统奖。

R 的特点是少部分的统计功能在 R 的底层实现，绝大多数基于经典统计技术和许多现代的统计方法的功能都是以包 (package) 的形式提供。R 的一个显著优点是与其他编程语言/数据库之间有很好的接口，如 C、Python、Gibbs 抽样工具 BUGS 或 JAGS 等。

“众人拾柴火焰高”，开源为 R 的普及铺平了道路，并使得 R 在短时间内轻松领先于 S-plus、SAS、Stata 等诸多优秀的统计软件，成为“新老皆宜”的选择。实践证明 R 是统计学研究和应用的利器，也是机器学习、模式识别、生物信息学、自然语言处理、计量经济学等涉及数据处理学科的不可多得的工具。

R 按照应用领域，将工具包加以分类，如社会科学、计量经济学、金融、医学图像分析、遗传学、自然语言处理、机器学习、高性能计算等。同时，也按照方法类别对工具包进行了整理，如贝叶斯推断、多元统计学、聚类、试验设计、生存分析、时间序列分析、稳健统计方法等。

读者可以从 http://cran.r-project.org 或其镜像网站获得源码和可用的程序包，其中标准包和推荐包都经过严格的测试。另外，更多的针对具体问题的包可以通过网络得到。

例 A.1（交互式，> 是命令行提示符） 利用 summary 函数考察一维数据的分布情况；利用 hist 绘出直方图，并叠加上密度估计曲线（图 A.1）。

```
> attach(faithful)
> summary(eruptions)
  Min. 1st Qu.  Median    Mean 3rd Qu.    Max.
 1.600   2.163   4.000   3.488   4.454   5.100
> hist(eruptions, seq(1.6, 5.2, 0.2), prob=TRUE)
> lines(density(eruptions, bw=0.1))
> rug(eruptions)
```

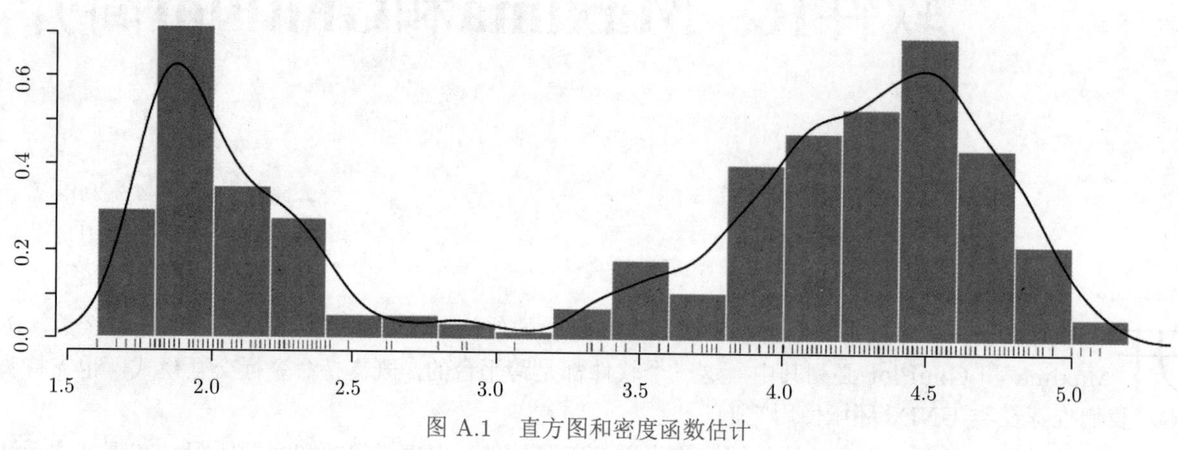


图 A.1 直方图和密度函数估计

例 A.2（聚类） 从领域受限的大规模语料中提取关键词，计算词语之间的相似度，利用 hclust 函数画出它们的聚类树（图 A.2）。

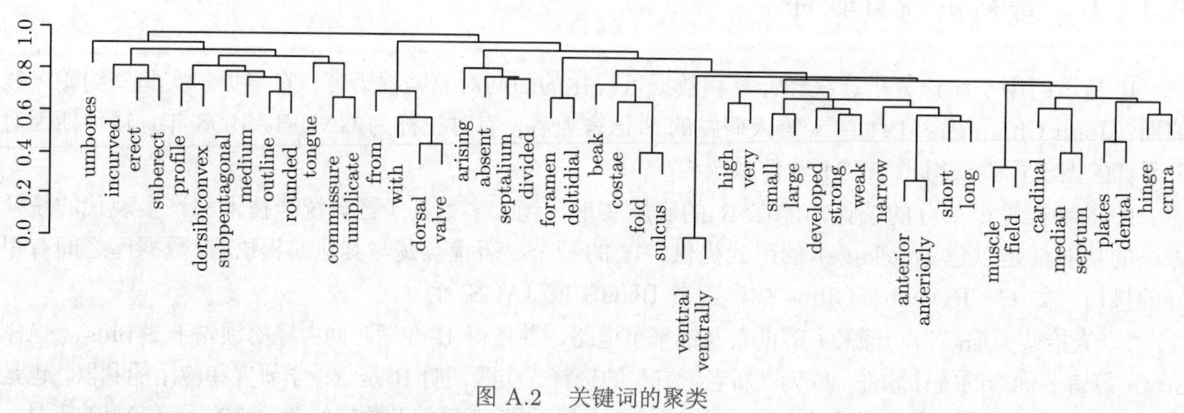


图 A.2 关键词的聚类

例 A.3（数据的可视化） 鸢尾花数据（4 个特征——萼片的长宽和花瓣的长宽，3 个类 S/C/V）可以通过观察其分量来了解它们在空间中的分布情况（图 A.3）。

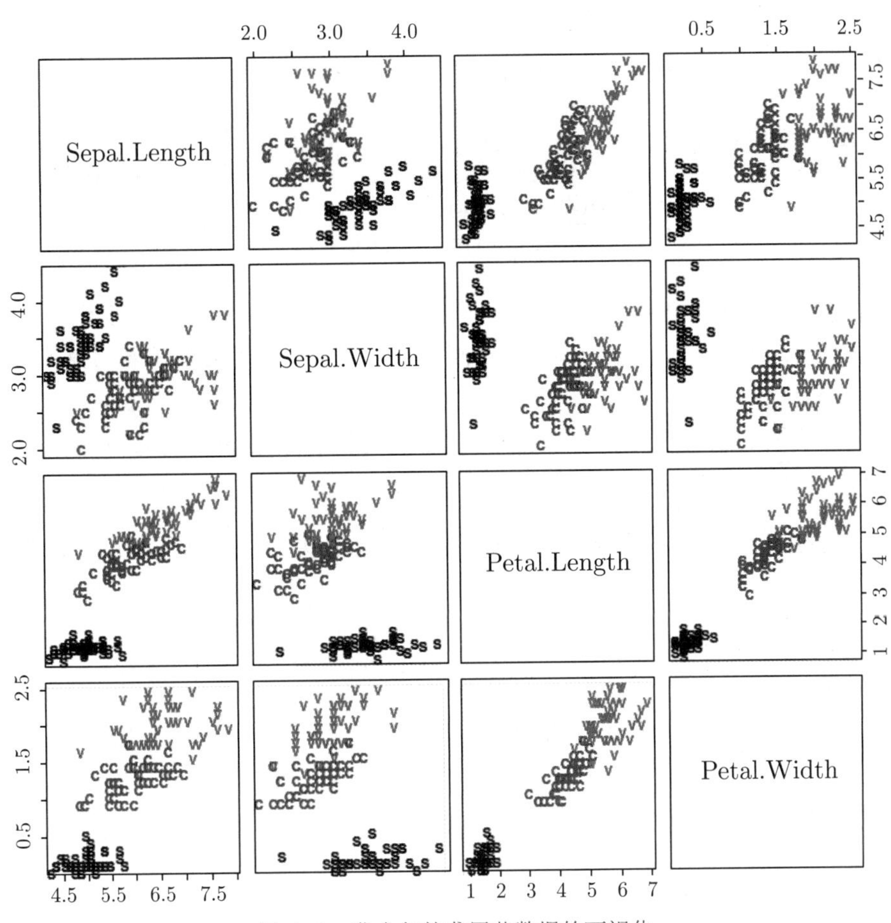


图 A.3 费舍尔的鸢尾花数据的可视化

## A.2 Maxima：符号计算的未来之路

Maxima 是 LISP 语言实现的用于公式推导和符号计算的计算机代数系统 (Computer Algebra System, CAS)，它的前身是 MIT 于 1968—1982 年间研发的计算机代数系统 Macsyma（CAS 的鼻祖之一），更准确地说，它是 Macsyma 的 GPL 衍生版本*。

1982 年，MIT 将 Macsyma 源码拷贝移交给美国能源部，该版本被称为 DOE Macsyma，其中一份拷贝由德克萨斯大学的**威廉 · 舍尔特**（William Schelter, 1947—2001）教授维护直至他 2001 年去世。1998 年，舍尔特从能源部获准以 GPL 方式发布 DOE Macsyma 源码。2000 年，舍尔特在 SourceForge 发起 Maxima 项目作为 DOE Macsyma 的延续。

在符号计算方面，Maxima 可与商用 CAS 软件 Maple 和 Mathematica 媲美，因为它有老当益壮的 LISP 语言做后盾而具有良好的可扩展性（用户可以在 LISP 层定义函数，在 Maxima 层调用它）。在开源盛世，Maxima 的生命力必将顽强。

例 A.4（解线性递归式） 已知线性递归关系 $(n+4)T(n+2) = -T(n+1) + (n-1)T(n)$，试求解 $T(n)$。

* GPL：GNU 通用公共许可证 (General Public License) 的简称，是自由软件基金会发行的用于计算机软件的许可证。Macsyma 是 CAS 的鼻祖之一，对后续的 CAS 产生过深远的影响，也包括商用的 Maple 和 Mathematica。

```
(%i1) load("solve_rec") $
(%i2) solve_rec((n+4)*T[n+2] + T[n+1] - (n-1)*T[n], T[n]);
```

Maxima 给出的答案是

$$T_n = \frac{k_2(2n+1) - k_1(2n^2+2n-1)(-1)^n}{(n-1)n(n+1)(n+2)}$$

例 A.5 **李善兰**（1810—1882），字竞芳，号秋纫，清末著名数学家、天文学家、翻译家和教育家，在其著作《垛积比类》（写于 1859—1867 年间）中给出了以下著名的李善兰恒等式。

$$\sum_{k=0}^{n}(C_n^k)^2 C_{m+2n-k}^{2n} = (C_{m+n}^{n})^2\text{，其中非负整数 } m,n \text{ 满足 } n \leqslant m$$

读者可以先尝试用组合数学的方法证明李善兰恒等式。作为对比，再用 Maxima 寥寥数行代码来符号计算。

```
load("simplify_sum") $
assume(m > n) $
sum ((binomial(n,k))^2 * binomial(m+2*n-k,2*n), k, 0, n);
simplify_sum(%);
```

例 A.6 利用 Maxima 计算级数和不定积分，例如：

$$\sum_{n=1}^{\infty}\frac{1}{n^2} = \frac{\pi^2}{6}$$

$$\int \frac{1}{1+x^3}\mathrm{d}x = -\frac{\ln(x^2-x+1)}{6} + \frac{\arctan\frac{2x-1}{\sqrt{3}}}{\sqrt{3}} + \frac{\ln(x+1)}{3} + C$$

```
sum (1/n^2, n, 1, inf), simpsum; integrate(1/(1+x^3), x);
```

例 A.7（切比雪夫问题） 令 $\mathsf{P}(n)$ 为分子、分母随机地取自 $\{1,2,\cdots,n\}$ 的不可约分数的概率。用 Maxima 计算概率 $\mathsf{P}(n)$，并绘制折线图以探究 $\mathsf{P}(n)$ 的极限（图 A.4）。

```
/* 条件：已知 a, b 是介于 1 和 n 之间的自然数 */
/* 目标：计算 a, b 互素的概率，即分数 a/b 不可约的概率 P(n) */
/* s 表示互素自然对 (a,b) 的个数 */
/* totient(j): 不超过 j 且与 j 互素的自然数个数 */
P(n) := (s:1,
  for j: 2 while j <= n do
  s: s + 2 * totient (j),
  float(s/n^2)) $

/* 定义长度为 MAX 的数组 */
MAX: 10^2 $
```

```
x: make_array (fixnum, MAX); y: make_array (fixnum, MAX) $

/* 给数组赋值，绘出 (n, P(n)) 折线图 */
for n:1 while n < MAX do (
    x[n]: n+1,
    y[n]: P(n+1)) $
load(draw) $
draw2d( xrange = [2, MAX], yrange = [0.60, 0.78],
      points_joined = true, point_type = 0,
      grid = true, color = black,
      line_width = 3, font_size = 18,
      points(x, y)) $
```

通过图 A.4 中概率 P(2),$\cdots$,P(100) 的折线图，猜测当 $n$ 增大时，P($n$) 震荡着趋近某个值。事实上，$\lim\limits_{n\to\infty}$ P($n$) $= 6/\pi^2 \approx 0.6079$，具体推导见文献 [10]。

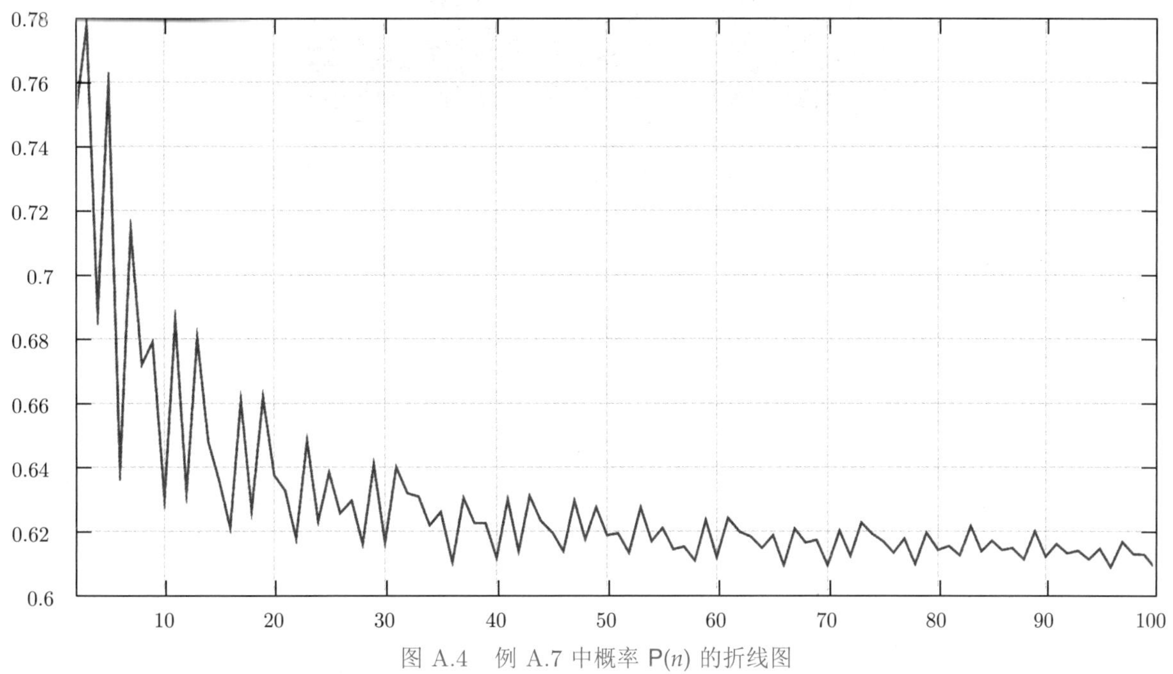


图 A.4　例 A.7 中概率 P($n$) 的折线图

例 A.8（哥德巴赫猜想）　1742 年，德国数学家**克里斯蒂安·哥德巴赫**（Christian Goldbach, 1690—1764）提出一个猜想：任意不小于 6 的偶数都可分解为两个奇素数之和。例如，$16 = 3 + 13$。在通往哥德巴赫猜想的途中，1966 年中国知名的数学家**陈景润**（1933—1996）取得了迄今为止最好的结果——“任何充分大的偶数都可表示为一个素数及一个不超过两个素数的乘积之和”，简称为“$1+2$”。陈景润的证明很长，下面用 Maxima 给出了 100 的哥德巴赫分解，并验证了 6 至 $2\times10^3$ 的偶数都满足哥德巴赫猜想。为简单起见，算法未经优化。

```
(%i1) xprimep(x) := integerp(x) and (x > 1) and primep(x) $
(%i2) BinaryDecomp : integer_partitions (100, 2) $
(%i3) subset (BinaryDecomp, lambda ([x], every (xprimep, x))) ;
(%o3)    {[53, 47], [59, 41], [71, 29], [83, 17], [89, 11], [97, 3]}
```

```
(%i4) GoldbachConjecture : true $
(%i5) for n : 3 while n <= 10^3 do (
BinaryDecomp : integer_partitions (2*n, 2) ,
NoSolution : emptyp(subset (BinaryDecomp, lambda ([x], every (xprimep, x)))),
GoldbachConjecture : GoldbachConjecture and not(NoSolution)) $
(%i6) GoldbachConjecture ;
(%o6)                    true
```

目前，利用计算机已经验证了 $n \leqslant 10^{18}$ 的偶数都满足哥德巴赫猜想。但面对无限个可能的情形，有限的验证不等于证明，哥德巴赫猜想依然是未解决的数学难题（图 A.5）。

图 A.5　陈景润与超级计算机

例 A.9（配方法）　给出偶数次多项式 $p$ 关于变量 $x$ 的配方结果。

```
/* 目的：按照某指定的变量，实现多项式的配方法，得到“平方项 + 尾项” */
/* 输出：偶数次的多项式 p 关于它的某个变量 x 的配方结果 */

CompSq(p,x) := block([degree, coef, s, residual],
   p : expand(p),
   degree : hipow(p, x),
   if oddp(degree) or degree = 0 then p else (
      coef : coeff(p, x, n),
      s : x^(n/2),
      residual : ratsimp(p - coef * s^2),
   while hipow(residual, x) > 0 do (
      residual : ratsimp(first(divide(p - coef * s^2, 2 * coef * s, x))),
      s : s + residual),
   coef * s^2 + ratsimp(CompSq(p - coef * s^2, x)))) $
```

例 A.10　Maxima 的 draw 函数调用外部绘图程序 GnuPlot 完成绘图，例如三维空间里可任意旋转的二维曲面（图 A.6）。

```
(%i1) load(draw) $
(%i2) draw(columns=2, gr3d(surface_hide = true,
    explicit(x^2-y^2, x, -5, 5, y, -5, 5),explicit(6-x^2-y^2, x, -5, 5, y, -5, 5)),
    gr3d(surface_hide = true, parametric_surface(cos(a) * (10 + b * cos(a/2)),
    sin(a) * (10 + b * cos(a/2)), b * sin(a/2), a, -%pi, %pi, b, -1, 1))) $
```

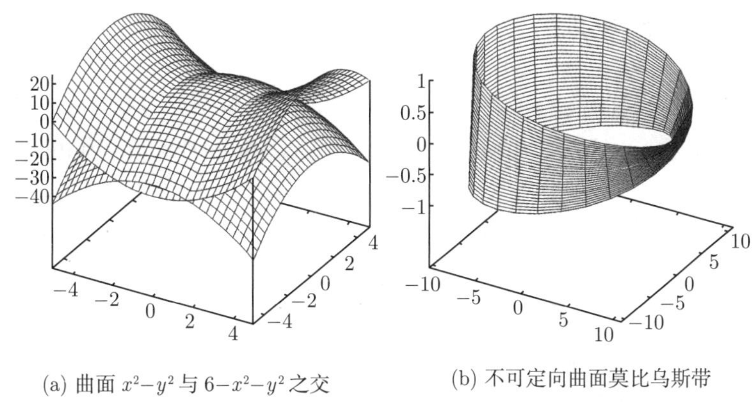

(a) 曲面 $x^2-y^2$ 与 $6-x^2-y^2$ 之交 (b) 不可定向曲面莫比乌斯带

图 A.6 Maxima 的科学绘图

注：蚂蚁从莫比乌斯带上任意一点出发，走一圈回到起点，头顶冲的方向正好相反。莫比乌斯带是德国数学家、天文学家**奥古斯特·莫比乌斯**（August Möbius, 1790—1868）发现的。

例 A.11 不断调用 draw 函数以产生模拟效果，例如布朗运动（图 A.7）。

```
load(draw) $
block([history:[[0,0,0]], lst, pos],
for k:1 thru 10000 do
  (lst: copylist(last(history)),
  pos: random(3) + 1,
  lst[pos]: lst[pos] + random(2)*2-1,
  history: endcons(lst, history)),
draw3d(point_type = 0, points_joined = true, points(history))) $
```

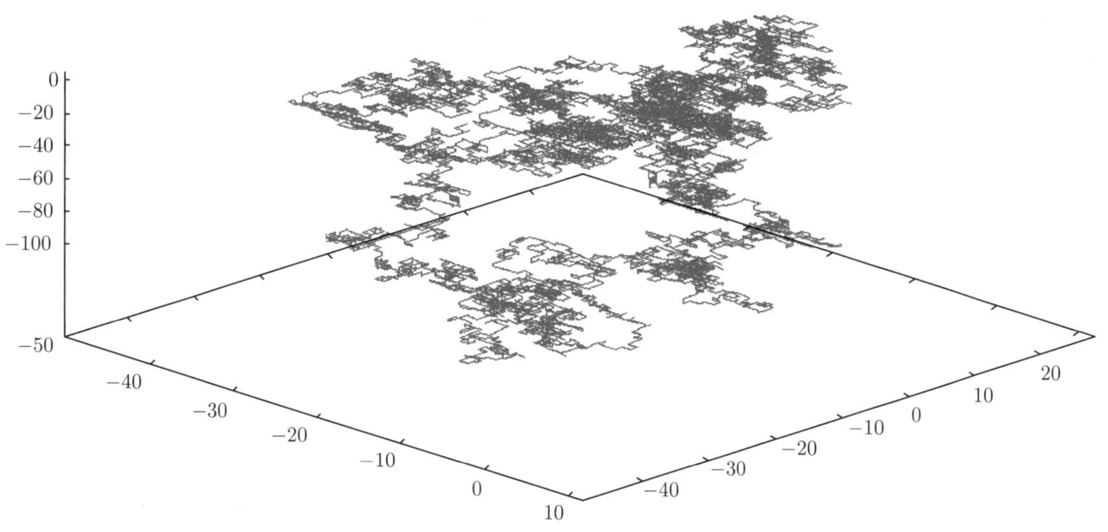

图 A.7 在三维空间中，粒子布朗运动的随机模拟

通过上面的例子，读者能够感受到，计算机为数学提供了宝贵的直观。然而，从“有限”到“无限”是机器智能的鸿沟，目前符号计算处理无穷集合时，不能完全替代人类的思维。计算机能在多大程度上“做”数学，这是个值得思考的问题[52, 193-196]。

## A.3 GnuPlot：强大的函数绘图工具

GnuPlot 是一款轻便的科学绘图工具软件*，是计算机代数系统 Maxima、数值计算工具 GNU Octave、计量经济分析软件 GRETL (Gnu Regression, Econometrics and Time-series Library) 等的绘图引擎。在函数绘图方面，GnuPlot 擅长绘制函数曲线、（可以三维旋转的）二维曲面、向量场、等高线等，也可用作数据的可视化（图 A.8）。

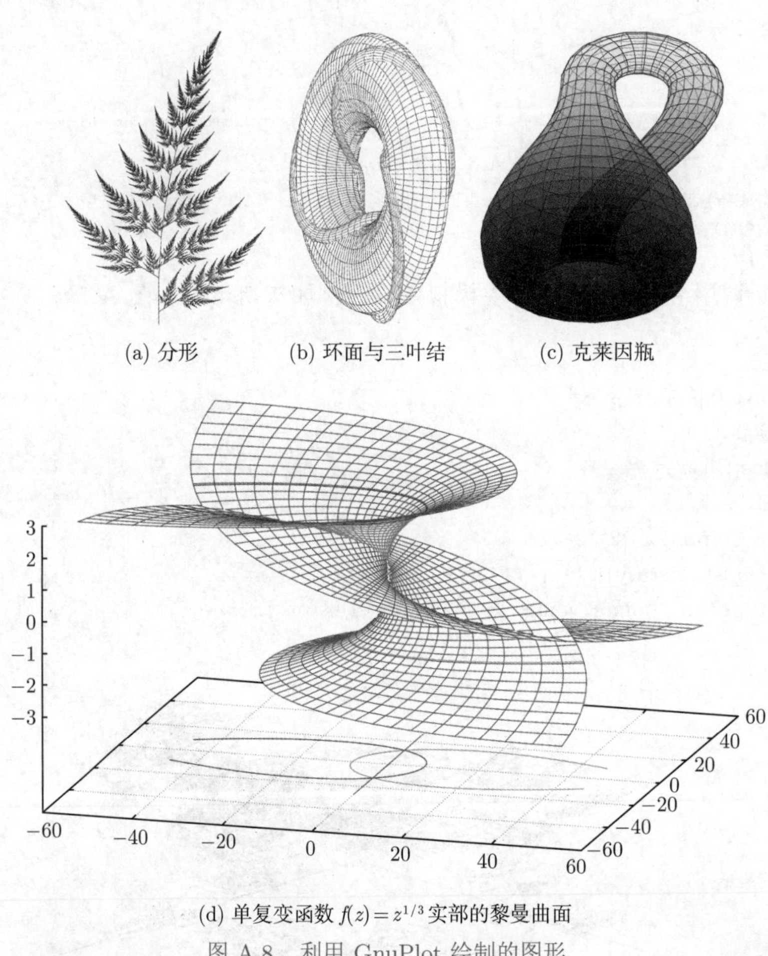


(d) 单复变函数 $f(z)=z^{1/3}$ 实部的黎曼曲面

图 A.8　利用 GnuPlot 绘制的图形

* GnuPlot 虽然名字中有“Gnu”，但它尚不是 GNU 项目的一部分。从法律上，可以免费使用 GnuPlot，但不能免费分发 GnuPlot 的修改版本。详见 http://www.gnuplot.info。

# 附录 B

# 一些常用的最优化方法

横看成岭侧成峰，远近高低各不同。不识庐山真面目，只缘身在此山中。

——苏轼《题西林壁》

统计学、机器学习等数据科学中很多方法常归结为一个最优化问题。最优化是运筹学的一部分，用到大量数值计算和逼近的技术，其数学基础是英国数学家、物理学家**艾萨克·牛顿**（Isaac Newton, 1642—1727）和德国数学家、哲学家**戈特弗里德·莱布尼茨**（Gottfried Leibniz, 1646—1716）于 17 世纪下半叶创立的微积分 (calculus)(图 B.1)。

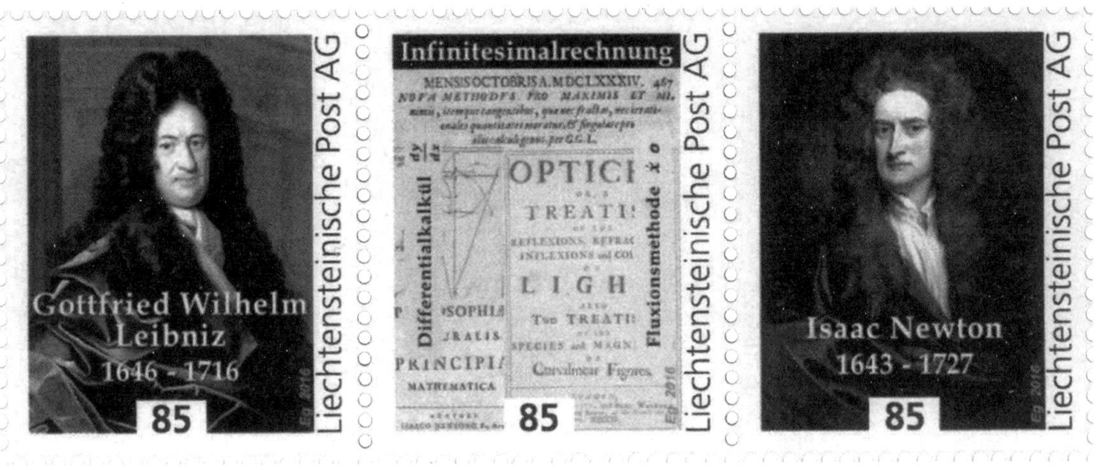


图 B.1　微积分的创立者——莱布尼茨（左）与牛顿（右）

很多常用的最优化方法依赖于牛顿法，而牛顿法依赖于以下泰勒展开 (Taylor expansion)(图 B.2) 的事实。

$$f(x+\Delta x) \approx f(x) + \Delta x^{\top} \nabla f + \frac{1}{2} \Delta x^{\top} \nabla^2 f \Delta x \tag{B.1}$$

求 $f(x)$ 的极值点，就是解方程组 $\nabla f(x) = \mathbf{0}$。

(a) 印在一英镑上的牛顿

(b) 泰勒和麦克劳林

图 B.2 函数逼近方法的提出者

注：1715 年，英国数学家**布鲁克·泰勒**（Brook Taylor, 1685—1731）发表了函数的泰勒展开，在零点的泰勒展开被称为麦克劳林展开，以苏格兰数学家**科林·麦克劳林**（Colin Maclaurin, 1698—1746）的名字命名。

算法 B.1（牛顿法） 如图 B.3 所示，设 $\boldsymbol{x}^{(t)}$ 是当前对实值函数 $f(\boldsymbol{x})$ 的极值点（或者根）的近似，则下一步的近似 $\boldsymbol{x}^{(t+1)}$ 可按下面的方法得到。

$$\boldsymbol{x}^{(t+1)} = \boldsymbol{x}^{(t)} - [\nabla g(\boldsymbol{x}^{(t)})]^{-1}[g(\boldsymbol{x}^{(t)})]^\top$$

其中，

$$g(\boldsymbol{x}) = \begin{cases} f(\boldsymbol{x}) & ，如果寻根 \\ [\nabla f(\boldsymbol{x})]^\top & ，如果寻极值点 \end{cases}$$

初值 $\boldsymbol{x}^{(0)}$ 可随意指定。若极值点（或者根）不唯一，可以随机地从多个初值出发寻找。要判定某极大（小）值点是否为最大（小）值点，有时还需要考虑边界情况。

**证明** 下面，我们分别从寻根和极值两个方面证明算法 B.1。

- 寻根：如果 $\boldsymbol{\alpha}$ 是函数 $f(\boldsymbol{x})$ 的根，则 $f(\boldsymbol{\alpha}) = 0$，利用

$$f(\boldsymbol{x}) \approx f(\boldsymbol{x}^{(t)}) + (\boldsymbol{x} - \boldsymbol{x}^{(t)})^\top \nabla f(\boldsymbol{x}^{(t)})$$

我们得到

$$f(\boldsymbol{x}^{(t)}) + (\boldsymbol{\alpha} - \boldsymbol{x}^{(t)})^\top \nabla f(\boldsymbol{x}^{(t)}) \approx 0$$

求解出 $\boldsymbol{\alpha}$ 便得到算法 B.1。特别地，算法 B.1 在一维的时候，就是微积分里的牛顿切线法——如图 B.3(a) 所示，迭代逼近实值函数 $f(x)$ 的零点如下：

$$x^{(t+1)} = x^{(t)} - \frac{f(x^{(t)})}{f'(x^{(t)})}，其中\ t = 0, 1, 2, \cdots$$

如果初始点选得不恰当，该方法也有失效的情况——在两点之间跳转，驻足不前，见图 B.3(b)。

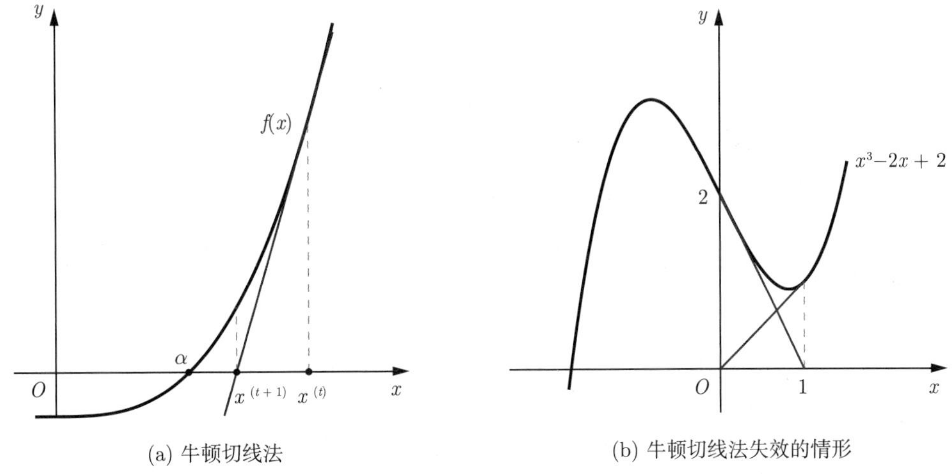


图 B.3　牛顿切线法并非总是收敛的

有些函数用牛顿切线法（算法 B.1）寻根，初始值选在某区域内则处处失效，结果渐行渐远，根本不收敛。例如下面的函数，初始值落在某区间算法 B.1 收敛，落在其外则不收敛（见图 B.4）。

$$f(x)=\frac{1}{1+\mathrm{e}^{-x}}-\frac{1}{2}$$

牛顿法是否有效，有时要看初始值选得是否合适。拿函数 $f(x)$ 来说，它的根是 0，请读者给出使得算法 B.1 有效的初始值的区间。

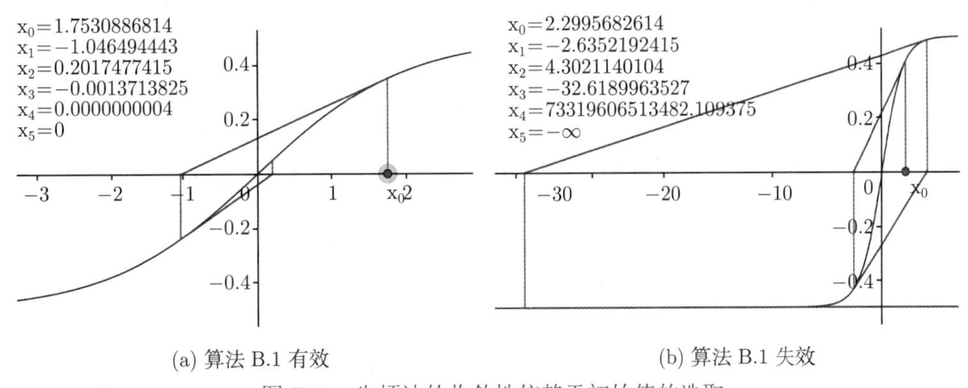


图 B.4　牛顿法的收敛性依赖于初始值的选取

❑ 寻极值：为了解方程组 $\nabla f(\boldsymbol{x})=\mathbf{0}$，利用

$$f(\boldsymbol{x})\approx f(\boldsymbol{x}^{(t)})+(\boldsymbol{x}-\boldsymbol{x}^{(t)})^{\top}\nabla f(\boldsymbol{x}^{(t)})+\frac{1}{2}(\boldsymbol{x}-\boldsymbol{x}^{(t)})^{\top}\nabla^{2}f(\boldsymbol{x}^{(t)})(\boldsymbol{x}-\boldsymbol{x}^{(t)})$$

我们得到

$$\nabla f(\boldsymbol{x}^{(t)})+\nabla^{2}f(\boldsymbol{x}^{(t)})(\boldsymbol{x}-\boldsymbol{x}^{(t)})\approx\mathbf{0}$$

求解出 $\boldsymbol{x}$ 便得到算法 B.1。特别地，迭代逼近实值函数 $f(x)$ 的极值点，

$$x^{(t+1)} = x^{(t)} - \frac{f'(x^{(t)})}{f''(x^{(t)})}，\text{其中 } t = 0, 1, 2, \cdots$$

类似地，牛顿切线法寻极值点有时也会失效。 □

## B.1 梯度下降法

令 $D \subseteq \mathbb{R}^n$ 是一个凸集。如果实值函数 $f(\boldsymbol{x})$ 在 $D$ 上有一阶和二阶导数，并且 $\forall \boldsymbol{x} \in D$ 矩阵 $\nabla^2 f$ 都是正（负）定的，那么方程 $\nabla f(\boldsymbol{x}) = \boldsymbol{0}$ 在 $D$ 上至多有一个解。若解存在，则必为 $f$ 的极小（大）值点。请注意，若 $\boldsymbol{x}_*$ 满足 $\nabla f(\boldsymbol{x}_*) = \boldsymbol{0}$，则它可能是极值点，也可能不是，如图 B.5(a) 所示的马鞍面 $f(\boldsymbol{x})$ 上的“鞍点”，它是方程 $\nabla f(\boldsymbol{x}) = \boldsymbol{0}$ 的解，但不是 $f(\boldsymbol{x})$ 的极值点。

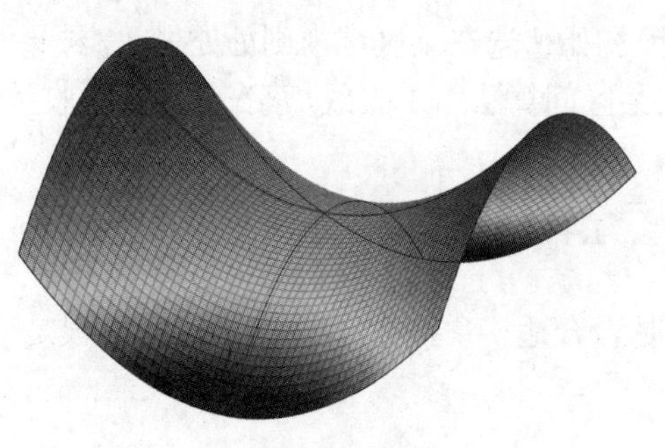

(a) 马鞍面与“鞍点”

(b) 等高线

图 B.5 二维曲面可由等高线等价地刻画

算法 B.2（梯度下降法） 如图 B.5 所示，为了得到实值多元函数 $f(\boldsymbol{x})$ 的极小值，令

$$\boldsymbol{x}^{(t+1)} = \boldsymbol{x}^{(t)} - \gamma_t \nabla f(\boldsymbol{x}^{(t)})，\text{其中 } \gamma_t \text{ 使得 } f(\boldsymbol{x}^{(t+1)}) \leqslant f(\boldsymbol{x}^{(t)}) \tag{B.2}$$

例 B.1 方程 $\boldsymbol{A}\boldsymbol{x} - \boldsymbol{b} = \boldsymbol{0}$ 的解是

$$\underset{\boldsymbol{x} \in \mathbb{R}^n}{\operatorname{argmin}} f(\boldsymbol{x}) = \|\boldsymbol{A}\boldsymbol{x} - \boldsymbol{b}\|^2$$

求 $f$ 的梯度如下：

$$\nabla f(\boldsymbol{x}) = 2\boldsymbol{A}^\top(\boldsymbol{A}\boldsymbol{x} - \boldsymbol{b})$$

因为 $\nabla^2 f(\boldsymbol{x}) = 2\boldsymbol{A}^\top\boldsymbol{A}$ 是正定矩阵，$\nabla f(\boldsymbol{x}) = \boldsymbol{0}$ 的解就是 $\operatorname{argmin} f(\boldsymbol{x})$。由式 (B.2) 以及 $\nabla f(\boldsymbol{x}) = 2\boldsymbol{A}^\top(\boldsymbol{A}\boldsymbol{x} - \boldsymbol{b})$，寻解的迭代算法是

$$\begin{aligned}\boldsymbol{x}^{(t+1)} &= \boldsymbol{x}^{(t)} - 2\gamma_t \boldsymbol{A}^\top(\boldsymbol{A}\boldsymbol{x}^{(t)} - \boldsymbol{b}) \\ &= (I - 2\gamma_t \boldsymbol{A}^\top\boldsymbol{A})\boldsymbol{x}^{(t)} + 2\gamma_t \boldsymbol{A}^\top\boldsymbol{b}\end{aligned}$$

如何快速地走到谷底？**梯度下降法** (gradient descent) 的想法是：每次都在当前位置朝最陡的下降方向（梯度方向）迈出一小步，见图 B.6。步长太大可能导致不收敛，步长太小会影响收敛速度。

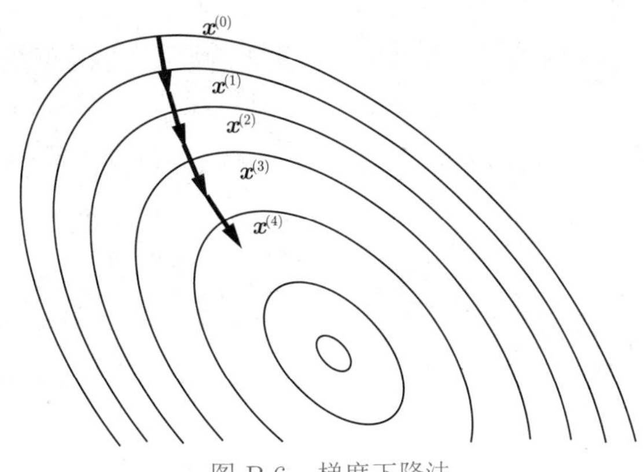


图 B.6　梯度下降法

有的时候，不太容易求解梯度方向。譬如，目标函数是若干函数之和。我们可以考虑梯度下降法的一个变种——**随机梯度下降法** (stochastic gradient descent, SGD)。

算法 B.3（随机梯度下降法）　为了得到 $f(\boldsymbol{w}) = \sum_{i=1}^{m} f_i(\boldsymbol{w})$ 的最小值，

（1）选择 $\boldsymbol{w}$ 的初始值和学习率 $\gamma$。

（2）重复下述步骤，直至找到合适的最小值。

a）对 $1, 2, \cdots, m$ 进行随机置乱，不妨设新次序是 $k_1, k_2, \cdots, k_m$。

b）按照 $k_1, k_2, \cdots, k_m$ 的次序更新

$$\boldsymbol{w} \leftarrow \boldsymbol{w} - \gamma \nabla f_{k_i}(\boldsymbol{w}) \tag{B.3}$$

例 B.2　利用最小二乘法用直线 $y = w_1 + w_2 x$ 来拟合观测数据 $\{(x_i, y_i)^\top : i = 1, 2, \cdots, m\}$，目标是为了最小化如下定义的 $f(w_1, w_2)$。

$$f(w_1, w_2) = \sum_{i=1}^{m} f_i(w_1, w_2)，其中\ f_i(w_1, w_2) = (w_1 + w_2 x_i - y_i)^2$$

于是，有

$$\frac{\partial f_i}{\partial w_1} = 2(w_1 + w_2 x_i - y_i)$$
$$\frac{\partial f_i}{\partial w_2} = 2x_i(w_1 + w_2 x_i - y_i)$$

由式 (B.3)，得到

$$\begin{pmatrix} w_1 \\ w_2 \end{pmatrix} \leftarrow \begin{pmatrix} w_1 \\ w_2 \end{pmatrix} - \gamma \begin{pmatrix} 2(w_1 + w_2 x_i - y_i) \\ 2x_i(w_1 + w_2 x_i - y_i) \end{pmatrix}$$

## B.2　高斯-牛顿法

当目标函数 $f(\boldsymbol{\beta}) = \sum_{i=1}^{m} r_i^2(\boldsymbol{\beta})$ 是一些函数 $r_1(\boldsymbol{\beta}), r_2(\boldsymbol{\beta}), \cdots, r_m(\boldsymbol{\beta})$ 的平方和的时候，牛顿法在此类问题上的应用就是下述**高斯-牛顿法**。该算法最早出现在德国天才数学家**卡尔·弗里德里希·高斯**（Carl

Friedrich Gauss, 1777—1855）（图 B.7）1809 年的著作《天体沿圆锥曲线绕日运动的理论》之中。

(a) 牛顿

(b) 高斯

图 B.7　人类历史上最伟大的两位数学家

**算法** B.4（高斯-牛顿法）　为了最小化

$$f(\boldsymbol{\beta}) = \sum_{i=1}^{m} r_i^2(\boldsymbol{\beta}), \text{其中 } \boldsymbol{\beta} \in \mathbb{R}^n$$

可以利用下述迭代算法：

$$\boldsymbol{\beta}^{(t+1)} = \boldsymbol{\beta}^{(t)} - (\boldsymbol{J}_t^\top \boldsymbol{J}_t)^{-1} \boldsymbol{J}_t^\top \boldsymbol{r}(\boldsymbol{\beta}^{(t)}) \tag{B.4}$$

其中 $\boldsymbol{J}_t$ 是 $\boldsymbol{r}(\boldsymbol{\beta}) = (r_1(\boldsymbol{\beta}), r_2(\boldsymbol{\beta}), \cdots, r_m(\boldsymbol{\beta}))^\top$ 在 $\boldsymbol{\beta}^{(t)}$ 处的雅可比矩阵 (Jacobian matrix)。

**证明**　对比算法 B.1，我们只需解释

$$[\nabla^2 f(\boldsymbol{\beta}^{(t)})]^{-1} \nabla f(\boldsymbol{\beta}^{(t)}) = (\boldsymbol{J}_t^\top \boldsymbol{J}_t)^{-1} \boldsymbol{J}_t^\top \boldsymbol{r}(\boldsymbol{\beta}^{(t)}) \tag{B.5}$$

首先，

$$\begin{aligned} \nabla f &= 2 \sum_{i=1}^{m} r_i \nabla r_i \\ &= 2\boldsymbol{J}^\top \boldsymbol{r} \\ \nabla^2 f &= 2 \sum_{i=1}^{m} \frac{\partial (r_i \nabla r_i)}{\partial \boldsymbol{\beta}} \end{aligned}$$

其次，海森矩阵 $\boldsymbol{H} = \nabla^2 f$ 的 $(j,k)$ 元素是

$$\begin{aligned} \boldsymbol{H}_{jk} &= 2 \sum_{i=1}^{m} \frac{\partial r_i}{\partial \beta_j} \frac{\partial r_i}{\partial \beta_k} + r_i \frac{\partial^2 r_i}{\partial \beta_j \partial \beta_k} \\ &\approx 2 \sum_{i=1}^{m} \frac{\partial r_i}{\partial \beta_j} \frac{\partial r_i}{\partial \beta_k} \end{aligned}$$

高斯-牛顿法就是忽略掉二阶导数项，于是

$$\boldsymbol{H} \approx 2\boldsymbol{J}^\top \boldsymbol{J}$$

因此，式 (B.5) 成立。 □

曲线拟合问题要考虑理论值和真实值之间的总体差距，经常用残差的平方和来定义目标函数（见例 B.3）。

例 B.3 给定观测数据 $\{(\boldsymbol{x}_i, y_i) : i = 1, 2, \cdots, m\}$，曲线拟合问题就是寻找函数 $g(\boldsymbol{x}, \boldsymbol{\beta})$ 使得所有残差 $r_i(\boldsymbol{\beta}) = y_i - g(\boldsymbol{x}_i, \boldsymbol{\beta})$ 的平方和最小，即最小化

$$f(\boldsymbol{\beta}) = \sum_{i=1}^{m} [y_i - g(\boldsymbol{x}_i, \boldsymbol{\beta})]^2$$

利用高斯-牛顿法，我们有

$$\boldsymbol{\beta}^{(t+1)} = \boldsymbol{\beta}^{(t)} + (\tilde{\boldsymbol{J}}_t^\top \tilde{\boldsymbol{J}}_t)^{-1} \tilde{\boldsymbol{J}}_t^\top \boldsymbol{r}(\boldsymbol{\beta}^{(t)}) \tag{B.6}$$

其中，$\tilde{\boldsymbol{J}}_t$ 是 $(g(\boldsymbol{x}_1, \boldsymbol{\beta}), g(\boldsymbol{x}_2, \boldsymbol{\beta}), \cdots, g(\boldsymbol{x}_m, \boldsymbol{\beta}))^\top$ 在 $\boldsymbol{\beta}^{(t)}$ 处的雅可比矩阵。

## B.3 拉格朗日乘子法

最大化或最小化带约束条件的目标函数，需要用到法国数学家**约瑟夫·拉格朗日**（Joseph Lagrange, 1736—1813）（图 B.8）提出的**拉格朗日乘子法** (method of Lagrange multipliers)。有时候，还需要把原问题“翻译”成对偶问题，这是拉格朗日乘子法的技巧所在。拉格朗日乘子法要解决的非线性规划问题常是

图 B.8 拉格朗日

$$\begin{aligned} &\text{最小化} && f(\boldsymbol{x})\text{，其中 } \boldsymbol{x} \in D\text{，} D \text{ 是非空开集} \\ &\text{满足约束条件} && g_i(\boldsymbol{x}) \leqslant 0\text{，其中 } i = 1, 2, \cdots, p\text{，并且} \\ & && h_j(\boldsymbol{x}) = 0\text{，其中 } j = 1, 2, \cdots, q \end{aligned} \tag{B.7}$$

1939 年，美国数学家**威廉·卡鲁什**（William Karush, 1917—1997）（图 B.9）在其硕士论文中讨论了最优化问题 (B.7) 的必要条件：若函数 $f(\boldsymbol{x}), g_i(\boldsymbol{x}), h_j(\boldsymbol{x})$ 在局部极小值点 $\boldsymbol{x}_*$ 处皆连续可微，则存在常数 $\gamma \geqslant 0, \alpha_i \geqslant 0, i = 1, 2, \cdots, p$ 以及 $\beta_j, j = 1, 2, \cdots, q$ 使得

$$\gamma + \sum_{i=1}^{p} \alpha_i + \sum_{j=1}^{q} |\beta_j| > 0$$

$$\gamma \nabla f(\boldsymbol{x}_*) + \sum_{i=1}^{p} \alpha_i \nabla g_i(\boldsymbol{x}_*) + \sum_{j=1}^{q} \beta_j \nabla h_j(\boldsymbol{x}_*) = \boldsymbol{0}$$

$$\alpha_i g_i(\boldsymbol{x}_*) = \boldsymbol{0}\text{，其中 } i = 1, 2, \cdots, p$$

**定义 B.1** **拉格朗日函数** (Lagrangian function) 定义为

$$\mathscr{L}(\boldsymbol{x}, \boldsymbol{\alpha}, \boldsymbol{\beta}) = f(\boldsymbol{x}) + \sum_{i=1}^{p} \alpha_i g_i(\boldsymbol{x}) + \sum_{j=1}^{q} \beta_j h_j(\boldsymbol{x}) \tag{B.8}$$

上式中，$\boldsymbol{\alpha} = (\alpha_1, \alpha_2, \cdots, \alpha_p)^\top, \boldsymbol{\beta} = (\beta_1, \beta_2, \cdots, \beta_q)^\top$ 被称为**拉格朗日乘子** (Lagrange multiplier)。在卡鲁什的必要条件中，为了寻找 $f(\boldsymbol{x})$ 的局部极小值点，需要求解方程

$$\frac{\partial}{\partial \boldsymbol{x}} \mathscr{L}(\boldsymbol{x}, \boldsymbol{\alpha}, \boldsymbol{\beta}) = \boldsymbol{0}$$

定理 B.1　给定 $n$ 阶方阵 $\boldsymbol{A}$，其本征向量 (eigenvector) $\boldsymbol{u}_j$ 和本征值 (eigenvalue) $\lambda_j, j=1,\cdots,n$ 是方程 $\boldsymbol{Au}=\lambda\boldsymbol{u}$ 的解，它们可几何地解释为

① 二次型 $q_A(\boldsymbol{x})=\boldsymbol{x}^\top\boldsymbol{A}_{n\times n}\boldsymbol{x}$ 限制在 $(n-1)$-维单位球面 $S_{n-1}=\{\boldsymbol{x}\in\mathbb{R}^n:\|\boldsymbol{x}\|_2=1\}$（例如，$S_1$ 是单位圆周，$S_2$ 是单位球面）上的极值点。

② 如下定义的瑞利商 (Rayleigh quotient)* $R_A(\boldsymbol{x})$ 的极值点。

$$R_A(\boldsymbol{x})=\frac{\boldsymbol{x}^\top\boldsymbol{A}\boldsymbol{x}}{\boldsymbol{x}^\top\boldsymbol{x}}\tag{B.9}$$

并且，二次型和瑞利商在该极值点的取值就是对应的本征值。即

$$q(\boldsymbol{u}_j)=\lambda_j$$
$$R_A(\boldsymbol{u}_j)=\lambda_j$$

证明　令 $c$ 为一个常数。特别地，对于结论 (1)，$c=1$。该最优化问题的拉格朗日函数为

$$\mathscr{L}(\boldsymbol{x})=\boldsymbol{x}^\top\boldsymbol{A}\boldsymbol{x}+\lambda(c-\boldsymbol{x}^\top\boldsymbol{x})$$

令 $\nabla_x\mathscr{L}(\boldsymbol{x})=\boldsymbol{0}$，我们得到 $\boldsymbol{Ax}=\lambda\boldsymbol{x}$，即最优问题的解就是 $\boldsymbol{A}$ 的本征向量。并且，

$$q(\boldsymbol{u}_j)=\boldsymbol{u}_j^\top\boldsymbol{A}\boldsymbol{u}_j=\boldsymbol{u}_j^\top\lambda_j\boldsymbol{u}_j=\lambda_j$$ □

例 B.4　给定矩阵 $\boldsymbol{A}_{n\times n},\boldsymbol{B}_{n\times n}$，定义广义瑞利商 (generalized Rayleigh quotient) 为

$$R_{A,B}(\boldsymbol{x})=\frac{\boldsymbol{x}^\top\boldsymbol{A}\boldsymbol{x}}{\boldsymbol{x}^\top\boldsymbol{B}\boldsymbol{x}}$$

假设 $\boldsymbol{B}$ 是正定矩阵，求广义瑞利商的极值点。

解　由乔莱斯基分解，存在可逆矩阵 $\boldsymbol{C}$ 使得 $B=\boldsymbol{C}^\top\boldsymbol{C}$，于是

$$\begin{aligned}R_{A,B}(\boldsymbol{x})&=\frac{\boldsymbol{x}^\top\boldsymbol{A}\boldsymbol{x}}{\boldsymbol{x}^\top\boldsymbol{C}^\top\boldsymbol{C}\boldsymbol{x}}\\&=\frac{(\boldsymbol{C}\boldsymbol{x})^\top(\boldsymbol{C}^\top)^{-1}\boldsymbol{A}\boldsymbol{C}^{-1}\boldsymbol{C}\boldsymbol{x}}{(\boldsymbol{C}\boldsymbol{x})^\top\boldsymbol{C}\boldsymbol{x}}\\&=R_{(C^{-1})^\top AC^{-1}}(\boldsymbol{y})\text{，其中 }\boldsymbol{y}=\boldsymbol{C}\boldsymbol{x}\end{aligned}$$

由定理 B.1，$R_{(C^{-1})^\top AC^{-1}}(\boldsymbol{y})$ 的极值点是矩阵 $(\boldsymbol{C}^{-1})^\top\boldsymbol{A}\boldsymbol{C}^{-1}$ 的本征向量 $\boldsymbol{u}_j, j=1,2,\cdots,n$，在这些点上的取值是相应的本征值 $\lambda_j$，即

$$(\boldsymbol{C}^{-1})^\top\boldsymbol{A}\boldsymbol{C}^{-1}\boldsymbol{u}_j=\lambda_j\boldsymbol{u}_j$$

上式两边同时左乘 $\boldsymbol{C}^{-1}$，便得到

$$\boldsymbol{B}^{-1}\boldsymbol{A}\boldsymbol{C}^{-1}\boldsymbol{u}_j=\lambda_j\boldsymbol{C}^{-1}\boldsymbol{u}_j$$

显然，$\boldsymbol{v}_j=\boldsymbol{C}^{-1}\boldsymbol{u}_j$ 是 $\boldsymbol{B}^{-1}\boldsymbol{A}$ 的本征向量，$\lambda_j$ 是它的本征值，它们是广义瑞利商 $R_{A,B}(\boldsymbol{x})$ 的极值点和相应取值。更简单和直接的证明是：令 $c$ 为一个常数，该最优化问题的拉格朗日函数为

$$\mathscr{L}(\boldsymbol{x})=\boldsymbol{x}^\top\boldsymbol{A}\boldsymbol{x}+\lambda(c-\boldsymbol{x}^\top\boldsymbol{B}\boldsymbol{x})$$

令 $\nabla_x\mathscr{L}(\boldsymbol{x})=\boldsymbol{0}$，我们得到 $\boldsymbol{Ax}=\lambda\boldsymbol{Bx}$，即最优问题的解就是 $\boldsymbol{B}^{-1}\boldsymbol{A}$ 的本征向量。

---

* 该命名来自英国物理学家**瑞利勋爵**（Lord Rayleigh, 1842—1919）。瑞利勋爵的本名是**约翰·斯特拉特**（John Strutt），在科技文献中反而很少被引用。

1951 年，美国数学家**哈罗德·库恩**（Harold Kuhn, 1925—2014）、加拿大数学家**阿尔伯特·塔克**（Albert Tucker, 1905—1995）（图 B.9）发现最优化问题 (B.7) 的解 $\boldsymbol{x}_*$ 满足下面的卡鲁什-库恩-塔克条件 (Karush-Kuhn-Tucker conditions)，简称 KKT 条件。

$$\frac{\partial}{\partial \boldsymbol{x}}\mathscr{L}(\boldsymbol{x},\boldsymbol{\alpha},\boldsymbol{\beta}) = \boldsymbol{0}$$

$$\alpha_i \geqslant 0，\text{其中 } i = 1,2,\cdots,p$$

$$\alpha_i g_i(\boldsymbol{x}) = 0，\text{其中 } i = 1,2,\cdots,p$$

$$g_i(\boldsymbol{x}) \leqslant 0，\text{其中 } i = 1,2,\cdots,p$$

$$h_j(\boldsymbol{x}) = 0，\text{其中 } j = 1,2,\cdots,q$$

(a) 卡鲁什　(b) 库恩　(c) 塔克

图 B.9　KKT 条件的提出者

例 B.5（二次规划）　令 $\boldsymbol{S}_{n\times n}$ 是非奇异对称矩阵，$\boldsymbol{x} \in \mathbb{R}^n$。考虑下面的二次规划问题：

$$\begin{aligned} \text{最小化} \quad & f(\boldsymbol{x}) = \frac{1}{2}\boldsymbol{x}^\top \boldsymbol{S}\boldsymbol{x} - \boldsymbol{s}^\top \boldsymbol{x} \\ \text{满足约束条件} \quad & \boldsymbol{A}_{m\times n}\boldsymbol{x} = \boldsymbol{c}，\text{其中 } m \leqslant n \end{aligned}$$

利用拉格朗日乘子法，令 $\nabla_{\boldsymbol{x}}[f(\boldsymbol{x}) - \boldsymbol{\alpha}^\top(\boldsymbol{A}\boldsymbol{x} - \boldsymbol{c})] = \boldsymbol{0}$，我们得到

$$\begin{pmatrix} \boldsymbol{S} & \boldsymbol{A}^\top \\ \boldsymbol{A} & \boldsymbol{O} \end{pmatrix}\begin{pmatrix} \boldsymbol{x} \\ \boldsymbol{\alpha} \end{pmatrix} = \begin{pmatrix} \boldsymbol{s} \\ \boldsymbol{c} \end{pmatrix} \tag{B.10}$$

设矩阵 $\boldsymbol{Z}_{n\times(n-m)}$ 满足 $\boldsymbol{A}\boldsymbol{Z} = \boldsymbol{0}$，即 $\boldsymbol{Z}$ 的列向量张成 $\boldsymbol{A}$ 的核空间。如果矩阵 $\boldsymbol{A}$ 行满秩且 $\boldsymbol{Z}^\top\boldsymbol{S}\boldsymbol{Z}$ 为正定矩阵，则方程组 (B.10) 有唯一解 $\left(\begin{smallmatrix} \boldsymbol{x}_* \\ \boldsymbol{\alpha}_* \end{smallmatrix}\right)$，并且 $\boldsymbol{x}_*$ 就是二次规划问题的最优解。

定义 B.2　拉格朗日函数 (B.8) 的对偶函数 (dual function) 定义为

$$\tilde{f}(\boldsymbol{\alpha},\boldsymbol{\beta}) = \inf_{\boldsymbol{x}\in D}\mathscr{L}(\boldsymbol{x},\boldsymbol{\alpha},\boldsymbol{\beta})$$

性质 B.1　令 $\boldsymbol{x}_*$ 是该非线性规划问题的最优解，则

$$\tilde{f}(\boldsymbol{\alpha},\boldsymbol{\beta}) \leqslant \mathscr{L}(\boldsymbol{x}_*,\boldsymbol{\alpha},\boldsymbol{\beta}) \leqslant f(\boldsymbol{x}_*)，\ \forall \alpha_i \geqslant 0 \text{ 且 } \beta_j \in \mathbb{R} \tag{B.11}$$

在某些正则条件之下，下面的对偶性成立。

$$\max_{\boldsymbol{\alpha}\geqslant \boldsymbol{0},\boldsymbol{\beta}} \tilde{f}(\boldsymbol{\alpha},\boldsymbol{\beta}) = f(\boldsymbol{x}_*)$$

**证明** 结果 (B.11) 几乎是显然的，因为 $\forall i, j$ 皆有 $g_i(\boldsymbol{x}_*) \leqslant 0$ 且 $h_j(\boldsymbol{x}_*) = 0$。 □

**算法 B.5** 根据性质 B.1，原问题转换为下面的对偶问题。

$$\begin{aligned} \text{最大化} \quad & \tilde{f}(\boldsymbol{\alpha}, \boldsymbol{\beta}) \\ \text{满足约束条件} \quad & \boldsymbol{\alpha} \geqslant \boldsymbol{0}, \boldsymbol{\beta} \in \mathbb{R}^q \end{aligned}$$

例 B.6 令 $\boldsymbol{S}_{n\times n}$ 是非奇异对称矩阵，$\boldsymbol{x} \in \mathbb{R}^n$。考虑下面的非线性最优化问题。

$$\begin{aligned} \text{最小化} \quad & f(\boldsymbol{x}) = \frac{1}{2}\boldsymbol{x}^\top \boldsymbol{S}\boldsymbol{x} \\ \text{满足约束条件} \quad & \boldsymbol{A}\boldsymbol{x} \leqslant \boldsymbol{b} \end{aligned}$$

不难得到拉格朗日函数

$$\mathscr{L}(\boldsymbol{x}, \boldsymbol{\alpha}) = \frac{1}{2}\boldsymbol{x}^\top \boldsymbol{S}\boldsymbol{x} + \boldsymbol{\alpha}^\top(\boldsymbol{A}\boldsymbol{x} - \boldsymbol{b})$$

由 $\nabla_{\boldsymbol{x}}\mathscr{L} = \boldsymbol{0}$，我们得到

$$\boldsymbol{x} = -\boldsymbol{S}^{-1}\boldsymbol{A}^\top \boldsymbol{\alpha}$$

于是，对偶函数为

$$\begin{aligned} \tilde{f}(\boldsymbol{\alpha}) &= \inf_{\boldsymbol{x}} \mathscr{L}(\boldsymbol{x}, \boldsymbol{\alpha}) \\ &= -\frac{1}{2}\boldsymbol{\alpha}^\top \boldsymbol{A}\boldsymbol{S}^{-1}\boldsymbol{A}^\top \boldsymbol{\alpha} - \boldsymbol{\alpha}^\top \boldsymbol{b} \end{aligned}$$

进而，对偶问题是

$$\begin{aligned} \text{最大化} \quad & \tilde{f}(\boldsymbol{\alpha}) = -\frac{1}{2}\boldsymbol{\alpha}^\top \boldsymbol{A}\boldsymbol{S}^{-1}\boldsymbol{A}^\top \boldsymbol{\alpha} - \boldsymbol{\alpha}^\top \boldsymbol{b} \\ \text{满足约束条件} \quad & \boldsymbol{\alpha} \geqslant \boldsymbol{0} \end{aligned}$$

该对偶问题可用二次规划的方法解决。

## B.4 非线性优化方法

针对例 B.3 这类非线性优化问题，美国统计学家**肯尼斯·莱文伯格**（Kenneth Levenberg, 1919—1973）和**唐纳德·马夸特**（Donald Marquardt, 1929—1997）（图 B.10）分别于 1944 年和 1963 年结合梯度下降法的优点对高斯-牛顿法提出一种改进方法，被称为莱文伯格-马夸特算法（算法 B.6）。

图 B.10 莱文伯格（左）和马夸特（右）

**算法 B.6** 针对例 B.3，莱文伯格和马夸特分别对式 (B.6) 做了如下改进。

- 莱文伯格将式 (B.6) 替换为“阻尼版本”，

$$(\tilde{\boldsymbol{J}}_t^\top \tilde{\boldsymbol{J}}_t + \lambda \boldsymbol{I})(\boldsymbol{\beta}^{(t+1)} - \boldsymbol{\beta}^{(t)}) = \tilde{\boldsymbol{J}}_t^\top \boldsymbol{r}(\boldsymbol{\beta}^{(t)}) \tag{B.12}$$

- 马夸特建议

$$(\tilde{\boldsymbol{J}}_t^\top \tilde{\boldsymbol{J}}_t + \lambda \cdot \mathrm{diag}(\tilde{\boldsymbol{J}}_t^\top \tilde{\boldsymbol{J}}_t))(\boldsymbol{\beta}^{(t+1)} - \boldsymbol{\beta}^{(t)}) = \tilde{\boldsymbol{J}}_t^\top \boldsymbol{r}(\boldsymbol{\beta}^{(t)}) \tag{B.13}$$

牛顿法需要计算海森矩阵，这是该方法的一个弱点。1970 年，美国数学家**查尔斯·布赖登**（Charles Broyden, 1933—2011）、英国数学家**罗杰·弗莱彻**（Roger Fletcher, 1939—2016）、美国数学家**唐纳德·戈德法布**（Donald Goldfarb, 1941—）、**戴维·香诺**（David Shanno, 1938—）（图 B.11）提出一种非线性优化的方法，无须求解海森矩阵也能逼近牛顿法来寻找极值点。

图 B.11 BFGS 算法的提出者（从左至右，依次是布赖登、弗莱彻、戈德法布、香诺）

**算法 B.7**（BFGS 算法，1970） 首先，初始化 $\boldsymbol{x}^{(0)}$，设置海森矩阵 $\nabla^2 f(\boldsymbol{x}^{(0)})$ 的某个近似矩阵为 $\boldsymbol{B}_0$。

（1）通过解下述线性方程组，求得方向 $\boldsymbol{p}_t$。

$$\boldsymbol{B}_t \boldsymbol{p}_t = -\nabla f(\boldsymbol{x}^{(t)})$$

（2）按照下述方式更新 $\boldsymbol{x}^{(t)}$ 和 $\boldsymbol{B}_t$。

- $\boldsymbol{x}^{(t+1)} = \boldsymbol{x}^{(t)} + \boldsymbol{s}_t$，其中 $\boldsymbol{s}_t = \alpha_t \boldsymbol{p}_t$，满足

$$f(\boldsymbol{x}^{(t+1)}) \leqslant f(\boldsymbol{x}^{(t)})$$

- 令 $\boldsymbol{y}_t = \nabla f(\boldsymbol{x}^{(t+1)}) - \nabla f(\boldsymbol{x}^{(t)})$，按下面的方式将 $\boldsymbol{B}_t$ 更新至 $\boldsymbol{B}_{t+1}$。

$$\boldsymbol{B}_{t+1} = \boldsymbol{B}_t + \frac{\boldsymbol{y}_t \boldsymbol{y}_t^\top}{\boldsymbol{y}_t^\top \boldsymbol{s}_t} - \frac{\boldsymbol{B}_t \boldsymbol{s}_t \boldsymbol{s}_t^\top \boldsymbol{B}_t}{\boldsymbol{s}_t^\top \boldsymbol{B}_t \boldsymbol{s}_t}$$

## B.5 随机最优化

如果最优化问题带有随机性，或者解的搜索空间巨大，则需要*随机最优化* (stochastic optimization) 方法。例如，*模拟退火* (simulated annealing, SA)、*进化计算*（包括*遗传算法*、*蚁群优化*等），它们在《人工智能的数学基础——模拟之巧》中有所介绍。像蚁群优化 (ant colony optimization, ACO) 算法是一个*元启发式算法* (metaheuristic algorithm)，可套用在具体的离散/连续最优化问题（如时间安排、蛋白质折叠、形状优化等）上，它也可被视为人工智能方法在最优化问题上的应用。类似的还有*粒子群优化* (particle swarm optimization, PSO)、*人工蜂群* (artificial bee colony, ABC) 算法等，在启发式寻优上各领风骚。

例 B.7 美国 48 个州府的*哈密顿回路* (Hamiltonian cycle) 的个数超过 $1.29 \times 10^{59}$，要找出其中距离最短者简直如同大海捞针（图 B.12）。

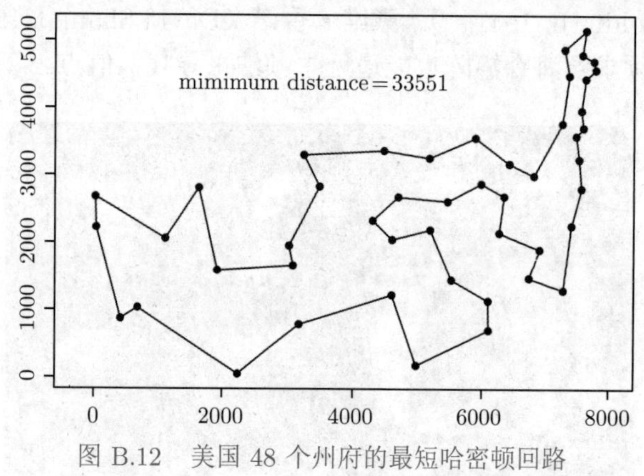


图 B.12 美国 48 个州府的最短哈密顿回路

例 B.7 这类寻优问题就是著名的*旅行推销员问题* (travelling salesman problem, TSP)，它被证明是 NP-难的。用当前的计算机做*暴力搜索* (brute-force search)，也称*穷举搜索*，几乎是不可能的事情。人们希望找到精巧的近似算法来降低时间复杂度。

随机最优化方法恰恰适合解决这类因搜索空间引起的高复杂度的难题，代价是牺牲一点精确度，结果往往是多个满意解而非最优解（图 B.13）。考虑所赢得的时间，该方法在实践中常被奉为是可行的。

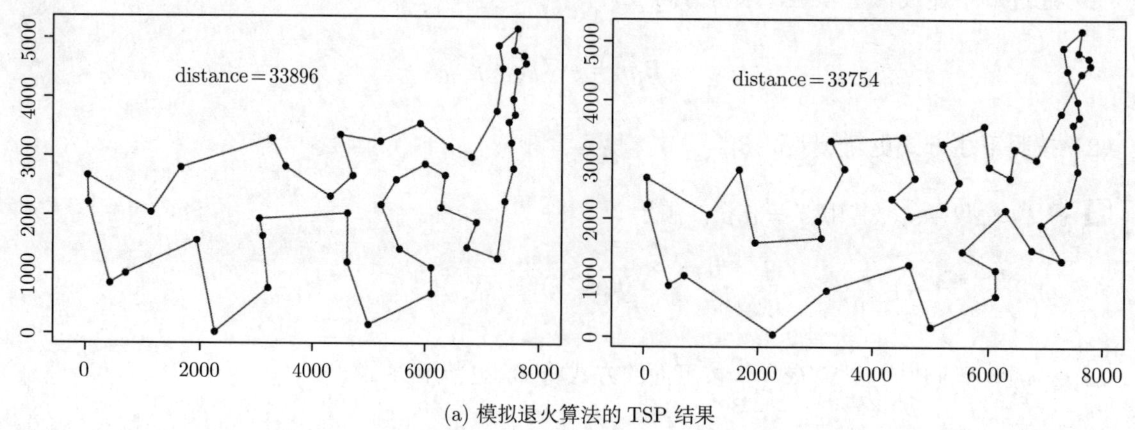


(a) 模拟退火算法的 TSP 结果

图 B.13 利用随机最优化求解美国 48 个州府的 TSP 问题

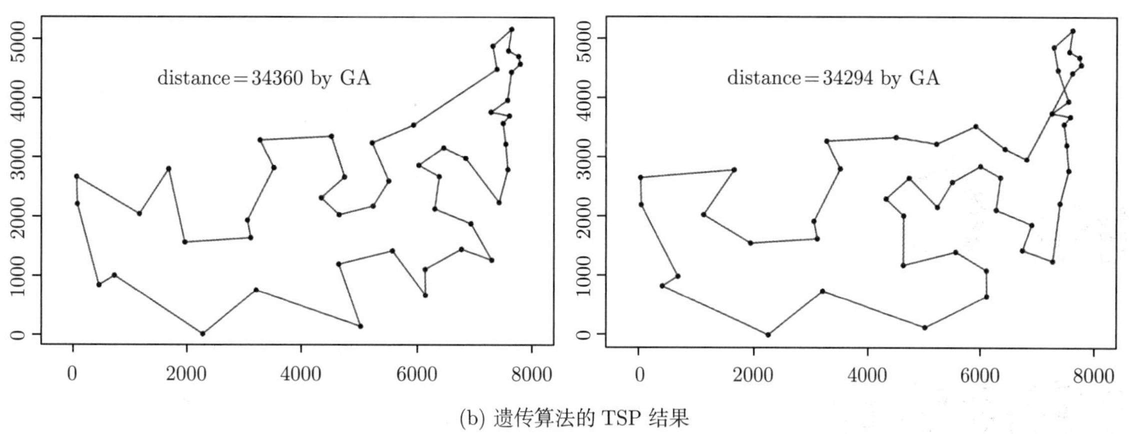


(b) 遗传算法的 TSP 结果

图 B.13 （续）

# 附录 C

# 核密度估计

合抱之木，生于毫末；九层之台，起于累土；千里之行，始于足下。

——老子《道德经》第六十四章

由观测数据的直方图可以粗略地逼近概率密度函数，其中区间 $[a,b]$ 上的矩形的面积即样本落于该区间的频率，无须预设总体分布的类型。可惜的是，这样得到的密度函数的近似不是光滑的，数学运算不是很方便。

把直方图的想法稍作发展，美国统计学家**默里·罗森布拉特**（Murray Rosenblatt, 1926—）和**伊曼纽尔·帕尔森**（Emanuel Parzen, 1929—2016）（图 C.1），分别于 1956 年和 1962 年独立提出核密度估计 (kernel density estimation, KDE) 这一非参数方法来重构概率密度函数。在模式识别和机器学习里，该方法也称为罗森布拉特-帕尔森窗法 (window method)，它是一类无监督学习。

图 C.1　默里·罗森布拉特和帕尔森

**定义 C.1**　关于 $x=0$ 对称的概率密度函数 $\kappa(x)$ 被称为核函数 (kernel function)，例如，最常见的高斯核函数 $\kappa(x)=\phi(x)$，还有

$$\kappa(x)=\frac{1}{2}I_{|x|\leqslant 1} \qquad \text{均匀核函数}$$

$$\kappa(x)=(1-|x|)I_{|x|\leqslant 1} \qquad \text{三角形核函数}$$

$$\kappa(x)=\frac{\pi}{4}\cos\frac{\pi x}{2}I_{|x|\leqslant 1} \qquad \text{余弦核函数}$$

**性质 C.1**　若 $c$ 是常数，$h>0$，对任意核函数 $\kappa(x)$，则下面的函数也是密度函数。

$$\kappa_h(x-c)=\frac{1}{h}\kappa\left(\frac{x-c}{h}\right)$$

其中，参数 $h>0$ 称为窗宽 (bandwidth)。

**算法 C.1**　假设简单样本 $X_1,X_2,\cdots,X_n$ 来自连续型总体 $X\sim f(x)$，设其观测值是 $x_1,x_2,\cdots,$

$x_n$，而密度函数 $f(x)$ 是未知的。基于窗宽 $h>0$ 和核函数 $\kappa(x)$，构造 $f$ 的核密度估计如下：

$$\begin{aligned}\hat{f}_h(x) &= \frac{1}{n}\sum_{j=1}^{n}\kappa_h(x-x_j)\\ &= \frac{1}{nh}\sum_{j=1}^{n}\kappa\left(\frac{x-x_j}{h}\right)\end{aligned}$$

不难看出，$\hat{f}_h(x)$ 是一个密度函数。如果 $\kappa(x)=\phi(x)$，则光滑函数 $\hat{f}_h(x)$ 是 $n$ 个正态密度 $\phi(x|x_j,h), j=1,2,\cdots,n$ 的加权叠加。

证明　从简单样本 $X_1,X_2,\cdots,X_n$ 估计示性函数 $\varphi(t)=\mathsf{E}(\mathrm{e}^{\mathrm{i}tX})$ 如下：

$$\hat{\varphi}_h(t)=\frac{\psi(ht)}{n}\sum_{j=1}^{n}\mathrm{e}^{\mathrm{i}tx_j}$$

其中，$\psi(t)$ 是核函数 $\kappa(x)$ 的示性函数。于是，$\psi(0)=1$ 并且在无穷远处为零。利用傅里叶反演求 $\hat{\varphi}_h(t)$ 对应的密度函数 $\hat{f}_h(x)$。

$$\begin{aligned}\hat{f}_h(x) &= \frac{1}{2\pi}\int_{-\infty}^{+\infty}\mathrm{e}^{-\mathrm{i}tx}\hat{\varphi}(t)\mathrm{d}t\\ &= \frac{1}{n}\sum_{j=1}^{n}\frac{1}{2\pi}\int_{-\infty}^{+\infty}\mathrm{e}^{\mathrm{i}t(x_j-x)}\psi(ht)\mathrm{d}t\\ &= \frac{1}{nh}\sum_{j=1}^{n}\frac{1}{2\pi}\int_{-\infty}^{+\infty}\mathrm{e}^{-\mathrm{i}(ht)\frac{x-x_j}{h}}\psi(ht)\mathrm{d}(ht)\\ &= \frac{1}{nh}\sum_{j=1}^{n}\kappa\left(\frac{x-x_j}{h}\right)\end{aligned}$$ □

罗森布拉特-帕尔森窗法就是以样本点 $x_j, j=1,2,\cdots,n$ 为中心的一些密度函数 $\kappa_h(x-x_j)$ 的算术平均。该方法是直方图方法的自然推广：对直方图而言，样本点落于某预定区间的占比就是该区间上矩形的面积。直方图方法受制于区间的划定，尤其处于区间边界的样本点，其归属哪个区间完全依赖于人为的划定。罗森布拉特-帕尔森窗法不再划定区间，密度函数叠加的效果围绕着样本点积少成多，越密集效果越明显。显然，$h$ 越大，密度函数 $\kappa_h(x-x_j)$ 越扁平，其叠加就越平缓。

例 C.1　从总体 $\mathrm{N}(0,1)$ 随机产生 $n=10$ 个样本点 $x_1,x_2,\cdots,x_n$，利用窗宽 $h=0.2,0.3$ 和高斯核函数 $\phi(x|x_1,h),\phi(x|x_2,h),\cdots,\phi(x|x_n,h)$ 得到的核密度估计 $\hat{f}_h(x)$，见图 C.2(a) 和 (b)。不难看出，

- 窗宽 $h$ 越大，核密度估计的曲线就越平缓一些。
- 如果要得到精确的估计，样本容量要足够大。图 C.2(c) 是基于 $n=10^3$ 个样本点得到的核密度估计，显然效果要优于图 C.2(a) 和 (b)。

有时，我们把几个直方图（或核密度估计）叠放在一起，以便直观地探索数据内隐藏的规律。例如，图 C.3 考察了 2016 年美国内布拉斯加州的首府林肯市每个月的温度分布情况，依次将每个月温度的核密度估计三维地叠放在一起，还能够看清整年的温度变化。

再如，成年男女的体重各自呈现近似高斯分布，因此成年人群的体重分布是两分支的高斯混合分布。男女分组对体重的分布进行估计，比混合在一起分析更好一些（图 C.4）。

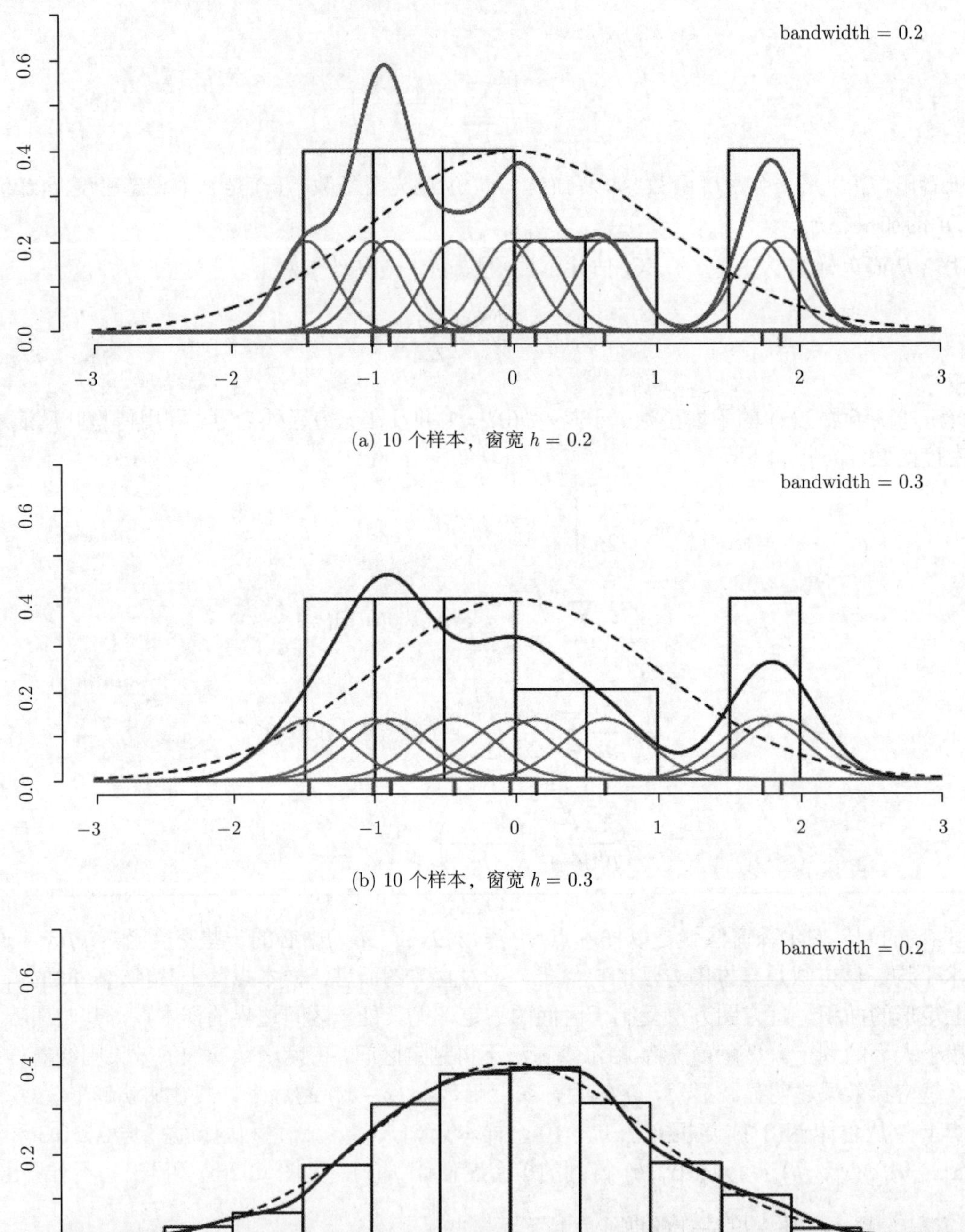


(c) 1000 个样本，窗宽 $h = 0.2$

图 C.2　核密度估计的示例

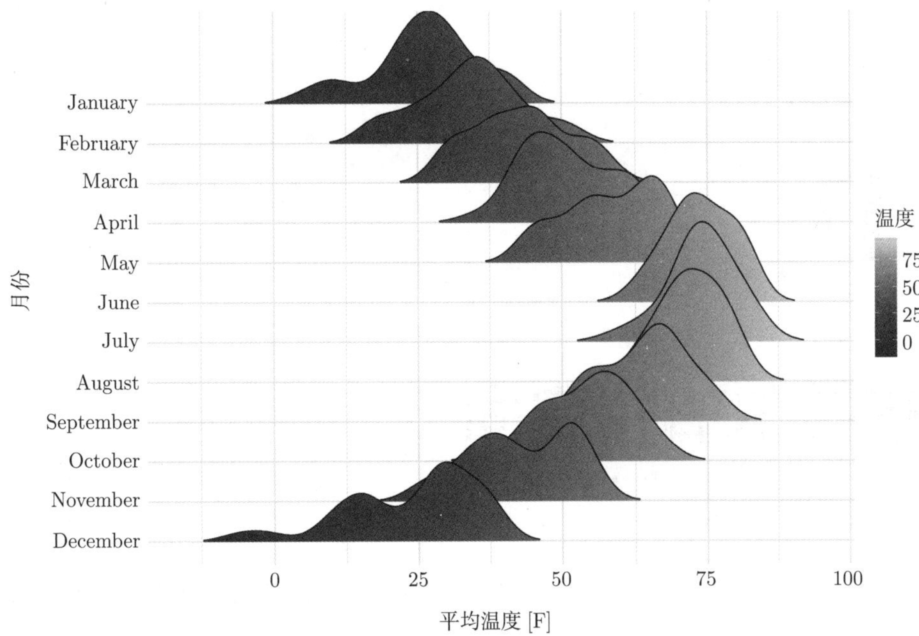


图 C.3 2016 年，林肯市每个月的温度分布的核密度估计

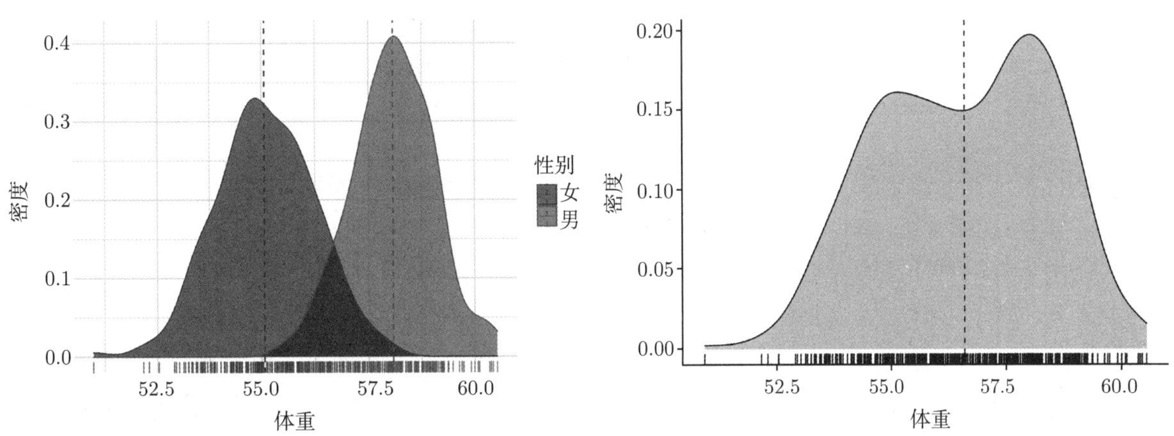


图 C.4 男女的体重（模拟数据）的分布与混合分布

# 附录 D

# 再生核希尔伯特空间

菩提本无树，明镜亦非台，本来无一物，何处惹尘埃。

——惠能《坛经》

向量空间是对欧氏空间 (Euclidean space) 的进一步抽象。令 $\mathscr{V}$ 是一个定义在域 $\mathscr{F}$（例如，实数域 $\mathbb{R}$、复数域 $\mathbb{C}$ 等）上的 $d$ 维向量空间（也称为线性空间），其每个元素 $\boldsymbol{x} \in \mathscr{V}$ 称为一个向量或矢量 (vector)。本书缺省地考虑实数域 $\mathbb{R}$ 上的向量空间，额外地赋予下述范数或内积的概念，分别构成赋范向量空间 (normed vector space) 或内积空间 (inner product space)，它们比向量空间更丰富多彩。

定义 D.1　在向量空间 $\mathscr{V}$ 上，定义范数 (norm) 为非负函数 $\|\cdot\|: \mathscr{V} \to \mathbb{R}$，满足以下条件：

① 正定性：$\|\boldsymbol{x}\| \geqslant 0$，等号成立当且仅当 $\boldsymbol{x} = \boldsymbol{0}$。

② 绝对齐性：对任意的 $\alpha \in \mathbb{R}, \boldsymbol{x} \in \mathscr{V}$，皆有 $\|\alpha\boldsymbol{x}\| = |\alpha| \cdot \|\boldsymbol{x}\|$。

③ 三角不等式：$\|\boldsymbol{x} + \boldsymbol{y}\| \leqslant \|\boldsymbol{x}\| + \|\boldsymbol{y}\|$。

例如，$\boldsymbol{x} = (x_1, x_2, \cdots, x_d)^\top \in \mathbb{R}^d$，其欧氏长度 $\sqrt{x_1^2 + x_2^2 + \cdots + x_d^2}$ 就是一个范数。集合 $B = \{\boldsymbol{x} \in \mathscr{V} : \|\boldsymbol{x}\| \leqslant 1\}$ 和 $S = \{\boldsymbol{x} \in \mathscr{V} : \|\boldsymbol{x}\| = 1\}$ 分别被称为单位球和单位球面。有序对 $(\mathscr{V}, \|\cdot\|)$ 被称为一个赋范向量空间或赋范线性空间，它必是一个度量空间*，其中度量定义为 $\rho(\boldsymbol{x}, \boldsymbol{y}) = \|\boldsymbol{x} - \boldsymbol{y}\|$。

性质 D.1　赋范向量空间里的单位球总是一个凸集。

证明　设 $\boldsymbol{x}_1, \boldsymbol{x}_2$ 属于单位球 $B$，则 $\|\boldsymbol{x}_1\| \leqslant 1, \|\boldsymbol{x}_2\| \leqslant 1$，并且它们的凸组合 $\alpha\boldsymbol{x}_1 + (1-\alpha)\boldsymbol{x}_2 \in B$，这是因为

$$\|\alpha\boldsymbol{x}_1 + (1-\alpha)\boldsymbol{x}_2\| \leqslant \alpha\|\boldsymbol{x}_1\| + (1-\alpha)\|\boldsymbol{x}_2\| \leqslant \alpha + (1-\alpha) = 1，其中\ 0 \leqslant \alpha \leqslant 1$$ □

例 D.1　向量 $\boldsymbol{x} = (x_1, x_2, \cdots, x_d)^\top \in \mathbb{R}^d$ 的 $p$-范数 ($p$-norm) 定义如下，记作 $\|\boldsymbol{x}\|_p$。

$$\|\boldsymbol{x}\|_p = \left(\sum_{i=1}^{d} |x_i|^p\right)^{\frac{1}{p}}，其中\ p \geqslant 1 \tag{D.1}$$

* 给定集合 $S$，度量空间 (metric space) 是有序对 $(S, \rho)$，其中度量（也称“距离”）是非负的二元函数 $\rho: S \times S \to \mathbb{R}$，满足 $\forall x, y, z \in S$，① 零距同一性：$\rho(x, y) = 0$ 当且仅当 $x = y$；② 对称性：$\rho(x, y) = \rho(y, x)$；③ 三角不等式：$\rho(x, z) \leqslant \rho(x, y) + \rho(y, z)$。

不难验证它是 $\mathbb{R}^d$ 上的一个范数。特别地，

$$
\begin{aligned}
\|\boldsymbol{x}\|_1 &= \sum_{i=1}^{d} |x_i| \\
\|\boldsymbol{x}\|_2 &= \sqrt{\boldsymbol{x}^\top \boldsymbol{x}} \\
\|\boldsymbol{x}\|_\infty &= \max_{1 \leqslant i \leqslant d} |x_i|
\end{aligned}
$$

例如，曲线 $(|x_1|^p + |x_2|^p)^{\frac{1}{p}} = 1$ 如图 D.1 所示。当 $p < 1$ 时，曲线所围星形区域不是凸集。$p$-范数 (D.1) 的条件 $p \geqslant 1$ 是必要的，否则将不满足性质 D.1，也不满足三角不等式。

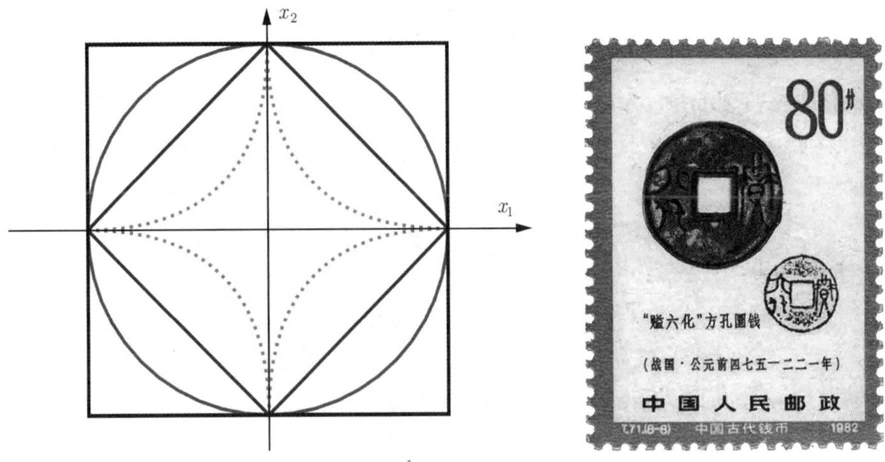


图 D.1 曲线 $(|x_1|^p + |x_2|^p)^{\frac{1}{p}} = 1$，由外向内 $p$ 依次取 $\infty, 2, 1, \frac{1}{2}$

**性质 D.2** 对于 $\boldsymbol{x} \in \mathbb{R}^d$，范数 $\|\boldsymbol{x}\|_1, \|\boldsymbol{x}\|_2, \|\boldsymbol{x}\|_\infty$ 具有下述不等关系。

$$
\|\boldsymbol{x}\|_\infty \leqslant \|\boldsymbol{x}\|_2 \leqslant \|\boldsymbol{x}\|_1 \leqslant \sqrt{d}\|\boldsymbol{x}\|_2 \leqslant d\|\boldsymbol{x}\|_\infty
$$

向量范数的含义等同于“长度”。对于有限维的向量空间，所有的 $p$-范数都是“等价”的（无限维的向量空间不具备此性质），即它们诱导出相同的拓扑结构。因此，我们不必区分在不同的 $p$-范数之下的连续性、收敛性等概念。有的时候，光有“长度”还不够，还需要考虑向量之间的“角度”，于是就产生了“内积”的概念。

**定义 D.2** 在向量空间 $\mathscr{V}$ 上，定义内积 (inner product) 为一个二元函数 $\langle\cdot,\cdot\rangle : \mathscr{V} \times \mathscr{V} \to \mathbb{R}$，满足

① 对称性：$\forall \boldsymbol{x}, \boldsymbol{y} \in \mathscr{V}, \langle \boldsymbol{x}, \boldsymbol{y} \rangle = \langle \boldsymbol{y}, \boldsymbol{x} \rangle$。

② 非负性：$\forall \boldsymbol{x} \in \mathscr{V}, \langle \boldsymbol{x}, \boldsymbol{x} \rangle \geqslant 0$，并且 $\langle \boldsymbol{x}, \boldsymbol{x} \rangle = 0$ 当且仅当 $\boldsymbol{x} = \boldsymbol{0}$。

③ 线性：$\forall \boldsymbol{x}, \boldsymbol{y}, \boldsymbol{z} \in \mathscr{V}, \forall \alpha, \beta \in \mathbb{R}$，皆有

$$
\langle \alpha\boldsymbol{x} + \beta\boldsymbol{y}, \boldsymbol{z} \rangle = \alpha\langle \boldsymbol{x}, \boldsymbol{z} \rangle + \beta\langle \boldsymbol{y}, \boldsymbol{z} \rangle
$$

图 D.2 皮亚诺

我们称 $(\mathscr{V}, \langle\cdot,\cdot\rangle)$ 为一个内积空间，这个概念首次由意大利数学家、逻辑学家、语言学家**朱塞佩·皮亚诺**（Giuseppe Peano, 1858—1932）（图 D.2）于 1898 年提出。皮亚诺还以自然数的皮亚诺公理体系著称，该体系最早出现于他 1889 年出版的专著《用一种新方法陈述的算术原理》。

例 D.2 两个随机变量 $X, Y$ 的内积定义为

$$\langle X, Y\rangle = \mathsf{E}(XY)$$

显然，$\langle X, X\rangle = 0$ 或 $\mathsf{E}(X^2) = 0$ 当且仅当 $\mathsf{P}(X = 0) = 1$，即 $X$ 几乎必然为 0。

性质 D.3 在内积空间里，总有柯西-施瓦茨不等式 (Cauchy-Schwarz inequality)：

$$|\langle \boldsymbol{x}, \boldsymbol{y}\rangle|^2 \leqslant \langle \boldsymbol{x}, \boldsymbol{x}\rangle \cdot \langle \boldsymbol{y}, \boldsymbol{y}\rangle \tag{D.2}$$

不等式 (D.2) 中等号成立当且仅当向量 $\boldsymbol{x}, \boldsymbol{y}$ 共线（或平行），即

$$\boldsymbol{y} = r\boldsymbol{x}，其中 r \in \mathbb{R}$$

向量 $\boldsymbol{x}, \boldsymbol{y}$ 的夹角 $\theta$ 记作 $\theta = \angle(\boldsymbol{x}, \boldsymbol{y})$，定义为

$$\cos\theta = \frac{\langle \boldsymbol{x}, \boldsymbol{y}\rangle}{\langle \boldsymbol{x}, \boldsymbol{x}\rangle \cdot \langle \boldsymbol{y}, \boldsymbol{y}\rangle}$$

向量 $\boldsymbol{x}, \boldsymbol{y}$ 称为正交的 (orthogonal) 意味着 $\langle \boldsymbol{x}, \boldsymbol{y}\rangle = 0$，记作 $\boldsymbol{x} \perp \boldsymbol{y}$。内积空间有角度和长度的概念（图 D.3）。例如，$\|\boldsymbol{x}\| = \sqrt{\langle \boldsymbol{x}, \boldsymbol{x}\rangle}$ 就是一个范数，称为“由内积 $\langle \cdot, \cdot\rangle$ 诱导出的范数”。

图 D.3 角度与长度

性质 D.4 内积与它诱导出的范数具有以下几何性质：

$$\langle \boldsymbol{x}, \boldsymbol{y}\rangle = \frac{1}{4}(\|\boldsymbol{x} + \boldsymbol{y}\|^2 - \|\boldsymbol{x} - \boldsymbol{y}\|^2)$$

$$\|\boldsymbol{x}\|^2 + \|\boldsymbol{y}\|^2 = \frac{1}{2}(\|\boldsymbol{x} + \boldsymbol{y}\|^2 + \|\boldsymbol{x} - \boldsymbol{y}\|^2) \tag{D.3}$$

式 (D.3) 被称为平行四边形恒等式，它在欧氏几何里的含义是：平行四边形各边长度的平方和等于两条对角线长度的平方和（图 D.4）。如果一个赋范空间 $(\mathscr{V}, \|\cdot\|)$ 中任意向量 $\boldsymbol{x}, \boldsymbol{y}$ 都满足 (D.3)，则该空间上可定义一个内积，使得 $\|\cdot\|$ 恰为该内积诱导出的范数。

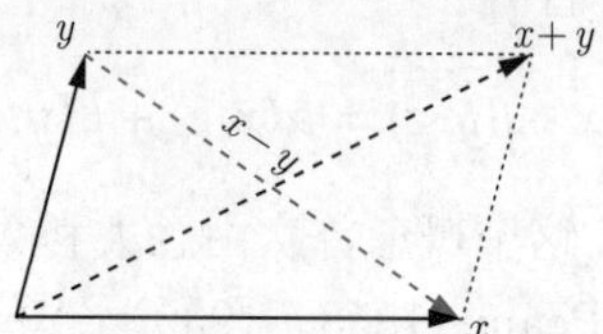


图 D.4 平行四边形恒等式 (D.3) 的几何意义

## D.1 希尔伯特空间

完备的内积空间*称为希尔伯特空间 (Hilbert space)，它是有限维欧氏空间的一个推广，以德国数学家**大卫·希尔伯特**（David Hilbert, 1862—1943）（图 D.5）的名字命名，他在 20 世纪初研究积分方程时曾考虑过此类空间[176,197]。

图 D.5 伟大的德国数学家希尔伯特

法国数学家**莫里斯·弗雷歇**（Maurice Fréchet, 1878—1973）、匈牙利数学家**弗里杰什·里斯**（Frigyes Riesz, 1880—1956）、德国数学家**赫尔曼·外尔**（Hermann Weyl, 1885—1955）、美国数学家**诺伯特·维纳**（Norbert Wiener, 1894—1964）、匈牙利裔美国数学家**约翰·冯·诺依曼**（John von Neumann, 1903—1957）等都研究过希尔伯特空间。1929 年，冯·诺依曼首次使用"希尔伯特空间"这一术语，以后便流传开来。

例 D.3 有限维希尔伯特空间的例子：

❑ $\mathscr{V} = \mathbb{R}^d$，内积为

$$\langle \boldsymbol{x}, \boldsymbol{y} \rangle = \boldsymbol{x}^\top \boldsymbol{y} = \sum_{i=1}^{d} x_i y_i$$

该内积有时记作 $\boldsymbol{x} \cdot \boldsymbol{y}$，称作点积 (dot product) 或标量积 (scalar product)†。如图 D.6 所示，波斯数学家、天文学家**贾姆希德·阿尔-卡西**（Jamshīd al-Kāshī, 1380—1429）发现的余弦定理可写成如下的向量形式。

$$\|\boldsymbol{x} - \boldsymbol{y}\|^2 = \|\boldsymbol{x}\|^2 + \|\boldsymbol{y}\|^2 - 2\|\boldsymbol{x}\| \cdot \|\boldsymbol{y}\| \cos\theta，\text{其中 } \theta = \angle(\boldsymbol{x}, \boldsymbol{y}) \tag{D.4}$$

* 如果序列 $\{z_n\}$ 中的元素随着序数的增加而愈发靠近（即 $\forall \epsilon > 0$，总存在自然数 $N$ 使得 $\forall m, n \geqslant N$ 皆有 $|z_m - z_n| < \epsilon$），则称这样的序列为柯西列 (Cauchy sequence)。如果内积空间里任意一个柯西列都收敛，则称之为完备的内积空间。

† 标量或纯量 (scalar) 是有大小而无方向的量，如温度、质量、体积、电荷、速率等，这些物理量在坐标变换下保持不变。与之相对的向量 (vector) 是既有大小又有方向的量，如位移、速度、加速度、力、力矩等。向量 $\boldsymbol{x}, \boldsymbol{y}$ 的叉积 (cross product) 或向量积 (vector product) 定义为

$$\boldsymbol{x} \times \boldsymbol{y} = (\|\boldsymbol{x}\| \cdot \|\boldsymbol{y}\| \sin\theta)\boldsymbol{n}，\text{其中 } \theta = \angle(\boldsymbol{x}, \boldsymbol{y}), \boldsymbol{n} \perp \operatorname{span}(\boldsymbol{x}, \boldsymbol{y})$$

其中，向量 $\boldsymbol{n}$ 是从 $\boldsymbol{x}$ 到 $\boldsymbol{y}$ 按照右手法则所确定的单位向量，它垂直于 $\boldsymbol{x}, \boldsymbol{y}$ 张成的平面。非负数 $\|\boldsymbol{x}\| \cdot \|\boldsymbol{y}\| \sin\theta$ 恰是图 D.4 所示的平行四边形的面积。

(a) 阿尔－卡西

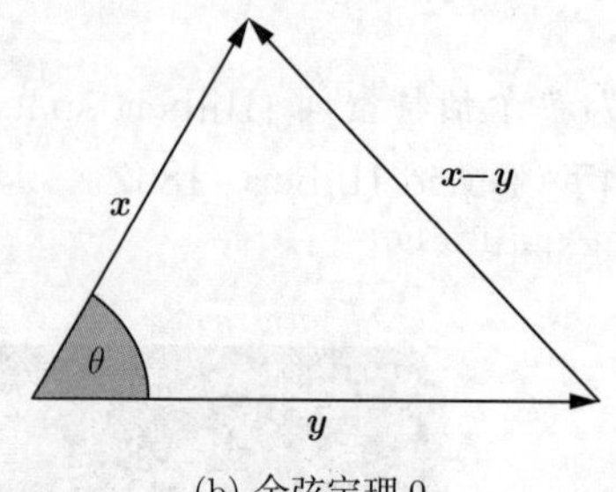


(b) 余弦定理 0

图 D.6 阿尔-卡西发现的余弦定理 (式 (D.4)) 刻画了三角形边长的关系

将上式左边展开后，不难证得

$$\boldsymbol{x} \cdot \boldsymbol{y} = \|\boldsymbol{x}\| \cdot \|\boldsymbol{y}\| \cos\theta，\text{其中 } \theta = \angle(\boldsymbol{x}, \boldsymbol{y})$$

- ❑ $\mathscr{V} = \mathbb{R}^d$，内积为

$$\langle \boldsymbol{x}, \boldsymbol{y} \rangle = \boldsymbol{x}^\top \boldsymbol{\Lambda} \boldsymbol{y} = \sum_{i=1}^{d} \lambda_i x_i y_i$$

其中 $\boldsymbol{\Lambda}_{d\times d} = \mathrm{diag}(\lambda_1, \lambda_2, \cdots, \lambda_d)$ 是一个对角阵。

- ❑ 所有 $d \times d$ 矩阵的全体，内积为

$$\langle \boldsymbol{A}, \boldsymbol{B} \rangle = \sum_{i,j=1}^{d} a_{ij} b_{ij} = \mathrm{tr}(\boldsymbol{A}^\top \boldsymbol{B})$$

该希尔伯特空间称为*弗罗贝纽斯空间*，内积 $\langle \cdot, \cdot \rangle$ 被称为*弗罗贝纽斯内积*。这些术语取名自德国数学家**费迪南德·弗罗贝纽斯**（Ferdinand Frobenius, 1849—1917）。

显然，任何一个有限维的内积空间都是希尔伯特空间。利用内积，我们可以研究希尔伯特空间的“几何”性质，继续使用熟悉的欧氏几何的语言来描述希尔伯特空间。

性质 D.5　对称矩阵 $\boldsymbol{A}_{n\times n}$ 是半正定的当且仅当任意半正定矩阵 $\boldsymbol{B}$ 与 $\boldsymbol{A}$ 的弗罗贝纽斯内积非负。即

$$\langle \boldsymbol{A}, \boldsymbol{B} \rangle \geqslant 0$$

**证明**　令 $\lambda_1, \lambda_2, \cdots, \lambda_n$ 是 $\boldsymbol{A}$ 的本征值，$\boldsymbol{v}_1, \boldsymbol{v}_2, \cdots, \boldsymbol{v}_n$ 是相应的本征向量。$\boldsymbol{A}$ 具有谱分解

$$\begin{aligned}\boldsymbol{A} &= (\boldsymbol{v}_1, \boldsymbol{v}_2, \cdots, \boldsymbol{v}_n)\mathrm{diag}(\lambda_1, \lambda_2, \cdots, \lambda_n)(\boldsymbol{v}_1, \boldsymbol{v}_2, \cdots, \boldsymbol{v}_n)^\top \\ &= \sum_{i=1}^{n} \lambda_i \boldsymbol{v}_i \boldsymbol{v}_i^\top\end{aligned}$$

因为 $\boldsymbol{B}$ 是半正定的，所以总有

$$\boldsymbol{v}_i^\top \boldsymbol{B} \boldsymbol{v}_i \geqslant 0$$

$$\begin{aligned}\langle \boldsymbol{A},\boldsymbol{B}\rangle &= \left\langle \sum_{i=1}^{n}\lambda_i \boldsymbol{v}_i\boldsymbol{v}_i^\top, \boldsymbol{B}\right\rangle \\ &= \sum_{i=1}^{n}\lambda_i \left\langle \boldsymbol{v}_i\boldsymbol{v}_i^\top, \boldsymbol{B}\right\rangle \\ &= \sum_{i=1}^{n}\lambda_i \boldsymbol{v}_i^\top \boldsymbol{B}\boldsymbol{v}_i\end{aligned}$$

往证“$\Rightarrow$”：因为 $\boldsymbol{A}$ 是半正定的，所以 $\lambda_i \geqslant 0$，进而 $\langle \boldsymbol{A},\boldsymbol{B}\rangle \geqslant 0$。

往证“$\Leftarrow$”：我们总能选择 $\boldsymbol{B}$ 使得 $\boldsymbol{v}_1^\top\boldsymbol{B}\boldsymbol{v}_1,\cdots,\boldsymbol{v}_i^\top\boldsymbol{B}\boldsymbol{v}_i,\cdots,\boldsymbol{v}_n^\top\boldsymbol{B}\boldsymbol{v}_n$ 中仅有第 $i$ 项非零，因此 $\lambda_i \geqslant 0$。于是，$\boldsymbol{A}$ 的所有本征值非负，$\boldsymbol{A}$ 是半正定的。 □

例 D.4　无限维希尔伯特空间的例子：

- 令 $\mathscr{V} = \{\boldsymbol{x} = (x_1,x_2,\cdots,x_i,\cdots)^\top \mid \sum_{i=1}^\infty x_i^2 < \infty\}$，内积为

$$\langle \boldsymbol{x},\boldsymbol{y}\rangle - \sum_{i=1}^{\infty} x_i y_i$$

  该希尔伯特空间称为 $l^2$ 空间。

- $\mathscr{V} = L^2(\Omega)$，$L^2(\Omega)$ 表示紧集 (compact set)* $\Omega \subset \mathbb{R}^d$ 上所有平方可积的函数的全体，即

$$L^2(\Omega) = \left\{f(\boldsymbol{x}) : \int_\Omega [f(\boldsymbol{x})]^2 \mathrm{d}\boldsymbol{x} < +\infty\right\}$$

  其中，内积为

$$\langle f,g\rangle = \int_\Omega f(\boldsymbol{x})g(\boldsymbol{x})\mathrm{d}\boldsymbol{x}$$

性质 D.6　内积空间 $(\mathscr{V},\langle\cdot,\cdot\rangle)$ 的柯西-施瓦茨不等式 (D.2) 有一些应用如下。

（1）在欧氏空间 $\mathbb{R}^d$ 里，对任意的 $(x_1,x_2,\cdots,x_d)^\top,(y_1,y_2,\cdots,y_d)^\top \in \mathbb{R}^d$ 总有

柯西-施瓦茨不等式：
$$\left(\sum_{i=1}^d x_i y_i\right)^2 \leqslant \sum_{i=1}^d x_i^2 \sum_{j=1}^d y_j^2$$

拉格朗日等式：
$$\sum_{i<j}^d (x_i y_j - x_j y_i)^2 = \sum_{i=1}^d x_i^2 \sum_{j=1}^d y_j^2 - \left(\sum_{i=1}^d x_i y_i\right)^2$$

（2）如果函数 $f(x),g(x)$ 在区间 $[a,b]$ 上可积，则

$$\left(\int_a^b f(x)g(x)\mathrm{d}x\right)^2 \leqslant \int_a^b f^2(x)\mathrm{d}x \int_a^b g^2(x)\mathrm{d}x$$

---

* 拓扑空间 (topological space) $(T,\mathscr{T})$ 的某个子集 $\Omega \subset T$ 的开覆盖 (open cover) 是一些开集构成的集合 $\{U_i \in \mathscr{T} : i \in I\}$，其中 $I$ 是一个指标集（譬如，$\mathbb{N},\mathbb{R}$ 等），满足 $\Omega \subseteq \bigcup_{i\in I} U_i$。如果 $\Omega$ 的任意开覆盖中必有有限开覆盖，则称 $\Omega$ 是一个紧集。例如，欧氏空间 $\mathbb{R}^d$ 中的闭集合都是紧集。直观上，紧集上的数学性质总可以通过有限个开集上的局部性质的汇总拼贴而成，这就是紧集的几何意义。

（3）对任意向量 $x, y \in \mathbb{R}^d$，皆有

$$\|x\| - \|y\| \leqslant \|x - y\| \leqslant \|x\| + \|y\|$$

（4）对任意向量 $x, y \in \mathbb{R}^d$ 和矩阵 $A_{d\times d} = B_{d\times d}^\top B_{d\times d}$，总有

$$(x^\top Ay)^2 \leqslant (x^\top Ax)(y^\top Ay)$$

事实上，令 $u = Bx, v = By$，利用柯西-施瓦茨不等式 (D.2) 即得上式。如果 $A$ 是非奇异的，令 $u = Bx, v = (B^{-1})^\top y$，不难得到以下推论：

$$(x^\top y)^2 \leqslant (x^\top Ax)(y^\top A^{-1}y) \tag{D.5}$$

当 $x \propto A^{-1}y$ 时，式 (D.5) 中的等号成立。

## D.2 内积矩阵与距离矩阵

定义 D.3（格拉姆矩阵） 给定向量空间 $\mathscr{V}$ 中一组向量的集合 $S = \{x_i : x_i \in \mathscr{V}, i = 1, 2, \cdots, n\}$，我们称矩阵 $G = (\langle x_i, x_j\rangle)_{n\times n}$ 为格拉姆矩阵 (Gram matrix)*。如果 $G = I_n$，即向量 $x_1, x_2, \cdots, x_n$ 是两两正交的，则对任意的 $z \in \mathscr{V}$，其傅里叶级数定义为

$$\sum_{i=1}^n \langle x_i, z\rangle x_i$$

性质 D.7 格拉姆矩阵总是半正定的。

证明 对于任意向量 $v \in \mathbb{R}^n$，皆有

$$v^\top Gv = \sum_{i,j=1}^n v_i\langle x_i, x_j\rangle v_j = \sum_{i,j=1}^n \langle v_i x_i, v_j x_j\rangle = \left\langle \sum_{i=1}^n v_i x_i, \sum_{j=1}^n v_j x_j \right\rangle \geqslant 0$$ □

例 D.5 向量 $x_1, x_2, \cdots, x_n \in \mathbb{R}^d$ 或者矩阵 $A = (x_1, x_2, \cdots, x_n)$ 的格拉姆矩阵或内积矩阵定义为

$$G_{n\times n} = A^\top A，\text{其中 } A = (x_1, x_2, \cdots, x_n)$$

显然，格拉姆矩阵 $G$ 的 $(i, j)$ 元素 $g_{ij}$ 即是 $x_i, x_j$ 的内积 $\langle x_i, x_j\rangle = x_i^\top x_j$。

定义 D.4 用 $d(x, y)$ 表示 $x, y \in \mathbb{R}^d$ 之间的距离 (distance)。譬如，$d(x, \mathbf{0})$ 是向量 $x$ 到原点的距离，即 $x$ 的长度。对于一组给定的向量 $x_1, x_2, \cdots, x_n \in \mathbb{R}^d$，其距离矩阵 (distance matrix) $\Delta_{n\times n} = (d_{ij})$ 定义为

$$d_{ij} = d(x_i, x_j)$$

性质 D.8（距离矩阵与内积矩阵的关系） 设向量 $x_1, x_2, \cdots, x_n \in \mathbb{R}^d$ 是中心化的，即满足 $x_1 + x_2 + \cdots + x_n = \mathbf{0}$，则其内积矩阵 $G = (g_{ij})$ 可由欧氏距离矩阵 $\Delta$ 构造如下：

$$G = -\frac{1}{2}H\Delta^2 H$$

---

* 约尔根·佩德森·格拉姆（Jørgen Pedersen Gram, 1850—1916）是丹麦数学家、精算师。

其中，

$$\Delta^2 = (d_{ij}^2)_{n\times n} = (\|\boldsymbol{x}_i - \boldsymbol{x}_j\|_2^2)_{n\times n}$$
$$\boldsymbol{H} = \boldsymbol{I}_n - \frac{1}{n}\boldsymbol{E}_n$$

证明　因为 $\boldsymbol{x}_1 + \boldsymbol{x}_2 + \cdots + \boldsymbol{x}_n = \boldsymbol{0}$，我们有

$$\begin{aligned}\frac{1}{n}\sum_{i=1}^{n} d_{ij}^2 &= \frac{1}{n}\sum_{i=1}^{n}\|\boldsymbol{x}_i - \boldsymbol{x}_j\|^2 \\ &= \frac{1}{n}\sum_{i=1}^{n}\boldsymbol{x}_i^\top\boldsymbol{x}_i + \boldsymbol{x}_j^\top\boldsymbol{x}_j \\ \frac{1}{n}\sum_{j=1}^{n} d_{ij}^2 &= \frac{1}{n}\sum_{j=1}^{n}\boldsymbol{x}_j^\top\boldsymbol{x}_j + \boldsymbol{x}_i^\top\boldsymbol{x}_i \\ \frac{1}{n^2}\sum_{i,j=1}^{n} d_{ij}^2 &= \frac{2}{n}\sum_{i=1}^{n}\boldsymbol{x}_i^\top\boldsymbol{x}_i\end{aligned}$$

将这三个结果代入 $d_{ij}^2 = \|\boldsymbol{x}_i - \boldsymbol{x}_j\|^2 = \boldsymbol{x}_i^\top\boldsymbol{x}_i + \boldsymbol{x}_j^\top\boldsymbol{x}_j - 2\boldsymbol{x}_i^\top\boldsymbol{x}_j$，于是

$$\begin{aligned}g_{ij} &= \boldsymbol{x}_i^\top\boldsymbol{x}_j \\ &= -\frac{1}{2}\left(d_{ij}^2 - \frac{1}{n}\sum_{i=1}^{n} d_{ij}^2 - \frac{1}{n}\sum_{j=1}^{n} d_{ij}^2 + \frac{1}{n^2}\sum_{i,j=1}^{n} d_{ij}^2\right)\end{aligned}$$ □

性质 D.8 说明，距离矩阵和内积矩阵能够相互决定，与具体的向量 $\boldsymbol{x}_1, \boldsymbol{x}_2, \cdots, \boldsymbol{x}_n \in \mathbb{R}^d$ 无关。也就是说，不同的 $\boldsymbol{x}_1, \boldsymbol{x}_2, \cdots, \boldsymbol{x}_n$ 可以有相同的距离矩阵，进而有相同的内积矩阵。这个性质是多维缩放的理论基础（见 §7.2.4）。

## D.3 核函数的判定条件

1950 年，美籍波兰裔数学家**纳赫曼・阿隆森**（Nachman Aronszajn, 1907—1980）（图 D.7）发表论文《再生核理论》[198]，他发现了定理 D.1 这一简洁的结果，常用来判定一个对称函数是否为核函数 (kernel function)。阿隆森的工作主要集中在数学分析和数理逻辑方面。在泛函分析里有一个著名的猜想——不变子空间问题 (invariant subspace problem)，至今未解决。1954 年，阿隆森证明了每个紧算子有不变子空间。

图 D.7　阿隆森

定理 D.1（阿隆森，1950）　一个对称函数 $\kappa : \mathscr{V} \times \mathscr{V} \to \mathbb{R}$ 是一个核函数当且仅当 $\mathscr{V}$ 的任意有限子集 $\{\boldsymbol{x}_1, \boldsymbol{x}_2, \cdots, \boldsymbol{x}_n : n \in \mathbb{N}\}$，以下矩阵总是半正定的。

$$\boldsymbol{K} = [\kappa(\boldsymbol{x}_i, \boldsymbol{x}_j)]_{n\times n}$$

证明　往证“⇒”：类似性质 D.7 的证明，对任意 $\boldsymbol{v} \in \mathscr{F}$，皆有

$$\boldsymbol{v}^\top\boldsymbol{K}\boldsymbol{v} = \sum_{i,j=1}^{n} v_i\kappa(\boldsymbol{x}_i, \boldsymbol{x}_j)v_j = \sum_{i,j=1}^{n} v_i\langle\varphi(\boldsymbol{x}_i), \varphi(\boldsymbol{x}_j)\rangle v_j = \left\langle\sum_{i=1}^{n} v_i\varphi(\boldsymbol{x}_i), \sum_{j=1}^{n} v_j\varphi(\boldsymbol{x}_j)\right\rangle \geqslant 0$$

往证“⇐”：定义函数集合

$$\mathscr{F}_\kappa=\left\{\sum_{i=1}^{n}\alpha_i\kappa(\boldsymbol{x}_i,\cdot):\boldsymbol{x}_i\in\mathscr{V},\alpha_i\in\mathbb{R},i=1,2,\cdots,n,n\in\mathbb{N}\right\}$$

易证 $\mathscr{F}_\kappa$ 是 $\mathbb{R}$ 上一个向量空间。对于如下定义的两个函数 $f,g\in\mathscr{F}_\kappa$，

$$f(\boldsymbol{x})=\sum_{i=1}^{n_1}\alpha_i\kappa(\boldsymbol{x}_i,\boldsymbol{x})$$

$$g(\boldsymbol{x})=\sum_{j=1}^{n_2}\beta_j\kappa(\boldsymbol{y}_j,\boldsymbol{x})$$

容易验证 $\langle f,g\rangle$ 是 $\mathscr{F}_\kappa$ 上的一个内积：

$$\langle f,g\rangle=\sum_{i=1}^{n_1}\sum_{j=1}^{n_2}\alpha_i\beta_j\kappa(\boldsymbol{x}_i,\boldsymbol{y}_j)$$

并且，

$$\left\langle\sum_{i=1}^{n_1}\alpha_i\kappa(\boldsymbol{x}_i,\cdot),\sum_{j=1}^{n_2}\beta_j\kappa(\boldsymbol{y}_j,\cdot)\right\rangle=\sum_{i=1}^{n_1}\alpha_i g(\boldsymbol{x}_i)=\sum_{j=1}^{n_2}\beta_j f(\boldsymbol{y}_j)$$

$$\langle f,\kappa(\boldsymbol{x},\cdot)\rangle=f(\boldsymbol{x})$$

□

对任意柯西列 $f_1,f_2,\cdots,f_s,\cdots$，我们有

$$[f_s(\boldsymbol{x})-f_t(\boldsymbol{x})]^2=\langle f_s-f_t,\kappa(\boldsymbol{x},\cdot)\rangle^2\leqslant\|f_s-f_t\|^2\kappa(\boldsymbol{x},\boldsymbol{x})$$

**定义 D.5** 对任意固定的向量 $\boldsymbol{x}\in\mathscr{V}$，序列 $f_1(\boldsymbol{x}),f_2(\boldsymbol{x}),\cdots,f_s(\boldsymbol{x}),\cdots$ 是一个柯西列，于是有极限 $f(\boldsymbol{x})$。将所有极限函数加入 $\mathscr{F}_\kappa$，我们得到（可能是无穷维的）希尔伯特空间 $\mathscr{H}_\kappa$，称之为再生核希尔伯特空间 (reproducing kernel Hilbert space, RKHS)。

**性质 D.9** 定义特征映射如下：

$$\varphi:\mathscr{V}\to\mathscr{H}_\kappa$$

$$\boldsymbol{x}\mapsto\kappa(\boldsymbol{x},\cdot)$$

在再生核希尔伯特空间 $\mathscr{H}_\kappa$ 里，如果 $\|f\|=0$，那么 $f(\boldsymbol{x})=0$。事实上，

$$f(\boldsymbol{x})=\langle f,\varphi(\boldsymbol{x})\rangle\leqslant\|f\|\cdot\|\varphi(\boldsymbol{x})\|$$

如果 $\varphi_1,\varphi_2,\cdots$ 是 $\mathscr{H}_\kappa$ 的一组正交基，则 $\kappa(\boldsymbol{x},\cdot)$ 有以下傅里叶级数展开。

$$\begin{aligned}\kappa(\boldsymbol{x},\boldsymbol{y})&=\sum_{i=1}^{\infty}\langle\kappa(\boldsymbol{x},\cdot),\varphi_i(\cdot)\rangle\varphi_i(\boldsymbol{y})\\&=\sum_{i=1}^{\infty}\varphi_i(\boldsymbol{x})\varphi_i(\boldsymbol{y})\end{aligned}$$

阿隆森定理 D.1 是一个充要条件，由它的等价说法定义点集 $\Omega$ 上的半正定核 (positive semidefinite kernel) 的概念如下。

**定义** D.6　二元对称连续函数 $\kappa: \Omega\times\Omega \to \mathbb{R}$ 称为 $\Omega$ 上的半正定核，如果对于任意 $x_1, x_2, \cdots, x_n \in \Omega$ 和任意 $c_1, c_2, \cdots, c_n \in \mathbb{R}$，它满足

$$\sum_{i,j=1}^{n} \kappa(x_i, x_j) c_i c_j \geqslant 0$$

或者等价地，对称矩阵 $\boldsymbol{K} = [\kappa(\boldsymbol{x}_i, \boldsymbol{x}_j)]_{n\times n}$ 总是半正定的。

例 D.6　对称函数 $\kappa(\boldsymbol{x}, \boldsymbol{y}) = \boldsymbol{x}^\top \boldsymbol{y}$，其中 $\boldsymbol{x}, \boldsymbol{y} \in \mathbb{R}^d$，就是 $\mathbb{R}^d$ 上的半正定核，称为线性核 (linear kernel)。这是因为对称矩阵 $\boldsymbol{K} = [\kappa(\boldsymbol{x}_i, \boldsymbol{x}_j)]_{n\times n}$ 正是格拉姆矩阵，由性质 D.7，它总是半正定的。

类似地，如下定义的多项式核 (polynomial kernel)、高斯核 (Gaussian kernel) 也是半正定核。

$$\kappa(\boldsymbol{x}, \boldsymbol{y}) = (\boldsymbol{x}^\top \boldsymbol{y} + r)^n，\text{其中 } \boldsymbol{x}, \boldsymbol{y} \in \mathbb{R}^d, r \geqslant 0, n \geqslant 1$$

$$\kappa(\boldsymbol{x}, \boldsymbol{y}) = \exp(-\alpha\|\boldsymbol{x} - \boldsymbol{y}\|^2)，\text{其中 } \boldsymbol{x}, \boldsymbol{y} \in \mathbb{R}^d, \alpha > 0$$

1909 年，英国数学家**詹姆斯·默瑟**（James Mercer, 1883—1932）（图 D.8）在《自然科学会报》发表论文《正负型函数及其与积分方程理论的联系》，证明了定理 D.2，它是所谓“核技巧”的理论基础。即，半正定核函数可在高维空间中表示为一个点积。第一次世界大战期间，默瑟在英国海军服役，他参加了日德兰战役并幸存下来。战后，默瑟回到剑桥大学继续从事数学研究，并在正交函数级数展开理论方面取得了一些显著的进展。

图 D.8　默瑟

**定理** D.2（默瑟，1909）　已知 $\kappa$ 是半正定核函数，则存在由 $T_\kappa$ 的特征映射构成的一组正交基 $e_1, e_2, \cdots \in L^2[a, b]$ 和对应的非负本征值 $\lambda_1, \lambda_2, \cdots$ 使得

$$\kappa(s, t) = \sum_{j=1}^{\infty} \lambda_j e_j(s) e_j(t)$$

**定理** D.3（默瑟条件）　已知 $\Omega \subset \mathbb{R}^d$ 是一个紧集。如果二元对称连续函数 $\kappa: \Omega\times\Omega \to \mathbb{R}$ 满足 $\forall f \in L^2(\Omega)$，皆有

$$\int_{\Omega\times\Omega} \kappa(\boldsymbol{x}, \boldsymbol{y}) f(\boldsymbol{x}) f(\boldsymbol{y}) \mathrm{d}\boldsymbol{x}\mathrm{d}\boldsymbol{y} \geqslant 0$$

则，我们可以将 $\kappa(\boldsymbol{x}, \boldsymbol{y})$ 展开为

$$\kappa(\boldsymbol{x}, \boldsymbol{y}) = \sum_{i=1}^{\infty} \varphi_i(\boldsymbol{x}) \varphi_i(\boldsymbol{y})$$

其中，

$$\langle \varphi_i, \varphi_j \rangle = \delta_{ij}$$

$$\sum_{i=1}^{\infty} \|\varphi_i\|_{L^2(\Omega)}^2 < \infty$$

证明　令 $d=\dim(\Omega)$。对任意有限子集 $\{\boldsymbol{x}_1,\boldsymbol{x}_2,\cdots,\boldsymbol{x}_n\}$，如果

$$\boldsymbol{v}^\top\boldsymbol{K}\boldsymbol{x}=\sum_{i,j=1}^{n}\kappa(\boldsymbol{x}_i,\boldsymbol{x}_j)v_iv_j=\epsilon<0$$

则令

$$f_\sigma(\boldsymbol{x})=\sum_{i=1}^{n}v_i\frac{1}{(2\pi\sigma)^{d/2}}\exp\left\{-\frac{\|\boldsymbol{x}-\boldsymbol{x}_i\|^2}{2\sigma^2}\right\}\in L^2(\Omega)$$

于是，我们得到矛盾：

$$\lim_{\sigma\to 0}\int_{\Omega\times\Omega}\kappa(\boldsymbol{x},\boldsymbol{y})f_\sigma(\boldsymbol{x})f_\sigma(\boldsymbol{y})\mathrm{d}\boldsymbol{x}\mathrm{d}\boldsymbol{y}=\epsilon$$

因此，$\kappa$ 是一个核函数。由 $\Omega$ 的紧性，我们有

$$\begin{aligned}\sum_{i=1}^{\infty}\|\varphi_i\|_{L^2(\Omega)}^2&=\int_\Omega\sum_{i=1}^{\infty}\varphi_i(\boldsymbol{x})\varphi_i(\boldsymbol{x})\mathrm{d}\boldsymbol{x}\\&=\int_\Omega\kappa(\boldsymbol{x},\boldsymbol{x})\mathrm{d}\boldsymbol{x}<+\infty\end{aligned}$$

□

给定核函数 $\kappa(\boldsymbol{x},\boldsymbol{y})$ 和一组观察数据 $S=\{(\boldsymbol{x}_i,t_i)|\boldsymbol{x}_i\in\mathbb{R}^d,t_i=1,2,\cdots,k,i=1,2,\cdots,n\}$，我们构造 $\mathscr{F}_\kappa$ 的一个实子空间：

$$\mathscr{F}_\kappa^S=\left\{\sum_{i=1}^{n}\alpha_i\kappa(\boldsymbol{x}_i,\cdot):\boldsymbol{x}_i\in S,\alpha_i\in\mathbb{R},i=1,2,\cdots,n\right\}$$

该空间的完备化即经验再生核希尔伯特空间 $\mathscr{H}_\kappa^S$。显然，作为子空间，$\mathscr{H}_\kappa^S$ 的几何与 $\mathscr{H}_\kappa$ 的是一致的。样本点越多，$\mathscr{H}_\kappa^S$ 越接近于 $\mathscr{H}_\kappa$。

性质 D.10　再生核希尔伯特空间 $\mathscr{H}_\kappa^S$ 与欧氏空间 $\mathbb{R}^m$ 同构*，其中 $m$ 是核矩阵 (kernel matrix) $\boldsymbol{K}_{n\times n}=[\kappa(\boldsymbol{x}_i,\boldsymbol{x}_j)]$ 的秩。

证明　因为核矩阵是对称半正定的，它具有如下的谱分解（或对角化）：

$$\boldsymbol{K}=\boldsymbol{P}\boldsymbol{\Lambda}\boldsymbol{P}^\top$$

其中 $\boldsymbol{\Lambda}_{m\times m}=\mathrm{diag}(\lambda_1,\lambda_2,\cdots,\lambda_m)$ 是 $\boldsymbol{K}$ 的所有正本征值，而 $\boldsymbol{P}_{n\times m}$ 是正交矩阵，其列向量是对应的本征向量。定义映射 $\psi:\mathbb{R}^d\to\mathbb{R}^m$ 如下，

$$\psi(\boldsymbol{x})=\boldsymbol{\Lambda}^{-1/2}\boldsymbol{P}^\top[\kappa(\boldsymbol{x}_1,\boldsymbol{x}),\kappa(\boldsymbol{x}_2,\boldsymbol{x}),\cdots,\kappa(\boldsymbol{x}_n,\boldsymbol{x})]^\top \tag{D.6}$$

该映射保证了

$$\begin{aligned}\psi(\boldsymbol{x}_i)^\top\psi(\boldsymbol{x}_j)&=\varphi(\boldsymbol{x}_i)^\top\varphi(\boldsymbol{x}_j)\\&=\kappa(\boldsymbol{x}_i,\boldsymbol{x}_j)，\text{其中 } i,j=1,2,\cdots,n\end{aligned}$$

□

* 同构 (isomorphism) 是一种保持结构的双射，它是一个等价关系，意思是两个数学对象的属性或操作在抽象的结构层面是一模一样的。例如，五次单位根的乘法群与正五边形的旋转群是同构的。“同构”使得数学知识可以在具体的数学对象之间迁移，它是类比推理的一个典范。

作为特征映射的“替代品”(图 D.9),式 (D.6) 定义的有限维映射 $\psi$ 被称为经验特征映射 (empirical feature map),显然有

$$\begin{aligned}[\psi(\boldsymbol{x}_1), \psi(\boldsymbol{x}_2), \cdots, \psi(\boldsymbol{x}_n)] &= \boldsymbol{\Lambda}^{-1/2}\boldsymbol{P}^\top\boldsymbol{K} \\ &= \boldsymbol{\Lambda}^{1/2}\boldsymbol{P}^\top\end{aligned}$$

图 D.9 替代能源

把性质 7.15 里的特征映射 $\varphi$ 替换为经验特征映射 $\psi$,方程依然成立。其中,

$$\tilde{\boldsymbol{m}}_i = \frac{1}{n_i}\sum_{\boldsymbol{x}\in C_i}\psi(\boldsymbol{x})$$

$$\tilde{S}_w = \sum_{i=1}^{2}\sum_{\boldsymbol{x}\in C_i}[\psi(\boldsymbol{x}) - \tilde{\boldsymbol{m}}_i][\psi(\boldsymbol{x}) - \tilde{\boldsymbol{m}}_i]^\top \text{ 是非奇异的}$$

定义 D.7 由区间 $\Omega = (a, b)$ 上的半正定核 $\kappa$ 定义的如下线性算子 (linear operator) $T_\kappa : L^2(\Omega) \to L^2(\Omega)$,可用来对输入函数 $f(x) \in L^2(\Omega)$ 进行积分变换 (integral transform),得到一个输出函数。

$$T_\kappa(f) = \int_\Omega \kappa(x, t)f(x)\mathrm{d}x$$

例如,傅里叶变换 (Fourier transform)、双边拉普拉斯变换 (bilateral Laplace transform)、魏尔斯特拉斯变换 (Weierstrass transform) 都是在实数域 $\mathbb{R}$ 上的积分变换,核函数分别是

$$\begin{aligned}\kappa(x, t) &= \exp\{\mathrm{i}tx\} \\ \kappa(x, t) &= \exp\{-tx\} \\ \kappa(x, t) &= \frac{1}{\sqrt{4\pi}}\exp\left\{-\frac{(x-t)^2}{4}\right\}\end{aligned}$$

泛函分析对线性算子的一些研究成果可以应用到机器学习和人工智能之中。

# 附录 E

# 张量分析浅尝

不畏浮云遮望眼，只缘身在最高层。
——王安石《登飞来峰》

考虑实数域 $\mathbb{R}$ 上的 $d$ 维向量空间 $\mathscr{V}$，设 $\boldsymbol{e}_1,\boldsymbol{e}_2,\cdots,\boldsymbol{e}_d$ 和 $\tilde{\boldsymbol{e}}_1,\tilde{\boldsymbol{e}}_2,\cdots,\tilde{\boldsymbol{e}}_d$ 是它的两个基底（即，极大线性无关组），则存在一个可逆变换（即可逆方阵）$\boldsymbol{A}_{d\times d}$ 使得

$$(\tilde{\boldsymbol{e}}_1,\tilde{\boldsymbol{e}}_2,\cdots,\tilde{\boldsymbol{e}}_d)=(\boldsymbol{e}_1,\boldsymbol{e}_2,\cdots,\boldsymbol{e}_d)\boldsymbol{A}，即$$

$$\tilde{\boldsymbol{e}}_j=\sum_{i=1}^{d}a_j^i\boldsymbol{e}_i，其中\ a_j^i\ 是矩阵\ \boldsymbol{A}\ 的\ (i,j)\ 元素，i,j=1,2,\cdots,d$$

物理学家**阿尔伯特·爱因斯坦**（Albert Einstein, 1879—1955）建议用 $a_j^i\boldsymbol{e}_i$ 来指代 $\sum_{i=1}^d a_j^i\boldsymbol{e}_i$，用 $v^i\boldsymbol{e}_i$ 指代 $\sum_{i=1}^d v^i\boldsymbol{e}_i$，即对重复的上下标（称为“哑指标”）进行求和，以便简化数学表达式。于是，上式简化为

$$\tilde{\boldsymbol{e}}_j=a_j^i\boldsymbol{e}_i \tag{E.1}$$

19 世纪末至 20 世纪初，意大利数学家、物理学家**格雷戈里奥·里奇**（Gregorio Ricci-Curbastro, 1853—1925）和他的学生**图利奥·列维-齐维塔**（Tullio Levi-Civita, 1873—1941）（图 E.1），提出张量 (tensor) 的概念，其目的是寻找一种在坐标变换下不变的几何性质或物理规律的表达形式。物理学家首先意识到张量的价值，他们关注的正是不依赖于坐标系的运动本质。

图 E.1　里奇（左）和列维-齐维塔（右）

张量是一种可以使得表述变得简洁的语言，例如，爱因斯坦（图 E.2）的广义相对论 (general relativity) 中的黎曼曲率张量是一个 4 阶张量（即，有着 256 个分量的 4 维数组，其中只有 20 个分量是独立的）。离开张量语言，它的数学复杂到丑陋。对数学而言，张量分析现已成为线性代数的一个分支——多重线性代数，张量被抽象为向量空间及其对偶空间上的多重线性函数[199,200]。

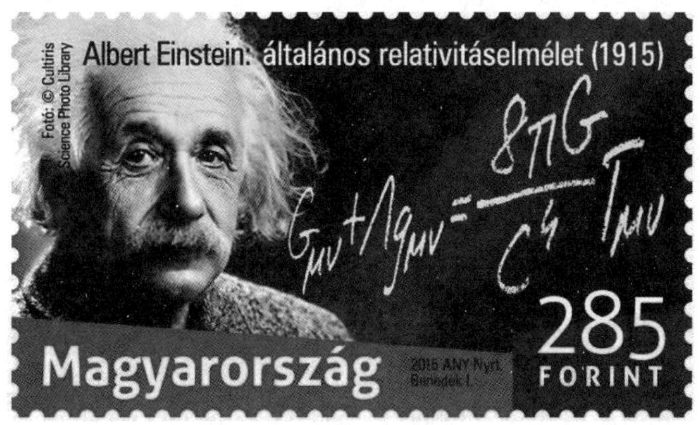


图 E.2 爱因斯坦广义相对论及场方程

张量分析允许以与流形上坐标选择无关（即，与观察者无关）的形式表示物理方程，所以首先在物理学（如，流体力学、电磁学、广义相对论、量子场论等）中取得了成功的应用。近些年来，张量分析工具在大数据分析、机器学习中也逐渐被关注。

例 E.1 向量 $\boldsymbol{v} = v^i\boldsymbol{e}_i$ 在基底 $\tilde{\boldsymbol{e}}_1, \tilde{\boldsymbol{e}}_2, \cdots, \tilde{\boldsymbol{e}}_d$ 上表示为 $\tilde{v}^j\tilde{\boldsymbol{e}}_j$，按照爱因斯坦记法可以表示为

$$\boldsymbol{v} = \tilde{v}^j a^i_j \boldsymbol{e}_i\text{，其中 } i, j = 1, 2, \cdots, d$$

注意，这里的 $v^i$ 可不是 $v$ 的 $i$ 次幂，而是向量 $\boldsymbol{v} = (v^1, v^2, \cdots, v^d)^\top$ 的第 $i$ 个元素。同样，$\tilde{v}^j$ 是向量 $\tilde{\boldsymbol{v}} = (\tilde{v}^1, \tilde{v}^2, \cdots, \tilde{v}^d)^\top$ 的第 $j$ 个元素。根据线性表示的唯一性，我们有

$$\begin{aligned} & v^i = a^i_j \tilde{v}^j\text{，或者} \\ & \tilde{v}^j = \tilde{a}^j_i v^i\text{，其中 } \boldsymbol{A}^{-1} = (\tilde{a}^j_i) \text{ 是 } \boldsymbol{A} = (a^i_j) \text{ 的逆矩阵} \end{aligned} \tag{E.2}$$

即我们熟知的，$\boldsymbol{v} = \boldsymbol{A}\tilde{\boldsymbol{v}}$ 或者 $\tilde{\boldsymbol{v}} = \boldsymbol{A}^{-1}\boldsymbol{v}$。这里，

$$\tilde{a}^i_k a^k_j = \delta^i_j$$

图 E.3 克罗内克

其中，$\delta^i_j$ 就是指示函数 $\chi_{\{j\}}(i)$，可视作对 $i, j$ 是否相等的判定（用 1 表示“是”，用 0 表示“否”），即

$$\delta^i_j = \begin{cases} 0 & \text{，如果 } i \neq j \\ 1 & \text{，如果 } i = j \end{cases} \tag{E.3}$$

记号 $\delta^i_j$ 被称为克罗内克符号或克罗内克 $\delta$ 函数（有时也记作 $\delta_{ij}$），它由德国数学家和逻辑学家**利奥波德·克罗内克**（Leopold Kronecker, 1823—1891）命名。克罗内克（图 E.3）的主要研究领域是代数和数论，他对康托尔朴素集合论的否认态度深刻地影响了构造主义数学。

例 E.2 设 $\varphi$ 是 $d$ 维线性空间 $\mathscr{V}$ 上的线性函数，满足

$$\begin{aligned} \varphi(\boldsymbol{e}_i) &= \varphi_i \\ \varphi(\tilde{\boldsymbol{e}}_j) &= \tilde{\varphi}_j \end{aligned}$$

则对任意向量 $\boldsymbol{v} = v^i\boldsymbol{e}_i = \tilde{v}^j\tilde{\boldsymbol{e}}_j$ 有

$$\begin{aligned}\varphi(\boldsymbol{v}) &= v^i\varphi(\boldsymbol{e}_i)\\ &= v^i\varphi_i\\ &= a^i_j\tilde{v}^j\varphi_i\end{aligned}$$

于是，$(a^i_j\varphi_i - \tilde{\varphi}_j)\tilde{v}^j = 0$。根据 $\boldsymbol{v}$ 的任意性，进而得到

$$\tilde{\varphi}_j = a^i_j\varphi_i \tag{E.4}$$

定义 E.1 已知 $\mathscr{V}$ 是定义在实数域 $\mathbb{R}$ 上的 $d$ 维向量空间，其对偶空间 (dual space) 是 $\mathscr{V}$ 到 $\mathbb{R}$ 的线性函数的全体 $\mathscr{V}^*$，它也是 $\mathbb{R}$ 上的 $d$ 维向量空间。设 $\boldsymbol{e}_1,\boldsymbol{e}_2,\cdots,\boldsymbol{e}_d$ 是 $\mathscr{V}$ 的一个基底，则 $\mathscr{V}^*$ 有对偶基底 $\boldsymbol{e}^1,\boldsymbol{e}_2,\cdots,\boldsymbol{e}^d$，满足

$$\boldsymbol{e}^i(\boldsymbol{e}_j) = \delta^i_j，\text{其中 } i,j = 1,2,\cdots,d$$

在向量空间 $\mathscr{V}$ 里，每个向量 $\boldsymbol{v}$ 都没有固定的起点，所以没有坐标系的概念。如果要谈论给定了起点的向量以及坐标系，必须在仿射空间里进行。

定义 E.2 设 $\mathscr{A}$ 是一个点集，从 $\mathscr{A}\times\mathscr{A}$ 到 $\mathscr{V}$ 有一个映射，把点对 $(A,B)$ 对应到一个向量，记作 $\overrightarrow{AB}\in\mathscr{V}$。如果该映射满足下述两个条件，则称 $\mathscr{A}$ 是一个仿射空间 (affine space)。

（1）对任意固定的点 $A\in\mathscr{A}$，映射

$$A\mapsto\overrightarrow{AX}，\text{其中 } X\in\mathscr{A}$$

是从 $\mathscr{A}$ 到 $\mathscr{V}$ 上的双射 (bijection)。

（2）对任意三个点 $A,B,C\in\mathscr{A}$，总有

$$\overrightarrow{AB}+\overrightarrow{BC}+\overrightarrow{CA} = \mathbf{0}，\text{其中 } \mathbf{0} \text{ 是零向量}$$

概言之，在仿射空间 $\mathscr{A}$ 里，可以同时谈论点和向量，于是就有了原点 $O$ 和坐标系的概念。若 $\overrightarrow{OA}$ 在坐标系 $(O;\boldsymbol{e}_1,\boldsymbol{e}_2,\cdots,\boldsymbol{e}_d)$ 里表示为 $x^i\boldsymbol{e}_i$，则点 $A$ 的坐标是 $x^i$。如图 E.4 所示，它在另一个坐标系 $(\tilde{O};\tilde{\boldsymbol{e}}_1,\tilde{\boldsymbol{e}}_2,\cdots,\tilde{\boldsymbol{e}}_d)$ 里的坐标是

$$\tilde{x}^i = \tilde{a}^i_jx^j + \tilde{a}^i，\text{其中 } \det(\tilde{a}^i_j)\neq 0 \tag{E.5}$$

图 E.4 显示了点 $A$ 在不同的仿射坐标系 $(O;\boldsymbol{e}_1,\boldsymbol{e}_2)$ 和 $(\tilde{O};\tilde{\boldsymbol{e}}_1,\tilde{\boldsymbol{e}}_2)$ 里有着各自的坐标表示，其关系完全由式 (E.5) 中的 $\tilde{a}^i_j$ 决定。

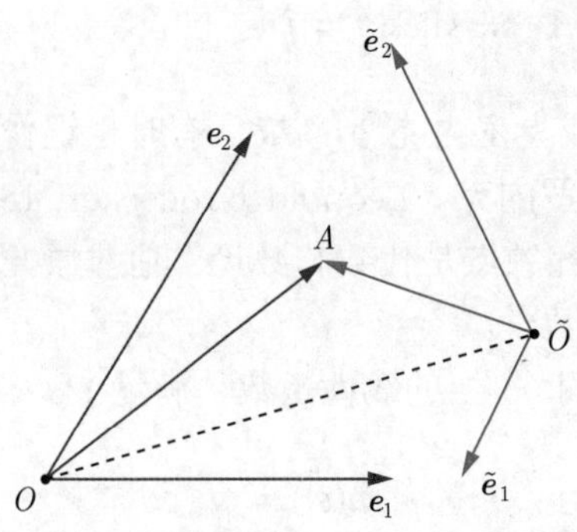


图 E.4 不同的仿射坐标系 $(O;\boldsymbol{e}_1,\boldsymbol{e}_2)$ 和 $(\tilde{O};\tilde{\boldsymbol{e}}_1,\tilde{\boldsymbol{e}}_2)$

后文每当提及具体的点或者坐标的时候，都是指内涵更丰富的仿射空间，而非向量空间。如果 $\boldsymbol{e}_1, \boldsymbol{e}_2, \cdots, \boldsymbol{e}_d$ 都是单位向量且两两正交，坐标系 $(O; \boldsymbol{e}_1, \boldsymbol{e}_2, \cdots, \boldsymbol{e}_d)$ 就是常见的直角坐标系，也称为笛卡儿坐标系（图 E.5）。

图 E.5　笛卡儿坐标系

注：1637 年，法国著名哲学家、数学家**勒内・笛卡儿**发表了解析几何的奠基之作《几何学》，使得几何对象变为直角坐标系里的函数。

## E.1　张量的定义

定义 E.3　已知两个基底的关系如 (E.1) 所示，在基底 $\boldsymbol{e}_i$（或者 $\tilde{\boldsymbol{e}}_j$）之下，

- 如果一个对象（譬如例 E.2 里的线性函数）可用 $d$ 个数 $\varphi_i, i = 1,2,\cdots,d$（或者 $\tilde{\varphi}_j, j = 1,2,\cdots,d$）刻画，当基底变换时这些数的关系如 (E.4) 所述，则称这个对象是一个一阶协变张量 (covariant tensor of order 1) 或协变向量，$\varphi_i$（或者 $\tilde{\varphi}_j$）称为协变分量 (covariant component)。“协变”的意思是变换 (E.4) 与变换 (E.1) 协调一致，有的文献将之译作“共变”。

- 如果一个对象可用 $d$ 个数 $v^i, i = 1,2,\cdots,d$（或者 $\tilde{v}^j, j = 1,2,\cdots,d$）刻画，当基底变换时这些数的关系如 (E.2) 所述，则称这个对象是一个一阶反变张量 (contravariant tensor of order 1) 或反变向量，$v^i$（或者 $\tilde{v}^j$）称为反变分量。“反变”的意思是变换 (E.2) 与变换 (E.1) 相反，有的文献将之译作“逆变”。

对于协变/反变分量指标的位置，有一个俗套的记忆方法：协变指标在下，反变指标在上。标量是零阶张量，向量是一阶张量。实数域 $\mathbb{R}$ 上的 $d$ 维向量空间 $\mathscr{V}$ 的元素都是反变向量，其对偶空间 $\mathscr{V}^*$ 的元素都是协变向量。

例 E.3　向量 $\boldsymbol{v} = \overrightarrow{OA}$ 可以有反变表示 $\boldsymbol{v} = v^i\boldsymbol{e}_i$，也可以有协变表示 $\boldsymbol{v} = v_i\boldsymbol{e}^i$，反变分量 $v^i$ 和协变分量 $v_j$ 的几何意义如图 E.6 所示，其中

$$\boldsymbol{e}_i \cdot \boldsymbol{e}_j = g_{ij} = g_{ji}，\text{其中 } i,j = 1,2,\cdots,d$$
$$\boldsymbol{e}^i \cdot \boldsymbol{e}^j = g^{ij} = g^{ji}$$
$$\boldsymbol{e}^i \cdot \boldsymbol{e}_j = \delta^i_j$$

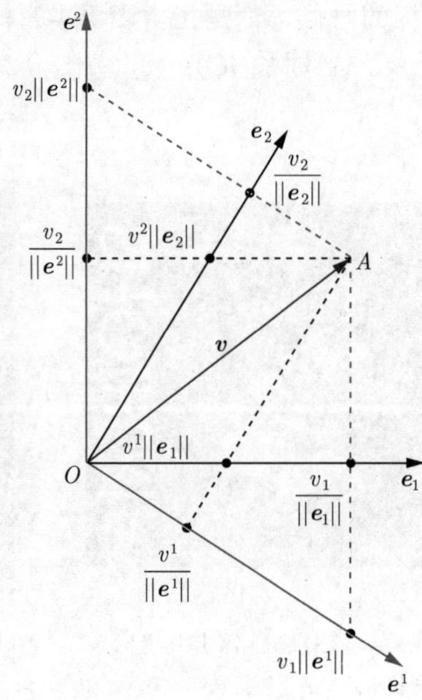


图 E.6　向量 $v = \overrightarrow{OA}$ 可表示为 $v = v^i e_i$ 或者 $v = v_j e^j$，其中 $e_1 \perp e^2, e_2 \perp e^1$

- 从事实 $\boldsymbol{v} \cdot \boldsymbol{e}_i = v^j(\boldsymbol{e}_i \cdot \boldsymbol{e}_j)$ 和 $\boldsymbol{v} \cdot \boldsymbol{e}^i = v_j(\boldsymbol{e}^i \cdot \boldsymbol{e}^j)$，不难得到反变分量 $v^i$ 与协变分量 $v_i$ 具有如下关系：

$$v_i = g_{ij} v^j$$

$$v^i = g^{ij} v_j$$

其中，$(g^{ij})_{d\times d}$ 是对称矩阵 $(g_{ij})_{d\times d}$ 的逆矩阵，即

$$g^{ik} g_{kj} = \delta^i_j,\text{ 其中 } i, j, k = 1, 2, \cdots, d$$

- 设反变向量 $\boldsymbol{e}_i, \tilde{\boldsymbol{e}}_j$ 具有关系 (E.1)，则

$$\begin{aligned} \tilde{g}_{ij} &= \tilde{\boldsymbol{e}}_i \cdot \tilde{\boldsymbol{e}}_j,\text{ 其中 } i, j = 1, 2, \cdots, d \\ &= a^u_i a^v_j \boldsymbol{e}_u \cdot \boldsymbol{e}_v,\text{ 其中 } u, v = 1, 2, \cdots, d \\ &= a^u_i a^v_j g_{uv} \end{aligned}$$

例 E.4　考虑双线性函数 $\varphi : \mathscr{V} \times \mathscr{V} \to \mathbb{R}$，对于自变量 $\boldsymbol{x} = x^i \boldsymbol{e}_i$ 和 $\boldsymbol{y} = y^j \boldsymbol{e}_j$，函数 $\varphi(\boldsymbol{x}, \boldsymbol{y})$ 都是线性的，即

$$\begin{aligned} \varphi(\boldsymbol{x}, \boldsymbol{y}) &= \varphi(x^i \boldsymbol{e}_i, y^j \boldsymbol{e}_j) \\ &= x^i y^j \varphi(\boldsymbol{e}_i, \boldsymbol{e}_j) \end{aligned}$$

令 $\varphi(\boldsymbol{e}_i, \boldsymbol{e}_j) = \varphi_{ij}, \varphi(\tilde{\boldsymbol{e}}_i, \tilde{\boldsymbol{e}}_j) = \tilde{\varphi}_{ij}$，其中 $i, j = 1, 2, \cdots, d$，不难验证：

$$\tilde{\varphi}_{ij} = \varphi(\tilde{\boldsymbol{e}}_i, \tilde{\boldsymbol{e}}_j)$$

$$
\begin{aligned}
&= \varphi(a_i^u \boldsymbol{e}_u, a_j^v \boldsymbol{e}_v)\text{，其中 } u, v = 1, 2, \cdots, d \\
&= a_i^u a_j^v \varphi(\boldsymbol{e}_u, \boldsymbol{e}_v) \\
&= a_i^u a_j^v \varphi_{uv}
\end{aligned}
$$

显然，$\tilde{\varphi}_{ij}, \varphi_{uv}$ 的关系与例 E.3 中 $\tilde{g}_{ij}, g_{ij}$ 的关系是相同的。

例 E.5 已知 $\mathscr{V}, \mathscr{W}$ 是定义在实数域 $\mathbb{R}$ 上的 $d$ 维和 $p$ 维向量空间，基底分别是 $\boldsymbol{e}_1, \boldsymbol{e}_2, \cdots, \boldsymbol{e}_d$ 和 $\boldsymbol{f}_1, \boldsymbol{f}_2, \cdots, \boldsymbol{f}_p$。定义 $\mathscr{V}$ 和 $\mathscr{W}$ 的张量积 (tensor product) $\mathscr{V} \otimes \mathscr{W}$ 为 $\mathbb{R}$ 上的向量空间，其基底是 $dp$ 个元素 $\boldsymbol{e}_i \otimes \boldsymbol{f}_j$。

$$
\boldsymbol{v} \otimes \boldsymbol{w} = v^i w^j \boldsymbol{e}_i \otimes \boldsymbol{f}_j\text{，其中 } \begin{cases} i = 1, 2, \cdots, d \\ j = 1, 2, \cdots, p \end{cases}
$$

特别地，对于 $\mathscr{V} \otimes \mathscr{V}$，在基底变换 (E.1) 之下，其基底之间具有和例 E.4 一模一样的关系。

$$
\tilde{\boldsymbol{e}}_i \otimes \tilde{\boldsymbol{e}}_j = a_i^u a_j^v \boldsymbol{e}_u \otimes \boldsymbol{e}_v
$$

已知 $f: \mathscr{V} \to \mathscr{X}$ 和 $g: \mathscr{W} \to \mathscr{Y}$ 是线性空间之间的线性映射，则 $f, g$ 的张量积 $f \otimes g: \mathscr{V} \otimes \mathscr{W} \to \mathscr{X} \otimes \mathscr{Y}$ 定义为下面的线性映射。

$$
(f \otimes g)(\boldsymbol{v} \otimes \boldsymbol{u}) = f(\boldsymbol{v}) \otimes g(\boldsymbol{u})
$$

例 E.6 考虑 $d$ 维线性空间 $\mathscr{V}$ 上的线性变换 $H: \mathscr{V} \to \mathscr{V}$，假设在基底 $\boldsymbol{e}_1, \boldsymbol{e}_2, \cdots, \boldsymbol{e}_d$ 和 $\tilde{\boldsymbol{e}}_1, \tilde{\boldsymbol{e}}_2, \cdots, \tilde{\boldsymbol{e}}_d$ 之下它分别满足

$$
\begin{aligned}
H(\boldsymbol{e}_i) &= h_i^u \boldsymbol{e}_u\text{，其中 } i, u = 1, 2, \cdots, d \\
H(\tilde{\boldsymbol{e}}_j) &= \tilde{h}_j^v \tilde{\boldsymbol{e}}_v\text{，其中 } j, v = 1, 2, \cdots, d
\end{aligned}
$$

另外，在基底 $\tilde{\boldsymbol{e}}_1, \tilde{\boldsymbol{e}}_2, \cdots, \tilde{\boldsymbol{e}}_d$ 之下，还有

$$
\begin{aligned}
H(\tilde{\boldsymbol{e}}_j) &= H(a_j^i \boldsymbol{e}_i) \\
&= a_j^i H(\boldsymbol{e}_i) \\
&= a_j^i h_i^u \boldsymbol{e}_u \\
&= a_j^i h_i^u \tilde{a}_u^v \tilde{\boldsymbol{e}}_v
\end{aligned}
$$

根据线性表示的唯一性，得到

$$
\tilde{h}_j^v = a_j^i \tilde{a}_u^v h_i^u \tag{E.6}
$$

定义 E.4 已知两个基底的关系如式 (E.1) 所示，在基底 $\boldsymbol{e}_i$（或者 $\tilde{\boldsymbol{e}}_j$）之下，

- 如果一个对象（如例 E.4 里的双线性函数）可用 $d^2$ 个数 $\varphi_{uv}$（或 $\tilde{\varphi}_{ij}$）刻画，当基底变换时这些数的关系如下：

$$
\tilde{\varphi}_{ij} = a_i^u a_j^v \varphi_{uv} \tag{E.7}
$$

则称这个对象是一个二阶协变张量 (covariant tensor of order 2) 或 $(0,2)$-型张量，$\varphi_{uv}$（或者 $\tilde{\varphi}_{ij}$）称为分量。

- 如果一个对象（如例 E.6 里的线性变换）可用 $d^2$ 个数 $h_i^u$（或 $\tilde{h}_j^v$）刻画，当基底变换时这些数的关系如 (E.6) 所示，则称这个对象是一个一阶协变一阶反变张量或 (1,1)-型张量，$h_i^u$（或者 $\tilde{h}_j^v$）称为分量。

- 更一般地，$(m,n)$-型张量 $T$ 被定义为这样一个多重线性映射：

$$T:\underbrace{\mathscr{V}^*\times\cdots\mathscr{V}^*}_{m\,个}\times\underbrace{\mathscr{V}\times\cdots\mathscr{V}}_{n\,个}\to\mathbb{R}$$

$$(\boldsymbol{e}^{\mu_1},\cdots,\boldsymbol{e}^{\mu_m},\boldsymbol{e}_{\nu_1},\cdots,\boldsymbol{e}_{\nu_n})\mapsto T^{\mu_1\cdots\mu_m}_{\nu_1\cdots\nu_n}$$

映射 $T$ 有 $m+n$ 个指标，分量 $\tilde{T}^{\alpha_1\cdots\alpha_m}_{\beta_1\cdots\beta_n}$ 与 $T^{\mu_1\cdots\mu_m}_{\nu_1\cdots\nu_n}$ 满足如下关系：

$$\tilde{T}^{\alpha_1\cdots\alpha_m}_{\beta_1\cdots\beta_n}=a^{\alpha_1}_{\mu_1}\cdots a^{\alpha_m}_{\mu_m}\tilde{a}^{\nu_1}_{\beta_1}\cdots\tilde{a}^{\nu_n}_{\beta_n}T^{\mu_1\cdots\mu_m}_{\nu_1\cdots\nu_n}\tag{E.8}$$

## E.2 张量的代数运算

本节介绍张量之间的三种基本运算：加法、乘法和指标缩约（也称为“缩并”)，以及判断一组量是否为张量分量的商法则 (quotient rule)。

定义 E.5 张量的加法只能在同类型的张量之间进行。例如，向量 $\boldsymbol{x}=x^i\boldsymbol{e}_i$ 和 $\boldsymbol{y}=y^i\boldsymbol{e}_i$ 之和为向量 $\boldsymbol{z}=z^i\boldsymbol{e}_i$，其分量为

$$z^i=x^i+y^i$$

例 E.7 $R^{ij}_{\alpha\beta\gamma},S^{ij}_{\alpha\beta\gamma}$ 是两个 (2,3)-型张量的分量，对应分量之和就是张量和的分量。即

$$T^{ij}_{\alpha\beta\gamma}=R^{ij}_{\alpha\beta\gamma}+S^{ij}_{\alpha\beta\gamma}$$

在基底变换 (E.1) 之下，张量和依然服从张量的变换规律。即

$$\begin{aligned}\tilde{T}^{ij}_{\alpha\beta\gamma}&=\tilde{R}^{ij}_{\alpha\beta\gamma}+\tilde{S}^{ij}_{\alpha\beta\gamma}\\&=a^i_\mu a^j_\nu\tilde{a}^p_\alpha\tilde{a}^q_\beta\tilde{a}^r_\gamma(R^{\mu\nu}_{pqr}+S^{\mu\nu}_{pqr})\\&=a^i_\mu a^j_\nu\tilde{a}^p_\alpha\tilde{a}^q_\beta\tilde{a}^r_\gamma T^{\mu\nu}_{pqr}\end{aligned}$$

定义 E.6 张量的乘法没有类型的限制，将第一个张量的每一个分量乘以第二个张量的每一个分量，只需注意指标的次序即可（张量乘法不满足交换律）。例如，

$$T^{ij}_{\alpha\beta\gamma}=R^i_{\alpha\beta}S^j_\gamma$$

在基底变换 (E.1) 之下，张量积依然服从张量的变换规律。即

$$\begin{aligned}\tilde{T}^{ij}_{\alpha\beta\gamma}&=\tilde{R}^i_{\alpha\beta}\tilde{S}^j_\gamma\\&=(a^i_\mu\tilde{a}^p_\alpha\tilde{a}^q_\beta R^\mu_{pq})(a^j_\nu\tilde{a}^r_\gamma S^\nu_r)\\&=a^i_\mu a^j_\nu\tilde{a}^p_\alpha\tilde{a}^q_\beta\tilde{a}^r_\gamma T^{\mu\nu}_{pqr}\end{aligned}$$

定义 E.7 当张量的某个上指标和某个下指标相等的时候，则针对它们遍历求和，这个过程称为指标缩约或指标缩并运算 (contraction of indices)。例如：

$$\begin{aligned} T^i_j \boldsymbol{e}_i \cdot \boldsymbol{e}^j &= T^i_j \delta^j_i，\text{其中 } i, j = 1, 2, \cdots, d \\ &= T^j_j，\text{即上指标和下指标相等} \\ &= T^1_1 + T^2_2 + \cdots + T^d_d \end{aligned}$$

再如，$T^{ij}_{\alpha\beta\gamma}$ 中指标 $i = \beta$，则

$$\begin{aligned} T^{ij}_{\alpha i\gamma} &= T^{1j}_{\alpha 1\gamma} + T^{2j}_{\alpha 2\gamma} + \cdots + T^{dj}_{\alpha d\gamma}，\text{其中 } i = 1, 2, \cdots, d \\ &= T^j_{\alpha\gamma} \end{aligned}$$

类似地，在基底变换 (E.1) 之下，指标缩约依然服从张量的变换规律。

显然，张量加法运算不改变张量类型，乘法运算产生高阶张量，而指标缩约运算把一个 $(m, n)$-型张量变为一个 $(m-1, n-1)$-型张量。

例 E.8 接着例 E.3，不妨设在基底变换 (E.1) 之下，

$$\tilde{g}^{ik}\tilde{g}_{kj} = \delta^i_j，\text{其中 } i, j, k = 1, 2, \cdots, d$$

将 $\tilde{g}_{kj} = a^u_k a^v_j g_{uv}$ 代入上式，得到

$$a^u_k a^v_j g_{uv} \tilde{g}^{ik} = \delta^i_j，\text{其中 } u, v = 1, 2, \cdots, d$$

上式两边同乘以 $\tilde{a}^p_u \tilde{a}^q_v g^{vw}$，其中 $p, q = 1, 2, \cdots, d$，得到

$$\delta^p_k \delta^q_j \delta^w_u \tilde{g}^{ik} = \delta^i_j \tilde{a}^p_u \tilde{a}^q_v g^{vw}$$

对上式进行整理（即 $q = i = j, p = k, w = u$），得到

$$\tilde{g}^{qp} = \tilde{a}^p_w \tilde{a}^q_v g^{vw}，\text{其中 } p, q, v, w = 1, 2, \cdots, d$$

按照定义 E.4，显然 $g^{ij}$ 是一个 $(2, 0)$-型张量，被称为二阶反变张量 (contravariant tensor of order 2)。

定理 E.1（商法则） 如果 $R^i_{jk}, S^{jk}$ 都是张量的分量，则经过乘法和指标缩约得到 $T^i = R^i_{jk} S^{jk}$ 也是一个张量的分量。反之，如果 $S^{jk}$ 为任意 $(2, 0)$-型张量的分量时，$T^i$ 总是一阶反变张量的分量，则 $R^i_{jk}$ 必是 $(1, 2)$-型张量的分量。

证明 只需说明在基底变换 (E.1) 之下，$\tilde{R}^i_{jk}$ 服从张量的变换规律即可。由已知条件，

$$\begin{aligned} \tilde{T}^i &= \tilde{a}^i_p T^p \\ &= \tilde{a}^i_p R^p_{qr} S^{qr} \\ \tilde{S}^{jk} &= \tilde{a}^j_q \tilde{a}^k_r S^{qr} \end{aligned}$$

另外，$\tilde{T}^i$ 还可以表示为

$$\tilde{T}^i = \tilde{R}^i_{jk} \tilde{S}^{jk}$$

$$= \tilde{R}^i_{jk}\tilde{a}^j_q\tilde{a}^k_r S^{qr}$$

对比 $\tilde{T}^i$ 的两个表达式，可得

$$\tilde{R}^i_{jk}\tilde{a}^j_q\tilde{a}^k_r S^{qr} = \tilde{a}^i_p R^p_{qr} S^{qr}$$

即

$$(\tilde{R}^i_{jk}\tilde{a}^j_q\tilde{a}^k_r - \tilde{a}^i_p R^p_{qr})S^{qr} = 0$$

由 $S^{qr}$ 的任意性，可知

$$\tilde{R}^i_{jk}\tilde{a}^j_q\tilde{a}^k_r = \tilde{a}^i_p R^p_{qr}$$

于是，

$$\tilde{R}^i_{jk} = \tilde{a}^i_p a^q_j a^r_k R^p_{qr}$$ □

定理 E.1 被称为"商法则"，它对于一般类型的张量也是成立的，常用于验证一组量是否构成某张量的分量。例如，如果对于任意一阶协变张量和反变张量的分量 $a_i, b^j, c^k$，$T^i_{jk}a_i b^j c^k$ 总是零阶张量，则 $T^i_{jk}$ 必是 (1,2)-型张量的分量。

## E.3 张量场

与标量场、向量场的定义类似，如果在 $d$ 维空间的某个区域 $\Omega \subseteq \mathbb{R}^d$ 上，每一点都对应着一个 $(m,n)$-型张量，则称之为 $\Omega$ 上的张量场。显然，标量场、向量场都是它的特例。假设在某个具体的基底之下，张量场可写为如下函数的形式：

$$T^{\mu_1\cdots\mu_m}_{\nu_1\cdots\nu_n} = T^{\mu_1\cdots\mu_m}_{\nu_1\cdots\nu_n}(x^1,\cdots,x^d)$$

不妨设上述函数连续可微，则在该张量场上可定义全微分运算如下：

$$\mathrm{d}T^{\mu_1\cdots\mu_m}_{\nu_1\cdots\nu_n} = \sum_{i=1}^{d}\frac{\partial T^{\mu_1\cdots\mu_m}_{\nu_1\cdots\nu_n}}{\partial x^i}\mathrm{d}x^i$$

经过基底变换 (E.1)，$T^{\mu_1\cdots\mu_m}_{\nu_1\cdots\nu_n}(x^1,\cdots,x^d)$ 在新基底之下表示为 $\tilde{T}^{\alpha_1\cdots\alpha_m}_{\beta_1\cdots\beta_n}(\tilde{x}^1,\cdots,\tilde{x}^d)$。

性质 E.1　$\mathrm{d}T^{\mu_1\cdots\mu_m}_{\nu_1\cdots\nu_n}$ 也是一个 $(m,n)$-型张量，被称为张量 $T^{\mu_1\cdots\mu_m}_{\nu_1\cdots\nu_n}$ 的协变微分张量。

**证明**　只需验证它满足像 (E.8) 那样的关系，即

$$\mathrm{d}\tilde{T}^{\alpha_1\cdots\alpha_m}_{\beta_1\cdots\beta_n} = a^{\alpha_1}_{\mu_1}\cdots a^{\alpha_m}_{\mu_m}\tilde{a}^{\nu_1}_{\beta_1}\cdots\tilde{a}^{\nu_n}_{\beta_n}\mathrm{d}T^{\mu_1\cdots\mu_m}_{\nu_1\cdots\nu_n}$$ □

我们引入记号

$$\nabla_i T^{\mu_1\cdots\mu_m}_{\nu_1\cdots\nu_n} = \frac{\partial T^{\mu_1\cdots\mu_m}_{\nu_1\cdots\nu_n}}{\partial x^i}$$

性质 E.2　$\nabla_i T^{\mu_1\cdots\mu_m}_{\nu_1\cdots\nu_n}$ 是一个 $(m,n+1)$-型张量，称为协变导数张量。

证明 经过基底变换 (E.1)，函数 $T^{\mu_1\cdots\mu_m}_{\nu_1\cdots\nu_n}(x^1,\cdots,x^d)$ 与 $\tilde{T}^{\alpha_1\cdots\alpha_m}_{\beta_1\cdots\beta_n}(\tilde{x}^1,\cdots,\tilde{x}^d)$ 具有式 (E.8) 描述的关系。两边对 $\tilde{x}^j$ 求偏导数，得到

$$\frac{\partial \tilde{T}^{\alpha_1\cdots\alpha_m}_{\beta_1\cdots\beta_n}}{\partial \tilde{x}^j} = a^{\alpha_1}_{\mu_1}\cdots a^{\alpha_m}_{\mu_m}\tilde{a}^{\nu_1}_{\beta_1}\cdots\tilde{a}^{\nu_n}_{\beta_n}\frac{\partial T^{\mu_1\cdots\mu_m}_{\nu_1\cdots\nu_n}}{\partial x^i}\frac{\partial x^i}{\partial \tilde{x}^j}，其中\ x^i = a^i_j\tilde{x}^j$$

于是，

$$\nabla_j\tilde{T}^{\alpha_1\cdots\alpha_m}_{\beta_1\cdots\beta_n} = a^{\alpha_1}_{\mu_1}\cdots a^{\alpha_m}_{\mu_m}\tilde{a}^{\nu_1}_{\beta_1}\cdots\tilde{a}^{\nu_n}_{\beta_n}a^i_j\nabla_i T^{\mu_1\cdots\mu_m}_{\nu_1\cdots\nu_n}$$ □

例 E.9 在三维欧氏空间 $\mathbb{R}^3$ 里，直角坐标系中两点 $(x,y,z)$ 和 $(x+\mathrm{d}x, y+\mathrm{d}y, z+\mathrm{d}z)$ 的距离 $\mathrm{d}s$ 满足

$$\mathrm{d}s^2 = \mathrm{d}x^2 + \mathrm{d}y^2 + \mathrm{d}z^2$$

如图 E.7 所示，**球坐标系** (spherical coordinate system) 利用球坐标 $(r,\theta,\varphi)$ 来刻画点 $A$ 在空间中的位置，它与直角坐标系的关系是

$$\begin{cases} x = r\sin\theta\cos\varphi \\ y = r\sin\theta\sin\varphi \\ z = r\cos\theta \end{cases}$$

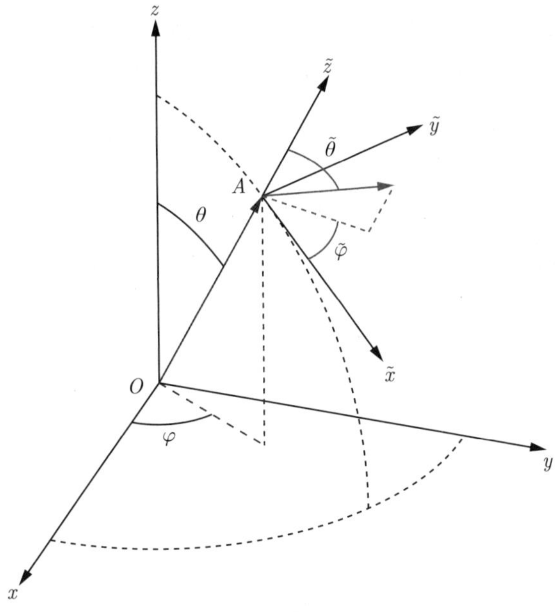


图 E.7 直角坐标系与球坐标系

球坐标的几何意义是：向量 $\boldsymbol{r} = \overrightarrow{OA}$ 的长度为 $r$，它与 $z$ 轴的夹角为 $\theta$，它在 $xy$ 平面的投影与 $x$ 轴的夹角为 $\varphi$。直角坐标系利于描述欧氏空间。球面不是欧氏空间，此时用球坐标系利于定位球面上的点，它与直角坐标系的关系是

$$\begin{cases} r = \sqrt{x^2+y^2+z^2} \\ \theta = \arccos\dfrac{z}{r} \\ \varphi = \arctan\dfrac{y}{x} \end{cases}$$

在球坐标系中，$\mathrm{d}s^2$ 的表达式为

$$\mathrm{d}s^2 = \mathrm{d}r^2 + r^2\mathrm{d}\theta^2 + r^2\sin^2\theta\mathrm{d}\varphi^2$$

在 $\mathbb{R}^d$ 中，如果两点 $(x^1,\cdots,x^d)$ 和 $(x^1+\mathrm{d}x^1,\cdots,x^d+\mathrm{d}x^d)$ 之间的距离 $\mathrm{d}s$ 由以下正定二次型决定，则空间称为黎曼空间 (Riemannian space)。

$$\mathrm{d}s^2 = g_{ij}(x^1,\cdots,x^d)\mathrm{d}x^i\mathrm{d}x^j$$

在黎曼空间里，一条曲线 $x^i = x^i(t)$，其中 $a \leqslant t \leqslant b$ 的长度为

$$s = \int_a^b \sqrt{g_{ij}\frac{\mathrm{d}x^i}{\mathrm{d}t}\frac{\mathrm{d}x^j}{\mathrm{d}t}}\mathrm{d}t$$

当坐标系从 $x^\mu$ 变到 $\tilde{x}^i$ 时，距离 $\mathrm{d}s$ 是不会因坐标系的改变而改变的。因此，

$$\begin{aligned}\tilde{g}_{ij}\mathrm{d}\tilde{x}^i\mathrm{d}\tilde{x}^j &= g_{\mu\nu}\mathrm{d}x^\mu\mathrm{d}x^\nu，\text{其中 } i,j,\mu,\nu = 1,2,\cdots,d \\ &= g_{\mu\nu}\frac{\partial x^\mu}{\partial\tilde{x}^i}\frac{\partial x^\nu}{\partial\tilde{x}^j}\mathrm{d}\tilde{x}^i\mathrm{d}\tilde{x}^j\end{aligned}$$

于是，

$$\tilde{g}_{ij} = \frac{\partial x^\mu}{\partial\tilde{x}^i}\frac{\partial x^\nu}{\partial\tilde{x}^j}g_{\mu\nu} \tag{E.9}$$

这说明 $g_{ij}$ 是一个二阶协变张量场，该张量被称为*协变度量张量* (covariant metric tensor)，“*度量张量*”有时也称为“*度规张量*”。除了长度，它还可以用来定义体积元 $\mathrm{d}v$ 如下：

$$\mathrm{d}v = \sqrt{g}\mathrm{d}x^1\cdots\mathrm{d}x^d，\text{其中 } g = \det(g_{ij})$$

利用关系式 (E.9)，可以证明体积元（球坐标系里的体积元见图 E.8）在坐标变换下保持不变，即它是一个不变量 (invariant)，它的几何意义是明显的。

$$\sqrt{\tilde{g}}\mathrm{d}\tilde{x}^1\cdots\mathrm{d}\tilde{x}^d = \sqrt{g}\mathrm{d}x^1\cdots\mathrm{d}x^d，\text{其中}\begin{cases} g = \det(g_{ij}) \\ \tilde{g} = \det(\tilde{g}_{ij})\end{cases}$$

球坐标系里的体积元是 $\mathrm{d}v = r^2\sin\theta\mathrm{d}r\mathrm{d}\theta\mathrm{d}\varphi$，它近似为一个长宽高分别为 $r\sin\theta\mathrm{d}\varphi, r\mathrm{d}\theta, \mathrm{d}r$ 的小长方体的体积（图 E.8）。

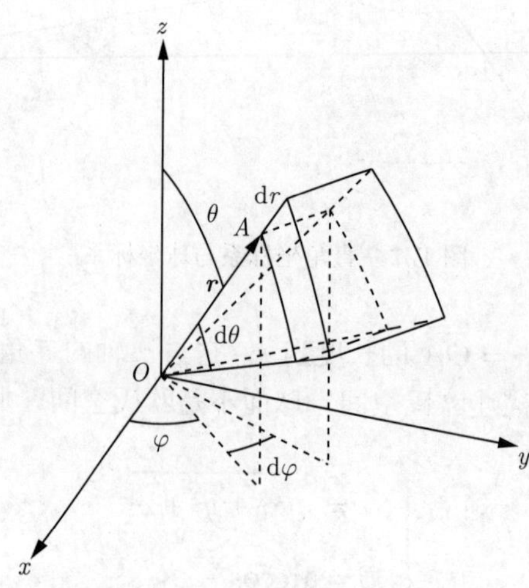


图 E.8 球坐标系里的体积元

## E.4 曲线坐标

把仿射坐标变换 (E.5) 的线性函数推广到某个连通区域 $\Omega$ 上的 $d$ 个连续可微的单值函数 $\tilde{x}^j = f^j(x^1, x^2, \cdots, x^d)$，其中 $j = 1, 2, \cdots, d$，如果变换的雅可比行列式不为零，则该变换把仿射坐标 $x^i$ 变为曲线坐标 (curvilinear coordinates) $\tilde{x}^j$，并且存在连续可微的单值函数 $g^i$，其中 $i = 1, 2, \cdots, d$，使得

$$x^i = g^i(\tilde{x}^1, \tilde{x}^2, \cdots, \tilde{x}^d)$$

$$\det\left(\frac{\partial x^i}{\partial \tilde{x}^j}\right) \neq 0$$

例如，直角坐标系到球坐标系的变换（例 E.9）*。向量 $\boldsymbol{r}$ 在仿射坐标系 $\boldsymbol{e}_i$ 里可表示为

$$\begin{aligned}\boldsymbol{r} &= x^i \boldsymbol{e}_i \\ &= g^i(\tilde{x}^1, \tilde{x}^2, \cdots, \tilde{x}^d)\boldsymbol{e}_i\end{aligned}$$

不妨将上式右边简记作 $\boldsymbol{r}(\tilde{x}^1, \tilde{x}^2, \cdots, \tilde{x}^d)$，它是一个向量值函数。如果只让一个变量 $\tilde{x}^j$ 变化，其他变量暂时固定，便得到一条以 $\tilde{x}^j$ 为参数的坐标曲线。

- 因为矩阵 $(\partial x^i / \partial \tilde{x}^j)_{d \times d}$ 在点 $A \in \Omega$ 处非奇异，所以

$$\boldsymbol{r}_j = \frac{\partial \boldsymbol{r}}{\partial \tilde{x}^j} \text{ 线性无关，其中 } j = 1, 2, \cdots, d$$

  有 $d$ 条曲线穿过点 $A \in \Omega$，在 $A$ 处相应地有 $d$ 个切向量 $\boldsymbol{r}_j$，它们构成仿射坐标系（见图 E.7 中的 $\tilde{x}\tilde{y}\tilde{z}$ 坐标系），被称为点 $A$ 的局部标架 (local frame)。显然，局部标架随点 $A$ 的位置而变。

- 在点 $A$ 处，定义向量 $\boldsymbol{r}_{ij}$ 为

$$\begin{aligned}\boldsymbol{r}_{ij} &= \frac{\partial \boldsymbol{r}_i}{\partial \tilde{x}^j} \\ &= \frac{\partial^2 \boldsymbol{r}}{\partial \tilde{x}^i \partial \tilde{x}^j}\end{aligned}$$

- 在仿射坐标系 $\boldsymbol{r}_k$ 里，向量 $\boldsymbol{r}_{ij}$ 可以表示为

$$\boldsymbol{r}_{ij} = \Gamma_{ij}^k \boldsymbol{r}_k \text{，其中 } k = 1, 2, \cdots, d \tag{E.10}$$

  因为 $\boldsymbol{r}_{ij} = \boldsymbol{r}_{ji}$，由线性表示的唯一性，所以

$$\Gamma_{ij}^k = \Gamma_{ji}^k$$

  另外，

$$\begin{aligned}\boldsymbol{r}_l \cdot \boldsymbol{r}_{ij} &= \Gamma_{ij}^k \boldsymbol{r}_k \cdot \boldsymbol{r}_l \\ &= \Gamma_{ij}^k g_{kl} \text{，其中 } g_{kl} \text{ 是协变度量张量}\end{aligned}$$

  我们用符号 $\Gamma_{l,ij}$ 表示 $\Gamma_{ij}^k g_{kl}$。

---

* 事实上，球坐标是最常见的曲线坐标，用于物理学（如量子力学、相对论等）、地球科学（如地图绘制）、工程学等。

❑ 在仿射坐标系 $\boldsymbol{r}_i$ 里，向量 $\boldsymbol{v}(\tilde{x}^1,\cdots,\tilde{x}^d)=v^i\boldsymbol{r}_i$ 的全微分是

$$\begin{aligned}\mathrm{d}\boldsymbol{v}&=\frac{\partial v^i}{\partial\tilde{x}^j}\mathrm{d}\tilde{x}^j\boldsymbol{r}_i+v^i\mathrm{d}\boldsymbol{r}_i\\&=\frac{\partial v^k}{\partial\tilde{x}^j}\mathrm{d}\tilde{x}^j\boldsymbol{r}_k+v^i\frac{\partial\boldsymbol{r}_i}{\partial\tilde{x}^j}\mathrm{d}\tilde{x}^j\\&=\left(\frac{\partial v^k}{\partial\tilde{x}^j}+v^i\Gamma_{ij}^k\right)\mathrm{d}\tilde{x}^j\boldsymbol{r}_k\end{aligned}$$

上式括号里的内容被称为 $v^k$ 的协变导数 (covariant derivative)，记作 $\nabla_j v^k$，即

$$\nabla_j v^k=\frac{\partial v^k}{\partial\tilde{x}^j}+v^i\Gamma_{ij}^k \tag{E.11}$$

于是，结果简化为

$$\mathrm{d}\boldsymbol{v}=(\nabla_j v^k)\mathrm{d}\tilde{x}^j\boldsymbol{r}_k$$

**性质 E.3** 在局部区域 $\Omega$ 内，曲线坐标为仿射坐标的充要条件是 $\Gamma_{ij}^k=0$。

**证明** 若 $\boldsymbol{r}$ 有仿射坐标 $x^i$，则 $\boldsymbol{r}=x^i\boldsymbol{e}_i$，进而 $\boldsymbol{r}_i=\boldsymbol{e}_i$ 且 $\boldsymbol{r}_{ij}=\boldsymbol{0}$。由 (E.10) 立得

$$\Gamma_{ij}^k=0$$

反之，若 $\Gamma_{ij}^k=0$，则说明 $\boldsymbol{r}_i$ 为常向量，将之记作 $\boldsymbol{e}_i$。于是，

$$\boldsymbol{r}=x^i\boldsymbol{e}_i+\boldsymbol{r}_0\text{，其中 }\boldsymbol{r}_0\text{ 是常向量}$$

即，$x^i$ 是仿射坐标，坐标系的原点是 $\boldsymbol{r}_0$。 □

$\Gamma_{ij}^k$ 被称为联络系数 (connections coefficients) 或者第二类克里斯托费尔符号 (Christoffel symbols of the second kind)，$\Gamma_{l,ij}$ 被称为第一类克里斯托费尔符号*。用后者也能定义前者，即

$$\Gamma_{ij}^k=\Gamma_{l,ij}g^{kl}$$

式中，$g^{kl}$ 是反变度量张量，满足

$$g^{kl}g_{lm}=\delta_m^k$$

图 E.9 克里斯托费尔

这些概念是德国数学家**埃尔温·布鲁诺·克里斯托费尔**（Elwin Bruno Christoffel, 1829—1900）（图 E.9）于 1869 年在一篇有关微分形式的等价性问题的论文中提出的。

**定理 E.2** 设向量在两个曲线坐标系里分别表示为 $x^i\boldsymbol{e}_i=\tilde{x}^p\tilde{\boldsymbol{e}}_p$，二者分别决定了一组联络系数 $\Gamma_{ij}^k$ 和 $\tilde{\Gamma}_{pq}^r$，则它们具有如下关系：

$$\tilde{\Gamma}_{pq}^r=\frac{\partial^2x^k}{\partial\tilde{x}^p\tilde{x}^q}\frac{\partial\tilde{x}^r}{\partial x^k}+\frac{\partial x^i}{\partial\tilde{x}^p}\frac{\partial x^j}{\partial\tilde{x}^q}\frac{\partial\tilde{x}^r}{\partial x^k}\Gamma_{ij}^k \tag{E.12}$$

显然，$\Gamma_{ij}^k$ 并不是某张量的分量。

---

* 有的文献把 $\Gamma_{l,ij}$ 记作 $[l,ij]$，把 $\Gamma_{ij}^k$ 记作 $\left\{{}_i{}^k{}_j\right\}$。国内一般简称它们为克氏符号。

证明 基底之间的变换关系是

$$\tilde{\boldsymbol{e}}_p = \frac{\partial x^i}{\partial \tilde{x}^p}\boldsymbol{e}_i$$

两边对 $\tilde{x}^q$ 求偏导，得到

$$\begin{aligned}
\text{左边} &= \tilde{\Gamma}^r_{pq}\tilde{\boldsymbol{e}}_r \\
\text{右边} &= \frac{\partial^2 x^k}{\partial \tilde{x}^p \tilde{x}^q}\boldsymbol{e}_k + \frac{\partial x^i}{\partial \tilde{x}^p}\frac{\partial \boldsymbol{e}_i}{\partial x^j}\frac{\partial x^j}{\partial \tilde{x}^q} \\
&= \frac{\partial^2 x^k}{\partial \tilde{x}^p \tilde{x}^q}\frac{\partial \tilde{x}^r}{\partial x^k}\tilde{\boldsymbol{e}}_r + \frac{\partial x^i}{\partial \tilde{x}^p}\frac{\partial x^j}{\partial \tilde{x}^q}\Gamma^k_{ij}\boldsymbol{e}_k \\
&= \left(\frac{\partial^2 x^k}{\partial \tilde{x}^p \tilde{x}^q}\frac{\partial \tilde{x}^r}{\partial x^k} + \frac{\partial x^i}{\partial \tilde{x}^p}\frac{\partial x^j}{\partial \tilde{x}^q}\frac{\partial \tilde{x}^r}{\partial x^k}\Gamma^k_{ij}\right)\tilde{\boldsymbol{e}}_r
\end{aligned}$$

由线性表示的唯一性，结果 (E.12) 得证。 □

对于欧氏空间的曲线坐标，可以证明克里斯托费尔符号具有如下表达式[199]：

$$\begin{aligned}
\Gamma^k_{ij} &= \frac{1}{2}g^{kl}\left(\frac{\partial g_{li}}{\partial x^j} + \frac{\partial g_{lj}}{\partial x^i} - \frac{\partial g_{ij}}{\partial x^l}\right) \\
\Gamma_{k,ij} &= \frac{1}{2}\left(\frac{\partial g_{ik}}{\partial x^j} + \frac{\partial g_{jk}}{\partial x^i} - \frac{\partial g_{ij}}{\partial x^k}\right)
\end{aligned}$$

或者，用协变导数张量将之简写成

$$\begin{aligned}
\Gamma^k_{ij} &= \frac{1}{2}g^{kl}(\nabla_j g_{li} + \nabla_i g_{lj} - \nabla_l g_{ij}) \\
\Gamma_{k,ij} &= \frac{1}{2}(\nabla_j g_{ik} + \nabla_i g_{jk} - \nabla_k g_{ij})
\end{aligned}$$

在一个有度量的空间里，局部两点之间的最短路径被称为测地线 (geodesic)。例如，在欧氏空间里，两点之间的线段就是测地线。然而，在球面上，局部两点 $A, B$ 之间的测地线是 $A, B$ 所在大圆（即，$A, B$ 和球心确定的平面与球面相交出的圆周）的一段弧线（图 E.10）。

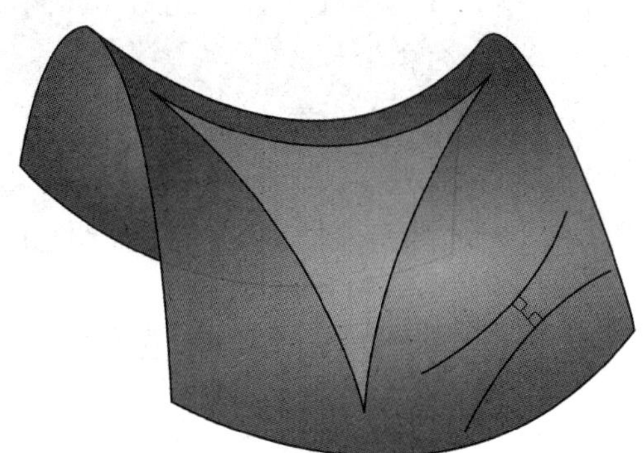

(a) 双曲面上的三角形内角之和小于 π

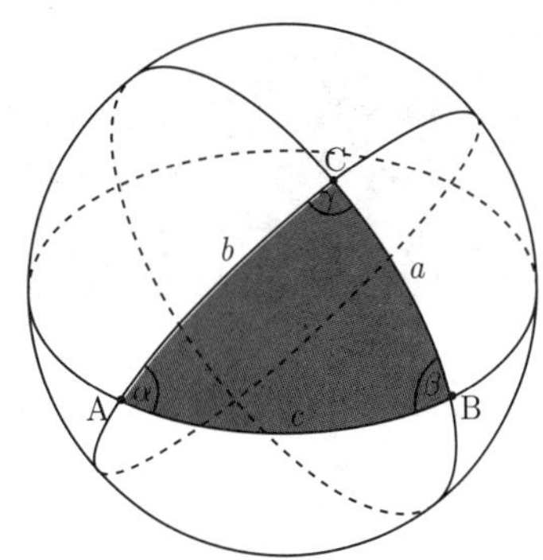


(b) 球面上的三角形内角之和大于 π

图 E.10 非欧几何 (non-Euclidean geometry) 中的双曲几何和球面几何

在黎曼流形 $M$ 上，一条测地线是映射 $\gamma : [0,1] \to M$，在局部标架内满足以下测地线方程 (geodesic equation)[201]：

$$\frac{\mathrm{d}^2\gamma^\alpha}{\mathrm{d}t^2} + \Gamma^\alpha_{\mu\nu}\frac{\mathrm{d}\gamma^\mu}{\mathrm{d}t}\frac{\mathrm{d}\gamma^\nu}{\mathrm{d}t} = 0 \tag{E.13}$$

如果空间是平坦的，由性质 E.3 知 $\Gamma_{\mu\nu}^{\alpha}=0$，测地线方程 (E.13) 简化为

$$\frac{\mathrm{d}^2\gamma^{\alpha}}{\mathrm{d}t^2}=0$$

即加速度为零，按照牛顿运动定律，外力为零，物体保持静止或匀速直线运动。类似地，对协变导数 (E.11) 而言，在平坦空间里就是常见的（分量为 $v^k$ 的）向量场的梯度 (gradient)。1905 年，爱因斯坦提出狭义相对论 (special relativity)。1915 年，他又提出了广义相对论（图 E.11），其中张量分析是最重要的数学工具之一。

图 E.11 爱因斯坦与相对论

广义相对论将重力场解释为时空弯曲——如果知道了“质量和能量在时空的分布”，利用邮票所示的著名的爱因斯坦场方程 (Einstein field equation) 便可以计算出局部时空曲率 (local spacetime curvature)，再利用测地线方程 (E.13) 就能求出物体在重力场中的运动轨迹 [188-189]。

$$R_{ab}-\frac{1}{2}Rg_{ab}=\frac{8\pi G}{c^4}T_{ab} \tag{E.14}$$

爱因斯坦场方程 (E.14) 的左边被称为爱因斯坦张量（常记作 $G_{ab}$），刻画了局部时空曲率*，其中 $R_{ab}$ 是从黎曼张量缩约而成的里奇张量，$R$ 是从里奇张量缩约而成的标量曲率，$g_{ab}$ 是时空的度量张量。右边的 $G$ 为万有引力常数，$c$ 是真空中的光速，$T_{ab}$ 是能量-动量张量，简称“能动张量”，它刻画了“质量和能量在时空的分布”（图 E.12）。

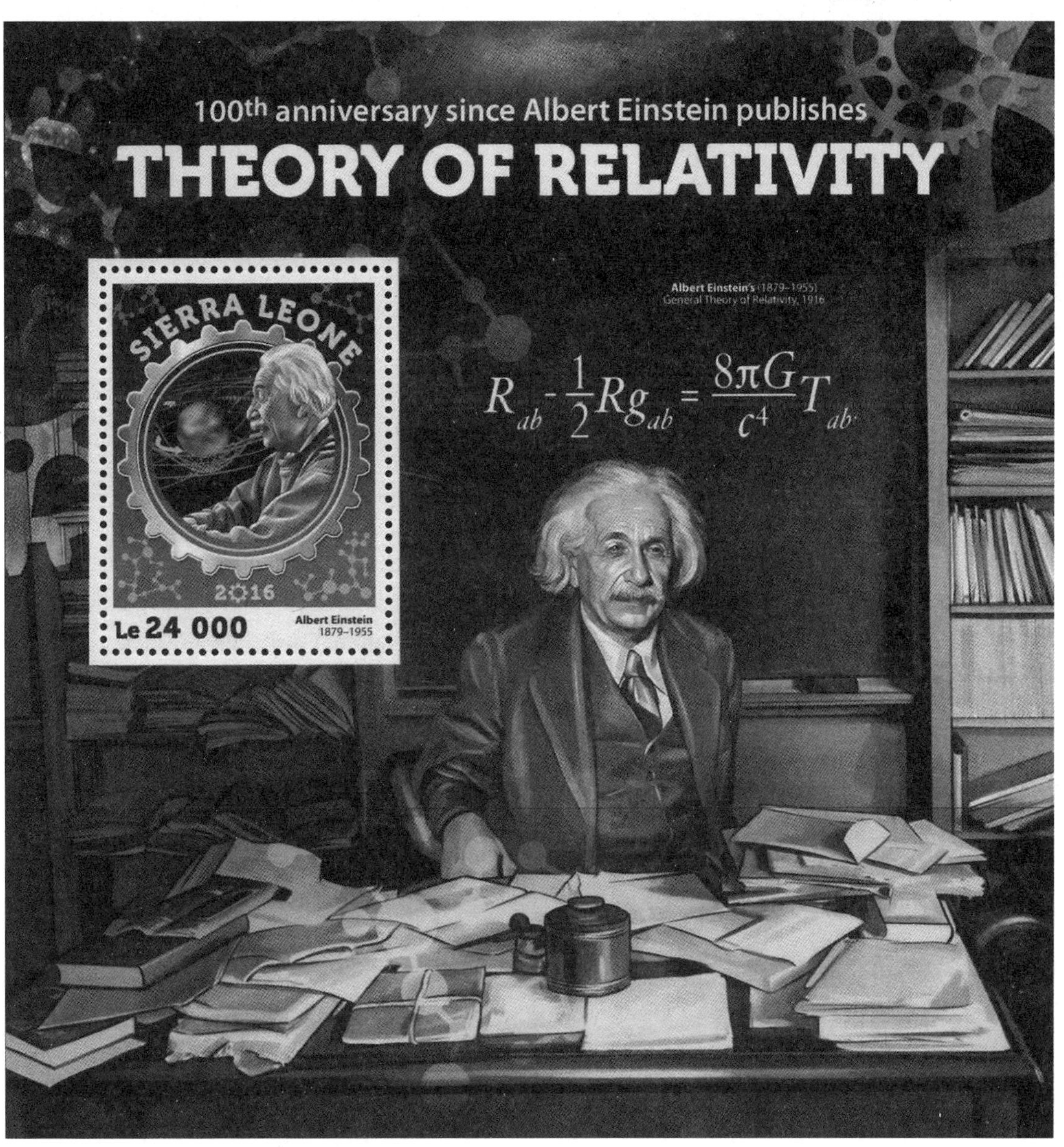


图 E.12 爱因斯坦广义相对论和场方程

* 为了描述静态宇宙，爱因斯坦曾引入一个“宇宙常数”Λ，场方程如图 E.2 所示。1929 年，美国天文学家**埃德温·哈勃**（Edwin Hubble, 1889—1953）证实了宇宙的膨胀。爱因斯坦称宇宙常数是他“一生中最大的错误”，现在一般将它设为零。

# 附录 F

# 参考文献


[1] EFRON B, HASTIE T. Computer Age Statistical Inference: Algorithms, Evidence, and Data Science[M]. Cambridge: Cambridge University Press, 2016.

[2] RIPLEY B D. Pattern Recognition and Neural Networks[M]. Cambridge: Cambridge University Press, 1996.

[3] MITCHELL T M. Machine Learning[M]. New York: The McGraw-Hill Companies, Inc., 1997.

[4] MURPHY K P. Machine Learning: A Probabilistic Perspective[M]. Cambridge : MIT press, 2012.

[5] MURPHY K P. Probabilistic Machine learning: An Introduction[M]. Cambridge : MIT press, 2022.

[6] HAN J, PEI J, KAMBER M. Data Mining: Concepts and Techniques[M]. Amsterdam: Elsevier, 2011.

[7] GRENANDER U, MILLER M I. Pattern Theory: From Representation to Inference[M]. Oxford: Oxford University Press, 2007.

[8] MUMFORD D, DESOLNEUX A. Pattern Theory: The Stochastic Analysis of Real-World Signals[M]. Boca Raton: CRC Press, 2010.

[9] GRENANDER U. A Calculus of Ideas: A Mathematical Study of Human Thought[M]. New Jersey: World Scientific, 2012.

[10] 于江生. 人工智能的数学基础——随机之美 [M]. 北京：清华大学出版社, 2023.

[11] GELMAN A, CARLIN J B, STERN H S, et al. Bayesian Data Analysis[M]. 2nd ed. New York: Chapman & Hall/CRC, 2004.

[12] GOOD I J. The Estimation of Probabilities: An Essay on Modern Bayesian Methods[M]. Cambridge: The MIT Press, 1965.

[13] LINDLEY D V. Introduction to Probability and Statistics from a Bayesian Viewpoint[M]. Cambridge: Cambridge University Press, 1965.

[14] DEGROOT M H. Optimal Statistical Decisions[M]. New York: McGraw-Hill, 1970.

[15] BOX G E P, TIAO G C. Bayesian Inference in Statistical Analysis[M]. New York: Addison-Wesley, 1973.

[16] BERGER J O. Statistical Decision Theory and Bayesian Analysis[M]. 2nd ed. New York: Springer Science & Business Media, Inc., 1985.

[17] BERNARDO J M, SMITH A F M. Bayesian Theory[M]. Chichester: John Wiley & Sons, Inc., 1994.

[18] CARLIN B P, LOUIS T A. Bayes and Empirical Bayes Methods for Data Analysis[M]. London, UK: Chapman and Hall, 1996.

[19] DEY D, MULLER P, SINHA D. Practical Nonparametric and Semiparametric Bayesian Statistics[M]. New York: Spring-Verlag, 1998.

[20] PRESS S J. Subjective and Objective Bayesian Statistics: Principles, Models, and Applications[M]. New Jersey: John Wiley & Sons, Inc., 2003.

[21] DEY D K, RAO C R. Handbook of Statistics, Vol 25: Bayesian Thinking: Modeling and Computation[M]. New York: Elsevier, 2005.

[22] BISHOP C M. Pattern Recognition and Machine Learning[M]. New York: Spring Science+Business Media, LLC, 2006.

[23] FUKUNAGA K. Introduction to Statistical Pattern Recognition[M]. 2nd ed. San Diego: Academic Press, 2013.

[24] 张鸿林, 葛显良. 英汉数学词汇 [M]. 北京：清华大学出版社, 2018.

[25] 徐利治. 现代数学手册 [M]. 武汉：华中科技大学出版社, 1999.

[26] KOTZ S, JOHNSON N L. Breakthroughs in Statistics: Foundations and Basic Theory: Vol 1[M]. New York: Spring-Verlag New York, Inc., 1992.

[27] FISHER R A. On the Mathematical Foundations of Theoretical Statistics[J]. Philosophical Transactions of the Royal Society London, Series A, 1922, 222A: 309–368.

[28] NEYMAN J, PEARSON E S. On the Problem of the Most Efficient Tests of Statistical Hypotheses[J]. Philosophical Transactions of the Royal Society of London, 1933(231): 289–337.

[29] KOTZ S, JOHNSON N L. Breakthroughs in Statistics: Methodology and Distribution: Vol 2[M]. New York: Spring-Verlag New York, Inc., 1992.

[30] FISHER R A. Contributions to Mathematical Statistics[M]. New York: John Wiley & Sons, Inc., 1950.

[31] SALSBURG D. The Lady Tasting Tea: How Statistics Revolutionized Science in the Twentieth Century[M]. New York: Holt Paperbacks, 2002.

[32] NEYMAN J. First Course in Probability and Statistics[M]. New York: Henry Holt and Company, Inc., 1950.

[33] BOX J F. R. A. Fisher: The Life of a Scientist[M]. New York: Wiley, 1978.

[34] REID C. Neyman from Life[M]. New York: Springer, 1982.

[35] LEHMANN E L. Fisher, Neyman, and the Creation of Classical Statistics[M]. New York: Springer Science & Business Media, 2011.

[36] LEHMANN E L. Nonparametrics: Statistical Methods based on Ranks[M]. San Francisco: Hoden-Day, 1975.

[37] LEHMANN E L. Testing Statistical Hypothese[M]. 2nd ed. New York: Spring-Verlag New York, Inc., 1997.

[38] LEHMANN E L, CASELLA G. Theory of Point Estimation[M]. 2nd ed. New York: Spring-Verlag New York, Inc., 1998.

[39] LEHMANN E L. Elements of Large-Sample Theory[M]. New York: Spring-Verlag New York, Inc., 1999.

[40] BREIMAN L. Statistical Modeling: The Two Cultures[J]. Statistical Science, 2001, 16(3): 199–231.

[41] TSYPKIN Y Z. Foundations of the Theory of Learning Systems[M]. NIKOLIC Z J, 译. New York: Academic Press, 1973.

[42] KUHN T. The Structure of Scientific Revolutions[M]. Chicago: University of Chicago Press, 1962.

[43] TURING A M. Computing Machinery and Intelligence[J]. Mind, 1950, LIX(2236): 433–460.

[44] TURING A M. Collected Works of A. M. Turing: Mechanical Intelligence[M]. New York: Elsevier Science Publishers, 1992.

[45] COPELAND B J. The Essential Turing[M]. Oxford: Oxford University Press, 2004.

[46] COPELAND B J, BOWEN J, SPREVAK M, et al. 走近图灵 [M]. 江生, 于华, 译. 北京：清华大学出版社, 2022.

[47] GOODFELLOW I, BENGIO Y, COURVILLE A. Deep Learning[M]. Cambridge : The MIT Press, 2016.

[48] BISHOP C M, BISHOP H. Deep Learning: Foundations and Concepts[M]. Switzerland: Springer, 2024.

[49] SUTTON R S, BARTO A G. Reinforcement Learning: An Introduction[M]. 2nd ed. Cambridge: The MIT Press, 2018.

[50] HO J, JAIN A, ABBEEL P. Denoising Diffusion Probabilistic Models[J]. Advances in Neural Information Processing Systems, 2020, 33: 6840–6851.

[51] MURPHY K P. Probabilistic Machine Learning: Advanced Topics[M]. Cambridge: MIT press, 2023.

[52] 于江生. 人工智能伦理 [M]. 北京：清华大学出版社, 2022.

[53] STIGLER S. Fisher in 1921[J]. Statistical Science, 2005 : 32 – 49.

[54] HALD A. A History of Mathematical Statistics from 1750 to 1930[M]. New York : Wiley-Interscience, 1998.

[55] FISHER R A. Statistical Inference and Analysis: Selected Correspondence of R. A. Fisher[M]. Oxford : Clarendon Press, 1990.

[56] FISHER R A. Statistical Methods, Experimental Design, and Scientific Inference[M]. Oxford : Oxford University Press Inc., 1990.

[57] FISHER R A. The Genetical Theory of Natural Selection[M]. Oxford : Oxford University Press, 2000.

[58] PEARL J. Causality: Models, Reasoning, and Inference[M]. Cambridge : Cambridge University Press, 2000.

[59] PEARL J, GLYMOUR M, JEWELL N P. Causal Inference in Statistics: A Primer[M]. West Sussex : John Wiley & Sons Ltd, 2016.

[60] PEARL J, MACKENZIE D. 为什么：有关因果关系的新科学 [M]. 江生, 于华, 译. 北京：中信出版社, 2019.

[61] SAVAGE L J. On Rereading R. A. Fisher[J]. The Annals of Statistics, 1976 : 441 – 500.

[62] FISHER R A. Mathematical Probability in the Natural Sciences[J]. Technometrics, 1959, 1(1) : 21 – 29.

[63] NEYMAN J, Le Cam L M. Bernoulli 1713 Bayes 1763 Laplace 1813: Anniversary Volume. Proceedings of an International Research Seminar Statistical Laboratory University of California, Berkeley[M]. New York : Springer-Verlag, 1963.

[64] PINSKY M, KARLIN S. An Introduction to Stochastic Modeling[M]. 4th ed. Singapore: Elsevier Pte Ltd., 2013.

[65] 陈希孺. 数理统计学简史 [M]. 长沙：湖南教育出版社, 2000.

[66] 华罗庚, 苏步青. 中国大百科全书 · 数学卷 [M]. 北京：中国大百科全书出版社, 1988.

[67] 陈家鼎, 孙山泽, 李东风. 数理统计学讲义 [M]. 北京：高等教育出版社, 1993.

[68] RAO C R. R. A. Fisher: The Founder of Modern Statistics[J]. Statistical Science, 1992, 7(1) : 34 – 48.

[69] WALD A. Sequential Analysis[M]. New York : John Wiley & Sons, 1947.

[70] CRAMER H. Mathematical Methods of Statistics[M]. Sweden : Princeton University Press, 1946.

[71] WANG H. Reflections on Kurt Gödel[M]. Cambridge : The MIT Press, 1990.

[72] WANG H. A Logical Journey: From Gödel to Philosophy[M]. Cambridge : The MIT Press, 1997.

[73] WASSERMAN L. All of Nonparametric Statistics[M]. New York : Spring-Verlag, 2005.

[74] BISHOP C M. Neural Networks for Pattern Recognition[M]. New York : Oxford University Press, 1995.

[75] DUDA R O, HART P E, STORK D G. Pattern Classification[M]. New York : John Wiley & Sons, Inc., 2001.

[76] EFRON B, TIBSHIRANI R. An Introduction to the Bootstrap[M]. New York : Chapman & Hall, 1993.

[77] DAVISON A C, HINKLEY D V. Cambridge Series in Statistical and Probabilistic Mathematics: Bootstrap Methods and Their Application[M]. Cambridge: Cambridge University Press, 1997.

[78] SHAO J, TU D. The Jackknife and Bootstrap[M]. New York: Spring Science+Business Media, LLC., 1995.

[79] FREEDMAN D, R Purves PISANI R, ADHIKARI A. Statistics[M]. New York: W. W. Norton & Company, Inc., 1991.

[80] FOLKS J L. Ideas of Statistics[M]. New York: John Wiley & Sons, Inc., 1981.

[81] BREIMAN L. Statistics: with a View toward Applications[M]. Boston: Houghton Mifflin Company, 1973.

[82] CASELLA G, BERGER R L. Statistical Inference[M]. 2nd ed. California: Duxbury Press, 2002.

[83] ROHATGI V K. An Introduction to Probability Theory and Mathematical Statistics[M]. New York: John Wiley & Sons, Inc., 1976.

[84] RAO C R. Linear Statistical Inference and Its Applications[M]. 2nd ed. New York: John Wiley & Sons, Inc., 1973.

[85] BICKEL P J, DOKSUM K A. Mathematical Statistics: Basic Ideas and Selected Topics[M]. San Francisco: Holden-Day, Inc., 1977.

[86] SAVAGE L J. The Foundations of Statistics[M]. New York: Dover Publications, Inc., 1954.

[87] 陈希孺. 高等数理统计学 [M]. 合肥: 中国科技大学出版社, 1999.

[88] SILVERMAN B W. Density Estimation[M]. New York: Chapman and Hall, 1986.

[89] HETTMANSPERGER T P. Statistical Inference Based on Ranks[M]. New York: John Wiley & Sons, 1984.

[90] 康德. 纯粹理性批判 [M]. 蓝公武, 译. 上海: 商务印书馆, 1960.

[91] 王梓坤. 概率论基础及其应用 [M]. 北京: 北京师范大学出版社, 1996.

[92] OWEN A B. Empirical Likelihood Ratio Confidence Intervals for A Single Functional[J]. Biometrika, 1988, 75(2): 237–249.

[93] OWEN A B. Empirical Likelihood[M]. Boca Raton: Chapman & Hall/CRC Press, 2001.

[94] GEARY R C. The Distribution of the Student's Ratio for the Non-Normal Samples[J]. Supplement to the Journal of the Royal Statistical Society, 1936, 3: 178–184.

[95] EFRON B. Bootstrap Methods: Another Look at the Jackknife[J]. The Annals of Statistics, 1979, 7(1): 1–26.

[96] NEYMAN J. Outline of a Theory of Statistical Estimation Based on the Classical Theory of Probability[J]. Philosophical Transactions of the Royal Society of London, 1937(236): 333–380.

[97] AMARI S. Lecture Notes in Statistics, Vol 28: Differential-Geometrical Methods in Statistics[M]. Berlin: Springer-Verlag, 1985.

[98] GOVINDARAJULU Z. Elements of Sampling Theory and Methods[M]. New Jersey: Prentice Hall, 1999.

[99] QUENOUILLE M H. Approximate Tests of Correlation in Time Series[J]. Journal of the Royal Statistical Society, Series B, 1949, 11: 18–44.

[100] QUENOUILLE M H. Notes on Bias in Estimation[J]. Biometrika, 1956, 61: 353–360.

[101] TUKEY J W. Bias and Confidence in Not-quite Large Samples[J]. The Annals of Statistics, 1958, 29(2): 614–623.

[102] WOLTER K M. Introduction to Variance Estimation[M]. New York: Spring-Verlag, 1985.

[103] BICKEL P J, DOKSUM K A. Mathematical Statistics: Basic Ideas and Selected Topics: Vol 1[M]. 2nd ed. New York: Prentice-Hall, Inc., 2001.

[104] BESAG J. Spatial Interaction and the Statistical Analysis of Lattice Systems[J]. Journal of the Royal Statistical Society: Series B, 1974, 36(2): 192–225.

[105] BESAG J. Statistical Analysis of Non-lattice Data[J]. Journal of the Royal Statistical Society: Series D, 1975, 24(3): 179–195.

[106] ARNOLD B C, STRAUSS D. Pseudolikelihood Estimation: Some Examples[J]. Sankhyā: The Indian Journal of Statistics, Series B, 1991: 233–243.

[107] NEYMAN J. On the Problem of Confidence Intervals[J]. Annals of Mathematical Statistics, 1935, 6(3): 111–116.

[108] NEYMAN J. Fiducial Argument and the Theory of Confidence Intervals[J]. Biometrika, 1941, 32(2): 128–150.

[109] MAYO D G, COX D R. Frequentist Statistics as a Theory of Inductive Inference[G] // Optimality. : Institute of Mathematical Statistics, 2006: 77–97.

[110] WEISBERG S. Applied Linear Regression[M]. 2nd ed. New Jersey: John Wiley & Sons, Inc., 1985.

[111] 陈希孺, 陈桂景. 线性模型参数的估计理论 [M]. 北京: 科学出版社, 1985.

[112] DRAPER N R, SMITH H. Applied Regression Analysis[M]. New York: John Wiley & Sons, 1998.

[113] MCCULLAGH P, NELDER J. Generalized Linear Models[M]. London: Chapman and Hall, 1989.

[114] KENNEDY W J, GENTLE J E. Statistical Computing[M]. New York: Marcel Dekker, Inc., 1980.

[115] HASTIE T, TIBSHIRANI R, FRIEDMAN J. The Elements of Statistical Learning: Data Mining, Inference, and Prediction[M]. 2nd ed. New York: Springer, 2016.

[116] ANDERSON T W. An Introduction to Multivariate Statistical Analysis[M]. 3rd ed. 2003.

[117] GOLUB G H, van LOAN C F. Matrix Computations[M]. Baltimore: John Hopkins University Press, 1996.

[118] HORN R A, JOHNSON C R. Matrix Analysis[M]. Cambridge: Cambridge University Press, 1985.

[119] SCHOLKOFT B. Support Vector Learning[M]. Munich: R. Oldenbourg Verlag, 1997.

[120] SCHOLKOFT B, SMOLA A J. Learning with Kernels[M]. Cambridge: The MIT Press, 2002.

[121] HOFMANN T, SCHOLKOPF B, SMOLA A J. Kernel methods in machine learning[J]. The Annals of Statistics, 2008: 1171–1220.

[122] RASMUSSEN C E, WILLIAMS C K I. Gaussian Processes for Machine Learning[M]. Cambridge: The MIT Press, 2006.

[123] TIPPING M E. Sparse Bayesian Learning and the Relevance Vector Machine[J]. Journal of Machine Learning Research, 2001, 1: 211–244.

[124] GALTON F. Inquiries into Human Faculty and Its Development[M]. London: Macmillan, 1883.

[125] HOTELLING H. Analysis of A Complex of Statistical Variables into Principal Components[J]. Journal of Educational Psychology, 1933, 24(6): 417.

[126] JURAFSKY D, MARTIN J H. Speech and Language Processing[M]. 2nd ed. New Jersey: Pearson Education Inc., 2009.

[127] JOHNSON R, WICHERN D. Applied Multivariate Statistical Analysis[M]. 6th ed. London: Pearson Education Limited, 2014.

[128] JORESKOG K G, GOLDBERGER A S. Factor Analysis by Generalized Least Squares[J]. Psychometrika, 1972, 37(3): 243–260.

[129] BARTHOLOMEW D J, KNOTT M, MOUSTAKI I. Latent Variable Models and Factor Analysis: A Unified Approach[M]. 3rd ed. West Sussex, UK: John Wiley & Sons, Ltd, 2011.

[130] MULAIK S A. Foundations of Factor Analysis[M]. New York: Chapman and Hall/CRC, 2009.

[131] RUBIN D B, THAYER D T. EM Algorithms for ML Factor Analysis[J]. Psychometrika, 1982, 47(1): 69–76.

[132] STONE J V. Independent Component Analysis: A Tutorial Introduction[M]. Cambridge: The MIT Press, 2004.

[133] COMON P, JUTTEN C. Handbook of Blind Source Separation: Independent Component Analysis and Applications[M]. Oxford: Academic press, 2010.

[134] HYVARINEN A, KARHUNEN J, OJA E. Independent Component Analysis[M]. New York: John Wiley & Sons, Inc., 2001.

[135] YOUNG G, HOUSEHOLDER A S. Discussion of a Set of Points in Terms of Their Mutual Distances[J]. Psychometrika, 1938, 3(1): 19–22.

[136] TENENBAUM J B, De Silva V, LANGFORD J C. A Global Geometric Framework for Nonlinear Dimensionality Reduction[J]. Science, 2000, 290(5500): 2319–2323.

[137] ROWEIS S T, SAUL L K. Nonlinear Dimensionality Reduction by Locally Linear Embedding[J]. Science, 2000, 290(5500): 2323–2326.

[138] BELKIN M, NIYOGI P. Laplacian Eigenmaps for Dimensionality Reduction and Data Representation[J]. Neural Computation, 2003, 15(6): 1373–1396.

[139] KOLDA T G, BADER B W. Tensor Decompositions and Applications[J]. SIAM review, 2009, 51(3): 455–500.

[140] COVER T, HART P. Nearest Neighbor Pattern Classification[J]. IEEE Transactions on Information Theory, 1967, 13(1): 21–27.

[141] LOH W-Y. Fifty Years of Classification and Regression Trees[J]. International Statistical Review, 2014, 82(3): 329–348.

[142] QUINLAN R. Induction of Decision Trees[J]. Machine Learning, 1986, 1(1): 81–106.

[143] BREIMAN L, FRIEDMAN J H, OLSHEN R A, et al. Classification and Regression Trees[M]. California: Chapman and Hall/CRC, 1984.

[144] HOTHORN T, HORNIK K, ZEILEIS A. Unbiased Recursive Partitioning: A Conditional Inference Framework[J]. Journal of Computational and Graphical statistics, 2006, 15(3): 651–674.

[145] CHIPMAN H A, GEORGE E I, MCCULLOCH R E. BART: Bayesian Additive Regression Trees[J]. The Annals of Applied Statistics, 2010, 4(1): 266–298.

[146] CORTES C, VAPNIK V N. Support Vector Networks[J]. Machine Learning, 1995, 20: 273–297.

[147] VAPNIK V N. The Nature of Statistical Learning Theory[M]. New York: Springer-Verlag, 1995.

[148] VAPNIK V N. Statistical Learning Theory[M]. New York: John Wiley & Son, Inc., 1998.

[149] SHAWE-TAYLOR J, CRISTIANINI N. Kernel Methods for Pattern Analysis[M]. Cambridge: Cambridge University Press, 2004.

[150] CRISTIANINI N, SHAWE-TAYLOR J. An Introduction to Support Vector Machines and Other Kernel-based Learning Methods[M]. Cambridge: Cambridge University Press, 2000.

[151] CHOMSKY N. Language and Problems of Knowledge[M]. Massachusetts: The MIT Press, 1988.

[152] MCCULLOCH W, PITTS W. A Logical Calculus of the Ideas Immanent in Nervous Activity[J]. Bulletin of Mathematical Biophysics, 1943, 5: 115–133.

[153] FUNAHASHI K. On the Approximate Realization of Continuous Mappings by Neural Networks[J]. Neural Networks, 1989, 2: 183–192.

[154] CYBENKO G. Approximation by Superposition of Sigmoidal Functions[J]. Mathematics of Control Systems and Signals, 1989, 2: 303–314.

[155] HORNIK K, STINCHCOMBE M, WHITE H. Multilayer Feedforward Networks are Universal Approximators[J]. Neural Networks, 1989, 2: 359–366.

[156] KHAVINSON S Y. Best Approximation by Linear Superpositions: Vol 159[M]. Providence, Rhode Island: American Mathematical Society, 1997.

[157] TIKHOMIROV V M. Selected Works of A. N. Kolmogorov: Vol I[M]. Dordrecht: Kluwer Academic Publishers, 1991.

[158] NEAL R M. Bayesian Learning for Neural Networks[M]. New York: Springer Science & Business Media, 2012.

[159] VASWANI A, SHAZEER N, PARMAR N, et al. Attention Is All You Need[C] // NIPS'17: Proceedings of the 31st International Conference on Neural Information Processing Systems. 2017: 5998–6008.

[160] QUIROGA R Q, REDDY L, KREIMAN G, et al. Invariant Visual Representation by Single Neurons in the Human Brain[J]. Nature, 2005, 435(7045): 1102–1107.

[161] EYSENCK M W, KEANE M T. Cognitive Psychology: A Student's Handbook[M]. 7th ed. New York: Psychology Press, 2015.

[162] HUTH A G, De Heer W A, GRIFFITHS T L, et al. Natural Speech Reveals the Semantic Maps that Tile Human Cerebral Cortex[J]. Nature, 2016, 532(7600): 453–458.

[163] LECUN Y, BOTTOU L, BENGIO Y, et al. Gradient-based Learning Applied to Document Recognition[J]. Proceedings of the IEEE, 1998, 86(11): 2278–2324.

[164] RUMELHART D E, HINTON G E, WILLIAMS R J. Learning Representations by Back-propagation Errors[J]. Nature, 1986, 323: 533–536.

[165] JORDAN M I, MITCHELL T M. Machine Learning: Trends, Perspectives, and Prospects[J]. Science, 2015, 349(6245): 255–260.

[166] ALLEN J. Natural Language Understanding[M]. 2nd ed. California: The Benjamin/Cummings Publishing Company, Inc., 1995.

[167] AIHARA K, TAKABE T, TOYODA M. Chaotic Neural Networks[J]. Physics Letters A, 1990, 144(6–7): 333–340.

[168] GOODFELLOW I, SHLENS J, SZEGEDY C. Explaining and Harnessing Adversarial Examples[J], 2015.

[169] DEMPSTER A P, LAIRD N M, RUBIN D B. Maximum Likelihood Estimation from Incomplete Data via the EM Algorithm (with discussion)[J]. Journal of the Royal Statistical Society B, 1977, 39: 1–38.

[170] MCLACHLAN G J, KRISHNAN T. The EM Algorithm and Extensions[M]. 2nd ed. New Jersey: Wiley-Interscience, 2008.

[171] LITTLE R J A, RUBIN D B. Statistical Analysis with Missing Data[M]. 2nd ed. New Jersey: John Wiley & Sons, Inc., 2002.

[172] HOFMANN T. Probabilistic Latent Semantic Indexing[C] // Proceedings of the 22nd annual international ACM SIGIR conference on Research and development in information retrieval. 1999: 50–57.

[173] BLEI D M, NG A Y, JORDAN M I. Latent Dirichlet Allocation[J]. Journal of Machine Learning Research, 2003, 3: 993–1022.

[174] BLEI D M. Probabilistic Topic Models[J]. Communications of the ACM, 2012, 55(4): 77–84.

[175] TANNER M A. Tools for Statistical Inference: Methods for the Exploration of Posterior Distributions and Likelihood Functions[M]. New York: Spring-Verlag, 1996.

[176] DIEUDONNÉ J. History of Functional Analysis[M]. New York: Elsevier North-Holland, Inc., 1983.

[177] TANNER M A, WONG W H. The Calculation of Posterior Distributions by Data Augmentation[J]. Journal of the American Statistical Association, 1987, 82: 528–540.

[178] SCHAFER J L. Analysis of Incomplete Multivariate Data[M]. New York: Chapman and Hall/CRC, 1997.

[179] WEI W. Time Series Analysis: Univariate and Multivariate Methods[M]. 2nd ed. 2006.

[180] TSAY R S. An Introduction to Analysis of Financial Data with R[M]. New Jersey: John Wiley & Sons, 2014.

[181] HAMILTON J D. Time Series Analysis[M]. New Jersey: Princeton University Press, 1994.

[182] BROCKWELL P J, DAVIS R A. Introduction to Time Series and Forecasting[M]. 3rd ed. Switzerland: springer, 2016.

[183] BOX G E P, JENKINS G M, REINSEL G C, et al. Time Series Analysis: Forecasting and Control[M]. 3rd ed. New Jersey: John Wiley & Sons, 2015.

[184] VASWANI A, SHAZEER N, PARMAR N, et al. Attention Is All You Need[C]//NIPS'17: Proceedings of the 31st International Conference on Neural Information Processing Systems. 2017: 5998–6008.

[185] von NEUMANN J. John von Neumann Collected Works: 6-Volume Set[M]. Princeton: Pergamon Press, 1963.

[186] BROCKWELL P J, DAVIS R A, FIENBERG S E. Time Series: Theory and Methods[M]. New York: Springer Science & Business Media, 1991.

[187] KOLLER D, FRIEDMAN N. Probabilistic Graphical Models: Principles and Techniques[M]. Cambridge: The MIT Press, 2009.

[188] BALDI P, BRUNAK S. Bioinformatics: The Machine Learning Approach[M]. 2nd ed. London: The MIT Press, 2001.

[189] HOPCROFT J E, MOTWANI R, ULLMAN J D. Introduction to Automata Theory, Languages, and Computation[M]. 3rd ed. Boston: Pearson Education, Inc., 2007.

[190] SIPSER M. Introduction to the Theory of Computation[M]. 3rd ed. Boston: Cengage Learning, 2013.

[191] CORMEN T H, LEISERSON C E, RIVEST R L, et al. Introduction to Algorithms[M]. 2nd ed. Cambridge: McGraw-Hill Companies, 2001.

[192] SHUMWAY R H, STOFFER D S. Time Series Analysis and Its Applications: with R Examples[M]. New York: Springer, 2017.

[193] DREYFUS H L. What Computers Can't Do: The Limits of Artificial Intelligence[M]. New York: Harper & Row New York, 1979.

[194] DREYFUS H L. What Computers Still Can't Do: A Critique of Artificial Reason[M]. Cambridge: The MIT Press, 1992.

[195] BODEN M A. The Philosophy of Artificial Intelligence[M]. New York: Oxford University Press, 1990.

[196] BODEN M A. AI: Its Nature and Future[M]. New York: Oxford University Press, 2016.

[197] DIEUDONNÉ J. A Panorama of Pure Mathematics — As Seen by N. Bourbaki[M]. New York: Academic Press, 1982.

[198] ARONSZAJN N. Theory of Reproducing Kernels[J]. Transactions of the American Mathematical Society, 1950, 68(3): 337–404.

[199] BORISENKO A I, TARAPOV I E. Vector and Tensor Analysis with Applications[M]. New York: Dover Publications, Inc., 1968.

[200] ROMAN S. Advanced Linear Algebra[M]. New York: Springer Verlage Publication, 1992.

[201] FOMENKO A T, MISHCHENKO A S. A Short Course in Differential Geometry and Topology[M]. Cambridge: Cambridge Scientific Publishers, 2009.

[202] LANDAU L D, LIFSHITZ E M. The Classical Theory of Fields: Vol 2[M]. 4th ed. Oxford: Butterworth-Heinemann, 1980.

[203] EINSTEIN A. Relativity: The Special and the General Theory[M]. New Jersey: Princeton University Press, 2019.

# 附录 G

# 符号表

| 符号 | 含义 | 符号 | 含义 |
|---|---|---|---|
| $2^Q$ | $Q$ 的幂集合 | $\mathcal{I}(\boldsymbol{\theta})$ | 参数向量 $\boldsymbol{\theta}$ 的费舍尔信息矩阵 |
| $\beta_\delta(\theta)$ 或者 $\beta(\theta)$ | 功效函数 | $\mathcal{I}(\theta)$ | 参数 $\theta$ 的费舍尔信息量 |
| $\mathbf{1}_n$ | 元素都是 1 的 $n$-维列向量 | $\mathscr{H}_\kappa$ | 再生核希尔伯特空间 |
| $\boldsymbol{A}\otimes\boldsymbol{B}$ | 矩阵 $\boldsymbol{A},\boldsymbol{B}$ 的克罗内克积 | $\mathscr{L}(\boldsymbol{\theta};x)$ | 似然函数 |
| $\boldsymbol{x}\cdot\boldsymbol{y}$ | 向量 $\boldsymbol{x},\boldsymbol{y}$ 的点积或标量积 | $\mathscr{V}^*$ | 向量空间 $\mathscr{V}$ 的对偶空间 |
| $\boldsymbol{x}\times\boldsymbol{y}$ | 向量 $\boldsymbol{x},\boldsymbol{y}$ 的叉积或向量积 | $\mu_k$ | $k$ 阶中心矩 |
| $\boldsymbol{x}\circ\boldsymbol{y}$ 或 $\boldsymbol{x}\boldsymbol{y}^\top$ | 欧氏向量 $\boldsymbol{x},\boldsymbol{y}$ 的外积 | $\nabla^k$ | $k$ 阶差分算子 |
| $\boldsymbol{X}^{\langle n\rangle}$ | 张量 $\boldsymbol{X}$ 的第 $n$ 种矩阵展开 | $\nabla_k$ | $k$ 步差分算子 |
| $\boldsymbol{X}_1 \triangleleft \boldsymbol{X}_2$ | 矩阵 $\boldsymbol{X}_1,\boldsymbol{X}_2$ 按列合并 | $\nabla$ | 差分算子 |
| $\boldsymbol{E}_n$ | 元素都是 1 的 $n$ 阶方阵 | $\overline{X}$ | 样本均值 |
| $\boldsymbol{I}_n$ | $n$ 阶单位矩阵 | $\Phi(x)$ | 标准正态分布的分布函数 |
| $\boldsymbol{J}_f$ | 向量值函数 $f$ 的雅可比矩阵 | $\phi(x)$ | 标准正态分布的密度函数 |
| $\boldsymbol{O}$ | 零矩阵 | $\mathsf{P}$ | 概率 |
| $\check{\boldsymbol{D}}$ | 数据矩阵 $\boldsymbol{D}$ 经过标准化 | $\operatorname{rank}(A)$ | 矩阵 $\boldsymbol{A}$ 的秩 |
| $\chi_\eta^{-2}$ | 逆卡方分布 | $\rho(h)$ | 自相关函数 |
| $\mathsf{Cov}$ | 协方差 | $\boldsymbol{A}^\top$ | 矩阵 $\boldsymbol{A}$ 的转置 |
| $\delta_j^i$ | 克罗内克符号 | $\mathsf{V}$ | 方差 |
| $\delta_1\geq\delta_2$ | 检验 $\delta_1$ 优于 $\delta_2$ | $A_1 \perp\!\!\!\perp_B A_2$ | 事件 $A_1,A_2$ 关于 $B$ 条件独立 |
| $\operatorname{diag}(a_1,a_2,\cdots,a_n)$ | 对角阵 | $A_k$ | 样本 $k$ 阶矩 |
| $\mathsf{E}$ | 期望 | $B_k$ | 样本 $k$ 阶中心矩 |
| $\ell(\boldsymbol{\theta};x)$ | 对数似然函数 | $C_k$ | 样本峰度系数 |
| $\mathsf{H}(X)$ | 随机变量 $X$ 的熵 | $C_s$ | 样本偏度系数 |
| $\gamma(h)$ | 自协方差函数 | $C_v$ | 样本变异系数 |
| $\hat{\boldsymbol{\beta}}_{\text{MAP}}$ | $\boldsymbol{\beta}$ 的最大后验估计 | $F_{\boldsymbol{\theta}}$ | 带参数 $\boldsymbol{\theta}$ 的分布函数 |
| $\hat{F}_n(x)$ | 经验分布函数 | $H_0$ | 零假设 |
| $\kappa(\boldsymbol{x},\boldsymbol{y})$ | 核函数 | $H_1$ | 备择假设 |
| $\mathsf{L}$ | 滞后算子 | $I_R(x)$ 或 $\chi_R(x)$ | 集合 $R$ 的指示函数 |
| $\mathsf{L}^k$ | $k$ 阶滞后算子 | $K(z)$ | 柯尔莫哥洛夫分布函数 |
| $\lambda(\boldsymbol{x};\theta_0,\theta_1)$ | 似然比 | $L^2(\Omega)$ | $\Omega$ 上平方可积函数的全体 |
| $\langle\boldsymbol{x},\boldsymbol{y}\rangle$ | 向量 $\boldsymbol{x},\boldsymbol{y}$ 的内积 | $m_k$ | $k$ 阶矩 |

| 符号 | 含义 |
|---|---|
| $R(z)$ | 雷尼分布函数 |
| $R_{A,B}(\boldsymbol{x})$ | 广义瑞利商 |
| $S^2$ | 样本方差 |
| $t_n$ | 自由度为 $n$ 的 $t$ 分布 |
| $v(A)$ | 属性 $A$ 的内在价值 |
| $X_1, X_2, \cdots,$ $X_n \overset{\text{iid}}{\sim} F(x)$ | 独立同分布 |
| $X_n \overset{\text{a.s.}}{\to} X$ | 几乎必然收敛 |
| $X_n \overset{\text{L}}{\to} X$ | 依分布收敛 |
| $X_n \overset{\text{P}}{\to} X$ | 依概率收敛 |
| $X_{(j)}$ | 第 $j$ 个次序统计量 |
| $Z(\boldsymbol{x}_1, \boldsymbol{x}_2, \cdots, \boldsymbol{x}_n)$ | 中心化的解释矩阵 |
| $\mathrm{ARIMA}(p,d,q)$ | 自回归整合滑动平均 |
| $\mathrm{ARMA}(p,q)$ | 自回归滑动平均 |
| $\mathrm{AR}(p)$ | 自回归 |
| $\mathrm{BIAS}(\theta,T)$ | 统计量 $T$ 对 $\theta$ 的偏倚 |
| $\mathrm{Gini}(C)$ | 类别分布 $C$ 的基尼不纯度 |
| $\mathrm{IID}(\mu,\sigma^2)$ | IID 噪声 |
| $\mathrm{MA}(q)$ | 滑动平均 |
| $\mathrm{MSE}(\theta,T)$ | 统计量 $T$ 对 $\theta$ 的均方误差 |
| $\mathrm{N}(\mu,\sigma^2)$ | 正态分布 |
| $\mathrm{vec}(\boldsymbol{A}_{m\times n})$ | 将矩阵按列首尾相接拉直为一个 $mn$ 维列向量 |
| $\mathrm{WN}(\mu,\sigma^2)$ | 白噪声 |

# 附录 H

# 名词索引

## H.1 术语索引

## H.2 人名索引